清凉峰木本植物志
第一卷

裸子植物门

被子植物门（胡椒科—豆　科）

主　编　金孝锋　金水虎　翁东明　张宏伟

本卷主编　张宏伟　周莹莹

卷副主编　蒋辰榆　熊先华
　　　　　王卫国　余婷婷

浙江大学出版社

Woody Flora of Qingliangfeng

Volume 1

Gymnospermae

Angiospermae(Piperaceae—Leguminosae)

Editor-in-Chief

Jin Xiao-Feng　Jin Shui-Hu　Weng Dong-Ming　Zhang Hong-Wei

Volume Editor-in-Chief

Zhang Hong-Wei　Zhou Ying-Ying

Vice Volume Editor-in-Chief

Jiang Chen-Yu　Xiong Xian-Hua　Wang Wei-Guo　Yu Ting-Ting

Zhejiang University Press

内容简介

　　本卷记载浙江清凉峰国家级自然保护区及邻近地区野生和习见栽培的木本种子植物34科，144属，313种、3亚种、38变种，其中裸子植物8科，20属，24种、2变种，被子植物26科，124属，289种、3亚种、36变种，每种植物有名称、形态特征、产地、生长环境、分布及经济用途。本卷描述浙江清凉峰国家级自然保护区的自然概况，包括地质地貌、气候、水文、土壤类型、主要植被类型；还附木本植物分科检索表。

　　本志可供植物、林业、农业、园艺、医药、环保以及有关部门研究人员、教师和学生参考。

说　明

一、《清凉峰木本植物志》是对浙江清凉峰国家级自然保护区及其邻近地区木本植物的系统记录。由杭州师范大学、浙江农林大学和浙江清凉峰国家级自然保护区管理局的相关专家组织成立编辑委员会,具体负责本志的编研工作。

二、本志记载上述区域内野生和习见栽培的木本植物。在科的排列上,裸子植物按郑万钧(1978)系统,被子植物按恩格勒(1964)系统。在科内,属、种的排列按其在检索表中出现的先后顺序编排。

三、本志共两卷:第一卷包括自然概况、种子植物分科检索表、裸子植物门和被子植物门胡椒科至豆科;第二卷包括被子植物门芸香科至百合科。

四、本志所记载的科、属、种系以历年所采集的标本为主要依据。所记载的科、属有名称、形态特征、所含属种数目(包括世界、中国和浙江)、地理分布(包括世界和中国)。对含2个及以上属的科,或含2个及以上种(含种下类群)的属,均附有分属、分种检索表。每种植物均有名称、文献引证、形态描述、产地、生境、分布及用途介绍,除少数种外均附有插图。对误定或有争论的种类在最后加以讨论。

五、本志中的名称一般采用 *Flora of China*《中国植物志》、《浙江种子植物检索鉴定手册》、《浙江植物志》等著作中的名称,如有不一致的,则由相关编著者考证后选用。学名之基源异名全部列出,其他异名则列出主要与本区或浙江相关的,引证时正名用黑体,异名用斜体。

六、本志中的插图除部分自绘并注明作者外,引自其他已出版的文献或著作的均已注明出处。

前　言

　　浙皖交界的清凉峰为白际山脉北段的一部分,其主峰"清凉峰"海拔1787.4m,是浙江西北部的最高峰,也是浙江的第三高峰。清凉峰地质年代古老,气候、水文和土壤条件优越,植物种类非常丰富。据统计,区内现有维管植物2000余种,其中木本植物有90科、297属、715种(含种下分类等级)。在木本植物资源中,有国家一级野生保护植物如南方红豆杉 *Taxus wallichiana* var. *mariei*、银缕梅 *Parrotia subaequalis*,二级保护植物榧树 *Torreya grandis*、金钱松 *Pseudolarix amabilis*、连香树 *Cercidiphyllum japonicum*、鹅掌楸 *Liriodendron chinense*、天目木姜子 *Litsea auriculata*、香果树 *Emmenopterys henryi*、七子花 *Heptacodium miconioides* 等;有华东特有植物区系成分,如天目朴树 *Celtis chekiangensis*、夏蜡梅 *Calycanthus chinensis*、昌化槭 *Acer changhuaense*、临安槭 *A. linanense*、浙皖绣球 *Hydrangea zhewanensis*、安徽荛花 *Wikstroemia anhuiensis*、浙江蘡薁 *Vitis zhejiang-adstricta* 等;还有最近发现的新变种和新记录种,如毛果垂枝泡花树 *Meliosma flexuosa* var. *pubicarpa*、巴山榧树 *T. fargesii*、华榛 *Corylus chinensis*。

　　浙江清凉峰及其邻近地区丰富的植物资源,曾引来众多国内外学者。新中国成立前,美国农学家 F. N. Meyer(1905—1918)、我国秦仁昌(1924)、日本人H. Migo(御江久夫,1937)在本区进行了采集。在采集的标本中,发表了一些新分类群,如山核桃 *Carya cathayensis*。新中国成立以后,对本区植物的调查和采集工作不断深入,研究人员主要有贺贤育、张朝芳、裘宝林、马炜梁、雷根法、杭州大学(现合并入浙江大学)生物系实习队等,积累了大量珍贵标本。复旦大学生物系对龙塘山进行了多年的调查研究,编印了植物名录(油印本)。徐荣章对西天目山及昌氏(龙塘山)木本植物进行了多年的调查研究,编著了《天目山木本植物图鉴》。在宋朝枢主编的《浙江清凉峰自然保护区科学考察集》中,郑朝宗详细调查了种子植物,后又进行了区系分析。浙江林学院(现浙江农林大学)学生在顺溪十多年的植物学和树木学野外实习、杭州师范大学学生在大明山数年的植物学野外实习,采集了一大批标本。近年来,浙江清凉峰国家级自然保护区组织了几次野外调查,浙江省内的相关高校也进行了多次小规模的调查采集,参与人员主要有张宏伟、李根有、陈征海、金孝锋、叶喜阳、马丹丹、王泓、钱力、许水锋、余修双等。这些标本是编写本志的第一手珍贵资料。

我们在杭州师范大学"生物学国家特色专业"建设项目、浙江省药用植物种质改良和质量控制技术重点实验室开放项目、浙江省科协"育才工程"重点项目、杭州师范大学本科创一流攀登工程和浙江清凉峰国家级自然保护区科研项目的资助下,开展《清凉峰木本植物志》的编著工作,由杭州师范大学、浙江清凉峰国家级自然保护区管理局、浙江农林大学组织成立编委会,参加单位还有杭州植物园、浙江自然博物馆、临安市昌化林场。本书不仅可作为从事植物分类学和植物资源学等专业研究和教学人员的参考书,还可作为从事生物多样性和自然资源保护等相关工作人员及植物学爱好者的参考资料。

在编写过程中,浙江大学生命科学学院郑朝宗教授、浙江农林大学李根有教授、浙江省森林资源监测中心陈征海教授级高级工程师给予了很多指导性的意见和建议;浙江省植物学会理事长于明坚教授和浙江省科协黄云菁老师对编写工作诸多关心。书稿完成以后,中国科学院植物研究所王文采院士对文献引证、学名等进行审阅与修改;郑朝宗教授对书稿内容作了仔细的审校。作者谨对以上几位先生表示衷心的感谢。

杭州植物园标本馆(HHBG)、浙江农林大学植物标本馆(ZJFC)、浙江大学植物标本馆(HZU)、浙江自然博物馆标本馆(ZM)、中国科学院植物标本馆(PE)、江苏省中国科学院植物研究所标本馆(NAS)和杭州师范大学植物标本馆(HTC)为作者查阅标本提供方便,在此也表示衷心的感谢。

由于作者水平有限,错误与不足之处难免,恳请各位读者指正,以便完善和提高。

编　者

2014 年 1 月 18 日

本卷编著者

自然概况	翁东明、张宏伟（浙江清凉峰国家级自然保护区）

种子植物分科检索表　　　　　　　　　　　　　　金孝锋（杭州师范大学）

裸子植物门（苏铁科、银杏科、松　科、杉　科、柏　科）
　　　　　　　　　　　　　　　周莹莹、鲁益飞（杭州师范大学）

裸子植物门（罗汉松科、三尖杉科、红豆杉科）
　　　　鲁益飞、张宏伟（杭州师范大学、浙江清凉峰国家级自然保护区）

胡椒科、杨柳科、杨梅科　　　　　　　　　　　　金孝锋（杭州师范大学）

胡桃科、桦木科　　　　　　张宏伟、翁东明（浙江清凉峰国家级自然保护区）

壳斗科、榆　科　　　　　　张宏伟、程樟峰（浙江清凉峰国家级自然保护区）

桑　科、荨麻科、铁青树科
　　　　郭　瑞、姜朝阳（浙江清凉峰国家级自然保护区、临安市昌化林场）

领春木科、连香树科、杜仲科、悬铃木科　　　余婷婷、金孝锋（杭州师范大学）

毛茛科、樟　科　　　　　　　　　　　　　　　　金水虎（浙江农林大学）

木通科、小檗科、防己科　　　　　　　　　　　　钟泰林（浙江农林大学）

木兰科、蜡梅科
　　　　叶喜阳、许丽娟（浙江农林大学、浙江清凉峰国家级自然保护区）

虎耳草科　　褚文珂、王卫国（杭州师范大学、浙江清凉峰国家级自然保护区）

海桐花科、金缕梅科
　　　　钱生来、盛碧云（杭州师范大学、浙江清凉峰国家级自然保护区）

蔷薇科　　　　　　　　　　　　　　　　金孝锋、周莹莹（杭州师范大学）

豆　科　　　熊先华、王卫国（杭州师范大学、浙江清凉峰国家级自然保护区）

绘　图　　蒋辰榆、金　琳、韩思思、潘莹丹、高迪莲、金孝锋（杭州师范大学）

AUTHORS

General environment

Weng Dong-Ming & Zhang Hong-Wei
(Zhejiang Qingliangfeng National Natural Reserve)

Key to the families of seed plants

Jin Xiao-Feng
(Hangzhou Normal University)

Gymnospermae (Cycadaceae, Ginkgoaceae, Pinaceae, Taxodiaceae, Cupressaceae)

Zhou Ying-Ying & Lu Yi-Fei
(Hangzhou Normal University)

Gymnospermae (Podocarpaceae, Cephalotaxaceae, Taxaceae)

Lu Yi-Fei & Zhang Hong-Wei
(Hangzhou Normal University;
Zhejiang Qingliangfeng National Natural Reserve)

Piperaceae, Salicaceae, Myricaceae

Jin Xiao-Feng
(Hangzhou Normal University)

Juglandaceae, Betulaceae

Zhang Hong-Wei & Weng Dong-Ming
(Zhejiang Qingliangfeng National Natural Reserve)

Fagaceae, Ulmaceae

Zhang Hong-Wei & Cheng Zhang-Feng
(Zhejiang Qingliangfeng National Natural Reserve)

Moraceae, Urticaceae, Olacaceae

Guo Rui & Jiang Chao-Yang
(Zhejiang Qingliangfeng National Natural Reserve;
Lin'an Changhua Forestry Farm)

Eupteleaceae, Cercidiphyllaceae, Eucommiaceae, Platanaceae

Yu Ting-Ting & Jin Xiao-Feng
(Hangzhou Normal University)

Ranunculaceae, Lauraceae

Jin Shui-Hu
(Zhejiang Agricultural and Forestry University)

Lardizabalaceae, Berberidaceae, Menispermaceae

Zhong Tai-Lin
(Zhejiang Agricultural and Forestry University)

Magnoliaceae, Calycanthaceae **Ye Xi-Yang & Xu Li-Juan**

(Zhejiang Agricultural and Forestry University;

Zhejiang Qingliangfeng National Natural Reserve)

Saxifragaceae **Chu Wen-Ke & Wang Wei-Guo**

(Hangzhou Normal University;

Zhejiang Qingliangfeng National Natural Reserve)

Pittosporaceae, Hamamelidaceae **Qian Sheng-Lai & Sheng Bi-Yun**

(Hangzhou Normal University;

Zhejiang Qingliangfeng National Natural Reserve)

Rosaceae **Jin Xiao-Feng & Zhou Ying-Ying**

(Hangzhou Normal University)

Leguminosae **Xiong Xian-Hua & Wang Wei-Guo**

(Hangzhou Normal University;

Zhejiang Qingliangfeng National Natural Reserve)

Line drawing editor **Jiang Chen-Yu, Jin Lin, Han Si-Si,**

Pan Ying-Dan, Gao Di-Lian, Jin Xiao-Feng

(Hangzhou Normal University)

目　录

自然概况

浙江清凉峰国家级自然保护区位于浙江省西北部,其西、北面与安徽省毗邻,连接安徽绩溪、歙县清凉峰国家级自然保护区;南部与浙江省淳安县连接;东面与天目山国家级自然保护区相邻。大地坐标位置为:东经 118°50′~119°12′,北纬 30°01′~30°18′。主峰清凉峰,海拔 1787.4m,系天目山脉最高峰,也是浙西北第一高峰,清凉峰保护区因此而得名。保护区地处"江南古陆"的东端、浙皖丘陵中山区,地史古老,地貌类型复杂,地形自东南向西北逐渐升高。区内保存着大量的珍稀动植物资源,形成珍稀植物群落的有夏蜡梅、马褂木、长序榆、台湾水青冈、玉蝉花、华榛、巴山榧、铁杉、天女花、珍珠黄杨等。保护区行政范围涉及临安市国有昌化林场、清凉峰镇、龙岗镇、昌化镇,实验区内现有居民 500 多人。保护区管理局设在昌化镇,占地 8.8hm²。

浙江清凉峰国家级自然保护区前身是龙塘山省级自然保护区,1998 年扩区晋升为国家级自然保护区,由龙塘山森林生态系统保护区域、千顷塘野生梅花鹿保护区域、顺溪坞珍稀濒危植物保护区域三部分组成,东西跨度 40km,南北跨度 36km,总面积 11252hm²。

龙塘山森林生态系统保护区域位于西部,区域面积 4482hm²。东:从阳建村沿谢家坞、下十八湾小路,经铁链湾溪流、红亭子、横坑、西坑庵小路、鲫鱼坑,由柴金岩沿山脊到长滩里。南:从长滩里沿溪流北上至都林山,再沿大坑上至洪笕坞口。西:从洪笕坞口沿溪流北上至三亩田,沿皮窠湾至浙皖省界线,经清凉峰至浙基田。北:从浙基田沿马啸溪至阳建村。

千顷塘野生梅花鹿保护区域位于西部,区域面积 5690hm²。东:道场坪沿山脊至庙基垭口沿小路经屏峰山、西坞、东明凹、小干坑、牛栏坪溪口,再从山脊至昌化林场防火线,经防火线、三砖洞沿山脊至云板山、上屋山小路到杨树窠。西:杨树窠沿山脊到螺蛳尖。北:从螺蛳尖沿浙皖省界线经瘌痢尖到道场坪。

顺溪坞珍稀濒危植物保护区域位于南部,区域面积 1080hm²。东:从双源桥沿东边山脊至高黄岩,再沿山脊经苏无坞尖、县界到大岭塔。南:从大岭塔沿临安市与淳安县县界到雨伞尖。西:从雨伞尖沿山脊到石岩坞以南山头转东,沿山脊到双源桥。北:至双源桥。

一、地质与地貌

清凉峰国家级自然保护区内出露的元古代震旦纪、古生代石炭纪地层都受到构造活动的影响而褶皱、断裂。特别是后期受到火山活动的影响,地层被强烈切割,褶皱变形,地质构造明显表现为褶皱和断裂。区内出露的地层主要是震旦纪和石炭纪的沉积岩、中生代侏罗纪的火山岩。在晚元古代(距今5.7亿~8.0亿年),清凉峰地区是一片广阔的海域。在侏罗纪前,海水出退,该地区处于隆起成陆状态,并受以后的地壳运动影响,使沉积地层发生褶皱、断裂。在晚侏罗纪至白垩纪(距今约1.5亿年),火山活动强烈,形成了现今的龙塘山系。

清凉峰为白际山脉北段的一部分,地势高峻,最高峰清凉峰,海拔1787.4m。本区山体山脊线海拔变动在1500~1787m,在我国山地地貌中属中山地貌,山地按组成岩性不同,使地表形态的发育也有明显的差异。保护区西、北两面为高耸的中山山体,山体顶部(海拔1600~1787m)为狭长和缓山岗,坡度和缓、波状起伏,多为猪背状;岗顶带下(海拔1300~1600m),为悬崖和峻坡,岩石沿垂直分化崩塌而成,高的绝壁可达100m,在悬崖带的麓部和峻坡带的基岩沟槽中,条带状碎石流频频出现;下部陡坡(海拔1000~1300m)多砂岩,岩质较软,易风化侵蚀。保护区东、南两面为低山山体,缓丘低山区(海拔630~1000m),其岩石以粉砂岩为主,坡度和缓,如茶园里;破碎低山区(海拔480~1093m),由龙塘溪贯穿;孤立的喀斯特低山小区(海拔880~1000m)面积约2400m^2,由石炭纪的石灰岩组成,地表岩溶有溶芽和溶沟、漏斗、天生桥,地下岩溶主要是溶洞,如龙涎洞、梧桐洞、蝙蝠洞等。

二、气候、水文和土壤

清凉峰自然保护区地势西北高,东南倾斜,冷平流难进易出,暖平流易进难出,形成温暖湿润的气候。由于地势高差悬殊(海拔高差达1400m),立体气候明显,从山脚至山顶平均年温差约7℃,相当于横跨亚热带和温带两个季风气候带。清凉峰冬季受大陆气团控制,气温低,1月平均气温山顶至山脚为-3.3~3.1℃;春季气温回升,4月平均气温为8.4~15.2℃;夏季在副热带高压控制下,气温高,7月平均气温为18.9~27.1℃;秋季冷气团开始影响,气温下降,10月平均气温为8.3~16.3℃。海拔1100m以上和900m以下的年降水量为1500mm,海拔900~1100m的年降水量达1900mm。

浙江清凉峰自然保护区是钱塘江水系,其支流为昌化溪上游的昌西溪上游颊口溪、杨溪的发源地。昌化溪长约96km,为临安市境内最大溪流,流域面积为1376.7km^2。

根据浙江省林业土壤区划,清凉峰土壤类型属浙西北天目山乌龙山中山丘陵黄红壤、棕黄壤区,浙西北天目山中山丘陵黄红壤、棕黄壤亚区。土壤类型多样,可以划分为红壤、黄壤、乌黄壤、棕黄壤、草甸土、石灰土和沼泽土几个大类。

三、主要植被类型

清凉峰为中山地貌,地表形态差异明显,海拔从480~1787.4m,加上本区地处中亚热带北缘,具有明显的亚热带中山山地季风气候的特征,植物在水平和垂直两个方面差异均较为明显,从而形成了多种植被类型。本区的植被类型大致可以分为六个类型。

1. 针叶林和针阔叶混交林

针叶林主要有黄山松林和铁杉林。

黄山松林分布较广,面积较大,分布于海拔 800m 以上的山岗、山脊及近山脊的山坡上,通常形成片状的纯林。黄山松林乔木层高度达 15m,林下植物主要有麂角杜鹃、中国绣球、马醉木、蜡瓣花、短柄枹、茶荚蒾、山鸡椒、山胡椒、红果钓樟等,草本层植物有鹿蹄草、紫花堇菜、蕙兰、宝铎草。

铁杉林分布狭窄,唯有块状残存,仅发现两小块,分布于海拔 1500m 左右的东岙头附近的东南山坡上,共有 50 余株。群落所处地段在沟谷中,多石块,土层薄,铁杉尽管占优势,但生长并不旺盛,树冠较小。铁杉林乔木层高度约 13m,林下灌木层植物主要有天女花、灯笼花、玉山竹、阔叶箬竹、黄山花楸、具柄冬青、红果钓樟等,草本层植物主要有香根芹、囊瓣芹、鹿药、假升麻、齿叶橐吾等。

针阔混交林主要是黄山松占优势,分布于海拔 800m 以上,以海拔 800~1300m 范围内的山坡上分布较多。一类是黄山栎-黄山松林,分布于东岙头至主峰的山岗上,海拔 1500m 以上较为突出,山高风大,树干矮,基部分叉而无明显主干。乔木层高度约 13m,林下灌木层植物主要有阔叶箬竹、菝葜、日本紫珠、华山矾、满山红、蜡瓣花、华东山柳等,草本层植物主要有庐山风毛菊、山牛蒡、东风菜等。另一类为映山红-黄山松林,分布在海拔 1200m 左右,优势树种为黄山松和映山红,树干也较矮。乔木层高度约 10m,林下灌木层植物主要有玉山竹、箬竹、菝葜、日本紫珠、圆锥绣球、华山矾、满山红、云锦杜鹃等,草本层植物主要有庐山风毛菊、山牛蒡、紫花堇菜、大披针薹草等。

2. 落叶阔叶林

本区分布较广的植被类型,主要分布于海拔 1000~1500m,按照优势树种分,有台湾水青冈林、短柄枹-茅栗林、雷公鹅耳枥-茅栗林、蓝果树-枫香林。

台湾水青冈林分布于海拔 1000m 左右的山坡上,迎客峰的东北坡和海拔 1050m 的百步岭西南坡。台湾水青冈的重要值高,密度大,树干通直,林下草本植物稀少。台湾水青冈林组成纯度高、结构完整,是落叶阔叶林中较为稳定的群落,在我省不多见。乔木层高度约 14m,林下灌木层植物主要有具柄冬青、映山红、满山红、麂角杜鹃、红脉钓樟、山胡椒、玉山竹等,草本层植物主要有紫花堇菜、蕙兰、斑叶堇菜、鹿蹄草、春兰。

短柄枹-茅栗林分布于海拔 1400m 的牛栏坪东南坡,为山顶缓坡,但在样地下方地形陡峭。乔木层高度约 7m,林下灌木层植物主要有玉山竹、阔叶箬竹、中国绣球、日本紫珠等,草本层植物主要有庐山风毛菊、山牛蒡、泽兰、短柄草、房县野青茅等。

雷公鹅耳枥-茅栗林与蓝果树-枫香林均分布于百步岭至东岙头大山沟,海拔 1150m 的东南坡,为山顶缓坡。乔木层高度约 13m,林下灌木层植物主要有阔叶箬竹、山胡椒、红脉钓樟、中国绣球、浙江大青、蜡瓣花等,草本层植物主要有大披针薹草、宝铎草、求米草、长梗黄精、绵穗苏。

3. 常绿落叶阔叶混交林

本区分布最广的类型,海拔 800~1100m 均有分布。木荷-台湾水青冈林分布于百步岭海拔 1000m 的西南坡,群落郁闭度较大,草本植物稀少。乔木层高度约 16m,林下灌木层植物主要有阔叶箬竹、马醉木、山胡椒、红脉钓樟、中国绣球、金缕梅、蜡瓣花等,草本层植物主要有大披针薹草、鹿蹄草、紫花堇菜。

茅栗-木荷林分布于海拔850m拱桥外的东南坡,木荷、茅栗在乔木层中占较大优势,草本层较丰富。乔木层高度约14m,林下灌木层植物主要有腺蜡瓣花、中国绣球、浙江大青、山鸡椒、山胡椒、野珠兰、鹿角杜鹃,草本层植物主要有紫花堇菜、浙江凤仙花、长柄冷水花、凤丫蕨、庐山楼梯草、牛泷草、竹叶茅、淡竹叶。

枫香-木荷林分布在双涧坑海拔880m的东北坡,木荷、枫香在上层中占绝对优势,草本植物稀少。乔木层高度约15m,林下灌木层植物主要有豹皮樟、蜡瓣花、鹿角杜鹃、野珠兰等,草本层植物主要有牛泷草、白穗花、淡竹叶、绞股蓝、透骨草、黄水枝。

4. 常绿阔叶林

常绿阔叶林是本区地带性植被,但由于长期的砍伐,其原有的面貌已不存在,仅在一些陡峭的山坡上有小片残在,一般分布于海拔1000m以下。小叶青冈-云山青冈林在海拔1050m百步岭至东呇头山涧的东南山坡上,群落郁闭度大,云山青冈和小叶青冈在群落中占有较大的优势,群落具有较强的更新能力。乔木层高度约8m,林下灌木层植物主要有中国绣球、浙江大青、蜡瓣花、映山红,草本层植物主要有求米草、紫花堇菜、南山堇菜、东南景天。

木荷-褐叶青冈林在拱桥下海拔900m的东南坡,木荷较高大,居乔木上层,褐叶青冈冠幅较大,在乔木第二层,林下草本植物丰富。乔木层高度约10m,林下灌木层植物主要有蜡瓣花、中国绣球、乌饭树、野珠兰等,草本层植物主要有紫萼、紫花堇菜、黄水枝、白穗花、贯众等。

甜槠-木荷林分布于双涧坑渠道下海拔850m的西北坡,木荷、甜槠在群落中优势明显,草本层稀少。乔木层高度约14m,林下灌木层植物主要有腺蜡瓣花、掌叶复盆子、山莓、映山红、紫金牛、光叶铁仔等,草本层植物主要有白穗花、油点草、紫萼、牯岭藜芦等。

5. 山地矮林

这是植物为适应高海拔环境的特殊类型,本区山地矮林的主要有黄山花楸矮林、圆锥绣球矮林、隔药柃矮林和小叶青冈矮林。

黄山花楸矮林分布在龙池至主峰的山岗上,海拔1600m,优势种黄山花楸树体矮化。乔木层高度3m,林下灌木层植物主要有玉山竹、具柄冬青、平枝枸子,草本层植物主要有大果落新妇、短柄草、玉蝉花、芒。

圆锥绣球矮林分布在东呇头海拔1350m的西北坡,优势种树枝交叉密接。乔木层高度2.5m,林下灌木层植物主要有盾叶莓、野蔷薇、华山矾等,草本层植物主要有香根芹、草芍药、鹅掌草、珍珠菜、过路黄。

隔药柃矮林分布于牛栏坪海拔1250m的东北坡,隔药柃在群落中占较大的优势,下木层被玉山竹覆盖。乔木层高度2m,林下灌木层植物主要有菝葜、野蔷薇、粉花绣线菊、黄山溲疏,草本层植物主要有山阳薹草、柔果薹草、珍珠菜、伏生紫堇、荷青花、野古草。

小叶青冈矮林在牛栏坪海拔1300m的东北坡因气候寒冷等原因,原本为高大乔的小叶青冈变得矮小。乔木层高度6m,林下灌木层植物主要有盾叶莓、三花莓、玉山竹,草本层植物主要有荷青花、求米草、紫花堇菜、山地假糙苏。

6. 竹林、草甸和山地沼泽

竹林主要为玉山竹林,玉山竹在清凉峰分布面积大,在高海拔的山岗上常形成纯玉山竹灌丛,而在海拔相对较低的山坡上则在林下覆盖地表。主要植物有大叶碎米荠、岩茴香、齿叶囊吾、珍珠菜、玉蝉花、朝鲜婆婆纳、野古草。

草甸分布于海拔 1350m 的东岙头到 1650m 的主峰,为平缓山岗,种类复杂,以五节芒和野古草为主。伴生植物还有齿叶囊吾、庐山风毛菊、玉蝉花、羊茅、珍珠菜、地榆、短尖薹草、丝梗薹草。

在东岙头至主峰的途中,有一高山沼泽,称"龙池",此洼地内积水较深的地方以山梗菜、苔草属植物占优势,积水较浅的地方以地榆、莎草科其他植物占优势,没有积水的地方以玉蝉花、野古草占优势。伴生植物还有返顾马先蒿、江南灯心草、翅茎灯心草、睡菜、短梗挖耳草、四国谷精草等。

种子植物(木本)分科检索表

1. 胚珠裸露,无子房包被;种子裸露,无果皮包裹,不形成果实(裸子植物门 Gymnospermae)。
   2. 茎不分枝;叶大型,羽状深裂,簇生于树干顶端 ……………………………… 1. 苏铁科 Cycadaceae
   2. 茎或树干常分枝;叶小型,不呈羽状分裂,叶单生或簇生,不集生于茎干的顶端。
      3. 叶片扇形,叶脉二叉状分枝;落叶乔木 ……………………………… 2. 银杏科 Ginkgoaceae
      3. 叶片不呈扇形,亦不具二叉状叶脉;常绿乔木或灌木,稀落叶。
         4. 大孢子叶球(雌球花)发育成球果状;种子无肉质假种皮。
            5. 大孢子叶球的珠鳞与苞鳞分离;花粉具气囊;每枚珠鳞具 2 颗胚珠 …… 3. 松科 Pinaceae
            5. 大孢子叶球的珠鳞与苞鳞部分合生或完全合生;花粉无气囊;每枚珠鳞具 1 至多颗胚珠。
               6. 叶与种鳞螺旋状排列,稀为交互对生;能育种鳞具 2~9 颗种子 ………………
                  ……………………………………………………… 4. 杉科 Taxodiaceae
               6. 叶对生或轮生,种鳞常交互对生;能育种鳞具 1 至数枚种子 …… 5. 柏科 Cupressaceae
         4. 大孢子叶球(雌球花)发育为单颗种子,不形成果实;种子具肉质假种皮。
            7. 每一小孢子叶具 2 个花粉囊;花粉常有气囊;胚珠倒生 ……… 6. 罗汉松科 Podocarpaceae
            7. 每一小孢子叶具 3~9 个花粉囊;花粉无气囊;胚珠直生。
               8. 雌球花具长梗;雄球花多数排列成头状或穗状 ………… 7. 三尖杉科 Cephalotaxaceae
               8. 雌球花无梗或近无梗;雄球花单生 …………………………… 8. 红豆杉科 Taxaceae
1. 胚珠包藏在子房内;种子为果皮包裹,形成果实(被子植物门 Angiospermae)。
   9. 胚具 2 枚子叶;花各部每轮 4 或 5 基数;茎常有皮层和髓的区别(双子叶植物纲 Dicotyledoneae)。
      10. 花瓣分离,或缺如。
         11. 花既无花萼亦无花冠,或仅有花萼而无花冠。
            12. 花单性;雌花和雄花均构成葇荑花序,或至少雄花构成葇荑花序。
               13. 花萼不存在,或仅在雄花中存在。
                  14. 果为蒴果,其中含多颗种子 ……………………………… 10. 杨柳科 Salicaceae
                  14. 果为坚果或核果,含 1 颗种子。
                     15. 叶为羽状复叶 ………………………………………… 12. 胡桃科 Juglandaceae
                     15. 叶为单叶。
                        16. 雄花无花萼;核果,肉质 ………………………… 11. 杨梅科 Myricaceae
                        16. 雄花有花萼;小坚果 ……………………………… 13. 桦木科 Betulaceae
               13. 花萼存在,或至少在雌花中存在,而雄花中不存在。
                  17. 子房下位或半下位。
                     18. 叶为羽状复叶 ………………………………………… 12. 胡桃科 Juglandaceae

18. 叶为单叶。

    19. 坚果或小坚果部分或全部包在叶状或囊状总苞内,或小坚果和鳞片合生成球果状的果序 ………………………… 13. **桦木科 Betulaceae**

    19. 坚果部分或全部包在具鳞片或刺的木质总苞(壳斗)内 ……………………………………………………… 14. **壳斗科 Fagaceae**

17. 子房上位。

    20. 植物体具乳汁;子房 1 室;果为聚花果 ………… 16. **桑科 Moraceae**

    20. 植物体无乳汁;子房 1 或 2 室;果为单果。

        21. 雄蕊之花丝在花蕾中向内卷曲;果为瘦果 ………………………………………………… 17. **荨麻科 Urticaceae**

        21. 雄蕊之花丝在花蕾中直;果为翅果、坚果或核果 … 15. **榆科 Ulmaceae**

12. 花单性或两性;花不构成葇荑花序。

  22. 花无花被。

    23. 花排列成密集的穗状花序;果为浆果 ………… 9. **胡椒科 Piperaceae**

    23. 花不排列成穗状;果为翅果、蓇葖果、小坚果或核果。

      24. 雌蕊由 4 至多个离生心皮构成。

        25. 叶互生;花两性;果为翅果 ………… 19. **领春木科 Eupteleaceae**

        25. 叶对生,但在短枝上仅具 1 叶;花单性异株;果为蓇葖果 ……………………………… 20. **连香树科 Cercidiphyllaceae**

      24. 雌蕊由 2 个心皮合生而成。

        26. 落叶乔木;枝叶折断因具胶质而呈丝;小坚果,边缘具翅 …………………………… 31. **杜仲科 Eucommiaceae**

        26. 常绿乔木;枝叶无胶丝;核果 ………… 40. **交让木科 Daphniphyllaceae**

  22. 花有花萼,有时具由花瓣变形的蜜腺叶。

    27. 雌蕊由 2 至多数离生心皮,或近于离生的心皮所构成;花萼常呈花冠状。

      28. 花丝分离;浆果或瘦果;藤本。

        29. 花单性或兼有两性;果为浆果;叶为羽状复叶或掌状复叶,互生 ……………………… 22. **木通科 Lardizabalaceae**

        29. 花常两性;果为簇生瘦果;叶为羽状复叶,偶有单叶,对生 ……………………………… 21. **毛茛科 Ranunculaceae**

      28. 花丝结合成筒状;蓇葖果;乔木 ……………… 55. **梧桐科 Sterculiaceae**

    27. 雌蕊由 1 个心皮,或由 2 至多数心皮结合而成;花萼不呈花冠状。

      30. 子房 1 室。

        31. 单叶;花两性。

          32. 花药药室瓣裂;植株具樟脑样芳香味 ………… 27. **樟科 Lauraceae**

          32. 花药药室纵裂;植株常无芳香味。

            33. 雄蕊比花萼的倍数多;花萼分离或稍连合 ……………………………………… 59. **大风子科 Flacourtiaceae**

            33. 雄蕊与花萼同数,或为萼片的倍数;花萼结合成长筒,似花冠。

              34. 枝、叶和花均有银白色或棕色鳞片;花萼筒或其下部宿存 ………………………… 62. **胡颓子科 Elaeagnaceae**

34. 枝、叶和花无鳞片;花萼筒常整体脱落 ……………………

…………………………………… 61. **瑞香科 Thymelaeaceae**

31. 羽状复叶;花单性,异株 ………………………………………

…………………………… 42. **漆树科 Anacardiaceae (黄连木属 Pistacia)**

30. 子房2至多室。

35. 雄蕊和萼片同数,对生,或不同数。

36. 叶互生。

37. 单叶或为3枚小叶构成的复叶;果为蒴果、核果或浆果状。

38. 子房下位或半下位;果为蒴果,2室,成熟时2裂…………

………………………………… 30. **金缕梅科 Hamamelidaceae**

38. 子房上位;果为核果或为浆果状,稀为蒴果。

39. 胚珠具腹脊;果为蒴果,3至多室,或为核果或浆果状 ……

…………………………… 39. **大戟科 Euphorbiaceae**

39. 胚珠具背脊;果为核果 ………… 41. **黄杨科 Buxaceae**

37. 羽状复叶;果实核果状 ……………… 48. **无患子科 Sapindaceae**

36. 叶对生。

40. 果为3心皮结合的蒴果;单叶,常绿……… 41. **黄杨科 Buxaceae**

40. 果为翅果;单叶或复叶,落叶性。

41. 果为2个分果构成,其顶端各具长翅 …… 46. **槭树科 Aceraceae**

41. 果仅为1小坚果,顶端具长翅 ………… 77. **木犀科 Oleaceae**

35. 雄蕊和萼片同数,互生………………… 50. **鼠李科 Rhamnaceae**

11. 花具花萼和花冠,或有2层以上花被片。

42. 子房上位。

43. 雄蕊多于10枚,或比花瓣的倍数多。

44. 雌蕊由2至多个分离的心皮构成。

45. 萼片、花瓣界限不甚明显;雄蕊和雌蕊着生于伸长的花托上 …………………

………………………………… 25. **木兰科 Magnoliaceae**

45. 花萼和花瓣区分明显;花托缩短,平坦或凸起,或成壶状………………………

………………………………… 33. **蔷薇科 Rosaceae**

44. 雌蕊由1个心皮构成,如由2个以上心皮构成,则彼此合生。

46. 子房1室。

47. 胚珠多颗;浆果或蒴果 ……………… 59. **大风子科 Flacourtiaceae**

47. 胚珠2颗;核果…………………… 33. **蔷薇科 Rosaceae**

46. 子房2～5室。

48. 萼片镊合状排列。

49. 花丝连合成筒状。

50. 花药1室,花粉粒表面具刺;蒴果裂为数个分果 ……………

…………………………………… 54. **锦葵科 Malvaceae**

50. 花药2室,花粉粒表面无刺;蓇葖果 …… 55. **梧桐科 Sterculiaceae**

49. 花丝完全分离。

　51. 花瓣中部以下狭长为瓣柄,先端边缘呈皱波状或细裂为流苏状;果
　　　为蒴果 ……………………………………… 63. **千屈菜科 Lythraceae**

　51. 花瓣无瓣柄;果为核果或呈核果状。

　　52. 花药纵长开裂;幼枝和叶常具星状毛 …… 53. **椴树科 Tiliaceae**

　　52. 花药顶端 2 孔裂;枝叶无星状毛 …… 52. **杜英科 Elaeocarpaceae**

48. 萼片覆瓦状排列或回旋状排列。

　53. 叶互生;柑果、蒴果或浆果。

　　54. 羽状复叶或单生复叶,叶片具透明油点;果为柑果 …………………

　　　　　　　　　　　　　　　　　　…… 35. **芸香科 Rutaceae**

　　54. 单叶,叶片无油点;果为蒴果或浆果。

　　　55. 藤本;花单性异株;浆果 …………… 56. **猕猴桃科 Actinidiaceae**

　　　55. 乔木或灌木;花两性,稀单性;蒴果或浆果 ……………………

　　　　　　　　　　　　　　　　　…… 57. **山茶科 Theaceae**

　53. 叶对生,叶片常具透明或暗色腺点;蒴果 ……… 58. **藤黄科 Guttiferae**

43. 雄蕊少于 10 枚,或不超过花瓣的倍数。

　56. 雌蕊由 2 至多个分离的心皮构成。

　　57. 叶片常具透明油点;果为蓇葖果,蓇葖外被油腺………… 35. **芸香科 Rutaceae**

　57. 叶片无透明油点;果皮无油腺。

　　58. 花两性。

　　　59. 叶互生;常有托叶;瘦果……………………… 33. **蔷薇科 Rosaceae**

　　59. 叶对生;托叶早落;瘦果或蓇葖果。

　　　60. 单叶;果为瘦果,包藏于壶状花托内 …… 26. **蜡梅科 Calycanthaceae**

　　　60. 复叶;果为蓇葖果…………………… 45. **省沽油科 Staphyleaceae**

　　58. 花单性,或兼有两性。

　　　61. 藤本;果为核果 ……………………… 24. **防己科 Menispermaceae**

　　61. 乔木;果为坚果、翅果或核果。

　　　62. 雌雄同株;单叶而掌状分裂;小坚果集成球状果序 ………………

　　　　　　　　　　　　　　……………… 32. **悬铃木科 Platanaceae**

　　　62. 花单性或兼有两性;羽状复叶;果为翅果或核果 ………………

　　　　　　　　　　　　　　……………… 36. **苦木科 Simaroubaceae**

56. 雌蕊由 1 个心皮构成,如由 2 个以上心皮构成,则彼此合生。

　63. 子房 1 室,或子房内成不完全几室,上部 1 室而下部数室。

　　64. 荚果;花冠蝶形而极不整齐,或稍不整齐,亦或完全整齐 ……………

　　　　　　　　　　　　　　……………… 34. **豆科 Leguminosae**

　64. 果非荚果;花冠通常整齐或近于整齐。

　　65. 花药瓣裂………………………………… 23. **小檗科 Berberidaceae**

　65. 花药纵裂。

　　66. 子房内仅具 1 颗胚珠。

　　　67. 雄蕊分离;乔木或灌木。

　　　　68. 羽状复叶;花柱 1,顶生 ……… 45. **省沽油科 Staphyleaceae**

68. 羽状复叶或单叶;花柱 3,侧生或顶生 ……………………
　　………………………………… 42. **漆树科 Anacardiaceae**
67. 雄蕊结合成一体;藤本 ………… 24. **防己科 Menispermaceae**
66. 子房内有 2 至数枚胚珠。
69. 2 或 3 回羽状复叶;果为浆果,不裂 …… 23. **小檗科 Berberaceae**
69. 单叶;果为蒴果,成熟时 3 裂 …… 29. **海桐花科 Pittosporaceae**
63. 子房 2～5 室。
70. 花冠整齐或近于整齐。
71. 雄蕊与花瓣同数,对生。
72. 花丝分离;子房每室具 1 或 2 颗胚珠。
73. 藤本,具卷须 ………………………… 51. **葡萄科 Vitaceae**
73. 直立或蔓性木本,无卷须。
74. 单叶,有托叶;萼片镊合状排列;核果、翅果或浆果 …………
　　………………………………………… 50. **鼠李科 Rhamnaceae**
74. 单叶或羽状复叶;萼片覆瓦状排列;核果 …………………
　　…………………………………………… 49. **清风藤科 Sabiaceae**
72. 花丝连合成筒;子房每室具数枚胚珠 …… 55. **梧桐科 Sterculiaceae**
71. 雄蕊与花瓣同数,互生,或不同数。
75. 叶片具透明油点 ………………………… 35. **芸香科 Rutaceae**
75. 叶片不具透明油点。
76. 果实为 2 个分果,每个分果顶端具翅 …… 46. **槭树科 Aceraceae**
76. 果非双翅果。
77. 单叶。
78. 花药纵裂;浆果、蒴果或核果。
79. 雄蕊数为花瓣的倍数;果为浆果 …………………
　　…………………………… 60. **旌节花科 Stachyuraceae**
79. 雄蕊数与花瓣同数;果为蒴果或核果。
80. 果为蒴果;种子无假种皮。
81. 花柱 1;子房 1 室,上位 ………………………
　　…… 28. **虎耳草科 Saxifragaceae**(鼠刺属 Itea)
81. 花柱 2;子房 2 室,下位或半下位 …………
　　……………………… 30. **金缕梅科 Hamamelidaceae**
80. 果为核果,如为蒴果,则种子具假种皮。
82. 核果;花无花盘 …… 43. **冬青科 Aquifoliaceae**
82. 蒴果;花具花盘 …… 44. **卫矛科 Celastraceae**
78. 花药孔裂;蒴果 ……………………… 71. **山柳科 Clethraceae**
77. 复叶。
83. 叶互生。
84. 雄蕊分离。
85. 雄蕊 8 或 10 枚;种子无翅。

86. 核果具假种皮 …… 48. **无患子科 Sapindaceae**

86. 核果无假种皮 …… 42. **漆树科 Anacardiaceae**

85. 发育雄蕊 5 枚；种子具翅 ………………………………

……………… 37. **楝科 Meliaceae（香椿属 Toona）**

84. 雄蕊连合成筒状 ……………… 37. **楝科 Meliaceae**

83. 叶对生 ……………… 45. **省沽油科 Staphyleaceae**

70. 花冠不整齐。

87. 单叶；花药孔裂；花丝结合成鞘状 ………… 38. **远志科 Polygalaceae**

87. 掌状复叶；花药纵裂；花丝分离 …… 47. **七叶树科 Hippocastanaceae**

42. 子房下位或半下位。

88. 雄蕊多于 10 枚，或比花瓣倍数多。

89. 叶片和花具透明油点；叶对生 ……………… 67. **桃金娘科 Myrtaceae**

89. 叶片和花无油点；叶互生或对生。

90. 子房 2～6 室，上下不叠生；种子无肉质多汁的假种皮。

91. 叶无托叶；蒴果 ……………… 28. **虎耳草科 Saxifragaceae**

91. 叶具托叶；梨果 ……………… 33. **蔷薇科 Rosaceae**

90. 子房多室，上下叠生；种子具肉质而多汁的假种皮 …… 64. **安石榴科 Punicaceae**

88. 雄蕊与花瓣同数，或为花瓣的倍数。

92. 子房每室仅具 1 胚珠。

93. 雄蕊和花瓣同数且互生，或不同数。

94. 花柱 2～5。

95. 伞房花序或总状花序；蒴果或梨果。

96. 蒴果 ……………… 30. **金缕梅科 Hamamelidaceae**

96. 梨果 ……………… 33. **蔷薇科 Rosaceae**

95. 伞形花序再组成圆锥花序；核果或浆果 …… 69. **五加科 Araliaceae**

94. 花柱 1。

97. 花瓣 4～10 枚，初时连合成筒状，开放时反卷 ………………………………

……………… 66. **八角枫科 Alangiaceae**

97. 花瓣 4 或 5，不如前状。

98. 叶互生；萼片和花瓣均 5 枚 ……………… 65. **蓝果树科 Nyssaceae**

98. 叶常对生；萼片和花瓣均 4 枚 …… 70. **山茱萸科 Cornaceae**

93. 雄蕊和花瓣同数且对生 ……………… 50. **鼠李科 Rhamnaceae**

92. 子房每室具少数至多数胚珠。

99. 子房 1 室；浆果 …… 28. **虎耳草科 Saxifragaceae（茶藨子属 Ribes）**

99. 子房 2 至多室；蒴果。

100. 花药纵裂；花柱 2 或 3，子房 2 或 3 室 …… 28. **虎耳草科 Saxifragaceae**

100. 花药顶端孔裂；花柱 1，子房 4 或 5 室 …… 68. **野牡丹科 Melastomataceae**

10. 花瓣连合，有时仅基部连合，稀花瓣分离。

101. 子房上位。

102. 雄蕊数多于花冠裂片数。

103. 叶为 2 回羽状复叶;雌蕊仅 1 心皮;荚果 ………………………… 34. **豆科 Leguminosae**
103. 叶为单叶;雌蕊具 2 至多个结合心皮;果非荚果。
　　104. 花柱 2 至多条。
　　　　105. 雄蕊之花丝连合成管,或仅基部连合。
　　　　　　106. 萼片镊合状排列;花丝连合(单体雄蕊) ……… 54. **锦葵科 Malvaceae**
　　　　　　106. 萼片覆瓦状排列;花丝基部连合,成束 ………… 57. **山茶科 Theaceae**
　　　　105. 雄蕊之花丝分离。
　　　　　　107. 萼片离生;叶缘常具锯齿 ……………………… 57. **山茶科 Theaceae**
　　　　　　107. 萼片合生;叶全缘 ……………………………… 74. **柿树科 Ebenaceae**
　　104. 花柱单一。
　　　　108. 花冠不整齐;萼片不等大;花丝连合成鞘状 ……… 38. **远志科 Polygalaceae**
　　　　108. 花冠整齐;萼片等大;花丝分离,或仅基部连合。
　　　　　　109. 花药通常孔裂;雄蕊不着生于花冠上,各自分离。
　　　　　　　　110. 子房 3 室;花柱顶端 3 裂 ………………… 71. **山柳科 Clethraceae**
　　　　　　　　110. 子房常 5 室;花柱不裂 ………………… 72. **杜鹃花科 Ericaceae**
　　　　　　109. 花药纵裂;雄蕊着生于花冠上,花丝基部连合 … 76. **野茉莉科 Styracaceae**
102. 雄蕊不多于花冠裂片数,或同数。
　　111. 雄蕊与花冠裂片同数且对生;花丝极短,明显短于花药 ………………………………
　　　　……………………………………………… 73. **紫金牛科 Myrsinaceae**
　　111. 雄蕊与花冠裂片同数且互生,或雄蕊较花冠裂片少;花丝通常长于花药。
　　　　112. 雌蕊由 2 至数个分离的心皮构成。
　　　　　　113. 花粉粒分离;花柱单一;叶柄基部与叶柄间具钻状或丝状腺体 ……………
　　　　　　　　……………………………………………… 79. **夹竹桃科 Apocynaceae**
　　　　　　113. 花粉粒结合成花粉块;花柱 2;叶柄顶端具丛生腺体 ………………………
　　　　　　　　……………………………………………… 80. **萝藦科 Asclepiadaceae**
　　　　112. 雌蕊心皮 1 个,或由 2 至数个心皮结合而成。
　　　　　　114. 花冠整齐,或近整齐。
　　　　　　　　115. 雄蕊与花冠裂片同数。
　　　　　　　　　　116. 雄蕊和花冠离生;花常单性;核果具数枚分核 ……………………
　　　　　　　　　　　　…………………………………………… 43. **冬青科 Aquifoliaceae**
　　　　　　　　　　116. 雄蕊着生于花冠上;花两性;蒴果、浆果或核果。
　　　　　　　　　　　　117. 叶互生。
　　　　　　　　　　　　　　118. 乔木;核果 …… 81. **紫草科 Boraginaceae (厚壳树属 Ehretia)**
　　　　　　　　　　　　　　118. 灌木;浆果 ……………………………… 83. **茄科 Solanaceae**
　　　　　　　　　　　　117. 叶对生。
　　　　　　　　　　　　　　119. 具托叶;子房 2 室,每室具多枚胚珠;蒴果或浆果 …………
　　　　　　　　　　　　　　　　……………………………………… 78. **马钱科 Loganiaceae**
　　　　　　　　　　　　　　119. 无托叶;子房 4 室,每室 1 或 2 粒胚珠;核果 …………
　　　　　　　　　　　　　　　　……………………………………… 82. **马鞭草科 Verbenaceae**
　　　　　　　　　　115. 雄蕊少于花冠裂片。
　　　　　　　　　　　　120. 直立或蔓性木本;雄蕊 2 枚 …………………… 77. **木犀科 Oleaceae**

120. 乔木;雄蕊 4 枚 …… 84. **玄参科 Scrophulariaceae** (泡桐属 Paulownia)

114. 花冠不整齐。

121. 直立或蔓性木本;叶对生或互生;子房 1 室,但因侧膜胎座深入成假 2 室

………………………………………………… 85. **紫葳科 Bignoniaceae**

121. 乔木;子房 2 室 ……… 84. **玄参科 Scrophulariaceae** (泡桐属 Paulownia)

101. 子房下位或半下位。

122. 雄蕊数为花冠裂片数的倍数,或更多。

123. 叶对生;叶片常具透明油点 ………………………… 67. **桃金娘科 Myrtaceae**

123. 叶互生;叶片不具透明油点。

124. 花药无附属物,纵裂;蒴果或核果。

125. 植物体常具星状毛;核果或蒴果 ……… 76. **野茉莉科 Styracaceae**

125. 植物体不具星状毛;核果 …………… 75. **山矾科 Symplocaceae**

124. 花药顶端或背面常具芒状附属物,孔裂;浆果 ………………………

…………… 72. **杜鹃花科 Ericaceae** (越橘属 Vaccinium)

122. 雄蕊数与花冠裂片同数,或较少。

126. 子房半下位;叶互生 ………………………… 18. **铁青树科 Olacaceae**

126. 子房下位;叶常对生。

127. 雄蕊和花冠裂片同数;叶柄间托叶明显 ………… 86. **茜草科 Rubiaceae**

127. 雄蕊和花冠裂片同数,或较少;无托叶 ……… 87. **忍冬科 Caprifoliaceae**

9. 胚具 1 枚子叶;花各部每轮常 3 基数;茎(秆)无皮层和髓的区别(单子叶植物纲 Monocotyledoneae)。

128. 秆(木质茎)直立;秆生叶和枝生叶明显不同;花被呈鳞片状 …………………

…………………………………… 88. **禾本科 Gramineae** (竹亚科 Bambusoideae)

128. 茎直立或攀援;叶同型;花被片显著,6 枚。

129. 茎直立,无刺或有刺;叶柄基部成纤维发达的鞘 ………… 89. **棕榈科 Palmae**

129. 茎攀援,具刺或刚毛;叶柄两侧常有 1 对卷须 ……… 90. **百合科 Liliaceae** (菝葜属 Smilax)

裸子植物门　Gymnospermae

乔木,稀为灌木或木质藤本。茎维管束成环排列,具形成层,次生木质部几全由管胞组成,稀具导管;韧皮部只有筛胞,没有筛管和伴胞的分化。叶多为针形、线形或鳞形;无托叶。雌雄同株或异株。雄蕊(小孢子叶)多数,组成疏松或紧密的雄球花(小孢子叶球);每个雄蕊具 1 至多数花粉囊(小孢子囊),花粉(小孢子)有气囊,或无;精细胞能游动或否。雌蕊(大孢子叶)不形成密闭的子房,无柱头,成组或成束着生,不形成雌球花,或形成雌球花(大孢子叶球)而生于花轴上,胚珠(大孢子囊)裸生,"裸子植物"由此得名;每个胚珠由珠心、珠被和顶端的珠孔组成;胚珠发育后从其中一个细胞(大孢子)发育形成多数细胞的雌配子体,寄生在珠心里,雌配子体的顶端形成颈卵器,成熟的颈卵器内卵细胞受精后发育成具有 2 至多数原胚,后仅其中 1 个发育成胚,雌配子体的其他部分发育成围绕胚的胚乳,珠被发育成种皮,整个胚珠发育成种子。种子裸生,不形成果实。

现存裸子植物有 17 科,86 属,840 种,广布于世界各地,尤以北半球亚热带高山地区和温带至寒带地区分布最为广泛,常组成大面积森林。我国裸子植物有 11 科,41 属,237 种。浙江有裸子植物 9 科,34 属,含栽培种在内共 55 种。本志记载 8 科,20 属,24 种(含栽培种)、2 变种。

一、苏铁科　Cycadaceae

常绿木本植物。树干粗壮,圆柱形,稀在顶端呈二叉状分枝,或成块茎状,髓部大,木质部及韧皮部较窄。叶螺旋状排列,有鳞叶及营养叶,两者相互呈环着生;鳞叶小,密被褐色毡毛,营养叶大,深裂成羽状,稀二叉羽状深裂,集生于树干顶部或块状茎上。雌雄异株,雄球花单生于树干顶端,直立,小孢子叶扁平鳞状或盾状,螺旋状排列,其下面生有多数小孢子囊,小孢子萌发时产生 2 个有多数纤毛能游动的精子;大孢子叶扁平,上部羽状分裂或几不分裂,生于树干顶部羽状叶与鳞叶之间,胚珠 2～10 枚,生于大孢子叶柄的两侧,不成球花,或大孢子叶似盾状,螺旋状排列于中轴上,呈球花状,生于树干或块状茎的顶端,胚珠 2 枚,生于大孢子叶的两侧。种子核果状,具三层种皮,胚乳丰富。

1 属,60 种,分布于东亚、南亚、非洲(包括马达加斯加)、澳大利亚和太平洋群岛。我国有 1 属,16 种。浙江常见引入栽培 1 种。本志记载 1 栽培种。

（一）苏铁属　Cycas L.

树干圆柱形,直立,常被宿存的木质叶基。叶有鳞叶与营养叶两种,两者成环的交互着生;鳞叶小,褐色,密被粗糙的黏毛;营养叶大,羽状深裂,稀叉状二回羽状深裂,革质,集生于树干上部,呈棕榈状;羽状裂片窄长,条状或条状披针形,中脉显著,基部下延,叶轴基部的小叶变成刺状,脱落时通常叶柄基部宿存;幼叶的叶轴及小叶呈拳卷状。雌雄异株,雄球花长卵圆球形或圆柱形,小孢子叶扁平,楔形,下面着生多数单室的花药,花药无柄,通常3~5个聚生,药室纵裂;大孢子叶扁平,生于树干顶部羽状叶与鳞叶之间,常不形成雌球花,稀形成疏松的雌球花,大孢子叶中下部狭窄成柄状,两侧着生2~10枚胚珠。种子的外种皮肉质,中种皮木质,常具2棱,稀3棱,内种皮膜质,在种子成熟时则破裂;子叶2枚。

约16种,分布于亚洲东部和东南部、大洋洲及马达加斯加等热带及亚热带地区。我国有8种,分布于福建、台湾、广东、广西、云南及四川等。浙江常见引种1种。

1. 苏铁（图1）

Cycas revoluta Thunb. , Verh. Holl. Maatsch Weetensch. Haarlem 20：424，426．1782.

常绿。不分枝,高1~4m,密被宿存的叶基和叶痕。羽状叶长0.5~2m,基部两侧有刺;羽片达100对以上,条形,质坚硬,长9~18cm,宽4~6mm,先端锐尖,边缘向下卷曲,深绿色,有光泽,下面有毛或无毛。雄球花圆柱形,长30~70cm,直径10~15cm,小孢子叶矩圆状楔形,长3~7cm,上端宽1.7~2.5cm,有急尖头,有黄褐色绒毛;大孢子叶扁平,长14~22cm,密生黄褐色长绒毛,上部顶片宽卵形,羽状分裂,其下方两侧着生数枚近球形的胚珠。种子卵圆球形,微扁,顶凹,长2~4cm,熟时朱红色。

产地：区内低海拔村落偶见栽培。

分布：分布于福建、台湾、广东,现普遍栽培;日本、印度尼西亚。

用途：茎内淀粉及种子可食,种子含油约20％;叶、种子入药,有收敛止咳、止血之效。

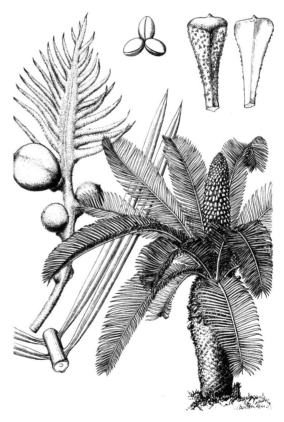

图1　苏铁（引自《湖南植物志》）

二、银杏科　Ginkgoaceae

落叶乔木。树干高大,分枝繁茂;枝分长枝和短枝。叶扇形,有长柄,具多数叉状并列细脉,在长枝上螺旋状散生,在短枝上成簇生状。球花单性,雌雄异株,生于短枝顶部的鳞片状叶的腋内,呈簇生状;雄球花具梗,似葇荑花序状,雄蕊多数,螺旋状着生,排列较疏,具短梗,花药2,药室纵裂,药隔不发达;雌球花具长梗,梗端常分2叉,稀不分叉或分成3～5叉,叉顶生珠座("珠领"),各具1枚直立胚珠。种子核果状,具长梗,下垂,外种皮肉质,中种皮骨质,内种皮膜质,胚乳丰富;子叶常2枚,发芽时不出土。

　　本科仅1属,1种,以往报道在浙江天目山有野生状态的树木,各地栽培很广,本志亦有记载。

（一）银杏属　Ginkgo L.

　　形态特征与科同。

1. 银杏（图 2）

Ginkgo biloba L.，Mant. Pl. 2：313. 1771.

　　落叶乔木。枝有长枝与短枝。叶在长枝上螺旋状散生,在短枝上簇生状,叶片扇形,有长柄,有多数二叉状并列的细脉;上缘宽5～8cm,浅波状,有时中央浅裂或深裂。雌雄异株,稀同株;球花生于短枝叶腋或苞腋;雄球花成葇荑花序状,雄蕊多数,各有2花药;雌球花有长梗,梗端2叉(稀不分叉或3～5叉),叉端生1珠座,每珠座生1胚珠,仅1枚发育成种子。种子核果状,椭圆球形至近球形,长2.5～3.5cm;外种皮肉质,有白粉,熟时淡黄色或橙黄色;中种皮骨质,白色,具2或3棱;内种皮膜质,胚乳丰富。

　　产地：都林山、鸠甫山、龙塘山、茶园里、三祖源、十八龙潭、童玉、西坞源、道场坪等地栽培。生于海拔500～1000m排水良好地带的天然林中。

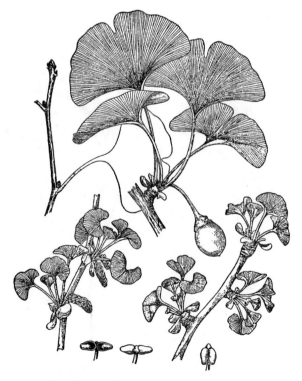

图 2　银杏(引自《浙江天目山药用植物志》)

分布：我国特产，现普遍栽培。

用途：木材优良，供雕刻、图版、建筑等用；种仁可食用，入药有润肺止咳、强壮等效；叶可作药用和制杀虫剂，亦可作肥料。

三、松科　Pinaceae

常绿或落叶乔木，稀为灌木。枝仅有长枝，或兼有长枝和生长缓慢的短枝，短枝明显，稀极度退化而不明显。叶条形或针形，基部不下延生长；条形叶扁平，稀呈四棱形，在长枝上螺旋状散生，在短枝上呈簇生状；针形叶 2～5 枚（稀 1 或多至 81 枚）成一束，着生于极度退化的短枝顶端，基部有叶鞘。花单性，雌雄同株；雄球花腋生或单生枝顶，或多数集生于短枝顶端，具多数螺旋状着生的雄蕊，每雄蕊具 2 花药，花粉有气囊或无气囊，或具退化气囊；雌球花由多数螺旋状着生的珠鳞与苞鳞所组成，花期时珠鳞小于苞鳞，稀珠鳞较苞鳞为大，每珠鳞的腹（上）面具两枚倒生胚珠，背（下）面的苞鳞与珠鳞分离（仅基部合生），花后珠鳞增大发育成种鳞。球果直立或下垂，熟时张开；种鳞背腹面扁平，木质或革质，宿存或熟时脱落；苞鳞与种鳞离生（仅基部合生）；种鳞的腹面基部有 2 粒种子，种子上端常具一膜质翅；胚具 2～16 枚子叶，发芽时出土或不出土。

本科 235 种，10 或 11 属，多产于北半球。我国有 10 属，108 种（其中引种栽培 24 种），全国广布。浙江有 9 属，21 种、1 变种。本志记载 6 属，7 种。

分属检索表

1. 叶针形，2～5 枚成束，生于苞片状鳞叶的腋部，着生于极度退化的短枝顶端，常绿 ……… 1. 松属 Pinus
1. 叶条形、锥形或针形，螺旋状排列，或在短枝上成簇生状，常绿或落叶。
 2. 枝有长枝和短枝之分；叶在长枝上螺旋状着生，短枝上簇生状；球果当年或翌年成熟。
  3. 叶扁平，柔软，条形；落叶性；球果卵圆球形，当年成熟 ………………… 2. 金钱松属 Pseudolarix
  3. 叶具 3 棱，坚硬，针形；常绿性；球果卵状椭圆球形，翌年成熟 ………………… 3. 雪松属 Cedrus
 2. 枝仅见长枝，无短枝；叶螺旋状排列；球果当年成熟。
  4. 球果直立，成熟后种鳞自宿存的中轴脱落………………………………… 4. 冷杉属 Abies
  4. 球果下垂，成熟后种鳞宿存。
   5. 苞鳞伸出种鳞外，先端 3 裂；叶片内部具 2 个边生树脂管；小枝不具叶枕，或微具叶枕 ………
   ………………………………………………………………… 5. 黄杉属 Pseudotsuga
   5. 苞鳞不伸出种鳞外，或微露出，先端不裂或 2 裂；叶片内部维管束鞘下有 1 个树脂管；小枝有
   隆起和微隆起的叶枕 ………………………………………………… 6. 铁杉属 Tsuga

（一）松属　Pinus L.

常绿乔木，稀为灌木。枝轮生，每年生一节或多节；冬芽显著，芽鳞多数，覆瓦状排列。叶有两型：鳞叶（原生叶）单生，螺旋状着生，在幼苗期为扁平条形，绿色，后逐渐退化成膜质苞片状；针叶（次生叶）螺旋状着生，辐射伸展，常 2 针、3 针或 5 针一束，生于苞片状鳞叶的腋部，着生于不发育的短枝顶端，每束针叶基部由 8～12 枚芽鳞组成的叶鞘所成，叶鞘脱落或宿存，针叶边缘全缘或有细锯齿，背部无气孔线或有气孔线，腹面两侧具气孔线。具 1 或 2 个维管束及 2 至 10 余个中生或边生、稀内生的树脂道。球花单性，雌雄同株；雄球花生于新

枝下部的苞片腋部,多数聚集成穗状花序状,无梗,斜展或下垂,雄蕊多数,螺旋状着生,花药2,药室纵裂,药隔鳞片状,边缘微具细缺齿,花粉有气囊;雌球花单生或2～4个生于新枝近顶端,直立或下垂,由多数螺旋状着生的珠鳞与苞鳞组成,珠鳞腹面基部有2枚倒生胚珠,背面基部有一短小的苞鳞。小球果于第二年春受精后迅速长大,球果直立或下垂;种鳞木质,宿存,排列紧密,种子具翅。

本属约110种,分布于亚洲、欧洲、非洲(北部)和北美洲。我国有39种,其中引入栽培16种。浙江野生2种,引入栽培8种。

分种检索表

1. 针叶细柔,内部树脂道边生;鳞盾常不隆起,鳞脐凹陷无刺 ………………………… 1. 马尾松 P. massoniana
1. 针叶粗硬,内部树脂道中生;鳞盾隆起,鳞脐具尖刺 ……………………………… 2. 黄山松 P. taiwanensis

1. 马尾松(图3:A-D)

Pinus massoniana Lamb, Descr. Pinus 1:,17, t. 12. 1803.

乔木,高可达45m,胸径可达1.5m。树皮呈不规则的鳞状块片;枝平展或斜展,枝条每年生长一轮,淡黄褐色,无白粉,稀有白粉,无毛;冬芽卵状圆柱形或圆柱形,褐色,顶端尖,芽鳞边缘丝状,先端尖或成渐尖的长尖头,微反曲。针叶2针一束,稀3针一束,长12～20cm,细柔,微扭曲,两面有气孔线,边缘有细锯齿;树脂道4～8个,在背面边生,或腹面也有2个边生;叶鞘初呈褐色,后渐变成灰黑色,宿存。雄球花淡红褐色,圆柱形,弯垂,长1～1.5cm,聚生于新枝下部苞腋,穗状,长6～15cm;雌球花单生或2～4个聚生于新枝近顶端,淡紫红色,一年生小球果圆球形或卵圆球形,直径约2cm,褐色或紫褐色,上部珠鳞的鳞脐具向上直立的短刺,下部珠鳞的鳞脐平钝无刺。球果卵圆球形或圆锥状卵圆球形,长4～7cm,直径2.5～4cm,有短梗,下垂,成熟前绿色,熟时栗褐色,陆续脱落;中部种鳞近矩圆状倒卵形,或近长方形,长约3cm;鳞盾菱形,微隆起或平,横脊微明显,鳞脐微凹,无刺,生于干燥环境者常具极短的刺;种子长卵圆形,长4～6mm,连翅长2～2.7cm。球果第二年10—12月成熟。

产地:区内广布。生于海拔800m以下的山坡或林中,喜光,喜凉润、空气相对湿度较大的高山气候。

分布:安徽、浙江、江西、福建、台湾、湖南、湖北、河南等地。

用途:可供建筑、矿柱、器具、板材及木纤维工业原料等用材;树干可割树脂,为医药、化工原料;树干及根部可培养茯苓、蕈类,供中药及食用;树皮可提取栲胶。

2. 黄山松(图3:E,F)

Pinus taiwanensis Hayata in J. Coll. Sci. Imp. Univ. Tokyo. 30(1):307. 1911.

Pinus hwangshanensis Hsia; *P. luchuensis* Mayr subsp. *hwangshanensis*(Hsia) D. Z. Li; *P. luchuensis* var. *hwangshanensis*(Hsia) C. L. Wu.

常绿乔木。树皮灰褐色,呈不规则鳞状脱落;一年生枝淡黄褐色或暗红褐色,无毛;冬芽深褐色,卵圆球形或长卵圆球形,芽鳞顶端尖。针叶2针一束,稍粗硬,通常长7～10cm,边缘有细锯齿,两面有气孔线;树脂道4～8个,中生;叶鞘宿存。雄球花淡红褐色,

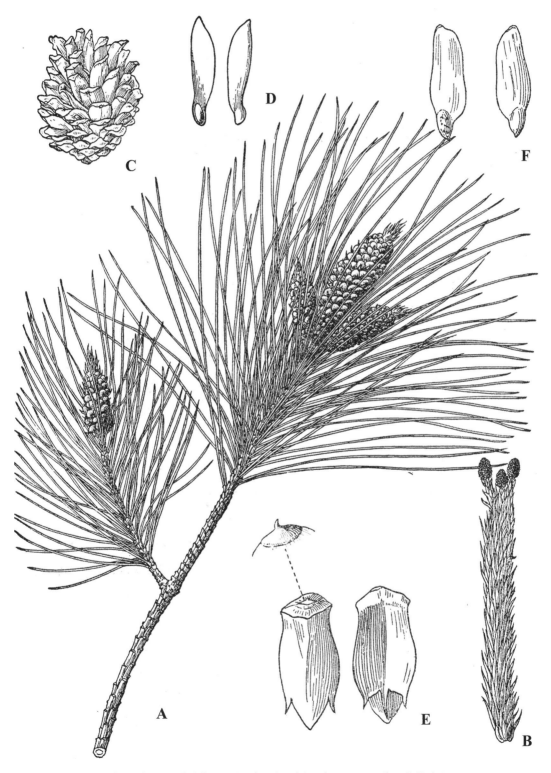

图 3　A–D：马尾松；E，F：黄山松（重组《浙江天目山药用植物志》）

圆柱形,弯垂,多个呈穗状生于新枝下部苞腋;雌球花单生或2～4个聚生于新枝近顶端,淡紫红色。球果卵圆球形,长3～5cm,直径3～4cm,近无柄,成熟后暗褐色或栗褐色,宿存数年不落;种鳞的鳞盾稍肥厚隆起,横脊明显;鳞脐背生,有短刺;种子长4～6mm,种翅长11～20mm。

产地:区内广布。生于海拔800m以上的山坡或山顶,在土层深厚、排水良好的酸性土壤及向阳山坡生长良好。

分布:安徽、浙江、福建、台湾、江西、湖南、贵州。

用途:为荒山的造林树种。木材坚实,可供建筑等用;也可割取松脂和提取松节油。

(二) 金钱松属　Pseudolarix Gord.

落叶乔木。大枝不规则轮生;枝有长枝与短枝,长枝基部有宿存的芽鳞,短枝矩状;顶芽外部的芽鳞有短尖头,长枝上腋芽的芽鳞无尖头,间或最外层的芽鳞有短尖头。叶条形,柔软,在长枝上螺旋状散生,叶枕下延,微隆起,矩状短枝之叶簇生状,辐射平展呈圆盘形,叶脱落后有密集成环节状的叶枕。雌雄同株,球花生于短枝顶端;雄球花穗状,多数簇生,有细梗,雄蕊多数,螺旋状着生,花丝极短,花药2,药室横裂,药隔三角形,花粉有气囊;雌球花单生,具短梗,有多数螺旋状着生的珠鳞与苞鳞,苞鳞较珠鳞为大,珠鳞的腹面基部有2枚胚珠,受精后珠鳞迅速增大。球果当年成熟,直立,有短梗;种鳞木质,苞鳞小,基部与种鳞结合而生,熟时与种鳞一同脱落,发育的种鳞各有2粒种子;种子有宽大种翅,种子连同种翅几与种鳞等长;子叶4～6枚。

仅有1种,为我国特产,分布于长江中下游各省温暖地带。

1. 金钱松(图4)

Pseudolarix amabilis(J. Nelson) Rehder in J. Arnold Arbor. 1: 53. 1919.

Basionym: *Larix amabilis* J. Nelson, Pinaceae 84. 1866.

乔木。树干通直,树皮粗糙,灰褐色,裂成不规则的鳞片状块片;枝平展,树冠宽塔形;一年生长枝淡红褐色或淡红黄色,无毛,有光泽,二或三年生枝淡黄灰色或淡褐灰色,稀淡紫褐色,老枝及短枝呈灰色、暗灰色或淡褐灰色;矩状短枝生长极慢,有密集成环节状的叶枕。叶条形,柔软,镰状或直,上部稍宽,长2～5.5cm,宽1.5～4mm(幼树及萌生枝之叶长达

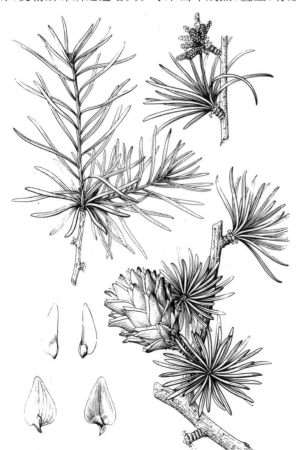

图4　金钱松(引自《中国种子植物特有属》)

7cm,宽达 5mm),先端锐尖或尖,上面绿色,中脉微明显,下面蓝绿色,中脉明显,气孔带较中脉带为宽或近于等宽;长枝之叶辐射伸展,短枝之叶簇状密生,平展成圆盘形,秋后叶呈金黄色。雄球花黄色,圆柱状,下垂,长 5～8mm,梗长 4～7mm;雌球花紫红色,直立,椭圆球形,长约 1.3cm,有短梗。球果卵球形或倒卵球形,长 6～7.5cm,直径 4～5cm,成熟时淡红褐色,有短梗;中部的种鳞卵状披针形,长 2.8～3.5cm,基部宽约 1.7cm,两侧耳状,先端钝有凹缺,腹面种翅痕之间有纵脊凸起,脊上密生短柔毛,鳞背光滑无毛;苞鳞长约种鳞的 1/4～1/3,卵状披针形,边缘有细齿;种子卵圆形,白色,长约 6mm,种翅三角状披针形,淡黄色或淡褐黄色,上面有光泽,连同种子几乎与种鳞等长。球果 10 月成熟。

产地:龙塘山、三祖源、干坑、大坪溪。生于温暖、多雨及土层深厚、肥沃、排水良好的酸性土地区。

分布:江苏、浙江、安徽、福建、江西、湖南、湖北、四川。

用途:可作建筑、板材、家具、器具及木纤维原料等用;树皮可提取栲胶,入药可治顽癣和食积等症;根皮亦可药用,也可造纸胶料;种子可榨油;树姿优美,亦可作庭院树。

(三) 雪松属　Cedrus Trew

常绿乔木。冬芽小,有少数芽鳞;枝有长枝及短枝,枝条基部有宿存的芽鳞,叶脱落后有隆起的叶枕。叶针状,坚硬,通常三棱形,或背脊明显四棱形,叶在长枝上螺旋状排列、辐射伸展,在短枝上呈簇生状。球花单性,雌雄同株,直立,单生短枝顶端;雄球花具多数螺旋状着生的雄蕊,花丝极短,花药 2,药室纵裂,药隔显著,鳞片状卵形,边缘有细齿,花粉无气囊;雌球花淡紫色,有多数螺旋状着生的珠鳞,珠鳞背面托 1 小苞鳞,腹面基部有 2 枚胚珠。球果第二年(稀三年)成熟,直立;种鳞木质,宽大,排列紧密,腹面有 2 粒种子,鳞背面密生短绒毛;苞鳞短小,熟时与种鳞一同从宿存的中轴上脱落;球果顶端及基部的种鳞无种子,种子有宽大膜质的种翅;子叶通常 6～10 枚。

4 种,分布于非洲西北部、亚洲西南部及喜马拉雅山西部。我国有 2 种,引入 1 种。浙江引种栽培 1 种。

1. 雪松(图 5)

Cedrus deodara(Roxb. ex D. Don) G. Don, Hort. Brit. 1: 388, No. 23637. 1830.

Basionym: *Pinus deodara* Roxb., Fl. Ind., ed. 1832, 3: 651. 1832.

常绿乔木。大枝不规则轮生,平展;小枝微下垂,有长枝与短枝,一年生长枝

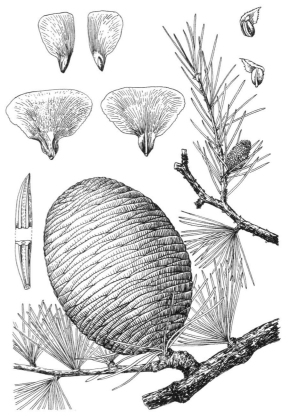

图 5　雪松(引自 *Flora of China*-Ill.)

有毛。叶在长枝上螺旋状散生,在短枝上簇生,斜展,针形,坚硬,横切面三角形,长 2.5～5cm,每面有数条灰白色气孔线。雌雄同株;雌、雄球花单生于不同长枝上的短枝顶端,直立;雄球花近黄色;雌球花初为紫红色,后呈淡绿色,微被白粉,珠鳞背面基部托 1 短小苞鳞,腹面基部有 2 枚胚珠。球果翌年成熟,直立,近卵球形至椭圆状卵圆球形,长 7～10cm,熟时种鳞与种子脱落;种鳞木质,倒三角形,顶端宽平,长 2.8～3.2cm,宽 3.7～4.3cm,背面密生锈色毛;苞鳞极小;种子上端具倒三角形翅。

产地:区内偶见栽培,作观赏。

分布:西藏西南部,北京以南各大城市均有栽培。

用途:可作建筑、桥梁、造船、家具及器具等用;也可作庭院树;种子含油约 25%,供工业用油。

(四) 冷杉属　**Abies** Mill.

常绿乔木。树干端直;大枝轮生,小枝对生,叶脱落后有圆形或近圆形的吸盘状叶痕;冬芽 3 个,在枝端排成一平面。叶螺旋状着生,辐射伸展或基部扭转成两列;叶片线形,扁平,中脉在上面多下凹,在下面隆起,两侧有白色气孔带,内有 2(4～12) 个树脂道,位于维管束的两侧,或靠近下面两端的皮下层细胞,中生或边生。雌雄同株,球花单生于去年枝的叶腋;雄球花幼时长椭圆球形,后成穗状圆柱形,下垂,有梗,雄蕊多数,螺旋状着生,花药 2,药室横隔,药隔常二叉状分裂,花粉有气囊;雌球花卵状圆柱形,直立,具多数螺旋状着生的珠鳞及苞鳞,苞鳞长于珠鳞。球果当年成熟,直立,卵状圆柱形,有短梗或几无梗;种鳞木质,排列紧密,常为肾形或扇状四边形,腹面有 2 粒种子,背面托 1 与基部合生的苞鳞;苞鳞露出、微露出或不露出,先端常有凸尖(稀渐尖)的尖头,外露部分直伸、斜展或反曲;种子上部具宽大的膜质长翅;种翅较种鳞稍短,下端边缘包种子,不易脱离,球果成熟后种鳞与种子一同从宿存的中轴上脱落;子叶 3～12(多为 4～8)枚,发芽时不出土。

约 50 种,主要分布于亚洲、欧洲、中美及北美洲的高山和中山地带。我国有 22 种和数变种,分布于浙江、江西、台湾、湖南、广西、贵州、河南等高海拔山地。浙江 1 种,引入栽培 1 种。

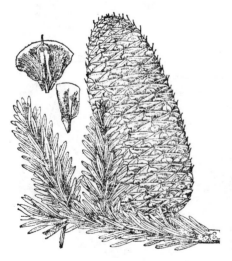

图 6　日本冷杉(引自《江苏植物志》)

1. 日本冷杉(图 6)

Abies firma Siebold & Zucc., Fl. Jap. (Siebold) 2: 15, t. 107. 1842.

乔木。树皮暗灰色或暗灰黑色,粗糙,成鳞片状开裂;大枝通常平展,树冠塔形;一年生枝淡灰黄色,凹槽中有细毛或无毛,二或三年生枝淡灰色或淡黄灰色;冬芽卵圆形,有少量树脂。叶条形,直或微弯,长 2～3.5cm,宽 3～4mm,近于辐射伸展,或枝条上面的叶向上直伸或斜展,枝条两侧及下面之叶列成两列,先端钝而微凹(幼树之叶在枝上列成两列,先端二裂),上面光绿色,下面有 2 条灰白色气孔带;壮龄树及果枝之叶的树脂道 4 个(2 个中生,2 个边生)或仅有 2 个中生树脂道,幼树之叶有 2 个边生的树脂道。球果圆柱形,长 12～15cm,基部较宽,成熟前绿色,熟时黄褐色或灰褐色,中部种鳞扇状四方形,长 1.2～2.2cm,宽 1.7～2.8cm;苞鳞外露,通常较种鳞为长,先端有骤凸的尖头;种翅楔状长方形,较种子为长。球果 10 月成熟。

产地:龙塘山、干坑有栽培。

分布:分布于辽宁、山东、江苏、浙江、江西、台湾等地。

用途:可引种栽培作庭院树;也可作造林树种;木材可供家具、建筑等用。

(五) 黄杉属　Pseudotsuga Carr.

常绿乔木。树干端直;大枝不规则生;小枝具微隆起的叶枕,基部无宿存的芽鳞或有少数向外反曲的残存芽鳞,叶脱落后枝上有近圆形的叶痕;冬芽卵圆球形或纺锤形,无树脂。叶条形,扁平,螺旋状着生,基部窄而扭转排成两列,具短柄,上面中脉凹下,下面中脉隆起,有 2 条白色或灰绿色气孔带,新鲜之叶质地软,叶内有 1 个维管束与 2 个边生树脂道,叶肉薄壁组织中有不规则的骨针状石细胞。雌雄同株;球花单性;雄球花圆柱形,单生叶腋,雄蕊多数,螺旋状着生,各有 2 个花药,花丝短,药隔三角形,药室横隔,花粉无气囊;雌球花单生于侧枝顶端,下垂,卵球形,有多数螺旋状着生的苞鳞与珠鳞,苞鳞显著,直伸或向后反曲,先端三裂,珠鳞小,生于苞鳞基部,着生 2 枚侧生胚珠。球果卵球形,下垂,有柄,幼时紫红色,成熟前淡绿色,熟时褐色或黄褐色;种鳞木质、坚硬,蚌壳状,宿存;苞鳞显著露出,先端三裂,中裂窄长渐尖,侧裂较短,先端盾尖或钝圆;种子连翅较种鳞为短;子叶 6～8(～12)枚,发芽时出土。

6 种,分布于我国、日本和北美西北部。我国产 5 种,分布于华东、华中至西南。浙江有 1 种。

1. 黄杉(图 7)

Pseudotsuga sinensis Dode in Bull. Soc. Dendrol. France 23－24:58. 1912.

Pseudotsuga gaussenii Flous.

乔木。树皮深灰色,裂成不规则块状;一年生枝淡黄灰色,叶枕顶端褐色,主枝无毛或有疏毛,侧枝有褐色密毛,二或三年生枝灰色或淡灰色,无毛;冬芽卵球形,顶端尖,褐色。叶条形,排列成两列或在主枝上近辐射伸展,直或微弯,长 2～3cm,宽约 2mm,先端有凹陷,上面深绿色,有光泽,下面有两条白色气孔带。球果圆锥状卵球形,基部宽,上部较窄,长 3.5～5.5cm,直径 2～3cm,微有白粉;中部种鳞肾形或横椭圆状肾形,长约 2cm,宽约 3.5cm,鳞背露出部分无毛;苞鳞上部向后反伸,中裂较长,窄三角形,长 4～5mm,侧

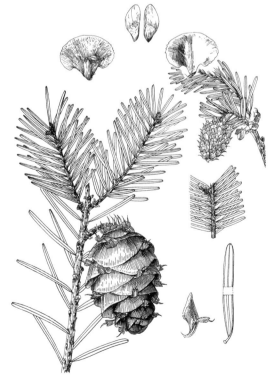

图 7　黄杉(引自 *Flora of China*-Ill.)

裂三角形,先端尖或钝,外缘常有细缺齿,长 2～3mm;种子三角状卵球形,微扁,长约8～
10mm,上面密生褐色毛,下面有不规则的褐色斑纹,种翅与种子近等长。球果 10 月成熟。

　　产地: 龙塘山、干坑、十八龙潭。生于针阔叶混交林中。

　　分布: 安徽、浙江、福建、湖北、湖南、四川、贵州、云南。

　　用途: 可供建筑、家具等用;可作庭院观赏树;在其产区可选作造林树种。

（六）铁杉属　**Tsuga** Carr.

　　常绿乔木。小枝有隆起的叶枕,基部具宿存芽鳞;冬芽卵球形或圆球形,芽鳞覆瓦状排
列,无树脂。叶条形、扁平,稀近四棱形,螺旋状着生,辐射伸展或基部扭转排成两列,有短
柄,上面中脉凹下、平或微隆起,无气孔线或有气孔线,下面中脉隆起,每边有一条灰白色或
灰绿色气孔带,有一个树脂道。球花单性,雌雄同株;雄球花单生叶腋,卵球形,有短梗,雄蕊
多数,螺旋状着生,花丝短,花药2,药室横裂,药隔三角状或先端钝,花粉有气囊或气囊退化;
雌球花单生于去年的侧枝顶端,具多数螺旋状着生的珠鳞及苞鳞,珠鳞较苞鳞为大或较小,
珠鳞的腹面基部具 2 枚胚珠。球果当年成熟,直立或下垂,或初直立后下垂,卵球形,有短梗
或无梗;种鳞薄木质,成熟后张开,不脱落;苞鳞短小不露出;种子有膜质翅,种翅连同种子较
种鳞为短,种子腹面有油点;子叶 3～6 枚,发芽时出土。

　　9 或 10 种,分布于亚洲东部及北美洲。我国有 4 种,分布于秦岭以南及长江以南各省、
区。浙江有 1 种。

1. 铁杉(图 8)

Tsuga chinensis(Franch.) E. Pritz. in Bot. Jahrb. Syst. 29(2):217. 1900.

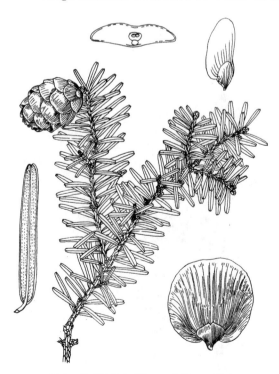

Basionym:*Abies chinensis* Franch. in
J. Bot.(Morot) 13:259. 1899.

Tsuga chinensis(Franch.) E. Pritz. var.
tchekiangensis(Flous) Cheng & L. K. Fu.

　　常绿乔木。树皮暗深灰色,纵裂,成块状
脱落。一年生枝细,叶枕之间的凹槽内有毛。
叶螺旋状着生,基部扭转排成两列,条形,长
1.2～2.7cm,宽 2～2.5mm,先端有凹缺,全
缘(幼叶上部的边缘有时微具细齿),上面中
脉凹下,下面中脉无条槽,沿中脉两侧有白色
气孔带。雄球花单生叶腋,花粉无气囊。球
果单生侧枝顶端,下垂,卵圆球形或长卵圆球
形,长 1.5～2.7cm,直径 0.8～1.5cm,有短
柄;种鳞近五角状圆形或近圆形,先端微内
曲,腹面有 2 粒上部有翅的种子;苞鳞短小,
不露出;种子连翅长 7～9mm。

　　产地: 鸠甫山、东岙头、龙塘山、十八龙
潭、干坑。生于雨量高、云雾多、相对湿度大、

图 8　铁杉(引自 *Flora of China*-Ill.)

气候凉润、土壤酸性及排水良好的区域。

　　分布：甘肃（白龙江流域）、陕西、河南、浙江、湖北、四川和贵州等。

　　用途：树皮可提取栲胶；种子含油约 50％，供工业用油；木材耐腐，供枕木、车辆等用材。

四、杉科　Taxodiaceae

　　常绿或落叶乔木。树干端直，大枝轮生或近轮生。叶螺旋状排列，散生，稀交互对生，披针形、钻形、线形或鳞形，同一树上之叶同型或二型。球花单性，雌雄同株，雄蕊和珠鳞螺旋状着生，稀交互对生；雄球花小，单生或簇生枝顶，或排成圆锥状花序，或生于叶腋，每一雄蕊有 2～9（常 3 或 4）个花药，花粉无气囊；雌球花顶生或生于去年枝近枝顶，珠鳞与苞鳞半合生，或苞鳞发育而珠鳞甚小，或苞鳞退化，珠鳞的腹面基部有 2～9 枚直立或倒生胚珠。球果当年成熟，熟时张开；种鳞（或苞鳞）扁平或盾形，木质或革质，螺旋状着生或交互对生，宿存或成熟后逐渐脱落，每一种鳞有 2～9 粒种子。种子扁平或三棱形，周围或两侧有窄翅，稀下部具长翅；子叶 2～9 枚。

　　9 属，12 个种，主要分布于亚洲和北美洲。我国 8 属，9 种。浙江有 2 属，2 种，另引入栽培 5 属，8 种。本志记载 4 属，3 种、1 变种。

分属检索表

1. 叶互生，螺旋状；种鳞螺旋状着生。
　　2. 球果的种鳞和苞鳞扁平；种鳞先端尖，但无齿裂。
　　　　3. 叶披针形，有锯齿；球果苞鳞大，有锯齿，种鳞小而生于苞鳞腹面下部，能育种鳞具 3 粒种子 …… ………………………………………………………………………… 1. 杉木属 Cunninghamia
　　　　3. 叶钻形或鳞状钻形，全缘；球果苞鳞退化，能育种鳞具 2 粒种子 ………… 2. 台湾杉属 Taiwania
　　2. 球果的种鳞盾形，先端具 3～7 齿裂 ……………………………… 3. 柳杉属 Cryptomeria
1. 叶对生；种鳞交互对生 ……………………………………………… 4. 水杉属 Metasequoia

（一）杉木属　Cunninghamia R. Br.

　　常绿乔木。枝轮生或不规则轮生；冬芽卵球形。叶螺旋状排列，披针形或线状披针形，边缘有细齿，上下两面均有气孔线。雌雄同株；雄球花多数簇生枝顶，雄蕊多数；雌球花单生，或 2 或 3 个集生枝顶；苞鳞与珠鳞半合生，苞鳞大，珠鳞小而位于苞鳞腹面上部，先端 3 浅裂，腹面基部着生 3 枚胚珠。球果近球形或卵圆形；种鳞与苞鳞半合生，能育种鳞有 3 枚种子。种子扁平，两侧边缘有窄翅。球果当年成熟；子叶 2 枚，发芽时出土。

　　1 种，主产我国秦岭、大别山以南，柬埔寨、老挝、越南北部山区也有分布。浙江有 1 种及 1 栽培变种。

1. 杉木（图 9）

　　Cunninghamia lanceolata（Lamb.）Hook. in Bot. Mag. 54：t. 2743. 1827.

　　Basionym：*Pinus lanceolata* Lamb.，Descr. Pinus 1：52. 1803.

　　常绿乔木。叶在侧枝上排成两列，条状披针形，坚硬，长 3～6cm，边缘有细齿，上面中脉两侧的气孔线较下面的为少。雌雄同株；雄球花簇生枝顶；雌球花单生或簇生枝顶，卵圆球形,苞鳞与珠鳞结合而生,苞鳞大,珠鳞先端 3 裂,腹面具 3 枚胚珠。球果近球形或卵圆球形,长 2.5～5cm,直径 3～4cm;苞鳞革质,扁平,三角状宽卵形,先端尖,边缘有细齿,宿存;种鳞形小,生于苞鳞腹面下部;种子扁平,遮盖着种鳞,长卵形或矩圆形,暗褐色,有光泽,长6～8mm,两侧有窄翅。球果 10 月下旬成熟。

产地:都林山、鸠甫山、龙塘山、茶园里、三祖源、童玉、干坑、大坪溪、直源、横源。野生或栽培。

分布:淮河、秦岭以南广泛栽培的用材树种,北起秦岭南坡、河南桐柏山和安徽大别山,南至广东、广西及云南东南部和中部;越南也有。

用途:树皮及根、叶入药,能祛风燥湿、收敛止血;种子含油约 20%,供制肥皂;木材供建筑及造纸、纺织原料。

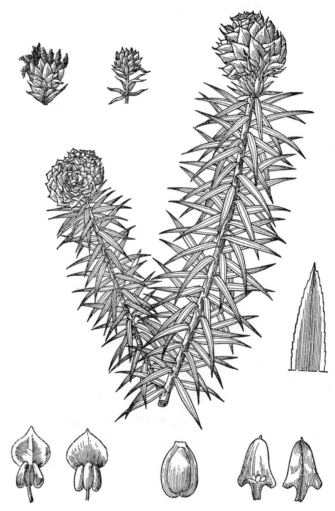

图 9　杉木(引自《浙江天目山药用植物志》)

(二) 台湾杉属　**Taiwania** Hayata

常绿乔木。大枝平展,小枝细长而下垂;冬芽小。叶二型,螺旋状排列基部下延;老树叶鳞状钻形,在小枝上密生,并向上弯拱,先端尖或钝,背腹两面均有气孔线;幼树和萌发枝叶钻形,微向上弯曲,镰形,先端急尖。雌雄同株,雄球花数个簇生于小枝顶端,雄蕊多数,螺旋状排列;雌球花单生于小枝顶端,直立,珠鳞螺旋状排列,腹面基部着生 2 枚胚珠。球果小,种鳞革质,扁平,每一能育种鳞有 2 粒种子;种子扁平,两侧有狭翅,上下两端凹缺;子叶 2 枚。

　　1 种,分布于我国台湾、湖北、四川、贵州、云南,缅甸北部。浙江引种栽培。

1. 台湾杉　秃杉(图 10)

Taiwania cryptomerioides Hayata in J. Linn. Soc., Bot. 37: 330. 1906.

Taiwania cryptomerioides Hayata var. *flousiana* (Gaussen) Silba; *T. flousiana* Gaussen.

　　乔木。树皮淡灰褐色,裂成不规则的长条片,内皮红褐色;树冠尖塔形或圆锥形。大树叶钻形,四棱状,长 2~5mm,先端尖或钝,四面有气孔线;幼树及萌发枝上叶钻形,长 5~10mm,两侧扁平,直伸或向内弯曲,先端急尖,四面均有气孔线 3~6条。雌雄同株,雄球花数个簇生于小枝顶端,雄蕊多数,螺旋状排列;雌球花单生于小枝顶端,直立,珠鳞螺旋状排列,腹面基部着生 2 枚胚珠。球果圆柱形或长椭圆球形,长 2~2.5cm,熟时褐色;种鳞 20 多枚,宽倒三角形,先端有尖头状突起,鳞背露出部分有气孔线;种子倒卵形或长椭圆形,两侧有狭翅。球果当年10—11 月成熟。

　　产地:龙塘寺有少量栽培,生于路边。

　　分布:湖北、台湾、四川、贵州、云南;缅甸。

　　用途:为优良材用树种;供庭院栽培观赏。

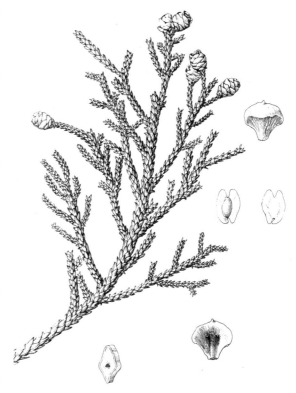

图 10　台湾杉(引自《中国种子植物特有属》)

(三) 柳杉属　Cryptomeria D. Don

　　常绿乔木。树皮红褐色,裂成长条状脱落;枝近轮生,平展或斜上伸展;冬芽形小。叶螺旋状排列,腹背隆起成钻形,两侧略扁,先端尖,直伸或向内弯曲,有气孔线,基部下延。雌雄同株;雄球花单生小枝上部叶腋,常密集成短穗状,基部有一短小的苞叶,无梗,具多数螺旋状排列的雄蕊,花药 3~6,药室纵裂,药隔三角状;雌球花近球形,单生枝顶,稀数个集生,珠鳞螺旋状排列,每一珠鳞有 2~5 枚胚珠,苞鳞与珠鳞合生,仅先端分离。球果近球形,种鳞不脱落,木质,盾形,上部肥大,上部边缘有 3~7 齿,背面中部或中下部有一个三角状分离的苞鳞尖头,球果顶端的种鳞形小,无种子;种子不规则扁椭球形或扁三角状椭球形,边缘有极窄的翅;子叶 2 或 3 枚,发芽时出土。

　　1 种,含 1 变种,分布于我国及日本。浙江也有分布。

1. 柳杉(图 11)

Cryptomeria japonica(Thunb. ex L. f.) D. Don var. **sinensis** Miq. in Siebold & Zucc., Fl. Jap. 2: 52. 1870.

常绿乔木。树皮红棕色,裂成长条片脱落;大枝近轮生,平展或斜展;小枝细长,常下垂,绿色。叶螺旋状着生,略呈 5 行排列,钻形,两侧扁,长 1～1.5cm(幼树与萌生枝可达 2cm),微向内弯曲,基部下延,四边有气孔线,长 1～1.5cm。雌雄同株;雄球花矩圆形,单生叶腋,并近枝顶集生;雌球花单生枝顶,近球形,每一珠鳞常具 2 枚胚珠,苞鳞与珠鳞合生,仅先端分离。球果近球形,直径 1.2～2cm;种鳞约 20 枚,盾形,木质,上部肥厚,先端常具 5 或 6 尖齿,背面有一三角状突起(即苞鳞的先端),每一种鳞有 2 粒种子;种子微扁,周围具窄翅。

产地: 鸠甫山、龙塘山、茶园里、干坑、西坞源、道场坪。野生亦或栽培。

分布: 浙江、福建、江西、四川、云南。长江流域下游和广东、广西均有栽培。

用途: 树皮入药,治癣疮;可供房屋建筑、电杆、器具、家具及造纸原料等用材;园林树种。

图 11 柳杉(引自《浙江天目山药用植物志》)

(四) 水杉属 Metasequoia Miki ex Hu & Cheng

落叶乔木。大枝不规则轮生,小枝对生或近对生;冬芽有 6～8 对交互对生的芽鳞。叶交互对生,基部扭转成两列,羽状,条形,无柄或几无柄,上面中脉凹下,下面中脉隆起,每边各有4～8 条气孔线,冬季与侧生小枝一同脱落。雌雄同株,球花基部有交互对生的苞片;雄球花单生叶腋或枝顶,有短梗,球花枝成总状花序状或圆锥花序状,雄蕊交互对生,约 20 枚,每雄蕊有 3 花药,花丝短,药隔明显,花粉无气囊;雌球花有短梗,单生于去年枝顶或近枝顶,梗上有交互对生的条形叶,珠鳞 11～14 对,交互对生,每一珠鳞有 5～9 枚胚珠。球果下垂,当年成熟,近球形,微具 4 棱,稀成矩圆状球形,有长梗;种鳞木质,盾形,交互对生,顶部横长斜方形,有凹槽,基部楔形,宿存,发育成种鳞有 5～9 粒种子;种子扁平,周围有窄翅,先端有凹缺;子叶 2 枚,发芽时出土。

1 种,我国特有。浙江栽培。

1. 水杉(图 12)

Metasequoia glyptostroboides Hu & Cheng in Bull. Fan Mem. Inst. Biol. Bot. ser. 2, 1: 154. 1948.

落叶乔木。小枝对生,下垂,具长枝与脱落性短枝。叶交互对生,两列,羽状,条形,扁平,柔软,几无柄,长 1~1.7cm,宽约 2mm,上面中脉凹下,下面两侧有 4~8 条气孔线。雌雄同株;球花单生叶腋或枝顶;雄球花在枝上排成总状花序状或圆锥花序状,雄蕊交互对生;雌球花具22~28 片交互对生的珠鳞,各有 5~9 枚胚珠。球果下垂,近球形,微具 4 棱,长 1.8~2.5cm,有长柄;种鳞木质,盾形,顶部宽,有凹陷,两端尖,熟后深褐色,宿存;种子倒卵形,扁平,周围有窄翅,先端有凹缺。子叶 2 枚,条形,长 1.1~1.3cm,宽 1.5~2mm,两面中脉微隆起,上面有气孔线,下面无气孔线。球果 11 月成熟。

产地:龙塘山、道场坪栽培。

分布:原产湖北、湖南、四川,全国各地普遍引种。

用途:生长快,可作绿化树种;木质轻软,纹理直,可供房屋建筑、板材、电杆、家具及木纤维工业原料等用;树姿优美,又为著名的庭院树种。

图 12　水杉(引自 *Flora of China*-Ill.)

五、柏科 Cupressaceae

常绿乔木或灌木。叶交互对生,或 3 或 4 叶轮生,稀螺旋状着生,鳞形或刺形,或同一树上兼有两型叶。球花雌雄同株或异株,单生枝顶或叶腋;雄球花具 3～8 对交互对生的雄蕊,每一雄蕊具 2～6 花药,花粉无气囊;雌球花有 3～16 枚交互对生,或 3 或 4 枚轮生的珠鳞,能育珠鳞的腹面基部有 1 至多数直立胚珠,稀胚珠单生于两珠鳞之间,苞鳞与珠鳞完全合生。球果圆球形、卵圆球形或圆柱形;种鳞薄或厚,扁平或盾形,木质或近革质,熟时张开,或肉质合生呈浆果状,熟时不裂或顶端微开裂,能育种鳞有 1 至多粒种子。种子周围具窄翅或无翅,稀上端有一长一短之翅。

19 属,约 125 种,广泛分布于南北两半球。我国有 8 属,46 余种,分布几遍及全国,引入栽培的属、种和栽培类型较多。浙江有 4 属,4 种,另引入栽培 4 属,10 种。本志记载 4 属,7 种。

分属检索表

1. 球果之种鳞木质或近革质,成熟时张开;种子具翅,稀无翅。
  2. 种鳞 4 对,近扁平;种子无翅;球果当年成熟 ………………………………… 1. 侧柏属 Platycladus
  2. 种鳞 3～8 对,盾形而隆起;种子具狭翅;球果翌年或当年成熟。
    3. 小枝扁平,鳞叶排列成平面;能育种鳞具 1～5 粒种子;球果当年成熟 …… 2. 扁柏属 Chamecyparis
    3. 小枝四棱形,鳞叶不排成平面;能育种鳞具 5 至多粒种子;球果翌年成熟 …………………………
      ……………………………………………………………………… 3. 柏木属 Cupressus
1. 球果之种鳞肉质,成熟时不张开或顶端微裂;种子无翅 ……………………… 4. 刺柏属 Juniperus

(一) 侧柏属 Platycladus Spach

常绿乔木。生鳞叶的小枝直立或斜展,排成一平面,两面同型。叶鳞形,二型,交互对生,排成 4 列,基部下延生长,背面有腺点。雌雄同株,球花单生于枝顶;雄球花有 6 对交互对生的雄蕊;雌球花有 4 对交互对生的珠鳞,仅中间 2 对珠鳞各生 1 或 2 枚直立胚珠。球果当年成熟,熟时裂开;种鳞 4 对,近扁平,背部顶端的下方有一弯曲的钩状尖头,中部的种鳞发育,各有 1 或 2 粒种子。

1 种,分布几遍及我国,俄罗斯东部、朝鲜半岛也有。浙江零星栽植。

1. 侧柏(图 13)

Platycladus orientalis (L.) Franco in Portugaliae Acta Biol., Sér. B, Sist. 33. 1949. Basionym: *Thuja orientalis* L., Sp. Pl. 2: 1002. 1753.

乔木,高达 20m,胸径可达 1m。树皮薄,浅灰褐色,纵裂成条片;枝条向上伸展或斜展,幼树树冠卵状尖塔形,老树树冠则为广圆形,生鳞叶的小枝细,向上直展或斜展,扁平,排成一平面。叶鳞形,长 1～3mm,先端微钝,小枝中央的叶露出部分呈倒卵状菱形或斜方形,背面中间有条状腺槽,两侧的叶船形,先端微内曲,背部有钝脊,尖头的下方有腺点。雄球花黄色,卵圆球形,长约 2mm;雌球花近球形,直径约 2mm,蓝绿色,被白粉。球果近卵圆球形,长 1.5～2cm,成熟前近肉质,蓝绿色,被白粉,成熟后木质,开裂,红褐色;中间 2 对种鳞倒卵形或椭圆形,鳞背顶端的下方有一向外弯曲的尖头,上部 1 对种鳞窄长,近柱状,顶端有向上的尖头,下部 1 对种鳞极小,或退化而不显著;种子卵圆形或近椭圆形,顶端微尖,灰褐色或紫褐色,长 6～8mm,稍有棱脊,无翅或有极窄之翅。球果 10 月成熟。

　　产地:龙塘山栽培。

　　分布:我国各省、区均有分布,栽培或野生。

　　用途:木材富含树脂,结实耐用,可供建筑、家具、农具等用材;种子入药,有滋补强壮作用;鳞叶的鲜汁吞饮,治胃出血有效;常栽培作庭院树。

图 13　侧柏(引自《浙江天目山药用植物志》)

(二) 扁柏属　**Chamaecyparis** Spach

　　乔木。生鳞叶的小枝扁平,排成一平面(一些栽培变种例外)。叶鳞形,部分栽培变种具刺形叶,交互对生。雌雄同株;球花单生于短枝顶端;雄球花黄色、暗褐色或深红色,卵圆形或矩圆形,雄蕊 3 或 4 对,交互对生,每雄蕊有 3～5 花药;雌球花有 3～6 对交互对生的珠鳞,胚珠 1～5 枚,直立,着生于珠鳞内侧。球果当年成熟,种鳞 3～6 对,木质,盾形,顶部中央有小尖头,能育种鳞有种子 1～5 粒,通常 3 粒。

　　6 种、1 变种及几个栽培变种,分布于北美、日本及我国。我国含引入栽培有 5 种。浙江引入栽培 2 种及几个栽培变种。

分种检索表

1. 鳞叶先端钝;种鳞 4 对 ……………………………………………………… 1. 日本扁柏 C. obtusa
1. 鳞叶先端急尖;种鳞 5 或 6 对 ……………………………………………… 2. 日本花柏 C. pisifera

1. 日本扁柏(图 14：A,B)

Chamaecyparis obtusa (Siebold & Zucc.) Endl., Syn. Conif. 63. 1847.

Basionym：*Retinispora obtusa* Siebold & Zucc., Fl. Jap. 2：38. 1844.

乔木。树冠尖塔形;树皮红褐色,光滑,裂成薄片脱落;生鳞叶的小枝条扁平,排成一平面。鳞叶肥厚,先端钝,小枝上面中央之叶露出部分近方形,长 1～1.5mm,绿色,背部具纵脊,通常无腺点,侧面之叶对折呈倒卵状菱形,长约 3mm,小枝下面之叶微被白粉。雄球花椭圆球形,长约 3mm,雄蕊 6 对,花药黄色。球果圆球形,直径 8～10mm,熟时红褐色;种鳞 4 对,顶部五角形,平或中央稍凹,有小尖头;种子近圆形,长 2.5～3mm,两侧有窄翅。球果 10—11 月成熟。

产地：龙塘山、干坑栽培。

分布：山东、河南、江苏、浙江、福建、台湾、江西、湖南、广东、广西。

用途：木材轻软致密,纹理通直,可供建筑、桥梁、造船、家具等用材。

2. 日本花柏(图 14：C - E)

Chamaecyparis pisifera (Siebold & Zucc.) Endl., Syn. Conif. 64. 1847.

Basionym：*Retinispora pisifera* Siebold & Zucc., Fl. Jap. 2：39. 1844.

乔木。树皮红褐色,裂成薄皮脱落;树冠尖塔形;生鳞叶小枝条扁平,排成一平面。鳞叶先端锐尖,侧面之叶较中间之叶稍长,小枝上面中央之叶深绿色,下面之叶有明显的白粉。球果圆球形,直径约 6mm,熟时暗褐色;种鳞 5 或 6 对,顶部中央稍凹,有凸起的小尖头,发育的种鳞各有 1 或 2 粒种子;种子三角状卵圆形,有棱脊,两侧有宽翅,直径约 2～3mm。

产地：龙塘山、干坑栽培。

分布：黑龙江、山东、江苏、浙江、福建、江西、湖北、湖南、广西、四川、云南。

用途：木材致密,硬度适中,耐久用,可供建筑、车辆、家具等用材。

(三) 柏木属　**Cupressus** L.

乔木,稀灌木。小枝常斜上伸展,生鳞叶的小枝四棱形或圆柱形,不排成一平面,稀扁平而排成一平面。叶鳞形,交互对生,排列成四行,同型或二型,叶背面有明显或不明显的腺点,边缘具极细的齿毛,仅幼苗或萌生枝上之叶为刺形。雌雄同株,球花单生于枝顶;雄球花具多数雄蕊,每一雄蕊具 2～6 花药;雌球花近球形,具 4～8 对盾形珠鳞,部分珠鳞基部着生 5 至多枚直生胚珠。球果次年夏季成熟;种鳞 4～8 对,木质,盾形,顶部中央常具凸起的短刺头,能育种鳞具 5 至多粒种子;种子稍扁,有棱角,两侧具窄翅;子叶 2～5 枚。

约 17 种,分布于亚洲、欧洲、北美洲西南部和非洲北部。我国有 9 种,分布于秦岭及长江以南,其中引入 4 种及 1 栽培变种。浙江有 1 种,引入 2 种和 1 栽培变种。

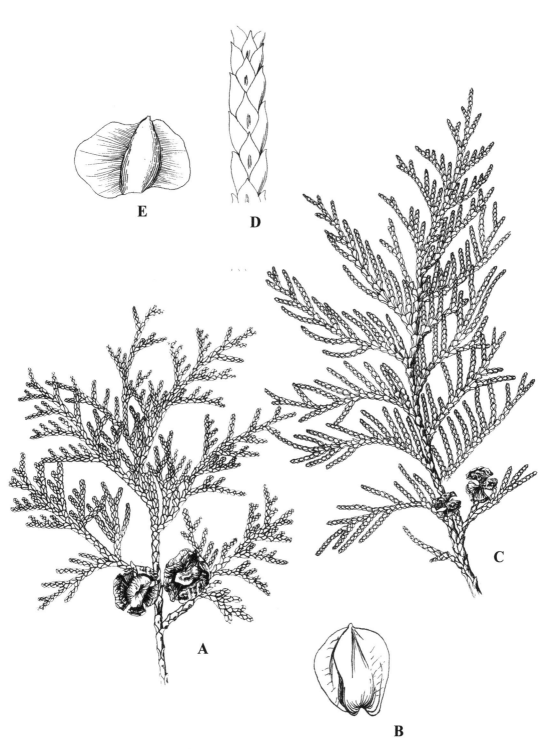

图 14　A,B：日本扁柏；C‐E：日本花柏(重组 *Flora of China*‐Ill.)

1. 柏木(图15)

Cupressus funebris Endl., Syn. Conif. 58. 1847.

常绿乔木。小枝细长,下垂,生鳞叶的小枝扁,排成一平面,两面同型。鳞叶二型,中央之叶背部有条状腺点,两侧的叶对折,背部有棱脊。雌雄同株,球花单生于小枝顶端。雄球花卵球形,长 2.5～3mm,雌蕊通常 6 对,药隔顶端常具尖头,中央具纵脊;雌球花长 3～6mm,近球形,直径约 3.5mm。球果翌年夏季成熟,球形,直径 8～12mm,熟时褐色;种鳞 4 对,木质,盾形,顶部中央有凸尖,能育种鳞有 5 或 6 粒种子;种子长约 3mm,两侧具窄翅;子叶 2 枚;初生叶扁平刺形,起初对生,后 4 叶轮生。种子第二年 5—6 月成熟。

产地:龙塘山。

分布:华东、中南、西南和甘肃南部、陕西南部。

用途:常见的园林树种;材质优良,供建筑、造船、器具等用;种子可榨油;球果、根、枝叶均可药用,果治风寒感冒、胃痛及虚弱吐血,根治跌打损伤,叶治烫伤;根、干、枝叶可提取挥发油。

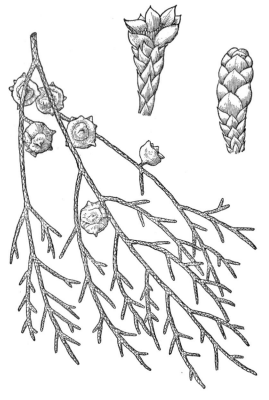

图 15　柏木(引自《浙江天目山药用植物志》)

(四)刺柏属　**Juniperus** L.

乔木或灌木。冬芽明显。叶全为刺叶,或全为鳞叶,或同一株上鳞叶和刺叶兼有;刺叶通常 3 叶轮生,基部有关节,或无关节,不下延生长;鳞叶常交互对生,菱形,下面常具腺体。雌雄同株或异株;球花单生叶腋,雄球花卵球形,雄蕊 4～8 对,交互对生;雌球花近圆球形;雌球花有 2～4 对珠鳞,交互对生或 3 枚轮生,具 1～6 枚胚珠。球果浆果状,或肉质,翌年或第三年成熟;种鳞 3 枚,肉质,合生,苞鳞与种鳞结合,仅顶端尖头分离。种子常 1～6 粒,具棱脊,无翅;子叶 2～6 枚。

约 60 种,分布于北半球。我国有 23 种,多分布于西部、西北部和西南部高山地带。浙江栽培有 5 种。

分种检索表

1. 植株仅具刺形叶,叶基部具关节 ··· 1. 刺柏 J. formosana
1. 植株具鳞形叶和刺形叶,或仅有刺形叶,但刺形叶基部无关节。
   2. 植株直立,有鳞形叶和刺形叶;种鳞具 1～4 粒种子 ···································· 2. 圆柏 J. chinensis
   2. 植株铺地,仅有刺形叶;种鳞具 3 粒种子 ·· 3. 铺地柏 J. procubens

1. 刺柏(图 16：D,E)

Juniperus formosana Hayata in J. Coll. Sci. Imp. Univ. Tokyo. 25(19)：209. 1908.

Juniperus chekiangensis Nakai.

常绿乔木或灌木。小枝下垂,常有棱脊;冬芽显著。叶全为刺形,3 叶轮生,基部有关节,不下延,条状披针形,先端渐锐尖,长 1.2～2.5(～3.2) cm,宽 1.2～2mm,中脉两侧各有 1 条白色(稀淡紫色或淡绿色)气孔带(在叶端合为 1 条),下面有纵钝脊。球花单生叶腋。球果近球形或宽卵圆球形,长 6～10mm,熟时淡红色或淡红褐色,有白粉,顶端有时开裂;种子通常 3 粒,半月形,无翅,有 3 或 4 棱脊。

产地：都林山、横源、大坪溪。生于山谷、溪边岩上、林中。

分布：分布于华东、华中、西南及陕西南部、甘肃南部。

用途：木材供制工艺品等用;可作园林树种;根有退热透疹之药效。

2. 圆柏(图 16：A – C)

Juniperus chinensis L. , Syst. Nat. ed. 12, 2：660. 1767.

Sabina chinensis(L.) Antoine

常绿乔木。有鳞形叶的小枝圆形或近方形。叶在幼树上全为刺形,随着树龄的增长刺形叶逐渐被鳞形叶代替;刺形叶 3 叶轮生或交互对生,长 6～12mm,斜展或近开展,下延部分明显外露,上面有 2 条白色气孔带;鳞形叶交互对生,排列紧密,先端钝或微尖,背面近中部有椭圆形腺体。雌雄异株,稀同株,雄球花黄色,椭圆球形,长 2.5～3.5mm,雄蕊 5～7 对,常有 3 或 4 花药。球果近圆形,直径 6～8mm,有白粉,熟时褐色,内有 1～4 粒种子。种子卵圆形,扁,顶端钝,有棱脊及少数树脂槽;子叶 2 枚,出土,条形。

产地：龙塘山、童玉。生于温凉、温暖气候及湿润土壤的地区。

分布：分布广,南自广东、广西北部,北至辽宁、吉林和内蒙古,东自华东,西至四川和甘肃;日本、朝鲜半岛。

用途：木材供建筑等用;枝叶入药,能祛风散寒、活血消肿、利尿;根、干、枝叶可提挥发油;种子可提润滑油;为普遍栽培的庭院树种。

3. 铺地柏

Juniperus procubens (Siebold ex Endl.) Miq. in Sieblod & Zucc. , Fl. Jap. 2：59. 1870.

Basionym：*Juniperus chinensis* L. var. *procubens* Siebold ex Endl. , Syn. Conif. 21. 1847.

Sabina procumbens(Siebold ex Endl.) Iwata & Kusaka.

匍地灌木。枝条沿地面扩展,褐色,密生小枝,枝梢及小枝向上升。刺叶 3 叶轮生,线状披针形,长 6～8mm,先端有角质锐尖头,基部下延,上面凹,有 2 条白色气孔带,气孔带常在上部汇合,绿色中脉仅下部可见,下面凸起,蓝绿色,沿中脉有细纵槽。球花单生叶腋。球果近球形,直径 8～9mm,熟时蓝黑色,被白粉;有 2 或 3 粒种子;种子长约 4mm,有棱脊。

产地：龙岗镇、童玉栽培。

分布：我国尤以华东地区各大城市引种栽培作观赏树。

用途：多用于绿化或观赏。

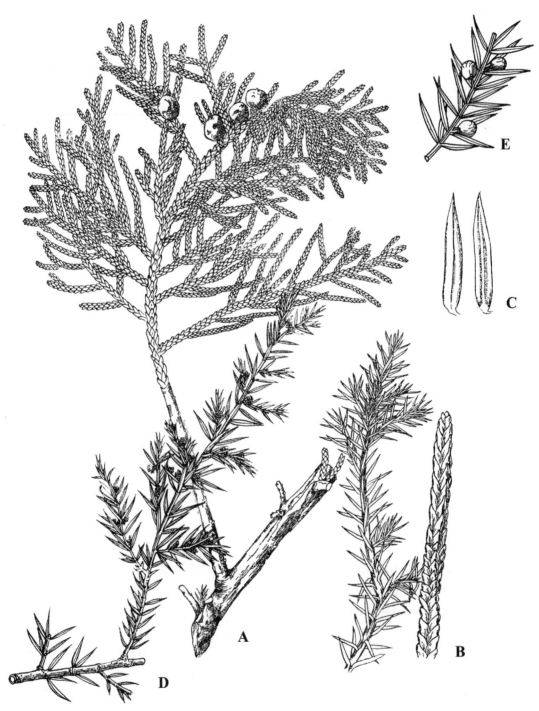

图 16　A-C：圆柏；D,E：刺柏(重组《浙江天目山药用植物志》)

六、罗汉松科　Podocarpaceae

常绿乔木或灌木。叶多型,螺旋状排列,近对生或交互对生。球花单性,雌雄异株,稀同株;雄球花穗状,单生或簇生叶腋,稀生枝顶;雄蕊多数,螺旋状排列,花药 2,花粉大多有气囊;雌球花单生叶腋或苞腋,稀穗状,具多数或少数螺旋状着生的苞片,部分、全部或仅顶端之苞腋着生 1 胚珠,胚珠为辐射对称或近于辐射对称的囊状或杯状套被所包围,稀无套被。种子核果状,全部或部分为肉质或薄而干的假种皮所包,苞片与轴愈合发育成肉质种托,或不发育,有胚乳,子叶 2 枚。

18 属,约 180 种,分布于热带、亚热带,以南半球为分布中心。我国有 4 属,12 种、3 变种,分布于中南、华南和西南。浙江有 2 属,3 种。本志记载 1 属,1 种。

(一) 罗汉松属　Podocarpus L. Her. ex Persoon

常绿乔木或灌木。叶线形、披针形及椭圆状卵形,稀鳞形,螺旋状排列,近对生或交互对生。雌雄异株,雄球花穗状,单生或簇生叶腋,稀顶生;雌球花常单生叶腋或苞腋,稀顶生,基部有数枚苞片,最上部有 1 套被生 1 枚倒生胚珠,套被与珠被合生,花后套被增厚成肉质假种皮,苞片发育成肥厚的肉质种托。种子核果状,生于肉质种托上,全部为肉质假种皮所包。

约 100 种,分布于热带和亚热带,在南半球的温带也有。我国有 7 种,分布长江以南及台湾。浙江有 2 种。

1. 罗汉松(图 17)

Podocarpus macrophyllus (Thunb.) Sweet, Hort. Suburb. Lond. 211. 1818.

Basionym: *Taxus macrophylla Thunb.*, Syst. Veg. , ed. 14. 895. 1784.

常绿乔木,枝叶稠密。叶螺旋状排列,条状披针形,长 7～10cm,宽 5～8mm,先端渐尖或钝尖,基部楔形,有短柄,上下两面有明显隆起的中脉。雄球花穗状,常 3～5(稀 7)簇生叶腋,长 3～5cm;雌球花单生叶腋,有梗。种子卵圆球形,长 1～1.2cm,熟时肉质套被紫色或紫红色,有白粉,着生于肥厚肉质的种托上,种托红色或紫红色,梗长 1～1.5cm。种子 8—9 月成熟。

产地:保护区管理局栽培。

分布:分布于长江流域及其以南各省、区,多系栽培。

用途:材质细致均匀,易加工,可作家

图 17　罗汉松(引自 *Flora of China-*Ill.)

具、器具、文具及农具等用;树皮能杀虫,治癣疥;果可治心胃气痛等症。

七、三尖杉科　Cephalotaxaceae

常绿乔木或灌木。小枝常对生,基部具宿存芽鳞。叶线形或披针状线形,螺旋状着生,在侧枝上基部扭转排成两列,中脉在上面隆起,下面有 2 条宽气孔带。雌雄异株,稀同株;雄球花 6～11 聚生成头状,单生叶腋,基部有苞片,雄蕊 4～16,花药通常 3,花粉无气囊;雌球花具长梗,生于小枝基部(稀近枝顶)的苞腋,花梗上部的花轴上具有数对交互对生的苞片,每苞片腋部着生 2 直立胚珠,胚珠生于珠托上。种子核果状,全部包于由珠托发育的肉质假种皮中,常数个(稀 1)生于梗短微膨大的轴上,下垂,卵圆形或椭圆状卵圆形,顶端具凸起的小尖头,基部有宿存的苞片,外种皮骨质,内种皮薄,膜质,有胚乳,隔年成熟;子叶 2,发芽时出土。

1 属,8～11 种,分布于亚洲东部至南亚大陆。我国有 6 种,分布于山东至陕西秦岭以南,另引入 1 种及几个栽培变种。浙江有 2 种。本志记载 2 种。

(一) 三尖杉属　Cephalotaxus Siebold & Zucc. ex Endl.

属形态特征同科。

分种检索表

1. 叶长 5～10cm 或更长,柔软,基部楔形或宽楔形;雄球花 8～10 聚生成头状 …… 1. 三尖杉 C. fortunei
1. 叶长 2～5cm,坚硬,基部近圆形;雄球花 6 或 7 聚生 ……………………… 2. 粗榧 C. sinensis

1. 三尖杉　山榧(图 18:A)

Cephalotaxus fortunei Hook. in Bot. Mag. 76: t. 4499. 1850.

常绿小乔木,或灌木。小枝对生,基部有宿存芽鳞。叶螺旋状着生,排成两列,披针状条形,常微弯,长 4～13cm,宽 3～4.5mm,上部渐窄,基部楔形或宽楔形,上面中脉隆起,深绿色,下面中脉两侧有白色气孔带。雄球花 8～10 聚生成头状,单生叶腋,直径约 1cm,梗较粗,长 6～8mm,每雄球花有 6～16 雄蕊,基部有 1 苞片;雌球花由数对交互对生,各有 2 胚珠的苞片所组成,生于小枝基部的苞片腋部,稀生枝顶,有梗,胚珠常 4～8 个发育成种子。种子生柄端,常椭圆状卵球形,长约 2.5cm,熟时外种皮紫色或紫红色,柄长 1.5～2cm。种子 8—10 月成熟。

产地:都林山、十八龙潭、童玉、千顷塘、直源、横源。生于溪边、林下。

分布:陕西、甘肃、安徽、浙江、福建、江西、湖南、湖北、广东、广西、四川、贵州、云南。

用途:种子含油 30% 以上,供制漆、蜡及硬化油等用;入药有润肺、止咳、消积之效;木材富弹性,可作农具柄等用材。

2. 粗榧　木榧(图 18:B)

Cephalotaxus sinensis (Rehder & E. H. Wilson) H. L. Li in Lloydia 16: 162. 1953.

Basionym: *Cephalotaxus drupacea* Siebold & Zucc. var. *sinensis* Rehder & E. H. Wilson in Sargent, Pl. Wilson. 2: 3. 1914.

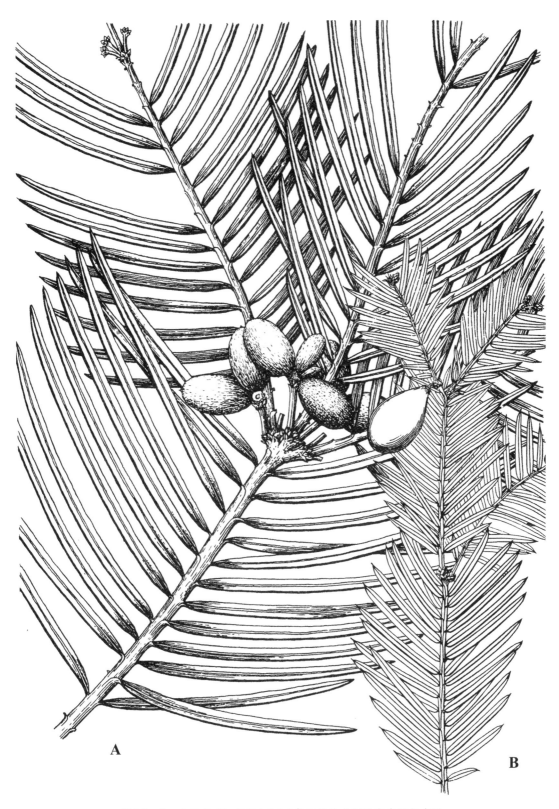

图 18　A：三尖杉；B：粗榧（重组《中国植物志》与《湖南植物志》）

灌木或小乔木。树皮灰色或灰褐色,裂成薄片状脱落。叶条形,排列成两列,通常直,稀微弯,长2～5cm,宽约3mm,基部近圆形,几无柄,上部通常与中下部等宽或微窄,先端通常渐尖或微凸尖,稀凸尖,上面深绿色,中脉明显,下面有2条白色气孔带,较绿色边带宽2～4倍。雄球花6或7聚生成头状,直径约6mm,梗长约3mm,基部及梗上有多数苞片,雄球花卵圆球形,基部有1枚苞片,雄蕊4～11枚,花丝短,花药2～4(多为3)个。种子通常2～5个着生于轴上,卵圆球形、椭圆状卵球形或近圆形,很少成倒卵状椭圆球形,长1.8～2.5cm,顶端中央有一小尖头。种子翌年8—10月成熟。

产地: 都林山、十八龙潭、童玉、千顷塘、大坪溪、西坞源、直源、横源。生于山谷、路旁或灌丛中。

分布: 陕西、甘肃、河南、江苏、安徽、浙江、福建、江西、湖南、湖北、广东、广西、贵州、四川、云南。

用途: 木材坚实,可作农具及工艺等用;叶、枝、种子、根可提取多种植物碱,对治疗白血病及淋巴肉瘤有一定疗效。

八、红豆杉科　Taxaceae

常绿乔木或灌木。叶螺旋状排列或交互对生,线形或披针形,中脉在上面明显或略明显,下面两侧各有1条气孔带,叶内树脂道有或无。雌雄异株,稀同株;雄球花单生叶腋或苞腋,或成穗状球花序聚生于枝顶,雄蕊多数,各有3～9花药,药室纵裂,花粉无气囊;雌球花单生,或成对生于叶腋或苞腋,基部具多数覆瓦状排列或交互对生的苞片,胚珠1枚,直生,生于球花轴顶端或侧生短轴顶端的苞腋,基部具辐射对称的盘状或漏斗状珠托。种子核果或坚果状,全部或部分为肉质假种皮包被,胚乳丰富;子叶2枚,出土或不出土。

5属,21种,分布于亚洲、北美洲和塔斯马尼亚。我国有4属,11种,其中引进1种,分布于华东、中南、华南及西南。浙江有4属,5种和1栽培变种。本志记载2属,2种、1变种。

分属检索表

1. 叶上面中脉明显;雌球花单生叶腋;种子生于囊状假种皮中,顶端尖头露出 ……… 1. 红豆杉属 Taxus
1. 叶上面中脉不明显;雌球花成对生于叶腋;种子全部为肉质假种皮包裹 …………… 2. 榧树属 Torreya

(一)红豆杉属　Taxus L.

常绿乔木或灌木。小枝不规则互生。叶线形或披针状线形,螺旋状排列,基部扭转排成两列,中脉在上面隆起,在下面有2条淡黄色或淡灰绿色气孔带,无树脂道。雌雄异株,球花单生叶腋;雄球花球形,有梗,雄蕊6～14,盾状,花药4～9,辐射排列,雌球花几无梗,基部有多数覆瓦状排列的苞片,上端2或3对苞片交互对生,胚珠直立,单生于总花轴上部侧生短轴之顶端的苞腋,基部托以圆盘状的珠托,受精后珠托发育成肉质、杯状、红色的假种皮。种子坚果状,生于杯状肉质假种皮中,当年成熟,假种皮红色。子叶2枚,发芽时出土。

9种,分布于北半球。我国有3种,分布于西藏及西南、华南、中南、华东与东北。浙江有2变种。

1. 南方红豆杉(图 19)

Taxus wallichiana Zucc. var. **mairei** (Lemée & H. Lév.) L. K. Fu & Nan Li in Novon 7(3): 263. 1997.

Basionym: *Tsuga mairei* Lemée & H. Lév., Monde Pl. 2(16): 20. 1914.

常绿乔木。树皮灰褐色,纵裂成长条薄片;冬芽褐色,芽鳞三角状卵球形,背部无脊或稍有纵脊,脱落或部分宿存于小枝基部。叶两列,近镰刀形,长 1.5～3cm,上部微渐窄,先端常微急尖,上面深绿色,有光泽,下面淡黄绿色,有 2 条气孔带,与气孔带邻近的中脉两边有1 至数条乳头状角质突起,颜色与气孔带不同,淡绿色,边带宽而明显。雄球花淡黄色,雄蕊8～14 枚,花药 4～8。种子倒卵圆球形或柱状长卵球形,长 7～8mm,通常上部较宽,具两钝棱脊,生于红色肉质杯状假种皮中。种子 11 月成熟。

产地: 都林山、大盘里、东岙头、十八龙潭、大坪溪、直源、横源。生于林下、溪边。

分布: 甘肃、陕西、安徽、浙江、湖北、湖南、广东、广西、四川、贵州、云南。

用途: 心材橘红色,边材淡黄褐色,纹理直,结构细,可供建筑、车辆、家具用材;树干挺直,是优良的园林绿化树种。

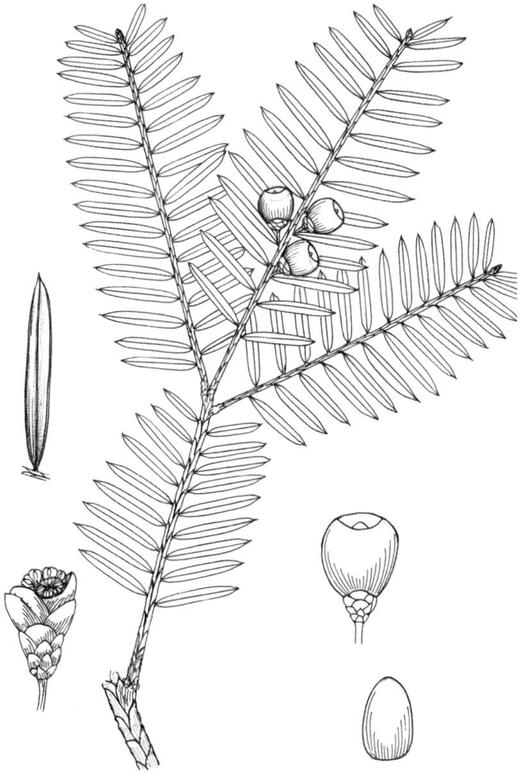

图 19　南方红豆杉(金孝锋绘)

(二) 榧树属　Torreya Arn.

常绿乔木。树皮纵裂,淡黄灰色;枝轮生,小枝近对生或轮生。叶交互对生,基部扭转排成两列,线形或线状披针形,上面中脉不明显或明显,下面有 2 条浅褐色或白色气孔带。雌雄异株,稀同株;雄球花单生叶腋,雄蕊 4～8 轮,每轮 4 枚,花药 4(3),药室纵裂,药隔上部边缘有细缺齿;雌球花无梗,成对生于叶腋,每一雌球花具两对交互对生的苞片和 1 枚侧生的苞片,胚珠 1 枚,直立,生于漏斗状珠托上。种子核果状,全部包于肉质假种皮中,翌年秋季成熟。发芽时子叶不出土。

6 种,分布于我国、日本及美国东南部和西部。我国有 4 种,含引入栽培 1 种,分布于华东至西南。浙江有 3 种。

分种检索表

1. 叶面上面无纵沟,气孔带与中脉常等宽;种子之胚乳周围向内微皱 …………………… 1. 榧树 T. grandis
1. 叶面上面具 2 条纵沟,气孔带常较中脉窄;种子之胚乳周围向内深皱 …………………… 2. 巴山榧 T. fargesii

1. 榧树(图 20：E,F)

Torreya grandis Fortune ex Lindl. , Gard. Chron. 1857：788. 1857.

乔木。树皮浅黄灰色、深灰色或灰褐色,不规则纵裂;一年生枝绿色,无毛,二或三年生枝黄绿色、淡褐黄色或暗绿黄色,稀淡褐色。叶条形,排成 2 列,通常直,长 1.1～2.5cm,宽2.5～3.5mm,先端凸尖,上面绿色,无隆起的中脉,下面淡绿色,气孔带常与中脉带等宽,绿色边带与气孔带等宽或稍宽。雄球花圆柱状,长约 8mm,基部的苞片有明显的背脊,雄蕊多数,各有 4 个花药,药隔先端宽圆有缺齿。种子椭圆球形、卵圆球形、倒卵圆球形或长椭圆球形,长 2～4.5cm,直径 1.5～2.5cm,熟时假种皮淡紫褐色,有白粉,顶端微凸,基部具宿存的苞片,胚乳微皱。种子翌年 10 月成熟。

产地：鸠甫山、都林山。生于海拔 1400m 以下温暖多雨,黄壤、红壤、黄褐土地区。

分布：江苏、安徽、浙江、福建、江西、湖南、贵州。

用途：建筑、造船、家具的优良木材;假种皮可提取芳香油;种子可食用,又可榨油;树姿优美,是良好的园林绿化树种,可制盆景,亦可供工矿区绿化用。

2. 巴山榧(图 20：A-D)

Torreya fargesii Franch. in J. de Bot. 13：264. 1899.

乔木。树皮深灰色,不规则纵裂;一年生枝绿色,无毛,二或三年生枝黄绿色或黄色,稀淡褐色。叶条形,稀条状披针形,排列成两列,通常直,长 1～3cm,宽 2～3mm,先端微凸尖或微渐尖,具刺状短尖头,基部微偏斜,宽楔形,上面亮绿色,无隆起的中脉,通常有 2 条明显的凹槽,下面淡绿色,中脉不隆起,气孔带常比中脉带窄,绿色边带较宽。雄球花卵圆球状,基部的苞片有明显的背脊,雄蕊多数,各有 4 个花药,药隔先端三角状。种子卵圆球形、圆球形、宽椭圆球形,长 2～4cm,直径约 1.5～2.5cm,熟时假种皮淡紫褐色,有白粉,顶端具小尖头,基部具宿存的苞片;胚乳周围显著向内深皱。种子翌年 9—10 月成熟。

产地：龙塘山、东岙头、十八龙潭。生于林中或林缘。

分布：陕西、浙江、湖北、四川。

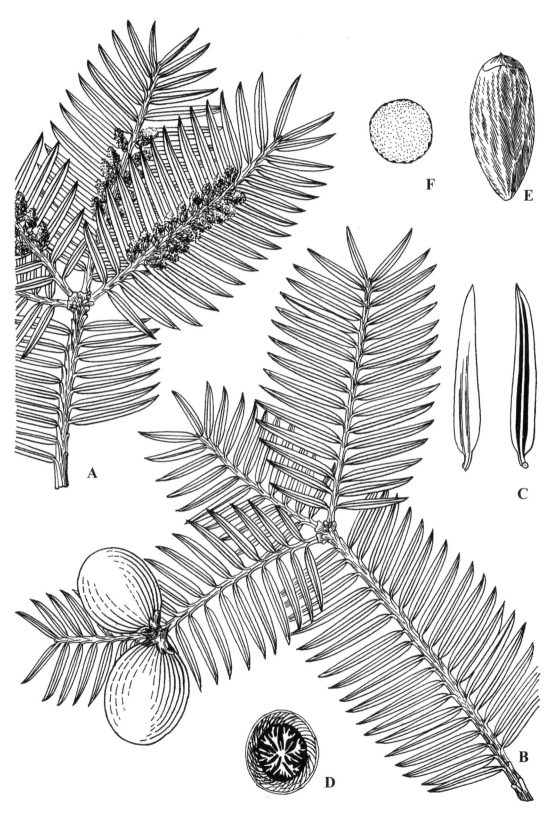

图 20　A-D：巴山榧；E，F：榧树（重组 *Flora of China*-Ill.）

被子植物门 Angiospermae

孢子体极为发达,器官与组织有了更进一步的分化,在输导组织中,木质部不仅有管胞,还有更进化的导管,韧皮部中出现了筛管与伴胞。出现各种不同的生活类型,即木本与草本、多年生与一年生、常绿与落叶,加强了对各类复杂生活条件的适应能力。

被子植物具有真正的花,开花过程是被子植物的一个显著特征,故又称"有花植物"。花由花萼、花瓣、雄蕊(小孢子叶)和雌蕊(大孢子叶)组成。花粉粒(一个核时为小孢子,分裂后为雄配子体),落到柱头上不是直接与胚珠接触。雌蕊由心皮(大孢子叶)包裹着胚珠(大孢子囊)组成。配子体进一步退化,雄配子体(成熟花粉粒)仅由 2 或 3 个细胞组成;雌配子体(胚囊)仅由 7 个细胞组成,颈卵器不再出现。出现了双受精过程,胚乳不是雌配子体的组织,而是由极核细胞受精而来,为三倍体的新的组织。果实的形成能更好地保护幼小孢子体——胚,以及更好地散布种子。

被子植物是现代植物界进化最高级、种类最多、分布最广、适应性最强的门类。对被子植物门分科数目,各家意见不一,一般来讲,约有 300 多至 500 多科,12000 属,20 万～25 万种。我国有220 多科,3100 属,约 3 万种。本省被子植物包括常见引种栽培植物在内,共有 175 科,1310 属,4200 多种(包括亚种、变种)。本区有木本被子植物 82 科,277 属,622 种、12 亚种、55 变种。

九、胡椒科 Piperaceae

草本、灌木或攀援藤本,稀为乔木,常有香气。叶互生,稀对生或轮生,单叶;叶片两侧常不对称,具掌状脉或羽状脉;托叶多少贴生于叶柄上,或不贴生,亦或无托叶。花小,两性或单性,单性者雌雄异株或间有杂性,密集成穗状花序,或由几个穗状花序再排成伞形花序式(极少成总状花序式排列),花序与叶对生或腋生,稀顶生;苞片小,通常盾状或杯状,少有勺状;花被无;雄蕊 1～10 枚,花丝通常离生,花药 2 室,分离或汇合,纵裂;雌蕊有 2～5 心皮合生,子房上位,1 室,胚珠 1 枚,直生,柱头 1～5,花柱无或极短。浆果小,果皮肉质,或干燥;种子具少量内胚乳和丰富的外胚乳。

8 或 9 属,约 3000 种,分布于热带和亚热带地区,大多分布于南北美洲。我国有 3 属,68种,多产于华南、西南地区。浙江有 2 属,5 种。本志记载 1 种。

(一) 胡椒属 Piper L.

灌木或攀援藤本,稀为草本或小乔木。茎、枝有膨大的节,有香气。叶互生,全缘;托叶多少贴生于叶柄上,早落。花单性,雌雄异株,或稀有两性,或杂性,成与叶对生或少有顶生的穗状花序;苞片离生,少有与花序轴或与花合生,盾状或杯状;雄蕊 2～6 枚,通常着生于花序轴上,稀着生于子房基部,花药 2 室,2～4 裂;子房离生或有时嵌生于花序轴中而与其合生,柱头3～5,稀 2。浆果倒卵球形、卵球形或球形,稀长圆球形,红色或黄色,无柄或具长短不等的柄。

约 2000 种,大多分布于热带地区。我国有 60 种,分布于华东、华南、西南各省。浙江共 3 种。

1. 竹叶胡椒(图 21)

Piper bambusifolium Y. C. Tseng in Acta Phytotax. Sin. 17(1)：38, fig. 14. 1979. [*bambusae folium*]

攀援藤本。除花序轴和苞片柄外均无毛;花枝纤细,灰褐色,近圆柱形。单叶互生;叶片纸质,有细腺点,椭圆状披针形至披针形,长 2.5～7cm,宽 1～2.5cm,有时更宽,先端长渐尖,基部近于圆钝,两侧近相等,叶脉 5 条,最上 1 对互生,最下部 1 对近基部中脉发出,细弱,斜伸 1～2cm 弯拱网结,其上者弯拱上升达叶片 2/3 处即网结;叶柄长 4～6mm,基部具鞘。花单性,雌雄异株,聚集成与叶对生的穗状花序。雄花序在花期长 2～4cm,约为叶片 1/2,直径约 1.5mm,黄色;花序梗与叶柄等长或稍长;花序轴被毛;苞片圆形,边缘不整齐,近无柄或具极短的柄,盾状;雄蕊 3 枚,花药肾形,较花丝略短。雌花序短,幼期长约 3mm,花期长达 1.5cm;花序梗略长于叶柄;花序轴和苞片与雄花序的相同;子房离生,柱头 3 或 4,卵状渐尖。浆果球形,干时红色,平滑,直径 2～2.5mm。花期 4—7 月。

产地：浙西大峡谷。生于海拔 400m 左右的林下岩石上。

分布：浙江、江西、湖北、贵州、四川。

图 21　竹叶胡椒(引自《植物分类学报》)

一〇、杨柳科　Salicaceae

落叶乔木,或为直立、垫状或匍匐的灌木。树皮光滑,或粗糙开裂。有顶芽或无顶芽;芽为 1 至多枚鳞片所包被。单叶,互生,稀对生;叶片不分裂或浅裂,全缘,或具锯齿;托叶鳞片状或叶状,早落或宿存。花常单性异株,成葇荑花序,直立或下垂,先叶开放,或与叶同时开放,稀叶后开放。苞片脱落或宿存,花生于苞片与花序轴之间;无花被;基部有杯状花盘或腺体,稀缺如;雄蕊 2 至多数,花药 2 室,纵裂,花丝分离或合生;雌花子房无柄或有柄,雌蕊大多 2～4 心皮合生,子房 1 室,侧膜胎座,胚珠多数,柱头 2～4 裂。蒴果 2～4 瓣裂。种子多而微小,基部围有多数白色丝状长毛,种皮薄,胚直立,无胚乳,或有少量胚乳。

　　3属,约620种,主要分布于北半球寒温带、温带和亚热带。我国3属均有,340余种,各省、区均有分布,尤以山地和北方较多。浙江有2属,16种及若干变种。本志记载2属,6种、1变种。

分属检索表

1. 具顶芽,芽鳞多数;葇荑花序下垂,苞片先端分裂,具花盘;叶具长柄 …………………… 1. 杨属 Populus
1. 无顶芽,芽鳞1枚;葇荑花序直立或斜伸,苞片先端全缘,无花盘;叶具短柄 …………… 2. 柳属 Salix

（一）杨属　Populus L.

　　乔木。树干通直;树皮光滑或纵裂,灰白色。具顶芽,芽鳞多数,常有黏质。枝有长短枝之分,圆柱状或具细棱。叶互生;叶片卵圆形、卵圆状披针形或三角状卵形,在长枝、短枝、萌枝上常有变异,边缘具齿;叶柄长,侧扁或圆柱形,先端有腺点,或无。葇荑花序下垂,常先叶开放,雄花序较雌花序稍早开放;苞片先端尖裂或条裂,膜质,早落;花盘斜杯状;雄花有雄蕊4至多数,着生于花盘内,花药暗红色,花丝离生;花柱短,柱头2～4裂。蒴果2～4瓣裂。种子小,多数,子叶椭圆形。

　　约100种,分布于欧洲、亚洲、北美洲及非洲北部。我国有71种(含杂交种),主要分布于北部。浙江野生仅1种。

1. 响叶杨(图22)

Populus adenopoda Maxim. in Bull. Soc. Imp. Naturalistes Moscou 54(1)：50. 1879.

　　乔木,高达20m。树皮灰白色,光滑,老时深灰色,纵裂。小枝细,赤褐色,被柔毛;老枝灰褐色,脱净无毛。芽圆锥形,有黏质,无毛。叶片卵状圆形或卵形,长5～12cm,宽4～5cm,先端长渐尖,基部截形或微心形,边缘具圆钝锯齿,齿端有腺点,幼时两面具曲柔毛,下面更密,后脱落;叶柄侧扁,初时被短柔毛,长2～7cm,顶端有2腺点。雄花序长4～8cm;苞片掌状分裂,有长缘毛;花盘齿裂。果序长12～16cm;花序轴有毛。蒴果卵状长椭圆球形,长3～5mm,无毛,有短柄,2瓣裂。种子倒卵状椭圆球形,暗褐色。花期3—4月,果期4—5月。

　　产地：大源塘、千顷塘。生于海拔1000～1300m的沟边。

　　分布：陕西、河北、河南、江苏、安徽、浙江、江西、福建、湖北、湖南、广西、贵州、四川、云南。

　　用途：供材用;长江中下游山区重要造林树种。

图22　响叶杨(引自《浙江天目山药用植物志》)

（二）柳属　Salix L.

匍匐状、垫状或直立灌木，或为小乔木。无顶芽，侧芽通常紧贴枝上，芽鳞单一。叶互生，稀对生；叶片通常狭长，为披针形，羽状脉，有锯齿或全缘；叶柄短；具托叶，常早落，稀宿存。茉黄花序直立或斜展，先叶开放，或与叶同时开放，稀后叶开放；苞片全缘，有毛或无毛，宿存，稀早落；雄蕊 2 至多数，花丝离生，或部分合生至全部合生，花丝基部具 1 或 2 枚腺体，腹腺位于花序轴与花丝之间，背腺近苞片；雌蕊 2 心皮，子房无柄或有柄，花柱长短不一，或缺，柱头 1～4 裂。蒴果 2 瓣裂。种子多而小，暗褐色，具绵毛。

约 520 种，大多分布于北半球寒温带和温带。我国有 275 种，主要分布于东北、西北与华北。浙江有 11 种。

分种检索表

1. 叶片常线状披针形、披针形或倒披针形，宽小于 15mm，稀为椭圆形或长椭圆形；雄蕊 2。
  2. 叶片多为披针形或线状披针形，背面无毛。
    3. 枝下垂；叶片先端长渐尖，边缘具细锯齿；花丝基部具 2 腺体 ……………… 1. 垂柳 S. babylonica
    3. 枝直立或开展；叶片先端短渐尖，边缘具细腺齿；花丝基部具 1 腺体 ………………
      ………………………………………………………………………… 2. 簸箕柳 S. suchowensis
  2. 叶片多为椭圆形或长椭圆形，背面被毛。
    4. 叶背具绢质长柔毛；托叶披针形；花丝基部合生 ……………… 3. 银叶柳 S. chienii
    4. 叶背密生绒毛；托叶半圆形；花丝分离 ……………… 4. 绒毛皂柳 S. wallichiana var. pachyclada
1. 叶片椭圆状披针形至卵状披针形或狭卵形，宽 10～25mm，或更宽；雄蕊 3 枚以上。
  5. 冬芽大而饱满；叶片先端长渐尖或尾尖，基部微心形；叶柄先端无腺点；雄花具 1 腺体 ………………
    ……………………………………………………………………… 5. 粤柳 S. mesnyi
  5. 冬芽小，长小于 5mm；叶片先端渐尖，基部楔形；叶柄具腺点；雄花具 2 腺体 ………………
    ……………………………………………………………………… 6. 南川柳 S. rosthornii

1. 垂柳（图 23：A - C）

Salix babylonica L., Sp. Pl. 2：1017. 1753.

乔木，高 3～6m，树冠开展而疏散。树皮灰黑色，不规则开裂；枝下垂，淡褐色或带紫色，无毛。芽线形，先端急尖。叶片线状披针形或披针形，长 8～13cm，宽 5～15mm，先端长渐尖，基部楔形，两面无毛，上面绿色，下面淡绿色，边缘具细锯齿；叶柄长 5～8mm，被短柔毛；托叶生于萌发枝上，披针形或卵圆形，边缘具齿。花序先叶开放，或与叶同时开放。雄花序长 1.5～2.5cm，有短梗，花序轴被毛；雄蕊 2，花丝与苞片近等长或稍长，基部多少被长毛；苞片披针形，外面被毛；腺体 2。雌花序长 2.5～3.5cm，具花序梗，基部有 3 或 4 叶，花序轴被毛；子房椭圆球形，无毛或下部稍被毛，无柄或近无柄，柱头 2～4 裂；苞片披针形，长约 2mm，外面被毛；腺体 1。蒴果长 3～4mm。花期 3—4月，果期 4—5 月。

产地：区内常见栽培。

分布：长江流域和黄河流域。各地常见栽培，亚洲、欧洲、美洲各国均引种栽培。

用途：为优美的绿化树种，常在路旁、水边栽培。

图 23 A-C: 垂柳;D,E: 粤柳;F,G: 南川柳(金孝锋绘)

2. 簸箕柳(图 24：A,B)

Salix suchowensis Cheng ex G. H. Zhu in Novon 8(4)：466. 1998.

灌木,高约 2m。小枝淡黄绿色或淡紫红色,无毛,当年生枝初时疏被绒毛,后脱落仅芽附近有绒毛。叶片披针形,长 8~10cm,宽约 1.5cm,先端短渐尖,基部楔形,边缘具细腺齿,上面暗绿色,下面苍白色,中脉淡褐色,侧脉呈钝角或直角开展,两面无毛;叶柄长约 5mm,常被短绒毛;托叶线形至披针形,长 1~1.5cm,边缘具疏腺齿。花先叶开放。雄花序近无花序梗,花序轴密被灰色绒毛;苞片倒长卵形,褐色,先端钝圆,外面被长柔毛;1 腺体,腹生;雄蕊 2,花药黄色,花丝合生。雌花子房圆锥形,密被灰色绒毛,具极短的柄或无柄,柱头 2 裂。蒴果被毛。花期 3 月,果期 4—5 月。

产地:千顷塘、道场坪、童玉。生于海拔 500~1200m 的水沟边。

分布:河南、山东、江苏、浙江。

与我国华北及西北地区的筐柳 S. linearistipularis K. S. Hao 极为近似,但本种小枝颜色较深,花序细,花柱较长,略有区别。

3. 银叶柳(图 24：C,D)

Salix chienii Cheng in Contr. Biol. Lab. Sci. Soc. China, Bot. Ser. 9(1)：59：1933.

灌木或小乔木,高 1~7m。树皮暗褐灰色,纵浅裂;一年生枝绿色,被绒毛,后变紫褐色,近无毛。芽先端钝,有短柔毛。叶片长椭圆形,或披针形,长 1.5~4.5cm,宽 5~10mm,先端急尖或钝尖,基部阔楔形或近圆形,幼时两面有绢状柔毛,成熟时上面绿色,无毛或被疏毛,下面苍白色,有绢状长柔毛,稀近无毛,边缘具细腺锯齿;叶柄短,长 1~2mm,被绢状毛。花序与叶同时开放,或稍先叶开放。雄花序圆柱状,长 1.5~2cm,花序梗长 3~6mm,基部有 3~7 叶,花序轴被长毛;雄蕊 2,花丝基部合生,被毛,花药黄色;苞片倒卵形,先端近圆形或钝头,两面被长毛;腺体 2,背生和腹生。雌花序长约 1.5cm,花序梗长 2~5mm,基部有 3~5 叶,花序轴被毛;子房卵球形,无柄,无毛,柱头 2 裂;苞片卵形,先端圆钝,两面无毛;腺体 1,腹生。蒴果卵状长圆球形,长约 3mm。花期 4 月,果期 5 月。

产地:区内广布。生于山谷溪边。

分布:江苏、安徽、浙江、福建、江西、湖北、湖南。

4. 绒毛皂柳(图 24：E,F)

Salix wallichiana Andersson var. **pachyclada** (H. Lév. & Vaniot) C. Wang & C. F. Fang, Fl. Reipubl. Popularis Sin. 20(2)：307. 1984.

Basionym：*Salix pachyclada* H. Lév. & Vaniot in Repert. Spec. Nov. Regni Veg. 3：22. 1906.

灌木或小乔木,高 3~6m。小枝红褐色或黑褐色,初时被毛,后变无毛。芽卵球形,有棱,先端尖,常外弯,红褐色或栗色,无毛。叶片长圆状披针形至椭圆形,少有披针形,长 4~7cm,宽 1.5~3.5cm,先端急尖至渐尖,基部楔形或近圆形,上面幼时被短柔毛,后渐变为近无毛,下面密被灰白色绒毛;叶柄长 4~7mm;托叶半圆形,早落。花序先叶开放或近同时开放,无花序梗。雄花序长约 1.5cm;雄蕊 2,花药椭圆球形,黄色,花丝细长,下部被柔毛;苞片

图 24　A,B:簸箕柳;C,D:银叶柳;E,F:绒毛皂柳(金孝锋绘)

深褐色,长圆形或倒卵形,先端急尖,两面密被白色长柔毛;腺体 2。雌花序中子房狭圆锥形,长 3～5mm,密被短柔毛,子房柄短,在受粉后逐渐伸长,柱头 2～4 裂;苞片长圆形,先端急尖,深褐色,具长柔毛;腺体 1。蒴果被短柔毛或近无毛,开裂后向外强烈反卷。花期 4—5月,果期 5月。

　　产地:千顷塘。生于海拔 700～900m 的林缘、溪边。

　　分布:浙江、湖北、湖南、贵州、四川、云南。

5. 粤柳(图 23:D,E)

　　Salix mesnyi Hance in J. Bot. 20:38. 1882.

　　灌木或小乔木,高 3～5m。树皮灰黄色,片状剥裂;当年生枝密生锈色短柔毛,后脱净无毛。芽短圆锥形,微被短柔毛。叶片革质,长圆形、狭卵形或长圆状披针形,长 5～8cm,宽 2～3cm,先端长渐尖或尾尖,基部圆形或近心形,上面亮绿色,下面稍淡,幼叶两面有锈色短柔毛,沿中脉更密,后近无毛,叶脉明显突起,呈网状,边缘有粗腺锯齿;叶柄长 7～10mm,幼时密生锈色毛,后无毛。雄花序长 4～5cm,花序轴密被灰白色短柔毛;雄蕊 5 或 6,花丝基部被疏柔毛,花药卵圆球形,黄色;苞片宽卵圆形,先端钝圆,内面及边缘被短柔毛,外面近无毛;腺体 2,先端常有分裂。雌花序长 3～5cm;子房卵圆锥形,长约 4mm,花柱短,柱头 2 裂;苞片同雄花相似;具 1 腹腺。蒴果卵球形,无毛。花期 3 月,果期 4 月。

　　产地:童玉。生于海拔 600m 左右的沼泽地边缘。

　　分布:江苏、安徽、浙江、福建、江西、广东、广西。

6. 南川柳(图 23:F,G)

　　Salix rosthornii Seemen ex Diels in Bot. Jahrb. Syst. 29(2):276, t. 2:E–H. 1900.

　　小乔木或灌木。幼枝有毛,后脱落而变无毛。叶片椭圆状披针形或长圆形,稀椭圆形,长 3～7.5cm,宽 1.2～3cm,先端渐尖,基部楔形,上面亮绿色,下面淡绿色,两面无毛,边缘有整齐的腺锯齿;叶柄长 5～10mm,被短柔毛,上端常具腺点;托叶近卵形,有腺锯齿,早落,萌枝上托叶发达,肾形或偏心形,长达 12mm。花与叶同时开放。雄花序长 4～5cm,疏生花,花序梗长 1～2cm,花序轴被短柔毛;雄蕊 3～6,花丝基部被短柔毛;苞片卵形;腹腺和背腺。雌花序长 3～4cm;子房狭卵球形,无毛,具长柄,花柱短,2 裂;苞片与雄花相似;腺体 2,腹腺大,背腺有时不发育。蒴果卵球形,长 5～6mm。花期 3—4 月,果期 5 月。

　　产地:都林山、鸠甫山。生于山谷溪边。

　　分布:陕西、安徽、浙江、江西、湖北、湖南、贵州、四川。

一一、杨梅科　Myricaceae

　　乔木或灌木,常绿或落叶。植株具芳香,部分被盾状着生的树脂质腺鳞。单叶互生,具叶柄,全缘或边缘有锯齿,或成浅裂,稀羽状中裂;托叶常不存在。花单性,风媒,无花被,无梗,排列成荑黄花序;雌雄异株或同株;雄花序常着生于去年生枝条的叶腋内或新枝基部,单生或簇生,或组成圆锥状花序;雌花序与雄花序相似;雌雄同序者花序下端为雄花,上端为雌花。雄花具 2 至多数雄蕊,花丝短,离生或基部稍合生,花药直立,2 药室分离,外向纵缝裂开,药隔不显著;雌花在每一苞片腋内单生,稀 2~4 个集生,通常具 2~4 枚小苞片,雌蕊具 2 心皮,合生,无柄,子房 1 室,具 1 枚直生胚珠,胚珠无柄,基底胎座,花柱极短或几无。核果,外果皮干燥或肉质,内果皮坚硬。种子直立,具膜质种皮,无胚乳或胚乳极贫乏(仅由 1 层细胞组成)。

　　3 属,约 50 种,主要分布于热带、亚热带、温带地区。我国有 1 属,4 种,分布于西南至东部。浙江有 1 种。本志记载 1 种。

(一) 杨梅属　Myrica L.

　　乔木或灌木,常绿或落叶。幼嫩部分被有树脂质的盾状着生的腺鳞。单叶,常集生于小枝上端,无托叶,全缘或具锯齿。花序单一或分枝,直立或向上倾斜,或稍俯垂状。雄花具雄蕊 2~8 枚,稀多至 20 枚,花丝分离或在基部合生;有或无小苞片。雌花具 2~4 枚小苞片,贴生于子房而与子房一同增大,或与子房分离而不增大;子房外表面具略成规则排列的凸起。每一雌花序上的雌花全部,或少数或仅顶端 1 朵能发育成果实。核果小坚果状,具薄的果皮,或为较大的核果而具多少肉质的外果皮及坚硬的内果皮。种子直立,具膜质种皮。

　　约 50 种,分布于热带、亚热带及温带。我国有 4 种,分布于西南至东部。浙江有 1 种。

1. 杨梅(图 25)

Myrica rubra Siebold & Zucc. in Abh. Math. -Phys. Cl. Königl. Bayer. Akad. Wiss. 4:230. 1846.

　　常绿乔木,高达 10m。树皮灰色,老时纵向浅裂。小枝及芽无毛,皮孔通常少而不显著,幼嫩时被圆形而盾状着生的腺鳞。叶革质,无毛,常集生于小枝上端;叶片(生于萌发条上者)长椭圆状或披针形,长 10~15cm,先端渐尖或急尖,边缘中部以上具稀疏的锐锯齿,中部以下常全缘,基部楔形;生于孕性枝上者为倒卵形或长椭圆状倒卵形,长 5~11cm,宽 1~3cm,先端圆钝,或具短尖至急尖,基部楔形,全缘或偶有在中部以上具少数锐锯齿,上面深绿色,有光泽,下面浅绿色,无毛,被稀疏的金黄色腺体,干燥后中脉及侧脉在两面均显著;叶柄长 2~10mm。雄花序单生或数条丛生于叶腋,长 1~3cm,常不分枝,稀在基部有极短分枝,基部的苞片不孕,孕性苞片近圆形,全缘,背面无毛,被腺体,每苞片腋内生 1 雄花。雄花具 2~4 枚卵形小苞片及 4~6

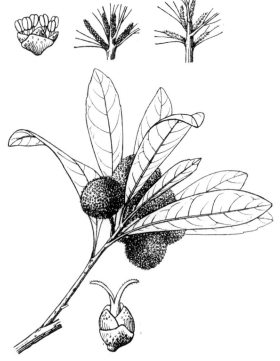

图 25　杨梅(引自《浙江天目山药用植物志》)

枚雄蕊。雌花序常单生叶腋,较雄花序短而细瘦,长5～15mm,苞片和雄花的相似,覆瓦状紧密排列,每苞片腋内生1雌花。雌花具4枚卵形小苞片;子房卵球形,无毛,顶端具极短的花柱和2柱头,内侧为具乳头状凸起的柱头面。每一雌花序仅上端1(2)雌花能育。核果球状,外表面具乳头状凸起,直径1～1.5cm(栽培品种更大),外果皮肉质,多汁液及树脂,味酸甜,成熟时深红色或紫红色;核常为阔椭圆球形或圆卵球形,略成压扁状,内果皮极硬,木质。花期4月,果期6—7月。

产地:区内常见。零星生于林中。

分布:江苏、浙江、江西、福建、台湾、广东、广西、湖南、贵州、四川、云南;日本、朝鲜半岛和菲律宾。

用途:为重要果树,广为栽培,品种很多;叶为提取芳香油的原料。

一二、胡桃科　Juglandaceae

落叶乔木,有芳香,被有橙黄色盾状着生的圆形腺鳞。芽常2或3枚重叠生于叶腋。叶互生或稀对生,无托叶,奇数或稀偶数羽状复叶;小叶对生或互生,羽状脉,边缘具锯齿或稀全缘。花单性,雌雄同株。雄花序单独或数条成束,生于叶腋或芽鳞腋内,稀生于枝顶而直立。雄花生于1枚不分裂或3裂的苞片腋内;小苞片2,花被片1～4枚,或无小苞片及花被片;雄蕊3～40枚,插生于花托上,1至多轮排列,花丝极短或不存在,离生或在基部稍愈合,花药2室,纵裂。雌花序穗状,顶生,具少数雌花而直立,或有多数雌花而成下垂的荑荑花序。雌花生于1枚不分裂或3裂的苞片腋内,苞片与子房分离或贴生于子房下端,或与花托及小苞片形成一壶状总苞贴生于子房;花被片2～4枚;雌蕊1,2心皮合生,子房下位,1室,或不完全2室及4室,花柱极短,柱头2裂,稀4裂。果实由小苞片及花被片,或仅由花被片,或由总苞以及子房共同发育成核果状的假核果或坚果状;外果皮肉质或革质或者膜质,成熟时不开裂或不规则破裂;内果皮(果核)坚硬,骨质,1室,室内基部具1或2骨质的不完全隔膜,因而成不完全2或4室。种子大型,无胚乳;子叶肥大,肉质,2裂或4裂。

约60种,分布在北半球热带至温带。我国有7属,27种、1变种,主要分布在长江以南,少数种类分布到北部。浙江6属,6种、1变种。本志5属,5种、1变种。

分属检索表

1. 雄花序顶生而直立,数枚排成伞房状;果序呈球果状 ……………………………… 1. 化香树属 Platycarya
1. 雄花序腋生而下垂,雌花序直立或下垂;果序不成球果状。
　2. 枝条髓部实心 ………………………………………………………………………… 2. 山核桃属 Carya
　2. 枝条髓部成薄片状分隔。
　　3. 果实核果状,无翅;外果皮肉质,干后成纤维质,通常成不规则的4瓣破裂…… 3. 胡桃属 Juglans
　　3. 果实坚果状,具革质的果翅。
　　　4. 果实具2展开的果翅;雄花序单独生,自芽鳞腋内或叶痕腋内生出…… 4. 枫杨属 Pterocarya
　　　4. 果实具由1水平向的圆形或近圆形的果翅所围绕;雄花序数条成一束,自叶痕腋内生出……
　　　……………………………………………………………………………………… 5. 青钱柳属 Cyclocarya

（一）化香树属　**Platycarya** Siebold ＆ Zucc.

落叶乔木。具芽鳞；枝条髓部实心。奇数羽状复叶，互生，小叶有锯齿。雄花序及两性花序共同形成直立的伞房状花序束，生枝顶，中央顶端的为两性花序，下部为雌花序，上部为雄花序（在花后脱落而仅留下雌花序）；两性花序下方周围簇生雄性穗状花序。无花被；雄蕊常 8 枚，花丝短。雌花序由密集而成覆瓦状排列的苞片组成，每苞片内具 1 雌花；子房 1 室；无花柱，柱头 2 裂。果序球果状，直立，苞片宿存，密集而成覆瓦状排列。果为小坚果状，两侧具由 2 花被片发育而成的狭翅，外果皮薄革质，内果皮海绵质，成不完全 2 室。种子具膜质种皮。

图26　化香树(引自《浙江天目山药用植物志》)

3 种、1 变种，分布于我国，朝鲜半岛和日本。我国有 2 种，分布于黄河以南。浙江有 1 种。

1. 化香树（图 26）

Platycarya strobilacea Siebold ＆ Zucc. in Abh. Math.-Phys. Cl. Königl. Bayer. Akad. Wiss. 3(3)：743, t. 5. 1843.

落叶小乔木。树皮灰色不规则纵裂。二年生枝条暗褐色，具细小皮孔。复叶长约 12～30cm，叶总柄显著短于叶轴，小叶 7～11 枚；小叶纸质，侧生小叶无柄，对生或生于下端者偶尔有互生，卵状披针形至长椭圆状披针形，长 3～14cm，宽 0.9～4.8cm，基部歪斜，边缘有细尖重锯齿，顶生小叶具柄。果序球果状，卵状椭圆形至长椭圆状圆柱形；宿存苞片木质，长约 10mm；带翅小坚果长 4～6mm。花期 5—6 月，果期 10 月。

产地：区内常见，在干旱，阳光充足的地段较多。

分布：华中、华东、华南、西南各地，以及台湾；日本、朝鲜半岛。

（二）山核桃属　**Carya** Nutt.

落叶乔木。鳞芽或裸芽；髓部实心。叶互生，奇数羽状复叶；小叶边缘具锯齿。雌雄同株。雄性葇荑花序常 3 条成 1 束，生于花序总柄上，花序梗着生于去年生枝条顶端芽鳞腋或叶痕腋内。雄花具短花柄；苞片 1 枚；小苞片 2 枚；无花被片；雄蕊 3～10 枚。雌性穗状花序顶生，直立，具少数雌花。雌花 1～10 成短穗状；苞片 1 枚；小苞片 3 枚与苞片愈合而形成一个 4 浅裂的壶状总苞，贴生于子房；无花被片；子房下位，柱头盘状，2 浅裂。果序直立。果为假核果，外果皮干后革质或木质，通常 4 瓣裂开。

约 17 种，分布于东亚和北美。我国有 4 种，分布于华东、华中至西南。浙江 1 种，引入栽培 2 种。

1. 山核桃 (图 27)

Carya cathayensis Sarg. , Pl. Wilson. 3(1)：187. 1916.

乔木,高可达 30m。树皮平滑,灰白色;小枝细瘦,新枝密被盾状着生的橙黄色腺体。复叶长 13～30cm,有小叶 5～7 枚;小叶边缘有细锯齿,下面脉上具满布橙黄色腺体;侧生小叶近无柄,对生,披针形或倒卵状披针形,基部的最小,向上逐渐增大,长 7.5～22cm,宽 2～5cm,顶生小叶具小叶柄。雄性葇荑花序 3 条成 1 束,花序轴被有柔毛及腺体。雄花具短柄;苞片和小苞片均被有毛和腺体;雄蕊 2～7 枚。雌花 1～3 生于新枝顶,密被橙黄色腺体。果实倒卵形,被橙黄色腺,外果皮干燥后革质,裂开成 4 瓣;果核倒卵形或椭圆状卵形;内果皮硬;隔膜内及壁内无空隙。花期 4—5 月,果期 9 月。

产地：龙塘山、昱岭关。生于石灰岩区域 1000m 以下山坡。

分布：安徽、浙江。

用途：本地特色干果树种,商品名为"昌化山核桃"。

图 27　山核桃(引自《浙江天目山药用植物志》)

(三) 胡桃属　**Juglans** L.

落叶乔木。冬芽具鳞;髓部成薄片状分隔。叶互生,奇数羽状复叶。雌雄同株;雄性葇荑花序具多数雄花,单生于去年生枝条的叶痕腋内。雄花苞片 1 枚,小苞片 2 枚;花被片 3 枚,分离;雄蕊通常多数,4～40 枚,插生于扁平而宽阔的花托上,几无花丝。雌花序穗状,直立,顶生于当年生小枝。雌花的苞片与 2 枚小苞片愈合成一壶状总苞并贴生于子房,花后随子房增大;花被片 4 枚,高出于总苞,下部连合并贴生于子房;子房下位,柱头 2。果为假核果,外果皮未成熟时肉质,不开裂,完全成熟时常不规则裂开;果核不完全 2～4 室,内果皮(核壳)硬,骨质,壁内及隔膜内常具空隙。

约 20 种,分布于亚洲、欧洲、美洲的温带及热带地区。我国有 4 种,南北均产。浙江 1 种,引入栽培 3 种。

1. 华东野胡桃 (图 28)

Juglans cathayensis Dode var. **formosana** (Hayata) A. M. Lu & R. H. Chang in K. C. Kuang & P. C. Li, Fl. Reipubl. Popularis Sin. 21：35. 1979.

Basionym：*Juglans formosana* Hayata in J. Coll. Sci. Tokyo 30(1)：283. 1911.

落叶乔木,高达 25m。幼枝灰绿色;髓心薄片状分隔。奇数羽状复叶,通常 36～50cm

长,叶柄及叶轴被毛,具9~17枚小叶;小叶近对生,无柄,硬纸质,卵状矩圆形或长卵形,边缘有细锯齿,两面均有星状毛,中脉和侧脉亦有腺毛。雄性葇荑花序生于去年生枝顶端叶痕腋内,长可达25cm,花序轴有疏毛;雄花被腺毛,雄蕊约13枚左右。雌性花序直立,生于当年生枝顶端,花序轴密生棕褐色毛,雌花排列成穗状。雌花密生棕褐色腺毛,子房卵形,花柱短,柱头2深裂。果实卵球形或卵圆球状,外果皮密被腺毛,顶端尖,核卵状或阔卵状,顶端尖,内果皮坚硬,两条纵向棱脊,皱纹不明显,无刺状凸起及深凹窝。花期4—5月,果期8—10月。

产地:龙塘山、东呇头、道场坪、西坞源、大坪溪、大源塘、干坑、千顷塘、童玉、大明山、横源、直源等。生于林中。

分布:山东、江苏、安徽、江西、福建、台湾、湖南、广东、广西。

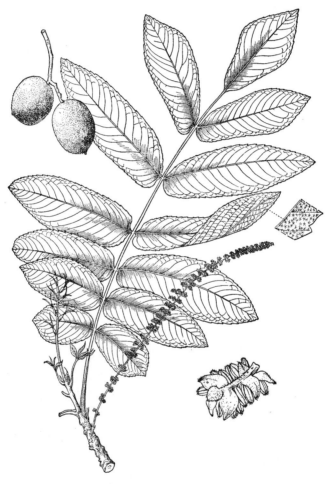

图28 华东野胡桃(引自《浙江天目山药用植物志》)

(四) 枫杨属 **Pterocarya** Kunth

落叶乔木。鳞芽或裸芽,腋芽单生或数个叠生;髓部片状分隔。叶互生,常集生于小枝顶端,奇数(稀偶数)羽状复叶,小叶的侧脉在近叶缘处相互联结成环,边缘有细锯齿。葇荑花序;雄花序长而具多数雄花,生于小枝上端的叶丛下方,自早落的鳞状叶腋内或自叶痕腋内生出。雄花苞片1枚,小苞片2枚,1~4枚花被片,雄蕊6~18。雌花序生于小枝顶端,具极多雌花，开花时俯垂，果时下垂。雌花苞片 1 枚及小苞片 2 枚各自离生，花被片 4 枚，贴生于子房，子房下位，花柱短，柱头 2 裂，裂片羽状。坚果，基部具 1 宿存的鳞状苞片及具 2 革质翅，花被片及花柱宿存，外果皮薄革质，内果皮木质。

约 9 种，分布于北温带。我国约 7 种、1 变种，各省、区均有分布。浙江 2 种。本志 2 种。

分种检索表

1. 芽无芽鳞而裸出，常数个重叠生；雄性荑荑花序由去年生枝条顶端的叶痕腋内发出 ························
 ·· 1. 枫杨 P. stenoptera
1. 芽具 3 枚脱落性大芽鳞，单独生；雄性荑荑花序生于当年生新枝的基部 ········ 2. 华西枫杨 P. insignis

1. 枫杨（图 29：C，D）

Pterocarya stenoptera C. DC. in Ann. Sci. Nat. , Bot. sér. 4，18：34. 1862.

落叶高大乔木，高达 30m。树皮幼时平滑，浅灰色，老时则深纵裂；小枝具灰黄色皮孔；裸芽，具柄，叠生副芽，密被锈褐色盾状着生的腺体。叶多为偶数或稀奇数羽状复叶，长 20～30cm，叶轴具窄翅；小叶 10～16 枚，对生或稀近对生，长椭圆形至长椭圆状披针形，长约 4～12cm，宽 2～4cm，顶端常钝圆或稀急尖，基部歪斜，边缘有内弯的细锯齿，上面被有细小的浅色疣状凸起，下面有极稀疏的腺体，叶腋有 1 丛星芒状毛。雄花序长约 6～12cm。雌花序顶生，长约 10～15cm。果实长椭圆球形，长约 6～7mm；具二斜上伸展的窄翅。花期 4—5 月，果熟期 8—9 月。

产地：浙川、道场坪、西坞源、大明山、横源、直源。常生于溪沟边或栽植于路边。

分布：陕西、河南、山东、安徽、江苏、江西、福建、台湾、广东、广西、湖南、湖北、四川、贵州、云南。

2. 华西枫杨（图 29：A，B）

Pterocarya insignis Rehder & E. H. Wilson in Sargent，Pl. Wilson. 3(1)：183. 1916.

落叶乔木，高达 20m。树皮灰色或暗灰色，平滑，浅纵裂；小枝粗壮，褐色或暗褐色，有灰黄色皮孔。芽大型，具 3 枚披针形的芽鳞。奇数羽状复叶，长 30～45cm；小叶（5～）7～13 枚，纸质，边缘具细锯齿，侧脉至叶缘成弧状联结，上面有星芒状柔毛，下面有星芒状毡毛，侧脉腋内毛更密；侧生小叶对生或近对生，卵形至长椭圆形，基部歪斜，圆形，顶端渐狭而成长渐尖，通常长 10～16cm，宽约 4～5cm，顶生小叶阔椭圆形至卵状长椭圆形。雄性荑荑花序 3 或 4 条各由叶丛下方的芽鳞痕的腋内生出，长达 18～20cm。雌性花序单独顶生于小枝上叶丛上方，初时直立，后来俯垂，长达 20cm 或更长。果实近光滑，果翅椭圆状圆形，有盾状着生的腺体。花期 5 月，果期 8—9 月。

产地：十八龙潭、百丈岭。生于海拔 900m 以上的林中。

分布：陕西、浙江、湖北、四川、云南。

（五）青钱柳属 **Cyclocarya** Iljinsk.

落叶乔木。芽具柄，裸芽；髓部片状分隔。叶互生，奇数羽状复叶；小叶边缘有锯齿。雌雄同株；雌、雄花序均荑荑状；雄花序具极多花，3 条或稀 2～4 条成束生于叶痕腋内的花序梗上；雌花序单独顶生。雄花花被片 4 枚；雄蕊 20～30 枚。雌花几乎无梗或具短梗；苞片与 2

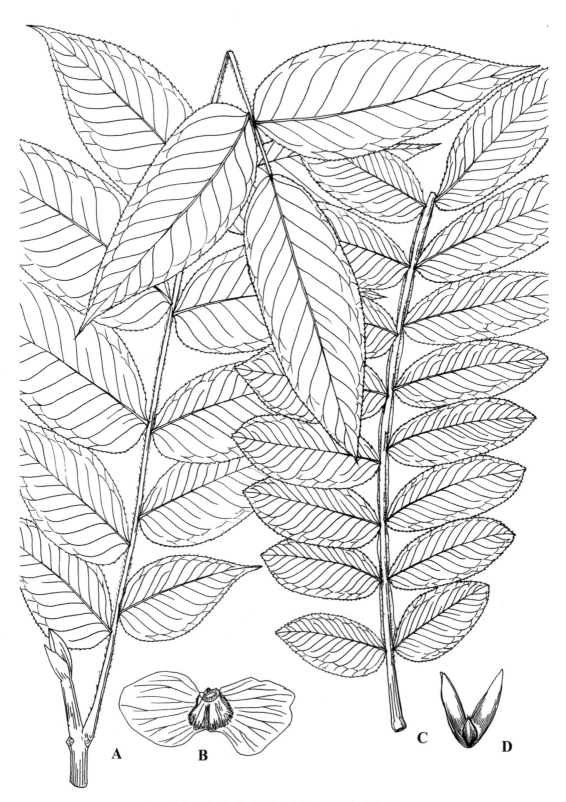

图 29　A,B：华西枫杨；C,D：枫杨（高迪莲绘）

小苞片相愈合并贴生于子房下端；花被片 4 枚；花柱短，柱头 2 裂，裂片羽毛状；子房下位。果实具短柄，具圆盘状翅，顶端具 4 枚宿存的花被片。

　　1 种，为我国特有，分布于长江以南各省、区。浙江也有。

1. 青钱柳（图 30）

Cyclocarya paliurus (Batal.) Iljinsk. in Trudy Bot. Inst. Akad. Nauk S.S.S.R., ser. 1, Fl. Sist. Vyssh. Rast. 10：115. 1953.

　　Basionym：*Pterocarya paliurus* Batal. in Trudy Imp. St.-Peterburgsk. Bot. Sada 13：101. 1893.

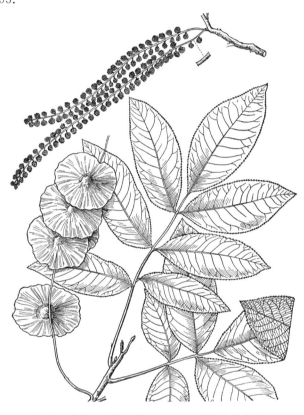

　　落叶乔木，高达 30m。树皮灰色；枝条黑褐色，具灰黄色皮孔。裸芽密被锈褐色盾状着生的腺体。奇数羽状复叶长约 20cm，具 7～9 小叶；小叶纸质；侧生小叶近于对生或互生，小叶柄密被短柔毛，小叶片长椭圆状卵形至阔披针形，长约 3～14cm，宽约 2～6cm，基部歪斜，阔楔形至近圆形，顶端钝或急尖、稀渐尖，有短柔毛、鳞片及黄色腺体，侧脉腋内具簇毛。雄花序长 7～18cm；花序轴密被短柔毛及盾状着生的腺体。雌花序单独顶生，花序轴常密被短柔毛。果实扁球形，直径约 7mm，密被短柔毛，果实中部围有水平方向的近革质圆盘状翅，顶端具 4 枚宿存的花被片及花柱。花期 5—6 月，果期 9 月。

图 30　青钱柳（引自《浙江天目山药用植物志》）

　　产地：龙塘山、东岙头、十八龙潭、横源、直源、道场坪、西坞源、大坪溪、大源塘、干坑、千顷塘、童玉等。生于山坡、溪谷或林缘。

　　分布：江苏、安徽、浙江、江西、福建、台湾、湖北、湖南、广东、广西、四川、贵州、云南。

一三、桦木科　Betulaceae

　　落叶乔木或灌木。单叶互生；托叶分离，早落，很少宿存。花单性，雌雄同株；雄花 3 朵组成聚伞花序，再排成下垂的葇荑状；雄花具苞鳞；雄蕊 2～20 枚（很少 1 枚）插生在苞鳞内，花丝短，花药 2 室，纵裂；雌花 2 朵组成小聚伞花序，再排成下垂的圆柱状或直立的卵球状；具多数苞鳞（果时称果苞），每苞鳞内有雌花 2 或 3 朵，每朵雌花下部又具 1 枚苞片和 1 或 2 枚小苞片；子房 2 室；花柱 2 枚，分离，宿存。果序球果状、穗状、总状或头状；果苞木质、革质、厚纸质或膜质，宿存或脱落。坚果，无胚乳。

　　6 属,100 余种,主要分布于北温带,中美洲和南美洲。我国 6 属,约 70 种,全国各地均有分布。浙江有 5 属,12 种、4 变种、1 栽培种。本志记载 3 属,6 种、2 变种。

分属检索表

1. 雄花 2～6 朵生于每一苞鳞的腋间,有花被;雌花无花被;果为具翅的小坚果,连同果苞排列为穗状 …… …………………………………………………………………………………………… 1. 桦木属 Betula
1. 雄花单生于每一苞鳞的腋间,无花被;雌花具花被;果为小坚果或坚果,连同果苞排列为总状或头状。
　　2. 果序簇生呈头状;果苞钟状或管状,大部或全部包裹坚果 ……………………… 2. 榛属 Corylus
　　2. 果序为总状;果苞叶状,扁平,3 裂或 2 裂,不完全包裹小坚果 ……………… 3. 鹅耳枥属 Carpinus

(一) 桦木属　Betula L.

　　落叶乔木或灌木。芽无柄,鳞芽。单叶,互生,叶片下面通常具腺点,边缘具重锯齿,很少为单锯齿,叶脉羽状;托叶分离,早落。花单性,雌雄同株;雄花序 2～4 枚簇生于去年枝条的顶端或侧生;苞鳞覆瓦状排列,每苞鳞内具 2 枚小苞片及 3 朵雄花;花被膜质,基部连合;雄蕊通常 2 枚,花丝短,顶端分叉,花药具 2 个完全分离的药室;雌花序单 1 枚或 2～5 枚生于短枝的顶端;苞鳞覆瓦状排列,每苞鳞内有 3 朵雌花;雌花无花被,子房扁平,2 室,每室有 1 个倒生胚珠,花柱 2 枚,分离。果苞革质,鳞片状,脱落,由 3 枚苞片愈合而成,具 3 裂片,内有 3 枚小坚果。小坚果小,扁平,具或宽或窄的膜质翅,顶端具 2 枚宿存的柱头。种子单生,具膜质种皮。

　　约 100 种,主要分布于北温带。我国有 29 种,全国均有分布。浙江仅 1 种。

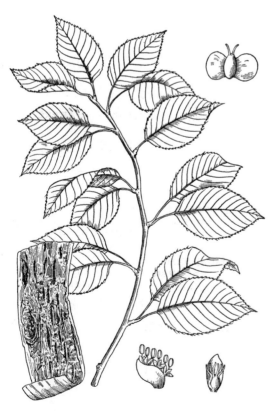

图 31　亮叶桦(引自《浙江天目山药用植物志》)

1. 亮叶桦(图 31)

Betula luminifera H. J. P. Winkl., Pflanzenr. 19：91. 1904.

　　乔木,高达 25m。树皮红褐色或暗黄灰色,剥开后有浓重膏药气味;枝条具蜡质白粉;小枝黄褐色,被淡黄色柔毛;芽鳞边缘被纤毛。叶片矩圆形、宽矩圆形、矩圆披针形、有时为椭圆形或卵形,长 4～10cm,宽2.5～6cm,顶端骤尖或呈细尾状,基部圆形,有时近心形或略偏斜,边缘具不规则的刺毛状重锯齿,叶下面沿脉疏生长柔毛,脉腋间有时具髯毛,侧脉 12～14 对;叶柄长 1～2cm,密被短柔毛及腺点,极少无毛。雄花序 2～5 枚簇生于小枝顶端或单生于小枝上部叶腋。果序大部分单生,间或在一个短枝上出现两枚单生于叶腋的果序,长达 10cm;果苞长 2～3mm,基部海绵质,中部以下的边缘具短纤毛,中裂片矩圆形、披针形或倒披针形,顶端圆或渐尖,侧裂片小,卵形,有时不甚发育而呈耳状或齿状。小坚果倒卵球形,长约 2mm。

产地:东岙头、十八龙潭、道场坪、西坞源、大坪溪、大源塘、干坑、千顷塘、童玉、横源、直源等。生于阳坡杂木林中。

分布:陕西、甘肃、浙江、江西、湖北、广东、广西、贵州、四川、云南。

用途:前期生长快速,木材质地良好,供制各种器具;树皮、叶、芽可提取芳香油和树脂。

(二) 鹅耳枥属 Carpinus L.

乔木或小乔木,稀灌木。树皮平滑;鳞芽,顶端锐尖。单叶,互生,二列,边缘具齿;叶脉羽状,第三级脉与侧脉垂直;托叶早落,稀宿存。花单性,雌雄同株;雄花序生于去年的枝条上;苞鳞覆瓦状排列,每苞鳞内具 1 朵雄花,无小苞片;雄花无花被,具 3~12(13)枚雄蕊,生于苞鳞的基部;花丝短,花药 2 室,药室分离;雌花序生于上部的枝顶或腋生于短枝上,单生;苞鳞覆瓦状排列,每苞鳞内具 2 朵雌花;雌花基部具 1 枚苞片和 2 枚小苞片,具花被;子房下位,不完全 2 室,每室具 2 枚倒生胚珠;花柱 2;果苞叶状,3 裂、2 裂或不明显 2 裂。小坚果宽卵圆球形、三角状卵圆球形、长卵圆球形或矩圆球形,微扁,着生于果苞之基部,顶端具宿存花被;果皮坚硬,不开裂。种子 1。

约 40 种,分布于北半球温带至亚热带。我国有 25 种和若干变种,分布于东北、华北、西北、华东等。浙江 7 种、3 变种。

分种检索表

1. 果苞的两侧近于对称,中脉位于近中央;小坚果全部为果苞内侧基部内折的裂片遮盖 ·····················
   ························· 1. 华千金榆 C. cordata var. chinensis
1. 果苞的两侧不对称,中脉偏向于内缘一侧,中裂片外侧的边缘不内折;小坚果不为果苞基部的裂片或耳突所遮盖或仅部分被遮盖。
   2. 果苞的外侧与内侧的基部均具裂片,有时外侧裂片不甚明显 ··············· 2. 雷公鹅耳枥 C. viminea
   2. 果苞内外侧的基部无明显裂片,仅具耳突或边缘微内折。
     3. 果苞长 13~22mm;叶片边缘具浅重锯齿 ··············· 3. 湖北鹅耳枥 C. hupeana
     3. 果苞长 25~30mm;叶片边缘具尖锐重锯齿 ··············· 4. 昌化鹅耳枥 C. tschonoskii

1. 华千金榆 南方千斤榆(图 32:A,B)

Carpinus cordata Bl. var. **chinensis** Franch. in J. de Bot. 13:202. 1899.

乔木,高达 15m。树皮及小枝灰褐色;小枝密被短柔毛及稀疏长柔毛。叶片厚纸质,宽卵圆形或矩圆形,长 5~12cm,宽 4~5cm,顶端渐尖,基部斜心形,边缘具不规则的刺毛状重锯齿,上下面沿脉疏被长柔毛,侧脉 20~25 对;叶柄长 1.1~2cm,密生长、短柔毛。果序密被柔毛;果苞宽卵状矩圆形,无毛,外侧的基部无裂片,内侧的基部具一矩圆形内折的裂片,全部遮盖着小坚果,中裂片外侧内折,内侧的边缘具明显的锯齿。小坚果矩圆球形,长 6mm,宽约 3mm,无毛,具不明显的细肋。

产地:十八龙潭、千顷塘、童玉、横源、直源。生于 500~1200m 的山谷、溪边或林中。

分布:华东及湖北、四川。

2. 雷公鹅耳枥(图 32:C,D)

Carpinus viminea Wall. ex Lindl., Wall. Pl. As. Rar. 2:4. t. 106. 1831.

乔木,高可达 20m。树皮深灰色;小枝棕褐色,密生白色皮孔,无毛。叶片厚纸质,椭圆形、矩圆形、卵状披针形,长 6～11cm,宽 3～5cm,渐尖至长尾状,基部圆楔形、圆形兼有微心形,有时两侧略不等,边缘具重锯齿,除背面沿脉疏被长柔毛及有时脉腋间具稀少的髯毛外,均无毛,侧脉 11～15 对;叶柄长(10～)15～30mm,多数无毛,偶有稀疏长柔毛或短柔毛。果序梗疏被短柔毛;序轴无毛;果苞长 1.5～3cm,内外侧基部均具裂片,近无毛;中裂片半卵状披针形至矩圆形,长 1～2cm,内侧边缘全缘,很少具疏细齿,外侧边缘具齿牙状粗齿,较少具不明显的波状齿,内侧基部的裂片卵形,长约 3mm,外侧基部的裂片与之近相等或较小而呈齿裂状。小坚果宽卵圆球形,长 3～4mm,无毛,有时上部疏生小树脂腺体和细柔毛,具少数细肋。

产地: 区内广布。生于海拔 600～1600m 的山坡、路边、溪边或杂木林中。

分布: 江苏、安徽、浙江、江西、福建、湖北、湖南、广西、云南、贵州、四川、西藏;尼泊尔、印度、中南半岛北部。

3. 湖北鹅耳枥(图 32:E,F)

Carpinus hupeana Hu in Sunyatsenia 1：118. 1933.

乔木,高达 12m。树皮淡白色;枝条灰黑色,有小而凸起的皮孔,无毛;小枝细瘦,密生灰褐色长、短柔毛。叶片长卵状椭圆形或长椭圆形,长 4～7cm,宽 1.5～2.5cm,顶端渐尖,基部宽楔形至圆形或微心形,边缘具浅重锯齿,上面沿中脉被短柔毛,两侧脉之间有长柔毛,密生半透明的细腺点,下面中脉与侧脉被柔毛外,脉腋无髯毛,侧脉 13～16 对;叶柄细瘦,长 7～18mm,密被褐色长柔毛。果序梗、序轴均密被长柔毛;果苞半卵形,长 13～22mm,宽 5～10mm,外侧的基部无裂片,内侧的基部具耳突或边缘微内折,中裂片半宽卵形,半三角状矩圆形,内侧的边缘全缘或上部有疏生而不明显的细齿,外侧边缘具疏锯齿或具齿牙状粗锯齿,有时具缺刻状粗齿,顶端渐尖或钝。小坚果宽卵圆球形,除顶部疏生长柔毛外,其余无毛,无腺体。

产地: 龙塘山、东岙头、十八龙潭、横源、直源等。生于山坡、溪边或林下。

分布: 河南、江苏、浙江、江西、湖北、湖南。

4. 昌化鹅耳枥(图 32:G,H)

Carpinus tschonoskii Maxim. in Bull. Acad. Imp. Sci. St.-Petersb. 27：534. 1881.

乔木,高约 10m。树皮暗灰色;小枝褐色,疏被长柔毛,后渐变无毛。叶片椭圆形、矩圆形、卵状披针形,少有倒卵形或卵形,长 5～8.5cm,宽 2.5～4cm,顶端渐尖至尾状,基部圆楔形或近圆形,边缘具刺毛状尖锐重锯齿,两面均疏被长柔毛,以后除背面沿脉尚具疏毛、脉腋间具稀疏的髯毛外,其余无毛,侧脉 12～15 对;叶柄长 6～12mm,上面疏被短柔毛。果序梗、序轴均疏被长柔毛;果苞长 2.5～3cm,宽 10～12mm,外侧基部无裂片,内侧的基部仅边缘微内折,较少具耳突,中裂片披针形,外侧边缘具疏锯齿,内侧边缘直或微呈镰状弯曲。小坚果宽卵圆球形,长 4～5mm,顶端疏被长柔毛,有时具树脂腺体。

产地: 鸠甫山、龙塘山、东岙头、十八龙潭、横源、直源等。生于山谷、溪边或林中。

分布: 河南、安徽、浙江、江西、湖北、四川、贵州、云南;日本、朝鲜半岛。

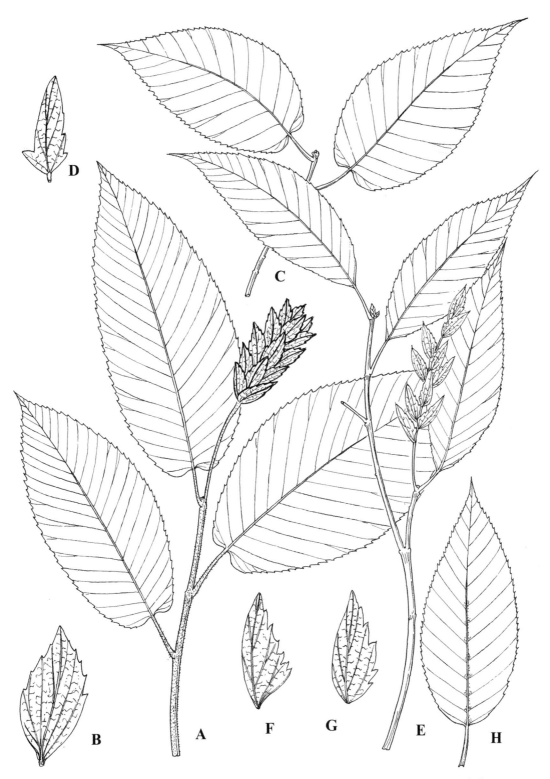

图 32　A,B：华千斤榆；C,D：雷公鹅耳枥；E,F：湖北鹅耳枥；G,H：昌化鹅耳枥（金孝锋绘）

(三) 榛属　Corylus L.

落叶灌木或小乔木,少为乔木。芽卵圆球形,具多数覆瓦状排列的芽鳞。单叶,互生,边缘具重锯齿或浅裂;叶脉羽状,第三级脉与侧脉垂直,彼此平行;托叶膜质,分离,早落。花单性,雌雄同株;雄花序每 2 或 3 枚生于去年的侧枝的顶端,下垂;苞鳞覆瓦状排列,每个苞鳞内具 2 枚与苞鳞贴生的小苞片及 1 朵雄花;无花被,具雄蕊 4～8 枚,插生于苞鳞的中部;花丝短,分离;花药 2 室,药室分离,顶端被毛;雌花序为头状;每个苞鳞内具 2 枚对生的雌花,每朵雌花具 1 枚苞片和 2 枚小苞片,具花被;花被顶端有 4～8 枚不规则的小齿;子房下位,2 室,每室具 1 枚倒生胚珠;花柱 2 枚,柱头钻状。果苞钟状或管状,一部分种类果苞的裂片硬化呈针刺状。坚果球形,大部或全部为果苞所包,外果皮木质或骨质;种子 1 枚,子叶肉质。

约 20 种,分布于亚洲、欧洲和北美洲。我国有 7 种、3 变种,大多分布于东北、华北及西北。浙江 2 种、1 变种。

分种检索表

1. 小乔木;果苞钟状,稍长于果,但长不超过果的 1 倍。
  2. 叶柄长 1.4～3.0cm,具有稍稀疏的短柔毛····················· 1. 川榛 C. kweichowensis
  2. 叶柄长 0.7～1.1cm,和小枝都密生腺毛和短柔毛 ········ 1a. 短柄川榛 C. kweichowensis var. brevipes
1. 乔木;果苞管状,长于果约 2 倍 ····················· 2. 华榛 C. chinensis

1. 川榛(图 33：B,C)

Corylus kweichowensis Hu in Bull. Fan Mem. Inst. Biol. Bot. ser. 2, 1：149. 1948.

Corylus heterophylla Fisch. var. *sutchuenensis* Franch.

落叶灌木或小乔木,高达 7m。树皮灰色;枝条灰褐色,小枝黄褐色,疏被柔毛和腺毛。叶片矩圆形或宽倒卵形,长 8～15cm,宽 6～10cm,先端渐尖或尾状,基部心形,不对称,边缘具不规则重尖锯齿,上面具稀疏长柔毛,下面无毛或仅沿脉有毛,侧脉 3～7 对;叶柄长 1.4～3cm,具有稍稀的短柔毛。雄花序着生于一年生小枝上,当年的果成熟前,下年的雄花序已经达 1cm 左右;果苞钟状,较果长但不超过 1 倍,上部浅裂,裂片长三角形。花期 3 月,果期 9 月。

产地：东岙头、十八龙潭、千顷塘、西坞源、大坪溪、大源塘、干坑、横源、直源。生于山坡、山谷、溪边、林中。

分布：陕西、甘肃、河南、山东、江苏、安徽、浙江、江西、贵州、四川。

1a. 短柄川榛

Corylus kweichowensis Hu var. **brevipes** W. J. Liang in Bull. Bot. Res.，Harbin 8 (4)：117. 1988.

与模式变种的区别在于：叶柄极短,0.7～1.1cm,密生腺毛和短柔毛,小枝也密生腺毛和柔毛。

产地及分布与模式变种相同。

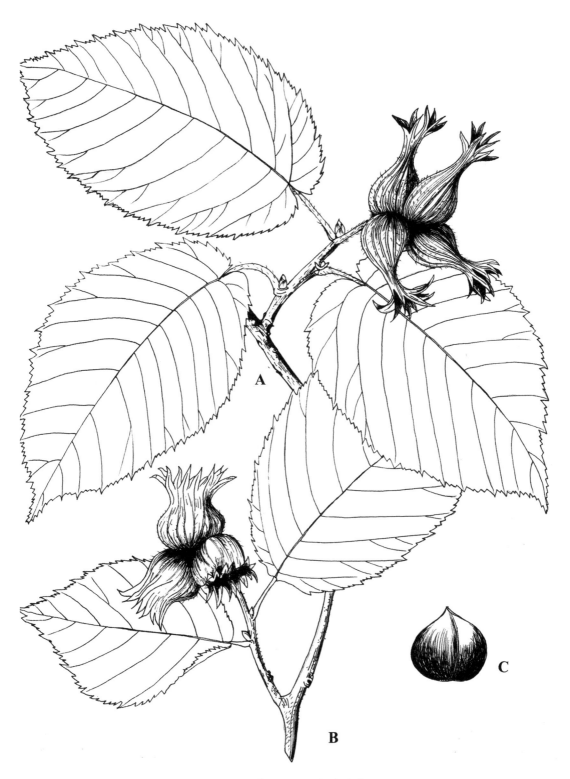

图 33　A：华榛；B，C：川榛（高迪莲绘）

2. 华榛(图 33:A)

Corylus chinensis Franch. in J. de Bot. 13:197. 1899.

乔木,高达 20m。树皮灰褐色,纵裂;枝条灰褐色;小枝褐色,密被长柔毛和刺状腺体,基部通常密被淡黄色长柔毛。叶片椭圆形、宽椭圆形或宽卵形,长 8~18cm,宽 6~12cm,先端骤尖至短尾状,基部心形,两侧显著不对称,边缘具不规则的钝锯齿,上面无毛,下面沿脉疏被淡黄色长柔毛,有时具刺状腺体,侧脉 7~11 对;叶柄长 1~2.5cm,密被淡黄色长柔毛及刺状腺体。雄花序 2~8 枚排成总状,长 2~5cm;苞鳞三角形,锐尖,顶端具 1 枚易脱落的刺状腺体。果 2~6 枚簇生成头状,长 2~6cm,直径 1~2.5cm;果苞管状,于果的上部缢缩,较果长 2 倍,外面具纵肋,疏被长柔毛及刺状腺体,很少无毛和无腺体,上部深裂,具 3~5 枚镰状披针形的裂片,裂片通常又分叉成小裂片。坚果球形,长 1~2cm,无毛。

产地:栈岭湾、十八龙潭。生于山坡林中。

分布:浙江、四川、云南。

用途:木材供建筑及制作器具;种子可食。

一四、壳斗科 Fagaceae

常绿或落叶乔木,稀灌木。单叶互生,稀轮生,全缘或齿裂,或不规则的羽状裂(落叶栎类多数种),羽状脉;托叶早落。花单性同株,稀异株,或同序(柯属 *Lithocarpus* 多数种),风媒或虫媒;花被 1 轮,4~6(~8)裂,基部合生,干膜质;雄花序为葇荑花序或头状花序,直立或下垂,整序脱落,由多数单花或小花束组成;雌花序直立,花单朵散生或 3 至数朵聚生于总苞内,分生于总花序轴上成穗状,稀生于雄花序基部,子房下位,2~6 室,每室 2 胚珠,仅 1 胚珠发育成种子,花柱与子房室同数。总苞木质化形成的壳斗内具坚果 1~3(~5)枚,每果具 1 种子;坚果有棱角或浑圆,顶部有稍凸起的柱座,底部具大型、凸起、近平坦或凹陷的果脐;壳斗木质、角质或木栓质,形态多样,全包、半包或仅基部包裹,开裂或不开裂,外壁着生有鳞形、钻形、匙形、线形、匙形、瘤状突起或针刺状的小苞片。胚直立,无胚乳,子叶 2 片,常平凹状或镶嵌状,富含淀粉或和鞣质。

7 属,900 余种,分布于北半球温带和亚热带地区。我国有 7 属,320 余种,几遍全国。浙江 6 属,45 种。本志记载 6 属,23 种、2 变种。

分属检索表

1. 雄花序为下垂头状花序;坚果卵状三棱形;落叶 ……………………………………… 1. 水青冈属 Fagus
1. 雄花序为穗状或圆锥状的葇荑花序,直立或下垂;坚果卵圆形至球形。
  2. 雄花序直立;雄蕊通常 10~12;花柱向上渐狭,柱头顶生,点状;壳斗内具 1~3 个坚果。
    3. 落叶;侧枝无顶芽;叶缘具锐锯齿;子房 6 室;壳斗球形,密被针状刺,内具 3(1)个坚果 …………
      …………………………………………………………………………………………… 2. 栗属 Castanea
    3. 常绿;侧枝有顶芽;叶全缘或有锯齿;子房通常 3 室;壳斗形态多样,有刺或无刺,内具 1(3)个坚果。
      4. 叶多排成两列,叶片基部两侧常不对称,边缘有锯齿,较少全缘;壳斗常有刺,大部全包坚果,若壳斗杯状则其苞片呈鱼鳞片状或多少横向连生成圆环 ……………… 3. 栲属 Castanopsis

4. 叶不排成两列,叶片基部对称,少两侧不对称,全缘,罕有齿缺;壳斗多无刺,通常杯状或盘状,
　　若全包坚果则壳斗具刺或线状体或有环状肋纹 ………………………… 4. 柯属 Lithocarpus
2. 雄花序下垂;雄蕊通常6;花柱向上扩大,柱头侧生,带状下延,或顶生而头状;壳斗内具1个坚果。
　　5. 落叶或常绿;苞片螺旋状排列,不结合成同心环带 ………………… 5. 栎属 Quercus
　　5. 常绿;苞片轮状排列,果时愈合,连结成同心环带 ………… 6. 青冈属 Cyclobalanopsis

(一) 水青冈属　Fagus L.

落叶乔木。冬芽长尖,芽鳞多数,脱落后在枝的基部留有密集环状芽鳞痕。叶互生,两列状,边缘有锯齿,侧脉常直伸齿端。雄花序为下垂头状花序,有长梗,着花 7～11 朵;雄花花萼5～7裂,雄蕊 8～16;雌花常成对生于叶腋具梗的总苞内,雌花花萼 5 或 6 裂;子房 3室,花柱 3。壳斗 3 或 4 裂,具瘤状、鳞状、匙形、钻形的苞片,每壳斗内具 1 或 2 卵状三棱形的坚果。种子富含油脂。

约 11 种,分布于北半球温带和亚热带高山地区。我国有 5 种,分布于西南至东部。浙江有 4 种。

分种检索表

1. 叶缘波状或近全缘,侧脉近叶缘向上拱网结;苞片两型,基部匙形,上部线形 …………………………
　……………………………………………………………………… 1. 米心水青冈 F. engleriana
1. 叶缘有锯齿,侧脉直且到达叶缘齿尖;苞片同型。
　2. 壳斗大,长约 1.5～3.0cm;叶片长 6～15cm,宽 3～6.5cm,幼叶下面密被细短绒毛,后渐稀落………
　　……………………………………………………………………… 2. 水青冈 F. longipetiolata
　2. 壳斗小,长约 0.7～1cm;叶片长 4.5～7cm,宽 2～3.6cm,幼叶两面均被绢质长柔毛,后仅叶下面脉腋
　　间簇生有绒毛 ………………………………………………… 3. 台湾水青冈 F. hayatae

1. 米心水青冈(图 34:A)

Fagus engleriana Seemen ex Diels in Bot. Jahrb. Syst. 29(2):285. 1900.

乔木,高达 25m。树皮灰白色,不裂。叶片纸质,卵状椭圆形,长 5～9cm,宽 2～4.5cm,先端渐尖,基部宽楔形至微心形,边缘波状、全缘或疏生细小锯齿,幼叶被绢状长柔毛,下面较密,老叶仅于下面沿中脉被绢状柔毛或几无毛,侧脉 10～13,沿边缘上弯网结;叶柄长 3～6mm(偶达 1.5cm),无毛。壳斗 4 裂,裂瓣薄且较小,长 1～1.5cm,被柔毛;苞片线形,基部的匙形,总梗纤细,长可达 7cm,果熟后下垂,总苞内有 2 坚果,坚果与苞片近等长。花期 4月,果期 8 月。

产地:龙塘山、十八龙潭。生于海拔 900m 以上的林地。

分布:陕西、河南、安徽、浙江、湖北、四川、贵州、云南等。

用途:木材作家具、车辆、造船、枕木等用材。

2. 水青冈(图 34:B)

Fagus longipetiolata Seemen in Bot. Jahrb. Syst. 23(5):56. 1897.

乔木,高达 25m,胸径达 60cm。叶片卵形、卵状披针形,长 6～15cm,宽 3～6.5cm,先端渐尖,基部宽楔形或圆形,略偏斜,边缘具锯齿,上面亮绿色,无毛,下面密被细短绒毛,侧脉 9～14

图 34　A：米心水青冈；B：水青冈；C：台湾水青冈（金孝锋绘）

对,直达齿端;叶柄长 1～2.5cm。壳斗较大,长 1.5～3cm,密被褐色绒毛,4 瓣裂,苞片钻形,下弯或呈 S 形弯曲;总梗长 1.5～7.5cm;每总苞内有坚果 2 枚,坚果具 3 棱,被黄褐色短柔毛。花期 4—5 月,果期 9—10 月。

产地: 铁链湾、龙塘山。生于林中。

分布: 陕西、安徽、浙江、江西、福建、湖北、湖南、广东、广西、四川、贵州、云南。

用途: 木材淡红褐色,纹理直,结构细,质略重,供建筑、家具等用;种子可榨油。

3. 台湾水青冈(图 34:C)

Fagus hayatae Palib. in Hayata in J. Coll. Sci. Tokyo 30(1):286. 1911.

Fagus hayatae Palib ex Hayata var. *zhejiangensis* M. C. Liu & M. H. Wu.

乔木,高达 25m,胸径达 80cm。树皮灰白色,光滑不裂。叶片小,质薄,卵状椭圆形或菱状宽卵形,长 4.5～7cm,宽 2～3.6cm,先端短渐尖,基部楔形,圆形,边缘具细锯,齿间呈弯拱,侧脉 9～12 对,直达齿端,幼叶被绢质长柔毛,后仅叶下面脉腋间簇生有绒毛;叶柄长 0.8～1.3cm,被绢质长柔毛。壳斗长 8～10mm,4 瓣裂,苞片钻状,纤细易折,长 2～4mm,弯曲;总梗长 5～12mm,每壳斗内 2 坚果,坚果具 3 棱,被黄褐色微柔毛。花期 4 月,果期 9 月。

产地: 鸠甫山、铁链湾、龙塘山。生于海拔 900～1000m 的山坡林中。

分布: 安徽、浙江、湖北、黑龙江等。

用途: 木材坚韧、细密,可供建筑、家具等用。

(二) 栗属　Castanea Mill.

落叶乔木,稀灌木。枝髓心星形,无顶芽。叶互生,两列,侧脉直达齿尖,齿先端呈芒状;托叶明显。雄花序直立,腋生,菜黄花序,雄花花萼 6 裂,雄蕊 10～20;雌花 2 或 3 朵聚生于总苞内,着生于雄花序的基部或单独成花序;雌花花萼 6 裂;子房 6 室,每室 2 胚珠,花柱 6～9。壳斗近球形,密被分枝之长刺,熟时 4(2) 瓣裂,内具坚果 1～3(～5);坚果当年成熟,褐色。

约 17 种,分布于北温带。我国有 4 种、1 变种,其中引进栽培 1 种。浙江有 3 种。

分种检索表

1. 幼枝有毛;托叶宽大;叶片下面被星状毛或褐色腺鳞;壳斗内有坚果 2 或 3 个,宽大于长。
　　2. 乔木;叶下面被星状毛;坚果大,直径 2～3.5cm ………………………… 1. 板栗 C. mollissima
　　2. 灌木或小乔木;叶下面被黄褐色腺鳞;坚果小,直径 1～1.5cm ………………… 2. 茅栗 C. seguinii
1. 幼枝无毛;托叶线形;叶片下面通常无毛;壳斗内有坚果 1 个,长大于宽…………… 3. 锥栗 C. henryi

1. 板栗(图 35:A)

Castanea mollissima Blume in Mus. Bot. Lugduno-Batavi 1(18):286. 1850.

乔木,高达 20m,胸径可达 1m。树皮灰褐色,不规则深纵裂;幼枝被灰褐色绒毛。叶片长椭圆形至长椭圆状披针形,长 8～20cm,宽 4～7cm,先端短渐尖,基部圆形或宽楔形,齿端有芒状尖头,下面被灰白色星状短绒毛;叶柄长 1～2cm;托叶宽卵形,卵状披针形。雄花序上每簇有雄花 3～5 朵;雌花生于雄花序的基部,常 3 朵集生于一总苞内。壳斗球形或扁球形,连刺直径 3～6.5cm,刺密生,其上密生细毛,内有坚果 2 或 3 个;坚果直径 2～3.5cm,暗

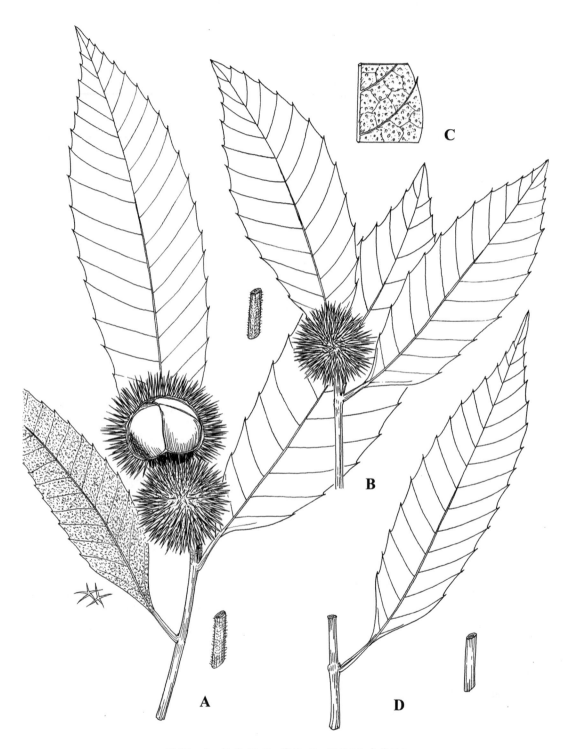

图 35　A：板栗；B,C：茅栗；D：锥栗(金孝锋绘)

褐色,其形状、大小、颜色、品质、成熟期等因品种各异。花期6月下旬,果期9—10月。

    产地:谢家坞、大石门、龙塘山、道场坪、西坞源、千顷塘、横源、直源。生于低山丘陵,栽培。

    分布:辽宁以南各省、区广泛分布,以华北及长江流域各省栽培最集中,产量也最大。

    用途:果可食用。

2. 茅栗(图35:B,C)

Castanea seguinii Dode in Bull. Soc. Dendrol. France 8:152. 1908.

    小乔木,常呈灌木状。幼枝被灰色绒毛,密生皮孔。叶片倒卵状长椭圆形或长椭圆形,长6~14cm,边缘锯齿具短芒尖,下面被黄褐色或灰褐色腺鳞,无毛或幼时沿脉被稀疏毛;叶柄长6~15mm;托叶宽卵形或卵状披针形。壳斗连刺直径3~5cm,刺上疏生有毛或几无毛。坚果扁球形,直径1~1.5cm。花期5月,果期9—10月。

    产地:区内广布。生于海拔300m以上向阳开阔的山坡或林中。

    分布:河南、陕西以至长江流域及其以南各地区,西至四川、贵州。

    用途:果可食用。

3. 锥栗(图35:D)

Castanea henryi Rehder & E. H. Wilson in Sargent, Pl. Wilson. 3(2):196. 1916.

    乔木,高达30m,胸径可达1m。幼枝光滑无毛。叶片披针形、卵状披针形,长8~17cm,宽2~5cm,先端长渐尖,基部圆形或楔形,齿端有芒状尖头,两面无毛(幼时叶背脉上或有疏柔毛),侧脉12~16对;叶柄长1~2cm;托叶线形。雌花单独成花序,生于小枝上部叶腋;雄花序生于小枝下部叶腋。壳斗球形,连刺直径约2~3.5cm,刺上生有平伏毛;坚果单生于壳斗内,卵圆球形,先端尖,直径1.5~2cm。花期5月,果期10—11月。

    产地:区内广布。生于海拔1300m以下的山体。

    分布:河南、陕西至长江流域及其以南各地区,西至四川、贵州。

    用途:锥栗为果、材兼用的优良树木。果产量不及板栗,但果实风味及材用价值均胜于板栗。

(三)栲属 **Castanopsis** (D. Don) Spach

    常绿乔木。有顶芽,芽鳞常交互对生。叶互生,常两列,边缘有锯齿,少全缘。花为直立荑黄花序,多异序;雄花常3朵聚生,花被5或6裂,雄蕊10~12;雌花1或数朵聚生于总苞内,花被5或6深裂,子房3室,花柱通常3。壳斗近球形,少为杯状或碗状,苞片针刺形,少为鳞形或瘤状突起,内有坚果1~3,坚果2年成熟,稀当年成熟,果脐突起。

    约120种,分布于亚洲热带和亚热带地区。我国约63种,大多分布于长江流域及其以南。浙江9种、1变种。

分种检索表

1. 总苞的苞片鳞片状三角形;叶片下面具银灰色蜡质层或被灰棕色粉状鳞秕。

  2. 小枝具棱;叶片边缘中部以上有锯齿,先端渐尖,基部宽楔形 …………… 1. 苦槠 C. sclerophylla

  2. 小枝无棱;叶片边缘近顶端2或3个锯齿,先端长渐尖或尾尖,基部歪斜 ……… 2. 米槠 C. carlesii

1. 总苞的苞片针刺形;叶片下面淡绿色 ………………………………………………… 3. 甜槠 C. eyrei

1. 苦槠(图 36：A,B)

Castanopsis sclerophylla (Lindl. & Paxton) Schottky in Bot. Jahrb. Syst. 47(5)：638. 1912.

Basionym：*Quercus sclerophylla* Lindl. & Paxton, Paxton's Fl. Gard. 1(4)：59, t. 37. 1850.

乔木,高达 30m,胸径可达 2m。树皮灰白色,浅纵裂；小枝具棱,无毛。叶片厚革质,长椭圆形至卵状长圆形,长 7～14cm,宽 2～6cm,先端短尖至狭长渐尖,基部宽楔形至近圆形,边缘中部以上疏生锐锯齿,两面无毛,下面具银灰色蜡质层,侧脉 10～14 对；叶柄长 1.5～2.5cm。雌花单生于总苞内,壳斗深杯状,直径 1.2～1.5cm,全包或近全包坚果,外有肋状突起及褐色细绒毛,成熟时不规则开裂,苞片鳞状三角形,顶端针刺形,紧密排列成连续的 4～6 环。花期 4—5 月,果期 10—11 月。

产地：都林山、鸠甫山、鸠甫山、谢家坞、大石门、十八龙潭、大坪溪、横源、直源。生于海拔 1000m 以下山地林中。

分布：江苏、安徽、浙江、江西、福建、湖北、湖南、广东、广西。

用途：木材坚韧,富弹性,耐水湿,宜供建筑、造船、车辆、运动器械、农具等用；枝叶茂密,植于林缘或与针叶林混交,可起到良好的防风、防火作用；坚果味苦,可炒食或制"苦槠豆腐"。

2. 米槠(图 36：C,D)

Castanopsis carlesii (Hemsl.) Hayata in Icon. Pl. Formosan. 6(Suppl.)：72. 1917.

Basionym：*Quercus carlesii* Hemsl., Hooker's Icon. Pl. 26：t. 2591. 1899.

乔木,高达 25m,胸径达 1m。树皮灰白色,老时浅纵裂。叶片薄革质,卵形、卵状披针形、卵状椭圆形,长 6～8cm,宽 2～3cm,先端尾尖或长渐尖,基部楔形,偏斜,全缘或中部以上有 2 或 3 个锯齿,下面幼时被灰棕色粉状鳞秕,老时苍灰色,侧脉 9～12 对；叶柄长 5～8mm。雄花序单一或有分枝；雌花单生于总苞内。壳斗近球形,直径 0.8～1.4cm,不规则瓣裂,苞片贴生,鳞片状,排列成间断的 6 或 7 环；坚果卵圆球形,直径 0.8～1.3cm。花期 3—4 月,果期翌年 10 月。

产地：鸠甫山、龙塘山、横源、直源。生于海拔 1000m 以下阔叶林中。

分布：东南沿海。

用途：材质坚硬,耐久用,不易变形,供桥梁、枕木、矿柱、建筑、车辆等用；种子含淀粉及可溶性糖,味甜,可生食。

3. 甜槠(图 36：E-G)

Castanopsis eyrei Tutch. in J. Linn. Soc., Bot. 37：68. 1905.

乔木,高达 20m。树皮灰褐色,浅纵裂；枝条具散生突起皮孔,无毛。叶片卵形至卵状披针形,长 5～7cm,宽 2～4cm,先端尾尖或渐尖,基部宽楔形或圆形,歪斜,全缘或近先端有 1～3 疏钝齿,下面淡绿色,侧脉 8～10 对；叶柄长 0.7～1.5cm。雌花单生于总苞内。壳斗卵球形,顶端狭,3 瓣裂,连刺直径 1.5～2.5cm,小苞片刺形,分叉或不分叉,长 4～8mm,基部合生成束,排成间断的 4～6 环；坚果宽卵球形至近球形,直径 1～1.4cm,无毛。果脐和基部等大或略小。花期 4—5 月,果期翌年 9—11 月。

图 36　A,B：苦槠；C,D：米槠；E-G：甜槠（金孝锋绘）

产地：鸠甫山、龙塘山、大石门、栈岭湾、十八龙潭、大坪溪、横源、直源。生于低丘山地乃至海拔1000m左右的常绿阔叶林中。

分布：江苏、安徽、浙江、江西、福建、湖北、湖南、广东、广西、四川、贵州。

用途：材质坚硬，耐久用，不易变形，供桥梁、枕木、矿柱、建筑、车辆等用；坚果味甜，可生食。

(四) 柯属(石栎属) **Lithocarpus** Blume

常绿乔木。具顶芽，芽鳞少。叶互生，全缘，少有锯齿。葇荑花序直立；雄花序较粗壮，单一或分枝，雄花3或4朵簇生，花被杯状，4～6深裂，雄蕊10～12；雌花生于雄花序的基部或另成一花序，雌花1朵，有时2～5朵生于总苞内。花被4～6裂，子房3室，花柱3。壳斗单生或3个集生，盘状、杯状、碗状或近球形，苞片鳞片状，覆瓦状排列或结合成同心环带，内包坚果1(2或3)，果脐凸出、平坦或凹入。

约300余种，主产东亚。我国约有122种，产长江以南各省、区。浙江产7种。本志记载3种。

分种检索表

1. 小枝及芽密生灰黄色细绒毛；叶片全缘，稀先端1～3个波状疏齿，下面被灰白色蜡层 …… 1. 柯 L. glaber
1. 小枝无毛；叶片全缘，下面被白色粉状鳞秕，或无。
    2. 小枝被灰白色粉状鳞秕；壳斗陀螺形，几全包坚果；果脐突起 …………… 2. 包果柯 L. cleistocarpus
    2. 小枝无粉状鳞秕；壳斗浅盘状，只与坚果基部结合；果脐内陷 ………… 3. 短尾柯 L. brevicaudatus

1. 柯 石栎(图37：A)

Lithocarpus glaber Nakai in Cat. Sem. Hort. Tokyo. 8, 1916.

乔木，高达25m。小枝密被灰黄色细绒毛。叶片椭圆形，长椭圆状披针形，长7～12cm，宽2.5～4cm，先端渐尖，基部楔形，全缘或近顶端两侧各具1～3锯齿，下面被灰白色蜡质层，中脉在上面微凸，侧脉6～8对；叶柄长1～1.5cm。雄花序轴有短绒毛。果序轴细于其着生的小枝，长5～13cm；壳斗浅盘状，包围坚果的基部，苞片三角形，排列紧密，具灰白色细柔毛；坚果卵球形或椭圆球形，对称，长1.4～2cm，直径1～1.5cm，有光泽，略被白粉，果脐内陷，直径3～5mm。花期9—10月，果期翌年9—11月。

产地：鸠甫山、龙塘山、大坪溪、大明山、横源、直源、西坞源。生于海拔300～900m的山间路阜之林中。

分布：江苏、安徽、浙江、江西、福建、湖北、湖南、广东、广西。

用途：木材质硬坚重，弹性强，可作建筑、枕木、车辆、农具等用材。

2. 包果柯 包石栎(图37：C)

Lithocarpus cleistocarpus (Seemen) Rehder & E. H. Wilson in Sargent, Pl. Wilson. 3(2): 205. 1916.

Basionym: *Quercus cleistocarpa* Seemen in Bot. Jahrb. Syst. 23(5): 52. 1897.

乔木，高达15m。小枝有沟槽及棱脊，被灰白色粉状鳞秕。叶片长椭圆形或椭圆状披针

图 37　A：柯；B：短尾柯；C：包果柯（金孝锋绘）

形,长 11~18cm,宽 3~6cm,先端渐尖,基部楔形,全缘,边缘稍反卷,下面被灰白色细鳞秕,侧脉 8~13 对,纤细,在上面平坦,下面稍凸起,中脉在上面凹下;叶柄长 1~2cm,无毛。果序轴粗壮,与着生的小枝等粗,长 10~12cm,果密集。壳斗宽陀螺形,几全包坚果,有时仅露出坚果顶部,苞片三角形;坚果扁球形,果脐隆起,占坚果基部的 1/2 以上。花期 7—8 月,果翌年 11 月成熟。

产地:横源、直源。生于海拔 400~1100m 的山谷林中。

分布:江苏、安徽、浙江、江西、福建、湖北、湖南、广东、广西、贵州、云南、四川。

用途:木材可作农具、家具、文具、商板等用材。

3. 短尾柯　东南石栎(图 37:B)

Lithocarpus brevicaudatus (Skan) Hayata, Gen. Ind. Fl. Formos. 72. 1917.

Basionym: *Quercus brevicaudata* Skan in J. Linn. Soc. , Bot. 26:508. 1899.

乔木,高达 20m。小枝具沟槽,无毛,无蜡质鳞秕。芽圆锥形,有长柔毛。叶片硬革质,无毛,长椭圆形、长椭圆状披针形,长 12~14cm,宽 2.5~6cm,先端渐尖或钝尖,基部楔形,下面淡绿色,全缘,侧脉 9~12 对;叶柄长 1~2.5cm。雄花序分枝为圆锥状,花序轴密被灰黄色短细毛,雌花序不分枝。壳斗浅盘状,苞片三角形,背部有纵脊隆起;坚果卵球形或近球形,密集,直径 1.6~2cm,无毛,基部与壳斗愈合,果脐内陷,直径 9~12mm。花期 9—10 月,果翌年 10—11 月成熟。

产地:龙塘山、十八龙潭、大坪溪、大明山、千顷塘、西坞源。生于海拔 400~1150m 的山坡或沟谷阔叶林中。

分布:安徽、浙江、江西、台湾、湖北、湖南、广东、广西、贵州、云南、四川。

用途:木材可作薪炭、建筑、枕木等用材。

(五) 栎属　**Quercus** L.

落叶或常绿,乔木或灌木。枝有顶芽,芽鳞圆锥形,具 4 或 5 棱脊。叶互生,边缘具锯齿或波状缺裂,稀全缘。雄花序为下垂的葇荑花序,雄花花被 4~7 裂,雄蕊 6,通常与花被裂片对应同数;雌花单生,簇生或排成直立穗状,花被 5 或 6 深裂,子房 3 室,每室 2 胚珠,花柱与子房室同数,每总苞内仅有 1 朵雌花。壳斗盘状、碗形或杯状,稀全包坚果,苞片鳞形、钻形、线形,紧贴、开展或反曲;坚果 1 枚,不育胚珠位于种子的近基部。果当年或翌年成熟。

约 300 种,分布于亚洲、欧洲、非洲北部、北美洲和南美洲哥伦比亚。我国有 35 种,南北各地均有分布。浙江有 14 种、2 变种。

分种检索表

1. 叶缘具芒状锯齿;壳斗苞片钻形或线形,常反曲。

　2. 芽卵球形;叶较宽,平整;坚果近球形;苞片钻形,反卷 ………………………… 1. 麻栎 Q. acutissima

　2. 芽圆锥形,细瘦;叶狭窄,边缘起伏不平;坚果椭圆球形;口缘部苞片钻形反卷,其余为鳞片状,排列紧密 ……………………………………………………………………………………… 2. 小叶栎 Q. chenii

1. 叶缘具粗锯齿或波状齿;壳斗苞片窄披针形或三角形。

3. 叶柄长 1~3cm,叶通常散生或近枝端集生;小枝无毛。
  4. 叶片先端钝,叶缘为波状钝齿,齿端钝圆;壳斗边缘薄 ……………………… 3. 槲栎 Q. aliena
  4. 叶片先端渐尖,叶缘为粗锯齿,齿端尖锐内弯;壳斗边缘常较厚 ………………………
  ……………………………………………………… 3a. 锐齿槲栎 Q. aliena var. acutiserrata
3. 叶柄短,长不及 1cm,叶通常近枝端集生;小枝被毛或近无毛。
  5. 小枝近无毛;叶缘具尖锐粗锯齿,齿端腺体状 ………… 4. 短柄枹 Q. serrata var. brevipetiolata
  5. 小枝有毛;叶缘具波状锯齿。
   6. 叶缘为浅波状锯齿,基部楔形;壳斗的苞片在口缘处微伸出,不反卷 ……… 5. 白栎 Q. fabri
   6. 叶缘为深波状锯齿,基部楔形或稍呈耳状;壳斗的苞片狭披针形,反卷 …………………
  ……………………………………………………………………… 6. 黄山栎 Q. stewardii

1. 麻栎(图 38:A-C)

Quercus acutissima Carruth. in J. Proc. Linn. Soc., Bot. 6:33. 1861.

落叶乔木,高达 30m。树皮灰黑色,不规则深纵裂;小枝幼时有开展的黄色绒毛,后无毛;芽卵状。叶片长椭圆状披针形,长 9~16cm,宽 2.5~4.5cm,先端渐尖,基部宽楔形或圆形,叶缘具芒状锯齿,侧脉 12~18 对,下面淡绿色无毛或仅在脉腋有簇毛;叶柄长 1.5~3cm。壳斗碗状,直径 2.5~3.5cm,生于新枝下部的叶腋,苞片钻形反曲;坚果近球形,长 1.5~2cm,直径 1.5~2.1cm,顶部平或中央凹陷,生有短微毛,果脐大,隆起。花期 5 月,翌年 9—10 月果熟。

产地:谢家坞、龙塘山、大坪溪。生于丘陵地带,多为人工造林。

分布:北自河北、山西、陕西、甘肃、辽宁、吉林,西至四川、云南,南到广东、广西,东至台湾。

用途:木材坚硬,不变形,耐腐,供建筑、枕木、车船、桥梁、家具等用;树皮、壳斗可提取栲胶;种子淀粉可作饲料。

2. 小叶栎(图 38:D,E)

Quercus chenii Nakai in J. Arnold Arbor. 5:74. 1924.

Quercus acutissima Carruth. subsp. *chenii*(Nakai)A. Camus; *Q. acutissima* var. *chenii*(Nakai)Menitsky; *Q. chenii* Nakai var. *linanensis* M. C. Liu & X. L. Shen.

落叶乔木,高达 30m。树皮暗褐色,浅纵裂;小枝栗褐色,幼时被伏贴的黄褐色柔毛,后无毛;芽细长圆锥形。叶片披针形至卵状披针形,长 7~15cm,宽 2~3cm,先端渐尖,基部楔形或圆形,叶缘具芒状锯齿,侧脉 12~16 对,下面绿色,无毛;叶柄细瘦,长 1~1.5cm,无毛。壳斗碗状,直径 1.2~1.6cm,包围坚果的 1/4~1/3,苞片两型,在缘部的钻形,反曲,其余的紧密排列为鳞形,坚果椭圆球形,长 1.3~2.3cm,直径 1.3~1.5cm,基部果脐隆起。花期 5 月,果翌年 9—10 月成熟。

产地:保护区管理局。生于海拔 500m 以下的丘陵山地。

分布:江苏、安徽、浙江、江西、湖北。

用途:木材坚硬,不变形,耐腐,供建筑、枕木、车船、桥梁、家具等用;树皮、壳斗可提取栲胶;种子淀粉可作饲料。

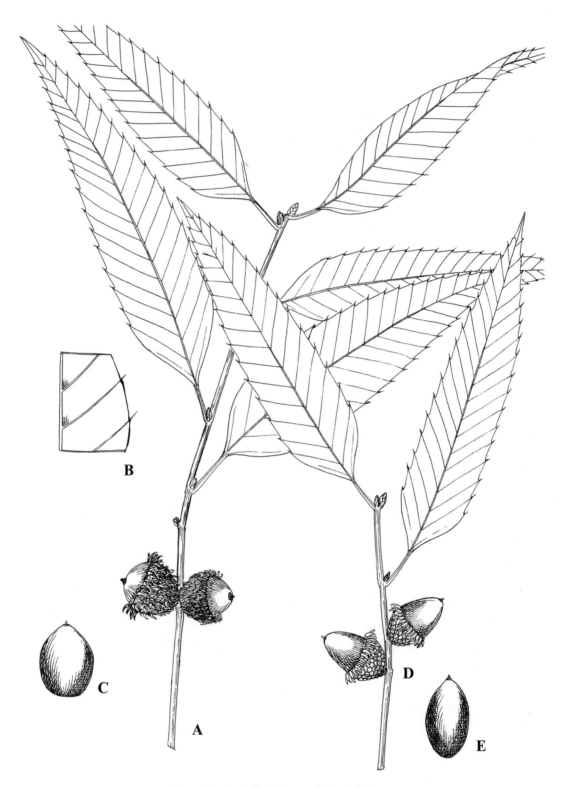

图 38　A-C：麻栎；D,E：小叶栎(金孝锋绘)

3. 槲栎(图 39：G，H)

Quercus aliena Blume in Mus. Bot. 1(19)：298. 1850.

落叶乔木,高达 25m。树皮暗灰色,深裂;小枝黄褐色,具沟槽,无毛;冬芽鳞片赤褐色,被灰白色绒毛。叶片倒卵状椭圆形或倒卵形,长 10～30cm,宽 5～16cm,先端钝,基部楔形,边缘疏生波状钝齿,齿端钝圆,上面深绿色,无毛,下面密被灰白色细绒毛,侧脉 11～18 对;叶柄长 1.5～3cm。雄花序长 4～8cm,雄花单生或数朵簇生,雄蕊常 10 枚;雌花序生于当年生枝叶腋,雌花单生,或 2 或 3 朵簇生,子房 3 室,柱头 3 裂。壳斗浅杯状,包围坚果约 1/2,直径 1.2～2cm,苞片小,卵状披针形,于口缘处直伸;坚果椭圆状卵球形至卵球形,长 2.0～2.5cm。花期 4—5 月,果期 10 月。

产地：龙塘山、干坑、千顷塘。生于海拔 1000m 以下丘陵低山林中。

分布：辽宁、山东、河南、甘肃、江苏、安徽、浙江、福建、广东、广西、四川、贵州、云南。

用途：木材坚硬,耐腐,纹理致密,供建筑、家具及薪炭等用材;种子富含淀粉,可酿酒,也可制凉皮、粉条和作豆腐及酱油等,又可榨油;壳斗、树皮富含单宁。

3a. 锐齿槲栎

var. **acutiserrata** Maxim. in Jahrb. Königl. Bot. Gard. Berlin 4：219. 1886.

与模式变种的区别在于：叶片先端渐尖,边缘具粗大尖锐锯齿,齿尖内弯;壳斗边缘常较厚。

产地：龙塘山、清凉峰、十八龙潭、道场坪、西坞源、大坪溪、干坑、千顷塘。生于海拔 1000～1500m 山地阔叶林中。

分布：黄河以南各地。

4. 短柄枹(图 39：C，D)

Quercus serrata Murray var. **brevipetialata** (A. DC.) Nakai in Bot. Mag. Tokyo 40：165. 1926.

Basionym：*Quercus urticiifolia* Blume var. *brevipetiolata* A. DC., Prodr. 16(2)：16. 1864.

Quercus glandulifera Blume var. *brevipetiolata*(A. DC.) Nakai.

落叶乔木,高达 25m。树皮灰褐色。叶片较小,长椭圆状倒披针形或椭圆状倒卵形,长 5～11cm,宽 2～5cm,顶端渐尖或急尖,基部楔形或近圆形,叶常聚生于枝顶;叶缘具内弯浅腺齿,幼时被伏贴毛,老时仅叶背被平伏毛或无毛,侧脉 7～12 对;叶柄短,长仅 2～5mm,无毛。雄花序长 8～12cm,雄蕊 8;雌花序长 1.5～3cm。壳斗碗状,包围坚果的 1/4～1/3。坚果卵球形至卵圆球形,直径 0.8～1.2cm,果脐平坦。花期 4 月,果期 9—10 月。

产地：区内广布。生于海拔 300～1500m 的山脚、溪边、灌丛中,在 800m 以上山地常以其为主组成落叶阔叶林。

分布：长江流域以北、辽宁以南的华东、华北、西北、东北。

用途：木材坚硬,供建筑、车辆用;种子可供酿酒和作饮料;树皮可提取栲胶;叶可饲养柞蚕。

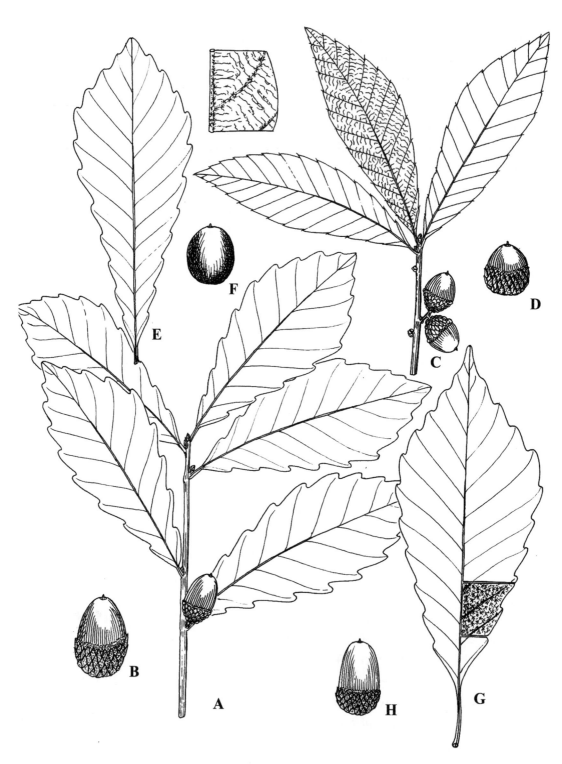

图 39　A,B：白栎；C,D：短柄枹；E,F：黄山栎；G,H：槲栎(金孝锋绘)

5. 白栎(图 39：A,B)

Quercus fabri Hance in J. Linn. Soc., Bot. 10：202. 1869.

落叶乔木,高达 20m。小枝被褐色毛,后渐脱落。叶片倒卵形或倒卵状椭圆形,长 6～16cm,宽 2.5～8cm,先端钝,基部楔形,边缘具波状钝齿,幼时两面均被灰黄色星状绒毛,后仅下面有毛,侧脉 8～12 对;叶柄短,长 3～6mm,被毛。壳斗碗状,长 7～8mm,直径 0.8～1cm,苞片卵状披针形,排列紧密,在壳斗边缘处稍伸出;坚果长椭圆球形,长 1.5～1.8cm,直径 0.8～1cm,果脐隆起。花期 5 月,果期 10 月。

产地: 区内广布。分布海拔 300～1500m 的路边、林缘或山坡,在 800m 以上山地常以其为主组成落叶阔叶林。

分布: 淮河以南、长江流域和华南、西南。

用途: 木材供建筑、家具用;种子含淀粉,可作饲料或工业用;树皮、壳斗可提取栲胶;枝干可培植香菇;果状虫瘿可入药。

6. 黄山栎(图 39：E,F)

Quercus stewardii Rehder in J. Arnold Arbor. 6：207. 1925.

落叶乔木或呈灌木状,高达 10m。树皮灰白色,深裂。小枝粗壮,无毛,有沟槽,具突起之皮孔。叶片倒卵形、椭圆状倒卵形至宽倒卵形,长 9～15cm,宽 5～13cm,先端短钝尖,基部楔形或微呈耳状,边缘具波状锯齿,侧脉 12～16 对,上面无毛,下面除沿主、侧脉被黄褐色星状毛外,余无毛;叶柄极短,仅 3mm。壳斗碗状,直径 1.6～2cm,苞片卵状披针形,褐色,长约 5mm 以下,在壳斗口缘处不反卷,具稀疏短柔毛;坚果长约 2cm,直径约 1.6cm,长圆球形,仅先端被短柔毛,果脐突起。花期 5 月,果期 10 月。

产地: 东岙头、清凉峰。生于海拔 1400m 以上山坡。

分布: 安徽、浙江、江西、湖北。

（六）青冈属　**Cyclobalanopsis** Oerst.

常绿乔木。具顶芽,芽鳞覆瓦状排列,冬芽圆锥形,有 4 或 5 棱脊。叶有锯齿或全缘。花单性同株;雄花序为下垂的荑黄花序,雄蕊通常与花被裂片同数;雌花序为直立短穗状,雌花单生于总苞内;雌、雄花花被均为 5 或 6 深裂;子房通常 3 室,每室 2 胚珠,花柱与子房室同数。成熟壳斗杯状、碗状、盘状、钟状,稀全包,小苞片合生成同心环带,环带全缘或有裂齿;壳斗内有坚果 1 枚,不育胚珠位于种子的近顶部。果当年或翌年成熟。

约 150 种,主要分布于亚洲热带及亚热带地区。我国有 77 种,分布于秦岭及淮河流域以南。浙江有 10 种。

分种检索表

1. 叶全缘或先端具 2～4 对锯齿,背面绿色,无毛亦无白色蜡粉·······················1. 云山青冈 C. nubium
1. 叶缘中部或基部以上有锯齿,背面多少有白色蜡粉或兼有伏贴毛。
　2. 叶片中部以上有锯齿。

3. 叶片先端短渐尖,基部近圆形或宽楔形;叶柄通常不带微红色;壳斗环带全缘 ………………………………………………………………………… 2. 青冈 C. glauca

3. 叶片先端长渐尖或尾尖,基部楔形;叶柄通常带微红色;壳斗下部环带有齿缺 ……… ………………………………………………………………… 3. 褐叶青冈 C. stewardiana

2. 叶片基部以上有锯齿。

4. 叶下面淡绿色,无毛,微被白色蜡粉;边缘锯齿细而浅 ………… 4. 细叶青冈 C. myrsinaefolia

4. 叶下面灰白色或苍白色,有伏贴毛,白粉层较厚,边缘锯齿明显而细尖。

5. 叶片长椭圆形,宽 3cm 以上,侧脉 11～15 对,下面被较厚的白色蜡粉层,基部通常对称 …… ……………………………………………………………………… 5. 多脉青冈 C. multinervis

5. 叶片椭圆状披针形,宽 3cm 以下,侧脉 7～13 对,下面被不均匀的白色蜡粉层,基部通常不对称 ……………………………………………………………………… 6. 小叶青冈 C. gracilis

1. 云山青冈(图 40：A,B)

Cyclobalanopsis sessilifolia Schottky in Bot. Jahrb. Syst. 47：652. 1912.

乔木,高达 25m。小枝无毛;芽圆锥形,具 5 棱。叶常集生枝顶,叶片椭圆形至倒披针状长椭圆形,长 5～12cm,宽 1.7～3cm,先端短尖,基部楔形,稍下延,全缘或先端有 2～4 对锯齿,两面近同色,无毛,亦无蜡粉,侧脉 10～13 对,不明显;叶柄长 0.5～1cm。壳斗碗状,被灰褐色绒毛,小苞片合生成 5～7 条同心环带,环带整齐,有时下部有缺齿;坚果椭圆球形,长 1.7～2cm,无毛,果脐突起。花期 4—5 月,果期 10—11 月。

产地：龙塘山。生于海拔 600～1000m 山坡沟谷常绿阔叶林或针阔叶混交林中。

分布：除云南外,分布于长江以南各地。

用途：种子含淀粉,可酿酒或作饲料。

2. 青冈(图 40：C,D)

Cyclobalanopsis glauca Oerst. , Vidensk. Meddel. Naturhist. Foren. Kjöbenhavn 1866：78. 1866.

乔木,高达 27m。树皮灰褐色,不裂;小枝灰褐色,无毛;芽圆锥形,有棱脊,芽鳞边缘具毛。叶片倒卵状椭圆形或椭圆形,长 6～13cm,先端短渐尖,基部近圆形或宽楔形,中部以上有锯齿,上面无毛,下面被灰白色蜡粉和平伏毛,侧脉 9～12 对;叶柄长 1～2.5cm。雌花序具花 2～4 朵。壳斗单生,或 2 或 3 个集生,碗形,小苞片合生成 5～8 条同心环带,环带全缘;坚果卵球形,无毛,果脐微隆起。花期 4—5 月,果期 9—10 月。

产地：区内广布。生于海拔 800m 以下东向山坡,成为常绿阔叶林中优势种。

分布：除云南外,分布于长江流域及其以南各地。

用途：木材坚韧,可作建筑、车辆用材;树皮、壳斗含鞣质;种子含淀粉。

3. 褐叶青冈(图 40：E)

Cyclobalanopsis stewardiana（A. Camus）Y. C. Hsu & H. W. Jen in Acta Bot. Yunnan. 1(1)：148. 1979.

Basionym：*Quercus stewardiana* A. Camus, Chênes Atlas 1：12. 1934.

乔木,高达 10m。小枝无毛。叶片长椭圆状披针形,长 6～10cm,宽 2～3.5cm,先端渐

图 40 A,B：云山青冈；C,D：青冈；E：褐叶青冈（金孝锋绘）

尖或尾尖,基部楔形,中部以上疏生浅锯齿,下面被均匀白色蜡粉,略带淡红褐色,有伏贴柔毛,侧脉 8～10 对;叶柄长 1.5～3cm,无毛,连同主脉基部有时带浅红色;叶干后呈褐色。壳斗碗形,苞片合生成 6 或 7 条同心环带,除先端 2 或 3 条同心环带全缘外,其余均有齿缺;坚果宽卵球形,无毛,果脐隆起。花期 4～5 月,果期 9～10 月。

产地:都林山、鸠甫山、谢家坞、大石门、龙塘山、茶园里、栈岭湾、十八龙潭、横源、直源、西坞源、大坪溪。生于海拔 700～1300m 的西北坡地,或较为干燥的树丛中。

分布:浙江、湖南、贵州、四川。

用途:木材坚韧,可作建筑、车辆用材;树皮、壳斗含鞣质;种子含淀粉。

4. 细叶青冈(图 41：A,B)

Cyclobalanopsis myrsinaefolia Oerst. in Vidensk. Selsk. Skr. V. 9：879. 1873.

乔木,高达 25m。树皮灰褐色,不裂;小枝及芽无毛。叶片卵状披针形或长圆状披针形,长 6～12cm,宽 2～4cm,先端渐尖,基部楔形,基部以上有细浅锯齿,下面微被白色蜡粉,呈灰绿色,无毛,中脉在上面凹陷,侧脉 10～14 对;叶柄细,长 1～2.5cm。壳斗碗形,苞片合生成 6～9 条同心环带,环带全缘;坚果卵状椭圆球形,顶端略有微柔毛,果脐微隆起。花期 4 月,果期 10 月。

产地:谢家坞、龙塘山、十八龙潭、横源、直源。生于海拔 300～900m 的山谷、溪边或路旁。

分布:浙江、江西、福建、湖南、广东、广西、贵州、四川。

用途:木材不易开裂,富弹性,为建筑、枕木、车轴、家具等优良用材。

5. 多脉青冈

Cyclobalanopsis multinervis Cheng & T. Hong in Sci. Silvae Sin. 8(1)：10. 1963.

乔木,高达 13m。树皮黑褐色;芽长卵形,有毛。叶片长椭圆形或椭圆状披针形,长 7.5～12cm,宽 3～5.5cm,基部楔形,基部以上有锯齿,齿锐尖,下面有灰白色厚蜡粉层及伏贴毛,中脉在上面凹陷,侧脉 11～15 对;叶柄长 1.5～2cm。果序长 1～2cm,着果 2～6 个。壳斗深碗状,直径 0.9～1.5cm,高 5～6mm,外被灰白色毛,裂片合成 6 或 7 条同心环带,边缘有不规则齿缺;坚果半球形或近球形,长 1～1.3cm,直径约 1.3cm,果脐平坦。果翌年 10—11 月成熟。

产地:龙塘山。生于海拔 590～1400m 较湿润的山坡谷地阔叶林中。

分布:安徽、浙江、江西、福建、湖南、湖北、四川。

用途:木材坚重有弹性,耐磨,可作农具等用材。

6. 小叶青冈(图 41：C - E)

Cyclobalanopsis gracilis(Rehder & E. H. Wilson) Cheng & T. Hong in Sci. Silvae Sin. 8(1)：11. 1963.

Basionym：*Quercus glauca* Thunb. f. *gracilis* Rehder & E. H. Wilson in Sargent, Pl. Wilson. 3：228. 1916.

Cyclobalanopsis glauca Thunb. var. *gracilis* (Rehder & E. H. Wilson) Y. T. Chang.

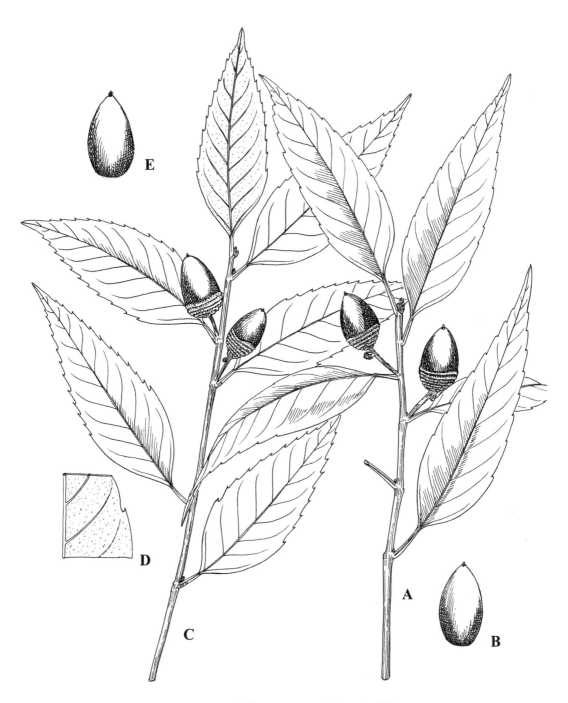

图 41　A, B：细叶青冈；C-E：小叶青冈（金孝锋绘）

乔木,高达 25m。树皮灰褐色;小枝有皮孔;芽圆锥形。叶片椭圆状披针形,长 4.5～9cm,宽 1.5～3cm,先端渐尖,基部楔形或圆形,常不对称,边缘有细尖锯齿,下面有不均匀的灰白色蜡粉层及伏贴的毛,侧脉 7～13 对,纤细,不明显;叶柄长 1～1.5cm。壳斗碗形,苞片合生成 6～10 条同心环带,环带边缘通常有齿缺,尤以下部 2 环带更明显,坚果椭圆球形,直径 1cm,顶端被毛。花期 4—6 月,果期 10 月。

产地: 区内广布。生于海拔 600m 以上的阔叶林中。

分布: 陕西、甘肃、江苏、安徽、江西、福建、湖北、湖南、四川、贵州。

用途: 材质坚重,耐腐,耐磨,为纺织工业的优良用材,又可供建筑、桥梁、枕木、造船、车辆等用。

一五、榆科　Ulmaceae

乔木或灌木。单叶,互生,稀对生,常两列,羽状脉或基部 3 出脉,稀基部 5 出脉或掌状 3 出脉;托叶常呈膜质,早落。花单被两性,稀单性或杂性,雌雄异株或同株,聚伞花序,或因花序轴短缩而似簇生状,或为单生;花被裂片常 4～8,覆瓦状排列,稀镊合状排列;雄蕊着生于花被的基底,常与花被裂片同数而对生,花药 2 室,纵裂;雌蕊由 2 心皮连合而成,花柱极短,柱头 2,条形,子房上位,通常 1 室,稀 2 室。果为翅果、核果,或小坚果。

16 属,约 230 种,分布于热带、亚热带及温带地区。我国有 8 属,46 种、10 变种,分布于全国各地,其中栽培 3 种。浙江有 7 属,22 种、3 变种。本志记载 7 属,16 种、1 变种。

分属检索表

1. 果为翅果,或为具翅的小坚果。
　　2. 叶具羽状脉,侧脉直,脉端伸入锯齿;花两性或杂性,花药先端无毛。
　　　　3. 翅果,周围有翅;花两性,花常先叶开放;小枝无刺;叶的基部常多少偏斜,边缘具重锯齿或单锯齿
　　　　　　‥‥‥‥‥‥‥‥‥‥‥‥‥‥‥‥‥‥‥‥‥‥‥‥‥‥‥‥‥‥‥ 1. 榆属 Ulmus
　　　　3. 小坚果,在上半部具鸡头状的窄翅;花杂性,与叶同时开放;小枝具坚硬的棘刺;叶的基部不偏斜,边缘具单锯齿 ‥‥‥‥‥‥‥‥‥‥‥‥‥‥‥‥‥‥‥‥‥‥‥ 2. 刺榆属 Hemiptelea
　　2. 叶基部 3 出脉,侧脉先端在未达叶缘前弧曲,不伸入锯齿;花单性同株,花药先端有毛‥‥‥‥‥
　　　　‥‥‥‥‥‥‥‥‥‥‥‥‥‥‥‥‥‥‥‥‥‥‥‥‥‥‥‥ 3. 青檀属 Pteroceltis
1. 果为核果。
　　4. 叶具羽状脉 ‥‥‥‥‥‥‥‥‥‥‥‥‥‥‥‥‥‥‥‥‥‥‥‥‥ 4. 榉属 Zelkova
　　4. 叶基部 3 出脉(即疏生羽状脉之基的 1 对侧脉比较强壮),稀基部 5 出脉。
　　　　5. 叶的侧脉直,先端伸入锯齿 ‥‥‥‥‥‥‥‥‥‥‥‥‥‥ 5. 糙叶树属 Aphananthe
　　　　5. 叶的侧脉先端在未达叶缘前弧曲,不伸入锯齿。
　　　　　　6. 花单性或杂性,具短梗,多数密集成聚伞花序而成对生于叶腋;果直径 1.5～4mm,具宿存花被片和柱头;边缘具细锯齿 ‥‥‥‥‥‥‥‥‥‥‥‥‥‥‥‥‥ 6. 山黄麻属 Trema
　　　　　　6. 花杂性,具长梗,少数至 10 余朵集成小聚伞花序或因花序梗短缩而似簇生状;果直径 5～15mm,无宿存花被片和柱头;边缘全缘或近基部或中下部通常全缘,其上常有较粗或较疏的锯齿‥‥‥‥
　　　　　　‥‥‥‥‥‥‥‥‥‥‥‥‥‥‥‥‥‥‥‥‥‥‥‥‥‥‥‥‥ 7. 朴属 Celtis

（一）榆属　Ulmus L.

乔木,稀灌木。树皮不规则纵裂,粗糙,稀裂成块片或薄片脱落;顶芽早死,枝端萎缩成小距状残存,芽鳞覆瓦状。叶互生,两列,边缘具锯齿,羽状脉脉端伸入锯齿;托叶膜质,早落。花两性,在去年生枝(稀当年生枝)的叶腋排成簇状聚伞花序、短聚伞花序、总状聚伞花序或呈簇生状,或散生(稀簇生)于新枝基部或近基部的苞片(稀叶)的腋部;花被钟形,4～9浅裂,裂片等大或不等大;雄蕊与花被裂片同数而对生,花丝细直,扁平,多少外伸,花药矩圆形,先端微凹,基部近心脏形,中下部着生,外向,2室,纵裂;子房扁平,1(2)室,花柱极短,柱头2;花后数周即成熟。果为扁平的翅果,果核部分位于翅果的中部至上部,顶端具宿存的柱头及缺口;种子扁或微凸。

约40种,分布于亚洲、欧洲和北美。我国有21种,几乎遍及全国。浙江有8种、1变种。

分种检索表

1. 花春季开放,生于去年生枝或当年生枝上的叶腋,或散生(稀少数簇生)于新枝的基部或近基部。
　　2. 花排成总状聚伞花序或短聚伞花序,花序轴明显伸长或微伸长,下垂;翅果边缘密生睫毛 …………
　　………………………………………………………………………………… 1. 长序榆 U. elongata
　　2. 花排成簇状聚伞花序或呈簇生状,花序轴极短,不下垂;翅果无毛或仅果核部分有毛,有时两面或边
　　　缘疏生毛。
　　　3. 果核部分位于翅果的中部或近中部,上端不接近缺口。
　　　　4. 翅果两面及边缘有毛;叶背仅脉上有毛 …………………………… 2. 杭州榆 U. changii
　　　　4. 翅果除顶端缺口柱头面被毛外无毛,叶背在脉腋处具簇生毛 …… 3. 兴山榆 U. bergmanniana
　　　3. 果核部分位于翅果的上部、中上部或中部,上端接近缺口。
　　　　5. 翅果倒卵形;叶通常倒卵形,边缘锯齿通常较深 …… 4. 春榆 Ulmus davidiana var. japonica
　　　　5. 翅果近圆形或倒卵状圆形;叶倒卵形、椭圆状倒卵形、卵状长圆形或椭圆形,叶缘锯齿尖锐……
　　　　………………………………………………………………………… 5. 红果榆 U. szechuanica
1. 花秋季开放,自花芽抽出,生于当年生枝的叶腋 ………………………………… 6. 榔榆 U. parvifolia

1. 长序榆(图42:A,B)

Ulmus elongata L. K. Fu & C. S. Ding ex L. K. Fu & al. in Acta Phytotax. Sin. 17(1):46,fig. 1. 1979.

落叶乔木,高达30m。树皮灰白色,裂成不规则片状脱落;幼枝及当年生枝无毛或有短柔毛,二年生枝常呈栗色,具散生皮孔,有时下部枝条或萌发枝的近基部有周围膨大而不规则纵裂的木栓层;冬芽长卵圆球形。叶片披针状椭圆形,长7～19cm,宽3～8cm,基部微偏斜或近对称,楔形或圆形,叶背有或密或疏之毛,边缘具大而深的重锯齿,锯齿先端尖而内曲;叶柄长3～11mm;托叶披针形至窄披针形,早落。花春季开放,在去年生枝上排成总状聚伞花序,花序轴明显伸长,下垂。翅果似梭形,两面疏被毛,边缘密被白色长睫毛,果核位于翅果中部稍向上。花、果期2—3月。

产地:十八龙潭、横源、直源。生于林中。

分布:安徽、浙江、福建、江西。

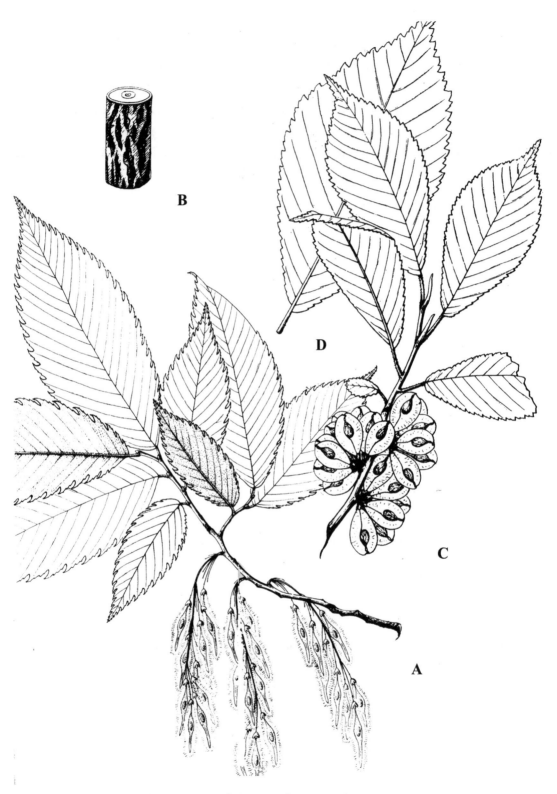

图 42　A,B：长序榆；C,D：春榆（重组《中国植物志》）

2. 杭州榆(图 43：A,B)

Ulmus changii Cheng in Contr. Biol. Lab. Sci. Soc. China, Bot. Ser. 10：94, fig. 13. 1936.

落叶乔木,高达 20m。树皮暗灰色;幼枝被密毛,一年生枝淡红褐色或栗褐色;冬芽卵圆球形或近球形,无毛。叶片卵形或卵状椭圆形,稀宽披针形或长圆状倒卵形,长 3～11cm,宽1.7～4.5cm,先端渐尖或短尖,基部偏斜,圆楔形、圆形或心形,叶面幼时有平伏的疏长毛,或有散生的短硬毛,老则无毛而光亮,有微凸起的毛迹或短硬毛,叶背无毛或脉上有毛,侧脉每边 12～20(～24)条,边缘常具单锯齿,稀兼具或全为重锯齿;叶柄长 3～8mm,通常仅上面有毛。花常自花芽抽出,在去年生枝上排成簇状聚伞花序,稀出自混合芽而散生新枝的基部或近基部。翅果长圆形或椭圆状长圆形,稀近圆形,长 1.5～3.5cm,宽 1.3～2.2cm,果核部分位于翅果的中部或稍向下,宿存花被钟形,被短毛,花被裂片 4 或 5,边缘有丝状毛。花、果期 3—4 月。

产地:都林山、长滩里、谢家坞、小石门、大石门、栈岭湾、十八龙潭、西坞源、童玉、直源、横源、云溪坞。生于山坡、山谷或溪边林中。

分布:江苏、安徽、浙江、福建、江西、湖南、湖北、四川。

3. 兴山榆(图 43：E,F)

Ulmus bergmanniana C. K. Schneid., Illustr. Handb. Laubholzk. 2：902. 1912.

落叶乔木,高达 20m。树皮灰白色或灰褐色,纵裂,粗糙;当年生枝栗褐色。冬芽卵圆球形或长圆状卵圆球形。叶片表面有光泽,椭圆形、长圆状椭圆形、倒卵状矩圆形或卵形,长 3～11cm,宽 2～4.5cm,先端渐尖或骤凸长尖,基部多少偏斜,圆形、心形、耳形或楔形,上面幼时密生硬毛,后脱落无毛,下面除脉腋有簇生毛外,余处无毛,边缘具不明显重锯齿;叶柄长 3～10mm,无毛或几无毛。花排成簇状聚伞花序或短总状。翅果宽倒卵形、近圆形或长圆状圆形,除先端缺口柱头面有毛外,余处近无毛,果核部分位于翅果的中部或稍偏下,花被宿存。花、果期 3—5 月。

产地:十八龙潭、千顷塘、大明山、横源、直源。生于山坡阔叶林中。

分布:甘肃、陕西、山西、河南、安徽、浙江、江西、湖南、湖北、四川、云南。

4. 春榆(图 42：C,D)

Ulmus davidiana Planch. var. **japonica** (Rehder) Nakai in Fl. Sylv. Kor. 19：26, t. 9. 1932.

Basionym：*Ulmus campestris* L. var. *japonica* Rehder in Bailey, Cycl. Amer. Hort. 4：1882. 1902.

落叶乔木或灌木状,高达 15m。树皮灰褐色,纵裂成不规则条伏,幼枝被或密或疏的柔毛,小枝有时(通常萌发枝及幼树的小枝)具向四周膨大而不规则纵裂的木栓层;冬芽卵圆球形,芽鳞背面被覆部分有毛。叶片倒卵形或倒卵状椭圆形,稀卵形或椭圆形,长 4～9(～12) cm,宽 1.5～4(～5.5)cm,先端尾状渐尖或渐尖,基部歪斜,一边楔形或圆形,一边近圆形至耳状,叶面幼时有散生硬毛,叶背幼时有密柔毛,脉腋常有簇毛,边缘具重锯齿,侧脉每边12～22 条;叶柄长 5～10(～17)mm。花在去年生枝上排成簇状聚伞花序。翅果

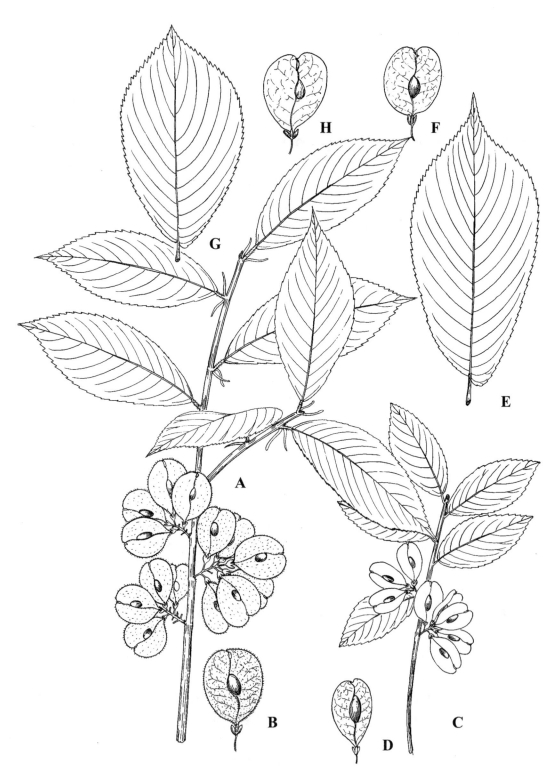

图 43 A,B：杭州榆；C,D：榔榆；E,F：兴山榆；G,H：红果榆（金孝锋绘）

倒卵形,长 10~19mm,宽 7~14mm,无毛,果核位于翅果中上部或上部,上端接近缺口,具宿存花被。花、果期 4—5 月。

产地:都林山、鸠甫山、龙塘寺、西坞源、道场坪、童玉、横源、直源等。生于向阳山坡。

分布:黑龙江、吉林、辽宁、内蒙古、河北、山东、山西、甘肃、陕西、河南、安徽、浙江、湖北及青海等;日本、朝鲜半岛、俄罗斯。

5. 红果榆(图 43:G,H)

Ulmus szechuanica Fang, Commem. 22. 1947.

落叶乔木,高达 18m。树皮暗灰色,不规则纵裂,粗糙;当年生枝淡灰色,幼时有毛,后变无毛或有疏毛,皮孔淡黄色;冬芽卵圆球形,芽鳞背面外露部分几无毛或有疏毛,内部芽鳞的边缘毛较长而明显。叶片倒卵形、椭圆状倒卵形、卵状长圆形或椭圆状卵形,长 2.5~9cm,宽 1.7~5.5cm,先端急尖或渐尖,稀尾状,基部偏斜,楔形、圆形或近心形,叶面幼时有短毛,沿中脉常有长柔毛,不粗糙,叶背初有疏毛,沿主侧脉有较密之毛,后变无毛,有时脉腋具簇生毛,边缘具重锯齿,侧脉 9~19 条;叶柄长 5~12mm。花在去年生枝上排成簇状聚伞花序。翅果近圆形或倒卵状圆形,长 11~16mm,宽 9~13mm,除顶端缺口柱头被毛外,余处无毛,果核部分位于翅果的中部或近中部,上端接近缺口,带红色,宿存花被无毛。花、果期 3—4 月。

产地:都林山、龙塘寺、大坪溪、童玉。生于溪边林中。

分布:江苏、安徽、浙江、江西、四川。

6. 榔榆(图 43:C,D)

Ulmus parvifolia Jacq., Pl. Rar. Hort. Schoenbr. 3:6, t. 262. 1798.

落叶乔木,高达 25m。树皮灰色或灰褐,裂成不规则鳞状薄片剥落,露出红褐色内皮,微凹凸不平;当年生枝密被短柔毛;冬芽卵圆球形,红褐色,无毛。叶片质地厚,披针状卵形或窄椭圆形,稀卵形或倒卵形,中脉两侧长、宽不等,长(1.7~)2.5~5(~8)cm,宽 0.8~3cm,先端尖或钝,基部偏斜,楔形或一边圆,叶面深绿色,有光泽,除中脉凹陷处有疏柔毛外,余处无毛,叶背幼时被短柔毛,后变无毛或沿脉有疏毛,或脉腋有簇生毛,边缘从基部至先端有钝而整齐的单锯齿,侧脉每边 10~15 条,细脉在两面均明显。花秋季开放,在叶腋簇生或排成簇状聚伞花序。翅果椭圆形或卵状椭圆形,除顶端缺口柱头面被毛外,余处无毛,果核部分位于翅果的中上部,上端接近缺口,花被片脱落或残存。花、果期 8—10 月。

产地:都林山、长滩里、鸠甫山、谢家坞、小石门、大石门、十八龙潭、直源、横源、云溪坞。生于溪边、路边等。

分布:河北、山东、陕西、河南、江苏、安徽、浙江、福建、台湾、江西、广东、广西、湖南、湖北、贵州、四川;日本、朝鲜半岛。

(二) 刺榆属　**Hemiptelea** Planch.

落叶小乔木;小枝有棘刺。叶互生,边缘有钝锯齿,具羽状脉;托叶早落。花杂性,具梗,与叶同时开放,单生或 2~4 朵簇生于当年生枝的叶腋;花被 4 或 5 裂,呈杯状,雄蕊与花被片同数,雌蕊具短花柱,柱头 2,条形,子房 1 室,具 1 倒生胚珠。小坚果偏斜,两侧扁,在上半部具鸡头状的翅,基部具宿存的花被;胚直立,子叶宽。

1 种,分布于我国和朝鲜半岛。浙江也产。

1. 刺榆(图 44)

Hemiptelea davidii (Hance) Planch. in Compt. Rend. Acad. Sci. Paris 74:132. 1872.

Basionym: *Planera davidii* Hance, J. Bot. 6:333. 1868.

小乔木,高可达 15m,通常呈灌木状。树皮深灰色或褐灰色,不规则的条状深裂;小枝具粗而硬的棘刺;冬芽常 3 个聚生于叶腋。叶片椭圆形或矩圆形,长 2～7cm,宽 1.5～3cm,先端急尖或钝圆,边缘有整齐的粗锯齿,叶面幼时被毛,叶背无毛,或在脉上有稀疏的柔毛,侧脉 8～15 对,斜直出至齿尖;叶柄长约 2mm。花叶同放。小坚果斜卵圆球形,两侧扁,长 5～7mm,在背侧具窄翅,形似鸡头。花期 4—5 月,果期 8—10 月。

产地:顺溪、龙岗。生于路边。

分布:吉林、辽宁、内蒙古、河北、山西、陕西、甘肃、山东、河南、江苏、安徽、浙江、江西、湖北、湖南和广西。

图 44 刺榆(引自《浙江天目山药用植物志》)

(三) 青檀属 Pteroceltis Maxim.

落叶乔木。叶互生,边缘有锯齿,基部 3 出脉,侧脉先端在未达叶缘前弧曲;托叶早落。花单性,同株;雄花数朵簇生于当年生枝的下部叶腋,花被 5 深裂,裂片覆瓦状排列,雄蕊 5,花丝直立;雌花单生于当年生枝的上部叶腋,花被 4 深裂,裂片披针形,花柱短,柱头 2,条形,胚珠倒垂。坚果近球状,围绕以宽的翅,内果皮骨质。

1 种,为我国特有。浙江也有。

1. 青檀(图 45)

Pteroceltis tatarinowii Maxim. in Bull. Acad. Imp. Sci. St.-Petersb. 18:293, cum fig. 1873.

乔木,高达 20m。树皮灰色,不规则的长片状剥落;小枝黄绿色,疏被短柔毛,后渐脱落,皮孔明显,椭圆形或近圆形;冬芽卵球形。叶片纸质,宽卵形至长卵形,长 3.5～9cm,宽 3～4.7cm,先端渐尖至尾状渐尖,基部不对称、楔形、圆形或截形,边缘有不整齐的锯齿,基部 3

出脉,叶面幼时被短硬毛,后脱落常残留有圆点,下面脉腋有簇毛;叶柄长 6～15mm。翅果状坚果近圆形或近四方形,直径 10～17mm,翅宽,稍带木质,果实外面无毛或多少被曲柔毛,具宿存的花柱和花被。花期 3—5 月,果期 7—8 月。

产地:龙塘寺、十八龙潭。生于林缘。

分布:辽宁、河北、山西、陕西、甘肃、青海、山东、河南、江苏、安徽、浙江、江西、福建、湖北、湖南、广东、广西、四川和贵州。

图 45　青檀(引自《中国种子植物特有属》)

(四) 榉属　**Zelkova** Spach

落叶乔木。叶互生,边缘有圆齿状锯齿,羽状脉,脉端直达齿尖;托叶早落。花杂性,几乎与叶同时开放,雄花数朵簇生于幼枝的下部叶腋,雌花或两性花通常单生(稀 2～4 朵簇生)于幼枝的上部叶腋;雄花钟形,花被 4～6 浅裂,雄蕊与花被裂片同数,花丝短而直立,退化子房缺;雌花或两性花的花被 4～6 深裂,裂片覆瓦状排列,柱头 2。果为核果;种子上下多少压扁,顶端凹陷。

5 种,分布于亚洲东部和西南部、欧洲东南部。我国有 3 种,自西部和西南部至台湾。浙江有 2 种。

分种检索表

1. 当年生枝紫褐色或棕褐色,无毛或疏被短柔毛;叶两面光滑无毛,或在背面沿脉疏生柔毛,在叶面疏生短
   糙毛 ··· 1. 光叶榉 Z. serrata
1. 当年生枝灰色或灰褐色,密生灰白色柔毛;叶背密生柔毛,叶面被糙毛 ········ 2. 榉树 Z. schneideriana

1. 光叶榉(图 46:A)

Zelkova serrata(Thunb.) Makino in Bot. Mag. Tokyo 17:13. 1903.

Basionym: *Corchorus serratus* Thunb. in Trans. Linn. Soc. London 2:335. 1794.

乔木,高达 30m。树皮灰白色或褐灰色,呈不规则的片状剥落;当年生枝紫褐色或棕褐色,疏被短柔毛,后渐脱落;冬芽圆锥状卵球形或椭圆状球形。叶片纸质,卵形、椭圆形或卵状披针形,长 3～10cm,宽 1.5～5cm,先端渐尖或尾状渐尖,基部圆形或浅心形,稀宽楔形,稀带光泽,幼时疏生糙毛,后脱落变平滑,叶背幼时被短柔毛,后脱落或仅沿主脉两侧残留有稀疏的柔毛,边缘具桃形锯齿,侧脉(5～)7～14 对;叶柄被短柔毛;托叶膜质。雄花被裂至中部;雌花被片 4 或 5(6)。果斜卵状圆锥形,上面偏斜,凹陷,直径 2.5～3.5mm,网肋明显,表面被柔毛,具宿存的花被。花期 4 月,果期 9—11 月。

产地:龙塘寺、东岙头、清凉峰、千顷塘、横源、直源。生于海拔 700m 以上林中。

分布:辽宁、陕西、甘肃、山东、河南、江苏、安徽、浙江、江西、福建、台湾、湖北、湖南、广东;日本、朝鲜半岛。

2. 榉树(图 46:B)

Zelkova schneideriana Hand.-Mazz. in Symb. Sin. 7:104. 1929.

乔木,高达 30m。树皮灰褐色至深灰色,呈不规则的片状剥落;当年生枝灰绿色或褐灰色,具伸展的灰色柔毛。叶片厚纸质,卵形至椭圆状披针形,长 3～10cm,宽 1.5～4cm,先端渐尖、尾状渐尖,基部稍偏斜,圆形、宽楔形、稀浅心形,叶上面被糙毛,叶背密被柔毛,边缘具桃形锯齿,侧脉 8～15 对,直伸齿尖;叶柄粗短,被柔毛。雄花 1～3 朵簇生于叶腋,雌花或两性花常单生于小枝上部叶腋。果直径 2.5～4mm,有网纹。花期 4 月,果期 9—11 月。

产地:都林山、西坞源、谢家坞、小石门、大石门、浙川村、千顷塘、童玉、横源、直源。散生于林中。

分布:陕西、甘肃、河南、江苏、安徽、浙江、江西、福建、湖北、湖南、广东、广西、四川、贵州、云南、西藏。

用途:优质木材。为国家二级保护植物。

(五) 糙叶树属 **Aphananthe** Planch.

落叶乔木或灌木。叶互生,基出 3 脉;托叶侧生,分离,早落。花与叶同时生出,单性,雌雄同株,雄花排成密集的聚伞花序,腋生,雌花单生于叶腋;雄的花被 5(4)深裂,裂片多少成覆瓦状排列,雄蕊与花被裂片同数;雌花的花被 4 或 5 深裂,覆瓦状排列,花柱短,柱头 2,条形。核果卵球状或近球状,外果皮多少肉质,内果皮骨质。

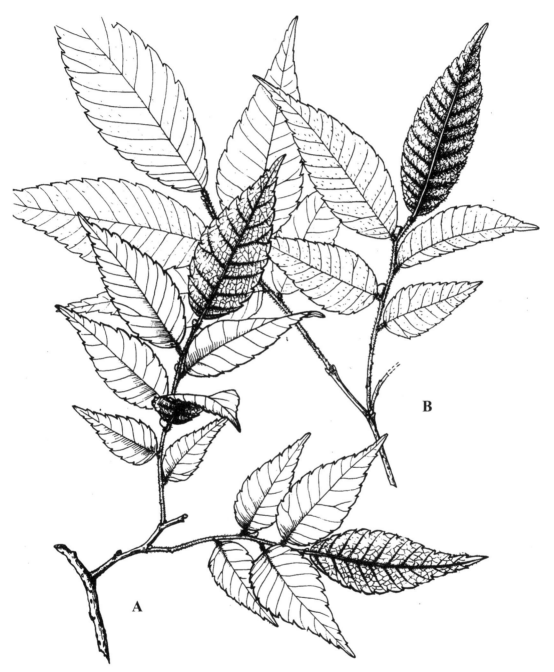

图 46　A：光叶榉；B：榉树（引自《中国植物志》）

本属约 5 种,分布于东亚热带至亚热带、马达加斯加、墨西哥及太平洋岛屿。我国有 2 种、1 变种,分布于东部与南部。浙江有 1 种、1 变种。

1. 糙叶树 (图 47)

Aphananthe aspera Planch. , Prodr. 17:208. 1873.

落叶乔木,高达 25m,胸径达 50cm。树皮灰褐色,纵裂;当年生枝黄绿色,疏生细伏毛;一年生枝红褐色,老枝灰褐色,圆形皮孔明显。叶片纸质,卵形或卵状椭圆形,长 5~10cm,宽3~5cm,先端渐尖或长渐尖,基部宽楔形或浅心形,稍偏斜,边缘锯齿有尾状尖头,基部 3 出脉,侧脉 6~10 对,近平行地斜直伸达齿尖,叶背疏生细伏毛,叶面被刚伏毛,粗糙;叶柄长 5~15mm,被细伏毛;托叶膜质,条形,长 5~8mm。雄聚伞花序生于新枝的下部叶腋,雄花被裂片倒卵状圆形,内凹陷呈盔状,长约 1.5mm,中央有一簇毛;雌花单生于新枝的上部叶腋,花被裂片条状披针形,长约 2mm,子房被毛。核果近球形、椭圆球形或卵状球形,长 8~13mm,直径 6~9mm,由绿变黑,被细伏毛,具宿存的花被和柱头,果梗长 5~10mm,疏被细伏毛。花期 3—5 月,果期 8—10 月。

产地:栈岭湾、大明山、横源、直源。生于溪边或路边。

分布:山西、山东、江苏、安徽、浙江、江西、福建、台湾、湖南、湖北、广东、广西、四川、贵州和云南。

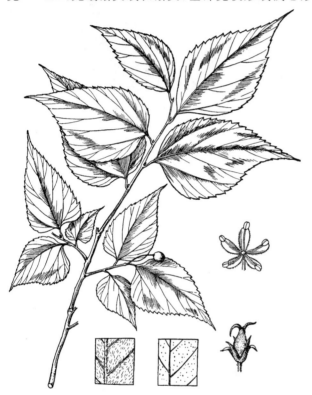

图 47 糙叶树(引自《浙江天目山药用植物志》)

(六) 山黄麻属 **Trema** Lour.

小乔木或大灌木。叶互生,叶片卵形至狭披针形,边缘有细锯齿,基部 3 出脉,稀 5 出脉或羽状脉;托叶离生,早落。花单性或杂性,有短梗,多数密集成聚伞花序而成对生于叶腋;雄花的花被片 5(4),镊合状排列或稍覆瓦状排列,雄蕊与花被片同数,花丝直立;雌花的花被片 5(4),子房基部常有一环细曲柔毛,花柱短,柱头 2,条形,柱头面有毛,胚珠单生,下垂。核果小,直立,卵圆形或近球形,具宿存的花被片和柱头,稀花被脱落,外果皮多少肉质,内果皮骨质。

约 15 种,分布于热带和亚热带。我国有 6 种,分布于华东、华中、华南和西南。浙江 1 种、1 变种。

1. 山油麻（图 48）

Trema cannabina Lour. var. **dielsiana**（Hand.-Mazz.）C. J. Chen in Acta Phytotax. Sin. 17 (1)：50. 1979.

Basionym：*Trema dielsiana* Hand.-Mazz. in Symb. Sin. 7：106. 1929.

灌木或小乔木。小枝纤细,紫褐色,后渐变棕色,密被斜伸的粗毛。叶片薄纸质,卵形或卵状矩圆形,稀披针形,长 4～10cm,宽 1.5～4cm,先端尾状渐尖或渐尖,基部圆或浅心形,稀宽楔形,边缘具圆齿状锯齿,叶面被糙毛,粗糙,叶背密被柔毛,在脉上有粗长毛;叶柄被伸展的粗毛。花单性,雌雄同株,雌花序常生于花枝的上部叶腋,雄花序常生于花枝的下部叶腋,或雌雄同序。核果近球形或阔卵圆球形,微压扁,直径2～3mm,熟时橘红色,有宿存花被。花期 3—6 月,果期 9—10 月。

产地：大坪溪、童玉、云溪坞。生于低海拔的山谷、溪边或灌丛中。

分布：江苏、安徽、浙江、江西、福建、湖北、湖南、广东、广西、四川。

图 48　山油麻（引自《浙江天目山药用植物志》）

（七）朴属　Celtis L.

乔木。叶互生,常绿或落叶,具3出脉或3～5对羽状脉,在后者情况下,由于基生1对侧脉比较强壮也似为3出脉,有柄;托叶膜质或厚纸质,早落或顶生者晚落而包着冬芽。花小,两性或单性,有柄,集成小聚伞花序或圆锥花序,或因花序梗短缩而成簇状,或因退化而花序仅具一两性花或雌花;花序生于当年生小枝上,雄花序多生于小枝下部无叶处或下部的叶腋,在杂性花序中,两性花或雌花多生于花序顶端;花被片 4 或 5,仅基部稍合生,脱落;雄蕊与花被片同数,着生于通常具柔毛的花托上;雌蕊具短花柱,柱头 2,线形,先端全缘或 2 裂,子房 1 室,具 1 倒生胚珠。果为核果,内果皮骨质,表面有网孔状凹陷或近平滑。

约 60 种,分布于热带至温带地区。我国有 11 种,主要分布于辽东半岛以南。浙江有 8 种。

分种检索表

1. 冬芽的内层芽鳞密被较长的柔毛。

  2. 果较小,直径约 5mm,幼时被疏或密的柔毛,成熟后脱净;果序梗常短缩,似果梗双生于叶腋,连同果梗 1～2cm ·· 1. 紫弹树 C. biondii

　　2. 果较大,长 10~17mm,幼时无毛;果梗常单生叶腋,长(1~)1.5~3.5cm。

　　　　3. 当年生小枝和叶下面密生短柔毛 ·· 2. 珊瑚朴 C. julianae

　　　　3. 当年生小枝和叶下面无毛 ·· 3. 西川朴 C. vandervoetiana

1. 冬芽的内层芽鳞无毛或仅被微毛。

　　4. 果梗短于或 1.5(~2) 倍长于其邻近的叶柄 ································· 4. 朴树 C. sinensis

　　4. 果梗(1.5~) 2~4 倍长于其邻近的叶柄 ····························· 5. 天目朴树 C. chekiangensis

1. 紫弹树(图 49: C,D)

Celtis biondii Pamp. in Nuov. Giorn. Bot. Ital. n. ser. 17: 252, fig. 3. 1910.

　　落叶小乔木至乔木,高达 15m。树皮暗灰色;当年生小枝幼时黄褐色,密被短柔毛,后渐脱落,至结果时为褐色,有散生皮孔;冬芽黑褐色,芽鳞被柔毛,内部鳞片的毛长而密。叶片宽卵形、卵形至卵状椭圆形,长 2.5~7cm,宽 2~3.5cm,基部钝至近圆形,稍偏斜,先端渐尖至尾状渐尖,在中部以上疏具浅齿,薄革质,上面脉下陷,两面被微糙毛,或叶面无毛,仅叶背脉上有毛,或下面除糙毛外还密被柔毛;叶柄长 3~6mm,幼时有毛,老后几脱净;托叶条状披针形。果序单生叶腋,通常具 2 果(少有 1 或 3 果),由于果序梗极短,很像果梗双生于叶腋,连同果梗长 1~2cm,被糙毛;果幼时被疏或密的柔毛,后毛逐渐脱净,黄色至橘红色,近球形,直径约 5mm,核两侧稍压扁,直径约 4mm,具 4 肋,表面具明显的网孔状。花期 4—5 月,果期 9—10 月。

　　产地: 区内广布。生于低山的沟边、山谷或林中。

　　分布: 甘肃、陕西、河南、浙江、福建、台湾、湖北、广东、广西、贵州、四川、云南;日本、朝鲜半岛。

2. 珊瑚朴(图 49: A,B)

Celtis julianae C. K. Schneid. in Sargent, Pl. Wilson. 3: 265. 1916.

　　落叶乔木,高达 20m。树皮淡灰色至深灰色;当年生小枝、叶柄、果柄深褐色,密生褐黄色茸毛,去年生小枝毛常脱净;冬芽褐棕色,内鳞片有红棕柔毛。叶片厚纸质,宽卵形至卵状椭圆形,长 6~12cm,宽 3.5~8cm,基部近圆形或稍不对称,一侧圆形,一侧宽楔形,先端具突然收缩的短渐尖至尾尖,叶面粗糙,叶背密生柔毛,近全缘至上部以上具浅钝齿;叶柄长 7~15mm,较粗壮。果单生叶腋,果梗粗壮,长 1~3cm,果椭圆球形至近球形,长 10~12mm,金黄色至橙黄色;核乳白色,倒卵球形至倒宽卵球形,长 7~9mm,上部有 2 条较明显的肋,两侧或仅下部稍压扁,表面略有网孔状凹陷。花期 3—4 月,果期 9—10 月。

　　产地: 大坪溪、童玉。生于林缘。

　　分布: 陕西、河南、安徽、浙江、江西、福建、湖北、湖南、广东、四川、贵州。

　　用途: 可作行道树。

3. 西川朴

Celtis vandervoetiana C. K. Schneid. in Sargent, Pl. Wilson. 3: 267. 1916.

　　落叶乔木,高达 20m。树皮灰色;当年生小枝、叶柄和果梗老后褐棕色,无毛,有散生狭椭圆形至椭圆形皮孔;冬芽具棕色柔毛。叶片厚纸质,卵状椭圆形至卵状长圆形,长 8~15cm,宽 4.5~7.5cm,基部稍不对称,近圆形,先端渐尖至短尾尖,近基部或中部以上具锯齿

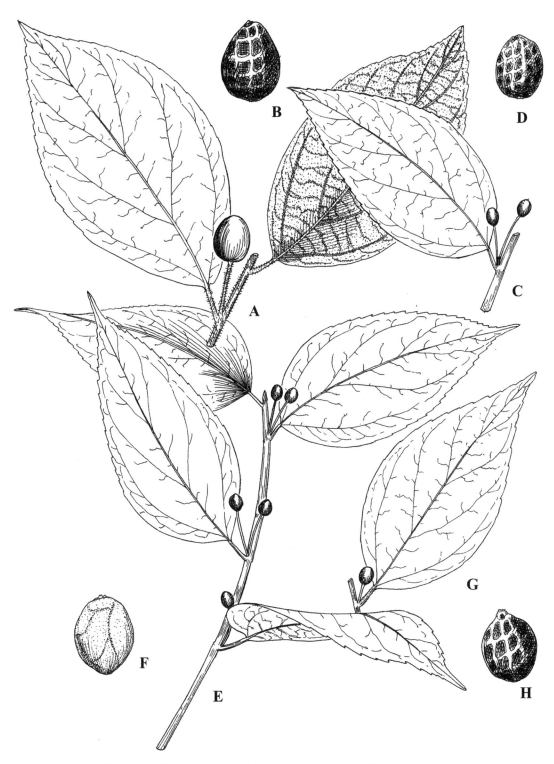

图 49　A,B：珊瑚朴；C,D：紫弹树；E,F：天目朴树；G,H：朴树（金孝锋绘）

或钝齿,无毛或仅叶背中脉和侧脉间有簇毛;叶柄较粗壮,长 10～20mm。果单生叶腋,果梗粗壮,果球形或球状椭圆形,成熟时黄色,长 10～17mm,宽 9～12mm;果核近球形至宽倒卵球形,具 4 条纵肋,表面有网孔状凹陷。花期 4 月,果期 9—10 月。

产地:十八龙潭、大明山、横源、直源。生于山谷或溪沟边。

分布:浙江、江西、福建、广东、广西、湖南、贵州、四川、云南。

4. 朴树(图 49:G,H)

Celtis sinensis Pers. in Syn. Pl. 1:292. 1805.

Celtis tetrandra Roxb. subsp. *sinensis* (Pers.) Y. C. Tang.

落叶乔木,高达 20m。树皮褐灰色,粗糙而不裂;小枝密被毛。叶片卵形或卵状椭圆形,长 3.5～10cm,宽 2～5cm,先端尖至渐尖,基部圆形或稍偏斜,中部以上具疏浅锯齿,上面粗糙无毛,下面叶脉及脉腋有毛,网脉凸起;叶柄褐色,长 3～10mm,被毛。果直径 5～7mm,2 或 3 个并生叶腋,果梗与叶柄近等长,果核有凹点。花期 3—4 月,果期 9—10 月。

产地:区内广布。生于路边、溪边。

分布:山东、河南、江苏、安徽、浙江、福建、台湾、江西、湖南、湖北、广东、广西、四川、贵州;日本。

5. 天目朴树(图 49:E,F)

Celtis chekiangensis Cheng in Contr. Biol. Lab. Sci. Soc. China Bot. ser. 9:245,fig. 24. 1934.

落叶乔木,高达 20m。树皮灰白色至灰褐色;当年生小枝密生灰褐色柔毛,渐脱落,去年生小枝褐色,有皮孔;冬芽小,鳞片无毛或有微毛。叶片卵状椭圆形至卵状长圆形,长 3～11.5cm,宽 2.5～4.5cm,先端长渐尖,基部钝至近圆形,稍偏斜,中部以上具浅齿,叶面无毛,叶背脉上疏生柔毛;叶柄长 3～4mm,密被微毛。果单生,但在下部叶腋 2(3)个,果梗较细长,长 10～19mm,初密被柔毛,后渐脱落。果近球形,成熟时红褐色,直径5～7mm;果核近球形,长 4～5mm,两侧之肋常较明显,表面微具网孔状凹陷。花期 4 月,果期 8—9 月。

产地:十八龙潭、大明山、横源、直源。生于山谷、溪边或林下。

分布:安徽、浙江。

一六、桑科　Moraceae

乔木或灌木,藤本,稀为草本。通常具乳液。叶互生,稀对生,叶脉掌状或为羽状,有或无钟乳体;托叶 2 枚,通常早落。花单性,雌雄同株或异株,无花瓣;花序腋生,通常成对、总状、圆锥状、头状、穗状或壶状,稀为聚伞状,花序托有时为肉质,增厚或封闭而为隐头花序或开张而为头状或圆柱状。雄花:花被片 2～4 枚,有时仅为 1 或多至 8 枚,分离或合生,覆瓦状或镊合状排列,宿存;雄蕊通常与花被片同数而对生。雌花:花被片 4,稀更多或更少,宿存;子房 1 室,稀为 2 室,上位、下位或半下位,或埋藏于花序轴上的陷穴中,每室有倒生或弯生胚珠 1 枚,着生于子房室的顶部或近顶部;花柱 2 裂或单一。果为瘦果或核果状,或藏于其内形成聚花果,或隐藏于壶形花序托内壁,形成隐花果,或陷入发达的花序轴内,形成大型的聚花果。种子包于内果皮中;种皮膜质或不存。

约 53 属,1400 种,大多分布于热带和亚热带。我国约 13 属,150 种,主要分布于长江以南。浙江有 7 属,26 种、8 变种。本志记载 4 属,9 种、4 变种。

分属检索表

1. 小枝环状托叶痕不明显;非隐头花序。
　　2. 植株无刺;叶具掌状脉;荑葇花序,或雌花排成头状,花丝在蕾中反折。
　　　　3. 雌、雄花序均为荑葇花序;聚花果圆柱形;小果为瘦果,肉质部分为花被片发育 …… 1. 桑属 Morus
　　　　3. 雌花序为头状花序;小果为核果,肉质部分为子房发育 ……………… 2. 构属 Broussonetia
　　2. 植物常具刺;叶具羽状脉或 3 出脉;头状花序,花丝在蕾中直立 ……………… 3. 柘属 Cudrania
1. 小枝具环状托叶痕;隐头花序 ………………………………………………… 4. 榕属 Ficus

(一) 桑属　Morus L.

落叶乔木或灌木。无刺;冬芽具 3~6 枚芽鳞,呈覆瓦状排列。叶互生,基生叶脉 3~5 出,侧脉羽状;托叶侧生,早落。花雌雄异株或同株,或同株异序,雌雄花序均为荑葇花序;花被片 4,覆瓦状排列,雄蕊 4 枚,雌花被片结果时增厚为肉质,子房 1 室,柱头 2 裂。聚花果(俗称桑椹果)为多数包藏于花被片内的瘦果组成,外果皮肉质,内果皮壳质;种子近球形。

约 16 种,主要分布于北温带。我国有 11 种,全国广布。浙江 3 种、2 变种。

分种检索表

1. 雌花无花柱,或具极短的花柱。
　　2. 柱头内侧具乳头状突起,叶背脉腋具毛 …………………………………… 1. 桑 M. alba
　　2. 柱头内侧具较短的柔毛 …………………………………………………… 2. 华桑 M. cathayana
1. 雌花具明显的花柱,柱头内侧具毛;叶形变化很大 ……………………………… 3. 鸡桑 M. australis

1. 桑(图 50:A)

Morus alba L., Sp. Pl. 2:986. 1753.

乔木或为灌木,高达 10m 或更高。树皮厚,灰色,具不规则浅纵裂;冬芽红褐色,卵形,芽鳞覆瓦状排列,灰褐色,有细毛;小枝有细毛。叶片卵形或广卵形,长 5~15cm,宽 5~12cm,先端急尖、渐尖或圆钝,基部圆形至浅心形,边缘锯齿粗钝,有时叶为各种分裂,表面鲜绿色,无毛,背面沿脉有疏毛,脉腋有簇毛;叶柄长 1.5~5.5cm;托叶披针形,早落,外面密被细硬毛。花单性,腋生或生于芽鳞腋内,与叶同时生出;雄花序下垂,长 2~3.5cm,密被白色柔毛,雄花花被片宽椭圆形,淡绿色,花药 2 室,球形至肾形,纵裂;雌花序长 1~2cm,被毛,花序梗长 5~10mm,被柔毛,雌花无梗,花被片倒卵形,顶端圆钝,外面和边缘被毛,两侧紧抱子房,无花柱,柱头 2 裂,内面有乳头状突起。聚花果卵状椭圆球形,长 1~2.5cm,成熟时红色或暗紫色。花期 4—5 月,果期 5—8 月。

产地:谢家坞、小石门、大石门。生于路边或林缘。

分布:原产我国中部和北部,现各地普遍栽培。

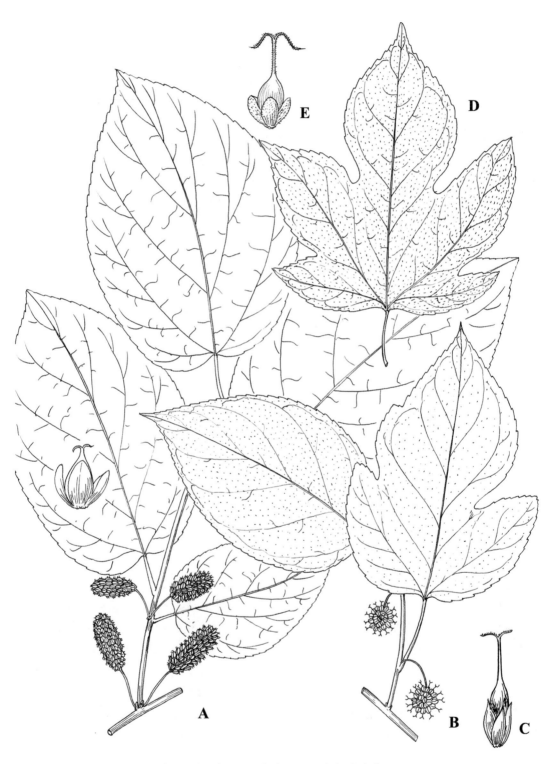

图 50　A：桑；B，C：华桑；D，E：鸡桑(金孝锋绘)

2. 华桑(图 50：B,C)

Morus cathayana Hemsl. in J. Linn. Soc., Bot. 26：456. 1891.

小乔木。树皮灰褐色；小枝幼时被细毛，成长后脱落，皮孔明显。叶片厚纸质，阔卵形或近圆形，长 8～20cm，宽 6～13cm，先端渐尖或短尖，基部心形或截形，略偏斜，边缘具疏浅锯齿或钝锯齿，有时分裂，表面粗糙，疏生短伏毛，基部沿叶脉被柔毛，背面密被糙毛；叶柄长 2～5cm，粗壮，被柔毛；托叶披针形。花雌雄同株异序，雄花序长 3～5cm，雄花花被片 4，黄绿色，长卵形，外面被毛，雄蕊 4；雌花序长 1～3cm，雌花花被片倒卵形，先端被毛，花柱短，柱头 2 裂，内面被毛。聚花果圆筒形，长 2～3cm。花期 4—5 月，果期 5—6 月。

产地：龙塘山、龙塘峰、十八龙潭、道场坪、西坞源、大坪溪、干坑、千顷塘、横源、直源。生于沟边。

分布：河北、山东、河南、江苏、陕西、湖北、安徽、浙江、湖南、四川等；日本、朝鲜半岛。

3. 鸡桑(图 50：D,E)

Morus australis Poir., Encycl. Meth. Bot. Suppl. 4(1)：380. 1797.

灌木或小乔木。树皮灰褐色；冬芽大，圆锥状卵圆球形。叶片卵形，长 5～14cm，宽 3.5～12cm，先端急尖或尾状，基部楔形或心形，边缘具粗锯齿，不分裂或 3～5 裂，表面凹凸不平，密生短刺毛，背面疏被粗毛；叶柄长 1～1.5cm；托叶线状披针形，早落。雄花序长 1～1.5cm，被柔毛，雄花绿色，具短梗，花被片卵形；雌花序球形，长约 1cm，密被白色柔毛，雌花花被片长圆形，暗绿色，花柱长，柱头 2 裂，内面被柔毛。聚花果短椭圆球形，直径约 1cm。花期 3—4 月，果期 4—5 月。

产地：龙塘山、大石门、东岙头、十八龙潭、大坪溪、干坑、童玉、千顷塘、横源、直源。生于山坡或林缘。

分布：辽宁、河北、陕西、甘肃、山东、安徽、浙江、江西、福建、台湾、河南、湖北、湖南、广东、广西、四川、贵州、云南、西藏；日本、朝鲜半岛、尼泊尔、不丹、印度、斯里兰卡。

(二) 构属　**Broussonetia** L'Hert. ex Vent.

落叶乔木或灌木，或为攀援藤状灌木。有乳液；冬芽小。叶互生，边缘具锯齿，三出脉。花单性，雌雄同株或异株；雄花为下垂荑荑花序或球形头状花序，花被片 3 或 4，雄蕊与花被裂片同数而对生，在花芽时内折，退化雌蕊小；雌花密集成球形头状花序，苞片棍棒状，宿存，花被管状，顶端 3 或 4 裂，宿存，子房内藏，具柄，花柱侧生，线形，胚珠自室顶垂悬。聚花果球形，肉质，由橙红色小核果组成。

约 4 种，分布于东亚。我国有 4 种分布于西南、华南至河北。浙江有 3 种。

分种检索表

1. 高大乔木，枝粗而直；花雌雄异株，雄花序粗壮，长 3～8cm；聚花果直径 1.5～3cm ……………………………………………………………………………… 1. 构树 B. papyrifera
1. 灌木或蔓生灌木，枝纤细；花雌雄同株或异株，雄花序球形或短圆柱状；聚花果直径 8～10mm。

2. 直立灌木;花雌雄同株,雄花序球形头状;叶片斜卵形或卵形,基部圆至截形,边缘锯齿粗 ………… …………………………………………………………… 2. 小构树 B. kazinoki

2. 蔓生藤状灌木;花雌雄异株,雄花序短圆柱状;叶近对称的卵状椭圆形,基部心形或心状截形,边缘锯齿细 ……………………………………………… 3. 藤构 B. kaempferi var. australis

1. 构树(图 51:A-E)

Broussonetia papyrifera (L.) L. Hert. ex Vent. in Tabl. Regn. Vég. 3:547. 1799.

Basionym: *Morus papyrifera* L., Sp. Pl. 2:986. 1753.

乔木,高达 20m。树皮暗灰色;小枝密生柔毛。叶螺旋状排列;叶片阔卵形至长椭圆状卵形,长 6～18cm,宽 5～9cm,先端渐尖,基部心形,两侧常不相等,边缘具粗锯齿,小树之叶常有明显分裂,表面粗糙,疏生糙毛,背面密被绒毛,基生三出脉,侧脉 6 或 7 对;托叶卵形。花雌雄异株;雄花序为柔荑花序,长 3～8cm,苞片披针形,花被 4 裂,裂片三角状卵形,雄蕊 4,花药近球形,退化雌蕊小;雌花序球形头状,苞片棍棒状,花被管状,子房卵圆形,柱头线形。聚花果直径 1.5～3cm,成熟时橙红色,肉质,瘦果表面有小瘤,外果皮壳质。花期 4—5 月,果期 6—7 月。

产地:谢家坞、小石门、大石门、童玉。村边、路边或溪沟边,野生或栽培。

分布:黄河、长江、珠江流域;日本、朝鲜半岛、东南亚。

2. 小构树 楮(图 51:F-H)

Broussonetia kazinoki Siebold in Verh. Bot. Genoot. 7:28. 1830.

灌木。小枝斜上,幼时被毛,后脱落。叶片卵形至斜卵形,长 3～7cm,宽 3～4.5cm,先端渐尖至尾尖,基部近圆形或斜圆形,边缘具三角形锯齿,表面粗糙,背面近无毛;叶柄长约 1cm;托叶小,线状披针形。花雌雄同株;雄花序球形头状,直径 8～10mm,雄花花被 3 或 4 裂,裂片三角形,雄蕊 3 或 4,花药椭圆球形;雌花序球形,花被管状,顶端齿裂,或近全缘,花柱单生,仅在近中部有小突起。聚花果球形,直径 8～10mm;瘦果扁球形,外果皮壳质,表面具瘤体。花期 4—5 月,果期 5—6 月。

产地:都林山、长滩里、谢家坞、小石门、大石门、栈岭湾、十八龙潭、横源、直源、云溪坞、大坪溪、柘林坑、童玉。生于路边、沟边或山坡林缘。

分布:华中、华南、西南及台湾;日本、朝鲜半岛。

3. 藤构 藤葡蟠(图 51:I-M)

Broussonetia kaempferi Siebold var. **australis** Suzuki in Trans. Nat. Hist. Soc. Taiwan 24:433. 1934.

蔓生藤状灌木。树皮黑褐色;小枝显著伸长,幼时被浅褐色柔毛,成长脱落。叶互生,螺旋状排列,近对称的卵状椭圆形,长 3.5～8cm,宽 2～3cm,先端渐尖至尾尖,基部心形或截形,边缘锯齿细,齿尖具腺体,表面无毛,稍粗糙。花雌雄异株;雄花序短穗状,长 1.5～2.5cm,花序轴约 1cm;雄花花被片 3 或 4,裂片外面被毛,雄蕊 3 或 4,花药黄色,椭圆球形,退化雌蕊小;雌花集生为球形头状花序。聚花果直径 1cm,花柱线形。花期 4—6 月,果期 5—7 月。

产地:都林山、鸠甫山、横源、直源、童玉。生于山坡、溪边或路边。

分布:华东、华中、华南等。

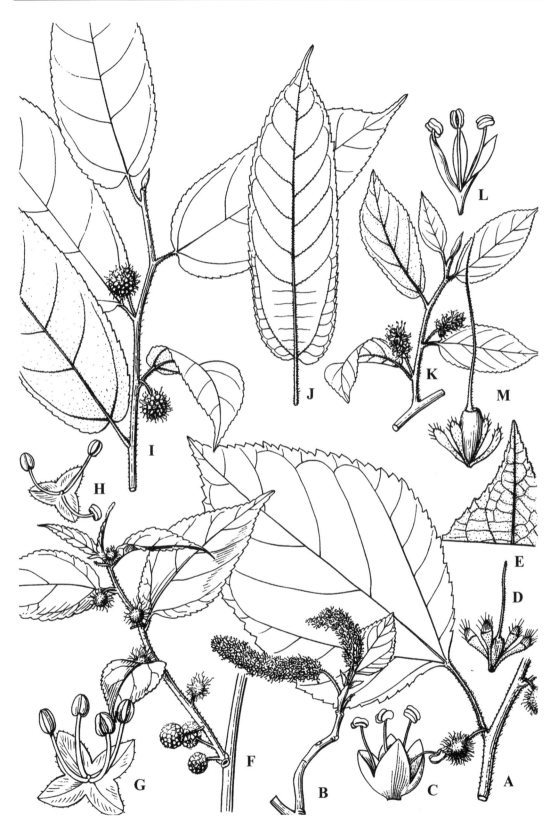

图 51　A-E：构树；F-H：小构树；I-M：藤构（引自《中国植物志》）

（三）柘属　Cudrania Trec.

乔木或小乔木，或为攀援藤状灌木。有乳液；具枝刺。叶互生，全缘；托叶 2 枚，侧生。花雌雄异株，均为具苞片的球形头状花序，苞片锥形，披针形，至盾形，具 2 个黄色腺体，常每花 2～4 苞片，附着于花被片上，通常在头状长序基部，多不孕苞片，花被片通常为 4，稀为 3 或 5，分离或下半部合生；雄花：雄蕊与花被片同数；雌花被片肉质，盾形，顶部厚，分离或下部合生，花柱短，2 裂或不分裂。聚花果肉质；小核果卵圆形，果皮壳质，为肉质花被片包围。

约 10 种，分布于亚洲至大洋洲。我国有 8 种，分布于西南至东南。浙江有 2 种。

分种检索表

1. 攀援藤状灌木；叶片全缘，椭圆状披针形或长圆形 ·············· 1. 构棘 C. cochinchinensis
1. 直立小乔木或为灌木状；叶全缘或为三裂，卵形或倒卵形 ·············· 2. 柘树 C. tricuspidata

1. 构棘　葨芝(图 52：A,B)

Cudrania cochinchinensis Masam. in Trans. Nat. Hist. Soc. Formosa 28：292. 1938.

直立或攀援状灌木。枝无毛，具枝刺。叶革质，椭圆状披针形或长圆形，长 3～8cm，宽 2～2.5cm，全缘，先端钝或短渐尖，基部楔形，两面无毛，侧脉 7～10 对。花雌雄异株，雌雄花序均为具苞片的球形头状花序，每花具 2～4 个苞片，苞片锥形，内面具 2 个黄色腺体，苞片常附着于花被片上；雄花序直径约 6～10mm，花被片 4，不相等，雄蕊 4，退化雌蕊锥形或盾形；雌花序微被毛，花被片顶部厚，基有 2 黄色腺体。果肉质，直径 2～5cm，表面微被毛，成熟时橙红色，核果卵圆形，成熟时褐色，光滑。花期 4—5 月，果期 6—7 月。

产地：大坪溪、童玉。生于灌丛或林下。

分布：我国东南部至西南部，热带亚洲和大洋洲也有分布。

2. 柘树　柘(图 52：C)

Cudrania tricuspidata Bureau ex Lavallée, Énum. Arbres 243. 1877.

落叶灌木或小乔木，高达 8m。树皮灰褐色，小枝无毛，略具棱，有棘刺。叶卵形或菱状卵形，偶为三裂，长 5～14cm，宽 3～6cm，先端渐尖，基部楔形至圆形，侧脉 4～6 对。雌雄异株，雌雄花序均为球形头状花序，单生或成对腋生；雄花序直径0.5cm，雄花有苞片 2 枚，附着于花被片上，花被片 4，肉质，先端肥厚，内卷，内面有黄色腺体 2 个，雄蕊 4，与花被片对生，退化雌蕊锥形；雌花序直径 1～1.5cm，花被片与雄花同数，花被片先端盾形，内卷，内面下部有 2 黄色腺体，子房埋于花被片下部。聚花果近球形，直径约 2.5cm，肉质，成熟时橘红色。花期 5—6 月，果期 6—7 月。

产地：区内海拔 1000m 以下广布。

分布：华北、华东、中南、西南；日本、朝鲜半岛。

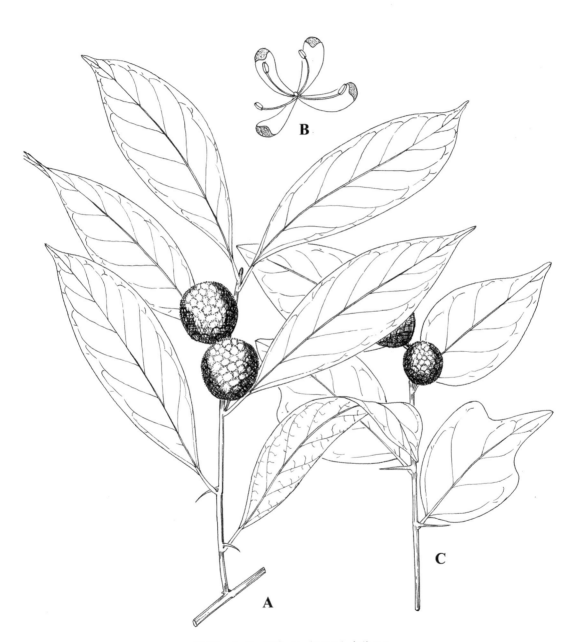

图 52　A,B：构棘；C：柘树（金孝锋绘）

（四）榕属 Ficus L.

乔木或灌木,有时为攀援状,或为附生。具乳液。叶互生,稀对生,全缘或具锯齿或分裂,有或无钟乳体;托叶合生,包围顶芽,早落,遗留环状疤痕。花雌雄同株或异株,生于肉质壶形花序托内壁;雌雄同株的花序托内,有雄花、瘿花和雌花;雌雄异株的花序托内则雄花、瘿花同生于一花序托内,而雌花或不育花则生于另一植株花序托内壁(具有雄花、瘿花或雌花的花序托为隐花果,以下简称榕果);雄花:花被片2～6,雄蕊1～3,稀更多,退化雌蕊缺;雌花:花被片与雄花同数或不完全或缺,子房直生或偏斜,花柱顶生或侧生。榕果腋生或生于老茎,口部苞片覆瓦状排列,基生苞片3。

约1000种,大多分布于热带和亚热带。我国有99种,分布于秦岭以南。浙江14种、6变种。

分种检索表

1. 灌木;落叶 ……………………………………………………………………… 1. 琴叶榕 F. pandurata
1. 攀援植物;常绿。
  2. 叶二型,基出侧脉达叶的1/2;榕果大型;雌花果球形,瘿花果梨形,直径3～5cm …………………
  …………………………………………………………………………… 2. 薜荔 F. pumila
  2. 叶同型,基出侧脉不延长;榕果小,直径不超过2.5cm。
    3. 顶生苞片不突起,基生苞片短;榕果近球形。
      4. 榕果直径7～10mm;叶背面灰白色,幼时被短柔毛,侧脉及网脉甚明显 …………………
      …………………………………………… 3. 爬藤榕 F. sarmentosa var. impressa
      4. 榕果直径1～1.2cm,叶背面网脉略明显,背面网脉明显突起或明显 …………………………
      …………………………………… 3a. 白背爬藤榕 F. sarmentosa var. nipponica
    3. 顶生苞片直立,基生苞片较长;榕果圆锥形 ………… 3b. 珍珠莲 F. sarmentosa var. henryi

1. 琴叶榕

Ficus pandurata Hance in Ann. Sci. Nat. , Bot. , sér. 4, 18: 229. 1862.

Ficus pandurata Hance var. *angustifolia* Cheng; *F. pandurata* Hance var. *linearis* Migo.

小灌木,高1～2m。小枝嫩叶幼时被白色柔毛,后渐变无毛。叶纸质,线状披针形,长4～16cm,先端渐尖,基部圆形至宽楔形,表面无毛,背面叶脉有疏毛和小钟乳体,侧脉8～18对;叶柄疏被糙毛,长3～5mm;托叶披针形,迟落。榕果单生叶腋,鲜红色,椭圆形或球形,直径6～10mm,顶部脐状突起,基生苞片3,卵形,总梗长4～5mm,纤细,雄花有柄,生榕果内壁口部,花被片4,线形,雄蕊3,稀为2,长短不一;瘿花有柄或无柄,花被片3或4,倒披针形至线形,子房近球形,花柱侧生,很短;雌花花被片3或4,椭圆形。花柱侧生,细长。花期6—8月。

产地：保护区管理局附近。生于山坡路边。

分布：我国东南部常见,西至湖北;泰国、越南。

2. 薜荔（图53：A）

Ficus pumila L. , Sp. Pl. 1060. 1753.

常绿攀援或匍匐灌木。叶两型,营养枝节上生不定根,叶卵状心形,长约2.5cm,薄革质,基部稍不对称,尖端渐尖;繁殖枝上无不定根,叶片革质,卵状椭圆形,长 5～10cm,宽 2～3.5cm,先端急尖至钝形,基部圆形至浅心形,全缘,上面无毛,背面被黄褐色柔毛,网脉 3 或 4 对,在表面下陷,背面凸起,网脉甚明显,呈蜂窝状;托叶 2,披针形,被黄褐色丝状毛。榕果单生叶腋,瘿花果梨形,雌花果近球形,长 4～8cm,直径 3～5cm,顶部截平,略具短钝头或为脐状凸起,基部收窄成一短柄,基生苞片宿存,三角状卵形,密被长柔毛,榕果幼时被黄色短柔毛,成熟黄绿色或微红;花序梗粗短;雄花,生榕果内壁口部,多数,排为几行,有柄,花被片 2 或 3,线形,雄蕊 2 枚,花丝短;瘿花具柄,花被片 3 或 4,线形,花柱侧生,短;雌花生另一植株榕果内壁,花柄长,花被片 4 或 5。瘦果近球形,有黏液。花、果期 5—8 月。

产地:区内常见。生于海拔 1000m 以下树上、墙上或岩石上。

分布:陕西、江苏、安徽、浙江、福建、江西、台湾、湖南、广东、广西、贵州、云南、四川。

用途:瘦果水洗可作凉粉;藤叶药用。

3. 爬藤榕(图 53：D,E)

Ficus sarmentosa Buch.-Ham. ex J. E. Sm. var. **impressa** (Champ. ex Benth. & Hook.) Corner in Gard. Bull. Sing. 18：6. 1960.

Basionym：*Ficus impressa* Champ. ex Benth. & Hook. in Kew J. Bot. 6：76. 1854.

常绿藤状匍匐灌木。小枝无毛,干后灰白色,具纵槽。叶排为两列,革质,披针形,长 4～7cm,宽 1～2cm,先端渐尖,基部近圆形,全缘,表面无毛,背面粉绿色,疏被褐色柔毛或无毛,侧脉 6～8 对,背面突起,网脉明显;叶柄长 5～10mm;托叶披针状卵形,薄膜质,长约 8mm。榕果成对腋生或生于落叶枝叶腋,球形,直径 7～10mm,幼时被柔毛,成熟紫黑色,光滑无毛,直径 1.5～2cm,顶部微下陷,基生苞片 3,三角形,长约 3mm,总梗长 5～15mm,榕果内壁散生刚毛,雄花,瘿花同生于一榕果内壁,雌花生于另一植株榕果内;雄花生内壁近口部,具柄,花被片 3 或 4;倒披针形,雄蕊 2 枚,花药有短尖,花丝极短;瘿花具柄,花被片 4,倒卵状匙形,子房椭圆形,花柱短,柱头浅漏斗形;雌花和瘿花相似,具柄,花被片匙形,子房倒卵圆形。瘦果卵状椭圆球形,外被黏液一层。花期 4—5 月,果期 6—7 月。

产地:十八龙潭、横源、直源、道场坪、西坞源、大坪溪、柘林坑、童玉。攀援于岩石或石壁上。

分布:华东、华南、西南常见,北至河南、陕西、甘肃。

3a. 白背爬藤榕(图 53：B)

var. **nipponica** (Franch. & Sav.) Corner in Gard. Bull. Sing. 18：7. 1960.

Basionym：*Ficus nipponica* Franch. & Sav., Enum. Pl. Jap. 1：436. 1875.

木质藤状灌木。当年生小枝浅褐色。叶椭圆状披针形,背面浅黄色或灰黄色。榕果球形,直径 1～1.2cm,顶生苞片脐状突起,基生苞片三角卵形,长约 2～3mm;花序梗长不超过 5mm。

产地:大石门、栈岭湾、十八龙潭。攀援于石上。

分布:浙江、福建、江西、台湾、广东、广西、贵州、四川、云南、西藏。

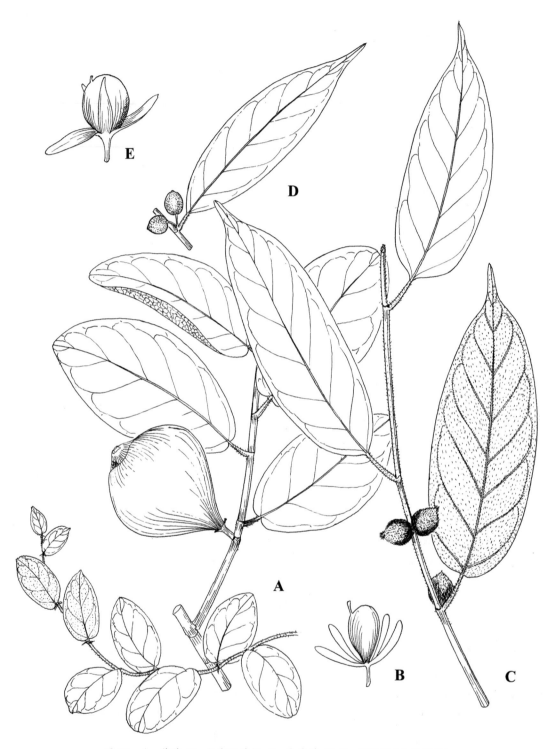

图 53　A：薜荔；B：白背爬藤榕；C：珍珠莲；D，E：爬藤榕(金孝锋绘)

3b. 珍珠莲(图 53：C)

var. **henryi** (King ex Oliv.) Corner in Gard. Bull. Sing. 18：6. 1960.

Basionym：*Ficus foveolata* Wall. var. *henryi* King ex Oliv.，Hooker's Icon. Pl. 19：t. 1824. 1889.

常绿木质藤状灌木。幼枝密被褐色长柔毛,叶革质,卵状椭圆形,长 8~10cm,宽 3~4cm,先端渐尖,基部圆形至楔形,表面无毛,背面密被褐色柔毛或长柔毛,基生侧脉延长,侧脉 5~7 对,小脉网结成蜂窝状;叶柄长 5~10mm,被毛。榕果成对腋生,圆锥形,直径 1~1.5cm,表面密被褐色长柔毛,成长后脱落,顶生苞片直立,长约 3mm,基生苞片卵状披针形,长约 3~6mm。榕果无梗或具短梗。

产地：龙塘山、谢家坞、小石门、大石门、十八龙潭、横源、直源、西坞源、大坪溪、柘林坑、童玉。攀援于树上或岩石上。

分布：陕西、甘肃、浙江、江西、福建、台湾、广西、广东、湖南、湖北、贵州、云南、四川。

一七、荨麻科　Urticaceae

草本、亚灌木或灌木,稀乔木或攀援藤本。通常具螫毛,有时具刺毛。叶互生或对生,单叶;托叶存在,稀缺。钟乳体在叶或有时在茎和花被的表皮细胞内隆起。花极小,单性,稀两性,花被单层,稀 2 层;雌雄花序同株或异株,若同株时常为单性,有时两性,稀具两性花而成杂性,由若干小的团伞花序排成聚伞状、圆锥状、总状、伞房状、穗状、串珠式穗状或头状。雄花：花被片 2~5;雄蕊与花被片同数。雌花：花被片 3~5,花后常增大,宿存;雌蕊 1 心皮,子房 1 室,与花被离生或贴生;花柱单一或无花柱,柱头头状、画笔头状、钻形、丝形、舌状或盾形;胚珠 1,直立。果实为瘦果,有时为肉质核果状,常包被于宿存的花被内。

47 属,约 1300 种,大多分布于热带地区。我国有 25 属,341 种,全国均有分布。浙江有 11 属,34 种,5 变种。本志记载 2 属,3 种、1 变种。

分属检索表

1. 柱头丝形;团伞花序常排成穗状或圆锥状;雌花花被果时干燥 ························ 1. 苎麻属 Boehmeria
1. 柱头盾状,有纤毛;团伞花序排成头状;雌花花被果时为肉质苞片包围 ············· 2. 紫麻属 Oreocnide

（一）苎麻属　**Boehmeria** Jacq.

灌木、小乔木、亚灌木或多年生草本。叶互生或对生,边缘有牙齿,不分裂,稀 2 或 3 裂,表面平滑或粗糙,基出脉 3 条,钟乳体点状;托叶通常分生,脱落。团伞花序生于叶腋,或排列成穗状花序或圆锥花序;苞片膜质,小。雄花：花被片(3)4(~6),镊合状排列,下部常合生,椭圆形;雄蕊与花被片同数;退化雌蕊椭圆球形或倒卵球形。雌花：花被管状,顶端缢缩,有 2~4 个小齿,在果期稍增大,通常无纵肋;子房通常卵球形,包于花被中,柱头丝形,密被柔毛,通常宿存。瘦果常卵球形,包于宿存花被之中,果皮薄,通常无光泽,无柄或有柄,或有翅。

约 65 种,大多分布于热带或亚热带,少数分布于温带地区。我国有 25 种,分布于西南至华东。浙江有 9 种、3 变种。

分种检索表

1. 叶互生,叶片下面密被白色毡毛 ··· 1. 苎麻 B. nivea
1. 叶对生,叶片背面绿色,无白色毡毛。
　　2. 叶片卵状菱形或近菱形,每侧有 3～8 个狭三角形牙齿,先端长尾尖 ·········· 2. 小赤麻 B. spicata
　　2. 叶片披针形至长圆状卵形,边缘有较多粗锯齿,先端渐尖 ·············· 3. 海岛苎麻 B. formosana

1. 苎麻(图 54：A - C)

Boehmeria nivea (L.) Gaudich. in Voy. Uranie Bot. 12：499. 1830.

Basionym：*Urtica nivea* L. , Sp. Pl. 2：985. 1753.

亚灌木或灌木。茎上部与叶柄均密被开展的长硬毛和近开展和贴伏的短糙毛。叶互生;叶片草质,通常圆卵形或宽卵形,少数卵形,长 6～15cm,宽 4～11cm,顶端骤尖,基部近截形或宽楔形,边缘在基部之上有牙齿,上面稍粗糙,疏被短伏毛,下面密被雪白色毡毛;叶柄长2～6cm;托叶分生,钻状披针形。圆锥花序腋生,植株上部的多为雌性,其下的多为雄性;雄团伞花序直径 1～3mm,有少数雄花;雌团伞花序直径 0.5～2mm,有多数密集的雌花。雄花：花被片 4,狭椭圆形;雄蕊 4;退化雌蕊顶端有短柱头。雌花：花被片椭圆形,果期菱状倒披针形;柱头丝形。瘦果近球形,长约 0.6mm,光滑,基部突缩成细柄。花、果期 8—10 月。

产地：区内广布。生于海拔 700m 以下的沟边或路边。

分布：陕西、甘肃、河南、浙江、福建、江西、台湾、湖北、广东、广西、贵州、四川、云南;日本、越南、老挝、柬埔寨、不丹、锡金、印度等。

2. 小赤麻(图 54：D)

Boehmeria spicata (Thunb.) Thunb. in Trans. Linn. Soc. London 2：330. 1794.

Basionym：*Urtica spicata* Thunb. in Murray, Syst. Vey. (14 ed.) 850. 1784.

亚灌木。茎高 40～100cm,常分枝,疏被短伏毛或近无毛。叶对生;叶片薄草质,卵状菱形或卵状宽菱形,长 2～7cm,宽 1.5～5cm,顶端长尾尖,基部宽楔形,边缘每侧在基部之上有 3～8 个大牙齿(上部牙齿常狭三角形),两面疏被短伏毛或近无毛;叶柄长 1～3cm。穗状花序单生叶腋,雌雄异株或同株。雄花：无梗,花被片 4(3),椭圆形,下部合生,外面有稀疏短毛;雄蕊 4(3),花药近圆形;退化雌蕊椭圆球形,长约 0.5mm。雌花：花被近狭椭圆形,果期呈菱状倒卵形或宽菱形,长约 1mm。花、果期 6—8 月。

产地：都林山、鸠甫山、龙塘山、大石门、十八龙潭、大坪溪、千顷塘、童玉、谢家坞、大明山、直源。生于山沟溪边。

分布：东北、华北、华东;日本、朝鲜半岛。

3. 海岛苎麻(图 54：E)

Boehmeria formosana Hayata in J. Coll. Sci. Imp. Univ. Tokyo 30(1)：281. 1911.

亚灌木。茎高达 1.5m,通常不分枝,幼茎明显四棱形,具白色短伏毛。叶对生或近对

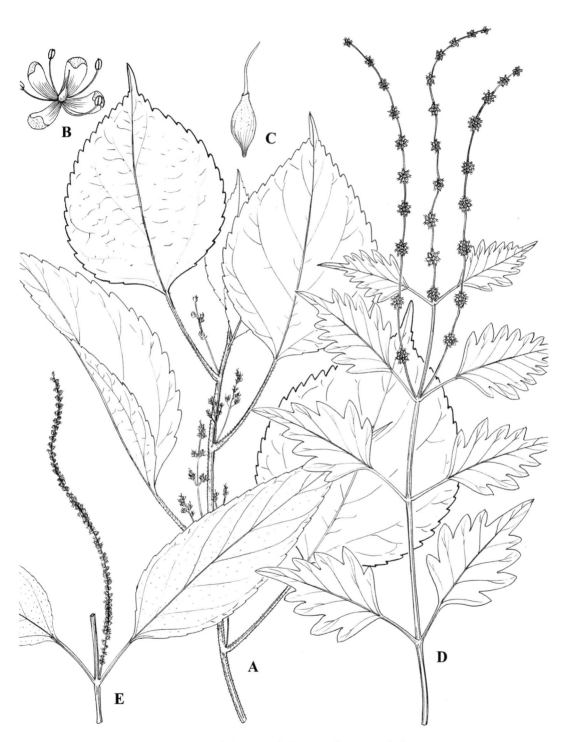

图 54　A-C：苎麻；D：小赤麻；E：海岛苎麻（金孝锋绘）

生,纸质,长圆状卵形、长圆形或披针形,长 8～16cm,宽 4～8cm,顶端常渐尖,基部钝或圆形,边缘具粗锯齿,两面疏被短伏毛或近无毛,基脉 3 出;叶柄长 0.5～6cm;托叶披针形。雌雄同株;团伞花序排成稀疏的穗状或分枝呈圆锥状;雄花序生枝下部叶腋,纤细,长 6～12cm,雄花花被片 4,卵形,雄蕊 4;雌花序生枝上部叶腋,长 3.5～9cm,雌花花被片卵形,长约 1mm。瘦果倒卵球形。花、果期 8—9 月。

　　产地：十八龙潭、大石门、谢家坞、大明山、直源、横源。生于溪边或路边草丛。

　　分布：安徽南部、浙江、福建、江西、台湾、湖南、广东、广西;日本。

(二) 紫麻属　Oreocnide Miq.

　　灌木或小乔木。叶互生,基出 3 脉或羽状脉,钟乳体点状;托叶干膜质,早落。花单性,雌雄异株;排成头状的团伞花序,腋生或侧生。雄花:花被片 3 或 4,镊合状排列;雄蕊 3 或 4;退化雌蕊多少被绵毛。雌花:花被片合生成管状,稍肉质,贴生于子房,在口部紧缩;柱头盘状或盾状,在边缘有多数长毛,以后渐脱落。瘦果的内果皮多少骨质,外果皮与花被贴生,多少肉质,花托肉质透明,盘状至壳斗状,在果时常增大,位于果的基部或包被着果的大部分。

　　约 18 种,大多分布于东亚和东南亚。我国有 10 种,分布于西南至华东。浙江有 1 种。

1. 紫麻(图 55)

Oreocnide frutescens(Thunb.) Miq. in Ann. Mus. Bot. Lugduno-Batavi 3：131. 1867.

Basionym：*Urtica frutescens* Thunb. in Murray, Syst. Vey.(14 ed.) 851. 1784.

　　灌木,高 1～2m。小枝褐紫色,上部常有粗毛或近贴生的柔毛,以后渐脱落。叶常生于枝的上部;叶片草质,卵形、狭卵形、稀倒卵形,长 3～15cm,宽 1～5cm,先端渐尖或尾状渐尖,基部圆形,稀宽楔形,边缘有锯齿或粗牙齿,上面常疏生糙伏毛,下面常被灰白色毡毛,或柔毛或短伏毛,以后渐脱落,基出脉 3;叶柄长 1～7cm,被粗毛;托叶钻形,早落。花单性,雌雄异株;花序生于老枝上,几无梗,呈簇生状。雄花被片 3,在下部合生,长圆状卵形,雄蕊 3,退化雌蕊棒状。雌花被管状,柱头盾形。瘦果卵球状,两侧稍压扁;宿存花被疏被微毛,内果皮稍骨质,肉质花托浅盘状,围住果的基部,熟时白色,常增大呈壳斗状,包围着果的大部分。花期 3—5 月,果期 6—10 月。

　　产地：龙塘寺、大石门、栈岭湾、大坪溪、谢家坞。生于路边或山坡林缘。

　　分布：华东、华南至西南;日本、越南、泰国、老挝、缅甸、柬埔寨。

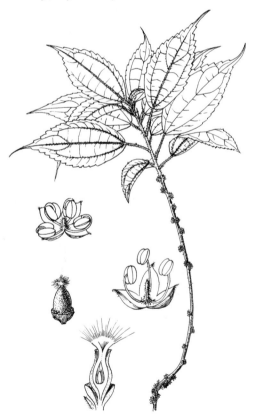

图 55　紫麻(引自《中国植物志》)

一八、铁青树科 Olacaceae

常绿或落叶乔木、灌木或藤本。单叶、互生,全缘;羽状脉,稀 3 或 5 出脉;无托叶。花小,辐射对称,排成总状、穗状、圆锥状、头状或伞形状的聚伞花序或二歧聚伞花序,稀花单生;花萼筒小,杯状或碟状,顶端具 4 或 5 枚小裂齿,稀 3 或 6 枚,或顶端截平,下部无副萼或有副萼;花瓣 4 或 5,稀 3 或 6,离生或部分花瓣合生或合生成花冠管;花盘环状;雄蕊为花瓣数的 2 或 3 倍,或与花瓣同数并与其对生,花丝长或短,稀合生成单体雄蕊,花药 2 室,纵裂,稀孔裂,背着,有时部分雄蕊退化;子房上位或半下位,1～5 室,每室具倒生或直生胚珠 1～4枚;中轴胎座、特立中央胎座或顶生胎座,胚珠悬垂于胎座或子房室顶端;花柱单一,顶端不裂或具 2～5 裂。核果或坚果。

约 26 属,250 余种,分布于热带至暖温带。我国有 5 属,10 种,主产于西南至华南。浙江有 1 属,1 种。本志记载 1 属,1 种。

(一)青皮木属 Schoepfia Schreb.

小乔木或灌木。叶互生,叶脉羽状。聚伞花序,稀花单生;花萼筒与子房贴生,结实时增大,顶端有 4～6 枚小萼齿或截平;副萼小,杯状,上端有 2 或 3 枚小裂齿,结实时不增大或无副萼而花基部有膨大的"基座";花冠管状,冠檐具 4～6 枚裂片,雄蕊与花冠裂片同数,着生于花冠管上,且与花冠裂片对生,花丝极短,不明显,花药小,2 室,纵裂,子房半下位,半埋在肉质隆起的花盘中,下部 3 室,上部 1 室,每室具胚珠 1 枚,自特立中央胎座顶端向下悬垂,柱头 3 浅裂。坚果,成熟时几全部被增大成壶状的花萼筒所包围。

约 30 种,分布热带、亚热带地区。我国有 1 种,分布于长江以南。浙江有 1 种。

1. 青皮木(图 56)

Schoepfia jasminodora Siebold & Zucc. in Abh. Akad. Wiss. Muench. 4(3):135. 1846.

落叶小乔木或灌木,高达 14m。树皮灰褐色;具短枝,新枝自去年生短枝上抽出,嫩时红色,老枝灰褐色。叶片纸质,卵形或长卵形,长 3～10cm,宽 2～5cm,顶端近尾状或长尖,基部圆形,稀微凹或宽楔形,上面绿色,背面淡绿色,侧脉每边 4 或 5条,略呈红色;叶柄长 2～3mm,红色。花无梗,2～9 朵排成聚伞花序,花序长 2～6cm,花序梗长 1～3cm,红色;花萼筒杯状,上端有 4 或 5 枚小萼齿;花冠钟形或宽钟形,浅黄绿色,长 5～7mm,宽 3～4mm,先端具 4

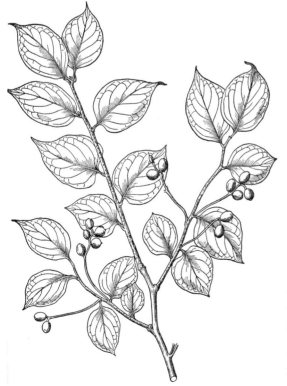

图 56 青皮木(引自《浙江天目山药用植物志》)

或 5 枚小裂齿,裂齿长三角形,外卷,雄蕊着生在花冠管上,花冠内面着生雄蕊处的下部各有一束短毛;子房半埋在花盘中,下部 3 室,上部 1 室,每室具 1 枚胚珠,柱头微伸出花冠管外。果椭圆球状或长圆球形,长1~1.2cm,直径 5~8cm,成熟时几全部为增大成壶状的花萼筒所包围,增大的花萼筒外部紫红色,基部为略膨大的"基座"所承托。花期 3—5 月,果期 4—6 月。

　　产地:龙塘寺、道场坪、西坞源、大坪溪、大源塘、千顷塘、童玉、直源、横源等。零星生于山坡林中或林缘。

　　分布:长江以南地区;日本、泰国。

一九、领春木科　Eupteleaceae

　　落叶灌木或小乔木。枝有长枝、短枝之分,具散生椭圆形皮孔,基部有多数环状芽鳞痕;无顶芽,芽具多数芽鳞,为扩展成鞘状的叶柄基部所包。单叶,互生,边缘有锯齿,羽状脉,有较长的叶柄;无托叶。花先叶开放,小,两性,6~12 朵,各单生在苞片腋部;有梗;无花被;雄蕊多数,1 轮,花丝线形,微扁,花药 2 室纵裂,裂后扭转,药隔凸出;离心皮雌蕊多数,有柄,排成一轮,着生于一扁平花托上,子房扁平 1 室,有 1~3(4)个倒生胚珠。聚合翅果,小果周围有翅,顶端圆,在其上缘具 1 深缺刻,下端渐细成显明的子房柄;具果梗,宿存至次年夏季始落。种子小,扁平,椭圆形,有胚乳,胚富含油分。

　　仅 1 属,自印度经我国分布至日本。我国有 1 种。浙江及本区也产。

(一) 领春木属　**Euptelea** Siebold & Zucc.

　　特征同科。2 种,1 种产我国及印度,另 1 种产日本。

1. 领春木(图 57)

Euptelea pleiosperma Hook. f. & Thomson in J. Proc. Linn. Soc., Bot. 7: 243. 1864.

Euptelea pleiosperma Hook. f. & Thomson f. *franchetii* (Tiegh.) P. C. Kuo.

　　落叶灌木或小乔木,高 2~15m。树皮紫黑色或灰色;芽卵形,芽鳞深褐色,有光泽。叶片纸质,卵形或近圆形,稀椭圆状卵形或椭圆状披针形,长 5~15cm,宽 3~9cm,先端急尖或尾尖,基部楔形或宽楔形,边缘疏生细尖锯齿,下部或近基部全缘,幼叶锯齿先端有红色腺体,上面无毛,下面无毛或在叶缘及脉上有白色毛,侧脉 6~11对;叶柄长 2~5cm,有柔毛,后脱落。花单

图 57　领春木(引自《中国植物志》)

生于苞腋,6～10 朵集生,早春先叶开放,花梗长 7～12mm,顶端微扁;苞片条形或匙形,长1～1.3cm,宽 1～4mm,早落;花两性;无花被;花托扁平;雄蕊6～18,排列在外轮,花丝长3～6mm,纤细,花药长 6～8mm,红色,药隔附属物尖,长 1～1.5mm;心皮 6～18,稀更多,1 轮,子房扁平,歪斜,长 1～2mm,宽约 2mm,无毛,绿色,稍带红色,柱头白色,子房柄长 3mm,纤细,每子房具 1(1～4)胚珠。翅果长 5～10mm,宽 3～5mm,棕色;果梗长8～10mm。种子卵球形,长1.5～2.5mm,黑色。花期 4 月,果期 7—8 月。

产地:十八龙潭。生于溪边杂木林中。

分布:山西、陕西、甘肃、河北、河南、安徽、浙江、湖北、四川、贵州、云南、西藏;印度。

二〇、连香树科　Cercidiphyllaceae

落叶乔木。枝有长枝、短枝之分。叶对生或近对生,叶片纸质,边缘有钝锯齿,具掌状脉;托叶早落。花单性,雌雄异株,先叶开放;每花有 1 苞片;无花被;雄花丛生,近无梗,雄蕊8～13,花丝细长,花药条形,红色,药隔延长成附属物;雌花 4～8 朵,具短梗;心皮 4～8,离生,花柱红紫色,每心皮有数枚胚珠。蓇葖果 2～4 个,有几粒种子,具宿存花柱及短果梗;种子扁平,一端或两端有翅。

仅 1 属,分布于我国和日本。我国产 1 种,分布于华东、华中至西南。浙江及本区均产。

(一) 连香树属　**Cercidiphyllum** Siebold & Zucc.

落叶乔木。树干单一或数个;枝有长枝、短枝之分,长枝具稀疏对生或近对生叶,短枝有重叠环状芽鳞片痕,有 1 个叶及花序;芽生短枝叶腋,卵形,有 2 鳞片。叶纸质,边缘有钝锯齿,具掌状脉;有叶柄,托叶早落。花单性,雌雄异株,先叶开放;每花有 1 苞片;无花被;雄花丛生,近无梗,雄蕊 8～13,花丝细长,花药条形,红色,药隔延长成附属物;雌花 4～8 朵,具短梗;心皮 4～8,离生,花柱红紫色,每心皮有数胚珠。蓇葖果 2～4 个,有几粒种子,具宿存花柱及短果梗;种子扁平,一端或两端有翅。

共 2 种,1 种产我国及日本,另 1 种产日本。浙江有 1 种。

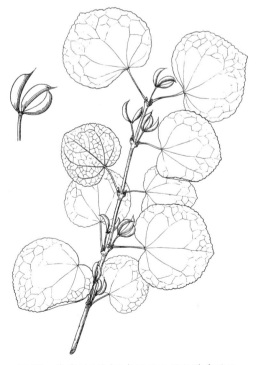

1. 连香树(图 58)

Cercidiphyllum japonicum Siebold & Zucc. in Abh. Math.-Phys. Cl. Königl. Bayer. Akad. Wiss. 4(3):238. 1846.

落叶大乔木,高达 20m。树皮灰色或棕灰色;小枝无毛,有长短枝。叶片近圆形、宽卵形或心形、椭圆形、三角形,长 4～7cm,宽 3.5～6cm,

图 58　连香树(引自《中国种子植物特有属》)

先端圆钝或急尖,基部心形或截形,边缘有圆钝锯齿,先端具腺体,两面无毛,下面灰绿色,掌状脉 7 条直达边缘;叶柄光滑无毛。雄花常 4 朵丛生,近无梗;苞片在花期红色,膜质,卵形;雌花 2~6(~8)朵,丛生。蓇葖果 2~4 个,荚果状,长 10~18mm,宽 2~3mm,微弯曲,先端渐细,花柱宿存;种子扁平四角形,长 2~2.5mm(不连翅),褐色,先端有透明翅。花期 4 月,果期 8 月。

产地: 十八龙潭、牛栏坪、东岙头。生于林下溪沟边。

分布: 陕西、甘肃、山西、河南、安徽、浙江、江西、湖北、四川;日本。

用途: 珍稀树种,叶形、树姿优美,可供观赏。

二一、毛茛科　Ranunculaceae

多为草本,少木质藤本或灌木。叶互生、对生或基生,单叶或复叶,常无托叶;叶柄基部有时扩大成鞘状。花两性或单性,同株或异株,常辐射对称,单生或组成聚伞、总状或圆锥花序;萼片 5,或多或少,绿色或花瓣状,或特化成分泌器官,有时早落;花瓣常 5,或它数,或无花瓣,常有分泌组织(或蜜腺),或特化成分泌器官;雄蕊多数,稀少数,螺旋状排列,花药 2 室,纵裂,或为退化雄蕊;心皮常多数,少数或 1 枚,离生或合生,在凸起的花托上螺旋状排列或轮生,胚珠 1 至多数,倒生,柱头生于花柱的腹面或不明显。蓇葖果、瘦果,少为蒴果或浆果,常具宿存花柱。种子胚小、胚乳丰富。

约 61 属,2530 余种,世界广布,主要分布于北温带和寒温带。我国有 39 属,约 936 种,全国广布,大多数种类分布于西南山地。浙江有 18 属,64 种、16 变种。本志记载 2 属,13 种、4 变种。

本科植物许多是著名的药用植物、有毒植物或观赏植物。

分属检索表

1. 叶互生;双被花,较大,子房具数颗胚珠;蓇葖果 ……………………………………… 1. 芍药属 Paeonia
1. 叶对生或与花簇生;单被花,较小,子房具 1 颗胚珠;瘦果 ……………………………… 2. 铁线莲属 Clematis

(一) 芍药属　Paeonia L.

多年生草本或灌木。块根圆柱形或纺锤形。叶互生,通常二回三出复叶。花 1 至数朵生于枝顶或叶腋,大型;苞片 2~6,披针形,叶状,宿存;萼片 3~5,宽卵形;花瓣 5~13(或栽培为重瓣),倒卵形;雄蕊多数,离心发育,花丝狭线形,花药黄色,纵裂;心皮 2 或 3 或更多,离生,被革质或肉质花盘包裹或半包裹,向上渐收缩成极短的花柱,柱头扁平,向外反卷,胚珠多数。蓇葖果,果皮革质,成熟时沿腹缝线开裂。种子光滑,种皮厚。

约 31 种,分布于欧亚大陆温带地区。我国有 16 种,主要分布在西南、西北地区,少数种类分布在东北、华北和长江流域。浙江有 3 种、1 变种。

有时本属单立芍药科 Paeoniaceae,置于毛茛科之后。

1. 牡丹(图 59)

Paeonia suffruticosa Andrews in Bot. Repos. 5:t. 373. 1804.

落叶灌木。分枝多而粗壮。茎皮灰黑色。二回三出复叶,偶近枝顶叶为 3 小叶;顶生小叶片宽卵形,3裂至中部,裂片2或3浅裂或不裂,上面绿色,下面淡绿,近无毛或沿中脉疏生短柔毛,小叶柄长1.2～3cm;侧生小叶片狭卵形或斜卵形,2或3浅裂,或不裂,近无柄;叶柄长5～11cm。花单生枝顶,直径10～20cm,花梗长4～6cm;苞片5,长椭圆形,大小不等;萼片5,绿色,宽卵形,大小不等;花瓣5,或为重瓣,白、红紫或粉红色等,倒卵形,先端呈不规则波状;雄蕊多数,花丝紫红色,花药长圆形;花盘杯状,革质,紫红色,顶端有数个锐齿或裂片,完全包心皮,在心皮成熟时开裂;心皮5,密生柔毛。蓇葖果长圆形,密生黄褐色硬毛。花期4—5月,果期6—9月。

产地:区内村落偶见栽培。

分布:原产秦岭和大巴山区,品种较多,全国各地广为栽培。

用途:观赏名花,供园林配植、盆栽或切花;也可食用或浸酒;根皮入药名"丹皮",为镇痉药。

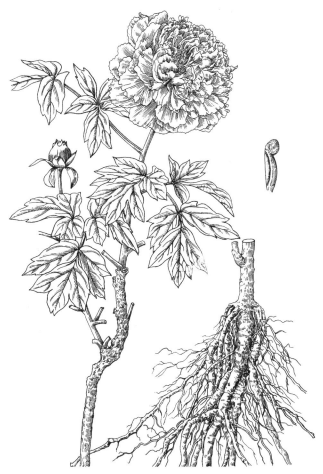

图59　牡丹(引自《浙江天目山药用植物志》)

(二) 铁线莲属　Clematis L.

多年生草质或木质藤本,稀草本或直立灌木。叶对生或与花簇生,偶尔下部叶互生,一或二回三出复叶至羽状复叶,稀单叶;叶片或小叶片全缘、有锯齿、牙齿或分裂;叶柄存在,有时基部扩大而连合。花两性,稀单性,排成聚伞或圆锥花序,或1至数朵与叶簇生,少数单生;萼片花瓣状,4 或更多,直立成钟状、管状或开展,常镶合状排列,外侧常有柔毛,边缘有绒毛;花瓣缺;雄蕊多数,药隔不突出或延伸,退化雄蕊有时存在;心皮多数,具 1 枚下垂胚珠。瘦果多数,聚成头状,宿存花柱伸长呈羽毛状或不伸长而呈喙状。

　　约 300 种,分布于热带、亚热带及寒带地区。我国约 147 种,各省、区均有分布,西南地区为多。浙江有 27 种、4 变种。

　　本属植物含有毛茛苷及三萜皂苷,有些种类还含有香豆精与黄酮化合物;不少种类可药用,有的可制土农药;有的花大而美丽,可供观赏。

分种检索表

1. 亚灌木;花萼蓝紫色,下部呈管状 ………………………………… 1. 狭卷萼铁线莲 C. tubulosa var. ichangensis
1. 攀援木质藤本;花萼白色、淡黄色、淡红色、淡紫色或紫红色,下部呈钟状。
　　2. 单叶,边缘具刺头状浅齿;常单花腋生 …………………………………………… 2. 单叶铁线莲 C. henryi
　　2. 复叶,或基部兼具全缘单叶。
　　　　3. 小叶片全缘。
　　　　　　4. 三出复叶,枝叶无毛;花常单生叶腋,花萼 4～6 ………………… 3. 山木通 C. finetiana
　　　　　　4. 一回羽状或二回三出复叶。
　　　　　　　　5. 小叶柄具关节;枝叶无毛 ………………………………… 4. 柱果铁线莲 C. uncinata
　　　　　　　　5. 小叶柄不具关节。
　　　　　　　　　　6. 一回羽状复叶;萼片 4。
　　　　　　　　　　　　7. 茎叶干后常变黑色 ……………………………… 5. 威灵仙 C. chinensis
　　　　　　　　　　　　7. 茎叶干后不变黑色 ……………………………… 6. 圆锥铁线莲 C. terniflora
　　　　　　　　　　6. 二回三出复叶或羽状复叶;萼片 6 ………………… 7. 大花威灵仙 C. courtoisii
　　　　3. 小叶片具锯齿,或偶兼具全缘小叶。
　　　　　　8. 三出复叶。
　　　　　　　　9. 叶常簇生于具多数芽鳞的短枝上,叶缘常具缺刻状锯齿;花 1～5 朵与叶簇生 …………
　　　　　　　　………………………………………………………………… 8. 绣球藤 C. montana
　　　　　　　　9. 叶不如上述呈簇生状。
　　　　　　　　　　10. 枝、叶、花序梗、花梗无毛;叶片上部边缘具不等浅锯齿;聚伞花序 1～3 花 ………
　　　　　　　　　　………………………………………………………… 9. 华中铁线莲 C. pseudootophora
　　　　　　　　　　10. 枝、叶、花序梗、花梗密生伏短柔毛;叶片边缘具缺刻状粗齿;圆锥状聚伞花序多花。
　　　　　　　　　　　　11. 小叶片较小,长 2.5～8cm,宽 1.5～7cm,下面疏生短柔毛或仅沿叶脉较密 ……
　　　　　　　　　　　　………………………………………………………… 10. 女萎 C. apiifolia
　　　　　　　　　　　　11. 小叶片较大,长 5～13cm,宽 3～9cm,下面密生短柔毛 …………………
　　　　　　　　　　　　………………………………………… 10a. 钝齿铁线莲 C. apiifolia var. argentilucida
　　　　　　8. 一回羽状复叶,或一或二回三出复叶。
　　　　　　　　12. 叶柄基部膨大隆起;萼片两面光滑无毛 ……………… 11. 毛蕊铁线莲 C. lasiandra
　　　　　　　　12. 叶柄基部不膨大隆起。
　　　　　　　　　　13. 小叶 5～21,一或二回羽状复叶或二回三出复叶;子房、瘦果常有毛 …………………
　　　　　　　　　　……………………………………………… 12. 毛果扬子铁线莲 C. puberula var. tenuisepala
　　　　　　　　　　13. 小叶 3 或 5,一回羽状复叶。
　　　　　　　　　　　　14. 小枝疏被短柔毛;小叶片边缘疏生 1 至数枚小牙齿,有时全缘 ………………
　　　　　　　　　　　　…………………………………………… 13. 毛果铁线莲 C. peterae var. trichocarpa

1. 狭卷萼铁线莲　草牡丹(图 60：A－C)

Clematis tubulosa Turcz. var. **ichangensis**（Rehder ＆E. H. Wilson）W. T. Wang in Acta Phytotax. Sin. 44：335. 2006.

Basionym：*Clematis heracleifolia* DC. var. *ichangensis* Rehder ＆ E. H. Wilson in Sargent, Pl. Wilson. 1：321. 1913.

Clematis heracleifolia auct. non DC：Z. H. Lin in J. Q. Wang, Fl. Zhejiang 2：283. 1992.

亚灌木，高约 1m。根木质化，粗大，棕黄色。茎粗壮，有纵棱，密被白色绒毛，稀近无毛。三出复叶，对生；小叶片厚纸质，宽卵形，长 6～10cm，宽 3～8cm，先端急尖，基部圆形，边缘具粗锯齿，上面无毛，下面有曲柔毛，脉上尤多，叶脉在下面显著凸起；顶生小叶具柄，侧生小叶近无柄；叶柄长 4～10cm，粗壮。聚伞花序顶生或腋生；花梗粗壮，被毛；每花下有 1 线状披针形的苞片；花杂性，雄花与两性花异株，直径 2～3cm；花萼下半部呈管状，顶端常反卷，萼片 4，蓝紫色，长椭圆形，常在反卷部增宽，内面无毛，外面被白色短柔毛，边缘密生白色绒毛；雄蕊长约 1cm，花丝线形，花药线形与花丝等长；心皮被白色绢状毛。瘦果卵圆形，两面凸起，红棕色，被短柔毛，具宿存花柱。花、果期 8—10 月。

产地：大源塘、千顷塘。生于海拔 600m 以上的山坡、沟谷、林缘灌丛。

分布：陕西、山西、内蒙古、辽宁、吉林、河北、河南、山东、江苏、安徽、浙江、湖北、湖南、贵州；朝鲜半岛。

用途：供观赏。

2. 单叶铁线莲　雪里开(图 60：D，E)

Clematis henryi Oliv., Hooker's Icon. Pl. 19(3)：t. 1819. 1889.

常绿攀援木质藤本。根细长，下部膨大成纺锤形。茎具纵棱，疏生短柔毛。单叶对生；叶片狭卵形，长 7～12cm，宽 2～7cm，先端渐尖，基部浅心形，边缘具刺尖头状浅齿，两面疏生短伏毛，具 3～5 条基出脉，网脉明显；叶柄长 2～6cm，扭曲，幼时被毛。聚伞花序腋生，具 1 花，稀 2～5 花；花序梗与叶柄近等长，下部有 2～4 对交互对生的线状苞片；花钟状，直径 2～2.5cm；萼片 4，白色或淡黄色，长卵形，长 1～2cm，宽 0.4～1.2cm，先端急尖，外面上部疏生紧贴的绒毛，内面无毛，边缘具白色绒毛；雄蕊长达 1.2cm，花丝线形，密生长柔毛；子房被短柔毛，花柱羽状。瘦果扁，狭卵形，长约 3mm，被短柔毛，宿存花柱长达 3.5～4.5cm。花期 11 月至翌年 1 月，果期 3—5 月。

产地：十八龙潭、千顷塘、顺溪。生于海拔 400m 以上的山坡林缘、路边灌丛或沟谷石缝中。

分布：河南、江苏、安徽、浙江、江西、福建、台湾、湖北、湖南、广东、广西、四川、贵州、云南。

用途：根、茎叶入药，具清热解毒、抗菌消炎、活血消肿、行气活血之功效。

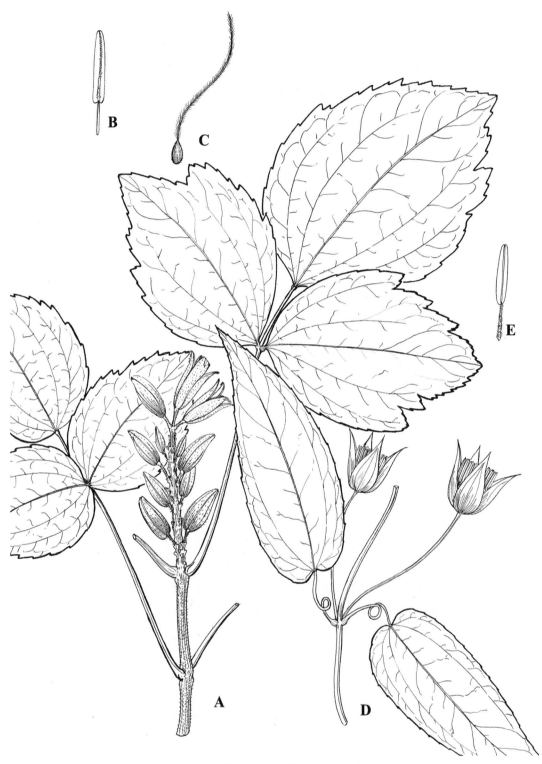

图 60　A - C：狭卷萼铁线莲；D,E：单叶铁线莲（金孝锋绘）

3. 山木通　大叶光板力刚（图 61：A、B）

Clematis finetiana H. Lév. & Vaniot in Bull. Soc. Bot. France 51：219. 1904.

半常绿木质藤本。全体无毛；茎圆柱形，有纵棱。三出复叶对生，下部有时为单叶；小叶片革质，卵状披针形至卵形，长 3～9cm，宽 1.5～3.5cm，先端急尖至渐尖，基部圆形，全缘，叶脉两面凸起，网脉明显，叶柄长 5～6cm。花常单生，或为聚伞花序、总状聚伞花序，腋生或顶生，有花 1～7，少数 7 朵以上而成圆锥状聚伞花序，比叶长或近等长；在叶腋分枝处有多数长三角形至三角形宿存芽鳞，长 5～8mm；花序梗长 3～7cm；苞片小，钻形，先端 3 裂，花梗长 2.5～5cm；萼片 4 或 5，开展，白色，狭椭圆形，长 1.5～2cm，外面边缘密生短绒毛；雄蕊无毛，长约 1cm，药隔明显。瘦果镰刀状狭卵形，长约 5mm，有柔毛，宿存花柱长达 1.5～3cm，有黄褐色长柔毛。花期 4—6 月，果期 7—11 月。

产地：大源塘、千顷塘。生于海拔 315～1200m 向阳低山沟谷林下、荒坡灌丛及山岗空旷地。

分布：河南、江苏、安徽、浙江、江西、福建、湖北、湖南、广东、广西、四川、贵州、云南。

用途：全株入药，茎通窍、治小便不利；叶治关节肿痛；花可治扁桃体炎、咽喉炎。

4. 柱果铁线莲　小叶光板力刚（图 61：C、D）

Clematis uncinata Champ. ex Benth. in Hooker's J. Bot. Kew Gard. Misc. 3：255. 1851.

常绿木质藤本。干时常变褐黑色；植株除花柱有羽状毛及萼片外面边缘具短柔毛外，其余光滑无毛；茎圆柱形，有纵棱。叶对生；一或二回羽状复叶，小叶 5～15，基部 2 对常为 2 或 3 小叶，茎基部为单叶或 3 出复叶，叶片纸质，宽卵形至卵状披针形，长 3～13cm，宽 1.5～7cm，先端急尖至渐尖，基部宽楔形或圆形，有时浅心形，全缘，上面亮绿，下面略被白粉，两面网脉突出；小叶柄中上部具关节。圆锥状聚伞花序腋生或顶生，多花，常长过叶；萼片 4，白色，开展，干时变褐色至黑褐色，线状披针形，长 1～1.2cm，先端急尖，仅在外面边缘被短绒毛；花瓣无；雄蕊无毛。瘦果圆柱状钻形，干后变黑，长约 6mm，宿存花柱长 1～2cm。花、果期 6—9 月。

产地：千顷塘、大明山。生于海拔 300～1500m 的旷野、山地、山谷、溪边的灌丛或林缘，或石灰岩灌丛中。

分布：陕西、甘肃、河南、江苏、安徽、浙江、江西、福建、台湾、湖南、湖北、广东、广西、四川、重庆、贵州、云南及沿海岛屿；越南。

用途：全草入药，根能祛风除湿、通经络、镇痛；叶外用止血，治角膜炎、关节痛；茎可作利尿药。

5. 威灵仙　铁脚威灵仙

Clematis chinensis Osbeck, Dagb. Ostind. Resa. 205，242.1757.

半常绿木质攀援藤本。全株暗绿色，干后变黑色。根丛生，须状，咀嚼有辣味。一回羽状复叶，对生，小叶 5(3～7)，偶尔茎部 1 对至第 2 对 2 或 3 裂至 2 或 3 小叶，叶片纸质，卵形至卵状三角形，长 1.2～8cm，宽 1.5～4.5cm，先端急尖或渐尖，基部圆形或宽楔形，全缘，两

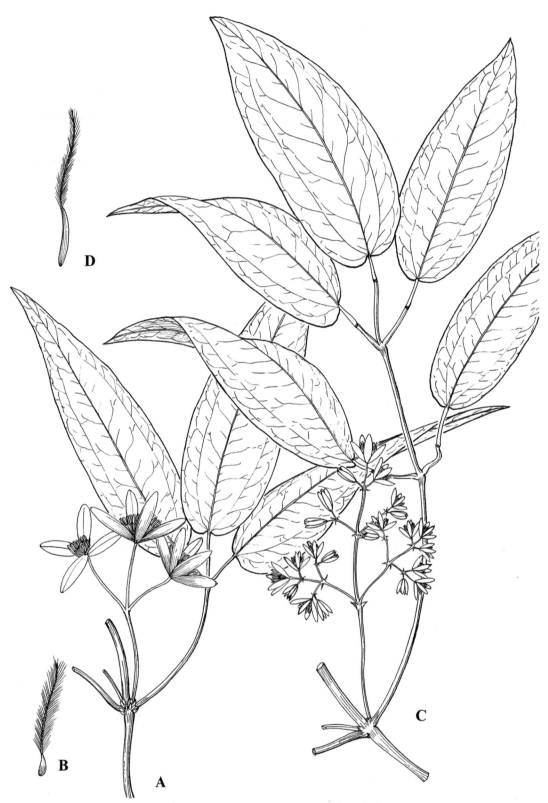

图 61 A,B：山木通；C,D：柱果铁线莲(金孝锋绘)

面近无毛或疏生短柔毛,两面网脉不明显,叶轴上部与小叶柄扭曲。花序圆锥状,腋生或顶生,多花;花直径 1～1.4cm;萼片 4 或 5,开展,白色,长圆形或长圆状倒卵形,长 0.5～1cm,先端常凸尖,外面边缘密生绒毛或中间有短柔毛;花瓣无;雄蕊无毛;心皮多数,花柱细长,具长毛。瘦果扁,3～7 个,卵形至宽椭圆形,长 5～7mm,疏生短柔毛,宿存花柱长 1.8～5cm。花期 6—9 月,果期 8—11 月。

产地:大源塘、千顷塘。生于海拔 200～600m 低山阔叶林缘、山谷溪边灌丛。

分布:陕西、河南、江苏、安徽、浙江、江西、福建、台湾、湖北、湖南、广东、香港、海南、广西、四川、贵州、云南;日本、越南。

用途:全草入药,祛风湿、消瘀肿、通经络;也可作土农药防治造桥虫、菜青虫、地老虎;具小毒。

6. 圆锥铁线莲　铜威灵(图 62:A－C)

Clematis terniflora DC. in Syst. Nat. 1:137. 1817.

木质藤本。须根浅黄褐色,略带辣味。茎具纵棱,干后浅褐色。一回羽状复叶,对生,小叶 5(3 或 7),基部 1 对 2 或 3 裂至 2 或 3 小叶;小叶片厚纸质,狭卵形至宽卵形,长 2.5～8cm,宽 1～6cm,先端钝或急尖,基部圆形,全缘,两面或沿叶脉疏生短柔毛,叶脉 3 基出,下面网脉凸出;小叶柄卷曲,长约 1.1～3cm。圆锥状聚伞花序腋生或顶生,多花,稍比叶短;花序梗、花梗被短柔毛,下面具有柄的叶状苞片;苞片小,披针形;花径 1.5～3cm;萼片 4,展开,白色,狭倒卵形,先端急尖或钝,长 0.8～1.5cm,宽 4mm,外面有短柔毛,边缘密生绒毛,雄蕊无毛,花丝与花药等长或稍长。瘦果橙黄色,倒卵形,扁平,边缘凸起,有紧贴的柔毛,宿存花柱长 3.6cm。花期 5—6 月,果期 8—9 月。

产地:大源塘、千顷塘。生于海拔 1000m 以下的山地、丘陵林缘或路边草丛中。

分布:陕西、河南、江苏、安徽、浙江、江西、湖北、湖南;朝鲜、日本。

用途:根入药,具凉血、降火、消肿、解毒、通经络、利关节等功效;本品有毒。

7. 大花威灵仙(图 63:D－F)

Clematis courtoisii Hand.-Mazz. in Acta Hort. Gotob. 13:200. 1939.

攀援木质藤本。茎圆柱形,棕红色或深棕色。三出复叶至二回三出复叶;小叶长圆形,长约 4～8cm,宽 2～3cm,先端渐尖或长尖,基部阔楔形,全缘,有时 2 或 3 裂,有时有缺刻状锯齿,叶脉两面显著凸起;叶柄长 6～10cm,基部略膨大。聚伞花序 1 花,腋生;花序梗和花梗长 12～20cm,被贴伏的柔毛,花序梗顶端着生一对叶状苞片;苞片较叶片宽,边缘有时 2 或 3 裂,无柄;花大,直径 5～8cm;萼片 6,白色,倒卵状披针形,长 3.5～4.5cm,宽 1.5～2.5cm,先端急尖;雄蕊暗紫色,长 1.5cm,花药线形,长 5mm,花丝无毛;子房及花柱被贴伏长柔毛,花柱上部被浅柔毛,柱头膨大。瘦果倒卵形,疏被柔毛,宿存花柱长 1.5～3cm,被黄色柔毛。花期 5—6 月,果期 7—8 月。

产地:保护区管理局、清凉峰镇(株柳村)。生于海拔 200～900m 的山坡、山谷、溪边、路旁的阔叶林。

分布:河南、江苏、安徽、浙江、湖南。

用途:全草入药,能清热解毒、祛瘀镇咳、利尿消肿;花大,供观赏。

图 62   A－C：圆锥铁线莲；D，E：绣球藤（金孝锋绘）

图 63　A-C：女萎；D-F：大花威灵仙；G，H：毛果扬子铁线莲（金孝锋绘）

8. 绣球藤(图 62：D,E)

Clematis montana Buch.-Ham. ex DC. in Syst. Nat. 1：164. 1817.

木质藤本。茎圆柱形,有纵棱。小枝有短柔毛,老时外皮剥落。芽生于叶痕腋部,自芽同时生出数叶和 2～5 花。叶通常着生在有多数宿存芽鳞的短枝上成簇生状,或对生,三出复叶,小叶片卵形、宽卵形至椭圆形,长 3～7cm,宽 1.5cm,先端急尖,3 浅裂或不明显,边缘具缺刻状锯齿,两面疏生短柔毛,有时下面较密;叶柄长 5～6cm。花 2～5 朵与叶簇生,直径 3～5cm;花梗长 5～10cm,疏生短柔毛;萼片 4,白色或外面带淡红色,展开,长 1.5～2.5cm,宽 0.8～1.5cm,内面无毛,外面疏生短柔毛;雄蕊无毛,长约 1cm。瘦果卵形或卵圆形,扁,长约 6mm,顶端渐尖,无毛,羽状花柱长达 2.2cm。花期 4—6 月,果期 7—9 月。

产地：龙塘山、顺溪。生于海拔 310～1760m 左右的山坡、沟谷灌丛或山顶岩隙。

分布：河南、陕西、宁夏、甘肃、安徽、浙江、江西、福建、台湾、湖北、湖南、广西、四川、贵州、云南、西藏、青海;印度、尼泊尔。

用途：供观赏。

9. 华中铁线莲(图 64：A,B)

Clematis pseudootophora Fang f., Fl. Reipubl. Popularis Sin. 28：355. 1980.

攀援藤本。茎有浅纵棱,无毛。三出复叶,小叶片椭圆状披针形,长 5～11cm,宽 2～4.5cm,先端渐尖,基部圆形或宽楔形,有时偏斜,上部边缘有不等浅锯齿,下部常全缘,3～5 条基出脉;小叶柄短,常扭曲,叶柄长 4～8cm,基部稍增宽。聚伞花序腋生,常 1～3 花;花序梗长 2～7cm,顶端生 1 对叶状苞片;花梗长 1～4cm;花钟状,下垂,直径 2～3.5cm;萼片 4,淡黄色,卵状椭圆形,长 2.5～3cm,宽 1～1.2cm,先端急尖,外面无毛,内面微被贴伏短柔毛,边缘密被淡黄色绒毛;雄蕊长 1.5～2cm,花丝线形,花药密被短柔毛,药隔先端有小凸起;子房花柱被短柔毛。瘦果棕色,纺锤形或倒卵形,被短柔毛;宿存花柱长 4～5cm,被黄色长柔毛。花期 8—9 月,果期 9—11 月。

产地：龙塘山、大明山、顺溪。生于海拔 900～1500m 的山坡沟边、路旁。

分布：浙江、江西、福建、湖南、湖北、广西、贵州。

用途：供观赏。

10. 女萎 花木通(图 63：A－C)

Clematis apiifolia DC. in Syst. Nat. 1：149. 1817.

木质藤本。茎、小枝、花序梗和花梗密生贴伏短柔毛。三出复叶;小叶片卵形至宽卵形,长 2.5～8cm,宽 1.5～7cm,常有不明显 3 浅裂,边缘具缺刻状粗齿,上面疏生贴伏的短柔毛,下面疏生短柔毛或仅沿叶脉较密。圆锥状聚伞花序,多花,花序较叶短;花序梗基部有叶状苞片;花直径约 1.5cm;萼片 4,开展,白色,狭倒卵形,长约 8mm,两面被短柔毛,外面较密;花瓣无;雄蕊无毛,花丝比花药长 5 倍。瘦果纺锤形或狭卵形,长 3～5mm,先端渐尖,不扁,被柔毛,宿存花柱长约 1.5cm。花期 7—9 月,果期 9—11 月。

产地：十八龙潭、大石门、谢家坞、大坪溪、顺溪。生于海拔 170～1000m 的向阳山坡、山脚路旁溪边灌草丛或林缘。

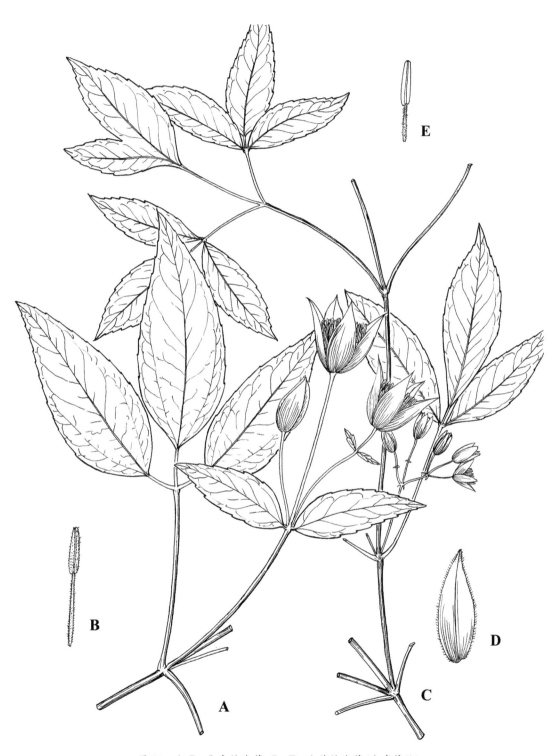

图 64　A,B：华中铁线莲；C-E：毛蕊铁线莲（金孝锋绘）

分布：陕西、江苏、安徽、浙江、江西、福建、湖北；朝鲜、日本。

用途：根、茎入药，能清热明目、利尿消肿、通乳。

10a. 钝齿铁线莲　川木通

var. **argentilucida**（H. Lév. & Vaniot）W. T. Wang in Acta Phytotax. Sin. 31(3)：216. 1993.

Basionym：*clematis vitalba* L. var. *argentilucida* H. Lév. & Vaniot in Bull. Acad. Int. Géogr. Bot. 11：167. 1902.

与模式变种的区别在于：本种小叶片较大，长 5～13cm，宽 3～9cm，通常下面密生短柔毛，边缘有少数钝牙齿。

产地：山湾里、童玉、柘林坑、顺溪、大明山。生于海拔 420～1300m 的山坡阔叶林中或山谷沟边灌丛。

分布：陕西、甘肃、江苏、浙江、江西、安徽、湖北、湖南、广东、广西、四川、贵州、云南。

用途：茎入药，治尿路感染、肾炎水肿、闭经、乳汁不通。

本变种的部分标本叶裂片明显，锯齿较大且疏，可能由于采自植物体的不同部位所致。

11. 毛蕊铁线莲　丝瓜花(图 64：C - E)

Clematis lasiandra Maxim. in Bull. Acad. Imp. Sci. St.-Petersb. 22：213. 1877.

藤本。茎具纵棱，近无毛。一或二回三出复叶或羽状复叶，对生；小叶 3～9，叶片卵状披针形，长 3～6cm，宽 1.5～2.5cm，先端渐尖，边缘有整齐的锯齿，两面疏生贴伏毛或无毛，下面叶脉凸起；小叶柄长 8mm，叶柄基部膨大隆起，贯连成环状，长 4～5cm。聚伞花序腋生，有花 1～3，花序分枝处生一对叶状苞片，苞片披针形；花序梗长 0.5～3cm；花梗长 1.4～4.5cm；花钟状，粉红色至紫红色，直径 2cm；萼片 4，狭卵形，长约 1.5cm，宽 5～8mm，先端急尖，两面光滑无毛，仅边缘及反卷的顶端被绒毛；雄蕊与萼片近等长，花丝线形，外面密被柔毛，内面无毛；子房被绢状毛。瘦果椭圆形，棕红色，长约 3mm，有紧贴的短柔毛，宿存花柱长约 2.5～3.5cm，被毛。花、果期 9—11 月。

产地：横源。生于海拔 500～1500m 的山坡、沟边及灌丛。

分布：河南、陕西、甘肃、安徽、浙江、江西、台湾、湖南、湖北、广东、广西、四川、贵州、云南；日本。

12. 毛果扬子铁线莲(图 63：G,H)

Clematis puberula Hook. f. & Thamson var. **tenuisepala**（Maxim.）W. T. Wang in Acta Phytotax. Sin. 38(5)：406. 2000.

Basionym：*Clematis brevicaudata* Hort. var. *tenuisepala* Maxim. in Trudy Imp. St.-Peterburgsk. Bot. Sada 11：9. 1890.

木质藤本。茎、枝有棱，小枝近无毛或稍有短毛。一或二回羽状复叶或二回三出复叶，小叶 5～21，基部两对常为 3 小叶，或 2 或 3 裂，茎上部有时为三出复叶；小叶片宽卵形，长 1.5～10cm，宽 0.8～5cm，先端急尖，基部圆形或宽楔形，边缘粗锯齿或全缘，两面近无毛或疏生短柔毛。圆锥状聚伞花序或单聚伞花序，疏展，多花或少至 3 花，腋生或顶生，常比叶短;花梗长 1.5～6cm;花径 2～2.5cm;萼片 4,开展,白色;干时变褐色至黑色,狭倒卵形或长椭圆形,长 0.5～1.5cm,外面边缘密生短绒毛,内面无毛;雄蕊无毛,花药较短,仅长 1～2mm;心皮多数,子房密被平伏柔毛。瘦果常为扁卵圆形,长约 5mm,宽约 3mm,密被平伏柔毛。花期 7—9 月,果期 9—10 月。

产地:横源。生于海拔 250～1000m 的山坡林下或沟边、路旁草丛。

分布:陕西、山西、河南、山东、江苏、浙江、湖北、四川、广西。

13. 毛果铁线莲　大木通

Clematis peterae Hand.-Mazz. var. **trichocarpa** W. T. Wang in Acta Phytotax. Sin. 6:381. 1957.

攀援木质藤本。茎具短柔毛。一回羽状复叶对生,5 小叶,偶基部一对为 3 小叶,小叶片卵形或狭卵形,长 3～8cm,宽 1.5～4cm,先端急尖或渐尖,基部圆形或浅心形,边缘疏生 1 至数枚小牙齿,有时全缘,两面疏生短柔毛至近无毛。圆锥状聚伞花序腋生,多花;花序梗、花梗密生短柔毛,花序梗茎部常有 1 对叶状苞片;花径 1.5～2cm;萼片 4,展开,白色,椭圆形,长 0.7～1.1cm,先端钝,两面有短柔毛,外面边缘密生短绒毛;雄蕊无毛;子房具柔毛。瘦果卵形,稍扁,有柔毛,宿存花柱长达 3cm。花期 6—9 月,果期 8—12 月。

产地:云溪坞。生于海拔 600～1500m 的山坡、山谷、溪边灌丛中或山脚路旁。

分布:陕西、河南、江苏、安徽、浙江、江西、湖南、湖北、贵州、四川。

14. 粗齿铁线莲　大木通

Clematis grandidentata (Rehder & E. H. Wilson) W. T. Wang in Acta Phytotax. Sin. 31(3):218. 1993.

Basiongm:*Clematis grata* Wallich var. *grandidentata* Rehder & E. H. Wilson in Sargent, Pl. Wilson. 1:338. 1913.

落叶攀援木质藤本。茎具棱,老时外皮剥落,小枝、叶柄和花序梗均密被白色短柔毛。一回羽状复叶,小叶 5 枚,有时茎顶为三出复叶,小叶片卵形或卵状椭圆形,长 5～9cm,宽 3～5cm,先端渐尖,基部圆形,宽楔形或微心形,常有不明显 3 裂,边缘上部具少数粗大锯齿状牙齿,上面疏生短柔毛,下面密生白色短柔毛,有时具疏柔毛或近无毛。聚伞花序腋生,有花 3～5,或成顶生圆锥状聚伞花序,多花,通常较叶短;花直径 2～3.5cm;萼片 4 或 5,开展,白色,近长圆形,长 1～1.8cm,宽约 5mm,先端钝,两面有短柔毛,内面较疏至近无毛;雄蕊无毛;子房有柔毛。瘦果卵圆形,扁平,黑色,长约 4mm,有白色柔毛,宿存花柱长达 3cm。花期 5—6 月,果期 6—10 月。

产地:龙塘山、大明山、横源、直源。生于海拔 150～1200m 山谷、溪边、路边疏林下,常攀援其他植物及裸岩上。

分布:陕西、山西、甘肃、河北、河南、安徽、浙江、江西、湖北、湖南、四川、贵州、云南、青海。

用途:全草入药,根能行气活血、祛风止痛;茎、叶能杀虫、解毒。

14a. 丽江铁线莲

var. **likiangensis** (Rehder) W. T. Wang in Acta Phytotax. Sin. 31(3):219. 1993.

Basionym：*Clematis grata* Wallich var. *likiangensis* Rehder in J. Arnold Arbor. 14：201. 1933.

Clematis argentilucida（H. Lév. & Vaniot）W. T. Wang var. *likiangensis*（Rehder）W. T. Wang.

与模式变种的区别在于：子房、瘦果无毛。

产地：大坪溪。生于海拔 1200m 左右的山坡、山谷、沟边、路旁灌丛或疏林中。

分布：浙江、湖北、四川、贵州及云南。

二二、木通科　Lardizabalaceae

藤本,稀直立灌木。茎常缠绕或攀援,木质部有宽大的髓射线;冬芽大,具 2 至多枚外鳞片。叶互生,掌状复叶或三出复叶,稀羽状复叶;无托叶。总状花序或伞房花序,稀圆锥花序,很少单花;花单性,雌雄同株或异株,稀杂性,各部轮状排列,3 基数;萼片 6,有时 3;花瓣缺,或在雄花中呈蜜腺状;雄蕊 6,分离或花丝多少合生成管,花药 2 室,药隔常突出于药室之上而呈角状;雌花中有退化雄蕊 6 枚或无;子房上位,心皮 3 至多数,上位,分离,柱头偏斜,近无花柱,胚珠多数,倒生或直立,稀仅 1 枚。果为肉质的蓇葖果或浆果,开裂或不开裂。种子多数或仅 1 枚,卵形或近肾形,通常深色,种皮脆壳质,有肉质丰富的胚乳及小而直的胚。

9 属,约 50 种,主产东亚,拉丁美洲也有少量分布。我国有 7 属、37 种、2 亚种、4 变种,大多分布于长江流域及其以南地区。浙江有 5 属,11 种及若干种下类群。本志记载 5 属,7 种、1 亚种。

分属检索表

1. 木质藤本;掌状复叶或三出复叶;花单性。
  2. 掌状复叶,小叶片近同形,有明显的小叶柄;肉质蓇葖果或浆果,长 3cm 以上。
    3. 落叶或半常绿;小叶全缘或波状,先端微凹;总状花序;萼片 3;花丝极短,分离,花药钝,内弯;心皮 3～9 ……………………………………………………………………… 1. 木通属 Akebia
    3. 常绿;小叶全缘,先端尖;伞房花序;萼片 6;花丝长,分离或靠合,花药通常具尖突药隔;心皮 3。
      4. 萼片较厚,先端钝,内外两轮近同形;雄蕊花丝分离 …………………… 2. 鹰爪枫属 Holbellia
      4. 萼片薄,先端渐尖,内外两轮不同形;雄蕊花丝合生成管 …………… 3. 野木瓜属 Stauntonia
  2. 三出复叶,中央小叶与两侧小叶不同形,侧生小叶无柄;聚合果,小果为浆果,直径约 1cm …………
  ………………………………………………………………………………………… 4. 大血藤属 Sargentodoxa
1. 直立灌木;奇数羽状复叶;花杂性 ……………………………………………… 5. 猫儿屎属 Decaisnea

（一）木通属　Akebia Decne.

落叶或常绿木质藤本。掌状复叶,具长柄,小叶 3～5（～8）,全缘或波状。花单性,雌雄同株同序;腋生的总状花序,雄花较多,生于花序上部,雌花少而较大,生于花序下部;萼片 3,紫红色,大而显著,近镊合状;花瓣缺;雄花雄蕊 6,分离,花丝极短,花药内弯,外向 2 裂,钝,有退化雌蕊;雌花退化雄蕊 6 或 9,离生心皮雌蕊 3～9（～12）,柱头盾状,胚珠多数。肉质蓇葖果长椭圆形,老时沿腹缝线开裂。种子多数,卵形,黑色,排列成行,下陷于果肉中。

4 种,分布亚洲东部。我国有 3 种、2 亚种,大多分布于黄河流域以南。浙江 2 种、1 亚种。

本属大部种类的根、藤和果实均作药用,果味甜可食。

分种检索表

1. 叶常有小叶 5 枚,有时 6～8 枚,全缘 ······························· 1. 木通 A. quinata
1. 叶常有小叶 3 枚,偶有 4 或 5 枚,近全缘或具波状圆齿 ·············· 2. 三叶木通 A. trifoliata

1. 木通(图 65)

Akebia quinata (Thunb. ex Houtt.) Decne. in Ann. Sci. Nat., Bot. sér. 2, 12：107. 1839.

Basionym：*Rajania quinata* Thunb. ex Houtt. in Nat. Hist. II. 11：366, t. 75, fig. 1. 1779.

落叶藤本,长 3～15m。掌状复叶,具小叶 5 枚,小叶倒卵形或椭圆形,长 2～6cm,宽 1～3.5cm,先端微凹,凹缺处有由中脉延伸的小尖头,基部宽楔形或圆形,全缘,上面深绿色,下面淡绿色,中脉上面平,下面略突起;小叶柄长 8～15mm,中央的最长。总状花序,长 4.5～10cm;花有细梗,梗长 3～5mm;雄花紫红色,较小;雌花暗紫色。肉质蓇葖果浆果状,长椭圆球形,长 6～8cm,直径 2～4cm,成熟时暗紫色,沿腹缝开裂,露出白瓤和黑色种子。花期 4—5 月,果期 8—10 月。

产地：区内常见。生于海拔 440～1400m 的山坡路旁、溪边疏林中。

分布：长江流域。

用途：果实、茎藤入药,可疏肝、补肾、理气止痛,清热利尿,通经活络;果味甜可食,也可酿酒。

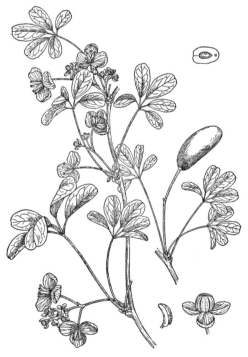
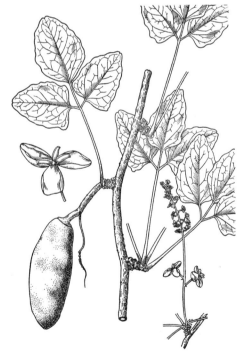

图 65　木通(引自《浙江天目山药用植物志》)　　　图 66　三叶木通(引自《浙江天目山药用植物志》)

2. 三叶木通(图 66)

Akebia trifoliata (Thunb.) Koidz. in Bot. Mag. Tokyo 39：310. 1925.

Basionym：*Clematis trifoliata* Thunb. in Trans. Linn. Soc. London 2：337. 1794.

落叶藤本。掌状复叶,具小叶 3 枚,卵形或宽卵形,长 4～7cm,宽 2～4.5cm,中央小叶通常较大,先端钝圆或有凹缺,有小尖头,基部截形或圆形,边缘明显浅波状;中央小叶柄长 2～5cm,两侧小叶柄长 5～15mm。总状花序,长 6～12.5cm,花梗长 2～5mm;萼片近圆形,淡紫色,雄花萼片长约 3mm,宽 1.5～2mm,雌花萼片较大,长 7～12mm,宽约 1cm。肉质蓇葖果浆果状,椭圆球形,稍弯,成熟时淡红色。种子黑褐色,扁圆形,长 5～7mm。花期 5 月,果期 9—10 月。

产地:大明山、顺溪、云溪坞。生于海拔 300～1200m 的山坡疏林中,常缠绕其他树上。

分布:长江流域及河北、山东、河南。

用途:根、藤和果实均可药用,有消炎、镇痛功效。

(二) 鹰爪枫属(八月瓜属) Holboellia Wall.

常绿木质藤本。全株无毛。掌状复叶,具长柄,小叶 3～9 枚,全缘。花雌雄同株,伞房花序,稀为总状花序,腋生;萼片 6,先端钝,肉质,2 轮排列,花瓣状,绿白色或紫色;花瓣 6,小,圆形,蜜腺状;雄花的雄蕊 6,分离,退化雌蕊小;雌花有退化雄蕊 6,心皮 3 枚。肉质浆果,不开裂,内有多数黑色种子。种子黑色,近圆形。

约 14 种,大多分布于秦岭以南。我国有 12 种、2 变种。浙江有 2 种。

分种检索表

1. 叶柄长 5～9cm;小叶 3,下面浅绿色;雌花紫色或绿白色 ………………………… 1. 鹰爪枫 H. coriacea
1. 叶柄长 2～5cm;小叶(3～)5～7(～9),下面灰白色;雌花紫红色 ………………… 2. 五叶瓜藤 H. fargesii

1. 鹰爪枫(图 67)

Holboellia coriacea Diels in Bot. Jahrb. Syst. 29(3-4): 342. 1900.

藤本,长 3～5m。掌状复叶,叶柄长 5～9cm;小叶 3 枚,革质,光滑,椭圆形或椭圆状倒卵形,长 4～13cm,宽 2～5cm,先端渐尖,基部圆形或宽楔形,全缘,上面深绿色,有光泽,下面浅黄绿色,叶脉不明显;中央小叶柄长 2～3.5cm,侧生小叶柄长约 1cm,具关节;花序伞房状;雄花绿白色或紫色,花萼长椭圆形,稍厚肉质,先端钝圆,长 9～10mm,宽 3～4.5mm,蜜腺 6,圆形,绿色,雄蕊花药长 4mm,淡白色,花丝长 5mm,绿色,退化雌蕊 3,棒状,先端尖;雌花紫色或绿白色,退化雄蕊 6,离心皮雌蕊 3。浆果长圆柱形,熟时紫红色,长 4～7cm,直径约 2cm,略具刺瘤,果瓤白色多汁。种子黑色,近扁圆形。花期 4 月,果期 8—9 月。

产地:百丈岭。生于海拔 350～1100m 湿润灌丛中、溪谷及林缘。

分布:长江流域及其以南。

用途:果可食用或酿酒;叶经冬不落,浆果熟时紫

图 67 鹰爪枫(引自《浙江药用植物志》)

红色,为优良的园林观赏藤本植物。

2. 五叶瓜藤　五月瓜藤,八月瓜

Holboellia angustifolia Wallich, Tent. Fl. Nepal 1：25. 1824.

藤本。掌状复叶,小叶(3~)5~7(~9);叶柄长 2~5cm;小叶近革质,线状长圆形至倒披针形,长 5~9(~11)cm,宽 1.2~2(~3)cm,先端渐尖或钝圆,有时凹入,基部钝、阔楔形,边缘略背卷,上面绿色,有光泽,下面苍白色密布极微小的乳凸;中脉在上面凹陷,在下面凸起,侧脉每边 6~10 条;小叶柄长 5~25mm。花雌雄同株,红色暗紫色或淡黄色,数朵组成伞房式的短总状花序;花序梗短,多个簇生于叶腋,基部为阔卵形的芽鳞片所包。雄花:花梗长10~15mm,外轮萼片线状长圆形,长 10~15mm,宽 3~4mm,顶端钝,内轮的较小;花瓣极小,近圆形;雄蕊直,花丝圆柱状,药隔延伸为长约 0.7mm 的凸头,药室线形,退化心皮小。雌花:紫红色;花梗长 3.5~5cm,外轮萼片倒卵状圆形,长 14~16mm,宽 7~9mm,内轮的较小;心皮棍棒状。浆果紫色,长圆柱形,长 5~9cm,顶端圆而具凸头;种子椭圆球形,种皮褐黑色,有光泽。花期 4—5 月,果期 7—8 月。

产地:龙塘山、横源。生于海拔 440~1330m 的山腰、林中、树上及灌木丛中。

分布:西南、华南及湖北、湖南、陕西南部、安徽、浙江、福建等省、区。

用途:果可食,治肾虚腰痛、疝气;根药用,治劳伤咳嗽;叶经冬不落,果紫色,为优良园林观赏木质藤本植物。

(三) 野木瓜属　Stauntonia DC.

常绿木质藤本。冬芽具外鳞片多枚。掌状复叶,小叶 3~9 枚。花单性,雌雄同株或异株,多为异序,组成腋生的伞房花序;雄花萼片 6,花瓣状,排成两轮,外轮披针形,镊合状排列,内轮线形,无花瓣或仅有 6 枚极小蜜腺状花瓣,雄蕊 6,花丝合生成管状或仅基部合生,花药 2 室,纵裂,药隔常具尖突,退化雄蕊 3,钻形;雌花萼片与雄花相似,退化雄蕊 6,离生心皮雌蕊 3,直立,胚珠多数,排成多列。浆果不开裂或腹缝线开裂。种子多数,种皮脆壳质。

约 25 种,产东亚。我国 23 种、2 亚种,大多分布于长江流域及其以南。浙江有 4 种、2 亚种。

分种检索表

1. 花丝合生成管,花药顶端具凸头状附属体 ·················· 1. 五指那藤 S. obovatifoliola subsp. urophylla
1. 花丝上部稍分离,下部合生,花药顶端无附属体 ························· 2. 钝药野木瓜 S. leucantha

1. 五指那藤　山木通,七叶木通(图 68：A,B)

Stauntonia obovatifoliola Hayata subsp. **urophylla** (Hand.-Mazz.) H. N. Qin in Cathaya 8-9：164. 1997.

Basionym：*Stauntonia hexaphylla* (Thunb.) Decne. var. *urophylla* Hand.-Mazz. in Anz. Akad. Wiss. Wien, Math.-Naturwiss. Kl. 59：102. 1922.

Stauntonia hexaphylla (Thunb.) Decne. f. *intermedia* Y. C. Wu; *S. obovatifoliala* Hayata subsp. *intermedia* (Y. C. Wu) T. C. Chen.

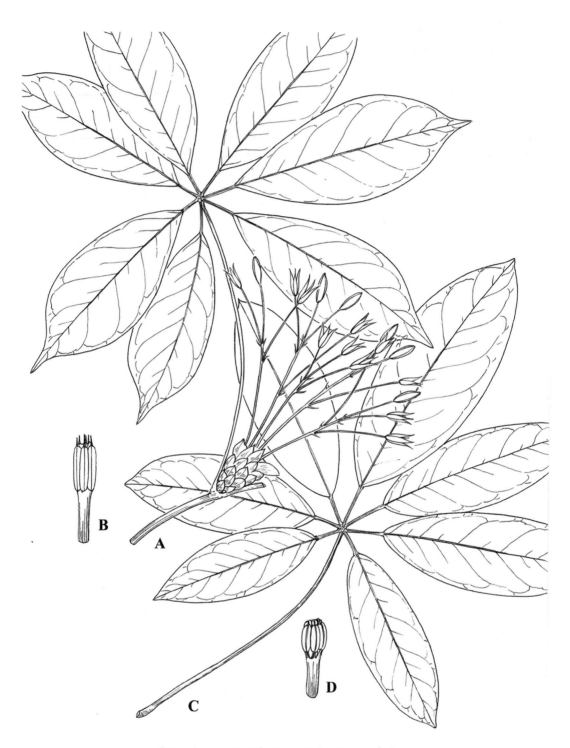

图 68 A,B：五指那藤；C,D：钝药野木瓜（金孝锋绘）

　　掌状复叶;叶柄长7.2～9cm;小叶5～7,匙形,长4～7.5cm,宽1.5～3cm,先端短尾尖,具长约3mm的芒尖,易断,基部圆或宽楔形,三出脉,干时上面脉平或微凹,下面脉隆起成细小网格;小叶柄长0.6～2.6cm,上面有凹槽。伞房花序长约6cm,花梗长1.7～2cm;花萼6,外轮3片,披针形,长1.2～1.4cm,宽2～3mm,先端尖,有明显纵脉4或5条,内轮3片线形,长1.1～1.3cm,宽1～1.7mm,无花瓣;雄蕊6,花药长约3.5mm,顶端具长1～2mm的角状附属物,花丝合成管状。浆果圆柱形,熟时橙黄色,长可达10cm,直径约4cm。花期4月,果期10—11月。

　　产地:龙塘山、双涧坑、直源。生于海拔440～1400m的山谷、溪边岩上、山坡林中。

　　分布:浙江、福建、江西、湖南、广东、广西。

　　用途:为优良的园林观赏藤本植物。

2. 钝药野木瓜　短药野木瓜(图68:C,D)

Stauntonia leucantha Diels ex Y. C. Wu in Notizbl. Bot. Gart. Berlin-Dahlem 13:373. 1936.

　　全株光滑无毛;小枝具粗条纹,深灰褐色。掌状复叶;叶柄长5.5～10cm;小叶5～7,革质,长圆状倒卵形、长圆形或近椭圆形,长5～8cm,宽2～3cm,先端尖,基部近圆形或宽楔形,上面绿色,下面灰绿色,基部3出脉,侧脉5～7对,中脉在两面平,侧脉上面凹下,下面微隆起,边缘微反卷;小叶柄长1～2.5cm,纤细。伞房花序,长4.5～7cm;花梗长1～2cm;小苞片线状披针形,约长4mm;花单性,雌雄同株异序;雌花:萼片6,2轮,外轮3片卵状披针形或披针形,长14～16mm,宽4～5mm,浅绿白色,内面基部略带淡紫色,内轮3片线形,先端匙形,长14～15mm,宽1mm,先端淡紫红色,退化雄蕊6枚,位于雌蕊外面基部,离生心皮3,绿色,柱头头状;雄花:萼片与雌花相似,但略小,外轮3片长7～11mm,宽3～4mm,内轮3片长7～9mm,宽约1mm,雄蕊6,花药外向纵裂,顶端钝,药隔不伸出,内有退化离生心皮3,绿色。浆果圆柱形,长约6cm,直径约2.5cm,熟时黄色。花期4—5月,果期8—10月。

　　产地:龙塘山、十八龙潭、大坪溪、童玉、横源、直源。生于溪边、岩上、山坡林中。

　　分布:长江流域及其以南。

　　用途:为优良的园林常绿藤本观赏植物,或作盆栽。

(四) 大血藤属　Sargentodoxa Rehder & E. H. Wilson

　　落叶木质藤本。茎横断面呈紫红色,味极苦。三出复叶,互生,有长柄,中央小叶与侧生小叶异形。花单性异株,排成下垂的总状花序。雄花:花梗细长,有小苞片2;萼片6,花瓣状,离生,2轮,覆瓦状排列,黄色;花瓣6,极小,近圆形,蜜腺状;雄蕊6,与密腺对生,花丝短,花药长圆形,外向,2室,内有退化雌蕊;雌花:萼片与花瓣同雄花;退化雄蕊6;离心皮雌蕊多数,呈钻状披针形,螺旋状着生于一卵形花托上,每心皮有下垂胚珠1;聚合果,小果为浆果;有梗;多数着生于一球形的花托上。种子卵形,黑色。

　　1种,我国及中南半岛北部,分布于西南部至东部。浙江也产。

1. 大血藤　红藤(图69)

Sargentodoxa cuneata Rehder & E. H. Wilson in Sargent, Pl. Wilson. 1(3):

351. 1913.

藤本,长达 10m。茎灰褐色,圆柱形,有条纹,无毛,砍断时有红色汁液溢出。三出复叶;叶柄长 3～12cm;中央小叶长椭圆形或菱状倒卵形,长 5～12cm,宽 3～7cm,先端钝或急尖,基部楔形,小叶柄长 5～18mm,侧生小叶较大,斜卵形,基部两侧不对称,近无柄。雄花序长 8～15cm,下垂,花梗纤细,基部有舟状苞片 1,花梗上有线形小苞片;萼片线状长椭圆形,黄色,长 6～12mm,宽 2～4mm,边缘稍内卷;花瓣极小,菱状圆形,长约 1.2mm;雄蕊的花丝粗短,花药纵裂。聚合果球形,直径 3～4.5cm,果梗长 2～2.5cm;小浆果多数,球形,直径 5～8mm,梗长 8～12mm,成熟时蓝紫黑色,被白粉。种子卵球形,长 4～6mm,黑色,有光泽。花期 5 月,果期 9—10 月。

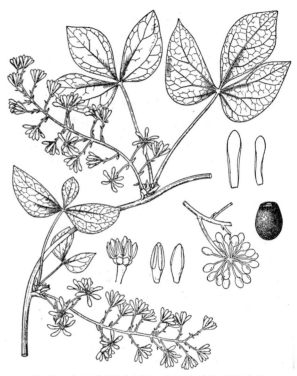

图 69　大血藤(引自《浙江天目山药用植物志》)

　　产地:区内常见。生于海拔 700～1600m 的山坡、山沟疏林中。

　　分布:长江流域及其以南各地;老挝北部。

　　用途:根和藤入药,有活血通经、祛风除湿之效,并可作杀虫剂;茎皮纤维可作人造棉和造纸原料;秋叶红色,也是园林藤架、绿化好素材。

(五) 猫儿屎属　Decaisnea Hook. f. & Thomson

落叶灌本。冬芽大,卵球形,具 2 芽鳞。奇数羽状复叶互生,小叶对生,全缘。花杂性,总状花序或圆锥花序;萼片 6,披针形,花瓣状,2 轮,近覆瓦状排列;无花瓣;雄花有雄蕊 6,花丝合生成筒状,花药 2 裂,药隔角状突出,退化雌蕊残存;雌花有退化雄蕊 6,花丝近分离;心皮 3,分离,无花柱,胚珠多数,两行排列。肉质蓇葖果,成熟时沿腹缝线开裂。种子多数,倒卵形,藏于果肉内。

1 种,分布于我国西南部、中部、东部以及喜马拉雅山脉地区。浙江有产。

1. 猫儿屎　野香蕉(图 70)

Decaisnea insignis (Griff.) Hook. f. & Thomson in Proc. Linn. Soc. London 2: 349. 1855.

Basionym: *Slackia insignis* Griff., Itin. Pl. Khasyah Mts. 2: 187, 977. 1848.

Decaisnea fargesii Franch.

灌木,高达 5m。茎直立,稍被白粉。奇数羽状复叶,着生于茎顶,长 50～80cm;叶轴生小叶处有关节;小叶 13～25 枚,对生,长椭圆形或卵状椭圆形,长 5～11cm,宽 3～7cm,先端

渐尖,基部宽楔形或近圆形,全缘;具短柄。花杂性异株;成腋生的总状花序,长20～50cm,
弯曲;花梗长1～1.5cm,下垂;花淡绿色,萼片披针形,长渐尖,外轮者长约3cm,宽约3mm,
内轮者长约2.5cm,宽约6mm,无花瓣;雄花有雄蕊6,花丝连合,药隔角状突出,退化心皮残
存;雌花有不育雄蕊6,心皮3。果圆柱形,稍弯曲,长5～10cm,直径1～2cm,粗糙,被白粉,
腹缝开裂。种子倒卵形,扁平,长1cm,黑色有光泽。花期5—6月,果期8—10月。

产地: 双涧坑、十八龙潭、千顷塘、顺溪。生于海拔360～430m的山沟旁、路旁、阴湿
地带。

分布: 黄河流域以南;印度、不丹等国。

用途: 根和果可入药,有清热解毒之功效;果甜,可食或酿酒;果皮可提取橡胶。

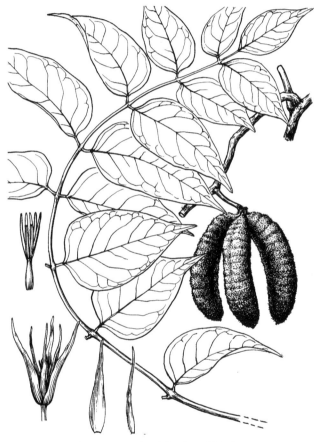

图70　猫儿屎(引自《中国植物志》)

二三、小檗科　Berberidaceae

常绿或落叶灌木,或多年生草本。单叶或羽状复叶,互生、簇生或基生,稀对生;有托叶
或无。花单生,或排成总状、伞形、圆锥花序,或成聚伞状圆锥花序;花两性,辐射对称;萼片
与花瓣离生,覆瓦状排列,2或3轮,每轮常3基数,稀2或4数,稀萼片与花瓣均缺,花瓣有
蜜腺或无,或变为蜜腺状距;雄蕊与花瓣同数而对生,稀为花瓣的2倍,花丝短,花药2室瓣
裂,子房上位,1室,基生或侧膜胎座,花柱短或无,柱头常盾状。浆果或蒴果,稀为蓇葖果。

种子胚小,胚乳丰富。

约 17 属,650 多种,分布于北温带、亚洲热带的高山和拉丁美洲。我国有 11 属,320 余种,各省、区均有分布。浙江有 7 属,18 种、1 亚种。本志记载 3 属,4 种。

分属检索表

1. 叶为三回羽状复叶,小叶片全缘;花药纵裂;侧膜胎座 ·············· 1. 南天竹属 Nandina
1. 叶为单叶或羽状复叶,小叶片通常具刺齿;花药瓣裂;基生胎座。
  2. 单叶;枝通常具刺 ·················· 2. 小檗属 Berberis
  2. 羽状复叶;枝通常无刺 ·················· 3. 十大功劳属 Mahonia

(一) 南天竹属　**Nandina** Thunb.

常绿灌木。三回羽状复叶,互生,叶轴具关节。小叶全缘;小叶柄基部膨大。圆锥花序顶生;花小,白色;萼片与花瓣相似,蕾时螺旋状排列,数轮,每轮 3 片。自外而内渐变,内侧 6 片为花瓣状,蜜腺 3~6;雄蕊 6,离生,花药纵裂;子房上位,1 室,胚珠 2,具花柱。浆果球形,熟时红色,具 2 种子。

仅 1 种,分布于我国、日本及印度。浙江也产。

1. 南天竹(图 71)

Nandina domestica Thunb. in Nov. Gen. Pl. 1: 14. 1781.

常绿灌木。茎丛生,分枝少,光滑无毛,幼时红色。三回奇数羽状复叶,长 30~50cm;小叶革质,椭圆状披针形,长 2~8cm,先端渐尖,基部楔形,两面无毛;叶柄基部呈鞘状抱茎。圆锥花序长 20cm 以上;花白色,直径约 6mm;萼片外轮小,卵状三角形至披针形,长约 1.5mm,内轮明显较大,卵圆形至椭圆状舟形;雄蕊 6,花瓣状,长约 3.5mm,花药 2 室,纵裂。浆果球形,直径约 5mm,具宿存花柱,成熟时鲜红色,种子 2;果梗长 4~8mm。种子扁圆形。花期 5—7 月,果期 5—11 月。

产地:龙塘山、大坪溪、大坑。生于海拔 400~700m 的山坡、溪边、林下或灌丛中。

分布:陕西、江苏、安徽、浙江、江西、湖北、广西、四川;日本、印度。

用途:为优良的园林地被观赏植物,也是盆栽和制作盆景的好素材。

图 71　南天竹(引自《浙江天目山药用植物志》)

(二) 小檗属　**Berberis** L.

灌木,稀小乔木。枝常具针刺,断面黄色。单叶,在长枝上互生,在短枝上簇生,叶片有关节。花黄色,单生、簇生或排成总状、伞形或圆锥花序;花3基数,小苞片2～4;萼片6,2轮,花瓣状;花瓣6,通常小于萼片,内侧近基部具2腺体;雄蕊6,花药瓣裂;胚珠1至多数,花柱短或缺,柱头头状。浆果红色或蓝黑色,种子1至多数。

约500种,分布于南北美洲、亚洲、欧洲和非洲。我国约200种,大多分布于西部至西南部。浙江有5种,其中栽培2种。

分种检索表

1. 叶片全缘或略呈波状,长圆状菱形,基部下延成叶柄;花瓣椭圆状倒卵形 …… 1. 庐山小檗 B. virgetorum
1. 叶缘具刺状锯齿,近圆形至宽椭圆形;花瓣椭圆形 ………………………… 2. 安徽小檗 B. anhweiensis

1. 庐山小檗(图72:D)

Berberis virgetorum C. K. Schneid. in Sargent, Pl. Wilson. 3(3): 440. 1917.

落叶灌木,高约2m。枝刺长1～2.5cm,常不分叉。叶片长圆状菱形,长3.5～8cm,宽1.5～4cm,先端急尖、短渐尖或微钝,基部楔形渐狭,下延成叶柄,全缘或略成波状,上面黄绿色,下面灰白色,有白粉;叶柄长1～2cm。总状或近伞形花序,长2～5cm,具3～12花,着生于花序梗的上半部;花梗长4～8mm;小苞片披针形;萼片2轮,内轮明显大于外轮;花瓣椭圆状倒卵形,全缘,内侧近基部具2枚分离的长圆形腺体;雄蕊长约3mm。浆果长圆状椭圆球形,长9～12mm,熟时红色,无宿存花柱。花期4—5月,果期9—10月。

产地:大坪溪、童玉、横源、直源。多生于海拔700～1300m的山坡灌丛、石砾中。

分布:江苏、安徽、浙江、江西、福建、湖北、湖南、广东、广西。

用途:根皮、茎皮可入药,具抗菌消炎之效。

2. 安徽小檗(图72:A-C)

Berberis anhweiensis Ahrendt in J. Linn. Soc., Bot. 57: 185. 1961.

落叶灌木,高1～2m。幼枝有棱脊;针刺长1～2cm,单生。叶片近圆形或宽椭圆形,长2～5(～9)cm,宽1.5～3(～5)cm,先端钝圆,基部楔形下延,边缘有向上缘弧曲伸展的刺齿,上面绿至深绿,下面苍绿色,稍被白粉,两面无毛,网脉明显;叶柄长5～10mm。总状花序长3～7.5cm,具花10～27朵,着生于花序梗的上半部;花梗长4～7mm;小苞片长约1mm;花瓣短于内轮萼片,腺体橘黄色;花药淡黄色;子房圆柱形,胚珠2或3,几无花柱,柱头圆盘状。浆果熟时红色,倒卵球形至椭圆球形,长约9mm。花期4—7月,果期9—10月。

产地:千顷塘、大坪溪。生于海拔400～1500m的山地灌木丛、山谷石隙中。

分布:安徽、浙江、湖北。

用途:同庐山小檗。

(三) 十大功劳属 **Mahonia** Nutt.

常绿灌木。枝无刺;顶芽具宿存尖锐芽鳞。一回奇数羽状复叶,互生;叶柄基部阔扁,呈鞘状抱茎,叶轴具膨大关节;小叶对生,边缘具刺状齿;托叶小,钻形。总状花序簇生状;花黄

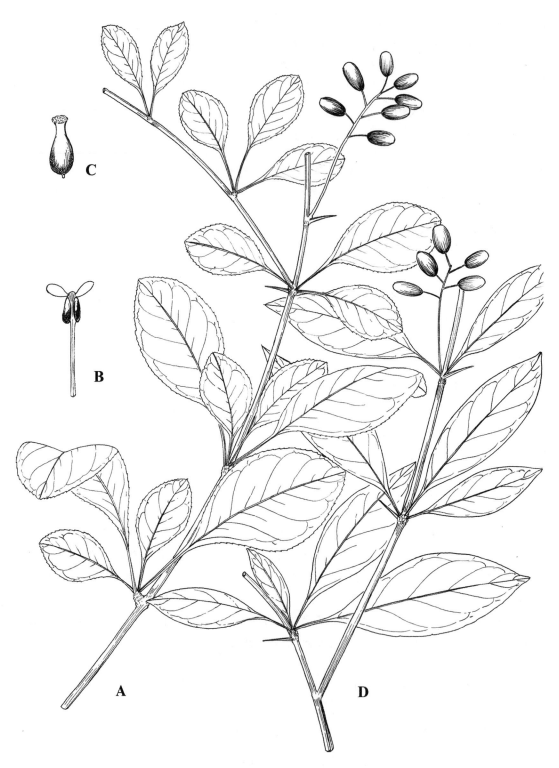

图 72　A-C：安徽小檗；D：庐山小檗（金孝锋绘）

色,具苞片及花梗;萼片 9,3 轮;花瓣 6,2 轮,覆瓦状排列;雄蕊 6,分离,花药瓣裂;雌蕊 1,子房上位,花柱极短或缺,柱头盾形,胚珠数颗,直立。浆果球形,常深蓝色,外被白粉。种子 1 至数粒。

约 60 种,分布于东亚和东南亚,北美也有。我国有 31 种,大多分布于西南各地。浙江有 3 种、1 亚种。

1. 阔叶十大功劳(图 73)

Mahonia bealei(Fortune）Carrière, Fl. Serres. 10：166. 1854.

Basionym：*Berberis bealei* Fortune, Gard. Chron. 1850：212. 1850.

常绿灌木,高 1～2m。一回奇数羽状复叶,长 25～40cm;小叶 7～19,厚革质,卵形,先端渐尖,基部近圆形或宽楔形,具 2～8 个刺状锯齿,边缘反卷;侧生小叶无柄。总状花序 6～9,顶生,长 5～12cm;总苞片卵状三角形;花梗长 4～6mm,小苞片卵状舟形;花黄色;萼片 9,外轮卵形,长约 1.5mm,中轮卵形,长约 3mm,内轮长圆形,长 7～8mm;花瓣 6,长倒卵形,长 7～8mm,先端 2 裂,基部具 2 腺体;雄蕊 6;子房上位,胚珠 3～5,花柱短,柱头盘状。浆果卵球形或卵圆球形,长约 10mm,熟时蓝黑色,被白粉。花期 11 月至翌年 3 月,果期 4—8 月。

产地：区内零星栽培。

分布：黄河流域以南;日本、墨西哥及欧洲等栽培。

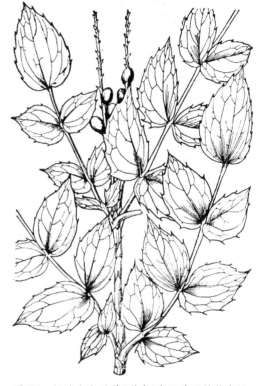

图 73　阔叶十大功劳(引自《浙江药用植物志》)

用途：全株可供药用,叶名"功劳叶",茎名"功劳木",具清热解毒、利湿泻火之效;也是优美的园林地被观赏植物。

二四、防己科　Menispermaceae

攀援或缠绕藤本,稀为直立灌木或小乔木。单叶,极少为复叶,互生,全缘或分裂,通常具掌状脉;无托叶;叶柄两端常膨大。聚伞花序或圆锥花序,稀为单花;花小,单性异株;萼片通常 6,多分离,2～4 轮覆瓦状排列,最外轮很小;花瓣 6,常 2 轮,每轮 3 片,分离或合生,覆瓦状或镊合状排列;雄蕊 2 至多数,常 6,花丝及花药离生或合生,药室 1 或 2 或假 4 室,纵裂或横裂;心皮常 3～6,分离,子房上位,1 室,胚珠 2,其中 1 颗常退化,花柱顶生,柱头分裂或全缘。核果,外果皮革质至膜质,中果皮常为肉质,内果皮骨质或木质化,表面常有皱纹。种子马蹄形或肾形,子叶扁平,呈叶状或半柱状。

65 属,约 350 种,分布于热带和亚热带地区,少数在温带。我国有 19 属,78 种,各省、区均有。浙江 7 属,12 种、1 变种。本志记载 4 属,6 种。

分属检索表

1. 叶片盾状着生;雄蕊合生。
　2. 叶片全缘或近全缘;心皮 1 ·························· 1. 千金藤属 Stephania
　2. 叶片通常 3～7 裂;心皮通常 2～4 ·················· 2. 蝙蝠葛属 Menispermum
1. 叶片(至少上部者)非盾状着生;雄蕊离生。
　3. 雄蕊 6～9 枚,花药横裂 ·························· 3. 木防己属 Cocculus
　3. 雄蕊 9～12 枚,花药纵裂 ·························· 4. 汉防己属 Sinomenium

(一) 千金藤属　**Stephania** Lour.

藤本。叶片三角形、卵形至圆形;叶柄长,盾状着生于叶片近基部;叶全缘,纸质。聚伞花序密集成头状,再排列成伞形花序,少为总状花序;雄花:花被辐射对称;花瓣 1 轮,2～4 (5);花药 6,环状生于雄蕊柱的顶端;雌花:花被辐射对称;花瓣 2～4,与雄花相似;花柱 3～6 裂。核果,红色或橙红色;种子近球形。

约 60 种,主要分布于亚洲、非洲和太平洋的热带和亚热带地区。我国有 39 种,分布于长江流域及其以南各地。浙江有 4 种。

分种检索表

1. 小聚伞花序组成伞形;叶片硬纸质,长度大于宽度;根不肥厚 ·············· 1. 千金藤 S. japonica
1. 头状聚伞花序排成总状;叶片近纸质或膜质,长度与宽度近相等或略短;块根肥厚。
　2. 块根长圆柱形;叶片宽三角状卵形,两面伏生短毛 ·············· 2. 粉防己 S. tetrandra
　2. 块根扁圆形;叶片三角状近圆形,两面无毛 ·············· 3. 金线吊乌龟 S. cephalantha

1. 千金藤　天膏药,金丝荷叶(图 74:A－F)

Stephania japonica (Thunb.) Miers in Ann. Mag. Nat. Hist. ser. 3, 18(103): 14. 1866.

Basionym: *Menispermum japonicum* Thunb., Syst. Veg., ed. 14. 892. 1784.

多年生木质缠绕藤本。块根粗长而不肥厚。小枝细弱柔韧,表面有细纵条纹,圆柱形。叶片近纸质,宽卵形至卵形,长 4～8cm,宽 3～7.5cm,先端钝,基部近截形或圆形,全缘,上面深绿色,有光泽,下面粉白色,掌状脉 7～9;叶柄盾状着生,长 5～8cm,有细条纹。伞状至聚伞状花序,腋生;花序梗长 2.5～4cm;花小,有梗;雄花:萼片 6～8,卵形或倒卵形,花瓣 3～5,卵形,长为萼片之半,花丝连合成柱状体;雌花:萼片与花瓣同数,子房上位,卵圆形,柱头外弯。核果近球形,直径约 6mm,熟时红色,内果皮坚硬,扁平马蹄形,背部有小疣状突起。花期 5—6 月,果期 8—9 月。

产地:柘林坑、大坪溪。生于山坡溪畔、林缘或草丛中。

分布:长江流域及其以南;日本、印度。

用途:根可供药用,治风湿性关节炎、毒蛇咬伤等。

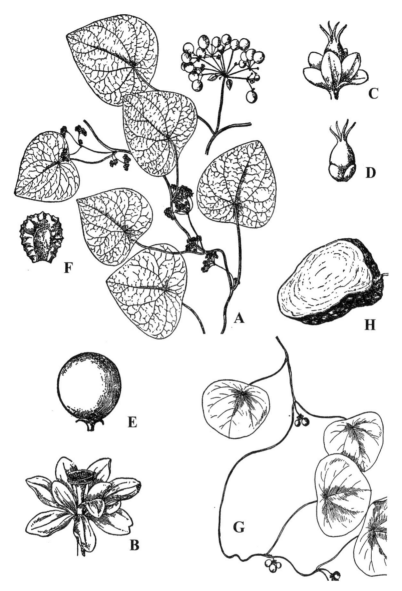

图 74　A－F：千金藤；G,H：金线吊乌龟（重组《浙江天目山药用植物志》）

2. 粉防己　石蟾蜍，四蕊千金藤，土防己（图 75）

Stephania tetrandra S. Moore in J. Bot. 13：225. 1875.

多年生缠绕藤本。块根肥厚，长圆柱形。小枝纤细而柔韧，圆柱形，有纵条纹。叶片三角状宽卵形，长 4～9cm，宽 5～9cm，先端尖或钝，基部截形或心形，全缘，两面均被短柔毛，掌状脉 5；叶柄长 4～8cm。头状聚伞花序，再排列成总状；花小，黄绿色；雄花：萼片 3～5，被毛，倒卵形或椭圆形，长不及 1mm；花瓣 4，倒卵形；雄蕊 4，合生；雌花：萼片、花瓣与雄花同数，子房上位。核果球形，直径 5～6mm，成熟后红色。花期 5—6 月，果期 7—9 月。

产地：顺溪、直源。生于海拔 440～800m 的路旁、山坡灌木丛边缘。

分布：安徽、浙江、江西、福建、台湾、湖南、广东、广西。

用途：根可供药用，治风湿痹痛、湿热脚气、水肿等症。

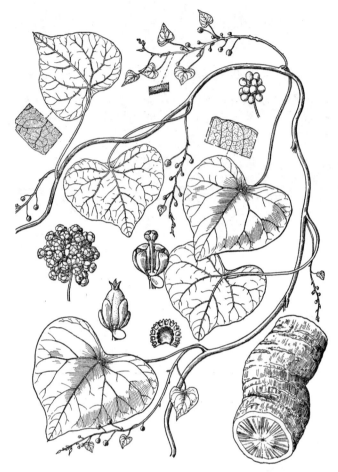

图 75　粉防己(引自《浙江天目山药用植物志》)

3. 金线吊乌龟　头花千金藤，金线吊鳖，白首乌(图 74：G，H)

Stephania cephalantha Hayata, Icon. Pl. Formosan. 3：12. 1913. [*cepharantha*]

多年生缠绕藤本。全株光滑无毛。块根肥厚扁圆形。茎下部木质化；小枝细弱，有细沟纹，圆柱形。叶片纸质，三角状卵圆形，长 5～9cm，宽与长近相等或略宽，先端圆钝，具小突尖，基部近截形或向内微凹，全缘或微波状，掌状脉 5～9；叶柄长 5～11cm。雄花序为头状聚伞花序，再组成总状；花小，淡绿色；雄花：萼片 4～6，匙形，花瓣 3～5，近圆形；雄蕊 6，花丝愈合成柱状体，花药合生成圆盘状，环列于柱状体的顶部；雌花：萼片 3～5，花瓣 3～5，子房上位，卵圆形。核果球形，直径 4～5mm，成熟时紫红色。花期 6—7 月，果期8—9 月。

产地：直源。生于阴湿山坡、山谷、山腰、林缘、溪边或草丛中。

分布：长江以南；亚洲和美洲的热带至温带地区。

用途：根可供药用，治风湿痹痛、毒蛇咬伤及各种出血等症。

（二）蝙蝠葛属　Menispermum L.

多年生缠绕藤木。叶常浅裂或呈五角形；叶柄盾状着生。总状或圆锥花序,有花序梗；萼片 2～8,2 轮；花瓣 6～8,短于萼片；雄花有雄蕊 12～24,分离,花药 4 室；雌花不育雄蕊 6～12,心皮 2～6,罕为 1,胎座迹叶状,两层,柱头阔,近无柄。核果球形或卵圆形,内果皮背面有鸡冠状突起。

约 3 种,分布于东亚和北美。我国有 1 种,分布于华东、华北、东北和西北。浙江也有分布。

1. 蝙蝠葛　小青藤,黄根藤(图 76)

Menispermum dauricum DC. , Syst. Nat. 1：540. 1817.

落叶木质藤本,长达 13m。根状茎细长、横走,有分枝。茎木质化,有细纵棱纹。叶互生；叶片圆肾形或卵圆形,全缘或 3～7 浅裂呈五角形,长、宽各 6～11cm,先端尖或渐尖,基部浅心形或近于截形,嫩叶边缘具缘毛,掌状脉 5～7；叶柄长 6～12cm；无托叶。圆锥花序腋生,花序梗长 3～6cm,有小苞片；雄花萼片约 6,花瓣 6～8,雄蕊 12 或更多,花药球形,药室4；雌花花萼、花冠与雄花相似,雌蕊心皮约 3,分离。核果,圆肾形,长 8～10mm,成熟时黑紫色,内有种子 1。花期 5 月,果期 10 月。

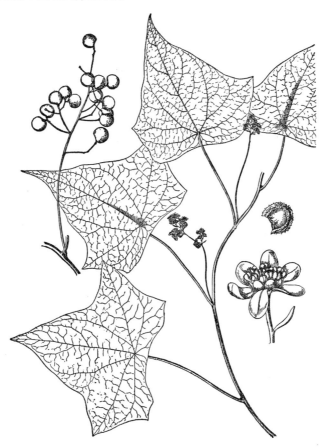

图 76　蝙蝠葛(引自《浙江天目山药用植物志》)

产地：清凉峰镇。生于低海拔地带山麓、溪边、沟谷灌木丛中,常攀援于岩石上。

分布：华东、华北、东北、西北;日本、朝鲜半岛、俄罗斯西伯利亚地区及北美。

用途：根可供药用,治咽喉肿痛、四肢麻痹、肠炎等症。

(三) 木防己属　Cocculus DC.

藤本或攀援灌木,稀直立灌木或小乔木。叶全缘或分裂,非盾状着生。聚伞花序或聚伞状圆锥花序,腋生或顶生;萼片6(9),2轮排列;花瓣6,基部常耳状,先端常2裂,裂片叉开;雄花有雄蕊6~9,花丝分离,药室横裂;雌花有不育雄蕊6或无,心皮3~6,花柱圆柱形,柱头外弯伸展,着生于花柱腹侧的上部。核果倒卵形至近球形,内果皮扁,背肋两侧有小横肋状雕纹。种子马蹄形,扁平。

约8种,分布于亚洲东部和南部、非洲、夏威夷群岛及北美洲。我国2种、1变种,主要分布于黄河流域以南。浙江有2种、1变种。

1. 木防己　土木香,白木香,绵纱藤(图77)

Cocculus orbiculatus（L.）DC.,Syst. Nat. 1：523. 1817.

Basionym：*Menispermum orbiculatum* L.,Sp. Pl. 1：341. 1753.

落叶藤本。块根粗长,具纵沟。茎木质化,小枝密生柔毛,有条纹。叶互生;叶片纸质,宽卵形或卵状椭圆形,长3~14cm,宽2~9cm,基部略为心形或截形,全缘,或呈微波状,中脉明显,侧脉1或2对;叶柄长1~3cm,表面有细纵棱及细柔毛。聚伞状圆锥花序腋生或顶生;花小,黄绿色,有短梗;雄蕊6,与花瓣对生,分离;心皮6,离生,子房呈三角状卵形。核果近球形,蓝黑色,直径6~8mm,被白粉。花期5—6月,果期7—9月。

产地：龙岗。生于低海拔地带的丘陵、溪边、路旁,缠绕于灌木或生于草丛中。

分布：除西北外全国广布;亚洲东部、南部及夏威夷群岛。

图77　木防己(引自《浙江天目山药用植物志》)

(四) 汉防己属　Sinomenium Diels

多年生藤本。叶脉掌状;叶柄非盾状着生,较长。花序由多数小聚伞花序组成圆锥花序,腋生;雄蕊9(10~12),分离;雌花具不育雄蕊9,心皮3,花柱外弯,柱头扩大而分裂。核果,扁球形,花柱残迹近基生;内果皮两侧各有一行横肋状雕纹,胎座迹双片状。种子半月形,胚乳丰富,子叶比胚根稍短。

1种，分布于亚洲东部。我国有1种，分布于黄河流域以南。浙江有分布。

1. 汉防己　防己，青藤，土藤，风龙（图78）

Sinomenium acutum（Thunb.）Rehder & E. H. Wilson in Sargent, Pl. Wilson. 1(3)：387. 1913.

Basionym：*Menispermum acutum* Thunb. Syst. Veg. 14 ed. 892. 1784.

落叶木质藤本，长5～7m。茎枝灰褐色，圆柱形。叶互生，叶片厚纸质或革质；宽卵形或近圆形，长6～12cm，宽4～10cm，全缘，基部的叶常5～7浅裂，基出脉5～7，脉两面凸出；叶柄长6～10cm。圆锥花序腋生；雄花序长10～20cm；花小，淡绿色；雄花萼片6，淡黄色；花瓣6，三角状圆形，长约为萼片的一半；雄蕊8～12，药室4；雌花序较短；子房上位，心皮离生。核果近球形，蓝黑色，长5～6mm；内果皮扁平，马蹄形，边缘有许多小的瘤状突起，背部隆起。花期6—7月，果期8—9月。

产地：龙塘山、百步岭、干坑、大坪溪。生于海拔850～950m的山坡林缘及沟边。

分布：西南、华中、华东及陕西；日本。

用途：茎藤可供药用，治风湿痹痛、鹤膝风、肌肤麻木等症。

图78　汉防己（引自《浙江天目山药用植物志》）

二五、木兰科　Magnoliaceae

常绿或落叶,乔木或灌木,少为藤本。单叶互生,簇生或近轮生,全缘,稀浅裂或具齿,羽状脉;托叶有或无,托叶大,包被幼芽,脱落后在枝上留有环状托叶痕,或同时在叶柄上亦留有托叶痕。花大,单生,稀数朵聚生,顶生或腋生;两性,稀单性;花被片通常花瓣状,2至数轮,有时外轮较小,呈萼片状;雄蕊和雌蕊均多数,分离,螺旋状(少轮状)排列在隆起或不隆起的花托上;雌蕊群无柄或具柄,每雌蕊具胚珠1至多数。聚合果。

18属,约335种,主要分布于亚洲和美洲热带至温带。我国有13属,约110余种,主产长江流域及其以南,华南至西南最多。浙江有11属,31种、1亚种、2变种。本志记载10属,14种。

近来,对木兰科(不包括八角属 *Illicium*、南五味子属 *Kadsura* 和五味子属 *Schisandra* 等)的分子系统学研究表明,其可以分成两个单系发生的亚科,即木兰亚科和鹅掌楸亚科。但在木兰亚科中,如果将木莲属 *Manglietia* 和含笑属 *Michelia* 等分出,则我们传统上认为的木兰属 *Magnolia* 为多系发生,因此,本志采纳了 *Flora of China* 的观点,将木兰属进行了细分。

分属检索表

1. 具托叶,托叶脱落后在小枝上有环状托叶痕;乔木或灌木;花托显著隆起。
  2. 常绿或落叶;叶全缘;蓇葖果,开裂。
    3. 果卵球或球形,稀卵状圆柱形;花托果期不伸长。
      4. 每心皮具 4 枚或较多胚珠;每蓇葖含 4～10 枚种子 ……………… 1. 木莲属 Manglietia
      4. 每心皮具 2 枚胚珠;每蓇葖含 1 或 2 枚种子。
        5. 常绿乔木;叶片下面及叶柄密被锈色长柔毛 ……………… 2. 木兰属 Magnolia
        5. 落叶乔木或小乔木;叶片下面被白粉或兼有褐色柔毛。
          6. 花与叶对生,花梗细长;叶两列排列 ……………… 3. 天女花属 Oyama
          6. 花顶生,花梗粗短;叶螺旋状集生枝顶 ……………… 4. 厚朴属 Houpoëa
    3. 果圆柱形;花托果期伸长。
      7. 常绿灌木;花腋生;雌蕊群具显著的柄 ……………… 5. 含笑属 Michelia
      7. 落叶乔木或小乔木;花顶生;雌蕊群无柄 ……………… 6. 玉兰属 Yulania
  2. 落叶;叶有裂片;坚果,不开裂 ……………… 7. 鹅掌楸属 Liriodendron
1. 不具托叶,或少数具托叶的在托叶脱落后在小枝上无环状托叶痕;灌木、乔木或藤本;花托平。
  8. 常绿或落叶木质藤本;聚合浆果;花单性。
    9. 落叶藤本;聚合果穗状;常雌雄同株 ……………… 8. 五味子属 Schisandra
    9. 常绿藤本;聚合果球状或椭圆状;常雌雄异株 ……………… 9. 南五味子属 Kadsura
  8. 常绿灌木或小乔木;聚合蓇葖果;花两性 ……………… 10. 八角属 Illicium

(一) 木莲属　Manglietia Blume

常绿乔木。小枝有环状托叶痕。叶革质,全缘;叶柄有托叶痕。花两性,单生枝顶;花被片常 9 枚,3 轮,大小近相等;雄蕊多数,花药内向开裂;雌蕊群无柄,心皮多数,每心皮具 4 至多数胚珠。聚合蓇葖果,卵球形或近球形;小果紧密,全部发育,顶端通常有喙,2 瓣裂。

约 40 余种,分布于亚洲热带、亚热带。我国约有 29 种,产于长江流域及其以南,为常绿阔叶林的主要组成树种。浙江连栽培约有 5 种。

1. 木莲(图 79)

Manglietia fordiana Oliv. , Hooker's Icon. Pl. 20：t. 1953. 1891.

Magnolia fordiana (Oliv.) Hu；*Magnolia yuyuanensis*(Y. W. Law) V. S. Kumar；*Manglietia yuyuanensis* Y. W. Law.

乔木,高达 10m,胸径达 25cm。除芽鳞被锈黄色平伏柔毛外,余均无毛。叶片窄倒卵状长圆形或窄椭圆形,长 8～14cm,宽 2.5～4cm,先端渐尖,稀短尾状,基部楔形、宽楔形至窄楔形,上面深绿色,下面灰绿色,侧脉不明显,8～14 对;叶柄长 1～2.5cm,有托叶痕。花梗长1.5～2cm;花被片 9,3 轮,外轮绿色,薄革质,倒卵状长圆形,长约 4cm,中轮与内轮肉质,白色,较短小;雄蕊药隔伸出近半圆形,长约 1mm;雌蕊群椭圆状卵形,长 1.3～1.8cm。聚合果卵球形,长 2.5～3.5cm,直立。花期 4—5 月,果期 9 月。

图 79　木莲(引自《浙江药用植物志》)

产地：直源、大明山。生于海拔 350～600m 的西南山谷林中。

分布：安徽、浙江、福建、江西、广东、海南、湖南、贵州、云南;越南。

用途：材质优良,供建筑、家具、细木工等用;果及树皮可入药;优良的园林绿化树种。

(二) 木兰属　**Magnolia** L.

常绿乔木或灌木。小枝具环状托叶痕。叶螺旋状着生,全缘,具柄。花两性,大而美丽,单生枝顶;花被片 9～12,每轮 3 或 4,近相等;花丝扁平,药隔突出;雄蕊群和雌蕊群相连接,雌蕊具胚珠 2,极少在基部者 3 或 4。聚合蓇葖果,卵状圆柱形,蓇葖沿背缝开裂。种子每心皮 1 或 2,成熟时有白色细丝相连,外种皮肉质,鲜红或橙红色。

约 20 种,分布于中美洲至北美东南部。我国引种栽培 1 种。浙江及本区也有栽培。

1. 荷花玉兰　广玉兰,洋玉兰

Magnolia grandiflora L. , Syst. Nat. ed. 10, 2：1802. 1759.

常绿乔木,高达 30m。新枝、芽、叶下面及叶柄均密被锈色短绒毛。叶片厚革质,椭圆形或倒卵状椭圆形,长 10～20cm,宽 4～10cm,先端钝或钝尖,基部楔形,边缘微向下反卷,上面深绿色,有光泽,下面密被锈褐色短柔毛;托叶与叶柄分离。花大,白色,直径 15～20cm,有芳香,花被片 9～12,肉质,倒卵形,长 7～9cm,宽 5～7cm;雄蕊长约 2cm,花丝扁平,紫色;雌蕊群密被绒毛,心皮卵形,花柱卷曲。聚合果卵状圆柱形,长 7～10cm,直径 4～5cm,密被灰黄色或褐色绒毛。花期 5—6 月,果期 10—11 月。

产地：区内农家常作观赏乔木栽培。

分布：我国长江流域及其以南各城市均有栽培。

用途：著名的庭院及工厂区绿化观赏树种,抗污、吸尘能力强。

（三）天女花属　Oyama (Nakai) N. H. Xia & C. Y. Wu

落叶乔木或小乔木。树皮灰褐色；小枝具环状托叶痕。叶下部者两列排列；叶片膜质或纸质,全缘,具柄。花两性,在枝顶与叶成对生状；花梗细长；花被片 9～12,白色,每轮 3,外轮常较小；花丝扁平；雄蕊群和雌蕊群相连接,雌蕊具胚珠 2。聚合蓇葖果,圆柱形,蓇葖沿背缝开裂。种子成熟时有白色细丝相连,外种皮肉质,鲜红色。

4 种,分布于东亚和东南亚。我国有 4 种,主要分布于东北、华东、华中、西南等。浙江有 1 种。

1. 天女花　天女木兰(图 80)

Oyama sieboldii (K. Koch) N. H. Xia & C. Y. Wu, Fl. China 7：67. 2008.

Basionym：*Magnolia sieboldii* K. Koch, Hort. Dendrol. 4. 1853.

落叶小乔木或灌木状,高 2～5m。幼枝被银灰色长柔毛。叶片薄纸质,宽倒卵形或倒卵状圆形,长 6～15cm,宽 4～10cm,先端短钝尖,下面被白粉和褐色柔毛,沿脉密生长绢毛,并散生有金黄色小点,侧脉 6～8 对；叶柄长 1～4cm,密被褐色长柔毛,托叶痕约为叶柄长的1/2。花与叶对生,后于叶开放或花叶同放,直径 7～10cm,白色,有芳香,花梗细,长 3～7cm,密被

图 80　天女花(引自《浙江天目山药用植物志》)

褐色长柔毛;花被片9,倒卵形;雄蕊多数,紫红色;雌蕊群椭圆形,长约1.5cm。聚合果长圆柱形,长5～7cm,熟时红色。花期5—6月,果期8—10月。

产地:东岙头、十八龙潭。生于海拔1500m左右的阴坡或沟谷。

分布:辽宁、安徽、浙江、江西、福建、湖南、广西;日本、朝鲜半岛。

(四) 厚朴属　**Houpoëa** N. H. Xia & C. Y. Wu

落叶乔木、小乔木或灌木。树皮灰褐色,光滑;小枝具环状托叶痕。叶螺旋状排列于枝顶;叶片膜质或坚纸质,全缘或先端浅2裂,具柄。花两性,单生于枝顶;花梗细长;花被片9～12,每轮3或4,近等大;花丝扁平,药隔稍突出;雄蕊群和雌蕊群相连接,雌蕊具胚珠2(～4)。聚合蓇葖果,圆柱形,蓇葖沿背缝开裂。

4种,分布于东南亚和北美洲东部。我国有3种,分布于华东、华中、华南至西南。浙江有1种。

1. 厚朴(图81)

Houpoëa officinalis (Rehder & E. H. Wilson) N. H. Xia & C. Y. Wu, Fl. China 7: 65. 2008.

Basionym: *Magnolia officinalis* Rehder & E. H. Wilson in Sargent, Pl. Wilson. 1 (3): 391. 1913.

Magnolia officinalis Rehder & E. H. Wilson var. *biloba* Rehder & E. H. Wilson; *M. officinalis* subsp. *biloba* (Rehder & E. H. Wilson) Y. W. Law.

落叶乔木,高达20m。树皮不裂;小枝粗壮;顶芽窄卵状圆锥形,无毛。叶片大,常7～12枚集生枝顶,长圆状倒卵形,长20～45cm,宽8～25cm,先端凹缺成2裂,基部楔形,上面绿色,无毛,下面灰绿色,有白粉,被平伏柔毛,侧脉15～30对;叶柄长2.5～5cm,托叶痕长约为叶柄的2/3。花大,与叶同放,白色;花梗粗短,被柔毛;花被片9～12,肉质,外轮3片淡绿色,长圆状倒卵形,外有紫色斑点,其他花被片倒卵状匙形,大小不等,长约6～10cm,宽2～5cm,雄蕊花丝短,红色。聚合果长圆柱形,长9～15cm。花期4—5月,果期9—10月。

产地:区内偶见有栽培。

分布:陕西、甘肃、河南、浙江、江西、广东、广西、湖北、湖南、四川、贵州。

用途:树皮"厚朴"为著名中药材;可作庭院绿化树种。

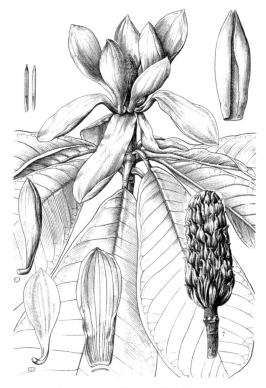

图81　厚朴(引自《中国植物志》)

(五) 含笑属　Michelia L.

常绿乔木或灌木。小枝具环状托叶痕。叶全缘,托叶盔帽状,与叶柄贴生或分离,幼叶在芽内对折。花两性,单生叶腋,稀2或3朵形成聚伞花序状,芳香;花被片6～21枚,每轮3或6枚,通常近相等;雌蕊群有柄,心皮多数或少数,胚珠2至数枚。聚合蓇葖果,通常部分蓇葖不发育而成疏松的穗状。种子红色或褐色。

约70种,分布于亚洲热带至亚热带。我国39种,主产西南部至东部。浙江有5种、1变种,其中野生2种、1变种。

本属植物天然杂交种较多。

1. 含笑(图82)

Michelia figo (Lour.) Spreng, Syst. Veg. 2:643. 1825.

Basionym: *Liriodendron figo* Lour., Fl. Cochinch. 1:347. 1790.

灌木,高1～5m。芽、小枝、叶柄、花梗均密被黄褐色柔毛。叶片革质,倒卵形或倒卵状椭圆形,长4～8cm,宽2～4.5cm,先端钝尖,基部楔形,下面脉上有黄褐色毛,叶柄长2～4mm,托叶痕延至叶柄顶端。花常不满开,具香蕉味浓香,直径约15mm,花被片6,淡黄色,

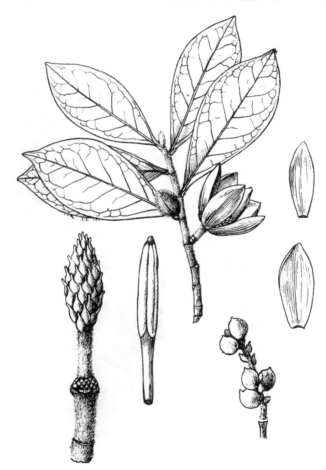

图82　含笑(引自《中国植物志》)

边缘带紫,雌蕊群柄长约 6mm。聚合果长 2～3.5cm,蓇葖先端有短尖的喙。花期 3—5 月,果期 7—8 月。

产地：区内农家常有栽培。

分布：原产我国华南,长江以南各地庭院中多有栽植。

用途：传统庭院观赏树木;花可熏茶,也可提取香精或作药用。

（六）玉兰属 Yulania L.

落叶乔木或灌木。小枝具环状托叶痕。叶螺旋状排列于枝顶;叶片膜质至厚纸质,全缘或先端浅 2 裂,具柄。花两性,单生于枝顶,先于叶开放或与叶同放;花被片 9～15,稀可多达 45,每轮 3,白色、粉紫色、紫红色,少有黄色,近等大;花丝扁平,药隔突出;雄蕊群和雌蕊群相连接,雌蕊具胚珠 2(～4)。聚合蓇葖果,圆柱形,蓇葖沿背缝开裂。

约 25 种,分布于亚洲温带至亚热带及北美洲。我国有 18 种,各省、区均有分布。浙江有 8 种。

分种检索表

1. 花被片同型,内外轮大小近相等,颜色相似。
　2. 一年生小枝淡灰褐色,多少被毛;花被片白色或基部带紫色条纹 ……………… 1. 玉兰 Y. denudata
　2. 一、二年生小枝绿色,无毛;花被片粉红色 …………………………………… 2. 天目木兰 Y. amoena
1. 花被片二型,外轮 3 片短小,带绿色、萼片状。
　3. 栽培;灌木;内 2 轮花被片紫色,无芳香 ……………………………………… 3. 紫玉兰 Y. liliflora
　3. 野生;乔木;内 2 轮花被片白色,基部紫红色,有芳香 …………………… 4. 黄山木兰 Y. cylindrica

1. 玉兰　望春花,白玉兰,木兰(图 83：E)

Yulania denudata (Desr.) D. L. Fu in J. Wuhan Bot. Res. 19(3)：198. 2001.

Basionym：*Magnolia denudata* Desr. in Lam., Encycl. Bot. 3：675. 1792.

落叶乔木,高达 20m。小枝淡灰褐色;冬芽密生灰绿色绢毛。叶片纸质,宽倒卵形或倒卵状椭圆形,长 8～15cm,宽 6～10cm,先端宽圆或平截,具短突尖,基部楔形,下面被柔毛;叶柄长 1～2.5cm。花先叶开放,白色,野生者在花被片背面基部常带淡紫红色;花被片 9,长圆状倒卵形,长 9～11cm,宽 3.5～4.5cm,雄蕊花药室侧向开裂;雌蕊群无毛。聚合果不规则圆柱形,长 8～17cm,蓇葖木质,具白色皮孔。花期 2—3 月,果期 9—10 月。

产地：云溪坞。生于海拔 300～1000m 山地阔叶林中,区内村庄有栽培。

分布：安徽、浙江、江西、湖南、贵州,南北多有栽培。

用途：优良的观花乔木;花蕾入药;种子榨油,供工业用。

2. 天目玉兰　天目木兰(图 83：A,B)

Yulania amoena (Cheng) D. L. Fu in J. Wuhan Bot. Res. 19(3)：198. 2001.

Basionym：*Magnolia amoena* Cheng in Contr. Biol. Lab. Sc. Soc. China, Bot. Ser. 9：280. 1934.

图 83　A,B：天目玉兰；C,D：黄山玉兰；E：玉兰（金孝锋绘）

　　落叶乔木，高达 15m。小枝绿色，无毛；芽被灰白色平伏毛。叶片纸质，倒披针形或倒披针状椭圆形，长 10～15cm，宽 3～5cm，先端渐尖或急尖呈尾状，幼叶下面叶脉和脉腋有弯曲柔毛，侧脉 10～13 对；叶柄长 0.8～1.3cm，托叶痕长为叶柄的 1/5～1/2。花先叶开放，芳香，红或淡红色，直径约 6cm。花被片 9，倒披针形或匙形，长 5～6.5cm，宽 1.4～1.7cm。聚合果呈不规则细圆柱形，常弯曲，长 4～14cm，直径 2～2.5cm，下垂，果序梗被灰白色柔毛。

花期 3 月下旬至 4 月上旬，果期 9—10 月。

产地：顺溪、直源。生于海拔 500～1100m 的阴坡或沟谷阔叶林中。

分布：江苏、安徽、浙江、江西、福建、湖北。

用途：花蕾入药；优良的庭院观花树种。

3. 紫玉兰　辛夷

Yulania liliiflora (Desr.) D. L. Fu in J. Wuhan Bot. Res. 19(3)：198. 2001.

Basionym：*Magnolia liliiflora* Desr. in Lam., Encycl. Bot. 3：675. 1791.

落叶灌木，丛生状，高 2～3m。小枝紫褐色。顶芽卵形，被淡黄色绢毛。叶片椭圆状倒卵形或倒卵形，长 8～18cm，宽 3～8cm，先端急尖或渐尖，基部楔形，幼时上面疏生短柔毛，下面沿脉有细柔毛，侧脉 8～10 对；叶柄长 0.8～2cm，托叶痕长约为叶柄的 1/2。花通常先叶开放，花被片 9，外轮 3 片小，长仅 2～3.2cm，披针形，紫绿色，萼片状，内 2 轮外面紫色，内面白色带紫，倒卵状披针形，长 8～11cm；雄蕊紫红色，花药侧向开裂；雌蕊群长约 1.5cm，淡紫色；聚合果熟时深褐色。花期 3—4 月，果期 8—9 月。

产地：区内农家有栽培。

分布：陕西、福建、湖北、四川、重庆、云南。

用途：花蕾入药；著名的庭院观花树种。

4. 黄山玉兰　黄山木兰(图 83：C,D)

Yulania cylindrica (E. H. Wilson) D. L. Fu in J. Wuhan Bot. Res. 19(3)：198. 2001.

Basionym：*Magnolia cylindrica* E. H. Wilson in J. Arnold Arbor. 8：109. 1927.

落叶乔木，高达 20m。幼枝、叶柄被淡黄色平伏毛；二年生枝紫褐色。叶片纸质，倒卵形或倒卵状椭圆形，长 6～13cm，宽 3～6cm，先端钝尖或圆，上面无毛，下面灰绿色，被均匀伏贴短绢毛；叶柄长 1～2cm，托叶痕长为叶柄的 1/6～1/4。花先叶开放，无香气；花被片 9 片，外轮 3 片小，膜质，萼片状，绿色，长 1.2～1.5cm，宽约 4mm，内 2 轮白色，外面基部均带不同程度的紫红色，匙形或倒卵形，长 5～6.5cm，宽 2.5～3.5cm；花梗密被黄色绢毛。聚合果圆柱形，长 4.5～7.5cm，下垂，熟时带暗红色，蓇葖间有不同程度的愈合。花期 4—5 月，果期 8—9 月。

产地：双涧坑、龙塘山、三祖源、百丈岭。散生于海拔 700m 以上的山坡阔叶林中。

分布：河南、安徽、浙江、江西、福建、湖北。

用途：栽培供观赏。

（七）鹅掌楸属　**Liriodendron** L.

落叶乔木。枝髓片状。叶具长柄，马褂形，先端平截或微凹，两侧各具 1～3 裂片；托叶与叶柄离生。花两性，单生枝顶，无香气；花被片通常 9，3 片一轮，近相等，或外轮萼片状；雄蕊、雌蕊均多数，螺旋状排列于柱状花托上；胚珠 2。聚合果纺锤形，小果木质，顶端延伸成翅，内果皮与种皮愈合，不裂。种子 1 或 2。

2 种及 1 人工杂交种，产东亚和北美。我国 3 种均有，野生 1 种分布于中南部。浙江也均有，并广泛栽培。

1. 鹅掌楸　马褂木(图 84)

Liriodendron chinense (Hemsl.) Sarg., Trees & Shrubs, 1(3): 103, t. 52. 1903.

Basionym: *Liriodendron tulipifera* L. var. *chinense* Hemsl. in J. Linn. Soc., Bot. 23(1): 25. 1886.

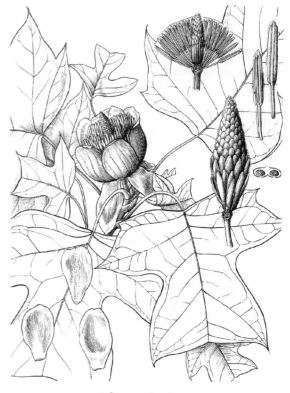

乔木,高达 30m。树皮灰白色,浅纵裂;小枝灰褐色。叶片马褂形,长 6~16cm,两侧中下部各具 1 较大裂片,先端平截,下面苍白色,具乳头状白粉点,无毛,中脉浑圆无棱;叶柄长 4~14cm。花杯状,直径约 5~6cm;花被片 9 片,三轮,外轮 3 片绿色,倒卵状椭圆形,内两轮直立,宽倒卵形,橙黄色,基部微带淡绿色,并具大小不等的褐色斑点。聚合果纺锤形,小坚果具翅。花期 5 月,果期 9 月。

产地:大盘里、茶园里、直源、三祖源。生于海拔 600m 以上的阔叶林中,区内常有栽培。

分布:陕西、安徽、浙江、江西、湖北、湖南、四川、云南、广西、贵州;越南北部。

用途:木材细致、轻软,供建筑、家具、细木工等用;叶与树皮可供药用;珍贵的观赏乔木。

图 84　鹅掌楸(引自《中国植物志》)

(八) 五味子属　Schisandra Michx.

木质藤本。芽鳞 6~8 枚,较大,常宿存。叶多为纸质,常有透明腺点,在长枝上互生,在短枝上集生,边缘常有小齿;无托叶。花单性,雌雄异株,稀同株,单生或数朵聚生;花被片 5~20,中轮常最大;雄蕊多数,分离或部分至全部合生,花丝短至无;心皮 12~120 枚,离生,螺旋状密集排列于圆柱形或圆锥形肉质花托上,授粉后逐渐伸长而变稀疏。聚合浆果穗状。种子 2(3),或仅 1 粒发育,肾形、扁椭圆形或扁球形,种脐常呈 U 形。

22 种,主产于亚洲东南部和东南部,仅 1 种产于美国东南部。我国约 19 种。浙江产 3 种。

分种检索表

1. 雄蕊 10 枚以上,聚成球状体;果熟时红色。
  2. 叶下面被白粉;幼枝具翅棱;雄蕊 30~40 ················· 1. 翼梗五味子 S. henryi
  2. 叶两面绿色;幼枝不具翅棱;雄蕊 11~25 ············ 2. 华中五味子 S. sphenanthera
1. 雄蕊 5 枚,排成五角形;果熟时黑色 ····················· 3. 二色五味子 S. bicolor

1. 翼梗五味子 粉背五味子(图85)

Schisandra henryi C. B. Clarke, Gard. Chron. 2：162. 1905.

落叶藤本。小枝具宽1～1.5mm的翅棱,被白粉。内芽鳞紫红色,长椭圆形或椭圆形,长0.8～1.5cm,常宿存。叶片纸质或近革质,卵形或椭圆状卵形,长6～9cm,先端短渐尖,基部宽形或近圆,下面白粉显著,叶边缘疏生细浅齿瘤或全缘。雄花梗短,长约4～6mm,雌花梗长7～8cm,花被片8～10,黄色,近圆形,雄蕊30～40;雌蕊群长圆状卵圆形,心皮50。聚合果红色,小浆果球形。种皮黄褐色。花期5—7月,果期8—9月。

产地:龙塘山、茶园里、直源。生于海拔400～900m的山谷林缘。

分布:浙江、湖北、湖南、广东、广西、四川、贵州。

用途:全株可药用。

图85 翼梗五味子(引自《浙江药用植物志》)　　图86 华中五味子(引自《浙江天目山药用植物志》)

2. 华中五味子 东亚五味子(图86)

Schisandra sphenanthera Rehder & E. H. Wilson in Sargent, Pl. Wilson. 1(3)：414. 1913.

落叶藤本。小枝细长,圆柱形,密生黄色瘤状皮孔。叶片薄纸质,倒卵形、宽倒卵形或倒卵状圆形,长5～11cm,先端渐尖或短尖,基部楔形或宽楔形,下延成极窄的翅,上面绿色,下面带灰绿色,边缘中部以上疏生波状齿,齿尖胼胝质。花出于小枝近基部叶腋,花梗纤细,长2～4.5cm,花被片5～9,橙黄色;雄蕊11～25;雌蕊群卵球形,心皮30～60。聚合浆果长3～13cm,熟时红色。花期4—6月,果期6—10月。

产地：龙塘山、茶园里、大明山、顺溪坞、直源、百丈岭。生于海拔 300～1200m 的山地林缘、沟边或灌丛中。

分布：山西、河南、江苏、安徽、浙江、湖北、湖南、四川、贵州、云南。

3. 二色五味子(图 87)

Schisandra bicolor Cheng in Contr. Biol. Lab. Sc. Soc. China, Bot. Ser. 8：137. 1932.

落叶藤本。当年生枝淡红色,稍具纵棱,芽细小,卵圆形或近圆形。叶常集生于短枝先端,叶片近圆形,长 5.5～9cm,先端骤尖,基部宽楔形,上面绿色,下面灰绿色,两面无毛,边缘中部以上疏生浅小齿。花雌雄同株,出于短枝先端的苞腋,花被片 7～13,外轮的绿色或黄绿色,内轮的黄色或红色;雄花梗纤细,长 1.5～2cm,雄蕊 5,无花丝,排成扁平的五角形;雌花梗较粗,长 2～6cm,雌蕊群近卵球形,心皮 9～16。聚合浆果长 3～7cm,熟时黑色,果皮具白点。种皮背部具小瘤点。花期 6—7 月,果期 9—10 月。

产地：清凉峰、东岙头、龙塘峰。生于海拔 900～1400m 的山地林缘。

分布：浙江、江西、广西、湖南、云南。

图 87　二色五味子(引自《浙江天目山药用植物志》)

(九) 南五味子属　**Kadsura** Kaempf. ex Juss.

木质藤本。叶互生,叶片革质,全缘或有锯齿,常有透明腺点;无托叶。花单性,雌雄同株,单生叶腋,稀 2～4 朵聚生于新枝叶腋或短枝上,花梗细长;花被片 7～24,覆瓦状排列;雄蕊 12～80,合生成头状或圆锥状雄蕊群;心皮 20～300 枚,螺旋状排列于花托上。聚合浆果球状或椭圆球状。种子 2～5,两侧扁,椭圆形、肾形或卵状心形。

约 16 种,主产亚洲东部和东南部。我国 8 种,产于东部至西南部。浙江有 1 种。

1. 南五味子　冷饭包(图 88)

Kadsura longipedunculata Finet & Gagnep. in Bull. Soc. Bot. France 52(Mem. 4)：53. Pl. 8. B, 8-15. 1906.

常绿藤本。全株无毛。小枝圆柱形,褐色或紫褐色。叶片软革质,椭圆形或椭圆状披针形,长 5～13cm,宽 2～6cm,先端渐尖,基部楔形,边缘有疏齿,侧脉 5～7 对;叶柄长 0.6～2.5cm。花单性,雌雄异株;单生叶腋,淡黄色或白色,有芳香,具 0.7～4.5cm 的细长花梗,雌、雄花花被片相似,8～17 片,雄花具雄蕊 30～70,雌花的雌蕊群椭圆形,心皮 40～60。聚合果球形,直径1.5～3.5cm,熟时深红色至暗紫色。种子2或3,稀4或5。花期6—9月,果期9—12月。

产地:龙塘山、大石门、谢家坞、童玉、大坪溪、顺溪、直源。生于海拔1000m以下的山坡、溪谷两旁的林缘或灌木林中。

分布:长江流域及其以南各地。

用途:根、茎、叶、种子均可入药;茎、叶、果实可提取芳香油;果可生食;优良的垂直绿化植物。

图88 南五味子(引自《浙江天目山药用植物志》)

(十) 八角属 Illicium L.

常绿小乔木或灌木。全株无毛,具油细胞,有香气。单叶互生,多集生枝顶,常革质,全缘,羽状脉,中脉在上面常凹下;无托叶。花两性,单生或2～5朵簇生叶腋,花被片7～33(～55),覆瓦状排成数轮;雄蕊4到多数,1至数轮,花丝短而粗壮,分离;心皮通常7～15,离生,单轮排列,雌蕊1室,1胚珠;花托扁平。聚合蓇葖果,蓇葖侧扁,沿腹缝线开裂,单轮放射状排列;种子椭圆形或卵形,扁,种皮坚硬,光滑,有光泽。

约40种,分布于亚洲东部、东南部及北美东南部。我国27种,大多分布于长江流域及其以南。浙江有2种。

1. 披针叶茴香　莽草,红茴香(图 89)

Illicium lanceolatum A. C. Smith in Sargentia 7：43，fig. 11，a-g. 1947.

小乔木或灌木,高可达 10m。叶片软革质,集生枝顶或呈轮生状,倒披针形、披针形或椭圆状倒披针形,长 5～15cm,宽 1.5～4.5cm,先端尾尖或渐尖,基部窄楔形,上面有光泽,中脉在上面凹下,侧脉与网脉不明显;叶柄长 5～17mm。花 1～3 朵腋生或近顶生;花梗长 1.5～5cm;花被片 10～15,红色,轮状着生,肉质,大小不等;雄蕊 6～11;心皮 10～14,轮状排列,柱头淡红色。聚合果有蓇葖 10～14,蓇葖先端有长的钩状尖头。花期 4—6 月,果期 9—10 月。

产地:井坑、龙塘山、大明山、直源、柘林坑,大明山有栽培。多生于海拔 400～600m 的阴湿溪谷两旁阔叶林中。

分布:江苏、安徽、浙江、江西、福建。

用途:全株入药;优良的观花观叶植物。

图 89　披针叶茴香(引自《浙江天目山药用植物志》)

二六、蜡梅科　Calycanthaceae

落叶或常绿灌木。小枝四方形至近圆柱形,皮孔明显。鳞芽或叶柄下芽。单叶对生,全缘或具浅细锯齿,羽状脉,有短柄,无托叶。花两性,辐射对称,单生于侧枝的顶端或腋生,通常芳香,白色、黄色或黄白色;花被片花瓣状,多数,成螺旋状着生于杯状花托外围,形状各样;雄蕊二型,能育雄蕊 5～20 枚,螺旋状着生于花托顶端外缘,花丝短而离生,药室外向,2室,纵裂,退化雄蕊 10～25 枚,线形至线状披针形,短,被柔毛;心皮少数至多数,离生,着生于中空的花托内面,每心皮有胚珠 2 颗,仅 1 枚发育,花柱丝状,伸长。聚合瘦果着生于坛状的果托中,瘦果内有种子 1 颗。

　　2 属,9 种、2 变种,分布于亚洲东部和美洲北部。我国有 2 属,7 种、2 变种。浙江有 2 属,3 种。本志记载 2 属,2 种。

分属检索表

1. 叶柄下芽;花顶生,具柄,花被明显二型;雄蕊 10～30 ················· 1. 夏蜡梅属 Calycanthus
1. 芽不包于叶柄基部;花腋生,无柄或近无柄,花被不明显二型;雄蕊 5 或 6 ······ 2. 蜡梅属 Chimonanthus

（一）夏蜡梅属　Calycanthus L.

　　落叶灌木。叶柄下芽。叶膜质,叶面粗糙。花单生于当年生枝顶端,无香气,直径 4～8cm;花被片二型,多数,肉质,覆瓦状排列;能育雄蕊 18～20,花丝短,被短柔毛,花药背面通常被短柔毛,退化雄蕊 10～12,被短柔毛;心皮多数,离生。果托梨状、椭圆状或钟状,被短柔毛或无毛;瘦果长圆状椭圆球形,两侧有纵脊;种子无胚乳。

　　3 种,分布于我国和北美。我国仅 1 种,分布于浙江和安徽。

1. 夏蜡梅(图 90,封面)

Calycanthus chinensis (Cheng & S. Y. Chang) Cheng & S. Y. Chang ex P. T. Li, Fl. Reipubl. Popularis Sin. 30(2): 3. 1979.

Calycanthus chinensis Cheng & S. Y. Chang, nom. ille.; *Sinocalycanthus chinensis* Cheng & S. Y. Chang.

　　植株高 1～3m;树皮灰白色或灰褐色,有凸起皮孔;小枝对生,幼时被疏毛。叶片薄纸质,宽卵状椭圆形、倒卵状圆形,长 11～26cm,宽 8～16cm,叶面有光泽,略粗糙,无毛,叶背幼时沿脉被褐色硬毛;叶柄长 1.2～1.8cm。花直径 4～8cm;苞片 5～7,早落,有痕;外轮花被片 11～14,倒卵形,白色,边缘淡紫色边晕,内轮花被片 8～12,椭圆形,中部以上淡黄色,中部以下白色,内面基部有淡紫红色斑纹;能育雄蕊 18～20,退化雄蕊 10～12;花柱丝状伸长。果托钟状,长 3～4.5cm,直径 1.5～3cm,密被柔毛;瘦果长椭圆球形,长 1～1.6cm,直径 5～8mm,被绢毛。花期 5月中下旬,果期 10 月上旬。

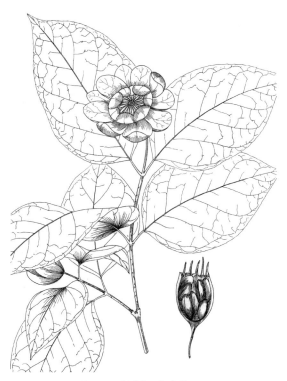

图 90　夏蜡梅(金孝锋绘)

产地：百丈岭、小石门、大明山、顺溪。生于海拔 300～600m 的常绿阔叶林下或沟边。

分布：浙江、安徽。

用途：为浙皖特有的古老孑遗种类。可供栽培观赏，并具有重要的科研价值。

(二) 蜡梅属　Chimonanthus Lindl.

落叶、常绿或半常绿灌木。鳞芽裸露。叶纸质或近革质。花腋生，芳香；花被片 10～27，黄色或黄白色，或有紫红色条纹；能育雄蕊 5 或 6，着生于杯状花托边缘，花丝丝状，基部宽而连生，通常被疏毛，花药 2 室，外向；退化雄蕊 5 或 6，钻形，被微毛，着生于能育雄蕊内面的花托边缘；心皮 5～15，离生，每心皮有胚珠 2 颗或 1 颗败育。果托坛状，被短柔毛；瘦果长圆形，内有种子 1 粒。

6 种，我国特有。浙江有 3 种(1 栽培种)。

1. 蜡梅　黄梅花(图 91)

Chimonanthus praecox Lindl.，Bot. Reg. 5：subt. 404. 1819.

落叶灌木，高达 4m。叶片纸质，卵圆形至卵状椭圆形，长 2～18cm，宽 2～8cm，先端急尖至渐尖，基部楔形至圆形，上面深绿色，粗糙，下面脉上疏生硬毛；叶柄长 3～10mm，密被白色长毛。花单生叶腋，先叶开放，有香气，直径 2～4cm；花被片黄色，无毛，有光泽，基部成爪状，具褐色斑纹；能育雄蕊长 4mm，花丝比花药长或等长，退化雄蕊长 3mm；心皮基部被疏硬毛，花柱长达子房 3 倍，基部被毛。果托坛状或倒卵状椭圆形，长 2～5cm，直径 1～2.5cm，口部收缩。花期 11 月至翌年 3 月，果期 6—7 月。

产地：区内常有栽培。

分布：陕西、河南、安徽、浙江、福建、湖南、贵州、江苏、江西、四川、云南，全国各地常见栽培。

用途：花芳香美丽，优良园林绿化植物；根、叶可药用。

图 91　蜡梅(引自《浙江天目山药用植物志》)

二七、樟科　Lauraceae

乔木或灌木，稀寄生草质藤本。含油细胞，具香气。单叶，互生、稀对生或轮生；多革质，全缘，稀缺裂；羽状脉、三出脉或离基三出脉；无托叶。花小，多白色或黄绿色；两性或单性，辐射对称，3 或 2 基数，圆锥、总状、聚伞或伞形花序腋生或近顶生；花被基部连合成短筒，裂片 4 或 6,2 轮,早落或宿存;雄蕊 3 或 4 轮,每轮 3 枚,稀 2 枚或退化,花丝基部具 2 枚黄色腺体或无,花药 2 或 4 瓣裂;子房上位,稀下位,1 室,1 胚珠,下垂,倒生,花柱 1。浆果状核果,基部具宿存花被,或花被筒增大为杯状或盘状,并承托果实基部,稀全部包被;果梗圆柱形,有时肉质。种子无胚乳。

约 45 属,2500 种,分布于热带、亚热带地区,主要分布于东南亚及拉丁美洲。我国有 23 属,400 余种,集中分布于长江以南。浙江有 11 属,47 种及若干种下类群。本志记载 7 属,22 种、2 变种。

本科树种多为南方常绿阔叶林建群种;可供优质用材及药用、香料、观赏和果树等。

分属检索表

1. 圆锥花序;花两性;常绿。
　2. 果时花被裂片脱落;三出脉或羽状脉 ………………………………… 1. 樟属 Cinnamomum
　2. 果时花被裂片宿存;羽状脉。
　　3. 果时花被裂片质硬而短,常直立并紧贴果实基部;果实通常卵球形或椭圆球形 …………………
　　　…………………………………………………………………………… 2. 楠属 Phoebe
　　3. 果时花被裂片质软而长,常反曲且不紧贴果实基部;果实通常球形或扁球形 …………………
　　　………………………………………………………………………… 3. 润楠属 Machilus
1. 伞形或总状花序;花单性异株,稀两性;常绿或落叶。
　4. 总状花序;落叶;叶多具缺裂 ……………………………………… 4. 檫木属 Sassafras
　4. 伞形花序;常绿或落叶;叶常无缺裂。
　　5. 花 2 基数,各部为 2 数或为 2 的倍数 ……………………………… 5. 新木姜子属 Neolitsea
　　5. 花 3 基数。
　　　6. 花药 4 室 …………………………………………………………… 6. 木姜子属 Litsea
　　　6. 花药 2 室 ………………………………………………………… 7. 山胡椒属 Lindera

（一）樟属　**Cinnamomum** Schaeffe

常绿乔木或灌木。树皮、小枝和叶颇芳香。叶互生,偶近对生至对生;离基三出脉、三出脉,少羽状脉。聚伞状圆锥花序,腋生或近顶生;花两性,稀杂性;花被筒短,杯状或钟状,花被裂片 6,花后常脱落;能育雄蕊常 9,花药 4 室,第 1、2 轮内向开裂,第 3 轮外向,最内轮退化成箭头状。果托杯状、钟状或倒圆锥状,边缘波状或具不规则小齿。

约 250 种,分布于亚洲至太平洋各群岛、大洋洲、拉丁美洲及北美洲。我国有 50 种,产于南方,北可达陕西及甘肃南部。浙江有 11 种。

分种检索表

1. 叶互生,离基三出脉,脉腋有腺窝;叶柄长 2～3cm;果近球形 ………………………… 1. 樟 C. camphora
1. 叶对生或近对生,三出脉或近离基三出脉,脉腋无腺窝;叶柄长 0.5～1.7cm;果卵球形或椭圆球形。
　2. 小枝绿色,无毛或近无毛;叶无毛或近无毛;叶脉上下两面均隆起 ……… 2. 浙江樟 C. chekiangense
　2. 小枝灰褐色,密被灰黄色绢毛或短柔毛;叶下被毛;叶脉在上面凹陷,下面明显隆起 …………………
　　………………………………………………………………………… 3. 细叶香桂 C. subavenium

1. 樟　香樟(图 92:A-C)

Cinnamomum camphora (L.) Presl in Prir. Rostlin 2(2):36. 1825.

Basionym: *Laurus camphora* L., Sp. Pl. 1:369. 1753.

乔木,高达 40m。植株含樟脑味。树皮灰褐色,纵裂;小枝绿色,无毛。叶互生;叶片薄革质,卵形或卵状椭圆形,长 6~12cm,宽 2.5~5.5cm,先端急尖,基部宽楔形至近圆形,叶缘上下波状,上面绿色至黄绿色,具光泽,下面灰绿色,微被白粉,两面无毛或下面幼时略被微柔毛,离基三出脉,脉腋有腺窝;叶柄细,长 2~3cm,无毛。圆锥花序生于当年生枝叶腋,无毛或在节部被灰白至黄褐色微柔毛;花较小,淡黄绿色;花梗短,无毛;花被裂片椭圆形,外侧无毛,内侧密被短柔毛。果近球形,直径 6~8mm,熟时紫黑色;果托杯状。花期 4—5 月,果期 8—11 月。

产地:区内常见栽培,野生见于千顷塘。多生于海拔 150~1200m 山谷、溪边、路旁疏林下。

分布:长江流域及其以南各地均有分布,各地常见栽培;日本、朝鲜半岛、越南。

用途:珍贵用材,全体可提樟脑、樟油。国家二级重点保护野生植物。

2. 浙江樟(图 92:D,E)

Cinnamomum chekiangense Nakai, Fl. Sylv. Kor. 22:23. 1939.

乔木,高达 15m,胸径 40cm。树皮灰褐色,平滑至近圆形块片剥落,芳香并具辛辣味;小枝绿色至暗绿色,幼时被细短柔毛,后渐脱落。叶互生至近对生;叶片薄革质,长椭圆形、长椭圆状披针形至狭卵形,长 6~14cm,宽 1.7~5cm,先端渐尖至尾尖,基部楔形,上面深绿色,有光泽,无毛,下面微被白粉及细短柔毛,后渐无毛,离基三出脉,两面隆起;叶柄长 0.7~1.7cm,被细柔毛。圆锥花序生于去年生枝叶腋,长 1.5~5cm;花梗被黄白色伏柔毛。果卵球形至长卵球形,长约 1.5cm,直径约 7mm,熟时蓝黑色,微被白粉;果托碗状,边缘常具 6 圆齿。花期 4—5 月,果期 10 月。

产地:龙塘山、大坪溪、顺溪。多生于海拔 800m 以下山坡阔叶林中。

分布:河南、江苏、安徽、浙江、福建、江西、湖北、湖南。

用途:供木工用材;树皮、枝、叶可提取芳香油制香精;干燥树皮、枝皮入药名"香桂皮",也可供烹饪佐料。

3. 细叶香桂　香桂(图 92:F,G)

Cinnamomum subavenium Miq., Fl. Ned. Ind. 1(1):902. 1858.

乔木,高可达 20m。树皮灰色,平滑至片块状剥落;小枝纤细,密被黄色贴生绢状短柔毛。叶互生或近对生;叶片革质,椭圆形、卵状椭圆形至卵状披针形,长 3.5~13cm,宽 2~6cm,先端急尖至渐尖,基部圆形或楔形,上面幼时密被黄色贴生绢状短柔毛,后变无毛,深绿色,下面黄绿色,幼时密被黄色贴生绢状短柔毛,后渐稀疏,叶脉在上面凹陷,下面明显隆起;叶柄长 0.5~1.5cm,被黄色绢状短柔毛。圆锥花序腋生;花淡黄色,花被裂片近椭圆形,两面密被黄色短柔毛,花梗密被黄色绢状短柔毛。果椭圆球形,熟时蓝黑色;果托杯状,边缘全缘。花期 6—7 月,果期 8—10 月。

产地:龙塘山、童玉、大坪溪、顺溪。生于海拔 400~1000m 的山坡、山谷常绿阔叶林中。

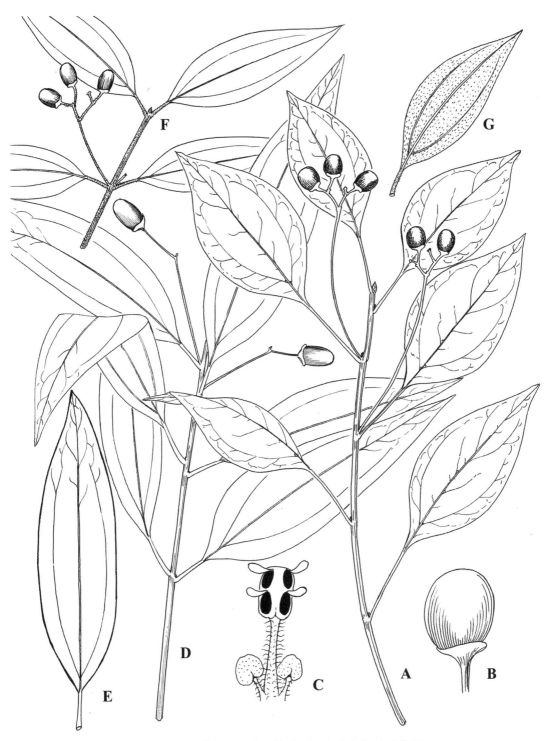

图 92　A-C：樟；D,E：浙江樟；F,G：细叶香桂（金孝锋绘）

分布：安徽、浙江、福建、台湾、江西、广东、广西、湖北、贵州、四川、云南；印度、缅甸、马来西亚、印度尼西亚。

用途：供优质用材；树皮、枝叶可作烹饪佐料。

（二）楠属 **Phoebe** Nees

常绿乔木或灌木。叶互生，羽状脉。聚伞圆锥花序腋生，稀顶生；花两性；花被裂片6，相等或外轮略小，花后变革质或木质，直立；能育雄蕊9，3轮，花药4室，第1、2轮雄蕊的花药内向，第3轮外向，花丝基部或基部略上方有具柄或无柄腺体2，退化雄蕊三角形或箭头形；子房卵球形或球形，花柱直或弯，柱头头状或钻状。果椭圆球形或卵球形，基部具革质或木质的宿存花被片，直立，紧贴果实基部，或松散先端微外展。

约100种，分布于亚洲、美洲热带和亚热带。我国有35种，产于长江流域及其以南地区，以西南为多。浙江共3种。

1. 紫楠（图93）

Phoebe sheareri (Hemsl.) Gamble in Sargent, Pl. Wilson. 2：72. 1914.

Basionym：*Machilus sheareri* Hemsl. in J. Linn. Soc., Bot. 26：377. 1891.

乔木，高达20m，胸径60cm。树皮灰褐色。小枝、叶柄及花序密被黄褐色或灰黑色柔毛或绒毛。叶片革质，倒卵形、椭圆状倒卵形或阔倒披针形，长8～27cm，宽3.5～9cm，先端突渐尖或短尾尖，基部渐狭，上面无毛或沿脉有毛，下面密被黄褐色长柔毛，少为短柔毛，侧脉8～13对；叶柄长1～2.5cm。圆锥花序腋生；花黄绿色，花被裂片卵形，两面被毛；雄蕊花丝被毛，第3轮尤密，腺体无柄；子房近球形，无毛。果卵球形至卵圆球形，长8～10mm，熟时黑色，基部宿存花被片多少松散。种子单胚性，两侧对称，子叶等大。花期4—5月，果期9—10月。

产地：区内低海拔常见。生于海拔1000m以下的山脚灌丛、山谷沟边阔叶林中。

分布：长江流域及其以南。

用途：供用材及绿化；种子油可制皂或作润滑油。

图93 紫楠（引自《浙江天目山药用植物志》）

（三）润楠属 **Machilus** Nees

常绿乔木，稀灌木。冬芽发达，芽鳞多数，覆瓦状排列。叶互生，全缘，羽状脉。聚伞圆锥花序顶生或近顶生；花两性；花被裂片6，排成2轮，外轮常较小；能育雄蕊9，排成3轮，花药4室，外面2轮雄蕊花药内向，花丝无腺体，第3轮雄蕊花药外向，花丝基部两侧各具1枚有柄腺体，有时上面2室侧向，下面2室外向，第4轮雄蕊退化；子房卵形或近球形，无柄。

果球形,稀椭圆球形,基部具宿存花被裂片,常反曲;果梗不增粗,稀增粗而呈肉质。

约100种,分布于东南亚至日本。我国有82种,大多分布于南部至西南部。浙江有10种。

分种检索表

1. 叶片革质,下面无毛,长4.5～10cm,宽2～4cm,侧脉7～12对 ····················· 1. 红楠 M. thunbergii
1. 叶片纸质,下面(至少幼时)被绢毛,长14～24cm,宽3.5～7cm,侧脉14～24对 ·· 2. 薄叶润楠 M. leptophylla

1. 红楠(图94:A)

Machilus thunbergii Siebold & Zucc. in Abh. Math. -Phys. Cl. Königl. Bayer. Akad. Wiss. 4(3):302. 1846.

乔木,高达20m,胸径可达1m。树皮黄褐色,浅纵裂至不规则鳞片状剥落;小枝绿色,二年生以上小枝疏生显著隆起皮孔。叶片硬革质,揉碎具鱼腥味或辛辣味,倒卵形至倒卵状披针形,长4.5～10cm,宽2～4cm,先端突钝尖、短尾尖,基部楔形,边缘微向下反卷,上面深绿色,有光泽,下面色较浅,微被白粉,中脉在上面稍凹或平,下面隆起,近基部呈红色,侧脉7～12对,细弱而直出;叶柄较细,长1～3cm,微呈红色。聚伞圆锥花序腋生于新枝下部;花序梗紫红色;苞片被锈色绒毛。果近球形,略扁,熟时紫黑色,基部宿存反折花被片;果梗鲜红色,肉质增粗。花期4月,果期6—7月。

产地:区内常见。生于海拔900m以下的沟谷阔叶林中或溪边林缘。

分布:山东、江苏、安徽、浙江、台湾、福建、江西、广东、广西、湖南等;日本、朝鲜半岛。

用途:供用材;芳香油、润滑油或肥皂等原料;园林绿化等。

2. 薄叶润楠　华东楠,大叶楠(图94:B)

Machilus leptophylla Hand. -Mazz. in Symb. Sin. 7:252. 1931.

乔木,高达18m。树皮灰褐色,平滑不裂;顶芽近球形,芽鳞发达,被绢毛。叶互生或近轮生;叶片坚纸质,倒卵状长圆形,长14～24cm,宽3.5～7cm,先端短渐尖,基部楔形,幼时下面被贴生银白色绢毛,老时上面深绿色,无毛,下面带灰白色,疏生绢毛,中脉在上面凹下,下面隆起,侧脉14～24对,两面均微隆起;叶柄长1～3cm,上面具浅凹槽,无毛。圆锥花序集生于新枝基部;花序梗及花梗疏被灰色微柔毛;花白色;花被裂片几等大,外面被柔毛,里面疏被短柔毛至无毛。果球形,熟时紫黑色;果梗长5～10mm,肉质、鲜红。花期4月,果期7月。

产地:龙塘山、童玉、柘林坑、大明山、顺溪。生于海拔450～700m的山谷溪边林中。

分布:江苏、安徽、浙江、江西、福建、广东、广西、湖北、贵州等。

用途:供用材及园林绿化。

(四) 檫木属　**Sassafras** Presl

落叶乔木。叶互生且集生于枝顶,羽状脉或离基三出脉,2或3浅裂或全缘。总状花序顶生;具早落总苞片;花单性,雌雄异株,或两性;花被裂片6,近等大,排成2轮,脱落;雄花具发育雄蕊9,排成3轮,第1、2轮雄蕊花丝基部无腺体,第3轮花丝有2个具短柄的腺体,花

图 94　A：红楠；B：薄叶润楠（蒋辰榆绘）

药 2 室,内向,或第 3 轮侧向;雌花具退化雄蕊 6,或 12,排成 2 轮或 4 轮;两性花花药 4 室,第 1、2 轮内向,第 3 轮外向,退化雄蕊 3,子房卵球形,花柱细,柱头盘状。果卵球形,果托浅杯状,果梗较长,棒状增粗。

　　3 种,分布于我国及美国东南部。我国有 2 种,1 种分布于西部至东部,1 种分布于台湾(阿里山)。浙江有 1 种。

1. 檫木(图 95)

Sassafras tzumu(Hemsl.)Hemsl. in Bull. Misc. Inform. Kew 1907:55. 1907.

Basionym:*Lindera tzumu* Hemsl. in J. Linn. Soc., Bot. 26:392. 1891.

乔木,高达 35m。树皮幼时黄绿色,平滑,老时灰褐色,不规则深纵裂;小枝黄绿色,无毛。叶互生;叶片卵形或倒卵形,长 9～20cm,宽 6～12cm,先端渐尖,基部楔形,全缘,不裂,或 2 或 3 裂,裂片先端钝,上面深绿色,稍具光泽,下面灰绿色,两面无毛或下面沿脉疏生毛,离基三出脉或羽状脉;叶柄长 2～7cm,时带红色。总状花序顶生,先叶开放,黄色;花两性;梗纤细;花被裂片披针形,长约 3.5mm,外侧疏被毛;能育雄蕊 9,花药 4 室,第 3 轮雄蕊花丝基部有两枚黄色具短柄腺体;子房卵球形。果近球形,熟时由红色变为蓝黑色,被白色蜡粉;果托浅杯状;果梗长 1.5～2cm,上端增粗呈棒状,肉质,与果托均呈鲜红色。花期 2—3 月,果期 7—8 月。

产地:区内常见。生于海拔 350～1000m 的林中。

分布:江苏、安徽、浙江、江西、福建、广东、广西、湖南、湖北、四川、贵州、云南等。

用途:优良用材及风景树种。

图 95　檫木(引自《中国植物志》)

(五) 新木姜子属　Neolitsea (Benth. & Hook.) Merr.

常绿小乔木或灌木。叶互生,因节间缩短而集于枝顶,或轮生,稀对生,离基三出脉,稀羽状脉或三出脉。花单性异株;伞形花序单生或簇生,花序梗短或无,常具 5 花;总苞片大,宿存,交互对生;花 2 基数,花被裂片 4,排成 2 轮;雄花通常具能育雄蕊 6,排成 3 轮,第 1、2 轮花丝无腺体,第 3 轮花丝基部有 2 腺体,花药 4 室,内向;雌花具退化雄蕊 6,棍棒状,仅第 3 轮基部具 2 腺体,子房上位,花柱明显,柱头盾状。浆果状核果;果托盘状或浅杯状;果梗顶端略膨大。

　　约 85 种,分布于印度、马来西亚至东亚。我国有 45 种,分布于长江以南。浙江有 2 种、3 变种。

分变种检索表

1. 叶片长圆形、椭圆形至长圆状披针形或长圆状倒卵形,宽2.5～4cm,下面密被金黄色绢毛 ……………
…………………………………………………………………………………… 1. 新木姜子 N. aurata
1. 叶片披针形、倒披针形或长圆状倒披针形,宽0.9～2.5(～3)cm,下面幼时被棕黄色绢状短柔毛,易脱落
而近于无毛,被白粉 …………………………… 1a. 浙江新木姜子 N. aurata var. chekiangensis

1. 新木姜子(图96)

Neolitsea aurata (Hayata) Koidz. in Bot. Mag. Tokyo 23：256. 1918.

Basionym：*Litsea aurata* Hayata in J. Coll. Sci. Imp. Univ. Tokyo 30(1)：246. 1911.

　　小乔木,高达8m。树皮灰褐色;幼枝黄褐色或红褐色,被锈色短柔毛。叶互生,或轮生状聚生枝顶,革质,长圆形、椭圆形至长圆状披针形或长圆状倒卵形,长8～14cm,宽2.5～

4cm,先端镰状渐尖或渐尖,基部楔形或近圆形,上面绿色,无毛,下面密被金黄绢毛,稀具棕红色绢毛,离基三出脉,侧脉每边3或4条,中脉与侧脉在叶上面微隆起;叶柄长0.8～1.2cm,被锈色短柔毛。伞形花序3～5个簇生于枝顶或节间;总梗长约1mm;苞片圆形,外侧被锈色丝状短柔毛,内侧无毛;每一花序有花5;花梗长2mm,被锈色柔毛;花被裂片4,椭圆形,外侧中肋被锈色柔毛;能育雄蕊6,第三轮基部腺体有柄。果椭圆球形,长8mm;果托浅盘状,直径3～4mm;果梗长5～7mm,顶端略增粗,被稀疏柔毛。花期3—4月,果期9—11月。

　　产地:龙塘山、东岙头。生于海拔1000～1300m的山谷、溪边林中。

　　分布:江苏、安徽、浙江、江西、福建、台湾、广东、广西、湖南、湖北、四川、贵州及云南等;日本。

　　用途:药用及风景树种。

图96　新木姜子(引自《浙江天目山药用植物志》)

1a. 浙江新木姜子

var. **chekiangensis** (Nakai) Yen C. Yang & P. H. Huang in Acta Phytotax. Sin. 16 (4)：39. 1978.

Basionym：*Neolitsea chekiangensis* Nakai in J. Jap. Bot. 16：128. 1940.

　　与模式变种的区别在于:本变种叶互生,集生于近枝顶;叶片革质至薄革质,披针形、倒

披针形或长圆状倒披针形,长 6~13cm,宽 0.9~2.5(~3) cm,先端渐尖至尾尖,基部楔形,上面深绿色,下面幼时被易脱落的棕黄色绢状短柔毛,具白粉。伞形花序生于二年生小枝叶腋;花黄绿色;雄花花被裂片菱状卵形,外面被锈色柔毛,缘具睫毛;雌蕊疏被毛。果椭圆球形至卵球形,长约 8mm,直径 5~6mm,熟时紫黑色,具光泽。花期 3—4 月,果期 10—11 月。

产地:东岙头、大明山。生于海拔 450~1300m 的山谷溪边、山坡阔叶林中。

分布:江苏、安徽、浙江、江西、福建等。

用途:果核可榨油;枝叶可蒸馏芳香油;树皮民间用来治胃肠胀痛。

(六) 木姜子属 **Litsea** Lam.

常绿或落叶,小乔木或灌木。叶互生,稀对生或轮生,羽状脉。花单性异株;伞形花序或再组成圆锥花序,单生或簇生于叶腋;总苞片 4~6,交互对生,花后脱落;花被筒长或短,裂片通常 6,排成 2 轮,每轮 3 片,早落,稀缺或 8;雄花具能育雄蕊 9 或 12,稀较多,每轮 3 个,外 2 轮常无腺体,第 3 轮和最内轮花丝基部两侧具腺体 2 枚;花药 4 室,内向瓣裂;退化雌蕊有或无;子房上位,花柱显著。核果,果托杯状、盘状或扁平。

约 200 种,主要分布于热带亚洲,少数种分布至大洋洲、北美洲至南美洲。我国有 74 种,自海南岛至河南均有分布,为西南至东南部常见森林植物。浙江有 4 种、5 变种。

分种检索表

1. 落叶;叶柄无毛。
  2. 小枝紫褐色;叶片宽大,基部耳形,叶柄长 3~8cm ……………………… 1. 天目木姜子 L. auriculata
  2. 小枝青绿色;叶片狭长,基部楔形,叶柄长 5~15mm ……………………… 2. 山鸡椒 L. cubeba
1. 常绿;叶柄被毛。
  3. 树皮不规则块片状剥落;小枝无毛;叶脉 9 或 10 对 …………… 3. 豹皮樟 L. coreana var. sinensis
  3. 树皮多不裂或非块片状剥落;小枝密被绒毛;叶脉 10~20 对 …………… 4. 黄丹木姜子 L. elongata

1. 天目木姜子 (图 97:A-C)

Litsea auriculata Chien & Cheng in Contr. Biol. Lab. Sci. Soc. China, Bot. Ser. 6: 59. 1931.

落叶乔木,高达 30m,胸径可达 1m。树皮灰褐色,不规则片状剥落;小枝粗壮,紫褐色,具明显皮孔。叶互生;叶片纸质,倒卵形至宽椭圆形,长 8~23cm,宽 5.5~13.5cm,先端钝尖至钝圆,基部耳形,有时偏斜,上面深绿色,有光泽,下面苍白色,幼时两面脉上被短柔毛;叶柄长 3~11cm,无毛。花先叶开放;伞形花序具短花序梗或无,每雄花序具花 5~9;总苞片 8,开花后与花序一起脱落;花被裂片 6(8),黄色,长圆形至长圆状倒卵形。果卵球形至椭圆球形,长 1.3~1.7cm,直径 1.1~1.3cm,熟时紫黑色;果托杯状;果梗粗壮。花期 3—4 月,果期 9—10 月。

产地:龙塘山、十八龙潭、东岙头、大盘里、大明山、大源塘、大坪溪。散生于海拔 700~1200m 的山坡、谷地阔叶林及岩石旁。

分布:安徽、浙江。

用途:木材供建筑、家具用材;根、果及叶入药。

2. 山鸡椒　山苍子(图 97：D,E)

Litsea cubeba (Lour.) Pers., Syn. Pl. 2：4. 1807.

Basionym：*Laurus cubeba* Lour., Fl. Cochinch. 1：252. 1790.

落叶小乔木或灌木,高可达 10m。树皮黄绿色至灰褐色;小枝细长、光滑;枝、叶、花、果等揉碎具芳香。叶互生;叶片薄纸质,披针形或长圆状披针形,长 4~11cm,宽 1.5~3cm,先端渐尖,基部楔形,上面绿色,下面粉绿色,两面无毛,侧脉纤细,6~9 对,叶脉两面微隆起;叶柄长 5~15mm,微带红色。伞形花序单生或簇生,生于枝上部叶腋;花序梗长 6~10mm;每花序具花 4~6 朵,先叶开放;花黄白色,花被裂片 6,宽卵形至椭圆形。果近球形,熟时紫黑色;果梗顶端膨大,被疏毛。花期 2—3 月,果期 9—10 月。

产地：区内常见。生于海拔 300~1200m 的山脚、溪边、灌丛或疏林中。

分布：华东、华南、华中、西南及西藏、台湾等;东南亚各国。

用途：叶、花和果为提制柠檬醛的原料,名山苍子油;根、茎、叶和果实均可入药。

3. 豹皮樟

Lindera coreana H. Lév. var. **sinensis** (C. K. Allen) Yen C. Yang & P. H. Huang in Acta Phytotax. Sin. 16(4)：49. 1978.

Basionym：*Actinodaphne lancifolia* (Siebold & Zucc.) Meisn. var. *sinensis* C. K. Allen in Ann. Missouri Bot. Gard. 25：406. 1938.

常绿乔木,高可达 16m,胸径达 35cm。树皮灰白色至灰褐色,不规则片状剥落;小枝圆柱形,深褐色至黑色。叶互生;叶片革质,长圆形至披针形,长 5~19cm,宽 1.5~2.7 (~3.5) cm,先端常急尖,基部楔形,上面深绿色,下面灰白色;叶柄长 0.5~1.5cm,上面被柔毛。伞形花序腋生;花序梗极短或无;总苞片 4,交互对生,淡褐色,近圆形;每花序具花 3 或 4 朵;花梗密被长柔毛;花被片 6,卵形至椭圆形,外侧被长柔毛。果近球形,直径 6~8mm,熟时紫黑色,顶端具短尖头;果托扁平,并具宿存花被片。花期 8—9 月,果期翌年 5 月。

产地：区内常见。生于海拔 1100m 以下的沟谷、溪边、路旁杂木林或灌丛中。

分布：河南、江苏、安徽、浙江、福建、江西、湖北等。

用途：材质优良,为工艺品、高级家具用材。

4. 黄丹木姜子(图 97：F)

Lindera elongata (Nees) Benth. & Hook., Fl. Brit. India 5：165. 1886.

Basionym：*Daphnidium elongatum* Nees in Wall., Pl. Asiat. Rar. 2：63. 1831.

常绿小乔木,高逾 10m。树皮灰黄色或灰褐色;芽及小枝密被黄褐色或灰褐色绒毛。叶互生;叶片革质,长圆状披针形至长圆形,稀倒披针形,长 6~22cm,宽 2~6cm,先端钝至短渐尖,基部楔形或近圆形,上面深绿色,无毛,下面沿中脉及侧脉被黄褐色长柔毛,余处被短柔毛,侧脉 10~20 对,叶脉上面平或稍凹下,下面隆起,网脉明显;叶柄长 1~2.5cm,密被褐色绒毛。伞形花序单生新枝叶腋;花序梗粗短,长 2~5mm,被绒毛;每花序具花 3~5 朵。果长圆球形,长 1.1~1.3cm,直径 7~8mm,熟时紫黑色;果托杯状,边缘波状浅裂;果梗长约

图 97　A-C：天目木姜子；D,E：山鸡椒；F：黄丹木姜子（金孝锋绘）

3mm,具纤毛。花期8—11月,果期翌年6—7月。

产地:龙塘山、大明山、顺溪。生于海拔1100m以下的沟谷、溪边灌丛或杂木林中。

分布:长江以南,南至华南北部,西至云南、西藏;尼泊尔、印度。

用途:供用材。

(七) 山胡椒属 **Lindera** Thunb.

常绿或落叶,灌木或乔木。叶互生,全缘,稀3裂,羽状脉、三出脉或离基三出脉。花单性异株,黄色或黄绿色;伞形花序,常密集簇生于总苞内,腋生或生于腋芽两侧,或生于短枝端;总苞片4,交互对生;花被片6(7~9),近等大,花后常脱落;雄花常具能育雄蕊9,3轮,第3轮雄蕊花丝基部具2个有柄腺体,花药2室,内向瓣裂,退化雄蕊细小,退化雌蕊有或无;雌花常具9枚退化雄蕊,线形,子房上位,球形至椭圆球形,花柱明显,柱头近盘状。浆果状核果,果托盘状或浅杯状;果梗上端微膨大。

约100种,分布于亚洲及北美洲温带至热带地区。我国约40种,分布于西南、中南、华东地区。浙江有13种。

多数种类含芳香油,供香料及药用;种子可榨油;木材可供建筑用材或制作家具用。

分种检索表

1. 叶为羽状脉。
  2. 常绿乔木;叶片倒披针形或倒卵状长椭圆形,长10~23cm,宽5~7.5cm ………………………………………………………………………………… 1. 黑壳楠 L. megaphylla
  2. 落叶灌木或小乔木。
    3. 花、果序明显有花、果序梗,花序梗通常长于4mm。
      4. 叶片为倒卵形或倒卵状披针形;幼枝不为青灰色或绿色,粗糙。
        5. 果托扩大;果径可达1cm以上;叶脉不变为红褐色;幼枝常带灰棕褐色………………………………………………………………… 2. 江浙钓樟 L. chienii
        5. 果托不扩大;果径不及1cm;叶脉常变红褐色;幼枝常为灰白或灰黄色 …………………………………………………… 3. 红果山胡椒 L. erythrocarpa
      4. 叶片为椭圆形或宽椭圆形;幼枝青灰色或绿色,较光滑。
        6. 幼枝青灰色,多皮孔;果径达1cm以上;果梗有皮孔 ………… 4. 油乌药 L. praecox
        6. 幼枝黄绿色,无皮孔;果径不及1cm;果梗无皮孔 ………………… 5. 山橿 L. reflexa
    3. 花、果序无花、果序梗或有约3mm以下的不明显花、果序梗。
      7. 叶片宽卵形至椭圆形;小枝灰白色;芽鳞无脊;花时为混合芽………… 6. 山胡椒 L. glauca
      7. 叶片椭圆状披针形或倒披针状椭圆形;小枝黄绿色;芽鳞有脊;花时不为混合芽 ……………………………………………………………………………… 7. 狭叶山胡椒 L. angustifolia
1. 叶为三出脉或离基三出脉。
  8. 常绿;叶片革质 ……………………………………………………………… 8. 乌药 L. aggregata
  8. 落叶;叶片纸质。
    9. 小枝紫褐色或黑褐色;叶片不裂 ………………………………… 9. 红脉钓樟 L. rubronervia
    9. 小枝黄绿色或绿色;叶片3裂或不裂。
      10. 叶片先端急尖,常3浅裂或不裂;花、果序梗3mm以下或无 …… 10. 三桠乌药 L. obtusiloba
      10. 叶片先端渐尖、不裂;花、果序具明显梗,长5mm以上………… 11. 绿叶甘橿 L. neesiana

1. 黑壳楠(图 98：A)

Lindera megaphylla Hemsl. in J. Linn. Soc. , Bot. 26：389. 1891.

常绿乔木,高达 25m。树皮灰褐色至灰黑色;小枝粗壮,紫黑色,无毛,皮孔明显隆起。叶近枝顶集生;叶片革质,倒卵状披针形至倒卵状长椭圆形,长 10～23cm,宽 4～7.5cm,先端急尖至渐尖,基部楔形,上面深绿色,具光泽,下面灰白色,两面无毛,羽状脉,侧脉 15～21 对;叶柄长 1.5～3cm,无毛。伞形花序成对腋生,具花 9～16 朵;雄花序之花序梗长 1～1.5cm,雌花序之花序梗长约 0.6cm,花序梗与花梗均密被黄褐色柔毛;雄花花被片椭圆形,雌花花被片线状匙形。果椭圆球形或卵球形,长约 1.8cm,直径约 1.3cm,熟时紫黑色;果托浅杯状;果梗长约 1.5cm。花期 3—4 月,果期 9—10 月。

产地：昌化镇管理局附近。零星散生于海拔 750m 以下的山坡谷地、溪边林缘及岩石旁。

分布：陕西、甘肃、安徽、浙江、江西、福建、台湾、湖北、湖南、广东、广西、四川、贵州、云南等。

用途：用材及园林绿化等。

2. 江浙钓樟　江浙山胡椒

Lindera chienii Cheng in Contr. Biol. Lab. Sci. Soc. China, Bot. Ser. 9：193. 1934.

落叶灌木或小乔木,高达 5m。树皮灰色;小枝灰褐色或棕褐色,有纵条纹,幼时被白色柔毛;顶芽长约 5mm,芽鳞外面无毛而具隆起纵脊。叶互生;叶片纸质,倒披针形至倒卵形,长 6～10cm,宽 2.5～4.5cm,先端急尖至短渐尖,基部楔形,上面深绿色,下面淡绿色,沿脉被白色柔毛,羽状脉,侧脉 5～8 对,两面网脉明显;叶柄长 2～10mm,常带红色,被白柔毛。伞形花序生于腋芽两侧,基部具长 5～7mm 的花序梗;花梗有毛。雄蕊之花丝黄绿色,花药淡黄色,腺体绿色。果圆球形,直径约 1cm,熟时鲜红色,果托增大呈盘状。花期 3—4 月,果期 9—10 月。

产地：千顷塘。生于海拔 500～650m 的山坡、沟谷灌丛或阔叶林中。

分布：河南、江苏、安徽、浙江等。

用途：供制皂、润滑油和香精原料;观果树种。

3. 红果山胡椒　红果钓樟(图 98：D)

Lindera erythrocarpa Makino in Bot. Mag. Tokyo 11：219. 1897.

落叶灌木或小乔木,高达 6.5m。树皮灰褐色;小枝灰白或灰黄色,皮孔显著。叶互生;叶片倒披针形至倒卵状披针形,长 7～14cm,宽 2～5cm,先端渐尖,基部狭楔形下延,上面绿色,疏被柔毛至几无毛,下面灰白色,被平伏柔毛,脉上较密,羽状脉;叶柄长 0.5～1cm。伞形花序位于腋芽两侧,花序梗长约 5mm;雄花较大,直径约 5mm;雌花较小,花被裂片 6,花柱与子房近等长,均为淡绿色。果球形,直径 7～8mm,熟时红色。花期 4 月,果期 9—10 月。

产地：区内常见。生于海拔 1200m 以下山坡、山谷、溪边林下及路旁灌丛。

分布：河南、山东、陕西、江苏、安徽、浙江、江西、福建、台湾、湖北、湖南、广东、广西、四川等;日本、朝鲜半岛。

图 98 A：黑壳楠；B：山胡椒；C：乌药；D：红果山胡椒（韩思思绘）

用途：种子可榨油；红果供观赏。

4. 油乌药 大果山胡椒（图 99：A）

Lindera praecox （Siebold & Zucc.）Blume in Mus. Bot. Lugduno-Batavi 1：324. 1851.

Basionym：*Benzoin praecox* Siebold & Zucc. in Abh. Math.-Phys. Cl. Königl. Bayer. Akad. Wiss. 4(3)：205. 1846.

落叶灌木，高可达 4m。树皮灰黑色；幼枝纤细，灰绿色，多皮孔，具细皱纹，老枝褐色，无毛。叶互生；叶片纸质，卵形至椭圆形，长 5～8cm，宽 2～4cm，先端渐尖，基部宽楔形，上面深绿色，下面淡绿色，无毛，羽状脉，侧脉在上面稍凹，下面隆起；叶柄长 5～10mm，无毛；枯叶经冬不落。伞形花序各一生于叶芽两侧，具花序梗；花序梗无毛；总苞片 4，内具 5 花，黄绿色；雄花略较雌花大，花被裂片宽椭圆形，外轮的较大。果球形，直径 1.2～1.5cm，熟时黄褐色，基部具果颈；果梗长 7～10mm，具皮孔。花期 5 月，果期 9 月。

产地：童玉、千顷塘、大坪溪。生于海拔 800～1350m 的山坡阔叶林或灌丛中。

分布：安徽、浙江、江西、湖北等。

5. 山橿 钓樟（图 99：B）

Lindera reflexa Hemsl. in J. Linn. Soc.，Bot. 26：391. 1891.

落叶灌木至小乔木，高 1～5m。小枝黄绿色，光滑、无皮孔，幼时具绢状柔毛，渐脱落。叶互生；叶片纸质，卵形、倒卵状椭圆形，稀为窄倒卵形或窄椭圆形，长 4～15cm，宽 4～10cm，先端钝尖，有时呈尾状，基部宽楔形至圆形，稀近心形，上面绿色，幼时沿中脉被微柔毛，后脱落，下面带灰白色，被白色细柔毛，后脱落至近无毛，羽状脉；叶柄长 0.6～1.5cm，幼时被柔毛。伞形花序各一生于叶芽两侧，具短花序梗；花序梗密被红褐色微柔毛；花梗密被白色柔毛；花被裂片黄色，椭圆形至长圆形。果圆球形，直径约 7mm，熟时鲜红色，果核卵球形，具紫褐色网纹；果梗长约 2cm，上部膨大。花期 4 月，果期 8 月。

产地：区内常见。生于海拔 1500m 以下的山谷、山坡林下及溪边灌丛中。

分布：河南、江苏、安徽、浙江、福建、江西、湖南、湖北、贵州、云南、广西、广东等。

用途：根及果入药，全株可提芳香油等。

6. 山胡椒 牛筋树，假死柴（图 98：B）

Lindera glauca （Siebold & Zucc.）Blume in Mus. Bot. Lugduno-Batavi 1：325. 1851.

Basionym：*Benzoin glaucum* Siebold & Zucc. in Abh. Math.-Phys. Cl. Königl. Bayer. Akad. Wiss. 4(3)：205. 1846.

落叶灌木至小乔木，高达 6m。树皮灰白，平滑；小枝多曲折，灰白色，幼时被褐色柔毛；冬芽呈红色。叶互生；叶片厚纸质，椭圆形、宽椭圆形至倒卵形，长 4～9cm，宽 2～4cm，先端急尖，基部楔形，上面深绿色，下面灰绿色，被灰色柔毛，羽状脉；叶柄长 3～6mm，几无毛；冬季叶枯而不落。伞形花序腋生于新枝下部，与叶同放；总梗、花梗及花被裂片均被柔毛；花被裂片黄色，椭圆形至倒卵形。果球形，直径约 6～7mm，熟时紫黑色，有光泽；果梗长 1.2～1.5cm。花期3—4 月，果期 7—8 月。

图 99 A：油乌药；B：山橿；C：三桠乌药；D：红脉钓樟（韩思思绘）

产地：区内常见。生于海拔 1500m 以下的山坡林下、山谷林缘、灌丛及路旁。

分布：山东、河南、陕西、甘肃、山西、江苏、安徽、浙江、江西、福建、台湾、广东、广西、湖北、湖南、四川等；日本、朝鲜半岛、印度。

用途：供药用、化工原料等。

7. 狭叶山胡椒　鸡婆子

Lindrea angustifolia Cheng in Contr. Biol. Lab. Sci. Soc. China, Bot. Ser. 18：294. 1933.

落叶灌木或小乔木，高 2～8m。树皮灰黄色，平滑；小枝黄绿色，无毛；冬芽芽鳞具脊。叶互生；叶片坚纸质，椭圆状披针形至长椭圆形，长 6～14cm，宽 1.5～3.7cm，先端渐尖，基部楔形，上面绿色，无毛，下面粉绿色，被短柔毛，羽状脉，侧脉 8～10 对；叶柄长约 5mm，被毛，后脱落。花蕾形成于秋季，成对生于冬芽基部或叶腋；伞形花序无花序梗。果球形，直径约 8mm，熟时黑色，无毛；果梗长 5～15mm，被微柔毛至无毛。花期 3—4 月，果期 9—10 月。

产地：龙塘山、顺溪。生于海拔 420～1200m 的山坡林下或灌丛中。

分布：山东、河南、陕西、江苏、安徽、浙江、江西、福建、湖北、广东、广西；朝鲜半岛。

用途：叶可提芳香油；种子油可作肥皂或润滑油。

8. 乌药（图 98：C）

Lindrea aggregata (Sims) Kosterm. in Reinwardtia 9：98. 1974.

Basionym：*Laurus aggregata* Sims in Bot. Mag. 51：t. 2497. 1824.

常绿灌木，高达 5m。根纺锤状或结节状膨大。小枝青绿色，干时褐色，具纵向细条纹，密被黄色绢毛，后渐脱落。叶互生；叶片革质，卵形、卵圆形至近圆形，长 3～5(～7) cm，宽 1.5～4cm，先端长渐尖至尾尖，基部圆形至宽楔形，上面绿色有光泽，下面灰白色，幼时密被灰黄色伏贴柔毛，后脱落，三出脉，上面凹下，下面隆起；叶柄长 0.5～1cm，幼时被黄褐色柔毛，后脱落。伞形花序着生于两年生枝叶腋，几无花序梗；雄花较雌花大；花被裂片黄绿色，外被白色柔毛；雄蕊 9，花丝疏被柔毛；雌蕊椭圆形，被短柔毛。果卵球形至椭圆球形，长 0.6～1cm，熟时黑色。花期 3—4 月，果期 10—11 月。

产地：区内常见。生于海拔 1000m 以下的山坡、沟谷疏林下、林缘或路边灌丛中。

分布：秦岭以南，南至华南北部，东至台湾；越南、菲律宾。

用途：根入药；果实、根、叶可提芳香油等。

9. 红脉钓樟　庐山乌药，红脉山胡椒（图 99：D）

Lindera rubronervia Gamble. in Sargent, Pl. Wilson. 2：84. 1914.

落叶灌木至小乔木，高达 5m。树皮灰黑色，具皮孔。小枝纤细，紫褐至黑褐色，平滑。叶互生；叶片纸质，卵形至卵状披针形，长 4～8cm，宽 2～5cm，两面具柔毛，先端渐尖，基部楔形，离基三出脉，网脉明显，叶脉与叶柄秋后常呈红色；叶柄细，长 0.5～1cm，被短柔毛。伞形花序，花序梗长约 2mm；总苞片内侧密被柔毛；每花序具花 5～8 朵；花先叶开放或与叶同放，黄绿色；花梗长 2～2.5mm，密被白色柔毛；花被裂片椭圆形，内侧被白色柔毛。果近球形，直径 0.6～1cm，熟时紫黑色；果梗长 10～15mm。花期 3—4 月，果期 8—9 月。

　　产地：区内常见。生于海拔 1200m 以下的山坡、山谷溪边林下、路旁或灌丛中。

　　分布：河南、江苏、安徽、浙江、江西、湖北等省；日本、朝鲜半岛。

　　用途：叶与果实可提取芳香油。

10. 三桠乌药(图 99：C)

Lindera obtusiloba Blume in Mus. Bot. 1：325. 1851.

　　落叶灌木或小乔木,高可达 8m。树皮棕黑色；小枝黄绿色,老枝具灰白色皮孔。叶互生；叶片纸质,卵圆形、扁圆形或近圆形,长 6～12cm,宽 5～11cm,常 3 裂,间有全缘,基部圆形、平截至近心形,上面深绿色,有光泽,下面灰绿色,幼时被棕黄色柔毛,后渐无毛,三出脉,稀五出脉；叶柄长 0.7～3cm,幼时密被黄白色短柔毛。伞形花序无花序梗,5 或 6 个花序聚生于二年生枝上部叶腋；总苞片 4,早落；每花序常具 5 花,黄色；花梗长 6～12mm,密被绢毛；花被裂片长椭圆形,外面被长柔毛。果卵球形,长 8mm,直径 5～6mm,熟时暗红色转紫黑色；果梗长 1～2cm。花期 3—4 月,果期 8—9 月。

　　产地：较高海拔处常见。生于海拔 1000m 以上的山坡、沟谷、溪边阔叶林或灌丛中。

　　分布：北起辽宁、山东,西起秦岭北坡以南,南达华中、华东,西至云南、西藏；日本、朝鲜半岛。

　　用途：种子可榨油；枝叶可提取芳香油。

11. 绿叶甘橿

Lindera neesiana (Nees) Kurz. , Prelim. Rep. Forest Pegu, App. A, ciii；App. B, 74. 1875.

　　Basionym：*Benzoin neesianum* Wall. ex Nees in Wall. , Pl. Asiat. Rar. 2：63. 1831.

　　Lindera fruticosa Hemsl. ；*Litsea fruticosa* (Hemsl.) Gamble.

　　落叶灌木,高约 4m。树皮绿色或绿褐色；小枝青绿色,光滑,具黑色斑块。叶互生；叶片纸质,宽卵形至卵形,长 5～14cm,宽 2.5～8cm,先端渐尖,基部圆形至宽楔形,上面深绿色,下面灰绿色,幼时密被细柔毛,三出脉或离基三出脉；叶柄长 1～1.2cm,无毛。伞形花序生于顶芽及腋芽两侧,花序梗长约 4mm,无毛,每花序具花 7～9 朵；花被裂片黄绿色。果圆球形,直径 6～8mm,熟时鲜红色；果梗长 4～7mm。花期 4—5 月,果期 8—9 月。

　　产地：区内常见。生于海拔 1500m 以下的山坡、山谷林下、林缘及路旁。

　　分布：河南、陕西、安徽、浙江、江西、湖北、湖南、贵州、四川、云南、西藏。

　　用途：枝叶可提取芳香油。

二八、虎耳草科　Saxifragaceae

　　草本、灌木或小乔木,有时攀援状。单叶,有时复叶,互生或对生；常无托叶。花序聚伞状、总状或圆锥状,稀单生；花两性,稀单性,通常辐射对称,稀两侧对称；萼片通常 4 或 5 枚,基部常合生,有时呈花瓣状；花瓣通常与萼片同数而对生,有时不存在；雄蕊与萼片同数或为其 2 倍,稀多数,有时有退化雄蕊,花丝分离,花药 2 室,纵裂；心皮 2～5(6)枚,合生或离生,花柱离生,子房上位、半下位或下位,1～5 室,每室有多数倒生胚珠,中轴胎座或侧膜胎座。

果为蒴果或浆果,有多数种子。种子小,胚乳丰富。

　　80 属,约 1200 种,全世界广布,主要分布于北温带地区。我国有 29 属,540 余种,广布全国,多数分布于西南部。浙江有 18 属,37 种。本志记载 7 属,18 种、3 变种。

　　本科植物少数入药,部分可供观赏。

　　本志所收录的虎耳草科植物,鼠刺属现被归入属刺科 Iteaceae,茶藨子属被归入茶藨子科 Grossulariaceae。

分属检索表

1. 叶对生,稀近轮生。
　　2. 花序周边花通常不育(放射花),其萼片常增大呈花瓣状。
　　　　3. 放射花仅具 1 枚增大的萼片;花柱 1 ……………………………… 1. 钻地风属 Schizophragma
　　　　3. 放射花具 3～5 枚增大呈花瓣状的萼片;花柱 2～5 枚 ……………… 2. 绣球属 Hydrangea
　　2. 花全部能育,萼片不增大呈花瓣状。
　　　　4. 常绿木质藤本,以气生根攀附于他物上;花柱 1 ……………………… 3. 冠盖藤属 Pileostegia
　　　　4. 落叶灌木,稀为常绿,不攀援;花柱 3～5。
　　　　　　5. 叶通常被星状毛;花瓣 5 枚;蒴果 3～5 瓣裂 ……………………… 4. 溲疏属 Deutzia
　　　　　　5. 叶无星状毛;花瓣 4 枚;蒴果 4 瓣裂 ……………………………… 5. 山梅花属 Philadelphus
1. 叶互生。
　　6. 子房上位;蒴果;叶片不分裂 ……………………………………………… 6 鼠刺属 Itea
　　6. 子房下位;浆果;叶片通常掌状分裂 ……………………………………… 7. 茶藨子属 Ribes

(一) 钻地风属　**Schizophragma** Siebold & Zucc.

落叶木质藤本。茎平卧或藉气生根高攀;嫩枝的表皮紧贴,平滑,老枝具纵条纹,表皮疏松,片状剥落;冬芽栗褐色,被柔毛,有芽鳞 2～4 对。叶对生,具长柄,全缘或稍有小齿或锯齿。伞房状或圆锥状聚伞花序顶生,花二型或一型,不育花存在或缺;萼片单生或偶尔间有孪生,大,花瓣状,全缘;孕性花小,萼筒与子房贴生,萼齿三角形,宿存;花瓣分离,镊合状排列,早落;雄蕊 10 枚,分离,花丝丝状,略扁平,花药广椭圆形;子房近下位,倒圆锥状或陀螺状,4 或 5 室,胚珠多数,垂直,着生于中轴胎座上;花柱单生,短,柱头大,头状,4 或 5 裂。蒴果倒圆锥状或陀螺状,4 或 5 室,具棱,顶端突出于萼筒外或截平,突出部分常呈圆锥状,成熟时与棱间自基部往上纵裂,除两端外,果爿与中轴分离;种子多数,纺锤状,两端具狭长翅。

　　10 种,分布于我国、日本和朝鲜半岛。我国有 9 种,大多分布于长江以南地区。浙江有 3 种。

分种检索表

1. 叶片边缘近中部以上有锯状牙齿;不育花花梗较短,长不及 1cm,萼片短小,长 2～3cm ……………………………………………………………………… 1. 秦榛钻地风 S. corylifolium
1. 叶片全缘或上部有稀疏、仅具硬尖头的小齿;不育花花梗和萼片较长。
　　2. 叶片背面绿色 ……………………………………………… 2. 钻地风 S. integrifolium
　　2. 叶片背面粉绿色 ……………………………… 2a. 粉绿钻地风 S. integrifolium var. glaucescens

1. 秦榛钻地风(图 100：E,F)

Schizophragma corylifolium Chun in Acta Phytotax. Sin. 3：171. 1954.

木质藤本或灌木状。小枝灰褐色,初时疏被柔毛,后变无毛,具纵条纹。叶片纸质,阔卵形、近圆形或阔倒卵形,长 6.5～11cm,宽 4～8cm,先端具骤尖头或短尖头,基部浅心形或近圆形,边缘近中部以上有锯状粗齿,干后上面暗黄褐色,无毛或有时中脉上被少许柔毛,下面黄灰色,沿脉密被长柔毛,中脉和侧脉在上面常凹入,下面凸起;侧脉 6～8 对,直,斜举,与中脉近等粗,且常有 1～4 条与侧脉近等粗的 2 级分枝,小脉网状,两面明显;叶柄长 2～10cm,初时被毛,后渐变无毛。伞房状聚伞花序直径 8～17cm,初时被长柔毛,结果渐变近无毛;不育花花梗短,长不及 1cm,萼片单生,椭圆形或卵形,长 2～3cm,宽 1～2cm,先端略尖,基部钝或圆形,有基出脉 3～5 条,中间 1 条较粗;孕性花萼筒倒圆锥状,长约 2mm,无毛,萼齿钝三角形,长约 0.5mm;花瓣长圆形,长约 2mm;雄蕊较短,近等长,盛开时长约 3mm,花药近圆形;子房近下位,花柱短,先端短 5 裂。蒴果倒圆锥形,长 4～5mm,无毛,棱不明显,顶端稍突出,平拱状。花期 5—6 月。

产地:龙塘山、十八龙潭、童玉。生于海拔 300～1200m 的山谷、溪边、杂木林中。

分布:安徽、浙江。

2. 钻地风(图 100：A - D)

Schizophragma integrifolium Oliv. , Hooker's Icon. Pl. 20：t. 1934. 1890.

木质藤本或藤状灌木。小枝褐色,无毛,具细条纹。叶片纸质,椭圆形或长椭圆形或阔卵形,长 8～20cm,宽 3.5～12.5cm,先端渐尖或急尖,具狭长或阔短尖头,基部阔楔形、圆形至浅心形,全缘或上部或多或少具仅有硬尖头的小齿,上面无毛,下面有时沿脉被疏短柔毛,后渐变近无毛,脉腋间常具髯毛;侧脉 7～9 对,弯拱或下部稍直,下面凸起,小脉网状,较密,下面微凸;叶柄长 2～9cm,无毛。伞房状聚伞花序密被褐色、紧贴短柔毛,结果时毛渐稀少;不育花萼片单生或偶有 2 或 3 片聚生于花柄上,卵状披针形、披针形或阔椭圆形,果时长 3～7cm,宽 2～5cm,黄白色;孕性花萼筒陀螺状,长 1.5～2mm,宽 1～1.5mm,基部略尖,萼齿三角形,长约 0.5mm;花瓣长卵形,长 2～3mm,先端钝;雄蕊近等长,盛开时长 4.5～6mm,花药近圆形,长约 0.5mm;子房近下位,花柱和柱头均长约 1mm。蒴果钟状或陀螺状,较小,长 6.5～8mm,宽 3.5～4.5mm,基部稍宽,阔楔形,顶端突出部分短圆锥形,长约 1.5mm;种子褐色,连翅轮廓纺锤形或近纺锤形,扁,长 3～4mm,两端的翅近相等,长 1～1.5mm。花期 6—7 月,果期 10—11 月。

产地:龙塘山、十八龙潭、童玉。生于海拔 400～1000m 的山谷、山坡南林或疏林中,常攀援于岩石或乔木上。

分布:我国西南、华南、华中、华东等。

2a. 粉绿钻地风

var. **glaucescens** Rehder in Sargent, Pl. Wilson. 1：42. 1911.

本变种叶片下面呈粉绿色。

产地:十八龙潭、童玉。生于山谷密林或山坡林缘或山顶疏林下,常攀援于乔木或石壁上。

图 100　A-D：钻地风；E,F：秦榛钻地风（重组《中国植物志》与《湖南植物志》）

分布：安徽、浙江、福建、广东、广西、湖北、四川、贵州。

（二）绣球属　Hydrangea L.

落叶灌木或半灌木，稀为小乔木或木质藤本。树皮剥落。小枝通常有白色或棕色大髓心；芽鳞 2 或 3 对。单叶，对生，稀轮生；叶片具锯齿，稀全缘；有叶柄；无托叶。花序为顶生聚伞状、伞房状，稀为圆锥状；花 2 型：放射花萼片 3 或 4 枚，稀 2～5 枚，分离；孕性花小型，花萼 4 或 5 枚，镊合状排列，分离，稀连合成冠盖花冠，雄蕊 10 枚，稀 8～25 枚，子房半下位或下位，3 或 4 室，稀 2～5 室，花柱短，2～5 枚，分离或基部连合。蒴果，2～5 室，通常具凸出的纵肋，顶端孔裂；有多数种子。种子细小，两端或周边有翅或无翅。

73 种，大多分布于东亚。我国有 33 种，主产秦岭及长江以南。浙江有 6 种。

本属植物多数可供观赏，少数入药。

分种检索表

1. 子房半下位；蒴果椭圆球形或近球形，一部分突出萼筒之外。
　　2. 花序圆锥形，塔状；小枝上部常 3 叶轮生 ……………………… 1. 圆锥绣球 H. paniculata
　　2. 花序非圆锥形；叶对生。
　　　　3. 花序近无花序梗，一回分枝呈伞状排列 ………………………… 2. 中国绣球 H. chinensis
　　　　3. 花序有花序梗，一回分枝呈伞房状排列。
　　　　　　4. 叶片厚纸质；伞房状聚伞花序球形，放射花直径可达 5.5cm ……… 3. 绣球 H. macrophylla
　　　　　　4. 叶片薄；伞房花序非球形；放射花直径不超过 2.5cm ………… 4. 浙皖绣球 H. zhewanensis
1. 子房完全下位；蒴果扁球形或半球形，不超出萼筒。
　　5. 木质藤本；花瓣顶端连合，整体脱落 …………………………… 5. 冠盖绣球 H. anomala
　　5. 灌木或小乔木；花瓣分离 ……………………………………… 6. 乐思绣球 H. rosthornii

1. 圆锥绣球（图 101：A）

Hydrangea paniculata Siebold in Nova Acta Phys.-Med. Acad. Caes. Leop.-Carol. Nat. Cur. 14(2)：691. 1829.

落叶灌木或小乔木，高 2～3m。小枝紫褐色，略呈方形，粗壮，有稀疏细毛。叶对生，在上方者有时 3 叶轮生；叶片卵形、椭圆形或狭椭圆形，长 5～10cm，宽 3～5cm，先端渐尖，基部圆形或楔形，边缘有内弯的细密锯齿，上面疏被柔毛或近无毛，下面脉上有长柔毛，脉腋具簇毛；叶柄长 8～20mm。圆锥花序顶生，塔形，长 8～20cm；花序梗有叶状苞片和小苞片，与花梗均被毛；放射花多数，萼片白色，后带紫色，通常 4，卵形或近圆形，不等大，长约 6～12mm，全缘；孕性花芳香；萼筒近无毛，陀螺状，萼裂片短三角形；花瓣白色，5，离生，早落；雄蕊 10，不等长；子房半上位，花柱 3，柱头稍下延。蒴果近卵球形，有棱角，长约 4mm，直径约 3mm，约有一半突出于萼筒之外。种子两端有翅。花期 6—10 月，果期 8—11 月。

产地：十八龙潭、大坑、童玉、千顷塘、大坪溪、屏峰山、道场坪、直源、横源。生于路边、林缘、林下。

分布：江苏、安徽、浙江、江西、福建、台湾、湖北、湖南、广东、广西、贵州、云南；日本。

用途：可栽培供观赏；树皮含黏液，可作糊料；根入药，有清热抗疟之效。

图 101　A：圆锥绣球；B，C：中国绣球；D：浙皖绣球（金孝锋绘）

2. 中国绣球（图 101：B,C）

Hydrangea chinensis Maxim. in Mém. Acad. Imp. Sci. St.-Pétersbourg, Sér. 7, 10 (16)：7. 1867.

Hydrangea angustipetala Hayata；*H. jiangxiensis* W. T. Wang & M. X. Nie；*H. umbellata* Rehder.

落叶灌木，高 1～1.5m。小枝灰黄色至红褐色，被稀疏粗伏毛，后变无毛。叶对生；叶片纸质，干后膜质，狭椭圆形、长圆形至狭倒卵形，长 4.5～7.5cm，宽 1.8～2.3cm，先端渐尖，基部楔形，近全缘或中部以上有稀疏小齿，两面无毛或仅脉上被伏毛；叶柄长 4～10mm。伞形聚伞花序，无花序梗，着生于顶生叶间，有 5 或 6 分枝，密被伏毛；放射花缺或少数，具 3 或 4 萼瓣，萼片白色，近等大或不等大，卵形至圆形，最大者长 1.6～2.5cm，沿脉有疏短毛；孕性花萼筒疏被伏毛，萼裂片卵状椭圆形，花瓣白色或带绿色，倒卵状披针形，离生，扩展，子房大半部上位，花柱 3 或 4。蒴果卵球形，长 3～4mm，直径约 3mm，约 3/4 突出于萼筒之外，顶端孔裂，有 3 或 4 枚宿存花柱。种子无翅，具细条纹。花期 5—7 月，果期 8—10 月。

产地：区内常见。生于溪边、路旁灌丛中或疏林下。

分布：江苏、安徽、江西、福建、台湾、湖南、广东、广西、贵州、云南。

3. 绣球

Hydrangea macrophylla（Thunb.）Ser.，Prodr. 4：15. 1830.

Basionym：*Viburum macrophyllum* Thunb.，Fl. Jap. 125. 1784.

落叶灌木，高 0.5～2m。小枝粗壮，无毛，有明显的皮孔和大型叶迹。叶对生；叶片近肉质，倒卵形、宽卵形或椭圆形，长 8～20cm，宽 4～10cm，先端短渐尖，基部宽楔形，边缘除基部外有三角形粗锯齿，上面鲜绿色，有光泽，下面淡绿色，无毛或稍被微毛；叶柄粗，长 1～4cm。伞房花序顶生，球形，直径可达 20cm，花序梗疏被短柔毛；花白色，后变粉红色或蓝色，全部为放射花；萼片 4，宽卵形，长 1～2cm，全缘或有疏齿。花期 6—7 月。

产地：区内栽培作观赏。

分布：国内各大城市常见栽培；日本。

用途：著名观赏植物；也可入药，可作清热抗疟药。

《中国植物志》认为绣球 *H. macrophylla* 原产我国，野生者见于广东、贵州和四川。

4. 浙皖绣球（图 101：D）

Hydrangea zhewanensis P. S. Hsu & X. P. Zhang in Invest. Stud. Nat.，Mus. Hist. Nat. Shanghaiense 7：12. 1987.

灌木，高 0.7～1.5m。小枝淡褐色，幼时密被卷曲短柔毛，老后渐变无毛，树皮常呈薄片剥落。叶片近膜质或薄纸质，椭圆形或菱状椭圆形，长 6～19cm，宽 3～8cm，先端渐尖，具尾状长尖头或短尖头，基部沿叶柄两侧稍下延呈阔楔形或楔形，边缘有锐锯齿，无毛或近无毛，仅脉上被卷曲短柔毛，或下面脉上有时杂以少许扩展的长柔毛；叶柄长 1～4cm，被卷曲短柔毛。伞房状聚伞花序顶生，具短的花序梗，密被卷曲短柔毛；放射花萼片 3 或 4，卵形或阔卵形,不等大,长 1～2cm,宽 1～1.8cm,淡蓝色,边全缘或上部具数小齿;孕性花蓝色,萼筒狭钟状或钟状,长 1.2～1.5mm,无毛,萼齿卵状三角形,长约 0.5mm;雄蕊 10,稍不等长;子房大半下位,花柱 3,少有 2 或 4。蒴果长卵球形,顶端突出;种子褐色,扁平,具网纹,两端具短翅。花期 6—7 月,果期 10—11 月。

产地:十八龙潭、直源。生于海拔 690～1500m 的山谷溪边疏林下或山坡灌丛中。

分布:安徽、浙江。

以往文献记载的山绣球 *H. macrophylla* var. *nomalis* E. H. Wilson 产于浙江,与本种区别在于叶背无毛或仅中脉两侧被卷曲柔毛,可能即为本种。

5. 冠盖绣球(图 102：A - C)

Hydrangea anomala D. Don, Prodr. Fl. Nepal. 211. 1825.

木质藤本。树皮灰褐色,片状剥落,常有气生根;小枝无毛。叶对生;叶片卵形、椭圆状卵形或卵状长圆形,长 6～12cm,宽 3～6(～9)cm,先端渐尖或短尾状,基部宽楔形或圆形,边缘有细锐锯齿,两面无毛或下面脉腋簇生柔毛;叶柄长 2～5cm,有狭翅,被稀疏柔毛。伞房状聚伞花序生于侧枝顶端,被卷曲长柔毛,直径 10～14cm;放射花少数,有时缺,直径 3～4cm,萼片 4,近圆形或宽倒卵形,先端圆、平截或略凹入,全缘或具不整齐缺刻,网脉明显,脉上略被柔毛;孕性花小,萼筒倒圆锥形,萼裂片宽卵形,花瓣连合成冠盖状,花开后整个脱落;雄蕊 10;子房下位,花柱 2 枚,反曲。蒴果扁圆形,顶端截平,两侧稍扁。种子褐色,周围有翅。花期 5—7 月,果期 7—10 月。

产地:西坞源。生于沟谷、林下或林缘,攀援于林中树上或平卧于岩石上。

分布:陕西、甘肃、安徽、江西、福建、台湾、湖北、湖南、广西、四川、贵州、云南、西藏。

用途:可供观赏和药用;叶可作清热抗疟药;树皮可作收敛剂。

6. 乐思绣球(图 102：D)

Hydrangea rosthornii Diels in Bot. Jahrb. Syst. 29(3 - 4)：374. 1900.

灌木或小乔木,高 2～3m,有时达 6m。小枝褐色,密被黄褐色短粗毛或扩展的粗长毛。叶片纸质,阔卵形至长卵形或椭圆形至阔椭圆形,长 9～35cm,宽 5～22cm,先端急尖或渐尖,基部截平,边缘具不规则的细齿或粗齿,上面疏被粗伏毛,下面密被灰白色短柔毛;叶柄长 3～15cm,被毛或后渐变近无毛。伞房状聚伞花序,直径达 30cm;放射花淡紫色或白色,萼片 4 或 5,阔卵形、圆形或扁圆形,边缘近全缘;孕性花萼筒杯状,萼齿卵状三角形或阔三角形;雄蕊 10～14,不等长;子房下位,花柱 2。蒴果杯状,长约 3mm,直径约 4mm,顶端截平。种子略扁,具稍凸起的纵脉纹,两端具短翅。花期 7—8 月,果期 9—11 月。

产地:龙塘山、茶园里、栈岭湾、谢家坞、童玉、直源、横源。生于海拔 700～2800m 的山谷密林,山坡、山脊疏林或灌丛中。

分布:安徽、浙江、江西、福建、湖北、湖南、广东、广西、贵州、云南。

在区内(茶园里),溪沟边灌丛中尚有花序几乎全为放射花,孕性花很少的类群,曾被鉴定为 *H. strigosa* Rehder f. *sterilis* Rehder (in Sargengt, Pl. Wilson. 1：31. 1911)。除所列性状与本种区别外,余无区别,故暂不分出。

图 102　A－C：冠盖绣球；D：乐思绣球（重组《中国植物志》与《湖南植物志》）

（三）冠盖藤属　**Pileostegia** Hook. f. & Thomson

常绿木质藤本。以小气生根攀附于他物上。叶对生；叶片革质，全缘或略有浅波状疏齿；叶柄短。伞房状圆锥花序顶生；花同型，无放射花，两性花小，具短柄，聚合成束；花萼4或5齿裂；花瓣白色或绿白色，4或5，上部连合成一冠盖花冠，早落；雄蕊8～10，花丝长，花药近球形；子房下位，4～6室，花柱1枚，短棒状，有4～6浅槽，柱头头状，4～6裂。蒴果陀螺状半球形，顶端近截形，具纵棱，成熟时沿棱脊开裂；有极多种子。种子微小，纺锤形，两端有向上渐狭的翅。

3种，自印度东部经我国分布至日本。我国全有，分布于西南、华东和台湾。浙江有2种。

1. 冠盖藤（图 103）

Pileostegia viburnoides Hook. f. & Thomson in J. Proc. Linn. Soc., Bot. 2: 76. 1857.

常绿木质藤本，攀援树上，长可达 15m。常具小气生根。小枝灰褐色，无毛。叶对生；叶片薄革质，椭圆状长圆形、披针状椭圆形至长圆状倒卵形，长 10～16（～21）cm，宽 2.5～7cm，先端渐尖或急尖，基部楔形，全缘或中部以上具浅波状疏齿，两面无毛或下面散生极稀疏的单毛，细脉明显；叶柄长 1～3cm。

图 103　冠盖藤（引自《浙江天目山药用植物志》）

圆锥花序顶生，长 7～12cm，直径达 15cm，无毛或有极稀疏长柔毛；花萼 4 或 5 裂，裂片短三角形，长 0.5mm；花瓣白色，卵形，长约 3～4mm，上部连合成冠盖状，早落；雄蕊 8～10，花丝长 4～5mm；子房下位，花柱长约 1mm，柱头头状。蒴果陀螺状半球形，长约 3mm，直径 3～4mm，顶端近截形，具纵棱，无毛。种子淡黄色，长约 1mm。花期 7—8 月，果期 9—11 月。

产地：龙塘山、柘林坑、大坪溪。生于海拔 270～800m 的山谷溪边灌丛中或林下，常攀附于树上及峭壁上或匍匐于岩石旁。

分布：安徽、浙江、江西、福建、台湾、湖北、湖南、广东、海南、广西、四川、贵州、云南；日本、印度、越南。

用途：根、老茎、花、叶等供药用，味苦，性平，有活血祛瘀之效，用于骨折损伤、关节酸痛、多发性脓肿等症。

(四) 溲疏属　Deutzia Thunb.

落叶,稀常绿灌木。树皮通常灰褐色,片状剥落。小枝中空或有疏松白色髓心;芽鳞覆瓦状排列,无毛或近无毛。叶对生;叶片边缘有锯齿或粗牙齿,通常被星状毛,有时混生柔毛;叶柄短。伞房花序、圆锥花序、聚伞花序或总状花序,稀单生,通常着生于茎顶或侧枝顶端;花两性;花托膨大成钟状与子房壁合生,果时木质化;花萼5裂;花瓣白色、粉红色或蓝紫色,5枚;雄蕊10,稀12～15,通常较花瓣短,2轮排列,内外两轮的形状和大小常不相同,花丝有翅,顶端常有2裂齿;子房下位,3～5室,每室含多数胚珠,花柱3～5,离生。蒴果,3～5瓣裂;有多数种子。种子褐色,细小,宽镰状或近卵状,微扁,具纵纹。

约60种,分布于北半球暖温带。我国有50种,以西南部分布较多。浙江有6种。

分种检索表

1. 小枝无毛;叶片下面微被白粉 ·· 1. 黄山溲疏 D. glauca
1. 小枝被星状毛;叶片下面无白粉。
　2. 圆锥花序狭塔形;内轮花丝具2齿 ························· 2. 宁波溲疏 D. ningpoensis
　2. 圆锥花序宽塔形;内轮花丝2齿合生呈舌状 ········· 3. 长江溲疏 D. schneideriana

1. 黄山溲疏(图104：A)

Deutzia glauca Cheng in Contr. Biol. Lab. Sci. Soc. China, Bot. Ser. 10：71, fig. 8. 1935.

落叶灌木,高1.5～2.5m。小枝灰褐色,无毛。叶对生;叶片纸质,卵形或卵状椭圆形,长3.5～13cm,宽1.8～6cm,先端渐尖或急尖,基部宽楔形或圆形,边缘有细锐锯齿,上面深绿色,疏生具4或5(6)条辐射枝的星状毛,下面灰绿色,微被白粉,无毛或有极稀疏具8～10条辐射枝的星状毛;叶柄长4～11cm。花序圆锥状,较疏散,长5～11cm,无毛;花梗长约7mm,无毛;花直径达2.8cm;萼筒长2～4mm;萼裂片三角形,较萼筒短,疏被具10～12条辐射枝的星状毛;花瓣白色,近长圆形,长1.4～1.8cm,外面疏生星状毛,里面微被短柔毛;雄蕊10,外轮长约9mm,花丝顶端均具2齿;子房半球形,下位,花柱3。蒴果半球形,顶端截形,直径6～9mm,疏被星状毛。花期5—6月,果期6—10月。

产地：鸠甫山、龙塘山、茶园里、千顷塘、大坪溪、直源、横源。生于海拔350～900m的山坡阔叶林或竹林下及山谷溪边岩隙中。

分布：安徽、浙江、江西、福建、湖北。

2. 宁波溲疏(图104：D)

Deutzia ningpoensis Rehder in Sargent, Pl. Wilson. 1(1)：17. 1911.

Deutzia chunii Hu.

落叶灌木,高可达3.5m。树皮薄片状剥落。小枝红褐色,疏被星状毛,老枝灰褐色。叶片狭卵状、卵状披针形或披针形,长2.5～7(～10.5)cm,宽1.3～3.3cm,先端渐尖,基部宽楔形或圆形,边缘疏生不明显细锯齿或近全缘,上面疏被具4～6条辐射枝的星状毛,下面密

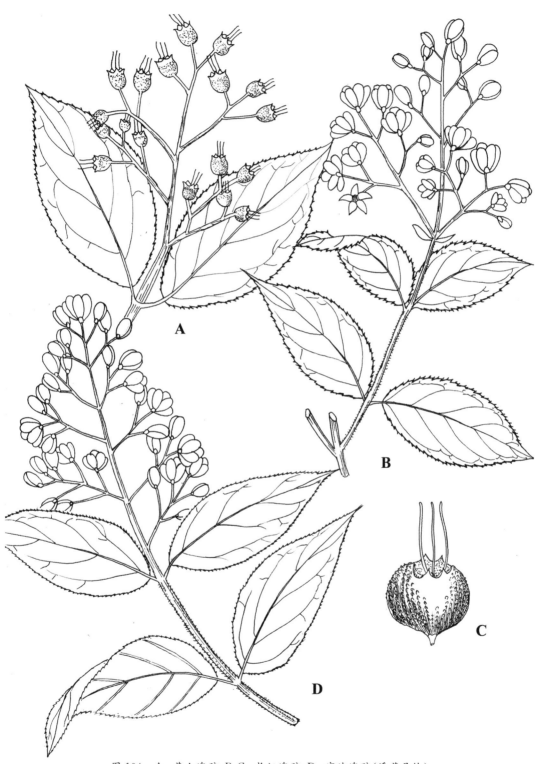

图 104　A：黄山溲疏；B,C：长江溲疏；D：宁波溲疏（潘莹丹绘）

被灰白色,具 12~14 条辐射枝的星状毛;叶柄短,长 1~2mm,疏被星状毛。圆锥花序塔形,长 5~13.5cm,宽 4~6cm,疏被星状毛;花梗短,长 1~3mm;花直径约 1.5cm;萼筒淡绿色,密被白色短星状毛,长约 2mm,萼裂片三角形卵形,较萼筒短;花瓣白色,倒卵状长圆形,长 6~8mm,宽约 4mm,外面被星状毛;雄蕊花丝顶端 2 齿极短;子房下位,花柱 3 或 4。蒴果近球形,直径 3~4.5(~6)mm,密被星状毛。花期 5~7 月,果期 6~9 月。

产地:鸠甫山、龙塘山、直源、横源。生于溪边、林缘及山坡灌丛中。

分布:陕西、江苏、安徽、江西、福建、湖北。

用途:为优良观赏树种;根、叶可入药,有退热利尿、杀虫、接骨之效。

3. 长江溲疏(图 104:B,C)

Deutzia schneideriana Rehder in Sargent, Pl. Wilson. 1(1):7. 1911.

落叶灌木,高 2~3m。树皮剥落。小枝褐色,疏被星状毛,后脱落。叶片纸质,卵状椭圆形或狭卵形,长 3.5~6cm,先端短渐尖或渐尖,基部宽楔形或圆形,边缘有细锐锯齿,上面疏生具 5 或 6 条辐射枝的星状毛,下面带灰白色,密被具 12~14 条辐射枝的星状毛,中脉星状毛中央有直立的单毛状辐射枝;叶柄长 3~5cm,疏被星状毛。圆锥花序宽塔形,长 3~6cm;花梗被星状毛;萼筒半球形,密被星状毛,萼裂片三角形,与萼筒近等长;花瓣白色,长圆形,长约 1cm,外面被星状毛;外轮花丝顶端有 2 齿,内轮花丝的齿合生成舌状;子房下位,花柱 3 枚。蒴果半球形,直径 4~7mm。花期 5—6 月,果期 7—8 月。

产地:直源、横源、大坪溪。生于山坡林缘或溪边灌丛中。

分布:安徽、浙江、江西、湖北、湖南。

用途:本种可供观赏。

(五)山梅花属　Philadelphus L.

直立灌木,稀攀援。少具刺;小枝对生,树皮常脱落。叶对生,全缘或具齿,离基 3~5 出脉;托叶缺;芽常具鳞片或无鳞片包裹。总状花序,常下部分枝呈聚伞状或圆锥状排列,稀单花;花白色,芳香,筒陀螺状或钟状,贴生于子房上;萼裂片 4;花瓣 4;雄蕊多数,花丝扁平,分离,稀基部连合,花药卵形或长圆形,稀球形;子房下位或半下位,4 室,稀 3~5 室,胚珠多颗,悬垂,中轴胎座;花柱与子房室同数,合生。蒴果,4 瓣裂,外果皮纸质,内果皮木栓质;种子极多,种皮前段冠以白色流苏,末端延伸成尾或渐尖,胚小,陷入胚乳中。

约 70 种,分布于北温带。我国有 22 种,分布于华南至东北。浙江有 4 种。

分种检索表

1. 花梗、花萼外面无毛。
  2. 总状花序具 5~9 花;叶片两面无毛或仅下面脉腋间被毛 ……………………… 1. 太平花 P. pekinensis
  2. 总状花序具 3~5 花,或上部具 5~9 花或更多;叶片两面多少被伏毛。
    3. 花序 3~5 花;花序轴 2~3cm ……………………………………………… 2. 短序山梅花 P. brachybotrys
    3. 上部花序具 5~9(~13)花;花序轴长 5~10cm ………………………… 3. 浙江山梅花 P. zhejiangensis
1. 花梗疏被短伏毛,花萼外面密被白色伏毛。
  4. 叶片椭圆形至椭圆状披针形,上面被伏毛 ……………………………………… 4. 绢毛山梅花 P. sericanthus
  4. 叶片卵状椭圆形,上面无毛或近无毛 ……………………… 4a. 牯岭山梅花 P. sericanthus var. kulingensis

1. 太平花(图 105：A－C)

Philadelphus pekinensis Rupr. in Bull. Acad. Imp. Sci. St.-Pétersbourg 15：365. 1857.

灌木,高 1～2m。分枝较多;二年生小枝无毛,表皮栗褐色;当年生小枝无毛,表皮黄褐色,不开裂。叶片卵形或阔椭圆形,长 3～8.2cm,宽 1.5～4cm,先端长渐尖,基部阔楔形或楔形,边缘具锯,两面无毛,稀仅下面脉腋被白色长柔毛;叶脉离基出 3～5 条;花枝上叶较小,椭圆形或卵状披针形,长 2.5～7cm,宽 1.5～2.5cm;叶柄长约 3～10mm,无毛。总状花序有花 5～9 朵;花序轴长 3～5cm,黄绿色,无毛;花梗长 3～8mm,无毛;花萼黄绿色,外面无毛,裂片卵形,长 4～5mm,宽约 2.5mm,先端急尖,干后脉纹明显;花冠盘状,直径 2～3mm;花瓣白色,倒卵形,长 9～12mm,宽约 8mm;雄蕊 25～28,最长达 8mm;花盘和花柱无毛;花柱长 4～5mm,纤细,先端稍分裂,柱头棒状或锥形,长约 1mm,常较花药小。蒴果近球形或倒圆锥形,直径 5～7mm,宿存萼裂片近顶生;种子长 2～2.5mm,具短尾。花期 5—6 月,果期 9—10 月。

产地：童玉、大坪溪。生于海拔 700～900m 山坡杂木林中或灌丛中。

分布：内蒙古、辽宁、山西、陕西、河北、河南、浙江、湖北;朝鲜半岛。

2. 短序山梅花(图 105：D)

Philadelphus brachybotrys (Koehne) Koehne in Sargent，Pl. Wilson. 1(1)：5. 1911.

Basionym：*Philadelphus pekinensis* Rupr. var. *brachybotrys* Koehne，Mitt. Deutsch. Dendrol. Ges. 13：84. 1904.

灌木,高 2～3m。二年生小枝灰棕色或栗褐色,表皮薄片状脱落;当年生小枝褐色,无毛。叶片长椭圆形或卵状椭圆形,长 4～10cm,宽 2～6cm,先端渐尖或稍尾尖,基部楔形,边缘具锯齿,上面暗绿色,被糙伏毛,下面无毛或仅叶脉及脉腋疏被白色长柔毛,叶脉离基出 3 条;叶柄长 3～6mm,无毛或稍被毛;花枝上的叶与无花枝上叶近等大;叶柄长约 5mm,无毛。总状花序有花 3～5 朵;花序轴长 2～3cm;萼筒钟形,裂片卵状,长约 6mm,宽约 4mm,先端急尖,干后脉纹明显;花冠盘状,直径 2.5～3cm;花瓣白色,近圆形,直径约 1.6cm,背面基部常有毛;雄蕊 30～35,最长的长达 9mm;花盘边缘和花柱疏被白色长柔毛或无毛;花柱先端分裂至中部,柱头棒形,长 1～1.5mm,较花药短。蒴果椭圆球形,长 6mm,直径约 6mm;种子长约 3mm,具短尾。花期 5—6 月,果期 8 月。

产地：十八龙潭、龙塘山。生于海拔 300～1500m 的山地溪沟旁及杂木林中。

分布：江苏、浙江、福建、江西。

3. 浙江山梅花

Philadelphus zhejiangensis S. M. Hwang in Acta Bot. Austro Sin. 7：10. 1991.

Philadelphus pekinensis Rupr. var. *laxiflorus* Cheng; *P. brachybotrys* Koehne var. *laxiflorus* (Cheng) S. Y. Hu.

灌木,高 1～3m。二年生小枝黄褐色或褐色,纵裂或不裂,片状脱落或不脱落;当年生小枝暗褐色,无毛。叶片椭圆形或椭圆状披针形,长 5～9(～10)cm,宽 2～4.5(～6)cm,先端

图 105　A-C：太平花；D：短序山梅花；E：绢毛山梅花（重组《中国植物志》与《浙江植物志》）

渐尖,尖头长 5~10mm,花枝上的叶常较小,基部楔形或阔楔形,边缘具锯齿,上面疏被糙伏毛,下面沿主脉和侧脉被长硬毛;叶脉稍离基出 3~5 条,网脉明显;叶柄长 5~10mm,无毛。总状花序有花 5~9 朵,稀可更多,最下分枝顶端有时具 3 花呈聚伞状排列;花序轴长 5~10cm;花萼褐色,外面无毛,裂片卵形或卵状披针形,长 4~6mm,宽 3~4mm,先端渐尖,尖头长约 1mm;花冠十字形,直径 2.8~3.5cm;花瓣白色,椭圆形或阔椭圆形,长 1.2~1.8cm,宽 1~1.2cm,顶端圆,有时凹入或齿缺,基部急收狭;雄蕊 31~39,最长的长达 12mm;花药卵状长圆形,长约 1.5mm;花盘和花柱无毛,花柱粗壮,仅先端分裂,柱头桨形,长 1.5~2mm。蒴果椭圆球形或陀螺形,长 6~8mm,直径 4~5mm;种子长约 2.5mm,具短尾。花期 5—6 月,果期 7—11 月。

产地:童玉、大坪溪、直源、横源。生于海拔 700~1700m 山谷。

分布:江苏、安徽、浙江、福建。

4. 绢毛山梅花(图 105:E)

Philadelphus sericanthus Koehne, Gartenflora. 45:561. 1896.

灌木,高 1~4m。二年生小枝黄褐色,表皮纵裂,片状脱落;当年生小枝褐色,无毛或疏被毛。叶片纸质,椭圆形或椭圆状披针形,长 3~11cm,宽 1.5~5cm,先端渐尖,基部楔形或阔楔形,边缘具锯齿,齿端具角质小圆点,上面疏被糙伏毛,下面仅沿主脉和脉腋被长硬毛;叶脉稍离基 3~5 条;叶柄长 8~12mm,疏被毛。总状花序有花 7~11(~15)朵,下面 1~3 对分枝顶端具 3~5 花呈聚伞状排列;花序轴长 5~15cm,疏被毛;花梗长 5~10mm,被糙伏毛;花萼褐色,外面疏被糙伏毛,裂片卵形,长 6~7mm,宽约 3mm,先端渐尖,尖头长约 1.5mm;花冠盘状,直径 2.5~3cm;花瓣白色,倒卵形或长圆形,长 1.2~1.5cm,宽 8~10mm,外面基部常疏被毛,顶端圆形,有时不规则齿缺;雄蕊 30~35,最长达 7mm,花药长圆形,长约 1.5mm;花盘和花柱均无毛或稀疏被白色刚毛;花柱长约 6mm,上部稍分裂,柱头桨形或匙形,长 1.5~2mm。蒴果倒卵球形,长约 7mm,直径约 5mm;种子 3~3.5mm,具短尾。花期 5—6 月,果期 7—9 月。

产地:顺溪。生于林下或灌丛中。

分布:陕西、甘肃、河南、江苏、安徽、浙江、江西、湖北、湖南、广西、四川、贵州、云南。

4a. 牯岭山梅花

var. **kulingensis** (Koehne) Hand.-Mazz. in Symb. Sin. 7:439. 1931.

Basionym:*Philadelphus incanus* Koehne var. *sargentianus* Koehne f. *kulingensis* Koehne in Repert. Spec. Nov. Regni Veg. 10:126. 1911.

与模式变种的区别在于:叶片卵状椭圆形,上面无毛或近无毛,边缘明显具 9~12 齿;花萼疏被糙伏毛。花期 6 月。

产地:龙塘山。生于海拔 1500m 左右的山坡林中。

分布:浙江、江西。

(六) 鼠刺属　**Itea** L.

常绿或落叶灌木或小乔木。单叶,互生,叶片革质;有叶柄;托叶小,早落。总状花序,顶生或腋生;苞片通常线形,早落;萼筒杯状或倒圆锥状,与子房基部合生,顶端 5 裂,裂片宿存;花瓣5,极狭;雄蕊5,着生于花盘周边;子房上位或半下位,2或3室,胚珠多数,花柱单一,两侧有沟,柱头头状。蒴果长圆球形或狭圆锥形,有槽纹,2瓣裂;有多数种子。种子纺锤形。

约27种,分布于东亚、东南亚。我国有15种,主产长江以南及台湾。浙江有1种。

1. 峨眉鼠刺　矩形叶鼠刺(图106)

Itea omeiensis C. K. Schneid. in Sargent, Pl. Wilson. 3: 421. 1917.

Itea chinensis Hook. & Arn. var. *oblonga* (Hand.-Mazz.) Y. C. Wu; *I. oblonga* Hand.-Mazz.

常绿灌木或小乔木,高1~3m。小枝紫褐色,无毛或幼时被微柔毛。叶互生;叶片薄革质,长圆形,长7~13cm,宽3~5.5cm,先端急尖或渐尖,基部楔形至圆形,边缘具细密锯齿,两面无毛,侧脉5~7对;叶柄长1~1.7cm。总状花序腋生,长7~11cm,被微柔毛;花两性;萼裂片狭披针形,长约1.5mm,无毛或被微柔毛,宿存;花瓣白色,披针形,长约3mm;雄蕊略超出花冠;子房上位,2室,被白色微柔毛。蒴果深褐色,狭圆锥形,长7~9mm,顶端有喙,2瓣裂。花期4—6月,果期6—11月。

产地:直源、横源、大明山。生于海拔260~790m的山坡林下、溪谷灌丛中及岩石旁。

分布:安徽、浙江、福建、江西、湖南、广西、贵州、四川、云南。

用途:根可作为滋补药;花可治咳嗽及喉干。

图106　峨眉鼠刺(引自《浙江天目山药用植物志》)

(七)茶藨子属　**Ribes** L.

落叶,稀常绿或半常绿灌木。枝平滑无刺或有刺,皮剥落或不剥落;芽具数片干膜质或草质鳞片。叶具柄,单叶互生,稀丛生,常3~5(~7)掌状分裂,稀不分裂,在芽中折叠,稀席卷,无托叶。花两性或单性而雌雄异株,5数,稀4数;总状花序,有时花数朵组成伞房花序或几无总梗的伞形花序,或花数朵簇生,稀单生;苞片卵形、近圆形、椭圆形、长圆形、披针形,稀舌形或线形;萼筒辐状、碟形、盆形、杯形、钟形、圆筒形或管形,下部与子房合生,上部直接转变为萼片;花瓣4或5,小,与萼片互生,有时退化为鳞片状,稀缺花瓣;雄蕊4或5,与萼片对生,与花瓣互生,着生于萼片的基部或稍下方,花丝分离,花药2室;花柱通常先端2浅裂或深裂至中部或中部以下,稀不分裂;子房下位,极稀半下位,具短柄,光滑或具柔毛,有时具腺毛或小刺,1 室具 2 个侧膜胎座,含多数胚珠,胚珠具 2 层珠被。果实为多汁的浆果,顶端具宿存花萼,成熟时从果梗脱落;种子多数,具胚乳,有小圆筒状的胚,内种皮坚硬,外部有胶质外种皮。

约 160 余种,主要分布于北温带。我国有 59 种,大多分布于西部、西南部和东北。浙江有 2 种、1 变种。

分种检索表

1. 花单生或数朵簇生;花瓣先端圆或平截;叶片上面近无毛,下面被柔毛 ……………………………………
……………………………………………… 1. 华茶藨子 R. fasciculatum var. chinense
1. 花序总状;花瓣先端圆钝且啮蚀状;叶片上面具腺毛,下面被长柔毛及腺毛 ………………………………
………………………………………………………… 2. 绿花茶藨子 R. viridiflorum

1. 华茶藨子(图 107:A)

Ribes fasciculatum Siebold & Zucc. var. **chinense** Maxim. in Bull. Acad. Imp. Sci. St.-Pétersbourg sér. 3. 19:264. 1874.

落叶灌木,高 1～2m。小枝灰褐色,皮稍剥裂,嫩枝开展,被较密柔毛;芽小,卵圆形或长卵圆形,长 2～5mm,先端急尖,具数枚棕色或褐色鳞片,外面无毛。叶片宽卵形,长 2.5～5cm,宽 3.5～5.5cm,中裂片宽卵形,较侧生裂片稍长,先端急尖,基部截形或浅心形,边缘具不整齐的粗钝锯齿,上面近无毛或被微柔毛,下面被柔毛,沿脉毛更密;叶柄长 1.2～3cm,被短柔毛或近无毛。花单性,雄雌异株,雄花序具花 2～9 朵,雌花 2～4(～6)朵簇生,稀单生;花梗长 6～9mm,具关节,被较密柔毛,稀于关节以下部分微具柔毛;苞片长圆形,长 5～8mm,宽 2～3.5mm,先端钝或稍微尖,微被短柔毛,具单脉,早落;花萼黄绿色,有香味;萼筒杯形,长 2～3mm,宽稍大于长或几相等,萼片卵圆形或舌形,长 2～4mm,宽 1.5～3mm,先端圆钝,花期反折;花瓣近圆形或扇形,长 1.5～2mm,宽稍大于长,先端圆钝或平截;雄蕊长于花瓣,花丝极短,花药扁椭圆形;雌花的雄蕊不发育,花药无花粉;子房梨形,光滑无毛,雄花的子房退化;花柱先端 2 裂。果实近球形,直径 6～8mm,红褐色,无毛。花期 4—5 月,果期 5—9 月。

产地:昱岭关、昌化镇。生于海拔 700～1300m 的路旁、岩边林中。

分布:陕西、甘肃、山东、河南、江苏、安徽、浙江、江西、湖北。

2. 绿花茶藨子(图 107:B,C)

Ribes viridiflorum (Cheng) L. T. Lu & G. Yao in L. T. Lu & S. M. Hwang, Fl. Reipubl. Popularis Sin. 35(1):345. 1995.

Basionym:*Ribes tenue* Janc. var. *viridiflorum* Cheng in Contr. Biol. Lab. Sci. Soc. China, Bot. Ser. 10:120. 1936.

落叶灌木,高 1～3m。小枝平滑,灰褐色或灰棕色,皮稍剥裂,嫩枝红褐色或灰褐色,无毛,无刺;芽卵圆形或长卵圆形,长 4～6mm,先端急尖或稍钝,具数枚棕褐色鳞片。叶片宽卵圆形或近圆形,稀长卵圆形,长 2～7cm,宽 2～6cm,基部近截形至心脏形,上面深绿色,幼时具短柔毛和紧贴疏腺毛,老时柔毛脱落,下面浅绿色,具短柔毛,掌状 3～5 裂,

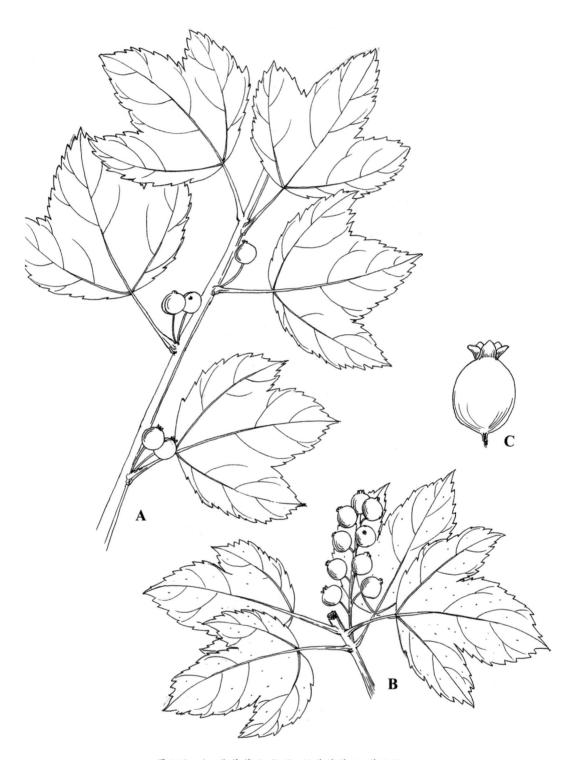

图 107　A：华茶藨子；B,C：绿花茶藨子（蒋辰榆绘）

顶生裂片菱状卵圆形或菱形,先端短渐尖,比侧生裂片稍长,稀长 1 倍多,侧生裂片卵圆形,先端急尖,边缘具粗锐单锯齿,有时混生少数重锯齿;叶柄长 1.5～3cm,无柔毛,具长腺毛。花单性,雌雄异株,成直立总状花序;雄花序长 4～9cm,具花 8～20 朵;雌花序稍短,具花 6～18 朵;花序轴具短柔毛,无或疏生短腺毛;花梗长 2～5mm,幼时具短柔毛,有时疏生短腺毛,老时均脱落;苞片长圆形或长圆状披针形,长 5～9mm,宽 1～2.5mm,先端急尖或微钝,边缘有短腺毛,具单脉;花萼辐状,绿色或黄绿色,外面无毛,萼筒碟形,长1.5～2mm,宽大于长,萼片长圆形或舌形,长 2～3mm,先端圆钝或微尖,直立;花瓣小,近圆形,先端圆钝而微凹缺,绿白色;雄蕊短,几与花瓣等长或稍长,花丝与花药等长,花药圆形,雌花的花药败育,无花粉;子房光滑无毛;花柱先端 2 裂。果实球形,直径 6～8mm,红色,无毛。

产地:龙塘山、十八龙潭。生于海拔 500～1200m 的山坡林中。

分布:浙江。

二九、海桐花科　**Pittosporaceae**

常绿乔木或灌木。秃净或被毛,偶或有刺。叶互生或偶对生,多数革质,全缘,少有齿或分裂,无托叶。花两性,有时杂性,辐射对称;花各轮(除子房外)均为 5 数,单生或为伞形花序、伞房花序或圆锥花序,有苞片及小苞片;萼片常分离,或稍连合;花瓣分离或连合,白色、黄色、蓝色或红色;雄蕊与萼片对生,花丝线形,花药基部或背部着生,2 室,纵裂或孔裂;子房上位,子房柄存在或缺,心皮 2 或 3,有时 5,通常 1 室或不完全 2～5 室,倒生胚珠通常多数,侧膜胎座、中轴胎座或基生胎座,花柱短,单一或 2～5 裂,宿存或脱落。蒴果沿腹线裂开,或为浆果;种子通常多数,常有黏质或油质包在外面,种皮薄,胚乳发达,胚小。

9 属,约 250 种,大多分布于非洲、亚洲、澳大利亚、太平洋群岛的热带和亚热带地区。我国有 1 属,46 种,大多分布于长江流域地区。浙江有 1 属,3 种。本志记载 1属,2 种。

(一)海桐花属　**Pittosporum** Banks ex Gaertn.

常绿乔木或灌木。叶互生,常簇生于枝顶呈对生或假轮生状,全缘或有波状浅齿或皱折。花两性,少为杂性,单生或排成伞形、伞房或圆锥花序,生于枝顶或枝顶叶腋;萼片 5,通常短小而离生;花瓣 5,分离或部分合生;雄蕊 5,花丝无毛,花药背部着生,纵裂;子房上位,被毛或秃净,常有子房柄,心皮 2 或 3,稀 4 或 5,1 室或不完全 2～5 室;胚珠多数,花柱单一,短小,或 2～5 裂,常宿存。蒴果椭圆形或圆球形,成熟时 2～5 瓣裂,果瓣木质或革质,内面常有横条;种子 2 至多数。

约 150 种,大多分布于大洋洲。我国有 46 种,自西南部分布到台湾。浙江有 3 种。

分种检索表

1. 果瓣薄革质,厚不及 1mm;嫩枝无毛;叶片先端渐尖 ………………………………… 1. 崖花海桐 P. illicioides

1. 果瓣木质,厚约 1.5mm;嫩枝被褐色柔毛;叶片先端圆钝或微凹 ……………………… 2. 海桐 P. tobira

1. 崖花海桐 海金子(图 108：A)

Pittosporum illicioides Makino in Bot. Mag. Tokyo 14：32. 1900.

Pittosporum illicioides Makino var. *stenophyllum* P. L. Chiu ex H. T. Chang & S. Z. Yan.

常绿灌木或小乔木,高 1～4m。枝和嫩枝光滑无毛,有皮孔。叶互生,常簇生于枝顶呈假轮生状;叶片薄革质,倒卵状披针形或倒披针形,长 5～10cm,宽 2.5～4.5cm,先端渐尖,基部狭楔形,常下延,边缘平展或略皱折呈微波状,上面深绿色,干后仍有光泽,下面浅绿色,无毛,侧脉下面微隆起,细脉下面明显;叶柄长 5～10mm。伞形花序顶生,有花 1～12 朵;花梗长 1～2cm,纤细,无毛,常向下弯;苞片细小,早落;萼片 5 枚,卵形,基部连合,长 2～2.5mm;花瓣淡黄色,5 枚,基部连合,长匙形,长 8～9mm;雄蕊 5 枚,长约 6mm,花药 2 室,纵裂;雌蕊具 3 心皮,子房上位,长卵球形,密被短毛,子房柄短。蒴果近圆球形,直径 9～12mm,有纵沟 3 条,果瓣薄革质,3 瓣裂开。种子红色,长约 3mm。花期 4—5 月,果期 6—10 月。

产地：谢家坞、大石门、栈岭湾、浙川、银珑坞、童玉、大坪溪、大明山、横源、直源。生于山沟溪坑边、林下岩石旁及山坡杂木林中。

分布：江苏、安徽、浙江、江西、福建、台湾、湖北、湖南、四川、贵州、云南。

用途：供药用;种子含油脂可制皂;茎皮纤维可造纸。

2. 海桐(图 108：B)

Pittosporum tobira (Thunb.) W. T. Aiton, Hortus Kew. (ed. 2) 2：27. 1811.

Basionym：*Euonymus tobira* Thunb. in Nova Acta Regiae Soc. Sci. Upsal. 3：208. 1780.

常绿灌木或小乔木,高 1～6m。嫩枝被褐色柔毛,有皮孔。叶聚生于枝顶,二年生,革质,嫩时上下两面有柔毛,以后变秃净,倒卵形或倒卵状披针形,长 4～9cm,宽 1.5～4cm,上面深绿色,发亮,干后暗晦无光,先端圆形或钝,常微凹入或为微心形,基部窄楔形,侧脉 6～8 对,在靠近边缘处相结合,有时因侧脉间的支脉较明显而呈多脉状,网脉较明显,网眼细小,全缘,干后反卷,叶柄长达 2cm。伞形花序或伞房状伞形花序顶生或近顶生,密被黄褐色柔毛,花梗长 1～2cm;苞片披针形,长 4～5mm;小苞片长 2～3mm,均被褐毛。花白色,有芳香,后变黄色;萼片卵形,长 3～4mm,被柔毛;花瓣倒披针形,长 1～1.2cm,离生;雄蕊 2 型,退化雄蕊的花丝长 2～3mm,花药近于不育;正常雄蕊的花丝长 5～6mm,花药长圆形,长 2mm,黄色;子房长卵形,密被柔毛,侧膜胎座 3 个,胚珠多数,两列着生于胎座中段。蒴果圆球形,有棱或呈三角形,直径 12mm,多少有毛,子房柄长 1～2mm,3 片裂开,果片木质,厚1.5mm,内侧黄褐色,有光泽,具横格;种子多数,长 4mm,多角形,红色,种柄长约 2mm。

产地：区内习见栽培。

分布：江苏、浙江、福建、广东。

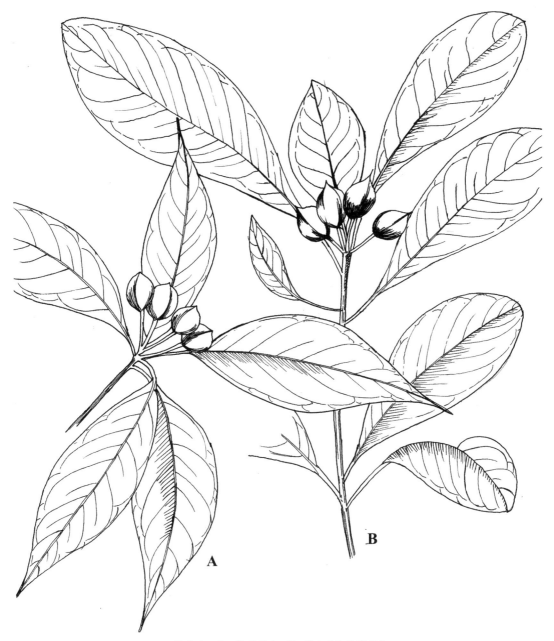

图 108　A：崖花海桐；B：海桐（韩思思绘）

三〇、金缕梅科　**Hamamelidaceae**

　　灌木或乔木，常绿或落叶。叶互生；叶片全缘或有锯齿，或为掌状分裂，具羽状脉或掌状脉；托叶线形，或为苞片状，早落，少数无托叶。花排成头状花序、穗状花序或总状花序，两性，或单性而雌雄同株；花辐射对称；萼筒与子房分离或多少合生，萼裂片 4 或 5，镊合状或覆瓦状排列；花瓣与萼裂片同数，或缺花瓣，少数无花被；雄蕊 4 或 5，或更多，花药通常 2 室，纵裂或瓣裂，药隔突出，退化雄蕊存在或缺；子房半下位或下位，稀为上位，2 室，上半部分离，花柱 2,柱头尖细或扩大,胚珠多数,中轴胎座。蒴果,常室间及室被裂开为 4 片,外果皮木质或革质,内果皮角质或骨质;种子多数,胚乳肉质,胚直生。

约 30 属,140 种,分布于东亚、东南亚、西亚、非洲东部与南部、大洋洲及美洲。我国有 18 属,74 种,主要分布于华南。浙江有 11 属,20 种。本志记载 6 属,8 种、1 变种。

分属检索表

1. 头状或肉质短穗状花序;花无花瓣。
　2. 子房每室仅具 1 粒胚珠;叶片不分裂 ……………………………………………… 1. 银缕梅属 Parrotia
　2. 子房每室具数粒胚珠;叶掌状 3 裂 ……………………………………………… 2. 枫香树属 Liquidambar
1. 总状或穗状花序;花两性,有花瓣。
　3. 花瓣 4,带状;花序短穗状;花各部 4 数。
　　4. 花药 4 室,药隔伸出成尖头状;叶全缘,较小,长不及 3cm ……………… 3. 檵木属 Loropetalum
　　4. 花药 2 室,药隔不伸出;叶缘具锯齿,长大于 10cm ……………………… 4. 金缕梅属 Hamamelis
　3. 花瓣 5,匙形或倒卵形或退化为鳞片状;花序总状或穗状,常伸长;花各部 5 数。
　　5. 花瓣显著;花丝极长;蒴果顶端钝,无皮孔 ………………………………… 5. 蜡瓣花属 Corylopsis
　　5. 花瓣细小;花丝极短;蒴果顶端尖,具皮孔 ………………………………… 6. 牛鼻栓属 Fortunearia

(一) 银缕梅属　**Parrotia** C. A. Mey.

落叶乔木,高达 30m。鳞芽。幼枝常被星状毛。单叶互生,托叶早落;羽状脉,侧脉直达齿端,两面均被星状毛。雌雄同株。花 3～7 朵聚成头状花序,顶生或腋生;雄花或两性花先叶开放;萼筒浅杯状,萼片 7 或 8(～10),外形不规则,螺旋状排列,基部连合,宿存;花瓣无;雄蕊(5～)10～15,花丝细长,花药 2 室,单瓣裂开;子房半下位,2 室;花柱 2,较长;胚珠每室 1。蒴果木质,长球形,被浓密星状短柔毛,无果梗。种子椭圆形。

2 种,1 种分布于亚洲西南部(里海南部地区),1 种分布于我国华东地区。浙江有 1 种。

1. 银缕梅(图 109)

Parrotia subaequalis(H. T. Chang) R. M. Hao & H. T. Wei in Acta Phytotax. Sin. 36:80. 1998.

Basionym:*Hamamelis subaequalis* H. T. Chang in Acta Sci. Nat. Univ. Sunyatsen. 1960(1):35. 1960.

Shaniodendron subaequle(H. T. Chang) M. B. Deng & al.

落叶小乔木,嫩枝初时有星状柔毛,后变秃净,干后暗褐色,无皮孔;芽细小,被绒毛。叶薄革质,倒卵形,长 4～6.5cm,宽 2～4.5cm,中部以上最宽,先端钝,基部圆形、截形或微心形,两侧对称;上面绿色,干后稍暗晦,略有光泽,除中肋及侧脉略有星状毛外,其余部分秃净无毛;下面浅褐色,有星状柔毛;侧脉 4 或 5 对,在上面稍下陷,在下面突起,第 1 对侧脉无第二次分支侧脉;边缘在靠近先端处有数个波状浅齿,不具齿突,下半部全缘;叶柄长 5～7mm,有星状毛;托叶早落。头状花序生于当年枝的叶腋内,有花 4 或 5 朵,花序梗长约 1cm,有星状毛;花无花梗,萼筒浅杯状,长约 1mm,外侧有灰褐色星状毛,萼齿卵圆形,长 3mm,先端圆形;花瓣及雄蕊未见;子房近于上位,基部与萼筒合生;有星状毛;花柱长 2mm,先端尖,花后稍伸长。蒴果近圆形,长 8～9mm,先端有短的宿存花柱,干后 2 片裂,每片 2 浅裂,萼筒长不过2.5mm,边缘与果皮稍分离。种子纺锤形,长6～7mm,两端尖,褐色有光泽,种脐浅黄色。5月开花。

产地:十八龙潭、淳川。生于林缘。

分布:江苏、安徽、浙江。

图109　银缕梅(引自《植物分类学报》)

(二) 枫香树属　Liquidambar L.

落叶乔木。叶互生,有长柄,掌状分裂,具掌状脉,边缘有锯齿,托叶线形,早落。花单性,雌雄同株,无花瓣。雄花多数,排成头状或短穗状花序,再排成总状花序;雄蕊多而密集,花丝与花药等长,花药卵形,先端圆而凹入,2室,纵裂;雌花多数,聚生在圆球形头状花序上,有苞片1枚;萼筒与子房合生,萼裂针状,宿存,有时缺;退化雄蕊有或无;子房半下位,2室,藏在头状花序轴内,花柱2个,柱头线形,有多数细小乳头状突起;胚珠多数,着生于中轴胎座。头状果序圆球形,有蒴果多数;蒴果木质,室间2瓣开裂,果皮薄,有宿存花柱或萼齿;种子多数,有窄翅,种皮坚硬,胚乳薄,胚直立。

5种,分布于东亚和中、北美洲。我国有2种,常见于黄河以南。浙江有2种。

分种检索表

1. 枫香树(图 110:A,B)

Liquidambar formosana Hance in Ann. Sci. Nat. , Bot. sér. 5,5:215. 1866.

落叶乔木,高达 20m。树皮灰褐色,块状剥落;小枝干后灰色,被柔毛,略有皮孔;芽卵形,长约 1cm,略被微毛,鳞状苞片敷有树脂,干后棕黑色,有光泽。叶片薄革质,阔卵形,掌状 3 裂,中央裂片较长,先端尾状渐尖,两侧裂片平展,基部心形,上面绿色,干后灰绿色,不发亮,下面被短柔毛,或变秃净,仅在脉腋间有毛,掌状脉 3 或 5 条,在上下两面均显著,网脉明显可见,边缘有腺锯齿;叶柄长达 11cm,常有短柔毛;托叶线形,离生,或略与叶柄连生,长 1~1.4cm,红褐色,被毛,早落。雄性短穗状花序常多个排成总状,雄蕊多数,花丝不等长,花药比花丝略短。雌性头状花序有花 24~43 朵,花序梗长 3~6cm,偶有皮孔,无腺体;萼齿 4~7 个,针形,长 4~8mm,子房下半部藏在头状花序轴内,上半部游离,有柔毛,花柱长 6~10mm,先端常卷曲。头状果序圆球形,木质,直径 3~4cm;蒴果下半部藏于花序轴内,有宿存花柱及针刺状萼齿;种子多数,褐色,多角形或有窄翅。

产地:区内广布。生于海拔 500~800m 的山地林中或村落附近。

分布:黄河以南。

用途:树脂、叶、果供药用;是很好的行道绿化树种。

2. 缺萼枫香(图 110:C,D)

Liquidambar acalycina H. T. Chang in Acta Sci. Nat. Univ. Sunyatseni 2:33. 1959.

落叶乔木,高达 15m。树皮灰白色;小枝无毛,有皮孔,干后黑褐色。叶片阔卵形,掌状 3 裂,长 8~12cm,宽 8~15cm,中央裂片较长,先端尾状渐尖,两侧裂片三角卵形,稍平展,上下两面均无毛,暗晦无光泽,掌状脉 3 或 5 条,在上面很显著,在下面突起,网脉在上下两面均明显,边缘有腺锯齿;叶柄长 4~10cm;托叶线形,长 3~10mm,着生于叶柄基部,有褐色绒毛。雄性短穗状花序多个排成总状花序,花序梗长约 3cm,花丝长约 1.5mm。雌性头状花序单生于短枝的叶腋内,有雌花 15~26 朵,花序梗长 3~6cm;萼齿不存在,或为鳞片状,有时极短,花柱长 5~7mm,被褐色短柔毛,先端卷曲。头状果序宽 2.5cm,干后变黑褐色,疏松易碎,宿存花柱粗而短,稍弯曲,不具萼齿;种子多数,褐色,有棱。

产地:区内广布。生于海拔 600~1000m 的山坡林中。

分布:江苏、安徽、浙江、江西、湖北、广东、广西、四川、贵州。

用途:木材供建筑及家具用。

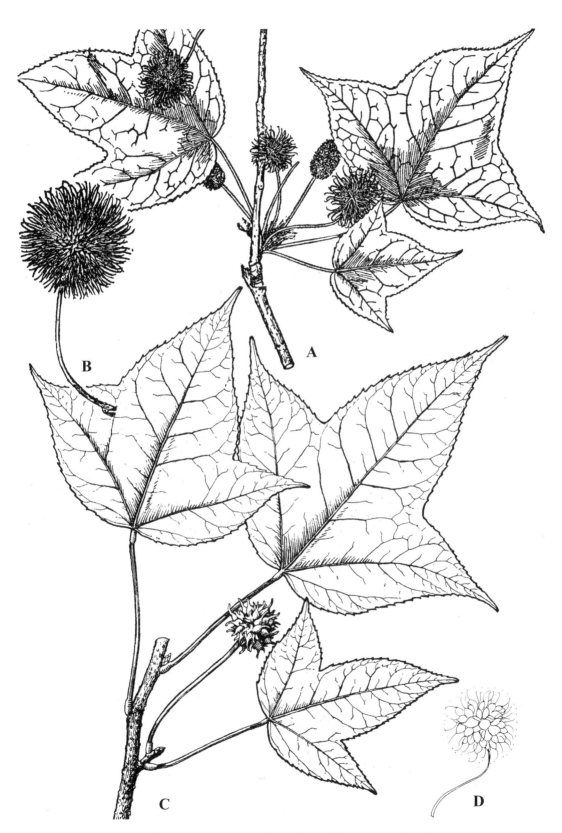

图 110　A,B：枫香树；C,D：缺萼枫香(引自《湖南植物志》)

(三) 檵木属　Loropetalum R. Br.

灌木或小乔木,落叶或常绿。芽体无鳞苞。叶互生;叶片革质,卵形,全缘,有短柄;托叶膜质。花两性,4 数,4～8 朵簇生成短穗状花序;萼筒倒锥形,与子房合生,外侧被星状毛,萼齿卵形,脱落;花瓣带状,白色,在花芽时向内卷曲;雄蕊周位着生,花丝极短,花药 4 室,瓣裂,药隔突出;退化雄蕊鳞片状,与雄蕊互生;子房半下位,2 室;每室胚珠 1 颗,垂生。蒴果木质,卵圆形,被星状毛,上半部 2 瓣开裂,下半部被宿存萼筒所包裹,并完全合生,果梗极短或不存在。种子 1,黑色,有光泽,种脐白色;种皮角质,胚乳肉质。

3 种,分布于我国、日本和印度东、北部。我国有 3 种,分布于东部至西南部。浙江有 1 种。

1. 檵木(图 111)

Loropetalum chinense (R. Br.) Oliv. in Trans. Linn. Soc. London, Bot. 23: 459. 1862.

Basionym: *Hamamelis chinensis* R. Br. in G. F. Abel, Narr. Journey China, App. B, 375. 1818.

灌木,有时为小乔木。多分枝,小枝有星状毛。叶片革质,卵形,长 1.5～5cm,宽 1～2.5cm,先端尖锐,基部钝,不等侧,上面略有粗毛或秃净,干后暗绿色,无光泽,下面被星状毛,稍带灰白色,侧脉约 5对,在上面明显,在下面突起,全缘;叶柄长 2～5mm,有星状毛;托叶膜质,三角状披针形,长 3～4mm,宽1.5～2mm,早落。花 3～8 朵簇生,有短梗,白色,比新叶先开放,或与嫩叶同时开放;花序梗长约 1cm,被毛;苞片线形,长约 3mm;萼筒杯状,被星状毛,萼齿卵形,长约 2mm,花后脱落;花瓣 4,带状,长1～2cm,先端圆或钝;雄蕊 4,花丝极短,药隔突出成角状;退化雄蕊 4,鳞片状,与雄蕊互生;子房下位,被星状毛;花柱极短,长约 1mm;胚珠 1 颗。蒴果卵圆球形,长 7～8mm,宽 6～7mm,先端圆,被褐色星状绒毛;种子卵球形,长 4～5mm,黑色,发亮。花期 3—4 月,果期 6—8 月。

图 111　檵木(引自《浙江天目山药用植物志》)

产地: 区内广布。生于海拔 400～1200m 的山坡、溪沟边或灌丛中。

分布: 我国中部、南部及西南。

用途: 根、叶、花果可供药用;树桩体态优美,常作盆景栽培。

(四) 金缕梅属　Hamamelis Gronov. ex L.

落叶灌木或小乔木。嫩枝有星状柔毛;芽体裸露,有星状毛。单叶互生;叶片阔卵形,薄革质或纸质,基部偏心形,羽状脉,全缘或有波状齿,具短柄;托叶披针形,早落。花聚成头状或短穗状花序,花两性;萼筒与子房多少合生,萼齿 4 枚,卵形,被星状毛;花瓣 4 枚,带状,黄色或淡红色;雄蕊 4 枚,花丝极短,花药卵形,2 室,单瓣裂开,退化雄蕊 4 枚,鳞片状,与雄蕊互生;子房近于上位或半下位,2 室,每室 1 颗胚珠;花柱 2,极短。蒴果木质,卵圆形,上半部 2 瓣裂开,每瓣再 2 浅裂;内果皮骨质,常与木质外果皮分离。种子长椭圆形,种皮角质,亮黑色;胚乳肉质。

6 种,分布于东亚和北美。我国有 1 种。浙江有分布。

1. 金缕梅(图 112)

Hamamelis mollis Oliv.,Hooker's Icon. Pl. 18:t. 1742. 1888.

落叶灌木或小乔木,高 3~6m;树皮灰白色。嫩枝被黄褐色星状柔毛,老枝秃净;芽体长卵形,裸露,被灰黄色星状毛。叶片纸质,宽倒卵形,长 7~15cm,宽 6~12cm,先端急尖,基部不等侧心形,边缘具波状钝齿,上面暗绿色,稍粗糙,疏生星状毛,下面淡绿色,密被灰白色星状柔毛;侧脉 6~8对,在下面突出;叶柄长 6~10mm,被绒毛;托叶早落。花先叶开放,有香气,数朵排成腋生的头状或短穗状花序;萼筒短,与子房合生,萼齿 4,卵形,长约 3mm,外面密被黄褐色星状柔毛;花瓣 4,带状,长约 1.5cm,黄白色;雄蕊 4,花丝长约 2mm,花药与花丝近等长;子房半下位,花柱 2,长 1~1.5mm。蒴果卵圆球形,长约 1.2cm,密被黄褐色星状柔毛。种子椭圆球形,长约 8mm,亮黑色。花期 2—3 月,果期 6—8 月。

产地: 东岙头、三祖源、童玉。生于次生林中或灌丛中。

分布: 安徽、浙江、江西、湖北、湖南、广西、四川。

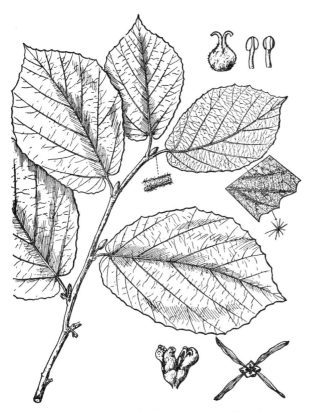

图 112　金缕梅(引自《浙江天目山药用植物志》)

(五) 蜡瓣花属　**Corylopsis** Siebold & Zucc.

落叶灌木或小乔木。混合芽有多数总苞状鳞片。叶互生;叶片革质,叶脉羽状,侧脉末端通过齿尖伸出齿外呈短芒状;托叶叶状,早落。总状花序下垂;花两性,常先于叶片开放;总苞状鳞片卵形,苞片及小苞片卵形或长圆形;萼筒与子房合生或稍分离,萼齿 5 枚,卵状三角形;花瓣 5 枚,黄色,匙形或倒卵形,具瓣柄;雄蕊 5 枚,花药 2 室,纵裂,退化雄蕊 5 枚,顶端全缘或 2 裂;子房半下位,2 室,每室 1 枚胚珠,垂生,花柱 2 枚。蒴果木质,宽倒卵球形,先端平截,成熟时室间及室背 4 瓣裂,具宿存花柱。种子长椭圆球形,种皮骨质;胚乳肉质,胚直立。

约 29 种,分布于东亚。我国有 20 种,分布于长江流域及其以南地区。浙江有 2 种。

分种检索表

1. 萼筒及子房均有星状毛。
　2. 嫩枝及叶片背面有毛 ……………………………………………… 1. 蜡瓣花 C. sinensis
　2. 嫩枝及叶片背面无毛 ……………………………… 1a. 秃蜡瓣花 C. sinensis var. calvescens
1. 萼筒及子房均无毛 …………………………………………… 2. 腺蜡瓣花 C. glandulifera

1. 蜡瓣花(图 113：A - C)

Corylopsis sinensis Hemsl.，Gard. Chron.，ser. 3. 39：18. 1906.

落叶灌木,高可达 3m。幼枝被灰褐色柔毛。叶片薄革质,倒卵形或长圆状倒卵形,长 5～9cm,宽 3.5～6cm,先端急尖或略钝,基部不等侧心形,边缘有细锯齿,齿尖刺毛状,上面暗绿色,无毛或仅在中脉有毛,下面淡绿色,有灰褐色星状毛;叶柄长约 1cm,有星状柔毛。总状花序长 3～4cm;花序轴具长柔毛;鳞片倒卵形,长 1～1.5cm,外面有柔毛,内面贴生长丝状毛;苞片卵形;小苞片矩圆形,长约 3mm;萼筒钟形,长 2～3mm,外面被星状绒毛;萼齿卵形,长约 1mm,无毛;花瓣匙形,长 5～6mm;雄蕊 5 枚,比花瓣略短,退化雄蕊 2 裂,与萼齿等长或略超出;子房有星状毛,花柱长 6～7mm。蒴果近球形,被褐色柔毛。种子黑色,长椭圆球形,长约 5mm。花期 4—5 月,果期 6—8 月。

产地:东岙头、三祖源、千顷塘、道场坪。生于 1000～1500m 的山坡林下。

分布:安徽、浙江、江西、福建、湖北、湖南、广东、广西、贵州、四川。

1a. 秃蜡瓣花

var. calvescens Rehder & E. H. Wilson in Sargent，Pl. Wilson. 1：424. 1913.

与模式变种的区别在于:嫩枝及芽体无毛,叶片仅在背面沿脉有毛。

产地:三祖源、千顷塘。生于山谷、溪边灌木丛中。

分布:浙江、江西、湖南、广东、广西、贵州、四川。

2. 腺蜡瓣花(图 113：D)

Corylopsis glandulifera Hemsl.，Hooker's Icon. Pl. 29：t. 2818. 1906.

Corylopsis glandulifera Hemsl. var. *hypoglauca* (Cheng) H. T. Chang；*C. hypoglauca* Cheng

落叶灌木,高 2～5m。树皮灰褐色。嫩枝无毛。叶片倒卵形或倒卵圆形,长 5～9cm,宽 3～6cm,先端急尖,基部斜心形或近圆形,边缘上半部有锯齿,齿尖刺毛状,上面绿色,秃净无毛,下面淡绿色,被星状柔毛或仅背脉上有毛,侧脉 6～8 对,干后上面稍下陷,下面突起。总状花序生于侧枝顶端,长 3～5cm;花序轴及花序梗均秃净无毛;总苞状鳞片近圆形,外面无毛,内侧贴生丝状毛;苞片卵形;小苞片长圆形;萼筒钟状,外面无毛,萼齿卵形,先端尖,无毛;花瓣匙形,长 5～6mm;雄蕊 5 枚,比花瓣略短,退化雄蕊 2 深裂,与萼筒近等长;子房无毛,花柱极短,长不及 1mm。蒴果近球形,长 6～8mm,无毛。种子亮黑色,有光泽,长约 4mm。花期 4 月,果期 5—8 月。

产地：鸠甫山、双涧坑、茶园里、童玉、横源、直源。生于山坡灌丛及溪沟边。

分布：安徽、浙江、江西。

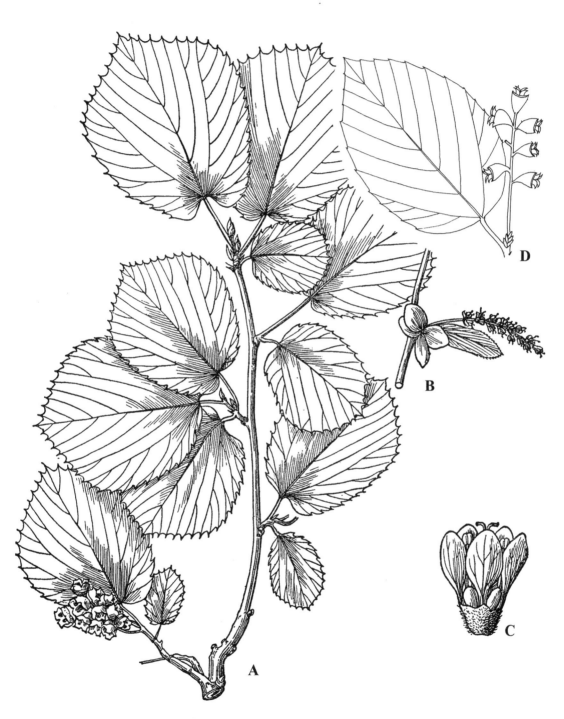

图113　A－C：蜡瓣花；D：腺蜡瓣花（引自《浙江天目山药用植物志》）

（六）牛鼻栓属　Fortunearia Rehder & E. H. Wilson

落叶灌木或小乔木。小枝有星状毛；芽体裸露，无鳞片，被星状毛。叶互生；叶脉羽状；托叶细小，早落。花两性或单性；两性花的总状花序顶生，花与叶同时开放，花序基部有数枚叶片；苞片及小苞片细小，早落，萼筒倒圆锥形，被星状毛，萼齿 5 枚，脱落；花瓣 5 枚，钻形；雄蕊 5 枚，花丝极短；子房半下位，2 室，每室有 1 胚珠，花柱 2 枚，线形，反卷；雄花序为葇荑花序；花秋季形成，次年早春先叶开放，具不孕雌蕊。蒴果木质，室间及室背裂开；宿存萼筒与蒴果合生，长为蒴果之半。种子亮褐色，长卵形，种皮骨质；胚乳薄，胚直立，具大子叶。

1 种，分布于我国华东、华中部分省。浙江也有。

1. 牛鼻栓（图 114）

Fortunearia sinensis Rehder & E. H. Wilson in Sargent, Pl. Wilson. 1：427. 1813.

落叶灌木或小乔木，高 3～7m。嫩枝被灰褐色星状柔毛，老时秃净；芽体细小，裸露，外被星状柔毛。叶片膜质，倒卵形或倒卵状椭圆形，长 7～15cm，宽 4～7cm，先端锐尖，基部圆

形至宽楔形，边缘有波锯齿，齿端有突尖，上面深绿色，除中肋外秃净无毛，下面浅绿色，脉上有星状柔毛；叶柄长 4～10mm，有星状柔毛。两性花的总状花序长 3～6cm，花序梗、花序轴均被星状柔毛；萼筒倒圆锥形，长约 1mm，萼齿长卵形，长约 1.5mm，先端有毛；花瓣狭披针形，比萼齿稍短；雄蕊近于无花丝或很短，花药卵形，长约 1.5mm；子房略有毛，花柱 2，长约1.5mm。蒴果木质，成熟时褐色，卵圆球形，长 1～1.5cm，外面无毛，密布白色皮孔，2 裂瓣，每瓣再 2 浅裂；有 2 粒种子。种子亮褐色，卵圆球形，长约 1cm。花期 4 月，果期 7—9 月。

产地：云溪坞、鸠甫山、大盘里、栈岭湾、十八龙潭、千顷塘。生于海拔 800～1000m 的山坡杂木林中。

分布：陕西、河南、安徽、江苏、浙江、江西、湖北、四川。

图 114　牛鼻栓（引自《浙江药用植物志》）

三一、杜仲科　Eucommiaceae

落叶乔木。全体除木质部外，均含胶质，折断有白色细丝相连。单叶互生；边缘有锯齿；具柄；无托叶。花单性，雌雄异株，无花被，生于幼枝基部的苞叶内，与叶同时或先叶开放；雄花簇生，有短梗，具小苞片，雄蕊 5～10 枚，花丝极短，花药线形，4 室，纵裂；雌花单生，具短花

梗,子房1室,心皮2,扁平,顶端2裂,柱头位于裂口的内侧,胚珠2颗,并立,倒生,下垂。果实为具翅的小坚果,扁平,长椭圆形;具1粒种子。种子胚乳丰富,胚直生,子叶肉质。

我国特有单种属,分布于华中、华东、西南及西北各地。浙江、本区也有。

（一）杜仲属 Eucommia Oliv.

属的特征与分布同科。

1. 杜仲（图 115）

Eucommia ulmoides Oliv., Hooker's Icon. Pl. 20(2): t. 1950. 1890.

落叶乔木或小乔木,高 2.5～9m。树皮灰褐色,纵裂,内含胶质,折断有白色细胶丝相连。幼枝有黄褐色柔毛,不久变秃净,老枝有明显的皮孔。叶片椭圆状卵形,长 6～13cm,宽 4～8cm,先端渐尖,基部宽楔形或近圆形,边缘有细锯齿,上面暗绿色,初有褐色柔毛,不久变秃净,老时有皱纹,下面淡绿色,初有褐色柔毛,后沿脉腋有毛;叶柄长1～2cm,散生柔毛。花单性异株;雄花密集成头状花序,生于短梗上,无花被,花梗长约 3mm,苞片倒卵状匙形,长6～8mm,雄蕊5～10,花药线形,长约 1cm,药隔突出,花丝极短;雌花单生,花梗长约 8mm,苞片倒卵形,子房无毛,顶端2裂。具翅小坚果扁平,长椭圆形,长 3～3.5cm,宽 1～1.3cm,顶端2裂。种子扁平,线形,长约 1.5cm,宽约3mm。花期 4 月,果期 9—10 月。

图 115　杜仲（引自《中国植物志》）

产地：龙塘山、柘林坑、童玉。生于路边、沟边、林下或林缘。

分布：自然分布于我国黄河以南、五岭以北地区。

用途：树皮为贵重药材,能补肝肾、强筋骨、降血压;叶、树皮及果实含硬橡胶,这是重要的工业材料。

三二、悬铃木科　Platanaceae

落叶乔木。树皮苍白色,常呈大块薄片状剥落。枝、叶被树枝状及星状绒毛;无顶芽,侧芽卵形,包藏于膨大的叶柄基部。叶互生,掌状分裂;托叶通常鞘状包围叶柄,早落。头状花序球形,紧密,雌雄花序同形,生于不同的花枝上,雌花序有苞片,雄花序无苞片;萼片 3～8,三角形;花瓣与萼片同数,倒披针形;雄花具雄蕊 3～8 枚,花丝短,与萼片对生,药隔顶部增大呈盾状;雌花具离生心皮 3～8,子房长卵球形,有 1 或 2 颗垂生胚珠,花柱针状,柱头位于内侧。果为聚合果,由多数小坚果组成;小坚果基部围以长毛。种子线形;含少量胚乳。

　　1属,8～11种,分布于美洲中北部、亚洲西南部、欧洲东南部。我国引种栽培3种,常作行道树。浙江栽培3种。本志记载1种,为栽培种。

（一）悬铃木属　Platanus L.

　　属的特征与分布同科。

1. 法国梧桐　二球悬铃木,英国梧桐(图116)

Platanus × acerifolia (Aiton) Willd. , Sp. Pl. , ed. 4 ［Willdenow］4(1)：474. 1805.

　　落叶乔木,高达35m。树皮灰绿色,呈大片块剥落,幼枝密生灰褐色星状绒毛,老时秃净。叶片宽卵形或宽三角状卵形,长10～24cm,宽12～25cm,上部3或5裂,基部截形或浅心形;中央裂片宽三角形,全缘或具粗大的锯齿,两面幼时有灰褐色星状绒毛,以后变秃净;叶柄长3～10cm;托叶鞘状,长1～1.5cm,早落。花通常4数;雄花萼片卵形,被毛,花瓣长圆形,长为萼片的2倍,雄蕊4～8枚,比花瓣长;雌花心皮6,分离。聚合果球形,通常2个串生,稀为3个或单生,直径2.5～3cm。小坚果多数,长圆形,具细长刺状花柱,基部绒毛不突出头状花序之外。花期3—5月,果期7—10月。

　　产地:顺溪和童玉等地栽培,作行道树。

　　分布:广泛栽培于华东、华中、华南和东北。

　　本种通常认为是三球悬铃木 *P. orientalis* L. 与一球悬铃木 *P. occidentalis* L. 的杂交种,或认为是三球悬铃木的一个栽培品种。其起源问题没有定论。

图116　法国梧桐(引自《湖南植物志》)

三三、蔷薇科　**Rosaceae**

乔木、灌木或草本,落叶或常绿。有刺或无刺。冬芽常具数枚鳞片,有时鳞片 2 枚。叶互生,稀对生,单叶或复叶;有明显托叶,稀无托叶。花两性,稀单性,通常整齐,周位花或上位花;萼筒(也称花筒)碟状、钟状、杯状、坛状或圆筒状,花被着生于萼筒边缘;萼片和花瓣同数,通常 4 或 5 枚,覆瓦状排列,稀无花瓣,萼片外侧有时具副萼;雄蕊 5 至多数,稀 1 或 2 枚,花丝离生,稀合生;心皮 1 至多数,离生或合生,有时与萼筒连合,每心皮有 1 至数个直立的或悬挂的倒生胚珠;花柱与心皮同数,有时连合,顶生、侧生或基生。果实为蓇葖果、瘦果、梨果或核果,稀为蒴果。种子通常不含胚乳,极少具少量胚乳;子叶肉质,背部隆起,稀对褶或呈席卷状。

95～125 属,约 3300 种,分布于全世界,主要分布于北温带。我国有 55 属,950 种,分布于全国各地。浙江有 31 属,178 种及种下类群。本志记载 19 属、75 种、10 变种。

本科传统上根据果实类型、心皮数目、子房位置等分为绣线菊亚科 Spiraeoideae、蔷薇亚科 Rosoideae、苹果亚科 Maloideae 和李亚科 Prunoideae。最近对本科的分子系统学研究表明,本科仅承认 2 个亚科:蔷薇亚科和绣线菊亚科,苹果亚科和李亚科内各属则分散于绣线菊亚科中。本志采用传统亚科的划分观点。

分属检索表

1. 果实为开裂的蓇葖果或蒴果;心皮 1～5 枚,稀可更多;有或无托叶。
  2. 果实为蓇葖果;种子无翅;心皮 1～5,分离或仅基部合生。
    3. 心皮 5,稀 3 或 4,或更多;无托叶;花序伞形、总状伞形或圆锥状 …………… 1. 绣线菊属 Spiraea
    3. 心皮 1 或 2;有托叶,早落;花序圆锥状 ……………………………… 2. 野珠兰属 Stephanandra
  2. 果实为蒴果;种子具翅;心皮 5,合生 ………………………………… 3. 白鹃梅属 Exochorda
1. 果实不开裂,瘦果、梨果或核果;心皮 2～5 枚,或更多;有托叶。
  4. 心皮 2～5,多数与杯状花托内壁结合;子房下位;萼筒和花托在果实成熟时成梨果,或浆果状。
    5. 心皮在果实成熟时变坚硬骨质,果实内含 1～5 枚小核。
      6. 枝无刺;叶片全缘 ………………………………………………… 4. 栒子属 Cotoneaster
      6. 枝具刺;叶片边缘有锯齿,或分裂。
        7. 常绿,叶片边缘具锯齿;心皮 5,具 2 枚胚珠 ……………… 5. 火棘属 Pyracantha
        7. 落叶,叶片边缘常深或浅裂;心皮 1～5,具 1 枚发育胚珠 …………… 6. 山楂属 Crataegus
    5. 心皮在果实成熟时变革质或纸质,梨果 1～5 室,每室有 1 至多颗种子。
      8. 复伞房花序或圆锥花序,具多数花;叶常绿或凋落。
        9. 叶常绿;心皮完全合生;果实梨形,大型,直径大于 1.5cm;侧脉直 ………………………………………………………………………………… 7. 枇杷属 Eriobotrya
        9. 叶常绿或凋落;心皮部分分离;果实直径常小于 1cm;侧脉直或否。
          10. 常绿或落叶;单叶;花序梗及花梗常有瘤状物 ……………… 8. 石楠属 Photinia
          10. 落叶;羽状复叶,或单叶;花序梗及花梗无瘤状物 ……… 9. 花楸属 Sorbus
      8. 伞房花序或总状花序,或单生或簇生,花较少;叶凋落,稀常绿。
        11. 叶常绿;花序总状,或有时圆锥状 ……………………… 10. 石斑木属 Raphiolepis
        11. 叶凋落。

  12. 花单生或簇生;每成熟心皮内含种子 3 至多粒;萼片脱落 ………………………
  …………………………………………………………………… 11. 木瓜属 Chaenomeles
  12. 总状花序或伞房花序;每成熟心皮内含种子 1 或 2 粒;萼片宿存或脱落。
   13. 总状花序;花瓣披针形;子房不完全 6~10 室,每室具 1 枚胚珠;萼片宿存 ………
   ………………………………………………………… 12. 唐棣属 Amelanchier
   13. 伞房花序;花瓣卵形、倒卵形、宽卵形至近圆形;子房 2~5 室,每室具 2 枚胚珠。
    14. 花柱离生;果实具多数石细胞 ………………………………… 13. 梨属 Pyrus
    14. 花柱基部合生;果实无石细胞 ………………………………… 14. 苹果属 Malus
 4. 心皮 1 至多数;子房上位;瘦果或核果。
  15. 单叶或复叶;心皮多数;瘦果或多数小核果聚合成聚合果。
   16. 枝无刺;单叶;托叶常与叶柄分离;瘦果。
    17. 叶互生;花 5 数,无副萼,花瓣黄色 ………………………… 15. 棣棠花属 Kerria
    17. 叶对生;花 4 数,有副萼,花瓣白色 ………………………… 16. 鸡麻属 Rhodotypoa
   16. 枝常具刺;复叶或单叶;托叶与叶柄合生,或分离;瘦果或聚合果。
    18. 瘦果,着生于杯状或坛状的花托上 ………………………… 17. 蔷薇属 Rosa
    18. 小核果成聚合果,浆果状 …………………………………… 18. 悬钩子属 Rubus
  15. 单叶;心皮 1 枚;核果 ………………………………………………… 19. 李属 Prunus

(一) 绣线菊属　Spiraea L.

  落叶灌木。冬芽小,具 2~8 外露鳞片。单叶互生;叶缘有锯齿或缺刻,有时分裂,稀全缘;羽状脉或基部为 3~5 出脉;通常具短叶柄;无托叶。花两性,稀杂性,排列成伞形、伞形总状、伞房或圆锥花序;萼筒盘状;萼片 5,通常稍短于萼筒;花瓣 5,白色或粉红色,长圆形,较萼片长;雄蕊 15~60,着生在花盘和萼片之间;心皮 5,有时 3~8,离生,子房上位。蓇葖果 5,沿腹缝线开裂,内具数粒细小种子;种子线形至长圆球形,种皮膜质,胚乳少或无。

  80~100 种,大多分布于北温带,亚热带山区也有。我国有 70 种。浙江有 10 种,7 变种。

分种检索表

1. 复伞房花序,生于当年生长枝顶端;花常为粉红色。
 2. 叶片背面被短柔毛 ……………………………………………… 1. 粉花绣线菊 S. japonica
 2. 叶片两面无毛。
  3. 花序被短柔毛;叶片长卵形至长圆状披针形 …… 1a. 光叶粉花绣线菊 S. japonica var. fortunei
  3. 花序无毛;叶片长卵形至长椭圆形 ………………… 1b. 无毛粉花绣线菊 S. japonica var. glabra
1. 伞形花序或伞形总状花序,生于去年生枝上;花白色。
 4. 叶片、花序和蓇葖果均无毛(蓇葖果有时被毛)。
  5. 叶片菱状披针形至菱状长圆形,先端急尖 …………………… 2. 麻叶绣线菊 S. cantoniensis
  5. 叶片菱状卵形至倒卵形,先端圆钝。
   6. 子房和蓇葖果无毛 …………………………………………… 3. 绣球绣线菊 S. blumei
   6. 子房和蓇葖果被短柔毛 ………………… 3a. 毛果绣球绣线菊 S. blumei var. pubicarpa
 4. 叶片背面有毛;花序有毛。
  7. 花直径 3~4mm,花瓣长、宽各 2~3mm ……………………… 4. 中华绣线菊 S. chinensis
  7. 花直径 8~10mm,花瓣长、宽各 4~5mm …… 4a. 大花中华绣线菊 S. chinensis var. grandiflora

1. 粉花绣线菊　日本绣线菊

Spiraea japonica L. f., Suppl. Pl. 262. 1782.

直立灌木,高达 1.5m。枝条细长,开展,小枝近圆柱形,无毛或幼时被短柔毛;冬芽卵形,先端急尖,有数个鳞片。叶片卵形至卵状椭圆形,长 2~8cm,宽 1~3cm,先端急尖至短渐尖,基部楔形,边缘有缺刻状重锯齿或单锯齿,上面暗绿色,无毛或沿叶脉微具短柔毛,下面色浅或有白霜,沿叶脉有短柔毛;叶柄长 1~3mm,具短柔毛。复伞房花序生于当年生的直立新枝顶端,花朵密集,密被短柔毛;花梗长 4~6mm;苞片披针形至线状披针形,下面微被柔毛;花直径 4~7mm;花萼外面有稀疏短柔毛,萼筒钟状,内面有短柔毛;萼片三角形,先端急尖,内面近先端有短柔毛;花瓣卵形至圆形,先端通常圆钝,长 2.5~3.5mm,宽 2~3mm,粉红色;雄蕊 25~30 枚,远较花瓣长;花盘圆环形,约有 10 枚不整齐的裂片。蓇葖果半开张,无毛或沿腹缝有稀疏柔毛,花柱顶生,稍倾斜开展。花期 6—7 月,果期 8—9 月。

产地:清凉峰、东岙头、龙塘峰、千顷塘、大坪溪、屏峰山、道场坪。生于溪边灌丛中。

分布:我国各地栽培供观赏;日本、朝鲜半岛。

1a. 光叶粉花绣线菊

var. **fortunei** (Planch.) Rehder in L. H. Bailey, Cycl. Amer. Hort. 4:1703. 1902.

Basionym: *Spiraea fortunei* Planch., Fl. Serres Jard. Eur. 9:35. 1853.

与模式变种的区别在于:叶片常为长圆披针形,两面无毛,下面有白霜;花盘常不发达。

产地:千顷塘、道场坪。生于灌丛中。

分布:陕西、山东、江苏、安徽、浙江、江西、福建、湖北、四川、贵州、云南。

1b. 无毛粉花绣线菊

var. **glabra** (Regel) Koidz. in Bot. Mag. Tokyo 23:167. 1909.

Basionym: *Spiraea callosa* Thunb. var. *glabra* Regel, Index Seminum Hort. Petrop. 1869(Suppl.):27. 1870.

与模式变种的区别在于:叶片卵形、卵状长圆形或长椭圆形;复伞房花序无毛。

产地:东岙头、千顷塘、道场坪。生于溪边灌丛中。

分布:安徽、浙江、湖北、四川、云南。

2. 麻叶绣线菊(图 117:E)

Spiraea cantoniensis Lour., Fl. Cochinch. 1:322. 1790.

灌木,高达 1.5m。小枝细瘦,圆柱形,呈拱形弯曲,幼时暗红褐色,无毛;冬芽小,卵形,先端尖,无毛,有数枚外露鳞片。叶片菱状披针形至菱状长圆形,长 3~5cm,宽 1.5~2cm,先端急尖,基部楔形,边缘自近中部以上有缺刻状锯齿,上面深绿色,下面灰蓝色,两面无毛,有羽状叶脉;叶柄长 4~7mm,无毛。伞形花序具多数花朵;花梗长 8~14mm,无毛;苞片线形,无毛;花直径 5~7mm;萼筒钟状,外面无毛,内面被短柔毛;萼片三角形或卵状三角形,先端急尖或短渐尖。内面微被短柔毛;花瓣近圆形或倒卵形,先端微凹或圆钝,长与宽各约 2.5~4mm,白色;雄蕊 20~28 枚,稍短于花瓣或几与花瓣等长;花盘由大小不等的近圆形裂

图 117　A：中华绣线菊；B-D：绣球绣线菊；E：麻叶绣线菊（重组《中国植物志》与《湖南植物志》）

片组成,裂片先端有时微凹,排列成圆环形;子房近无毛,花柱短于雄蕊。蓇葖果直立开张,无毛,花柱顶生,常倾斜开展。花期 4—5 月,果期 7—9 月。

产地:昌化镇。生于山坡灌丛中。

分布:浙江、江西、福建、广东、广西。

用途:供庭院栽培观赏;枝叶入药,可治疥癣。

3. 绣球绣线菊(图 117:B-D)

Spiraea blumei G. Don in Gen. Hist. 2:518. 1832.

灌木,高 1~2m。小枝细,开张,稍弯曲,深红褐色或暗灰褐色,无毛;冬芽小,卵形,先端急尖或圆钝,无毛,有数个外露鳞片。叶片菱状卵形至倒卵形,长 2~3.5cm,宽 1~1.8cm,先端圆钝或微尖,基部楔形,边缘自近中部以上有少数圆钝缺刻状锯齿或 3~5 浅裂,两面无毛,下面浅蓝绿色,基部具有不明显的 3 脉或羽状脉。伞形花序有花序梗,无毛,具花 10~25 朵;花梗长 6~10mm,无毛;苞片披针形,无毛;花直径 5~8mm;萼筒钟状,外面无毛,内面具短柔毛;萼片三角形或卵状三角形,先端急尖或短渐尖,内面疏生短柔毛;花瓣宽倒卵形,先端微凹,长 2~3.5mm,宽几与长相等,白色;雄蕊 18~20 枚,较花瓣短;花盘由 8~10 个较薄的裂片组成,裂片先端有时微凹;子房无毛或仅在腹部微具短柔毛,花柱短于雄蕊。蓇葖果较直立,无毛,花柱位于背部先端,倾斜开展,萼片直立。花期 4—6 月,果期 8—10 月。

产地:龙塘山、大明山、百丈岭。生于山坡灌丛中。

分布:辽宁、内蒙古、陕西、山西、甘肃、河北、河南、山东、江苏、安徽、浙江、江西、福建、湖北、广东、广西、四川;日本、朝鲜半岛。

用途:根、果入药。

3a. 毛果绣球绣线菊

var. **pubicarpa** Cheng in Contr. Biol. Lab. Sci. Soc. China, Bot. Ser. 10:130. 1936.

与模式变种的区别在于:子房和蓇葖果被短柔毛。

产地:童玉、大坪溪。生于路边灌丛。

分布:浙江、陕西。

4. 中华绣线菊(图 117:A)

Spiraea chinensis Maxim. in Trudy Imp. St.-Peterburgsk. Bot. Sada 6:193. 1879.

灌木,高 1.5~3m。小枝呈拱形弯曲,红褐色,幼时被黄色绒毛,有时无毛;冬芽卵形,先端急尖,有数枚鳞片,外被柔毛。叶片菱状卵形至倒卵形,长 2.5~6cm,宽 1.5~3cm,先端急尖或圆钝,基部宽楔形或圆形,边缘有缺刻状粗锯齿,或具不显明 3 裂,上面暗绿色,被短柔毛,脉纹深陷,下面密被黄色绒毛,脉纹突起;叶柄长 4~10mm,被短绒毛。伞形花序具花 16~25 朵;花梗长 5~10mm,具短绒毛;苞片线形,被短柔毛;花直径 3~4mm;萼筒钟状,外面有稀疏柔毛,内面密被柔毛;萼片卵状披针形,先端长渐尖,内面有短柔毛;花瓣近圆形,先端微凹或圆钝,长与宽约 2~3mm,白色;雄蕊 22~25 枚,短于花瓣或与花瓣等长;花盘波状圆环形或具不整齐的裂片;子房具短柔毛,花柱短于雄蕊。蓇葖果开张,被短柔毛,花柱顶生,直立或稍倾斜。花期3—6月,果期6—10月。

产地:鸠甫山、龙塘山、顺溪、百丈岭。生于600～1000m的山谷、溪边或灌丛。

分布:内蒙古、陕西、河北、河南、江苏、安徽、浙江、江西、福建、湖北、湖南、广东、广西、四川、贵州、云南。

4a. 大花中华绣线菊

var. **grandiflora** T. T. Yu in Acta Phytotax. Sin. 8(2):216. 1963.

与模式变种的区别在于:花大,直径8～10mm,花瓣近圆形,长与宽约4～5mm。

产地:龙塘山、大坪溪。生于山坡、灌丛中。

分布:浙江、湖北。

(二) 野珠兰属　**Stephanandra** Siebold & Zucc.

落叶灌木。冬芽微小,常2或3个叠生,有2～4枚外露鳞片。单叶互生;叶片边缘有锯齿和浅裂;具叶柄和托叶。圆锥花序,稀为伞房花序,顶生;花小,两性;萼筒杯状;萼片5;花瓣5;雄蕊10～20枚,花丝短;心皮1,花柱顶生,有2颗倒生胚珠。蓇葖果偏斜,近球形,成熟时自基部开裂,具1或2粒种子。种子近球形,光亮,种皮坚脆。

5种,分布于亚洲东部。我国2种。浙江有1种。

1. 野珠兰　华空木(图118)

Stephanandra chinensis Hance in J. Bot. 20:210. 1882.

灌木,高达1.5m。小枝细弱,圆柱形,红褐色,微具柔毛;冬芽小,红褐色,卵形,先端稍钝。叶片卵形至长椭圆状卵形,长5～7cm,宽2～3cm,先端渐尖至尾尖,基部圆形至近心形,稀宽楔形,边缘常具浅裂并有重锯齿,两面无毛或下面叶脉微具柔毛,侧脉7～10对;叶柄长6～8mm,近无毛;托叶线状披针形至椭圆披针形,长6～8mm,全缘或有锯齿,近无毛。圆锥花序顶生,松散,长5～8cm;花序梗和花梗无毛;苞片小,披针形至线状披针形;萼筒杯状,无毛;萼片三角状卵形,长约2mm,先端钝,有短尖,全缘;花瓣倒卵形,稀长圆形,长约2mm,先端钝,白色;雄蕊10枚,着生在萼筒边缘,约比花瓣短一半;心皮1,子房外被柔毛,花柱顶生,直立。蓇葖果近球形,直径约2mm,被疏柔毛;萼片宿存,直立。种子1,卵球形。花期5月,果期7—8月。

产地:鸠甫山、直源、百丈岭。生于山谷、溪边。

图118　野珠兰(引自 *Flora of China*-Ill.)

分布：江苏、安徽、浙江、江西、福建、湖北、湖南、广东、四川、河南。

（三）白鹃梅属　Exochorda Lindl.

落叶灌木。冬芽卵球形，无毛，具数枚覆瓦状鳞片。单叶，互生，全缘或有锯齿，有叶柄；无或有早落性托叶。花较大，两性，总状花序顶生；萼筒钟状；萼片5，短而宽；花瓣5，白色，宽倒卵形，有爪，覆瓦状排列；雄蕊15～30枚，花丝较短，着生在花盘边缘；心皮5，合生，花柱分离，子房上位。蒴果倒圆锥形，具5棱脊，5室，沿背腹两缝线开裂，每室具1或2粒种子。种子扁平，有翅。

4种，分布于亚洲中部至东部；我国有3种、1变种。浙江有2种、1变种。

1. 白鹃梅（图119）

Exochorda racemosa（Lindl.）Rehder in Sargent，Pl. Wilson. 1：456. 1913.

Basionym：*Amelanchier racemosa* Lindl.，Edwards's Bot. Reg. 33：t. 38. 1847.

灌木，高达3～5m。枝条细弱开展；小枝圆柱形，微有棱角，无毛，幼时红褐色，老时褐色；冬芽三角卵形，先端钝，平滑无毛，暗紫红色。叶片椭圆形、长椭圆形至长圆倒卵形，长3.5～6.5cm，宽1.5～3.5cm，先端圆钝或急尖稀有突尖，基部楔形或宽楔形，全缘，稀中部以上有钝锯齿，上下两面均无毛；叶柄短，长5～15mm，或近于无柄；不具托叶。总状花序，有花6～10朵，无毛；花梗长3～8mm，基部者较顶部稍长，无毛；苞片小，宽披针形；花直径2.5～3.5cm；萼筒浅钟状，无毛；萼片宽三角形，长约2mm，先端急尖或钝，边缘有尖锐细锯齿，无毛，黄绿色；花瓣倒卵形，长约1.5cm，宽约1cm，先端钝，基部有短爪，白色；雄蕊15～20枚，3或4枚一束着生在花盘边缘，与花瓣对生；心皮5，花柱分离。蒴果，倒圆锥形，无毛，有5脊，果梗长3～8mm。花期5月，果期6—8月。

图119　白鹃梅（引自《浙江药用植物志》）

产地：昌化镇。生于海拔250～500m山坡阴地。

分布：江苏、浙江、江西、河南。

（四）栒子属　Cotoneaster Medik.

落叶、常绿或半常绿灌木，有时为小乔木状。冬芽小型，具数个覆瓦状鳞片。叶互生，有时两列状，全缘，具短柄；托叶细小，早落。花单生，2或3朵或多朵成聚伞花序，腋生或生于短枝顶端；萼筒钟状、管状或陀螺状；萼片5；花瓣5，白色、粉红色或红色，直立或开张，在花芽中覆瓦状排列；雄蕊常20枚，稀5～25枚；心皮背面与萼筒连合，腹面分离，每心皮具2枚胚珠，子房下位或半下位，花柱2～5，离生。果小，梨果状，红色、褐色至紫黑色，先端有宿存萼片,内有 1～5 粒小核;小核骨质,常具 1 种子;种子扁平。

约 90 余种,分布于亚洲(除日本外)、欧洲和北非的温带地区。我国有 59 种,大多分布于西部与西南部。浙江有 1 种。

1. 平枝栒子(图 120)

Cotoneaster horizontalis Decne. , Fl. des Serres Ser. 2, 12: 168. 1877.

落叶或半常绿匍匐灌木,高不超过 0.5m。枝水平开张呈整齐两列状;小枝圆柱形,幼时外被糙伏毛,老时脱落,黑褐色。叶片近圆形或宽椭圆形,稀倒卵形,长 5～14mm,宽 4～9mm,先端多数急尖,基部楔形,全缘,上面无毛,下面有稀疏平贴柔毛;叶柄长 1～3mm,被柔毛;托叶钻形,早落。花 1 或 2 朵,近无梗,直径 5～7mm;萼筒钟状,外面有稀疏短柔毛,内面无毛;萼片三角形,先端急尖,外面微具短柔毛,内面边缘有柔毛;花瓣直立,倒卵形,先端圆钝,长约 4mm,宽约 3mm,粉红色;雄蕊约 12 枚,短于花瓣;花柱常为 3,稀 2,离生,短于雄蕊;子房顶端有柔毛。果实近球形,直径 4～6mm,鲜红色,常具 3 小核,稀 2 小核。花期 5—6 月,果期 9—10 月。

产地:龙塘山、清凉峰、百丈岭。生于 1600～1700m 灌木丛或岩石坡上。

分布:陕西、甘肃、江苏、浙江、台湾、湖北、湖南、四川、贵州、云南;尼泊尔。

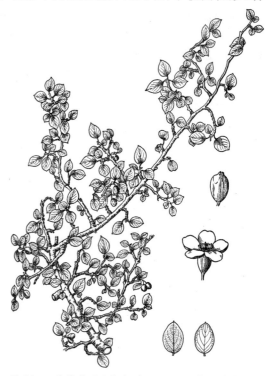

图 120　平枝栒子(引自 浙江天目山药用植物志)

(五) 火棘属　Pyracantha M. Roem.

常绿灌木或小乔木。常具枝刺。芽细小,被短柔毛。单叶互生,具短叶柄,叶缘有圆钝锯齿、细锯齿或全缘;托叶小,早落。花白色,排成复伞房花序;萼筒短;萼片 5;花瓣 5,近圆形,开展;雄蕊 15～20 枚,花药黄色;心皮 5,在腹面离生,在背面约 1/2 与萼筒连合,每心皮具 2 胚珠,子房半下位。梨果小,球形,顶端萼片宿存,内具小核 5 粒。

约 10 种,分布于亚洲东部和欧洲东南部。我国有 7 种。浙江栽培 2 种。

1. 火棘(图 121)

Pyracantha fortuneana (Maxim.) H. L. Li in J. Arnold Arbor. 25(4): 420. 1944.

Basionym: *Photinia fortuneana* Maxim. in Bull. Acad. Imp. Sci. St.-Pétersbourg 19(2): 179. 1873.

常绿灌木,高可达 3m。侧枝短,先端成尖刺,嫩枝被锈色短柔毛,老枝暗褐色,无毛;芽小,外被短柔毛。叶片倒卵形或倒卵状长圆形,长 1.5～6cm,宽 0.5～2cm,先端圆钝或微凹,有时具短尖头,基部楔形下延,边缘有钝锯齿,齿尖向内弯,近基部全缘,两面无毛;叶柄短,无毛或嫩时有柔毛。复伞房花序,直径 3～4cm;花直径约 1cm;花梗和花序梗近无毛,花梗长约 1cm;萼筒钟状,无毛;萼片三角卵形,先端钝;花瓣白色,近圆形,长约 4mm,宽约 3mm;雄蕊 20 枚,花丝长 3～4mm,花药黄色;花柱 5,离生,与雄蕊等长。子房上部密生白色柔毛。果实橘红色或深红色,近球形,直径约 5mm。花期 3—5 月,果期 8—11 月。

产地:本区栽培作绿篱。

分布:陕西、甘肃、江苏、浙江、福建、湖北、湖南、广西、四川、四川、贵州、云南、西藏。

用途:供观赏或作绿篱。

图 121　火棘(引自《湖南植物志》)

(六) 山楂属　**Crataegus** L.

落叶、稀半常绿灌木或小乔木。通常具枝刺。冬芽卵球形或近圆形。单叶互生,有锯齿或具深裂至浅裂,稀不裂;有叶柄与托叶。伞房花序或伞形花序,稀单生;萼筒钟状;萼片 5;花瓣 5,白色,极少数粉红色;雄蕊 5～25 枚;心皮 1～5,大部分与萼筒合生,仅顶端及腹面分离,子房下位至半下位,每室胚珠 2 枚,常仅 1 枚发育;梨果,先端有宿存萼片;心皮熟时为骨质,成小核状,各具 1 种子;种子直立,扁,子叶平凹。

100～200 种,主要分布于北半球,主产北美。我国有 18 种,各省、区均有分布。浙江有 4 种、1 变种。

分种检索表

1. 华中山楂(图 122：D)

Crataegus wilsonii Sarg., Pl. Wilson. 1：180. 1912.

落叶灌木或小乔木,高可达 7m。刺粗壮,光滑,直立或微弯曲,长 1～2.5cm;小枝圆柱形,稍有棱角,当年生枝被白色柔毛,深黄褐色,老枝灰褐色或暗褐色,无毛或近无毛,疏生浅色长圆形皮孔;冬芽三角卵球形,先端急尖,无毛,紫褐色。叶片卵形或倒卵形,稀三角卵形,长 4～6.5cm,宽 3.5～5.5cm,先端急尖或圆钝,基部圆形、楔形或心脏形,边缘有尖锐锯齿,幼时齿尖有腺,通常在中部以上有 3～5 对浅裂片,裂片近圆形或卵形,先端急尖或圆钝,幼嫩时上面散生柔毛,下面中脉或沿侧脉微具柔毛;叶柄长 2～2.5cm,有窄叶翼,幼时被白色柔毛,以后脱落;托叶披针形、镰刀形或卵形,边缘有腺齿,很早脱落。伞房花序具多花,直径 3～4cm;花序梗和花梗均被白色柔毛;花梗长 4～7mm;苞片草质或膜质,披针形,先端渐尖,边缘有腺齿,脱落较迟;花直径 1～1.5cm;萼筒钟状,外面通常被白色柔毛或无毛;萼片卵形或三角卵形,长 3～4mm,稍短于萼筒,先端急尖,边缘具齿,外面被柔毛;花瓣近圆形,长 6～7mm,宽 5～6mm,白色;雄蕊 20 枚,花药玫瑰紫色;花柱 2 或 3,稀 1,基部有白色绒毛,比雄蕊稍短。果实椭圆球形,直径 6～17mm,红色,肉质,外面光滑无毛;萼片宿存,反折;小核 1～3,两侧有深凹痕。花期 5 月,果期 8—9 月。

产地：龙塘山。生于海拔 1500m 的山坡林中。

分布：陕北、甘肃、河南、浙江、湖北、四川、云南。

2. 湖北山楂(图 122：E)

Crataegus hupehensis Sarg., Pl. Wilson. 1：178. 1912.

乔木或灌木,高 3～5m。枝条开展;刺少,直立,长约 1.5cm,也常无刺;小枝圆柱形,无毛,紫褐色,有疏生浅褐色皮孔,二年生枝条灰褐色;冬芽三角卵球形至卵球形,先端急尖,无毛,紫褐色。叶片卵形至卵状长圆形,长 4～9cm,宽 4～7cm,先端短渐尖,基部宽楔形或近圆形,边缘有圆钝锯齿,上半部具 2～4 对浅裂片,裂片卵形,先端短渐尖,无毛或仅下部脉腋有髯毛;叶柄长 3.5～5cm,无毛;托叶草质,披针形或镰刀形,边缘具腺齿,早落。伞房花序,直径 3～4cm,具多花;花序梗和花梗均无毛,花梗长 4～5mm;苞片膜质,线状披针形,边缘有齿,早落;花直径约 1cm;萼筒钟状,外面无毛;萼片三角卵形,先端尾状渐尖,全缘,长 3～4mm,稍短于萼筒,内外两面皆无毛;花瓣卵形,长约 8mm,宽约 6mm,白色;雄蕊 20 枚,花药紫色,比花瓣稍短;花柱 5,基部被白色绒毛,柱头头状。果实近球形,直径约 2.5cm,深红色,有斑点,萼片宿存,反折;小核 5,两侧平滑。花期 5—6 月,果期 8—9 月。

产地：童玉、千顷塘、干坑。生于海拔 500～1200m 山坡灌木丛。

分布：陕西、山西、河南、江苏、浙江、湖北、湖南、四川。

图 122　A－C：野山楂；D：华中山楂；E：湖北山楂（重组《中国植物志》与《浙江植物志》）

3. 野山楂 (图 122：A－C)

Crataegus cuneata Siebold & Zucc. in Abh. Math.-Phys. Cl. Königl. Bayer. Akad. Wiss. 4(2)：130. 1843.

落叶灌木,高达 1.5m。分枝密,通常具细刺,刺长 5～8mm;小枝细弱,圆柱形,有棱,幼时被柔毛,一年生枝紫褐色,无毛,老枝灰褐色,散生长圆形皮孔;冬芽三角卵球形,先端圆钝,无毛,紫褐色。叶片宽倒卵形至倒卵状长圆形,长 2～6cm,宽 1～4.5cm,先端急尖,基部楔形,下延连于叶柄,边缘有不规则重锯齿,顶端常有 3(5～7)浅裂片,上面无毛,有光泽,下面具稀疏柔毛,沿叶脉较密,以后脱落,叶脉显著;叶柄两侧有叶翼,长约 4～15mm;托叶大型,草质,镰刀状,边缘有齿。伞房花序,直径 2～2.5cm,具花 5～7 朵;花序梗和花梗均被柔毛,花梗长约 1cm;苞片草质,披针形,条裂或有锯齿,长 8～12mm,迟脱落;花直径约1.5cm;萼筒钟状,外被长柔毛;萼片三角卵形,长约 4mm,几与萼筒等长,先端尾状渐尖,全缘或有齿,内外两面均具柔毛;花瓣近圆形或倒卵形,长 6～7mm,白色,基部有短爪;雄蕊 20,花药红色;花柱 4 或 5,基部被绒毛。果实近球形或扁球形,直径 1～1.2cm,红色或黄色,常具有宿存反折萼片或 1 苞片;小核 4 或 5,内面两侧平滑。花期 5—6 月,果期 9—11 月。

产地：百步岭、千顷塘、大坪溪、屏峰山、道场坪、童玉、大明山、直源。生于海拔 470～1200m 的山谷、山坡或路边。

分布：河南、江苏、安徽、浙江、江西、福建、湖北、湖南、广东、广西、贵州、云南;日本。

用途：果实入药,有健胃、消积化滞之效。

(七) 枇杷属　**Eriobotrya** Lindl.

常绿乔木或灌木。单叶互生;叶片边缘有锯齿或近全缘,羽状网脉明显,通常有叶柄或近无柄;托叶早落。花成圆锥花序顶生,常有绒毛;萼筒杯状或倒圆锥状;萼片 5,宿存;花瓣 5,倒卵形或圆形,无毛或有毛,芽时呈卷旋状或双盖覆瓦状排列;雄蕊 20～40 枚;花柱 2～5,基部合生,常有毛,子房下位,合生,2～5 室,每室有 2 颗胚珠。梨果肉质或干燥,内果皮膜质;有 1 或数粒大型种子。

约 30 种,分布于亚洲温带及亚热带。我国有 14 种,分布于华东至西南。浙江有 1 种。

1. 枇杷 (图 123)

Eriobotrya japonica (Thunb.) Lindl. in Trans. Linn. Soc. London 13：102. 1822.

Basionym：*Mespilus japonica* Thunb. in Nova Acta Regiae Soc. Sci. Upsal. 3：208. 1780.

常绿小乔木,高可达 10m。小枝粗壮,黄

图 123　枇杷(引自《浙江天目山药用植物志》)

褐色,密生锈色或灰棕色绒毛。叶片革质,披针形、倒披针形、倒卵形或椭圆长圆形,长 12～30cm,宽 3～9cm,先端急尖或渐尖,基部楔形或渐狭成叶柄,上部边缘有疏锯齿,基部全缘,上面光亮,多皱,下面密生灰棕色绒毛,侧脉 11～21 对;叶柄短或几无柄,长 6～10mm,有灰棕色绒毛;托叶钻形,长 1～1.5cm,先端急尖,有毛。圆锥花序顶生,长 10～19cm,具多花;花序梗和花梗密生锈色绒毛;花梗长 2～8mm;苞片钻形,长 2～5mm,密生锈色绒毛;花径 12～20mm;萼筒浅杯状,长 4～5mm,外面有锈色绒毛;萼片三角卵形,长 2～3mm,先端急尖,外面有锈色绒毛;花瓣白色,长圆形或卵形,长5～9mm,宽 4～6mm,基部具爪,有锈色绒毛;雄蕊 20,远短于花瓣,花丝基部扩展;花柱 5,离生,柱头头状,无毛,子房顶端有锈色柔毛,5 室,每室有 2 胚珠。果实球形或长圆形,直径 2～5cm,黄色或橘黄色,外有锈色柔毛,不久脱落;种子 1～5,球形或扁球形,直径 1～1.5cm,褐色,光亮,种皮纸质。花期 10—12 月,果期 5—6 月。

产地:本区常有栽培。

分布:华东、华中、华南及陕西、甘肃均有栽培;东亚、南亚地区广为栽培。

用途:果可食用;叶入药,具化痰止咳、和胃降气之效。

(八) 石楠属　**Photinia** Lindl.

落叶或常绿,乔木或灌木。冬芽小,具覆瓦状鳞片。单叶互生,叶片革质或纸质,有锯齿,稀全缘;具托叶。花两性,多数,成伞形、伞房或复伞房花序,稀聚伞花序,顶生;萼筒杯状、钟状或管状,有短萼片 5;花瓣 5,开展,在芽中成覆瓦状或卷旋状排列;雄蕊约 20 枚,稀较多或较少;心皮 2,稀 3～5,花柱离生或基部合生,子房半下位,2～5 室,每室胚珠 2。梨果小型,微肉质,成熟时不开裂,先端或 1/3 部分与萼筒分离,有宿存萼片;每室有 1 或 2 粒种子;种子直立,子叶平凹。

约 60 余种,分布于亚洲东部及南部。我国有 43 种,分布于华东、华中、华南、西南。浙江有 17 种、6 变种。

分种检索表

1. 常绿,叶片革质;花序梗和花梗在果期无瘤状皮孔。
　　2. 叶片长达 20cm,边缘具腺细锯齿,侧脉 18～30 对;叶柄长大于 2cm,无腺齿 ……………………
　　　………………………………………………………………………… 1. 石楠 P. serratifolia
　　2. 叶片长小于 15cm,边缘疏生浅钝细锯齿,侧脉 10～18 对;叶柄长小于 1.5cm,有腺齿 ………
　　　…………………………………………………………………………… 2. 光叶石楠 P. glabra
1. 落叶,叶片纸质或草质;花序梗和花梗在果期具瘤状皮孔。
　　3. 花序伞形,有花 10 朵以内。
　　　4. 花序有花 2～9 朵;花梗长 1～2.5cm;花瓣内面基部疏生长柔毛 …… 3. 小叶石楠 P. parvifolia
　　　4. 花序有花 1 或 2 朵;花梗长 2～5cm;花瓣内面无毛 ……………… 4. 垂丝石楠 P. komarovii
　　3. 花序伞房状或复伞房状,有花 10 朵以上。
　　　5. 伞房花序;花序梗和花梗被长柔毛。
　　　　6. 萼筒和萼片外面被白色长柔毛 ……………………………………… 5. 毛叶石楠 P. villosa
　　　　6. 萼筒和萼片外面无毛 ………………………… 5a. 光萼石楠 P. villosa var. glabricalycina
　　　5. 复伞房花序;花序梗和花梗无毛。
　　　　7. 叶片长 5～13cm,侧脉 9～14 对 ………………………………… 6. 中华石楠 P. beauverdiana
　　　　7. 叶片长 3～6cm;侧脉 6～8 对 ………… 6a. 短叶中华石楠 P. beauverdiana var. brevifolia

1. 石楠(图 124：A,B)

Photinia serratifolia (Desf.) Kalkman in Blumea 21(2)：424. 1973.

Basionym：*Crataegus serratifolia* Desf.，Cat. Pl. Horti Paris. ed. 3，408. 1829.

Photinia serrulata Lindl.

常绿灌木或小乔木，高 4～6m，有时可达 12m。枝灰褐色，无毛；冬芽卵球形，鳞片褐色，无毛。叶片革质，长椭圆形、长倒卵形或倒卵状椭圆形，长 9～22cm，宽 3～6.5cm，先端尾尖，基部圆形或宽楔形，边缘有疏生具腺细锯齿，近基部全缘，上面光亮，幼时中脉有绒毛，成熟后两面无毛，中脉显著，侧脉 25～30 对；叶柄粗壮，长 2～4cm，幼时有绒毛，后变无毛。复伞房花序顶生，直径 10～16cm；花序梗和花梗无毛，花梗长 3～5mm；花密生，直径 6～8mm；萼筒杯状，长约 1mm，无毛；萼片阔三角形，长约 1mm，先端急尖，无毛；花瓣白色，近圆形，直径 3～4mm，内外两面无毛；雄蕊 20 枚，外轮较花瓣长，内轮较花瓣短，花药带紫色；花柱 2，有时 3，基部合生，柱头头状，子房顶端有柔毛。果实球形，直径 5～6mm，红色，后成褐紫色，有 1 粒种子；种子卵球形，长约 2mm，棕色，平滑。花期 4—5 月，果期 10 月。

产地：龙塘山、直源。生于海拔 600～850m 的山谷、林中、溪边。

分布：陕西、甘肃、河南、江苏、安徽、浙江、江西、福建、台湾、湖北、湖南、广东、广西、四川、贵州、云南；日本、印度、印度尼西亚、菲律宾。

用途：栽培可供观赏；叶和根可入药，为强壮剂、利尿剂，具镇静解热之效。

2. 光叶石楠(图 125：A)

Photinia glabra (Thunb.) Maxim. in Bull. Acad. Imp. Sci. St.-Pétersbourg 19：178. 1873.

Basionym：*Crataegus glabra* Thunb.，Syst. Veg. ed. 14. 465. 1784.

常绿乔木，高 3～5m，有时可达 7m。老枝灰黑色，无毛，皮孔棕黑色，近圆形，散生。叶片革质，幼时及老时皆呈红色，椭圆形、长圆形或长圆倒卵形，长 5～9cm，宽 2～4cm，先端渐尖，基部楔形，边缘有疏生浅钝细锯齿，两面无毛，侧脉 10～18 对；叶柄长 1～1.5cm，无毛，有 1 至数个腺齿。花多数，排成顶生复伞房花序，直径 5～10cm；花序梗和花梗均无毛；花直径 7～8mm；萼筒杯状，无毛；萼片三角形，长约 1mm，先端急尖，外面无毛，内面有柔毛；花瓣白色，反卷，倒卵形，长约 3mm，先端圆钝，内面近基部有白色绒毛，基部有短爪；雄蕊 20 枚，几与花瓣等长或较短；花柱 2，稀 3，离生或下部合生，柱头头状，子房顶端有柔毛。果实卵球形，长约 5mm，红色，无毛。花期 4—5 月，果期 9—10 月。

产地：大坪溪、道场坪、直源、横源。生于海拔 500～800m 的溪边、林下或林中。

分布：江苏、安徽、浙江、江西、福建、湖北、湖南、广东、广西、四川、贵州、云南；日本、缅甸、泰国。

用途：叶可入药，有解热、利尿、镇痛之效；种子可榨油，工业用。

3. 小叶石楠(图 124：C,D)

Photinia parvifolia (E. Pritz. ex Diels) C. K. Schneid.，Ill. Handb. Laubholzk. 1：711. 1906.

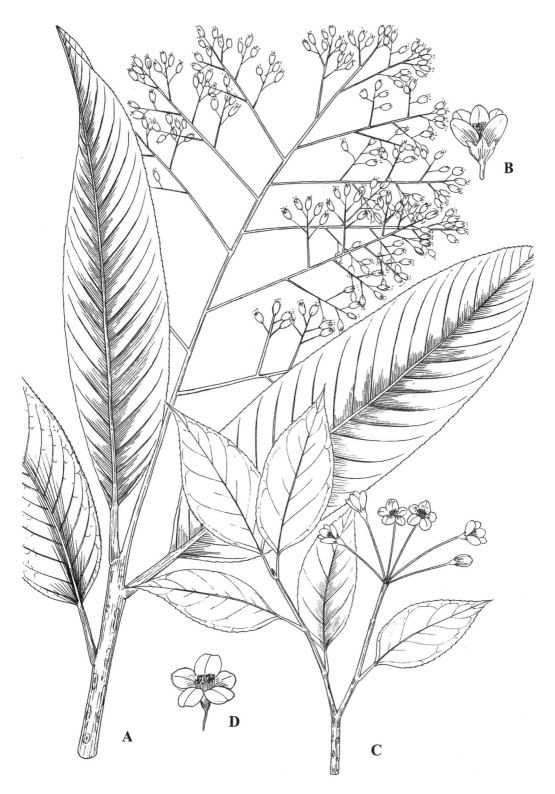

图 124　A,B：石楠；C,D：小叶石楠（金孝锋绘）

图 125　A：光叶石楠；B：中华石楠；C：毛叶石楠；D：垂丝石楠(金琳绘)

Basionym：*Pourthiaea parvifolia* E. Pritz. ex Diels in Bot. Jahrb. Syst. 29（3－4）：389. 1900.

Photinia subumbellata Rehder & E. H. Wilson.

落叶灌木,高 1～3m。枝纤细,小枝红褐色,无毛,有黄色散生皮孔;冬芽卵球形,长 3～4mm,先端急尖。叶片草质,椭圆形、椭圆卵形或菱状卵形,长 4～8cm,宽 1～3.5cm,先端渐尖或尾尖,基部宽楔形或近圆形,边缘有具腺尖锐锯齿,上面光亮,初疏生柔毛,后无毛,下面无毛,侧脉 4～6 对;叶柄长 1～2mm,无毛。花 2～9 朵,排成伞形花序,生于侧枝顶端,无花序梗;苞片及小苞片钻形,早落;花梗细,长 1～2.5cm,无毛,有瘤状皮孔;花直径 0.5～1.5cm;萼筒杯状,直径 3mm,无毛;萼片卵形,长约 1mm,先端急尖,外面无毛,内面疏生柔毛;花瓣白色,圆形,直径 4～5mm,先端钝,有极短爪,内面基部疏生长柔毛;雄蕊 20 枚,较花瓣短;花柱 2 或 3,中部以下合生,较雄蕊稍长,子房顶端密生长柔毛。果实椭圆球形或卵球形,长 9～12mm,直径 5～7mm,橘红色或紫色,无毛,有直立宿存萼片;种子卵球形,2 或 3 粒;果梗长 1～2.5cm,密布瘤状皮孔。花期 4—5 月,果期 7—8 月。

产地：鸠甫山、龙塘山、横盘里、大盘里、千顷塘、直源、横源。生于海拔 400～1000m 的路边、溪边或林下。

分布：河南、江苏、安徽、浙江、福建、台湾、湖北、湖南、广东、广西、四川、贵州。

用途：叶入药,具行血止血、止痛之效。

4. 垂丝石楠（图 125：D）

Photinia komarovii（H. Lév. & Vaniot）L. T. Lu & C. L. Li in Acta Phytotax. Sin. 38(3)：278. 2000.

Basionym：*Viburnum komarovii* H. Lév. & Vaniot in Repert. Spec. Nov. Regni Veg. 9：78. 1910.

Photinia villosa（Thunb.）DC. var. *tenuipes* P. S. Hsu & L. C. Li；*Photina parvifolia* auct. non（E. Pritz. ex Diels）C. K. Schneid.；Z. Wei & Yun B. Chang in Z. Wei & Y. C. Ho, Fl. Zhejiang 3：166. 1993.

落叶灌木,高达 3m。小枝细瘦,黄褐色至黑褐色,初有疏柔毛,后变无毛;冬芽红褐色,长卵球形或圆锥形,长 3～4mm,先端渐尖,无毛。叶片草质,卵形、卵状椭圆形、卵状披针形或菱状椭圆形,长 2～5cm,宽 1～2.5cm,先端渐尖或长尾尖,基部楔形或近圆形,边缘有具细锐锯齿,两面无毛,侧脉两面稍清晰;叶柄长 1～2mm,无毛。伞形花序生于侧枝顶端,花 1 或 2 朵,无花序梗;苞片及小苞片钻形,早落;花梗纤细,长 2～5cm,无毛,有瘤状皮孔;花直径约 0.8cm;萼筒杯状,直径 3mm,无毛;萼片宽卵形;花瓣白色,倒卵形,直径 4～5mm,先端圆钝,内面无毛;雄蕊 20 枚,较花瓣短;花柱 2,中部以下合生,较雄蕊稍长,子房顶端密生长柔毛。果实椭圆球形,长 7～10mm,直径 5～6mm,淡红色,无毛;果梗长 3～5cm,密布瘤状皮孔。花期 4—5 月,果期 7—8 月。

产地：龙塘山、横盘里、大盘里。生于海拔 700～900m 的山坡林下。

分布：浙江、江西、福建、湖北、四川、贵州。

5. 毛叶石楠(图 125：C)

Photinia villosa (Thunb.) DC., Prodr. 2：631. 1825.

Basionym：*Crataegus villosa* Thunb, Fl. Jap 204. 1784.

灌木或小乔木,高约 4m。小枝无毛,紫褐色,具皮孔;冬芽卵球形,先端急尖,深褐色,具疏柔毛。叶片草质,披针形或长圆披针形,稀倒披针形,长 5~11cm,宽 1.5~4.5cm,先端渐尖,基部楔形,边缘上半部密生尖锐锯齿,两面初有白色长柔毛,以后上面逐渐脱落几无毛,仅下面沿脉有柔毛,侧脉 5~7 对;叶柄长 1~5mm,有长柔毛。花 10~20 朵,成顶生伞房花序,直径 3~5cm;花序梗和花梗有长柔毛;花梗长 1.5~2.5cm,在果期具瘤状皮孔;苞片和小苞片钻形,长 1~2mm,早落;花直径 7~12mm;萼筒杯状,长 2~3mm,外面有白色长柔毛;萼片三角状卵形,长 2~3mm,先端钝,外面有长柔毛,内面有毛或无毛;花瓣白色,近圆形,直径 4~5mm,外面无毛,内面基部具柔毛,有短爪;雄蕊 20 枚,较花瓣短;花柱 3,离生,无毛,子房顶端密生白色柔毛。果实椭圆球形或卵球形,长 8~10mm,直径 6~8mm,红色或黄红色,稍有柔毛,顶端有直立宿存萼片。花期 4 月,果期 8—9 月。

产地：龙塘山、东河头、大明山、百丈岭。生于海拔 700~900m 的山谷、溪边、林中。

分布：甘肃、山东、河南、江苏、安徽、浙江、江西、福建、湖北、湖南、广东、贵州、云南;日本、朝鲜半岛。

5a. 光萼石楠

var. **glabricalycina** L. T. Lu & C. L. Li in Acta Phytotax. Sin. 38(3)：279. 2000.

与模式变种的区别在于：萼筒和花萼裂片外面无毛。

产地：茶园里。生于山谷溪边石隙中。

分布：江苏、浙江、江西、湖南、广西、贵州。

6. 中华石楠(图 125：B)

Photinia beauverdiana C. K. Schneid. in Bull. Herb. Boissier Ser. 2, 6：319. 1906.

落叶灌木或小乔木,高 3~10m。小枝无毛,紫褐色,有散生灰色皮孔。叶片薄纸质,长圆形、倒卵状长圆形或卵状披针形,长 5~13cm,宽 2~4.5cm,先端突渐尖,基部圆形或楔形,边缘有疏生具腺锯齿,上面光亮无毛,下面中脉疏生柔毛,侧脉 9~14 对;叶柄长 5~10mm,微有柔毛。花多数,成复伞房花序,直径 5~7cm;花序梗和花梗无毛,密生瘤状皮孔,花梗长 7~15mm;花直径 5~7mm;萼筒杯状,长 1~1.5mm,外面微有毛;萼片三角卵形,长约 1mm;花瓣白色,卵形或倒卵形,长 2mm,先端圆钝,无毛;雄蕊 20 枚;花柱 2 或 3,基部合生。果实卵球形,长 7~8mm,直径 5~6mm,紫红色,无毛,微有疣点,先端有宿存萼片;果梗长 1~2cm。花期 5 月,果期 7—8 月。

产地：龙塘山、金坑、直坑、双涧坑、大明山、顺溪、云溪坞。生于山谷、溪边、林中。

分布：陕西、河南、江苏、安徽、浙江、江西、福建、湖北、湖南、广东、广西、四川、云南、贵州;越南北部、不丹。

6a. 短叶中华石楠

var. brevifolia Cardot in Notul. Syst. (Paris) 3：378. 1918.

与模式变种的区别在于：叶片较短,卵形、椭圆形至倒卵形,长 3～6cm,宽 1.5～3.5cm,侧脉6～8对。

产地：顺溪、直坑。生于山坡林下。

分布：江苏、浙江、湖北、湖南、四川、陕西。

（九）花楸属　**Sorbus** L.

落叶乔木或灌木。冬芽大型,具多数覆瓦状鳞片。叶互生,单叶或奇数羽状复叶,在芽中为对折状,稀席卷状;具托叶。花两性,多数呈顶生复伞房花序;萼片和花瓣各 5;雄蕊 15～25枚;心皮 2～5,部分离生或全部合生,子房半下位或下位,2～5 室,每室 2 胚珠。梨果较小,子房壁软骨质,各室具 1 或 2 枚种子。

约 100 种,分布于北温带。我国 67 种,各地均有分布。浙江有 6 种。

分种检索表

1. 奇数羽状复叶,小叶 11～17 枚 …………………………………………………… 1. 黄山花楸 S. amabilis
1. 单叶。
　2. 叶片两面无毛,或仅在下面脉上疏被短柔毛,边缘具不整齐尖锐重锯齿 ……………………………
　　　　　　　　　　　　　　　　　　　　　　　　　　　　　　………… 2. 水榆花楸 S. alnifolia
　2. 叶片下面密被柔毛,边缘具细锯齿 ……………………………………… 3. 石灰花楸 S. folgneri

1. 黄山花楸（图 126：A－C）

Sorbus amabilis Cheng ex T. T. Yu in Acta Phytotax. Sin. 8：224. 1963.

乔木,高达 10m。小枝粗壮,圆柱形,黑灰色,具皮孔,嫩枝褐色,具褐色柔毛,逐渐脱落至老时近于无毛;冬芽长大,长卵球形,先端渐尖,外被数枚暗红褐色鳞片,先端具褐色柔毛。奇数羽状复叶,连同叶柄长 13～17.5cm,叶柄长 2.5～3.5cm;小叶片（9～）11～17枚,基部的一对或顶端的一片稍小,长圆形或长圆披针形,长 4～6.5cm,宽 1.5～2cm,先端渐尖,基部圆形,但两侧不等,一侧甚偏斜,边缘自基部或 1/3 以上部分有粗锐锯齿,上面暗绿色,无毛,下面沿中脉上有褐色柔毛,逐渐脱落,老时几无毛;叶轴幼时被褐色柔毛,成长时脱落,老时无毛,上面具浅沟;托叶草质,半圆形,花后脱落。复伞房花序顶生,长 8～10cm,宽 12～15cm,花序梗和花梗密被褐色柔毛,逐渐脱落至果期近于无毛;花梗长 1～3mm;花直径 7～8mm;萼筒钟状,外面无毛或近于无毛,内面仅在花柱着生处丛生柔毛;萼片三角形,先端圆钝,内外两面均无毛;花瓣宽卵形或近圆形,长 3～4mm,宽几与长相等,先端圆钝,白色,内面微有柔毛或无毛;雄蕊 20 枚,短于花瓣;花柱 3 或 4,稍短于雄蕊或与雄蕊近等长,基部密生柔毛。果实球形,直径 6～7mm,红色,先端具宿存闭合萼片。花期 5 月,果期 9—10 月。

产地：茶园里、百步岭、清凉峰。生于山坡落叶林中或近山顶矮林中。

分布：安徽、浙江、江西、福建、湖北。

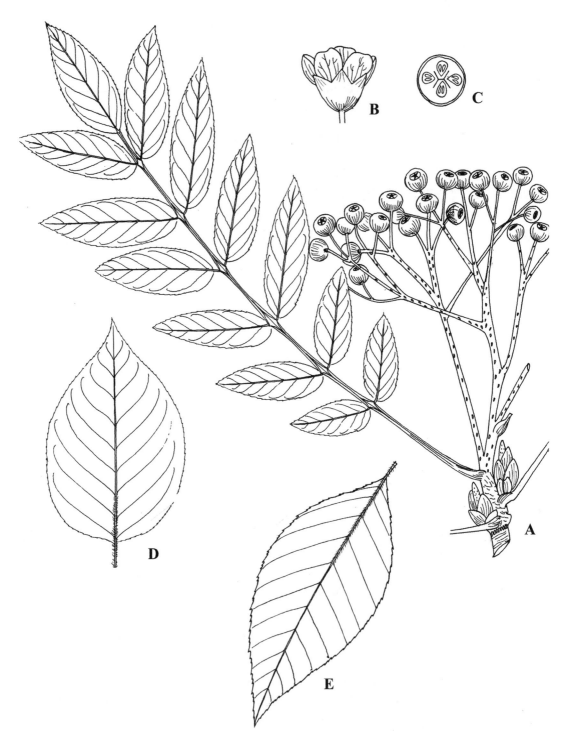

图 126 A-C：黄山花楸；D：水榆花楸；E：石灰花楸（金琳绘）

2. 水榆花楸（图 126：D）

Sorbus alnifolia (Siebold & Zucc.) K. Koch in Ann. Mus. Bot. Lugduno-Batavi 1：249. 1864.

Basionym：*Crataegus alnifolia* Siebold & Zucc. in Abh. Math.-Phys. Cl. Königl. Bayer. Akad. Wiss. 4(2)：130. 1845.

乔木，高达 20m。小枝圆柱形，具灰白色皮孔，幼时微具柔毛，二年生枝暗红褐色，老枝暗灰褐色，无毛；冬芽卵球形，先端急尖，外具数枚暗红褐色无毛鳞片。叶片卵形至椭圆卵形，长 5～10cm，宽 3～6cm，先端短渐尖，基部宽楔形至圆形，边缘有不整齐的尖锐重锯齿，有时微浅裂，两面无毛，或在下面的中脉和侧脉上微具短柔毛，侧脉 6～10 对，直达叶边齿尖；叶柄长 1.5～3cm，无毛或微具稀疏柔毛。复伞房花序较疏松，具花 6～25 朵，花序梗和花梗具稀疏柔毛；花梗长 6～12mm；花直径 10～14mm；萼筒钟状，外面无毛，内面近无毛；萼片三角形，先端急尖，外面无毛，内面密被白色绒毛；花瓣卵形或近圆形，长 5～7mm，宽3.5～6mm，先端圆钝，白色；雄蕊 20 枚，短于花瓣；花柱 2，基部或中部以下合生，无毛，短于雄蕊。果实椭圆球形或卵球形，长 10～13mm，直径 7～10mm，红色或黄色，不具斑点或具极少数细小斑点，2 室，萼片脱落后果实先端残留圆斑。花期 5 月，果期 8—9 月。

产地：茶园里。生于山谷岩石上。

分布：黑龙江、吉林、辽宁、陕西、甘肃、河北、河南、山东、安徽、浙江、江西、湖北、四川；日本、朝鲜半岛。

用途：树皮可作燃料，纤维供造纸原料。

3. 石灰花楸（图 126：E）

Sorbus folgneri (C. K. Schneid.) Rehder in Sargent，Pl. Wilson. 2：271. 1915.

Basionym：*Micromeles folgneri* C. K. Schneid. in Bull. Herb. Boissier Ser. 2，6：318. 1906.

乔木，高达 10m。小枝圆柱形，具少数皮孔，黑褐色，幼时被白色绒毛；冬芽卵球形，先端急尖，外具数枚褐色鳞片。叶片卵形至椭圆卵形，长 5～8cm，宽 2～3.5cm，先端急尖或短渐尖，基部宽楔形或圆形，边缘有细锯齿（新枝上的叶片有重锯齿和浅裂片）。上面深绿色，无毛，下面密被白色绒毛，中脉和侧脉上具绒毛，侧脉通常 8～15 对，直达叶边锯齿顶端；叶柄长 5～15mm，密被白色绒毛。复伞房花序具多花，花序梗和花梗均被白色绒毛；花梗长 5～8mm；花直径 7～10mm；萼筒钟状，外被白色绒毛，内面稍具绒毛；萼片三角卵形，先端急尖，外面被绒毛，内面微有绒毛；花瓣卵形，长 3～4mm，宽 3～3.5mm，先端圆钝，白色；雄蕊 18～20枚，几与花瓣等长或稍长；花柱 2 或 3，近基部合生并有绒毛，短于雄蕊。果实椭圆球形，长 9～13mm，直径 6～7mm，红色，近平滑或有极少数不显明的细小斑点，2 或 3 室，先端萼片脱落后留有圆穴。花期 4—5 月，果期 7—8 月。

产地：龙塘山、茶园里、百丈岭、云溪坞、三祖源。生于山坡林中。

分布：陕西、甘肃、河南、安徽、浙江、江西、福建、湖北、湖南、广东、广西、四川、贵州、云南。

(十) 石斑木属   **Rhaphiolepis** Lindl.

常绿灌木或小乔木。单叶互生;叶片革质,具短柄;托叶钻形,早落。总状花序、圆锥花序或伞房花序;萼筒钟状至管状,下部与子房合生;萼片 5,直立或外折,脱落;花瓣 5,有短瓣柄;雄蕊 15～20 枚;子房下位,2 室,每室有直立胚珠 2,花柱 2 或 3,离生或基部合生。梨果核果状,近球形,肉质,萼片脱落后顶端有一圆环或浅窝;内有近球形种子 1 或 2 粒。

约 15 种,分布于东亚。我国有 7 种,分布于华东至西南。浙江有 4 种。

1. 石斑木(图 127)

Rhaphiolepis indica (L.) Lindl., Bot. Reg. 6: t. 468. 1820.

Basionym: *Crataegus indica* L., Sp. Pl. 1: 477. 1753.

常绿灌木,稀为小乔木,高 1.5～4m。叶片薄革质,卵形、长圆形、稀倒卵形或长圆状披针形,长 3～8cm,宽 1.5～4cm,先端圆钝、急尖、渐尖或尾尖,基部渐狭,边缘具细钝锯齿,上面光亮,无毛,下面色淡,无毛或被疏毛,网脉明显。圆锥花序或总状花序顶生;花序梗和花梗被锈色绒毛,花梗长 5～15mm;花直径 1～1.3cm;萼筒管状,长 4～5mm;萼片 5,三角状披针形至线形,长 4.5～6mm;花瓣 5,白色或淡红色,倒卵形或披针形,先端圆钝,基部具柔毛;雄蕊 15 枚;花柱 2 或 3,基部合生。果实紫黑色,球形,直径约 5mm;果梗粗短,长 5～10mm。花期 4—5 月,果期 7—8 月。

产地:都林山、龙塘山、直源、横源、云溪坞、大坪溪。生于路边、林下或灌丛中。

分布:华东、华南、西南各省、区多有分布;日本、越南、老挝、柬埔寨、泰国、印度尼西亚。

图 127   石斑木(引自《浙江天目山药用植物志》)

（十一）木瓜属 **Chaenomeles** Lindl.

落叶或半常绿灌木，或为小乔木。有刺或无刺。冬芽小，具 2 枚外露鳞片。单叶互生，叶片有锯齿或全缘，有短柄与托叶。花单生或簇生，先叶开放或后叶开放；萼片 5，全缘或有齿；花瓣 5；雄蕊 20 枚或更多，排成两轮；子房 5 室，每室有多数胚珠排成两行；花柱 5，基部合生。梨果大型，萼片脱落，花柱常宿存；有多数褐色种子，无胚乳。

约 5 种，分布于亚洲东部。我国有 5 种，各地常见栽培或野生。浙江有 4 种，多为栽培。

1. 贴梗海棠 皱皮木瓜（图 128）

Chaenomeles speciosa(Sweet) Nakai in J. Jap. Bot. 4：331. 1929.

Basionym：*Cydonia speciosa* Sweet，Hort. Suburb.-Lond. 113. 1818.

落叶灌木，高达 2m。枝条直立开展，有刺；小枝圆柱形，微屈曲，无毛，紫褐色或黑褐色，有疏生浅褐色皮孔；冬芽三角状卵球形，先端急尖，近于无毛，或在鳞片边缘具短柔毛，紫褐色。叶片卵圆形至椭圆形，稀长椭圆形，长 3～9cm，宽 1.5～5cm，先端急尖稀圆钝，基部楔形至宽楔形，边缘具有尖锐锯齿，齿尖开展，无毛（在萌蘖上沿下面叶脉有短柔毛）；叶柄长约 1cm；托叶大型，草质，肾形或半圆形，稀卵形，长 5～10mm，宽 12～20mm，边缘有尖锐重锯齿，无毛。花先叶开放，直径 3～5cm；萼筒钟状，外面无毛；萼片直立，半圆形稀卵形，长 3～4mm，宽 4～5mm，长约为萼筒之半，先

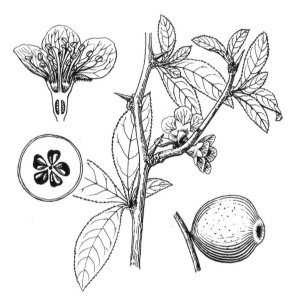

图 128 贴梗海棠（引自 *Flora of China*-Ill.）

端圆钝，全缘或有波状齿，及黄褐色睫毛；花瓣倒卵形或近圆形，基部延伸成短爪，长 10～15mm，宽 8～13mm，猩红色，稀淡红色或白色；雄蕊 45～50 枚，长约为花瓣之半；花柱 5，基部合生，无毛或稍有毛，柱头头状，有不显明分裂，与雄蕊近等长。果实球形或卵球形，直径 4～6cm，黄色或带黄绿色，有稀疏不明显斑点，味芳香，萼片脱落，果梗短或近无梗。花期 3—5 月，果期 9—10 月。

产地：栽培供观赏。

分布：陕西、甘肃、广东、四川、贵州、云南；缅甸。

用途：习见栽培供观赏；果实入药。

（十二）唐棣属 **Amelanchier** Medik.

落叶灌木或乔木。冬芽显著，长圆锥形，有数枚鳞片。单叶，互生；叶片有锯齿或全缘；有叶柄和托叶。花单生或为顶生总状花序；苞片早落；萼筒钟状；萼片 5，全缘；花瓣 5，细长，长圆形或披针形，白色；雄蕊 10～20 枚；花柱 2～5，基部合生或离生，子房下位或半下位，2～

5 室,每室具 2 胚珠,有时室背具假隔膜。梨果近球形,浆果状,萼片宿存,均反折;内果皮膜质,有 4～10 粒种子。

　　约 25 种,分布于亚洲、欧洲和北美洲。我国有 2 种,分布于华东、华中和西北。浙江均产。

分种检索表

1. 叶片边缘自基部具锯齿,背面密被绒毛;花序梗和花梗密被绒毛 ……………… 1. 东亚唐棣 A. asiatica
1. 叶片近顶端具锯齿,背面仅幼时沿脉有绒毛;花序梗和花梗无毛 ………………………… 2. 唐棣 A. sinica

1. 东亚唐棣

Amelanchier asiatica (Siebold & Zucc.) Endl. in Repert. Bot. Syst. (Walpers) 2: 55. 1843

　　Basionym: *Aronia asiatica* Siebold & Zucc. , Fl. Jap. 1: 87. 1839.

　　落叶乔木或灌木,高达 12m。枝条展开;小枝细弱,微曲,圆柱形,幼时被灰白色绵毛,后脱落,老时呈黑褐色,散生长圆形浅色皮孔;冬芽显著,长圆锥形,浅褐色,鳞片边缘被柔毛。叶片卵形至长椭圆形,稀卵状披针形,长 4～6cm,宽 2.5～3.5cm,先端急尖,基部圆形或近心形,边缘有细锐锯齿,齿尖微向内合拢,幼时下面密被灰白色或黄褐色绒毛,逐渐脱落减少;叶柄长 1～1.5cm,幼时被灰白色绒毛;托叶膜质,线形,长 8～12mm,有睫毛,早落。总状花序,下垂;花序梗和花梗幼时均被白色绒毛,后脱落,花梗细,长 1.5～2.5cm;苞片膜质,线状披针形,早落;花直径 3～3.5cm;萼筒钟状,外面密被绒毛;萼片披针形,长约 8mm,先端渐尖,全缘,内面微有绒毛,外面近于无毛;花瓣细长,长圆状披针形或卵状披针形,长 1.5～2cm,宽 5～7mm,先端急尖,白色;雄蕊 15～20 枚,较花瓣短;花柱 4 或 5,大部分合生,基部被绒毛,较雄蕊稍长,柱头头状。果实近球形或扁球形,直径 1～1.5cm,蓝黑色,萼片宿存,反折。花期 4—5 月,果期 8—9 月。

　　产地:谢家坞、龙塘山。生于 900～1200m 的林中或林缘。

　　分布:陕西、安徽、浙江、江西;日本、朝鲜半岛。

2. 唐棣(图 129)

Amelanchier sinica Chun, Chinese Econ. Trees 168. 1921.

　　小乔木,高 3～5m。枝条稀疏;小枝细长,圆柱形,无毛或近于无毛,紫褐色或黑褐色,疏生长圆形皮孔;冬芽长圆锥形,先端渐尖,具浅褐色鳞片,鳞片边缘有柔毛。叶片卵圆形或长椭圆形,长 4～7cm,宽 2.5～3.5cm,先端急尖,基部圆形,稀近心形或宽楔形,通常在中部以上有细锐锯齿,基部全缘,幼时下

图 129　唐棣(引自《湖南植物志》)

面沿中脉和侧脉被绒毛或柔毛,老时脱落无毛;叶柄长 1～2.1cm,偶有散生柔毛;托叶披针形,早落。总状花序,多花;花序梗和花梗无毛或最初有毛,后脱落,花梗细,长 8～28mm;苞片膜质,线状披针形,长约 8mm,早落;花直径 3～4.5cm;萼筒杯状,外被柔毛,逐渐脱落;萼片披针形或三角状披针形,长约 5mm,先端渐尖,全缘,与萼筒近等长或稍长,外面近于无毛或散生柔毛,内面有柔毛;花瓣细长,长圆披针形或椭圆披针形,长 1.5cm,宽约 5mm,白色;雄蕊 20 枚,长 2～4mm,远比花瓣短;花柱 4 或 5,基部密被黄白色绒毛,柱头头状,较雄蕊稍短。果实近球形或扁圆球形,直径约 1cm,蓝黑色,萼片宿存,反折。花期 5 月,果期 9—10 月。

产地:直源、龙塘山、童玉、千顷塘、大坪溪。生于海拔 300～1100m 的山谷溪边。

分布:陕西、甘肃、河南、浙江、湖北、四川。

(十三)梨属　Pyrus L.

落叶乔木或灌木,稀半常绿乔木。有时具刺。单叶,互生;叶有锯齿或全缘,稀分裂,在芽内呈席卷状;有叶柄和托叶。花先叶开放或同时开放;伞形总状花序;萼片 5,反折或开展;花瓣 5,具爪,白色,稀粉红色;雄蕊 15～30 枚,花药通常深红色或紫色;子房 2～5 室,每室胚珠 2,花柱 2～5,离生。梨果,果肉多汁,富含石细胞,子房壁软骨质;种子黑色或黑褐色,种皮软骨质,子叶平凹。

约 25 种,分布于亚洲、欧洲至非洲北部。我国有 15 种,各省、区均有分布。浙江有 5 种。

分种检索表

1. 果实上萼片脱落;花柱 2,稀 3;叶片全缘或具圆钝锯齿。
　　2. 叶片具锯齿,或有时偶有全缘。
　　　　3. 叶片宽卵形至卵状椭圆形,基部圆形至宽楔形 …………………………… 1. 豆梨 P. calleryana
　　　　3. 叶片狭卵形至菱状卵形,基部宽楔形 …………………… 1a. 楔叶豆梨 P. calleryana var. koehnei
　　2. 叶片全缘 ………………………………………… 1b. 全缘叶豆梨 P. calleryana var. integrifolia
1. 果实上萼片宿存;花柱 5;叶片边缘锯齿刺芒状 …………………………………… 2. 秋子梨 P. ussuriensis

1. 豆梨(图 130: C-E)

Pyrus calleryana Decne., Jard. Fruit. 1: 329. 1871.

Pyrus calleryana Decne. f. *tomentella* Rehder.

落叶小乔木,高 5～8m。小枝粗壮,圆柱形,在幼嫩时有绒毛,不久脱落,二年生枝条灰褐色;冬芽三角卵球形,先端短渐尖,微具绒毛。叶片宽卵形至卵状椭圆形,稀长椭圆形,长 4～8cm,宽 3.5～6cm,先端渐尖,稀急尖,基部圆形至宽楔形,边缘有钝锯齿,两面无毛;叶柄长 2～4cm,无毛;托叶叶质,线状披针形,长 4～7mm,无毛。伞房总状花序具花 6～12 朵;花序梗和花梗均无毛,花梗长 1.5～3cm;苞片膜质,线状披针形,长 8～13mm,内面具绒毛;花直径 2～2.5cm;萼筒无毛;萼片披针形,先端渐尖,全缘,长约 5mm,外面无毛,内面具短绒毛,边缘较密;花瓣白色,长约 13mm,宽约 10mm,卵形,基部具短爪;雄蕊 20 枚,稍短于花瓣;花柱 2,稀 3,基部无毛。梨果褐色,球形,直径约 1cm,有斑点,2 或 3 室,萼片脱落;果梗细长。花期 4 月,果期 8—9 月。

产地:都林山、龙塘山、大明山、顺溪、云溪坞。生于海拔 300～1250m 的山谷、溪边、山

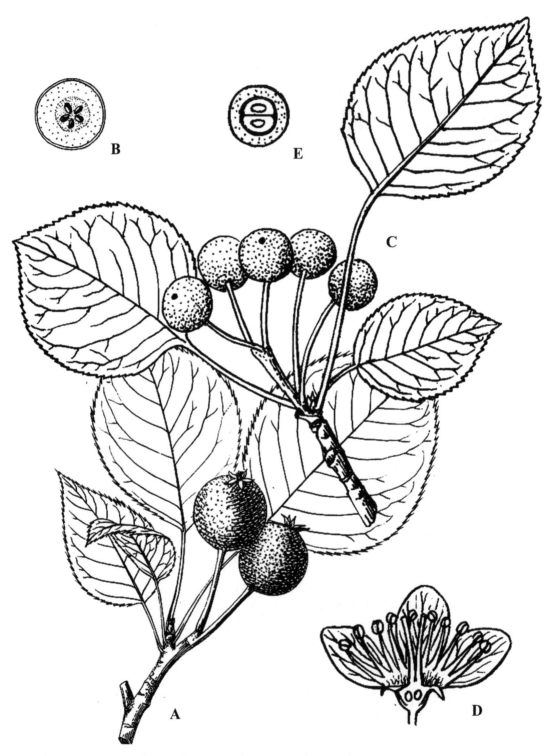

图 130　A,B：秋子梨；C - E：豆梨（重组《中国植物志》）

坡或灌丛中。

　　分布：山东、河南、江苏、浙江、安徽、江西、福建、湖北、湖南、广东、广西；越南。

1a. 楔叶豆梨

var. **koehnei** (C. K. Schneid.) T. T. Yu，Fl. Reipubl. Popularis Sin. 36：370. 1974. Basionym：*Pyrus koehnei* C. K. Schneid. ，Ill. Handb. Laubholzk. 1：665. 1906.

与模式变种的区别在于：叶片多为狭卵形或菱状卵形，基部宽楔形。

　　产地：千顷塘、大坪溪。生于溪边灌丛。

　　分布：浙江、福建、广东、广西。

1b. 全缘叶豆梨

var. **integrifolia** T. T. Yu in Acta Phytotax. Sin. 28：232. 1963.

叶片通常卵形，全缘，基部圆钝，可以区别。

　　产地：千顷塘、大坪溪。生于溪边灌丛。

　　分布：江苏、浙江。

2. 秋子梨（图 130：A，B）

Pyrus ussuriensis Maxim. in Bull. Acad. Imp. Sci. St.-Pétersbourg, sér. 2, 15：132. 1856.

　　乔木，高达 15m。嫩枝无毛或微具毛，二年生枝条黄灰色至褐紫色，老枝转为黄灰色或黄褐色，具稀疏皮孔；冬芽肥大，卵球形，先端钝，鳞片边缘微具毛或近于无毛。叶片卵形至宽卵形，长 5～10cm，宽 4～6cm，先端短渐尖，基部圆形或近心形，稀宽楔形，边缘具带刺芒状尖锐锯齿，上下两面无毛，或在幼嫩时被绒毛，不久脱落；叶柄长 2～5cm，嫩时有绒毛，不久脱落；托叶线状披针形，先端渐尖，边缘具有腺齿，长 8～13mm，早落。花序密集，有花 5～7 朵，花梗长 2～5cm，花序梗和花梗在幼时被绒毛，不久脱落；苞片膜质，线状披针形，先端渐尖，全缘，长 12～18mm；花直径 3～3.5cm；萼筒外面无毛或微具绒毛；花瓣倒卵形或广卵形，先端圆钝，基部具短爪，长约 18mm，宽约 12mm，无毛，白色；雄蕊 20 枚，短于花瓣，花药紫色；花柱 5，离生，近基部有稀疏柔毛。果实近球形，黄色，直径 2～6cm，萼片宿存，基部微下陷，具短果梗，长 1～2cm。花期 5 月，果期 8—10 月。

　　产地：龙塘山。生于海拔 1000m 的山坡林中。

　　分布：华北、东北；日本、朝鲜半岛、俄罗斯远东地区。

　　用途：果实入药，具清肺止咳之效。

（十四）苹果属　Malus Mill.

　　落叶，稀半常绿乔木或灌木。通常无刺。冬芽卵球形，外被数枚覆瓦状鳞片。单叶互生；叶有锯齿或分裂，幼时在芽中呈席卷状或对折状；具叶柄和托叶。伞形总状花序；花瓣近圆形或倒卵形，白色、淡红色至艳红色；雄蕊 15～50 枚，具黄色花药，花丝白色；花柱 3～5，基部合生，有毛或无毛，子房下位，3～5 室，每室胚珠 2。梨果，果肉通常不具石细胞，萼片宿存或脱落，子房壁软骨质；种皮褐色或近黑色，子叶平凹。

约 55 种,广布于北温带。我国有 26 种,分布于各省、区。浙江有 10 种。

分种检索表

1. 叶片不分裂。
　　2. 叶片两面沿脉有柔毛;萼片长于萼筒;果实直径 8～14mm ……………… 1. 毛山荆子 M. manshurica
　　2. 叶片初时疏被柔毛,后变无毛;萼片与萼筒等长或稍短;果实直径 8～9mm ………………………
　　　　………………………………………………………………… 2. 湖北海棠 M. hupehensis
1. 叶片有时 3 或 5 浅裂 …………………………………………… 3. 三叶海棠 M. sieboldii

1. 毛山荆子(图 131: C)

Malus manshurica (Maxim.) Komarov in Izv. Glavn. Bot. Sada R. S. F. S. R. 14: 146. 1925.

Basionym: *Pyrus baccata* L. var. *manshurica* Maxim. in Bull. Acad. Imp. Sci. St.-Pétersbourg 19: 170. 1874.

乔木,高达 15m。小枝细弱,圆柱形,幼嫩时密被短柔毛,老时逐渐脱落,紫褐色或暗褐色;冬芽卵球形,长 5～8cm,宽 3～4cm,先端急尖或渐尖,基部楔形或近圆形,边缘有细锯齿,基部锯齿浅钝近于全缘,下面中脉及侧脉上具短柔毛;叶柄长 3～4cm,具稀疏短柔毛;托叶近膜质,线状披针形,长 5～7mm,先端渐尖,边缘有稀疏腺齿,内面有疏生短柔毛,早落。伞形花序,具花 3～6 朵,无花序梗,集生在小枝顶端,直径 6～8cm;花梗长 3～5cm,有疏生短柔毛;苞片小,膜质,线状披针形,脱落;花直径 3～3.5cm;萼筒外面有疏生短柔毛;萼片披针形,先端渐尖,全缘,长 5～7mm,内面被绒毛,比萼筒稍长;花瓣长倒卵形,长 1.5～2cm,基部有短爪,白色;雄蕊 30 枚,花丝长短不齐,长为花瓣之半或稍长;花柱 4,稀 5,基部具绒毛,较雄蕊稍长。果实椭圆球形或倒卵球形,直径 8～12mm,红色,萼片脱落;果梗长 3～5cm。花期 5—6 月,果期 8—9 月。

产地:清凉峰、东岙头、龙塘峰、千顷塘、大坪溪、道场坪。生于海拔 1000～1700m 的山坡杂木林、山顶及山沟。

分布:黑龙江、吉林、辽宁、内蒙古、山西、陕西、甘肃、浙江。

2. 湖北海棠(图 131: B)

Malus hupehensis (Pamp.) Rehder in J. Arnold Arbor. 14: 207. 1933.

Basionym: *Pyrus hupehensis* Pamp., Nuovo Giorn. Bot. Ital. n. s., 17: 261. 1910.

乔木,高达 8m。小枝最初有短柔毛,不久脱落;老枝紫色至紫褐色;冬芽卵球形,先端急尖,鳞片边缘有疏生短柔毛,暗紫色。叶片卵形至卵状椭圆形,长 5～10cm,宽 2.5～4cm,先端渐尖,基部宽楔形,稀近圆形,边缘有细锐锯齿,嫩时具稀疏短柔毛,后脱落无毛,常呈紫红色;叶柄长 1～3cm,嫩时有稀疏短柔毛,逐渐脱落;托叶草质至膜质,线状披针形,先端渐尖,有疏生柔毛,早落。伞房花序,具花 4～6 朵;花梗长 3～6cm,无毛或稍有长绒毛;苞片膜质,披针形,早落;花直径 3.5～4cm;萼筒外面无毛,或少有长柔毛;萼片三角卵形,先端渐尖或急尖,长 4～5mm,外面无毛,内面有柔毛,略带紫色,与萼筒等长或稍短;花瓣倒卵形,长约 1.5cm,基部有短爪,粉白色或近白色;雄蕊 20 枚,花丝长短不齐,长为花瓣之半;花柱 3,稀 4,基部有长绒毛,较雄蕊稍长。果实椭圆球形或近球形,直径 8～9mm,黄绿色稍带红晕,萼片脱落;果梗长 2～4cm。花期 4—5 月,果期 8—9 月。

　　产地:直源、百丈岭。生于海拔 500m 的溪边林中。

　　分布:陕西、山西、甘肃、河南、浙江、安徽、江西、福建、湖北、湖南、广东、四川、贵州、云南。

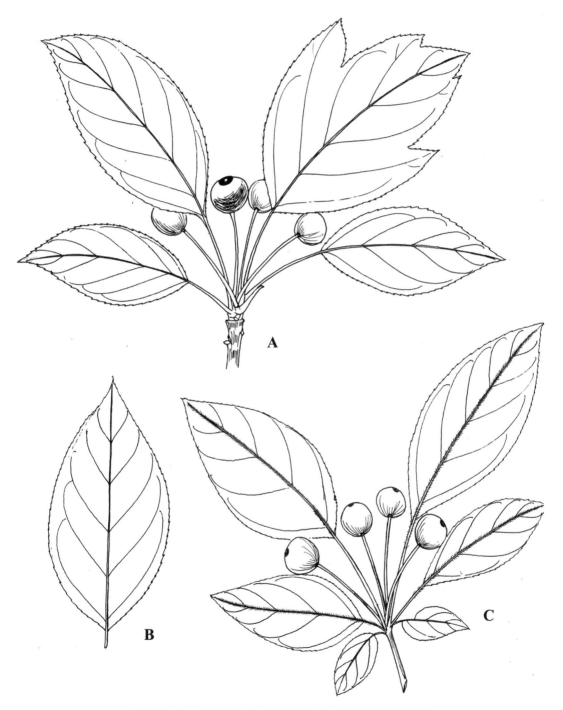

图 131　A:三叶海棠;B:湖北海棠;C:毛山荆子(金琳绘)

3. 三叶海棠(图 131：A)

Malus sieboldii（Regel）Rehder in Sargent，Pl. Wilson. 2(2)：293. 1915.

Basionym：*Pyrus sieboldii* Regel，Index Sem. Hort. Petrop. 1858：51. 1859.

灌木，高 2～6m。枝条开展；小枝圆柱形，稍有棱角，嫩时被短柔毛，老时脱落，暗紫色或紫褐色；冬芽卵球形，先端较钝，无毛或仅在先端鳞片边缘微有短柔毛，紫褐色。叶片卵形、椭圆形或长椭圆形，长 3～7.5cm，宽 2～4cm，先端急尖，基部圆形或宽楔形，边缘有尖锐锯齿，在新枝上的叶片锯齿粗锐，常 3 浅裂，稀 5 浅裂，幼叶上下两面均被短柔毛，老叶上面近于无毛，下面沿中肋及侧脉有短柔毛；叶柄长 1～2.5cm，有短柔毛；托叶草质，披针形，先端渐尖，全缘，微被短柔毛。花 4～8 朵，集生于小枝顶端；花梗长 2～2.5cm，有柔毛或近于无毛；苞片膜质，线状披针形，先端渐尖，全缘，内面被柔毛，早落；花直径 2～3cm；萼筒外面近无毛或有柔毛；萼片三角卵形，先端尾状渐尖，全缘，长 5～6mm，外面无毛，内面密被绒毛，与萼筒等长或稍长；花瓣长倒卵形，长 1.5～1.8cm，基部有短爪，淡粉红色；雄蕊 20 枚，花丝长短不齐，长为花瓣之半；花柱 3～5，基部有长柔毛，较雄蕊稍长。果实近球形，直径 6～8mm，红色或褐黄色，萼片脱落；果梗长 2～3cm。花期 4—5 月，果期 9—10 月。

产地：龙塘山、东岙头。生于海拔 1000m 左右的林下或路边。

分布：辽宁、陕西、甘肃、山东、浙江、江西、福建、湖北、湖南、广东、广西、四川、贵州；日本、朝鲜半岛。

（十五）棣棠花属　Kerria DC.

落叶灌木。小枝细长；单叶互生，具重锯齿；托叶钻形，早落。花两性，大而单生；萼筒短，萼片5，覆瓦状排列；花瓣5，黄色，具短爪；雄蕊多数，排成数组；花盘环状，被疏柔毛；雌蕊5～8，分离，生于萼筒内，花柱顶生，直立，细长，顶端截形；心皮5～8，分离，每心皮有 1 颗胚珠，侧生于腹缝线中部。瘦果侧扁，无毛。

仅 1 种，分布于我国和日本。浙江也有。

1. 棣棠花(图 132)

Kerria japonica（L.）DC in Trans. Linn. Soc. London 12(1)：157. 1818.

Basionym：*Rubus japonicus* L.，Mant. Pl. 2：245. 1771.

落叶灌木，高 1～2m。小枝绿色，圆柱形，无毛，常拱垂，嫩枝有棱角。叶互生；叶片三角状卵形或卵圆形，顶端长渐尖，基部圆形、截形或微心形，边缘有尖锐重锯齿，两面绿色，上面无

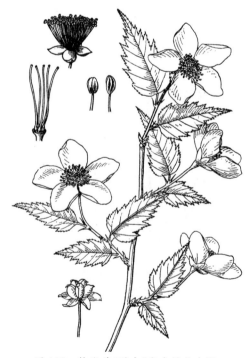

图 132　棣棠花(引自《湖南植物志》)

毛或有稀疏柔毛，下面沿脉或脉腋有柔毛；叶柄长5～10mm，无毛；托叶膜质，带状披针形，有缘毛，早落。单花，着生在当年生侧枝顶端，花梗无毛；花直径2.5～6cm；萼片卵状椭圆形，顶端急尖，有小尖头，全缘，无毛，果期宿存；花瓣黄色，宽椭圆形，顶端下凹，比萼片长1～4倍。瘦果倒卵球形至半球形，褐色或黑褐色，表面无毛，有皱褶。花期4—6月，果期6—8月。

产地：龙塘山、童玉、柘林坑、大坪溪、直源、云溪坞。生于海拔600～1050m的溪边、路边、林下或灌丛中。

分布：陕西、甘肃、山东、河南、江苏、安徽、浙江、江西、福建、湖北、湖南、四川、贵州、云南；日本。

用途：茎髓作通草代替品入药，有催乳利尿之效。

（十六）鸡麻属　**Rhodotypos** Siebold & Zucc.

落叶灌木。冬芽具数个覆瓦状排列鳞片。单叶对生；叶片卵形，缘具尖锐重锯齿；托叶膜质，带形，离生。花4数，两性，单生于枝顶；萼筒短；萼片4，叶状，覆瓦状排列，有小型副萼片4枚，与萼片互生；花瓣4，白色，倒卵形，有短爪；雄蕊多数，排列成数轮，插生于花盘周围，花盘肥厚，顶端溢缩盖住雌蕊；雄蕊4，每心皮有2下垂胚珠，花柱细长，柱头头状。核果1～4枚，外果皮光滑干燥；种子1，倒卵球形，子叶平凹，有3脉。

仅1种，分布我国、日本和朝鲜半岛。浙江有分布。

1. 鸡麻（图133）

Rhodotypos scandens (Thunb.) Makino in Bot. Mag. Tokyo 27：126. 1913.

Basionym：*Corchorus scandens* Thunb. in Trans. Linn. Soc. London 2：335. 1794.

落叶灌木，高0.5～2m。小枝紫褐色，嫩枝绿色，光滑。叶对生；叶片卵形，长4～11cm，宽3～6cm，先端渐尖，基部圆形至微心形，边缘有尖锐重锯齿，上面幼时被疏柔毛，以后脱落无毛，下面被绢状柔毛，老时脱落仅沿脉被疏柔毛；叶柄长2～5mm，被疏柔毛；托叶膜质，狭长，被疏柔毛，不久脱落。单花顶生于新枝梢顶，直径3～5cm；萼片大，卵状椭圆形，先端急尖，边缘有锐锯齿，外面疏被绢状柔毛，副萼片细小，狭线形，比萼片短4～5倍；花瓣白色，倒卵形，比萼片长1/4～1/3。核果1～4，黑色或褐色，斜椭圆球形，长约8mm，光滑。花期4—5月，果期6—9月。

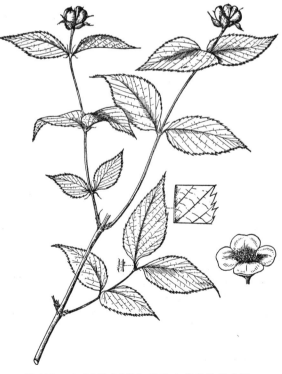

图133　鸡麻（引自《浙江天目山药用植物志》）

产地：东岙头、柘林坑、大坪溪。生于溪边灌丛中。

分布：辽宁、陕西、甘肃、山东、河南、江苏、安徽、浙江、湖北；日本、朝鲜半岛。

用途：根和果入药，可治血虚肾亏。

（十七）蔷薇属　Rosa L.

直立、蔓延或攀援灌木。多数有皮刺、针刺或刺毛，稀无刺，有毛、无毛或有腺毛。叶互生；奇数羽状复叶，稀单叶；小叶边缘有锯齿；托叶贴生或着生于叶柄上，稀无托叶。花单生或成伞房状，稀复伞房状或圆锥状花序；萼筒球形或坛状，稀杯状，颈部缢缩；萼片5，稀4，开展，覆瓦状排列，有时呈羽状分裂；花瓣5，栽培者多为重瓣，稀4，覆瓦状排列，白色、黄色、粉红色至红色；花盘环绕萼筒口部；雄蕊多数，分为数轮，着生于花盘周围；心皮多数，稀少数，着生在萼筒内，常无柄，离生；花柱顶生或侧生，外伸，离生或上部合生；胚珠单生，下垂。瘦果木质，多数，小核状，着生于肉质萼筒内。种子下垂。

约200种，广布于欧、亚、北非、北美各洲的亚热带至寒温带地区。我国有95种，各省、区均有分布。浙江有16种、5变种及许多园艺品种。

本属植物花色美丽，香气芬芳，大多可供观赏。

分种检索表

1. 花托外面具明显的针刺或刺毛。
　2. 复叶有3小叶，稀5小叶；托叶与叶柄离生；果实梨形或倒卵球形 ………… 1. 金樱子 R. laevigata
　2. 复叶具9～15小叶；托叶与叶柄合生；果实扁球形 ………………… 2. 缫丝花 R. roxburghii
1. 花托外面光滑，或有柔毛，但绝无针刺或刺毛。
　3. 托叶与叶柄离生。
　　4. 花排列成花序；苞片狭小。
　　　5. 复伞房花序；萼片常羽状分裂 ………………………… 3. 小果蔷薇 R. cymosa
　　　5. 花排列成伞形或近伞形；萼片全缘 ………………………… 4. 木香花 R. banksiae
　　4. 花单生；苞片宽大 ………………………… 5. 硕苞蔷薇 R. bracteata
　3. 托叶部分与叶柄合生。
　　6. 托叶全缘；花柱离生，或合生。
　　　7. 小叶3或5枚。
　　　　8. 花柱离生；萼片先端羽状分裂（栽培） ………………… 6. 月季 R. chinensis
　　　　8. 花柱合生；萼片全缘（野生）。
　　　　　9. 小叶片背面疏被至密被柔毛；花托外面被柔毛和腺毛 ……… 7. 悬钩子蔷薇 R. rubus
　　　　　9. 小叶片背面无毛或仅中脉被柔毛；花托外面无毛或仅具腺毛 …………………………
　　　　　　 ………………………… 8. 软条七蔷薇 R. henryi
　　　7. 小叶7～11枚 ………………………… 9. 钝叶蔷薇 R. sertata
　　6. 托叶边缘不规则分裂；花柱合生。
　　　10. 花排列成近伞房花序；花柱被毛 ………… 10. 广东蔷薇 R. kwangtungensis
　　　10. 花排列成圆锥花序；花柱无毛 ………………………… 11. 野蔷薇 R. multiflora

1. 金樱子(图 134：A，B)

Rosa laevigata Michx.，Fl. Bor.-Amer.(Michaux) 1：295. 1803.

常绿攀援灌木，高可达5m。小枝粗壮，散生扁弯皮刺，无毛，幼时被腺毛，老时逐渐脱落

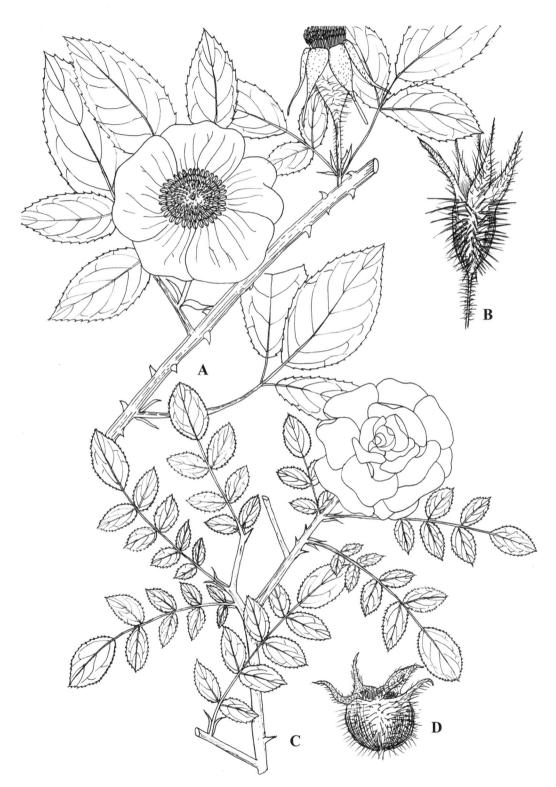

图 134　A,B: 金樱子;C,D: 缫丝花(潘莹丹绘)

减少。复叶具 3 小叶,稀 5,连叶柄长 5～10cm;小叶片革质,卵状椭圆形、倒卵形或披针状卵形,长 2～6cm,宽 1.2～3.5cm,先端急尖或圆钝,稀尾状渐尖,边缘有锐锯齿,上面亮绿色,无毛,下面幼时沿中脉有腺毛,后变无毛;小叶柄有皮刺和腺毛;托叶离生或基部与叶柄合生,披针形,边缘有细齿,齿尖有腺体,早落。花单生于叶腋;花梗长 2～3cm;花直径 5～7cm;萼筒与花梗密被腺毛,后变为针刺;萼片卵状披针形,先端呈叶状;花瓣白色,宽倒卵形,先端微凹;雄蕊多数;心皮多数,花柱离生,有毛,比雄蕊短。果梨形或倒卵球形,外面密被刺毛,萼片宿存;果梗长约 3cm。花期 4—6 月,果期 9—10 月。

产地:鸠甫山、童玉、柘林坑、大坪溪、顺溪、云溪坞。生于海拔 470～600m 的溪边或林中。

分布:陕西、江苏、浙江、安徽、江西、福建、台湾、湖北、湖南、广东、广西、四川、贵州、云南。

用途:根皮含鞣质,可制栲胶;果实可熬糖、酿酒;根、叶、果均可入药。

2. 缫丝花(图 134:C,D)

Rosa roxburghii Sweet, Hort. Brit. [Sweet] 138. 1826.

灌木,高 1～2.5m。小枝圆柱形,斜向上升,有基部稍扁而成的皮刺。小叶 9～15,连叶柄长 5～11cm;小叶片椭圆形或长圆形,稀倒卵形,长 1～2cm,宽 6～12mm,先端急尖或圆钝,基部宽楔形,边缘有细锐锯齿,两面无毛,下面叶脉突起,网脉明显,叶轴和叶柄有散生小皮刺;托叶大部分贴生与叶柄,离生部分呈钻形,边缘有腺毛。花单生,或 2 或 3 朵,生于短枝顶端;花直径 5～6cm;花梗短;小苞片 2 或 3 枚,卵形,边缘有腺毛;萼片通常宽卵圆形,先端渐尖,有羽状裂片,内面密被绒毛,外面密被针形刺;花瓣淡红色或粉红色,常重瓣,微香,倒卵形,外轮花瓣大,内轮较小;雄蕊多数着生在杯状萼筒边缘;心皮多数,着生在萼筒底部;花柱离生,被毛,不外伸,短于雄蕊。果扁球形,直径 3～4cm,绿红色,外面密生针刺,萼片宿存,直立。花期 5—7 月,果期 8—10 月。

产地:谢家坞房前屋后栽培。

分布:浙江、福建、广西、四川、贵州、云南、西藏;日本。

用途:果实含大量维生素,可供食用及药用。

3. 小果蔷薇(图 135)

Rosa cymosa Tratt. , Ros. Monogr. 1:87. 1823.

常绿蔓生灌木。小枝无毛或稍有柔毛,具钩状皮刺。羽状复叶有小叶 3 或 5,稀 7;托叶膜质,离生,线形,早落;小叶片卵状披针形或椭圆形,稀长圆状披针形,长 2.5～6cm,宽0.8～2.5cm,先端渐尖,基部近圆形,边缘有紧贴尖锐细锯齿,上面亮绿色,下面色较淡,沿脉有疏柔毛或无毛。复伞

图135　小果蔷薇(引自《浙江天目山药用植物志》)

房花序花多数;花梗长约 1.5cm;花直径 2~2.5cm;萼筒无毛;萼片卵形,常羽状分裂;花瓣白色,倒卵形,先端凹缺;花柱离生,稍伸出萼筒口外,密被白色柔毛。果球形,红色至黑褐色,直径 4~7mm,萼片脱落。花期 5—6 月,果期 7—11 月。

产地:鸠甫山、童玉、大坪溪、道场坪、直源、横源。生于溪边或路边灌丛。

分布:华东、华南、西南等地。

4. 木香花

Rosa banksiae W. T. Ait., Hortus Kew., ed. 2, 3: 256. 1811.

攀援小灌木,高可达 6m。小枝圆柱形,无毛,有短小皮刺;老枝上的皮刺较大,坚硬,经栽培后有时枝条无刺。小叶 3 或 5,稀 7,连叶柄长 4~6cm;小叶片椭圆状卵形或长圆披针形,长 2~5cm,宽 8~18mm,先端急尖或稍钝,基部近圆形或宽楔形,边缘有紧贴细锯齿,上面无毛,深绿色,下面淡绿色,中脉突起,沿脉有柔毛;小叶柄和叶轴有稀疏柔毛和散生小皮刺;托叶线状披针形,膜质,离生,早落。花小型,多朵成伞形花序,花直径 1.5~2.5cm;花梗长 2~3cm,无毛;萼筒无毛;萼片卵形,先端长渐尖,全缘,外面无毛,内被白色绒毛;花瓣重瓣至半重瓣,白色,倒卵形,先端圆,基部楔形;心皮多数,花柱离生,密被柔毛,比雄蕊短。花期 4—5 月。

产地:栽培供观赏。

分布:四川、云南,全国各地均有栽培。

用途:花含芳香油,可供配制香精、化妆品用。

5. 硕苞蔷薇(图 136)

Rosa bracteata J. C. Wendl., Bot. Beob. [Wendland] 50. 1798.

铺散常绿灌木,高 2~5m。有长匍枝。小枝粗壮,密被黄褐色柔毛,并混生针刺和腺毛,皮刺弯扁,常成对着生于托叶下方。羽状复叶,小叶 5~9,连叶柄长 4~9cm;小叶片革质,椭圆形或倒卵形,长 1~2.5cm,宽 8~15mm,先端截形,圆钝或稍急尖,基部宽楔形或近圆形,缘有细小圆钝齿,上面有光泽,下面沿脉有柔毛或无毛;叶轴与小叶柄有稀疏柔毛、腺毛和小皮刺;托叶大部分离生,呈篦齿状深裂,密被柔毛,缘有腺毛。花单生,或 2 或 3 朵集生;花梗密生长柔毛和疏腺毛;花直径 4.5~7cm;花梗长约 1cm,密生长柔毛和稀疏腺毛;有数枚大型宽卵状苞片,苞片边缘有不规则缺刻状锯齿,外面密被柔毛,内面近无毛;萼片宽卵形,先端尾状渐尖,外面密被黄褐色柔毛和腺毛,内有稀疏柔毛,花后反折;花瓣白色,倒卵形,先端微凹;心

图 136　硕苞蔷薇(引自《浙江天目山药用植物志》)

皮多数。果扁球形,密被黄褐色柔毛。花期4—5月,果期9—11月。

产地:百丈岭。生于溪边或田边灌丛中。

分布:江苏、浙江、江西、福建、台湾、湖南、贵州、云南;日本。

用途:果和根入药,具收敛、补脾、益肾之效。

6. 月季(图137:A)

Rosa chinensis Jacq., Observ. Bot. 3:7. 1768.

常绿或半常绿直立灌木,高0.5～2m。小枝粗壮,圆柱形,近无毛,常有钩状皮刺。羽状复叶,小叶3或5,稀7,连叶柄长5～11cm;小叶片宽卵形至卵状长圆形,长2.5～6cm,宽1～3cm,先端长渐尖或渐尖,基部近圆形或宽楔形,边缘有锐锯齿,两面近无毛,上面暗绿色,常带光泽,下面颜色较浅;叶柄有散生皮刺和腺毛;托叶大部与叶柄合生,仅顶端分离部分耳状,边缘常有腺毛。花数朵集生或单生;花直径4～5cm,花梗长2.5～6cm;萼片卵形,先端尾状渐尖,有时呈叶状,边缘常有羽状裂片,稀全缘,外面无毛,内面密被长柔毛;花瓣红或粉红色,稀白色,倒卵形,先端具凹缺,基部楔形;花柱离生,伸出萼筒口外,约与雄蕊等长。果红色,卵球形或梨形,长1～2cm,萼片脱落。花期4—10月,果期6—11月。

产地:区内常见栽培。

分布:全国各地普遍栽培。

用途:花、根、叶均入药。

栽培之月季可能来自于数个种(品种群)杂交,起源尚不清楚。

7. 悬钩子蔷薇(图137:B)

Rosa rubus H. Lév. & Vaniot in Bull. Soc. Bot. France 55:55. 1908.

落叶攀援灌木。小枝常有短粗弯曲皮刺。羽状复叶有小叶5,偶3;叶轴有柔毛,散生小皮刺;托叶大部与叶柄合生;小叶片卵状椭圆形、倒卵形或椭圆形,长3～6cm,宽2～4.5cm,先端尾尖、急尖或渐尖,基部近圆形或宽楔形,边缘有尖锐锯齿,上面通常无毛,下面被密或疏柔毛。花10～29朵,排成圆锥状伞房花序;花序梗和花梗均被柔毛和疏腺毛;花直径2.5～3cm;萼筒被柔毛和腺毛;萼片披针形,先端长渐尖,两面均密被柔毛;花瓣白色,倒卵形,先端微凹;花柱结合成柱,被柔毛。果近球形,猩红色至紫褐色,直径8～10mm;花后萼片反折,后脱落。花期4—6月,果期7—9月。

产地:龙塘山。生于路边灌丛中。

分布:陕西、甘肃、浙江、福建、湖北、广东、广西、四川、贵州、云南。

用途:根皮含鞣质,可提栲胶;鲜花可提芳香油及浸膏。

8. 软条七蔷薇(图137:C)

Rosa henryi Boulenger in Bull. Jard. Bot. Brux. 9:231. 1933.

灌木,高3～5m。有长匍枝。小枝无毛或稍有柔毛,具短扁、弯曲皮刺或无刺。羽状复叶,小叶通常5(近花序小叶片常为3),连叶柄长9～14cm;小叶片卵状披针形或椭圆形,稀长圆状披针形,长2.5～6cm,宽0.8～2.5cm,先端渐尖,基部近圆形,边缘有紧贴尖锐细锯齿,上面亮绿色,下面色较淡,沿脉有疏柔毛或无毛;托叶大部贴生于叶柄,离生部分披针形,先端渐尖,全

图 137　A：月季；B：悬钩子蔷薇；C：软条七蔷薇（潘莹丹绘）

缘,无毛,或有稀疏腺毛。花5～15朵,成伞形伞房状花序;花直径3～4cm;花梗长约1.5cm;萼筒无毛;萼片卵形,常羽状分裂;花瓣白色,倒卵形,先端凹缺;花柱离生,稍伸出萼筒口外,密被白色柔毛。果球形,红色至黑褐色,直径4～7mm,萼片脱落。花期5～6月,果期7—11月。

产地:龙塘山、童玉、千顷塘、大坪溪、直源、横源。生于山谷、溪边、岩上、灌丛中。

分布:华东、华南、华中、西南、西北。

9. 钝叶蔷薇(图138)

Rosa sertata Rolfe in Bot. Mag. 139: t. 8473. 1913.

Rosa hwangshanensis P. S. Hsu.

落叶灌木,高1～2m。小枝圆柱形,细弱,无毛,散生皮刺或无刺。羽状复叶有小叶7～11,连叶柄长5～8cm;叶轴与小叶柄有稀疏柔毛、腺毛和小皮刺;托叶大部与叶柄合生,离生部分耳状,卵形,边缘有腺毛;小叶片宽椭圆形至卵状椭圆形,长0.6～2.5cm,宽7～15mm,先端急尖或圆钝,基部近圆形,边缘有锐锯齿。花单生,或3～5朵排成伞房状,花梗长1.5～3cm;花直径2～6cm;萼片卵状披针形,先端延伸成叶状;花瓣粉红色或玫瑰红色,先端微凹;花柱离生,被柔毛。果深红色,卵球形,顶端有短颈,长1.2～2cm,直径约1cm。花期6月,果期8—10月。

产地:清凉峰、东岙头、龙塘峰、千顷塘。生于谷地、溪边、灌丛。

分布:陕西、山西、甘肃、河南、安徽、浙江、江西、福建、湖北、四川、云南。

图138　钝叶蔷薇(引自《浙江天目山药用植物志》)

10. 广东蔷薇

Rosa kwangtungensis T. T. Yu & Tsai in Bull. Fan Mem. Inst. Biol. Bot. 7: 114. 1936.

攀援小灌木。有长匍枝;枝暗灰色或红褐色,无毛;小枝圆柱形,有短柔毛,皮刺小,基部膨大,稍向下弯曲。小叶5或7,连叶柄长3.5～6cm;小叶片椭圆形、长椭圆形或椭圆状卵形,长1.5～3cm,宽8～15mm,先端急尖或渐尖,基部宽楔形或近圆形,边缘有细锐锯齿,上面暗绿色,沿中脉有柔毛,下面淡绿色,被柔毛,沿中脉和侧脉较密,中脉突起,密被柔毛,有散生小皮刺和腺毛;托叶大部贴生于叶柄,离生部分披针形,边缘有不规则细锯齿,被柔毛。顶生伞房花序,直径5～7cm,有花4～15朵;花梗长1～1.5cm,花序梗和花梗密被柔毛和腺毛;花直径1.5～2cm;萼筒卵球形,外被短柔毛和腺毛,逐渐脱落;萼片卵状披针形,先端长渐尖,全缘,两面有毛,边缘较密,外面混生腺毛;花瓣白色,倒卵形,比萼片稍短;花柱结合成柱,伸出,有白色柔毛,比雄蕊稍长。果实球形,直径7～10mm,紫褐色,有光泽,萼片最后脱落。花期3—5月,果期6—7月。

产地:直源、横源。生于山坡路边。

分布:浙江、福建、广东、广西。

11. 野蔷薇(图139)

Rosa multiflora Thunb., Syst. Veg., ed. 14. 474. 1784.

攀援灌木。小枝圆柱形,通常无毛,有短、粗稍弯曲皮刺。小叶5～9(近花序的小叶有时3),连叶柄长5～10cm;小叶片倒卵形、长圆形或卵形,长1.5～5cm,宽0.8～2.8cm,先端急尖或圆钝,基部近圆形或楔形,边缘有尖锐锯齿,上面无毛,下面有柔毛。叶轴和小叶柄有短柔毛或无毛,有散生腺毛;托叶大部与叶柄合生,边缘具篦齿状分裂,边缘有或无腺毛;花多朵,排成圆锥状花序;花梗长1.5～2.5cm,无毛或有腺毛,有时基部具篦齿状小苞片;花直径1.5～2cm,单瓣;萼片披针形,有时中部具2线状裂片,外面无毛,内面有柔毛;花瓣白色或粉红色,宽倒卵形,先端微凹,基部楔形;花柱结合成束,无毛,比雄蕊稍长。果近球形,红色或紫褐色,直径6～8mm,无毛;萼片脱落。花期5—7月,果期10月。

产地:东岙头、龙塘山、谢家坞、童玉、大坪溪、道场坪、直源、横源。生于海拔200～1080m的山坡、溪边、灌丛。

分布:黄河流域以南各地;日本、朝鲜半岛。

图139　野蔷薇(引自《浙江天目山药用植物志》)

（十八）悬钩子属　　Rubus L.

　　落叶稀常绿灌木、半灌木或多年生匍匐草本。茎直立、攀援、平铺、拱曲或匍匐,具皮刺、针刺、刺毛或腺毛,稀无刺。叶互生,单叶、3 小叶、羽状或掌状复叶;边缘常具锯齿或裂片,有叶柄;托叶与叶柄合生,常较狭窄,线形或披针形,不分裂,宿存,或着生于叶柄基部及茎上,离生,较宽大,常分裂,脱落或宿存。花两性,稀单性而雌雄异株,单生或排成聚伞、总状及圆锥花序;花萼 5 深裂,稀 3～7 裂,宿存;萼片直立或反折,果时宿存;花瓣 5,稀缺,直立或开展,白色或粉红色;雄蕊多数,直立或开展,着生在花萼上部;心皮多数,有时仅数枚,分离,着生在凸起的萼筒上,花柱近顶生,子房 1 室,每室 2 胚珠;果实为由小核果集生于萼筒上而形成聚合果(与萼筒连和成一体而实心,或与萼筒分离而空心),多浆或干燥,红色、黄色或黑色,无毛或被毛;种子下垂,种皮膜质;子叶平凹。

　　700 余种,世界广布,主产北半球温带,少数分布到热带及南半球。我国有 208 种,分布遍及全国,以长江流域及其以南各省、区最多。浙江有 33 种、11 变种。

　　本属不少种类果实味甜,富含维生素 C 等成分,可供食用或制果酱、饮料等;有的可药用。

分种检索表

1. 复叶。
　2. 小叶常 3 枚,稀 5 枚。
　　3. 总状花序或圆锥花序,成狭塔形。
　　　4. 圆锥花序;小叶片下面密被绒毛。
　　　　5. 花序具绒毛和腺毛 ·· 1. 白叶莓 R. innominatus
　　　　5. 花序仅具绒毛,无腺毛 ············· 1a. 无腺白叶莓 R. innominatus var. kuntzeanus
　　　4. 总状花序;小叶片具柔毛,沿脉有腺毛 ························· 2. 腺毛莓 R. adenophorus
　　3. 伞房花序,成宽塔形 ·· 3. 茅莓 R. parvifolius
　2. 小叶 5 或 7 枚,稀 3 或 9 枚。
　　6. 茎无毛而具白粉;离生心皮生于无柄的花托上 ··················· 4. 插田泡 R. coreanus
　　6. 茎被柔毛和腺毛;离生心皮生于有柄的花托上。
　　　7. 小叶片 5 或 7,稀 9 枚;植株全体被长短不等的紫红色腺毛,或无腺毛。
　　　　8. 植株全体被长短不等的紫红色腺毛和柔毛 ············· 5. 红腺悬钩子 R. sumatranus
　　　　8. 植株无腺毛 ··· 6. 空心泡 R. rosifolius
　　　7. 小叶片 3 或 5;植株全体被柔毛和腺毛 ···························· 7. 蓬蘽 R. hirsutus
1. 单叶。
　9. 托叶全缘,下部与叶柄合生,宿存。
　　10. 叶片盾状着生;果实圆柱形 ·· 8. 盾叶莓 R. peltatus
　　10. 叶片非盾状着生;果实近球形或卵球形。
　　　11. 叶片不裂或 3 裂,基部常 3 出脉。
　　　　12. 花常 3 朵组成短总状花序;植株无毛 ··················· 9. 三花悬钩子 R. trianthus
　　　　12. 花单生;植株具柔毛或腺毛。
　　　　　13. 植株具柔毛;果实被柔毛 ······················· 10. 山莓 R. corchorifolius
　　　　　13. 植株具腺毛;果实无毛 ····················· 11. 光果悬钩子 R. glabricarpus

1. 白叶莓

Rubus innominatus S. Moore in J. Bot. 13：226. 1875.

灌木,高 1～3m。枝拱曲,褐色或红褐色,小枝密被绒毛状柔毛,疏生钩状皮刺。小叶常 3 枚,稀在不育枝上具 5 小叶,长 4～10cm,宽 2.5～5cm,顶端急尖至短渐尖,顶生小叶卵形或近圆形,稀卵状披针形,基部圆形至浅心形,边缘常 3 裂或缺刻状浅裂,侧生小叶斜卵状披针形或斜椭圆形,基部楔形至圆形,上面疏生平贴柔毛或几无毛,下面密被灰白色绒毛,沿叶脉混生柔毛,边缘有不整齐粗锯齿或缺刻状粗重锯齿;叶柄长 2～4cm,顶生小叶柄长 1～2cm,侧生小叶近无柄,与叶轴均密被绒毛状柔毛;托叶线形,被柔毛。总状花序或圆锥花序,顶生或腋生,腋生者常为短总状;花序梗和花梗均密被黄灰色或灰色绒毛状长柔毛和腺毛;花梗长 4～10mm;苞片线状披针形,被绒毛状柔毛;花直径 6～10mm;花萼外面密被黄灰色或灰色绒毛状长柔毛和腺毛;萼片卵形,长 5～8mm,顶端急尖,内萼片边缘具灰白色绒毛,在花果时均直立;花瓣倒卵形或近圆形,紫红色,边缘啮蚀状,基部具爪,稍长于萼片;雄蕊稍短于花瓣;花柱无毛,子房稍具柔毛。果实近球形,直径约 1cm,橘红色,初时被疏柔毛,成熟时无毛。花期 5—6 月,果期 7—8 月。

产地：茶园里、大明山。生于山谷溪边。

分布：陕西、甘肃、河南、安徽、浙江、江西、福建、湖北、湖南、广东、广西、四川、贵州、云南。

1a. 无腺白叶莓

var. **kuntzeanus**（Hemsl.）L. H. Bailey, Gentes Herb. 1：30. 1920.

Basionym：*Rubus kuntzeanus* Hemsl. in J. Linn. Soc., Bot 23：232. 1887.

与模式变种的区别在于：枝、叶柄、叶片下面、花序梗、花梗和花萼外面均无腺毛。

产地：生境与产地同上种。

分布：浙江、江西、福建、湖北、湖南、广东、广西、四川、贵州。

2. 腺毛莓（图 140：A）

Rubus adenophorus Rolfe in Bull. Misc. Inform. Kew 1910：382. 1910.

攀援灌木,高 0.5～2m。小枝浅褐色至褐红色,具紫红色腺毛、柔毛和宽扁的稀疏皮刺。小叶 3 枚,宽卵形或卵形,长 4～11cm,宽 2～8cm,顶端渐尖,基部圆形至近心形,上下两面

图 140 A：腺毛莓；B：茅莓；C：插田泡；D：红腺悬钩子；E,F：掌叶复盆子（金孝锋绘）

均被稀疏柔毛,下面沿叶脉有稀疏腺毛,边缘具粗锐重锯齿;叶柄长 5～8cm,顶生小叶柄长 2.5～4cm,均具腺毛、柔毛和稀疏皮刺;托叶线状披针形,具柔毛和稀疏腺毛;总状花序顶生或腋生,花梗、苞片和花萼均密被黄色长柔毛和紫红色腺毛;花梗长 0.6～1.2cm;苞片披针形;花较小,直径 6～8mm;萼片披针形或卵状披针形,顶端渐尖,花后常直立;花瓣倒卵形或近圆形,基部具爪,紫红色;花丝线形;花柱无毛,子房微具柔毛。果实球形,直径约 1cm,红色,无色或微具柔毛。花期 4—6 月,果期 6—7 月。

产地:柘林坑。生于溪边。

分布:浙江、江西、福建、湖北、湖南、广东、广西、贵州。

3. 茅莓(图 140:B)

Rubus parvifolius L., Sp. Pl. 2:1197. 1753.

灌木,高 1～2m。枝呈弓形弯曲,被柔毛和稀疏钩状皮刺。小叶 3 枚,在新枝上偶有 5 枚,菱状圆形或倒卵形,长 2.5～6cm,宽 2～6cm,顶端圆钝或急尖,基部圆形或宽楔形,上面伏生疏柔毛,下面密被灰白色绒毛,边缘有不整齐粗锯齿或缺刻状粗重锯齿,常具浅裂片;叶柄长 2.5～5cm,顶生小叶柄长 1～2cm,均被柔毛和稀疏小皮刺;托叶线形,长约 5～7mm,具柔毛。伞房花序顶生或腋生,稀顶生花序成短总状,具花数朵至多朵,被柔毛和细刺;花梗长 0.5～1.5cm,具柔毛和稀疏小皮刺;苞片线形,有柔毛;花直径约 1cm;花萼外面密被柔毛和疏密不等的针刺;萼片卵状披针形或披针形,顶端渐尖,有时条裂,在花果时均直立开展;花瓣卵圆形或长圆形,粉红至紫红色,基部具爪;花丝白色,稍短与花瓣;子房具柔毛。果实卵球形,直径 1～1.5cm,红色,无毛或具稀疏柔毛。花期 5—6 月,果期 7—8 月。

产地:鸠甫山、童玉、大坪溪。生于路边或溪边。

分布:几乎遍布全国,华东、华南、华中、西南、华北、东北;日本、朝鲜半岛。

4. 插田泡(图 140:C)

Rubus coreanus Miq. in Ann. Mus. Bot. Lugduno-Batavi 3:34. 1867.

灌木,高 1～3m。枝粗壮,红褐色,被白粉,具近直立或钩状扁平皮刺。小叶通常 5 枚,稀 3 枚,卵形、菱状卵形或宽卵形,长 3～8cm,宽 2～5cm,顶端急尖,基部楔形至近圆形,上面无毛或仅沿叶脉有短柔毛,下面被稀疏毛或仅柔毛或仅沿叶脉被短柔毛,边缘有不整齐粗锯齿或缺刻状粗锯齿,顶生小叶柄长 1～2cm,侧生小叶近无柄,与叶轴均被柔毛和疏生钩状小皮刺;托叶线状披针形,有柔毛。伞房花序生于侧枝顶端,具花数朵至 30 余朵,花序梗和花梗均被白色短柔毛;花梗长 5～10mm;苞片线形,有短柔毛;花直径 7～10mm;花萼外面被灰白色短柔毛;萼片长卵形至卵状披针形,长 4～6mm,顶端渐尖,边缘具绒毛,花时开展,果时反折;花瓣倒卵形,淡红色至深红色,与萼片近等长或稍短;雄蕊比花瓣短或近等长,花丝带粉红色;雌蕊多数,花柱无毛,子房被稀疏短柔毛。果实近球形,直径 5～8mm,深红色至紫黑色,无毛或近无毛。花期 4—6 月,果期 6—8 月。

产地:鸠甫山、龙塘山、童玉、大坪溪、顺溪。生于溪边灌丛中。

分布:陕西、甘肃、河南、江苏、安徽、浙江、江西、福建、湖北、湖南、四川、贵州及新疆;日本、朝鲜半岛。

用途:果实入药,为强壮剂;根有止血、止痛之效;叶能明目。

5. 红腺悬钩子(图 140：D)

Rubus sumatranus Miq., Fl. Ned. Ind., Eerste Bijv. 2：307. 1861.

直立或攀援灌木。小枝、叶轴、叶柄、花梗和花序均被紫红色腺毛、柔毛和皮刺，腺毛长短不等，长者 4～5mm，短者 1～2mm。小叶 5～7 枚，稀 3 枚，卵状披针形至披针形，长 3～8cm，宽 1.5～3cm，顶端渐尖，基部圆形，两面疏生柔毛，沿中脉较密，下面沿中脉有小皮刺，边缘具不整齐的尖锐锯齿；叶柄长 3～5cm，顶生小叶柄长达 1cm；托叶披针形或线状披针形，有柔毛和腺毛。花 3 朵或数朵成伞房状花序，稀单生；花梗长 2～3cm；苞片披针形；花直径 1～2cm；花萼被长短不等的腺毛和柔毛；萼片披针形，长 7～10mm，宽 2～4mm，顶端长尾尖，在果期反折；花瓣长倒卵形或匙状，白色，基部具爪；花丝线形；雌蕊多数，花柱和子房均无毛。果实长圆球形，长 1.2～1.8cm，橘红色，无毛。花期 4—6 月，果期 7—8 月。

产地：龙塘山。生于海拔 1050m 的溪边、路边。

分布：安徽、浙江、江西、福建、台湾、湖北、湖南、广东、广西、四川、贵州、云南、西藏；日本、朝鲜半岛、越南、泰国、老挝、柬埔寨、尼泊尔、锡金、印度、印度尼西亚。

6. 空心泡(图 141：A)

Rubus rosifolius Sm., Pl. Ic. Ined. 3：t. 60. 1791. [*rosaefolius*]

直立或攀援灌木，高 2～3m。小枝圆柱形，具柔毛或近无毛，常有浅黄色腺点，疏生较直立皮刺。小叶 5～7 枚，卵状披针形或披针形，长 3～5cm，宽 1.5～2cm，顶端渐尖，基部圆形，两面疏生柔毛，老时几无毛，有浅黄色发亮的腺点，下面沿中脉有稀疏小皮刺，边缘有尖锐缺刻状重锯齿；叶柄长 2～3cm，顶生小叶柄长 0.8～1.5cm，和叶轴均有柔毛和小皮刺，有时近无毛，被浅黄色腺点；托叶卵状披针形或披针形，具柔毛。花 1 或 2 朵，顶生或腋生；花梗长 2～3.5cm，有较稀或较密柔毛，疏生小皮刺，有时被腺点；花直径 2～3cm；萼片披针形或卵状披针形，顶端尾尖，花后常反折；花瓣长圆形、长倒卵形或近圆形，长 1～1.5cm，宽 0.8～1cm，白色，基部具爪，长于萼片，外面有短柔毛，后逐渐脱落；花丝较宽；雌蕊很多，花柱和子房无毛。果实卵球形或长圆状卵圆球形，长 1～1.5cm，红色，有光泽，无毛。花期 3—5，果期 6—7 月。

产地：双涧坑、栈岭湾、十八龙潭。生于溪边。

分布：安徽、浙江、江西、福建、台湾、湖南、广东、广西、四川、贵州；日本、印度、东南亚、大洋洲等。

用途：根、嫩枝及叶入药，有清热止咳、祛风湿之效。

7. 蓬蘽(图 141：B，C)

Rubus hirsutus Thunb., Diss. Rub. 7. 1813.

灌木。枝红褐色或褐色，被柔毛和腺毛，疏生皮刺。小叶 3～5 枚；小叶片卵形或宽卵形，长 3～7cm，宽 2～3.5cm，顶端急尖，顶生小叶顶端常渐尖，基部宽楔形至圆形，两面疏生柔毛，边缘具不整齐尖锐重锯齿；叶柄长 2～3cm，顶生小叶柄长约 1cm，稀较长，均具柔毛和腺毛，并疏生皮刺；托叶披针形或卵状披针形，两面具柔毛。花常单生于侧枝顶端，或腋生；花梗长 3～6cm，具柔毛和腺毛，或有极少小皮刺；苞片小，线形，具柔毛；花大，直径 3～4cm；

图 141　A：空心泡；B,C：蓬蘽；D,E：高粱泡；F,G：木莓（金孝锋绘）

花萼外密被柔毛和腺毛;萼片卵状披针形或三角披针形,顶端长尾尖,外面边缘被灰白色绒毛,花后反折;花瓣倒卵形或近圆形,白色,基部具爪;花丝较宽;花柱和子房均无毛。果实近球形,直径 1～2cm,无毛。花期 4 月,果期 5—6 月。

产地: 区内常见。生于低海拔荒地、路边、沟边。

分布: 河南、江苏、安徽、浙江、江西、福建、台湾、广东;日本、朝鲜半岛。

用途: 全株及根入药,能消炎解毒、清热镇惊、活血及祛风湿。

8. 盾叶莓(图 142:A)

Rubus peltatus Maxim. in Bull. Acad. Imp. Sci. St.-Pétersbourg 17:154. 1872.

直立或攀援灌木,高 1～2m。枝红褐色或棕褐色,无毛,疏生皮刺,小枝常有白粉。叶片盾状,卵状圆形,长 7～17cm,宽 6～15cm,基部心形,两面均有贴生柔毛,下面毛较密并沿中脉有小皮刺,边缘 3 或 5 掌状分裂,裂片三角状卵形,顶端急尖或短渐尖,有不整齐细锯齿;叶柄 4～8cm,无毛,有小皮刺;托叶大,膜质,卵状披针形,长 1～1.5cm,无毛。单花顶生,直径约 5cm,或更大;花梗长 2.5～4.5cm,无毛;苞片与托叶相似;萼筒常无毛;萼片卵状披针形,两面均有柔毛,边缘常有齿;花瓣近圆形,直径 1.8～2.5cm,白色,长于萼片;雄蕊多数,花丝钻形或线形;雌蕊很多,被柔毛。果实圆柱形,长 3～4.5cm,橘红色,密被柔毛。花期 4—5 月,果期 6—7 月。

产地: 龙塘山、东岙头、十八龙潭、千顷塘、大坪溪。生于海拔 1000～1200m 的山坡或林中。

分布: 安徽、浙江、江西、湖北、四川、贵州;日本。

用途: 果可入药,治腰腿疼痛;树皮可提栲胶。

9. 三花悬钩子 三花莓(图 142:D)

Rubus trianthus Focke in Biblioth. Bot. 17(72):140. 1911.

藤状灌木,高 0.5～2m。枝细瘦,暗紫色,无毛,疏生皮刺,有时具白粉。单叶,卵状披针形或长圆披针形,长 4～9cm,宽 2～5cm,顶端渐尖,基部心形,稀近截形,两面无毛,上面色较浅,3 裂或不裂,通常不育枝上的叶较大而 3 裂,顶生裂片卵状披针形,边缘有不规则或缺刻状锯齿;叶柄长 1～3cm,无毛,疏生小皮刺,基部有 3 脉;托叶披针形或线形,无毛。花常 3 朵,有时花超过 3 朵而成短总状花序,常顶生;花梗长 1～2.5cm,无毛;苞片披针形或线形;花直径 1～1.7cm;花萼外面无毛;萼片三角形,顶端长尾尖;花瓣长圆形或椭圆形,白色,几与萼片等长;雄蕊多数,花丝宽扁;子房无毛。果实近球形,直径约 1cm,红色,无毛。花期 4—5 月,果期 5—6 月。

产地: 区内常见。生于路边、沟边、林下或林缘。

分布: 江苏、安徽、浙江、江西、福建、台湾、湖北、湖南、四川、贵州、云南;越南。

10. 山莓(图 142:E)

Rubus corchorifolius L. f. , Suppl. Pl. 263. 1782.

直立灌木,高 1～3m。枝具皮刺,幼时被柔毛。单叶;叶片卵形至卵状披针形,长 5～12cm,宽 2.5～5cm,顶端渐尖,基部微心形,有时近截形或近圆形,上面色较浅,沿叶脉有细柔毛,下面色稍深,幼时密被细柔毛,逐渐脱落至老时近无毛,沿中脉疏生小皮刺,边缘不分

图 142 A：盾叶莓；B,C：光果悬钩子；D：三花悬钩子；E：山莓(金孝锋绘)

裂或 3 裂(不育枝上的叶常 3 裂),有不规则锐锯齿或重锯齿,基部具 3 脉;叶柄长 1～2cm 疏生小皮刺,幼时密生细柔毛;托叶线状披针形,具柔毛。花单生,或少数生于短枝上;花梗长0.6～2cm,具细柔毛;花直径可达 3cm;花萼外密被细柔毛,无刺;萼片卵形或三角卵形,可达5～8mm,顶端急尖至短渐尖;花瓣长圆形或椭圆形,白色;顶端圆钝,可达 9～12mm,宽 6～8mm,长于萼片;雄蕊多数,花丝宽扁;雌蕊多数子房有柔毛。果实由很多小核果组成,近球形或卵球形,直径 1～1.2cm,红色密被细柔毛。花期 2—3 月,果期4—6月。

产地: 龙塘山、童玉、大坪溪、直源、横源。生于路边、溪边。

分布: 除东北、甘肃、青海、西藏外,全国均有分布;日本、朝鲜半岛、越南、缅甸。

11. 光果悬钩子(图 142:B,C)

Rubus glabricarpus Cheng in Contr. Biol. Lab. Sci. Soc. China, Bot. Ser. 10(2):147. 1936.

灌木,高达 3m。枝细,具基部宽扁的皮刺,嫩枝具柔毛和腺毛。单叶;叶片卵状披针形,长4～7cm,宽 2～4.4cm,顶端渐尖,基部微心形或近截形,两面被柔毛,沿叶脉毛较密或有腺毛,老时毛较稀疏,边缘 3 浅裂或缺刻状浅裂,有不规则重锯齿或缺刻状锯齿,有腺毛;叶柄细,长1～1.5cm,具柔毛、腺毛和小皮刺;托叶线形,有柔毛和腺毛。花单生,顶生或腋生,直径约1.5cm;花梗长 5～10mm,具柔毛和腺毛;花萼外被柔毛和腺毛;萼片披针形,顶端尾尖;花瓣卵状长圆形或长圆形,白色,几与萼片等长,顶端圆钝或近急尖;花蕊多数,花丝宽扁;雌蕊多数,子房无毛。果实卵球形,直径约 1cm,红色,无毛。花期 3—4 月,果期 5—6 月。

产地: 龙塘山。生于林缘路边。

分布: 浙江、福建。

12. 掌叶复盆子　掌叶悬钩子,秦氏莓(图 140:E,F)

Rubus chingii Hu in J. Arnold Arbor. 6:141. 1925.

蔓生灌木,高 1.5～3m。枝略呈之字形弯曲,无毛,疏生皮刺。单叶;叶片近圆形,长 5～9cm,宽 4～8cm,掌状 5 深裂,稀 3 裂或 7 裂,中裂片菱状卵形,基部近心形,边缘具缺刻或重锯齿,两面脉上有白色短柔毛,基部 5 出脉;叶柄长 3～4cm,微具柔毛或无毛,疏生小皮刺;托叶线状披针形。花单生于短枝顶端或叶腋;花梗长 2～3cm,无毛;花大,直径约 2.5～4cm;花萼外面近无毛;萼片卵形或卵状长圆形,外面密被短柔毛,长约 1cm;花瓣椭圆形或卵状长圆形,先端圆钝,白色,长 1～2cm;花丝扁平;雌蕊具柔毛。果实球形,红色,直径达2cm,被白毛。花期 3—4 月,果期 5—6 月。

产地: 龙塘山、十八龙潭、童玉、千顷塘、大坪溪、道场坪、大明山、顺溪。生于 200～1080m 的路边、山坡、溪边或灌丛。

分布: 江苏、安徽、浙江、江西、福建。

13. 高粱泡(图 141:D,E)

Rubus lambertianus Ser., Prodr. 2:567. 1825.

半落叶藤状灌木,高达 3m。枝幼时有细柔毛或近无毛,有微弯小皮刺。单叶;叶片宽卵形,稀长圆状卵形,长 5～10cm,宽 4～8cm,顶端渐尖,基部心形,上面疏生柔毛或沿叶脉有柔毛,下面被疏柔毛,沿叶脉毛较密,中脉上常疏生小皮刺,边缘明显 3 或 5 裂或呈波状,有细锯齿;叶柄长 2~4cm,具细柔毛或近于无毛,有稀疏小皮刺;托叶离生,线状深裂,有细柔毛或近无毛,常脱落。圆锥花序顶生,生于枝上部叶腋内的花序常近总状,有时仅数朵花簇生于叶腋;花序梗、花梗、和花萼均被细柔毛;花梗长 0.5~1cm;苞片与托叶相似;花直径约 8mm;萼片卵状披针形,顶端渐尖,外面边缘和内面均被白色短柔毛,仅在内萼片边缘具灰白色绒毛;花瓣倒卵形,白色,无毛,稍短于萼片;雄蕊多数,稍短于花瓣,花丝宽扁;雌蕊通常无毛。果实小,近球形,直径 6~8mm,由多数小核果组成,无毛,熟时红色。花期 7—8 月,果期 9—11 月。

产地:都林山、龙塘山、顺溪、直源。生于路边、溪边、林下、灌丛。

分布:长江流域及其以南地区;日本。

14. 太平莓(图 143:B)

Rubus pacificus Hance. in J. Bot. 12:259. 1874.

常绿矮小灌木。枝细,圆柱形,微拱曲,幼时具柔毛,老时脱落,疏生细小皮刺。单叶;叶片革质,宽卵形至长卵形,长 8~16cm,宽 5~13cm,顶端渐尖,基部心形,上面无毛,下面被灰色绒毛,基部具掌状 5 出脉,侧脉 2 或 3 对,下面叶脉突起,棕褐色边缘不明显浅裂,有不整齐而具突尖头的锐锯齿;叶柄长 4~8cm,幼时具柔毛,老时脱落,疏生小皮刺;托叶大,棕色,叶状,长圆形,长达 2.5cm,具柔毛,近顶端较宽并缺刻状条裂,裂片披针形。花 3~6 朵成顶生短总状或伞房状花序,稀单生于叶腋;花序梗、花梗和花萼被绒毛状柔毛;花梗长 1~3cm;苞片与托叶相似,稍小;花直径 1.5~2cm;萼片卵形至卵状披针形,顶端渐尖,外萼片顶端常条裂,内萼片全缘,在果期常反折,稀直立;花瓣近圆形,白色,顶端微缺刻状,基部具短爪,稍长于萼片;雄蕊多数,花丝宽扁,花药具长柔毛;雌蕊无毛,稍长于雄蕊。果实球形,直径 1.2~1.6cm,红色,无毛。花期 6—7 月,果期 8—9 月。

产地:童玉、干坑。生于路边。

分布:江苏、安徽、浙江、江西、福建、湖南。

15. 寒莓(图 143:A)

Rubus buergeri Miq. in Ann. Mus. Bot. Lugduno-Batavi 3:36. 1867.

直立或匍匐小灌木。茎常伏地生根,长出新株;匍匐枝长达 2m,与花枝均密被绒毛状长柔毛,无刺或具稀疏小皮刺。单叶;叶片卵形至近圆形,直径 5~11cm,顶端圆钝或急尖,基部心形,上面微具柔毛或仅沿叶脉具柔毛,下面密被绒毛,边缘 5 或 7 浅裂,裂片圆钝,有不整齐锐锯齿,基部具掌状 5 出脉,侧脉 2 或 3 对;叶柄长 4~9cm,密被绒毛状长柔毛,无刺或疏生针刺;托叶离生,早落,掌状或羽状深裂,裂片线形或线状披针形,具柔毛。花成短总状花序,顶生或腋生,或花数朵簇生于叶腋;花序梗和花梗密被绒毛状长柔毛,无刺或疏生针刺;花梗长 5~9mm;苞片与托叶相似,较小;花直径 0.6~1cm;花萼外密被淡黄长柔毛和绒毛;萼片披针形或卵状披针形;顶端渐尖,外萼片顶端常浅裂,内萼片全缘,在果期常直立开展,稀反折;花瓣白色,几与萼片等长;雄蕊多数,花丝线形,无毛;雌蕊无毛,花柱长于雄蕊。果实近球形,直径 6~10mm,紫黑色,无毛。花期 7—8 月,果期 9—10 月。

产地:鸠甫山、大坪溪。生于林缘路边。

分布:江苏、安徽、浙江、江西、福建、台湾、湖北、湖南、广东、广西、四川、贵州;日本、朝鲜半岛。

用途:根及全草入药,有活血、清热解毒之效。

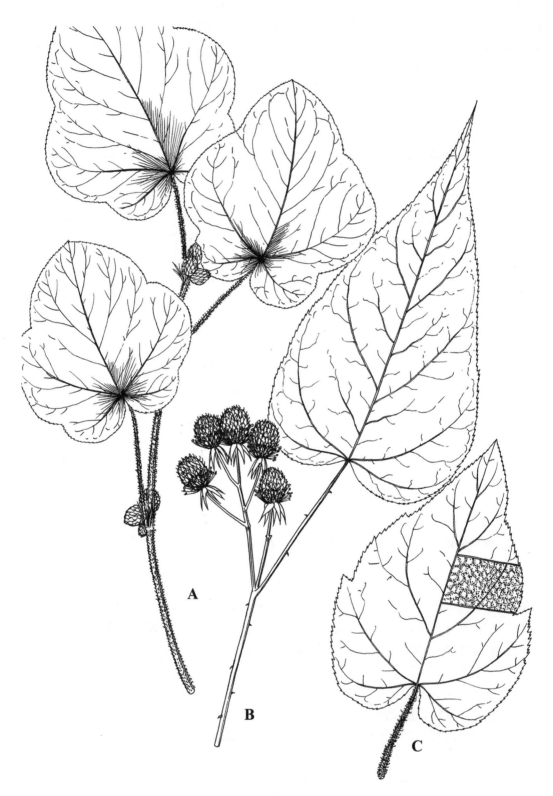

图 143　A：寒莓；B：太平莓；C：周毛悬钩子（金孝锋绘）

16. 木莓(图 141：F,G)

Rubus swinhoei Hance in Ann. Sci. Nat.，Bot. sér. 5，5：211. 1866.

落叶或半常绿灌木,高 1～4m。茎细而圆,暗紫褐色,幼时具灰白色短绒毛,老时脱落,疏生微弯小皮刺。单叶;叶片宽卵形至长圆披针形,长 5～11cm,宽 2.5～5cm,顶端渐尖,基部截形至浅心形,上面仅沿中脉有柔毛,下面密被灰色绒毛或近无毛,主脉上疏生钩状小皮刺,边缘有不整齐粗锐锯齿,稀缺刻状,叶脉 9～12 对;叶柄长 5～10mm,被灰白色绒毛,有时具钩状小皮刺;托叶卵状披针形,稍有柔毛,长 5～8mm,宽约 3mm,全缘或顶端有齿,膜质,早落。花 5 或 6 朵,成总状花序;花序梗、花梗和萼片均被 1～3mm 长的紫褐色腺毛和稀疏针刺;花直径 1～1.5cm;花梗细,长 1～3cm,被绒毛状柔毛;苞片与托叶相似,有时具深裂锯齿;萼片卵形或三角状卵形,长 5～8mm,顶端急尖,全缘,在果期反折;花瓣白色,宽卵形或近圆形,有细短柔毛;雄蕊多数,花丝基部膨大,无毛;雌蕊多数,比雄蕊长,子房无毛。果实球形,直径 1～1.5cm,无毛,成熟时由绿紫红色转变为黑紫色。花期 5—6 月,果期 7—8 月。

产地: 鸠甫山、童玉、柘林坑、横源、直源。生于海拔 500～1000m 的山谷、溪边、林中或灌丛。

分布: 陕西、江苏、安徽、浙江、江西、福建、台湾、湖北、湖南、广东、广西、四川、贵州。

17. 周毛悬钩子　周毛莓(图 143：C)

Rubus amphidasys Focke in Bot. Jahrb. Syst. 29(3-4)：396. 1900.

常绿蔓性藤本。枝、叶柄、花序均密被红褐色长腺毛、软刺毛和淡黄色长柔毛,常无皮刺。单叶;叶片卵形或宽卵形,长 4.5～11cm,宽 3.5～10cm,先端短渐尖或急尖,茎部心形,边缘 3 或 5 浅裂,裂片圆钝,顶生裂片比侧生者大,边缘有不规则锐齿,上面无毛,下面有疏柔毛;托叶离生,羽状深裂,被长腺毛或长柔毛。短总状花序顶生或腋生,稀 3～5 朵簇生;花直径 1～1.5cm;萼片狭披针形,在果期直立开展;花瓣白色,宽卵形至长圆形;雄蕊短于花柱;子房无毛。聚合果暗红色,半球形,直径约 1cm,无毛,包藏于花萼内。花期 5—7 月,果期 7—9 月。

产地: 双涧坑、龙塘山、大坪溪、昌化镇。生于路边。

分布: 安徽、浙江、江西、福建、湖北、湖南、广东、四川、贵州。

(十九) 李属 Prunus L.

落叶或常绿乔木或灌木。分枝较多,无刺或偶有棘刺。冬芽单生,卵圆球形,有数枚覆瓦状排列的鳞片。单叶互生,幼叶在芽内呈席卷状或对折,边缘有锯齿,或全缘;有叶柄,在叶片基部或叶柄顶端常有 2 小腺体;托叶早落。花单生、2 或 3 朵簇生、总状或伞形花序,具短梗,先叶开放或与叶同放;有小苞片,早落或宿存;花两性;萼筒钟状、杯状或管状;萼片 5;花瓣 5(有时重瓣),覆瓦状排列;雄蕊多数,生于萼筒顶端边缘;雌蕊 1,周位花,子房上位,心皮无毛,1 室,胚珠 2。核果,有沟或无沟,中果皮肉质,少数干燥,有 1 粒种子。

200 余种,主要分布于北温带。我国约 100 种,全国各省、区均有分布。浙江有 30 种,大多为栽培种类。

广义李属有时分出桃属 *Amygdalus*、杏属 *Armeniaca*、樱属 *Cerasus*、稠李属 *Padus* 和桂樱属 *Laurocerasus* 等,本志仍采用广义李属。

本属多为重要果树或园林树种,园艺品种极多。

分种检索表

1. 果实大型,有沟,外面被毛或被蜡粉;幼叶多为席卷式,稀对折。
  2. 具顶芽;果实被短柔毛,核常有孔穴 ······························· 1. 桃 P. persica
  2. 顶芽缺;果实被短柔毛,或无毛而被蜡粉,核常光滑。
    3. 叶片长椭圆形至长圆状倒卵形,基部楔形;花叶同放,具花梗;果实被蜡粉。
      4. 果实直径3.5～7cm;花3朵簇生,白色;叶终年绿色 ············· 2. 李 P. salicina
      4. 果实直径小于2cm;花单生,粉红色;叶紫红色 ······ 3. 红叶李 P. cerasifera 'Atropurpurea'
    3. 叶片宽卵形,基部圆形或近心形;花先叶开放,具短梗;果实被短柔毛 ······· 4. 杏 P. armeniaca
1. 果实较小,无沟,不被蜡粉;幼叶对折式。
  5. 花单生,或2～5朵组成伞形状或伞房状花序,苞片明显。
    6. 腋芽3个并生,中间为叶芽,两侧为花芽;叶片宽小于2cm;叶柄长小于4mm ·······················
                                        5. 麦李 P. glandulosa
    6. 腋芽单生,花序为伞形或伞房状;叶片宽大于2cm;叶柄长大于7mm。
      7. 花序有大型绿色苞片,果期宿存。
        8. 苞片近圆形或肾圆形;叶片和苞片锯齿先端有腺体 ··········· 6. 迎春樱 P. discoidea
        8. 苞片近卵形;叶片和苞片锯齿先端无腺体 ··············· 7. 微毛樱 P. clarofolia
      7. 花序上苞片果期脱落。
        9. 小枝、叶片下面、花柱基部被毛。
          10. 小枝密被褐色短硬毛;叶片侧脉弧状弯曲 ·········· 8. 浙闽樱 P. schneideriana
          10. 小枝密被白色短柔毛;叶片侧脉直伸 ········· 9. 大叶早樱 P. subhirtella
        9. 小枝、叶片下面和花柱均无毛。
          11. 叶片边缘有短芒状重锯齿;叶柄、叶片下面被短柔毛 ·····················
                           10. 毛叶山樱花 P. serrulata var. pubescens
          11. 叶缘锯齿不呈芒状;叶柄和叶片下面无毛 ········· 11. 钟花樱 P. campanulata
  5. 花10余朵组成总状花序,苞片小型。
    12. 落叶;花序顶生;叶片基部以上具锯齿。
      13. 花序基部无叶;雄蕊10枚 ·················· 12. 橉木 P. buergeriana
      13. 花序基部有叶;雄蕊20枚以上。
        14. 叶片下面密被有光泽的绢状毛;花序梗和花梗果期增粗,具皮孔 ······ 13. 绢毛稠李 P. sericea
        14. 叶片下面无绢状毛;花序梗和花梗果期不增粗,无皮孔。
          15. 叶柄顶端无腺体;花序梗和花梗无毛;花柱长于雄蕊或近等长 ·····················
                           14. 灰叶稠李 P. grayana
          15. 叶柄顶端有腺体;花序梗和花梗被短柔毛;花柱短于雄蕊 ·····················
                           15. 短梗稠李 P. brachypoda
    12. 常绿;花序腋生;叶片近顶端疏具针刺状锯齿 ··········· 16. 刺叶桂樱 P. spinulosa

1. 桃(图144)

Prunus persica (L.) Batsch, Beytr. Entw. Gewächsreich 30. 1801.

Basionym: *Amygdalus persica* L. , Sp. Pl. 1: 472. 1753.

落叶乔木,高3～8m。树冠宽广而平展;树皮暗红褐色,老时粗糙呈鳞片状;小枝细长,无毛,有光泽,常为绿色,具大量小皮孔。冬芽圆锥形,顶端钝,外被短柔毛,常2或3个簇生,中间为叶芽,两侧为花芽。叶片长圆披针形、椭圆披针形或倒卵状披针形,长7～15cm,

宽2～3.5cm,先端渐尖,基部宽楔形,上面无毛,下面在腋脉间具少数短柔毛或无毛,叶边具细锯齿或粗锯齿,齿端具腺体,或无腺体;叶柄粗壮,长1～2cm,常具1至数枚腺体,有时无腺体。花单生,先于叶开放,直径2.5～3.5cm;花梗极短或几无梗;萼筒钟形,被短柔毛,稀几无毛,绿色而具红色斑点;萼片卵形至长圆形,顶端圆钝,外被短柔毛;花瓣长圆状椭圆形至宽倒卵形,粉红色,稀为白色;雄蕊20～30枚,花药绯红色;花柱几与雄蕊等长或稍短;子房被短柔毛。果实卵球形、宽椭圆球形或扁椭圆球形,直径4～8cm,长几与宽相等,外面密被短柔毛,稀无毛,腹缝明显;果梗短而深入果洼;果肉多汁,有香味;核大,椭圆球形或近圆球形,两侧扁平,顶端渐尖,表面具纵、横沟纹和孔穴。花期3—4月,果实通常8—9月。

产地: 龙塘山、柘林坑、干坑。生于山坡杂木林内,也常见栽培。

分布: 原产我国,各地广泛栽培。

用途: 桃胶可入药,具破血、和血、益气之效。

图144　桃(引自《浙江天目山药用植物志》)　　　　图145　李(引自《浙江天目山药用植物志》)

2. 李(图145)

Prunus salicina Lindl. in Trans. Hort. Soc. London 7:239. 1830.

落叶乔木,高可达10m。树干广圆形,树皮灰褐色;老枝紫褐色或红褐色,无毛;小枝黄红色,无毛。冬芽卵圆球形,红紫色,有数枚覆瓦状排列鳞片,常无毛,稀鳞片边缘有极稀疏毛。叶片长圆状倒卵形或长椭圆形,稀长圆卵形,长6～8cm,宽3～5cm,先端渐尖至短尾尖,基部楔形,边缘有圆钝重锯齿,上面深绿色,有光泽,侧脉6～10对,两面均无毛,有时下面沿主脉有稀疏柔毛或脉腋有簇毛;托叶膜质,线形,先端渐尖,边缘有腺,早落;叶柄长1～2cm,通常无毛,顶端有2个腺体,或无腺体。花通常3朵并生;花梗1～2cm,通常无毛;花直径1.5～2.2cm;萼筒钟状;萼片长卵圆形,长约5mm,先端急尖或圆钝,边缘有疏齿,与萼筒近等长,内面在萼筒基部被疏柔毛;花瓣白色,长倒卵圆形,带紫色脉纹,具短爪,着生在萼筒边缘;雄蕊多数,花丝长短不等,排列成不规则2轮,比花瓣短;雌蕊1,柱头盘状,花柱较雄蕊稍长。核果球形、卵球形或近圆锥形,直径 3.5～5cm,梗凹陷入,顶端微尖,基部有纵沟,外被蜡粉;核卵圆形或长圆形。花期 4 月,果期 7—8 月。

产地：直源、横源、井坑。生于溪边、路旁或林中。

分布：除新疆、台湾外,全国各地常见栽培。

3. 樱桃李

Prunus cerasifera Ehrh. , Beitr. Naturk. 4：17. 1784.

红叶李(园艺品种)(图 146)

Prunus cerasifera Ehrh. ‘Atropurpurea’.

落叶小乔木或灌木,高 4～8m。多分枝。小枝暗紫红色,光滑无毛。叶片椭圆形、卵形或倒卵形,长 3～6cm,宽 2～4cm,先端急尖,基部楔形或近圆形,缘有腺齿,稀杂有重锯齿,两面终年紫红色,叶背中脉下半段常较粗,其上常有髯毛,侧脉 5～8 对;叶柄长 6～12mm,红紫色,无腺体;托叶披针形,早落。花单生,与叶同放;花梗长约 1cm,紫红色,无毛;花直径约 2.3cm;萼筒钟状;萼片 5,长卵形,先端圆钝,缘有疏浅腺锯齿;花瓣 5,淡粉红色,蕾时外面色较深,长圆形,边缘波状;雄蕊 25～30 枚,花丝长短不等;雌蕊 1,无毛。核果暗紫色,卵球形,直径约 2cm。花期 3—4 月,果期 5—6 月。

产地：栽培供观赏。

分布：全国各地庭院常见栽培。

图 146　红叶李(引自《湖南植物志》)

图 147　杏(引自《浙江天目山药用植物志》)

4. 杏(图 147)

Prunus armeniaca L. , Sp. Pl. 1：474. 1753.

Armeniaca vulgaris Lam.

乔木,高 5～8m。树冠圆形、扁圆形或长圆形;树皮灰褐色,纵裂;多年生枝浅褐色,皮孔大而横生,一年生枝浅红褐色,有光泽,无毛,具多数小皮孔。叶片宽卵形,长 5～9cm,宽 4～8cm,先端急尖至短渐尖,基部圆形至近心形,叶缘有圆钝锯齿,两面无毛或下面叶脉间具柔毛;叶柄长 2～3.5cm,无毛,基部常具 1～6 腺体。花单生,直径 2～3cm,先于叶开放;花梗短,长 1～3mm,被短柔毛;花萼紫绿色;萼筒圆筒形,外面基部被短柔毛;萼片卵形至卵状长圆形,先端急尖或圆钝,花后反折;花瓣圆形至倒卵形,白色或带红色,具短爪;雄蕊 20～45 枚,稍短于花瓣;子房被短柔毛,花柱几与雄蕊等长或稍长,下部具柔毛。果实球形,稀倒卵球形,直径约 2.5cm 以上,微被短柔毛,果肉多汁,成熟时不开裂;核卵球形或椭圆球形,两侧扁平,顶端圆钝,表面粗糙或平滑。花期 3—4 月,果期 6—7 月。

产地:常见栽培。

分布:华北、西北地区;中亚。

用途:种仁(杏仁)入药,具止咳祛痰、定喘润肠之效。

5. 麦李(图 148)

Prunus glandulosa Thunb., Syst. Veg., ed. 14. 463. 1784.

Cerasus glandulosa(Thunb.) Sokolov.

灌木,高 0.5～1.5m。小枝灰棕色或棕褐色,无毛或嫩枝被短柔毛。冬芽卵球形,无毛或被短柔毛。叶片长圆状披针形或椭圆状披针形,长 2.5～6cm,宽 1～2cm,先端渐尖,基部楔形,最宽处在中部,边有细钝锯齿,上面绿色,下面淡绿色,两面均无毛,或在中脉上有疏柔毛,侧脉 4 或 5 对;叶柄长 1.5～3mm,无毛或上面被疏柔毛;托叶线形,长约 5mm。花单生或 2 朵簇生,与叶同开;花梗长 6～8mm,几无毛;萼筒钟状,长、宽近相等,无毛;萼片三角状椭圆形,先端急尖,边有锯齿;花瓣白色或粉红色,倒卵形;雄蕊 30 枚;花柱比雄蕊稍长,无毛或基部有疏柔毛。核果红色或紫红色,近球形,直径 1～1.3cm。花期 3～4 月,果期 5～8 月。

产地:大坪溪、昌化镇。

分布:陕西、山东、河南、江苏、安徽、浙江、福建、湖北、湖南、广东、广西、四川、贵州、云南;日本。

图 148　麦李(引自《浙江天目山药用植物志》)

6. 迎春樱(图 149:A)

Prunus discoidea (T. T. Yu & C. L. Li) Z. Wei & Yun B. Chang, Fl. Zhejiang 3: 246. 1993.

Basionym: *Cerasus discoidea* T. T. Yu & C. L. Li in Acta Phytotax. Sin. 23(3): 211. 1985.

小乔木,高 2～5m。树皮灰白色。小枝紫褐色,嫩枝被疏柔毛,或脱落无毛。冬芽卵球形,无毛。叶片倒卵状长圆形或长椭圆形,长 4~8cm,宽 1.5~3.5cm,先端骤尾尖或尾尖,基部楔形,稀近圆形,边有缺刻状急尖锯齿,齿端有小盘状腺体,上面暗绿色,伏生疏柔毛,下面淡绿色,被疏柔毛,嫩时较密,侧脉 8~10 对;叶柄长 5~7mm,幼时被稀疏柔毛,后脱落几无毛,顶端有 1~3 腺体;托叶狭带形,长 5~8mm,边缘有小盘状腺体。花先叶开放,伞形花序有花 2 朵,稀 1 或 3 朵;总苞片褐色,倒卵状椭圆形,长 3~4mm,宽 2~3mm,外面无毛,内面伏生疏柔毛,顶端有齿裂,边缘有小头状腺体;花序梗长 3~10mm,被稀疏柔毛或无毛,内藏于革质鳞片内或微伸出;苞片革质,绿色,近圆形,直径 2~4mm,边有小盘状腺体;花梗长 1~1.5cm,被稀疏柔毛;萼筒管形钟状,长 4~5mm,宽 2~3mm,外面被稀疏柔毛,萼片长圆形,长 2~3mm,先端圆钝或有小尖头;花瓣粉红色;长椭圆形,先端二裂;雄蕊 32~40 枚;花柱无毛,柱头扩大。核果红色,成熟后直径约 1cm。花期 3 月,果期 5 月。

产地:龙塘山。生于海拔 750~1000m 的林中。

分布:安徽、浙江、江西。

7. 微毛樱(图 149:D)

Prunus clarofolia C. K. Schneid. in Repert. Spec. Nov. Regni Veg. 1:67. 1905.

Cerasus clarofolia(C. K. Schneid.) T. T. Yu & C. L. Li.

灌木,高 1~2.5m。树皮灰黑色。小枝灰褐色,嫩枝紫色或绿色,无毛或多少被疏柔毛。冬芽卵球形,无毛。叶片卵形、卵状椭圆形,或倒卵状椭圆形,长 3~6cm,宽 2~4cm,先端骤尖,基部圆形,边有单锯齿或重锯齿,齿渐尖,齿端有小腺体或不明显,上面绿色,疏被短柔毛或无毛,下面淡绿色,无毛或被疏柔毛,侧脉 7~12 对;叶柄长 0.8~1cm,无毛或被疏柔毛;花序轴长 4~10mm,无毛或被疏柔毛;苞片绿色,果时宿存,近卵形,直径 2~5mm,边缘有锯齿,齿端有锥状或头状腺体;花梗长 1~2cm,无毛或被疏柔毛;萼筒钟状,无毛或几无毛;萼片卵状三角形或披针状三角形,先端急尖或渐尖,边缘有腺齿或全缘;花瓣白色或粉红色,倒卵形至近圆形;雄蕊 20~30 枚;花柱基部有疏柔毛,比雄蕊稍短或稍长,柱头头状。核果红色,椭圆球形。

产地:东岙头、龙塘山。生于林中。

分布:陕西、山西、甘肃、河北、浙江、湖北、四川、贵州、云南。

8. 浙闽樱(图 149:B,C)

Prunus schneideriana Koehne in Sargent,Pl. Wilson. 1(2):242. 1912.

Cerasus schneideriana(Koehne) T. T. Yu & C. L. Li.

小乔木,高 2.5~6m。小枝紫褐色,嫩枝灰绿色,密被灰褐色微硬毛。冬芽卵圆球形,无毛。叶片长椭圆形、卵状长圆形或倒卵状长圆形,长 4~8cm,宽 1.5~4.5cm,先端渐尖或骤尾尖,基部圆形或宽楔形,边缘具渐尖锯齿,齿端有头状腺体,上面深褐色,近无毛,下面灰绿色,被灰黄色微硬毛,脉上较密,侧脉 8~11 对;叶柄 5~8mm,密被褐色微硬毛,先端有 2 或 3 枚黑色腺体;托叶褐色,膜质,长 4~7mm,边缘疏生长柄腺体,早落。花序伞形,通常 2 朵,稀 1 或 3 朵;总苞长圆形,先端圆钝;花序梗长 1.8~3.8mm,被毛;苞片绿褐色,有锯齿,齿端具锥状腺体,有柄;花梗长 1~1.4cm,密被褐色微硬毛;萼筒筒状,长 3~4mm,宽 2~3mm,伏生褐色短柔毛;萼片反折,带状披针形,与萼筒近等长,先端圆钝;花瓣卵形,先端二裂;雄蕊约 40 枚,短于花瓣;花柱比雄蕊短,基部及子房疏生微硬毛。核果紫红色,椭圆球形,纵径

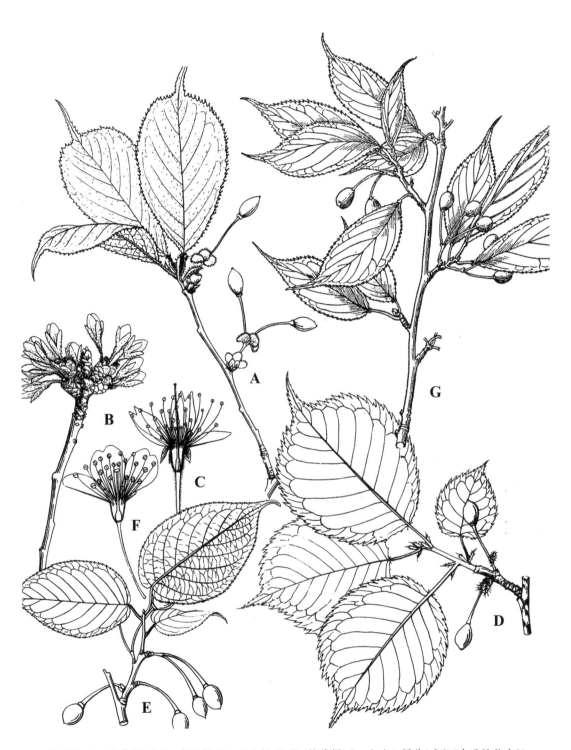

图 149　A：迎春樱；B,C：浙闽樱；D：微毛樱；E,F：钟花樱；G：毛叶山樱花（重组《中国植物志》）

约 8mm,横径约 5mm。花期 3 月,果期 5 月。

　　产地:龙塘山。生于 1000m 的路边林中。

　　分布:浙江、福建、广西。

9. 大叶早樱

Prunus subhirtella Miq. in Ann. Mus. Bot. Lugduno-Batavi 2: 91. 1865.

Cearsus subhirtella (Miq.) Sokolov.

　　落叶乔木,高可达 10m。小枝灰色,嫩枝绿色,密被白色短柔毛。冬芽卵球形。叶片卵形至卵状长圆形,长 4~6cm,宽 1.5~3cm,先端渐尖,基部宽楔形,边缘细锐锯齿或重锯齿,上面暗绿色,无毛或沿中脉疏生柔毛,下面淡绿色,伏生白色柔毛,脉上较密,侧脉 10~14对,直伸至平行;叶柄长 5~8mm,密被白色短柔毛;托叶褐色,线形,边缘具疏腺齿,早落。花序伞形,通常 2 或 3 朵;总苞倒卵形,外面疏生柔毛,早落;花梗长 1~2cm,被疏柔毛;萼筒管状,长 4~5mm,宽 2~3mm,基部稍膨大而呈壶形,外面伏生白色疏柔毛;萼片长宽卵形,与萼筒近等长,先端锐尖;花瓣淡红色,倒卵状长圆形,先端下凹;雄蕊约 20 枚;花柱基部疏毛。核果黑色,卵球形;果梗顶端稍膨大。花期 4 月,果期 6 月。

　　产地:井坑、大源塘。生于海拔 600~1300m 的林中。

　　分布:安徽、浙江、江西、四川。

10. 毛叶山樱花(图 149: G)

Prunus serrulata Lindl. var. **pubescens** (Makino) E. H. Wilson, Cherries Jap. 31. 1916.

Basionym: *Prunus pseudocerasus* Lindl. var. *jamasakura* (Siebold & Zucc.) Makino subvar. *pubescens* Makino in Bot. Mag. Tokyo 22: 98. 1908.

Cerasus serrulata (Lindl.) Loudon var. *pubescens* (Makino) T. T. Yu & C. L. Li.

　　落叶乔木,高 3~8m。树皮具大型横生皮孔。小枝与冬芽均无毛。叶片卵状椭圆形或倒卵状椭圆形,长 5~9cm,宽 2.5~5cm,先端渐尖,基部圆形,边缘有芒状锯齿及重锯齿,齿尖有腺体,上面深绿色,无毛,下面淡绿色,被短柔毛,侧脉 6~8 对;叶柄长 1~1.5cm,被短柔毛,顶端有 1~3 枚腺体;托叶边缘有腺齿,早落。伞房状或近伞形花序,有花 2 或 3 朵;花序梗长 5~10mm;花梗长 1.5~2.5cm,被短柔毛;花直径约 2.8cm;萼筒管状,顶端扩大;萼片 5,全缘;花瓣 5,白色,稀粉红色,倒卵形,先端凹陷;雄蕊约 30 枚;花柱无毛。核果熟时由红转紫黑色,近球形,直径 8~10mm。花期 4—5 月,果期 6—7 月。

　　产地:童玉、千顷塘、大源塘。生于溪边林中。

　　分布:黑龙江、辽宁、陕西、山西、河北、河南、山东、安徽、浙江、湖北。

11. 钟花樱(图 149: E,F)

Prunus campanulata Maxim. in Bull. Acad. Imp. Sci. St.-Pétersbourg 29(1): 103. 1883.

Cerasus campanulata (Maxim.) A. Vassiliev.

　　乔木或灌木,高 3~8m。树皮黑褐色。小枝灰褐色或紫褐色,嫩枝绿色,无毛。冬芽卵球形,无毛。叶片卵形、卵状椭圆形或倒卵状椭圆形,薄革质,长 4~7cm,宽 2~3.5cm。先端渐尖,基部宽楔形至圆形,边有急尖锯齿,上面绿色,无毛,下面淡绿色,无毛或脉腋有簇

毛,侧脉 8~12 对;叶柄长 8~13mm,无毛,顶端常有腺体 2 个;托叶早落。伞形花序,有花 2
~4 朵,先叶开放;花直径 1.5~2cm;总苞片长椭圆形,长约 5mm,宽约 3mm,两面伏生长柔
毛;花序梗短,长 2~4mm;苞片褐色,稀绿褐色,长 1.5~2mm,边有腺齿;花梗长 1~1.3cm,
无毛或稀被极短柔毛;萼筒钟状,长约 6mm,宽约 3mm,无毛或被极稀疏柔毛,基部略膨大;
萼片长圆形,长约 2.5mm,先端圆钝,全缘;花瓣倒卵状长圆形,粉红色,先端颜色较深,下
凹,稀全缘;雄蕊 39~41 枚;花柱常比雄蕊长,稀稍短,无毛。核果卵球形,纵径约 1cm,横径
5~6mm,顶端尖。花期 2—3 月,果期 4—5 月。

产地:大坪溪、千顷塘。生于阔叶林中。

分布:浙江、福建、台湾、广东、广西;日本、越南。

12. 椤木(图 150)

Prunus buerheriana Miq. in Ann. Mus. Bot. Lugduno-Batavi 2:92. 1867.

Padus buergeriana(Miq.) T. T. Yu & T. C. Ku.

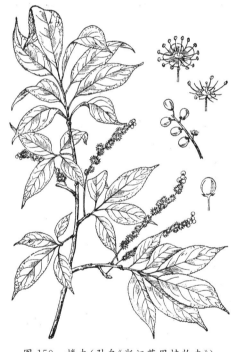

落叶乔木,高 6~12m。老枝黑褐色或灰褐
色,通常无毛;冬芽卵圆球形,通常无毛,稀在鳞片
边缘有睫毛。叶片椭圆形或长圆状椭圆形,稀倒
卵圆形,长 4~10cm,宽 2.5~5cm,先端尾状渐尖
或短渐尖,基部圆形、宽楔形,偶有楔形,边缘有贴
生锐锯齿,上面深绿色,下面淡绿色,两面无毛;叶
柄长 1~1.5cm,通常无毛,亦无腺体;托叶膜质,
线形,先端渐尖,边缘有腺齿,早落。总状花序具
多花,通常 20~30 朵,长 6~9cm,基部无叶;花梗
长约 2mm,花序轴近无毛或疏被短柔毛;花直径 5
~7mm;萼筒钟状,与萼片近等长;萼片三角状卵
形,先端急尖,边缘有不规则细锯齿,齿尖幼时带
腺体,内面有稀疏短柔毛;花瓣白色,宽倒卵形,先
端啮齿状,基部楔形,有短爪,着生在萼筒边缘;雄
蕊 10 枚,花丝细长,基部扁平,比花瓣长 1/3~1/2,
着生在花盘边缘;心皮 1,子房无毛,花柱比雄蕊
短。果实卵球形,直径约 5mm,黑褐色,无毛;果梗
无毛;萼片宿存。花期 4—5 月,果期 5—10 月。

图 150　椤木(引自《浙江药用植物志》)

产地:龙塘山、茶园里、十八龙潭。生于林中。

分布:陕西、甘肃、河南、江苏、安徽、浙江、江西、湖北、湖南、广东、四川、贵州;日本、朝
鲜半岛。

13. 绢毛稠李(图 151:E,F)

Prunus sericea Koehne in Sargent in Pl. Wilson. 1(1):63. 1911.

Padus wilsonii C. K. Schneid.

落叶乔木,高 10~30m。树皮灰褐色,有长圆形皮孔;多年生小枝粗壮,紫褐色,有密而

图 151　A：短梗稠李；B－D：灰叶稠李；E，F：绢毛稠李（金琳绘）

浅色皮孔,被短柔毛或近于无毛;当年生小枝红褐色,被短柔毛。冬芽卵圆球形,无毛或近鳞片边缘有短柔毛。叶片椭圆形、长圆形或倒卵圆形,长 6～14cm,宽 3～8cm,先端短渐尖,基部楔形,叶片边缘有疏生圆钝锯齿,上面深绿色或带紫绿色,中脉和侧脉均下陷,下面淡绿色,有时被白色绢状柔毛,成熟时毛变为棕色,中脉和侧脉明显突起;叶柄长 7～8mm,无毛或被短柔毛,顶端两侧各有 1 个腺体;托叶膜质,线形,先端长渐尖,早落。花多数,成总状花序,长 7～14cm,基部有 3 或 4 枚叶;花梗长 5～8mm,花序梗和花梗随花成长而增粗,皮孔长大;花直径 6～8mm;萼片三角卵状,先端急尖,边有细齿,萼筒和萼片外面均被绢状短柔毛,内面被疏柔毛,边缘较密;花瓣白色,倒卵圆形,先端有啮蚀状,基部楔形,有短爪;雄蕊约 20 枚,排列成紧密不规则 2 轮,着生在花盘边缘;雌蕊 1,心皮无毛。幼果红褐色,老时黑紫色;果梗明显增粗,被短柔毛,皮孔显著增大。花期 4—5 月,果期 6—10 月。

　　产地:十八龙潭、直源、云溪坞。生于海拔 600～800m 的山坡林中。

　　分布:陕西、安徽、浙江、江西、湖北、湖南、广东、广西、四川、贵州、云南、西藏。

14. 灰叶稠李(图 151：B－D)

Prunus grayana Maxim. in Bull. Acad. Imp. Sci. St.-Pétersbourg 29：107. 1883.

Padus grayana(Maxim.) C. K. Schneid.

　　落叶小乔木,高 8～10m。老枝黑褐色;小枝红褐色或灰绿色,幼时被短绒毛,以后脱落无毛。冬芽卵圆球形,常无毛,或鳞片边有稀疏柔毛。叶片带灰绿色,卵状长圆形或长圆形,长 4～10cm,宽 1.8～4cm,先端长渐尖或长尾尖,基部圆形或近心形,边缘有尖锐锯齿或缺刻状锯齿,两面无毛或下面沿中脉有柔毛;叶柄长 5～10mm,通常无毛,无腺体;托叶膜质,线形,长达 12mm,先端渐尖,边缘有带腺锯齿,早落。总状花序具多花,长 8～10cm,基部有2～4 枚叶;花梗长 2～4mm,花序梗和花梗通常无毛;花直径 7～8mm;萼筒钟状,比萼片长近 2 倍;萼片长三角状卵形,先端急尖,边缘有细齿,萼筒和萼片外面无毛,内面有疏柔毛;花瓣白色,长圆倒卵形,先端 2/3 部分啮齿状,基部楔形,有短爪;雄蕊 20～32 枚,花丝长短不等,排成紧密不规则 2 轮;雄蕊 1,心皮无毛,柱头盘状,花柱长,通常伸出雄蕊和花瓣之外,有时与雄蕊近等长。核果卵球形,顶端短尖,直径 5～6mm,黑褐色,光滑;果梗长 6～9mm,无毛。花期 4—5 月,果期 9—10 月。

　　产地:百步岭、大盘里、三祖源、龙塘山。生于水坑边林中。

　　分布:浙江、江西、福建、湖北、湖南、广西、四川、贵州、云南;日本。

15. 短梗稠李(图 151：A)

Prunus brachypoda Batalin in Trudy Imp. St.-Peterburgsk. Bot. Sada 13：166. 1802.

Padus brachypoda(Batalin) C. K. Schneid.

　　落叶乔木,高 8～10m。树皮黑色;多年生小枝黑褐色,无毛,有散生浅色皮孔;当年生小枝红褐色,被短绒毛或近无毛。冬芽卵圆球形,通常无毛。叶片长圆形,稀椭圆形,长 6～16cm,宽 3～7cm,先端急尖或渐尖,基部圆形或微心形,稀截形,边缘具贴生或开展锐锯齿,齿间带短芒,上面深绿色,无毛,中脉和侧脉均下陷,下面淡绿色,无毛或在腋脉有髯毛,中脉和侧脉均突起;叶柄长 1.5～2.3cm,无毛,顶端两侧各有 1 腺体;托叶膜质,线形,先端渐尖,边缘有带腺锯齿,早落。总状花序具多花,长 16～30cm,基部有 1～3 枚叶;花梗长 5～7mm,

花序梗和花梗均被短柔毛；花直径5～7mm；萼筒钟状，比萼片稍长；萼片三角状卵形，先端
急尖，边有带腺细锯齿，内面基部被短柔毛；花瓣白色，倒卵形，中部以上啮齿状，基部楔形有
短爪；雄蕊25～27枚，花丝长短不等，排成不规则2轮，着生在花盘边缘；雌蕊1，心皮无毛，
柱头盘状，花柱比长花丝短。核果球形，直径5～7mm，幼时紫红色，老时黑褐色，无毛；果梗
被短柔毛。花期4—5月，果期5—10月。

　　产地：云溪坞。生于海拔600m的溪边。

　　分布：陕西、甘肃、河南、浙江、湖北、四川、贵州、云南。

16. 刺叶桂樱(图152)

Prunus spinulosa Siebold & Zucc. in Abh. Math.-Phys. Cl. Königl. Bayer. Akad.
Wiss. 4(2)：122. 1845.

Laurocerasus spinulosa(Siebold & Zucc.) C. K. Schneid.

图152　刺叶桂樱(引自《浙江天目山药用植物志》)

常绿乔木，高可达20m。稀为灌木；小
枝紫褐色或黑褐色，具明显皮孔，无毛或幼
嫩时微被柔毛，老时脱落。叶片草质至薄
革质，长圆形或倒卵状长圆形，长5～
10cm，宽2～4.5cm，先端渐尖至尾尖，基部
宽楔形至近圆形，一侧常偏斜，边缘不平而
常呈波状，近顶端常具少数针状锐锯齿，两
面无毛，上面亮绿色，下面色较浅，近基部
沿叶缘或在叶边常具1或2对基腺，侧脉
稍明显，8～14对；叶柄长5～10mm，无毛；
托叶早落。总状花序单生于叶腋，具花10
朵以上，长5～10cm；花梗长1～4mm；苞片
长2～3mm，早落；花直径3～5mm；花萼外
面无毛或微被细短柔毛；萼筒钟状或杯形；
萼片卵状三角形，先端圆钝，长1～2mm；花
瓣圆形，直径2～3mm，白色，无毛；雄蕊
25～35枚，长4～5mm；子房无毛，花柱稍
短或几与雄蕊等长。果实椭圆球形，长8～
11mm，宽6～8mm，褐色至黑褐色，无毛。
花期9—10月，果期11至翌年3月。

　　产地：都林山、大明山、顺溪。生于溪边或林中。

　　分布：江苏、安徽、浙江、江西、福建、湖北、湖南、广东、广西、四川、贵州；日本、菲律宾。

三四、豆科　Leguminosae

　　草本、亚灌木、灌木或乔木，直立或攀援。叶常绿或落叶，通常互生，稀对生，常为一回或
二回羽状复叶，稀为掌状复叶或三出复叶，或单叶，稀可变为叶状柄，有时叶轴顶端小叶退化

成卷须状或刺毛状;叶柄有或无;托叶有或无,有时叶状或变为棘刺。花两性,稀单性,辐射对称或两侧对称,通常排成总状花序、穗状花序、头状花序、圆锥花序或聚伞花序,有时花单生;花被2轮;萼片(3~)5(6),离生或连合成管,有时二唇形,稀退化或消失;花瓣5(6),常与萼片的数目相等,稀较少或无,离生或合生,大小相等或不等,多数成蝶形花冠(蝶形花亚科)或假蝶形花冠(云实亚科);雄蕊通常10枚,有时5枚,或多数(含羞草亚科),分离或连合成单体或二体雄蕊,花药2室,纵裂或有时孔裂;雌蕊通常单心皮,稀较多且离生,子房上位,1室,基部常有柄或无,边缘胎座,胚珠1至多数;花柱和柱头单一,顶生。果为荚果,形状多样,成熟后沿二缝线开裂或不裂,或断裂成含单粒种子的荚节;种子通常具革质或有时膜质的种皮,生于长短不等的珠柄上,有时由珠柄形成一多少肉质的假种皮,胚大,内胚乳无或极薄。

约650属,18000种,广布于全世界,木本的属大多分布于南半球及热带地区,草本的属大多分布于温带地区。我国有167属,1673种,各省、区均有分布。浙江有69属,193种及若干种下类群。本志记载22属,43种、2亚种、1变种。

本科具有重要的经济意义,是人类食品中淀粉、蛋白质、油和蔬菜的重要来源之一;植物的根部常有能固氮的根瘤,是优良的绿肥和饲料作物;有些为绿化树种及药用植物。

分属检索表

1. 花辐射对称;花瓣镊合状排列,中下部常合生;雄蕊10枚以上(含羞草亚科)…………1. 合欢属 Albizia
1. 花两侧对称;花瓣覆瓦状排列;雄蕊5~10枚。
  2. 花稍两侧对称,花冠假蝶形,近轴的1枚花瓣位于相邻两侧的花瓣之内;花丝常分离。(云实亚科)
    3. 单叶,全缘…………………………………………………………………2. 紫荆属 Cercis
    3. 羽状复叶。
      4. 叶为一回偶数羽状复叶;能育雄蕊的花药通常孔裂 …………………3. 决明属 Cassia
      4. 叶通常为二回偶数羽状复叶(在皂荚属 Gleditsia 中可兼有一回羽状复叶);花药常纵裂。
        5. 花两性;种子无胚乳;灌木或藤本,稀为小乔木 ………………4. 云实属 Caesalpinia
        5. 花为杂性或单性异株;种子含大量角状胚乳;乔木。
          6. 植株常具分枝硬刺;穗状花序或总状花序,侧生,稀顶生;荚果长而扁平 ………………
          ……………………………………………………………5. 皂荚属 Gleditsia
          6. 植株不具刺;圆锥花序或总状花序,顶生;荚果肥厚肿胀 …… 6. 肥皂荚属 Gymnocladus
  2. 花明显两侧对称,花冠蝶形,近轴的1枚花瓣位于相邻两侧的花瓣之外,远轴的2枚花瓣基部沿连接处合生呈龙骨状;雄蕊通常合生为二体或单体,稀分离。(蝶形花亚科)
    7. 雄蕊10枚,分离或仅基部合生。
      8. 荚果圆筒形,于种子间紧缩呈串珠状 ……………………………………7. 槐属 Sophora
      8. 荚果扁平或稍肿胀,不在种子间紧缩作串珠状。
        9. 常绿乔木;花瓣具瓣柄;花序总状或圆锥状;荚果两缝线无翅,也不明显增厚 …………
        ……………………………………………………………8. 红豆属 Ormosia
        9. 落叶乔木;花瓣无瓣柄;花序通常为圆锥状;荚果沿缝线一侧或两侧有翅或稍增厚。
          10. 芽单生,具芽鳞,不为叶柄基部所覆盖;小叶对生或近对生;花序直立 …………
          ……………………………………………………………9. 马鞍树属 Maackia
          10. 芽叠生,无芽鳞,但为叶柄基部所覆盖;小叶互生;花序下垂或直立 …………………
          ……………………………………………………………10. 香槐属 Cladrastis
    7. 雄蕊10枚,合生成单体或二体。

11. 荚果如含有2枚或2枚以上种子时,不在种子间裂为荚节,通常为2瓣开裂或不裂。

  12. 乔木或灌木,如为攀援灌木时则小叶互生。

    13. 落叶乔木,稀灌木;托叶常成刺状;荚果2瓣裂,腹缝线上具狭翅 ………………
      ………………………………………………………………… 11. 刺槐属 Robinia

    13. 落叶或常绿乔木或攀援灌木;托叶不变成刺;荚果不开裂,腹缝线上无翅 ………
      ………………………………………………………………… 12. 黄檀属 Dalbergia

  12. 灌木,如为攀援灌木时则小叶对生。

    14. 羽状复叶具4枚以上(包含4枚)小叶。

      15. 偶数羽状复叶 ……………………………… 13. 锦鸡儿属 Caragana

      15. 奇数羽状复叶。

        16. 茎直立 …………………………………… 14. 木蓝属 Indigofera

        16. 茎攀援或缠绕。

          17. 落叶;小叶7枚以上(包含7枚);总状花序;荚果开裂 ………
          ………………………………………………… 15. 紫藤属 Wisteria

          17. 常绿;小叶5枚以上(包含5枚);圆锥花序;荚果不裂或迟裂 …………
          ………………………………………………… 16. 崖豆藤属 Millettia

    14. 羽状复叶具3小叶 ……………………………… 17. 油麻藤属 Mucuna

11. 荚果如含2枚或2枚以上种子时,在种子间横裂或紧缩为2至数节,各节含1种子而不裂,
  或有时荚果退化而仅具单荚节。

  18. 雄蕊二体(5+5);半灌木状 ……………………… 18. 合萌属 Aeschynomene

  18. 雄蕊单体或二体(9+1);灌木。

    19. 小托叶通常存在;荚果具2至数节。

      20. 荚果背缝线深裂达腹缝线,形成一缺口,腹缝线在每一节中部不缢缩,荚节成斜三
      角形或略呈宽的半倒卵形;单体雄蕊 ……… 19. 长柄山蚂蝗属 Hylodesmum

      20. 荚果背腹两缝线稍缢缩或腹缝线劲直,不为上述情况,荚节也不为上述情况;二体
      雄蕊 …………………………………………… 20. 山蚂蝗属 Desmodium

    19. 小托叶无;荚果仅1节,含1枚种子。

      21. 苞片及小苞片宿存,其腋间通常具2花;花梗无关节;龙骨瓣先端钝 …………
      ………………………………………………… 21. 胡枝子属 Lespedeza

      21. 苞片及小苞片通常脱落,其腋间仅具1花;花梗具关节;龙骨瓣先端尖 ………
      ………………………………………… 22. 菝子梢属 Campylotropis

(一) 合欢属　**Albizia** Durazz.

乔木或灌木,稀为藤本。通常无刺,很少托叶变为刺状。二回偶数羽状复叶;羽片1至多对;总叶柄及叶轴上有腺体;小叶对生,1至多对。花小,常两型(即位于中央的花常较边缘的为大,但不结实),5基数,两性,稀杂性,有梗或无梗,组成头状花序、聚伞花序或穗状花序,再排成腋生或顶生的圆锥花序;花萼钟状或漏斗状,具5齿或5浅裂;花瓣常在中部以下合生成漏斗状,上部具5裂片;雄蕊20~50枚,花丝伸出花冠外,基部合生成管,花药小,有或无腺体;子房有胚珠多颗。荚果带状,扁平,果皮薄,种子间无间隔,不开裂或迟裂;种子圆形或卵形,扁平,种皮厚,具马蹄形痕。

120~140种,分布于世界热带及温带地区。我国有16种,大多分布于南部与西南部。浙江有3种。

分种检索表

1. 山合欢　山槐(图 153)

Albizia kalkora Prain in J. Asiat. Soc. Bengal, Pt. 2, Nat. Hist. 66(2)：511. 1897.

落叶小乔木或灌木，高 3～8m。枝条被短柔毛，有显著皮孔。二回羽状复叶；羽片 2～4 对；小叶 5～14 对，小叶片长圆形或长圆状卵形，长 1.5～4.5cm，宽 0.7～2.0cm，先端有小尖头，基部偏斜，两面均被短柔毛，中脉稍偏于上侧。头状花序 2～7 枚生于上部叶腋，或于枝顶呈圆锥状排列；花初时白色，后变黄，具明显的小花梗；花萼、花冠均密被柔毛。荚果带状，长 7～17cm，宽 1.5～3cm，幼时被短柔毛，后逐渐脱落；种子 4～12，长圆形。花期 5—6 月，果期 8—10 月。

产地：鸠甫山、龙塘山、顺溪、横源、云溪坞。生于山坡林下、山腰路边。

分布：陕西、山西、甘肃、山东、河南、江苏、安徽、浙江、江西、福建、台湾、湖北、湖南、广东、广西、海南、贵州、四川；日本、越南、印度、缅甸。

图153　山合欢(引自《浙江天目山药用植物志》)

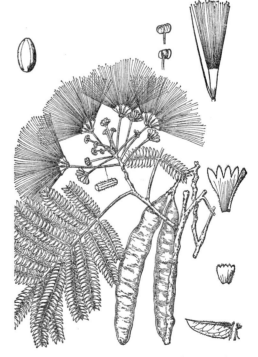

图 154　合欢(引自《浙江天目山药用植物志》)

2. 合欢(图 154)

Albizia julibrissin Durazz. in Mag. Tosc. 3(4)：11. 1772.

落叶乔木，高可达 16m。嫩枝、叶轴和花序被绒毛或短柔毛。托叶早落。二回羽状复叶具羽片 4～12 对,总叶柄的近基部处及最顶端一对羽片着生处各有 1 枚腺体;小叶 10～30 对,小叶片近镰形,长 6～12mm,宽 1～4mm,向上偏斜,先端有小尖头及缘毛,有时在下面或仅中脉上有短柔毛;中脉紧靠上侧边缘。头状花序呈伞房状排列,花淡红色,花萼、花冠外均被短柔毛,花冠长约 8mm,花丝长约 2.5cm。荚果带状,长 9～15cm,宽 1.5～2.5cm,幼时有柔毛,后逐渐脱落。花期 6—7 月,果期 8—10 月。

产地: 大明山、长滩里、大坪溪。生于山谷溪边。

分布: 广泛栽培于华东、华南、华中、西南及华北地区;亚洲的中部、东部、西南部。

用途: 常作为行道树、观赏树。

(二) 紫荆属　Cercis L.

灌木或乔木,单生或丛生。无刺。叶互生,单叶,全缘或先端微凹,具掌状叶脉;托叶小,鳞片状或薄膜状,早落。花两侧对称,两性,紫红色或粉红色,具梗,成总状花序或于老枝或主干上簇生,通常先叶开放;苞片鳞片状,聚生于花序基部,覆瓦状排列,边缘常被毛;小苞片极小或缺;花萼短钟状,微歪斜,红色,喉部具一短花盘,先端不等地 5 裂,裂齿短三角状;花瓣 5,近蝶形,具柄,不等大,旗瓣最小,位于最里面;雄蕊 10 枚,分离,花丝下部常被毛,花药背部着生,药室纵裂;子房具短柄,有胚珠 2～10 颗,花柱线形,柱头头状。荚果扁狭长圆形至宽线形,两端渐尖或钝,于腹缝线一侧常有狭翅,不开裂或开裂;种子 2 至多数,小,近圆形,扁平,无胚乳,胚直立。

11 种,其中 4 种分布于北美,1 种分布于欧洲东部和南部,1 种分布于亚洲中部,5 种分布于我国。浙江有 5 种。

区内顺溪和龙塘山尚有 1 种,《浙江植物志》(豆科)和《中国主要植物图说》(豆科)鉴定为巨紫荆 *Cercis gigantea* Cheng & Keng f.,但至今未正式发表,为一裸名。就其形态而言,接近湖北紫荆 *C. glabra* Pamp.,暂附于此,待今后考证。

1. 紫荆(图 155)

Cercis chinensis Bunge, Enum. Pl. Chin. Bor. 21. 1833.

灌木或小乔木,高 2～5m。单叶,互生,叶片近圆形,长 6～14cm,宽 5～14cm,先端急尖,基部心形,两面通常无毛。花通常先叶开放,但嫩枝或幼株上的花则与叶同时开放,紫红色或粉红色,2 至 10 余朵簇生于老枝上;龙骨瓣基部具深紫色斑纹。荚果扁狭长形,长 4～8cm,宽 1.2～1.5cm,沿腹缝线有狭翅,翅宽约 1.5mm;种子 2～6,扁圆形。花期 3—4 月,果期 8—10 月。

产地: 常见栽培观赏。

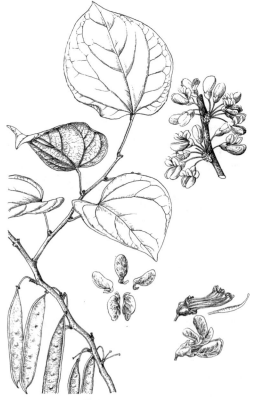

图 155　紫荆(重组 *Flora of China* - Ill. 与《湖南植物志》)

分布：辽宁、陕西、山西、河北、山东、河南、江苏、安徽、浙江、福建、湖北、湖南、广东、广西、四川、贵州、云南。

用途：常栽培作为观花植物；树皮可入药，有活血行气等功效。

（三）决明属　Cassia L.

乔木、灌木、亚灌木或草本。叶丛生，偶数羽状复叶；叶柄和叶轴上常有腺体；小叶对生，无柄或具短柄；托叶多样，无小托叶。花近辐射对称，通常黄色，组成腋生的总状花序或顶生的圆锥花序，或有时 1 至数朵簇生于叶腋；苞片与小苞片多样；萼筒很短，裂片 5，覆瓦状排列；花瓣通常 5，近等大或下面 2 片较大；雄蕊（4～）10 枚，常不相等，其中有些花药退化，花药背着或基着，孔裂或短纵裂；子房纤细，有时弯扭，无柄或有柄，有胚珠多颗，花柱内弯，柱头小。荚果形状多样，圆柱形或扁平，很少具 4 棱或有翅，木质、革质或膜质，2 瓣裂或不开裂，种子之间有横隔；种子横生或纵生，有胚乳。

约 600 种，分布于全世界热带和亚热带地区，少数分布至温带地区。我国原产 10 余种，包括引种栽培的 20 余种，广布于南北各省、区。浙江有 7 种。

1. 豆茶决明（图 156）

Cassia nomame（Makino）Kitag. in Rep. Inst. Sci. Res. Manchoukuo 3（App. 1）：283. 1939.

Basionym：*Cassia mimosoides* L. var. *nomame* Makino in J. Jap. Bot. 1(5)：17. 1917.

亚灌木，高 10～60cm。一回偶数羽状复叶具小叶 8～28 对，叶柄顶端有一黑褐色、盘状、无柄腺体；小叶片条状披针形，长 5～10mm。花单生或 2 至数朵组成短的总状花序；萼片 5，分离，外面疏被柔毛；花瓣 5，黄色；雄蕊 4枚，有时 5 枚；子房密被短柔毛。荚果扁平，有毛，长 3～8cm，宽约 5mm，熟时开裂；种子 6～12，近菱形。

产地：直源。生于山谷溪边草丛。

分布：黑龙江、辽宁、吉林、河北、山东、江苏、安徽、浙江、江西、台湾、湖北、湖南、四川、云南；日本、朝鲜半岛。

图 156　豆茶决明（引自《浙江植物志》）

（四）云实属　Caesalpinia L.

乔木、灌木或藤本。通常有刺。二回羽状复叶；小叶大或小。总状花序或圆锥花序，腋生或顶生；花中等大或大，黄色或橙黄色；花托凹陷；萼片离生，覆瓦状排列，下方一片较大；花瓣 5，常具柄，展开，其中 4 片通常圆形，有时长圆形，最上方一片较小，色泽、形状及被毛常与其余四片不同；雄蕊 10 枚，离生，2 轮排列，花丝基部加粗，被毛，花药卵形或椭圆形，背着，纵裂；子房有胚珠 1～7 颗，花柱圆柱形，柱头截平或凹入。荚果卵形、长圆形或披针形，有时呈镰刀状弯曲，扁平或肿胀，无翅或具翅，平滑或有刺，革质或木质，少数肉质，开裂或不开裂；种子卵圆形至球形，无胚乳。染色体 $2n=24$。

约 100 种，分布于泛热带地区。我国有 20 种，分布于西南至东南。浙江有 2 种。

1. 云实(图 157)

Caesalpinia decapetala (Roth) Alston in Trimen，Hand-Book Fl. Ceylon 6(Suppl.)：89. 1931.

Basionym：*Reichardia decapetala* Roth，Nov. Pl. Sp. 212. 1821.

攀援灌木。树皮暗红色；密生倒钩刺。二回羽状复叶；羽片 3~10 对，对生；小叶 8~12 对，小叶片长圆形、倒卵状椭圆形，长 1~2.5cm，宽 0.6~1.2cm。总状花序顶生，直立，长15~30cm；花梗长 3~4cm，顶端具关节，花易落；萼片 5，长圆形，被短柔毛；花瓣黄色，盛开时反卷；雄蕊与花冠近等长，花丝基部扁平，被绵毛；子房无毛。荚果长圆状舌形，栗褐色，长 6~12cm，宽 2.5~3cm，脆革质，先端具尖喙，沿腹缝线膨胀成狭翅，成熟时腹缝开裂；种子6~9，椭圆状。花、果期 4—10 月。

产地：云溪坞、鸠甫山、祝家坞、顺溪、横源等。生于山坡路边草丛或灌木丛、林下。

分布：陕西、甘肃、河北、河南、江苏、安徽、浙江、江西、福建、台湾、湖北、湖南、广东、广西、海南、四川、贵州、云南；日本、巴基斯坦及东南亚各国等。

用途：可栽培作为绿篱；根、茎及果药用，有发表散寒、活血通经、解毒杀虫之效。

图 157　云实(引自《浙江天目山药用植物志》)

（五）皂荚属　Gleditsia L.

落叶乔木或灌木。主干和枝通常具分枝的粗刺。叶互生，常簇生，一回和二回偶数羽状复叶常并存于同一植株上；叶轴和羽轴具槽；小叶多数，近对生或互生，基部两侧稍不对称或近于对称，边缘具细锯齿或钝齿，少有全缘；托叶小，早落。花杂性或单性异株，淡绿色或绿白色，组成腋生或少有顶生的穗状花序或总状花序，稀为圆锥花序；花托钟状，外面被柔毛，里面无毛；萼裂片 3~5，近相等；花瓣 3~5，稍不等，与萼裂片等长或稍长；雄蕊 6~10，伸出，花丝中部以下稍扁宽并被长曲柔毛，花药背着；子房无柄或具短柄，花柱短，柱头顶生；胚珠 1 至多数。荚果扁，劲直、弯曲或扭转，不裂或迟裂；种子 1 至多颗，卵形或椭圆形，扁或近柱形。

约 16 种，分布于亚洲中部和东南部及南北美洲。我国产 6 种 2 变种，广布于南北各省、区。浙江有 2 种。

本属植物木材多坚硬，常用于制作器具；荚果煎汁可代皂供洗涤用。

分种检索表

1. 棘刺圆柱形；一回羽状复叶，小叶片边缘具细锯齿；子房在缝线处和基部被柔毛；荚果肥厚，不扭转，劲直或指状稍弯呈猪牙状，常被白色粉霜 ………………………………………………… 1. 皂荚 G. sinensis
1. 棘刺扁，至少基部如此；一回或兼有二回羽状复叶，小叶片全缘或具波状疏圆齿；子房无毛；荚果扁平，不规则扭转或镰形弯曲，常具泡状隆起 ………………………………………… 2. 山皂荚 G. japonica

1. 皂荚（图 158：A，B）

Gleditsia sinensis Lam. , Encycl. 2(2)：465. 1786.

乔木，高可达 30m。刺粗壮，圆柱形，通常有分枝，长可达 16cm。一回羽状复叶；小叶 6～14，纸质，小叶片卵状披针形至长圆形，长 2～8.5cm，宽 1～4cm，边缘具细锯齿，上面被短柔毛，下面中脉上稍被柔毛。花杂性，黄白色，组成总状花序；雄花：直径 9～10mm；萼片 4，三角状披针形，长约 3mm，两面被柔毛；花瓣 4，长圆形，长 4～5mm，被微柔毛；雄蕊 8，稀 6；退化雌蕊长 2.5mm；两性花：直径 10～12mm；花萼、花瓣与雄花的相似，惟萼片长 4～5mm，花瓣长 5～6mm；雄蕊 8；子房沿缝线及基部被毛。荚果带状，长 12～37cm，宽 2～4cm，不扭转，劲直或指状稍弯呈猪牙状，常被白色粉霜。花期 3—5 月，果期 5—12 月。

产地：龙塘山。生于岩石地灌木丛中。

分布：陕西、山西、甘肃、河北、河南、江苏、安徽、浙江、江西、福建、湖北、湖南、广东、广西、四川、贵州、云南。

用途：木材坚硬，为车辆、家具用材；荚果煎汁可代肥皂用以洗涤丝毛织物；荚瓣、种子、枝刺均入药，有祛痰通窍、消肿排脓、杀虫治癣之效。

2. 山皂荚（图 158：C，D）

Gleditsia japonica Miq. in Ann. Mus. Bot. Lugduno-Batavi 3：54. 1867.

乔木，高达 25m。小枝具白色皮孔，光滑无毛；刺略扁，粗壮，常分枝，长 2～15.5cm。一回或兼有二回羽状复叶（具羽片 2～6 对）；小叶 6～20，小叶片卵状长圆形或卵状披针形至长圆形，长 2～7cm，宽 1～3cm（二回羽状复叶的小叶片显著小于一回羽状复叶的小叶片），全缘或具波状疏圆齿。穗状花序，被短柔毛，花单性，同株或异株，雄花序长 8～20cm，雌花序长 5～16cm；雄花：直径 5～6mm；萼片 3 或 4，三角状披针形，长约 2mm，两面均被柔毛；花瓣 4，黄绿色，椭圆形，长约 2mm，被柔毛；雄蕊 6～8(9)；雌花：直径 5～6mm；萼片和花瓣均为 4 或 5，形状与雄花的相似，长约 3mm，两面密被柔毛；不育雄蕊 4～8；子房无毛。荚果带形，扁平，长 20～35cm，宽 2～4cm，不规则旋扭或镰形弯曲，常具泡状隆起。花期 4—6 月，果期 6—11 月。

产地：龙塘山。

分布：辽宁、河北、山东、河南、江苏、安徽、浙江、江西、湖南；日本、朝鲜半岛。

用途：荚果含皂素，可代替肥皂用以洗涤，并可作染料；种子入药；嫩叶可食；木材可作建筑、器具等用材。

图 158　A,B：皂荚；C,D：山皂荚（金琳绘）

（六）肥皂荚属　**Gymnocladus** Lam.

落叶乔木。无刺；枝粗壮。二回偶数羽状复叶；托叶小，早落。总状花序或聚伞圆锥花序顶生；花淡白色，杂性或雌雄异株，辐射对称；花托盘状；萼片5，狭，近相等；花瓣4或5，稍长于萼片，长圆形，覆瓦状排列，最里面的一片有时消失；雄蕊10枚，分离，5长5短，直立，较花冠短，花丝粗，被长柔毛，花药背着，药室纵裂；子房在雄花中退化或不存在，在雌花中或两性花中无柄，有胚珠4～8颗，花柱直，稍粗而扁，柱头偏斜。荚果无柄，肥厚，坚实，近圆柱形，2瓣裂；种子大，外种皮革质，胚根短，直立。

约3或4种，分布于东亚和北美。我国产1种，引入1种。浙江也有。

1. 肥皂荚（图159）

Gymnocladus chinensis Baill. in Bull. Mens. Soc. Linn. Paris 1：34. 1875.

落叶乔木。无刺；高达5～12m；树皮具明显的白色皮孔。二回偶数羽状复叶具羽片5～10对；小叶互生，8～12对，小叶片长圆形，长2.5～5cm，宽1～1.5cm，两面被绢质柔毛。总状花序顶生，被短柔毛；花杂性，白色或带紫色，有长梗，下垂；萼片钻形；花瓣长圆形，被硬毛；花丝被柔毛；子房无毛。荚果长圆形，长7～12cm，宽3～4cm，扁平或膨胀，无毛，种子2～4，近球形而稍扁。果期8月。

产地：昌化镇。

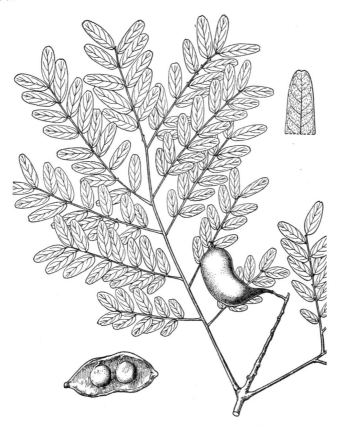

图159　肥皂荚（引自《浙江天目山药用植物志》）

分布：江苏、安徽、浙江、江西、福建、湖北、湖南、广东、广西、四川。

用途：果含胰皂素，可洗涤丝绸；亦可入药，治疮癣、肿毒等症；种子油可作油漆等工业用油。

（七）槐属　Sophora L.

落叶或常绿乔木、灌木、亚灌木或多年生草本，稀攀援状。奇数羽状复叶；小叶多数，全缘；托叶有或无，少数具小托叶。花序总状或圆锥状，顶生、腋生或与叶对生；花白色、黄色或紫色，苞片小，线形，或缺如，常无小苞片；花萼钟状或杯状，萼齿5，等大，或上方2齿近合生而成为近二唇形；旗瓣形状、大小多变，圆形、长圆形、椭圆形、倒卵状长圆形或倒卵状披针形，翼瓣单侧生或双侧生，具皱褶或无，形状与大小多变，龙骨瓣与翼瓣相似，无皱褶；雄蕊10，分离或基部有不同程度的连合，花药卵形或椭圆形，丁字着生；子房具柄或无，胚珠多数，花柱直或内弯，无毛，柱头棒状或点状，稀被长柔毛，呈画笔状。荚果圆柱形或稍扁，串珠状，果皮肉质、革质或壳质，有时具翅，不裂或有不同的开裂方式；种子1至多数，卵形、椭圆形或近球形，种皮黑色、深褐色、赤褐色或鲜红色；子叶肥厚，偶具胶质内胚乳。

约70种，广泛分布于热带及温带地区。我国有21种，各省、区均有分布。浙江有5种、1变种、1变型。

分种检索表

1. 乔木；叶柄基部膨大，包裹着芽；小叶7～17；具小托叶；圆锥花序；荚果成熟时不裂 …… 1. 槐 S. japonica
1. 多年生草本或亚灌木；叶柄基部不膨大，芽外露；小叶15～29；无小托叶；总状花序；荚果成熟时4开裂
………………………………………………………………………………… 2. 苦参 S. flavescens

1. 槐（图160：A－D）

Sophora japonica L., Mant. Pl. 68. 1767.

乔木，高达25m。树皮灰褐色，纵裂。奇数羽状复叶长达25cm；叶轴初被疏柔毛，旋即脱净；叶柄基部膨大，包裹着芽；托叶形状多变，有时呈卵形或叶状，有时线形或钻状，早落；小叶7～17，小叶片卵状披针形或卵状长圆形，长2.5～7.5cm，宽1.5～3cm，先端渐尖，有小尖头，基部阔楔形或近圆形，稍偏斜，下面灰白色，初疏生短柔毛，旋变无毛；小托叶2，钻形。圆锥花序顶生，常呈金字塔形，长达30cm；花萼浅钟状，长约4mm，萼齿5，近等大，圆形或钝三角形，被灰白色短柔毛，萼管近无毛；花冠白色或淡黄色，旗瓣近圆形，长和宽约11mm，具短柄，有紫色脉纹，先端微缺，基部浅心形，翼瓣卵状长圆形，长约10mm，宽约4mm，先端浑圆，基部斜戟形，无皱褶，龙骨瓣阔卵状长圆形，与翼瓣近等长，宽达6mm；雄蕊10，不等长；子房近无毛。荚果串珠状，肉质，长2.5～5cm，成熟后不开裂；种子1～6，肾形。花期7—8月，果期8—10月。

产地：龙塘山。生于林中。

分布：原产日本、朝鲜半岛，世界各地广泛栽培。

用途：树冠优美，花芳香，可作行道树，并为优良的蜜源植物；花和荚果入药，有清凉收敛、止血降压之效；叶和根皮药用，可治疮毒；木材供建筑用。

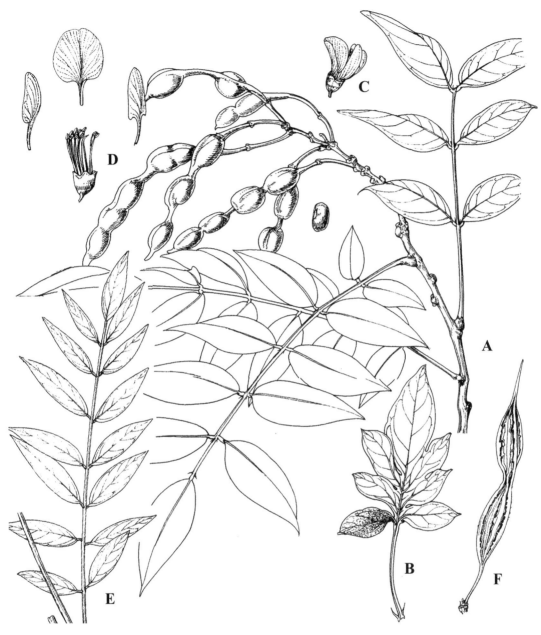

图 160　A - D：槐；E，F：苦参（重组 *Flora of China* - Ill.）

2. 苦参（图 160：E，F）

Sophora flavescens Aiton，Hortus Kew. 2：43. 1789.

多年生草本或亚灌木，高可达 3m。幼枝疏被柔毛，后变无毛。奇数羽状复叶长可达 25cm；小叶 15～29，小叶片椭圆形、卵形、披针形至披针状线形，长 3～4cm，宽 1.2～2cm，先端渐尖，基部宽楔形，上面无毛，下面被柔毛或近无毛。总状花序顶生，长 15～25cm；花萼钟状，明显歪斜，齿不明显，疏被短柔毛；花冠比花萼长约 1 倍，白色或淡黄白色，旗瓣倒卵状匙形，翼瓣无耳；雄蕊 10，分离或近基部稍连合；子房被淡黄白色柔毛。荚果长 5～10cm，于种子间稍缢缩,呈不明显的串珠状,疏被短柔毛或近无毛,成熟后开裂成 4 瓣;种子 1～5,卵圆形。花期 6—8 月,果期 7—10 月。

　　产地:大坪溪、道场坪、直源、横源。生于林中。

　　分布:全国各省、区均有;日本、朝鲜半岛、俄罗斯、印度。

　　用途:根入药,有抗菌消炎之效;种子可作农药;茎皮纤维可织麻袋。

(八) 红豆属　**Ormosia** Jacks.

　　乔木或灌木。芽裸露,或为大托叶所包被。叶互生,稀近对生,奇数羽状复叶,稀单叶或为 3 小叶;小叶对生,通常革质或厚纸质;具托叶,或不甚显著,稀无托叶,通常无小托叶。圆锥花序或总状花序顶生或腋生;花萼钟形,5 齿裂,或上方 2 齿大部分连合;花冠白色或紫色,长于花萼,旗瓣通常近圆形,翼瓣与龙骨瓣偏斜,倒卵状长圆形,均具瓣柄,龙骨瓣分离;雄蕊 10,花丝分离或基部有时稍连合成皿状与萼筒愈合,不等长,内弯,花药长圆形,2 室,背着,开花时雄蕊伸出于花冠外,有时仅 5 枚发育,其余退化为不育雄蕊而无花药;子房具胚珠 1 至数粒,花柱长,线形,上部内卷,柱头偏斜。荚果木质或革质,2 瓣裂,稀不裂,果瓣内壁有横隔或无,缝线无翅;花萼宿存;种子 1 至数粒,种皮鲜红色、暗红色或黑褐色,种脐通常较短,偶有超过种子长的 1/2;无胚乳,子叶肥厚,胚根、胚轴极短。

　　约 130 种,分布于热带美洲、东南亚和澳大利亚北部。我国有 37 种,分布于华东、华中至西南。浙江有 2 种。

1. 花榈木(图 161)

Ormosia henryi Prain in J. Asiat. Soc. Bengal, Pt. 2, Nat. Hist. 69(2):180. 1900.

　　常绿乔木,高达 16m。小枝、叶轴、花序密被绒毛。奇数羽状复叶;小叶 5～9,革质,小叶片椭圆形或长圆状椭圆形,长 4.3～13.5cm,宽 2.3～6.8cm,先端急尖或短渐尖,基部圆形或宽楔形,上面无毛,下面及叶柄均密被黄褐色绒毛。圆锥花序顶生,或总状花序腋生;花萼 5 齿裂,萼齿三角状卵形,内外均密被绒毛;花冠绿白色,中央淡绿色,边缘绿色微带淡紫色;雄蕊 10,分离;子房边缘有疏毛。荚果扁平,长椭圆形,长 5～12cm,宽 1.5～4cm,顶端有喙,果瓣革质,无毛;种子 4～8,稀 1 或 2,椭圆形或卵形,种皮鲜红色。花期 7—8 月,果期10—11 月。

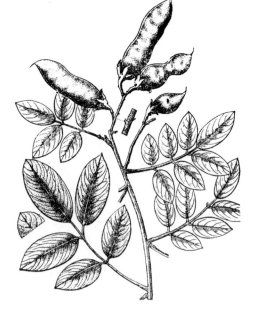

图 161　花榈木(引自《浙江药用植物志》)

　　产地:顺溪。生于溪边林中或林缘。

　　分布:安徽、浙江、江西、湖北、湖南、广东、四川、贵州、云南。

　　用途:木材优良,可制家具;根、枝、叶入药,能祛风散结、解毒去瘀。

（九）马鞍树属　**Maackia** Rupr.

落叶乔木或灌木。芽单生叶腋，芽鳞数枚，覆瓦状排列。奇数羽状复叶，互生；小叶对生或近对生，全缘；小叶柄短；无小托叶。总状花序单一或在基部分枝；花两性，多数，密集；每花有 1 枚早落苞片；花萼膨大，钟状，5 齿裂；花冠白色，旗瓣倒卵形、长椭圆状倒卵形或倒卵状楔形，瓣片反卷，瓣柄增厚，翼瓣斜长椭圆形，基部戟形，龙骨瓣稍内弯，斜半箭形，背部稍叠生；雄蕊 10，花丝基部稍连合，着生于花萼筒上，花药背着，椭圆形；子房有柄或几无柄，密被毛，胚珠少数，花柱稍内弯，柱头小，顶生。荚果扁平，长椭圆形至线形，无翅或沿腹缝延伸成狭翅；种子 1～5，长椭圆形。

12 种，分布于东亚。我国有 7 种，分布于东北、华东、华南与西南。浙江有 3 种。

分种检索表

1. 灌木或小乔木；小叶通常 5 枚；花稀疏，长约 20mm；荚果无翅，微呈镰状弯曲 ……………………………………………………………… 1. 光叶马鞍树 M. tenuifolia
1. 乔木；小叶 9～13 枚；花密集，长约 10mm；荚果的翅宽 2～6mm，通常不弯曲 ……………………………………………………………… 2. 马鞍树 M. hupehensis

1. 光叶马鞍树（图 162：A）

Maackia tenuifolia （Hemsl.） Hand.-Mazz. in Symb. Sin. Pt. 7：544. 1933.

Basionym：*Euchresta tenuifolia* Hemsl. ex Forb. & Hemsl. in J. Linn. Soc., Bot. 23：200. 1887.

灌木或小乔木，高 2～7m。芽单生叶腋，具芽鳞，不为叶柄基部所覆盖。奇数羽状复叶；小叶通常 5，顶生小叶片倒卵形或椭圆形，长可达 10cm，宽可达 6cm，先端长渐尖，基部楔形或圆形；侧生小叶对生，小叶片椭圆形或长椭圆状卵形，长 4～9.5cm，宽 2～4.5cm，先端渐尖，基部楔形，中脉有柔毛。总状花序顶生，长 6～10.5cm；花稀疏，长约 2cm；萼齿 4，短，边缘有柔毛；花冠绿白色；子房密被短柔毛。荚果线形，微呈镰状弯曲，压扁，长 5.5～10cm，宽 9～14mm，无翅，被长柔毛；种子肾形，压扁，种皮淡红色。花期 4—5 月，果期 8—9 月。

产地：都林山。生于林下山腰路旁。

分布：江苏、浙江、江西、湖北、河南、陕西。

2. 马鞍树（图 162：B，C）

Maackia hupehensis Takeda in Sargent，Pl. Wilson. 2(1)：98. 1914.

乔木，高 5～23m，胸径 20～80cm。芽单生叶腋，具芽鳞，不为叶柄基部所覆盖。奇数羽状复叶；小叶 9～13，小叶片卵形、卵状椭圆形或椭圆形，长 2～8cm，宽 1.5～2.8cm，先端钝或急尖，基部阔楔形或圆形，上面无毛，下面密被平伏褐色短柔毛，中脉尤密，后逐渐脱落，多少被毛。总状花序长 3.5～8cm，2～6 个集生于枝顶；花密集，长约 10mm；花序梗及花梗密被毛；萼齿 5，其中 2 齿较浅，萼外面密被锈褐色柔毛；花冠白色；子房密被长柔毛。荚果狭卵形至椭圆形，扁平，褐色，长 4.5～8.4cm，宽 1.6～2.5cm，翅宽 2～6mm；种子椭圆形，黄褐色,有光泽。花期6—7月,果期8—9月。

　　产地:东岙头、千顷塘。生于林中。

　　分布:陕西、河南、江苏、安徽、浙江、江西、湖北、湖南、四川。

图162　A:光叶马鞍树;B,C:马鞍树(金琳绘)

(十) 香槐属　Cladrastis Raf.

　　落叶乔木,稀为攀援灌木。树皮灰色。芽叠生,无芽鳞,被膨大的叶柄基部包裹。奇数羽状复叶;小叶互生或近对生,纸质、厚纸质或近膜质;小托叶有或无。圆锥花序或近总状花序,顶生;苞片和小苞片早落;花萼钟状,萼齿5,近等大;花冠白色,瓣片近等长;雄蕊10,花丝分离或近基部稍连合,花药丁字着生;子房线状披针形,具柄,花柱内弯,柱头小,胚珠少数至多数。荚果压扁,两侧具翅或无翅,边缘明显增厚,迟裂,有种子1至多数。种子长圆形,压扁,种阜小,种皮褐色。

8种,分布于亚洲东南部和北美洲东部。我国有6种,分布于东部至西南部。浙江有2种。

本属植物花芳香,树冠优美,常作庭院观赏树种。

分种检索表

1. 荚果两侧具翅;小叶7~9,小叶片两面同色,具小托叶;花具小苞片,常脱落;小叶片长椭圆形或卵状长圆形 ……………………………………………………………………… 1. 翅荚香槐 C. platycarpa
1. 荚果两侧无翅;小叶9~11,小叶片上面绿色,下面苍白色,无小托叶;花无小苞片;小叶片卵形或长圆状卵形 ……………………………………………………………………… 2. 香槐 C. wilsonii

1. 翅荚香槐(图 163:A)

Cladrastis platycarpa(Maxim.) Makino in Bot. Mag. Tokyo 15:62. 1901.

Basionym:*Sophora platycarpa* Maxim. in Bull. Acad. Imp. Sci. St.-Pétersbourg ser. 3, 18:398. 1873.

乔木,高可达 30m,胸径 80~120cm。树皮暗灰色,具皮孔。奇数羽状复叶;小叶7~9,互生或近对生,具小托叶,小叶片长椭圆形或卵状长圆形,基部的最小,顶生的最大,通常长4~10cm,宽3~5.5cm,侧生小叶片基部稍偏斜。圆锥花序长10~30cm,花序轴和花梗被疏短柔毛;花萼密被棕褐色绢毛,5 裂;花冠白色。荚果扁平,长椭圆形或长圆形,长 4~8cm,宽 1.5~2cm,两侧具翅,种子1或2,稀4,长圆形。花期4~6月,果期7—10月。

产地:龙塘山、顺溪。生于山坡林中多岩处。

分布:江苏、浙江、湖南、广东、广西、贵州、云南;日本。

2. 香槐(图 163:B)

Cladrastis wilsonii Takeda in Notes Roy. Bot. Gard. Edinburgh 8(37):103. 1913.

落叶乔木,高可达 16m。树皮具皮孔。奇数羽状复叶;小叶9~11,互生,无小托叶,小叶片卵形或长圆状卵形,顶生小叶片较大,有时呈倒卵状,长 6~12cm,宽 2~5cm,先端急尖,基部宽楔形,上面深绿色,下面苍白色。圆锥花序顶生或腋生,长 10~20cm,宽10~13cm;花萼钟形,长约 6mm,萼齿 5,三角形,急尖,被黄棕色或锈色短茸毛;花冠白色,旗瓣椭圆形或卵状椭圆形,长 14~18mm,翼瓣箭形,长 13~15mm,龙骨瓣半月形,基部具一下垂圆耳,背部明显呈龙骨状,与翼瓣近等长,子房密被黄白色绢毛。荚果长圆形,扁平,长 3.5~8cm,宽 0.8~1cm,具喙尖,两侧无翅;种子 2~4 粒,肾形。花期5—7月,果期8—9月。

产地:龙塘山。生于山坡林中多岩处。

分布:陕西、山西、甘肃、河南、安徽、浙江、江西、福建、湖北、湖南、广西、四川、贵州、云南。

图 163　A：翅荚香槐；B：香槐（金琳绘）

（十一）刺槐属　Robinia L.

　　乔木或灌木。有时植株各部（花冠除外）具腺刚毛。无顶芽，腋芽为叶柄下芽。奇数羽状复叶；托叶刚毛状或刺状；小叶全缘；具小叶柄及小托叶。总状花序腋生，下垂；苞片膜质，早落；花萼钟状，5 齿裂，上方 2 萼齿近合生；花冠白色、粉红色或玫瑰红色，花瓣具柄，旗瓣大，反折，翼瓣弯曲，龙骨瓣内弯，钝头；雄蕊二体，对旗瓣的 1 枚分离，其余 9 枚合生，花药同型，2 室纵裂；子房具柄，花柱钻状，顶端具毛，柱头小，顶生，胚珠多数。荚果扁平，沿腹缝线具狭翅，果瓣薄，有时外面密被刚毛；种子长圆形或偏斜肾形,无种阜。

4～10 种,分布于北美洲及中美洲。我国引入栽培 2 种。浙江栽培 2 种。

1. 刺槐(图 164)

Robinia pseudoacacia L. , Sp. Pl. 2：722. 1753.

落叶乔木,高 10～25m。树皮灰褐色至黑褐色,浅裂至深纵裂。小枝灰褐色,幼时有棱脊,微被毛,后无毛;具托叶刺,长达 2cm。奇数羽状复叶;小叶 5～25,小叶片椭圆形、长椭圆形或卵形,长 2～5cm,宽 1.5～2.2cm,先端圆形或微凹,具小尖头,基部圆形至阔楔形,全缘,两面无毛或幼时疏生短毛;小托叶针芒状。总状花序腋生,长 10～20cm,下垂,花多数,芳香;花萼斜钟状,萼齿 5,三角形至卵状三角形,被柔毛;花冠白色,各瓣均具瓣柄,旗瓣近圆形,长约16mm,宽约 19mm,先端凹缺,基部圆形,基部有黄斑,翼瓣斜倒卵形,与旗瓣几等长,基部一侧具圆耳,龙骨瓣镰状三角形,与翼瓣等长或稍短;雄蕊二体;子房线形,无毛。荚果褐色,或具红褐色斑纹,线状长圆形,长5～12cm,宽 1～1.5cm,扁平,先端上弯,具尖头,沿腹缝线具狭翅;花萼宿存,种子2～15,近肾形。花期 4—6 月,果期 8—9 月。

产地：昱岭关、谢家坞有栽培。

分布：除海南及西藏外全国各地广泛栽培。原产北美洲东部,世界许多地区有栽培,或有时归化。

用途：为优良的行道树种;木材优良,可作车辆、建筑等多种用材;是优良的蜜源植物。

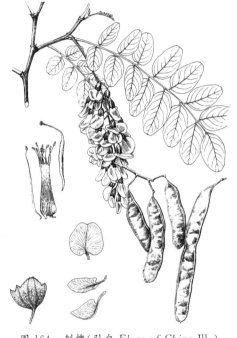

图 164 刺槐(引自 *Flora of China*-Ill.)

(十二) 黄檀属 Dalbergia L. f.

乔木、灌木或木质藤本。奇数羽状复叶;托叶通常小且早落;小叶互生;无小托叶。花小,通常多数,组成顶生或腋生圆锥花序。分枝有时呈二歧聚伞状;苞片和小苞片通常小,脱落,稀宿存;花萼钟状,裂齿 5,下方 1 枚通常最长,稀近等长,上方 2 枚常较阔且部分合生;花冠白色、淡绿色或紫色,花瓣具柄,旗瓣卵形、长圆形或圆形,先端常凹缺,翼瓣长圆形,瓣片基部楔形、截形或箭头状,龙骨瓣钝头,前喙先端多少合生;雄蕊 10(9)枚,通常合生为一上侧边缘开口的鞘(单体雄蕊),或鞘的下侧亦开裂而组成 5+5 的二体雄蕊,极稀不规则开裂为三至五体雄蕊,对旗瓣的 1 枚雄蕊稀离生而组成 9+1 的二体雄蕊,花药小,直,顶端短纵裂;子房具柄,有少数胚数,花柱内弯,粗短、纤细或锥尖,柱头小。荚果不开裂,长圆形或带状,翅果状,对种子部分多少加厚且常具网纹,其余部分扁平而薄,稀为近圆形或半月形而略厚,有 1 至数粒种子;种子肾形,扁平,胚根内弯。

100～120 种,分布于亚洲、非洲和美洲的热带和亚热带地区。我国有 29 种,分布于西部至东南部。浙江有 8 种。

1. 黄檀(图 165)

Dalbergia hupeana Hance in J. Bot. 20：5.1882.

乔木,高 10～20m。树皮暗灰色,呈薄片状剥落。奇数羽状复叶;小叶 9～11,小叶片椭圆形至长圆状椭圆形,长 3.5～6cm,宽 1.5～3.5cm。圆锥花序顶生或生于最上部的叶腋间,花梗被锈色柔毛;花萼钟状,长 2～3mm,萼齿 5,上面 2 萼片阔圆形,近合生,2 侧萼片卵形,最下方 1 萼片披针形,最长;花冠白色或淡紫色,各瓣均具柄,旗瓣圆形,先端微缺,翼瓣倒卵形,龙骨瓣半月形,与翼瓣内侧均具耳;雄蕊 10,成 5＋5 的二体。荚果长圆形或阔舌状,长 3～7cm,宽 1.3～1.5cm,顶端急尖,基部渐狭成果颈,果瓣薄革质,对种子部分有网纹;种子 1～3,肾形。花期 5—7 月。

产地：区内常见。零星分布于溪边、林中。

分布：山西、山东、河南、江苏、安徽、浙江、江西、福建、湖北、湖南、广东、广西、四川、云南。

图 165　黄檀(引自《浙江药用植物志》)

(十三) 锦鸡儿属　**Caragana** Fabr.

灌木,稀为小乔木。偶数羽状复叶或假掌状复叶,小叶 2～10 对;叶轴顶端常硬化成针刺,刺宿存或脱落;托叶宿存并硬化成针刺,稀脱落;小叶全缘,先端常具针尖状小尖头。花梗单生、并生或簇生叶腋,具关节;苞片 1 或 2,着生在关节处,有时退化成刚毛状或不存在,小苞片缺,或 1 至多片生于花萼下方;花萼管状或钟状,基部偏斜,萼齿 5,常不相等；花冠黄色，少有淡紫色、浅红色，有时旗瓣带橘红色或土黄色，各瓣均具瓣柄，翼瓣和龙骨瓣常具耳；二体雄蕊(9+1)；子房无柄，稀有柄，胚珠多数。荚果筒状或稍扁。染色体基数 $x=8,16$。

约 100 种，主要分布于亚洲温带地区和欧洲的东部。我国有 66 种，分布于西南、西北、东北与东部。浙江有 2 种。

本属大多数种可绿化荒山，保持水土；有些种可作固沙植物或用于绿化庭院，作绿篱。

1. 锦鸡儿（图 166）

Caragana sinica (Buc'hoz) Rehder in J. Arnold Arbor. 22(4)：576. 1941.

Basionym：*Robinia sinica* Buc'hoz, Pl. Nouv. Decouv. 24，t. 22. 1784.

灌木，高 1～2m。小枝有棱。托叶硬化成针刺；叶轴脱落或硬化成针刺；小叶 4，羽状，上面 1 对通常较大，小叶片倒卵形或长圆状倒卵形，长 1～3.5cm，宽 0.5～1.5cm。花单生，花梗长约 1cm，中部有关节；花萼钟状，长 1.2～1.4cm，基部偏斜；花冠黄色，通常带红色，长约 3cm，旗瓣狭倒卵形，翼瓣稍长于旗瓣，瓣柄与瓣片近等长，耳短小，龙骨瓣宽钝。荚果圆筒状，长 3～3.5cm，宽约 5mm。花期 4—5 月，果期 7 月。

产地：龙塘山、大石门、谢家坞、大坪溪。生于路边。

分布：辽宁、陕西、甘肃、河北、山东、河南、江苏、安徽、浙江、江西、福建、湖南、广西、四川、贵州、云南；朝鲜半岛。

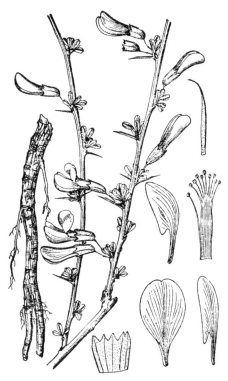

图 166　锦鸡儿（引自《浙江药用植物志》）

（十四）木蓝属　Indigofera L.

灌木或草本，稀小乔木。多少被白色或褐色平贴丁字毛，少数具开展毛及多节毛，有时被腺毛或腺体。奇数羽状复叶，有时 3 小叶或为单小叶；托叶脱落或宿存，小托叶有或无；小叶通常对生，稀互生，全缘。总状花序腋生，少数成头状、穗状或圆锥状；苞片常早落；花萼钟状或斜杯状，萼齿 5，近等长或下萼齿常稍长；花冠紫红色至淡红色，偶为白色或黄色，早落或旗瓣留存稍久，旗瓣卵形或长圆形，先端钝圆，微凹或具尖头，基部具短瓣柄，外面被短绢毛或柔毛，有时无毛，翼瓣较狭长，具耳，龙骨瓣常呈匙形，常有距，与翼瓣勾连；雄蕊二体，花药同型，背着或近基着，药隔顶端具硬尖或腺点，有时具髯毛，基部偶有鳞片；子房无柄，花柱线形，通常无毛，柱头头状，胚珠 1 至多数。荚果线形或圆柱形，稀长圆形或卵形或具 4 棱，被毛或无毛，偶具刺，内果皮通常具红色斑点；种子肾形、长圆形或近方形。

750 余种，广布于热带与亚热带地区。我国有 79 种，以西南部居多。浙江有 10 种、2 变种。

分种检索表

1. 浙江木蓝 (图 167：A-C)

Indigofera parkesii Craib in Notes Roy. Bot. Gard. Edinburgh 8：59. 1913.

小灌木,高 30～60cm。茎直立,之字形曲折,圆柱形或有棱,被白色或棕色多节毛,毛先端常卷曲。奇数羽状复叶;叶轴被多节毛;小叶 9～13,对生或上部稀有互生,小叶片阔卵形、卵形、卵状椭圆形或椭圆形,顶生小叶常倒卵形,长 1.3～3cm,宽 1～3cm,两面被有丁字毛。总状花序短于复叶,花序梗长达 1.5cm,花序轴被多节毛;花萼钟状,长 4～4.5mm,外面疏生多节毛,萼齿披针形,不等长;花冠淡紫色,稀白色,旗瓣倒卵状椭圆形,外面密生白色柔毛,翼瓣边缘具睫毛;花药两端有髯毛;子房无毛。荚果圆柱形,长 3～4.7cm。花期 5—9 月,果期 9—10 月。

产地：大坪溪、道场坪。生于山坡路边。

分布：安徽、浙江、江西、福建。

2. 多花木蓝 (图 167：G-I)

Indigofera amblyantha Craib in Notes Roy. Bot. Gard. Edinburgh 8：17. 1913.

直立灌木,高 0.8～2m。幼枝禾秆色,具棱,密被白色平贴丁字毛,后变无毛。奇数羽状复叶,叶柄密生丁字毛,长 2～5cm;小叶 7～11,小叶片为卵状长圆形、长圆状椭圆形、椭圆形或近圆形,先端圆钝,具小尖头,长 1～4cm,宽 1～2cm,上面绿色,疏生丁字毛,下面苍白色,密被毛。总状花序腋生,比复叶短;花萼长约 3.5mm,被白色平贴丁字毛;花冠淡红色,旗瓣倒阔卵形,长 6～6.5mm,先端螺壳状,外面被毛,翼瓣长约 7mm,龙骨瓣较翼瓣短;子房被毛。荚果线状圆柱形,长 3.5～6cm,被短丁字毛;种子长圆形。花期 5—7 月,果期 9—11 月。

产地：东岙头、龙塘山。生于山坡林缘。

分布：陕西、山西、甘肃、河北、河南、江苏、安徽、浙江、江西、湖北、湖南、四川、重庆、贵州。

用途：全草入药,有清热解毒、消肿止痛之效。

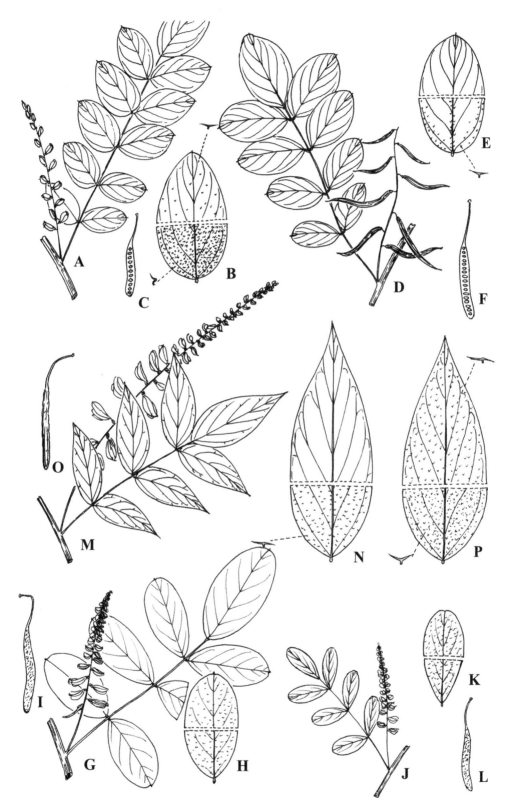

图 167　A–C：浙江木蓝；D–F：华东木蓝；G–I：多花木蓝；J–L：马棘；M–O：庭藤；
P：宜昌木蓝（金孝锋绘）

3. 马棘(图 167: J - L)

Indigofera pseudotinctoria Matsum. in Bot. Mag. Tokyo 16: 62. 1902.

小灌木,高 60~150cm。羽状复叶长 3.5~6cm;叶柄长 1~1.5cm,被平贴丁字毛;托叶小,狭三角形,长约 1mm,早落;小叶 7~11,小叶片椭圆形、倒卵形或倒卵状椭圆形,长 1~2.5cm,宽 0.5~1.2cm,先端圆或微凹,有小尖头,基部阔楔形或近圆形,两面有白色丁字毛,有时上面毛脱落;小叶柄长约 1mm;小托叶微小,钻形或不明显。总状花序,花开后较复叶为长,长 3~11cm,花密集;花序梗短于叶柄;花梗长约 1mm;花萼钟状,外面有白色和棕色平贴丁字毛,萼筒长 1~2mm,萼齿不等长,与萼筒近等长或略长;花冠淡红色或紫红色,旗瓣倒阔卵形,长 4.5~6.5mm,先端螺壳状,基部有瓣柄,外面有丁字毛,翼瓣基部有耳状附属物,龙骨瓣近等长,距长约 1mm,基部具耳;花药圆球形,子房有毛。荚果线状圆柱形,长 2.5~5cm,直径约 3mm,幼时密生短丁字毛;果梗下弯;种子椭圆形。花期5~8月,果期9—10月。

产地:井坑、双涧坑、龙塘山、横盘里、顺溪、直源、云溪坞。生于山谷溪边荒地、山坡路边灌丛。

分布:江苏、安徽、浙江、江西、福建、湖北、湖南、广西、四川、贵州、云南;日本。

4. 华东木蓝(图 167: D - F)

Indigofera fortunei Craib in Notes Roy. Bot. Gard. Edinburgh 8: 53. 1913.

灌木,高达 1m。茎直立,分枝有棱,无毛。奇数羽状复叶;叶轴无毛;小叶 7~15,小叶片卵形、阔卵形、卵状椭圆形或卵状披针形,长 1.5~4.5cm,宽 0.8~2.5cm,先端有长约 2mm 的小尖头,无毛或仅幼时在叶缘及下面中脉上被少量丁字毛,细脉显著。总状花序腋生,长8~18cm;花萼斜杯状,长约 2.5mm,外面疏生丁字毛;花冠紫红色或粉红色,长 9~11mm,旗瓣倒阔卵形,外面密生短柔毛,翼瓣边缘有睫毛,龙骨瓣近边缘及上部有毛;花药阔卵形,顶端有小凸尖,两端有髯毛。荚果褐色,线状圆柱形,长 3~5cm,无毛,开裂后果瓣旋卷。花期 4—5 月,果期 5—9 月。

产地:东岙头。生于林缘。

分布:陕西、河南、江苏、安徽、浙江、江西、湖北。

5. 庭藤(图 167: M - O)

Indigofera decora Lindl. in J. Hort. Soc. London 1: 68. 1846.

灌木,高 0.4~2m。奇数羽状复叶;小叶 13~19,小叶片卵状披针形、卵状长圆形或长圆状披针形,长 2~6.5cm,宽 1~3.5cm,先端具小尖头,上面无毛,下面被平贴白色丁字毛。总状花序长 13~21cm;花萼杯状,长 2.5~3.5mm;花冠淡紫色或粉红色,稀白色,旗瓣椭圆形,长 1.2~1.8cm,宽约 7mm,外面被棕褐色短柔毛,翼瓣长 1.2~1.4cm,具缘毛,龙骨瓣与翼瓣近等长;子房无毛。荚果圆柱形,长 2.5~6.5cm,近无毛,种子 7 或 8,椭圆形。花期4—6月,果期6—10月。

产地:都林山、鸠甫山、井坑、横盘里、顺溪、直源、百丈岭。生于山谷灌丛、路边草丛。

分布:江苏、安徽、浙江、福建、广东;日本。

5a. 宜昌木蓝(图 167: P)

var. **ichangensis** (Craib) Y. Y. Fang & C. Z. Zheng in Bull. Bot. Res., Harbin 3 (1): 15. 1983.

Basionym：*Indigofera ichangensis* Craib in Notes Roy. Bot. Gard. Edinburgh 8：55. 1913.

与模式变种的区别在于：小叶 9～13,两面被平贴白色丁字毛。

产地：龙塘山、大坪溪、直源、横源。生于路边灌丛。

分布：河南、安徽、浙江、江西、福建、湖北、湖南、广东、广西、贵州。

（十五）紫藤属　Wisteria Nutt.

落叶大藤本。冬芽球形至卵形,芽鳞 3～5 枚。奇数羽状复叶互生;托叶早落;小叶全缘;具小托叶。总状花序顶生,下垂;花多数,散生于花序轴上;苞片早落,无小苞片;具花梗;花萼杯状,萼齿 5,略呈二唇形,上方 2 枚短,大部分合生,最下 1 枚较长,钻形;花冠蓝紫色或白色,通常大,旗瓣圆形,基部具 2 胼胝体,花开后反折,翼瓣长圆状镰形,有耳,与龙骨瓣离生或先端稍粘合,龙骨瓣内弯,钝头;雄蕊二体(9+1),对旗瓣的 1 枚离生或在中部与雄蕊管粘合,花丝顶端不扩大,花药同型;花盘明显被蜜腺环;子房具柄,花柱无毛,圆柱形,上弯,柱头小,点状,顶生,胚珠多数。荚果线形,伸长,具颈,种子间缢缩,迟裂,瓣片革质;种子大,肾形,无种阜。

约 6 种,分布于东亚和北美。我国有 4 种,各地野生或栽培。浙江有 2 种。

1. 紫藤(图 168)

Wisteria sinensis Sweet，Hort. Brit. 121. 1826.

落叶木质藤本。茎左旋,嫩枝被白色柔毛,后渐无毛。奇数羽状复叶长 15～25cm;托叶线形,早落;小叶 7～13,小叶片卵状椭圆形至卵状披针形,上部小叶较大,基部 1 对最小,长

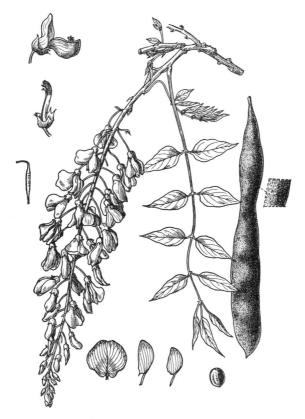

图 168　紫藤(引自《浙江天目山药用植物志》)

4～11cm,宽 2～5cm,先端渐尖至尾尖,基部钝圆或楔形,或歪斜,幼时两面被平伏毛,老叶近无毛;小托叶刺毛状,长 4～5mm,宿存。总状花序生于去年生枝顶端,下垂,长 15～30cm,直径 8～10cm,花序轴被白色柔毛;花萼杯状,密被毛;花冠紫色或深紫色,旗瓣圆形,长约 2cm,先端略凹,花开后反折,基部有 2 胼胝体,翼瓣长圆形,龙骨瓣较翼瓣短,阔镰形,子房线形,密被绒毛。荚果条状倒披针形,长 10～20cm,密被绒毛,悬垂枝上不脱落;种子 1～3(～5),扁圆形。花期 4—5 月,果期 5—8 月。

产地:鸠甫山、龙塘山、童玉、千顷塘、干坑、西坞源、横源、直源。生于路旁、溪边。

分布:陕西、山西、河北、山东、河南、江苏、安徽、浙江、江西、福建、湖北、湖南、广西;日本。

用途:树形及花优美,常栽培作为庭院棚架植物。

(十六)崖豆藤属　Millettia Wight & Arn.

藤本、直立或攀援灌木或乔木。奇数羽状复叶互生;托叶早落或宿存,小托叶有或无;小叶 2 至多对,通常对生;全缘。圆锥花序大,顶生或腋生,花单生分枝上或簇生于缩短的分枝上;小苞片 2,贴萼生或着生于花梗中上部;花萼阔钟状,4 或 5 齿裂;花冠紫色、粉红色、白色或堇青色,旗瓣内面常具色纹,开放后反折,翼瓣略小,龙骨瓣内弯;雄蕊二体(9+1),对旗瓣 1 枚有部分或大部分与雄蕊管连合成假单体,花药同型,中部以下背着,花丝顶端不膨大;具花盘,但有时甚至不发达;子房线形,具毛或无毛,无柄或具短柄,胚珠 4～10 粒;花柱基部常被毛,中上部无毛,圆柱形,上弯或弧曲,柱头小,顶生,盘形或头状。荚果扁平或肿胀,果瓣木质或革质;种子 1 至多数,凸镜状,扁圆形或肾形。

约 200 种,分布于热带和亚热带的非洲、亚洲和大洋洲。我国有 35 种。浙江有 5 种、1 变种。

本志所记载的 3 个种,*Flora of China* 均将其放置在鸡血藤属 *Callerya* Endl.(*Flora of China* 的作者根据花序和花对崖豆藤属 *Millettia* 和鸡血藤属 *Callerya* 进行了细分:前者为假总状花序,有的花簇生于缩短的分枝上;后者为总状花序或圆锥花序,花从不簇生。本志采用《中国植物志》及《浙江种子植物检索鉴定手册》的观点,对两者不做细分)。

分种检索表

1. 小叶 5;旗瓣与荚果均密被毛;常绿 ························· 1. 香花崖豆藤 M. dielsiana
1. 小叶 7～9;旗瓣与荚果均无毛;落叶或半常绿。
　2. 托叶基部向下突出 1 对明显的距;圆锥花序顶生,花冠紫红色·········· 2. 网络崖豆藤 M. reticulata
　2. 托叶基部几无明显的距状突起;总状花序腋生,花冠白色 ·········· 3. 江西崖豆藤 M. kiangsiensis

1. 香花崖豆藤(图 169:C,D)

Millettia dielsiana Harms ex Diels in Bot. Jahrb. Syst. 29(3-4):412. 1900.

攀援灌木,长 2～6m。羽状复叶;小叶 5,小叶片披针形,长圆形至狭长圆形,长 5～15cm,宽 1.5～6cm,先端急尖至渐尖,偶钝圆,基部钝圆,偶近心形,上面有光泽,几无毛,下面被平伏柔毛或无毛。圆锥花序顶生,宽大,长达 40cm,被黄褐色柔毛,花单生于序轴的节上;花萼阔钟状,密被锈色绒毛;花冠紫红色,旗瓣外面密被锈色毛;子房线形,密被绒毛。荚

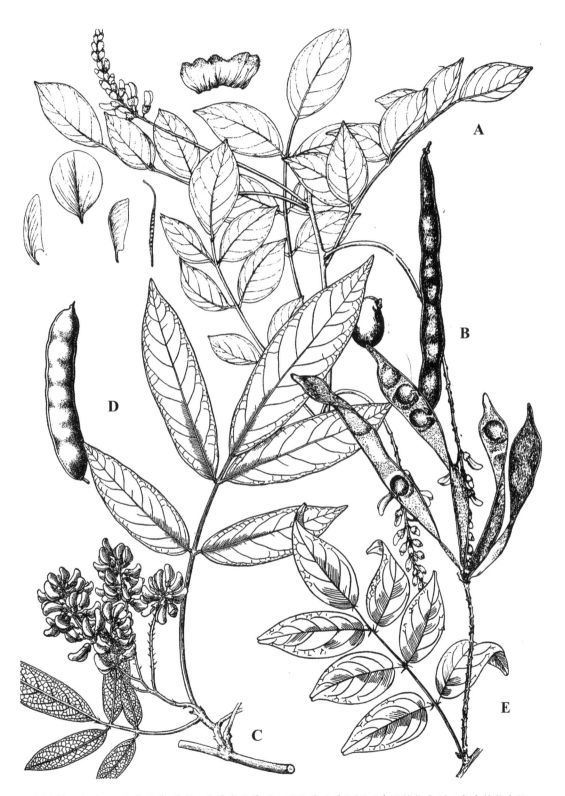

图 169 A,B：江西崖豆藤；C,D：香花崖豆藤；E：网络崖豆藤（重组《中国植物志》与《湖南植物志》）

果线形至长圆形,长 7～12cm,宽 1.5～2cm,扁平,密被灰色绒毛,果瓣薄,近木质,瓣裂;种子 3～5,长圆状凸镜形。花期 5—9 月,果期 6—11 月。

产地:童玉、大坪溪、西坞源。生于林缘或林下。

分布:陕西南部、甘肃南部、安徽、浙江、江西、福建、湖北、湖南、广东、广西、海南、四川、贵州、云南。

2. 网络崖豆藤 昆明鸡血藤(图 169:E)

Millettia reticulata Benth. in Miq. , Pl. Jungh. 249. 1853.

藤本。奇数羽状复叶;托叶钻形,基部向下突起成一对短而硬的距;小叶 7～9,小叶片卵状长椭圆形或长圆形,长 2.5～12cm,宽 1.5～5.5cm,先端钝,渐尖,或微凹,基部圆形,两面均无毛,或被稀疏柔毛;圆锥花序顶生或着生于枝梢叶腋,长 10～20cm,常下垂,花序轴被黄褐色柔毛;花密集,单生于序轴的节上。萼齿短而钝圆,边缘有黄色绢毛;花冠紫红色,旗瓣无毛;子房线形,无毛。荚果条形,长可达 15cm,宽 1～1.5cm,扁平,种子间略缢缩,成熟时瓣裂,果瓣近木质,扭曲;种子扁圆形。花期 5—11 月。

产地:干坑、大坪溪。生于山坡林缘。

分布:陕西南部、江苏、安徽、浙江、江西、福建、台湾、湖北、湖南、广东、广西、海南、四川、贵州、云南;越南北部。

用途:广泛用于园艺观赏,世界各地常有栽培。

3. 江西崖豆藤(图 169:A,B)

Millettia kiangsiensis Z. Wei in Acta Phytotax. Sin. 23(4):283. 1985.

藤本。茎细柔,红褐色,圆柱形,密布细小皮孔。奇数羽状复叶;托叶丝状细尖,基部几无明显的距状突起;小叶 7～9,小叶片卵形,长 2～7cm,宽 1～2.5cm,先端锐尖,基部圆形,两面均无毛。总状花序腋生,等长于复叶,花单生于花序轴节上;花萼钟状,长、宽均约4mm,萼齿三角形,短于萼筒,边缘有毛;花冠白色,旗瓣无毛。荚果直,线形,长达 10cm,宽1～1.2cm,扁平,顶端具短钩状喙,基部有长约 3mm 的短颈,具皱脉纹;种子 5～9,凸镜形。花期 6—8 月,果期 9—10 月。

产地:大坪溪、保护区管理局。生于林缘。

分布:安徽南部、浙江、江西、福建北部、湖北东南部、湖南东部。

(十七) 油麻藤属 Mucuna Adans.

多年生或一年生木质或草质藤本。托叶常脱落。3 小叶羽状复叶,小叶大,侧生小叶多少不对称,有小托叶,常脱落。花序腋生或生于老茎上,近聚伞状,或为假总状或紧缩的圆锥花序;花大而美丽,苞片小或脱落;花萼钟状,4 或 5 裂,2 唇形,上面 2 齿合生;花冠伸出萼外,深紫色、红色、浅绿色或近白色,干后常黑色;旗瓣通常比翼瓣、龙骨瓣为短,具瓣柄,基部两侧具耳,翼瓣长圆形或卵形,内弯,常附着于龙骨瓣上,龙骨瓣比翼瓣稍长或等长,先端内弯,有喙;雄蕊二体,对旗瓣的一枚雄蕊离生,其余的雄蕊合生,花药二式,常具髯毛,5 枚较长,花药基着,5 枚较短,花药丁字着生;胚珠 1 至多数;花柱丝状,内弯,有时有毛,但不具髯毛,柱头小,头状。荚果膨胀或扁,边缘常具翅,常被褐黄色螫毛,多 2 瓣裂,裂瓣厚,常有隆起、片状、斜向的横折褶或无,种子之间具隔膜或充实。种子肾形、圆形或椭圆形,种脐短或长而为线形,至超过种子周围长度的一半,无种阜。

约 100 种,世界广布。我国有 18 种。浙江有 4 种。

1. 常春油麻藤(图 170)

Mucuna sempervirens Hemsl. ex Forb. & Hemsl. in J. Linn. Soc., Bot. 23: 190. 1887.

常绿木质藤本,长可达 25m。羽状复叶;小叶 3,顶生小叶片椭圆形、长圆形或卵状椭圆形,长 8~15cm,宽 3.5~6cm,先端渐尖,基部圆楔形,侧生小叶基部偏斜,长 7~14cm,无毛。总状花序生于老茎上,长 10~36cm,每节上生有 3 朵花;花萼外面被稀疏锈色长硬毛,里面密被绢状茸毛;花冠深紫色,干后黑色,长约 6.5cm;花柱下部和子房被毛。荚果木质,条状,长 30~60cm,宽 3~3.5cm,种子间缢缩,近念珠状,边缘多数加厚而凸起为一圆形脊,无翅,被锈黄色毛;种子 4~12,扁长圆形,长 2.2~3cm,3/4 被种脐所包围。花期 4—5 月,果期 8—10 月。

产地:昌化镇。

分布:陕西、浙江、江西、福建、湖北、湖南、广东、广西、四川、贵州、云南;日本、缅甸、不丹、印度东北部。

用途:茎藤药用,有活血去瘀、舒筋活络之效;茎皮可织草袋及制纸;块根可提取淀粉;种子可榨油。

图 170　常春油麻藤(引自 *Flora of China* - Ill.)

(十八) 合萌属　Aeschynomene L.

草本或小灌木。茎直立或匍匐在地上而枝端向上。偶数羽状复叶,小叶多对,常易闭合;托叶早落。花小,数朵组成腋生的总状花序;苞片托叶状,成对,宿存,边缘有小齿;小苞片卵状披针形,宿存;花萼膜质,通常二唇形,上唇2裂,下唇3裂;花冠通常黄色,旗瓣大,圆形,翼瓣无耳,龙骨瓣弯曲而略有喙;雄蕊二体(5+5)或基部连合成一体,花药同型,肾形;子房具柄,线形,有胚珠多颗,花柱丝状,向内弯曲,柱头顶生。荚果有果颈,扁平,具荚节4~8,每节有种子1枚。

约150种,分布于全世界热带和亚热带地区。我国有2种,分布于东部至西南。浙江有1种。

1. 合萌　田皂角(图171)

Aeschynomene indica L., Sp. Pl. 2: 713. 1753.

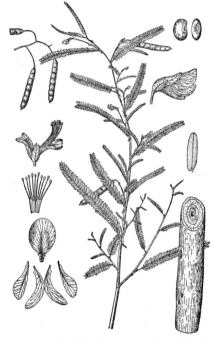

一年生直立草本或半灌木状草本,高0.3~1m。偶数羽状复叶,互生;小叶20对以上,小叶片全缘,长圆形,长5~12mm,宽2~3mm,上面密布腺点,下面稍带白粉,先端有细刺尖头,基部歪斜。总状花序较叶短,腋生;花萼膜质,二唇形;花冠黄色,具紫色纵脉纹,易脱落,旗瓣大,近圆形,翼瓣有爪,龙骨瓣比旗瓣稍短,比翼瓣稍长或近相等。荚果线状长圆形,长3~4cm;荚节4~8(~10);种子肾形。花期7—8月,果期8—10月。

产地:谢家坞、昌化镇。

分布:辽宁、吉林、陕西、山西、河北、山东、河南、江苏、安徽、浙江、江西、福建、台湾、湖北、湖南、广东、广西、海南、四川、贵州、云南;东亚、南亚、东南亚、西亚、太平洋群岛、非洲热带地区、澳大利亚、南美洲。

用途:为优良绿肥植物;全草入药,利尿解毒。

图171　合萌(引自《浙江天目山药用植物志》)

(十九) 长柄山蚂蝗属　Hylodesmum H. Ohashi & R. R. Mill

多年生草本或亚灌木状。根茎多少木质。叶为羽状复叶或三出复叶;小叶全缘或浅波状;有托叶和小托叶。花序顶生或腋生,或有时从能育枝的基部单独发出,总状花序,少为稀疏的圆锥花序;具苞片,通常无小苞片,每节通常着生2或3花;花梗通常有钩状毛和短柔毛;花萼宽钟状,4或5裂(上部2裂片完全合生时4裂,先端微2裂时5裂),裂片较萼筒长或短;旗瓣宽椭圆形或倒卵形,具短瓣柄,翼瓣、龙骨瓣通常狭椭圆形,有瓣柄或无;单体雄蕊;子房具细长或稍短的柄。荚果具细长或稍短的果颈(子房柄),有荚节2~5,背缝线于荚节间凹入几达腹缝线而成一深缺口,腹缝线在每一荚节中部不缢缩或微缢缩;荚节通常为斜三角形或略呈宽的半倒卵形;种子通常较大,种脐周围无边状的假种皮。子叶不出土,留土萌发。

14 种,主要分布于东亚,北美有 3 种。我国有 10 种、5 亚种,分布于全国各地。浙江有 1 种、2 亚种。

1. 羽叶长柄山蚂蝗(图 172:A – D)

Hylodesmum oldhamii(Oliv.)H. Ohashi & R. R. Mill in Edinburgh J. Bot. 57(2): 180. 2000.

Basionym:*Desmodium oldhamii* Oliv. in J. Linn. Soc., Bot. 9: 165. 1865.

多年生直立草本,高 50～150cm。根茎木质,较粗壮;茎微有棱,近无毛。羽状复叶,小叶 7,偶为 3～5;小叶片披针形、长圆形或卵状椭圆形,长 6～15cm,宽 3～5cm,顶生小叶较大,下部小叶较小,先端渐尖,基部楔形或钝,两面疏被短柔毛。总状花序,单一或有短分枝,长达 40cm,花序轴被黄色短柔毛;花萼长 2.5～3mm,上部裂片先端明显 2 裂;花冠紫红色,长约 7mm,旗瓣宽椭圆形,先端微凹,具短瓣柄,翼瓣、龙骨瓣狭椭圆形,具短瓣柄;子房被毛,花柱弯曲。荚果扁平,长约 3.4cm,有钩状毛,通常有 2 荚节,稀 1 或 3,荚节斜三角形,长 10～15mm,果梗长 6～11mm。花期 8～9 月,果期 9—10 月。

产地:龙塘山、直源、双涧坑。生于山谷、溪边、林下。

分布:黑龙江、吉林、辽宁、陕西、河北、河南、江苏、安徽、浙江、江西、福建、湖北、湖南、四川、贵州;日本、朝鲜半岛、俄罗斯远东地区。

用途:全株入药,有祛风活血、利尿、杀虫之效。

2. 宽卵叶长柄山蚂蝗(图 172:E,F)

Hylodesmum podocarpum(DC.)H. Ohashi & R. R. Mill subsp. **fallax**(Schindl.)H. Ohashi & R. R. Mill in Edinburgh J. Bot. 57(2): 182. 2000.

Basionym:*Desmodium fallax* Schindl. in Bot. Jahrb. Syst. 54(1): 55. 1916.

草本,高 70～100cm。茎被短柔毛。三出羽状复叶;小叶纸质,顶生小叶片宽卵形或卵形,长 3.5～12cm,宽 2.5～8cm,最宽处在叶片下部,先端渐尖或急尖,基部阔楔形或圆形,两面疏被短柔毛或几无毛,侧生小叶较小,偏斜。总状花序或圆锥花序,顶生或兼腋生,长 20～30cm,结果时可延长达 40cm,通常每节生 2 花;花萼长约 2mm,裂片较萼筒短,被小钩状毛;花冠紫红色,长约 4mm,旗瓣宽倒卵形,翼瓣狭椭圆形,龙骨瓣与翼瓣相似,均无瓣柄;子房具子房柄。荚果长约 1.6cm,通常有 2 荚节;荚节略呈宽半倒卵形,长 5～10mm,宽 3～4mm,被钩状毛和小直毛。花期 8—11 月。

产地:龙塘山。生于溪边林下。

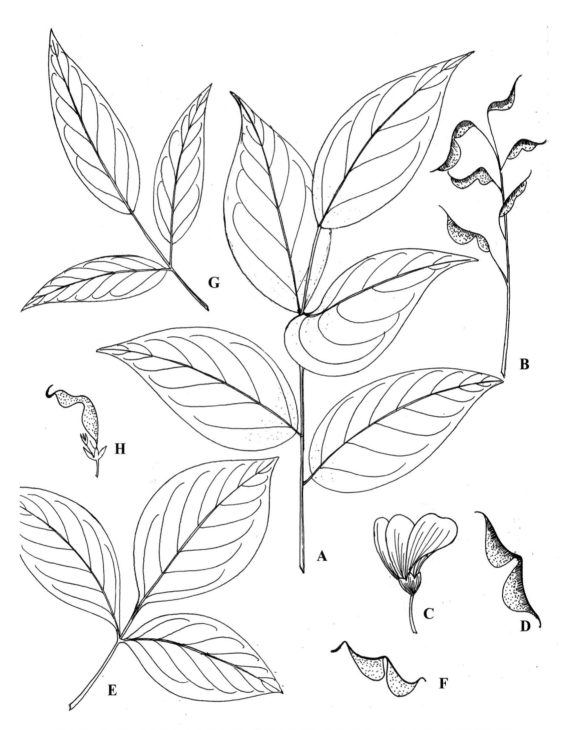

图 172　A-D：羽叶长柄山蚂蝗；E,F：宽卵叶长柄山蚂蝗；G,H：尖叶长柄山蚂蝗（金琳绘）

　　分布：陕西、山西、甘肃、江苏、安徽、浙江、江西、福建、湖北、湖南、广东、广西、四川、贵州、云南；日本、朝鲜半岛。

　　用途：全草药用，可祛风、活血、止痢；可作家畜饲料。

2a. 尖叶长柄山蚂蝗（图 172：G，H）

Hylodesmum podocarpum（DC.）H. Ohashi & R. R. Mill subsp. **oxyphyllum**（DC.）H. Ohashi & R. R. Mill in Edinburgh J. Bot. 57(2)：182. 2000.

　　Basionym：*Desmodium oxyphyllum* DC. in Ann. Sci. Nat.(Paris) 4：102. 1825.

　　草本，高达 100cm。茎光滑或近无毛。三出羽状复叶；小叶纸质，顶生小叶片菱形，长 4～8cm，宽 2～3cm，最宽处在叶片中部，先端渐尖，尖头钝，基部楔形，两面疏被短柔毛或几无毛，侧生小叶较小，偏斜。总状花序或圆锥花序，顶生或顶生和腋生，长 20～30cm，结果时可延长达 40cm，通常每节生 2 花；花萼长约 2mm，裂片较萼筒短，被小钩状毛；花冠紫红色，长约 4mm，旗瓣宽倒卵形，翼瓣狭椭圆形，龙骨瓣与翼瓣相似，均无瓣柄；子房具子房柄。荚果长约 1.6cm，通常有 2 荚节；荚节略呈宽半倒卵形，长 5～10mm，宽 3～4mm，被钩状毛和小直毛。花期 7—9 月，果期 8—11 月。

　　产地：龙塘山、顺溪、直源。生于山谷、路边、溪边、林下。

　　分布：黑龙江东部、吉林、辽宁、陕西、河北、河南、江苏、安徽、浙江、江西、福建、广东、广西、四川、贵州、云南；日本、朝鲜半岛、俄罗斯远东地区、缅甸、老挝、泰国、尼泊尔、不丹、印度、印度尼西亚。

　　用途：全株药用，能解表散寒、祛风解毒，治风湿骨痛、咳嗽吐血。

（二〇）山蚂蝗属　**Desmodium** Desv.

　　草本、亚灌木或灌木。叶为三出羽状复叶或退化为单小叶；具托叶和小托叶，托叶通常干膜质，有条纹，小托叶钻形或丝状；小叶片全缘或浅波状。花通常较小；组成腋生或顶生的总状花序或圆锥花序，稀为单生或成对生于叶腋；苞片宿存或早落，小苞片有或缺；花萼钟状，4 或 5 裂，裂片较萼筒长或短，上部裂片全缘或先端 2 裂至微裂；花冠白色、绿白、黄白、粉红、紫色、紫菫色，旗瓣椭圆形、宽椭圆形、倒卵形、宽倒卵形至近圆形，翼瓣多少与龙骨瓣贴连，均有瓣柄；雄蕊二体（9＋1），或少有单体；子房通常无柄，有胚珠数颗。荚果扁平，不开裂，背腹两缝线稍缢缩或腹缝线劲直；荚节数枚。子叶出土萌发。

　　约 350 种，多分布于亚热带和热带地区。我国有 30 种，主要分布于西南部至东南部。浙江有 5 种。

分种检索表

1. 叶柄两侧的狭翅宽 0.2～0.4mm；顶生小叶片长 4～9cm；具小苞片；花冠绿白色或黄白色，具明显脉纹；荚果长 5～8cm，荚节长椭圆形，长为宽的 2.5～5 倍 ……………………………… 1. 小槐花 D. caudatum
1. 叶柄两侧无翅；顶生小叶片长 2～10mm；无小苞片；花冠粉红色，脉纹不明显；荚果长 0.8～1.6cm，荚节近方形，长度等于或稍大于宽度 ……………………………… 2. 小叶三点金 D. microphyllum

1. 小槐花（图 173：E - G）

Desmodium caudatum DC.，Prodr. 2：337. 1825.

图 173　A-D：小叶三点金；E-G：小槐花（重组《中国植物志》与《湖南植物志》）

直立灌木或亚灌木,高 1～2m。三出羽状复叶;托叶披针状线形,长 5～10mm,宿存;叶柄长 1.5～4cm,多少被柔毛,两侧具极窄的翅,翅宽 0.2～0.4mm;顶生小叶片披针形或长圆形,长 4～9cm,宽 1.5～4cm,侧生小叶较小;小托叶丝状,长 2～5mm。总状花序顶生或腋生,长 5～30cm,花序轴密被柔毛并混生小钩状毛,每节生 2 花;具小苞片;花萼窄钟形,长 3.5～4mm,萼齿 2 唇形,上面 2 齿几连合,下面 3 齿披针形;花冠绿白色或黄白色,长约 5mm,具明显脉纹,旗瓣椭圆形,瓣柄极短,翼瓣狭长圆形,具瓣柄,龙骨瓣长圆形,具瓣柄。荚果线形,扁平,长 5～8cm,稍弯曲,被伸展的钩状毛;荚节 4～8,长椭圆形,长 9～13mm,宽约 3mm。花期 7—9 月,果期 9—11 月。

产地:井坑、云溪坞。生于山谷、溪边、路边、林下。

分布:江苏、安徽、浙江、江西、福建、台湾、湖北、湖南、广东、广西、四川、贵州、云南、西藏;日本、朝鲜半岛、越南、缅甸、老挝、不丹、斯里兰卡、印度、马来西亚、印度尼西亚。

用途:根、叶药用,能祛风活血、利尿、杀虫;亦可作牧草。

Flora of China 将本种放置在小槐花属 *Ohwia* H. Ohashi,与山蚂蝗属 *Desmodium* Desv. 的主要区别在于叶柄有翅。

2. 小叶三点金(图 173:A – D)

Desmodium microphyllum(Thunb.)DC.,Prodr. 2:337. 1825.

Basionym:*Hedysarum microphyllum* Thunb. in Syst. Veg.,ed. 14. 675. 1784.

多年生草本或半灌木。茎纤细,多分枝,直立或平卧,通常红褐色,近无毛;根粗壮,木质。三出羽状复叶,稀单叶;托叶披针形,长 3～4mm;叶柄长 2～3mm,无翅;如为单小叶,则叶柄长 3～10mm;顶生小叶片矩圆形,长 2～10mm,宽 1～5mm,先端有短尖,上面无毛,下面疏被柔毛,侧生小叶片明显较小,基部多偏斜。总状花序顶生或腋生,被黄褐色开展柔毛;无小苞片;花萼长约 4mm,5 深裂,密被黄褐色长柔毛,裂片线状披针形,较萼筒长 3～4 倍;花冠粉红色,旗瓣宽倒卵形或近圆形,先端微凹,翼瓣具耳和瓣柄,龙骨瓣长椭圆形,弯曲;子房线形,被毛。荚果长 8～16mm,宽约 3mm,具 2～5 荚节,荚节近方形,扁平,被细钩状毛,腹背两缝线在荚节间溢缩成浅齿状。花期 5～9 月,果期 9—11 月。

产地:龙塘山、鸠甫山、顺溪、直源。生于山谷、溪边、路旁。

分布:江苏、安徽、浙江、江西、福建、台湾、湖北、湖南、广东、广西、海南、四川、贵州、云南、西藏、陕西南部;日本、越南、老挝、泰国、缅甸、柬埔寨、尼泊尔、印度、斯里兰卡、马来西亚、澳大利亚。

用途:根药用,有清热解毒、止咳、祛痰之效。

(二一) 胡枝子属　**Lespedeza** Michx.

多年生草本、半灌木或灌木。羽状复叶具 3 小叶;托叶小,钻形或线形,宿存或早落,无小托叶;小叶片全缘,先端有小刺尖,网状脉。花 2 至多数组成腋生的总状花序或花束;苞片小,宿存,小苞片 2,着生于花基部;花常二型;一种有花冠,结实或不结实,另一种为闭锁花,花冠退化,不伸出花萼(有些学者称无瓣花),结实;花萼钟形,5 裂,裂片披针形或线形,上方 2 裂片通常下部合生,上部分离;花冠超出花萼,花瓣具瓣柄,旗瓣倒卵形或长圆形,翼瓣长圆形,与龙骨瓣稍附着或分离,龙骨瓣先端钝、内弯;雄蕊 10,二体(9＋1);子房上位,具 1 胚珠,花柱内弯,柱头顶生。荚果卵形、倒卵形或椭圆形,稀稍呈球形,双凸镜状,常有网纹;种子1颗,不开裂。

　　约60种,分布于亚洲、北美及澳洲。我国有25种,广布全国。浙江有19种。

　　本属植物多数均能耐干旱,为良好的水土保持植物及固沙植物;嫩枝、叶可作饲料及绿肥;又为蜜源植物;还可固氮。

分种检索表

1. 无闭锁花(即不具有花冠退化、不伸出花萼、结实的花);植株较高大,高通常在1m以上。
　　2. 小叶片先端通常钝圆或微凹。
　　　　3. 小叶片两面被毛;花萼5深裂,裂片披针形 ……………………………… 1. 大叶胡枝子 L. davidii
　　　　3. 小叶片上面无毛,下面被疏毛,老时渐无毛;花萼5浅裂,裂片卵形或三角状卵形 ………………
　　　　　　……………………………………………………………………………………… 2. 胡枝子 L. bicolor
　　2. 小叶片先端急尖至长渐尖或稍尖,稀稍钝。
　　　　4. 花冠淡黄绿色;小叶片上面光滑无毛,下面被柔毛 ……………… 3. 绿叶胡枝子 L. buergeri
　　　　4. 花冠红紫色;小叶片上面疏被短柔毛,下面贴生短柔毛。
　　　　　　5. 花萼5深裂,裂片长为萼筒的2～4倍;花冠长10～15mm ……… 4. 美丽胡枝子 L. formosa
　　　　　　5. 花萼5中裂;花冠长8～10mm ………………………… 5. 宽叶胡枝子 L. maximowiczii
1. 有闭锁花(即具有花冠退化、不伸出花萼、结实的花);植株较矮小,高通常在1m以下,稀1～2m。
　　6. 茎平卧,全株密被毛;小叶片宽倒卵形或倒卵圆形;花冠黄白色或白色 ………… 6. 铁马鞭 L. pilosa
　　6. 茎直立。
　　　　7. 总状花序具明显花序梗,花序长于复叶。
　　　　　　8. 小叶片仅下面被毛;花序梗纤细如毛发状;总状花序有花(2～)4～6(～8)朵;荚果无毛或疏被毛 ……………………………………………………………………………………… 7. 细梗胡枝子 L. virgata
　　　　　　8. 小叶片两面被毛;花序梗较粗壮;总状花序有花10朵以上;荚果密被毛 ………………………
　　　　　　……………………………………………………………………………………… 8. 绒毛胡枝子 L. tomentosa
　　　　7. 总状花序几无花序梗,花序明显短于复叶。
　　　　　　9. 小叶片宽1～1.5cm,倒卵状长圆形、长圆形、卵形或卵形,先端截形、微凹或钝圆,长约为宽的3倍,上面无毛或疏被毛,下面密被毛 ………………………… 9. 中华胡枝子 L. chinensis
　　　　　　9. 小叶片宽2～5mm,楔形或线状楔形,先端截形,长为宽的5～6倍,上面近无毛,下面密被毛 ……………………………………………………………………………………… 10. 截叶铁扫帚 L. cuneata

1. 大叶胡枝子(图174:A)

Lespedeza davidii Franch. , Pl. David. 1:94. 1884.

　　直立灌木,高1～3m。枝条密被长柔毛,具棱。三出羽状复叶,小叶片宽卵圆形或宽倒卵形,长3.5～9cm,宽2.5～6.5cm,先端钝圆或微凹,两面密被黄白色绢毛。总状花序腋生或于枝顶形成圆锥花序,较叶长;花萼5深裂,裂片披针形,被柔毛;花冠红紫色;子房密被毛。荚果卵形,长8～10mm,密被绢毛,先端具短尖。花期7—9月,果期9—10月。

　　产地:昱岭关。生于路旁山麓石隙中。

　　分布:河南、江苏、安徽、浙江、江西、福建、湖南、广东、广西、四川、贵州;日本有归化。

图 174　A：大叶胡枝子；B：绿叶胡枝子（金琳绘）

2. 胡枝子(图 175：A)

Lespedeza bicolor Turcz. in Bull. Soc. Imp. Naturalistes Moscou 13：69. 1840.

直立灌木,高 0.5～2m。三出羽状复叶;小叶片卵形、倒卵形或卵状长圆形,长 1.5～6cm,宽 1～3.5cm,先端钝圆或微凹,稀稍尖,具短刺尖,上面绿色,无毛,下面色淡,被疏柔毛,老时渐无毛。总状花序腋生,较叶长,常构成大型、较疏松的圆锥花序;花萼长约 5mm,5 浅裂,裂片卵形或三角状卵形,通常短于萼筒,外面被白毛,上方 2 裂片合生成 2 齿;花冠红紫色,长不超过 10mm,旗瓣倒卵形,先端微凹,翼瓣较旗瓣短,近长圆形,基部具耳和瓣柄,龙骨瓣与旗瓣近等长,基部具较长的瓣柄;子房被毛。荚果斜倒卵形,长约 1cm,宽约 5mm,表面具网纹,密被短柔毛。花期 7—9 月,果期 9—10 月。

产地:大明山。生于山脚溪边农垦地草丛。

分布:黑龙江、吉林、辽宁、内蒙古、陕西、山西、甘肃、河北、山东、河南、江苏、安徽、浙江、福建、湖南、广东、广西;日本、朝鲜半岛、俄罗斯。

3. 绿叶胡枝子(图 174：B)

Lespedeza buergeri Miq. in Ann. Mus. Bot. Lugduno-Batavi 3：47. 1867.

直立灌木,高 1～3m。小叶 3,小叶片卵状椭圆形,长 3～7cm,宽 1.5～2.5cm,上面光滑无毛,下面有柔毛。总状花序腋生,在枝上部者构成圆锥花序;花萼 5 裂,裂片密被柔毛;花冠淡黄绿色,旗瓣近圆形,基部两侧有耳,具短柄,翼瓣椭圆状长圆形,基部有耳和瓣柄,龙骨瓣倒卵状长圆形,比旗瓣稍长,基部有明显的耳和长瓣柄;子房有毛。荚果长圆状卵形,长约 1.5cm,表面具网纹和长柔毛。花期 6—7 月,果期 8—9 月。

产地:直源。生于山谷溪边多岩处。

分布:陕西、山西、甘肃、河南、江苏、安徽、浙江、江西、湖北、四川;日本。

4. 美丽胡枝子

Lespedeza formosa (Vogel) Koehne, Deutsche Dendrol. 343. 1893.

Basionym:*Desmodium formosum* Vogel in Nov. Actorum Acad. Caes. Leop. -Carol. Nat. Cur. 19(Suppl. 1)：29. 1843.

直立灌木,高 1～2m。小叶 3,小叶片椭圆形、长圆状椭圆形或卵形,稀倒卵形,两端稍尖或稍钝,长 2.5～6cm,宽 1～3cm,上面稍被短柔毛,下面贴生短柔毛。总状花序单一,腋生,长于叶,或构成顶生的圆锥花序;花萼 5 深裂,裂片长圆状披针形,长为萼筒的 2～4 倍,外面密被短柔毛;花冠红紫色,长 10～15mm。荚果倒卵形或倒卵状长圆形,长 5～12mm,宽约 4mm,被疏柔毛。花期 7—9 月,果期 9—10 月。

产地:昌化。生于草丛中。

分布:江苏、浙江、江西、福建、台湾、广东、广西。

本种在浙江形态多变化,与胡枝子 L. bicolor Turcz. 有颇多相似之处。但后者的花萼浅裂,分裂不超过萼的中部,裂片呈卵形或三角状卵形;花较小,长不超过 10mm。而本种的花萼明显深裂,裂片披针形,长为萼筒的 2～4 倍;花亦较大,长为 10～15mm。

图 175   A：胡枝子；B：中华胡枝子（重组《中国植物志》与《湖南植物志》）

5. 宽叶胡枝子　拟绿叶胡枝子

Lespedeza maximowiczii C. K. Schneid. , III. Handb. Laubholzk. 2：113. 1907.

直立灌木,高达 2m。羽状复叶具 3 小叶;小叶片宽椭圆形或卵状椭圆形,长 2～6cm,宽 1.5～3.5cm,先端渐尖至急尖,具短刺尖,基部圆形或圆楔形,上面被疏短毛,下面贴生短柔毛。总状花序腋生,较叶长,或构成顶生的圆锥花序;花萼 5 中裂,裂片卵状披针形,先端急尖,上方 2 裂片几乎全合生,外面被短柔毛;花冠紫红色,长 8～10mm,旗瓣倒卵形,长 9～10mm,翼瓣长圆形,比旗瓣和龙骨瓣均短,长 6～8mm,龙骨瓣略呈弯刀形,长 8～9mm;子房被毛。荚果卵状椭圆形,被柔毛,长约 9mm,宽约 10mm。花期 7～8 月,果期 9—10 月。

产地: 龙塘山、顺溪、直源、云溪坞、百丈岭。生于山谷溪边林中、路边。

分布: 河南、安徽、浙江;日本、朝鲜半岛。

6. 铁马鞭(图 176：A,B)

Lespedeza pilosa Siebold & Zucc. in Abh. Math.-Phys. Cl. Königl. Bayer. Akad. Wiss. 4(2)：121. 1845.

多年生草本或半灌木,高 60～100cm。全株密被长柔毛,茎平卧。小叶 3,小叶片宽倒卵形或倒卵圆形,长 0.8～2.5cm,宽 0.6～2.2cm,先端圆形、近截形或微凹,有短尖,基部圆形或近截形,两面密被长柔毛,顶生小叶较侧生小叶大。总状花序腋生,较叶短;花萼密被长柔毛,5 深裂,上方 2 裂片基部合生,上部分离,裂片狭披针形,先端长渐尖,边缘具长缘毛;花冠黄白色或白色,旗瓣椭圆形,长 7～8mm,宽 2.5～3mm,先端微凹,具瓣柄,翼瓣比旗瓣和龙骨瓣短,龙骨瓣长约 8mm;闭锁花常 1～3 朵集生于茎上部叶腋,无梗或近无梗,结实。荚果宽卵形,长 3～4mm,凸镜状,两面密被长柔毛,先端具尖喙。花期 7—9 月,果期 9—10 月。

产地: 双涧坑。生于开敞溪谷边灌草丛的荫处。

分布: 陕西、甘肃、江苏、安徽、浙江、江西、福建、湖北、湖南、广东、四川、贵州、西藏;日本、朝鲜半岛。

用途: 全株药用,有祛风活络、健胃益气安神之效。

7. 细梗胡枝子(图 177：A,B)

Lespedeza virgata DC. , Prodr. 2：350. 1825.

小灌木,高 25～80cm,有时可达 1m。分枝纤细,被白色伏毛或近无毛。羽状复叶具 3 小叶;小叶片椭圆形、长圆形或卵状长圆形,长 0.6～2cm,宽 0.4～10mm,先端钝圆,有时微凹,具小刺尖,基部圆形,边缘稍反卷,上面无毛,下面密被伏毛,侧生小叶较小。总状花序腋生,长于复叶,花疏生,通常仅有(2～)4～6(～8)朵花;花序梗纤细,毛发状,被白色伏柔毛,显著超出叶;花梗短,无关节;花萼 5 深裂,裂片狭披针形,先端长渐尖;花冠白色或黄白色,旗瓣长约 6mm,基部有紫斑,翼瓣较短,龙骨瓣长于或近等长于旗瓣;闭锁花簇生于叶腋,无梗,结实。荚果近卵形,通常不超出花萼,疏被短柔毛或近无毛。花期 7—9 月,果期 9—10 月。

图 176　A,B：铁马鞭；C,D：截叶铁扫帚(重组《浙江天目山药用植物志》)

　　产地：直源、横源、昌化镇。生于路边灌丛。

　　分布：辽宁、陕西、山西、河北、山东、河南、江苏、安徽、浙江、江西、福建、台湾、湖北、湖南、贵州；日本、朝鲜半岛。

图 177　A,B：细梗胡枝子；C,D：绒毛胡枝子（金琳绘）

8. 绒毛胡枝子(图 177：C,D)

Lespedeza tomentosa Siebold ex Maxim. in Trudy Imp. St. -Peterburgsk. Bot. Sada 2：376. 1873.

　　灌木，高达 1m。全株密被黄褐色绒毛。小叶 3，小叶片椭圆形或卵状长圆形，长 3～6cm，宽 1.5～3cm，先端钝或微凹，边缘稍反卷，上面被短伏毛，下面密被黄褐色绒毛或柔毛,沿脉上尤多。总状花序顶生或于茎上部腋生,显著长于复叶,花密集;花序梗粗壮,长 4～9cm;花萼密被毛,长约 6mm,5 深裂,裂片狭披针形,长约 4mm,先端长渐尖;花冠黄色 或黄白色,旗瓣椭圆形,长约 1cm,翼瓣较旗瓣短,长圆形,龙骨瓣与旗瓣近等长;闭锁花生 于茎上部叶腋,簇生成球状。荚果倒卵形,长 3～4cm,宽 2～3cm,先端有短尖,表面密被 柔毛。

产地: 云溪坞。生于山谷荒草地中、田边。

分布: 除西藏及新疆外,全国广布;日本、朝鲜半岛、俄罗斯、蒙古、尼泊尔、印度、巴基 斯坦。

用途: 根药用,健脾补虚。

9. 中华胡枝子(图 175：B)

Lespedeza chinensis G. Don, Gen. Hist. 2：307. 1832.

小灌木,高达 1m。全株被白色伏毛,茎下部毛渐脱落。羽状三出复叶;小叶片倒卵状长 圆形、长圆形、卵形或倒卵形,长 1.5～4cm,宽 1～1.5cm,先端截形、近截形、微凹或钝圆,具 小刺尖,边缘稍反卷,上面无毛或疏生短柔毛,下面密被白色伏毛。总状花序腋生,短于复 叶,花少数;花序梗极短;花萼长为花冠之半,5 深裂,裂片披针形,被伏毛;花冠白色或黄色, 旗瓣长约 8mm,翼瓣与旗瓣近等长,龙骨瓣较旗瓣长。荚果卵圆形,长约 4mm,密被白色伏 毛。花期 8—9 月,果期 10—11 月。

产地: 直源。生于山坡草丛。

分布: 江苏、安徽、浙江、江西、福建、台湾、湖北、湖南、广东、四川。

10. 截叶铁扫帚(图 176：C,D)

Lespedeza cuneata G. Don, Gen. Hist. 2：307. 1832.

小灌木,高达 1m。茎直立或斜升,被柔毛。三出羽状复叶,叶密集;小叶片楔形或线状 楔形,长 1～3cm,宽 2～5mm,先端截形,有短尖,基部楔形,上面近无毛,下面密被伏毛。总 状花序腋生,短于复叶,有 2～4 朵花;几无花序梗;花萼狭钟形,密被伏毛,5 深裂,裂片披针 形;花冠淡黄色或白色,旗瓣基部有紫斑,有时龙骨瓣先端带紫色,翼瓣与旗瓣近等长,龙骨瓣 稍长于旗瓣;闭锁花簇生于叶腋。荚果宽卵形或近球形,被伏毛,长 2.5～3.5mm,宽约 2.5mm。 花期 7—8 月,果期 9—10 月。

产地: 龙塘山。生于路边草丛中。

分布: 陕西、甘肃、山东、河南、浙江、台湾、湖北、湖南、广东、四川、云南、西藏;日本、朝 鲜半岛、越南、老挝、泰国、尼泊尔、不丹、印度、马来西亚、印度尼西亚、菲律宾、阿富汗、巴基 斯坦,北美及澳大利亚有归化。

(二二) 荍子梢属　**Campylotropis** Bunge

落叶灌木或半灌木。小枝有棱并有毛,稀无毛,老枝毛少或无毛。羽状复叶具 3 小叶; 托叶 2,通常为狭三角形至钻形,宿存或有时脱落;叶柄通常有毛,无翅或稍有翅,叶轴比小叶 柄长,在小叶柄基部常有 2 脱落性的小托叶;顶生小叶通常比侧生小叶稍大而形状相似。花 序通常为总状,单一腋生或有时数个腋生并顶生,常于顶部排成圆锥花序;苞片宿存或早落,在每枚苞片腋内生有 1 花,花梗有关节,花易从花梗顶部关节处脱落;小苞片 2,生于花梗顶端,通常早落;花萼通常为钟形,5 裂,上方 2 裂片通常大部分合生,先端不同程度地分离,下方萼裂片一般较上方及侧方萼裂片狭而长;花冠通常紫色至粉白色,稀黄色,旗瓣椭圆形、近圆形、卵形以至近长圆形等,顶端通常锐尖,基部常狭窄,具很短的瓣柄,冀瓣近长圆形、半圆形或半椭圆形等,基部常有耳及细瓣柄,龙骨瓣瓣片上部向内弯成直角,有时成钝角或锐角,向先端变细,通常锐尖如喙状,瓣片基部有耳或呈截形,具细瓣柄;雄蕊二体(9+1),对着旗瓣的一枚雄蕊在花期不同程度地与雄蕊管连合,果期则多分离至中下部以至近基部;子房被毛或无毛,通常具短柄,1 室,1 胚珠,花柱丝状,向内弯曲,具小而顶生的柱头。荚果压扁,两面凸,有时近扁平,不开裂,表面有毛或无毛;种子 1 颗。通常由于花柱基部宿存而形成荚果顶端的喙尖。

约 37 种,大多分布于亚洲温带地区。我国有 32 种,大多分布于西南部。浙江有 1 种。

1. 菽子梢(图 178)

Campylotropis macrocarpa(Bunge) Rehder in Sargent, Pl. Wilson. 2(1): 113. 1914.

Basionym: *Lespedeza macrocarpa* Bunge, Enum. Pl. Chin. Bor. 18. 1833.

灌木,高 1～2m。三出羽状复叶;小叶片椭圆形或宽椭圆形,有时过渡为长圆形,长 2～7cm,宽 1.5～4cm,先端微凹,具小凸尖,上面通常无毛,脉网明显,下面通常有柔毛。总状花序腋生;花萼钟形,长 3～5mm,被柔毛;花冠紫红色或近粉红色。荚果长圆形,长 9～14mm,先端具短喙尖。花、果期 5—10 月。

产地: 都林山、龙塘山、大明山、昱岭关、顺溪。生于山谷岩上、林中、路旁灌木丛、溪边。

分布: 辽宁、陕西、山西、甘肃、河北、山东、河南、江苏、安徽、浙江、福建、湖北、湖南、广西、四川、贵州、云南;朝鲜半岛。

图 178　菽子梢(引自《浙江天目山药用植物志》)

中名索引

拉丁名索引

图书在版编目（CIP）数据

清凉峰木本植物志 / 金孝锋等主编.—杭州：浙江
大学出版社，2014.6

ISBN 978-7-308-13090-5

Ⅰ.①清… Ⅱ.①金… Ⅲ.①木本植物—植物志—
安徽省 Ⅳ.①S717.254

中国版本图书馆 CIP 数据核字（2014）第 074070 号

清凉峰木本植物志

金孝锋　金水虎　翁东明　张宏伟　主编

策划编辑	季峥（zzstellar@126.com）	
责任编辑	季峥（zzstellar@126.com）	
出版发行	浙江大学出版社	
	（杭州市天目山路 148 号　邮政编码 310007）	
	（网址：http://www.zjupress.com）	
排　　版	杭州林智广告有限公司	
印　　刷	浙江海虹彩色印务有限公司	
开　　本	787mm×1092mm　1/16	
印　　张	45.5	
字　　数	1150 千	
版 印 次	2014 年 6 月第 1 版　2014 年 6 月第 1 次印刷	
书　　号	ISBN 978-7-308-13090-5	
定　　价	388.00 元	

清凉峰木本植物志
第二卷

被子植物门（芸香科—百合科）

主　编　金孝锋　金水虎　翁东明　张宏伟

本卷主编　胡江琴　陈建民

卷副主编　卢毅军　蒋辰榆
　　　　　韩思思　马丹丹

浙江大学出版社

Woody Flora of Qingliangfeng
Volume 2

Angiospermae(Rutaceae—Liliaceae)

Editor-in-Chief
Jin Xiao-Feng   Jin Shui-Hu   Weng Dong-Ming   Zhang Hong-Wei

Volume Editor-in-Chief
Hu Jiang-Qin   Chen Jian-Min

Vice Volume Editor-in-Chief
Lu Yi-Jun   Jiang Chen-Yu   Han Si-Si   Ma Dan-Dan

Zhejiang University Press

内容简介

　　本卷记载浙江清凉峰国家级自然保护区及邻近地区野生和习见栽培的木本种子植物56科，153属，333种、9亚种、19变种，其中双子叶植物（芸香科至忍冬科）53科、144属、304种、9亚种、19变种，单子叶植物（竹亚科、棕榈科、百合科）3科、9属、29种。归并了光秆石竹1变型。每种植物有名称、形态特征、产地、生长环境、分布及经济用途。

　　本志可供植物、林业、农业、园艺、医药、环保以及有关部门研究人员、教师和学生参考。

说　明

　　一、《清凉峰木本植物志》是对浙江清凉峰国家级自然保护区及其邻近地区木本植物的系统记录。由杭州师范大学、浙江农林大学和浙江清凉峰国家级自然保护区管理局的相关专家组织成立编辑委员会，具体负责本志的编研工作。

　　二、本志记载上述区域内野生和习见栽培的木本植物。在科的排列上，裸子植物按郑万钧（1978）系统，被子植物按恩格勒（1964）系统。在科内，属、种的排列按其在检索表中出现的先后顺序编排。

　　三、本志共两卷：第一卷包括自然概况、种子植物分科检索表、裸子植物门和被子植物门胡椒科至豆科；第二卷包括被子植物门芸香科至百合科。

　　四、本志所记载的科、属、种系以历年所采集的标本为主要依据。所记载的科、属有名称、形态特征、所含属种数目（包括世界、中国和浙江）、地理分布（包括世界和中国）。对含 2 个及以上属的科，或含 2 个及以上种（含种下类群）的属，均附有分属、分种检索表。每种植物均有名称、文献引证、形态描述、产地、生境、分布及用途介绍，除少数种外均附有插图。对误定或有争论的种类在最后加以讨论。

　　五、本志中的名称一般采用 *Flora of China*、《中国植物志》、《浙江种子植物检索鉴定手册》、《浙江植物志》等著作中的名称，如有不一致的，则由相关编著者考证后选用。学名之基源异名全部列出，其他异名则列出主要与本区或浙江相关的，引证时正名用黑体，异名用斜体。

　　六、本志中的插图除部分自绘并注明作者外，引自其他已出版的文献或著作的均已注明出处。

本卷编著者

芸香科、苦木科、楝　科	周莹莹（杭州师范大学）
远志科、黄杨科、漆树科	余婷婷、金孝锋（杭州师范大学）
大戟科、交让木科	王　泓（杭州师范大学）
冬青科、槭树科、杜鹃花科	金孝锋（杭州师范大学）
卫矛科	王　强（浙江自然博物馆）
省沽油科、山柳科、棕榈科	韩思思、鲁益飞（杭州师范大学）
七叶树科、梧桐科、锦葵科	章叔岩、翁华军（浙江清凉峰国家级自然保护区）
无患子科、清风藤科	张宏伟、郑南忠（浙江清凉峰国家级自然保护区）
鼠李科	熊先华（杭州师范大学）
葡萄科	陈珍慧、孙　莉（杭州师范大学）
杜英科、椴树科	陈丹丹、王军旺（杭州师范大学、浙江清凉峰国家级自然保护区）
猕猴桃科、山茶科	夏国华（浙江农林大学）
藤黄科、大风子科、旌节花科、瑞香科、蓝果树科	闫道良（浙江农林大学）
胡颓子科、千屈菜科、百合科	陈伟杰、闫道良（杭州师范大学、浙江农林大学）
安石榴科、紫金牛科	朱小梅、王卫国（浙江清凉峰国家级自然保护区）
八角枫科、桃金娘科、野牡丹科、五加科、山茱萸科	马丹丹（浙江农林大学）
柿树科、山矾科、野茉莉科	杨王伟（杭州师范大学）
木犀科、马钱科	陈建民（杭州师范大学）

夹竹桃科、萝藦科、紫草科、马鞭草科、茄 科、玄参科、紫葳科

胡江琴（杭州师范大学）

茜草科 孙 莉、金孝锋（杭州师范大学）

忍冬科 卢毅军、高亚红（杭州植物园）

禾本科（竹亚科） 蒋辰榆、金孝锋（杭州师范大学）

绘 图 蒋辰榆、韩思思、王 泓、陈家乐、高迪莲、金孝锋（杭州师范大学）

AUTHORS

Rutaceae, Simaroubaceae, Meliaceae — Zhou Ying-Ying
(Hangzhou Normal University)

Polygalaceae, Buxaceae, Anacardiaceae — Yu Ting-Ting & Jin Xiao-Feng
(Hangzhou Normal University)

Euphorbiaceae, Daphniphyllaceae — Wang Hong
(Hangzhou Normal University)

Aquifoliaceae, Aceraceae, Ericaceae — Jin Xiao-Feng
(Hangzhou Normal University)

Celastraceae — Wang Qiang
(Zhejiang Museum of Nature & History)

Staphyleaceae, Clethraceae, Palmae — Han Si-Si & Lu Yi-Fei
(Hangzhou Normal University)

Hippocastanaceae, Sterculiaceae, Malvaceae
Zhang Shu-Yan & Weng Hua-Jun
(Zhejiang Qingliangfeng National Natural Reserve)

Sapindaceae, Sabiaceae — Zhang Hong-Wei & Zheng Nan-Zhong
(Zhejiang Qingliangfeng National Natural Reserve)

Rhamnaceae — Xiong Xian-Hua
(Hangzhou Normal University)

Vitaceae — Chen Zhen-Hui & Sun Li
(Hangzhou Normal University)

Elaeocarpaceae, Tiliaceae — Chen Dan-Dan & Wang Jun-Wang
(Hangzhou Normal University;
Zhejiang Qingliangfeng National Natural Reserve)

Actinidiaceae, Theaceae — Xia Guo-Hua
(Zhejiang Agricultural and Forestry University)

Guttiferae, Flacourtiaceae, Stachyuraceae, Thymelaeaceae, Nyssaceae

Yan Dao-Liang

(Zhejiang Agricultural and Forestry University)

Elaeagnaceae, Lythraceae, Liliaceae Chen Wei-Jie & Yan Dao-Liang

(Hangzhou Normal University;

Zhejiang Agricultural and Forestry University)

Punicaceae, Myrsinaceae Zhu Xiao-Mei & Wang Wei-Guo

(Zhejiang Qingliangfeng National Natural Reserve)

Alangiaceae, Myrtaceae, Melastomataceae, Araliaceae, Cornaceae Ma Dan-Dan

(Zhejiang Agricultural and Forestry University)

Ebenaceae, Symplocaceae, Styracaceae Yang Wang-Wei

(Hangzhou Normal University)

Oleaceae、Loganiaceae Chen Jian-Min

(Hangzhou Normal University)

Apocynaceae, Asclepiadaceae, Boraginaceae, Verbenaceae, Solanaceae, Scrophulariaceae, Bignoniaceae Hu Jiang-Qin

(Hangzhou Normal University)

Rubiaceae Sun Li & Jin Xiao-Feng

(Hangzhou Normal University)

Caperifoliaceae Lu Yi-Jun & Gao Ya-Hong

(Hangzhou Botanical Garden)

Gramineae (Bambusoideae) Jiang Chen-Yu & Jin Xiao-Feng

(Hangzhou Normal University)

Line drawing editor Jiang Chen-Yu, Han Si-Si, Wang Hong,

Chen Jia-Le, Gao Di-Lian & Jin Xiao-Feng

(Hangzhou Normal University)

目　录

三五、芸香科 Rutaceae

常绿或落叶乔木、灌木或草本,稀攀援性灌木。通常有油点,有或无刺,无托叶。叶互生或对生,单叶或复叶。花两性或单性,稀杂性同株,辐射对称,稀两侧对称;聚伞花序,稀总状或穗状花序,少数为单花,或叶上生花;萼片 4 或 5,离生或部分合生;花瓣 4 或 5,少有 2 或 3,离生,极少下部合生,覆瓦状排列,稀镊合状排列,极少无花瓣与萼片之分者花被片 5～8,且排列成一轮,雄蕊 4 或 5 枚,或为花瓣数的倍数,花丝分离或部分连生成多束或呈环状,花药纵裂,药隔顶端通常有油点;雌蕊通常由 4 或 5,稀较少或更多心皮组成,心皮合生或离生,花盘明显,环状,有时变态成子房,子房上位,稀半下位,花柱分离或合生,柱头常增大,中轴胎座,稀侧膜胎座,每心皮有上下叠置,稀两侧并列的胚珠 2 颗,稀 1 颗或较多,胚珠向上转,倒生或半倒生。果为蓇葖果、柑果、蒴果、翅果、核果、浆果(或具革质果皮,或具翼,或果皮稍近肉质);种子有或无胚乳,胚直立或弯生。

约 150 属,1600 种,全世界分布,主产热带和亚热带,少数分布至温带。我国有 22 属,126 种及一些杂交种,各地均有分布。浙江有 14 属,36 种及若干栽培变种。本志记载 6 属,8 种、2 变种。

分属检索表

1. 心皮离生或仅基部合生,成熟时分离;果为腹面开裂的蓇葖果。
  2. 枝有皮刺;雌花无退化雄蕊,雄蕊 5～8 ……………………………… 1. 花椒属 Zanthoxylum
  2. 枝无皮刺;雌花具退化雄蕊,雄花雄蕊 4 或 5。
    3. 单叶,互生;雄花序总状,雌花单生 ……………………………… 2. 臭常山属 Orixa
    3. 奇数羽状复叶,对生;聚伞状或伞房状圆锥花序 ……………… 3. 四数花属 Tetradium
1. 心皮合生;果为柑果或核果。
  4. 奇数羽状复叶或单叶;核果。
    5. 落叶乔木,复叶;圆锥花序或伞房花序;花瓣 5～8;雄蕊 5 或 6 ……… 4. 黄檗属 Phellodendron
    5. 常绿灌木,单叶;花单生;花瓣 4 或 5;雄蕊 4 或 5 ……………… 5. 茵芋属 Skimmia
  4. 单身复叶;柑果 ……………………………………………………… 6. 柑橘属 Citrus

(一)花椒属 Zanthoxylum L.

有刺灌木,直立或攀援状,落叶或常绿。叶互生;奇数羽状复叶,稀 3 小叶,小叶对生;小叶片全缘或有锯齿,有半透明油点;无小叶柄或近无柄。圆锥花序或伞房状聚伞花序,顶生或腋生;花小,单性异株或杂性同株;花被片 5～8,排成一轮,或萼片、花瓣均为 4 或 5;雄花的雄蕊 5～8,花丝锥尖,有退化雌蕊,雌花无退化雄蕊,心皮 2～5,通常有明显的柄,每心皮具 2 颗胚珠,花柱略侧生,分离或粘合状,柱头头状。蓇葖果红色或紫红色,外果皮常有腺点,开裂,每果瓣内有种子 1 粒。种子黑色,有光泽,胚直立或弯生,胚乳丰富。

200 余种,泛热带分布,少数分布至温带。我国有 41 种,自辽东半岛至海南,东南自台湾至西藏东南部均有分布。浙江连引入栽培有 10 种。

分种检索表

1. 青花椒(图 1：D-F)

Zanthoxylum schinifolium Siebold & Zucc. in Abh. Math. -Phys. Cl. Königl. Bayer. Akad. Wiss. 4(2)：137. 1845.

灌木,高 1～2m。茎、枝有短刺,刺基部两侧压扁状,嫩枝暗紫红色。羽状复叶有小叶 9～17;小叶片纸质,对生(位于叶轴基部的常互生),几无柄,宽卵形至披针形,或阔卵圆菱形,长 1～4cm,宽 6～15mm,先端急尖或钝,基部圆或宽楔形,有时一侧扁斜,边缘具细锯齿,齿缝间有油点,上面绿色,下面苍绿色,疏生油点。伞房状圆锥花序顶生;花单性;萼片及花瓣均 5 片;花瓣淡黄色,长约 2mm;雄花的退化雌蕊甚短;雌花心皮 3,稀 4 或 5,花柱近无,柱头头状。蓇葖果成熟时紫红色,分果瓣红褐色,直径 4～5mm,顶端具极短的芒尖;种子直径 3～4mm,蓝黑色,有光泽。花期 7～9 月,果期 9～11 月。

产地：千顷塘、直源、横源。生于路边、林缘或林下。

分布：辽宁以南、五岭以北大部分省、区均有分布;日本、朝鲜半岛。

用途：根、叶、果实入药,能散寒解毒、消食健胃。

2. 竹叶椒(图 1：A,B)

Zanthoxylum armatum DC. , Prodr. 1：727, sphalm. 1824.

落叶小乔木,高 1～3m。茎多刺,刺基部宽而扁,红褐色,小枝上的刺径直,水平抽出,小叶背面中脉上常有小刺。叶有小叶 5～7,有时 3 或 9,翼叶明显,稀仅有痕迹;小叶对生,披针形或椭圆形,有时卵形,长 3～10cm,宽 1～3cm,先端尖,基部宽楔形,干后叶缘略向背卷,顶端中央一片最大,基部一对最小,叶缘有小而疏离的齿,或近于全缘,仅在齿缝间或沿边缘有油点;小叶柄甚短或无柄。花序近腋生或同时生于侧枝之顶,长 2～5cm;花被片 6～8,形状与大小几相同,长约 1.5mm;雄花的雄蕊 5 或 6 枚,不育雄蕊短线状。蓇葖果紫红色,有微凸起少数油点,分果瓣直径 4～5mm;种子直径 3～4mm,褐黑色。花期 4—5 月,果期 8—10 月。

产地：顺溪、大明山、童玉、柘林坑、大坪溪。生于灌丛中。

分布：山东南部至海南,东南达台湾,西南至西藏东南部;日本、朝鲜半岛、越南、老挝、缅甸、印度、尼泊尔。

用途：果实、枝、叶均可提取芳香油,入药有散寒止痛、消肿、杀虫之功效;果皮可代花椒作调味料。

图 1　A,B：竹叶椒；C：野花椒；D-F：青花椒（高迪莲绘）

2a. 毛竹叶花椒

var. **ferrugineum** (Rehder & E. H. Wilson) C. C. Huang in Guihaia 7(1)：1. 1987.

Basionym：*Zanthoxylum armatum* DC. var. *planispinum* Siebold & Zucc. f. *ferrugineum* Rehder & E. H. Wilson in Sargent，Pl. Wilson. 2：215. 1914.

嫩枝、叶、花序梗均有褐锈色短柔毛，与竹叶椒不同。

产地：龙塘山。生于路边灌丛中。

分布：陕西、浙江、湖南、广东、广西、贵州、四川、云南。

3. 野花椒(图 1：C)

Zanthoxylum simulans Hance in Ann. Sci. Nat.，Bot. sér. 5，5：208. 1866.

灌木或小乔木。枝干散生基部宽而扁的锐刺，嫩枝、小叶背面沿中脉基部两侧有时及侧面均被短柔毛，或无毛。小叶 3～9；叶轴有狭窄的叶质边缘，腹面呈沟状凹陷；小叶对生，无柄或位于叶轴基部的有甚短的小叶柄，卵形、卵状椭圆形或披针形，长 2.5～5cm，宽 1.5～3cm，两侧略不对称，先端急尖或短尖，常微凹，两面有油点，干后半透明且常微凸起，间有窝状凹陷，叶面常有刚毛状细刺，中脉凹陷，叶缘有疏离而浅的钝裂齿。聚伞状圆锥花序顶生，长 1～5cm；花被片 5～8，狭披针形，长约 2mm，淡黄绿色；雄花的雄蕊 5～8；雌花心皮 2 或 3，花柱斜向背弯。蓇葖果红褐色，分果瓣基部变狭窄且略延长 1～2mm 呈短柄状，油点多，微凸起；种子长 4～4.5mm，亮黑色。花期 3—5 月，果期 6—8 月 。

产地：栈岭湾、谢家坞、柘林坑。

分布：甘肃、山东、河南、江苏、安徽、浙江、福建、台湾、江西、湖南、贵州、青海。

用途：果、叶、根入药，为散寒健胃剂，有止吐和利尿作用，又可提取芳香油及脂肪油；叶及果实可作食品调味剂。

(二) 臭常山属　Orixa Thunb.

落叶灌木。茎枝无刺，枝扩展；冬芽细小。单叶互生，叶片全缘，具短柄。花单性，雌雄异株；雄花序呈总状，下垂，整序脱落，花梗基部有 1 枚苞片，花萼基部有 2 枚对生小苞片；花 4 数；花萼卵形，基部合生；花瓣椭圆形，覆瓦状排列；雄花的花丝较花瓣短，比花萼长，花盘为增大的四棱状；雌花单生，有不育雄蕊 4，心皮 4，基部合生，花柱短，柱头 4 浅裂，每室胚珠 1 颗。蓇葖果成熟时由顶部沿腹缝线开裂，有 1 粒种子。种子黑色，近圆球形，有胚乳。

仅 1 种，分布于中国、日本、朝鲜半岛。浙江也有。

1. 臭常山　日本常山(图 2)

Orixa japonica Thunb.，Nov. Gen. Pl. 3：57. 1783.

灌木或小乔木，高 1～3m。树皮灰色或淡褐灰色，幼嫩部分常被短柔毛，枝、叶有腥臭气味，嫩枝暗紫红色，髓部大，常中空。叶片薄纸质，全缘或上半部有细钝齿，下半部全缘，倒卵形或椭圆形，中部或中部以上最宽，长 5～8.5cm，宽 2～5cm，先端急尖，基部楔形，嫩叶背面被柔毛，腹面中脉略凹陷，与侧脉均被短柔毛，散生半透明的细油点；叶柄长 3～8mm。雄花序长 2～5cm；花序轴纤细，初时被毛；花梗基部苞片 1，苞片阔卵形，膜质，散生油点，长 2～

3mm;萼片甚细小;花瓣比苞片小,狭长细圆,上部较宽;雄蕊比花瓣短,与花瓣互生,花盘近于正方形;雌花的萼片及花瓣形状与大小均与雄花近似,心皮 4,靠合,花柱短,粘合,柱头头状。成熟分果瓣阔椭圆形,干后暗褐色,直径 6～8mm,每分果瓣由顶端起沿腹缝及背缝开裂,内有近圆球形的种子 1 粒。花期 3—4 月,果期 9—10 月。

产地:大石门、干坑。

分布:陕西、河南、江苏、安徽、浙江、福建、江西、湖北、湖南、四川、贵州、云南;日本、朝鲜半岛。

用途:根、茎用作草药,味辛,性寒,有小毒。

图 2　臭常山(引自 *Flora of China*-Ill.)

(三)四数花属　**Tetradium** Lour.

灌木或乔木,落叶或常绿。枝无刺。叶及小叶对生,奇数羽状复叶,偶有偶数羽状复叶;叶片有半透明油点,油点明显或很小而肉眼几不可见。聚伞状圆锥花序或伞房状圆锥花序,顶生或腋生;花单性异株,稀为两性;萼片、花瓣均 4 或 5,花盘细小;雄花的雄蕊 4 或 5,花丝中部以下被长柔毛,退化子房顶端 4 或 5 裂;雌花的雌蕊由 4 或 5 心皮组成,花柱连合,柱头头状,子房深 4 或 5 裂,每心皮有胚珠 2 颗。蓇葖果开裂;每果瓣有 1 或 2 粒种子。种子贴生于增大的珠柄上,种皮脆壳质,黑色或栗褐色,有光泽,外种皮有细点状网纹,种脐短线状,胚乳肉质,含油丰富,胚直立。

9 种,分布于东亚、南亚和东南亚。我国 7 种,除东北北部及西北外,各省、区均有分布。浙江有 2 种。

分种检索表

1. 嫩枝及鲜叶无腥臭气味;小叶片的油点细小而肉眼看不见;叶轴、小叶柄无毛,或近无毛 ………………………………………………………………………………………… 1. 臭辣树 T. glabrifolium
1. 嫩枝及鲜叶有腥臭气味;小叶片的油点大,肉眼能见;叶轴、小叶柄和小叶片两面有长柔毛 …………………………………………………………………………………… 2. 吴茱萸 T. ruticarpum

1. 臭辣树 楝叶茱萸(图 3:A-D)

Tetradium glabrifolium (Champ. ex Benth.) T. G. Hartley in Gard. Bull. Singapore 34(1):109. 1981.

Basionym:*Boymia glabrifolia* Champ. ex Benth in Hooker's J. Bot. Kew Gard. Misc. 3:330. 1851.

Euodia fargesii Dode;*E. glabrifolia* (Champ. ex Benth.) C. C. Huang.

落叶乔木,高约 15m。枝暗紫褐色。奇数羽状复叶对生;小叶 7,稀 5 或 11;叶轴、叶柄被毛,后脱落;小叶片椭圆状披针形、卵状长圆形至披针形,长 6~11cm,宽 2~6cm,先端长渐尖,基部宽楔形至近圆形,常偏斜,边缘有不明显钝锯齿,两面沿脉被毛,毛常脱落,脉腋间及脉的基部两侧的毛通常不脱落,并密生成簇,无油点。聚伞状圆锥花序顶生,长 6~10cm;花单性,细小,5 数;雄花的退化子房顶端 5 深裂。蓇葖果成熟时紫色或淡红色,微皱折。种子黑色。花期 6—8 月,果期 9—10 月。

产地:区内广布。生于林缘或林中。

分布:华东、华中、华南和西南等省、区;日本、越南、老挝、泰国、缅甸、印度、不丹、印度尼西亚、菲律宾。

用途:果实入药。

2. 吴茱萸(图 3:E-G)

Tetradium ruticarpum (A. Juss.) T. G. Hartly in Gard. Bull. Singapore 34(1):116. 1981.

Basionym:*Boymia ruticarpa* A. Juss. in Mém. Mus. Hist. Nat. Paris 12:507. 1825.

Euodia compacta Hand.-Mazz.;*E. officinalis* Dode;*E. ruticarpa* (A. Juss.) Benth.;*E. ruticarpa* var.*officinalis* (Dode) C. C. Huang.

落叶灌木或小乔木,高 3~5m。嫩枝暗紫红色,与嫩芽同被灰黄或红锈色绒毛,或疏短毛。叶有小叶 5~11;小叶片薄至厚纸质,卵形,椭圆形或披针形,长 6~18cm,宽 3~7cm,叶轴下部较小,两侧对称或一侧的基部稍偏斜,边缘全缘或浅波浪状,两面及叶轴被长柔毛,毛密如毡状,或仅中脉两侧被短毛,油点大且多。花序顶生;雄花序的花彼此疏离,雌花序的花密集或疏离;萼片及花瓣均 5,偶 4,镊合排列;雄花花瓣长 3~4mm,腹面被长疏毛,下部及花丝均被白色长柔毛;雌花长 4~5mm,腹面被毛,退化雄蕊鳞片状,子房及花柱下部被疏长毛。果序果密集或疏离,暗紫红色,有大油点,每分果瓣有 1 种子;种子近圆球形,一端钝尖,

图 3　A‑D：臭辣树；E‑G：吴茱萸（重组 *Flora of China*‑Ill.）

腹面略平坦,长 4~5mm,褐黑色,有光泽。花期 4—6 月,果期 8—11 月。

产地:银珑坞、直源、横源、童玉、柘林坑。生于林缘。

分布:华东、华中、华南、西南及陕西;缅甸、印度、不丹、尼泊尔。

用途:果实入药,用于呕吐吞酸、脘腹冷痛、胃冷吐泻等症。外用治口舌生疮。

(四) 黄檗属 **Phellodendron** Rupr.

落叶乔木。树皮厚,内皮常为淡黄色,有时有发达之木栓。无顶芽,侧芽密被锈色绒毛,位于 U 形叶痕内,为叶柄基部所包。奇数羽状复叶对生;小叶片边缘有锯齿,齿缝有油点,具短柄。聚伞状圆锥花序或伞房状圆锥花序;花单生,5 基数;萼片卵形;花瓣淡黄色;雄花的雄蕊较长,插生于花盘基部,退化雌蕊细小,顶端 5 叉裂;雌花的子房 5 室,每室有 1 颗胚珠,退化雄蕊鳞片状。果为浆果状核果,黑色,有黏胶质液,近圆球形,有特殊气味;具 5 核。

约 4 种,分布于亚洲东部。我国有 2 种、1 变种,分布于西南至东北。浙江有 1 变种。

1. 秃叶黄皮树(图 4)

Phellodendron chinense C. K. Schneid. var. **glabrisculum** C. K. Schneid. , Ill. Handb. Laubholzk. 2:126. 1907.

落叶乔木,高达 10m。枝无毛,灰褐色。奇数羽状复叶对生;小叶 7~11;叶轴、叶柄及小叶柄均近无毛或仅在上面被稀少短毛;小叶片厚纸质,椭圆状卵形,长 5~10cm,宽 2~4cm,先端急尖至渐尖,基部宽楔形至近圆形,边缘具浅波状齿或近全缘,上面绿色,下面常呈青灰色,两面仅在中脉两侧被稀疏短柔毛;小叶柄长 1~3mm。花序顶生;萼片 5;花瓣 5,淡黄色。果序轴及果梗粗壮,密被短柔毛;果较疏散,黑色,近球形,直径 8~10mm。花期 6—7 月,果期 9—10 月。

产地:龙塘峰、千顷塘。生于林下。

分布:江苏、浙江、福建、广东、广西、湖北、湖南、贵州、四川、云南、陕西、甘肃。

图 4　秃叶黄皮树(引自 *Flora of China*-Ill.)

(五) 茵芋属 **Skimmia** Thunb.

常绿灌木或小乔木,无刺。小枝皮厚,光滑。单叶互生,叶常聚生枝顶;叶片全缘或有浅齿,有油点。圆锥状聚散花序顶生;花单性、两性或杂性;萼片 4 或 5,基部合生,边缘膜质,有细睫毛;花瓣白色,4 或 5,覆瓦状排列,长椭圆形,各瓣常不等长,长为萼片的 3~4 倍,雄花的雄蕊 4 或 5,花丝离生,生于花盘四周,退化雌蕊棒状;雌花子房 2~5 室,每室有 1 颗胚珠,花柱短,柱头头状。核果浆果状,红色或蓝黑色,有胶质状;种子 2~5 粒。种子有肉质胚乳。

约 6 种,分布于亚洲东部、南部和东南部。我国 5 种,分布于长江以南。浙江有 2 种。

1. 茵芋(图 5)

Skimmia reevesiana R. Fortune, J. Tea Countries of China etc. 329. 1852.

灌木,高 0.5～1m。小枝常中空,皮灰绿色,光滑,干后常有浅纵皱纹。叶片有柑橘香气,革质,集生于枝上部;叶片椭圆形、披针形、卵形或倒披针形,先端短尖或钝,基部宽楔形,长 5～12cm,宽 1.5～4cm,叶面中脉稍凸起,干后较显著,有细毛;叶柄长 5～10mm。顶生圆锥花序,花密集;花序轴及花轴均被短细毛;花芳香,淡黄白色;花梗甚短;萼片及花瓣均 5,很少 4 或 3;萼片半圆形,长 1～1.5mm,边缘被短毛;花瓣黄白色,长 3～5mm,花蕾时各瓣大小稍不等;雄蕊与花瓣同数而等长或较长;雌花的退化雄蕊棒状,子房近球形,花柱圆柱形,柱头头状;雄花的退化雌蕊扁球形,顶部短尖,不裂或 2～4 浅裂。果椭圆球形或倒卵球形,长 8～15mm,红色,有种子 2～4 粒;种子扁卵形。花期 3—5 月,果期 9—11 月。

产地:直源、横源、银珑坞、栈岭湾。

分布:安徽、浙江、福建、台湾、江西、湖北、湖南、广东、广西、四川、贵州、云南;越南、缅甸、菲律宾。

用途:枝、叶味苦,有毒,用作草药,治风湿。

图 5　茵芋(引自 *Flora of China-*Ill.)

（六）柑橘属　**Citrus** L.

小乔木或灌木,常绿,少有落叶。枝有刺,新枝扁而具棱。单身复叶,极少为单叶,翼叶通常明显,很少甚窄至仅具痕迹,叶缘有细钝齿状,很少全缘,密生有芳香气味的透明油点。花两性,或因发育不全而趋于单性,单花腋生或数花簇生,或为少花的总状花序;花萼杯状,常 5 浅裂,很少被毛;花瓣 5,覆瓦状排列,盛花时常向背卷,白色或背面紫红色,芳香;雄蕊 20～25,很少多达 60,子房 7～15 室,或更多,每室有胚珠 4～8,或更多,柱头大,花盘明显,有蜜腺。柑果,外果皮密生油点,外果皮和中果皮的外层构成果皮的有色部分,内含多种色素体,中果皮的最内层为白色线网状组成,称为“橘白”或“橘络”,内果皮由多个心皮发育而成,发育成熟的心皮称为“瓢囊”,瓢囊内壁上的细胞发育成菱形或纺锤形半透明晶体状的肉条称“汁胞”。

20 余种,原产亚洲东南部及南部,现热带及亚热带地区常有栽培。我国连引进栽培的约有 15 种,其中多数为栽培种,主产秦岭南坡以南。浙江栽培 8 种、3 变种、10 栽培变种。

1. 柚 文旦,抛(图6)

Citrus maxima（Burm.）Merr.，Interpr. Herb. Amboin. 296. 1917.

Basionym：*Aurantium maximum* Burm.，Herb. Amboin. Auctuar. 7：Index[16]. 1755.

乔木。嫩枝被柔毛,扁且有棱。单身复叶;叶质颇厚,色浓绿,阔卵形或椭圆形,连翼叶长 9～16cm,宽 4～8cm,顶端圆钝,有时短尖,基部圆形,叶背被柔毛,翼叶长 2～4cm,宽 0.5～3cm(个别品种的翼叶甚狭窄)。总状花序,有时兼有腋生单花;花蕾淡紫红色,稀乳白色;花萼不规则 5 浅裂,被柔毛;花瓣长 1.5～2cm,雄蕊 25～35,淡黄或黄绿色(杂交种有朱红色的)。果皮甚厚或薄,海绵质,油胞大,凸起,果心实但松软,瓤囊 10～15 或多至 19 瓣,汁胞白色、粉红或鲜红色,少有带乳黄色;种子多达 200 余粒,亦有无子的,形状不规则,上部质薄且常截平,下部饱满,多兼有发育不全的,有明显纵肋棱。花期 4—5 月,果期 9—12 月。

产地：顺溪、谢家坞有栽培。

分布：东南亚可能为原产地,我国南方广为栽培。

图 6　柚(引自《浙江药用植物志》)

本种品种多,自然杂交种也有。

三六、苦木科　Simaroubaceae

乔木或灌木,落叶或常绿。树皮通常有苦味。叶互生,有时对生,通常为羽状复叶,稀单叶;托叶缺或早落。花序腋生,成总状、圆锥状或聚伞花序,稀为穗状花序;花小,辐射对称,单性、杂性或两性;萼片 3～5,镊合状或覆瓦状排列;花瓣 3～5,分离,少数退化,镊合状或覆瓦状排列;花盘环状或杯状;雄蕊与花瓣同数或为花瓣的 2 倍,花丝分离,通常在基部有一鳞片,花药长圆形,丁字着生,2 室,纵向开裂;子房 2～5 裂,2～5 室,或心皮分离,花柱 2～5,分离或多少合生,柱头头状,每室胚珠 1 或 2,倒生或弯生,中轴胎座。果为翅果、核果或蒴果,一般不开裂;种子有胚乳或无,胚直或弯曲,具有小胚轴及厚子叶。

20 属,约 95 种,大多分布于热带和亚热带地区。我国有 3 属,10 种,主要分布于西南部、南部、东南部,少数种分部至中部与北部。浙江有 3 属,3 种。本志记载 2 属,2 种。

分属检索表

1. 果为翅果,扁平;花序顶生;腋芽有 2～4 枚鳞片;小叶基部粗齿背面有粗大腺体 ……………………
…………………………………………………………………………… 1. 臭椿属 Ailanthus

1. 果为核果,卵球形;花序腋生;芽裸露;小叶锯齿细小,无腺体 ……………………… 2. 苦木属 Picrasma

（一）臭椿属　**Ailanthus** Desf.

落叶或常绿乔木或小乔木。小枝幼时被柔毛,有髓。叶互生,奇数羽状复叶或偶数羽状复叶;小叶 13～41,纸质或薄革质,对生或近于对生,基部偏斜,先端渐尖,全缘或有锯齿,有的基部两侧各有 1 或 2 大锯齿,锯齿尖端的背面有腺体。花小,杂性或单性异株,圆锥花序生于枝顶;萼片 5,覆瓦状排列;花瓣 5,镊合状排列;花盘 10 裂;雄蕊 10,着生于花盘基部,但在雌花中的雄蕊不发育或退化;心皮 2～5,分离或仅基部稍结合,每室胚珠 1 颗,弯生或倒生,花柱 2～5,分离或结合,但在雄花中仅有痕迹或退化。翅果长椭圆形,种子 1 颗,生于翅的中央,扁平,圆形、倒卵形或稍带三角形,稍带胚乳或无胚乳,外种皮薄。

约 10 种,分布于亚洲至大洋洲北部。我国有 6 种、2 变种,大多分布于南部与西南部。浙江有 1 种。

1. 臭椿（图 7）

Ailanthus altissima（Mill.）Swingle in J. Wash. Acad. Sci. 6：495. 1916.

Basionym：*Toxicodendron altissima* Mill., Card. Dict. ed. 8：10. 1768.

落叶乔木,高可达 20m,树皮平滑而有直纹;嫩枝有髓,幼时被黄色或黄褐色柔毛,后脱落。叶为奇数羽状复叶,长 40～60cm,叶柄长 7～13cm,有小叶 13～27;小叶对生或近对生,纸质,小叶片卵状披针形,长 7～13cm,宽 2.5～4cm,先端长渐尖,基部偏斜,截形或稍圆,两侧各具 1 或 2 个粗锯齿,齿背有腺体 1 个,上面深绿色,背面灰绿色,揉碎后具臭味。圆锥花序长 10～30cm;花淡绿色,花梗长 1～2.5mm;萼片 5,覆瓦状排列,裂片长 0.5～1mm;花瓣 5,长 2～2.5mm,基部两侧被硬粗毛;雄花的花丝长于花瓣,雌花的花丝短于花瓣,花药长圆形,长约 1mm;心皮 5,花柱粘合,柱头 5 裂。翅果扁,长椭圆形,长 3～4.5cm,宽 1～1.2cm;种子位于翅的中间,扁圆形。花期 4—5 月,果期 8—10 月。

产地：区内广布,生于低海拔地区路边或山坡。

分布：辽宁以南,广东以北,甘肃以东;世界各地广为栽培。

用途：木材供建筑、农具、家具、车辆等用;叶饲养椿蚕;树皮可提取栲胶;种子可供榨油;树皮、根皮、果实均可入药,有清热利湿、收敛止痢等效。

图 7　臭椿（引自 *Flora of China*-Ill.）

（二）苦木属　**Picrasma** Blume

落叶或常绿乔木,全株有苦味。枝条有髓部,无毛。叶为奇数羽状复叶,小叶柄基部和叶柄基部常膨大成节,干后多少萎缩;小叶对生或近对生,全缘或有锯齿,托叶早落或宿存。花序腋生,由聚伞花序再组成圆锥花序;花单性或杂性,4 或 5 基数,苞片小或早落,花梗下半部具关节;萼片小,分离或仅下半部结合,宿存;花瓣于芽中镊合状排列或近镊合状排列,先端具内弯的短尖,比萼片长,在雌花中的宿存;雄蕊 4 或 5,着生于花盘的基部,花盘稍厚,全缘,或 4 或 5 浅裂,有时在果中膨大;心皮 2～5,分离,在雄花中的退化或仅有痕迹,花柱基部合生,上部分离,柱头分离,每心皮有胚珠 1 颗,基生。果为核果,外果皮薄,肉质,干后具皱纹,内果皮骨质;种子有宽的种脐,膜质种皮稍厚而硬,无胚乳。

约 9 种,分布于美洲和亚洲的热带和亚热带地区。我国有 2 种、1 变种,分布于南部、西南部、中部和北部各省、区。浙江有 1 种。

1. 苦木（图 8）

Picrasma quassioides Benn. , Pl. Jav. Rar. 198. 1844.

落叶乔木,高达 10m。全株有苦味。树皮紫黑色,平滑,有灰色斑纹。叶互生,奇数羽状复叶,长 15～30cm,小叶 9～15;小叶片卵状披针形或广卵形,边缘具不整齐的粗锯齿,先端渐尖,基部楔形,除顶生叶外,其余小叶基部均不对称,叶面无毛,背面仅幼时沿中脉和侧脉

图 8　苦木(引自《浙江天目山药用植物志》)

有柔毛,后变无毛;落叶后留有明显的半圆形或圆形叶痕;托叶披针形,早落。花雌雄异株,组成腋生复聚伞状花序,花序轴密被黄褐色微柔毛;萼片小,覆瓦状排列,4 或 5,卵形或长卵形,外面被黄褐色微柔毛;花瓣与萼片对生,黄绿色,4 或 5;雄蕊 4 或 5,在雌花中雄蕊短于花瓣;花盘 4 或 5 裂;心皮 2～5,分离,每心皮有 1 胚珠。核果成熟后蓝绿色,长 6～8mm,宽 5～7mm,种皮薄,萼宿存。花期 4—5 月,果期 6—9 月。

产地:横源、云溪坞、龙塘山、鸠甫山、千顷塘。生于林中。

分布:黄河流域及其以南各省、区;日本、朝鲜半岛、印度、不丹、尼泊尔。

用途:根、茎干及枝皮极苦,有毒、入药,用于泻湿热、杀虫治疥疮;又可作农药灭虫害。

三七、楝科　Meliaceae

乔木或灌木,稀为亚灌木,落叶或常绿。叶互生,少有对生,通常为羽状复叶,稀 3 小叶或单叶;小叶对生或互生,小叶片全缘,稀有锯齿,基部偏斜。花两性或杂性异株,辐射对称,常组成圆锥状花序,间为总状花序或穗状花序;花常 5 数;萼小,通常浅杯状或短管状,4 或 5齿裂,或为 4 或 5 萼片,芽时覆瓦状、镊合状或旋转状排列;花瓣 4 或 5,少有 3～7,芽时覆瓦状、镊合状或旋转状排列,分离或下部与雄蕊管合生;雄蕊 4～10,花丝合生成一短于花瓣的圆筒状、圆柱状、球形或陀螺型等不同形状的管或分离,花药无柄,直立,内向,着生于管的内面或顶部,内藏或突出;花盘生于雄蕊管的内面,或缺,如存在则呈环状、管状或柄状等;子房上位,2～5 室,稀 1 室,每室胚珠 1 或 2 颗,或更多;花柱单生或缺,柱头盘状或头状,顶部有槽纹或有小齿 2～4 个。果为蒴果或核果,开裂或不开裂;果皮革质、木质或很少肉质;种子有胚乳或无胚乳,常有假种皮。

约 50 属,650 种,分布于热带和亚热带地区。我国有 17 属,40 种,主要分布于长江以南各省、区。浙江有 4 属,4 种。本志记载 2 属,2 种。

分属检索表

1. 叶为 1～3 回羽状复叶;核果;雄蕊 10～12 枚,合生成管 ………………………… 1. 楝属 Melia
1. 叶为偶数羽状复叶;蒴果;能育雄蕊 5 枚 ………………………………………… 2. 香椿属 Toona

(一) 楝属　Melia L.

落叶乔木或灌木。幼嫩部分常被星状粉。小枝有明显的叶痕和皮孔。叶互生,1～3 回羽状复叶;小叶具柄,通常有锯齿或全缘。圆锥花序腋生,多分枝,由多个二歧聚伞花序组成;花两性;花萼 5 或 6 深裂,覆瓦状排列;花瓣白色或紫色,5 或 6,分离,线状匙形,开展,旋转排列;雄蕊管圆筒形,管顶有 10～12 齿裂,管部有线纹 10～12 条,口部扩展,花药 10～12,着生于雄蕊管上部的裂齿间,内藏或部分突出;花盘环状;子房近球形,3～6 室,每室有叠生胚珠 2 颗,花柱细长,柱头头状,3～6 裂。果为核果,近肉质,核骨质,每室有种子 1 颗;种子下垂,外种皮硬壳质,胚乳肉质,薄或无胚乳。

3 种,分布于非洲热带和亚洲热带至温带。我国有 2 种,分布于黄河以南各省、区。浙江有 2 种,其中 1 种栽培。

1. 楝(图 9)

Melia azedarach L. , Sp. Pl. 1：384. 1753.

落叶乔木,高达 10m。树皮灰褐色,纵裂。分枝广展,小叶有叶痕。叶为 2 或 3 回奇数羽状复叶,长 20～40cm;小叶对生,小叶片卵形、椭圆形至披针形,顶生一片通常略大,长 3～7cm,宽 2～3cm,先端短渐尖,基部楔形或宽楔形,多少偏斜,边缘有钝锯齿,幼时被星状毛,后两面均无毛,侧脉 12～16 对,广展,向上斜举。圆锥花序与叶等长,无毛或有时被鳞片状短柔毛;花芳香;花萼 5 深裂,裂片卵形或长圆状卵形,先端急尖,外面被微柔毛;花瓣淡紫色,倒卵状翅形,长约 1cm,两面均被微柔毛,通常外面较密;雄蕊管紫色,无毛或近无毛,长 7～8mm,有纵细脉,管口具 2 或 3 齿裂的狭裂片 10,花药 10 枚,着生于裂片内侧,且与裂片互生,长椭圆形,顶端微凸尖;子房近球形,5 或 6 室,无毛,每室胚珠 2 颗,花柱细长,柱头头状,顶端具 5 齿,不伸出雄蕊管。核果球形至椭圆球形,长 1～2cm,宽 8～15cm,内果皮木质,4 或 5 室,每室有种子 1 颗;种子椭圆形。花期 4—5 月,果期 10—12 月。

产地：小石门、童玉、大明山、顺溪。村边常见或栽培。

分布：常见于黄河以南各省、区;热带和亚热带地区广布,温带地区有栽培。

用途：木材供家具、建筑、农具、乐器等用;鲜叶可灭钉螺和作农药;用根皮可驱蛔虫和钩虫,但有毒;根皮粉调醋可治芥癣。

图 9　楝(金孝锋绘)

（二）香椿属　Toona M. Roem.

落叶乔木。树皮粗糙,鳞块状脱落;芽有鳞片。叶互生,羽状复叶;小叶全缘,很少有稀疏的小锯齿,常有各式透明的小斑点。花小,两性,组成聚伞花序,再排列成顶生或腋生的大型圆锥花序;花萼短,管状,5齿裂或分裂为5萼片;花瓣5,远长于花萼,与花萼裂片互生,分离,花芽时覆瓦状或旋转排列;雄蕊5,分离,与花瓣互生,着生于肉质、具5棱的花盘上,花丝钻形,花药丁字着生,基部心形,退化雄蕊5或不存在,与花瓣对生;花盘厚,肉质,成一个具5棱的短柱;子房5室,每室胚珠8~12颗,花柱单生,线形,顶端具盘状的柱头。果为蒴果,革质或木质,5室,室轴开裂为5果瓣;种子每室多数,上举,侧向压扁,有长翅,胚乳薄。

约5种,分布于亚洲东部、南部和东南部,大洋洲东部。我国有4种,分布于南部、西南部及华北各地。浙江有2种。

1. 香椿(图10)

Toona sinensis (Juss.) M. Roem., Fam. Nat. Syn. Monogr. 1：139. 1846.

Basionym: *Cedrela sinensis* Juss. in Mém. Mus. Hist. Nat. Paris 19：294；1830.

落叶乔木。树皮粗糙,深褐色,片状脱落。叶具长柄,偶数羽状复叶,长30~50cm;小叶16~20,对生或互生,小叶片纸质,卵状披针形或卵状长椭圆形,长9~15cm,宽2.5~4cm,先端尾尖,基部一侧圆形,另一侧楔形,不对称,全缘或有疏离的小锯齿,两面均无毛,无斑点,背面常呈粉绿色,侧脉18~24对,平展,与中脉几成直角开出,在背面略凸起;小叶柄长5~10mm。圆锥花序与叶等长或更长,被稀疏的锈色短毛或有时近无毛,小聚伞花序生于短的小枝上,多花;花长4~5mm,具短花梗;花萼5齿裂或浅波状,外面被柔毛,且有睫毛;花瓣5,白色,长圆形,先端钝,长4~5mm,宽2~3mm,无毛;雄蕊10,其中5枚能育,5枚退化;花盘无毛,近念珠状;子房圆锥形,有5条细沟纹,无毛,每室胚珠8颗,花柱比子房长,柱头盘状。蒴果狭椭圆球形,长2~3.5cm,深褐色,有小而苍白色的皮孔,果瓣薄;种子基部通常钝,上端有膜质的长翅,下端无翅。花期6~8月,果期10—12月。

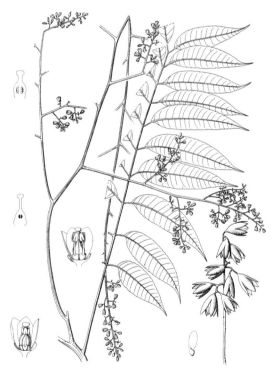

图10　香椿(引自 *Flora of China*-Ill.)

产地：小石门、童玉、顺溪。生于林缘。

分布：华东、华中、华南、西南和华北;缅甸、老挝、泰国、印度、不丹、尼泊尔和印度尼西亚。

用途：幼芽嫩叶可食;木材可供家具、室内装饰品及造船等用;根皮及果入药,有收敛止血、去湿止痛之功效。

三八、远志科　Polygalaceae

一年生或多年生草本、直立或攀援灌木或乔木,稀为寄生植物。单叶互生、稀对生或轮生,叶片纸质或革质,全缘,稀退化为鳞片状;通常无托叶。花两性,两侧对称,白色、黄色或紫红色,排成总状、圆锥状或穗状花序,腋生或顶生;萼片5,分离,稀基部合生,常呈花瓣状;花瓣5,稀全部发育,基部通常合生,中间1枚常内凹,呈龙骨瓣状,顶端背面常具1流苏状附属物,或成蝶结状附属物;雄蕊4～8,花丝通常合生成向后开放的鞘,或分离,花药顶孔开裂;子房上位,通常2室,每室具1倒生下垂胚珠,稀具多胚珠,花柱1,直立或弯曲,柱头2,头状。果为蒴果、翅果或坚果,开裂或不开裂,具2粒种子,或因1室败育,仅具1粒。

约13属,1000种,分布于热带至温带地区。我国有4属,51种、9变种,全国均有分布。浙江2属,10种、1变种。本志记载1属,1种。

(一) 远志属　Polygala L.

一年生或多年生草本,或为灌木或小乔木。叶互生,叶片纸质或近革质,全缘,无毛或被柔毛。花序总状,顶生或腋生或腋外生;苞片1～3,宿存或脱落;萼片5,不等大,宿存或脱落,通常花瓣状;花瓣3枚,白色、黄色或紫红色,侧瓣与龙骨瓣常于中部以下合生;雄蕊8,花丝连合成一开放的鞘,并与花瓣贴生;花盘有或无;子房2室,两侧扁,每室具1枚下垂倒生胚珠。蒴果,具2粒种子;种子通常黑色,被短柔毛或无毛。

约500种,广布于全世界。我国有42种、8变种,广布于全国,以西南和华南地区较多。浙江有8种、1变种。

图11　黄花远志(引自《浙江药用植物志》)

1. 黄花远志　荷包山桂花(图11)

Polygala arillata Buch.-Ham. ex D. Don, Prodr. Fl. Nepal. 199. 1825.

落叶灌木或小乔木,高0.5～1.5m。叶片纸质,椭圆形、长椭圆形至长圆状披针形,长4～14cm,宽2～4cm,先端渐尖,基部楔形至宽楔形,全缘,上面绿色,下面淡绿色,幼嫩时两面有疏毛,后渐无毛;叶柄长约10mm,被短柔毛。总状花序下垂,与叶对生,长6～10cm,被短柔毛,花稀疏,黄色或上部带红棕色,长1.5～2cm;萼片5,外面3枚甚小,中间1枚深兜状,内面2枚较大,花开时远离龙骨瓣,呈花瓣状,红紫色;花瓣3,肥厚,侧瓣长1.1～1.5cm,龙骨瓣盔形,背面先端有细裂、无柄的鸡冠状附属物;雄蕊8枚,长约14mm,花丝2/3以下合生成鞘;子房上位,2室,每室胚珠1颗。蒴果宽肾形至略近心形,宽约13mm,顶端微凹,革质,脉纹显著;种子2粒。种子球形,被白色微柔毛。花期5—6月,果期6—8月。

　　产地：鸠甫山、双涧坑、顺溪。生于600～900m山坡或林下阴湿地带。

　　分布：陕西、安徽、浙江、江西、广东。

　　用途：根皮入药,有清热解毒、祛风除湿、补虚消肿之功效。

三九、大戟科　Euphorbiaceae

　　乔木、灌木或草本,稀为藤本;常有白色乳状汁液,稀为淡红色。叶互生,少有对生或轮生,单叶,稀为复叶,或退化成鳞片状;叶片全缘或有锯齿,稀为掌状深裂;羽状脉或掌状脉;叶柄长至极短,基部或顶端有时具1或2枚腺体;托叶2,着生于叶柄基部两侧,稀为托叶鞘状,早落或宿存,脱落后具环状托叶痕。花单性,雌雄同株或异株,单花或通常组成聚伞或总状花序,以及特化的由1朵雌花居中,周围环绕以数朵仅有1枚雄蕊的雄花组成的杯状花序;萼片分离或基部合生,覆瓦状或镊合状排列,在杯状花序中有时萼片退化或无;花瓣有或无;花盘环状或分裂为腺状体,稀无花盘;雄蕊1枚至多数,雄花常有退化雌蕊,花药2室,稀3或4室,纵裂,花丝分离或合生成柱状;子房上位,通常3室,稀2或4室,中轴胎座,每室1或2枚胚珠,花柱与子房室同数,分离或基部合生,柱头2至多裂,形状多样。果通常为蒴果,常从宿存的中央轴柱分离成分果瓣,或为核果或浆果状;种子常有种阜,胚大,直或弯曲,胚乳丰富,肉质或油质。

　　约300属,5000种,广泛分布于全世界,以热带及亚热带地区为多。我国约有70属,460种,分布全国各地,主要分布于西南、华南及台湾。浙江有18属,69种(其中栽培11种),及3变种。本志记载8属,12种。

分属检索表

1. 叶为单叶,叶片全缘或有锯齿,亦有浅裂。
　　2. 子房每室有2枚胚珠。
　　　　3. 花通常无花盘 ·· 1. 算盘子属 Glochidion
　　　　3. 花具发达的花盘。
　　　　　　4. 雄花有退化子房 ·································· 2. 白饭树属 Flueggea
　　　　　　4. 雄花无退化子房 ·································· 3. 叶下珠属 Phyllanthus
　　2. 子房每室有1枚胚珠。
　　　　5. 雄花萼片开展或覆瓦状排列,雄蕊2或3枚 ············ 4. 乌桕属 Sapium
　　　　5. 雄花萼片镊合状排列,雄蕊4枚至多数。
　　　　　　6. 雄花有花瓣5枚;核果,大型 ···················· 5. 油桐属 Vernicia
　　　　　　6. 雄花无花瓣;果为蒴果。
　　　　　　　　7. 雄蕊3～9枚 ···························· 6. 山麻杆属 Alchornea
　　　　　　　　7. 雄蕊多数 ····························· 7. 野桐属 Mallotu
1. 叶为复叶,小叶通常3枚 ······························ 8. 重阳木属 Bischofia

（一）算盘子属　Glochidion J. R. Forst. & G. Forst.

　　乔木或灌木。单叶互生,两列;叶片全缘,羽状脉,具短柄。花单性,雌雄同株,稀异株,组成短小的聚伞花序或簇生成花束;雌花束常位于雄花束的上部或雌雄花束分别生于不同的叶腋;花无花瓣,通常无花盘;雄花梗通常纤细;萼片 5 或 6 枚,覆瓦状排列;雄蕊 3～8 枚,合生呈圆柱状,顶端稍分离,花药 2 室,线形,纵裂,无退化雌蕊;雌花梗粗短或几无梗;萼片较雄花稍厚;子房圆球形,3～15 室,每室有胚珠 2 枚,花柱合生呈圆柱状,亦有其他形状,顶端具裂缝或小裂齿,稀 3 裂分离。蒴果圆球形或扁球形,成熟时开裂为 3～15 个 2 瓣裂的分果爿,花柱宿存;种子无种阜,胚乳肉质,子叶扁平。

约 200 种,主要分布于亚洲热带及亚热带地区,太平洋岛屿,少数分布于非洲东部、大洋洲及拉丁美洲。我国有 28 种,分布于西南至台湾的各地。浙江有 6 种。

分种检索表

1. 小枝被短柔毛;叶被毛,叶柄长 1～3mm;花柱合生成环状 ………………………… 1. 算盘子 G. puberum
1. 小枝无毛;叶两面无毛;叶柄长 3～5mm;花柱合生成柱状………………………… 2. 湖北算盘子 G. wilsonii

1. 算盘子(图 12：A－F)

Glochidion puberum (L.)Hutch. in Sargent, Pl. Wilson. 2(3)：518. 1916.

Basionym：*Agyneia pubera* L., Mant. Pl. 2：296. 1771.

落叶灌木,高 1～2m,多分枝。小枝被灰褐色或黄褐色短柔毛。叶互生;叶片长圆形、长卵形或长圆状披针形,长 3～8cm,宽 1.5～2.5cm,先端短尖或钝,基部宽楔形,全缘,上面灰绿色,散生短柔毛或近无毛,下面毛较密;叶柄长 1～3mm;托叶披针形,长约 1mm。花雌雄同株或异株,2～5 朵簇生于叶腋;雄花位于小枝下部或雌、雄花生于同一叶腋内;雄花花梗长 4～15mm;萼片 6,排成 2 轮,长圆形,长约 3mm,被短柔毛;雄蕊 3,合生呈柱状;雌花花梗长约 1mm;萼片 6,比雄花萼片稍短而厚,密被柔毛;子房圆球形,5～10 室,花柱合生呈环状。蒴果扁球形,直径 0.8～1.5cm,有纵沟槽,被柔毛,成熟时红色。种子成熟时红褐色,近肾形,长约 4mm。花期 5—8 月,果期 7—11 月。

产地：区内常见。生于路旁灌丛。

分布：江苏、安徽、浙江、江西、福建、台湾、广东、广西、海南、湖北、湖南、四川、贵州、云南、西藏、河南、陕西、甘肃;日本。

用途：种子油可供工业用;全株可入药;全株水煮作农药,有杀虫作用。

2. 湖北算盘子(图 12：G)

Glochidion wilsonii Hutch. in Sargent, Pl. Wilson. 2(3)：518. 1916.

落叶灌木,高 1～4m。小枝灰褐色,直而开展,无毛。叶互生;叶片长圆形或长圆状披针形,长 3～10cm,宽 1.5～4cm,先端急尖或短渐尖,基部楔形或宽楔形,全缘;上面绿色,下面粉绿色,两面无毛,叶脉隆起;叶柄长 3～5mm,被黄褐色柔毛或无毛。花单性同株,数朵簇生于叶腋;雄花常生于小枝下部;花梗长达 8mm;萼片 6 枚,长圆形或倒卵形,长 2.5～3mm,顶端钝,边缘薄膜质;雄蕊 3 枚,合生成柱状;雌花花梗长约 1mm;萼片 6 枚,被细缘毛;子房圆球形,6～8 室,无毛,花柱合生成柱状。蒴果扁球形,直径 1.5cm,有纵沟。种子成熟时鲜红色,近肾形,长 4～5mm。花期 4—7 月,果期 6—9 月。

产地：龙塘山、横盘里、千顷塘。生于山坡灌丛中。

分布：安徽、浙江、江西、福建、广西、湖北、四川、贵州。

图12　A-F：算盘子；G：湖北算盘子（重组《湖南植物志》）

用途：叶、茎及果可提取栲胶。

（二）白饭树属　**Flueggea** Willd.

落叶灌木或小乔木,通常无刺。单叶互生,常排列 2 列,全缘或有细钝齿;羽状脉;叶柄短;具托叶。花小,雌雄异株,稀同株,单生、簇生或组成密集聚伞花序;苞片不明显;无花瓣;雄花花梗纤细;萼片 4～7,覆瓦状排列,边缘全缘或有锯齿;雄蕊 4～7,着生在花盘基部,且与花盘腺体互生,顶端长过萼片,花丝分离,花药直立,外向,2 室,纵裂;花盘腺体 4～7,分离或靠合,稀合生;退化雌蕊小,2 或 3 裂,裂片伸长;雌花花梗圆柱形或具棱;萼片 4～7;花盘碟状或盘状,全缘或分裂;子房 3(2 或 4)室,分离,每室有横生胚珠 2 颗,花柱 3,分离,顶端 2裂或全缘。蒴果,圆球形或三棱形,开裂后萼片和中轴宿存;有种子 3～6 粒,通常三棱形。

约 12 种,分布于亚洲、美洲、欧洲及非洲的热带至温带地区。我国产 4 种,除西北外,全国各省、区均有分布。浙江有 2 种。

1. 一叶萩（图 13）

Flueggea suffruticosa (Pall.) Baill., Étude Euphorb. 502. 1858.

Basionym：*Pharnaceum suffruticosum* Pall. in Reise Russ. Reich. 3(2)：716. 1776.

落叶灌木,高 1～3m,全株无毛。小枝浅绿色,具棱。叶片纸质,椭圆形或倒卵状椭圆形,长 1.5～8cm,宽 1～3cm,先端钝圆或急尖,基部楔形,全缘或偶有不整齐的锯齿,上面绿色,下面粉绿色;叶柄长 2～8mm;托叶卵状披针形,长 1mm,宿存。花小,单性异株,无花瓣;雄花 3～18 朵簇生叶腋,花梗长 3～5mm,萼片 5,卵形或椭圆形,长约 1mm;雄蕊 5,花丝分离,长 2～3mm;花盘腺体 5;退化雌蕊圆柱形;雌花单生叶腋,萼片 5 枚,覆瓦状排列,椭圆形至卵形,长 1～1.5mm,背部凸起;花盘盘状,全缘;子房卵圆形,3 室,花柱 3 枚,分离或基部合生。蒴果三棱状扁球形,直径 3～5mm,3 片裂,具宿存的花萼及果轴。种子卵球形,一侧压扁状,长3mm。花期 3—8 月,果期 6—11 月。

产地：区内多见。生于溪边灌丛。

分布：全国各省、区(西北除外);日本、朝鲜半岛、蒙古、俄罗斯。

用途：茎皮纤维可供纺织原料;花、叶供药用。

图 13　一叶萩(引自 *Flora of China*-Ill.)

（三）叶下珠属 Phyllanthus L.

草本、灌木或乔木、叶互生,通常排成 2 列,形如羽状复叶;叶片全缘,托叶 2 枚,小型,常宿存或脱落。花单性或簇生于叶腋或排成聚伞花序;单性同株或异株;花小,无花瓣;雄花萼片 4～6,覆瓦状排列,雄蕊 2～5,稀 6 枚,花丝分离或合生成柱状,花药 2 室,无退化雌蕊,花盘全缘或分裂成离生的腺体;雌花萼片与雄花萼片同数或较多,花盘形状不一,子房通常 3 室,每室 2 颗胚珠,花柱与子房同数,分离或连合,顶端分裂或不分裂。蒴果,有时因果皮肉质而呈浆果状,通常为基顶压扁的扁球形,成熟后常开裂 3 个 2 裂的分果片,种子三棱形,不具假种皮和种阜。

约 600 种,分布于热带、亚热带,少数达北温带。我国有 30 余种,主产长江以南各省、区。浙江 5 种。

1. 青灰叶下珠（图 14）

Phyllanthus glaucus Wall. ex Müell.-Arg. in Linnaea 32: 14. 1863.

落叶灌木,高 1.5～4m。小枝细柔,光滑无毛。叶片椭圆形至长圆形,长 2～5cm,宽 1.5～3cm,先端急尖,有小尖头,基部圆形或宽楔形,全缘或微波状,上面绿色,下面青灰色,两面无毛;叶柄短,长 2～4mm;托叶 2,卵状披针形,膜质,长约 2mm,常脱落。花单性同株;无花瓣;雄花数朵簇生于叶腋;花梗长约 8mm;萼片 6,卵形;雄蕊 5,花丝全部分离;花盘腺体 6 枚;雌花通常 1 朵着生于簇生的雄花中;花梗长约 9mm;萼片 6,卵形;花盘环状;子房 3 室,花柱 3,基部合生,先端弯曲。蒴果浆果状,成熟时黑紫色,球形,直径 8～10mm,花萼宿存。花期 4—7 月,果熟期 7—10 月。

产地：顺溪、三祖源、千顷塘、柘林坑、大坪溪。生于山谷溪边林下。

分布：江苏、安徽、浙江、江西、福建、广东、广西、海南、湖北、湖南、四川、贵州、云南、西藏;印度、不丹、尼泊尔。

用途：根可药用。

图 14 青灰叶下珠（引自 *Flora of China*-Ill.）

（四）乌桕属 Sapium P. Browne

乔木或灌木;有乳汁。叶互生;叶片全缘或极少具锯齿;叶柄长,顶端具 2 腺体;托叶小。总状或穗状花序顶生或腋生;花单性,通常雌雄同株同序;无花瓣和花盘;雄花常 3 至多朵簇生于 1 苞片内,密集着生于花序上部;花萼膜质,2 或 3 浅裂或具齿缺,雄蕊 2 或 3,花丝分离,无退化雌蕊;雌花单生于花序基部的苞片内,花萼 2 或 3 裂,心皮 2 或 3,分离或基部合生,子房 2 或 3 室,每室有 1 颗胚珠,柱头卷曲。果为蒴果,稀浆果状,球形、梨形或三角状球形,通常 3 室,室背开裂。种子近球形,通常附着于宿存的三角柱状中轴上,常有蜡质的假种皮,外种皮坚硬;胚乳肉质;子叶扁平。

120 余种,广布于热带地区。我国有 10 种,分布于西南部至东部。浙江有 4 种。

分种检索表

1. 叶片菱形或菱状卵形;雄蕊 2 枚,稀 3 枚;种子直径 6～7mm,有蜡质层 ………… 1. 乌桕 S. sebiferum
1. 叶片椭圆状卵形;雄蕊 3 枚,稀 2 枚;种子直径 7～9mm,无蜡质层 ………… 2. 白木乌桕 S. japonicum

1. 乌桕(图 15:E - G)

Sapium sebiferum (L.)Roxb., Fl. Ind. 3:693. 1832.

Basionym:*Croton sebifer* L., Sp. Pl. 2:1004. 1753.

落叶乔木,高达 15m;有乳汁;树皮暗灰色,有深纵裂纹。叶片纸质,菱形或菱状卵形,长 3～7cm,宽 3～9cm,先端突尖或渐尖,基部楔形,全缘,无毛;叶柄长 2.5～6cm。总状花序顶生,长 5～15cm;雄花小,常 10～15 朵簇生于花序上部的苞片内,花梗细,长 1～3mm,花萼杯状,3 浅裂,雄蕊 2 枚,稀 3 枚,花丝极短;雌花少数,单生于花序基部的苞片内,花梗长 2～4mm,着生处两侧各有 1 条腺体,花萼 3 裂,萼片披针形,长约 3mm,子房 3 室,花柱 3,基部合生。蒴果木质,梨状球形,直径 1～1.5cm。种子黑色,圆球形,直径 6～7mm,外被白色蜡质假种皮。花期 5—6 月,果期 8—10 月。

产地:童玉、谢家坞、大明山、直源、横源。生于溪沟边或路边。

分布:长江中下游流域及华南、西南各省、区。

用途:优良的秋色树种,耐水淹和轻度的盐碱。种子的蜡质为工业原料,种子可榨油;木材供雕刻及家具用料。

2. 白木乌桕　　白乳木(图 15:A - D)

Sapium japonicum (Siebold & Zucc.) Pax & Hoffm. in Pflanzenr. 52:252. 1912.

Basionym:*Stillingia japonica* Siebold & Zucc. in Math. - Phys. Cl. Königl. Bayer. Akad. Wiss. 4(2):145. 1845.

落叶灌木或乔木,高 3～8m;树皮灰褐色。叶片椭圆状卵形或椭圆状长倒卵形,长 6～15cm,宽 3～7cm,先端尖或短尖,基部楔形、圆形或微心形,全缘,上面深绿色,下面青白色,两面无毛;叶柄长 1～2.5cm,顶端有 2 腺体;托叶披针形,早落。总状花序顶生,长 5～10cm;雄花多数,3 至数朵簇生于花序上部的苞片内,花萼杯状,顶端常不规则 3 裂,雄蕊 3,少 2,花丝极短;雌花少数,单生于花序基部苞片内,花萼 3 裂,萼片三角形,长约 1mm,子房卵形,光滑,花柱 3,基部合生。蒴果黄褐色,三棱状球形,直径 1.5～2cm。种子圆球形,直径 7～9mm,表面有黑褐色斑纹,无蜡质假种皮。花期 5—6 月,果期 8—10 月。

产地:鸠甫山。生于多石山坡灌丛中。

分布:长江中下游流域及华南、西南各省、区;朝鲜半岛、日本。

用途:种子含油量高,可供工业用;根皮、叶入药。

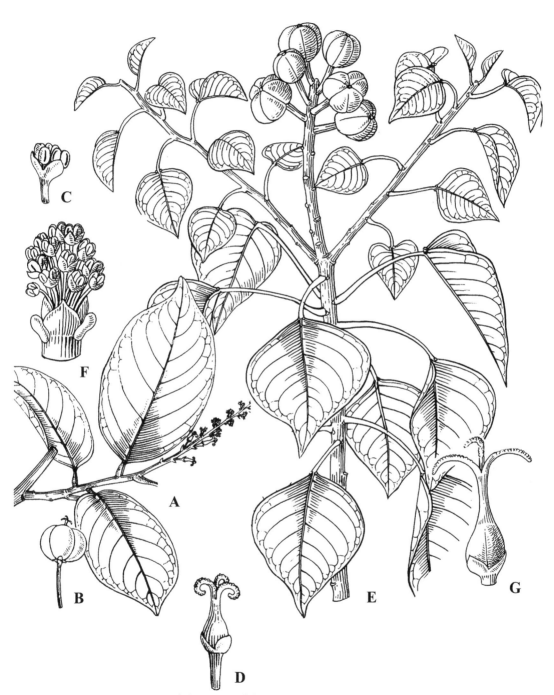

图 15　A–D：白木乌桕；E–G：乌桕（重组 *Flora of China*-Ill. 与《湖南植物志》）

（五）油桐属　**Vernicia** Lour.

落叶乔木；含乳汁。嫩枝被短柔毛；叶互生；叶片全缘或有裂，幼嫩时被柔毛，基脉 3～7
出；叶柄长，顶端具 2 腺体。圆锥状聚伞花序顶生，疏松；花单性同株或异株；花萼 2 或 3 裂，
花瓣 5，较萼片长；雄花有雄蕊 8～20，成 2 轮排列于短圆锥状花托上，外轮花丝分离且与花
瓣对生，内轮的花丝较长，基部合生，无退化雌蕊；雌花子房 3～5 室，密被柔毛，每室具 1 枚
胚珠，花柱 3 或 4 枚，2 裂。果为核果，大型，不开裂，外果皮肉质，内果皮骨质。种子有厚而
木质的种皮，无种阜，种仁富含油脂。

3 种，分布于东亚及太平洋群岛。我国有 2 种，广布于长江以南各省、区。浙江均产。

1. 油桐（图 16）

Vernicia fordii（Hemsl.）Airy-Shaw in Kew Bull. 20：394. 1966.

Basionym：*Aleurites fordii* Hemsl.，Hook. Ic. Pl. 29：t. 2801, 2802. 1906.

落叶乔木，高 3～10m；树皮灰褐色。叶互生；叶片卵形或卵圆形，长 10～20cm，宽 4～

图 16　油桐（引自《浙江天目山药用植物志》）

15cm，先端短尖或渐尖，基部截形或心形，
全缘或有时 1～3 浅裂，幼嫩时两面被黄褐
色短柔毛，后脱落；叶柄与叶片近等长，顶
端有 2 腺体。圆锥状聚伞花序顶生，疏松；
单性同株；花先叶或同叶开放；花萼 2 或 3
裂，萼片外面被短柔毛；花瓣白色，有淡红
色脉纹，近基部有黄色斑点，5 枚，倒卵形，
长 2～3cm；雄花有雄蕊 8～20，排成 2 轮；
雌花子房密被柔毛，3～5 室，每室 1 枚胚
珠，花柱 3～5 枚，2 裂。核果球形，先端有
短尖，表面光滑；有 3～5 粒种子，种子具木
质种皮，宽卵形。花期 3—4 月，果期 8—
9 月。

产地：直源、谢家坞、童玉、柘林坑。

分布：陕西、河南、江苏、安徽、浙江、
福建、江西、湖北、湖南、广东、广西、海南、
四川、贵州、云南；越南。

用途：是重要的木本油料树种，种仁
含油量高；根、茎、叶、花、果实均可入药。

（六）山麻杆属　**Alchornea** Sw.

乔木或灌木；嫩枝被柔毛或无毛。叶互生，全缘或有锯齿，基部具 2 或更多腺体；具 2 枚
小托叶或无；羽状脉或掌状脉。花雌雄同株或异株，排成穗状花序或总状花序，或成圆锥状，
具苞片；雄花多朵簇生于苞腋，雌花 1 朵生于苞腋，花无花瓣；雄花花萼开花时 2～5 裂，萼片
镊合状排列，雄蕊 4～8 枚，花药长圆形，背着，2 室，纵裂，花丝分离或基部合生，无不育雌蕊；

雌花萼片 4～8,有时基部具腺体,子房 2 或 3 室,每室具胚珠 1 枚,花柱 2 或 3,离生或基部合生。蒴果具 2 或 3 个分果瓣,果皮平滑或具疣状突起;种子无种阜,胚乳肉质,子叶阔,扁平。

约 50 种,分布于全世界热带、亚热带地区。我国有 7 种,2 变种,分布于西南、中南、华东。浙江 2 种。

1. 山麻杆(图 17)

Alchornea davidii Franch., Pl. David. 1: 264. 1884.

落叶灌木,高 1～4m。嫩枝密被黄褐色短茸毛;老枝栗褐色,无毛。叶互生;叶片宽卵形至近圆形,长 7～15cm,宽 6～18cm,先端短尖,基部心形至平截,边缘具粗锯齿或细齿,齿端具腺体,上面绿色,疏生短柔毛,下面常带紫色,被短柔毛,基生 3 出脉,基部具斑状腺体 2 或 4 枚;小托叶钻形,长 3～4mm;叶柄长 4～10cm,密被短茸毛;托叶披针形,长 6～8mm,早落。雌雄异株,雄花序为穗状,1～3 个生于叶腋,长 1.5～3cm,几无花序梗,苞片卵形,长约 2mm,被柔毛,雄花 5 或 6 朵簇生于苞腋,花梗细,长约 2mm,无毛,小苞片长约 2mm;花萼无毛,3 或 4 裂,雄蕊 6～8,花丝分离;雌花序总状,顶生,长 4～8cm,具花 4～7 朵,具苞片,花梗短,雌花萼片 5,长三角形,长 2.5～3mm,被短柔毛,子房球形,3 室,密被短茸毛,花柱 3 枚,线形,长 7～10mm。蒴果近球形,直径 8～12mm,微裂成 3 个分果瓣,密被柔毛。种子微三棱状卵形,有乳头状突起。花期 4—5 月,果期 6—8 月。

产地: 童玉。生于路旁溪边灌丛。

分布: 福建、广东、广西、贵州、河南、湖北、湖南、江苏、江西、陕西、四川、云南、浙江。

用途: 早春初放红色嫩叶,园林中作为观叶种类点缀,效果较好。

图 17　山麻杆(引自《湖南植物志》)

(七) 野桐属　Mallotus Lour.

灌木或乔木,常绿或落叶;通常被星状毛。叶互生或对生;叶片全缘或有锯齿,有时有裂片,下面常有颗粒状腺体,近基部有 2 至数个斑状腺体,有时盾状着生;掌状脉或羽状脉。花雌雄异株,稀同株,无花瓣,亦无花盘;总状花序、穗状花序或圆锥花序顶生或腋生;雄花的每一苞片内有数朵花;花萼 3～5 裂,镊合状排列;雄蕊多数,花药 2 室,纵裂,花丝分离,通常无不育雌蕊;雌花的每一苞片内有 1 或 2 朵花;花萼 3～5 裂或少有佛焰苞状,裂片镊合状排列;子房通常 3 室,稀有 2 或 4 室,每室具胚珠 1 枚,花柱分离或基部合生。蒴果通常具 3 个分果片,稀具 2 或 4 个分果片,常具软刺或颗粒状腺体;种子卵形或近球形,光滑或具假种皮,胚乳肉质,子叶宽扁。

140 种,主要分布于亚洲热带和亚热带地区,少数分布于非洲和大洋洲。我国有 25 种,分布于西南部至东部。浙江有 6 种。

分种检索表

1. 叶片长卵形或菱状卵形,长 5～10cm;蒴果被星状毛,无疣状突起或无软刺 …… 1. 石岩枫 M. repandus
1. 叶片卵形或宽卵形,长 5～20cm;蒴果被软刺。
　　2. 嫩枝密被白色或淡黄色星状毛和散生橙红色腺体;雌花序穗状,雌花花梗长 1.5～2mm …………
　　………………………………………………………………………………… 2. 白背叶 M. apelta
　　2. 嫩枝密被褐色星状毛,无散生腺体;雌花序总状,雌花花梗长 1mm ………… 3. 野桐 M. tenuifolius

1. 石岩枫(图 18：D)

Mallotus repandus(Willd.)Müell.-Arg. in Linnaea 34：197. 1865.

Basionym：*Croton repandus* Willd. in Neue Schriften Ges. Naturf. Freunde Berlin 4：206. 1803.

灌木或小乔木,或呈攀援状,高 5～10m。幼枝、花序密被星状毛或绒毛,老枝无毛。叶互生,叶片长卵形或菱状卵形,长 5～10cm,宽 2.5～7cm,先端渐尖,基部近圆形、平截或楔形,全缘或波状,嫩叶两面被星状毛,下面散生黄色腺点,老叶仅下面脉腋被毛,基生 3 出脉;叶柄长 2～6cm。花单性异株;雄花序为顶生的总状或圆锥花序,长 5～15cm;花萼 3 或 4 裂,萼片狭卵形,长约 3mm,外面密被锈色星状毛及黄色腺点;雄蕊多数;雌花序为顶生或腋生总状花序,长 5～8cm;花梗长约 3mm,萼片卵状披针形,长约 3mm,外面密被锈色星状毛及黄色腺点;子房 2 或 3 室,花柱 2 或 3。蒴果球形,被锈色星状毛及黄色腺点,常具 2 果瓣。种子黑色,卵形,直径 4～5mm。花期 5—6 月,果期 6—9 月。

产地：区内常见。生于溪边、灌丛或杂木林中。

分布：陕西、江苏、安徽、浙江、福建、台湾、江西、湖北、湖南、广东、广西、四川、贵州、云南;越南、印度、印度尼西亚、菲律宾、澳大利亚。

用途：茎皮为纤维原料。

2. 白背叶(图 18：A－C)

Mallotus apelta(Lour.)Müell.-Arg. in Linnaea 34：189. 1865.

Basionym：*Ricinus apelta* Lour., Fl. Cochinch. 2：585. 1790.

灌木或小乔木,高 2～3m。小枝、叶柄及花序均密被白色或淡黄色星状柔毛和散生橙红色腺体。单叶互生;叶片卵形或宽卵形,不分裂或 3 浅裂,长 6～20cm,宽 5～20cm,先端急尖或渐尖,基部截平或宽楔形,少有近心形,边缘有疏锯齿,上面暗绿色,无毛或散生星状柔毛,下面灰白色,密被星状柔毛,基出脉 3 条,基部有 2 腺体;叶柄长 5～15cm;托叶钻形,长约 3mm。花雌雄异株,雄花序顶生,分枝或不分枝,长 10～30cm,苞片卵形,长约 1.5mm;雄花多朵簇生于苞腋,花梗长 1～2.5mm;花萼裂片 4,卵形,长约 3mm,外面被星状毛,雄蕊多数,长约 3mm;雌花序穗状,顶生,长 15～30 不分枝或稀分枝,苞片线形,长约 3mm;雌花花

图 18　A-C：白背叶；D：石岩枫；E：野桐（重组《天目山植物志》）

梗长 1.5～2mm;花萼裂片 3～5 枚,卵形或披针形,长 2.5～3mm,外面密被星状柔毛;子房 3 室,被星状柔毛,花柱 3 或 4 枚,基部合生。蒴果近球形,密生软刺及星状柔毛。种子黑色,近球形,长约 4mm。花期 5—6 月,果期 8—11 月。

产地: 直源。生于路旁、溪谷灌丛。

分布: 江苏、安徽、江西、浙江、福建、湖北、湖南、广东、广西、海南、四川;越南。

用途: 种子榨油可工业用;茎皮为纤维原料;根叶可入药。

3. 野桐(图 18:E)

Mallotus tenuifolius Pax in Bot. Jahrb. Syst. 29:429. 1900.

Mallotus japonicus (Thunb.) Müell.-Arg. var. *floccosus* auct. non (Müell.-Arg.) S. M. Hwang;Y. C. Ho in Z. Wei & Y. C. Ho, Fl. Zhejiang 3:474. 1993.

小乔木或灌木,高 2～4m。嫩枝具纵棱,密被褐色星状毛。叶互生,小枝上部叶有时近对生,叶形通常为卵形或宽卵形,长 8～15cm,宽 5～12cm,先端急尖或渐尖,基部圆形、楔形或近心形,叶片全缘不分裂或上部微 3 裂,上面无毛,下面疏被星状粗毛;基出脉 3 条,基部具 2 枚黑色腺体;叶柄长 5～17mm。花雌雄异株;雄花序总状或下部具分枝,雄花每苞片内 3～5 朵;花梗长 3～5mm;花萼裂片 3 或 4 枚,卵形,长 3mm,外面密被星状毛和腺点;雄蕊多数;雌花序总状,不分枝;雌花密生,每苞片内 1 朵;花梗长 1mm,密被星状毛;花萼裂片 4 或 5 枚,披针形,长 2.5～3mm,外面密被星状绒毛;子房 3 室,花柱 3 或 4 枚,基部合生,具疣状突起且密被星状毛。蒴果球形,直径 8～10mm,密被软刺和紫红色腺点;种子近球形,直径约 5mm,褐色。花期 6—7 月,果期 8—10 月。

产地: 东岙头、龙塘山、鸠甫山、千顷塘、干坑。生于溪边落叶阔叶林缘。

分布: 陕西、甘肃、河南、江苏、安徽、浙江、江西、福建、湖北、湖南、广东、广西、贵州、四川、云南、西藏;尼泊尔、印度、缅甸、不丹。

用途: 种子榨油可工业用;茎皮为纤维原料。

(八) 重阳木属 **Bischofia** Bl.

乔木。汁液呈红色或淡红色。叶互生,三出复叶,具长柄,小叶片边缘具细锯齿;托叶小,早落。花单性,雌雄异株,稀同株,组成腋生圆锥花序或总状花序,花序通常下垂;花无花瓣和花盘;萼片 5,离生;雄花萼片镊合状排列,初时包围着雄蕊,后外弯;雄蕊 5,分离且与萼片对生,花药 2 室,纵裂;退化雌蕊短而宽,有短柄;雌花萼片覆瓦状排列;子房上位,3 室,稀 4 室,每室有胚珠 2 枚,花柱 2～4,顶端伸长,直立或外弯。果实浆果状,圆球形,不分裂,外果皮肉质,内果皮坚纸质;种子 3～6 粒,长圆形,无种阜,胚直立,胚乳肉质,子叶宽而扁平。

2 种,分布于亚洲南部及东南部至澳大利亚和波利尼西亚。我国均有,分布于西南、华中、华东和华南等省、区。浙江包括栽培有 2 种。

1. 重阳木(图 19)

Bischofia polycarpa (H. Lév.) Airy-Shaw in Kew Bull. 27:271. 1972.

Basionym: *Celtis polycarpa* H. Lév. in Repert. Spec. Nov. Regni Veg. 2:296. 1912.

落叶乔木,高 8～15m。树皮褐色或灰褐色,纵裂。小枝无毛,当年生枝绿色,皮孔明显;

三出复叶,叶柄长 9～13cm,小叶片宽卵形或椭圆状卵形,长 5～11cm,宽2～9cm,先端突尖或短渐尖,基部圆形或近心形,边缘具钝锯齿,两面无毛;顶生小叶柄长 2～5cm,侧生小叶柄长 3～14mm;托叶小,早落。花雌雄异株,总状花序腋生,雄花序长 8～13cm,雌花序长3～12cm。雄花萼片半圆形,膜质;花丝短;退化雄蕊明显;雌花较疏散,萼片同雄花,有白色膜质的边缘,长 2～3mm;子房 3 或 4 室,每室 2 枚胚珠,花柱 2 或 3,不分裂。果实浆果状,圆球形,直径 5～7mm。花期 4—5月,果期 10—11 月。

产地:区内作为绿化树种栽培。

分布:陕西、江苏、安徽、浙江、福建、江西、湖南、广东、广西、贵州、云南。

用途:优良的园林绿化树种;种子含油量高,可食用,也可作润滑油。

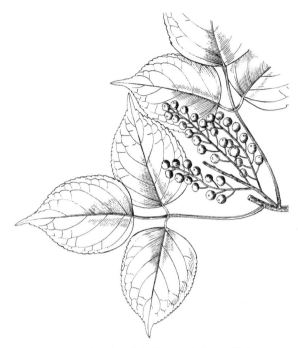

图 19　重阳木(引自 *Flora of China*-Ill.)

四〇、交让木科　**Daphniphyllaceae**

　　乔木或灌木,常绿或落叶。单叶,互生,常密集生于小枝顶端;叶片全缘,叶面具光泽,下面常被白粉,或具细小乳头状突起,具叶柄;无托叶。总状花序腋生,基部具苞片;花单性异株,花小;花萼发育或不发育,如花萼发育,则具 3～6 裂,宿存或脱落;无花瓣;雄花有雄蕊5～12(～18)枚,1 轮,辐射状排列,花丝短,花药侧向纵裂,药隔多少伸出;无退化雌蕊;雌花具 5～10 枚不育雄蕊环绕子房或不具不育雄蕊;子房卵形或椭圆形,2 室,每室具 2 枚胚珠,胚珠倒生,下垂;花柱 1 或 2,短,柱头 2,叉开,弯曲或盘旋状,常宿存。核果卵形或椭圆形,外果皮肉质,被白粉或无,具疣状突起或皱褶,内果皮坚硬;具 1 粒种子,种皮膜质,胚乳厚而肉质,富含油分,胚小,位于胚乳上部。

　　1 属,约 30 种,分布于亚洲东南部。我国有 10 种,分布于长江流域及其以南各省、区。浙江有 3 种。本志记载 1 种。

（一）交让木属(虎皮楠属)　**Daphniphyllum** Bl.

　　特征与分布同科。

1. 交让木(图 20)

　　Daphniphyllum macropodum Miq. in Ann. Mus. Bot. Lugduno-Batavi 3：129. 1867.

　　灌木或小乔木,高 3～10(～20)m。树皮初灰色,平滑,老时则为黑褐色而粗糙。小枝粗壮,暗褐色,具圆形叶痕,皮孔明显。叶片革质,多集生枝顶,长圆形至倒披针形,长 9～

25cm,宽3～6.5cm,先端渐尖,基部楔形或宽楔形,全缘,叶面具光泽,叶背淡绿色,无乳头状突起,有时被白粉,侧脉12～18对,两面清晰;叶柄紫红色,长3～6cm。雌雄异株;雄花序总状,长6～10cm;花梗长约5mm;花萼不发育;雄蕊8～10,花药长圆形,长2mm,初为绿色,后渐变红色,花丝短,长约1mm,背部压扁而具短尖头;雌花序总状,长4.5～8cm;花梗长3～5mm;花萼不发育;子房基部具10枚不育雄蕊;子房卵形,长约2mm,2室,花柱极短,柱头2,外弯而宽展。核果椭圆形,长约10mm,直径5～6mm,先端宿存暗褐色柱头,有时被白粉,具疣状皱褶,果梗长10～15cm。花期3～5月,果期8—10月。

产地:银珑坞、东岙头、柘林坑、大明山。生于海拔800～1200m的山谷溪边。

分布:安徽、浙江、江西、福建、台湾、湖北、湖南、广东、广西、四川、贵州、云南;日本、朝鲜半岛。

用途:叶和种子可供药用。

图20 交让木(引自 *Flora of China*-Ill.)

四一、黄杨科 **Buxaceae**

常绿灌木、小乔木或草本。单叶,互生或对生,无托叶,全缘或有齿牙,羽状脉或离基三出脉。花单性,雌雄同株或异株;头状、穗状或总状花序,花小,整齐,无花瓣;有苞片;雄花萼片4,雌花萼片4～6,均成覆瓦状二轮排列;雄蕊4,与萼片对生,分离,花药大,2室,花丝多少扁阔;雌蕊通常由3(2)心皮组成,子房上位,3(2)室,花柱3(2),常分离,宿存,具多少向下延伸的柱头,子房每室有2枚并生、下垂的倒生胚珠,脊向背缝线。果实为室背裂开的蒴果,或肉质的核果状。种子黑色、光亮,胚乳肉质,胚直,有扁薄或肥厚的子叶。

共 4 属,约 100 种,生于热带和温带。我国除 *Notobuxus* 外的 3 属均有分布,共约 27 种,分布于西南部、西北部、中部、东南部,直至台湾。浙江有 3 属、8 种、1 变种。本志记载 2 属、2 种及 1 亚种、1 变种。

分属检索表

1. 叶对生,全缘,羽状脉;雌花单生于花序顶端;果实为室背开裂的蒴果 ……………… 1. 黄杨属 Buxus
1. 叶互生,绝大多数上半部有齿牙,大多离基三出脉;雌花生花序下方;果实多少带肉质 ………… …………………………………………………………………… 2. 板凳果属 Pachysandra

(一) 黄杨属 **Buxus** L.

常绿灌木或小乔木。小枝四棱形。叶对生,叶革质或薄革质,全缘,羽状脉,常有光泽,具短叶柄。花单性,雌雄同株;花序腋生或顶生,总状、穗状或密集的头状,有苞片多片,雌花一朵,生花序顶端,雄花数朵,生花序下方或四周;花小;雄花:萼片 4,分内外两列,雄蕊 4,和萼片对生,不育雌蕊 1;雌花:萼片 6,子房 3 室,花柱 3,柱头常下延,果实为蒴果,球形或卵形,通常无毛,稀被毛,熟时沿室背裂为三片,宿存花柱角状,每片两角上各有半片花柱,外果皮和内果皮脱离;种子长圆形,有两侧面,种皮黑色,有光泽,胚乳肉质,子叶长圆形。

约 70 余种,分布于亚洲、欧洲、热带非洲以及古巴、牙买加等处。我国有约 17 种及数个亚种及变种。浙江有 5 种、1 变种、1 亚种。

分种检索表

1. 叶片宽椭圆形、宽卵形、卵状椭圆形或长圆形,中脉在叶背常平坦,叶面侧脉不明显或明显。
  2. 叶面侧脉不明显 ……………………………………………… 1. 黄杨 B. sinica
  2. 叶面侧脉明显凸出 ………………………… 1a. 小叶黄杨 B. sinica var. parvifolia
1. 叶椭圆状披针形或披针形,中脉两面均凸出,叶面侧脉多而明显,叶背平滑或干后稍带皱纹………… …………………………………………… 1b. 尖叶黄杨 B. sinica subsp. aemulans

1. 黄杨(图 21: A-C)

Buxus sinica (Rehder & E. H. Wilson) M. Cheng in Acta Phytotax. Sin. 17(3): 100. 1979.

Basionym: *Buxus microphylla* Siebold et Zucc. var. *sinica* Rehder & E. H. Wilson in Sargent, Pl. Wilson. 2: 165. 1914.

灌木,高 1~2m。枝圆柱形,有纵棱,灰白色;小枝四棱形,全面被短柔毛或外方相对两侧面无毛。叶片革质,宽椭圆形、宽倒卵形、卵状椭圆形或长圆形,长 1.5~3.5cm,宽 0.8~2cm,先端圆或钝,常有小凹口,不尖锐,基部圆或急尖或楔形,叶面光亮,中脉凸出,下半段常有微细毛,侧脉明显,叶背中脉平坦或稍凸出,常密被白色短线状钟乳体,全无侧脉;叶柄长 1~2mm,上面被毛。花序腋生,头状,花密集,花序轴长 3~4mm,被毛;苞片阔卵形,长 2~2.5mm,背部多少有毛;雄花:约 10 朵,无花梗,外萼片卵状椭圆形,内萼片近圆形,长 2.5~3mm,无毛,雄蕊连花药长约 4mm,不育雌蕊有棒状柄,末端膨大,长约 2mm;雌花:萼片长约 3mm,子房较花柱稍长,无毛,花柱粗扁,柱头倒心形,下延达花柱中部。蒴果近球形,长 6~10mm,宿存花柱长 2~3mm。花期 3 月,果期 5—6 月。

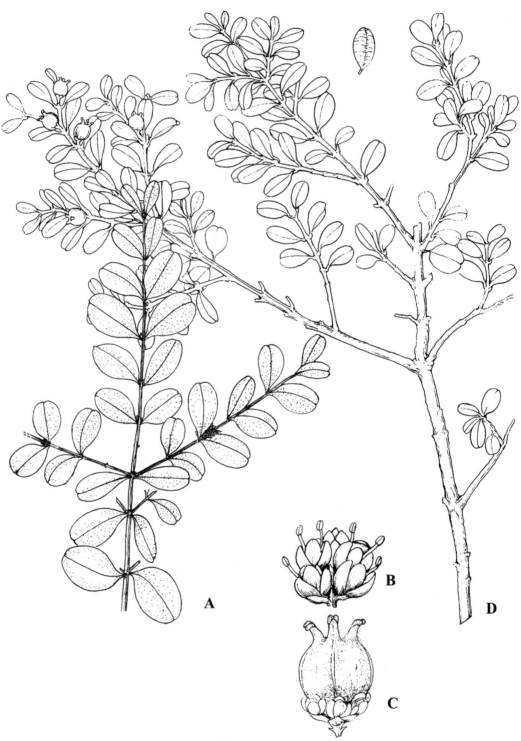

图 21　A－C：黄杨；D：小叶黄杨(重组 *Flora of China*-Ⅲ. 与《浙江植物志》)

产地：大明山、顺溪。生于海拔 500～670m 的山谷、溪边或灌丛中。

分布：陕西、甘肃、山东、江苏、安徽、浙江、江西、湖北、广东、广西、四川、贵州。

1a. 小叶黄杨　珍珠黄杨(图 21：D)

var. **parvifolia** M. Cheng in Acta Phytotax. Sin. 17(3)：98. 1979.

叶片薄革质，宽椭圆形或宽卵形，长 7～10mm，宽 5～7mm，叶面无光或光亮，侧脉明显凸出；蒴果长 6～7mm，无毛。花期 5 月，果期 9 月。

产地：龙塘山、清凉峰、干坑。生于溪边。

分布：安徽、浙江、江西、湖北。

1b. 尖叶黄杨

subsp. **aemulans** (Rehder & E. H. Wilson) M. Cheng in Acta Phytotax. Sin. 17 (3)：100. 1979.

Basionym：*Buxus microphylla* Siebold et Zucc. var. *aemulans* Rehder & E. H. Wilson in Sargent，Pl. Wilson. 2：169. 1914.

叶片椭圆状披针形或披针形，长 2～3.5cm，宽 1～1.3cm，两端均渐尖，顶尖锐或稍钝，中脉两面均凸出，叶面侧脉多而明显，叶背平滑或干后稍有皱纹；蒴果长约 7mm，宿存花柱长约 3mm。花期 5 月，果期 8—10 月。

产地：顺溪、横源、柘林坑。生于溪边灌丛中。

分布：安徽、浙江、江西、湖北。

（二）板凳果属　**Pachysandra** Michx.

匍匐或斜上的常绿亚灌木，下部生不定根。叶互生，叶片薄革质或坚纸质，中部以上边缘有粗齿牙，稀全缘，侧脉 2 或 3 对，最下一对和中脉成基生或离基三出脉；有叶柄。雌雄同株；花序顶生或腋生，穗状，具苞片；雌花约 2～12 朵，生花序下方，余均雄花，稀有雌雄花各成花序；花小，白色或蔷薇色；雄花：萼片 4，分内外两列，雄蕊 4，和萼片对生，花丝伸出，稍扁阔，不育雌蕊 1，具 4 棱，顶端截形；雌花：萼片 4～6，子房 2 或 3 室，花柱 2 或 3，长，初直立，受粉后弯曲，柱头下延达花柱上部或中部以下；苞片、萼片边缘均有纤毛。果实近核果状，宿存花柱长角状。

共 3 种，美国东南部产 1 种，我国产 2 种，其中 1 种亦见于日本。浙江有 1 种。

1. 顶花板凳果(图 22)

Pachysandra terminalis Siebold & Zucc. in Abh. Math. -Phys. Cl. Königl. Bayer. Akad. Wiss. 4(2)：142. 1845.

亚灌木。茎稍粗壮，被极细毛，下部根状茎，长约 30cm，横卧，屈曲或斜上，布满长须状不定根，上部直立，高约 30cm，生叶。叶在茎上每间隔 2～4cm 有 4～6 叶接近着生，似簇生状；叶片薄革质，菱状倒卵形，长 2.5～5cm，宽 1.5～3cm，上部边缘有齿牙，基部楔形，渐狭成长 1～3cm 的叶柄，叶面脉上有微毛。花序顶生，长 2～4cm，直立，花序轴及苞片均无毛；花白色；雄花超过 15 朵，几占花序轴的全部，无花梗，雌花 1 或 2，生花序轴基部，有时最上 1

或 2 片叶的叶腋又各生 1 雌花;雄花:苞片及萼片均阔卵形,萼片长 2.5～3.5mm,花丝长约 7mm,不育雌蕊高约 0.6mm;雌花:连柄长 4mm,苞片及萼片均卵形,覆瓦状排列,花柱受粉后伸出花外甚长,上端旋曲。果卵球形,长 5～6mm,花柱宿存,粗而反曲,长 5～10mm。花期 4—5 月,果期 9—10 月。

　　产地:十八龙潭、千顷塘、干坑。生于林下阴湿处。

　　分布:浙江、湖北、四川、陕西、甘肃。

图 22　顶花板凳果(引自《浙江天目山药用植物志》)

四二、漆树科　Anacardiaceae

　　乔木或灌木。韧皮部常具裂生性树脂道。叶互生,稀对生,多为羽状复叶,少单叶,无托叶或托叶不显。花小,辐射对称,两性或多为单性或杂性,组成顶生或腋生的圆锥花序;通常为双被花,稀为单被或无被花;花萼多少合生,3～5 裂,稀极分离,有时呈佛焰苞状或呈帽状脱落,裂片在芽中覆瓦状或镊合状排列,花后宿存或脱落;花瓣 3～5,分离或基部合生,覆瓦状或镊合状排列,脱落或宿存,有时花后增大;雄蕊着生于花盘外面基部,或有时着生在花盘边缘,与花盘同数或为其 2 倍;花盘环状或坛状或杯状,全缘或分裂;心皮 1～5,稀更多,分离,仅 1 个发育,子房上位,常 1 室,稀 2～5 室,每室有倒生胚珠 1 颗。果多为核果,稀为坚果,外果皮薄,中果皮通常厚,具树脂,内果皮坚硬,骨质或硬壳质或革质,1 室或 3～5 室,每室具种子 1 颗;胚稍大,肉质,弯曲,子叶膜质扁平或稍肥厚,无胚乳或有少量薄的胚乳。

约 77 属,600 余种,分布全球热带、亚热带,少数延伸到北温带地区。我国有 17 属,55 种。浙江有 5 属,9 种。本志记载 3 属,6 种、1 亚种。

<h3 style="text-align:center">分属检索表</h3>

1. 花为单被花,无花瓣;偶数羽状复叶 ………………………………………………… 1. 黄连木属 Pistacia
1. 花为双被花,有花萼与花瓣;奇数羽状复叶或 3 小叶。
  2. 圆锥花序顶生;果序直立,外果皮具腺毛和柔毛 ………………………………… 2. 盐肤木属 Rhus
  2. 圆锥花序腋生;果序下垂,外果皮无腺毛 ……………………………………… 3. 漆属 Toxicodendron

(一) 黄连木属　Pistacia L.

落叶或常绿乔木或灌木,具树脂。叶互生,无托叶,羽状复叶,稀单叶或 3 小叶;小叶全缘。总状花序或圆锥花序腋生;花小,单性异株;雄花:苞片 1,花被片 3～9,雄蕊 3～5,花丝极短,与花盘连合或无,花药大,长圆形,药隔伸出,不育雌蕊存在或无;雌花:苞片 1,花被片 4～10,膜质,半透明,无不育雄蕊,花盘小或无,心皮 3,合生,子房近球形或卵形,无毛,1 室,1 胚珠,花柱短,柱头 3 裂,外弯。核果近球形,无毛,外果皮薄,纸质,内果皮骨质;种子压扁,种皮膜质,无胚乳,子叶厚,略凸起。

约 10 种,分布于地中海沿岸,亚洲中部、东部或东南部,中美和南美。我国有 2 种,分布于西南部、南部和东南部。浙江有 1 种。

1. 黄连木(图 23)

Pistacia chinensis Bunge, Enum. Pl. Chin. Bor. 15. 1883.

落叶乔木,高达 4～10m。树干扭曲,树皮灰褐色,呈鳞片状剥落;冬芽红色,有特殊气味。羽状复叶互生,有小叶 10～12(因顶生小叶退化而成偶数羽状复叶),叶轴具条纹,被微柔毛,叶柄上面平,被微柔毛;小叶对生或近对生,纸质,披针形或卵状披针形或线状披针形,长 4～8cm,宽 1～2.5cm,先端渐尖或长渐尖,基部偏斜,楔形,全缘,两面沿中脉和侧脉被卷曲微柔毛或近无毛;小叶柄长 1～2mm。花单性异株,先花后叶,圆锥花序腋生,雄花序

图 23　黄连木(引自《浙江天目山药用植物志》)

排列紧密,长6~7cm,雌花序排列疏松,长5~20cm,均被微柔毛;花小,花梗长约1mm,被微柔毛;苞片披针形或狭披针形,内凹,长1.5~2mm,外面被微柔毛,边缘具睫毛;雄花:花被片2~4,披针形或线状披针形,大小不等,长1~1.5mm,边缘具睫毛,雄蕊3~5,花丝极短,花药长约2mm,雌蕊缺;雌花:花被片7~9,大小不等,长0.7~1.5mm,宽0.5~0.7mm,外面2~4片远较狭,披针形或线装披针形,外面被柔毛,边缘具睫毛,内面5片卵形或长圆形,外面无毛,边缘具睫毛;子房球形,无毛,花柱极短,柱头3,厚,肉质,红色。核果倒卵状球形,略压扁,直径约5mm,成熟时紫红色,干后具纵向细条纹,先端细尖。花期4月,果期6—10月。

产地:大坪溪,中低海拔地区常见。生于溪沟边、山坡、林下。

分布:长江以南各省、区及华北、西北。

用途:木材可提黄色染料,材质坚硬致密可作家具;种子榨油可作润滑油或制皂;幼叶可当蔬菜,并可代茶。

(二) 盐肤木属　Rhus L.

落叶灌木或乔木。树皮含水状汁液,不含漆。叶互生,奇数羽状复叶、3小叶或单叶,叶轴具翅或无翅;小叶具柄或无柄,边缘具齿或全缘。花小,杂性或单性异株,多花,聚伞状圆锥花序或复穗状花序顶生;苞片宿存或脱落;花萼5裂,覆瓦状排列,宿存;花瓣5,覆瓦状排列;雄蕊5,着生在花盘底部,花药卵圆球形,背着,内向纵裂;花盘环状;子房无柄,1室,1胚珠,花柱3,基部多少合生。核果球形,略压扁,被腺毛,具节毛或单毛,成熟时红色,外果皮与中果皮连合,中果皮非蜡质。

约250种,分布于亚热带和暖温带。我国有6种,全国广布。浙江有3种。

图24　盐肤木(引自《浙江植物志》)

1. 盐肤木(图24)

Rhua chinensis Mill. , Gard. Dict. ed. 8:7. 1879.

落叶灌木或小乔木,高2~6m。小枝棕褐色,被锈色柔毛,具圆形小皮孔。奇数羽状复叶,叶轴具宽的叶状翅,小叶自下而上逐渐增大,叶轴和叶柄密被锈色柔毛;小叶3~6对,卵形、椭圆状卵形或长圆形,长5~12cm,宽3~6cm,先端急尖,基部圆形,顶生小叶基部楔形,边缘具粗锯齿或圆齿,叶面暗绿色,叶背粉绿色,被白粉,叶面沿中脉疏被柔毛或近无毛,叶背被锈色柔毛,脉上较密,侧脉和细脉在叶面凹陷,在叶背突起;小叶无柄。圆锥花序宽大,多分枝,雄花序长10~40cm,雌花序较短,密被锈色柔毛;苞片披针形,长约1mm,被微柔毛,小苞片极小;花白色,花梗长约1mm,被微柔毛;雄花：花萼外面被微柔毛，裂片长卵形，长约 1mm，边缘具细睫毛，花瓣倒卵状长圆形，长约 2mm，开花时外卷，雄蕊伸出，花丝无毛，子房不育；雌花：花萼裂片较短，外面被短柔毛，边缘具细睫毛，花瓣椭圆状卵形，长约 1.5mm，边缘具细睫毛，内面下部被柔毛，雄蕊极短，花盘无毛，子房卵球形，长约 1mm，密被白色微柔毛，花柱 3，柱头头状。核果球形，略压扁，直径 4～5mm，被具节柔毛和腺毛，成熟时红色，直径 3～4mm。花期 8—9 月，果期 10 月。

产地：本区常见。生于山谷、林中、路旁等。

分布：除东北、内蒙古、新疆外，其余各省、区均产。

用途：幼枝和叶可作土农药；种子可榨油；根、叶、花及果均可供药用。

（三）漆属　Toxicodendron Mill.

落叶乔木或灌木。具白色乳汁，干后变黑，有臭气。叶互生，奇数羽状复叶或掌状 3 小叶；小叶对生，全缘或有锯齿，叶轴通常无翅。花序腋生，聚伞状圆锥花序或聚伞状总状花序，果期通常下垂或因花序轴粗壮而直立；花小，单性异株；苞片披针形，早落；花萼 5 裂，裂片覆瓦状排列，宿存；花瓣 5，较花萼长，通常具褐色羽状脉纹，开花时先端常外卷，雌花花瓣较小；雄蕊 5，着生于花盘外侧基部，在雌花中较短；花盘环状、盘状或杯状浅裂；子房 1 室，1 胚珠，花柱 3，基部多少合生。核果近球形或侧向压扁，外果皮薄而脆，常具光泽，中果皮厚，白色蜡质，与内果皮连合，果核坚硬，骨质，通常有少数纵向条纹；种子具胚乳，胚大，通常横生，子叶扁平，胚轴多少伸长，上部向胚轴方向内弯。

约 20 种，分布于东亚和北美。我国有 16 种，多分布于长江以南。浙江有 4 种、1 亚种。

分种检索表

1. 乔木或灌木；奇数羽状复叶。
　2. 小枝、叶轴、叶柄及花序均被毛。
　　3. 花序与叶等长或近等长 ……………………………………………………… 1. 漆 T. vernicifluum
　　3. 花序长不超过叶长之半。
　　　4. 小枝、叶轴及花序轴密被硬毛；小叶片边缘具睫毛；核果被刺毛 ………………
　　　　…………………………………………………………… 2. 毛漆树 T. trichocarpum
　　　4. 小枝、叶轴及花序轴密被柔毛；小叶片边缘无毛；核果无毛 ……… 3. 木蜡树 T. sylvestre
　2. 植物各部无毛 ……………………………………………………… 4. 野漆 T. succedaneum
1. 攀援状灌木；掌状 3 小叶 ……………………………… 5. 刺果毒漆藤 T. radicans ssp. hispidum

1. 漆（图 25：C - E）

Toxicodendron vernicifluum（Stokes）F. A. Barkley in Amer. Midl. Naturalist 24：680. 1940.

Basionym：*Rhus verniciflua* Stokes in Bot. Mat. Med. 2：164. 1812.

落叶高大乔木。树皮灰白色，粗糙，呈不规则纵裂；小枝粗壮，被棕黄色柔毛，后变无毛，具圆形或心形的大叶痕及锈色的皮孔；顶芽大而显著，被棕黄色绒毛。奇数羽状复叶互生，常呈螺旋状排列，小叶 4～7 对，被微柔毛；叶柄长 7～14cm，近基部膨大，半圆形，上面平；小叶膜质至薄纸质，卵形或长圆状卵形，长 5～13cm，宽 2～5cm，先端急尖或渐尖，基部偏斜，圆形或阔楔形，全缘，叶面通常无毛或仅沿中脉疏被微柔毛，叶背沿脉上被平展黄色柔毛，稀

图 25　A,B：木蜡树；C-E：漆；F,G：刺果毒漆藤(重组 *Flora of China-Ill.*)

近无毛,侧脉 10～15 对,两面略突起。圆锥花序腋生,长 15～30cm,与叶等长或近等长,被灰黄色微柔毛,花序轴及分枝纤细,疏生花;花黄绿色,雄花花梗纤细,长 1～3mm,雌花花梗短粗;花萼无毛,裂片卵形,长约 0.8mm,先端钝;花瓣长圆形,长约 2.5mm,具细密的褐色羽状脉纹,先端钝,开花时外卷;雄蕊长约 2.5mm,花丝线形,与花药等长或近等长(在雌花中较短);花盘 5 浅裂,无毛;子房球形,花柱 3。果序多少下垂,核果扁球形,不偏斜,长 5～6mm,宽 6～8mm,先端锐尖,基部截形,外果皮黄色,无毛,具光泽,成熟后不裂;中果皮蜡质,具树脂道条纹;果核棕色,坚硬。花期 5—6 月,果期 7—10 月。

产地:谢家坞。偶见栽培。

分布:除黑龙江、吉林、内蒙古和新疆外,其余省、区均产。

用途:树皮韧皮部割取生漆;果皮可取蜡,作蜡烛、蜡纸;叶可提栲胶;叶、根可作土农药。

2. 毛漆树

Toxicodendron trichocarpum (Miq.) O. Kuntze, Rev. Gen. Pl. 154. 1891.

Basionym: *Rhus trichocarpa* Miq. in Ann. Mus. Bot. Lugduno-Batavi 2: 82. 1866.

落叶乔木或灌木。小枝灰褐色,具长圆形突起皮孔,幼枝被黄褐色微硬毛;顶芽大,密被黄色绒毛。奇数羽状复叶互生,有小叶 4～7 对,叶轴圆柱形,上面具槽,稀最上部具不明显狭翅,叶轴和叶柄均被黄褐色微硬毛;叶柄长 5～7cm,基部膨大,上面平;小叶纸质,卵形或倒卵状长圆形,自下而上逐渐增大,长 4～9cm,宽 2.5～4cm,先端渐尖或急尖,具钝头,基部略偏斜,圆形至截形,全缘,叶面沿脉上被卷曲微柔毛,其余疏被平伏柔毛或近无毛,叶背沿中侧脉密被黄色柔毛,其余疏被毛,边缘具缘毛,侧脉在叶背突起;小叶无柄或近无柄。圆锥花序腋生,长 10～20cm,密被黄褐色微硬毛;花黄绿色;花梗长约 1.5mm,被毛;花萼无毛,裂片狭三角形,长约 0.8mm,先端钝;花瓣倒卵状长圆形,长约 2mm,无毛,先端开花时外卷;花丝线形,长约 1.5mm,花药长约 0.8mm(雌花的退化雄蕊短),子房球形;花盘 5 浅裂,无毛。核果扁球形,长 5～6mm,宽 7～8mm,外果皮薄,黄色,疏被短刺毛;中果皮蜡质,具纵向褐色树脂道条纹;果核坚硬。花期 6 月,果期 7—9 月。

产地:鸠甫山。生于海拔 800～900m 的山谷、林中。

分布:安徽、浙江、福建、江西、湖北、湖南、贵州。

3. 木蜡树(图 25: A,B)

Toxicodendron sylvestre (Siebold & Zucc.) O. Kuntze, Rev. Gen. Pl. 154. 1891. [*silvestre*]

Basionym: *Rhus sylvestris* Siebold & Zucc. in Abh. Math. -Phys. Cl. Königl. Bayer. Akad. Wiss. 4(2): 140. 1845.

落叶乔木。树皮灰褐色,幼枝和芽被黄褐色柔毛。奇数羽状复叶互生,有小叶 3～6 对,叶轴和叶柄圆柱形,密被黄褐色柔毛;叶柄长 4～8cm;小叶纸质,卵形、卵状椭圆形或长圆形,长 4～10cm,宽 2～5cm,先端渐尖或急尖,基部不对称,圆形或阔楔形,全缘,叶面中脉密被卷曲微柔毛,余被平伏微柔毛或近无毛,叶背密被黄色柔毛,侧脉 15～25 对,两面突起。圆锥花序腋生,长 8～15cm,密被锈色柔毛,花序梗长 1.5～3cm;花黄色,花梗长 1.5mm,被卷曲微柔毛;花萼无毛,裂片卵形,长约 0.8mm,先端钝;花瓣长圆形,黄色,长约 1.6mm,具暗褐色纹脉;雄蕊伸出,花丝线形,长约 1.5mm,花药卵形,长约 0.5mm,无毛,在雌花中退化雄蕊较短不伸出花外,花丝钻形;花盘无毛;子房球形,直径约 1mm,无毛。核果极偏斜,近球形,压扁,先端偏于一侧,长约 8mm,宽 7～8mm,外果皮薄,黄褐色,无毛,成熟时不裂;中果皮蜡质;果核坚硬。花期 4—5 月,果期 7—8 月。

产地:顺溪、茶园里、三祖源、龙塘山、千顷塘、柘林坑。生于 420～500m 的溪边林下。

分布:长江以南各省、区。

4. 野漆(图 26)

Toxicodendron succedaneum （ L. ） O. Kuntze, Rev. Gen. Pl. 154. 1891.

Basionym：*Rhus succedanea* L.，Mant. Pl. Altera 221. 1771.

落叶乔木或灌木。小枝粗壮,无毛;顶芽大,紫褐色。奇数羽状复叶,常集生小枝顶端,无毛,长 25～35cm,小叶 4～7 对,叶轴和叶柄圆柱形;叶柄长 6～9cm;小叶对生或近对生,坚纸质至薄革质,长椭圆形至卵状披针形,长 5～12cm,宽 2～4cm,先端渐尖或长渐尖,基部多少偏斜,圆形或阔楔形,全缘,两面无毛,叶背常具白粉;小叶柄长 2～5mm。圆锥花序腋生,长 7～15cm,为叶长之半,多分枝,无毛;花单性异株,黄绿色;花梗长约 2mm;花萼无毛,裂片阔圆形,先端钝,长约 1mm;花瓣长圆形,先端钝,长约 2mm,中部具不明显的羽状脉或近无脉,开花时外卷;雄蕊伸出,花丝线形;花盘 5 裂;子房球形,直径约 0.8mm,无毛,花柱 1,短,柱头 3 裂,褐色。核果大,斜菱状近球

图 26　野漆(引自《浙江植物志》)

形,偏斜,直径 7～10mm,压扁;外果皮薄,淡黄色,无毛;中果皮厚,蜡质,白色;果核坚硬。花期 5—6 月,果期 8—10 月。

产地:鸠甫山、龙塘山、十八龙潭、大坪溪、干坑、童玉、横源、直源。生于海拔 600～1000m 山谷、林中或山坡。

分布:华北、长江以南各省、区。

用途:根、叶及果入药;种子油可制皂或作油漆;中果皮之漆可制蜡烛,膏药和发蜡等;树皮可提栲胶;树干乳液可代生漆用;木材坚硬致密,可作细工用材。

5. 刺果毒漆藤(图 25：F,G)

Toxicodendron radicans (L.) O. Kuntze subsp. **hispidum** (Engl.) Gillis in Rhodora 73 (794)：213. 1971.

Basionym：*Rhus toxicodendron* L. var. *hispida* Engl. in Bot. Jahrb. Syst. 29：433. 1900.

攀援状灌木。小枝棕褐色,具条纹,幼枝被锈色柔毛。3 小叶;叶柄长 5～10cm,被黄色柔毛,上面平或略具槽;侧生小叶长圆形或卵状椭圆形,长 6～10cm,宽 4～7cm,先端急尖或渐尖,基部偏斜,近圆形,全缘,叶面无毛,叶背沿中脉或侧脉疏被柔毛或近无毛,叶腋具赤褐色髯毛,顶生小叶倒卵状椭圆形或倒卵状长圆形,最宽处在叶的中上部,长 8～15cm,宽 4～8cm,先端急尖或短渐尖,基部渐狭;侧生小叶无柄或近无柄,顶生小叶柄长 0.5～2cm,被柔毛。圆锥花序腋生,长约 5cm,被黄褐色微硬毛;苞片长圆形,长约 2mm,被毛;花黄绿色,花梗长约 2mm,粗壮,被毛;花萼无毛,裂片卵形,长约 1mm,基部具 3 条褐色纵脉;花瓣长圆形,无毛,长约 3mm,开花时外卷,具不明显褐色羽状脉;雄蕊与花瓣等长,花丝线形;花盘无毛;子房球形,直径约 0.5mm。核果斜卵形,略偏斜,长约 5mm,宽约 6mm;外果皮黄色,被长刺毛;中果皮蜡质;果核黄色,坚硬。花期 5 月,果期 6—9 月。

产地:银珑坞、龙塘山、大明山。生于东北山坡林下树阴处。

分布:浙江、台湾、湖北、湖南、贵州、四川、云南。

四三、冬青科　Aquifoliaceae

乔木或灌木,常绿或落叶。单叶,多互生;叶片革质或纸质,稀膜质,全缘或叶缘具锯齿、腺状锯齿或刺状锯齿,具柄;托叶无或小,有则早落。花小,辐射对称,单性,稀两性或杂性,雌雄异株,常排列成腋生或近顶生的聚伞花序、伞形花序、总状花序、圆锥花序或簇生状,稀单生;萼片 4～6,覆瓦状排列;花瓣 4～6,分离或基部稍合生,覆瓦状排列,稀镊合状排列;雄蕊与花瓣同数,与之互生,花丝短,花药纵裂,或雄蕊 4～12,排列成一轮,花丝粗短或缺,花药延长或增厚成花瓣状;雌花中退化雄蕊常呈箭头状;子房上位,心皮 2～5,合生,2 至多室,每室具 1 枚胚珠,稀 2 枚,花柱短或无,柱头头状、盘状或浅裂。果实常为浆果状核果,具 2 至数枚分核,稀 1 枚,每分核具 1 粒种子。种子胚小,直立,富含胚乳。

4 属,500 多种,主要分布于热带美洲和热带至温带亚洲。我国仅冬青属 1 属,204 种,分布于秦岭以南各省、区,以南部和西南部为多。浙江有 37 种及若干种下类群。本志记载 12 种。

(一) 冬青属　Ilex L.

乔木或灌木,常绿或落叶。单叶,多互生;叶片革质、纸质或膜质,全缘或叶缘具锯齿或刺状锯齿,具柄。花为聚伞花序或伞形花序,常生于当年生枝条的叶腋内,或簇生于二年生枝条的叶腋内,稀单花腋生;花小,辐射对称,单性,雌雄异株;雄花:萼片 4～6 裂,覆瓦状排列,花瓣 4～6,基部略合生,雄蕊与花瓣同数,且互生,花丝短,花药内向,纵裂;雌花:萼片 4～6 裂,花瓣 4～6,基部稍合生,子房上位,常 4～6 室,每室具 1 胚珠,柱头头状、盘状或柱状。果实为浆果状核果,外果皮膜质或坚纸质,中果皮多为肉质,内果皮木质或石质;分核常 4～6,表面平滑、具条纹、具棱或具沟槽。

400 多种,分布于热带、亚热带至温带地区,主产中南美洲和热带亚洲。我国有 204 种。浙江有 37 种。

分种检索表

1. 常绿灌木或乔木;叶片革质或薄革质;果实成熟时鲜红色或橙红色。
  2. 果实常 2 或 3 枚形成伞序(偶有单个果实),单生于叶腋,具明显的果序梗。
    3. 叶片边缘具锯齿或圆齿。
      4. 雌花序为聚伞花序;果实常 3 枚形成伞形果序;叶片干后黄褐色,边缘仅基部以上具钝锯齿。
        5. 果序梗长 1.5~3cm,明显长于果梗;叶片基部明显下延 ·········· 1. 香冬青 I. suaveolens
        5. 果序梗长 0.8~1.5cm,与果梗近等长;叶片基部不下延 ····· 2. 冬青 I. chinensis
      4. 雌花序常退化为单花;果序仅有果实 1 枚;叶片干后黑褐色,边缘仅顶端具锯齿 ···········
        ·· 3. 具柄冬青 I. pedunculosa
    3. 叶片全缘。
      6. 叶片上面中脉密被短糙毛;分核背面具 1 条浅槽 ··············· 4. 木姜叶冬青 I. litseifolia
      6. 叶片两面无毛;分核背面具 2 条浅沟和 3 条线纹 ··············· 5. 铁冬青 I. rotunda
  2. 果实多枚簇生于叶腋,无果序梗。
    7. 叶片边缘具刺状齿,稀全缘而仅具顶端 1 刺 ··············· 6. 枸骨 I. cornuta
    7. 叶片边缘具锯齿或全缘,但锯齿不为刺状。
      8. 叶片全缘 ··············· 7. 尾叶冬青 I. wilsonii
      8. 叶片边缘具疏锯齿。
        9. 小枝无毛;叶片长通常大于 10cm;果序具明显的主轴 ··············· 8. 大叶冬青 I. latifolia
        9. 小枝具短柔毛;叶片长度在 8cm 以下;果序无主轴 ··············· 9. 短梗冬青 I. buergeri
1. 落叶乔木;叶片纸质;果实成熟时黑紫色或红色。
  10. 枝条无长枝和短枝之分;果序具多数果实;分核背面具单纵沟 ········· 10. 小果冬青 I. micrococca
  10. 枝条具长短枝;果实单生于叶腋;分核具 2 条纵沟或具网纹。
    11. 果实直径 5~8mm,成熟时红色;分核背面具网纹 ··············· 11. 大柄冬青 I. macropoda
    11. 果实直径 10~15mm,成熟时紫黑色;分核背面具 2 条深沟和 3 条纵纹 ·······························
      ·· 12. 大果冬青 I. macrocarpa

1. 香冬青(图 27：E,F)

Ilex suaveolens (H. Lév.) Loes. , Ber. Deutsch. Bot. Ges. 32：541. 1914.

Basionym：*Celastrus suaveolens* H. Lév. in Repert. Spec. Nov. Regni Veg. 13：263. 1914.

常绿乔木,高 4~9m。小枝浅褐色或褐色,无毛,微具棱。叶片革质,卵状椭圆形、椭圆形至长圆形,长 5~11cm,宽 2~4.5cm,先端渐尖,基部楔形下延,边缘具钝锯齿,中脉在两面均隆起,侧脉 7 或 8 对,在两面较明显,上面稍有光泽;叶柄长 12~20mm。伞形花序或聚伞花序单生叶腋,花序梗长 2~3.5cm,无毛;花 4 或 5 数;雄花花萼裂片卵状三角形,花瓣卵圆形,雄蕊短于花瓣;雌花花萼和花瓣与雄花相似,子房卵球形,柱头厚盘状。果椭圆球形,成熟时鲜红色,直径约 6mm,果梗长约 10mm;分核 4 或 5,椭圆形,背面近光滑,内果皮革质。花期 4—6 月,果期 9—11 月。

  产地:龙塘山、大明山、直源。生于山谷溪边或林中。
  分布:安徽、浙江、江西、福建、湖北、广东、广西、四川、贵州、云南。

图 27　A,B：冬青；C,D：木姜叶冬青；E,F：香冬青；G,H：铁冬青；I,J：具柄冬青(金孝锋绘)

2. 冬青(图 27：A,B)

Ilex chinensis Sims in Bot. Mag. 46：t. 2043. 1819.

Ilex purpurea Hassk.

常绿乔木,高 3～8m。树皮暗灰色,光滑。小枝灰白色,无毛。叶片薄革质,狭卵形、椭圆形至长圆形,干后常呈褐色或黑褐色,长 6～11cm,宽 2.5～4cm,先端渐尖,基部宽楔形,边缘具钝锯齿或疏锯齿,中脉在上面平坦,下面隆起,侧脉 7～9 对,在两面较明显;叶柄长 10～15mm。复聚伞花序单生叶腋;花 4 或 5 数;雄花花梗长约 2mm,花萼裂片宽三角形,花瓣卵圆形,雄蕊短于花瓣;雌花花梗长约 5mm,花萼和花瓣与雄花相似,子房卵球形,柱头厚盘状。果椭圆球形,成熟时鲜红色,直径 8～10mm,果序梗长 4～7mm,果梗长 5～7mm;分核 4 或 5,长椭圆形,背面具 1 条纵沟,内果皮革质。花期 4—6 月,果期 8—11 月。

产地: 区内常见。生于山谷溪边、路边或林中。

分布: 长江流域及其以南至华南、西南;日本。

用途: 优美的庭院观赏和城市绿化树种;根皮、叶可入药。

3. 具柄冬青(图 27：I,J)

Ilex pedunculosa Miq. in Verslagen Meded. Afd. Natuurk. Kon. Akad. Wetensch.，Ser. 2, 2：83. 1868.

常绿乔木,高 1.5～4m。树皮灰褐色,光滑。小枝灰褐色,粗壮,无毛,具纵脊。叶片薄革质,卵形、椭圆形至长圆形,长 4～8cm,宽 2～4cm,先端渐尖,基部圆形,边缘下部全缘,近顶端有不明显的疏锯齿,中脉在上面略凹入,下面隆起,侧脉 6 或 7 对,在上面不甚清晰,下面明显;叶柄长 13～25mm。聚伞花序单生叶腋;花 4 或 5 数;雄花序具 3～9 朵花,花序梗长约 25mm,花梗长 2～4mm,花萼裂片三角形,花瓣卵形,基部稍连合,雄蕊短于花瓣;雌花序退化仅存 1 花,有时具 2 花,花梗长 10～15mm,花萼裂片三角形,花瓣卵形,子房圆锥形。果球形,成熟时鲜红色,直径 6～8mm,果梗长 15～25mm;分核 4 或 5,椭圆形,背面光滑,具 1 条纵线沟,内果皮革质。花期 6—7 月,果期 9—11 月。

产地: 鸠甫山、龙塘山、茶园里、横盘里、大明山、顺溪、横源。生于海拔 800m 以上的山谷溪边、路边或林中。

分布: 陕西、安徽、浙江、福建、台湾、江西、湖北、湖南、广西、四川、贵州;日本。

4. 木姜叶冬青(图 27：C,D)

Ilex litseifolia Hu & T. Tang in Bull. Fan Mem. Inst. Biol. Bot. 9：247. 1940. [*litseaefolia*]

Ilex editicostata Hu et T. Tang var. *litseifolia* (Hu & T. Tang) S. Y. Hu.

常绿小乔木,高 3～5m。小枝黑褐色,无毛。叶片革质,卵形、长卵形、卵状椭圆形或椭圆形,长 5～11cm,宽 1.5～4.5cm,先端渐尖,基部楔形略下延,全缘,中脉在两面隆起,在上面被黄褐色短柔毛,侧脉 8～10 对,不甚明显;叶柄长 10～20mm。聚伞花序单生叶腋;花 4 或 5 数;雄花花梗长约 2mm,花萼裂片卵圆形,花瓣长圆形,雄蕊与花瓣近等长;雌花花梗长 2～3mm,花萼和花瓣与雄花相似,子房宽卵球形,柱头盘状。果球形,成熟时鲜红色,直径

5～7mm,果梗长 4～5mm;分核 4 或 5,椭圆形,背面近平滑,具 1 浅纵沟,内果皮骨质。花期5—6 月,果期 7—11 月。

产地:大明山、横源、直源。生于海拔 410～570m 的林下、溪边林中、路边或山坡。

分布:浙江、江西、福建、湖北、湖南、广东、广西、贵州。

5. 铁冬青(图 27:G,H)

Ilex rotunda Thunb., Fl. Jap. (Thunberg):77. 1784.

Ilex microcarpa Lindl. ex Paxton; *I. rotunda* Thunb. var. *microcarpa* (Lindl. ex Paxton) S. Y. Hu

常绿乔木,高 3～7m。树皮灰色,光滑。小枝灰褐色,粗壮,无毛,具棱。叶片薄革质,倒卵形、椭圆状卵形至椭圆形,长 3～7.5cm,宽 1.5～3cm,先端渐尖,基部楔形,全缘,中脉在上面凹入,下面隆起,侧脉 7 或 8 对,两面较明显;叶柄长 10～20mm。聚伞花序单生叶腋;花4～7 数;雄花序花序梗长 4～5mm,花萼裂片三角形,花瓣长圆形,雄蕊比花瓣长;雌花序花序梗长达 10mm,被短柔毛,后渐脱落,花梗长 4～8mm,被短柔毛,后渐脱落,花萼裂片三角形,花瓣倒卵状长圆形,子房卵状圆锥形,柱头盘状。果球形,成熟时鲜红色,直径 6～8mm,果序梗长 5～6mm,果梗长约 5mm,果序梗和果梗几无毛,或多少被短柔毛;分核 5～7,椭圆形,背面具 3 条线纹和 2 条浅沟,内果皮木质。花期 3—4 月,果期 10 月。

产地:顺溪。生于溪边或林中。

分布:长江流域及其以南、台湾和西南各省、区;日本、朝鲜半岛。

用途:是优美的庭院观赏和城市绿化树种;树皮、根、叶、果可入药。

6. 枸骨　枸骨冬青,八角刺(图 28:G,H)

Ilex cornuta Lindl. & Paxton, Paxton's Fl. Gard. 1:43. 1850.

常绿灌木,高 1～2m。树皮灰白色,光滑。小枝灰白色,无毛,具纵脊。叶片厚革质,四方状矩圆形,长 2.5～6.5cm,宽 2～3.5cm,上面有光泽,先端尖刺状,基部截形或宽楔形,全缘而略反卷,每边具 2 或 3 对刺状齿(栽培类型叶片卵状长圆形,边缘无刺状齿),侧脉 5 或 6对,两面明显;叶柄长 2～4mm。花序簇生于叶腋;花 4 数;雄花花梗长约 5mm,无毛,花萼裂片宽三角形,被疏柔毛,花瓣长圆状卵形,基部稍连合,雄蕊与花瓣近等长;雌花花梗长 7～8mm,果时增长,花萼与花瓣与雄花相似,子房长圆状卵球形,柱头盘状。果球形,成熟时鲜红色,直径 7～10mm,果梗长达 15mm;分核 4,表面具皱洼穴,背面有 1 纵沟,内果皮骨质。花期 4—5 月,果期 9—11 月。

产地:清凉峰镇、都林山、长滩里。生于 270～400m 的溪边、路边或灌丛中。

分布:长江中下游流域各省、区。

用途:是优美的庭院观赏和城市绿化树种;嫩叶("枸骨茶")、果实("枸骨子"或"功劳子")、根均可入药。

7. 尾叶冬青(图 28:E,F)

Ilex wilsonii Loes. in Nova Acta Acad. Caes. Leop.-Carol. German. Nat. Cur. 89:287. 1908.

常绿乔木,高 2～5m。树皮灰黑褐色,光滑。小枝黄褐色,无毛,具纵脊。叶片革质,宽

图 28　A,B：大叶冬青；C,D：短梗冬青；E,F：尾叶冬青；G,H：枸骨（金孝锋绘）

卵形、卵形、卵状椭圆形或长圆形,长 3～5.5cm,宽 1.5～3cm,先端尾状渐尖,基部楔形,全缘,中脉在上面平坦或微隆起,下面隆起,侧脉 5～7 对,在两面较明显;叶柄长约 10mm。花序簇生于叶腋;花 4 数;雄花花梗长 2～3mm,花萼裂片卵状三角形,花瓣卵形,基部稍连合,雄蕊短于花瓣;雌花序每枝仅含 1 花,花梗长 4～6mm,花萼和花瓣与雄花相似,子房卵球形,柱头厚盘状。果球形,成熟时鲜红色,直径 4～5mm,果梗长 5～6mm;分核 4,宽椭圆形,背面有 3 条线纹,无沟,内果皮革质。花期 5 月,果期 7—11 月。

产地：都林山、鸠甫村、双涧坑、茶园里、大明山、横源、直源、云溪坞。生于海拔 300～900m 的林中、溪边、林缘或路边。

分布：安徽、浙江、江西、福建、湖北、湖南、广东、广西;日本。

8. 大叶冬青(图 28：A,B)

Ilex latifolia Thunb.，Fl. Jap. (Thunberg)：70. 1784.

常绿乔木,高 4～10m。树皮黑褐色,光滑。小枝灰绿色,粗壮,无毛,具纵脊。叶片厚革质,矩圆形、椭圆形或近卵形,长 8～18cm,宽 3～7cm,先端短渐尖,基部宽楔形或近圆形,边缘有疏锯齿,中脉在上面凹入,下面隆起,侧脉 7～9 对,在上面明显,下面不明显;叶柄长15～20mm。花序簇生于叶腋,呈圆锥状;花 4 数;雄花序每枝具 3～7 朵花,花梗长约 8mm,花萼裂片卵圆形,花瓣长圆形,基部稍连合,雄蕊与花瓣近等长;雌花序每枝具花 2 或 3 朵,花梗长 6～7mm,花瓣卵形,子房卵球形。果球形,成熟时鲜红色,直径 6～8mm,果梗长约6mm;分核 4,长圆状椭圆形,背面有 3 条纵脊,内果皮骨质。花期 4—5 月,果期 9—11 月。

产地：鸠甫山、双涧坑、大明山、直源。生于海拔 440～800m 的溪边或林中。

分布：长江流域各地;日本。

用途：是优美的庭院观赏树种;嫩叶是"苦丁茶"的原植物之一;嫩叶、树皮可入药。

9. 短梗冬青(图 28：C,D)

Ilex buergeri Miq. in Verwantschap Fl. Japan Azie Noord-Amerika：20. 1866.

常绿乔木,高可达 12m。小枝褐色,微具棱,密被深褐色短柔毛。叶片革质,卵状椭圆形或椭圆形,长 3.5～7cm,宽 1.5～2.5cm,先端渐尖,基部宽楔形,边缘稀疏而不整齐的浅锯齿,中脉在上面凹陷,下面显著隆起,侧脉 7 或 8 对,在上面不明显,下面较明显;叶柄长 5～10mm。花序簇生于叶腋;花 4 数;雄花花萼裂片三角形,顶端圆钝,花瓣长圆状倒卵形,基部稍连合,雄蕊短于花瓣;雌花花萼和花瓣与雄花相似,子房卵球形,柱头盘状。果球形或近球形,成熟时橙红色,直径 5～6mm;分核 4,倒卵状椭圆形,背面具不整齐的条纹和槽,内果皮石质。花期 4—6 月,果期 9—11 月。

产地：昌化横坑。生于林中。

分布：安徽、浙江、福建、江西、湖北、湖南、广西、贵州;日本。

10. 小果冬青(图 29：C,D)

Ilex micrococca Maxim. in Mém. Acad. Imp. Sci. St.-Pétersbourg, Sér. 7, 29(3)：39. 1881.

落叶乔木,高 5～8m。树皮灰白色,光滑。小枝褐色,皮孔明显。叶片纸质,卵形、长卵形或卵状椭圆形,长 8.5～12.5cm,宽 4～5.5cm,先端渐尖,基部圆形,边缘具锐尖芒状锯齿

图 29　A,B：大柄冬青；C,D：小果冬青；E,F：大果冬青(金孝锋绘)

或近全缘,两面无毛,中脉在上面微凹入,在下面隆起,侧脉 8 或 9 对,网脉两面明显;叶柄长 2～3cm。复聚伞花序单生于叶腋;雄花 5 或 6 数,花萼开展,无毛,裂片宽三角形,先端钝,花瓣长圆形,基部稍连合,雄蕊与花瓣近等长;雌花 6～8 数,花萼和花瓣与雄花相似,子房圆锥状卵球形,柱头盘状。果球形,成熟时红色,直径 2.5～3mm;分核 6～8,背面具 1 条纵沟,内果皮革质。花期 4—5 月,果期 10 月。

产地: 横源。生于山谷林中或山坡林中。

分布: 安徽、浙江、福建、台湾、江西、湖北、湖南、广东、广西、海南、四川、贵州、云南、西藏;日本、越南。

用途: 是绿化观赏的优良树种。

11. 大柄冬青(图 29:A,B)

Ilex macropoda Miq. in Ann. Mus. Bot. Lugduno-Batavi 3:105. 1867.

落叶乔木,高达 10m。树皮灰白色,光滑。有长枝和短枝,小枝灰色,皮孔明显。叶片纸质,簇生在短枝上,常卵形,稀有狭卵形,长 3.5～8cm,宽 2～4cm,先端渐尖或急尖,基部楔形,边缘具锐锯齿,两面无毛,中脉在上面微凹入,在下面隆起,侧脉 6～8 对,两面明显;叶柄长 12～20mm。雄花序簇生于短枝的叶腋内;花 5 数;雄花花梗长 5～6mm,无毛,花萼裂片三角状卵形,花瓣卵形,雄蕊与花瓣近等长;雌花单生叶腋,花梗长 5～7mm,花萼和花瓣与雄花相似,子房卵球形,柱头盘状。果球形,成熟时红色,直径 6～8mm,果梗长 6～9mm;分核 5,背面具纵向条纹,内果皮骨质。花期 5—6 月,果期 8—10 月。

产地: 龙塘山、茶园里、横盘里、百丈岭。生于溪边林下、林中或灌丛中。

分布: 安徽、浙江、福建、江西、湖北、湖南、河南;日本、朝鲜半岛。

12. 大果冬青(图 29:E,F)

Ilex macrocarpa Oliv., Hooker's Icon. Pl. 18:t. 1787. 1888.

Ilex macrocarpa Oliv. var. *longipedunculata* S. Y. Hu.

落叶乔木,高 6～12m。树皮灰白色或灰褐色,无毛。有长枝和短枝,小枝灰白色,具明显的皮孔。叶片纸质,在长枝上互生,在短枝上呈簇生状,宽卵形、卵形或卵状长圆形,长 6～10cm,宽 3.5～5cm,先端渐尖,基部圆形或宽楔形,边缘具锯齿,中脉在上面凹入,被短柔毛,在下面隆起,无毛,侧脉 7～9 对,两面明显;叶柄长 10～20mm。雄花序簇生于长枝和短枝的叶腋内;花 5 数;雄花花梗长 4～5mm,无毛,花萼裂片倒卵形,花瓣长圆状卵形,雄蕊与花瓣近等长;雌花单生叶腋,花梗长 13～15mm,花萼近三角形,花瓣卵形,子房长卵球形,柱头头状。果球形,成熟时黑紫色,直径 10～15mm,果梗长 13～25mm;分核 7 或 8,背面有 3 条纵纹和 2 条纵沟,内果皮石质。花期 5 月,果期 9—10 月。

产地: 鸠甫山、横源、直源。生于林中或林缘。

分布: 华东、中南和西南大多数地区。

四四、卫矛科　Celastraceae

常绿或落叶乔木、匍匐小灌木或攀援木质藤本。单叶对生或互生,少为 3 叶轮生,托叶细小,早落或无,稀明显。花两性或退化为单性花,有时杂性同株,少为异株,辐射对称,1 至多次分枝的聚伞花序侧生或顶生,有时单生,具有较小的苞片和小苞片。花 4 或 5 数,花萼花冠分化明显,极少萼冠相似或花冠退化,花萼基部通常与花盘合生,萼片 4 或 5,宿存;花冠具 4 或 5 分离花瓣,覆瓦状排列,少为基部贴合;常具明显肥厚花盘,极少花盘不明显或近无;雄蕊 4 或 5,稀更多,雄蕊与花瓣同数且互生,花丝存在或缺失,着生花盘之上或花盘之下,花药 2 室或 1 室,纵裂;心皮 2～5,合生,子房上位,2～5 室,稀 1 室,中轴胎座,或少数为基底胎座,每室有 1 或 2 颗直生或侧生胚珠;花柱柱状,或极短至缺,柱头通常头状,或 2～5 浅裂。果实为蒴果、浆果、核果或翅果;种子多少被肉质具橙红色的假种皮包围,稀无假种皮,具有丰富的胚乳。

　　近 100 属,1100 余种,主要分布于温带、热带、亚热带地区。我国有 14 属,192 种,各地均有分布。浙江有 5 属,32 种、1 变种。本志记载 4 属,14 种、1 变种。

分属检索表

1. 叶对生;乔木或直立灌木,稀为匍匐状;小枝皮孔不明显。
　　2. 心皮 3～5,常与花的其它部分同数;花盘肥厚;种子具橙红色肉质假种皮 …… 1. 卫矛属 Euonymus
　　2. 心皮 2,比花的其他部分数目少;花盘浅杯状或近缺;种子无假种皮 ……… 2. 假卫矛属 Microtropis
1. 叶互生;藤状灌木;小枝常有明显皮孔。
　　3. 小枝 4 棱或近圆柱形,稀 6 棱;蒴果球形,黄色,开裂;种子具有橙色肉质假皮 …………………………
　　　………………………………………………………………………………… 3. 南蛇藤属 Celastrus
　　3. 小枝具 5 或 6 棱;蒴果具 3 翅,棕红色,不开裂;种子无假种皮………… 4. 雷公藤属 Tripterygium

（一）卫矛属　Euonymus L.

　　乔木或灌木,有时攀援或匍匐状。小枝通常方形,无毛;冬芽具覆瓦状芽鳞。叶对生,稀互生或轮生,具早落性的托叶。聚伞花序腋生或侧生;花两性,花萼及花瓣各 4 或 5 基数;花盘肉质肥厚,扁平,方形或五角形;雄蕊着生于花盘上或边缘,花丝极短或丝状,花药 1 或 2 室;子房上位,与花盘贴生,3～5 室,每室有 1 或 2 颗胚珠,花柱较短或无,柱头 3～5 裂。蒴果平滑,或具棱角,或延展成翅,或具刺状突起,每室有种子 1 或 2 粒;种子白色、红棕色或黑色,被橙红色假种皮,具胚乳。

　　约 130 种,分布于亚洲、欧洲、北美洲和澳大利亚。我国有 90 种,全国均有分布,尤以秦岭以南各地为多。浙江有 17 种。

分种检索表

1. 蒴果分裂几乎至基部而形成各自近乎分离的分果,通常仅 1 或 2 个心皮发育。
　　2. 小枝明显四棱形,枝通常具宽阔木栓翅,或有时无翅;叶片倒卵形、菱状卵形或椭圆形,侧脉 9 对以下
　　　…………………………………………………………………………………………… 1. 卫矛 E. alatus
　　2. 小枝圆柱形,无宽阔木栓翅;叶片披针形,侧脉 9～11 对 ……… 2. 鸦椿卫矛 E. euscaphis
1. 蒴果不裂或仅半裂,球形或在心皮接缝处因多少内凹而具 4 或 5 棱,不形成如上述的分果。
　　3. 植株匍匐状或半直立。
　　　4. 蒴果具刺状突起;叶片具 3 或 4 对侧脉,边缘具极浅锯齿;落叶性 …… 3. 陈谋卫矛 E. chenmoui
　　　4. 蒴果无刺状突起;叶片具 5 或 6 对侧脉,边缘具钝锯齿;常绿或半常绿 …… 4. 扶芳藤 E. fortunei
　　3. 直立灌木或小乔木。

5. 蒴果近球形,通常无翅棱,如具翅棱,则果实顶端钝圆状凸起。

　　6. 花 4 数;叶片薄革质或革质;叶柄长 0.5~1.5cm。

　　　　7. 叶片侧脉 12~15 对;花直径达 1.5cm;蒴果具 4 翅棱 ············ 5. 肉花卫矛 E. carnosus

　　　　7. 叶片侧脉 5 或 6 对;花直径 6~8mm;蒴果无翅棱················ 6. 冬青卫矛 E. japonicus

　　6. 花 5 数;叶片纸质;叶柄长 0.3~0.6cm ················· 7. 垂丝卫矛 E. oxyphyllus

5. 蒴果倒圆锥形,或倒三角形,具翅状棱角,顶端凹下或平截。

　　8. 花 5 数,红色至淡红色;蒴果具 5 棱,顶端凹下·············· 8. 疏花卫矛 E. laxiforus

　　8. 花 4 数,黄绿色或绿白色;蒴果具 4 棱,顶端平截或凹下。

　　　　9. 叶片无毛,侧脉 9~12 对;花序多回分枝,花序梗四方形 ······ 9. 矩叶卫矛 E. oblongifolius

　　　　9. 叶片下面中脉被毛,侧脉 8 或 9 对;花序 1 或 2 回分枝,花序梗圆柱形 ···················

　　　　　　··· 10. 西南卫矛 E. hamiltonianus

1. 卫矛　鬼箭羽(图 30:A)

Euonymus alatus (Thunb.) Siebold in Verh. Batav. Genoot. Kunst. Wetensch. 12:49. 1830. Basionym:*Celastrus alatus* Thunb. in Syst. Veg. ed. 14. 237. 1784.

落叶灌木,高 1~3m,全株无毛。小枝具 4 棱,常具 2~4 列棕褐色宽阔木栓翅,翅宽可达 1.2cm,或有时无翅。冬芽圆球形,长约 2mm,芽鳞边缘具不整齐细坚齿。叶片卵状椭圆形至狭长椭圆形,偶为倒卵形,长 2~8cm,宽 1~3cm,边缘具细锯齿,两面光滑无毛;叶柄长 1~3mm。聚伞花序腋生,有 3~5 花,花序梗长 0.5~3cm,花梗长 3~5mm,结果后可达 8mm;花淡黄绿色,直径约 6mm,4 数;萼片半圆形,绿色,长约 1mm;花瓣倒卵圆形,长约 3.5mm;花盘方形肥厚,4 浅裂;雄蕊着生于花盘边缘,花丝略短于花药;子房 4 室,通常 1 或 2 心皮发育。蒴果棕褐色带紫,蒴果 1~4 深裂,裂瓣椭圆球状,长 7~8mm,几全裂至基部相连,呈分果状;种子椭圆球形或宽椭圆球形,长 5~6mm,种皮褐色或浅棕色,假种皮橙红色,全包种子。花期 5—6 月,果期 7—10 月。

产地:鸠甫山、龙塘山、茶园里、十八龙潭、横源、直源、道场坪、大坪溪、干坑、童玉。生于山坡阔叶混交林中、林缘。

分布:我国除新疆、青海、西藏及海南以外,全国均有分布;日本、朝鲜半岛、俄罗斯远东地区。

用途:带栓翅的枝条入药,名"鬼箭羽",具有活血、通络、止痛作用;茎、叶可提栲胶;木材可用作工具把柄及雕刻;种子可榨油;作庭院观赏植物。

2. 鸦椿卫矛(图 31:A)

Euonymus euscaphis Hand.-Mazz. in Sitzgsanz. Akad. Wiss. Wien. 58:148. 1921.

常绿灌木,直立或倾斜。冬芽长约 4mm,卵圆球形,芽鳞片先端紫黑色。叶革质;叶片披针形或狭披针形,长 6~18cm,宽 1~3cm,先端渐尖,基部近圆形或阔楔形,边缘具浅细锯齿,两面无毛,侧脉 9~11 对;叶柄长 2~6mm。聚伞花序侧生于当年枝上,有 3~7 花,花序梗细弱,长 5~15mm,结果后可长达 25mm,花梗长 4~10mm;花暗红紫色,直径 5~7mm,4 数;萼片半圆形;花瓣卵圆形,暗红紫色,边缘啮蚀状,长约 2.5mm;花盘方形;雄蕊花丝与花药几等长,长约 1mm;子房常仅 1 或 2 心皮发育。蒴果 4 深裂,裂瓣卵圆球,长达 8mm;种子椭圆状卵球形,长约 6mm,包围在橘红色假种皮内。花期 4—5 月,果期 9—10 月。

图 30 A：卫矛；B：陈谋卫矛；C：矩叶卫矛（陈家乐绘）

图 31　A：鸦椿卫矛；B,C：冬青卫矛；D,E：垂丝卫矛（陈家乐绘）

产地：龙塘山。生于海拔 900～1100m 的沟谷、山坡林下和溪边。

分布：安徽、浙江、福建、江西、湖南、广东。

3. 陈谋卫矛（图 30：B）

Euonymus chenmoui Cheng in Contr. Biol. Lab. Sci. Soc. China，Bot. Ser. 10：75. 1935.

落叶匍匐小灌木，植株细弱，高 40～200cm。小枝有明显四棱。冬芽小，圆锥形。叶片薄纸质，狭长卵形或狭椭圆形，偶为椭圆状披针形，长 1.5～4cm，宽 0.8～1.7cm，先端急尖或渐尖，基部楔形或近圆形，边缘有极浅锯齿，侧脉 3 或 4 对，网脉不明显；叶柄长约 1mm。聚伞花序短小，具 1～3 花，花序梗长 5～10mm，花梗长 7～8mm，中央花梗稍长；花淡白黄绿色，直径约 6mm，4 数；萼片半圆形；花瓣椭圆形，边缘波状；花盘方形；雄蕊花丝极短，着生在花盘的角上；子房球形，无花柱，柱头小。蒴果圆球形，直径 7～9mm，疏被短刺，果梗细短，果梗长 1～1.5cm。花期 4—5 月，果期 10 月。

产地：龙塘山、大盘里、东岙头。生于海拔 1000～1200m 灌木丛下岩石上。

分布：安徽、浙江、江西。

4. 扶芳藤（图 32：C）

Euonymus fortunei（Turcz.）Hand.-Mazz. in Symb. Sin. 7：660. 1933.

Basionym：*Elaeodendron fortunei* Turcz. in Bull. Soc. Imp. Naturalistes Moscou 36：603. 1863.

Euonymus kiautschovicus Loes.

常绿、半常绿匍匐或攀援灌木，高 2～5m，或更高。小枝绿色，圆柱形，密布细瘤状皮孔，通常有细根。冬芽卵球形，长 5～7mm，芽鳞有紫红色边缘。叶片革质或薄革质，宽椭圆形至长圆状倒卵形，变异较大，长 5～8.5cm，宽 1.5～4cm，先端短锐尖或短渐尖，基部宽楔形或近圆形，边缘有钝锯齿，侧脉 5 或 6 对，网脉不明显；叶柄长 4～15mm。聚伞花序 3 或 4 次分枝，花密集或疏散，花序梗长 1.5～3cm，第一次分枝长 5～10mm，第二次分枝 5mm 以下，有花 4～7 朵，分枝中央单花，花梗长约 5mm；花白绿色，4 数，直径约 6mm；萼片半圆形；花瓣近圆形；花盘方形，直径约 2.5mm；雄蕊花丝细长，长 2～3mm；子房三角锥状，花柱长约 1mm。蒴果粉红色，果皮光滑，近球状，直径 6～12mm，果序梗长 2～3.5cm，果梗长 5～8mm；种子长椭圆球状，棕褐色，假种皮鲜红色，全包种子。花期 6—7 月，果期 10 月。

产地：鸠甫山、龙塘山、茶园里、十八龙潭、道场坪、大坪溪、干坑、童玉、横源、直源。生于溪边山谷林缘，常缠绕树上或岩石上，或攀援于村庄墙上。

分布：华东、华中、华南、西南、华北与西北地区；日本、朝鲜半岛、越南、泰国、老挝、缅甸、印度、印度尼西亚。

用途：本种茎叶具活血散淤之功效，民间用以治疗肾炎、跌打损伤。

5. 肉花卫矛（图 32：A，B）

Euonymus carnosus Hemsl. in J. Linn. Soc.，Bot. 23：118. 1886.

半常绿乔木或灌木，高 3～10m。树皮灰黑色，小枝圆柱形，绿色。冬芽芽鳞先端锐尖。

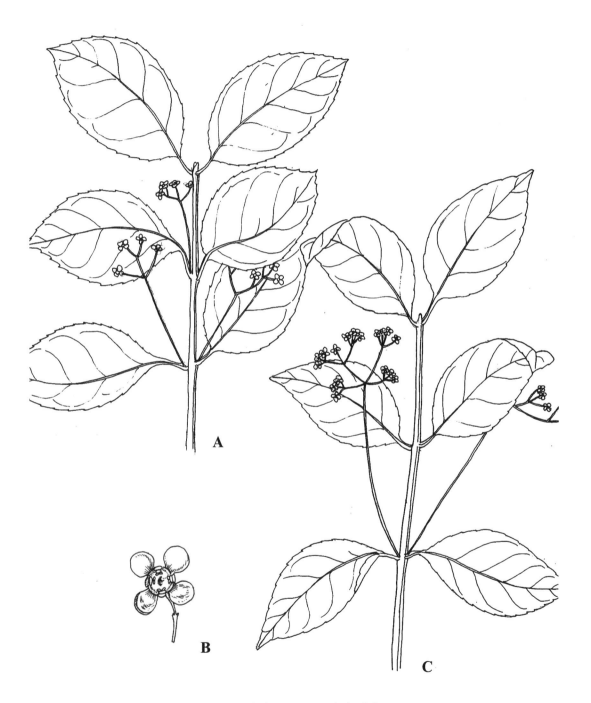

图 32　A,B:肉花卫矛;C:扶芳藤(陈家乐绘)

叶片近革质,长圆状椭圆形或长圆状倒卵形,长 4～17cm,宽 2.5～9cm,先端急尖,基部阔楔形,边缘具细锯齿,侧脉 12～15 对;叶柄长 0.8～1cm。聚伞花序有花 5～15 朵,花序梗长 4～6cm,花梗长 0.6～0.8cm;花淡黄色,直径约 1.5cm,4 数;花萼圆盘状,先端不裂;花瓣近圆形,直径约 4mm;花盘近方形,直径约 1cm;雄蕊花丝长约 2mm,基部扩大,着生在花盘上;子房半球形,花柱柱状,长约 1mm。蒴果近球形,具 4 翅棱,淡红色;种子黑色,具光泽,有红色假种皮。花期 5—6 月,果期 8—10 月。

产地:龙塘山、十八龙潭、大坪溪、干坑、童玉、横源、直源。生于低海拔至 1100m 的山坡地林中。

分布:河南、江苏、安徽、浙江、江西、福建、台湾、湖北、湖南、广东;日本。

用途:民间本种以树皮代杜仲入药,治疗腰膝疼痛。

6. 冬青卫矛　正木、大叶黄杨(图 31：B,C)

Euonymus japonicus Thunb. in Nov. Act. Soc. Sci. Upsal. 3：218. 1781.

常绿灌木或小乔木,高 1～6m。小枝绿色,微呈四棱形。冬芽长 7～12mm,绿色,纺锤形。叶片革质,具光泽,椭圆形或倒卵状椭圆形,长 2～7cm,宽 1～4cm,先端渐尖,基部楔形,边缘具钝锯齿,侧脉 5 或 6 对,网脉不明显;叶柄长 0.5～1.5cm。聚伞花序 5～12 花,2 或 3 次分枝,第 3 次分枝常与小花梗等长或较短,花序梗长 2～6cm,花梗短,长约 3mm;花直径 6～8mm,绿白色,4 数;萼片半圆形,细小,长约 1mm;花瓣椭圆形;花盘肥大;雄蕊花药长圆形,雄蕊花丝细长,长约 2～4mm;花柱与雄蕊几等长。蒴果淡红色,近球形,直径约 1cm;种子卵球形,长 5～7mm,有橙红色假种皮。花期 6—7 月,果期 9—10 月。

产地:鸠甫山、谢家坞、童玉、大明山等,栽培供观赏。

分布:山西、青海、河北、山东及长江流域及其以南省、区,大多栽培;日本。

用途:广为栽培,作为绿篱或庭院观赏植物。

7. 垂丝卫矛(图 31：D,E)

Euonymus oxyphyllus Miq. in Ann. Mus. Bat. Lugd.-Bot. 2：86. 1865.

落叶灌木,高 1～8m,全株无毛。小枝圆柱形,冬芽细圆锥形,长 5～8mm。叶片纸质,宽卵形或卵形,长 4～8cm,宽 2.5～5cm,先端渐尖,基部圆形、宽楔形,或圆形至截形,边缘具细密锯齿,齿端常内弯,侧脉 5 或 6 对,网脉不明显;叶柄长 4～8mm。聚伞花序 7～15 花,花序梗纤细,长 3～7cm,顶端 3～5 分枝,每分枝具一个 3 出小聚伞;花梗长约 3mm;花白色或带紫色,直径 7～9mm,5 数;花萼杯状,先端浅裂,裂片近圆形;花瓣卵圆形;花盘圆形,5 浅裂;雄蕊花丝极短;子房圆锥状,顶端渐窄成柱状花柱,柱头膨大呈头状。蒴果球形,红色,直径约 1.5cm,悬垂于细长的果梗上;种子椭圆形,有红色假种皮。花期 4—5 月,果期 8—9 月。

产地:龙塘山、大盘里、东岙头、千顷塘、柘林坑、童玉。生于山坡、林内。

分布:辽宁、山东、安徽、浙江、台湾、江西、湖北、湖南;日本、朝鲜半岛。

用途:茎皮或根供药用,祛风除湿,活血通经,利水解毒。

8. 疏花卫矛(图 33：A)

Euonymus laxiflorus Champ. ex Benth. in Hooker's J. Bot. Kew Gard. Misc. 3：333. 1851.

常绿灌木或小乔木,高 3～5m,全体无毛。小枝四棱形,具窄翅。冬芽细小。叶片薄革质,卵形、椭圆形或狭椭圆形,长 5～13cm,宽 2～6cm,先端钝渐尖,基部阔楔形或稍圆,全缘或具不明显的锯齿,侧脉 4 或 5 对,网脉疏而不明显;叶柄长 0.5～1cm。聚伞花序侧生生于新枝上,分枝疏松,有 5～9 花,疏散,花序梗长 2～5cm,花梗长 0.5～1cm。花紫红色至淡红色,直径约 1cm,5 数;萼片半圆形;花瓣椭圆形,边缘波状;花盘肉质平扁,5 浅裂,裂片钝;雄蕊长在花盘上,花丝极短,花药顶裂;子房几无花柱。蒴果紫红色,倒圆锥形,具 5 翅状棱角,顶端凹下,长 7～9mm,最宽处直径约 8mm;种子红褐色,有包围种子基部而呈杯状的红色假种皮。花期 3—6 月,果期 7—11 月。

产地:顺溪。生于海拔 700m 山坡灌木林中。

分布:江苏、浙江、福建、台湾、江西、湖北、湖南、广东、香港、广西、贵州、云南、西藏;越南、缅甸、柬埔寨、印度。

用途:茎皮和根皮具祛淤、活血、止血作用,民间用以治疗腰痛;叶用于治疗跌打损伤。

9. 矩叶卫矛(图 30：C)

Euonymus oblongifolius Loes. & Rehder in Sargent, Pl. Wilson. 1(3)：486. 1913.

常绿灌木或小乔木,高 2～7m。小枝近方形。叶片革质或近革质,上面绿色具光泽,下面苍绿色,矩圆状椭圆形至长圆状椭圆形,或长倒卵形,偶为矩圆状披针形,长 5～14cm,宽 2～4.5cm,先端渐尖或短渐尖,基部楔形,近基部全缘,边缘有细浅锯齿,侧脉 9～12 对,网脉明显;叶柄长约 8mm。聚伞花序侧生于当年生小枝上,多回分枝,有 30 余花,花序梗较长 2～5cm,与分枝均呈方形,花梗长 1～2.5cm;花黄绿色,直径 5～7mm,4 数;萼片半圆形;花瓣倒卵圆形,长 1～1.5mm,边缘啮蚀状;花盘方形;雄蕊近无花丝;花柱不明显。蒴果倒圆锥形,长约 1cm,上部较宽,直径约 8mm,基部窄缩至 2～3mm,有明显 4 棱或 4 浅裂,顶部平;果序梗长 3～7cm;种子近球形,被橙红色假种皮。花期 5—6 月,果期 8—10 月。

产地:龙塘山、鸠甫山、栈岭湾。生于溪沟边、山坡林中、林缘。

分布:安徽、浙江、福建、江西、湖北、湖南、广东、广西、四川、云南。

Flora of China 认为本种为中华卫矛 *Euonymus chinensis* Benth. 的一个极端变异类型。

10. 西南卫矛(图 33：B)

Euonymus hamiltonianus Wall. in Roxb. , Fl. Ind. ed. Carey 2：403. 1762.

落叶灌木或乔木,高 2～6m。枝无栓翅,小枝的棱上有时有 4 条极窄木栓棱。冬芽细小,芽鳞先端细尖。叶片纸质,卵状椭圆形、椭圆形或椭圆状披针形,长 4～13.5cm,宽 2～7cm,先端急尖,基部阔楔形或钝圆,边缘具细锯齿,下面脉上具乳突状短毛,侧脉 8 或 9 对;叶柄长 0.8～2cm。聚伞花序侧生于新枝上,1～3 回分枝,有花 6～8 朵,花序梗长 2～3cm,花梗长 6～8mm;花绿白色,直径约 1cm,4 数;萼片半圆形,长约 2mm;花瓣长椭圆形,长 4～5mm,边缘啮蚀状;花盘 4 裂,上面其短毛;雄蕊花丝长约 1.5mm,与花药几等长,花药紫红

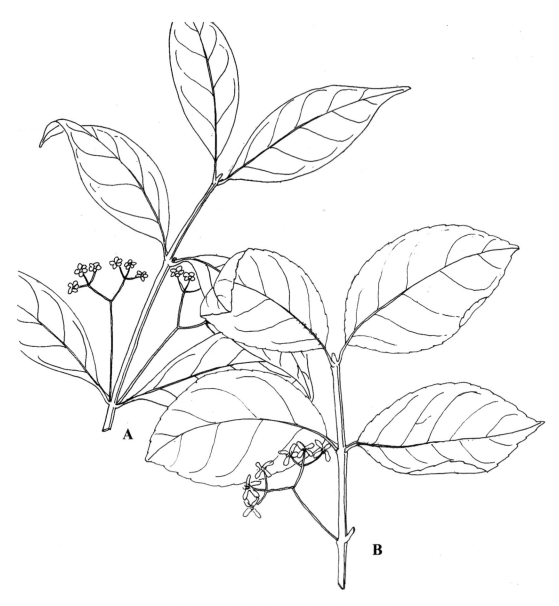

图 33　A：疏花卫矛；B：西南卫矛（陈家乐绘）

色；子房与花盘贴生，花柱长约 2.5mm。蒴果粉红带黄色，倒三角形；种子长 4~6mm，有橙红色假种皮。花期 4—5 月，果期 9—10 月。

　　产地：茶园里、东岙头、童玉、千顷塘。生于林中或路旁。

　　分布：长江流域及西南、西北各地；喜马拉雅地区经我国至日本、朝鲜半岛。

　　用途：木材可供雕刻或作刀具木柄。

（二）假卫矛属　**Microtropis** Wall. ex Meisn.

　　常绿乔木或灌木。小枝无毛，常具棱角。叶对生，叶片全缘，无托叶。密伞花序或聚伞花序，腋生或侧生，花小，两性，稀单性；萼片 4 或 5，基部合生，宿存；花瓣 4 或 5，基部与花盘贴生；雄蕊 4 或 5，着生于花盘边缘，花丝短，花药 2 室；花盘杯状或无；子房 2 室，每室有 2 颗胚珠,花柱短,柱头4裂。蒴果长椭圆球形,或倒卵状椭圆球形,2瓣裂;种子1粒,具柄,种皮平滑,红色或棕色。

60余种,分布于亚洲东南部、南部,非洲和美洲的热带和亚热带地区。我国有27种,分布于北纬30°以南各省、区和台湾。浙江有1种。

1. 福建假卫矛

Microtropis fokienensis Dunn in J. Linn. Soc., Bot. 38: 375. 1908.

小乔木或灌木,高1.5～4m。小枝无毛,四棱形,腋芽近球形。叶片厚纸质或近革质,狭倒卵形、宽倒披针形、倒卵状椭圆形或菱状椭圆形,长4～8.5cm,宽1.3～3cm,先端急尖或短渐尖,基部窄楔形,全缘,稍反卷,中脉凸起,侧脉4～6对,网脉不明显;叶柄长2～8mm。密伞花序短小,长约1.5cm,或多花簇生、腋生或侧生,偶有顶生,通常有3～9花,花序梗无或长至约5mm,花梗极短或无;花黄绿色,5数;萼片半圆形,覆瓦状排列;花瓣阔椭圆形或椭圆形,长约2mm,边缘具睫毛;雄蕊着生在花盘的边缘,长约为花瓣的1/2;子房卵球形,花柱明显,柱头4浅裂。蒴果椭圆球形或倒卵状椭圆球形,长1～1.4cm,直径5～7mm,2瓣裂;种子红棕色,平滑。花期7月,果期10—11月。

产地:长滩里、井坑、童玉。生于海拔800～1000m山坡或沟谷林中。

分布:安徽、浙江、福建、台湾、江西、湖南。

用途:根具活血止痛作用,民间用于治疗关节疼痛、类风湿关节炎。

(三)南蛇藤属 Celastrus L.

落叶或常绿藤木。小枝圆柱状,幼时常有棱角,稀具纵棱,通常无毛,具多数明显长椭圆形或圆形灰白色皮孔。冬芽具覆瓦状芽鳞片,最外两枚芽鳞片有时特化成刺,宿存。单叶互生,边缘具各种锯齿,叶脉为羽状网脉;托叶小,线形,常早落。花常单性,异株或杂性,稀两性,聚伞花序成圆锥状或总状,有时单出或分枝,腋生或顶生,或顶生与腋生并存。花黄绿色或黄白色,直径6～8mm,小花梗具关节,5数;花萼钟状;花瓣全缘或具腺状缘毛或为啮蚀状;花盘膜质,浅杯状,稀肉质扁平,全缘或5浅裂;雄蕊5,着生花盘边缘,花药2室;子房上位,与花盘离生,稀微连合,通常3室,稀1室,每室2胚珠或1胚珠,着生子房室基部,胚珠基部具杯状假种皮,柱头3裂,每裂常又2裂。蒴果球形或倒卵球形,通常黄色,顶端常具宿存花柱,基部有宿存花萼,熟时室背开裂;果轴宿存,内含种子1～6粒;种子褐色或黑色,椭圆球形、卵球形或新月形,被橙红色肉质假种皮全包种子,胚直立,具丰富胚乳。

约30余种,分布于亚洲、大洋洲、南北美洲热带、亚热带至温带地区。我国有25种,除青海、新疆尚未见记载外,各省、区均有分布,而长江以南为最多。浙江有11种、1变种。

分种检索表

1. 腋芽的最外两枚芽鳞片特化成坚硬的三角形刺;种子新月形;叶片倒披针形 ……………………
…………………………………………………………………… 1. 窄叶南蛇藤 C. oblanceifolius
1. 腋芽的最外两枚芽鳞片不特化成钩刺或直刺;种子常椭圆球形;叶片长椭圆形至卵圆形。
　2. 冬芽长4～12mm,卵状圆锥形;雌蕊柱头3裂,每裂再2分裂 ……………… 2. 哥兰叶 C. gemmatus
　2. 冬芽长不超过4mm,通常卵圆球形;雌蕊柱头3裂后不再分裂。

3. 叶片下面具白粉,或呈苍白色,脉上被短毛或无毛,侧脉5～7对 ……………………
………………………………………………………… 3. 拟粉背南蛇藤 C. hypoleucoides

3. 叶片下面无白粉,脉上密被短毛,侧脉4或5对 ………………………………………
………………………………………………… 4. 毛脉显柱南蛇藤 C. stylosus var. puberulus

1. 窄叶南蛇藤(图 34:A)

Celastrus oblanceifolius Chen H. Wang & Tsoong in Chin. Jour. Bot. 1(1):65. 1936.

常绿藤本。小枝圆柱形,具褐色短毛;皮孔圆形至椭圆形,密布。冬芽细小,卵球形,长约 2mm,最外面两枚芽鳞片特化成卵状三角形刺。叶倒披针形,长 6.5～12.5cm,宽 1.5～4cm,先端急尖或短渐尖,基部窄楔形或楔形,边缘具疏浅锯齿,侧脉 6～9对,两面光滑无毛或叶背主脉下部被淡棕色柔毛;叶柄长 4～9mm。聚伞花序腋生或顶生,有 1～3花,但雄株有时多花,花序梗极短至长约 2mm,花梗长 1～2.5mm,均被棕褐色短毛,关节位于花梗上部1/3处;花单性异株,黄绿色;萼片椭圆状卵形,长约 2mm,宽约 1mm,先端尖;花瓣倒披针状长圆形,长约 4mm,宽约 1.5mm,边缘具短睫毛;花盘肉质平坦,不分裂;雄蕊与花瓣近等长,花丝具乳突状毛,花药顶端具小凸头;雌花雌蕊长颈瓶状,花柱长约 1.5mm,柱头 3裂。蒴果球形,直径 7～8mm;种子新月形,长约 5mm,黑褐色,具明显皱纹,具橙红色假种皮。花期3—4月,果期 6—10月。

产地:大坪溪、大明山、横源、直源。生于山坡、溪边灌丛中,常缠绕于树上。

分布:安徽、浙江、江西、福建、湖南、广东、广西。

用途:供药用,主要功效为祛风除湿,活血行气,解毒消肿。

2. 哥兰叶　霜红藤、大芽南蛇藤(图 34:C)

Celastrus gemmatus Loes. in Bot. Jahrb. Syst. 30:468. 1902.

落叶藤木,长 3～7m。小枝圆柱形,无毛、褐色,具棱,具多数皮孔;皮孔近圆形或卵圆形,棕灰白色,突起,散生。冬芽大,长卵状圆锥状,长可达 12mm。叶片长椭圆形,卵状椭圆形或椭圆形,长 6～12cm,宽 3.5～7cm,先端渐尖,基部圆阔,近叶柄处变窄,边缘具浅锯齿,侧脉 5～7对,小脉成较密网状,两面均突起,叶背光滑或稀于脉上具棕色短柔毛;叶柄长10～23mm。聚伞花序顶生及腋生,顶生花序长约 3cm,侧生花序短而少花,花序梗长 5～10mm,花梗长 2.5～5mm,关节位于花梗中下部 1/3～1/2处;花单性异株,白色或黄绿色;萼片卵圆形,具缘毛,长约 1.5mm,边缘啮蚀状;花瓣长方倒卵形,长 3～4mm,宽 1.2～2mm;花盘薄杯状,裂片先端钝;雄蕊约与花冠等长,花药顶端有时具小突尖,花丝有时具乳突状毛;雌花雌蕊瓶状,子房球状,花柱长 1.5mm。蒴果球状,黄色,直径 10～13cm,果梗具明显突起皮孔;种子阔椭圆球形,长 4～5.5mm,直径 3～4mm,两端钝,红棕色,有光泽,具红色假种皮。花期 4—9月,果期 8—10月。

产地:鸠甫山、谢家坞、龙塘山、茶园里、东岙头、十八龙潭、横源、直源、童玉。生长于海拔 700～1200m 密林中或山坡灌丛中。

分布:陕西、甘肃、河南、江苏、安徽、浙江、福建、台湾、江西、湖北、湖南、广东、广西、四川、贵州、云南。

用途:茎皮纤维可供造纸和作人造棉原料;种子可榨工业用油。

图 34　A：窄叶南蛇藤；B：拟粉背南蛇藤；C：哥兰叶（陈家乐绘）

3. 拟粉背南蛇藤 薄叶南蛇藤(图 34：B)

Celastrus hypoleucoides P. L. Chiu in J. Hangzhou Univ., Nat. Sci. Ed. 8：114. 1981.

落叶藤本,长 2～5m。小枝圆柱形,具棱线,灰褐色,无毛;皮孔白色,散生;髓中空,褐色。冬芽卵球形,长约 2mm。叶片坚纸质,通常宽卵形,或卵状椭圆形,长 4.5～9cm,宽 3.5～6cm,先端急尖,基部圆形或几圆形,有时带心形,边缘其疏锯齿,近基部 1/3 全缘,侧脉 5～7 对,下面具白粉,干后棕褐色,无毛或中脉疏被短毛;叶柄长 0.8～1cm。圆锥状聚伞花序顶生,或兼腋生,长 4～6cm,花梗通常劲直,长 4～6mm,被褐色短毛,关节位于花梗的顶端。花未见。蒴果球形,直径约 7mm,果瓣内侧具棕色斑点;种子椭圆球形,微弯,长约 5mm,具橙红色假种皮。果期 9—10 月。

产地：银珑坞、龙塘山、东岙头。生于海拔 900～1000m 灌木丛中、林缘或疏林中的树上。

分布：安徽、浙江、江西、湖北、湖南、广东、广西、云南。

4. 毛脉显柱南蛇藤

Celastrus stylosus Wall. var. **puberulus** (P. S. Hsu) C. Y. Cheng & T. C. Kao, Fl. Reipubl. Popularis Sin. 45(3)：121. 1999.

Basionym：*Celastrus glaucophyllus* Rehder & E. H. Wilson var. *puberulus* P. S. Hsu.

落叶藤本,长 3～4m。小枝紫褐色,通常光滑,或具褐色短毛;皮孔圆形,淡黄色。冬芽卵球形,长约 2mm。叶片坚纸质,宽椭圆形至长椭圆形,长 6～15cm,宽 3～9cm,先端急尖至短渐尖,基部楔形至宽楔形,边缘疏生钝锯齿,侧脉 4 或 5 对,下面脉上密被短柔毛;叶柄长 1～2cm。聚伞花序腋生及侧生,具 3～7 花,花序梗长 0.7～1.2cm,花梗长 0.5～0.8cm,均被锈色短毛,关节位于花梗的中部以上;花单性异株,淡绿色;萼片半卵形或半椭圆形,长 1～2mm,边缘啮蚀状;花瓣倒卵状长椭圆形,长 3.5～4mm,边缘明显啮蚀状;花盘杯状,裂片三角状半圆形;雄花雄蕊稍短于花瓣,花丝基部具长乳突;雌花雌蕊瓶状,花柱长约 3mm,柱头 3 裂,裂片反曲。种子椭圆球形,稍弯,长 4.5～5.5mm,具橙红色假种皮。花期 3—4 月,果期 8—10 月。

产地：鸠甫山、谢家坞、龙塘山、茶园里、东岙头、十八龙潭、童玉、横源、直源。生于阳坡阔叶林中。

分布：江苏、安徽、浙江、江西、湖南、广东。

(四) 雷公藤属 Tripterygium Hook. f.

藤本灌木,蔓生、攀援或匍匐状。小枝常有 4～6 锐棱,表皮密被细点状与表皮同色的皮孔,密被锈色毡毛状毛或光滑无毛。叶互生,有柄,托叶细小锥形早落。冬芽宽圆锥形,外被 2 对鳞片。圆锥状聚伞花序顶生或腋生,常单歧分枝,小聚伞有 2 或 3 花,花序梗及分枝均较粗壮,花梗通常纤细;花杂性,5 数,白色、绿色或黄绿色,较小,多为两性;萼片 5;花瓣 5;花盘扁平,全缘或极浅 5 裂;雄蕊 5,着生花盘外缘,花丝细长,花药侧裂,花药 2 室;子房上位,子房下部与花盘愈合,上部三角锥状,不完全 3 室,每室有 2 胚珠,仅 1 室 1 胚珠发育成种子,花柱短,柱头常稍膨大。蒴果短圆柱形,具3膜质翅包围果体,种子1粒,黑色,细窄,无假种皮。

3种,分布于东亚。我国均有,分布于华东、中南、西南和东北各省、区。浙江有2种。

1. 昆明山海棠(图35)

Tripterygium hypoglaucum（H. Lév.）Hutch. in Bull. Misc. Inform. Kew 1917：101. 1917.

Basionym：*Aspidopterys hypoglauca* H. Lév. in Repert. Spec. Nov. Regni Veg. 9：458. 1911.

藤本灌木,长2~5m。小枝紫褐色,圆柱形,具4~6棱,密被棕红色毡毛状毛,老枝无毛。冬芽长约1.5mm,最外的芽鳞片卵状三角形,刺状。叶片薄革质,椭圆状卵形、阔椭圆形或狭卵形,长6~12cm,宽3~8cm,先端急尖至渐尖,基部宽楔形至近圆形,边缘具重锯齿,侧脉7~9对,网脉明显,下面具白粉;叶柄长5~15mm,常被棕红色密生短毛。圆锥聚伞花序顶生,稀腋生,长可达30cm,顶生者最大,有花50朵以上,侧生者较小,花梗长4~5mm,花序梗、分枝及小花梗均密被褐色短毛;花黄绿色;萼片卵状三角形,长约1.5mm;花瓣倒卵状椭圆形,长2~3mm,边缘微啮蚀状;花盘圆形,平坦,微4裂;雄蕊长约3mm,着生于花盘边缘,花丝细长,长2~3mm,花药侧裂;子房具三棱,花柱圆柱状,柱头不膨大。翅果红紫色,近圆形,果翅宽大;种子1粒,细柱状,黑色。花期5—7月,果期9—10月。

产地：横源、直源。生于林中或沟谷林缘。

分布：长江以南至西南各省、区。

用途：根具活血止痛作用,民间用于治疗关节疼痛、类风湿关节炎。

Flora of China 中将本种并入雷公藤 *Tripterygium wilfordii* Hook. f.,但本种叶片较大,叶背具白粉,侧脉7~9对而有区别。

图35　昆明山海棠(引自《浙江植物志》)

四五、省沽油科　**Staphyleaceae**

乔木或灌木。叶对生或互生,奇数或三出羽状复叶,稀单叶;有托叶,早落或宿存。花两性或有时杂性异株,辐射对称;排列成顶生或腋生的圆锥花序或总状花序;萼片5,分离或连合,覆瓦状排列;花瓣5,覆瓦状排列;雄蕊5,与花瓣互生,花药背着,内向;花盘明显,多少分裂而有裂片,有时缺如;子房上位,3室,稀1、2或4室,连合或仅基部合生,每室有1至数枚胚珠,花柱分离或完全连合。果为蒴果、蓇葖果或浆果。种子数粒,具丰富的胚乳。

约 5 属,60 余种,主要分布于北半球热带和亚热带地区。我国有 4 属,40 余种,各地均有分布,以西南地区为主。浙江有 4 属,5 种、1 变种。本志记载 3 属,4 种。

分属检索表

1. 叶互生,奇数羽状复叶;子房 1 室;果为浆果而不开裂 ……………………………… 1. 瘿椒树属 Tapiscia
1. 叶对生,奇数羽状复叶或三出羽状复叶;子房 2 或 3 室,或呈离生心皮状;蒴果,开裂。
  2. 心皮明显合生;蒴果膀胱状;叶常为三出羽状复叶 ……………………… 2. 省沽油属 Staphylea
  2. 心皮仅基部合生;蒴果蓇葖果状;叶常为奇数羽状复叶 ……………………… 3. 野鸭椿属 Euscaphis

(一) 瘿椒树属 **Tapiscia** Oliv.

落叶乔木。叶互生,奇数羽状复叶;托叶早落;小叶 5～9,具短柄,边缘具锯齿。雄花与两性花异株;圆锥花序腋生,其中雄花序由长而纤弱的穗状花序组成;两性花花小,辐射对称;花萼管状,5 裂;花瓣 5;雄蕊 5;花盘小或缺如;子房 1 室,内有胚珠 1 枚;雄花与两性花相似,具退化子房。果实不开裂,浆果状,果皮肉质或革质。种子具角质胚乳。

2 种,特产于我国长江流域及其以南各省、区。浙江有 1 种。

图 36　瘿椒树(引自《中国种子植物特有种》)

1. 瘿椒树　银雀树(图 36)

Tapiscia sinensis Oliv., Hooker's Icon. Pl. 20: ad. t. 1928. 1890.

乔木,高 8～12m。树皮灰褐色或灰白色,小枝常无毛。奇数羽状复叶;小叶 5～7,卵形、卵状椭圆形或长圆状卵形,长 4.5～10cm,宽 2.5～5cm,先端急尖或渐尖,基部圆形或近心形,边缘具粗锯齿,上面绿色,无毛或被极稀疏短刺毛,下面粉绿色,密被近乳头状白粉点,沿脉有疏柔毛,脉腋具柔毛。圆锥花序腋生;两性花花序长达 10cm;花小,长约 2mm,黄色,有香气;花萼钟状,长约 1mm;花瓣倒卵形,稍长于花萼;雄蕊伸出花外;子房 1 室,有 1 枚胚珠,花柱长于雄蕊;雄花序长达 25cm,雄花与两性花相似,具退化雌蕊。浆果近球形,直径 5～6mm。花期 6—7 月,果期次年 9—10 月。

产地:大明山、直源、云溪坞。生于山坡、溪边或林中。

分布:安徽、江西、福建、湖北、湖南、广东、广西、四川、贵州、云南。

（二）省沽油属　Staphylea L.

落叶灌木或小乔木。叶对生，奇数羽状复叶；具托叶；小叶 3～5 或羽状分裂，具小托叶。圆锥花序或总状花序通常顶生；花两性，辐射对称；萼片 5，脱落；花瓣 5，与萼片近等大；花盘平截；雄蕊 5；子房上位，心皮 2 或 3，明显合生，胚珠多数，侧生于腹缝线上，排成两列，花柱 2 或 3，分离或上部合生，下部分离。果为蒴果，膀胱状，果皮薄膜质，在上方内面裂开。种子近圆球形，无假种皮，具肉质胚乳。

约 13 种，分布于亚洲、欧洲和北美洲。我国有 6 种，分布于西南至东北。浙江有 2 种。

分种检索表

1. 顶上小叶基部不下延，具明显的小叶柄；花序具明显的花序梗；蒴果扁膀胱状，2 室……………………
…………………………………………………………………………………… 1. 省沽油 S. bumalda
1. 顶生小叶基部楔形下延；圆锥花序无花序梗；蒴果膀胱状，梨形，3 室………… 2. 膀胱果 S. holocarpa

1. 省沽油（图 37：C,D)

Staphylea bumalda DC.，Prodr. 2：2. 1825.

落叶灌木，高 1～3m。树皮紫红色或灰褐色，有纵棱，小枝开展，绿白色，无毛。复叶，有 3 小叶；小叶片卵圆形、长卵圆形或倒卵形，长 3～8.5cm，宽 1.5～4.5cm，先端渐尖，顶生小叶片基部楔形，下延，侧生小叶片基部宽楔形或近圆形，偏斜，边缘有细锯齿，上面绿色，疏生短毛，沿脉较密，下面灰绿色，初时沿脉有短毛。圆锥花序顶生于当年生的伸长小枝上，直立，长 5～7cm；常无花序梗；萼片长椭圆形，长 5～7mm，浅黄白色；花瓣白色，较萼片稍大，倒卵状长椭圆形；雄蕊与花瓣近等长；子房密被柔毛，上半部分为两叉，花柱上部合生。蒴果扁膀胱状，长 1.5～4cm，2 室，顶端 2 裂，基部下延成果颈。种子黄色，有光泽。花期 4—5 月，果期 6—9 月。

产地：龙塘山、百丈岭、云溪坞、大坑。生于海拔 900～1200m 的林中、林下、路边或灌丛中。

分布：黑龙江、吉林、辽宁、陕西、山西、河北、江苏、安徽、浙江、四川；日本、朝鲜半岛。

2. 膀胱果（图 37：A,B)

Staphylea holocarpa Hemsl. in Bull. Misc. Inform. Kew 1895：15. 1895.

落叶灌木或小乔木，高 2～5m。小枝平滑，无毛。复叶，具 3 小叶；小叶片厚纸质，椭圆形、卵状椭圆形或卵形，长 4～13cm，宽 1.5～5cm，先端急尖或渐尖，基部近圆形，边缘具细锯齿，上面淡绿色，幼时沿脉有灰白色柔毛，后脱落变无毛（中脉除外），顶生小叶具长柄，果实柄长 1.5～2cm，侧生小叶柄几无。圆锥花序顶生，生于当年生具 1 对叶的短枝上，长 5～6cm；具花序梗；花粉红色；萼片长椭圆形；花瓣较萼片稍长；雄蕊与花瓣近等长；子房被柔毛。蒴果膀胱状，梨形，3 室，长 3～5cm，顶生 3 裂，基部无果颈。种子近椭圆球形，灰褐色，有光泽。花期 4—5 月，果期 6—8 月。

产地：鸠甫山、云溪坞。生于 800～950m 的林下或灌丛中。

分布：陕西、山西、甘肃、河南、安徽、浙江、湖北、湖南、广东、广西、四川、贵州、云南、西藏。

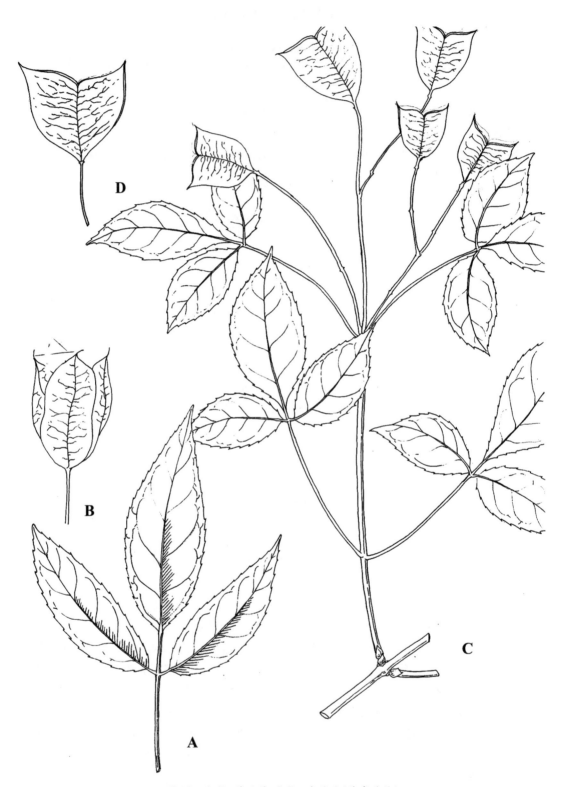

图 37   A，B：膀胱果；C，D：省沽油（陈家乐绘）

（三）野鸦椿属　**Euscaphis** Siebold & Zucc.

落叶灌木或小乔木。叶对生,奇数羽状复叶;具托叶;小叶片具细锯齿,基部具小叶柄及小托叶。圆锥花序顶生;花两性;萼片5,宿存;花瓣5;花盘环状,具圆齿;雄蕊5,着生于花盘基部外缘;子房上位,心皮2或3,仅基部稍合生,无柄,花柱2或3,基部稍连合,柱头头状,每室具2列胚珠。蓇葖果1～3,展开,果皮软革质,沿腹缝线开裂。种子具黑色假种皮。

1种,分布于东亚。我国也有。

1. 野鸦椿

Euscaphis japonica（Thunb.）Kanitz, Term. Füz. 3：157.

Basionym. *Sambucus japonica* Thunb. in Murray, Syst. Veg.：295. 1784.

Euscaphis japonica var. *jianningensis* Q. J. Wang; *E. japonica* var. *pubescens* P. L. Chiu & G. R. Zhong.

落叶灌木或小乔木,高2～4m。树皮灰褐色,具纵裂纹,小枝及芽红紫色,枝叶揉碎后有恶臭气味。奇数羽状复叶;小叶5～7,稀3或9,叶片厚纸质,卵形或长卵形,长4～9cm,宽2～5cm,先端渐尖至长渐尖,基部圆形或宽楔形,常偏斜,边缘具细锐锯齿,齿尖有腺体,上面绿色,无毛或几无毛,下面淡绿色,初时沿中脉有白色短柔毛,后脱落,或多或少具短柔毛,或无毛;顶生小叶柄长0.3～2(～4)cm,侧生小叶柄几无至长5mm。圆锥花序顶生,长8～16cm;花黄白色,直径4～5mm;萼片5;花瓣5,与萼片近等长;雄蕊5;心皮3,仅基部稍合生。蓇葖果长0.8～1.5cm,果皮软革质,紫红色,有纵脉纹。种子近圆球形,假种皮黑色。花期4—5月,果期6—9月。

分布：龙塘山、直源、云溪坞、童玉、千顷塘。生于路边、溪边或林中。

分布：除西北外,主要分布于长江流域及其以南地区;日本、朝鲜半岛。

四六、槭树科　**Aceraceae**

落叶乔木或灌木,少数为常绿。叶对生,单叶,常分裂而具掌状脉,少有羽状或掌状复叶;无托叶。花序伞房状、总状或圆锥状,顶生或侧生于叶片脱落后的叶腋;花小,辐射对称,单性或两性,杂性同株或异株;萼片5(4);花瓣5(4),很少不发育;雄蕊4～12,通常8;花盘生于雄蕊内侧或外侧,很少不发育;子房上位,2室,每室2枚胚珠,仅1枚发育,花柱2裂,柱头常反卷。果实为2枚相连(成熟后分离)的小坚果,因在两侧端或周围具翅而称为翅果。种子无胚乳,种皮薄,子叶扁平,折叠或卷折。

2属,130余种,分布于北温带及部分热带地区。我国2属均产,100余种,分布于华东、华中、华南、西南、华北和东北。浙江有1属,23种及种下类群。本志记载1属,14种、3亚种、1变种。

（一）槭树属　**Acer** L.

落叶乔木或灌木,稀常绿。叶对生,单叶,常分裂而具掌状脉,少有羽状或掌状复叶;无托叶。花序伞房状、总状或圆锥状,顶生或侧生于叶片脱落后的叶腋;花小,辐射对称,单性或两性,杂性同株或异株;萼片 5(4);花瓣 5(4),很少不发育;雄蕊通常 8,稀 4～12;花盘生于雄蕊内侧或外侧,很少不发育;子房上位,2 室,每室 2 枚胚珠,仅 1 枚发育,花柱 2 裂,柱头常反卷。果实为 2 枚相连(成熟后分离)的小坚果,两侧端具翅。种子无胚乳,种皮薄,子叶扁平,折叠或卷折。

　　约 129 种,分布于亚洲、欧洲、中北美洲和非洲的温带和热带地区。我国有 99 种,以西南部居多。浙江有 23 种。

　　本属多数种类为优良的秋色叶树种,一些种类有不少观赏园艺品种。

分种检索表

1. 单叶,不分裂或掌状分裂。
　2. 花序侧生,生于去年生小枝上;花先于叶开放 ……………………… 1. 天目槭 A. sinopurpurascens
　2. 花序顶生,生于当年生小枝上;花与叶同时开放。
　　3. 总状花序;叶片边缘具不整齐的圆钝锯齿或重锯齿。
　　　4. 叶片不分裂,但在萌发枝上可见 3 浅裂 ……………………… 2. 青榨槭 A. davidii
　　　4. 叶片 3 裂,在萌发枝上可见 5 浅裂 ……………… 3. 长裂葛罗槭 A. grosseri var. hersii
　　3. 伞房花序或圆锥花序;叶片边缘常为较整齐的锯齿,或全缘(苦条槭 A. tataricum subsp. theiferum 叶片边缘为锐重锯齿)。
　　　5. 叶裂片全缘或边缘微波状;小坚果扁平;叶柄鲜时具乳汁。
　　　　6. 果序具明显的果序梗;小坚果被稀疏的短柔毛或无毛。
　　　　　7. 叶片背面沿脉被柔毛;小枝和叶柄多少被毛;小坚果被稀疏的短柔毛 …………
　　　　　　…………………………………… 4. 江南色木槭 A. pictum subsp. pubigerum
　　　　　7. 成熟叶片无毛;小枝和叶柄无毛;小坚果无毛 ……………………………………
　　　　　　…………………………………… 4a. 五角槭 A. pictum subsp. mono
　　　　6. 果序无果序梗,或长度小于 7mm;小坚果无毛。
　　　　　8. 叶片背面仅沿脉腋有丛毛 ……………………………… 5. 阔叶槭 A. amplum
　　　　　8. 叶片背面被毛或至少沿脉被毛 ………………………… 6. 锐角槭 A. acutum
　　　5. 叶裂片边缘具锯齿;小坚果凸起;叶柄鲜时无乳汁。
　　　　9. 叶片轮廓卵形至长椭圆形,边缘为锐重锯齿 …………………………………………
　　　　　…………………………………… 7. 苦条槭 A. tataricum subsp. theiferum
　　　　9. 叶片轮廓为近圆形,少有倒卵形,边缘具较整齐的锯齿。
　　　　　10. 叶片 3 裂,有时夹杂不裂叶,背面具白粉 ………………………………………
　　　　　　…………………………………… 8. 三角槭 A. buergerianum
　　　　　10. 叶片 5 裂以上,稀为 3 裂,背面无白粉。
　　　　　　11. 叶片 5 或 7 裂,稀 3 裂。
　　　　　　　12. 当年生小枝和叶柄被柔毛。
　　　　　　　　13. 叶片背面密被长柔毛,5 裂,裂片长圆状卵形 ………………………
　　　　　　　　　…………………………………… 9. 昌化槭 A. changhuaense
　　　　　　　　13. 叶片背面近无毛,5 或 7 裂,裂片长圆状披针形
　　　　　　　　　…………………………………… 10. 毛鸡爪槭 A. pubipalmatum
　　　　　　　12. 当年生小枝无毛,叶柄无毛或上部被稀疏短柔毛。
　　　　　　　　14. 叶片背面成熟时无毛;叶柄无毛;小坚果无毛 ………………………
　　　　　　　　　…………………………………… 11. 秀丽槭 A. elegantulum

14. 叶片背面沿脉被黄色短柔毛;叶柄上部被稀疏短柔毛;小坚果疏被细毛 ……
……………………………………………………………… 12. 毛脉槭 A. pubinerve
11. 叶片 7,9 或 11 裂,稀为 5 裂。
15. 叶片 7 或 9 中裂至深裂。
16. 叶片 9 裂,稀 7 裂;子房密被长柔毛 ………………………………
……………………………………………………… 13. 临安槭 A. linganense
16. 叶片 7 裂,稀 5 或 9 裂;子房近无毛(栽培) …………………………
……………………………………………………… 14. 鸡爪槭 A. palmatum
15. 叶片 9 或 11 浅裂至中裂 …………………………… 15. 杈叶槭 A. ceriferum
1. 复叶,具 3 小叶。
17. 花序仅具 3 花,顶生;侧生小叶几无柄 ………………… 16. 毛果槭 A. nikoense
17. 花序具多数花,常侧生;侧生小叶具 3～5mm 的小叶柄 ………… 17. 建始槭 A. henryi

1. 天目槭(图 38:A,B)

Acer sinopurpurascens Cheng in Contr. Biol. Lab. Sci. Soc. China (Bot. Ser.) 6:62, fig. 2. 1931.

落叶乔木,高 6～10m。树皮不裂。小枝嫩时疏被短柔毛,后渐脱落变无毛。叶片纸质,近圆形,长 5～11cm,宽 5～12.5cm,基部心形或近心形,5 裂或 3 裂,中裂片长圆状卵形,先端锐尖,侧生裂片三角状卵形,具极稀疏的钝锯齿、全缘或波状,基部的裂片较小,嫩时两面及叶缘均被短柔毛,后渐脱落;叶柄长 2～10cm,嫩时被短柔毛,老时近无毛。短总状花序或伞房式总状花序侧生于去年生小枝上;花紫红色,雌雄异株,常先叶开放;萼片 5;花瓣 5;雄蕊 8,生于花盘内侧,在雌花中不发育;子房被短柔毛,在雄花中不发育。翅果长 3.5～4cm,具明显隆起的脊,脉纹显著,被短柔毛,两翅张开成锐角至近直角。花期 4 月,果期 10 月。

产地:鸠甫山、茶园里、横源、直源。生于山谷、溪边、林缘或林中等。

分布:安徽、浙江、江西、湖北。

2. 青榨槭(图 38:E,F)

Acer davidii Franch. in Nouv. Arch. Mus. Hist. Nat., Ser. 3, 8:212. 1885.

落叶乔木,高 4～16m。枝青绿色,常纵裂成蛇皮状,小枝紫绿色或绿色,无毛。叶片纸质,长圆状卵形或近长圆形,不分裂(在萌芽枝上可为 3 浅裂),长 5～13cm,宽 2.5～6.5cm,先端渐尖,常有尖尾,基部近心形或圆形,边缘具不整齐的圆钝锯齿,上面无毛,下面嫩时沿叶脉被红褐色短柔毛,老时近无毛;叶柄长 1～3cm。总状花序顶生,下垂;花黄绿色,杂性,雄花与两性花同株;萼片 5;花瓣 5;雄蕊 8;子房被红褐色短柔毛。翅果长 1.8～2.5cm,小坚果略扁平,两翅张开成钝角或近水平。花期 4 月,果期 10 月。

产地:双涧坑、龙塘山、顺溪、童玉、柘林坑。生于海拔 700～890m 的山谷、溪边、路边或林下。

分布:陕西、山西、甘肃、宁夏、河北、河南、江苏、安徽、浙江、江西、福建、广东、广西、湖北、湖南、贵州、四川、云南。

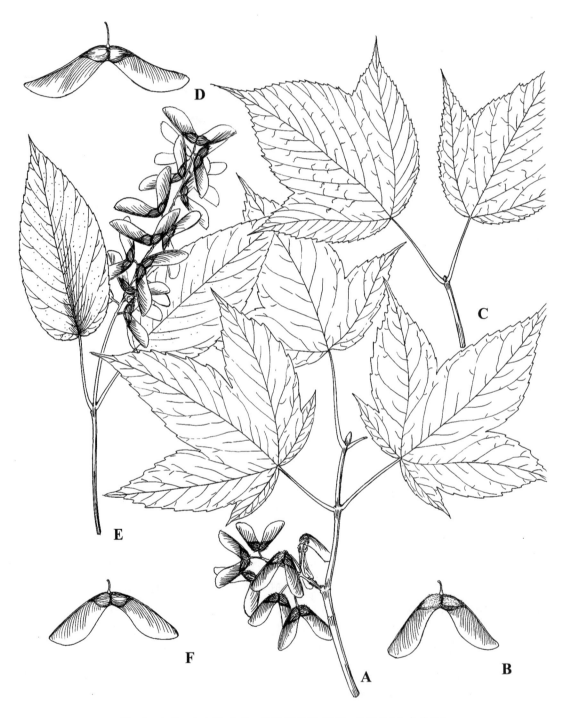

图 38　A,B：天目槭；C,D：长裂葛罗槭；E,F：青榨槭（金孝锋绘）

3. 长裂葛罗槭(图 38：C,D)

Acer grossri Pax var. **hersii**（Rehder）Rehder in J. Arnold Arbor 14：220，fig. 8. 1933.

Basionym：*Acer hersii* Rehder in J. Arnold Arbor 3：217. 1922.

落叶小乔木,高达 3m。树皮光滑,灰色。枝青绿色,纵裂成蛇皮状,小枝绿色或紫绿色,无毛。叶片纸质,卵圆形至近圆形,长 7～10cm,宽 6～10cm,基部近心形,3 裂(在萌芽枝上可为 5 浅裂),中裂片三角形或三角状卵形,先端钝尖,有短尖尾,侧裂片先端锐尖,各裂片边缘具重锯齿,上面无毛,下面嫩时在叶脉基部具淡黄色丛毛,后脱落;叶柄长 3～5cm。总状花序顶生,细瘦,下垂;花淡黄绿色,单性,雌雄异株;萼片 5;花瓣 5;雄蕊 8,在雌花中不发育;子房无毛,在雄花中不发育。翅果长 2～2.5cm,小坚果略扁平,两翅张开成钝角或近于水平。花期 4 月,果期 10 月。

产地：茶园里、东呑头。生于林下。

分布：陕西、河北、河南、安徽、浙江、江西、湖北。

4. 江南色木槭(图 39：A,B)

Acer pictum Thunb. subsp. **pubigerum**（Fang）Y. S. Chen, Fl. China 11：522. 2008.

Basionym：*Acer pictum* Thunb. var. *pubigerum* Fang in Contr. Biol. Lab. Sci. Soc. China (Bot. Ser.) 8：163. 1932.

Acer longipes Franch. ex Rehder var. *pubigerum*（Fang）Fang；*A. mono* Maxim. var. *pubigerum*（Fang）Fang.

落叶乔木或小乔木,高 4～5m。当年生枝无毛或有时有卷曲的淡黄色长柔毛。叶片纸质,长 4～7cm,宽 4～9cm,基部近于心形,常 5 裂,稀 3 裂,裂片卵形或三角状卵形,先端短急锐尖,上面无毛,下面有淡黄色长柔毛,沿脉更密,稀可无毛;叶柄长 2～6cm,多少被短柔毛,具乳汁。圆锥状伞房花序顶生,无毛或有毛,花序梗长约 10mm,稀可稍长,多少被短柔毛;花杂性,雄花和两性花同株;萼片 5,淡绿色,无毛;花瓣 5,淡黄色,无毛;雄蕊 8;子房被疏柔毛。翅果长 1.5～2cm,多少被弯曲的黄褐色短柔毛,小坚果压扁状,两翅张开成锐角。花期 4 月,果期 9—10 月。

产地：银珑坞、直源、童玉、千顷塘、柘林坑。生于山谷、溪边或林中。

分布：安徽、浙江。

4a. 五角槭(图 39：G,H)

Acer pictum Thunb. subsp. **mono**（Maxim.）H. Ohashi in J. Jap. Bot. 68：321. 1993.

Basionym：*Acer mono* Maxim. in Bull. Phys.-Math. Acad. Imp. Sci. St.-Pétersbourg 15：126. 1856.

落叶乔木,高 6～8m。小枝无毛。叶片纸质,长 4.5～7cm,宽 5.5～9cm,基部心形或截形,常 5 裂,稀 3 或 7 裂,裂片卵形,先端锐尖或尾状锐尖,全缘,上面无毛,下面仅脉腋被黄色短柔毛,基部具 5 脉;叶柄长 2～6.5cm,无毛,具乳汁。圆锥状伞房花序顶生,无毛,花序梗长 1～2cm;花杂性,雄花与两性花同株;萼片 5,黄绿色;花瓣 5,乳白色;雄蕊 8;子房无毛

图 39　A,B：江南色木槭；C,D：阔叶槭；E,F：锐角槭；G,H：五角槭(金孝锋绘)

或近无毛。翅果长 1.5～2.5cm,小坚果压扁状,长 1～1.3cm,宽 5～8mm,两翅张开成锐角或近于钝角。花期 4 月,果期 9—10 月。

产地:银珑坞、鸠甫山、双涧坑。生于海拔 800～850m 的溪边或林下。

分布:黑龙江、吉林、辽宁、内蒙古、陕西、甘肃、河北、河南、江苏、安徽、浙江、湖北、湖南、四川、云南。日本、朝鲜半岛、俄罗斯东部。

5. 阔叶槭(图 39：C,D)

Acer amplum Rehder in Sargent,Pl. Wils. 1(1)：86. 1911.

落叶乔木,高 6～20m。树皮平滑。小枝无毛。叶片纸质,长 5～15cm,宽 5～14cm,基部近心形或截形,常 3 或 5 裂,稀不分裂,裂片先端长渐尖,裂片中间的凹缺钝形或钝尖,上面深绿色或黄绿色,嫩时有稀疏的腺体,下面淡绿色,除各裂片的中脉与侧脉间的脉腋有黄色丛毛外,其余均无毛;叶柄长 4～8cm,无毛或嫩时近顶端部稍有短柔毛,具乳汁。伞房花序顶生,无毛,花序梗长 4～7mm,有时缺;花杂性,雄花与两性花同株;花梗无毛;萼片 5,淡绿色;花瓣 5,白色;雄蕊 8;子房有腺体。翅果长 2～4cm,小坚果压扁状,无毛,两翅张开成钝角。花期 4 月,果期 9～11 月。

产地:龙塘山、茶园里、横盘里、云溪坞。生于山坡、山谷、溪边或林中。

分布:安徽、浙江、江西、福建、湖北、湖南、广东、四川、贵州、云南。

6. 锐角槭(图 39：E,F)

Acer acutum Fang in Contr. Biol. Lab. Sci. Soc. China（Bot. Ser.）8：164, fig. 7. 1932.

Acer acutum Fang var. *quinquefidum* Fang & P. L. Chiu ex Fang; *A. acutum* var. *tientungense* Fang & Fang f.

落叶乔木,高达 15m。树皮平滑或微有纵裂纹。小枝无毛。叶片纸质,长 6～11cm,宽 7～14cm,基部心形或近心形,常 3 或 5 裂,或 7 裂,裂片阔卵形或三角形,中央裂片和侧裂片的先端长渐尖,基部的裂片先端锐尖、钝尖或不发育,上面无毛,下面嫩时被短柔毛,老时至少沿叶脉被短柔毛;叶柄长 3～9cm,嫩时顶端微被短柔毛,后渐脱落,具乳汁。伞房花序顶生,微被短柔毛,花序梗长 3～7mm;花杂性,雄花与两性花同株;萼片 5,黄绿色,缘具纤毛,外面微被疏柔毛;花瓣 5,黄绿色,无毛;雄蕊 8;子房无毛。翅果长 2.5～3.5cm,小坚果压扁状,无毛,两翅张开成锐角或近直角。花期 4 月,果期 10 月。

产地:十八龙潭、大明山。生于林中。

分布:河南、安徽、浙江、江西。

7. 苦条槭(图 40：G,H)

Acer tataricum L. subsp. **theiferum** (Fang) Y. S. Chen & P. C. de Jong, Fl. China 11：546. 2008.

Basionym：*Acer ginnala* Maxim. subsp. *theiferum* Fang in Acta Phytotax. Sin. 17(1)：72. 1979. *Acer theiferum* Fang.

落叶灌木或小乔木,高 1.5～5m。小枝无毛。叶片纸质或薄纸质,卵形、卵状长椭圆形

图 40 A,B：建始槭；C,D：三角槭；E,F：毛果槭；G,H：苦条槭（金孝锋绘）

至长椭圆形,长 5～10cm,宽 3～6cm,先端锐尖或狭长锐尖,基部圆形或近心形,不分裂,或 3、5 浅裂至中裂,中裂片远较侧裂片发达,边缘具不规则的锐尖锯齿或重锯齿,上面无毛,下面有白色疏柔毛;叶柄长 2.5～5cm,幼时具白色柔毛,后变无毛。伞房花序顶生,长 3～6cm,有白色疏柔毛或无毛;花杂性,雄花与两性花同株;萼片 5,黄绿色,外侧近边缘被长柔毛;花瓣 5,白色;雄蕊 8;子房被密或疏柔毛。翅果长 2.5～3.5cm,小坚果稍呈压扁状,两翅张开近直立或成锐角。花期 5 月,果期 9—10 月。

　　产地:都林村、鸠甫山、双涧坑、龙塘山、茶园里、直源。生于海拔 480～1050m 的路边、林中、山谷或溪边。

　　分布:江苏、安徽、浙江、江西、湖北、湖南。

8. 三角槭(图 40:C,D)

Acer buergerianum Miq. in Ann. Mus. Bot. Lugduno-Batavi 2:88. 1865.

Acer trifidum Thunb. var. *ningpoense* Hance;*A. buergerianum* Miq. var. *ningpoense* (Hance) Rehder;*A. ningpoense* (Hance) Fang.

　　落叶乔木,高达 15m。树皮灰黄色,片状脱落。当年生枝初时疏被柔毛,后变无毛至密被宿存的柔毛。叶片纸质,常卵状椭圆形至倒卵形,长 6～10cm,宽 3～5cm,基部楔形至近圆形,常 3 浅裂(稀不裂或 2 裂),裂片三角形至三角状卵形,先端尖至短渐尖,全缘或上部具锯齿,中央裂片较大,下面多少具白粉,初时略被毛,后变无毛;叶柄长 2.5～5cm,无毛。伞房花序顶生,具短柔毛,花序梗 1.5～2cm;花杂性,雄花与两性花同株;萼片及花瓣各 5;雄蕊 8,生于花盘的内侧;子房密被淡黄色柔毛。翅果黄褐色,无毛,长 2～2.5cm,小坚果显著凸起,两翅张开成锐角或平行,有时覆叠甚至交叉。花期 4 月中旬,果期 10 月下旬。

　　产地:区内常见。生于 300m 左右的山坡、林缘、路边或林中。

　　分布:山东、河南、江苏、安徽、浙江、江西、福建、湖北、湖南、广东、贵州。

9. 昌化槭(图 41:A,B,封面)

Acer changhuaense (Fang & Fang f.) Fang & P. L. Chiu ex Fang in Acta Phytotax. Sin. 17(1):71. 1979.

Basionym:*Acer pauciflorum* Fang var. *changhuaense* Fang & Fang f. ex Fang in Acta Phytotax. Sin. 11:149. 1966.

　　落叶灌木,高 2～3m。小枝圆柱形,当年生枝初时密被白色后变为淡黄色或灰黄色长柔毛,多年生枝绿色至白色,近无毛。叶片纸质,近圆形,直径 3.5～6cm,基部心形或近心形,5 裂,中裂片和侧裂片长圆状卵形,先端渐尖,基部的裂片较小,先端钝尖,边缘具锐尖细锯齿,上面无毛或沿叶脉疏被柔毛,下面密被淡黄色至灰黄色柔毛,后宿存,沿脉更密;叶柄长 1～2cm,密被淡黄色至灰黄色柔毛,宿存。伞房花序顶生,初时被毛,后渐变为近无毛,具数朵花;花杂性,雄花和两性花同株;萼片 5,红紫色;花瓣 5;雄蕊 8,生于花盘内侧;子房密被长柔毛。翅果长 1.8～2cm,小坚果凸起,近球形,两翅张开成钝角。花期 4—5 月,果期 9—10 月。

　　产地:大明山、直源、鸠甫山、大坪溪。生于海拔 300～880m 的山谷、溪边、林中或路边。

图 41　A,B：昌化槭；C,D：毛鸡爪槭；E,F：毛脉槭；G,H：秀丽槭（金孝锋绘）

分布：安徽、浙江。

本种曾被处理为稀花槭 *Acer pauciflorum* Fang 的异名，但当年生小枝、叶柄和叶片背面密被宿存的柔毛，与后者区别明显。从分布看，本种分布浙江西北部与安徽交界地带，稀花槭分布于浙江中部和东南部，并无重叠，作为独立的种较合适。

10. 毛鸡爪槭（图 41：C，D）

Acer pubipalmatum Fang in Contr. Biol. Lab. Sci. Soc. China（Bot. Ser.）8：169，fig. 8. 1932.

Acer pubipalmatum Fang var. *pulcherrimum* Fang & P. L. Chiu ex Fang.

落叶乔木，高约 8m。树皮粗糙，微纵裂。当年生枝被白色宿存绒毛。叶片膜质，长 3～5cm，宽 4～7cm，基部截形或近心形，5 或 7 深裂，稀全为 7 深裂，裂片披针形，先端锐尖，边缘具锐尖重锯齿，嫩时两面被短柔毛，后仅下面疏被白色长柔毛；叶柄长 2～4cm，嫩时密被长柔毛，老时渐脱落但多少被毛。伞房花序顶生，有毛，具 5～10 花，花序梗长 2～3.5cm；花杂性，雄花与两性花同株；萼片 5，红紫色，缘具纤毛；花瓣 5，淡黄色；雄蕊 8；子房密被白色长柔毛。翅果长 1.6～2cm，小坚果凸起，近球形，直径约 4mm，幼时被毛，老时渐脱落或多少有毛，脉纹隆起，两翅张开成钝角。花期 4 月，果期 10 月。

产地：清凉峰、十八龙潭、柘林坑。生于林中。

分布：安徽、浙江。

本种也曾被并入稀花槭 *Acer pauciflorum* Fang，但本种叶片 5 裂或 7 裂，裂片披针形，当年生小枝被白色柔毛，而稀花槭叶片较小，5 裂，裂片长圆状卵形，当年生小枝近无毛，区别明显。故此，仍作为种级处理。

11. 秀丽槭（图 41：G，H）

Acer elegantulum Fang & P. L. Chiu ex Fang in Acta Phytotax. Sin. 17(1)：76，pl. 11：3. 1979.

Acer elegantulum Fang & P. L. Chiu ex Fang var. *macrurum* Fang & P. L. Chiu ex Fang；*A. olivaceum* Fang & P. L. Chiu ex Fang.

落叶乔木或小乔木，高 4～12m。树皮稍粗糙。小枝无毛。叶片薄纸质或纸质，长 4.5～11cm，宽 6～14cm，基部深心形或近心形，5 裂，中央裂片与侧裂片卵形或三角状卵形，有时长圆状卵形，先端短渐尖、渐尖至尾尖，基部的裂片较小，边缘具低平锯齿或细尖锯齿，上面无毛，下面除脉腋被黄色丛毛外余无毛或几无毛；叶柄长 2.5～6cm，初时疏生伏柔毛后变无毛。圆锥花序顶生，花序梗长 2～3cm；花杂性，雄花与两性花同株；萼片 5，红紫色，无毛；花瓣 5，淡红色；雄蕊 8；子房密被黄白色长柔毛。翅果长 2.2～3cm，小坚果凸起，长圆球形或卵圆球形，稀近球形，无毛，直径约 6mm，两翅张开近于水平。花期 4—5 月，果期 10 月。

产地：双涧坑、鸠甫山、龙塘山、茶园里、大明山、横源。生于海拔 600～1000m 的山谷、溪边或林中等。

分布：安徽、浙江、江西。

用途：为优良的景观树种，其小苗常作红枫和羽毛枫的砧木。

12. 毛脉槭(图 41：E,F)

Acer pubinerve Rehder in Sargent, Trees & Shrubs 2：26. 1907.

Acer pubinerve Rehder var. *apiferum* Fang & P. L. Chiu ex Fang.

落叶乔木,高 6~11m。树皮深灰色,平滑。小枝无毛。叶片纸质,近圆形,长 5.5~9.5cm,宽 7~12cm,基部近心形,5 裂,裂片卵形或长圆状卵形,先端尾状锐尖,边缘具紧贴的钝尖锯齿,基部的裂片较小,上面无毛,下面被淡黄色短柔毛或长柔毛,沿叶脉更密;叶柄长 2~4.5cm,上部密被非平伏的淡黄色长柔毛,中部以下近无毛。圆锥花序顶生,紫色,花序梗长约 3cm;花杂性,雄花与两性花同株;萼片 5,淡紫色;花瓣 5,白色;雄蕊 8;子房密被淡黄色柔毛。翅果长 2~3cm,小坚果凸起,长圆球形,有细毛,长约 8mm,宽约 5mm,两翅张开成钝角或近水平,微被宿存细柔毛。花期 4 月,果期 10 月。

产地：鸠甫山、大明山、直源。生于海拔 550~800m 的山谷、溪边或林中。

分布：安徽、浙江、江西、福建。

13. 临安槭(图 42：E,F)

Acer linganense Fang & P. L. Chiu ex Fang in Acta Phytotax. Sin. 17(1)：70, pl. 10：2. 1979.

落叶乔木,高 5~13m。小枝无毛,常被蜡质白粉。叶片纸质,近圆形,直径 5~8cm,基部深心形,7 或 9 中裂至深裂,通常 9 裂,裂片长圆形,先端锐尖,边缘具紧贴的锐尖锯齿,最下部左右两裂片有时近平行或相互覆叠,除下面基部脉腋被黄色丛毛外,其余部分仅初时沿脉有毛,后变无毛;叶柄长 2~5cm,无毛。伞房花序顶生,具 8~20 花,花序梗长 2~3cm;花杂性,雄花与两性花同株;萼片 5,淡紫绿色,内面具极疏的长柔毛;花瓣 5,淡黄白色;雄蕊 7 或 8;子房密被淡黄色长柔毛。翅果长 2~2.4cm,小坚果凸起,近圆球形,长 5~6mm,宽 5mm,脉纹显著隆起,两翅张开成锐角至钝角。花期 4~5 月,果期 10 月。

产地：双涧坑、龙塘山、茶园里、直源、百丈岭。生于海拔 650~1150m 的山坡、山谷、溪边、林中。

分布：安徽、浙江。

14. 鸡爪槭(图 42：A,B)

Acer palmatum Thunb. in Nova Acta Regiae Soc. Sci. Upsal. 4：40. 1783.

落叶小乔木,高达 12m。小枝无毛。叶片纸质,圆形,直径 7~10cm,基部心形或浅心形,5、7 或 9 掌状深裂或中裂,通常 7 裂,裂片长圆状卵形或披针形,先端渐尖或长渐尖,缘具锐尖细重锯齿,上面老后无毛,下面脉腋有白色丛毛;叶柄长 2.5~5cm,无毛。伞房花序顶生,无毛,具 10~20 花,花序梗长 3~4cm;花杂性,雄花与两性花同株;萼片 5,紫红色;花瓣 5,微带淡红色;雄蕊 8;子房无毛或疏被红棕色柔毛。翅果长 2~2.5cm,小坚果球形,直径约 7mm,脉纹显著,两翅张开成钝角。花期 5 月,果期 9 月。

产地：区内常作为绿化树种栽培于路边。

分布：原产日本,我国各地常见栽培。

用途：常用的绿化树种,品种很多,如红枫、羽毛枫、红羽毛枫等。

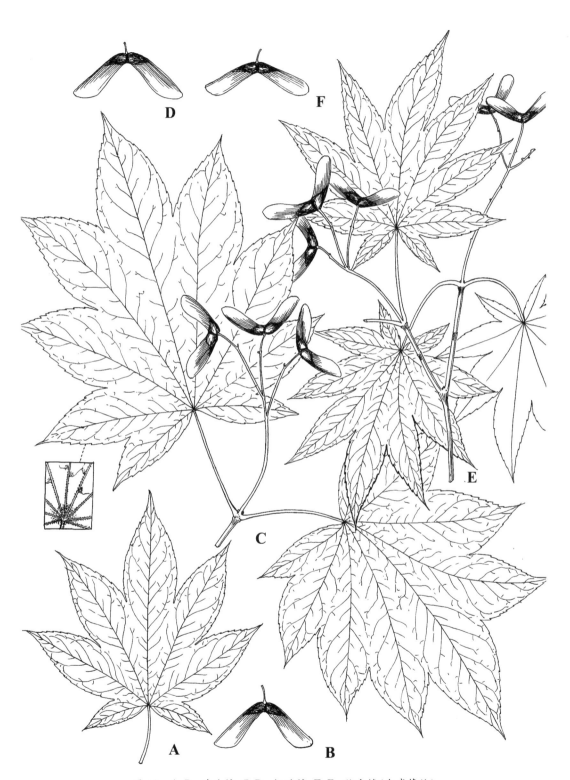

图42　A,B：鸡爪槭；C,D：权叶槭；E,F：临安槭（金孝锋绘）

15. 杈叶槭(图 42：C,D)

Acer ceriferum Rehder in Sargent, Pl. Wilson. 1(1)：89. 1911.

Acer anhweiense Fang & Fang f.；*A. anhweiense* Fang & Fang f. var. *brachypterum* Fang & P. L. Chiu ex Fang.

　　落叶乔木,高达 10m。树皮平滑。小枝无毛。叶片纸质,近圆形,直径 8～13cm,基部深心形,9～11 浅裂至中裂,稀可夹杂 7 裂,裂片长圆状卵形至卵形,先端渐尖至骤尾尖,缘具细锯齿,裂片中间的凹缺钝尖或锐尖,上面无毛,下面初时被灰色短柔毛,沿叶脉较密,后仅脉腋有丛毛;叶柄长 3～5cm。伞房或二歧状伞房花序顶生,花序梗长 2.5～4.5cm,与花梗均无毛;花杂性,雄花与两性花同株;萼片 5,紫红色;花瓣 5,淡黄绿色;雄蕊 8;子房初具毛,旋即脱落。翅果长 2.2～2.5cm,小坚果凸起,卵圆球形至近圆球形,无毛,长 7～8mm,宽 6～7mm,有时稍小,脉纹显著,两翅张开成钝角。花期 4—5 月,果期 9—10 月。

　　产地：清凉峰、东岙头、龙塘山、千顷塘、柏林坑。生于山谷、溪边或林中。

　　分布：陕西、甘肃、河南、安徽、浙江、湖北、四川、云南。

16. 毛果槭　日光槭(图 40：E,F)

Acer nikoense (Miq.) Maxim. in Bull. Acad. Imp. Sci. St.-Pétersbourg 12：227. 1867.

Basionym：*Negundo nikoense* Miq. in Ann. Mus. Bot. Lugduno-Batavi 2：90. 1865.

　　落叶乔木,高达 8m。当年生枝密被柔毛,多年生枝皮孔显著。3 小叶复叶;小叶片厚纸质,长圆状椭圆形或长圆状披针形,长 7～8.5cm,宽 2.5～3.5cm,先端锐尖或短锐尖,缘具疏钝锯齿,顶生小叶具长约 0.5cm 的柄,侧生小叶基部斜形,近无柄,各小叶上面绿色,仅沿叶脉被柔毛,下面粉绿色,微被长柔毛,幼时较密,侧脉 14～16 对,连同中脉在上面微凹,下面显著;叶柄长 3～4cm,密被灰色长柔毛,后渐脱落。聚伞花序顶生,花序梗近无,具 3 花,稀 5 花;花杂性,雄花与两性花异株;萼片 5,黄绿色;花瓣 5;雄蕊 8～10,位于花盘内侧;子房密被短柔毛。翅果长 3.5～4cm,小坚果强烈凸起,近于卵球形,密被短柔毛或后渐脱落,两翅张开近于直角或钝角。花期 4 月,果期 10 月。

　　产地：茶园里、三祖源、双涧坑、大明山。生于山谷溪边。

　　分布：安徽、浙江、江西、湖北;日本。

17. 建始槭　三叶槭,亨利槭(图 40：A,B)

Acer henryi Pax, Hook.'s Icon. Pl. 19：t. 1896. 1889.

　　落叶乔木,高 6～10m。当年生枝有短柔毛。3 小叶复叶;小叶片纸质,椭圆形或长圆状椭圆形,长 6～12cm,宽 2.5～5cm,先端渐尖,基部楔形、宽楔形或近圆形,边缘中部以上有钝锯齿,稀全缘,顶生小叶的小叶柄长 1～2cm,侧生小叶具长 3～5mm 的小叶柄,小叶嫩时两面有疏短柔毛,下面沿脉更密,老时变无毛,但脉腋常有丛毛;叶柄长 4～8cm,有短柔毛或老时无毛。总状花序侧生于 2 或 3 年生的无叶小枝上,稀着生枝端,下垂,有短柔毛,花序梗长 1～2cm;花单性,雌雄异株;萼片 5,绿色或带红色;花瓣 5,黄色;雄蕊通常 4,稀 5,在雌花中不发育;子房无毛,在雄花中不发育。翅果长 2～3cm,小坚果压扁状,长圆形,脊纹显著,两翅张开成锐角或近于直立。花期 4 月,果期 10 月。

产地:鸠甫山、龙塘山、大明山、直源。生于海拔 800～1000m 的山坡、林中、路边或溪边。

分布:陕西、山西、甘肃、河南、安徽、浙江、江西、福建、湖北、湖南、四川、贵州。

四七、七叶树科　Hippocastanaceae

乔木或灌木。叶对生,掌状复叶,小叶 3～9;无托叶。花杂性,雄花常与两性花同株;不整齐或近于整齐,聚伞圆锥花序,顶生。萼片 4 或 5,分离或结合,镊合状或覆瓦状排列;花瓣 4 或 5,与萼片互生,不等大,基部具爪;雄蕊 5～9,分离,着生于花盘内侧,不等长;花盘全部发育成环状,或仅部分发育,不裂或微裂;子房上位,3 室或退化为 1 或 2 室,每室有 2 胚珠,花柱 1,柱头小,常扁平。蒴果 1～3 室,室背开裂;种子球形,常仅 1(2)枚发育,种脐大型,淡白色,无胚乳。

3 属,15 种,分布于喜马拉雅地区至日本、欧洲东南部、北美洲至中、南美洲。我国有 2 属,5 种。浙江有 1 属,1 种。本志也有记载。

(一) 七叶树属　Aesculus L.

落叶乔木,稀灌木。叶对生,掌状复叶,3～9 枚(通常 5～7 枚)小叶组成;小叶边缘有锯齿;有长叶柄,无托叶。聚伞圆锥花序由侧生的蝎尾状聚伞花序组成,顶生。花杂性,雄花与两性花同株,不整齐;花萼钟形或筒状,4 或 5 浅裂,裂片大小不等,镊合状排列;花瓣 4 或 5,基部具爪,不等大;花盘全部发育成环状或仅一部分发育,微分裂或不分裂;雄蕊 5～8,通常 7,着生于花盘的内部;子房上位,无柄,3 室,每室有 2 颗胚珠,花柱细长,不分枝,柱头扁圆形。蒴果 1～3 室,平滑稀有刺,室背开裂;种子仅 1 或 2 枚发育良好,近球形或梨形,无胚乳,种脐常较宽大。

12 种,主要分布于东亚和北美,1 种产于欧洲东南部。我国有 4 种,主要分布于西南各省、区。浙江有 1 种。

1. 七叶树(图 43)

Aesculus chinensis Bunge, Enum. Pl. China Bor. 10. 1833.

Aesculus chekiangensis Hu & Fang; *A. chinensis* Bunge var. *chekiangensis* (Hu & Fang) Fang.

落叶乔木;树皮灰褐色,小枝圆柱形,无毛或嫩时有微柔毛,具圆形或椭圆形淡黄色的皮孔。冬芽大,有树脂。掌状复叶,由 5～7 枚小叶组成;叶柄长 5～18cm,有灰色微柔毛;小叶纸质,长圆披针形至长圆倒披针形,稀长椭圆形,先端短锐尖,基部楔形或阔楔形,边缘有钝尖形的细锯齿,长 10～18cm,宽 3～6cm,上面深绿色,无毛,下面除中脉及侧脉的基部嫩时有疏柔毛外,其余无毛;小叶柄长 0.5～2cm。花序窄圆筒形,连同花序梗长 30～50cm,花序轴有微柔毛,或无毛。花杂性,雄花与两性花同株,花萼管状钟形,5 浅裂,外面具微柔毛,或无毛;花瓣 4,白色,长圆倒卵形至长圆倒披针形,边缘有纤毛,基部具爪;雄蕊 6 或 7,长 2～3cm,花丝线状,无毛,花药长圆球形,淡黄色;子房卵圆球形,花柱无毛,在雄花中不发育。

果球形或倒卵圆球形,顶部短尖,或钝圆而中部略凹,直径 3～4cm,黄褐色,密生斑点;种子常 1 或 2 粒发育,近于球形,直径 2～3.5cm,栗褐色,种脐白色。花期 5 月,果期 9—10 月。

产地: 十八龙潭、银珑坞、栈岭湾、谢家坞、顺溪等地栽培。

分布: 秦岭地区有野生,全国各地栽培。

用途: 优良的行道树和庭院树;木材细密可制造各种器具;种子可作药用,也可榨油制肥皂。

图 43　七叶树(引自 *Flora of China-Ill.*)

四八、无患子科　Sapindaceae

乔木或灌木,有时为草质或木质藤本。叶通常互生,羽状复叶或掌状复叶,稀单叶;仅攀援藤本有小托叶。总状花序、圆锥花序或聚伞花序顶生或腋生;花小,单性,雌雄同株或异株,很少两性或杂性同株或异株,辐射对称或两侧对称;萼片 4 或 5,分离或基部内侧常有小鳞片或被毛;花盘肉质,形状各式,全缘或分裂,稀无花盘;雄蕊 5～10,通常 8,花丝通常线形,分离,稀基部至中部连合,常被毛;子房上位,由 2～4 个心皮组成,通常 3 室,顶生胎座,稀为侧膜胎座,每室有 1 或 2 颗胚珠,稀多数,花柱顶生或生于子房裂片之间,柱头不裂或 2～4 裂。果为蒴果或核果状。

135 属,约 1500 种,多分布于热带和亚热带地区。我国有 21 属,52 种,主要分布于长江以南各省、区。浙江有 7 属,6 种、1 变种。本志记载 2 属,2 种。

分属检索表

1. 一回羽状复叶;果为浆果 ·· 1. 无患子属 Sapindus
1. 二回羽状复叶;果为蒴果 ·· 2. 栾树属 Koelreuteria

（一）无患子属　**Sapindus** L.

落叶乔木或灌木。一回偶数羽状复叶,互生,小叶片全缘。圆锥花序顶生或近顶生;花单性,雌雄同株或有时异株;萼片 5(4),覆瓦状排列;花瓣 5(4);花盘碟状或半月状;雄蕊通常 8,花丝常被毛;子房 3 室,每室有 1 胚珠。核果,深裂为 3 果瓣,通常 1 个发育。种子球形或短椭圆球形,通常黑色,无假种皮。

约 13 种,大部分布于热带地区。我国有 4 种,分布于西南至华东地区。浙江有 1 种。

1. 无患子（图 44）

Sapindus saponaria L., Sp. Pl. 1:367. 1753.

Sapindus mukorossi Gaertn.

乔木,高 6～15m。树皮灰黄色,小枝圆柱状,有黄褐色皮孔。一回羽状复叶,小叶 5～8 对,互生或近对生;小叶片纸质,长卵形或长卵状披针形,先端急尖或渐尖,基部楔形,略偏斜,上面深绿色,下面绿色,两面无毛或几无毛,小叶柄上面具 2 槽。圆锥花序顶生,密被灰

图 44　无患子（引自 Flora of China-Ill.）

黄色柔毛;花小,直径 3～5mm,绿白色或黄白色;萼片 5,卵圆形,边缘具睫毛;花瓣 5,披针形,长约 2mm,边缘有细睫毛,瓣柄内侧有被白色长柔毛的 2 个小鳞片;花盘碟状,无毛;雄蕊 8,较花瓣长,伸出,花丝下部被白色长柔毛;子房无毛,花柱短。果近球形,直径约 2cm,黄色,干时变黑。种子球形,黑色,光滑。花期 5—6 月,果期 7—8 月。

　　产地:龙塘山、鸠甫山,区内栽培,作行道树。

　　分布:我国东部、南部至西南部;东亚及南亚。

　　用途:果皮可代肥皂;种子可榨油;秋色叶树种,是优良的行道树和蜜源植物。

（二）栾树属　Koelreuteria Laxm.

　　落叶乔木或灌木。奇数羽状复叶互生;小叶片有锯齿或分裂,稀全缘。圆锥花序顶生;花杂性同株或异株,两侧对称;花萼 5 深裂,裂片镊合状排列;花瓣通常 4,具瓣柄,瓣片内面基部有深 2 裂的小鳞片;花盘偏向一侧,3 或 4 裂;雄蕊 8 或少;子房 3 室,每室有 2 胚珠,花柱 3 裂或不分裂。蒴果泡囊状,室背开裂为 3 果瓣,果瓣膜质,具网状脉纹。种子近球形,黑色,无假种皮。

　　3 种,分布于东亚。我国有 3 种,各地均有分布。浙江有 1 种。

1. 复羽叶栾树　黄山栾树、全缘叶栾树(图 45)

Koelreuteria bipinnata Franch. in Bull. Soc. Bot. France 33：453. 1887.

Koelreuteria bipinnata Franch. var. *integrifoliola* (Merr.) T. Chen; *K. integrifoliola* Merr.

　　乔木,高 8～15m。小枝红棕色,密生锈色椭圆形皮孔,有时被锈褐色伏柔毛。二回羽状复叶长 30～40cm,叶轴微被黄褐色柔毛;小叶 7～11,互生;小叶片纸质或坚纸质,长椭圆形或长椭圆状卵形,长 4～11cm,宽 2～5cm,先端渐尖至长渐尖,稀急尖,基部略偏斜,宽楔形或近圆形,全缘或在近先端边缘具少数粗浅锯齿,萌芽新枝具缺刻状锯齿,上面深绿色,下面浅绿色,两面沿中脉有柔毛或无毛。圆锥花序顶生,被柔毛;花黄色,直径约 1cm 左右;花萼 5 深裂,裂片长 2～3mm,边缘有睫毛;花瓣 4,稀 5;雄蕊 8,与花瓣近等长或为花瓣长的一半,花丝下半部有长柔毛;子房具柔毛。蒴果椭圆球形,长 4.5～5.5cm,顶端钝而有小尖头。种子近球形。花期 8—9 月,果期 10—11 月。

　　产地:区内栽培作行道树。

　　分布:江苏、安徽、浙江、江西、湖北、

图 45　复羽叶栾树(引自《浙江植物志》)

湖南、广东、广西、四川、贵州、云南。

用途： 是优良的园林观赏树种。

四九、清风藤科　Sabiaceae

乔木、灌木，或攀援木质藤本。叶互生，单叶或奇数羽状复叶；无托叶。花两性或杂性，常组成圆锥花序或聚伞花序，有时单生；萼片(3～)5，分离或基部合生；花瓣5(4)，均为覆瓦状排列，内面2片花瓣通常远比外面的小；雄蕊5(4)，与花瓣对生，基部附着于花瓣，或相互分离，全部发育或外面3枚不发育而变为退化雄蕊，花药2室，药隔甚厚；花盘小，环状或杯状；子房上位，无柄，通常2室，少3室，中轴胎座，每室有胚珠2或1颗，花柱多少合生。核果，1或2室。种子单生，无胚乳或有极薄的胚乳。

3属，约80种，分布于热带和亚热带地区。我国有2属，46种，主要分布于西南至东南和台湾。浙江有2属，11种。本志记载2属，7种。

分属检索表

1. 木质藤本；单叶；雄蕊5或4，全部发育 ·· 1. 清风藤属 Sabia
1. 乔木或灌木；单叶或羽状复叶；雄蕊5，2枚发育 ····························· 2. 泡花树属 Meliosma

（一）清风藤属　**Sabia** Colebr.

攀援木质藤本，落叶或常绿。冬芽小，有宿存鳞片。单叶全缘。花两性，很少杂性，单生于叶腋，或为聚伞花序，有时再成圆锥花序式排列；萼片5，稀4，覆瓦状排列；花瓣5(4)，比萼片长且与之对生；雄蕊5(4)，全部发育，与花瓣对生且稍附着于花瓣基部，花药卵圆球形或长椭圆球形；子房2室，每室有2颗胚珠，基部被肿胀的或5裂的花盘所围绕，花柱2，合生，柱头小。核果，常为由1或2个成熟心皮组成的分果瓣，两侧压扁，种子1或2。种子近肾形，种皮革质，有斑点。

约30种，分布于亚洲南部和东部。我国有17种，大多分布于西南部至东南部。浙江有5种、1亚种、3变种。

分种检索表

1. 花先于叶开放，黄绿色；花盘杯状，5浅裂；叶片卵状椭圆形至宽卵形，先端钝尖，下面灰绿色··············
   ··· 1. 清风藤 Sabia japonica
1. 花与叶同放，深紫色；花盘肿胀；叶片长圆状卵形至卵形，先端渐尖，下面浅青色·····················
   ····························· 2. 鄂西清风藤 Sabia campanulata subsp. ritchieae

1. 清风藤(图46：A－C)

Sabia japonica Maxim. in Bull. Acad. Imp. Sci. St.-Pétersbourg 11：430. 1867.

落叶攀援木质藤本。幼枝有细毛。叶片纸质，卵状椭圆形、卵形或宽卵形，长3.5～9cm，宽2～4.5cm，先端短钝尖，基部圆钝或宽楔形，全缘，两面近无毛，下面灰绿色；叶柄短，落叶时其基部残留枝上成木质化的短尖刺。花单生于叶腋，黄绿色；花梗长2～4mm，果时增长

图 46 A-C：清风藤；D：鄂西清风藤（金孝锋绘）

至 2～2.5cm，萼片 5，近圆形或宽卵形，具缘毛；花瓣 5，倒卵形，比萼片大 6～7 倍；雄蕊 5，略短于花瓣，花药狭椭圆形，外向开裂；花盘杯状，5 浅裂；子房卵球形，被细毛。核果由 1 或 2 成熟心皮组成，分果瓣近圆球形或近肾形，外有皱纹，成熟时碧蓝色。花期 2—3 月，果期 4—7 月。

产地：龙塘山、鸠甫山、顺溪、大坪溪。生于山谷、溪边或灌丛中。

分布：华东、华南有分布；日本。

用途：植株供药用，有祛风通络、消肿止痛之功效。

2. 鄂西清风藤（图 46：D）

Sabia campanulata Wall. subsp. **ritchieae**（Rehder & E. H. Wilson）Y. F. Wu in Acta Phytotax. Sin. 20(4)：426. 1982.

Basionym：*Sabia ritchieae* Rehder & E. H. Wilson in Sargent，Pl. Wilson. 2(1)：195. 1914.

落叶攀援木质藤本。幼枝黄绿色，无毛或微被毛；叶片纸质，长圆状卵形、长圆状椭圆形或卵形，先端渐尖，基部宽楔形或圆钝，两面无毛，上面干时为橄榄褐色，下面浅青灰色；叶柄长 0.5～1.5cm，有时被毛。花与叶同放，单生于叶腋，深紫色；花梗长 1～1.5cm，微被柔毛；萼片 5，半圆形，无缘毛；花瓣 5，倒卵形，长 5～6mm，果时不增大，不宿存而早落，有 7 条纵条纹；雄蕊 5，花药卵形，内向开裂；花盘肿胀，高长于宽，基部最宽，边缘环状；子房卵球形，被毛，柱头小。分果瓣近圆球形或阔倒卵球形，压扁，直径 5～7mm，成熟时蓝色。花期 4—5 月，果期 7—8 月。

产地：横源、直源、云溪坞、双涧坑、龙塘山、千顷塘。生于海拔 700～1000m 的林下或山坡灌丛中。

分布：江苏、浙江、江西、福建、湖北、湖南、广东、广西、贵州。

（二）泡花树属　**Meliosma** Blume

乔木或直立灌木。芽裸露。单叶或奇数羽状复叶；叶片（小叶片）全缘或有锯齿。花细小，两性或杂性，具短柄或无柄，多花组成顶生或腋生的圆锥花序；萼片 4 或 5，覆瓦状排列，其下部常见紧接的小苞片；花瓣 5，大小极不相等，外轮 3 片较大，近圆形或肾形，凹陷，覆瓦状排列，内轮 2 片极小，芽时全为外轮 3 片所包藏，膜质，2 裂或不分裂，与发育雄蕊花丝的基部多少合生；雄蕊 5，其中 2 枚发育，与内轮花瓣对生；花丝短，扁平，药隔扩大成一杯状体，药室 2，球形，横裂；不发育的 3 枚与外轮花瓣对生，并附着于花瓣的基部，形状不规则，宽阔；花盘环状或浅杯状，有小齿；子房无柄，2 或 3 室，每室有 2 颗胚珠，顶部收缩成单一或稀为 2 裂的花柱，柱头钻形。核果小，近球形，平滑或有棱，核硬壳质，1 室。种子无胚乳。

约 50 种，分布于东南亚和美国中南部。我国有 29 种，分布于东南至西南部。浙江有 7 种、5 变种。

分种检索表

1. 单叶。

　2. 圆锥花序挺直；内花瓣长超过发育雄蕊。

　　　3. 叶片下面疏被柔毛或仅沿脉被毛 ………………………… 1. 异色泡花树 M. myriantha var. discolor
　　　3. 叶片下面密被长柔毛 …………………………………… 1a. 柔毛泡花树 M. myriantha var. pilosa
　　2. 圆锥花序主轴成之字形曲折；内花瓣约为发育雄蕊的一半或更短。
　　　4. 子房与核果无毛 …………………………………………………… 2. 垂枝泡花树 M. flexuosa
　　　4. 子房被短柔毛；核果被褐色短柔毛 ………… 2a. 毛果垂枝泡花树 M. flexuosa var. pubicarpa
1. 羽状复叶。
　　5. 外轮花瓣宽度大于长度，倒心形或宽肾形；小叶片通常近全缘，锯齿不显著。
　　　6. 花序轴及分枝密生木栓质皮孔；圆锥花序顶生或近枝顶腋生；核果直径 1～1.2cm；小叶片下面脉
　　　　腋间无毛 ……………………………………………………………… 3. 暖木 M. veitchiorum
　　　6. 花序轴及分枝不具皮孔；圆锥花序腋生；核果直径 6～7mm；小叶片下面脉腋间具髯毛 …………
　　　　………………………………………………………………………… 4. 珂南树 M. alba
　　5. 外轮花瓣宽度不超过长度，近圆形；小叶片中部以上具显著锯齿 …………… 5. 红枝柴 M. oldhamii

1. 异色泡花树(图 47：E,F)

Meliosma myriantha Siebold & Zucc. var. **discolor** Dunn in J. Linn. Soc., Bot. 38：358. 1908.

　　落叶乔木，高 6～10m。树皮灰褐色，初平滑，后片状剥落。幼枝初被毛，后渐稀疏。叶片薄纸质，先端锐渐尖，基部渐缩而圆钝，上面无毛或仅脉上稀被短柔毛，下面被毛较稀疏，或仅中脉和侧脉上被毛，其余无毛，侧脉 12～22 对，直达齿端，并伸出成刺芒状锯齿，基部通常无锯齿。圆锥花序顶生，被柔毛；花小，白色；萼片卵形，外面有毛；外面花瓣卵圆形，内面花瓣线状，两者几等长；发育雄蕊 2，长达内花瓣的 2/3，子房无毛。核果球形或倒卵球形，直径 4～5mm，熟时红色，易散落。花、果期 5—9 月。

　　产地：鸠甫山、龙塘山、茶园里、十八龙潭、横源、直源。生于林中
　　分布：江苏、安徽、浙江、江西、福建、广东、广西、湖北、湖南、四川、贵州。

1a. 柔毛泡花树(图 47：G)

var. **pilosa** (Lecomte) Law in Acta Phytotax. Sin. 20(4)：430. 1982.
Basionym：*Meliosma pilosa* Lecomte in Bull. Soc. Bot. France 54：676. 1908.
　　与模式变种的区别在于：叶片下面全部密被长柔毛，上面亦多少被毛。
　　产地：双涧坑、云溪坞、龙塘山、茶园里。生于海拔 600～1000m 的溪边或林中。
　　分布：江苏、安徽、浙江、江西、福建、湖北、湖南、四川、贵州、陕西。

2. 垂枝泡花树(图 47：A,B)

Meliosma flexuosa Pamp. in Nuovo Giorn. Bot. Ital. 17：423. 1910.

　　落叶灌木或小乔木，高 2～5m。腋芽通常 2 枚，并生，为叶柄下芽。叶片膜质或纸质，倒卵形或倒卵状椭圆形，长 7～16cm，宽 3～7cm，先端短渐尖或渐尖，基部楔形，边缘有疏锐齿，上面被稀疏短粗毛或近无毛，下面全部被疏柔毛或沿脉被毛，脉腋间有时有髯毛，侧脉 12～18 对，直达齿端，在下面隆起。圆锥花序顶生，花序轴常呈之字形曲折，顶部下垂，分枝弯拱；花白色；萼片 5，大小不等；花瓣无毛，外面 3 片近圆形，内面 2 片微小，长约为发育雄蕊的 1/2，先端 2 裂，或 3 裂而中间 1 裂极微小；花盘 5 齿裂；子房无毛。核果球形，直径约

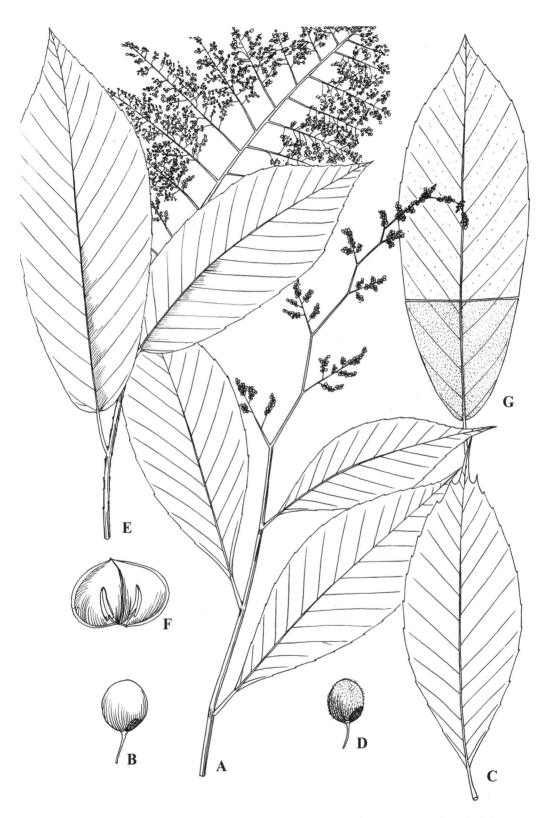

图 47　A,B：垂枝泡花树；C,D：毛果垂枝泡花树；E,F：异色泡花树；G：柔毛泡花树（金孝锋绘）

4mm,无毛。花期5—6月,果期9—10月。

产地：直源、横源、鸠甫山、千顷塘。生于溪边林中。

分布：陕西、江苏、安徽、浙江、江西、湖南、湖北、广东、四川。

2a. 毛果垂枝泡花树(图 47：C,D)

var. **pubicarpa** X. F. Jin, Hong Wang & H. W. Zhang in J. Zhejiang For. Coll. 25 (4)：442, fig. 1. 2009.

与模式变种的区别在于：核果被褐色短柔毛。

产地：顺溪、大明山、东岙头。生于海拔400～610m的溪边林下。

分布：浙江。

3. 暖木(图 48：A,B)

Meliosma veitchiorum Hemsl in Bull. Misc. Inform. Kew 1906：155. 1906.

落叶乔木,高约10m。树皮灰色,微有裂纹,老则呈不规则片状剥落。小枝粗壮,叶痕大而明显。奇数羽状复叶连同叶柄长50～90cm,叶柄及小叶柄初时均被柔毛,后脱落；小叶片7～11,纸质,下部者椭圆形或宽卵形,上部者卵状椭圆形,长8～15cm,先端常渐尖,基部圆钝或宽楔形,偏斜,全缘,有时或疏生浅齿,上面绿色,无毛,下面淡绿色,初时被毛,后脱落,侧脉6～13对。圆锥花序顶生或近枝顶腋生,先端倾垂,长达45cm,或更长,主轴和分枝上均密生显著的梭状木栓质皮孔；花白色；萼片5,椭圆形或卵形,先端钝；外面3片花瓣倒心形,内面2片舌形,2裂；花盘浅5裂；发育雄蕊2；子房被毛。核果球形,直径约1cm,成熟时黑色。花期5月,果期9月。

产地：东岙头、栈岭湾、干坑。生于溪边林中。

分布：河南、安徽、浙江、湖北、湖南、四川、贵州、云南。

4. 珂南树(图 49)

Meliosma alba (Schlecht.) Walp. in Repert. Bot. Syst. 2：816. 1843.

Basionym：*Millingtonia alba* Schlecht. in Linnaea 16：395. 1842.

Meliosma beaniana Rehder & E. H. Wilson.

落叶乔木,高8～12m。幼枝被锈色绒毛,后逐渐脱落。奇数羽状复叶连同叶柄长15～35cm；小叶片2～6对；小叶片对生或近对生,纸质,卵形或椭圆状卵形,长4～13cm,宽2～5cm,先端渐尖,基部圆钝或宽楔形,略偏斜,边缘疏生锯齿或全缘,上面被稀疏短柔毛,后脱落,下面被稀疏短柔毛,脉腋间具髯毛,侧脉8～10对。圆锥花序生于枝顶叶腋,长约15cm；花乳白色,直径4～5mm；萼片4,卵形；外面3片花瓣宽肾形,内面2片2裂,细小；花盘杯状,浅裂；发育雄蕊2。核果球形,直径6～7mm。花期5月,果期8—10月。

产地：东岙头。生于林中。

分布：浙江、江西、福建、湖北、湖南、四川、贵州、云南；缅甸。

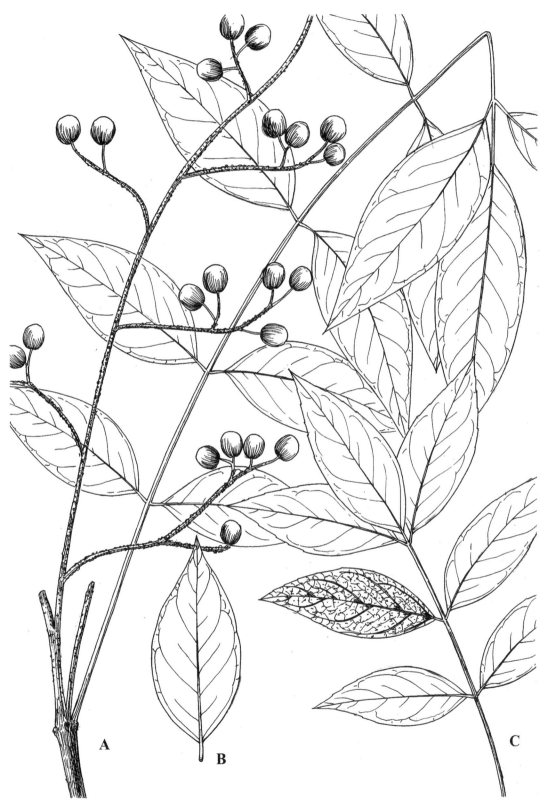

图 48　A, B：暖木；C：红枝柴（金孝锋绘）

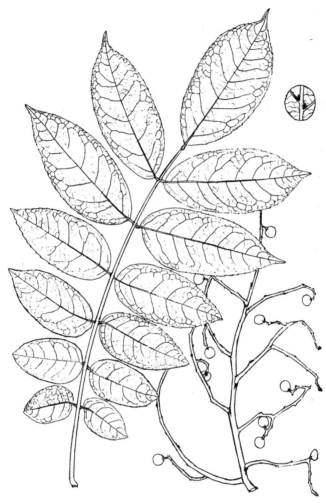

图 49　珂南树(引自《浙江树木图鉴》)

5. 红枝柴(图 48：C)

Meliosma oldhamii Miq. in Ann. Mus. Bot. Lugduno-Batavi 3：94. 1868.

落叶小乔木,高 5～8m。树皮浅灰色,粗糙。奇数羽状复叶,连同叶柄长 15～25cm,小叶 3～7 对,对生或近对生;小叶片纸质,下部者卵形,稍小,上部者狭卵形或椭圆状卵形,长 3～8cm,先端渐尖,基部圆钝或宽楔形,边缘有稀疏而锐尖小锯齿,上面绿色,散生有细微短伏毛,下面淡绿色,疏被柔毛,在脉腋间常有髯毛,侧脉 7 或 8 对。圆锥花序顶生或出自枝顶叶腋,微被柔毛;花白色,芳香;萼片 5,椭圆状卵形,具缘毛;外面花瓣 3,近圆形,内花瓣小,稍短于花丝,2 裂达中部,裂片倒披针形;发育雄蕊药隔杯状;子房被黄色柔毛。核果球形,直径 4～5mm。花期 6 月,果期 10 月。

产地：鸠甫山、龙塘山、直源、千顷塘、柘林坑、大坪溪。生于山谷、溪边或林中。

分布：江苏、安徽、浙江、江西、福建、广东、广西、湖北、四川、贵州、云南、河南、陕西;日本、朝鲜半岛。

五〇、鼠李科 **Rhamnaceae**

落叶乔木、灌木或木质藤本,稀草本,通常具刺,或无刺。单叶,互生或近对生,叶片全缘或具齿,羽状脉或 3～5 基出脉;托叶小,早落或宿存,或有时变为刺。花小,整齐,两性,稀杂性,或单性异株,常排成聚伞花序、穗状圆锥花序、聚伞总状花序、聚伞圆锥花序,或有时单生或数个簇生,通常 5 基数,稀 4 基数;花萼钟状或筒状,淡黄绿色,萼片常坚硬,内面中肋中部有时具喙状突起,与花瓣互生;花瓣通常较萼片小,着生于萼筒上,或有时无花瓣;雄蕊与花瓣对生,为花瓣所抱持;花盘明显发育,薄或厚,贴生于萼筒上,或填塞于萼筒内面,杯状、壳斗状或盘状,全缘,具圆齿或浅裂;子房上位、半下位至下位,通常 2 或 3 室,稀 4 室,每室有 1 胚珠,花柱不分裂或上部 3 裂。核果、浆果状核果、蒴果状核果或蒴果,有时果实顶端具纵向的翅,或边缘具平展的短翅,基部常为宿存的萼筒所包围,1～4 室,具 2～4 个开裂或不开裂的分核,每分核具 1 种子。

约 50 属,900 种以上,主要分布于亚热带至热带地区。我国有 13 属,137 种,全国各地均有分布,以西南和华南地区种类最为丰富。浙江有 8 属,23 种、9 变种。本志记载 8 属,16 种、4 变种。

分属检索表

1. 浆果状核果或蒴果状核果,具软的或革质的外果皮,无翅,内果皮薄革质或纸质,具 2～4 分核。
  2. 花序轴在结果时膨大成肉质;叶具基生 3 出脉 ················· 1. 枳椇属 Hovenia
  2. 花序轴在结果时不膨大成肉质;叶具羽状脉。
    3. 花无梗或稀具短梗,排成穗状花序或穗状圆锥花序,顶生或腋生;藤状灌木;花盘厚肉质;种子两端凹陷 ················· 2. 雀梅藤属 Sageretia
    3. 花具明显的梗,排成腋生聚伞花序;落叶或稀常绿灌木或乔木,枝端通常含有枝刺,稀无刺;花盘薄;种子两端不凹陷 ················· 3. 鼠李属 Rhamnus
1. 核果,无翅或有翅;内果皮坚硬,厚骨质或木质,1～3 室,无分核。
  4. 叶片具羽状脉,托叶常宿存,不成针刺;核果圆柱形。
    5. 叶缘具锯齿;聚伞花序无苞叶,腋生;萼片内面中肋中部具喙状突起;花盘薄,五边形,浅杯状,结果时不增大;落叶灌木或小乔木 ················· 4. 猫乳属 Rhamnella
    5. 叶片全缘;聚伞总状或聚伞状圆锥花序,顶生;萼片内面中肋有或无喙状突起;花盘肥厚,壳斗状,包围子房之半,结果时增大或不增大。
      6. 直立灌木或乔木;小枝粗糙,具纵裂纹;叶片基部不对称;萼片内面中肋中部具喙状突起;花盘五边形,结果时不增大;核果 1 室,具 1 种子 ················· 5. 小勾儿茶属 Berchemiella
      6. 藤状灌木,稀直立矮灌木;小枝平滑;叶片基部对称;萼片内面中肋仅顶端增大,中部无喙状突起;花盘 10 裂,结果时明显增大成盘状或皿状,包围果实的基部;核果 2 室,每室具 1 种子 ·················
        ················· 6. 勾儿茶属 Berchemia
  4. 叶片具基生 3 出脉,稀 5 出脉,通常具托叶刺;核果非圆柱形。
    7. 果实周围具平展的杯状或草帽状的翅 ················· 7. 马甲子属 Paliurus
    7. 果实无翅,为肉质核果 ················· 8. 枣属 Ziziphus

（一）枳椇属　Hovenia Thunb.

落叶乔木,稀灌木。幼枝常被短柔毛或茸毛。叶互生,叶片基部有时偏斜,边缘有锯齿,基生 3 出脉,中脉每边有侧脉 4～8 条,具长柄。花小,白色或黄绿色,两性,5 基数,密集成顶生或兼腋生聚伞圆锥花序;萼片三角形,透明或半透明,中肋内面凸起;花瓣与萼片互生,生于花盘下,两侧内卷,基部具爪,雄蕊为花瓣所抱持;花盘厚,肉质,盘状,近圆形,有毛,边缘与萼筒离生;子房上位,1/2～2/3 藏于花盘内,仅基部与花盘合生,3 室,每室具 1 胚珠,花柱 3 浅裂至深裂。浆果状核果近球形,顶端有残存的花柱,基部具宿存的萼筒,外果皮革质,常与纸质或膜质的内果皮分离;花序轴在结果时膨大,扭曲,肉质,种子 3 粒,扁圆球形,褐色或紫黑色,有光泽,背面凸起,腹面平而微凹,或中部具棱,基部内凹,常具灰白色的乳头状突起。

3 种,分布于东亚和南亚。我国有 3 种。浙江有 2 种、1 变种。

此属的木材坚硬,纹理致密,为制造各种细木工及家具的良好用材;果序轴结果时膨大,味甜,可食;种子供药用。

分种检索表

1. 萼片和果实无毛;叶片边缘常具整齐浅而钝的细锯齿,上部或近顶端的叶有不明显的齿,稀近全缘 ……………………………………………………………………………………………… 1. 枳椇 H. acerba
1. 萼片和果实均被锈色密绒毛;叶片边缘具圆钝锯齿,稀近全缘 ……………………………………………………………………………………… 2. 光叶毛果枳椇 H. trichocarpa var. robusta

1. 枳椇　拐枣(图 50：A)

Hovenia acerba Lindl. , Bot. Reg. 6：t. 501. 1820.

乔木,高 5～25m。小枝褐色或黑紫色,被棕褐色短柔毛或无毛,有明显的白色皮孔。单叶,互生;叶片宽卵形、椭圆状卵形或心形,长 7～17cm,宽 4～11cm,先端长渐尖或短渐尖,基部截形或心形,稀近圆形或宽楔形,边缘常具整齐浅而钝的细锯齿,上部或近顶端的叶有不明显的齿,稀近全缘,上面无毛,下面沿脉或脉腋常被短柔毛或无毛;叶柄长 2～5cm,无毛。二歧聚伞圆锥花序,顶生和腋生,被棕色短柔毛;花两性,黄绿色;萼片具网状脉或纵条纹,无毛,长 1.9～2.2mm,宽 1.3～2mm;花瓣椭圆状匙形,长 2～2.2mm,宽 1.8～2.1mm,具短爪;花盘被柔毛。浆果状核果近球形,直径 6.5～7.5mm,无毛,成熟时黄褐色或棕褐色;果序轴明显膨大;种子暗褐色或黑紫色。花期 5—7 月,果期 8—10 月。

产地: 栈岭湾、直源、横源。生于林中。

分布: 陕西、甘肃、河南、江苏、安徽、浙江、江西、福建、湖北、湖南、广东、广西、四川、贵州、云南;缅甸、不丹、尼泊尔、印度。

用途: 果序轴肥厚,含丰富的糖,可生食、酿酒、熬糖;种子为清凉利尿药,能解酒毒,适用于热病消渴、酒醉、烦渴、呕吐、发热等症。

2. 光叶毛果枳椇(图 50：B)

Hovenia trichocarpa Chun & Tsiang var. **robusta** (Nakai & Y. Kimura) Y. L. Chen & P. K. Chou, Fl. Reipubl. Popularis Sin. 48(1)：93. 1982.

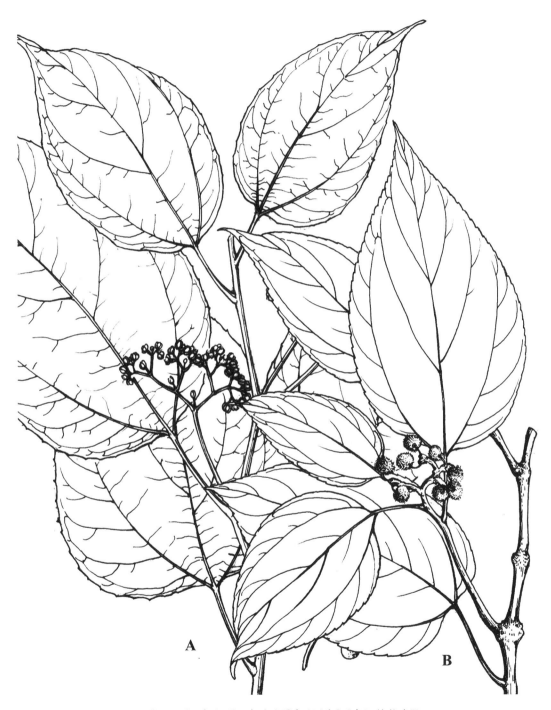

图 50　A：枳椇；B：光叶毛果枳椇（重组《浙江植物志》）

Basionym：*Hovenia robusta* Nakai & Y. Kimura in Bot. Mag. Tokyo 53：479. 1939.

高大落叶乔木,高达 18m。小枝褐色或黑紫色,无毛,具明显的皮孔。单叶,互生;叶片矩圆状卵形、宽椭圆状卵形或矩圆形,稀近圆形,长 10～18cm,宽 7～15cm,先端渐尖或长渐尖,基部截形、近圆形或心形,边缘具圆钝锯齿,稀近全缘,两面无毛,或仅下面沿脉疏被柔毛;叶柄长 2～4cm,无毛或有疏柔毛。二歧聚伞花序,顶生或兼腋生,被锈色或黄褐色密短绒毛;花黄绿色,花萼密被锈色短柔毛,萼片具明显的网脉,长 2.8～3mm,宽 2～2.6mm;花瓣卵圆状匙形,长 2.8～3mm,宽 1.8～2mm,具长 0.8～1.1mm 的爪,花盘密被锈色长柔毛;花柱自基部 3 深裂,下部疏被柔毛。浆果状核果球形或倒卵状球形,直径 8～8.2mm,密被锈色或棕色绒毛;果序轴膨大,被锈色或棕色绒毛;种子黑色,黑紫色或棕色,近圆形,腹面中部有棱,背面有时具乳头状突起。花期 5—6 月,果期 8—10 月。

产地：双涧坑、龙塘山、横源、云溪坞、三祖源。生于溪边林中。

分布：安徽、浙江、江西、福建、湖南、广东、广西、贵州;日本。

（二）雀梅藤属　Sageretia Brongn.

藤状或直立灌木,稀小乔木。无刺或具枝刺,小枝互生或近对生。叶互生或近对生,叶片纸质至革质,幼叶片通常被毛,后脱落或不脱落,边缘具锯齿,稀近全缘,叶脉羽状,平行;具柄;托叶小,脱落。花两性,五基数,通常无梗或近无梗,稀有梗,排成穗状或穗状圆锥花序,稀呈总状花序;萼片三角形,内面顶端常增厚,中肋凸起而成小喙;花瓣匙形,顶端 2 裂;雄蕊背着药,与花瓣等长或略长于花瓣;花盘厚,肉质,壳斗状,全缘或 5 裂;子房上位,仅上部和柱头露于花盘之外,其余为花盘包围,基部与花盘合生,2 或 3 室,每室具 1 胚珠,花柱短,柱头头状,不分裂、2 或 3 裂。浆果状核果,倒卵状球形或圆球形,有 2 或 3 个不开裂的分核,基部为宿存的萼筒包围;种子扁平,稍不对称,两端凹陷。

约 35 种,主要分布于亚洲东南部,少数种在非洲和北美洲也有分布。我国有 19 种。浙江有 4 种、1 变种。

分种检索表

1. 花具明显的梗;花序轴无毛;小枝无毛 ··· 1. 梗花雀梅藤 S. henryi
1. 花无梗或近无梗;花序轴被毛;小枝被毛。
　2. 花白色;核果熟时浅红色;叶片革质,长 4～10cm,宽 2～3.5cm,侧脉每边 5～7(8)条,上面明显下陷,先端渐尖,稀锐尖;叶柄被短柔毛或无毛 ·················· 2. 刺藤子 S. melliana
　2. 花黄色;核果熟时紫黑色或黑色;叶片纸质或薄革质,长 1～4.5cm,宽 0.7～2.5cm,侧脉每边 3 或 4(5)条,上面下陷不明显,先端锐尖、钝或圆形;叶柄被短柔毛 ·················· 3. 雀梅藤 S. thea

1. 梗花雀梅藤(图 51：D,E)

Sageretia henryi J. R. Drumm. & Sprague in Bull. Misc. Inform. Kew 1908：14. 1908.

藤状灌木,稀小乔木,高达 2.5m。无刺或具刺;小枝红褐色,无毛,老枝灰黑色。叶互生或近对生;叶片纸质,矩圆形、长椭圆形或卵状椭圆形,长 5～10cm,宽 2.5～5cm,先端尾状渐尖,稀锐尖或钝圆,基部圆形或宽楔形,边缘具细锯齿,两面无毛,侧脉每边 4～6(7)条,在上面稍下陷,下面凸起;叶柄长 5～13mm,无毛或被微柔毛;托叶钻形,长 1～1.5mm。花单

图 51　A,B:雀梅藤;C:刺藤子;D,E:梗花雀梅藤(陈家乐绘)

生或数个簇生排成腋生或顶生的疏散总状花序,稀圆锥花序;花序轴无毛;花梗长 1~3mm,无毛;萼片卵状三角形,顶端尖;花瓣白色,匙形,顶端微凹,稍短于雄蕊;子房 3 室,每室具 1 胚珠。核果椭圆球形或倒卵状球形,长 5~6mm,直径 4~5mm,成熟时紫红色,具 2 或 3 分核;果梗长 1~4mm;种子 2,扁平,两端凹入。花期 7—11 月,果期翌年 3—6 月。

产地:柘林坑、童玉、直源、横源。生于坡地。

分布:陕西、甘肃、浙江、湖北、湖南、广西、四川、贵州、云南。

用途:果入药,有清火热和清胃热之功效。

2. 刺藤子(图 51:C)

Sageretia melliana Hand.-Mazz., Beih. Bot. Centralbl. 52(Abt. B):168. 1934.

常绿藤状灌木。具枝刺;小枝圆柱状,褐色,被黄色短柔毛。叶通常近对生;叶片革质,卵状椭圆形或矩圆形,稀卵形,长 4~10cm,宽 2~3.5cm,先端渐尖,稀锐尖,基部近圆形,稍不对称,边缘具细锯齿,两面无毛,侧脉每边 5~7(8)条,近边缘呈弧形上弯,在上面明显下陷,下面凸起;叶柄长 4~8mm,上面有深沟,被短柔毛或无毛。花无梗,白色,单生或数个簇生而排成顶生或稀腋生的穗状或圆锥状穗状花序;花序轴被黄色或黄白色贴生密短柔毛或绒毛,长 4~17cm;萼片三角形,顶端尖;花瓣狭倒卵形,短于萼片之半。核果浅红色。花期 9—11 月,果期翌年 4—5 月。

产地:龙塘山、顺溪、大坪溪。生于溪边灌丛中。

分布:安徽、浙江、江西、福建、湖北、湖南、广东、广西、贵州、云南。

3. 雀梅藤(图 51:A,B)

Sageretia thea (Osbeck) M. C. Johnst. in J. Arnold Arbor. 49:378. 1968.

Basionym:*Rhamnus thea* Osbeck,It. 232. 1757.

藤状或直立灌木。小枝具刺,互生或近对生,褐色,被短柔毛。叶近对生或互生;叶片纸质或薄革质,椭圆形、矩圆形或卵状椭圆形,稀卵形或近圆形,长 1~4.5cm,宽 0.7~2.5cm,先端锐尖,钝或圆形,基部圆形或近心形,边缘具细锯齿,上面无毛,下面无毛或沿脉被柔毛,侧脉每边 3 或 4(5)条,上面下陷不明显;叶柄长 2~7mm,被短柔毛。花无梗,黄色,通常 2 至数个簇生排成顶生或腋生的疏散穗状或圆锥状穗状花序;花序轴长 2~5cm,被绒毛或密的短柔毛;花萼外面疏被柔毛,萼片三角形或三角状卵形,长约 1mm;花瓣匙形,顶端 2 浅裂,常内卷,短于萼片;花柱极短,柱头 3 浅裂,子房 3 室,每室具 1 胚珠。核果近圆球形,直径约 5mm,成熟时黑色或紫黑色,具 1~3 分核,味酸;种子扁平,两端微凹。花期 7—11 月,果期翌年 3—5 月。

产地:鸠甫山、千顷塘、大坪溪、大明山、直源、横源。生于山谷溪边路旁。

分布:江苏、安徽、浙江、江西、福建、台湾、湖北、湖南、广东、广西、四川、云南;日本、朝鲜半岛、越南、印度。

(三) 鼠李属　**Rhamnus** L.

灌木或乔木。小枝顶端常变成针刺,或无刺;芽裸露或有鳞片。叶互生或近对生,稀对生,羽状脉,边缘有锯齿,稀全缘;托叶小,早落,稀宿存。花小,两性,或单性雌雄异株,稀杂性,单生或数个簇生,或排成腋生聚伞花序、聚伞总状或聚伞圆锥花序,黄绿色;花萼钟状,4或5裂,萼片卵状三角形,内面有凸起的中肋;花瓣4或5,短于萼片,兜状,基部具短爪,顶端常2浅裂,稀无花瓣;雄蕊4或5,背着药,为花瓣抱持,与花瓣等长或短于花瓣;花盘薄,杯状;子房上位,球形,着生于花盘上,不为花盘包围,2～4室,每室有1胚珠,花柱2～4裂。浆果状核果倒卵状球形或圆球形,基部为宿存萼筒所包围,具2～4分核,分核骨质或软骨质,开裂或不开裂,各有1种子;种子倒卵形或长圆状倒卵形,背面或背侧具纵沟,稀无沟。

约150种,分布于温带至热带,主要集中于东亚和北美,少数种亦分布于欧洲和非洲。我国有57种,分布于全国各省、区,其中以西南和华南种类最多。浙江有9种、3变种。

多数种类的果实含黄色染料;种子含脂肪油和蛋白质,榨油供制润滑油和油墨、肥皂;少数种类树皮、根、叶可供药用。

分种检索表

1. 冬芽裸露,密被锈色柔毛;花两性,5基数,花柱不分裂;种子背面无沟;小枝无刺……………………………………………………………………………………………………… 1. 长叶冻绿 R. crenata
1. 冬芽有鳞片;花单性,4基数,花柱2～4裂;种子背面或侧面具沟;小枝通常具刺,稀无刺。
  2. 叶及枝均互生,少有兼近对生。
    3. 叶片下面无毛 ………………………………………………… 2. 山鼠李 R. wilsonii var. wilsonii
    3. 叶片下面具柔毛……………………………………………… 2a. 毛山鼠李 R. wilsonii var. pilosa
  2. 叶及枝对生或近对生,少有兼互生。
    4. 当年生小枝及叶柄均被短柔毛;花萼及花梗有毛;叶片小,长2～6cm,近圆形、倒卵状圆形或卵圆形,稀圆状椭圆形 ……………………………………………… 3. 圆叶鼠李 R. globosa
    4. 当年生小枝及叶柄无毛或近无毛;花萼及花梗无毛;叶片大,长3～15cm,非上述状。
      5. 叶片下面无金黄色毛,长不超过10cm,侧脉3～5对,在上面下陷,下面凸起;叶柄长0.8～2cm;种子背面有长为种子1/2以上的纵沟 ……………………… 4. 薄叶鼠李 R. leptophylla
      5. 叶片下面沿脉或脉腋有金黄色毛,长有时在10cm以上,侧脉5或6对,在两面凸起;叶柄长0.5～1.2cm;种子背面仅有长为种子1/3以下的纵沟 ……………………… 5. 冻绿 R. utilis

1. 长叶冻绿 (图52:C)

Rhamnus crenata Siebold & Zucc. in Abh. Math.-Phys. Cl. Königl. Bayer. Akad. Wiss. 4(2):146. 1845.

落叶灌木或小乔木,高达7m。幼枝无刺,带红色,被毛,后脱落,小枝疏被柔毛,枝端有密被锈色柔毛的裸芽。叶互生;叶片纸质,倒卵状椭圆形、椭圆形或倒卵形,稀倒披针状椭圆形或长圆形,长4～14cm,宽2～5cm,先端渐尖、尾状长渐尖或骤缩成短尖,基部楔形或钝,边缘具圆细锯齿,上面无毛,下面被柔毛或沿脉多少被柔毛,侧脉每边7～12条;叶柄长4～10(～12)mm,被密柔毛。花数个或10余个密集成腋生聚伞花序,花序梗长4～15mm,被柔毛,花梗长2～4mm,被短柔毛;花两性,5基数;萼片三角形,与萼管等长,外面有疏微毛;花瓣近圆形,顶端2裂;雄蕊与花瓣等长而短于萼片;子房球形,无毛,3室,每室具1胚珠,花柱不分裂,柱头不明显。核果球形或倒卵状球形,绿色或红色,成熟时黑色或紫黑色,长5～6mm,直径6～7mm,果梗长3～6mm,无或有疏短毛,具3分核,各具1粒种子;种子无沟。花期5—8月,果期8—10月。

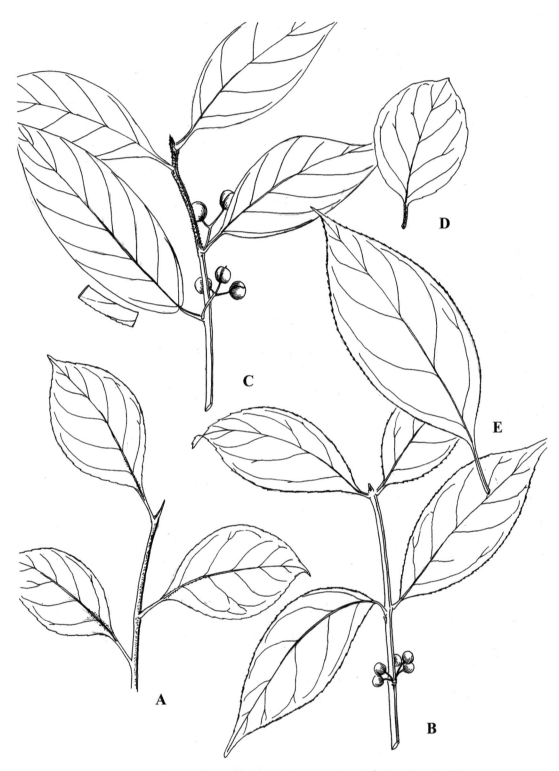

图 52　A：山鼠李；B：薄叶鼠李；C：长叶冻绿；D：圆叶鼠李；E：冻绿（陈家乐绘）

　　产地：大明山、顺溪、直源、百丈岭。生于林下、灌丛中。

　　分布：陕西、河南、江苏、安徽、浙江、江西、福建、台湾、湖北、湖南、广东、广西、四川、贵州、云南；日本、朝鲜半岛、越南、泰国、老挝、柬埔寨。

　　本种的叶形，特别在未结果时容易与猫乳 *R. franguloides*（Maxim.）Weberb. 相混淆，但后者茎枝顶端无被绒毛的顶芽；托叶宿存；花无毛，排成二歧式聚伞花序；子房2室，花柱2浅裂，与本种不同。

2. 山鼠李（图52：A）

Rhamnus wilsonii C. K. Schneid. in Sargent，Pl. Wilson. 2(1)：240. 1914.

　　灌木或小乔木，高1～3m。小枝互生或兼近对生，银灰色或灰褐色，无光泽，枝端有时具钝针刺；顶芽卵球形，有数个鳞片，鳞片浅绿色，有缘毛。叶互生或稀兼近对生，在当年生枝基部或短枝顶端簇生；叶片纸质或薄纸质，椭圆形或宽椭圆形，稀倒卵状披针形或倒卵状椭圆形，长5～15cm，宽2～6cm，先端渐尖或长渐尖，尖头直或弯，基部楔形，边缘具钩状圆锯齿，两面无毛，侧脉每边5～7条，上面稍下陷，下面凸起，有较明显的网脉；叶柄长2～4mm，无毛。花单性，雌雄异株，黄绿色，数个至20余个簇生于当年生枝基部或1至数个腋生，4基数；花梗长6～10mm；雄花有花瓣；雌花有退化雄蕊，子房球形，3室，每室有1胚珠，花柱长于子房，3(2)浅裂或近半裂。核果倒卵状球形，长约9mm，直径6～7mm，成熟时紫黑色或黑色，具2或3分核，基部有宿存的萼筒；果梗长6～15mm，无毛；种子倒卵状矩圆形，暗褐色，长约6.5mm，背面基部至中部有长为种子1/2沟，无沟缝。花期4—5月，果期6—10月。

　　产地：千顷塘、大坪溪、童玉、直源。生于灌丛中。

　　分布：安徽、浙江、江西、福建、湖南、广东、广西、贵州。

2a. 毛山鼠李

var. **pilosa** Rehder. in J. Arnold Arbor. 7：167. 1927.

　　与模式变种的区别在于：叶片通常宽椭圆形，宽达7.5cm；幼枝、叶柄和叶片下面特别是沿脉被柔毛。

　　产地：龙塘山、大明山、顺溪坞。生于山谷溪边灌丛或林下。

　　分布：安徽、浙江、江西、福建。

3. 圆叶鼠李（图52：D）

Rhamnus globosa Bunge，Enum. Pl. Chin. Bor. 14. 1833.

　　灌木，稀小乔木，高2～4m。小枝对生或近对生，灰褐色，顶端具针刺，幼枝和当年生枝被短柔毛。叶对生或近对生，稀兼互生，或在短枝上簇生；叶片纸质或薄纸质，近圆形、倒卵状圆形或卵圆形，稀圆状椭圆形，长2～6cm，宽1.2～4cm，顶端突尖或短渐尖，稀圆钝，基部宽楔形或近圆形，边缘具圆锯齿，上面绿色，初时被密柔毛，后渐脱落或仅沿脉及边缘被疏柔毛，下面淡绿色，全部或沿脉被柔毛，侧脉每边3或4条，在上面下陷，下面凸起，网脉在下面明显；叶柄长6～10mm，密被柔毛；托叶线状披针形，宿存，有微毛。花单性，雌雄异株，通常数个至20个簇生于短枝端或长枝下部叶腋，稀2或3个生于当年生枝下部叶腋，4基数，有花瓣，花萼和花梗均有疏微毛，花柱2或3浅裂或中裂；花梗长4～8mm。核果球形或倒卵状球形,长 4～6mm,直径 4～5mm,基部有宿存的萼筒,具 2 分核,稀 3 分核,成熟时黑色;果梗长 5～8mm,有疏柔毛;种子黑褐色,有光泽,背面或背侧有长为种子 3/5 的纵沟。花期 4—5月,果期 6—10 月。

产地: 都林山、龙塘山、横源、直源。生于山坡林下、山坡灌丛、溪边灌丛。

分布: 辽宁、陕西、山西、甘肃、河北、山东、河南、江苏、安徽、浙江、江西、湖南。

4. 薄叶鼠李(图 52:B)

Rhamnus leptophylla C. K. Schneid. in Notizbl. Königl. Bot. Gart. Berlin 5:77. 1908.

灌木,稀小乔木,高达 5m。小枝对生或近对生,先端具针刺,褐色或黄褐色,稀紫红色,平滑无毛,有光泽,芽小,鳞片数个,无毛。叶对生或近对生,或在短枝上簇生;叶片纸质,倒卵形至倒卵状椭圆形,稀椭圆形或矩圆形,长 3～8cm,宽 2～5cm,先端短突尖或锐尖,稀近圆形,基部楔形,边缘具圆钝锯齿,上面深绿色,无毛或沿中脉被疏毛,下面浅绿色,仅脉腋有簇毛,侧脉每边 3～5 条,具不明显的网脉,在上面下陷,下面凸起;叶柄长 0.8～2cm,上面有小沟,无毛或疏被短毛;托叶线形,早落。花单性,雌雄异株,4 基数,有花瓣,花梗长 4～5mm,无毛;雄花 10～20 个簇生于短枝端;雌花数个至十余个簇生于短枝顶端或长枝下部叶腋,退化雄蕊极小,花柱 2 中裂。核果球形,直径 4～6mm,长 5～6mm,基部有宿存的萼筒,有 2 或 3 个分核,成熟时黑色;果梗长 6～7mm;种子宽倒卵圆形,背面具长为种子 2/3～3/4 的纵沟。花期 3—5 月,果期 5—10 月。

产地: 鸠甫山、千顷塘、童玉。生于山谷灌丛。

分布: 陕西、山东、河南、安徽、浙江、江西、福建、湖北、湖南、广东、广西、四川、贵州、云南。

5. 冻绿(图 52:E)

Rhamnus utilis Decne. in Compt. Rend. Acad. Sci. Paris 44:1141. 1857.

灌木或小乔木,高达 4m。幼枝无毛,小枝褐色或紫红色,稍平滑,对生或近对生,枝端常具针刺;腋芽小,长 2～3mm,有数个鳞片,鳞片边缘有白色缘毛。叶对生或近对生,或在短枝上簇生;叶片纸质,椭圆形、矩圆形或倒卵状椭圆形,长 4～15cm,宽 2～6.5cm,顶端突尖或锐尖,基部楔形或稀圆形,边缘具细锯齿或圆齿状锯齿,上面无毛或仅中脉具疏柔毛,下面干后常变黄色,沿脉或脉腋有金黄色柔毛,侧脉每边通常 5 或 6 条,两面均凸起,具明显的网脉;叶柄长 0.5～1.5cm,上面具小沟,有疏微毛或无毛;托叶披针形,常具疏毛,宿存。花单性,雌雄异株,4 基数,具花瓣;花梗长 5～7mm,无毛;雄花数个簇生于叶腋,或 10 至 30 余个聚生于小枝下部,有退化的雌蕊;雌花 2～6 个簇生于叶腋或小枝下部;退化雄蕊小,花柱较长,2 浅裂或半裂。核果圆球形或近球形,成熟时黑色,具 2 分核,基部有宿存的萼筒;梗长 5～12mm,无毛;种子背侧基部有短沟。花期 4—6 月,果期 5—8 月。

产地: 龙塘山、顺溪、柘林坑。生于山谷溪边树丛。

分布: 陕西、山西、甘肃、河北、河南、江苏、安徽、浙江、江西、福建、湖北、湖南、广东、广西、四川、贵州;日本、朝鲜半岛。

本种分布较广,叶形及枝端针刺等常多变异,但枝端不具顶芽,有针刺,叶干时常变黄色,下面沿脉或脉腋被金黄色的疏或密柔毛等特征,较易识别。

（四）猫乳属　**Rhamnella** Miq.

落叶灌木或小乔木。叶互生,具短柄,叶片纸质或近膜质,边缘具细锯齿,羽状脉;托叶三角形或披针状条形,常宿存,与茎离生。腋生聚伞花序,具短的花序梗,或数花簇生于叶腋;花小、黄绿色,两性,5 基数,具梗;萼片三角形,无网状脉,中肋内面凸起,中下部有喙状突起;花瓣倒卵状匙形或圆状匙形,两侧内卷;雄蕊背着药,花丝基部与爪部离生,披针状条形;子房上位,仅基部着生于花盘,1 室或不完全 2 室,有 2 胚珠,花柱顶端 2 浅裂。花盘薄、杯状,五边形。核果圆柱状椭圆形,橘红色或红色,成熟后变黑色或紫黑色,顶端有残留的花柱,基部为宿存的萼筒所包围,1 或 2 室,具 1 或 2 种子。

8 种,分布于中国、朝鲜半岛和日本。我国均产,主要分布于西南部。浙江有 1 种。

1. 猫乳（图 53）

Rhamnella franguloides Weberbauer in Engler & Prantl, Nat. Pflanzenfam. 3(5): 406. 1895.

落叶灌木或小乔木,高 2～9m。幼枝绿色,被柔毛。叶片倒卵状矩圆形、倒卵状椭圆形、矩圆形,长椭圆形,稀倒卵形,长 4～12cm,宽 2～5cm,先端尾状渐尖、渐尖或骤然收缩成短渐尖,基部圆形,稀楔形,稍偏料,边缘具细锯齿,上面绿色,无毛,下面黄绿色,被柔毛或仅沿脉被柔毛;叶柄长 2～6mm,被密柔毛;托叶披针形,长 3～4mm,基部与茎离生,宿存。花黄绿色,两性,6～18 个排成腋生聚伞花序;花序梗长 1～4mm,被疏柔毛或无毛;萼片三角状卵形,边缘被疏短毛;花瓣宽倒卵形,顶端微凹;花梗长 1.5～4mm,被疏毛或无毛。核果圆柱形,长 7～9mm,直径 3～4.5mm,成熟时红色或橘红色,干后变黑色或紫黑色;果梗长 3～5mm,被疏柔毛或无毛。花期 5—7 月,果期 7—10 月。

图 53　猫乳（引自《浙江植物志》）

产地：鸠甫山、井坑、顺溪、龙岗镇、童玉、大坪溪。生于路旁灌丛。

分布：陕西、山西、河北、江苏、山东、河南、安徽、浙江、江西、湖北、湖南。

（五）小勾儿茶属　**Berchemiella** Nakai

乔木或灌木。全株近无毛。叶互生,全缘,基部常不对称,侧脉羽状平行。聚伞花序疏散排列成顶生的聚伞总状花序,花两性,5 基数,具梗,花芽球形,苞片小,脱落;花萼 5 裂,萼片三角形,镊合状排列,内面中肋中部具喙状突起,萼筒盘状;花瓣倒卵形,顶端圆形或微凹,两侧内卷,抱持着雄蕊,约与萼片等长,基部具短爪;雄蕊背着药;子房上位,中部以下藏于花盘内,2室,每室近基部有1侧生胚珠,花柱粗短,花后脱落,柱头微凹或2浅裂;花盘厚,五边形,结果时不增大。核果,1室1种子,基部有宿存的萼筒。

　　3种,分布于中国和日本。我国有2种,分布于湖北、云南及浙江。浙江有1种、1变种。

1. 毛柄小勾儿茶(图54)

Berchemiella wilsonii(C. K. Schneid.) Nakai var. **pubipetiolata** H. Qian, Fl. China 12:130. 2007.

Basionym:*Chaydaia wilsonii* C. K. Schneid. in Sargent, Pl. Wilson. 2(1):221. 1914.

　　落叶灌木,高3~6m。小枝无毛,褐色,具密而明显的皮孔,有纵裂纹,老枝灰色。叶互生;叶片纸质,椭圆形,长7~10cm,宽3~5cm,先端钝,有短突尖,基部圆形,不对称,上面绿色,无光泽,无毛,下面密被短柔毛,侧脉每边8~10条;叶柄长4~5mm,有毛,托叶短,三角形,背部合生而包裹芽。顶生聚伞总状花序,长约3.5cm,无毛;花芽圆球形,直径约1.5mm,短于花梗;花淡绿色,萼片三角状卵形,内面中肋中部具喙状突起,花瓣宽倒卵形,顶端微凹,基部具短爪,与萼片近等长,子房基部为花盘所包围。果幼时红色,成熟时近黑色,圆筒状至近倒卵形。花期7月,果期8—9月。

　　产地:十八龙潭、龙塘山、栈岭湾。生于灌丛中。

　　分布:安徽、浙江。

图54　毛柄小勾儿茶(金孝锋绘)

(六) 勾儿茶属　**Berchemia** Neck. ex DC.

　　藤状或直立灌木,稀小乔木。幼枝常无毛,老枝平滑,无托叶刺。叶互生,叶片纸质或近革质,全缘,羽状脉,侧脉每边4~18条;托叶基部合生,宿存,稀脱落。花序顶生或兼腋生,通常由1至数花簇生排成无花序梗或具短花序梗而稀具长花序梗的聚伞总状或聚伞圆锥花序,稀1~3花腋生;花两性,具梗,无毛,5基数;萼筒短,半球形或盘状,萼片三角形,稀条形或狭披针形,内面中肋顶端增厚,无喙状突起;花瓣匙形或兜状,两侧内卷,短于萼片或与萼片等长,基部具短爪;雄蕊背着药,与花瓣等长或稍短;花盘厚,齿轮状,10不等裂,边缘离生;子房上位,中部以下藏于花盘内,仅基部与花盘合生,2室,每室有1胚珠,花柱短粗,柱头头状,不分裂,微凹或2浅裂。核果近圆柱形,稀倒卵形,紫红色或紫黑色,顶端常有残存的花柱,基部有宿存的萼筒,花盘常增大;内果皮硬骨质,2室,每室具1种子。

约 32 种,主要分布于亚洲东部至东南部的温带和热带地区。我国有 19 种,分布于华东、华中、西南。浙江有 4 种、2 变种。

分种检索表

1. 花序通常为不分枝的聚伞总状花序;花序轴和小枝、叶柄均无毛;叶片两面无毛,侧脉 10 对以下,叶柄长小于 10mm ……………………………………………………………………… 1. 牯岭勾儿茶 B. kulingensis
1. 花序为具分枝的聚伞圆锥花序;叶片下面通常多少具毛,侧脉多 10 对以上,叶柄长常超过 10mm。
  2. 花序轴被密短柔毛。
    3. 叶片下面被密短柔毛 ……………………………………………………………… 2. 大叶勾儿茶 B. huana
    3. 叶片下面仅沿脉或侧脉下部被疏短柔毛 ……… 2a. 脱毛大叶勾儿茶 B. huana var. glabrescens
  2. 花序轴无毛,稀被疏微毛。
    4. 叶片大小较一致,下面仅脉腋密被柔毛,干时常灰白色,侧脉每边 8～13 条;花序为具短分枝的窄聚伞圆锥花序,花序轴无毛 ………………………………………………… 3. 腋毛勾儿茶 B. barbigera
    4. 茎上部叶片小,下部叶片较大,叶片下面无毛或仅下面沿脉基部被短柔毛,干时栗色,侧脉每边9～12条;花序通常为具长分枝的宽聚伞圆锥花序,花序轴无毛或被疏微毛 ……………………………
    …………………………………………………………………………… 4. 多花勾儿茶 B. floribunda

1. 牯岭勾儿茶(图 55:A)

Berchemia kulingensis C. K. Schneid. in Sargent, Pl. Wilson. 2(1):216. 1914.

藤状或攀援灌木,高达 3m。小枝平展,黄色,无毛,后变淡褐色。叶片纸质,卵状椭圆形或卵状矩圆形,长 2～6.5cm,宽 1.5～3.5cm,顶端钝圆或锐尖,具小尖头,基部圆形或近心形,两面无毛,上面绿色,下面干时常灰绿色,侧脉每边 7～9(10)条,叶脉在两面稍凸起;叶柄长 6～10mm,无毛;托叶披针形,长约 3mm,基部合生。花绿色,无毛,通常 2 或 3 个簇生排成近无梗或具短花序梗的疏散聚伞总状花序,稀窄聚伞圆锥花序,花序长 3～5cm,无毛;花梗长 2～3mm,无毛;花芽圆球形,顶端收缩成渐尖;萼片三角形,顶端渐尖,边缘疏被缘毛;花瓣倒卵形,稍长。核果长圆柱形,长 7～9mm,直径 3.5～4mm,红色,成熟时黑紫色,基部宿存的花盘盘状;果梗长 2～4mm,无毛。花期 6—7 月,果期翌年 4—6 月。

产地:井坑、双涧坑、龙塘山、直源。生于溪边路旁、山坡。

分布:江苏、安徽、浙江、江西、福建、湖北、湖南、广西、四川、贵州。

用途:根药用,治风湿痛。

2. 大叶勾儿茶(图 55:B)

Berchemia huana Rehder in J. Arnold Arbor. 8:166. 1927.

藤状灌木,高达 10m。小枝光滑无毛,绿褐色。叶片纸质,卵形或卵状矩圆形,长 6～10cm,宽 3～6cm,上部叶渐小,先端圆形或稍钝,稀锐尖,基部圆形或近心形,上面绿色,无毛,下面黄绿色,密被黄色短柔毛,干后栗色,侧脉每边 10～14 条,叶脉在两面稍凸起;叶柄长 1.4～2.5cm,无毛。花黄绿色,无毛,通常在枝端排成宽聚伞圆锥花序,稀排成腋生窄聚伞总状或聚伞圆锥花序,花序轴长可达 20cm,分枝长可达 8cm,被短柔毛,花梗短,长 1～2mm,无毛;花芽卵球形,顶端骤然收缩成短尖。核果圆柱状椭圆球形,长 7～9mm,直径约 4mm,熟时紫红色或紫黑色,基部宿存的花盘盘状;果梗长约 2mm。花期 7—9 月,果期翌年 5—6 月。

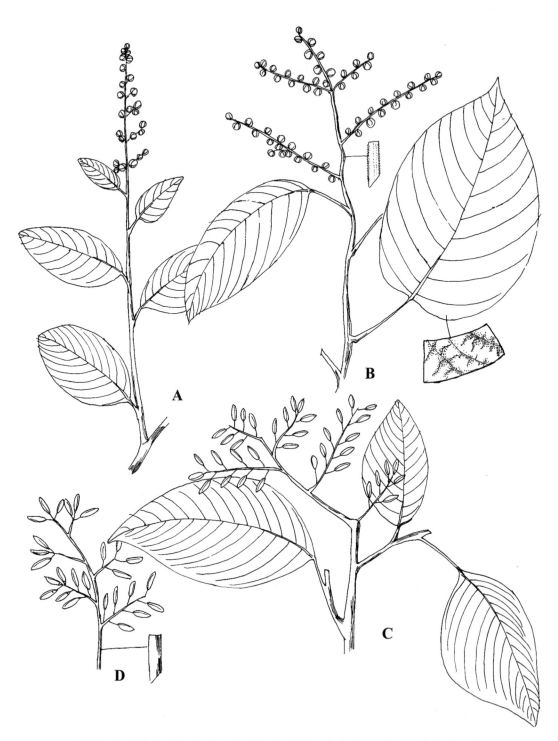

图 55　A：牯岭勾儿茶；B：大叶勾儿茶；C：多花勾儿茶；D：腋毛勾儿茶（陈家乐绘）

产地：龙塘山、直源、横源、栈岭湾、大坪溪。生于路旁溪边山谷、山坡杂木林内。

分布：江苏、安徽、浙江、江西、福建、湖北、湖南。

2a. 脱毛大叶勾儿茶

var. **glabrescens** Cheng in Bull. Bot. Lab. N. E. Forest. Inst.，Harbin 5：14. 1979.

与模式变种的区别在于：叶片下面沿脉或侧脉下部被疏短柔毛。

产地：柘林坑、童玉、大坪溪。生于溪边或灌丛。

分布：安徽、浙江。

3. 腋毛勾儿茶（图 55：D）

Berchemia barbigera C. Y. Wu in Bull. Bot. Lab. N. E. Forest. Inst.，Harbin 5：15. 1979.

藤状灌木。小枝红褐色，平滑无毛，全株近无毛。叶片薄纸质，卵状椭圆形或卵状矩圆形，长 4～9cm，宽 2.5～5.5cm，先端钝或圆形，基部圆形，上面绿色，无毛，下面灰绿色，仅下面脉腋有灰白色细柔毛，侧脉每边 8～13 条；叶柄长 1～2.5cm，无毛。花芽卵圆形，顶端锐尖；花黄绿色，无毛，排成顶生的窄聚伞圆锥花序，花序轴无毛，花梗长 2～3mm。核果圆柱形，长 5～8mm，直径约 3mm，成熟时先红色，后变黑色，基部宿存的花盘盘状，果梗长约 3mm，无毛。花期 6—8 月，果期翌年 5—6 月。

产地：千顷塘。生于灌丛中。

分布：安徽、浙江。

本种叶形极似大叶勾儿茶 *B. huana* Rehder，但植株近无毛，具顶生窄聚伞圆锥花序，花序轴无毛，叶下面脉腋有灰白色细柔毛，与后者不同。

4. 多花勾儿茶（图 55：C）

Berchemia floribunda (Wall.) Brongn. in Mém. Fam. Rhamnées 50. 1826.

Basionym：*Ziziphus floribunda* Wall.，Roxb. Fl. Ind. 2：368. 1824.

藤状或直立灌木。幼枝黄绿色，光滑无毛。叶片纸质；上部叶片较小，卵形或卵状椭圆形至卵状披针形，长 4～9cm，宽 2～5cm，先端锐尖，下面通常无毛，叶柄短于 1cm；下部叶较大，椭圆形至矩圆形，长达 11cm，宽达 6.5cm，先端钝或圆形，稀短渐尖，基部圆形，稀心形，上面绿色，无毛，下面干时栗色，无毛或仅沿脉基部被疏短柔毛，侧脉每边 9～12 条，两面稍凸起，叶柄长 1～3.5cm，稀达 5.2cm，无毛；托叶狭披针形，宿存。花多数，通常数个簇生排成顶生宽聚伞圆锥花序，或下部兼腋生聚伞总状花序，花序长可达 15cm，花序轴无毛或被疏微毛；花芽卵球形，顶端急狭呈锐尖或渐尖；花梗长 1～2mm；萼片三角形，顶端尖；花瓣倒卵形，雄蕊与花瓣等长。核果圆柱状椭圆球形，长 7～10mm，直径 4～5mm，有时顶端稍宽，基部有盘状的宿存花盘；果梗长 2～3mm，无毛。花期 7—10 月，果期翌年 4—7 月。

产地：直源、横源、鸠甫山、干坑、大坪溪、百丈岭。生于庙前坡中。

分布：陕西、山西、河南、江苏、安徽、浙江、江西、福建、湖北、湖南、广东、广西、四川、贵州、云南、西藏；日本、越南、尼泊尔、不丹、印度。

(七) 马甲子属　**Paliurus** Tourn. ex Mill.

落叶乔木或灌木。单叶,互生,叶片有锯齿或近全缘,具基生三出脉,托叶常变为刺。花两性,5 基数,排成腋生或顶生聚伞花序或聚伞圆锥花序,花梗短,结果时常增长;花萼 5 裂,萼片有明显的网状脉,中肋在内面凸起;花瓣匙形或扇形,两侧常内卷;雄蕊基部与瓣爪离生;花盘厚、肉质,与萼筒贴生,五边形或圆形,无毛,边缘 5 或 10 齿裂或浅裂,中央下陷与子房上部分离,子房上位,大部分藏于花盘内,基部与花盘愈合,顶端伸出于花盘上,3 室,稀 2室,每室具 1 胚珠,花柱柱状或扁平,通常 3 深裂。核果杯状或草帽状,周围具木栓质或革质的翅,基部有宿存的萼筒,3 室,每室有 1 种子。

5 种,分布于东亚和欧洲。我国有 5 种,分布于华东至西南。浙江有 2 种。

1. 铜钱树(图 56)

Paliurus hemsleyanus Rehder ex Schir. & Olabi in Bot. Jahrb. Syst. 116(3): 341, isonym. 1994.

乔木,稀灌木,高达 13m。小枝黑褐色或紫褐色,无毛。叶互生;叶片纸质或厚纸质,宽

椭圆形、卵状椭圆形或近圆形,长 4～12cm,宽 3～9cm,先端长渐尖或渐尖,基部偏斜,宽楔形或近圆形,边缘具圆锯齿或钝细锯齿,两面无毛,基生三出脉;叶柄长 0.6～2cm,近无毛或仅上面被疏短柔毛;无托叶刺,但幼树叶柄基部有 2 个斜向直立的针刺。聚伞花序或聚伞圆锥花序,顶生或兼有腋生,无毛;萼片三角形或宽卵形,长 2mm,宽 1.8mm;花瓣匙形,长约 1.8mm,宽约 1.2mm;雄蕊长于花瓣;花盘五边形,5 浅裂;子房 3 室,每室具 1胚珠,花柱 3 深裂。核果草帽状,周围具革质宽翅,红褐色或紫红色,无毛,直径 2～3.8cm;果梗长 1.2～1.5cm。花期 4—6 月,果期 7—9 月。

产地: 龙塘山、栈岭湾、大坪溪。生于林中。

分布: 陕西、甘肃、河南、江苏、安徽、浙江、江西、湖北、湖南、广东、广西、四川、重庆、贵州、云南。

图 56　铜钱树(引自《浙江植物志》)

(八) 枣属　**Ziziphus** Mill.

落叶或常绿乔木,或藤状灌木。枝常具皮刺。叶互生,具柄,叶片边缘具齿,稀全缘,具基生三出、稀五出脉;托叶通常变成针刺。花小,黄绿色,两性,5 基数,常排成腋生具花序梗的聚伞花序,或腋生或顶生聚伞总状或聚伞圆锥花序;萼片卵状三角形或三角形,内面有凸

起的中肋;花瓣倒卵圆形或匙形,与雄蕊等长,具爪,有时无花瓣;花盘厚,肉质,5 或 10 裂;子房球形,下半部或大部藏于花盘内,且部分合生,2 室,稀 3 或 4 室,每室有 1 胚珠,花柱 2,稀 3 或 4 浅裂或半裂,稀深裂。核果圆球形或矩圆形,不开裂,顶端有小尖头,基部有宿存的萼筒,中果皮肉质或软木栓质,内果皮硬骨质或木质,1 或 2 室,稀 3 或 4 室,每室具 1 种子。

约 100 种,主要分布于亚洲和美洲的热带和亚热带地区,少数种在非洲及温带地区亦有分布。我国有 12 种,除枣在全国各地栽培外,主要产于西南和华南。浙江有 1 种、1 变种。

1. 枣(图 57)

Ziziphus jujuba Mill., Gard. Dict., ed. 8. n. 1. 1768.

落叶小乔木,稀灌木,高达 10 余米。树皮褐色或灰褐色;有长枝和短枝,长枝呈之字形曲折,具 2 托叶刺,长刺可达 3cm,粗直,短刺下弯,长 4～6mm;短枝矩状,自老枝发出;当年生小枝绿色,下垂,单生或 2～7 个簇生于短枝上。叶片纸质,卵形,卵状椭圆形,或卵状矩圆形;长 2.5～7cm,宽 1.5～4cm,先端钝或圆形,稀锐尖,具小尖头,基部稍不对称,近圆形,边缘具圆锯齿,上面深绿色,无毛,下面浅绿色,无毛或仅沿脉多少被疏微毛;基生三出脉;叶柄长 1～6mm,或在长枝上的可达 1cm,无毛或有疏微毛;托叶刺纤细,后期常脱落。花黄绿色,两性,5 基数,无毛,具短花序梗,单生或 2～8 个密集成腋生聚伞花序;花梗长 2～3mm;萼片卵状三角形;花瓣倒卵圆形,基部有爪,与雄蕊等长;花盘厚,肉质,圆形,5 裂;子房下部藏于花盘内,与花盘合生,2 室,每室有 1 胚珠,花柱 2 半裂。核果矩圆形或长卵圆形,长 2～6cm,成熟时红色,后变红紫色,中果皮肉质,厚,味甜,核顶端锐尖,基部锐尖或钝,2 室,具 1 或 2 种子,果梗长 2～5mm;种子扁椭圆形,长约 1cm。花期 5—7 月,果期 8—10 月。

图 57 枣(引自《浙江植物志》)

产地:茶园里、昱岭关、顺溪、银珑坞、谢家坞,栽培。

分布:全国广为栽培。本种原产我国,现在亚洲、欧洲、非洲和美洲常有栽培。

用途:枣的果实味甜,富含维生素 C;又供药用,有养胃、健脾、益血、滋补、强身之效;枣树花期较长,芳香多蜜,为良好的蜜源植物。

五一、葡萄科 Vitaceae

攀援木质藤本,稀草质藤本,具卷须。单叶、羽状或掌状复叶,互生;托叶通常小而脱落,稀大而宿存。花小,两性或杂性同株或异株,排列成伞房状多歧聚伞花序、复二歧聚伞花序或圆锥状多歧聚伞花序,4或5基数;花萼呈碟状或浅杯状,萼片细小;花瓣与萼片同数,分离或凋谢时呈帽状粘合脱落;雄蕊与花瓣对生,在两性花中雄蕊发育良好,在单性花雌花中雄蕊常较小或极不发达,败育;花盘呈环状或分裂,稀极不明显;子房上位,通常2室,每室有2胚珠,或多室而每室有1胚珠;果实为浆果,有种子1至数颗。胚小,胚乳形状各异,W形、T形或呈嚼烂状。

14属,约900种,分布于热带和亚热带地区,少数种类分布于温带。我国有8属,146种,南北均产,野生种类主要集中分布于华中、华南及西南各省、区。浙江有5属,25种、6变种。本志记载3属,16种、3变种。

分属检索表

1. 花瓣粘合,凋落时呈帽状脱落;花序为典型的聚伞圆锥花序;卷须2叉分枝 …………… 1. 葡萄属 Vitis
1. 花瓣分离,凋落时不粘合;花序为复二歧聚伞花序或多歧聚伞花序;卷须2或3叉分枝或3叉以上总状分枝。
  2. 卷须4~7总状分枝,顶端常扩大成吸盘;花序顶生或假顶生;花盘发育不明显或无;果梗顶端增粗
  ………………………………………………………………………… 2. 爬山虎属 Parthenocissus
  2. 卷须2或3叉状分枝,顶端不扩大成吸盘;花序与叶对生;花盘发达;果梗不增粗 ………………
  ………………………………………………………………………………… 3. 蛇葡萄属 Ampelopsis

(一) 葡萄属　Vitis L.

木质藤本,具卷须。叶为单叶、掌状或羽状复叶;托叶通常早落。花5数,通常杂性异株,稀两性,排成聚伞圆锥花序;花萼呈碟状,萼片细小;花瓣粘合,凋谢时呈帽状脱落;花盘明显,5裂;雄蕊与花瓣对生,在雌花中不发达,败育;子房2室,每室有2枚胚珠;花柱纤细,柱头微扩大。果实为肉质浆果,有种子2~4粒。种子基部有短喙,种脐在种子背部呈圆形或近圆形,腹面两侧洼穴狭窄呈沟状或较阔呈倒卵长圆形,从种子基部向上通常达种子1/3处;胚乳呈M形。

约60余种,主要分布于温带。我国有37种,除新疆、青海、内蒙古和宁夏等外,其他各地均有。浙江有13种、2变种。

分种检索表

1. 小枝有皮刺 ……………………………………………………… 1. 刺葡萄 V. davidii
1. 小枝无皮刺。
  2. 叶片下面为密集的白色或锈色蛛丝状绒毛所遮盖。
    3. 叶常3~5深裂,一回裂片再浅裂或深裂 ………… 2. 蓝葽 V. bryoniifolia
    3. 叶不分裂或不明显3浅裂 ……………………………… 3. 毛葡萄 V. heyneana
  2. 叶片下面无毛或被柔毛,或被稀疏蛛丝状绒毛,但决不为绒毛所遮盖。
    4. 叶片3裂,或3~5裂。
      5. 叶片3浅裂,基部两侧相互重叠 …………………… 4. 葡萄 V. vinifera
      5. 叶片3~5裂,或混生不明显的分裂叶,基部不相互重叠 ………………………
      …………………………………………… 6. 浙江蓝葽 V. zhejiang-adstricta
    4. 叶片不裂或不明显3浅裂。
      6. 叶脉两面隆起,网脉明显 ……………………… 7. 网脉葡萄 V. wilsoniae

　　6. 叶脉两面平坦或微隆起,网脉不明显。
　　　7. 叶片下面完全无毛或近无毛,幼时被绒毛者老后脱落 ………… 5. 葛藟葡萄 V. flexuosa
　　　7. 叶片下面或多或少被柔毛和蛛丝状绒毛 ……………… 8. 华东葡萄 V. pseudoreticulata

1. 刺葡萄(图 58)

Vitis davidii (Roman. du Caill.) Föex., Cours Compl. Vitic. 44. 1886.

木质藤本。小枝圆柱形,无毛,纵棱纹幼时不明显,被皮刺;卷须 2 叉分枝,每隔 2 节间断与叶对生。叶片卵圆形或卵状椭圆形,长 6～11.5cm,宽 5～15.5cm,顶端急尖或短尾尖,基部心形,基缺凹成钝角,边缘每侧有锯齿 12～33 个,齿端尖锐,不分裂或微三浅裂,上面绿色,无毛,下面浅绿色,无毛;基生脉 5 出,中脉有侧脉 4 或 5 对,网脉两面明显,常疏生小皮刺;托叶近草质,绿褐色,卵状披针形,长 2～3mm,宽 1～2mm,无毛,早落。花杂性异株;圆锥花序基部分枝发达,长 7～20cm,与叶对生,花序梗长 1～2.5cm,无毛;花梗长 1～2mm,无毛;花蕾倒卵圆球形,顶端圆形;花萼碟形,边缘萼片不明显;花瓣 5,呈帽状粘合脱落;雄蕊 5,花丝丝状,长 1～1.4mm,花药黄色,椭圆形,长 0.6～0.7mm;花盘发达,5裂;雌蕊 1,子房圆锥形,花柱短,柱头扩大。果实球形,成熟时紫红色,直径 1.2～2.5cm;种子倒卵状椭圆形,顶端圆钝,基部有短喙。花期 4—6 月,果期 7—10 月。

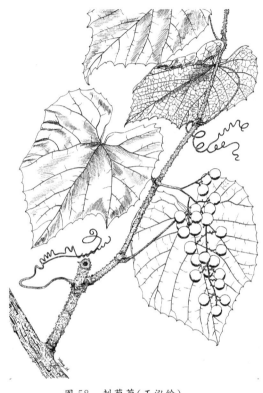

图 58　刺葡萄(王泓绘)

　　产地:鸠甫山、谢家坞、龙塘山、茶园里、栈岭湾、东岙头、十八龙潭、直源、横源、干坑、童玉。生于海拔 600m 以上的山坡、沟谷林中或灌丛中。

　　分布:陕西、甘肃、江苏、安徽、浙江、江西、湖北、湖南、广东、广西、四川、贵州、云南。

2. 蘡薁(图 59：B)

Vitis bryoniifolia Bunge, Enum. Pl. Chin. Bor. 11. 1833.

木质藤本。小枝圆柱形,有棱纹,嫩枝密被蛛丝状绒毛或柔毛,后脱落变稀疏;卷须 2 叉分枝,每隔 2 节间断与叶对生。叶片长圆状卵形,长 3～7.5cm,宽 2.5～5cm,叶片 3～5(～7)深裂或浅裂,稀混生有不裂叶者,中裂片顶端急尖至渐尖,边缘每侧有 9～16 缺刻粗齿或成羽状分裂,基部心形或深心形,基缺凹成圆形,下面密被蛛丝状绒毛和柔毛,后脱落变稀疏;基生脉 5 出,中脉有侧脉 4～6 对,上面网脉不明显或微突出,下面有时绒毛脱落后柔毛明显可见;叶柄长 1～4.5cm,初时密被蛛丝状绒毛或绒毛和柔毛,以后脱落变稀疏;托叶卵状长圆形或长圆状披针形,膜质,褐色,长 3.5～8mm,宽 2.5～4mm,顶端钝,全缘,无毛或近无毛。花杂性异株;圆

图 59　A：毛葡萄；B：蘡薁；C：浙江蘡薁（金孝锋绘）

锥花序与叶对生,基部分枝发达或有时退化成一卷须,稀狭窄而基部分枝不发达;花序梗长0.5~2.5cm,初时被蛛状丝绒毛,后变稀疏;花梗长1.5~3mm,无毛;花蕾倒卵状椭圆球形或近球形,顶端圆形;花萼碟形,高约0.2mm,近全缘,无毛;花瓣5,呈帽状粘合脱落;雄蕊5,花丝丝状,长1.5~1.8mm,花药黄色,椭圆形,长0.4~0.5mm;花盘发达,5裂;雌蕊1,子房椭圆卵形,花柱细短,柱头扩大。果实球形,成熟时紫红色,直径0.5~0.8cm;种子倒卵形,顶端微凹,基部有短喙。花期4—8月,果期6—10月。

产地:鸠甫山、横源、直源、大坪溪、童玉。生于海拔600~1400m山谷林中、灌丛、沟边或田埂边。

分布:河北、陕西、山西、山东、江苏、安徽、浙江、湖北、湖南、江西、福建、广东、广西、四川、云南。

3. 毛葡萄(图59:A)

Vitis heyneana Roem. & Schult., Syst. Veg., ed. 15 bis 5:318. 1819.

Vitis quinquangularis Rehder.

木质藤本。小枝圆柱形,有纵棱纹,被灰褐色蛛丝状绒毛;卷须2叉分枝,密被绒毛。叶片卵圆形、长卵状椭圆形或卵状五角形,长4~11cm,宽3~7cm,先端急尖或渐尖,基部心形,基缺常凹成钝角,边缘每侧有9~19个尖锐锯齿,上面绿色,初时疏被蛛丝状绒毛,后脱落无毛,下面密被灰褐色绒毛,后变稀疏;基生脉3或5出,中脉有侧脉4~6对,上面脉上无毛,下面脉上密被绒毛;叶柄长2~6cm,密被蛛丝状灰褐色绒毛;托叶膜质,褐色,卵状披针形,长3~5mm,宽2~3mm,无毛,顶端渐尖,早落。花杂性异株;圆锥花序疏散,长4~10cm,与叶对生,分枝发达;花序梗长1~2cm,被灰褐色绒毛;花梗长1~3mm,无毛;花蕾倒卵状椭圆球形,顶端圆形;花萼碟形,高约1mm,近全缘;花瓣5,呈帽状粘合脱落;雄蕊5,花丝丝状,长1~1.2mm,花药黄色,长椭圆球形,长约0.5mm;花盘发达,5裂;雌蕊1,子房卵圆球形,花柱短,柱头微扩大。果实圆球形,直径约1cm;种子倒卵球形,顶端圆形,基部具短喙。花期4—6月,果期6—10月。

产地:大明山。生于路边或灌丛中。

分布:陕西、甘肃、山东、河南、安徽、浙江、福建、湖北、湖南、广东、广西、贵州、四川、云南、西藏;尼泊尔、不丹、印度。

4. 葡萄(图60)

Vitis vinifera L., Sp. Pl. 1:202. 1753.

木质藤本。小枝圆柱形,有纵棱纹,无毛或被稀疏柔毛;卷须2叉分枝,每隔2节间断与叶对生。叶片卵圆形,显著3~5浅裂或中裂,长8~17cm,宽6.5~15cm,中裂片顶端急尖,裂片常靠合,基部常缢缩,裂缺常狭窄,基部深心形,基缺凹成圆形,两侧常靠合,边缘有22~27个锯齿,齿深而粗大,不整齐,齿端急尖,上面绿色,下面浅绿色,无毛或被疏柔毛;基生脉5出,中脉有侧脉4或5对,网脉不明显突出;叶柄长4.5~9cm,几无毛;托叶早落。圆锥花序密集或疏散,多花,与叶对生,基部分枝发达,长10~20cm;花序梗长2~4cm,几无毛或疏生蛛丝状绒毛;花梗长1.5~2.5mm,无毛;花蕾倒卵圆球形,顶端近圆形;花萼浅碟形,边缘呈波状,外面无毛;花瓣5,呈帽状粘合脱落;雄蕊5,花丝丝状,长0.6~1mm,花药黄色,卵圆形,长 0.4~0.8mm;花盘发达,5 浅裂;雌蕊 1,子房卵圆球形,花柱短,柱头扩大。果实球形或椭圆球形,直径 1.5~2cm;种子倒卵状椭圆形,顶端近圆形,基部有短喙。花期 4—5 月,果期 7—9 月。

　　产地:本区常见栽培。

　　分布:原产亚洲西部,现世界各地及我国广为栽培,为著名水果。

图 60　葡萄(王泓绘)

5. 葛藟葡萄(图 61:E)

Vitis flexuosa Thunb. in Trans. Linn. Soc. London 2:332. 1794.

Vitis parvifolia Roxb.;*V. flexuosa* Thunb. var. *parvifolia*(Roxb.)Gagnep.;*V. vulpina* L. var. *parvifolia*(Roxb.)Regel.

　　木质藤本。小枝圆柱形,有纵棱纹,嫩枝疏被蛛丝状绒毛,后脱落无毛。卷须 2 叉分枝,每隔 2 节间断与叶对生。叶片卵形、三角状卵形、卵圆形或卵状椭圆形,长 3~11.5cm,宽3~9.5cm,顶端急尖或渐尖,基部浅心形或近截形,心形者基缺顶端凹成钝角,边缘每侧有微不整齐 5~12 个锯齿,上面绿色,无毛,下面初时疏被蛛丝状绒毛,后脱落;基生脉 5 出,中脉有侧脉 4 或 5 对,网脉不明显;叶柄长 1.5~6cm,被稀疏蛛丝状绒毛或几无毛;托叶早落。

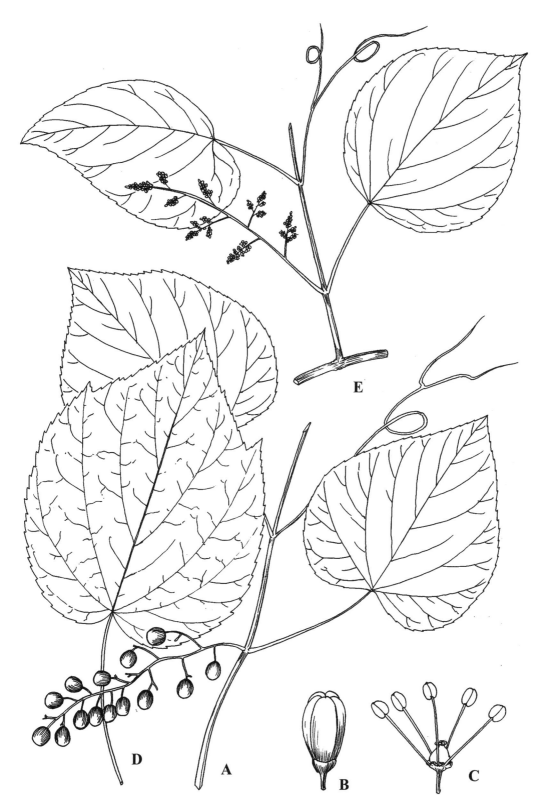

图 61　A－C：华东葡萄；D：网脉葡萄；E：葛藟葡萄（金孝锋绘）

圆锥花序疏散,与叶对生,基部分枝发达或细长而短,长 4～12cm;花序梗长 2～5cm,被蛛丝状绒毛或几无毛;花梗长 1～2.5mm,无毛;花蕾倒卵圆形,高 2～3mm,顶端圆形或近截形;花萼浅碟形,边缘呈波状浅裂,无毛;花瓣 5,呈帽状粘合脱落;雄蕊 5,花丝丝状,花药黄色,卵圆形,长 0.4～0.6mm;花盘发达,5 裂;雌蕊 1,在雄花中退化,子房卵圆球形,花柱短,柱头微扩大。果实球形,直径 0.8～1cm;种子倒卵状椭圆形,顶端近圆形,基部有短喙。花期 3—5 月,果期 7—11 月。

产地:鸠甫山、谢家坞、龙塘山、茶园里、栈岭湾、十八龙潭、大坪溪、童玉、横源、直源。生于山坡、沟谷、灌丛或林中。

分布:陕西、甘肃、山东、河南、江苏、安徽、浙江、江西、福建、台湾、湖北、湖南、广东、广西、四川、贵州、云南;日本、越南、老挝、泰国、尼泊尔、印度、菲律宾。

6. 浙江蘡薁(图 59:C)

Vitis zhejiang-adstricta P. L. Chiu in Bull. Bot. Res., Harbin 10 (3):39. 1990.

木质藤本。小枝纤细,圆柱形,具细纵棱纹,嫩时被蛛丝状绒毛,老后脱落几无毛;卷须二叉分枝,每隔二节间断与叶对生。叶片纸质,卵形或五角状卵圆形,3～5 浅裂至深裂,常在不同分枝上有不裂叶者,长 3～6cm,宽 3～5cm,顶端急尖或短渐尖,中裂片菱状卵形,基部缢缩,裂缺凹成圆形,叶基部心形,基缺圆形,凹成钝角,边缘锯齿较钝,上面绿色,下面淡绿色,两面除沿主脉被小硬毛外疏生极短细毛;基部 5 出脉,中脉有侧脉 3～5 对,网脉在下面微突出;叶柄长 2～4cm,疏被短柔毛。花未见。果序圆锥状,长 3.5～8cm,无毛或近无毛;果序梗长 1～3cm;苞片狭三角形,具短缘毛,脱落;果梗长 2～3mm,无毛。果实球形,直径 6～8mm。果期 9—10 月。

产地:鸠甫山、大坪溪、道场坪。生于海拔 600～700m 的林缘灌丛中。

分布:浙江。本区为模式标本产地。

7. 网脉葡萄(图 61:D)

Vitis wilsoniae H. J. Veitch, Gard. Chron. 46(3):236. f. 101. 1909. [*wilsonae*]

木质藤本。小枝圆柱形,有纵棱纹,被稀疏褐色蛛丝状绒毛;卷须 2 叉分枝,每隔 2 节间断与叶对生。叶片心形或卵状椭圆形,长 7.5～15cm,宽 6～11.5cm,顶端急尖或渐尖,基部心形,基缺顶端凹成钝角,每侧边缘有 16～20 牙齿,或基部呈锯齿状,上面绿色,无毛或近无毛,下面沿脉被褐色蛛丝状绒毛;基生脉 5 出,中脉有侧脉 4 或 5 对,网脉在成熟叶片上突出;叶柄长 4～7cm,几无毛;托叶早落。圆锥花序疏散,与叶对生,基部分枝发达,长 4～16cm;花序梗长 1.5～3.5cm,被稀疏蛛丝状绒毛;花序梗长 2～3mm,无毛;花蕾倒卵状椭圆球形,顶近截形;花萼浅碟形,边缘波状浅裂;花瓣 5,呈帽状粘合脱落;雄蕊 5,花丝丝状,长 1.2～1.6mm,花药黄色,卵状椭圆形,长 1～1.2mm;花盘发达,5 裂;雌蕊 1,子房卵圆球形,花柱短,柱头扩大。果实圆球形,直径 0.7～1.5cm;种子倒卵状椭圆形,顶端近圆形,基部有短喙。花期 5—7 月,果期 6 月至翌年 1 月。

产地:东岙头、大坪溪、百丈岭。生于山谷、林中、树下。

分布:陕西、甘肃、河南、安徽、浙江、福建、湖北、湖南、四川、贵州、云南。

8. 华东葡萄(图 61：A - C)

Vitis pseudoreticulata W. T. Wang in Acta Phytotax. Sin. 17(3)：73. 1979.

木质藤本。小枝圆柱形,有显著纵棱纹,嫩枝疏被蛛丝状绒毛,以后脱落近无毛。卷须 2 叉分枝,每隔 2 节间断与叶对生。叶片卵圆形或卵状椭圆形,长 6～13cm,宽 5～11cm,顶端急尖或短渐尖,稀圆形,基部心形,基缺凹或圆形或钝角,每侧边缘 16～25 个锯齿,齿端尖锐,微不整齐,上面绿色,初时疏被蛛丝状绒毛,以后脱落无毛,下面初时疏被蛛丝状绒毛,以后脱落;基生脉 5 出,中脉有侧脉 3～5 对,下面沿侧脉被白色短柔毛,网脉在下面明显;叶柄长 3～6cm,初时被蛛丝状绒毛,以后脱落,并有短柔毛;托叶早落。圆锥花序疏散,与叶对生,基部分枝发达,杂性异株,长 5～11cm,疏被蛛丝状绒毛,以后脱落;花梗长 1～1.5mm,无毛;花蕾倒卵圆形,高 2～2.5mm,顶端圆形;萼碟形,萼齿不明显,无毛;花瓣 5,呈帽状粘合脱落;雄蕊 5,花丝丝状,长约 1mm,花药黄色,椭圆形,长约 0.2mm,宽约 0.1mm,在雌花内雄蕊显著短而败育;花盘发达;雌蕊 1,子房锥形,花柱不明显扩大。果实成熟时紫黑色,直径 0.8～1cm;种子倒卵圆形,顶端微凹,基部有短喙,种脐在种子背面中部呈椭圆形,腹面中棱脊微突起,两侧洼穴狭窄呈条形,向上达种子上部 1/3 处。花期 4—6 月,果期 6—10 月。

产地：直源、横源、长滩里、童玉、千顷塘。生于谷地、溪边、灌丛中。

分布：河南、安徽、浙江、福建、湖北、湖南、广东、广西;朝鲜半岛。

（二）爬山虎属　Parthenocissus L.

木质藤本。卷须总状多分枝,嫩时顶端膨大或细尖微卷曲而不膨大,后遇附着物扩大成吸盘。叶为单叶、3 小叶或掌状 5 小叶,互生。花 5 基数,两性,组成圆锥状或伞房状疏散多歧聚伞花序;花瓣开展,各自分离脱落;雄蕊 5;花盘不明显或偶有 5 个蜜腺状的花盘;花柱明显;子房 2 室,每室有 2 枚胚珠。浆果球形,有种子 1～4 粒。种子倒卵圆形,种脐在背面中部呈圆形,腹部中棱脊突出,两侧洼穴呈沟状从基部向上斜展达种子顶端;胚乳横切面呈 W 形。

约 13 个种,分布于亚洲和北美。我国有 9 种,除 1 种由北美引入栽培外,其他种分布于华北、华中、华东、华南、西南各省、区,以华中和西南地区种类丰富。浙江有 5 种。

分种检索表

1. 单叶或 3 出复叶,复叶者侧生小叶与中间小叶不同形。
　　2. 能育枝上的叶为单叶,叶边缘有粗锯齿 ……………………………… 1. 爬山虎 P. tricuspidata
　　2. 能育枝上的叶为 3 出复叶,叶边缘有 4 或 5 个细牙齿 ……………… 2. 异叶爬山虎 P. dalzielii
1. 5 小叶掌状复叶,侧生小叶与中间小叶同形。
　　3. 叶片两面均被白粉,中间小叶长 5～7cm;果实黑色 ……………… 3. 粉叶爬山虎 P. thomsonii
　　3. 叶两面均无白粉,中间小叶长 5～12cm;果实蓝黑色 ……………… 4. 绿叶爬山虎 P. laetevirens

1. 爬山虎　地锦(图 62：D)

Parthenocissus tricuspidata Planch. , Monogr. Phan. 5(2)：452. 1887.

木质藤本。小枝圆柱形,几无毛或微被疏柔毛;卷须 5～9 分枝,相隔 2 节间断与叶对生,

图 62　A：绿叶爬山虎；B,C：异叶爬山虎；D：爬山虎(金孝锋绘)

顶端嫩时膨大呈圆珠形,后遇附着物扩大成吸盘。单叶,通常着生在短枝上的为3浅裂,有时着生在长枝上者小型不裂,叶片通常倒卵圆形,长5.5~16cm,宽4~15.5cm,顶端裂片急尖,基部心形,边缘有粗锯齿,上面绿色,无毛,下面浅绿色,无毛或中脉上疏生短柔毛;基出脉5,中央脉有侧脉3~5对,网脉上面不明显,下面微突出;叶柄长4.5~11.5cm,无毛或疏生短柔毛。花序着生在短枝上,基部分枝,形成多歧聚伞花序,长2.5~12.5cm,主轴不明显;花序梗长1~3.5cm,几无毛;花梗长2~3mm,无毛;花蕾倒卵状椭圆球形,顶端圆形;花萼碟形,边缘全缘或呈波状,无毛;花瓣5,长椭圆形,无毛;雄蕊5,花丝长1.5~2.4mm,花药长椭圆状卵形,长0.7~1.4mm;花盘不明显;子房椭球形,花柱明显,基部粗,柱头不扩大。果实球形,直径1~1.5cm,种子1~3粒;种子倒卵圆形,顶端圆形,基部急尖成短喙。花期5—8月,果期9—10月。

　　产地:直源、横源、龙塘山、童玉、干坑、大坪溪。生于海拔50~1400m的岩上。

　　分布:吉林、辽宁、河北、河南、山东、安徽、江苏、浙江、福建、台湾;日本、朝鲜半岛。

2. 异叶爬山虎　异叶地锦(图62:B,C)

Parthenocissus dalzielii Gagnep. in Notul. Syst. (Paris) 2: 11. 1911.

　　木质藤本。小枝圆柱形,无毛。卷须总状5~8分枝,相隔2节间断与叶对生,卷须顶端嫩时膨大呈圆珠形,后遇附着物扩大呈吸盘状。两型叶,着生在短枝上长为3小叶,较小的单叶常着生在长枝上,叶为单叶者叶片卵圆形,长3~7cm,宽2~5cm,顶端急尖或渐尖,基部心形或微心形,边缘有4或5个细牙齿,3小叶者,中央小叶长椭圆形,长6~21cm,宽3~8cm,最宽处在近中部,顶端渐尖,基部楔形,边缘在中部以上有3~8个细牙齿,侧生小叶卵椭圆形,长5.5~19cm,宽3~7.5cm,最宽处在下部,顶端渐尖,基部极不对称,近圆形,外侧边缘有5~8个细牙齿,内侧边缘锯齿状;单叶有基出脉3~5,中央脉有侧脉2或3对,3小叶者小叶有侧脉5或6对,网脉两面微突出,无毛;叶柄长5~20cm,中央小叶有短柄,长0.3~1cm,侧小叶无柄,完全无毛。花序假顶生于短枝顶端,基部有分枝,主轴不明显,形成多歧聚伞花序,长3~12cm;花序梗长0~3cm,无毛;小苞片卵形,长1.5~2mm,宽1~2mm,顶端急尖,无毛;花梗长1~2mm,无毛;花蕾高2~3mm,顶端圆形;萼碟形,边缘呈波状或近全缘,外面无毛;花瓣4,倒卵椭圆形,高1.5~2.7mm,无毛;雄蕊5,花丝长0.4~0.9mm,下部略宽,花药黄色,椭圆形或卵椭圆形,长0.7~1.5mm;花盘不明显;子房近球形,花柱短,柱头不明显扩大。果实近球形,直径0.8~1cm,成熟时紫黑色,有种子1~4颗;种子倒卵形,顶端近圆形,基部急尖,种脐在背面近中部呈圆形,腹部中棱脊突出,两侧洼穴呈沟状,从种子基部向上斜展达种子顶端。花期5—7月,果期7—11月。

　　产地:鸠甫山、龙塘山、茶园里、栈岭湾、横源、直源、大坪溪。生于海拔150~500m的山谷、溪边、岩上。

　　分布:河南、浙江、福建、台湾、江西、湖北、湖南、广东、广西、四川、贵州。

3. 粉叶爬山虎

Parthenocissus thomsonii (M. Lawson) Planch., Monogr. Phan. 5(2): 453. 1887.
Basionym: *Vitis thomsonii* M. Lawson in Hook., Fl. Brit. India 1: 657. 1875. [*thomsoni*]
Yua thomsoni (M. Lawson) C. L. Li.

　　木质藤本。小枝圆柱形,褐色,嫩枝略有棱纹,无毛;卷须 2 叉分枝,相隔 2 节间断与叶对生。复叶,掌状 5 小叶,草质,小叶片披针形或卵状披针形,长 3～7cm,宽 1.5～3cm,顶端渐尖或短尾状渐尖,基部楔形,边缘上半部每侧有 4～7 个细锐锯齿,上面绿色,无毛,下面淡绿色,常被白色粉霜,无毛或脉上被稀疏短柔毛,网脉不明显突出;侧脉 4～6 对;叶柄长 2.5～5.5cm,无毛,小叶柄长 2～10cm,有时侧生小叶近无柄,无毛。花序为复二歧聚伞花序,与叶对生,无毛;花萼碟形,全缘,无毛;花瓣 5,稀 4,无毛,花蕾时粘合,后展开脱落;雄蕊 5,稀 4,长约 2.5mm,花药长椭圆形,长约 1.5mm;雌蕊长约 3mm,花柱细,柱头不明显扩大。果实近球形,直径 1～1.3cm,紫黑色,味淡甜;种子梨形,长 5～6mm,宽约 4mm,顶端微凹。花期 5—6 月,果期 7—9 月。

　　产地:茶园里、三祖源、龙塘山。生于山坡、灌丛、林缘。

　　分布:安徽、江苏、浙江、福建、江西、湖北、湖南、广西、贵州和四川;印度、尼泊尔。

4. 绿叶爬山虎(图 62:A)

Parthenocissus laetevirens Rehder, Mitt. Deutsch. Dendrol. Ges. 21:190. 1912.

　　木质藤本。小枝圆柱形或有显著纵棱,嫩时被短柔毛,后脱落无毛;卷须总状 5～10 分枝,相隔 2 节间断与叶对生,卷须顶端嫩时膨大呈块状,后遇附着物扩大成吸盘。复叶,掌状 5 小叶,小叶片倒卵状长椭圆形或倒卵状披针形,长 5～12cm,宽 1～5cm,最宽处在近中部或中部以上,顶端急尖或渐尖,基部楔形,边缘上半部有 5～12 个锯齿,上面深绿色,无毛,显著呈泡状隆起,下面浅绿色,在脉上被短柔毛;侧脉 4～9 对,网脉上面不明显,下面微突起;叶柄长 2.5～6cm,被短柔毛,小叶有短柄或几无柄。多歧聚伞花序圆锥状,假顶生,长 6～15cm,中轴明显,花序中常有退化小叶;花序梗长 0.5～4cm,被短柔毛;花梗长 2～3mm,无毛;花蕾椭圆球形或微呈倒卵状椭圆球形,顶端圆形;花萼碟形,全缘,无毛;花瓣 5,椭圆形,无毛;雄蕊 5,花丝长 1.4～2.4mm,无毛;雄蕊 5,花丝长 1.4～2.4mm,下部略宽,花药长椭圆形,长 1.6～2.6mm;花盘不明显;子房近球形,花柱明显,基部略粗,柱头不明显扩大。果实球形,直径 0.6～0.8cm,有种子 1～4 粒;种子倒卵形,顶端圆形,基部急尖成短喙。花期 6—8 月,果期 9—10 月。

　　产地:鸠甫山、谢家坞、龙塘山、茶园里、栈岭湾、十八龙潭、横源、直源、干坑、童玉。生于路边、山谷、树丛中。

　　分布:河南、安徽、江苏、浙江、福建、江西、湖北、湖南、广东、广西。

(三) 蛇葡萄属　**Ampelopsis** Michx.

　　木质藤本。卷须 2 或 3 分枝。叶为单叶、羽状复叶或掌状复叶,互生。花 5 数,两性或杂性同株,组成伞房状多歧聚伞花序或复二歧聚伞花序;花瓣 5,展开,各自分离脱落;雄蕊 5,花盘发达,边缘波状浅裂;花柱明显,柱头不明显扩大;子房 2 室,每室有 2 枚胚珠。浆果球形,有种子 1～4 粒。种子倒卵圆形,种脐在种子背面中部呈椭圆形或带形,两侧洼穴呈倒卵形或狭窄,从基部向上达种子近中部;胚乳横切面呈 W 形。

　　约 30 余种,分布亚洲、北美洲和中美洲。我国有 17 种,南北均产。浙江有 4 种、4 变种。

分种检索表

1. 单叶,叶片不分裂或分裂,但不达基部。
 2. 叶片不分裂或浅裂。
  3. 叶片心状卵形或心形,不分裂或不明显三浅裂,裂片先端钝,边缘有浅圆齿 ……………………
   ………………………………………………………… 1. 蛇葡萄 A. glandulosa
  3. 叶片肾状五角形或心状五角形,三浅裂,裂片先端常尾状渐尖,边缘有三角形牙齿 ……………
   ……………………………………………… 1a. 牯岭蛇葡萄 A. glandulosa var. kulingensis
 2. 叶片微 3~5 浅裂或多数深裂。
  4. 叶心形或卵形,叶缘有急尖锯齿;花期 5—6 月,果期 8—9 月 ……………………………………
   ……………………………………… 1b. 异叶蛇葡萄 A. glandulosa var. heterophylla
  4. 叶心状或肾状五角形,叶缘有粗锯齿,齿急尖;花期 7—8 月,果期 9—10 月 ……………………
   ……………………………………… 1c. 东北蛇葡萄 A. glandulosa var. brevipedunculata
1. 叶为掌状复叶或羽状复叶。
 5. 掌状复叶,3~5 小叶;小枝、叶柄和叶片下面无毛 ………………………… 2. 白蔹 A. japonica
 5. 叶为羽状复叶。
  6. 小枝、叶柄和花序轴被灰色短柔毛;小叶边缘通常有不明显波状锯齿 ………………………
   ………………………………………………………… 3. 广东蛇葡萄 A. cantoniensis
  6. 小枝、叶柄和花序均无毛;小叶边缘全缘或有细锯齿 ………… 4. 羽叶蛇葡萄 A. chaffanjonii

1. 蛇葡萄(图 63：D)

Ampelopsis glandulosa (Wall.) Momiy. in Bull. Univ. Mus. Univ. Tokyo 2：78. 1971.

Basionym：*Vitis glandulosa* Wall. in Roxb., Fl. Ind. 2：479. 1824.

Ampelopsis heterophylla (Thunb.) Siebold & Zucc. var. *sinica* (Miq.) Merr.；*A. sinica* (Miq.) W. T. Wang；*Vitis sinica* Miq.

　　木质藤本,无毛或幼枝、叶及花序均被较密的锈色短柔毛。根粗壮,外皮黄白色。幼枝有毛;卷须分叉。单叶;叶片纸质,阔卵状心形,长与宽几相等,约 6~8cm,先端渐尖或短尖,基部多心形,常 3 浅裂,侧裂片很小,三角状卵形,有时不分裂,边缘有浅圆齿,上面深绿色,下面淡绿色;叶柄长 3~7cm。聚伞花序直径 3~6cm,花序梗长 2~3.5cm;花小,黄绿色,两性;萼片 5,稍裂开;花瓣 5,镊合状排列,卵状三角形,长约 2.5mm;花盘环状;雄蕊 5,子房 2 室。浆果近圆形,直径 6~8mm,由深绿色变紫再转鲜蓝色。花期 6—7 月,果期 9—10 月。

　　产地：鸠甫山、谢家坞、龙塘山、茶园里、栈岭湾、十八龙潭、横源、直源、童玉。生于路边、灌丛。

　　分布：江苏、安徽、浙江、江西、湖北、湖南、广东、广西、四川、贵州。

1a. 牯岭蛇葡萄(图 63：F)

var. **kulingensis** (Rehder) Momiy. in J. Jap. Bot. 52：31. 1977.

Basionym：*Ampelopsis brevipeduculata* (Maxim.) Trautv. var. *kulingensis* Rehder,

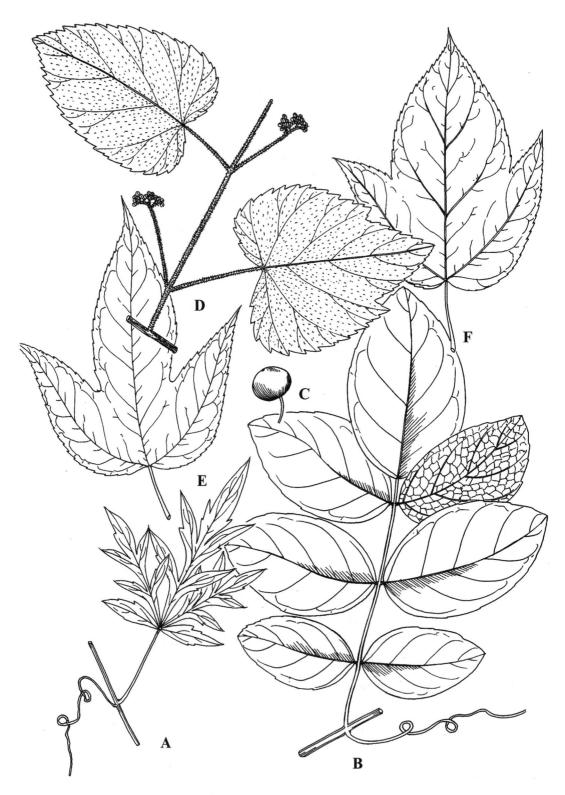

图 63 A：白蔹；B,C：广东蛇葡萄；D：蛇葡萄；E：异叶蛇葡萄；F：牯岭蛇葡萄（金孝锋绘）

Gentes Herb. 1：36. 1920.

Ampelopsis heterophylla（Thunb.）Siebold & Zucc. var. kulingensis（Rehder）C. L. Li.

与模式变种的区别在于：植株全体无毛或近无毛，叶片呈心状五角形或肾状五角形，明显三浅裂，侧裂片先端渐尖，常稍成尾状，边缘有牙齿。

产地：直源、横源、鸠甫山。生于路旁草中。

分布：江苏、安徽、浙江、江西、福建、湖南、广东、广西、四川、贵州。

1b. 异叶蛇葡萄（图 63：E）

var. **heterophylla**（Thunb.）Momiy. in J. Jap. Bot. 52：30. 1977.

Basionym：Ampelopsis heterophylla Thunb., Syst. Veg., ed. 14. 244. 1784.

Ampelopsis brevipeduculata（Maxim.）Trautv. var. heterophylla（Thunb.）H. Hara；A. humulifolia Bunge var. heterophylla（Thunb.）K. Koch.

与模式变种的区别在于：叶片坚纸质，长和宽约 7～15cm，边缘有急尖锯齿，3～5 裂，多数深裂，少数浅裂，果熟时通常淡黄色或淡蓝色。花期 5—6 月，果期 8—9 月。

产地：直源、横源、鸠甫山、清凉峰镇。生于溪边路旁。

分布：江苏、安徽、浙江、江西、福建、湖北、湖南、广东、广西、四川；日本。

1c. 东北蛇葡萄

var. **brevipedunculata**（Maxim.）Momiy. in J. Jap. Bot. 52：30. 1977.

Basionym：Cissus brevipeduculatus Maxim. in Mém. Acad. Imp. Sci. St.-Pétersbourg Divers Savans 9：68. 1859.

Ampelopsis brevipeduculata（Maxim.）Trautv.；Ampelopsis heterophylla（Thunb.）Siebold & Zucc. var. brevipeduculata（Maxim.）C. L. Li.

与异叶蛇葡萄的区别在于：叶片心状或肾状五角形，边缘有粗钝或急尖锯齿。花期 7—8 月，果期 9—10 月。

产地：鸠甫山。生于路旁灌丛中。

分布：黑龙江、吉林、辽宁、浙江。

2. 白蔹（图 63：A）

Ampelopsis japonica（Thunb.）Makino in Bot. Mag. Tokyo 17：113. 1903.

Basionym：Paullinia japonica Thunb., Syst. Veg., ed. 14. 380. 1784.

木质藤本。小枝圆柱形，有纵棱纹，无毛，卷须不分枝或卷须顶端有短的分叉，相隔 3 节以上间断与叶对生。掌状复叶具 3～5 小叶，小叶片羽状深裂或小叶边缘有深锯齿而不分裂，羽状分裂者裂片宽 0.5～3.5cm，顶端渐尖或急尖，掌状 5 小叶者中央小叶深裂至基部并有 1～3 个关节，关节间有翅，翅宽 2～6mm，侧小叶无关节或有 1 个关节，3 小叶者中央小叶有 1 个或无关节，基部狭窄呈翅状，翅宽 2～3mm，上面绿色，无毛，下面浅绿色，无毛或有时在脉上被稀疏短柔毛；叶柄长 1～3.5cm，无毛；托叶早落。聚伞花序通常集生于花序梗顶端，直径 1～2cm，通常与叶对生；花序梗长 1.5～5cm，常呈卷须状卷曲，无毛；花梗极短，无毛;花蕾卵球形,顶端圆形;花萼碟形,边缘呈波状浅裂,无毛;花瓣 5,卵圆形,无毛;雄蕊 5,花药卵圆形,长、宽近相等;花盘发达,边缘波状浅裂;子房下部与花盘合生,花柱短棒状,柱头不明显扩大。果实球形,直径 0.8~1cm,种子 1~3 粒;种子倒卵形,顶端圆形,基部喙短钝。花期 5—6 月,果期 7—9 月。

产地:大坪溪。生于山坡灌丛中。

分布:辽宁、吉林、河北、山西、陕西、江苏、浙江、江西、河南、湖北、湖南、广东、广西、四川;日本。

3. 广东蛇葡萄(图 63:B,C)

Ampelopsis cantoniensis(Hook. & Arn.)K. Koch, Hort. Dendrol. 48. 1853.

Basionym:*Cissus cantoniensis* Hook. & Arn., Bot. Beechey Voy. 175. 1833.

木质攀援藤本。小枝圆柱形,有纵棱纹,嫩枝或多或少被短柔毛;卷须 2 叉分枝,相隔 2 节间断与叶对生。叶为二回羽状复叶或小枝上部着生有一回羽状复叶,二回羽状复叶者基部一对小叶常为 3 小叶,侧生小叶和顶生小叶大多形状各异,侧生小叶大小和叶型变化较大,通常卵形、卵状椭圆形或长椭圆形,长 4~10cm,宽 2~6cm,顶端急尖、渐尖或骤尾尖,基部多为阔楔形,上面深绿色,下面浅黄褐绿色,常在脉基部疏生短柔毛,后脱落几无毛;侧脉 4~7 对,下面最后一级网脉显著但不突出;叶柄长 2~7.5cm,顶生小叶柄长 1~3cm,侧生小叶柄长 0~2.5cm,嫩时被稀疏短柔毛,后脱落几无毛。伞房状多歧聚伞花序,顶生或与叶对生;花序梗长 2~4cm,嫩时或多或少被稀疏短柔毛,花轴被短柔毛;花梗长 1~3mm,几无毛;花蕾卵圆球形,顶端圆形;花萼碟形,边缘呈波状,无毛;花瓣 5,卵状椭圆形,无毛;雄蕊 5,花药卵状椭圆形;花盘发达,边缘浅裂;子房下部与花盘合生,花柱明显,柱头扩大不明显。果实近球形,直径 0.6~0.8cm,种子 2~4 粒;种子倒卵圆形,顶端圆形,基部喙尖锐。花期 4—7 月,果期 8—11 月。

产地:鸠甫山、谢家坞、栈岭湾、十八龙潭、横源、直源、大坪溪、童玉、大明山。生于林下或灌丛中。

分布:安徽、浙江、江西、福建、台湾、湖北、湖南、广东、广西、海南、贵州、云南、西藏。

4. 羽叶蛇葡萄

Ampelopsis chaffanjonii(H. Lév.)Rehder in J. Arnold Arbor. 15:25. 1934.

Basionym:*Vitis chaffanjonii* H. Lév. in Bull. Soc. Agr. Sarthe. 40:37. 1905.[*chaffanjoniaw*]

木质藤本。小枝圆柱形,有纵棱纹,无毛;卷须 2 叉分枝,相隔 2 节间断与叶对生。叶为一回羽状复叶,通常有小叶 2 或 3 对,小叶片长椭圆形或卵状椭圆形,长 7.5~14cm,宽 3~6.5cm,顶端急尖或渐尖,基部圆形或阔楔形,边缘有 5~11 个尖锐细锯齿,上面绿色或深绿色,下面浅绿色或带粉绿色,两面无毛;侧脉 5~7 对,网脉两面微突出;叶柄长 2~4cm,顶生小叶柄长 2.5~4.5cm,侧生小叶柄长 1~1.8cm,无毛。伞房状多歧聚伞花序,顶生或与叶对生;花序梗长 35cm,无毛;花梗长 1.5~2mm,无毛;花蕾卵圆球形,顶端圆形;花萼碟形,萼片阔三角形,无毛;花瓣 5,卵状椭圆形,无毛;雄蕊 5,花药卵状椭圆形;花盘发达,波状浅裂;子房下部与花盘合生,花柱钻形,柱头不明显扩大。果实近球形,直径 0.8～1cm,种子 2 或 3 粒;种子倒卵形,顶端圆形,基部喙短尖。花期 5—7 月,果期 7—9 月。

产地:鸠甫山、谢家坞、栈岭湾、十八龙潭、横源、直源、大坪溪、童玉。生于林下或灌丛中。

分布:安徽、浙江、江西、湖北、湖南、广西、四川、贵州、云南。

五二、杜英科　Elaeocarpaceae

常绿或半落叶木本。叶为单叶,互生或对生,具柄,托叶存在或缺。花单生或排成总状或圆锥花序,两性或杂性;苞片有或无;萼片 4 或 5 片,分离或连合,通常镊合状排列;花瓣 4 或 5 片,镊合状或覆瓦状排列,有时不存在,先端撕裂或全缘;雄蕊多数,分离,生于花盘上或花盘外,花药 2 室,顶孔开裂或从顶部向下直裂,顶端常有药隔伸出成喙状或芒刺状,有时有毛丛;花盘环形或分裂成腺体状;子房上位,2 至多室,花柱连合或分离,胚珠每室 2 至多颗。果为核果或蒴果,有时果皮外侧有针刺;种子椭圆形,有丰富胚乳,胚扁平。

12 属,约 400 种,分布于东西两半球的热带和亚热带地区,未见于非洲。我国有 2 属,51 种,分布于西部至东部各省、区。浙江有 2 属,6 种。本志记载 1 种。

(一) 杜英属　Elaeocarpus L.

乔木。叶通常互生,叶片边缘有锯齿或全缘,下面或有黑色腺点,常有长柄;托叶存在,线形,稀为叶状,或有时不存在。总状花序腋生或生于无叶的去年枝条上,两性,有时两性花与雄花并存;萼片 4～6,分离,镊合状排列;花瓣 4～6,白色,分离,顶端常撕裂,稀为全缘或浅齿裂;雄蕊多数,10～50,稀更少,花丝极短,花药 2 室,顶孔开裂,药隔有时突出成芒刺状,有时顶端有毛丛;花盘常分裂为 5～10 个腺状体,稀为环状;子房 2～5 室,花柱简单线形,每室有胚珠 2～6 颗,常垂生于子房内上角。果为核果,1～5 室,内果皮硬骨质,表面常有沟纹;种子每室 1 颗,胚乳肉质,子叶薄。

约 200 种,分布于东亚、东南亚及西南太平洋和大洋洲。我国有 38 种、6 变种,多分布于华南及西南地区。浙江有 5 种。

1. 日本杜英　薯豆(图 64)

Elaeocarpus japonicus Siebold in Verh. Batav. Genootsch. Kunst. 12: 63. 1830.

乔木。嫩枝秃净无毛;叶芽有发亮绢毛。叶片革质,通常卵形,亦有为椭圆形或倒卵形,长 6～12cm,宽 3～6cm,先端渐尖,基部圆形或钝,初生时上下两面密被银灰色绢毛,两面老时无毛,下面有小黑腺点,边缘有浅锯齿;叶柄长 2～6cm,初时被毛,不久完全秃净。总状花序长 3～6cm,生于当年枝的叶腋内,花序轴有短柔毛;花柄长 3～4mm,被微毛;花杂性,绿白色,下垂;萼片披针形,长约 4mm;花瓣与萼片近等长,矩圆形,先端有数个浅齿刻,萼片、花瓣内外均被柔毛;雄蕊通常 10;雄花的退化子房存在或缺。核果椭圆球形,长 1～1.5cm,宽约 1cm,1 室;种子 1 颗,长约 8mm。花期 5—6 月,果期 9—10 月。

产地:井坑、顺溪、龙塘山。生于海拔 500～600m 的路边、山坡或林中。

分布：浙江、江西、福建、湖南、广东、广西、四川、贵州、云南；日本、越南。

图 64　日本杜英(引自 *Flora of China*-Ill.)

五三、椴树科　**Tiliaceae**

乔木、灌木或草本。单叶互生，稀对生，叶片具基出脉，全缘或有锯齿，有时浅裂；托叶存在或缺，如存在往往早落或有宿存。花两性或单性雌雄异株，辐射对称，排成聚伞花序或再组成圆锥花序；苞片早落，有时大而宿存；萼片通常 5 数，有时 4，分离或多少连生，镊合状排列；花瓣与萼片同数，分离，有时或缺；内侧常有腺体，或有花瓣状退化雄蕊，与花瓣对生；雌雄蕊柄存在或缺；雄蕊多数，稀 5 数，离生或基部连生成束，花药 2 室，纵裂或顶端孔裂，柱头锥状或盾状，常有分裂。果为核果或蒴果，有时浆果状或翅果状，2～10 室；种子无假种皮，胚乳存在，胚直，子叶扁平。

约 52 属，500 种，主要分布于热带及亚热带地区。我国有 13 属，85 种。浙江野生或栽培的有共 5 属，11 种、4 变种。本志记载 2 属，6 种、1 变种。

分属检索表

1. 乔木；花序的花序梗具贴生的大型苞片 ·· 1. 椴树属 Tilia
1. 灌木；花序的花序梗无贴生的大型苞片 ·· 2. 扁担杆属 Grewia

(一) 椴树属　**Tilia** L.

落叶乔木。单叶，互生，有长柄，叶片基部常为斜心形，全缘或有锯齿；托叶早落。花两性，白色或黄色，排成聚伞花序，花序梗下半部常与长舌状的苞片合生；萼片 5；花瓣 5，覆瓦状排列，基部常有小鳞片；雄蕊多数，离生或连合成 5 束；退化雄蕊成花瓣状，与花瓣对生；子房 5 室,每室有胚珠 2 颗,花柱简单,柱头 5 裂。果实圆球形或椭圆形,核果状,稀为浆果状,不开裂,稀干后开裂,有种子 1 或 2 颗。

　　约 80 种,主要分布于亚热带和北温带。我国有 32 种,主产黄河流域以南,五岭以北广大亚热带地区,只少数种类到达北回归线以南,华北及东北。浙江有 5 种、2 变种。

分种检索表

1. 果实浆果状,干后裂开为 5 爿;花序梗与苞片仅基部结合;叶片边缘仅具数枚粗大锯齿 ……………………
　……………………………………………………………………………… 1. 浆果椴 T. endochrysea
1. 果实核果状,干后不开裂;花序梗与苞片近中部结合;叶片边缘具多数尖锐锯齿或芒状锯齿。
　　2. 果实表面有 5 条突起的棱;叶片边缘锯齿先端具长芒 ……………………… 2. 糯米椴 T. henryana
　　2. 果实表面无棱,或具不明显的棱;叶片边缘尖齿,或具短芒尖。
　　　3. 叶片下面仅沿脉和脉腋间有毛,边缘锯齿先端有时具短芒尖 …………… 3. 华东椴 T. japonica
　　　3. 叶片下面全面被宿存毛,边缘具尖齿。
　　　　4. 小枝无毛,或仅初时疏生星状毛 ……………………………………… 4. 粉椴 T. oliveri
　　　　4. 小枝密被宿存的星状毛 ……………………………………………… 5. 南京椴 T. miqueliana

1. 浆果椴(图 65)

Tilia endochrysea Hand.-Mazz. in Anz. Akad. Wiss. Wien, Math.-Naturwiss. Kl. 63: 9. 1926.

　　乔木,高可达 12m。嫩枝无毛或有微毛,顶芽秃净。叶片卵形或阔卵形,长 9～15cm,宽

图 65　浆果椴(引自 *Flora of China*-Ill.)

6～11cm,先端渐尖或锐尖,基部斜心形或截形,上面无毛,干后深褐色,下面被灰色或灰白色星状茸毛,有时变秃净,侧脉 5 或 6 对,边缘有疏齿,齿刻相隔 5～10mm,有时近先端 3 浅裂,裂片长约 1.5cm;叶柄长 3～7cm,近秃净。聚伞花序长 9～15cm,有花 10～18 朵,花序梗近秃净;花梗长 4～12mm,有星状柔毛;苞片窄长圆形,长 7～10cm,宽 2～3cm,上面秃净或有疏毛,下面被灰白色星状柔毛,先端圆或钝,基部心形或楔形,下部 1～1.5cm 与花序梗合生,有柄长 1～3cm;萼片长卵形,长 6～8mm,被灰褐色柔毛;花瓣长 1～1.2cm;退化雄蕊花瓣状,比花瓣略短;雄蕊与萼片等长;子房被毛,花柱长 4～5mm,无毛,先端 5 浅裂。果实球形,5 爿裂开。花期 7—8 月。

产地:大盘里。生于山坡林中。

分布:浙江、江西、福建、湖南、广东、广西。

2. 糯米椴(图 66:D,E)

Tilia henryana Szyszyl., Hooker's Icon. Pl. 20:t. 1927. 1890.

乔木。嫩枝及顶芽均无毛或近秃净。叶片圆形,长 6～10cm,宽 6～10cm,先端宽而圆,有短尖尾,基部心形,整正或偏斜,有时截形,上面无毛,下面除脉腋有毛丛外,其余秃净,侧脉 5 或 6 对,边缘有锯齿,由侧脉末梢突出成齿刺,长 3～5mm;叶柄长 3～5cm,被黄色茸毛。聚伞花序长 10～12cm,有花 30 朵以上,花序梗有星状柔毛;花梗长 7～9mm,有毛;苞片狭窄倒披针形,长 7～10cm,宽 1～1.3cm,先端钝,基部狭窄,仅下面有稀疏星状柔毛,上面无毛,下半部 3～5cm 与花序梗合生,基部有柄长 7～20mm;萼片长卵形,长 4～5mm,外面有毛;花瓣长 6～7mm;退化雄蕊花瓣状,比花瓣短;雄蕊与萼片等长;子房有毛,花柱长 4mm。果实倒卵球形,长 7～9mm,有棱 5 条,被星状毛。花期 6 月。

产地:鸠甫山、百步岭、三祖源、千顷塘。生于山谷林中。

分布:江苏、安徽、浙江、江西。

3. 华东椴(图 66:C)

Tilia japonica (Miq.) Simonk. in Math. Term. Közlem. 22:326. 1888.

Basionym:*Tilia cordata* Mill. var. *japonica* Miq. in Ann. Mus. Bot. Lugduno-Batavi 3:18. 1867.

乔木。嫩枝初时有长柔毛,后变秃净,顶芽卵球形,无毛。叶片革质,圆形或扁圆形,长 5～10cm,宽 4～9cm,先端急锐尖,基部心形,整正或稍偏斜,有时截形,上面无毛,下面除脉腋有毛丛外皆秃净无毛,侧脉 6 或 7 对,边缘有尖锐细锯齿;叶柄长 3～4.5cm,纤细,无毛。聚伞花序长 5～7cm,有花 6～16 朵,或更多;花梗长 5～8mm,纤细,无毛;苞片狭倒披针形或狭长圆形,长 3.5～6cm,宽 1～1.5cm,两面均无毛,下半部与花序梗合生,基部有柄长 1～1.5cm;萼片狭长圆形,长 4～5mm,被稀疏星状柔毛;花瓣长 6～7mm;退化雄蕊花瓣状,稍短;雄蕊长 5mm;子房有毛,花柱长 3～4mm。果实卵圆球形,有星状柔毛,无棱突。

产地:百丈岭、茶园里、东岙头、清凉峰。生于山谷林中或林下。

分布:江苏、安徽、浙江、山东;日本。

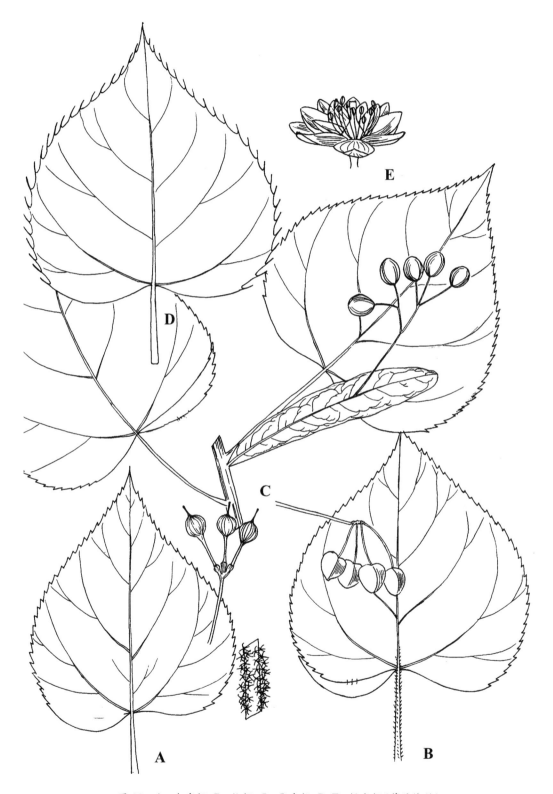

图 66　A：南京椴；B：粉椴；C：华东椴；D,E：糯米椴（蒋辰榆绘）

4. 粉椴(图 66：B)

Tilia oliveri Szyszyl. in Hooker's Icon. Pl. 20：sub t. 1927. 1890.

乔木,高达 8m。树皮灰白色;嫩枝通常无毛,或偶有不明显微毛,顶芽秃净无毛。叶片卵形或阔卵形,长 9～12cm,宽 6～10cm,有时较细小,先端急锐尖,基部斜心形或截形,上面无毛,下面被白色星状茸毛,侧脉 7 或 8 对,边缘密生细锯齿;叶柄长 3～5cm,近秃净。聚伞花序长 6～9cm,有花 6～15 朵,花序梗长 5～7cm,有灰白色星状茸毛,下部 3～4.5cm 与苞片合生;花梗长 4～6mm;苞片窄倒披针形,长 6～10cm,宽 1～2cm,先端圆,基部钝,有短柄,上面中脉有毛,下面被灰白色星状柔毛;萼片卵状披针形,长 5～6mm,被白色毛;花瓣长 6～7mm;退化雄蕊比花瓣短;雄蕊约与萼片等长;子房有星状茸毛,花柱比花瓣短。果实椭圆球形,被毛,有棱或仅在下半部有棱突,多少突起。花期 7—8 月。

产地：双涧坑、龙塘山、百丈岭、三祖源、顺溪。生于海拔 1000～1360m 的山坡林中。

分布：陕西、甘肃、浙江、江西、湖北、湖南、四川。

5. 南京椴(图 66：A)

Tilia miqueliana Maxim. in Bull. Acad. Imp. Sci. St.-Pétersbourg 26：434. 1880.

乔木,高达 20m。树皮灰白色;嫩枝有黄褐色茸毛,顶芽卵球形,被黄褐色茸毛。叶片卵圆形,长 9～12cm,宽 7～9.5cm,先端急短尖,基部心形,整正或稍偏斜,上面无毛,下面被灰色或灰黄色星状茸毛,侧脉 6～8 对,边缘有整齐锯齿;叶柄长 3～4cm,圆柱形,被茸毛。聚伞花序长 6～8cm,有花 3～12 朵,花序梗被灰色茸毛;花梗长 8～12mm;苞片狭窄倒披针形,长 8～12cm,宽 1.5～2.5cm,两面有星状柔毛,初时较密,先端钝,基部狭窄,下部 4～6cm 与花序梗合生,有短柄,柄长 2～3mm,有时无柄;萼片长 5～6mm,被灰色毛;花瓣与萼片略长;退化雄蕊花瓣状,较短小;雄蕊比萼片稍短;子房有毛,花柱与花瓣等长。果实球形,无棱,被星状柔毛,有小突起。花期 7 月。

产地：龙塘山。生于海拔 1100m 的山坡杂木林中。

分布：江苏、安徽、浙江、江西、广东;日本。

(二)扁担杆属　Grewia L.

乔木或灌木。嫩枝通常被星状毛。叶互生,叶片具基出脉,有锯齿或浅裂;叶柄短;托叶细小,早落。花两性或单性雌雄异株,通常 3 朵组成腋生的聚伞花序;苞片早落,花序梗及花梗通常被毛;萼片 5 片,分离,外面被毛,内面秃净,稀有毛;花瓣 5 片,比萼片短,腺体常为鳞片状,着生于花瓣基部,常有长毛;雌雄蕊柄短,秃净;雄蕊多数,离生;子房 2～4 室,每室有胚珠 2～8 颗,花柱单生,顶端扩大,柱头盾形,全缘或分裂。核果常有纵沟,收缩成 2～4 个分核,具假隔膜;胚乳丰富,子叶扁平。

约 90 余种,分布于东半球热带。我国有 26 种,主产长江流域及其以南各地。浙江有 1 种、1 变种。

分变种检索表

1. 叶片下面密被星状毛·· 1a. 小花扁担杆 G. biloba var. parviflora

1. 扁担杆（图 67）

Grewia biloba G. Don，Gen. Hist. 1：549. 1831.

灌木或小乔木,高 1～4m。多分枝;嫩枝被粗毛。叶片薄革质,椭圆形或倒卵状椭圆形,长 4～9cm,宽 2.5～4cm,先端锐尖,基部楔形或钝,两面有稀疏星状粗毛,基出脉 3 条,两侧脉上行过半,中脉有侧脉 3～5 对,边缘有细锯齿;叶柄长 4～8mm,被粗毛;托叶钻形,长 3～4mm。聚伞花序腋生,多花,花序梗长不及 1cm;花梗长 3～6mm;苞片钻形,长 3～5mm;萼片狭长圆形,长 4～7mm,外面被毛,内面无毛;花瓣长 1～1.5mm;雌雄蕊柄长 0.5mm,有毛;雄蕊长 2mm;子房有毛,花柱与萼片等长,柱头扩大,盘状,浅裂。核果红色,有 2～4 颗分核。花期 5—7 月。

产地：龙塘山、鸠甫山、大坪溪、顺溪、横源、直源。生于海拔 500～760m 的山坡、路边或灌丛中。

图 67　扁担杆(引自《浙江植物志》)

分布：陕西、山西、河北、河南、山东、江苏、安徽、浙江、台湾、江西、湖南、广东、四川、贵州、云南;朝鲜半岛。

1a. 小花扁担杆　扁担木

Grewia biloba G. Don var. **parviflora**（Bunge）Hand.-Mazz. in Symb. Sin. 7：612. 1933.

Basionym：*Grewia parviflora* Bunge，Enum. Pl. China Bor. 9. 1833.

与模式变种的区别在于：叶片下面密被星状毛。花期 6—7 月,果期 7—9 月。

产地：同扁担杆。

分布：陕西、山西、河北、河南、山东、江苏、安徽、浙江、江西、湖北、湖南、广东、四川、贵州、云南。

五四、锦葵科　Malvaceae

草本、灌木至乔木。叶互生,单叶或分裂,叶脉通常掌状,具托叶。花腋生或顶生,单生、簇生、聚伞花序至圆锥花序;花两性,辐射对称;萼片 3～5,分离或合生;其下面附有总苞状的小苞片(又称副萼)3 至多数;花瓣 5,彼此分离,但与雄蕊管的基部合生;雄蕊多数,连合成一管称雄蕊柱,花药1室,花粉被刺;子房上位,2至多室,通常以5室较多,由2～5或较多的心皮环绕中轴而成,花柱上部分枝或者为棒状,每室具胚珠1至多枚,花柱与心皮同数或为其2倍。蒴果,常几枚果爿分裂,很少浆果状;种子肾形或倒卵形,被毛至光滑无毛,有胚乳。子叶扁平,折叠状或回旋状。

约50属,约1000种,分布于热带至温带。我国有16属,共81种,分布于全国各地,以热带和亚热带地区种类较多。浙江有10属,29种、4变种。本志记载1属,2种。

(一) 木槿属　Hibiscus L.

草本、灌木或乔木。叶互生,掌状分裂或不分裂,具掌状叶脉,具托叶。花两性,5数,花常单生于叶腋间;小苞片5或多数,分离或于基部合生;花萼钟状,很少为浅杯状或管状,5齿裂,宿存;花瓣5,各色,基部与雄蕊柱合生;雄蕊柱顶端平截或5齿裂,花药多数,生于柱顶;子房5室,每室具胚珠3至多数,花柱5裂,柱头头状。蒴果胞背开裂成5果爿;种子肾形,被毛或为腺状乳突。

200余种,分布于热带和亚热带地区。我国有24种,分布于全国各地。浙江有11种。

分种检索表

1. 叶片直径10～15cm,宽卵形至圆卵形,常5～7裂,具7～11掌状脉,基部心形、截形或圆形,上面疏被星状细毛和点,下面密被星状细绒毛;花柱枝有毛 ……………………………… 1. 木芙蓉 H. mutabilis
1. 叶片长3～10cm,宽2～4cm,菱形至三角状卵形,3裂或不裂,具3～5掌状脉,基部楔形至宽楔形,上面无毛,下面近无毛或沿脉微被毛;花柱枝无毛…………………………………… 2. 木槿 H. syriacus

1. 木芙蓉(图68：B)

Hibiscus mutabilis L., Sp. Pl. 2：694. 1753.

落叶灌木或小乔木,高2～5m。小枝、叶柄、花梗和花萼均密被星状毛与直毛相混的细绵毛。叶片宽卵形至圆卵形,直径10～15cm,常5～7裂,裂片三角形,先端渐尖,具钝圆锯齿,上面疏被星状细毛和点,下面密被星状细绒毛;主脉7～11条;叶柄长5～20cm;托叶披针形,长5～8mm,常早落。花单生于枝端叶腋间,花梗长5～8cm,近端具节;小苞片8,线形,长10～16mm,宽约2mm,密被星状绵毛,基部合生;花萼钟形,长2.5～3cm,裂片5,卵形,渐尖头;花初开时白色或淡红色,后变深红色,直径约8cm,花瓣近圆形,直径4～5cm,外面被毛,基部具髯毛;雄蕊柱长2.5～3cm,无毛;花柱5,疏被毛。蒴果扁球形,直径约2.5cm,被淡黄色刚毛和绵毛,果爿5;种子肾形,背面被长柔毛。花期8—10月。

产地：谢家坞等地栽培。

分布：华东、华中、华南、西南等地,常见栽培。

2. 木槿(图68：A)

Hibiscus syriacus L., Sp. Pl. 2：695. 1753.

落叶灌木,高3～4m。小枝密被黄色星状绒毛。叶片菱形至三角状卵形,长3～10cm,宽2～4cm,具深浅不同的3裂或不裂,先端钝,基部楔形,边缘具不整齐齿缺,下面沿叶脉微被毛或近无毛;叶柄长5～25mm,上面被星状柔毛;托叶线形,长约6mm,疏被柔毛。花单生于枝端叶腋间,花梗长 4～14mm,被星状短绒毛;小苞片 6～8,线形,长 6～15mm,宽 1～2mm,密被星状疏绒毛;花萼钟形,长 14～20mm,密被星状短绒毛,裂片 5,三角形;花钟形,淡紫色,直径 5～6cm,花瓣倒卵形,长 3.5～4.5cm,外面疏被纤毛和星状长柔毛;雄蕊柱长约 3cm;花柱枝无毛。蒴果卵圆球形,直径约 12mm,密被黄色星状绒毛;种子肾形,背部被黄白色长柔毛。花期 7—10 月。

产地:龙塘山、童玉、横源、直源。路边或林缘,野生或栽培。

分布:江苏、安徽、浙江、福建、江西、湖北、湖南、广东、广西、贵州、四川、云南。

图 68　A:木槿;B:木芙蓉(重组《浙江天目山药用植物志》与《浙江植物志》)

五五、梧桐科 Sterculiaceae

乔木、灌木或草本,稀为藤本。常被星状毛。单叶,或稀为掌状复叶,互生,全缘,或具齿或深裂,有托叶。花序腋生,稀顶生,排成圆锥花序、聚伞花序、总状花序或伞房花序,稀单生;花单性、两性或杂性;萼片5,稀3或4,多少合生,稀完全分离,镊合状排列;花瓣5,分离,或基部与雌雄蕊柄合生,为旋转的覆瓦状排列,或缺如;雄蕊多数,花丝常合生成管状,退化雄蕊5,舌状或线状,与萼片对生,或无,花药2室,纵裂;雌蕊由2~5(10~12)个多少合生的心皮组成,子房上位,室数与心皮数相同,每室常有2至多个胚珠,花柱1或与心皮同数。果通常为蒴果或蓇葖果,开裂或不开裂,稀为浆果或核果。种子有胚乳,或无胚乳。

68属,约1100种,分布于东西两半球的热带和亚热带地区,极少数种可分布至温带地区。我国连同栽培种在内有19属,90种,主要分布于华南和西南各省、区。浙江有5属,5种。本志记载1属,1种。

(一) 梧桐属 Firmiana Marsili

乔木或灌木。单叶,掌状3或5裂,或全缘。花单性或杂性,通常排成圆锥花序,稀为总状花序,腋生或顶生;萼5深裂几至基部,稀4裂,萼片向外卷曲;无花瓣;雄花的花药10~15,聚集在雌雄蕊柄的顶端,成头状,有退化雌蕊;雌花的子房具柄,基部围绕着不育的花药,心皮5,上部结合成1花柱,基部分离,5室,每室有胚珠2或多数。果为蓇葖果,具柄,果皮膜质,在成熟前甚早开裂,成叶状;每蓇葖有种子2~4粒,着生在叶状果皮(果瓣)近基部的内缘;种子圆球形,胚乳扁平或褶合;子叶扁平。

约16种,分布于热带、亚热带和温带地区。我国有7种,主要分布于广东、广西和云南。浙江有1种。

1. 梧桐(图69)

Firmiana simplex (L.) W. Wight in Bull. Bur. Pl. Industr. U. S. D. A. 142:67. 1909.

Basionym:*Hibiscus simplex* L. , Sp. Pl. , ed. 2, 2:977. 1763.

落叶乔木。树皮青绿色,平滑。叶心形,掌状3或5裂,直径15~30cm;叶裂片三角形,顶端渐尖,基部心形,两面均无毛或略被短柔毛,基生脉7条;叶柄与叶片近等长。圆锥花序顶生,长20~50cm,花淡黄绿色;萼5深裂几至基部,萼片条形,向外卷曲,长7~9mm,外面被淡黄色短柔毛,内面仅在基部被柔毛;花梗与花几等长;雄花的雌雄蕊柄与萼近等长,下半部较粗,无毛,花药15个不规则地聚集在雌雄蕊柄的顶端,退化子房梨形且甚小;雌花的子房圆球形,被毛。蓇葖果膜质,有柄,成熟前开裂成叶状,长6~11cm,宽1.5~2.5cm,外面被短茸毛或几无毛,每蓇葖果有种子2~4粒;种子圆球形,表面有皱纹。花期6月,果期11月。

产地:区内零星栽培。

分布:从广东、海南岛到华北均有;日本。

用途:栽培于庭院的观赏树木或行道树;木材轻软,为制木匣和乐器的良材;种子炒熟可食或榨油;茎、叶、花、果和种子均可药用,有清热解毒的功效;树皮的纤维洁白,可用以造纸和编绳等。

图 69　梧桐(引自《浙江植物志》)

五六、狝猴桃科　**Actinidiaceae**

乔木、灌木或藤本。髓实心或片层状。单叶,互生;无托叶。花序腋生,聚伞式或总状式,稀单生;花两性或雌雄异株或杂性,辐射对称;萼片 5,稀 2 或 3,多覆瓦状排列;花瓣离生,5 或更多,早落;雄蕊 10(～13),分 2 轮排列,或无数,不作轮状排列,花药背部着生或丁字式着生;子房上位,中轴胎座,多室至 3 室,每室有多数倒生胚珠,珠被单层,花柱分离或合生。果为浆果或蒴果。种子有胚乳,具肉质假种皮。

3 属,357 种,分布于热带至温带亚洲地区。我国有 3 属,66 种,主要分布于长江以南。浙江有 1 属,12 种。本志记载 1 属,7 种、2 变种。

(一) 狝猴桃属　**Actinidia** Lindl.

落叶、半落叶至常绿藤本。枝通常有皮孔;髓实心或片层状;冬芽小,包于膨大的叶柄基部内。叶互生;叶片膜质、纸质或革质,有锯齿,稀全缘;无托叶。花通常雌雄异株,单生或组成分歧的聚伞花序,腋生或生于短枝下部;苞片小;萼片 5,稀 6 或 2～4,分离或基部连合;花瓣 5～12,稀 4,白色、红色、黄色或绿色;雄花有发育不全的子房,雄蕊多数,花药丁字式着生;雌花有花粉不育的雄蕊,子房上位,无毛或被绒毛,多室,花柱分离呈放射状。果为浆果。
种子小,多数;种皮骨质,褐色,具网状洼点。

约 55 种,主要分布于亚洲东部。我国有 52 种。浙江有 12 种、8 变种、1 变型。

分种检索表

1. 植物体无毛,或仅萼片或子房被毛,或极少数叶片上面散生糙伏毛,下面脉上有毛或仅脉腋处有髯毛。
   2. 果实无斑点,顶端有喙或无喙;叶片干后上面不变黑褐色。
      3. 髓片层状,白色或淡褐色;萼片和花瓣均 5,稀 4 或 6。
         4. 叶片宽卵形或近圆形,边缘具细锐锯齿,齿尖常不内弯,下面不具白粉。
            5. 叶片基部圆形或楔形;花淡绿色 ·············· 1. 软枣猕猴桃 A. arguta
            5. 叶片基部心形;花乳白色 ·············· 1a. 心叶猕猴桃 A. arguta var. cordifolia
         4. 叶片椭圆形或长椭圆形,边缘具通常内弯的锯齿,下面具白粉 ··············
            ·············· 2. 黑蕊猕猴桃 A. melanandra
      3. 髓实心,稀片层状,白色;萼片 2～5;花瓣 5～12。
         6. 花瓣 5;萼片通常 5;叶片上面无毛或散生小糙毛 ·············· 3. 葛枣猕猴桃 A. polygama
         6. 花瓣 5～12;萼片 2 或 3;叶片上面无短糙毛。
            7. 叶片两面无毛或中脉上疏生软刺毛;果卵球形或长圆状圆柱形,顶端有尖喙;种子较小,横径约 1.5mm ·············· 4. 对萼猕猴桃 A. valvata
            7. 叶片下面脉腋上常有髯毛,中脉和叶柄常有短小软刺;果圆球形,顶端有乳头状或不明显的喙;种子较大,横径约 3mm ··············
               ·············· 5. 大籽猕猴桃 A. macrosperma
   2. 果实有斑点,顶端无喙;叶片无毛,干后上面黑褐色,下面灰黄色 ··············
      ·············· 6. 异色猕猴桃 A. callosa var. discolor
1. 植物体显著被毛,小枝、芽体、叶片、叶柄、花萼、子房、幼果等多数被毛,至少幼枝密被毛。
   8. 聚伞花序 2～4 回分歧;叶片下面被极短小的星状毛;果卵球形,长 5～10mm,有明显斑点 ··············
      ·············· 7. 小叶猕猴桃 A. lanceolata
   8. 聚伞花序 1 回分歧;叶片下面被较长的星状毛;果圆球形、卵球形或长圆状球形,长 4～5cm ··············
      ·············· 8. 中华猕猴桃 A. chinensis

1. 软枣猕猴桃(图 70:A,B)

Actinidia arguta (Siebold & Zucc.) Planch. ex Miq. in Ann. Mus. Bot. Lugduno-Batavi 3:15. 1867.

Basionym: *Trochostigma argutum* Siebold & Zucc. in Abh. Math.-Phys. Cl. Königl. Bayer. Akad. Wiss. 3(2):727. 1843.

落叶大藤本。小枝幼时被毛,老枝无毛或疏被污灰色皮屑状毛;髓白色至淡褐色,片层状。叶片膜质,宽卵形至长圆状卵形,长 6～13cm,宽 3～9.5cm,先端具短尖头,基部圆形或楔形,有时歪斜,边缘密生细锐锯齿,齿尖不内弯,上面无毛,下面脉腋处有髯毛,有时沿中脉两侧疏生短刚毛和卷曲柔毛,横脉和网状小脉不发达,侧脉稀疏;叶柄长 2.5～5cm,无毛或散生短柔毛。聚伞花序 1 或 2 回分歧,有 1～7 花,腋生或腋外生,微被淡褐色短绒毛;苞片线形,长 1～4mm;花绿白色,芳香,直径 1～2cm;萼片通常 5,稀 4 或 6,有缘毛;花瓣 5,稀 4 或 6,倒卵圆形,无毛;雄的雄蕊多数,花药暗紫色;雌花的子房瓶状球形,无毛。果圆球形

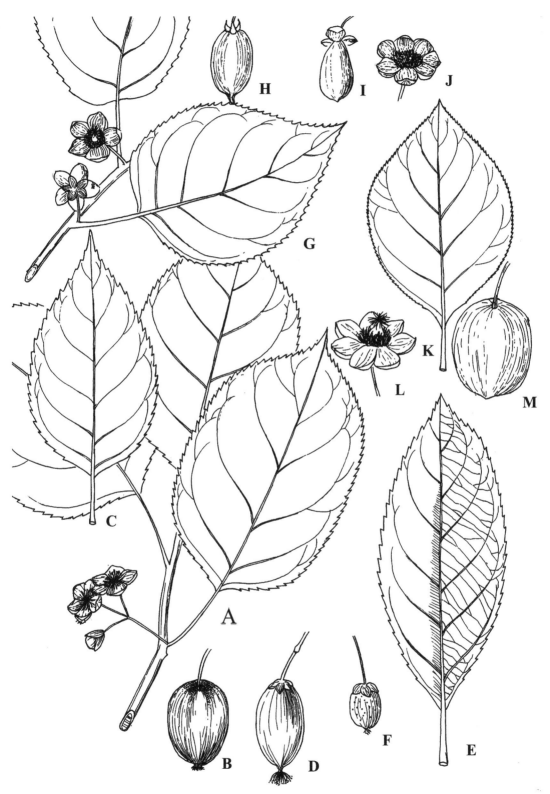

图 70　A, B: 软枣狝猴桃; C, D: 葛枣狝猴桃; E, F: 异色狝猴桃; G, H: 黑蕊狝猴桃; I, J: 对萼狝猴桃;
　　　　K－M: 大籽狝猴桃(蒋辰榆绘)

至长圆状圆柱形,长 2～3cm,先端有显著或不显著的喙,无毛,无斑点,无宿存萼片,熟时暗紫色。花期 5—6 月,果期 8—10 月。

　　产地:千顷塘、横源、直源。生于海拔 600～1500m 的山坡疏林中或林下岩隙中。

　　分布:东北、西南及华东各省、区;日本和朝鲜半岛。

　　用途:果实可食用,也可作酿酒或加工蜜饯果脯的原料。

1a. 心叶猕猴桃

var. **cordifolia**（Miq.）Bean, Trees & Shrubs Brit. Isl. 1：162. 1914.

Basionym：*Actinidia cordifolia* Miq. in Ann. Mus. Bot. Lugduno-Batavi 3：15. 1876.

　　与模式变种的区别在于:叶片宽卵形至圆形,基部心形,上面近边缘处常疏生脱落性的短刚毛。花乳白色,花药黑色。花期 5—6 月。

　　产地:千顷塘、横源、直源。生于山坡路旁或溪边岩隙中。

　　分布:辽宁、吉林、山东、浙江。

2. 黑蕊猕猴桃(图 70：G,H)

Actinidia melanandra Franch. in J. Bot.（Morot）8：278. 1894.

　　落叶藤本。小枝无毛;髓白色或淡褐色,片层状,稀实心。叶片纸质,椭圆形至长圆形,长 4.5～10cm,宽 2.5～6.7cm,先端骤渐尖,基部宽楔形至圆形,大多不对称,边缘常具内弯锯齿,下面具白粉,仅脉腋处有淡褐色髯毛;叶柄长 2～6cm。聚伞花序 1 或 2 回分歧,疏生柔毛或无毛;苞片小,钻形,长约 1mm;花绿白色至白色;萼片 5,稀 4,有缘毛;花瓣 5,稀 4 或 6,匙状倒卵形,长 6～13mm;雄花的雄蕊多数,花药黑色;雌花的子房瓶状,无毛。果卵球形至长圆状圆柱形,长约 2～3cm,无毛,无斑点,顶端具喙,无宿存萼片。种子小,长约 2mm。花期 5 月下旬至 6 月上旬,果期 9 月。

　　产地:银珑坞、直源、横源、大明山、双涧坑。生于海拔 550～930m 山谷沟旁及山坡林中。

　　分布:陕西、甘肃、浙江、江西、湖北、四川、贵州。

3. 葛枣猕猴桃(图 70：C,D)

Actinidia polygama（Siebold & Zucc.）Maxim. in Mém. Acad. Imp. Sci. St.-Pétersbourg Divers Savans 9：64. 1859.

Basionym：*Trochostigma polygamum* Siebold & zucc. in Abh. Math.-Phys. Cl. Königl. Bayer. Akad. wiss. 3(2)：728. 1843.

　　落叶藤本。幼枝微被柔毛;髓白色,实心。叶片膜质或纸质,宽卵形至卵状长圆形,长 6～9cm,宽 4.5～9cm,先端急尖至长尾状,基部圆形至圆楔形,上面无毛或散生小糙毛,有时叶片上部或全部变白色或淡黄色斑块,下面沿叶脉有卷曲的短柔毛,或疏生小刺,叶脉较发达,横脉颇显著;叶柄近无毛,长 1.5～3.5(～4.5)cm。花序具 1～3 花,生于叶腋;苞片小,长约 1mm,花白色,芳香,直径 2～2.5cm,萼片通常 5,两面疏生短绒毛或近无毛;花瓣 5,倒卵形至长圆状倒卵形,最外面 2 或 3 枚背面有时疏生短绒毛;雄蕊多数,花药黄色;子房瓶状,长 4～6mm,无毛,花柱长 3～4mm。果长圆状圆柱形至卵球形,长 2.5～

3cm，无毛，无斑点，顶端有喙，基部具反折的宿存萼片。种子长 1.5～2mm。花期 6—7月，果期 9—10 月。

产地：清凉峰。生于海拔 1100～1300m 的山地林下。

分布：黑龙江、辽宁、吉林、陕西、甘肃、河北、河南、山东、浙江、湖北、湖南、四川、贵州、云南；日本、朝鲜半岛、俄罗斯远东地区。

4. 对萼猕猴桃（图 70：I，J）

Actinidia valvata Dunn in J. Linn. Soc.，Bot. 39：404. 1911.

落叶藤本。着花小枝淡绿色，无毛或有微柔毛，皮孔不明显，老枝紫褐色，有细小白色皮孔；髓白色，实心，有时片层状。叶片纸质或膜质，长卵形至椭圆形，长 3.5～10cm，宽 3～6cm，先端短渐尖或渐尖，基部楔形或截圆形，稀下延，两侧稍不对称，边缘有细锯齿乃至粗大的重锯齿，上面绿色，下面淡绿色，有时上部或全部变淡黄色斑块，两面均无毛，中脉上疏生软刺毛；叶柄淡红色，无毛。花序具（1）2 或 3 花，花序梗长 0.5～1cm；苞片钻形，长 1～2mm；花白色，芳香，直径 1.5～2cm；萼片通常 3，有时 2，稍不等形，镊合状排列；花瓣 5～9，倒卵圆形，先端钝，基部下延而狭窄；雄蕊多数，花丝细弱，花药橙黄色；子房瓶状，无毛，花柱比子房稍长。果卵球形或长圆状圆柱形，长 2～2.5cm，无毛，无斑点，顶端有尖喙，基部有反折的宿存萼片，成熟时黄色或橘红色，具辣味。种子小，横径约 1.5mm。花期 5 月，果期 10 月。

产地：十八龙潭、千顷塘、干坑、横源、直源。生于海拔 300～1000m 的山沟边，岩隙旁或林下灌丛中。

分布：江苏、安徽、浙江、江西、湖北、湖南。

5. 大籽猕猴桃（图 70：K－M）

Actinidia macrosperma C. F. Liang in K. M. Feng，Fl. Reipubl. Popularis Sin. 49（2）：311，pl. 60：4-6. 1984.

落叶藤本或藤状灌木。嫩枝淡绿色至灰污色，无毛或疏被锈褐色短腺毛，老枝浅灰色至灰褐色，具皮孔；髓白色，实心，有时片层状。叶片幼时膜质，上面中部常具紫斑，老时近革质，卵形、宽卵形、椭圆形或菱状椭圆形，长 3.5～9cm，宽 2.5～6.5cm，先端渐尖或急尖，基部宽楔形或圆形，两侧对称或稍不对称，边缘有锯齿或圆齿，老叶近全缘，上面绿色，无毛，下面浅绿色，脉腋上有或无髯毛，中脉和叶柄常有短小软刺，侧脉 4 或 5 对；叶柄带淡红色，长 0.6～4cm，无毛。花常单生，白色，芳香；花梗纤细，无毛或局部有少数腺毛；萼片 2 或 3，卵形至长卵形，先端喙状，无毛；花瓣 5～12，匙状倒卵形，长 1～1.5cm，雄蕊多数，花丝纤细，花药箭头状卵形，长 1.5～2.5cm；子房瓶状，无毛，花柱长约 5mm。果圆球形，长 2～3.5cm，顶端有时具乳头状喙，基部有或无宿存的萼片，熟时橘黄色，无毛，无斑点，具辣味。种子长 4～5mm。花期 5 月，果期 9—10 月。

产地：昌化镇。生于海拔 800m 以下低海拔山坡、山麓杂木林内及林缘水沟旁、路边旷地上。

分布：江苏、安徽、浙江、江西、广东、湖北。

用途：根皮供药用，有清热解毒、消肿之效，民间用以治疗骨髓炎及消化道癌症。

6. 异色猕猴桃(图 70：E,F)

Actinidia callosa Lindl. var. **discolor** C. F. Liang in K. M. Feng, Fl. Reipubl. Popularis Sin. 49(2)：315, pl. 64：6-7. 1984.

落叶藤本。嫩枝坚硬,干后灰黄色,无毛,老枝灰褐色,皮孔明显或不明显,萌发枝上常有褐色柔毛;髓淡褐色,实心,稀片层状。叶片坚纸质,椭圆形、长椭圆形至倒卵形,长 5～11cm,宽 1.5～5cm,先端急尖至长渐尖,基部宽楔形或圆钝,边缘有粗钝或波状锯齿,通常上部的锯齿较粗大,干后上面黑褐色,下面泥黄色,两面无毛,或萌发枝上的叶下面常有灰褐色糙毛,脉腋无髯毛,中脉和侧脉在下面显著隆起;叶柄长 1～4cm,无毛。花序具 1～3 花;花梗纤细,无毛;花白色,直径 0.8～1.2cm;萼片 5,无毛或近先端处被黄褐色短绒毛;花瓣 5,雄蕊多数,花药黄色,卵形箭头状;子房近球形,被淡黄色绒毛。果乳头状圆卵形或长圆形,幼时有毛,成熟时无毛,有斑点。花期 5 月至 6 月上旬,果期 10—11 月。

产地：龙塘山、十八龙潭、横源、直源。生于海拔 400～600m 的山地沟边落叶林中或林缘。

分布：安徽、福建、台湾、江西、湖南、广东、广西、四川、贵州、云南。

7. 小叶猕猴桃(图 71：A,B)

Actinidia lanceolata Dunn in J. Linn. Soc., Bot. 38：356. 1908.

落叶藤本。小枝及叶柄密生棕褐色短绒毛,皮孔可见,老枝灰黑色,无毛;髓褐色,稀白色,片层状。叶片纸质,披针形、倒披针至卵状披针形,长 3.5～12cm,宽 2～4cm,先端短尖至渐尖,基部楔形至圆钝,上面无毛或被粉末状毛,下面密被极短的灰白色或褐色星状毛,稀无毛,萌发叶上常散生软化硬伏毛,侧脉 5 或 6 对,横脉明显;叶柄长 0.8～2.0cm。聚伞花序有 3～7 花;花序梗长 3～10mm;苞片小,钻形,与花序梗均密被锈褐色绒毛;花淡绿色,稀白色或黄白色,直径约 8mm;萼片 3 或 4,被锈色短绒毛;花瓣 5;雄蕊多数;花丝丝状;子房球形或卵形,密被短绒毛。果小,卵球形,长 5～10mm,熟时褐色,有明显斑点,基部具宿存、反折的萼片。花期 5—6 月,果期 10 月。

产地：横源、直源、大坪溪。生于海拔 200～640m 的山坡或山沟林下灌丛中。

分布：安徽、浙江、江西、福建、湖南、广东。

8. 中华猕猴桃(图 71：C,D)

Actinidia chinensis Planch. in London J. Bot. 6：303. 1847.

落叶大藤本,高 4～10m。幼枝密被灰白色短绒毛或锈褐色硬毛状刺毛,老枝黑褐色或黑紫色,无毛;皮孔较显著或不甚显著;髓大,白色或淡褐色,片层状。叶片纸质,宽卵形、倒宽卵形或圆形至椭圆形,长 6～12cm,宽 6～13cm,先端突尖,微凹或截平,基部钝圆或截平或浅心形,边缘具刺毛状小齿,上面深绿色,无毛或仅叶脉上有少量糙毛,下面密生灰白色或淡棕色星状绒毛;叶柄长 3～6cm,密被锈色柔毛或短刺毛。聚伞花序生于当年生枝的叶腋;雄花序通常有花 3 朵,雌花多单生,稀 2 或 3 朵;花序梗长 0.5～1.5cm;苞片小,卵形或钻形,与花序梗均被灰白色丝状绒毛或黄褐色短绒毛;花初开时白色,后变淡黄色,清香,直径约2.5cm;萼片 5,或 3～7,密被黄褐色绒毛;花瓣 5,有时 3 或 4,或多至 6 或 7,宽倒卵形,有

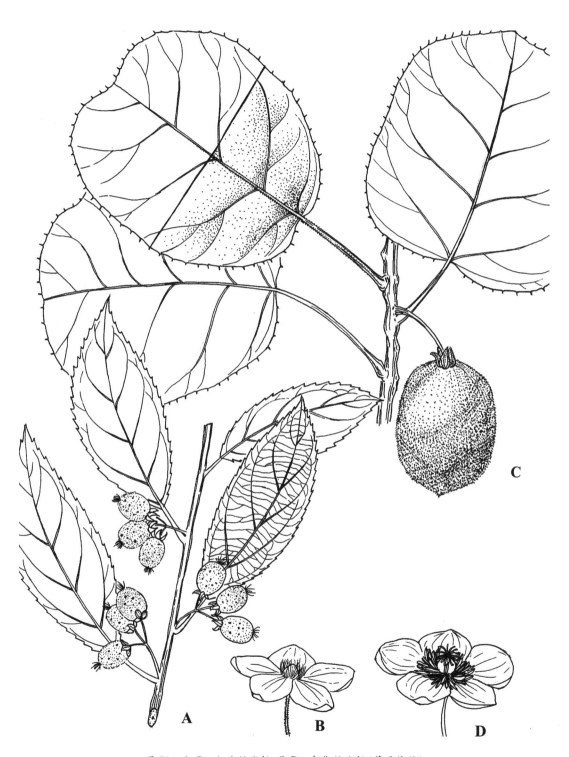

图 71　A,B：小叶猕猴桃；C,D：中华猕猴桃（蒋辰榆绘）

短距;雄蕊极多,花药黄色;子房球形,被金黄色长柔毛状刚毛,花柱狭条形。果圆球形、卵圆球形或长圆状球形,长 4～5cm,密被短绒毛,熟时黄褐色,变无毛或几无毛,具多数淡黄色斑点。种子径约 2.5mm。花期 5 月,果期 8—9 月。

产地: 区内广布。生于湿润、肥沃和排水良好的向阳山坡或山沟旁、林内或灌丛中,海拔可达 1450m。

分布: 长江流域及其以南各省、区。

用途: 果实富含维生素,甜酸适口,是近年新兴的水果之一;根入药,有清热解毒、化湿健脾、活血散瘀之效;茎含胶质,可作建筑、造纸原料;花可提取香精,又是优良的蜜源和观赏植物。

五七、山茶科 Theaceae

乔木或灌木。单叶,互生;叶片全缘或有锯齿;无托叶。花两性,稀雌雄异株,通常单生或数花簇生于叶腋,有时近顶生;苞片 1 至多数,常对生于花萼下,有时和萼片逐渐过渡;萼片 5 至多数,覆瓦状排列,宿存或脱落;花瓣 5 或 5 以上,分离或基部多少连合;雄蕊多数,稀为 5、10 或 15,分离或基部合生,并常与花瓣连生;子房上位,稀半下位,2～10 室,每室有 2 至多数胚珠,胚珠垂生或侧面着生于中轴胎座上,稀为基底胎座,花柱与心皮同数或连合为一体。蒴果,室背开裂,稀为不开裂的核果或浆果。种子 1 至多数,圆形或不规则多角形,有时具翅,胚乳有或无,子叶肉质。

约 19 属,600 种,主要分布于热带和亚热带地区,以亚洲最为集中。我国有 12 属,274 种,主要分布于南部和西南部。浙江有 8 属,39 种、4 变种及 4 变型。本志记载 6 属,14 种、1 变种。

本科植物经济价值很高,茶树的嫩叶为世界著名的饮料,其他还有油料、药用、材用、栲胶及蜜源等多种用途的资源植物。

分属检索表

1. 花两性,花药背部着生;果实为蒴果。
　2. 叶常绿;果实常有中轴;种子具翅或无翅。
　　3. 种子无翅;果实中轴脱落或缺 ·················· 1. 山茶属 Camellia
　　3. 种子周围有翅;果实中轴宿存 ·················· 2. 木荷属 Schima
　2. 叶脱落;果实无中轴;种子周围有翅 ·················· 3. 紫茎属 Stewartia
1. 花两性或单性,花药基部着生;果实为浆果,或浆果状(厚皮香属 Ternstroemia)。
　4. 叶常簇生于枝端,小枝常簇生成轮生状;胚珠少数;果实浆果状,而在充分成熟时不开裂或不规则开裂 ·················· 4. 厚皮香属 Ternstroemia
　4. 叶两列互生;小枝互生而决不呈轮生状;胚珠多数;果实为浆果。
　　5. 花有长梗;两性花;花药有毛 ·················· 5. 红淡比属 Cleyera
　　5. 花具短梗;单性花,雌雄异株;花药无毛 ·················· 6. 柃属 Eurya

(一) 山茶属 Camellia L.

常绿乔木或灌木。冬芽有多数鳞片。单叶,互生,边缘通常有锯齿。花单生,稀 2 或 3 朵腋生,白色、红色或黄色,苞片 2～8,萼片 5～8,有时苞片与萼片界限不明显,脱落或宿存,覆瓦状排列;花瓣 5～13,基部常多少合生;雄蕊多数,2～6 轮,外轮花丝多少合生或成筒状,连生于花冠的基部,内轮花丝离生,花药背着;子房上位,通常 3~5 室,每室有 4~8 颗胚珠,花柱 3~5,粘合或仅基部合生。蒴果木质,自上而下室背开裂,具脱落性中轴或缺,内含 1~8 粒种子。种子球形或有棱角,无胚乳,子叶肥厚,富含油质。

约 120 种,产于亚洲热带和亚热带地区。我国有 97 种,主要分布于南部及西南部。浙江有 15 种、1 变种及 4 变型(含栽培)。

本属植物种子富含油分,多数为油料植物,也有少数可供观赏、蜜源、药用,以及作饮料。

分种检索表

1. 子房无毛。
  2. 花有短梗,梗常为覆瓦状苞片所掩蔽;萼片长不超过 6mm;果实仅 1 室发育,无中轴;叶柄长小于 7mm。
    3. 小枝与顶芽无毛;叶片两面无毛或仅初时上面沿中脉有微细毛 ……… 1. 尖连蕊茶 C. cuspidata
    3. 小枝、顶芽、叶片中脉有柔毛 ……………………………… 2. 毛花连蕊茶 C. fraterna
  2. 花无梗或几无梗;萼片长 1cm 以上;果实 3~5 室,有中轴;叶柄长 8~15mm。
    4. 苞片及萼片宿存,密被绒状丝质毛;雄蕊花丝黄色,外轮花丝除与花冠合生部分外连生成长 1~3mm 的短筒 ……………………………………………………… 3. 浙江红山茶 C. chekiangoleosa
    4. 苞片及萼片脱落,密被白色细绢毛;雄蕊花丝白色,外轮雄蕊除与花冠合生部分外向上连生成达于中部以上的长筒 ………………………………………………… 4. 山茶 C. japonica
1. 子房有毛。
  5. 花明显有梗,苞片与萼片明显分化,苞片早落,萼片宿存 …………………… 5. 茶 C. sinensis
  5. 花无梗或几无梗,苞片与萼片不分化 ……………………………………… 6. 油茶 C. oleifera

1. 尖连蕊茶　连蕊茶(图 72：A,B)

Camellia cuspidata (Kochs) H. J. Veitch, Gard. Chron. , ser. 3, 51：228, 262. 1912.

Basionym：*Thea cuspidata* Kochs in Bot. Jahrb. Syst. 27：586. 1900.

灌木。小枝无毛,芽有少量毛。叶片窄椭圆形、披针状椭圆形或倒卵状椭圆形,少有倒卵形,长 3~9cm,宽 1~3.5cm,先端渐尖至尾状渐尖,基部楔形,边缘有锯齿,上面无毛或初时沿中脉有短细毛,下面无毛;叶柄长 2~6mm,初时有毛。花 1 或 2 朵,顶生兼腋生,直径 3~4cm,白色或蕾时近顶部略带红晕,有芳香,花梗粗短,长 3~4mm;苞片 4,小型;萼片 5,三角状卵形、卵形至半圆形,长 3~5mm,与苞片均无毛,宿存;花瓣 5~7,基部连生,里面 3 片远较外面者为大;雄蕊无毛,自基部连生至中部以下;子房无毛,花柱无毛,近顶部 3 裂。蒴果球形,直径 1~1.2cm,内含 1 粒种子。花期 4—5 月,果期 9—10 月。

产地：区内广布。生于海拔 400~1000m 的山坡、谷地溪边或路旁林下灌丛中。

分布：除江苏外的长江流域及其以南各省、区。

用途：作工业润滑油、印油及润发油之用。

2. 毛花连蕊茶(图 72：C,D)

Camellia fraterna Hance in Ann. Sci. Nat. , Bot. , sér. 4, 18：218. 1862.

灌木。小枝及芽密生粗毛或柔毛。叶片椭圆形至倒卵状椭圆形或椭圆状披针形,长 4~8.5cm,宽 1.5~3.5cm,先端渐尖或尾状渐尖,基部楔形或圆楔形,边缘有锯齿,上面深绿色,沿中脉有毛,下面淡绿色,疏被伏生柔毛或至少沿中脉有毛;叶柄长 2~7mm,有毛。花 1 或

图72　A,B：尖连蕊茶；C,D：毛花连蕊茶(陈家乐绘)

2朵,顶生兼腋生,白色或多少带红晕,有芳香,直径3～4cm;花梗粗短,长3～4mm,梗常为覆瓦状苞片所包被;苞片5,小型;萼片5,三角状宽卵形至近圆形,长3～4mm,与苞片均密生长毛而宿存;花瓣5或6,基部连生,内3片远较外者为大;雄蕊无毛,自基部连生至中部或中部以上;子房无毛,花柱无毛,近顶部3裂。蒴果近球形至球形,直径1～1.8cm,通常内含1粒种子。花期3月,果期10—11月。

产地:区内广布。生于海拔50～1000m的山坡、谷地溪边灌丛中或树林中。

分布:江苏、安徽、浙江、江西、福建。

用途:浙江民间作药用,其根、叶及花有清凉解毒及活血散瘀的功能;花芳香而繁多,作观赏植物;也是蜜源植物。

3. 浙江红山茶(图73:A,B)

Camellia chekiangoleosa Hu in Acta Phytotax. Sin. 10:131. 1965.

灌木至小乔木,高3～7m。小枝灰褐色至灰白色。叶片通常厚革质,长圆形、倒卵状椭圆形至倒卵形,长8～12cm,宽2.5～6cm,先端多少急尖或渐尖,基部楔形或宽楔形,边缘具较疏的细尖锯齿或有时中部以下全缘;叶柄长1～1.5cm,无毛。花通常单生于枝顶,红色至淡红色,直径8～12cm,无梗;苞片及萼片共11～16枚,蕾时较松散,通常近圆形,较大者长1.8～2.3cm,黑褐色,密生白色绒状丝质毛;花瓣6～8,通常倒卵圆形至近圆形,基部合生,先端常2裂,裂口最深0.5～1cm,裂片常互相覆叠,外面数片外侧中央有绢毛;雄蕊多数,无毛,花丝黄色,外轮花丝下部结合,除与花冠合生部分外再向上连生成长1～3mm的短筒;子房及花柱无毛,花柱上部3～5裂。蒴果木质,形状多变,通常圆球形或卵圆球形,直径4～7.5cm,基部具宿存苞片及萼片,果瓣厚,每室含3～8粒不规则褐色种子。花期10月至次年4月,果期9月。

产地:区内常见栽培。

分布:安徽、浙江、江西、福建、湖南。

用途:种子含油量为28%～35%,油可供食用及工业用;果壳可提制栲胶;耐寒性强,花大而艳丽,供观赏。

4. 山茶　红山茶(图73:C,D)

Camellia japonica L., Sp. Pl. 2:698. 1753.

乔木或灌木状。小枝红褐色,无毛。叶片通常椭圆形至卵状长椭圆形,长6～12cm,宽3～7cm,先端急尖至渐尖,基部楔形至宽歪楔形,边缘具锯齿,上面深绿色,下面绿色至黄绿色,全面散生淡褐色木栓疣,两面无毛;叶柄长8～15mm,无毛。花单独或成对着生于小枝枝顶,红色或稍淡,半开,漏斗形,直径5～6cm,无梗或几无梗;苞片及萼片共9～13枚,蕾时常紧贴,半圆形至卵圆形,较大者长1～2cm,通常淡绿色而边缘常带褐色,两面均被白色细绢毛,花后逐渐脱落;花瓣5～7,近圆形至倒卵圆形,长3～4cm,先端圆而微凹,基部合生;雄蕊约100～200,无毛,花丝白色,外轮花丝下部与花冠基部合生,与花冠离生部分向上连生成达于中部以上的长筒;子房无毛,花柱无毛,先端3浅裂,超出雄蕊群或略内藏。蒴果球形,直径3～4cm,3裂,果瓣厚,通常内含2或3粒暗褐色大型的种子。花期3—4月,果期9—10月。

产地:区内常见栽培。

图 73　A,B：浙江红山茶；C,D：山茶(陈家乐绘)

分布：各地多有栽培。长江以南各省、区亦多栽培；日本也有，欧洲、美洲及大洋洲的某些国家也有引种栽培。

用途：我国传统名花，栽培历史悠久，园艺品种极多；种仁含油量达 60％～65％，供制肥皂及机械润滑油；蜜源植物。

5. 茶（图 74：A）

Camellia sinensis (L.) Kuntze in Trudy Imp. St.-Peterburgsk. Bot. Sada 10：195. 1887.
Basionym：*Thea sinensis* L.，Sp. Pl. 1：515. 1753.

灌木。小枝有细柔毛。叶片薄革质，通常椭圆形至长椭圆形，有时上半部略宽，长 4～10cm，宽 1.8～4.5cm，先端短急尖，常钝或微凹，基部楔形，边缘有锯齿，上面深绿色，无毛，下面淡绿色，疏生平伏柔毛或几无毛；叶柄长 3～5mm。花 1～3 朵，腋生或顶生，白色，有芳香，直径 2.5～3.5cm；花梗长 6～10mm，向上渐增粗，下弯；苞片 2，早落；萼片 5 或 6，半圆形，长 3～4mm，边缘有睫毛，里面有短绢毛，宿存；花瓣 5～8，近圆形，内凹，稍连生；雄蕊多数，外轮花丝连合成短筒并与花瓣合生；子房 3 室，有柔毛，花柱合生，上部 3 裂。蒴果近球形或三角状球形，直径 2～2.5cm，3 瓣开裂，果瓣厚约 1mm，内具中轴及 1～3 粒扁球形的种子。花期 10—11 月，果期次年 10—11 月。

产地：茶园里、龙塘山、鸠甫山、童玉、顺溪、大坪溪。生于海拔 1000m 以下的山地或山坡林下灌丛中。

分布：秦岭、淮河以南各省、区；日本、尼泊尔、印度和中南半岛各国及欧洲、非洲、大洋洲、美洲引种栽培。

用途：叶可制茶，以茶为饮料，有助消化、提神、强心、利尿、止泻等功能；种子可榨油，供食用及工业上润滑油用；蜜源植物。

6. 油茶（图 74：B）

Camellia oleifera C. Abel，Narr. Journey China，174. 1818.

灌木。分枝细长，小枝有毛或后变无毛。叶片通常椭圆形，大小变异大，通常长 3～10cm，宽 1.5～4.5cm，先端急尖至渐尖，基部楔形，两面常沿中脉有毛或下面无毛；叶柄长 4～9mm，有毛。花 1 或 2 朵，顶生及腋生，白色，直径 6～9cm，稀更小；苞片及萼片共 8～10，脆壳质，半圆形至几圆形，长 3～12mm，外面密被黄白色或淡黄色绒状丝毛，边缘有睫毛，早落；花瓣 5～7，倒卵形至长椭圆状倒卵形，长 2.5～4.5cm，宽 1.5～2cm，先端常 2 裂，基部多少连生；雄蕊长 1～1.2cm，外轮基部近离生至向上约达 2/5 处连生，无毛，内轮完全分离；子房密被羊毛状粗毛，花柱顶端 3 裂或几全部分离，长 8～11mm，仅基部有毛。蒴果球形、椭圆形或扁球形，直径 3～4cm，无毛或稍有毛，通常 2 或 3 裂，果瓣厚 3～6mm，木质，通常内具宿存中轴及 1～3 粒暗褐色种子。花期 10—12 月，果期次年 10—11 月。

产地：区内常见栽培。喜生于海拔 700m 以下的背风向阳山坡的深厚、疏松的酸性土上。

分布：我国长江以南各省、区均广泛栽培。

用途：木本油料作物，种子含油量达 30％以上，供食用、润发及调药，也可制肥皂和作机油的代用品；茶籽饼为良好的肥料；果壳可提制栲胶、皂素以及糠醛等；蜜源植物。

图 74 A：茶；B：油茶（陈家乐绘）

（二）木荷属　**Schima** Reinw. ex Blume

常绿乔木。叶片革质,全缘或有钝圆齿。花单生叶腋,有梗,或顶部的排成短总状花序;花萼下有 2 枚脱落性小苞片;萼片 5,宿存,边缘有丝状毛;花瓣 5,基部连合,最外层花瓣通常凹陷或成兜状;雄蕊多数,并与花瓣基部合生,花药丁字形着生;子房上位,通常 5 室,花柱单一,通常顶端 5 浅裂,每室有胚珠 2～6 颗。蒴果木质,球形或扁球形,室背开裂,具宿存中轴。种子扁平,肾形,有翅。

约 20 种,分布于亚洲热带至亚热带地区。我国有 13 种,分布于西南部至台湾。浙江有1种。

1. 木荷（图 75）

Schima superba Gardn. & Champ. in Hooker's J. Bot. Kew Gard. Misc. 1: 246. 1849.

乔木。高可达 20m,树干挺直,分枝高,树冠圆形。树皮纵裂成不规则的长块;枝暗褐色,具显著皮孔,无毛。叶片厚革质,卵状椭圆形至长椭圆形,长 8～14cm,宽 3～5cm,先端急尖至渐尖,基部楔形或宽楔形,边缘有浅钝锯齿,两面无毛;叶柄长 1～2cm。花白色,单花腋生或数朵集生枝顶,直径约 3cm,芳香;花梗粗壮,长 1～2cm;苞片长 5～8mm;萼片半圆形,长 3～4mm,内面边缘有毛;花瓣倒卵状圆形,基部外面有毛;子房密生丝状绒毛。蒴果近扁球形,褐色,直径约 15mm。花期 6—7 月,果期次年 10—11 月。

产地：区内广布。生于海拔 800～1600m 的山谷、山坡常绿阔叶林中。

分布：华东、中南各省、区。

用途：木材坚硬,可供建筑及作家具;树干通直,可作园林绿化树种;为防火树种;树皮和叶均含单宁,可提栲胶;树皮还可毒鱼、杀虫;叶可治烂腿、疮毒;根皮治疔疮、无名肿毒。

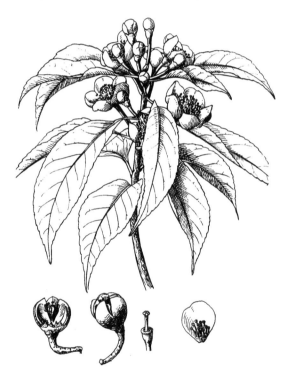

图 75　木荷（引自 *Flora of China*-Ill.）

（三）紫茎属　**Stewartia** L.

落叶灌木或乔木。冬芽压扁,有数枚覆瓦状排列的鳞片,被绢毛。叶互生,叶片边缘有锯齿,具柄。花单独或稀 2 朵生于叶腋;具梗;苞片 1 或 2 枚近对生,位于花梗顶端并与萼片邻接;萼片 5,基部合生,与苞片均呈叶状而宿存;花瓣通常 5,白色,边缘波状或啮蚀状,外面被绢毛,基部合生;雄蕊多数,基部多少连生成筒,并与花瓣基部合生;子房上位,5 室,稀 6 室,花柱 5,稀 6,通常结合,柱头分叉。蒴果木质,室背开裂。种子每室 2～4 粒,压扁,平凸状,周围具狭翅。

　　约 20 种,分布于东亚及北美洲。我国有 15 种,主要分布于长江流域及其以南各省、区。浙江有 5 种。

分种检索表

1. 子房仅基部或自基部至稍上处有毛;花柱长约 15mm;果实球形或近球形,下半部有贴伏柔毛;树皮细裂,
　　粗糙,不剥落 ··· 1. 长柱紫茎 S. rostrata
1. 子房全面密被柔毛;花柱长约 10mm;果实尖圆锥形或卵状圆锥形,全面被毛;树皮通常平滑,薄片状剥落
　　·· 2. 紫茎 S. sinensis

1. 长柱紫茎(图 76: A - C)

Stewartia rostrata Spongberg in J. Arnold Arbor. 55(2): 198. 1974.

Stewartia sinensis Rehder & E. H. Wilson var. *rostrata* (Spongberg) H. T. Chang.

　　灌木或小乔木。树皮灰色,具紧密的浅裂纹,粗糙,连同去年生以上小枝均不片状剥落,小枝灰色至灰褐色;冬芽具 2 或 3 枚鳞片。叶片卵形至椭圆形,长 5～9cm,宽 2～4cm,先端渐尖,基部楔状,稀圆形,边缘有浅锯齿,齿端有小尖头,上面无毛,下面散生长毛,尤以中脉为多;叶柄长 4～9mm。花单生叶腋,直径 4～5cm;花梗长 5～7mm;苞片 2 枚,长 15～20mm,宽 7～12mm,卵形至长卵形,先端渐尖,具不整齐的波状边缘;萼片卵形至倒卵形或圆形,长 12～18mm,宽 6～10mm,先端锐尖或有时钝圆,边缘具细锯齿;花瓣倒卵形至近圆形,长 2.8～3.8cm,宽 2～3cm,基部楔形,边缘啮蚀状;雄蕊多数,基部连生成长 6～9mm 的筒,花丝长达 25mm,基部明显被柔毛;子房近球形或球形,具 5 或 6 棱,仅基部或自基部至稍上处密生绢毛,花柱单一,无毛,长 14～16mm,稀更短。蒴果近球形或球形,顶端具喙,具明显 5(6)棱,熟时直径 1.4～1.8cm,中下部被贴伏细绢毛。种子每室 4 粒,平凸状,倒卵形,长 8～10mm。花期 5—6 月,果期 10—11 月。

　　产地: 茶园里、百步岭、千顷塘、大坪溪。生于海拔 530～1450m 的山坡或山谷溪旁、路边林中。

　　分布: 河南、安徽、浙江、江西、湖北、湖南。

2. 紫茎(图 76: D - F)

Stewartia sinensis Rehder & E. H. Wilson in Sargent, Pl. Wilson. 2(2): 395. 1915.

　　灌木或小乔木,高 4～10m。树皮灰色、灰黄色或灰褐色,薄片状剥落,光滑而呈斑驳,当年生小枝无毛、稍无毛或有展毛,去年生小枝灰色或灰褐色,常呈小块片状剥落;冬芽锐尖,具 5～7 枚鳞片。叶片膜质至纸质,长圆状椭圆形至椭圆形或倒卵状椭圆形,长 6～10cm,宽 2.5～5cm,先端渐尖,基部渐狭,稀近圆形,边缘有疏锯齿或浅圆锯齿,齿端有小尖头,上面无毛,下面初时全面散生贴伏长柔毛,沿脉尤甚,后渐脱落,中脉在上面凹陷;叶柄长 5～8mm。花单生叶腋,直径 4～4.5cm;花梗长 3～29mm;苞片 2 枚,卵形、宽卵形或卵状长椭圆形,长 1.2～2.5cm,宽 1～1.3cm,稀更小,先端锐尖、突尖或短渐尖,边缘通常有细锯齿,稀全缘;萼片与苞片同形,外轮 2 枚略长,内轮 3 枚稍短而明显较狭,宽 3～5mm,先端锐尖,或渐尖至长渐尖;花瓣不相等,宽倒卵形,长 2.5～3.2cm,宽 1.5～2.5cm,先

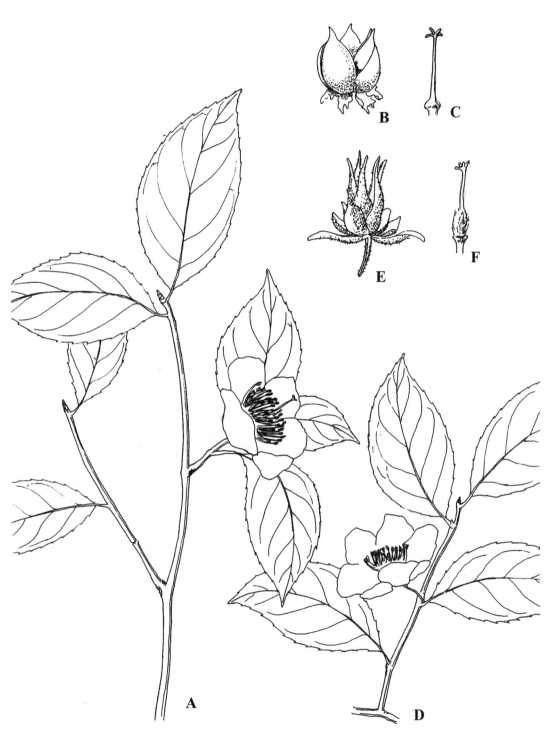

图 76　A－C：长柱紫茎；D－F：紫茎（陈家乐绘）

端圆形，基部楔形；雄蕊多数，下部 1/3 处连生，不相等，花丝长 15～20mm，基部内面及外面被分散的疏柔毛；子房卵形，全面密被柔毛，花柱单一，无毛，长 6～8mm，花后可伸长至 12mm。蒴果具 5 棱，尖圆锥形或卵状圆锥形，顶端具喙，熟时直径 1～1.2cm，全面被毛。种子每室 2 粒，平凸状，宽歪椭圆形，长 7～9cm。花期 5—6 月，果期 9—10 月。

　　产地：十八龙潭、大坪溪。生于海拔约 850～1450m 的山坡或溪旁林中。

　　分布：河南、安徽、浙江、福建、江西、湖北、湖南、广西、四川、贵州、云南。

（四）厚皮香属　**Ternstroemia** Mutis ex L. f.

　　常绿乔木或灌木。叶片革质，螺旋状互生，常簇生于枝顶，通常全缘；有柄。花两性，稀单性，单生于叶腋，萼片、花瓣 5，稀 6，覆瓦状排列，基部稍连合；雄蕊多数，2 轮排列，花丝短，基部多少结合，花药基着；子房上位，2 或 3 室，每室有 2 至多数胚珠，花柱单一，不裂或柱头 2 或 3 浅裂。果实为半浆果状，熟时不开裂或不规则开裂。种子 2～4 粒。

　　90 种，分布于亚洲、非洲和美洲热带及亚热带地区。我国有 13 种，分布于长江以南各省、区。浙江野生 2 种，栽培 1 种。

1. 厚皮香（图 77）

Ternstroemia gymnanthera (Wight & Arn.) Beddome, Fl. Sylv. S. India 91. 1871.

Basionym: *Cleyera gymnanthera* Wright & Arn., Prodr. Fl. Ind. Oreint. 87. 1834.

小乔木，全体无毛。小枝较粗壮，圆柱形。叶片革质，干后变红褐色，椭圆形至椭圆状倒卵形，稀倒卵圆形，长 4.5～10cm，宽 2～4cm，先端通常急钝尖或钝渐尖，基部楔形而下延，全缘或在上部具不明显疏钝锯齿，上面深绿色，下面淡绿色，中脉在上而常略凹陷，侧脉不甚明显；叶柄长 7～15mm。单花单腋生或侧生，淡黄白色；花梗顶端下弯；小苞片三角形，先端尖；萼片和花瓣各 5，基部合生；雄蕊多数；子房 2 或 3 室，柱头通常 3 浅裂。果实圆球形，顶端具宿存花柱，熟时红色，直径 12～15mm；果梗长 0.4～1.5cm，粗壮。花期 6—7 月，果期 9—10 月。

图 77　厚皮香（引自 *Flora of China-Ill.*）

　　产地：鸠甫山。生于海拔 300～900m 的山坡或谷地林中或林缘。

　　分布：安徽、浙江、江西、福建、湖北、湖南、广东、广西、四川、贵州、云南；越南、老挝、柬埔寨、缅甸、不丹、尼泊尔、印度。

　　用途：花及果实药用，有清热解毒之效，主治疔痈疮疡；种子油供工业用；树皮含鞣质，可提栲胶。

（五）红淡比属　**Cleyera** Thunb.

常绿灌木或乔木。芽裸露,无毛。叶两列状互生,革质。花两性,单生,或 2 或 3 花簇生于叶腋;花梗不弯曲;苞片 2,细小;萼片 5;花瓣 5,基部稍合生;雄蕊约 25～35,排列成数轮,花药有毛;子房上位,2 或 3 室,每室有多数胚珠,花柱常伸长,2 或 3 裂,柱头细瘦。果实为浆果,花萼宿存。种子多数,有肉质胚乳。

约 15 种,分布于亚洲及北美洲亚热带地区。我国有 8 种,主要分布于长江以南各省、区。浙江有 2 种。

1. 红淡比　杨桐(图 78)

Cleyera japonica Thunb. Nov. Gen. Pl. 3: 69. 1783.

小乔木或灌木,高达 9m。全株除花外其余均无毛。小枝具 2 棱或萌芽枝无棱,顶芽显著。叶片革质,形状及大小变化大,通常椭圆形或倒卵形,长 5～11cm,宽 2～5cm,先端急短钝尖至钝渐尖,基部楔形,全缘,上面光亮,下面无腺点;叶柄长 5～10mm。花白色,单生,或 2 或 3 朵生于叶腋,直径 6mm;苞片 2,细小;萼片 5,圆形,长 3mm,边缘有纤毛;花瓣 5;雄蕊约 25,花药卵状椭圆形,有透明的刺毛;子房无毛,花柱长约 8mm,长于雄蕊而与花瓣近等长。浆果球形,黑色,直径 7～9mm,果梗长 1～2cm。种子多数。花期 6—7 月,果期 9—10 月。

产地:都林山、鸠甫山、谢家坞、茶园里、栈岭湾。生于海拔 800m 以下的山谷溪边林下。

分布:长江以南大多数省、区及台湾;日本、朝鲜半岛、缅甸及印度。

图 78　红淡比(引自 *Flora of China*-Ill.)

（六）柃属　**Eurya** Thunb.

常绿灌木或小乔木。冬芽裸露。叶两列状互生,叶片有锯齿,稀全缘。花小,单性花,雌雄异株,单生或簇生于叶腋;花梗短,顶端有 2 枚宿存的苞片;萼片 5,覆瓦状排列,宿存;花瓣 5,基部连合;雄花的雄蕊 5 至多数,排成 1 轮,退化子房有或无;雌花无退化雄蕊,子房上位,2～5 室,花柱 2～5,多少连合或分离。果实为有多数种子的浆果。种子细小,黑褐色,种皮具蜂窝状网纹。

约 130 种,分布于亚洲热带、亚热带及西南太平洋各群岛。我国有 83 种,大多分布于长江流域及其以南各省、区。浙江有 11 种、2 变种。

本属中的某些种为蜜源植物、栲胶植物或染料植物。

分种检索表

1. 嫩枝及顶芽被微柔毛 ·· 1. 微毛柃 E. hebeclados

1. 嫩枝及顶芽均无毛。

　　2. 嫩枝具 4 棱,棱尖锐而明显,发达成翅状;果实成熟时由绿色、蓝色、蓝紫色变为黑色 ……………
　　…………………………………………………………………………………… 2. 翅柃 E. alata
　　2. 嫩枝圆柱形,或具 2 棱而棱不发达成翅状;果实成熟时由绿色变为黑色。
　　　　3. 花药具分隔;嫩枝圆柱形或有时多少具 2 棱;叶片边缘具浅细锯齿……… 3. 隔药柃 E. muricata
　　　　3. 花药不具分隔;嫩枝明显具 2 棱;叶片边缘具细锐锯齿 ……………………………………
　　　　……………………………………………………… 4. 窄基红褐柃 E. rubiginosa var. attenuata

1. 微毛柃(图 79：C,D)

Eurya hebeclados Y. Ling in Acta Phytotax. Sin. 1：208. 1951.

灌木或小乔木。嫩枝圆柱形,极少数微具棱,被直立微柔毛。叶片革质,长椭圆状卵形、长椭圆形至长圆状披针形,长 4～9cm,宽 1.5～3.5cm,先端急尖至渐尖而钝头,基部楔形,边缘有细齿,上面深绿色,侧脉在上面不显著,下面隆起;叶柄长 2～4mm,有微柔毛。花 2～5 朵腋生,花梗长 1mm,被微柔毛;雄花的萼片近圆形,长 1.5～2mm,背面被微柔毛;花瓣倒卵形,长约 3.5mm;雄蕊 15。雌花较小,萼片近圆形;花瓣窄卵形,长约 2.5mm;子房卵形,无毛;花柱长约 1mm,3 深裂。果实圆球形,直径 4～5mm。花期 9—10 月,果期次年 5—8 月。

产地：龙塘山、茶园里、栈岭湾、东岙头、十八龙潭、横源、直源、千顷塘、道场坪、大坪溪、干坑。生于海拔 1600m 以下的山坡、谷地溪边及路旁林下。

分布：河南、江苏、安徽、浙江、江西、福建、湖北、湖南、广东、广西、四川、贵州。

用途：蜜源植物。

2. 翅柃(图 79：A,B)

Eurya alata Kobuski in J. Arnold Arbor. 20：361. 1939.

灌木。全株无毛。嫩枝明显有 4 棱,棱角尖锐而明显发达成翅状,去年生枝节间呈螺旋状方柱形。叶片革质,椭圆形、卵状椭圆形或长椭圆形,长 3.5～9cm,宽 1.5～2.8cm,先端短渐尖至渐尖而钝头,基部楔形,边缘有细锯齿,两面无毛;叶柄长 2～3mm。花白色至淡黄色,1～3 朵腋生;花梗长 2～3mm;苞片细小;萼片卵形,长 1.5～2mm;雄花花瓣倒卵形,长 3～3.5mm,基部合生,雄蕊 15。雌花花瓣长椭圆形,长约 2.5mm;子房球形,无毛,花柱,长约 1.5mm,顶端 3 浅裂。果实圆球形,由蓝色、蓝紫色变为黑色,直径 3～3.5mm。花期 10—11 月,果期次年 5—7 月。

产地：龙塘山、银珑坞。生于海拔 170～1600m 的山坡、谷地溪边或路旁林中。

分布：陕西、河南、安徽、浙江、江西、福建、湖北、湖南、广东、广西、四川、贵州。

用途：蜜源植物。

3. 隔药柃　格药柃(图 79：E‑G)

Eurya muricata Dunn in J. Bot. 48：324. 1910.

灌木。嫩枝圆柱形,或有时多少具 2 棱,连同顶芽均无毛。叶片革质,椭圆形或长圆状椭圆形,有时倒卵状椭圆形,长 5.5～10cm,宽 2～4cm,先端渐尖而钝头,基部楔形,边缘有浅细锯齿,上面绿色,下面黄绿色;叶柄长 4～5mm,无毛。雄花 1～5 朵腋生;花梗长

图 79　A,B：翅柃；C,D：微毛柃；E-G：隔药柃（陈家乐绘）

1.5mm,无毛;萼片近圆形,长 2~2.5mm,无毛;花瓣倒卵形,长约 4.5mm;雄蕊 15~22,花药有分隔。雌花 1~5 朵腋生;萼片长 1~1.5mm,无毛;花瓣长 2.5~3mm;子房无毛,花柱长约 1.5mm,顶端 3 裂。果实圆球形,直径 4~5mm。花期 10—11 月,果期次年 5—7 月。

产地:鸠甫山、谢家坞、龙塘山、栈岭湾、横源、直源、大坪溪、干坑、童玉。生于海拔1000m 以下的山坡、谷地溪边及路旁林下灌丛中。

分布:江苏、安徽、浙江、江西、福建、湖北、湖南、广东、四川、贵州。

用途:树皮含鞣质,可提制栲胶;为蜜源植物。

4. 窄基红褐柃

Eurya rubiginosa H. T. Chang var. **attenuata** H. T. Chang in Acta Phytotax. Sin. 3:46. 1954.

灌木。嫩枝粗壮,具 2 棱,无毛,顶芽长达 1~1.8cm,有时较短,无毛。叶片厚革质或坚革质,长椭圆状卵形、长椭圆状披针形,很少椭圆形,长圆状椭圆形或长椭圆状倒卵形,长 4~8.5cm,宽 1.5~3.5cm,先端急尖或渐尖,基部楔形或有时近圆形,边缘有细锯齿,干后上面暗绿色,下面常红褐色,侧脉在两面稍隆起;叶柄长 2~4mm。雄花 2 或 3 朵腋生;花梗长约1.5mm;萼片革质,长 1.5~2mm;花瓣倒卵形,长约 3.5mm;雄蕊 15。雌花 1~3 朵腋生;萼片革质,卵形,无毛,长约 1.5mm,干后褐色;花瓣窄卵形,长约 2.5mm;花柱长约 1mm。果实圆球形,直径 4~5mm。花期 11—12 月,果期次年 4—7 月。

产地:直源、横源、大明山、童玉、千顷塘、大坪溪。生于海拔 150~1000m 的山坡或谷地路边灌丛中。

分布:江苏、安徽、浙江、江西、福建、湖南、广东、广西、云南。

五八、藤黄科　Guttiferae

乔木或灌木,稀为草本。在小管内含有树脂或油。叶为单叶,全缘,对生或有时轮生,一般无托叶。花序各式,聚伞状或伞状,或为单花;小苞片通常生于花萼下方,与花萼难以区分。花两性或单性,轮状排列或部分螺旋状排列,通常整齐,下位;萼片(2~)4 或 5(6),覆瓦状排列或交互对生,内部的有时花瓣状;花瓣(2~)4 或 5(6),离生,覆瓦状排列或旋卷;雄蕊多数,离生或成 3~5(~10)束,束离生或不同程度合生。子房上位,通常有 5(3)个多少合生的心皮,3~5 室,或 1 室,常呈放射状。果为蒴果、浆果或核果;种子 1 至多数,完全被直伸的胚所充满,假种皮有或不存在。

约 40 属,1000 种,主要产热带,其中金丝桃属 *Hypericum* 和三腺金丝桃属 *Triadenum*为温带分布。我国有 8 属,87 种,分布几遍全国。浙江有 2 属,11 种。本志记载 2 种。

(一) 金丝桃属　Hypericum L.

草本或灌木。叶对生,有时轮生,无柄或具短柄,常有透明或黑色腺点。花两性,黄色,极少为粉红色或淡紫色,单生或排成顶生或腋生的聚伞花序;萼片 5;花瓣 5,通常偏斜,芽时旋转排列;雄蕊极多数,分离或基部合生成 3~5 束而与花瓣对生,有时有下位腺体与花瓣互生;子房上位,1 室,有 3~5 个侧膜胎座,或 3~5 室而有中轴胎座;胚珠多数;花柱 3~5;果为蒴果,室间开裂或沿胎座开裂,很少为浆果;种子小,多数,圆柱形,无假种皮,胚细而直。

约 400 种,分布于北半球的温带和亚热带地区。我国有 50 种,广布于全国,主产西南部。浙江有 10 种。

分种检索表

1. 雄蕊与花瓣等长或略长,花柱细长,顶端 5 裂;小枝圆柱形 ………………… 1. 金丝桃 H. monogynum
1. 雄蕊明显短于花瓣,花柱 5,分离;小枝具 2 棱 ……………………………… 2. 金丝梅 H. patulum

1. 金丝桃(图 80:A)

Hypericum monogynum L. , Sp. Pl. , ed. 2. 2:1107. 1763.

小灌木,多分枝,无毛,高 0.5～1m;枝圆柱形,红褐色。叶片纸质,无柄或具极短的柄,

图 80　A:金丝桃;B:金丝梅(陈家乐绘)

椭圆形、长圆形、倒卵形、倒披针形或卵状长圆形,长 2.5～11cm,宽 1～4cm,顶端钝圆或急尖,基部楔形或微心形,有时抱茎,背面稍呈苍白色,侧脉 4 或 5 对,在背面稍明显。顶生聚伞花序,稀单生,花黄色;萼片卵状长圆形,长 4.5～13mm,宽 1.5～6mm;花瓣倒卵形,长 2～3.5cm,宽 1.2～2cm,脱落;雄蕊基部合生为 5 束,略短于花瓣,脱落;子房卵球形,5 室,花柱顶端 5 裂。蒴果卵球形,种子暗红色。花、果期 5—11 月。

产地:顺溪。

分布:分布于华中、华东、华南及西南各省、区。

用途:花似桃花,花丝金黄,花叶秀丽,是南方庭院中常见的观赏花木,也可作切花材料;果实及根可作药用,能清热解毒、祛风湿、止咳。

2. 金丝梅(图 80:B)

Hypericum patulum Thunb. , Syst. Veg. , ed. 14 . 700. 1784.

半常绿或常绿小灌木,高 0.5～1m,光滑无毛。小枝具 2 纵棱,红褐色或暗褐色。叶对生;叶片卵形、长卵形或卵状披针形,长 2.5～5cm,宽 1～3cm,先端钝圆或急尖,基部近圆形或渐狭,上面绿色,下面淡粉绿色,散布稀疏油点;叶柄极短。花单生枝端或成聚伞花序;花大,直径 2.5～4cm,金黄色;雄蕊多数,基部合生成 5 束,长约为花瓣的一半;子房 5 室,花柱 5,分离,长约 5mm。蒴果卵球形,下具宿存萼片。种子圆柱形,黑褐色,表面有不明显的细蜂窝纹。花期 5—7 月,果期 8—10 月。

产地:顺溪、谢家坞、童玉。生长于海拔 200～1000m 的山坡、路边灌丛及水沟边。

分布:安徽、浙江、江西、福建、台湾、湖北、湖南、广西北部、四川、贵州及陕西。

用途:花美丽,供观赏;根及全草入药,有舒筋活血、催乳、利尿功效。

五九、大风子科　Flacourtiaceae

乔木或灌木,稀有枝刺。单叶,互生,稀对生和轮生;叶片全缘或有锯齿;托叶小,早落,稀宿存或为叶状。花单生、簇生或组成总状花序、聚伞花序、圆锥花序,腋生或顶生;花小,辐射对称,两性或单性,通常雌雄异株或杂株;花萼通常 2 至多数,分离或稍连合;花瓣小,与萼片同数或缺,稀较多;雄蕊多数,有时有退化雄蕊,花丝分离,花药 2 室,多为侧方纵裂,稀为顶端孔裂;子房上位,1 至多室,或 1 室内有 1 至多个侧膜胎座,胚珠 2 至多数,花柱与胎座同数。果实多为浆果或核果,极少数为蒴果。种子有丰富的胚乳。

80 属、500 种,大多分布于热带。中国有 10 属,24 种。浙江有 3 属,3 种、1 变种。本志记载 3 属,3 种。

本科植物有些种类有多种经济用途,有些则可供园林观赏。

分属检索表

1. 叶片大型;花组成顶生的圆锥花序。
　2. 果为浆果;种子无翅;雌花通常有 5 个花柱 ………………………… 1. 山桐子属 Idesia
　2. 果为蒴果;种子有翅;雌花有 3 个花柱 ………………………… 2. 山拐枣属 Poliothyrsis
1. 叶片小型;花小,组成腋生的总状花序 ………………………… 3. 柞木属 Xylosma

（一）山桐子属　**Idesia** Maxim.

落叶乔木。冬芽无毛，有多数覆瓦状排列的芽鳞。单叶，互生，叶片边缘有锯齿；叶柄长，上部有腺体；托叶小，脱落。圆锥花序，大型，顶生，具长的花序梗；花单性异株或杂性；苞片小，早落；萼片3～6，通常5；无花瓣；雄花有多数雄蕊和1个退化雌蕊，花丝有长柔毛，花药下垂，2室，纵裂；雌花的子房球形，基部有短退化雄蕊，子房1室，有极多数胚珠，生于5，或3～6个侧膜胎座上，花柱5，少于3～6，柱头肥厚。果为浆果，熟时红色。种子多数。

1种、1变种，分布于中国至日本。浙江也产。

1. 山桐子（图81）

Idesia polycarpa Maxim in Bull. Acad. Imp. Sci. St.-Pétersbourg 10：485. 1866.

乔木，高达15m。树皮灰白色，平滑；枝开展，树冠呈圆形。叶片宽卵形至卵状心形，长6～15cm，宽5～12cm，先端锐尖至短渐尖，基部常为心形，叶缘具圆锯齿，上面深绿色，下面被白粉，具掌状5～7出脉，脉腋内密生柔毛；叶柄长2.5～12cm，连同叶片基部有不规则突起的腺体。圆锥花序长10～20cm，下垂；花黄绿色，芳香；萼片通常5；无花瓣；雄花有多数雄蕊；雌花有多数退化雄蕊，子房球形，1室，有3～6侧膜胎座，胚珠多数。果球形，红色，直径7～10mm，有多数种子。花期5月，果期9—10月。

产地：龙塘山、三祖源、千顷塘、大坪溪、横源、直源。生于海拔450～1100m的沟边、路边、林中或灌丛中。

分布：台湾至西南以及陕西、甘肃南部；日本、朝鲜半岛。

用途：种子榨油可制肥皂或作润滑油，也可作桐油的代用品；果红色，可供观赏。

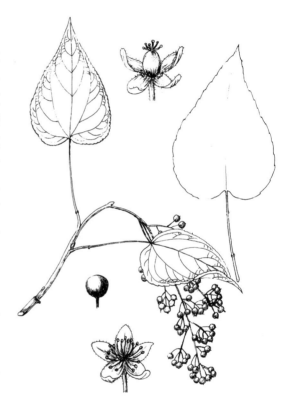

图81　山桐子（引自 *Flora of China*-Ill.）

（二）山拐枣属　**Poliothyrsis** Oliv.

落叶乔木。冬芽外面有2或4个具毛的鳞片。叶互生，叶片基部有主脉3～5条，边缘有浅锯齿；有柄；托叶小，早落。圆锥花序顶生；花单性，雌雄同株；萼片5，卵圆形至披针形，镊合状排列；无花瓣；雄花有多数离生短雄蕊和1个退化雌蕊；雌花在子房基部有退化雄蕊，子房1室，有3个侧膜胎座，胚珠多数，花柱3，向外弯曲，柱头2裂。蒴果椭圆球形，成熟时3瓣裂。种子多数，具翅。

仅1种，我国特有，分布于我国西南部至东部。浙江亦产。

1. 山拐枣(图 82)

Poliothyrsis sinensis Hook. f., Hooker's Icon. Pl. 19; t. 1885. 1889.

图 82　山拐枣(引自 *Flora of China*-Ill.)

乔木,高可达 15m。树皮灰色;嫩枝被毛。叶片卵圆形至卵状长圆形,长 6～16cm,宽 5～10cm,先端渐尖,基部圆形或心形,边缘有圆钝锯齿,上面深绿色,下面除脉上有长或短柔毛外,其余近无毛,掌状 3～5 出脉,中间 3 主脉较粗壮,外侧 2 条脉较细弱;叶柄长 2～5cm,无毛或被毛。圆锥花序顶生,直立,疏松,长 10～20cm,分枝顶端的花多为雌花;花淡绿色,后渐变黄色;萼片 5,外面被白色茸毛;雄花有雄蕊 20～25,雄蕊长短不一,较萼片短,有 1 个极小的退化子房;雌花有多数退化雄蕊,退化雄蕊远较子房为短,子房卵球形至长卵球形,有毛。果椭圆球形,长 1.5～2cm,顶端急尖,3 瓣裂,外果皮革质,有灰色绒毛,内果皮木质。种子小,多数,具翅。花期 7 月,果期 9—10 月。

产地: 龙塘山、十八龙潭。生于 900～1000m 的林中或林缘。

分布: 江苏、浙江、湖北、湖南、广东、四川、贵州、云南、河南、陕西。

用途: 木材结构细密,材质优良,供家具、器具等用;花多而芳香,为蜜源植物。

(三) 柞木属　Xylosma G. Forst.

常绿灌木或乔木。常有腋生棘刺。叶互生,叶片有锯齿,很少全缘;无托叶。总状花序腋生;花小,单性异株,很少两性;萼片常 4 或 5;花瓣缺;雄蕊多数,分离;子房上位,为腺状花盘所围绕,1 室,有胚珠 2 至数颗,生于侧膜胎座上。浆果,球形,有种子 2～8 粒;种子平滑,骨质。

约 100 种,分布于热带。我国有 3 或 4 种,分布于秦岭以南。浙江 1 种。

1. 柞木(图 83)

Xylosma congesta (Lour.) Merr. in Philipp. J. Sci. 15; 247. 1920.

Basionym: *Croton congestus* Lour. , Fl. Cochinch. 2; 582. 1790.

常绿灌木或乔木,高 2～14m。幼枝、叶柄均具微柔毛;幼时无刺或有刺状短枝,在老树上变成棘刺。叶片卵形、长圆状卵形至菱状披针形,长 3～9cm,宽 1～5cm,先端渐尖或微钝,基部圆形或楔形,边缘有细锯齿,两面无毛。总状花序腋生,长 1～2cm,被细柔毛;花淡黄色;萼片 4～6,近圆形;无花瓣;雄花有多数雄蕊,花丝较萼片长数倍;雌花的花柱极短,花盘圆盘状,边缘稍成浅波状,柱头 2 浅裂。浆果球形,直径 3～5mm,熟时黑色,顶端有宿存花柱,有种子 2 或 3 粒。花期 9 月,果期 10—11 月。

产地:顺溪、大坪溪。生于灌丛中或林中。

分布:陕西秦岭以南和长江以南各省、区。

用途:材质坚实,纹理细密,材色棕红,供家具农具等用;叶、刺供药用;种子含油;树形优美,供庭院美化和观赏等用;又为蜜源植物。

图 83　柞木(引自 *Flora of China*-Ill.)

六〇、旌节花科　**Stachyuraceae**

落叶或常绿,灌木或小乔木,稀藤本。小枝明显具白色髓心。冬芽小,具 2～4 枚鳞片,覆瓦状排列。单叶,互生,稀簇生,膜质至革质,边缘具锯齿;托叶线状披针形,早落。总状花序或穗状花序腋生,直立或下垂;花小,整齐,两性或雌雄异株,具短梗或无梗;花梗基部具苞片 1 枚,花基部具小苞片 2 枚,基部连合;萼片和花瓣各 4,分离,覆瓦状排列;雄蕊 8,分离,花丝钻形,花药丁字着生,2 室,内向纵裂;子房上位,形成不完全 4 室,中轴胎座;胚珠多数,花柱短,柱头头状,4 浅裂。果实为浆果,外果皮革质;种子小,多数,具柔软的假种皮,胚乳丰富,胚直立。

1 属,约 8 种,分布于东亚。我国有 7 种,分布于秦岭以南地区。浙江有 2 种。本志记载 1 种。

(一) 旌节花属　Stachyurus Siebold & Zucc.

属的形态特征、地理分布与科同。

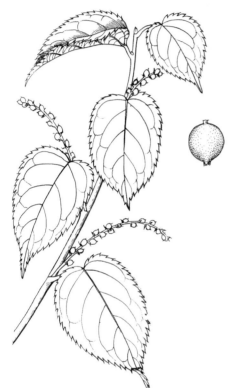

1. 中国旌节花(图 84)

Stachyurus chinensis Franch. in J. de Bot. 12: 254. 1898.

落叶灌木,高可达 5m。树皮紫褐色,平滑。叶互生,纸质;叶片卵形、椭圆形或卵状长圆形,长 6～12cm,宽 3～6cm,先端骤尖或尾尖,基部宽楔形或圆形,边缘具粗或细锯齿,幼嫩时上面沿中脉和侧脉疏生白色绒毛,老时无毛,下面无毛,或脉腋生少量簇毛;叶柄长 1～2.5cm。总状花序长 3～10cm;苞片椭圆形,长 3mm;花梗极短;小苞片三角状卵形;萼片 4;花瓣 4,黄色,倒卵形;雄蕊与花瓣几等长。果球形,直径 6～8mm,先端有短尖头,果梗长约 2mm。花期 4 月上旬,果期 8—9 月。

产地:区内常见。多生于海拔 450～1150m 山坡林中、林缘或灌丛中。

分布:华中、华南、西南等地及陕西、甘肃;越南。

用途:干燥的茎髓为中药"小通花",有利尿、催乳、清湿热之效;花可观赏。

图 84　中国旌节花(引自 *Flora of China-Ill.*)

六一、瑞香科　Thymelaeaceae

落叶或常绿灌木或小乔木,稀草本。茎通常具韧皮纤维。单叶互生或对生,革质或纸质,稀草质,全缘,基部具关节,羽状叶脉,具短叶柄,无托叶。花辐射对称,两性或单性,雌雄同株或异株,头状、穗状、总状、圆锥或伞形花序,有时单生或簇生,顶生或腋生;花萼通常为花冠状,白色、黄色或淡绿色,稀红色或紫色,常连合成钟状、漏斗状、筒状的萼筒,外面被毛或无毛,裂片 4 或 5,在芽中覆瓦状排列;花瓣缺,或鳞片状,与萼裂片同数;雄蕊通常为萼裂片的 2 倍或同数,稀退化为 2,多与裂片对生,或另一轮与裂片互生,花药卵形、长圆形或线形,2 室,向内直裂,稀侧裂;花盘环状、杯状或鳞片状,稀不存在;子房上位,心皮 2～5 合生,稀 1 个,1 室,稀 2 室,每室有悬垂胚珠 1 颗,稀 2 或 3,近室顶端倒生,花柱长或短,顶生或近顶生,有时侧生,柱头通常头状。浆果、核果或坚果,稀为 2 瓣开裂的蒴果,果皮膜质、革质、木质或肉质;种子下垂或倒生;胚乳丰富或无胚乳,胚直立,子叶厚而扁平,稍隆起。

约 48 属,650 种,广布于南北两半球大陆的热带和温带地区,主要分布于非洲、大洋洲和

地中海沿岸地区。我国有 10 属,约 100 种,主要分布于长江以南各省、区。浙江有 3 属,8
种、2 变种。本志记载 3 属,5 种、1 变种。

分属检索表

1. 花序下具早落性的总苞片;花萼筒内无鳞片状花瓣,花常组成顶生或腋生的头状花序或短总状花序。
　2. 花柱极短或几无;柱头大,头状 ·· 1. 瑞香属 Daphne
　2. 花柱甚长,长约 2mm;柱头线状圆柱形,密生乳头状突起 ············· 2. 结香属 Edgeworthia
1. 花序下不具总苞片;花萼筒内有鳞片状花瓣,花常组成顶生穗状花序或总状花序,稀为短总状花序······
　·· 3. 荛花属 Wikstroemia

（一）瑞香属　Daphne L.

落叶或常绿灌木或亚灌木。小枝有毛或无毛;冬芽小,具数个鳞片。叶互生,稀近对生,
具短柄,无托叶。花通常两性,稀单性,整齐,通常组成顶生头状花序,稀为圆锥、总状或穗状
花序,有时花序腋生,通常具苞片,花白色、玫瑰色、黄色或淡绿色;花萼筒短或伸长,钟形、筒
状或漏斗状管形,外面具毛或无毛,顶端 4 裂,稀 5 裂,裂片开展,覆瓦状排列,通常大小不
等;无花瓣;雄蕊 8 或 10,2 轮,不外露,有时花药部分伸出于喉部,通常包藏于花萼筒的近顶
部和中部;花盘杯状、环状,或一侧发达呈鳞片状;子房 1 室,通常无柄,有 1 颗下垂胚珠,花
柱短,柱头头状。浆果肉质或干燥而革质,常为近干燥的花萼筒所包围,有时花萼筒全部脱
落而裸露,通常为红色或黄色;种子 1 颗,种皮薄;胚肉质,无胚乳,子叶扁平而隆起。

约 95 种,主要分布于欧洲经地中海、中亚到中国、日本,南到印度至印度尼西亚。我国
有 44 种,主产于西南和西北部。浙江有 3 种。

本属许多种类韧皮纤维发达,可供造高级文化纸和人造棉原料,有的种类引种庭院栽
培,是较好的花卉观赏植物,少数种类可作药用。

分种检索表

1. 叶常绿;花序单独顶生,花时有叶;子房无毛;果红色 ··············· 1. 毛瑞香 D. kiusiana var. atrocaulis
1. 叶脱落;花序常数簇侧生于去年生枝无叶的叶腋,花时无叶;子房密被柔毛;果白色 ·······················
　·· 2. 芫花 D. genkwa

1. 毛瑞香(图 85：C - F)

Daphne kiusiana Miq. var. **atrocaulis** (Rehder) F. Maek. in J. Jap. Bot. 21：45. 1945.

Basionym：*Daphne odora* Thunb. var. *atrocaulis* Rehder in Sargent, Pl. Wilson. 2：545. 1916.

常绿灌木,高 0.5～1.2m,二歧状或伞房分枝;枝深紫色或紫红色,通常无毛,有时幼嫩
时具粗绒毛;腋芽近圆形或椭圆形,鳞片卵形,顶端圆形,稀钝形,除边缘具淡白色流苏状缘
毛外无毛,通常褐色。叶互生,有时簇生于顶枝;叶片革质,椭圆形或披针形,长 6～12cm,宽
1.8～3cm,两端渐尖,基部下延于叶柄,边缘全缘,微反卷,上面深绿色,具光泽,干燥后有时
起皱纹,下面淡绿色,中脉纤细,上面通常凹陷,下面微隆起,侧脉 6 或 7 对,纤细,上面微凸
起,稀微凹下,下面不甚明显;叶柄两侧翅状,长 6～8mm,褐色。花白色,有时淡黄白色,9～
12 朵簇生于枝顶,呈头状花序,花序下具苞片;苞片褐绿色早落;几无花序梗,花梗密被淡黄
绿色粗绒毛;花萼管状,外面下部密被淡黄绿色丝状绒毛;雄蕊 8,2 轮,分别着生于花萼筒上

图 85 A,B：芫花；C-F：毛瑞香（重组《浙江植物志》与 *Flora of China*-Ill.）

部及中部；花盘短杯状；子房无毛，椭圆球形。果实红色，广椭圆球形或卵状椭圆球形，长约10mm。花期3—4月，果期8—9月。

产地：都林山、大坪溪。生于林下。

分布：江苏、安徽、浙江、福建、江西、台湾、湖北、湖南、广东、广西、四川。

用途：茎皮纤维可造纸和人造棉，花可提取芳香油；根及茎皮入药。

2. 芫花(图 85：A,B)

Daphne genkwa Siebold & Zucc., Fl. Jap. (Siebold) 1：137, t. 75. 1840.

落叶灌木，高0.3~1m，多分枝；树皮褐色，无毛；小枝圆柱形，细瘦，干燥后多具皱纹，幼枝黄绿色或紫褐色，密被淡黄色丝状柔毛，老枝紫褐色或紫红色，无毛。叶对生，稀互生；叶片纸质，卵形或卵状披针形至椭圆状长圆形，长3~4cm，宽1~2cm，先端急尖或短渐尖，基部宽楔形或钝圆形，边缘全缘，上面绿色，干燥后黑褐色，下面淡绿色，干燥后黄褐色，幼时密被绢状黄色柔毛，老时则仅叶脉基部散生绢状黄色柔毛，侧脉5~7对，在下面较上面显著；叶柄短或几无，长约2mm，具灰色柔毛。花比叶先开放，紫色或淡紫蓝色，无香味，常3~6朵簇生于叶腋或侧生，花梗短，具灰黄色柔毛；花萼筒细瘦，外面具丝状柔毛；雄蕊8，2轮，分别着生于花萼筒的上部和中部；花盘环状，不发达；子房长倒卵球形，密被淡黄色柔毛，花柱短或无，柱头头状，橘红色。果实肉质，白色，椭圆球形，长约4mm，包藏于宿存的花萼筒的下部，具1枚种子。花期3—5月，果期6—7月。

产地：顺溪附近偶见栽培。

分布：河北、山西、陕西、甘肃、山东、河南、江苏、安徽、浙江、福建、台湾、江西、湖北、湖南、四川、贵州。

用途：花期可观赏；花蕾药用，治疗水肿和祛痰；根可作农药；茎皮纤维柔韧，可作造纸和人造棉原料。

（二）结香属　**Edgeworthia** Meisn.

落叶灌木，多分枝；树皮强韧。叶互生，厚膜质，窄椭圆形至倒披针形，常簇生于枝顶，具短柄。花两性，组成紧密的头状花序，顶生或生于侧枝的顶端或腋生，具短或极长的花序梗；苞片数枚组成1总苞，小苞片早落，花梗基部具关节，先叶开放或与叶同时开放；花萼圆柱形，常内弯，外面密被银色长柔毛；裂片4，伸张，喉部内面裸露，宿存或凋落；雄蕊8，2列，着生于花萼筒喉部，花药长圆形，花丝极短；子房1室，无柄，被长柔毛，花柱长，有时被疏柔毛，柱头棒状，具乳突，下位花盘杯状，浅裂。果干燥或稍肉质，基部为宿存萼所包被。

共5种，主产亚洲。我国有4种，大多分布于西南部。浙江有1种。

1. 结香(图 86)

Edgeworthia chrysantha Lindl. in J. Hort. Soc. London. 1(2)：148. 1846.

灌木，小枝粗壮，褐色，常三叉分枝，幼枝常被短柔毛，韧皮极坚韧，叶痕大，直径约5mm。叶在花前凋落；叶片长圆形，披针形至倒披针形，先端短尖，基部楔形和渐狭，长8~20cm，宽2.5~5.5cm，两面均被银灰色绢状毛，下面较多，侧脉纤细，弧形，每边10~13条，被柔毛。头状花序顶生或侧生，具花30~50朵，成绒球状，外围以10枚左右被长毛而早落的总苞;花序梗长1～2cm,被灰白色长梗毛;花芳香,无梗,花萼长约1.3～2cm,宽约4～5mm,外面密被白色丝状毛,内面无毛,黄色,顶端4裂,裂片卵形,长约3.5mm,宽约3mm;雄蕊8,2列,上列4枚与花萼裂片对生,下列4枚与花萼裂片互生,花丝短,花药近卵形,长约2mm;子房卵球形,长约4mm,直径约为2mm,顶端被丝状毛,花柱线形,长约2mm,无毛,柱头棒状,长约3mm,具乳突,花盘浅杯状,膜质,边缘不整齐。果椭圆球形,绿色,长约8mm,直径约3.5mm,顶端被毛。花期冬末春初,果期春夏间。

产地:干坑,常见栽培。

分布:河南、陕西,以及长江流域及其以南诸省、区,野生或栽培。

用途:茎皮纤维可作高级纸及人造棉原料;全株入药能舒筋活络,消炎止痛,可治跌打损伤、风湿痛;也可作兽药、治牛跌打;亦可栽培供观赏。

图86　结香(引自《浙江植物志》)

(三)荛花属　Wikstroemia Endl.

落叶或常绿灌木,稀为小乔木。叶对生,稀互生。花两性,花序顶生,穗状、总状或头状,通常无总苞;萼筒管状,细长,外面常有短柔毛,喉部有鳞片状花瓣,裂片4或5;无花瓣;雄蕊8或10,花丝极短,2列;花盘鳞片状;子房1室,无柄,有短柔毛,倒生胚珠1;柱头头状,几无花柱。果为核果,干燥或浆果状。

约70种,分布于东亚至马来西亚和大洋洲。我国有49种,多分布于长江以南地区。浙江有5种。

分种检索表

1. 北江荛花　山棉皮(图 87：D,E)

Wikstroemia monnula Hance in J. Bot. 16：13. 1878.

灌木，高 0.5～0.8m；枝暗绿色，无毛，小枝被短柔毛。叶对生或近对生，叶片纸质或坚纸质，卵状椭圆形至椭圆形或椭圆状披针形，长 1～3.5cm，宽 0.5～1.5cm，先端尖，基部宽楔形或近圆形，上面干时暗褐色，无毛，下面色稍淡，在脉上被疏柔毛，侧脉纤细，每边 4 或 5条；叶柄短，长 1～1.5mm。总状花序顶生，有 8～12 花；花细瘦，黄带紫色或淡红色，花萼外面被白色柔毛，长 0.9～1.1cm，顶端 4 裂，裂片先端微钝；雄蕊 8，2 列，上列 4 枚在花萼筒喉部着生，下列 4 枚在花萼筒中部着生；子房具柄，顶端密被柔毛；花柱短，柱头球形，顶基压扁，花盘鳞片 1 或 2，线状长圆形或长方形，顶端啮蚀状。果干燥，卵圆球形，基部为宿存花萼所包被。花、果期 4—8 月。

产地：鸠甫山。生于路边或山坡林缘。

分布：安徽、浙江、福建、江西、湖南、广东、广西、贵州。

用途：韧皮纤维可作人造棉及高级纸的原料。

2. 了哥王　南岭荛花(图 87：A–C)

Wikstroemia indica C. A. Mey. in Bull. Phys.-Math. Acad. Petersb. 1：357. 1843.

灌木，高 0.5～2m 或过之；小枝红褐色，无毛。叶对生，纸质至近革质，叶片倒卵形、椭圆状长圆形或披针形，长 2～5cm，宽 0.5～1.5cm，先端钝或急尖，基部阔楔形或窄楔形，干时棕红色，无毛，侧脉细密，极倾斜；叶柄长约 1mm。花黄绿色，数朵组成顶生头状总状花序，花序梗长 5～10mm，无毛，花梗长 1～2mm，花萼长 7～12mm，近无毛，裂片 4；宽卵形至长圆形，长约 3mm，顶端尖或钝；雄蕊 8，2 列，着生于花萼管中部以上，子房倒卵形或椭圆形，无毛或在顶端被疏柔毛，花柱极短或近于无，柱头头状，花盘鳞片通常 2 或 4。果椭圆形，长 7～8mm，成熟时红色至暗紫色。花、果期夏秋间。

产地：昌化镇。生于路边或山坡林缘。

分布：浙江、福建、台湾、江西、湖南、广东、海南、广西、贵州、云南；越南、印度、马来西亚等。

用途：全株有毒，可药用；茎皮纤维可作造纸原料。

3. 安徽荛花

Wikstroemia anhuiensis D. C. Zhang & X. P. Zhang, Fl. Anhui 3：646. 1990.

Daphne anhuiensis (D. C. Zhang & X. P. Zhang) Halda.

灌木，高约 60cm。小枝深紫色，细弱，无毛；芽小，卵球形，直径约 0.2mm，密被灰白

图 87   A-C：了哥王；D，E：北江荛花（重组《浙江植物志》）

色柔毛。叶对生;叶片膜质,椭圆形至长椭圆形,长 0.6~1.6cm,宽 3~8mm,先端急尖或圆钝,基部楔形或宽楔形,全缘,上面绿色,下面淡绿色,两面无毛,侧脉 4 或 5 对;叶柄短,长约 1mm,无毛。花白色,4~6 朵,呈短顶生总状花序,花梗长 1~1.2mm,花序梗和花梗均无毛;花萼管圆筒形,下部膨大,无毛,长 8~10mm,裂片 5,宽卵形,长约 2mm,先端圆,钝或略尖,边缘全缘;花盘鳞片 1,线形,长约 1.5mm;雄蕊 10,二轮排列,上面一轮着生于花萼管喉部,下面一轮着生于中部以上;子房梨形,具子房柄,均被短柔毛;花柱极短,柱头近球形。

产地: 龙岗镇。生于山坡路边石壁上。

分布: 安徽(歙县)、浙江。

六二、胡颓子科　**Elaeagnaceae**

直立灌木或攀援藤本,稀乔木,常绿或落叶,有刺或无刺,全体被银白色或褐色至锈色盾形鳞片或星状绒毛。单叶互生,稀对生或轮生,全缘,羽状叶脉,具柄,无托叶。花两性或单性,稀杂性,1 至数朵腋生,或成伞状、总状花序,白色或黄褐色,具香气,虫媒花;花萼常连合成筒,顶端 4 裂,稀 2 裂,在子房上面通常明显收缩,花蕾时镊合状排列;无花瓣;雄蕊着生于萼筒喉部或上部,与裂片互生,或着生于基部,与裂片同数或其为其倍数,花丝分离,短或几无,花药内向,2 室纵裂,背部着生,通常为丁字药;子房上位,包被于花萼管内,1 心皮,1 室,1 胚珠,花柱单一,直立或弯曲,柱头棒状或偏向一边膨大;花盘通常不明显,稀发达成锥状。果实为瘦果或坚果,为增厚的萼管所包围而成核果状,红色或黄色;种皮骨质或膜质;无或几无胚乳,胚直立,较大,具 2 枚肉质子叶。

3 属,约 90 种;主要分布北温带和热带地区。我国有 2 属,74 种,全国都有分布。浙江有 1 属,9 种、1 变种。本志记载 1 属,5 种。

(一) 胡颓子属　**Elaeagnus** L.

落叶或常绿灌木或小乔木,直立或攀援,常具针刺,稀无刺,通常全体具银白色或棕色的鳞片。冬芽小,卵圆形,外具鳞片。单叶互生,披针形至椭圆形或卵形,全缘,具短柄。花两性,稀杂性,单生或簇生于叶腋或叶腋短小枝上,成伞形总状花序,通常具梗;花萼筒状或钟状,先端 4 裂,基部紧包围子房,子房上面通常明显收缩,雄蕊 4,着生于萼筒喉部,与裂片互生,花丝极短,不外露,花药短,矩圆形或椭圆形,丁字药,内向,2 室纵裂;花柱单一,细弱而伸长,柱头偏向一边,膨大或棒状。果为坚果、呈核果状,矩圆球形或椭圆球形,稀近球形,红色或黄色;果核椭圆形,内面通常具白色丝状毛。

约 90 种,分布于亚洲、欧洲、北美洲。我国有 36 种,南北均产。浙江有 9 种、1 变种。

分种检索表

1. 直立、蔓生或攀援灌木,常绿;花秋季或冬季开放;果实春季成熟。
   2. 蔓生或攀援灌木;常 3~7 花密生于叶腋短小枝上;通常无刺,稀有刺 ……… 1. 蔓胡颓子 E. glabra
   2. 直立灌木;花 1~3 朵生于叶腋锈色的短小枝上;通常有刺 …………………… 2. 胡颓子 E. pungens
1. 直立灌木或乔木,落叶或半常绿;花春夏季开放;果实夏秋季成熟。

　　3. 叶片下面除具鳞片外多少尚具星状绒毛或柔毛,侧脉在上面通常凹下……　3. 毛木半夏 E. courtoisi

　　3. 叶片下面仅鳞片而无毛,侧脉在上面平坦或略凸起。

　　　　4. 萼筒向基部渐狭窄;果实近球形,长 5～7mm,果梗长 4～10mm,劲直 ………………………………………………………………………………………　4. 牛奶子 E. umbellata

　　　　4. 萼筒向基部急骤收缩;果实长倒卵球形至椭圆球形,长 1.2～1.6cm,果梗长 1.5～4cm,弯曲 ………………………………………………………………………　5. 木半夏 E. multiflora

1. 蔓胡颓子(图 88：C,D)

Elaeagnus glabra Thunb. , Syst. Veg. , ed. 14. 164. 1784.

　　常绿蔓生或攀援灌木,高达 5m,通常无刺,稀有刺;幼枝密被锈色鳞片,老时脱落。叶片卵状椭圆形,少有卵圆形,长 4～10cm,宽 2.5～5cm,先端渐尖,基部近圆形或楔形,纸质,微反卷,上面深绿色,下面外观灰褐色或黄褐色至红褐色,被褐色鳞片,侧脉 6 或 7 对,上面明显,下面凸起;叶柄长 5～8mm。花下垂,淡白色,密被银白色和散生少数褐色鳞片,常 3～7 花密生于叶腋短小枝上成伞形总状花序;花梗锈色,长 3～4mm,萼筒狭圆筒状漏斗形,长 5～6mm,裂片宽三角形,长 2～3mm,内面被白色星状柔毛;雄蕊花丝长不超过 1mm,花药长椭圆形,长 1.5～1.8mm,花柱细长而直立,无毛,顶端弯曲。果实长圆球形,长 1.4～1.8cm,密被锈色鳞片,成熟时红色;果梗长 3～6mm。花期 9—11 月,果期次年 4～5 月。

　　产地:大坪溪、横源、直源。常生于山坡向阳林中或杂木林中。

　　分布:江苏、安徽、浙江、福建、台湾、江西、湖北、湖南、广东、广西、贵州、四川;日本、朝鲜半岛。

2. 胡颓子(图 88：A,B)

Elaeagnus pungens Thunb. , Syst. Veg. , ed. 14. 164. 1784.

　　常绿灌木,多分枝,具棘刺,长 20～40mm,有时较短,深褐色;幼枝密被褐色鳞片,老枝鳞片脱落,黑色,具光泽。叶片革质,椭圆形、宽椭圆形或稀长圆形,长 5～10cm,宽 1.8～5cm,先端锐尖或钝,全缘,常微反卷或多少皱波状,上面幼时具银白色和褐色鳞片,熟后脱落,具光泽,下面外观银白色,散生褐色鳞片,侧脉 7～9 对,干后与网状脉均上面明显,下面不明显;叶柄粗壮,锈褐色,长 5～15mm。花银白色,下垂,密被鳞片,1～3 朵生于叶腋锈色的短小枝上;花梗长 3～5mm,萼筒圆筒形或漏斗状圆筒形,长 5～7mm,裂片三角形或长圆状三角形,长 3mm,顶端渐尖,内面疏生短柔毛;雄蕊花丝极短,花药长圆形,长约 1.5mm,花柱直立,无毛,上端微弯曲,长于雄蕊。果实椭圆球形,长 1.2～1.5cm,被锈色鳞片,熟时红色;果梗长 4～6mm。花期 9—12 月,果期次年 4～6 月。

　　产地:直源、鸠甫山、童玉、柘林坑、干坑。生于山坡或杂木林的灌丛中。

　　分布:江苏、安徽、浙江、福建、江西、湖北、湖南、广东、广西、贵州;日本。

3. 毛木半夏

Elaeagnus courtoisi Belval in Bull. Soc. Bot. France 80：97. 1933. [*courtosii*]

　　落叶灌木,无刺;幼枝、叶和花密被黄色星状绒毛。叶片纸质,倒披针形或倒卵形,长 4～9cm,宽 1～4cm,先端急尖或钝,基部楔形而多少偏斜,全缘,上面幼时被星状柔毛,淡黄色,

图 88　A,B：胡颓子；C,D：蔓胡颓子（金孝锋绘）

下面被灰黄色星状柔毛或白色鳞片,侧脉6～8对,叶柄长2～5mm,被黄色柔毛。花单生于新枝叶腋,黄白色;花梗长3～5mm;萼筒圆筒形,纤细,长约5mm,裂片卵状三角形,长3～4mm,顶端钝圆,内面疏生星状柔毛;雄蕊几无花丝,长约0.5mm,花药矩圆形,长约1mm;花柱直立,无毛,果实长椭圆球形或长圆球形,长约1cm,熟后红色,密被锈色或银白色鳞片和黄色星状绒毛;果梗长达30～40mm。花期2—3月,果期4—6月。

　　产地:龙塘山、东岙头、童玉。路边、林缘及水沟边。

　　分布:安徽、浙江、江西、湖北。

4. 牛奶子(图89:C,D)

Elaeagnus umbellata Thunb., Syst. Veg., ed. 14. 164. 1784.

　　落叶灌木,高达4m,通常具刺;幼枝密被银白色鳞片,老枝鳞片脱落,灰黑色。叶柄3～5mm;叶片纸质,狭椭圆形、椭圆形或倒卵状披针形,长3～8cm,宽1～3.5cm,先端钝尖,基部圆形或楔形,全缘或多少皱波状,上面具白色星状柔毛或鳞片,成熟后脱落,下面银白色或散生少数褐色鳞片,侧脉5～7对。花1～7朵簇生于新枝基部,黄白色,芳香,密被银白色鳞片;萼筒圆筒状漏斗形,长5～7mm,基部渐狭,裂片卵状三角形,长2～4mm;花柱直立,疏生白色星状毛。核果近球形至卵球形,长约6mm,熟时红色,被银色鳞片;果梗长3～10mm。花期4—5月,果期7—8月。

　　产地:东岙头、千顷塘、童玉。常生于山坡路边、林缘、溪边灌丛中。

　　分布:辽宁、陕西、山西、甘肃、山东、江苏、浙江、湖北、四川、云南、西藏;日本、朝鲜半岛、印度、不丹、尼泊尔、阿富汗。

5. 木半夏(图89:A,B)

Elaeagnus multiflora Thunb., Syst. Veg., ed. 14. 163. 1784.

　　落叶灌木,高达3m,通常无刺;枝密被锈褐色鳞片。叶片椭圆形或卵形,长3～10cm,宽1.2～5cm,先端钝尖或急尖,基部锐尖或钝,上面幼时具银色鳞片,成熟后脱落,干后黑褐色或淡绿色,下面银白色或被褐色鳞片,侧脉5～7对;叶柄长4～6mm。花白色,1或2朵生于新枝基部叶腋;花梗4～8mm;萼筒圆筒形,长5～10mm,基部急骤收缩,裂片宽卵形,长4～5.5mm,顶端钝尖;雄蕊花丝极短,花药细小,长约1mm;花柱直而微弯曲。果实长倒卵球形至椭圆球形,长1.2～1.4cm,熟时红色,密被锈色鳞片;果梗1.5～4cm。花期4—5月,果期6—7月。

　　产地:顺溪。生于灌丛或林地中。

　　分布:陕西、河北、河南、山东、江苏、安徽、浙江、福建、江西、湖北、四川;日本、朝鲜半岛。

六三、千屈菜科　Lythraceae

　　草本、灌木或乔木;枝通常四棱形,有时具棘状短枝。叶对生,稀轮生或互生,叶片全缘;托叶细小或无托叶。花两性,通常辐射对称,稀两侧对称,单生或簇生,或组成顶生或腋生的穗状花序、总状花序或圆锥花序;花萼筒状或钟状,平滑或有棱,有时有距,通常3～6裂,镊

图 89　A,B：木半夏；C,D：牛奶子（重组《浙江植物志》）

合状排列,裂片间外方有时具附属物;花瓣与萼裂片同数或无花瓣,花瓣如存在,则着生萼筒边缘,在花芽时成皱褶状;雄蕊通常为花瓣的1～2倍,着生于萼筒上,但位于花瓣下方,花丝长短不一,在芽时常内折,花药2室,纵裂;子房上位,通常无柄,2～6室,具中轴胎座,每室通常具数颗倒生胚珠,花柱单一,柱头头状。蒴果革质或膜质,2～6室,横裂、瓣裂或不规则开裂,稀不裂。种子多数,形状不一,有翅或无翅,无胚乳;子叶平坦,稀折叠。

约31属,625～650种,广泛分布在热带地区。我国有10属,43种,各地广布。浙江有6属,12种。本志记载1属,3种。

(一) 紫薇属 Lagerstroemia L.

落叶或常绿灌木或乔木。叶对生、近对生或聚生于小枝的上部,全缘;托叶极小,圆锥状,脱落。花两性,辐射对称,组成顶生或腋生的圆锥花序;花梗在小苞片着生处具关节;花萼半球形或陀螺形,革质,常具棱或翅,5～9裂;花瓣通常6,或与花萼裂片同数,基部有细长的瓣柄,边缘波状或有皱纹;雄蕊6至多数,着生于萼筒近基部,花丝细长,长短不一;子房3～6室,每室有多数胚珠,花柱长,柱头头状。蒴果木质,基部有宿存的花萼包围,多少与萼粘合,成熟时室背开裂为3～6果瓣;种子多数,顶端有翅。

约55种,分布于亚洲热带和亚热带至澳大利亚,北至日本。我国有15种,大多分布于长江以南。浙江有4种。

分种检索表

1. 叶的侧脉在叶缘处不互相连接。
  2. 花较大,花萼无棱或脉纹,长7～11mm;蒴果长11～13mm ·················· 1. 紫薇 L. indica
  2. 花较小,花萼具10～12条脉纹,长不及5mm;蒴果长6～8mm ·········· 2. 南紫薇 L. subcostata
1. 叶的侧脉在近边缘处分叉而明显连接 ···································· 3. 尾叶紫薇 L. caudata

1. 紫薇 痒痒树(图90：D,E)

Lagerstroemia indica L., Sp. Pl. ed. 2, 1：734. 1762.

落叶灌木或小乔木;树皮光滑,片状脱落。小枝纤细,具4棱,略成翅状。叶片纸质,椭圆形、宽长圆形或倒卵形,长2.5～7(～10)cm,宽1.5～4cm,先端短尖或钝形,有时微凹,基部宽楔形至圆形,无毛或下面沿中脉有微柔毛,侧脉3～7对;叶柄长不及2mm。花直径3～4cm,淡红色或紫色、白色,组成顶升圆锥花序,花梗长3～15mm,中轴及花梗均被柔毛;花萼长7～11mm,外面平滑无棱,两面无毛,裂片6,三角形;花瓣6,皱缩,长1.2～2cm,具长爪;雄蕊36～42,外面6枚着生于花萼上,比其余长;子房无毛。蒴果椭圆球形,长11～13mm,直径7～12mm,幼时黄绿色,成熟后呈紫黑色,室被开裂。种子连翅长约8mm。花期7—9月,果期9—11月。

产地：区内栽培供观赏。

分布：东亚、东南亚各国及世界其他温暖地带均有栽培。

2. 南紫薇(图90：A－C)

Lagerstroemia subcostata Koehne in Bot. Jahrb. Syst. 4(1)：20. 1883.

图 90　A－C：南紫薇；D，E：紫薇；F：尾叶紫薇（重组 *Flora of China* Ⅲ.）

落叶乔木或灌木;树皮薄,灰白色或茶褐色,无毛或稍被短硬毛。叶片膜质,矩圆形或矩圆状披针形,稀卵形,长 2~9cm,宽 1~4.5cm,顶端渐尖,基部阔楔形,上面通常无毛或有时散生小柔毛,下面无毛或微被柔毛或沿中脉被短柔毛,有时脉腋间有丛毛,中脉在上面略下陷,在下面凸起,侧脉 3~10 对,顶端连结;叶柄短,长 2~4mm。花小,白色或玫瑰色,直径约 1cm,组成顶生圆锥花序,长 5~15cm,具灰褐色微柔毛,花密生;花萼有棱 10~12 条,长 3.5~4.5mm,5 裂,裂片三角形,直立,内面无毛;花瓣 6,长 2~6mm,皱缩,有爪;雄蕊 15~30,5 或 6 枚较长,12~14 条较短,着生于萼片或花瓣上,花丝细长;子房无毛,5 或 6 室。蒴果椭圆球形,长 6~8mm,3~6 瓣裂;种子有翅。花期 6—8 月,果期 7—10 月。

产地:昌化镇。生于中低海拔的林缘、溪边。

分布:江苏、安徽、浙江、福建、台湾、江西、湖北、湖南、广东、广西、四川、青海;日本、菲律宾。

3. 尾叶紫薇(图 90:F)

Lagerstroemia caudata Chun & How ex S. K. Lee & L. F. Lau in Bull. Bot. Res., Harbin 2(1):144. 1982.

乔木,全体无毛;树皮光滑,褐色,成片状剥落;小枝圆柱形,无毛。叶片纸质至近革质,宽椭圆形,稀卵状椭圆形或长椭圆形,长 7~12cm,宽 3~5.5cm,顶端尾尖或短尾状渐尖,基部宽楔形至近圆形,上面深绿色,有光泽,下面淡绿色,中脉在上面稍下陷,在下面突起,侧脉 5~7 对,在近缘处分叉而相互连接,叶柄长 6~10mm。花白色,组成顶生圆锥花序,长3.5~8mm;花萼长约 5mm,5 或 6 裂片,裂片三角形,内面无毛,无附属体;花瓣 5 或 6,宽长圆形,连爪长约 9mm,雄蕊 18~28,花丝长 3~4mm,其中有 3~6 枚长达 9mm;子房近球形,无毛,花柱长达 1cm。蒴果长圆球形,长 8~11mm,直径 6~9mm,5 裂;成熟时红褐色;种子连翅长 5~7mm。花期 4—5 月,果期 7—10 月。

产地:双涧坑、大石门、龙塘山、十八龙潭。生于海拔约 1000m 的路边。

分布:浙江、江西、广东、广西。浙江分布新记录种。

六四、安石榴科　Punicaceae

落叶灌木或小乔木。小枝常刺状;冬芽小,外面有 2 对鳞片。单叶,对生、近对生或簇生,叶片全缘;无托叶。花顶生或近顶生,单生或数多簇生或组成聚伞花序,两性,辐射对称;花萼革质,萼筒与子房贴生,高于子房,近钟形,裂片 5~8,镊合状排列,宿存;花瓣 5~8,多皱褶,覆瓦状排列;雄蕊多数,生于萼筒内壁上部;子房下位或半下位,多室,分上、下两室,上室为侧膜胎座,下室为中轴胎座,胎珠多数。浆果球形,果皮厚,革质内有薄隔膜。种子多数,种皮外层肉质,内层骨质,无胚乳。

1 属,2 种,分布于地中海至亚洲西部。我国引入栽培 1 种。本志记载 1 种。

(一) 安石榴属　Punica L.

属特征与分布与科相同。

1. 石榴(图 91)

Punica granatum L. , Sp. Pl. 1：472. 1753.

落叶灌木或小乔木,高 2～5m。枝顶常成尖锐长刺,幼枝具棱角,无毛,老枝近圆柱形。叶通常对生;叶片纸质,矩圆状披针形,长 2～9cm,顶端短尖、钝尖或微凹,基部短尖至稍钝形,上面光亮,侧脉稍细密;叶柄短。花大,1～5 朵生枝顶;萼筒长 2～3cm,通常红色或淡黄色,裂片卵状三角形,略外展,长 8～13mm,外面近顶端有 1 黄绿色腺体,边缘有小乳突;花瓣大,红色、黄色或白色,长 1.5～3cm,宽 1～2cm,顶端圆形;花丝无毛,长达 13mm;花柱长于雄蕊。浆果近球形,直径 5～12cm,通常为淡黄色或淡黄绿色,有时白色,稀暗红色。种子多数,钝角形,红色至乳白色,外种皮肉质,供食用。花期 5—7 月,果期 9—11 月。

产地: 区内栽培。

分布: 我国广泛栽培。

图 91　石榴(引自《浙江植物志》)

六五、蓝果树科　Nyssaceae

落叶乔木,稀灌木。单叶互生,叶片全缘或边缘锯齿状,具叶柄,无托叶。花序头状、总状或伞形;花单性或杂性,异株或同株,常无花梗或有短花梗。雄花:花萼小,裂片齿牙状,或短裂片状,或不发育;花瓣5,稀更多,覆瓦状排列;雄蕊常为花瓣的2倍或较少,常排列成2轮,花丝线形或钻形,花药内向,椭圆形;花盘肉质,垫状,无毛。雌花:花萼的管状部分常与子房合生,上部裂成齿状的裂片5;花瓣小,5或10,排列成覆瓦状;花盘垫状,无毛,有时不发育;子房下位,1室或6～10室,每室有1枚下垂的倒生胚珠,花柱钻形,上部微弯曲,有时分枝。果实为核果或翅果,顶端有宿存的花萼和花盘,种子有胚乳,种皮薄,子叶叶状。

　　5属,约30种,分布于东亚和北美温带地区。我国有3属,9种,分布于长江流域及其以南各地。浙江有2属,2种。本志记载2属,2种。

分属检索表

1. 花常组成聚伞状的短总状花序;果为核果 ································· 1. 蓝果树属 Nyssa
1. 花组成球形的头状花序;果为翅果 ································· 2. 喜树属 Camptotheca

(一) 蓝果树属　Nyssa L.

　　落叶乔木,稀灌木。叶互生,全缘或有锯齿,常有叶柄,无托叶。花杂性,异株,无花梗或有短花梗,成总状花序、头状花序或伞形花序;雄花的花托盘状、杯状或扁平,雌花或两性花的花托较长,常成管状、壶状或钟状;花萼细小,裂片5～10;花瓣通常5～8,卵形或矩圆形,顶端钝尖;雄蕊在雄花中与花瓣同数或为其2倍,花丝细长,常成线形或钻形,花药阔椭圆形,纵裂,在雌花和两性花中雄花与花瓣同数或不发育;花盘肉质,垫状,全缘或边缘成圆齿状或裂片状;在两性花和雌花中子房下位和花托合生,1室,稀2室,每室有胚珠1颗,花柱近钻形,不分裂或上部2裂,弯曲或反卷,柱头有纵沟纹,在雄花中雌花不发育。核果矩圆球形、长椭圆球形或卵圆球形,顶端有宿存的花萼和花盘;内果皮骨质,扇形,有沟纹;胚乳丰富,子叶矩圆形或卵形,胚根短圆筒形。

　　12种,分布于东亚和北美。我国有7种,分布于长江流域及其以南。浙江有1种。

1. 蓝果树(图 92)

Nyssa sinensis Oliv., Hooker's Icon. Pl. 20: t. 1964. 1891.

　　落叶乔木,高可达20m;树皮淡褐色或深灰色,粗糙常裂成薄片脱落;幼枝淡绿色,后变褐色,皮孔显著。叶片纸质或薄革质,互生,椭圆形或长椭圆形,长 12～15cm,宽5～6cm,顶端短急锐尖,基部近圆形,边缘略呈浅波状,上面无毛,下面淡绿色,有极稀疏的微柔毛,中脉在下面显著;叶柄淡紫绿色,长1.5～2cm,上面稍扁平或微呈沟状,下面圆形。花序伞形或短总状,花序梗长3～5cm;花单性;雄花着生于

图 92　蓝果树(引自 *Flora of China*-Ill.)

叶已脱落的老枝上,花梗长约5mm;花萼的裂片细小;花瓣早落,较花丝短;雄蕊5～10,生于肉质花盘的周围。雌花生于具叶的幼枝上,基部有小苞片,花梗长1～2mm;花萼的裂片近全缘;花瓣鳞片状,长约1.5mm;子房下位,和花托合生,无毛或基部微有粗毛。核果矩圆状椭圆球形或长倒卵圆球形,长1～1.2cm,幼时紫绿色,成熟时深蓝色,后变深褐色,常3或4枚;果梗长3～4mm,果序梗长3～5cm;果核有5～7条纵沟纹。花期4月下旬,果期8—9月。

产地：直源、横源、大明山、龙塘山、鸠甫山。生长在溪边、林中。

分布：江苏、安徽、浙江、福建、江西、湖北、湖南、广东、广西、四川、贵州、云南;越南。

用途：木材坚硬,生长迅速,叶秋季变红色,是秋色叶树。

（二）喜树属　Camptotheca Decne.

落叶乔木。叶互生,叶片卵形,顶端锐尖,基部近圆形,叶脉羽状。头状花序近球形,苞片肉质;花杂性;花萼杯状,上部裂成5齿状的裂片;花瓣5,卵形,覆瓦状排列;雄蕊10,不等长,着生于花盘外侧,排列成2轮,花药4室;子房下位,在雄花中不发育,在雌花及两性花中发育良好,1室,胚珠1颗,下垂,花柱的上部常分2枝。果实为矩圆球形翅果,顶端截形,有宿存的花盘,1室1种子,无果梗,着生成头状果序;子叶很薄,胚根圆筒形。

仅1种,我国特产。浙江有栽培。

1. 喜树（图93）

Camptotheca acuminata Decne. in Bull. Soc. Bot. France 20：157. 1873

落叶乔木,高达20m。树皮灰色或浅灰色,纵裂成浅沟状。幼枝紫绿色,有灰色微柔毛,后变淡褐色或浅灰色,无毛,有很稀疏的圆形或卵形皮孔。叶互生;叶片纸质,矩圆状卵形或矩圆状椭圆形,长12～28cm,宽6～12cm,顶端短锐状,基部近圆形或阔楔形,全缘,上面亮绿色,幼时脉上有短柔毛,其后无毛,下面淡绿色,疏生短柔毛,叶脉上更密,侧脉11～15对,弧状平行,在上面显著,在下面略凸起;叶柄长1.5～3cm,上面扁平或略呈浅沟状,下面圆形,幼时有微柔毛,其后几无毛。头状花序近球形,直径1.5～2cm,常由2～9个头状花序组成圆锥花序,顶生或腋生,通常上部为雌花序,下部为雄花序。花萼杯状,5浅裂,裂片齿状,边缘睫毛状;花瓣5枚,浅绿色,矩圆形或矩圆状卵形,顶端锐尖,长约

图93　喜树（引自 *Flora of China*-Ill.）

2mm,外面密被短柔毛,早落;花盘显著,微裂;雄蕊10,外轮5枚较长,常长于花瓣,内轮5枚较短,花丝纤细,无毛,花药4室,子房在两性花中发育良好,下位,花柱无毛,长约4mm,顶端通常分2枝。翅果矩圆柱形,长2～2.5cm。花期5—7月,果期9月。

产地：区内常见栽培。

分布：长江流域各省、区。

用途：本种的树干挺直,生长迅速,可作庭院树或行道树,树根可作药用。

六六、八角枫科　Alangiaceae

落叶乔木或灌木;小枝略呈之字形弯曲。单叶互生,无托叶;叶片全缘或掌状分裂,基部不对称,羽状或掌状脉。花两性,淡白色或淡黄色,辐射对称,排列成腋生的聚伞花序或伞形花序;花萼小,萼筒钟形,与子房合生,萼齿 4～10;花瓣 4～10,线形,镊合状排列,基部粘合或分离,花时上部向外反卷;雄蕊与花瓣同数互生,或为花瓣数的 2～4 倍,花丝内侧常被微毛,花药线形,2 室,纵裂;花盘肉质,子房下位,1 或 2 室,1 胚珠,下垂,花柱不分裂或 2～4 浅裂。核果椭圆球形至卵球形,萼齿和花盘宿存。种子 1 粒,胚乳丰富。

1 属,约 21 种,分布于亚洲、非洲和大洋洲。我国有 11 种,广布于珠江流域和长江流域各省、区。浙江有 3 种、1 亚种、2 变种。本志记载 1 属,2 种、2 变种。

（一）八角枫属　Alangium Lam.

属特征与科相同。

分种检索表

1. 叶片分裂,或在同一植株上兼有分裂和不裂叶,下面叶脉及脉腋有毛;雄蕊药隔无毛。
   2. 叶片 3 浅裂或不分裂,叶柄长 3.5～5(～10)cm;聚伞花序有花 3～5 朵,花瓣长 2.5～3.5cm;核果蓝色,椭球形,长 8～12mm ·················· 1. 瓜木 A. platanifolium
   2. 叶片不分裂或 3～7(或 9)裂,叶柄长 2.5～3.5cm;聚伞花序有花 3～30(～50)朵,花瓣长 1.0～1.5cm;核果黑色,卵球形,长 5～7mm ·················· 2. 八角枫 A. chinense
1. 叶片不分裂,下面有黄褐色丝状微绒毛;雄蕊药隔有毛。
   3. 幼枝、叶片和叶柄有宿存的淡黄色微绒毛和短柔毛 ·················· 3. 毛八角枫 A. kurzii
   3. 幼枝、叶片和叶柄有幼时有毛,后变无毛 ·················· 3a. 云山八角枫 A. kurzii var. handelii

1. 瓜木　三裂瓜木(图 94：C－E)

Alangium platanifolium (Siebold & Zucc.) Harms in Nat. Pflanzenfam. 3(8)：261. 1898.

Basionym：*Marlea platanifolia* Siebold & Zucc. in Abh. Math.-Phys. Cl. Königl. Bayer. Akad. Wiss. 4(2)：134. 1845.

灌木或小乔木。当年生枝疏被短柔毛或柔毛,后近无毛。叶片纸质,近圆形、宽卵形或倒卵形,长 11～18cm,宽 7～16cm,通常 3 浅裂,稀不分裂,先端渐尖或尾状渐尖,基部近心形,两面除幼时沿脉或脉腋有柔毛,余近无毛;叶柄长 3.5～7cm。聚伞花序具花 3～5 朵;萼筒近钟状;花瓣 6 或 7,白色,长 2.5～3.5cm;雄蕊与花瓣同数,花丝长 8～14mm,花药长 1.5～2cm,药隔无毛;花盘近球形;花柱粗壮,柱头扁平。核果椭球形,长 8～12mm,萼齿和花盘宿存,成熟时蓝色。花期 5—7 月,果期 7—9 月。

产地：双涧坑、龙塘山、大坪溪。生于山坡灌丛中。

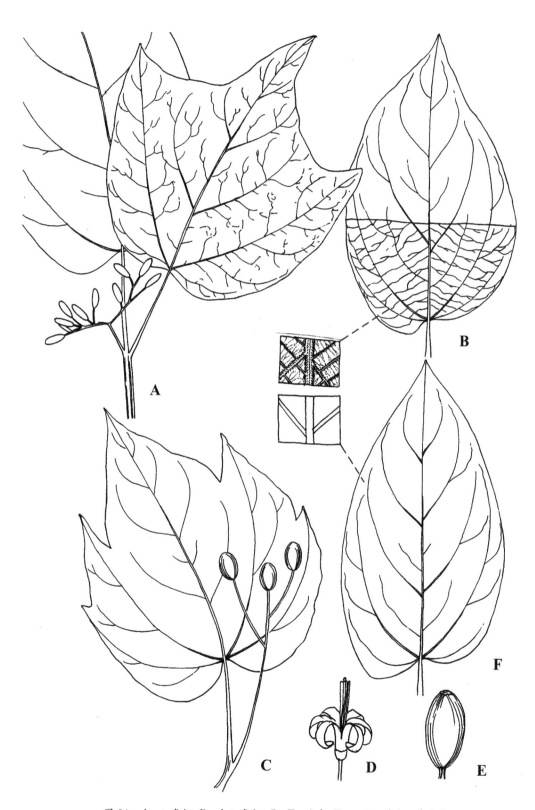

图94　A：八角枫；B：毛八角枫；C－E：瓜木；F：云山八角枫（蒋辰榆绘）

分布：浙江、江西、台湾、湖北、贵州、四川、云南、河南、山东、陕西、山西、甘肃、河北、辽宁、吉林；日本、朝鲜半岛。

用途：须根具有祛风除湿、舒筋活络、散瘀止痛的功效。

2. 八角枫　华瓜木（图 94：A）

Alangium chinense (Lour.) Harms in Ber. Deutsch. Bot. Ges. 15：24. 1897.

Basionym：*Stylidium chinense* Lour.，Fl. Cochinch. 1：221. 1790.

灌木或小乔木。小枝略呈之字形曲折，无毛或初被疏柔毛。叶片近圆形、椭圆形至卵形，长 12~25cm，宽 8~21cm，全缘或 3~7 裂，稀可达 9 裂，基部极偏斜，上面深绿色，无毛，下面淡绿色，除脉腋有丛毛外余无毛，基出脉 3~5；叶柄红色，长 2.5~3.5cm。聚伞花序腋生，具花 7~30 朵，有时更多；萼筒钟状；花瓣 6~8，黄白色，长 1~1.5cm；雄蕊与花瓣同数，花丝略扁，花药长 5~8mm，药隔无毛；柱头 2~4 裂。核果卵球形，长 6~7mm，具宿存的萼齿和花盘，成熟时黑色。花期 6—7 月，果期 9—10 月。

产地：大明山、祝家坞、云溪坞、童玉、柘林坑、大坪溪。生于低海拔沟谷溪边。

分布：黄河以南各省、区；不丹、印度、尼泊尔、东南亚及非洲东部。

用途：药用，功效同瓜木。

3. 毛八角枫（图 94：B）

Alangium kurzii Craib in Bull. Misc. Inform. Kew. 1911：60. 1911.

小乔木或灌木。嫩枝被淡黄色短柔毛，疏生灰白色圆形皮孔。叶片近圆形或宽卵形，长 12~14cm，宽 7~9cm，通常全缘，先端短渐尖，基部偏斜，心形至近心形，上面深绿色，幼时沿脉被柔毛，脉上尤密，脉腋有簇毛，基出脉 3~5，中脉具侧脉 5~7 对。聚伞花序腋生，具花 5~7 朵；萼筒漏斗状，密被短柔毛；花瓣 6~8，白色，长 2~2.5cm；雄蕊 6~8，花药长 12~15mm，药隔被长柔毛；柱头 4 裂。核果椭圆球形或长椭圆球形，长 1.2~1.5cm，具宿存的萼齿和花盘，成熟时紫黑色。花期 5—6 月，果期 9 月。

产地：大明山、顺溪、千顷塘、柘林坑、干坑。生于低海拔山地疏林中。

分布：江苏、浙江、安徽、江西、湖北、湖南、广东、广西、海南、贵州、云南、河南、山西；日本、朝鲜半岛、印度尼西亚、老挝、马来西亚、缅甸、菲律宾、泰国、越南。

用途：种子可榨油，工业用；药用，功效同瓜木。

3a. 云山八角枫（图 94：F）

var. **handelii** (Schnarf) Fang in J. Sichuan Univ. (Nat. Sci. Ed.) 1979（2）：97. 1979.

Basionym：*Alangium handelii* Schnarf in Anz. Akad. Wiss. Wien，Math.-Naturwiss. Kl. 59：107. 1922.

与模式变种的区别在于：叶片长圆形或椭圆状卵形，下面有疏毛或仅沿脉有毛，叶柄较短；核果较小。

产地：龙塘山、茶园里、东岙头、横源、直源。生于低海拔林缘。

分布：安徽、浙江、江西、福建、湖北、湖南、广东、广西、贵州、河南；日本、朝鲜半岛。

六七、桃金娘科　Myrtaceae

常绿灌木或乔木。叶对生或互生,全缘,常有透明的腺点,揉之有香气,无托叶。花两性,稀杂性,辐射对称,单生或排成各式花序;萼管与子房合生,萼片4或5,或更多,宿存;花瓣4或5,覆瓦状排列;雄蕊多数,常连合成数束,与花瓣对生,花药纵裂或顶裂,药隔末端常有1腺体;子房下位或半下位,中轴胎座,很少为侧膜胎座。果为浆果、核果、蒴果或坚果,顶端常有凸起的萼檐。

约130属,5000种,主要分布于美洲热带、大洋洲和亚洲热带。我国原产及驯化的有10属,121种,主产广东、广西和云南。浙江含栽培在内有4属,13种。本志记载1属,1种。

（一）蒲桃属（赤楠属）　Syzygium Gaertn.

常绿灌木或乔木。叶对生,稀轮生,革质,有透明的油腺点。花3至多朵排成聚伞花序或再组成圆锥花序;萼筒倒圆锥形,萼裂片、花瓣4或5,稀更多,花瓣多少粘合;雄蕊多数;子房下位。浆果或核果状,顶端宿存环状萼檐。

1200余种,主要分布于亚洲热带,少数在大洋洲和非洲。我国约有80种,主要分布在广东、海南、广西和云南。浙江有3种。

1. 赤楠(图95)

Syzygium buxifolium Hook. & Arn., Bot. Beechey Voy. 187. 1833.

常绿灌木或小乔木,高达5m。多分枝,小枝四棱形。叶表面光洁无毛,对生,革质,形状变异很大,椭圆形、倒卵形或狭倒卵形,通常长1~3cm,宽1~2cm,先端短尖或圆钝,基部阔楔形,侧脉不明显,在近叶缘处汇合成一边脉。聚伞花序顶生或腋生;花白色,直径约4mm;花萼倒圆锥形,萼齿浅波状;花瓣4,分离;雄蕊多数。浆果卵球形,直径6~10mm,成熟时紫黑色。花期5—8月,果期10—11月。

产地:顺溪、童玉、大坪溪。生于沟旁、丘陵灌丛中或林边。

分布:安徽、浙江、江西、福建、台湾、湖北、湖南、广东、广西、贵州、四川、海南;日本、越南。

用途:果实可食用,也为良好的观赏植物。

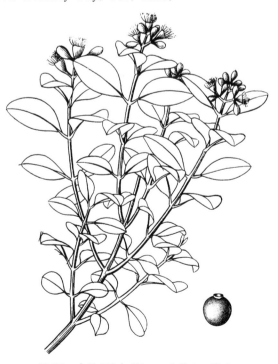

图95　赤楠(引自 *Flora of China*-Ill.)

六八、野牡丹科　Melastomataceae

草本、灌木或小乔木。叶对生,很少轮生,通常 3～7(～9)基出脉,稀为羽状脉,无托叶。花序各式,很少单生;花辐射对称,4 或 5 数,常美丽;萼管与子房基部合生或分离;花瓣分离,或很少稍合生,着生于萼管喉部;雄蕊与花瓣同数,或 2 倍或多数,花药顶孔开裂,很少侧面纵裂,药隔常有附属体或下延成距;子房下位或半下位,稀上位,4～6室,稀为 1 室,胚珠多数,中轴胎座或特立中央胎座,稀为侧膜胎座。浆果或蒴果,包藏于萼管内。

约 160 属,4500 余种,分布于热带及亚热带地区,其中以美洲最多。我国有 21 属,114 种,分布于长江流域及其以南各省、区,西南部和南部尤多。浙江有 8 属,13 种及 1 变种。本志记载 2 属,2 种。

分属检索表

1. 花 5 基数;果实肉质,开裂或不开裂;种子马蹄形 ···················· 1. 野牡丹属 Melastoma
1. 花 4 基数;果实非肉质而不开裂;种子楔形不弯曲 ···················· 2. 野海棠属 Bredia

(一) 野牡丹属　Melastoma L.

灌木或亚灌木,直立或匍匐。茎四棱形或圆柱形,常被毛。叶对生,基出脉 3～9 条。花单生或数朵组成聚伞花序或圆锥花序,顶生。花 5 数,萼坛状球形,5 裂;花瓣 5,倒卵形,常偏斜;雄蕊异形,长短不一,长者药隔基部有长而弯曲的距,花药长,单孔顶裂;子房半下位,稀下位,中轴胎座,胚珠多数。蒴果,肉质。开裂或不开裂。种子马蹄形,小而多。

22 种,分布于亚洲南部、大洋洲北部及太平洋诸岛。我国有 5 种,分布于长江流域及其以南各省、区。浙江有 2 种。

图 96 地菍 (引自 Flora of China-Ⅲ.)

1. 地菍　地石榴(图 96)

Melastoma dodecandrum Lour. , Fl. Cochinch. 1: 274. 1790.

小灌木。茎披散或匍匐状,幼枝近四棱形,下部逐节生根,多分枝。叶对生;叶片坚纸质,卵形或椭圆形,先端急尖或圆钝,基部宽楔形至圆形,上面边缘和下面脉上生极疏的糙伏毛,主脉 3～5;叶柄有糙伏毛,长 2～6mm。花两性,聚伞花序有花 1～3 朵,生于枝端,基部有 2 枚叶状苞片;花梗长 2～10mm,被糙伏毛;花萼筒长 5～6mm,被糙伏毛;花瓣淡紫色或粉红色,长约1.5cm,具缘毛;雄蕊 10,不等长,花药基部有延长且二裂的药隔;子房下位,顶端具刺毛。果实坛状球形,稍肉质,不开裂,疏生糙伏毛,成熟时紫黑色;种子多数,弯曲。花、果期 6—10 月。

产地:顺溪偶见栽培。

分布：浙江、福建、江西、湖南、广西、广东、贵州；越南。

用途：果可食用，药用；花大色艳，是优良的观赏地被植物。

（二）野海棠属 **Bredia** Blume

灌木或亚灌木，稀草本，直立。茎圆柱形或四棱形。叶片具细锯齿或近全缘，具 3～9 基出脉。聚伞花序或再组成圆锥花序，顶生；花萼管陀螺形或漏斗形，4 裂；花瓣通常 4；雄蕊 8，4 长 4 短，异型，花药线状锥尖，单孔开裂，短雄蕊花药基部具小瘤；子房下位或半下位，顶端具膜质冠。蒴果陀螺形，常具四钝棱，顶端平截，与宿萼贴生。种子多数，极小，楔形，密布细小斑点。

约 15 种，分布东亚。我国有 11 种，分布于长江流域及其以南各省、区。浙江有 3 种。

1. 方枝野海棠 过路惊（图 97）

Bredia quadrangularis Cogn. , Monogr. Phan. 7：473. 1891.

常绿小灌木，高 20～80cm。小枝四棱形，多分枝，棱上具狭翅。叶对生；叶片坚纸质，卵形至椭圆形，长 3～6cm，宽 1.5～3cm，先端短渐尖，基部楔形，边缘具疏浅锯齿或近全缘，基部三出脉，侧脉不明显；叶柄长 5～12mm。聚伞花序，有花 3～9 朵，分枝疏散，花序梗纤细，长 2～3cm；花萼短钟状，具四棱，长约 2.5mm，裂片呈浅波状；花瓣粉红色，长约 6mm；雄蕊长者约 1cm，短者与花瓣近等长；子房半下位，扁球形。蒴果浅杯形，顶端平截，露出宿萼外。花期 7—8 月，果期 9—10 月。

产地：大明山、顺溪。生长于山坡林下或林缘。

分布：安徽、浙江、江西、福建、湖南、广东、广西。

用途：药用；植株紧凑，花色鲜艳，可作观赏地被植物或盆栽。

Flora of China 中，将秀丽野海棠 *Bredia amoena* 及浙江特有的无腺野海棠 *B. amoena* var. *eglandulata* B. Y. Ding ex B. Y. Ding & Y. Y. Fang 均并入本种。但方枝野海棠在幼枝、花序及花序梗等毛被均与前两者不同，本志主张将此三者分开。

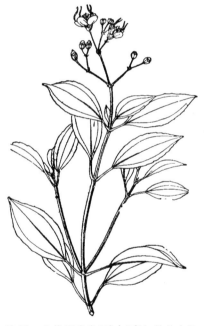

图 97　方枝野海棠（引自《浙江植物志》）

六九、五加科　Araliaceae

乔木、灌木或木质藤本，稀为多年生草本。植物体有时具皮刺。单叶、掌状或羽状复叶，常互生；托叶常与叶柄基部合生成鞘状，稀无托叶。伞形或头状花序，稀穗状和总状，或再组成复花序；花两性或单性，稀杂性异株；萼 5 或 6 齿裂，或不裂，萼筒常与子房合生；花瓣 5～10，镊合状或覆瓦状，常离生，稀合生成帽状体；雄蕊与花瓣同数且互生，或为其倍数，稀多数，着生于花盘边缘；子房下位，1～15 室。浆果或核果。

约 50 属，1350 种，分布于热带和温带地区。我国有 23 属，约 180 种，南北均有分布，主产于西南,尤以云南为多。浙江有 11 属,24 种、9 变种。本志记载 8 属,12 种、2 变种。

不少种类为名贵药材和民间中草药;有些为速生树种;有些供园林观赏。

分属检索表

1. 叶为单叶。
　　2. 直立灌木或乔木。
　　　　3. 叶片掌状分裂。
　　　　　　4. 植物体无刺;花柱离生。
　　　　　　　　5. 子房5或10室;叶无托叶 ················· 1. 八角金盘属 Fatsia
　　　　　　　　5. 子房2室;叶有托叶 ················· 2. 通脱木属 Tetrapanax
　　　　　　4. 植物体有刺;花柱合生成柱状,顶端2裂 ················· 3. 刺楸属 Kalopanax
　　　　3. 叶片2或3型,不裂、2裂或掌状分裂 ················· 4. 树参属 Dendropanax
　　2. 攀援灌木,具气根;叶片不裂,或在同一植株上有不裂和分裂叶·········· 5. 常春藤属 Hedera
1. 叶为复叶。
　　6. 掌状复叶;植物体常有刺 ················· 6. 五加属 Acanthopanax
　　6. 羽状复叶;植物无刺或枝上具较密的刺。
　　　　7. 茎无刺;无托叶或托叶不明显;1回羽状复叶;花柱合生至中部或全部合生成柱状 ···········
　　　　　　················· 7. 羽叶参属 Pentapanax
　　　　7. 茎通常有刺;具托叶;2或3回羽状复叶,稀在同一株上有1或2回羽状复叶;花柱离生或仅基部
　　　　合生 ················· 8. 楤木属 Aralia

(一) 八角金盘属　**Fatsia** Decne. & Planch.

常绿无刺灌木或小乔木。单叶,叶片掌状 5～9 裂;无托叶。伞形花序组成顶生圆锥花序;花两性或单性;萼筒全缘或有 5 小齿;花瓣 5,镊合状排列;雄蕊 5;子房 5 或 10 室;花柱 5 或 10,离生;花盘宽圆锥形。果近球形或卵球形,黑色或紫黑色。

2 种,我国台湾和日本各 1 种。浙江栽培 1 种。

1. 八角金盘(图 98)

Fatsia japonica (Thunb.) Decne. & Planch in Rev. Hort. (Paris), sér. 4. 3：105. 1854.

Basionym：*Aralia japonica* Thunb. in Nova Acta Regiae Soc. Sci. Upsal. 3：207. 1780.

常绿灌木,常丛生,高 0.5～3m。髓心白而较大。叶掌状 7～9 深裂,直径 13～40cm,基部心形或截形,裂片长椭圆形,先端渐尖,边缘有粗锯齿,幼时下面及叶柄被褐色茸毛,侧脉两面隆起;叶柄长 10～30cm。伞形花序组成大型的圆锥花序,顶生;伞形花序有多数花,直径 3～4cm;花黄白色,直径约 3mm;萼近全缘,无毛;花瓣 5,卵状三角形,长 2.5～3mm;花丝与花瓣等长;子房 5 室,花柱 5。果

图 98　八角金盘(引自《浙江植物志》)

直径约 8mm,熟时黑紫色。花期 10—11 月,果期次年 4 月。

　　产地:区内常见栽培。

　　分布:原产日本,我国南北均有栽培。

　　用途:优良观叶植物。

（二）通脱木属　Tetrapanax (K. Koch) K. Koch

　　落叶灌木或小乔木。无刺。单叶,互生,叶片大,掌状分裂;叶柄长;托叶 2。伞形花序组成大型顶生圆锥花序,稀腋生;花梗无关节;花萼全缘或有齿;花瓣 4 或 5,镊合状;雄蕊 4 或 5;子房下位,2 室,花柱 2,丝状,分离。核果或浆果。

　　2 种,我国特有,1 种分布于西南、华南、华中、华东及陕西,另 1 种产于西藏。浙江栽培 1 种。

1. 通脱木(图 99)

Tetrapanax papyriferus (Hook.) K. Koch, Wochenschr. Gärtnerei Pflanzenk. 2: 371. 1859.

Basionym: *Aralia papyrifera* Hook. in Hooker's J. Bot. Kew Gard. Misc. 4: 50. 1852.

　　落叶灌木,高 1～3.5m。茎干粗壮,幼时密被星状厚绒毛,具白色大髓心。叶大,常集生于茎干顶端;叶片纸质或薄革质,长 13～50cm,宽 24～70cm,基部心形,掌状浅裂或中裂,裂片5～11,每个裂片又常有 2 或 3 个小裂片,下面密被淡黄色星状毛;叶柄粗壮,长 30～50cm;托叶锥形,膜质,基部与叶柄结合。大型圆锥花序顶生,长 20～50cm,或更长;苞片长 1～3.5cm,密被星状绒毛;花小,黄白色;萼长 1mm,被星状绒毛;花瓣 4(5),外被易脱落的星状绒毛;雄蕊与花瓣同数,花丝较花瓣长;子房下位,2 室,花柱 2,分离;花梗长 3～5mm,密被白色星状绒毛。果小,扁球形,紫黑色,具种子 2。花期 10—11 月,果期次年 4～5 月。

　　产地:鸠甫山、谢家坞、童玉、大明山,常见栽培。

　　分布:陕西、浙江、福建、台湾、江西、湖北、湖南、广东、广西、四川、贵州、云南。

　　用途:茎髓入药,中药名"通草",具清热、利尿、催乳等功效。

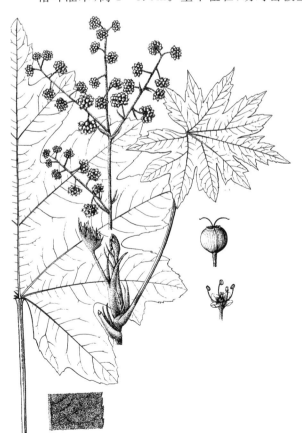

图 99　通脱木(引自 *Flora of China*-Ill.)

(三) 刺楸属　Kalopanax Miq.

落叶乔木。具皮刺。单叶,互生,叶片掌状分裂;无托叶。伞形花序组成大型的顶生圆锥花序;花两性;花梗无关节;萼具 5 小齿;花瓣 5,镊合状;雄蕊 5;子房下位,2 室,花柱合生成柱状。核果,近球形,具 2 粒扁平种子。

1 种,分布于东亚。我国南北各地均产。浙江也有。

1. 刺楸(图 100:F－I)

Kalopanax septemlobus (Thunb.) Koidz. in Bot. Mag. Tokyo 39:306. 1925.

Basionym:*Acer septemlobum* Thunb., Syst. Veg., ed. 14. 912. 1784.

落叶乔木,高可达 30m。树皮纵裂,与枝干被粗大硬皮刺。单叶互生或簇生;叶片纸质,近圆形,直径 10～25cm,或更大,基部心形或截形,多掌状 5～9 裂,裂片边缘具细锯齿,无毛,或幼时疏被短柔毛;叶柄长 6～20cm。圆锥花序顶生,长 15～25cm;伞形花序直径 1～3.5cm,具多数花;花梗长 5～10mm,果时增长;萼具 5 小齿;花瓣 5,白色或淡黄色,长约 1.5mm;雄蕊 5,长于花瓣;子房下位,2 室,花柱合生,柱头 2 裂。果球形,直径 4～5mm,熟时蓝黑色。花期 7—10 月,果期 9—12 月。

产地:东岙头、千顷塘、柘林坑、干坑。多生于海拔 1350m 以下的山坡林中、路边或林缘空旷地。

分布:华东、华中、华南、西南、华北及东北各省、区;日本、朝鲜半岛、俄罗斯(西伯利亚)。

用途:根皮及树皮入药,具清热、祛风除湿、消肿止痛之效;嫩叶可作野菜食用。

(四) 树参属　Dendropanax Decne. & Planch.

常绿乔木或灌木。单叶互生,叶片全缘或分裂,常具半透明红棕色腺点。伞形花序单生或组成复伞形花序;花两性或单性;萼筒全缘或具 5 小齿;花瓣 5,镊合状排列;雄蕊 5;子房 2～5 室,花柱短,分离或连合。核果球形或长圆球形。种子扁平或近球形。

约 80 种,分布于东亚及热带美洲。我国有 14 种,分布于南方各地。浙江有 1 种。

1. 树参(图 101)

Dendropanax dentiger (Harms.) Merr. in Brittonia 4:132. 1941.

Basionym:*Gilibertia dentigera* Harms in Bot. Jahrb. Syst. 29:487. 1900.

小乔木。叶片椭圆形,稀倒卵形,革质,长 6～16cm,宽 1.5～6.5cm,先端渐尖,基部圆形至楔形,不裂,或 2 或 3 裂,稀 5 裂,全缘或具不明显细齿,3 出脉,网脉两面隆起,密被红色半透明腺点;叶柄长 5～8mm。伞形花序单个顶生或 2～5 个再组成复伞形花序;花淡绿色;萼筒长约 2mm,全缘或具 5 小齿;花瓣 5,卵状三角形,长约 2.5mm;雄蕊 5;子房下位,5 室,花柱短,基部合生。果长圆球形,具 5 纵棱。花期 7—8 月,果期 9—10 月。

产地:直源。多生于海拔 1200m 以下的山谷或山坡阔叶林中或林缘。

分布:长江以南地区;越南、老挝、柬埔寨。

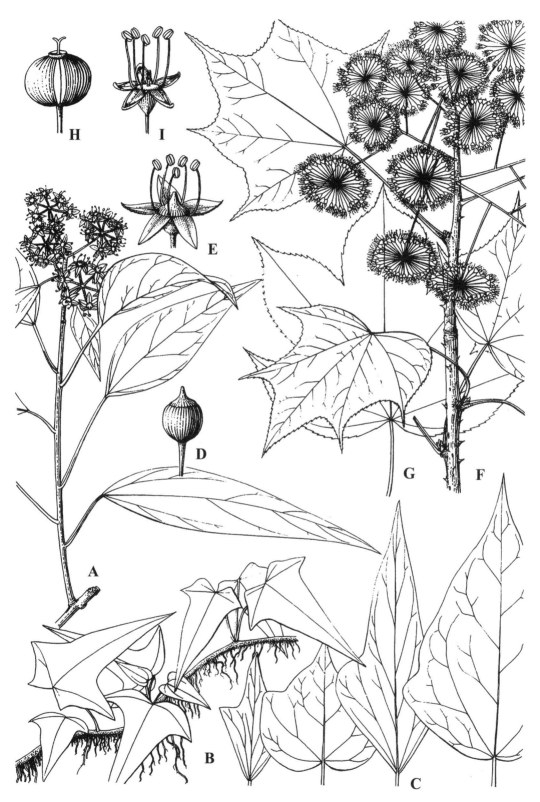

图 100　A-E：中华常春藤；F-I：刺楸（引自 *Flora of China*-Ill.）

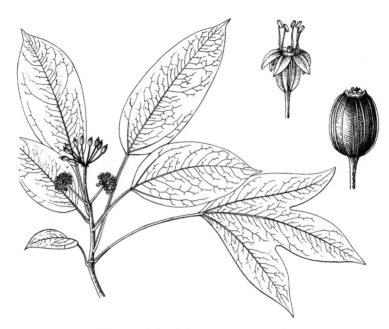

图 101　树参(引自 *Flora of China*-Ill.)

用途：根、枝、叶可供入药；嫩叶可作野菜食用；叶形奇特，供观赏。

(五) 常春藤属　Hedera L.

常绿攀援灌木。具气根。单叶，叶片全缘或分裂；无托叶。伞形花序单生，或再组成顶生短圆锥花序；花两性；苞片小；萼筒近全缘或 5 齿裂；花瓣 5，镊合状排列；雄蕊 5；子房下位，5 室，花柱合生成短柱状。浆果球形，具 3～5 粒种子。

15 种，分布于亚洲和非洲北部。我国有 2 种，1 种分布于台湾，另 1 种分布于西南部、中部至东部。浙江自然分布有 1 变种，引种栽培 1 种及若干园艺品种。

1. 中华常春藤(图 100：A - E)

Hedera nepalensis K. Koch var. **sinensis** (Tobl.) Rehder in J. Arnold Arbor. 4：250. 1923.

Basionym：*Hedera himalaica* (Hibberd) Carrière var. *sinensis* Tobl.，Hedera 79. 1912.

Hedera sinensis (Tobl.) Hand.-Mazz.

常绿藤本。茎以气根攀援。叶二型：不育枝上的叶片常为三角状卵形或戟形，长 2.5～12cm，宽 3～10cm，先端渐尖，基部截形或心形，全缘或 3 裂；能育枝上的叶片常为长椭圆状卵形至披针形，先端渐尖，基部楔形，全缘，稀 1～3 浅裂；叶柄长 1～8cm，被锈色鳞片。伞形花序单生或 2～7 个组成复花序；花序梗长 1～2.5cm；花梗长 0.4～1cm；花芳香；花萼密被棕色鳞片；花瓣外被鳞片，花时稍反卷；雄蕊 5；子房下位。果球形，直径 7～10mm，花柱宿存，熟时红色或黄色。花期 10—11 月，果期次年 3—5 月。

产地：鸠甫山、龙塘山、茶园里、栈岭湾、十八龙潭、横源、直源、大坪溪、童玉。常生于海拔 1300m 以下的山坡、山脚裸岩旁、树林中或攀附于树干。

分布：华东、华南、西南及华北各省、区；越南、老挝。

用途：全株药用；也供园林垂直绿化。

（六）五加属　Acanthopanax Miq.

落叶灌木，稀小乔木。枝常具刺，稀无刺。掌状复叶，有小叶 3～5，无托叶或托叶不明显。伞形或头状花序单生或再组成复花序；花两性，稀单性；萼筒具 5(4)小齿；花瓣 5，稀 4，镊合状；雄蕊 5，花丝细长；子房 2～5 室，花柱 2～5，常宿存。核果状浆果，球形或扁球形，具 2～5 棱。

约 45 种，分布于东亚至喜马拉雅山脉地区、菲律宾、马来西亚。我国有 23 种，分布于南北各地。浙江有 7 种、3 变种。

本志采用的五加属 *Acanthopanax* 的范畴，在 *Flora of China* 中被分为萸叶五加属 *Gamblea*、人参木属 *Chengiopanax* 和狭义五加属 *Eleutherococcus*。

分种检索表

1. 小叶 3，稀 2。
　　2. 小乔木或直立灌木；叶柄顶端和小叶柄相连处有锈色簇毛 ………… 1. 吴茱萸五加 A. evodiaefolius
　　2. 葡匐灌木；叶柄无毛 　……………………………………………… 2. 葡匐五加 A. scandens
1. 小叶 5，稀 3。
　　3. 刺粗壮，通常弯曲；花柱全部合生成柱状；伞形花序簇生枝顶。
　　　　4. 小叶片下面脉上被短柔毛；花梗近顶端有簇毛；子房 5 室 ……………… 3. 糙叶五加 A. henryi
　　　　4. 小叶片下面无毛；花梗常密生短柔毛；子房 3 室…… 3a. 毛梗糙叶五加 A. henryi　var. faberi
　　3. 枝无刺或在叶柄基部常散生扁平下向刺；花柱离生；伞形花序腋生或单生于短枝上 ……………………
　　　　………………………………………………………………………… 4. 五加 A. nodiflorus

1. 吴茱萸五加　树三加（图 102：A,B）

Acanthopanax evodiifolius Franch in Journ. de Bot. 10：306.1896. ［*evodiaefolius*］

落叶小乔木或灌木，高可达 6m。树皮灰褐色，平滑；具长、短枝。掌状复叶，叶柄长 3.5～8cm；小叶 3，小叶片卵形至长椭圆状披针形，长 6～12cm，宽 2.8～6cm，先端渐尖，基部楔形，全缘或具细齿，下面脉腋具簇毛，后渐脱落，侧脉 5～7 对。伞形花序常数个簇生或成总状，稀单生；花序梗长 2～8cm；苞片膜质，线状披针形，长约 2mm；花梗长 0.5～1.5cm，花后增长；花萼几全缘；花瓣 4，长约 2mm，绿色，反曲；雄蕊 4；子房下位，2～4 室，花柱 2～4，仅基部合生。果近球形，直径 5～7mm，具 2～4 浅棱。花期 5 月，果期 9 月。

产地：鸠甫山、龙塘山、东岙头、横源、直源。多生于海拔 400～1450m 的谷地阔叶林中及林缘。

分布：安徽、浙江、江西、湖南、广西、四川、贵州、云南、陕西和西藏。

用途：秋叶金黄，可供观赏；根皮入药，具强筋、利湿之效。

2. 葡匐五加（图 102：E,F）

Acanthopanax scandens G. Hoo in Acta Phytotax. Sin., Addit. 1：158. 1965.

葡匐灌木。幼枝淡黄色，老枝灰棕色，无刺。小叶多为 3，叶柄长 2～4cm；小叶片膜质，

图 102　A,B:吴茱萸五加;C,D:五加;E,F:葡萄五加(重组 *Flora of China*-Ill. 与《浙江植物志》)

中央小叶片卵形或卵状椭圆形,长 4～8cm,宽 2～4cm,先端渐尖至尾尖,基部宽楔形,两侧菱状卵形,基部外侧圆形,边缘有重锯齿,齿有刺尖,上面脉上疏被刚毛,下面近无毛,侧脉 4～6 对,明显隆起;无小叶柄。伞形花序 1～3 个顶生;花黄绿色;萼筒钟状,萼齿 5,三角形;花瓣 5,三角状卵形;雄蕊 5,长于花柱;子房 2 室,花柱 2,合生至中部。果扁球形,直径约 8mm,熟时黑色。花期 6—7 月,果期 10 月。

产地: 龙塘山。多生于海拔 400～600m 的柳杉林缘及山谷沟边。

分布: 安徽、浙江、江西。

3. 糙叶五加(图 103)

Acanthopanax henryi (Oliv.) Harms in Nat. Pflanzenfam. 3(8): 49. 1894.

Basionym: *Eleutherococcus henryi* Oliv., Hooker's Icon. Pl. 18: t. 1711. 1887.

落叶灌木,高 1～3m。枝疏生略下弯的粗皮刺。小叶 5,稀 3;叶柄长达 11cm;小叶片椭圆形或倒披针形,长 5～12cm,宽 3～6cm,先端急尖或渐尖,基部楔形,边缘中部或 1/3 以上具明显锯齿,上面脉上具散生小刺毛,下面脉上被棕黄色短柔毛。伞形花序数个簇生枝顶;花序梗粗壮,长 1～4cm;花淡绿色,有香气;花梗长 0.8～1.5cm,与花序梗连接处具淡黄色簇毛;花萼长 3mm,具不明显 5 小齿;花瓣 5,长约 2mm,花时反曲;雄蕊 5;子房下位,5 室,花柱合生成柱状。果椭圆状球形,长约 8mm,有 5 浅棱,熟时黑色,宿存花柱长约 2mm。花期 7～8 月,果期 9—10 月。

产地: 龙塘山、东岙头、千顷塘。多生于海拔 1300m 以下的沟谷林下。

分布: 安徽、浙江、湖北、湖南、四川、河南、河北、山西、陕西、甘肃。

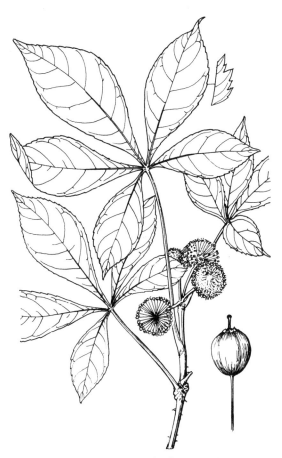

图 103　糙叶五加(引自《浙江植物志》)

3a. 毛梗糙叶五加

var. **faberi** Harms, Mitt. Deutsch. Dendr. Ges. ed. 2. 27: 12. 1918.

小叶片下面无毛;伞形花序较小;花梗通常密生短柔毛;子房常 3 室;宿存花柱有时微裂,可与模式变种区别。

产地: 龙塘山、东岙头、千顷塘。生于海拔 750～1400m 的山坡林下或路旁灌丛中。

分布: 陕西、安徽、浙江。

4. 五加　细柱五加(图 102：C,D)

Acanthopanax nodiflorus Dunn in J. Bot. 47：199. 1909.

Acanthopanax gracilistylus W. W. Sm.

灌木,有时披散状。枝较细,无刺或在总叶柄基部散生扁钩刺。掌状叶在长枝上互生,在短枝上簇生;小叶 5,稀 3 或 4,小叶片倒卵形至倒披针形,长 3～8cm,先端急尖至短渐尖,基部楔形,边缘具细钝锯齿,下面脉腋簇生淡黄棕色柔毛,侧脉 4 或 5 对;叶柄长 3～9cm。伞形花序常单生,有时 2 或 3 个簇生叶腋或短枝顶端;花小,黄绿色;花梗长 0.5～1cm;花萼具 5 小齿;花瓣 5;雄蕊 5;子房 2 或 3 室。果扁球形,直径约 6mm,熟时紫黑色。花期 5 月,果期 10 月。

　　产地：龙塘山、东岙头、千顷塘、大坪溪。多生于海拔 1200m 以下处山坡路旁灌丛中、沟谷边或阔叶林中。

　　分布：华中、华东、华南和西南各省、区。

　　用途：根皮入药,名"五加皮",具祛风湿、强筋骨之功效。

（七）羽叶参属(五叶参属)　**Pentapanax** Seem.

乔木、灌木或藤本。叶常为 1 回羽状复叶;无托叶或托叶不明显。总状或伞形花序,再聚生成圆锥花序,或复伞形花序,或复伞房花序;苞片革质,覆瓦状;花两性或杂性;萼筒 5 齿裂;花瓣 5,稀 7 或 8,覆瓦状;雄蕊与花瓣同数;子房 5 室,稀 7 或 8 室,花柱合生成柱状或上部离生,稀完全离生。核果球形,具 5 棱。种子侧扁。

18～22 种,分布于南美洲、大洋洲、亚洲南部及东南部。我国有 16 种,主要分布于云南。浙江有 1 种。

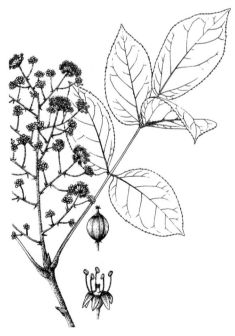

图 104　锈毛羽叶参(引自 *Flora of China*-Ill.)

1. 锈毛羽叶参(图 104)

Pentapanax henryi Harms in Bot. Jahrb. Syst. 23：21. 1896.

Pentapanax henryi Harms var. *wangshanensis* Cheng.

落叶灌木或小乔木。树皮灰白色。羽状复叶,小叶 3～5;叶柄长 2.5～11cm;小叶片卵状椭圆形或卵状长椭圆形,长 5～12cm,宽 3.5～6cm,先端急尖或短渐尖,基部圆形至钝形,边缘具锐锯齿,下面脉腋具簇毛;侧生小叶柄长约 5mm,顶生者长达 3cm。圆锥花序顶生,长 10～25cm,花序轴被锈色柔毛;伞形花序有花多数,直径 1～2cm;苞片卵形至披针形;花梗长 5～10mm;花白色;花萼小,无毛;花瓣三角状长圆形;雄蕊 5;子房下位,5室,花柱 5,合生成柱状或稀近顶部分离。果球形,直径 5～7mm,具 5 棱,熟时黑色。花期 9 月,果期

10—11 月。

    产地：白水坞。多生于海拔 800～1200m 的山谷岩隙、山坡乱石堆中。

    分布：安徽、浙江、江西、湖北、广西、四川。

    用途：根皮入药。

（八）楤木属　Aralia L.

落叶小乔木、灌木或多年生草本。枝常具刺。1～3 回羽状复叶；托叶与叶柄基部合生。伞形花序，稀头状花序，常再组成圆锥花序；花杂性同株；苞片和小苞片宿存或早落；花梗具关节；花萼具 5 小齿；花瓣 5，覆瓦状排列；雄蕊 5；子房下位，2～5 室，花柱 2～5，分离或基部合生。浆果或核果状，近球形，有 2～5 棱。种子侧扁。

约 40 种，主要分布于东亚。我国有 29 种，分布于各省、区。浙江有 7 种。

分种检索表

1. 小叶片边缘具细锯齿；圆锥花序的主轴长达 30cm 以上，一级分枝在主轴上总状排列。
  2. 茎及小枝密生红棕色细长直刺；伞形花序较大；花梗长 8～30mm …… 1. 棘茎楤木 A. echinocaulis
  2. 茎及小枝疏生粗短刺或细刺；伞形花序较小；花梗长 2～6mm ………………… 2. 楤木 A. eleta
1. 小叶片边缘有波状齿；圆锥花序的主轴短，长 5～10cm，一级分枝在花轴上指状排列 ………………
………………………………………………………………………………… 3. 波缘楤木 A. undulata

1. 棘茎楤木（图 105：A - D）

Aralia echinocaulis Hand.-Mazz in Symb. Sin. 7：704. 1933.

小乔木，高 2～3m。小枝及茎密生红棕色细长直刺。2 回羽状复叶；叶柄长 25～40cm；托叶和叶柄基部合生；羽片有小叶 5～9，小叶片纸质，长圆状卵形至披针形，长 5～14cm，宽 2.5～6cm，先端长渐尖，基部圆形至宽楔形，略歪斜，边缘疏生细锯齿；小叶近无柄。伞形花序有花多数，组成顶生圆锥花序，长达 50cm，初被糠屑状毛；花序梗长 1～5cm；苞片卵状披针形，长约 10mm；花梗长 8～15（～30）mm；小苞片披针形，长约 4mm；花萼无毛，淡红色；花瓣白色；花丝长约 4mm；子房 5 室，花柱 5，基部合生。果球形，直径 2～3mm，5 棱，熟时紫黑色，宿存花柱 5，反折。花期 6—7 月，果期 8—9 月。

    产地：龙塘山、鸠甫山、千顷塘、柘林坑、干坑。生于山坡疏林中或林缘、溪边、路边、山谷灌丛较阴处。

    分布：安徽、浙江、江西、福建、湖北、湖南、广东、广西、贵州、四川、云南。

    用途：根皮入药，也可作佐料，具活血、祛风、健体之效。

2. 楤木（图 105：E，F）

Aralia elata（Miq.）Seem in J. Bot. 6：134. 1868.

Basionym：*Dimorphanthus elatus* Miq.，Comm. Phytogr. 95. 1840.

灌木或小乔木，高 2～8m。树皮灰色，疏生粗短刺。小枝被黄棕色绒毛，通常疏生细刺。2 或 3 回羽状复叶；叶轴、羽片轴被黄棕色绒毛或无毛；羽片有小叶 5～13；小叶片卵形至卵状椭圆形，上面疏生糙状毛，下面被灰黄色短柔毛，脉上更密，有时两面被细刺，边缘具细锯

图 105　A-D:棘茎楤木;E,F:楤木(重组《浙江植物志》)

齿,侧脉 7～10 对;小叶无柄或有短柄。伞形花序有花多数,组成顶生大型圆锥花序;花序梗长 1～4cm,密生短柔毛;苞片锥形,有毛;花梗长 2～6mm,被短柔毛;花白色,芳香;花萼无毛;花瓣 5;雄蕊 5;子房 5 室,花柱 5,离生或基部合生。果球形,直径 3mm,具 5 棱,熟时黑色或紫黑色。花期 6—8 月,果期 9—10 月。

产地:顺溪。生于低山坡、山谷疏林缘、谷地溪边林中、林缘或林下,也常见于郊野路边旷地或灌丛中。

分布:华东、华南、西南和华北各省、区;日本、朝鲜半岛、俄罗斯。

用途:根皮入药;种子油,可供制皂。

3. 波缘楤木

Aralia undulata Hand.-Mazz. in Symb. Sin. 7：705. 1933.

灌木或小乔木,高达 10m。树皮黄褐色;小枝具粗刺。叶大,2 回羽状复叶,羽片有小叶 5～15,基部有小叶 1 对;小叶片纸质,卵形至卵状披针形,长 5～14cm,宽 3～6cm,先端长渐尖或尾尖,基部圆形,侧生的基部歪斜,边缘具波状齿,齿具小尖头,上面深绿色,下面灰白色,侧脉 7～9 对,两面隆起,网脉明显;侧生小叶柄 3～8mm,顶生小叶柄长达 4.5cm。圆锥花序大,一级分枝在主轴上呈指状排列;二级分枝顶端着生 3～5 个伞形花序,组成复伞形花序,其下有 3～8 个总状排列的伞形花序;花序梗长 0.5～2cm,被棕色糠屑状粗毛;苞片披针形,边缘有纤毛;花白色;花萼无毛,具 5 小齿;花瓣 5,长圆形;子房下位,5 室,花柱 5,离生。果球形,直径 3mm,熟时黑色。花期 8 月,果期 10 月。

产地:双涧坑、横源、直源。生于山坡林中。

分布:浙江、江西、湖北、湖南、广东、广西、四川、云南、重庆;越南。

七〇、山茱萸科　**Cornaceae**

落叶或常绿,乔木或灌木,稀草本。单叶,对生或互生,无托叶或托叶纤毛状。圆锥花序、聚伞花序或伞形花序,稀总状或头状花序;花两性,稀单性;萼筒与子房合生,上部 3～5 齿裂或缺;花瓣 3～5,或缺;雄蕊与花瓣同数而互生,生于花盘基部,花丝短;子房下位,1～4 (5)室,每室有胚珠 1 颗。果为核果或浆果状核果。种子具胚乳,种皮膜质。

15 属,约 130 余种,分布于北温带及亚热带地区。我国有 9 属,60 余种,广布于各省、区。浙江有 6 属,17 种、2 变种。本志记载 5 属,5 种。

木材坚硬,供农具用材;少数种类为木本油料植物;有些种类可供药用及公园观赏用。

分属检索表

1. 叶对生。
　2. 圆头状花序,花序下具 4 枚大型白色总苞片 …………………………… 1. 四照花属 Dendrobenthamia
　2. 聚伞花序或伞形花序,花序下无或具小型褐色总苞片。
　　3. 聚伞花序,花序下无总苞片 ………………………………………………… 2. 梾木属 Swida
　　3. 伞形花序,花序具 4 枚不超出花序之上的小型褐色总苞片 ………………… 3. 山茱萸属 Cornus
1. 叶互生。

4. 叶片全缘;花两性;核果,顶端具 1 个近于四方的孔穴 ·························· 4. 灯台树属 Bothrocaryum

4. 叶片有锯齿;花单性,雌雄异株;浆果状核果 ·························· 5. 青荚叶属 Helwingia

(一) 四照花属　Dendrobenthamia Hutch.

常绿或落叶小乔木或灌木。叶对生,侧脉 3～6(7) 对,具叶柄。头状花序顶生,下有大型、白色的花瓣状总苞片 4 枚;花小、两性;萼管状,檐 4 裂;花瓣 4,分离,稀基部近合生,镊合状排列;雄蕊 4,花药椭圆形,2 室;花盘环状或垫状,4 裂;子房下位,2 室,每室 1 胚珠;花柱圆柱状,柱头截形或头状。果为聚合状核果,球形或扁球形。

东亚特有属,约 11 种。我国 10 种,分布于内蒙古、山西和长江流域各省、区。浙江 5 种(含栽培)、1 变种。

本属树种多为优良的观赏植物。

1. 四照花(图 106:B)

Dendrobenthamia japonica (DC.) Fang var. **chinensis** (Osborn) Fang in Acta Phytotax. Sin. 2(2):105. 1953.

Basionym: *Cornus kousa* Bürger ex Miq. var. *chinensis* Osborn, Gard. Chron., ser. 3,72:310. 1922.

落叶乔木,高 3.5～7m。小枝纤细,微被灰白色丁字形细柔毛。叶对生;叶片纸质,稀厚纸质,卵形或卵状椭圆形,长 4～8cm,宽 2～4cm,先端渐尖,基部圆形或宽楔形,上面绿色,疏生白色丁字形细伏毛,下面粉绿色,除脉腋簇生白色或黄色柔毛外,其余部分贴生白色丁字形细伏毛,侧脉 4 或 5 对,弧状弯曲;叶柄长 5～10mm。头状花序球形;花序梗纤细,长 3～6.5cm;总苞片 4,初时白色,后变淡黄色,卵形或阔卵状椭圆形,长 2.5～4cm;萼 4 浅裂,外面被白色细毛,内侧有一圈褐色短柔毛;花瓣 4,黄色;雄蕊 4,与花瓣互生;子房下位,与萼筒结合,花柱密被白色糙毛。果序球形,橙红色或暗红色。花期 5 月,果期 8—9 月。

产地:鸠甫山、龙塘山、茶园里、十八龙潭、大坪溪、干坑、横源、直源。生于海拔 500m 以上的山坡、沟谷常绿落叶阔叶混交林、落叶阔叶林和山顶落叶阔叶矮林林中。

分布:内蒙古、山西、陕西、甘肃、河南、江苏、安徽、浙江、江西、福建、台湾、湖北、湖南、四川、贵州、云南。

用途:花、果、叶俱美,是优良的园林观赏树种,杭州植物园已有引种栽培,生长良好;根皮和树皮能清热解毒,花、叶能清热解毒、收敛止血,果实能祛蛔、消积;果实可生食和酿造用。

(二) 梾木属　Swida Opiz

灌木或乔木,稀常绿。叶对生,稀轮生,纸质,稀革质,卵圆形或椭圆形,全缘,通常下面有贴生的丁字形毛。顶生伞房状或圆锥状聚伞花序;花小,两性,白色或绿白色,下无总苞;萼 4 齿裂;花瓣 4,白色,卵圆形或长圆形,镊合状排列;雄蕊 4,花药长圆形,2 室;花盘垫状;花柱圆柱形,柱头头状或盘状;子房下位,2 室。核果球形或近于卵圆球形,有种子 2 粒。

约 42 种,主要产于北温带,少数分布于亚热带山地,南美洲有 1 或 2 种。我国有 25 种、13 变种,分布于新疆以外的各省、区,以西南地区最多。浙江有 3 种。

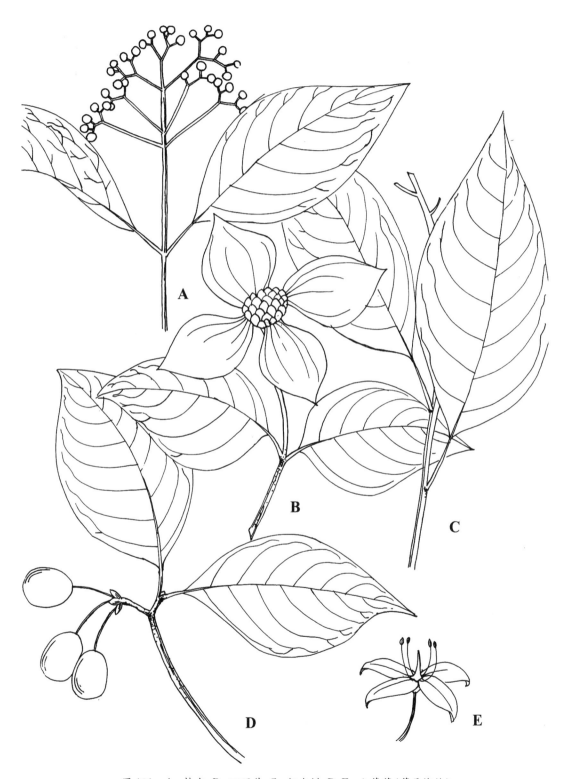

图 106　A：梾木；B：四照花；C：灯台树；D，E：山茱萸（蒋辰榆绘）

1. 梾木 (图 106：A)

Swida macrophylla (Wall.) Sojak, Novit. Bot. Delect. Seminum Horti Bot. Univ. Carol. Prag. 10. 1960.

Basionym：*Cornus macrophylla* Wall. in Roxb., Fl. Ind. 1：433. 1820.

落叶乔木，高 4~15m。树皮灰绿色至暗紫色；幼枝有棱角，疏生丁字形短伏毛，不久变无毛而呈灰褐色；老枝圆柱形，散生皮孔及半环状叶痕；冬芽外侧密被淡褐色或灰色丁字形短伏毛。叶片纸质，宽卵形或卵状长圆形，长 7~16cm，宽 4~8cm，先端渐尖，基部圆形或宽楔形，有时歪斜，全缘或微具波状小齿，上面近无毛，下面灰绿色，疏或密被灰白色丁字形伏毛，侧脉 5~8 对，弧状内弯；叶柄长 1.5~4cm，上面有浅沟，基部略呈鞘状。顶生二歧聚伞花序圆锥状，直径 5~9cm，疏生丁字形毛，后变无毛；花黄白色，微具香气；萼筒密被灰白色贴生短柔毛，萼齿宽三角形，外面疏生短柔毛；花瓣 4，舌状披针形或卵状长圆形，长 3~5mm，外被短伏毛；雄蕊 4，与花瓣等长或稍长于花瓣；子房下位，花柱圆柱形，顶端稍粗或略呈棍棒状，柱头扁平。果球形，直径 3~4mm，紫黑色或黑色。花期 5—6 月，果期 8—10 月。

产地：云溪坞、龙塘山、鸠甫山。生于海拔 1400m 以下的山坡、沟谷林中或林缘。

分布：山西、陕西、甘肃南部、山东南部、西藏及长江以南各省、区；缅甸、巴基斯坦、印度、不丹、尼泊尔、阿富汗。

用途：材用树种；适应性强，是优良的园林绿化树种；根及树皮药用，具清热平肝、活血止痛之功效；种子油可供食用或工业用；蜜源植物。

(三) 山茱萸属　Cornus L.

乔木或灌木。树皮脱落。叶对生，具柄，全缘，被丁字形伏毛。花小，两性，黄色，伞形花序式排列；苞片鳞片状，覆瓦状，脱落；萼管陀螺形，全缘；花瓣 4，长椭圆状卵形；花盘垫状。核果长椭圆球形，有长形的种子。

4 种，欧洲和美洲西北部各 1 种，亚洲东部产 2 种。我国有 2 种，分布于甘肃、陕西、山西、山东、河南，以及长江流域及其以南各省、区。浙江有 2 种。

1. 山茱萸　药枣 (图 106：D，E)

Cornus officinalis Siebold & Zucc., Fl. Jap. (Siebold) 1：100，t. 50. 1839.

落叶灌木或小乔木，高 3~6m。树皮灰黑色，薄片状剥落；小枝绿色，无毛或疏生丁字形毛，老枝黑褐色；冬芽卵形或披针形，被黄褐色短毛。叶对生；叶片纸质，卵状椭圆形、卵状披针形或卵圆形，长 5~9cm，宽 2.5~5.5cm，先端渐尖，基部近圆形或宽楔形，全缘，上面绿色，幼时疏生丁字形毛，后变无毛，下面淡绿色，被稀疏丁字形短伏毛，脉腋密生黄褐色簇毛，侧脉 5~8 对，弧状内弯；叶柄长 0.6~1cm，疏生毛或近无毛。伞形花序生于侧生小枝之顶；花序梗粗壮，长约 2mm；总苞片 4，卵圆形，褐色，长约 8mm，花后脱落；花小，黄色，先叶开放；萼片 4，裂片齿状，宽三角形；花瓣 4，舌状披针形，向外反曲；雄蕊 4，与花瓣互生；子房下位，1 室，稀 2 室，花柱 1，圆柱形，柱头头状。果长椭圆球形，长 1.2~2cm，熟时深红色；核骨质，有几条不整齐肋纹。花期 3—4 月，果期 9—10 月。

产地：常见栽培。

分布：山西、陕西、甘肃、山东、河南、江苏、安徽、浙江、江西、湖南；日本、朝鲜半岛。

用途：果肉供药用，具补益肝肾、涩精止汗之功效；树形优美，先花后叶，果色艳丽，适作园林绿化观赏。

（四）灯台树属　**Bothrocaryum** (Koehne) Pojark.

落叶乔木或灌木。叶互生，纸质；叶片宽卵形至椭圆状卵形，被丁字形伏毛。伞房状聚伞花序顶生；苞片微小，早落；萼筒微 4 齿裂，裂齿三角形；花瓣白色，倒披针形；花药黄色，椭圆形；子房 2 室；花柱圆柱形，柱头小，头状。果实球形，具 2 种子，暗紫红色，熟时变黑色；核骨质，顶端有一个近于方形的小孔穴。

2 种，产于亚洲东部的亚热带和北温带地区，以及北美东部。我国 1 种。浙江 1 种。

1. 灯台树（图 106：C）

Bothrocaryum controversum (Hemsl.) Pojark. in Not. Syst. Herb. Inst. Bot. Acad. Sci. URSS, 12：170. 1950.

Basionym：*Cornus controversa* Hemsl. in Bot. Mag. 135：t. 8261. 1909.

落叶乔木，高达 15m。树皮暗灰色，枝条紫红色，后变淡绿色，皮孔及叶痕明显，无毛。叶互生；叶片宽卵形或宽椭圆状卵形，长 5～13cm，宽 4～8cm，先端急尖，稀渐尖，基部圆形，上面深绿色，下面灰绿色，疏生丁字形伏毛，侧脉 6～9 对；叶柄长 2～6.5cm，带紫红色。伞房状聚伞花序顶生，直径 7～13cm，稍被短柔毛；花小，白色；萼筒椭圆形，长 1.5mm，密被灰白色贴生短毛，萼齿三角形；花瓣 4，长披针形；雄蕊 4，无毛，与花瓣互生，稍伸出花外；子房下位，花柱圆柱形，无毛。果球形，直径 6～7mm，紫红色至蓝黑色；核骨质，顶端有一个近于方形的小孔穴。花期 5 月，果期 8—10 月。

产地：鸠甫山、龙塘山、茶园里、十八龙潭、大坪溪、干坑、横源、直源。散生于海拔 350m 以上的山坡、沟谷阔叶林、针阔叶混交林林中或林缘，也见于山顶落叶阔叶矮林。

分布：辽宁、河北、陕西、甘肃、山东、河南，以及长江以南各省、区；日本、朝鲜半岛、印度、尼泊尔、不丹。

用途：材用树种；树形美观，适作园林绿化；叶可供药用，功效基本同楝木。

（五）青荚叶属　**Helwingia** Willd.

落叶或常绿灌木，稀小乔木。髓白色，明显。单叶互生，边缘有锯齿，具叶柄；托叶小，早落。花小，单性异株；雄花常由 3～20 朵组成伞形或密伞形花序，生于叶腹面中脉上，稀生于枝上；雌花 1～4 朵聚生于叶面中脉上，稀生于叶柄上；萼小；花瓣 3～5，镊合状排列；雄蕊 3～5；子房下位，3～5 室；花柱短，3～5 裂；胚珠单生，倒垂。果为浆果状核果，具种子 1～5 粒。

4 种，产喜马拉雅地区至日本、朝鲜半岛。我国有 4 种，分布于西北部、西南部至东部。浙江有 1 种、2 变种。

1. 青荚叶　叶上珠（图 107）

Helwingia japonica (Thunb.) Dietr. in Nachtr. Vollst. Lex. Gertn. 3：680. 1817.

Basionym：*Osyris japonica* Thunb., Syst. Veg. ed. 14. 881. 1784.

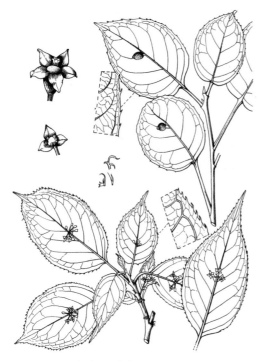

图 107　青荚叶(引自 *Flora of China*-Ill.)

落叶灌木,高 1～3m。树皮灰褐色,幼枝绿色或紫绿色,无毛,叶痕明显。叶片纸质,叶形多变异、卵形、卵圆形或卵状椭圆形,长 3～12cm,宽 2～7cm,通常中上部较宽,先端渐尖,基部宽楔形至近圆形,边缘具腺质细锯齿或尖锐锯齿,上面绿色,下面淡绿色,两面均无毛;叶柄长 0.8～4cm;托叶线形,稀钻形,全裂或中部以上分裂,早落。花淡绿色,3～5 基数;雄花通常 3～20 朵组成伞形或密伞形花序,常生于叶腹面中脉1/3～1/2 处,稀 1/4 处;花梗长约 2～6mm;雄蕊着生于花盘内;雌花单生,或 2 或 3 朵簇生于叶腹面中部,稀偏近基部 1/5～1/4 处;花梗长 1～5mm,或近无梗;子房卵圆形,柱头 3～5 裂。浆果,熟时黑色。花期 5—6 月,果期 8—10 月。

产地:直源、龙塘山、干坑、千顷塘、柘林坑。散生于海拔 350m 以上的山坡、沟谷林中或林下阴湿处。

分布:山西、陕西、甘肃、山东、河南、江苏、安徽、浙江、福建、台湾、江西、湖北、湖南、广东、广西、贵州、四川、云南;日本、朝鲜半岛、不丹和缅甸。

用途:叶、果可供药用,有清热利湿、消肿止痛之功效;花果着生方式奇特,适作园林绿化观赏。

七一、山柳科　Clethraceae

灌木或小乔木,落叶或常绿。芽、小枝、叶、花序常具星状毛或单毛。单叶,互生,在小枝顶端排列稍密集成簇生状;叶片边缘常具锯齿;常有叶柄。总状花序或圆锥花序,顶生,具明显的小苞片;花两性,稀单性,辐射对称;花萼 5 深裂,宿存;花瓣 5,分离;雄蕊 10 枚,排列成 2 轮,花药顶孔开裂;子房上位,3 室,每室有胚珠多颗,中轴胎座,花柱顶端常 3 裂,稀不裂。果为蒴果,近球形,3 瓣开裂。种子小,具肉质胚乳和短子叶的胚,种皮疏松。

1 属,65 种,分布于亚洲和美洲热带、亚热带地区。我国有 7 种,分布于东部至西南部。浙江有 2 种。本志记载 1 种。

(一) 山柳属　Clethra Gronov. ex L.

属特征和分布与科相同。

1. 华东山柳　髭脉桤叶树(图 108)

Clethra barbinervis Siebold & Zucc. in Abh. Math.-Phys. Cl. Königl. Bayer. Akad Wiss. 4(3): 128. 1846.

落叶灌木或小乔木,高 1～5m。树皮灰褐色或褐色;当年生枝近无毛或具锈色星状毛。单叶互生;叶片倒卵形或倒卵状椭圆形,有时椭圆形,长 3～11cm,宽 1.5～5cm,先端渐尖或尾状渐尖,基部楔形,上面无毛,下面脉上有伏贴的长硬毛,脉腋间具髯毛,边缘有尖锐锯齿,齿端有硬尖,中脉在上面平坦,下面隆起,侧脉 10～15 对,弧状弯曲;叶柄长 1～2cm,有伏贴长毛。圆锥花序由 3～6 个总状花序组成;花序梗和花梗密被锈色糙硬毛或星状毛;苞片线形,长 3～4mm,早落;花梗长 4～5mm;花萼裂片卵形,长 2～3mm,先端钝;花瓣白色,倒卵形,长 4～6mm,宽 3～4mm,先端微凹;花丝无毛,花药呈倒尖头;子房球形,直径约 2mm,密被长毛,花柱稍长于花瓣,顶端 3 裂。蒴果近球形,直径 3～4mm,宿存花柱长 5～6mm。花期 6—7 月,果期 9—10 月。

产地:直源、三祖源、龙塘山、谢家坞。生于海拔 900m 的山坡路边。

分布:安徽、浙江、江西、湖北、山东;日本、朝鲜半岛。

图 108　华东山柳(引自 *Flora of China-*Ⅲ.)

七二、杜鹃花科　**Ericaceae**

灌木或小乔木,常绿或落叶,有时为半常绿。枝无毛或有各式毛被,或具鳞片;冬芽具鳞片。单叶,互生,稀对生或近轮生;叶片全缘或有锯齿,无托叶。花两性,辐射对称或稍两侧对称;单生,簇生,或排列成总状、圆锥或伞形花序;花萼通常 5 裂,宿存;花冠漏斗形、钟形、壶形,或管状,通常 5 裂,稀 4 裂或更多;雄蕊与花冠裂片同数或为其 2 倍,着生于花盘基部,花药 2 室,顶端孔裂,有时具芒状附属物,四合花粉;子房上位或下位,通常 5 室,少 2~7 室,中轴胎座,每室具 1 至多数倒生胚珠,花柱单一,柱头头状或盘状。蒴果、核果或浆果。种子多数至少数,细小,有翅或无翅,胚直立,有胚乳。

约 103 属,3350 种,除沙漠地区外,全球都有分布,主要分布于南、北半球的温带及北半球亚寒带,环北极和热带高山也有。我国有 15 属,约 780 种,全国分布,主产西南地区。浙江有 5 属,30 余种。本志记载 5 属,15 种、1 亚种、1 变种。

分属检索表

1. 子房上位;果实为蒴果。
　　2. 花冠长 1cm 以上,花大型;雄蕊无芒状附属物;蒴果室间开裂 ………… 1. 杜鹃花属 Rhododendron
　　2. 花冠长不及 1cm,花小型;雄蕊具芒状附属物;蒴果背室开裂。
　　　　3. 总状花序腋生;花丝顶端具 2 芒,花药无芒 ……………………………… 2. 南烛属 Lyonia
　　　　3. 伞形花序、伞形式总状花序、圆锥花序或总状花序,顶生或生于枝顶叶腋;花药具 2 芒。
　　　　　　4. 叶常绿;花冠坛形;种子无翅或角 ………………………………… 3. 马醉木属 Pieris
　　　　　　4. 落叶灌木;花冠钟形;种子常具狭翅 ………………………… 4. 吊钟花属 Enkianthus
1. 子房下位;果实为浆果 …………………………………………………… 5. 越橘属 Vaccinium

（一）杜鹃花属　　Rhododendron L.

常绿、半常绿或落叶灌木,稀小乔木。幼嫩部分常具鳞斑或各式毛被,有时无毛。叶互生或节间缩短而聚生于枝顶;叶片全缘,稀有细齿;具柄。花单生,或组成伞形式总状或伞形花序,顶生、侧生或腋生;花萼通常 5 裂,或因裂片小而不明显;花冠漏斗形、辐状、钟状或管状,5 裂,少 6~10 裂,裂片稍不等大,斑点常生于上部裂片的喉部;雄蕊通常与花冠裂片同数或为其倍数,不等长,花丝略向上弯曲,花药无附属物;子房上位,5~10 室,每室有多数胚珠,花柱顶端略向上弯曲,常略长于雄蕊。蒴果室间开裂,5~10 瓣裂,中轴宿存。种子细小,两端突出。

约 960 种,主要分布于北半球的寒带、温带和热带高山。我国约 570 种,全国各省、区均有,以西南最多。浙江连同栽培的有 19 种。

本属植物的花色艳丽,为四大著名花卉之一,其中许多种类具有很长的栽培历史,品种颇多。

分种检索表

1. 常绿灌木或小乔木;叶片上面有光泽。
　　2. 花 5~10 朵成短总状花序,顶生。
　　　　3. 花梗和子房具腺体和腺毛;花冠 7 裂,雄蕊 14~16 枚 ……………… 1. 云锦杜鹃 R. fortunei
　　　　3. 花梗和子房无腺体和腺毛;花冠 5 裂,雄蕊 10 枚 ………………………………………………
　　　　　　…………………………………… 2. 安徽杜鹃 R. maculiferum subsp. anwheiense
　　2. 花芽侧生,每个花芽仅具 1 朵花。
　　　　4. 雄蕊 10 枚;果实圆柱形;叶片顶端无凹缺 ………………… 3. 麂角杜鹃 R. latoucheae
　　　　4. 雄蕊 5 枚;果实卵球形;叶片顶端常凹缺 ………………………… 4. 马银花 R. ovatum
1. 落叶或半常绿灌木;常绿者叶片上面亦无光泽。

5. 短总状花序；花冠黄色；雄蕊 5 枚 ·· 5. 羊踯躅 R. molle

5. 花单生或伞形花序；花冠红色、紫红色或白色；雄蕊 10 枚。

　6. 落叶灌木，老枝无毛；花冠辐状漏斗形，紫色或淡紫色 ·················· 6. 丁香杜鹃 R. farerae

　6. 半常绿或常绿灌木，枝被糙伏毛；花冠漏斗形，红色、紫红色、粉红色或白色。

　　7. 半常绿，春叶纸质，秋叶厚纸质；花鲜红色（野生）················ 7. 映山红 R. simsii

　　7. 常绿，春叶与秋叶均厚纸质；花紫红色、粉红色或白色（栽培）······ 8. 锦绣杜鹃 R. pulchrum

1. 云锦杜鹃　天目杜鹃(图 109：A - D)

Rhododendron fortunei Lindl. , Gard. Chron. 868. 1859.

常绿灌木或小乔木，高 2～7m。小枝粗壮，淡绿色。叶互生，常聚生枝端；叶片厚革质，长圆形、长圆状椭圆形或长圆状倒披针形，长 7～18cm，宽 2.5～6cm，先端急尖或圆钝，基部宽楔形至微心形，全缘，除幼时下面中脉疏被腺体外，两面无毛，上面深绿色，有皱纹，下面苍绿色，网纹明显；叶柄长 1～3cm，粗壮。总状花序顶生，短缩成伞形状，花序轴长 2～4cm，有腺体，具花 6～10 朵；花梗长 1.5～3cm，密或疏生腺体或腺毛；花萼小，歪斜，具腺体；花冠漏斗状钟形，粉红色或白色略带粉红，长 4.5～6.5cm，7 裂；雄蕊 14～16，短于花冠，花丝无毛；子房密被腺体，花柱略长于雄蕊，有腺体。蒴果长圆柱形，长 2.5～3.5cm，直径 1.2～1.4cm。花期 5—6 月，果期 10—11 月。

产地：清凉峰、东岙头、三祖源、龙塘山、千顷塘、干坑、大坪溪、道场坪。生于海拔 1200m 的山谷路边。

分布：河南、安徽、浙江、江西、福建、湖北、湖南、广东、广西、四川、贵州、云南。

2. 安徽杜鹃　黄山杜鹃(图 109：E - G)

Rhododendron maculiferum Franch. subsp. **anwheiense** (E. H. Wilson) D. F. Chamb. in Notes Roy. Bot. Gard. Edinburgh 36(1)：118. 1978. [*anhweiense*]

Basionym：*Rhododendron anwheiense* E. H. Wilson in J. Arnold Arbor. 6；163. 1925.

常绿灌木，高达 5m。树皮灰褐色；小枝初时被绒毛，后脱落。叶互生，常集生枝顶；叶片厚革质，卵形、卵状椭圆形或椭圆形，长 4～9cm，宽 1.5～4cm，先端急尖，基部圆形或宽楔形，全缘，下面除中脉幼时有疏绒毛外两面无毛，下面网脉明显；叶柄长约 1cm。总状花序顶生，缩成伞形状，有花 6～10 朵；花梗长 1.5～2.5cm，无毛或稍有柔毛；花萼短小，萼齿三角形；花冠钟形，粉红色或近白色，长 3～3.5cm，5 裂，裂片长约 1cm，边缘波状，上方裂片基部内面有紫红色斑点；雄蕊 10，短于花冠，花丝基部有柔毛；子房长约 5mm，通常无毛，花柱无毛。蒴果圆柱形，长 1.2～1.8cm，直径约 5mm。花期 5 月，果期 9—10 月。

产地：清凉峰、东岙头、大明山、龙塘峰。

分布：安徽、浙江、江西、福建、湖南、广西。

3. 麂角杜鹃　西施花(图 109：H - K)

Rhododendron latoucheae Franch. in Bull. Soc. Bot. France 46；210. 1899.

Rhododendron ellipticum Maxim. (1888), not Hoffm. (1826).

常绿小乔木或灌木，高 1～5m。全体无毛。幼枝干时红棕色，老枝灰白色。叶 2～5 枚集

图 109　A-D：云锦杜鹃；E-G：安徽杜鹃 ；H-K：鹿角杜鹃（王泓绘）

生于枝顶；叶片革质，长圆形或椭圆形，稀椭圆状卵形，常 5～10cm，宽 2～4cm，先端渐尖或短尾尖，基部楔形，全缘，边缘稍反卷，中脉在上面凹入，下面隆起，侧脉不明显；叶柄长 1～1.5cm。花芽侧生，每一花芽仅具 1 花，芽鳞花时宿存，边缘有短绒毛；花梗长 2～3cm，无毛；花萼 5 裂，裂片三角形至披针形，长 1～3mm；花冠淡紫色或粉红色，花蕾时颜色稍深，狭漏斗形，长 3.5～4cm，5 深裂，裂片长圆形，上方裂片内面有黄色斑点；雄蕊 10，花丝与花冠等长或短于花冠，近基部有柔毛；子房无毛，花柱伸出花冠外，无毛。蒴果圆柱形，长 2.5～3.5cm，直径约 4mm，无毛。花期 4—5 月，果期 8—10 月。

产地：都林山、鸠甫山、谢家坞、茶园里、栈岭湾、十八龙潭、横源、直源、大坪溪、童玉。生于 500～900m 的路边或林下。

分布：长江流域及其以南地区常见。

4. 马银花（图 110：E-G）

Rhododendron ovatum（Lindl.）Planch. ex Maxim. in Bull. Acad. Imp. Sci. St.-Pétersbourg 15：230. 1871.

Basionym：*Azalea ovata* Lindl. in J. Hort. Soc. London 1：149. 1846.

Rhododendron bachii H. Lév.；*R. hangzhouense* Fang & M. Y. He；*R. ovatum*（Lindl.）Planch. ex Maxim. var. *setuliferum* M. Y. He.

常绿灌木，高 1～4m。幼枝与叶柄、叶片上面中脉均被短柔毛。叶常集生于枝顶；叶片革质，卵形、卵圆形或椭圆状卵形，长 3～5cm，宽 1.2～2.5cm，先端急尖或钝，有凹缺，缺口中间有一软骨质状短尖头，基部圆形，全缘，除上面中脉外两面无毛；叶柄长 5～15mm。花单一，生于枝顶叶腋；花梗长约 1.5cm，密被短柔毛，并常混有腺毛；花萼长 3～5mm，5 深裂，裂片卵形至倒卵形，全缘或啮齿状，无毛或有疏密不等的腺毛，萼筒有紫红色腺毛和白粉；花冠淡紫色，宽漏斗状，长约 2.5～3cm，5 深裂，上方裂片内面有紫色斑点；雄蕊 5，花丝下半部有柔毛；子房密生腺毛，花柱无毛，或中部以下至近基部有柔毛。蒴果长约 7mm，宽卵球形。花期 4—5 月，果期 8—9 月。

产地：龙塘山、大明山、西坑。生于山坡、路边或林下。

分布：长江流域及其以南各省、区。

本种花萼裂片边缘毛被及花柱毛被均存在较大变异。

5. 羊踯躅　闹羊花（图 110：L-O）

Rhododendron molle（Blume）G. Don in Gen. Hist. 3：846. 1834.

Basionym：*Azalea mollis* Blume, Cat. Gew. Buitenzorg（Blume）44. 1823.

落叶灌木，高 0.5～1.5m。幼枝被短柔毛和柔毛状刚毛。叶片纸质，长圆形或长圆状倒披针形，长 6～12cm，宽 2～3.5cm，先端急尖或钝，基部楔形，边缘被刺毛状睫毛，上面绿色，下面苍白色，均被短柔毛，下面尤密，叶脉在下面明显隆起；叶柄长 2～6mm，被毛与小枝同。总状花序顶生，有花 5～10 朵，花叶同放；花梗长 1.5～2cm，被短柔毛；花萼小，5 裂，被短柔毛和睫毛；花冠黄色，漏斗形，长 4.5～5cm，外面被柔毛，内面上方有浅绿色斑点，5 裂；雄蕊 5，花丝中部以下有柔毛；子房被长柔毛，花柱无毛。蒴果圆柱状长圆球形，长 2.5～3.5cm，直径 8～10mm。花期 4—5 月，果期 8—9 月。

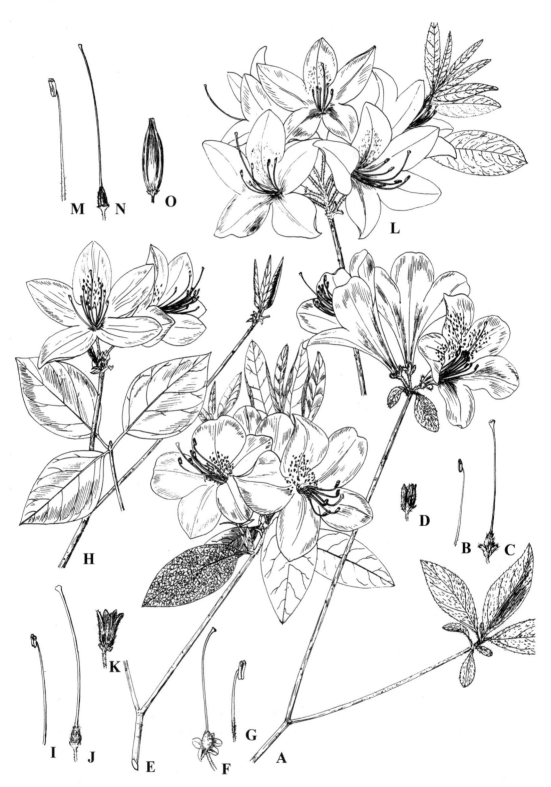

图 110　A-D：映山红；E-G：马银花；H-K：丁香杜鹃；L-O：羊踯躅（王泓绘）

产地：双涧坑、龙塘山、百丈岭、大明山。生于林缘或灌丛中。

分布：江苏、浙江、安徽、江西、福建、湖北、湖南、广东、广西、四川、云南。

用途：根、花及果入药。干燥的花朵名"闹羊花"，干燥果实名"六轴子"，但均含桤木毒素而对人畜有毒，不可误用。

6. 丁香杜鹃　满山红(图 110：H－K)

Rhododendron farrerae Tate ex Sweet，Brit. Fl. Gard.［Sweet］Ser. 2，1：t. 95. 1831.

Rhododendron mariesii Hemsl. & E. H. Wilson.

落叶灌木，高可达 5m。树皮灰色；幼枝有绢状柔毛，后变无毛。叶 2 或 3 枚集生于枝顶；叶片纸质或厚纸质，卵形、宽卵形或椭圆状卵形，长 3.5～7.5cm，宽 2.5～5.5cm，先端急尖，基部圆钝至近心形，全缘或上半部有细圆锯齿，幼时两面被淡黄色绢状长毛，老叶无毛或下面中脉有疏柔毛；叶柄长 5～10mm，幼时密被绢状柔毛，后近无毛或疏被毛。花 1 或 2 朵，稀 3 朵成伞形花序生枝顶；花梗长 5～8mm，常为芽鳞所覆盖，密被柔毛；花萼小，密被灰黄色柔毛和长睫毛；花冠淡紫色至粉红色，辐状漏斗形，长 3～4cm，5 深裂，上方裂片有红色斑点；雄蕊 10，花丝无毛；子房卵球形，长约 4mm，密被棕色长柔毛，花柱无毛。蒴果卵状长圆球形，长 1.2～1.7cm，直径 5～6mm，密被毛。花期 4—5 月，果期 9—10 月。

产地：龙塘山、大明山、横源、云溪坞。生于 300～900m 的路边、林下。

分布：长江中下游各省、市，北达河北(昌平)，东至台湾，南达广东，西至云南；日本。

7. 映山红　杜鹃(图 110：A－D)

Rhododendron simsii Planch.，Fl. des Serres 9：78. 1853.

落叶或半常绿灌木，高达 3m。小枝密被棕褐色扁平糙伏毛。叶二型；春叶纸质或薄纸质，卵状椭圆形至卵状狭椭圆形，长 2.5～6cm，宽 1～3cm，先端急尖或短渐尖，基部楔形，全缘，两面均被扁平糙伏毛，下面脉上较密；夏叶较小，通常倒披针形，长 1～1.5cm，两面被短糙毛，冬季通常不脱落；叶柄长 3～5mm，密被与枝同类毛。花 2～6 朵簇生枝顶；花梗长约 6mm，密被糙伏毛；花萼长约 3mm，5 深裂，裂片椭圆状卵形；花冠鲜红或深红色，宽漏斗形，长 3.5～4.5cm，5 裂，上方 1～3 裂片内面有紫红色斑点；雄蕊 10，花丝中部以下有柔毛；子房密被棕褐色扁平糙伏毛，花柱伸出花冠外，无毛或基部疏被毛。蒴果卵圆球形，长近 1cm，被糙伏毛。花期 4—5 月；果期 9—10 月。

产地：龙塘山、百丈岭、顺溪坞、云溪坞、大明山。生于 200～1200m 的山谷、山坡、溪边、林下或灌丛中。

分布：长江流域及其以南各省、区；越南、泰国。

8. 锦绣杜鹃

Rhododendron pulchrum Sweet，Brit. Fl. Gard.［Sweet］Ser. 2，1：t. 117. 1831.

半常绿灌木，高 0.5～1.5m。小枝密被褐色糙伏毛。叶常集生于小枝顶端；叶片薄革质，椭圆状披针形、长圆状披针形，长 2～7cm，宽 1～2.5cm，先端钝尖并具小尖头，基部楔形，边缘略反卷，两面疏被糙伏毛；叶柄长 3～6mm，密被糙伏毛。伞形花序顶生，有花 1～5 朵，花梗长 8～15mm，被糙伏毛。花萼 5 裂，裂片披针形，长约 1.2cm，被糙伏毛；花冠漏斗状,紫红色,粉红色或白色,长 4.5～5cm,裂片 5,裂片卵形,长 25～33cm,宽 18～25mm,上部裂片具深色斑点;雄蕊 10,花丝中部以下被短柔毛;子房卵球形,密被糙伏毛,花柱长约 5cm,无毛。蒴果卵球形,长 8～10mm,直径约 5mm,被糙伏毛。花期 4—5 月。

产地:区内常见栽培供观赏。

分布:我国长江流域及其以南常见栽培,园艺品种很多。

(二) 南烛属　Lyonia Nutt.

落叶或常绿灌木,稀为小乔木。叶互生,叶片全缘或有锯齿,具短柄。花常成腋生或顶生的总状花序,或簇生,有时为顶生的圆锥花序;花萼常 5 裂,花冠壶状或管状钟形,常 5 浅裂;雄蕊 10,内藏,花丝顶端常有 1 对芒状附属物;子房常 5 室,每室有多数胚珠。蒴果近球形或宽椭圆球形,室背开裂,裂缝增厚呈木质化。种子多数。

35 种,分布东亚和北美。我国有 5 种,分布于西南部至东南部。浙江仅有 1 变种。

1. 毛果南烛　毛果珍珠花(图 111)

Lyonia ovalifolia (Wall.) Drude var. **hebecarpa** (Franch. ex Forb. & Hemsl.) Chun in Sunyatsenia 4:253. 1940.

Basionym:*Pieris ovalifolia* Wall. var. *hebecarpa* Franch. ex Forb. & Hemsl. in J. Linn. Soc. , Bot. 26:17. 1889.

图 111　毛果南烛(引自《浙江植物志》)

落叶灌木或小乔木,高达 5m。幼枝淡红褐色,无毛或疏生短柔毛。叶片纸质,卵状长圆形或卵状椭圆形,长 4～10cm,宽 2～5cm,先端短渐尖,基部圆形、楔形或浅心形,全缘,幼时两面被紧贴的红棕色半透明毛,老叶上面近无毛,网脉明显;叶柄长 5～10mm,幼时被短柔毛。总状花序腋生,长 3～10cm,无毛或疏生短柔毛,基部常有数枚小叶;花梗长约 3mm,被短柔毛;花萼裂片卵状三角形,长约 1.5mm,有短柔毛;雄蕊 10,花丝有短柔毛,顶端有 1 对芒状附属物;子房密被短柔毛,花柱无毛。蒴果近球形,直径 3～4mm,红褐色,被灰白色的短柔毛。花期 6—7 月,果期 9—10 月。

产地:龙塘山、百丈岭、顺溪、三祖源、千顷塘。生于溪边林下。

分布:陕西、江苏、安徽、浙江、江西、福建、湖北、湖南、广东、广西、四川、贵州、云南。

(三) 马醉木属　Pieris D. Don

常绿灌木或小乔木。叶互生,常集生于枝顶,稀轮生;叶片边缘常有锯齿;具柄。花形成于秋季,越冬至翌年春季开花,排列成顶生或枝顶叶腋的圆锥花序,或数枚总状花序簇生;具苞片;花萼 5 裂,宿存;花冠坛状,5 浅裂;雄蕊 10,内藏,花药背部有 1 对下弯的芒状附属物;子房 5 室,每室有胚珠多数。蒴果近球形,背室开裂。种子多数。

　　7 种,分布于东亚与北美。我国有 3 种,主要分布于华东、华中、华南至西南地区。浙江有 2 种。

1. 马醉木(图 112)

Pieris japonica (Thunb.) D. Don ex G. Don in Gen. Hist. 3: 832. 1834

Basionym: *Andromeda japonica* Thunb., Syst. Veg., ed. 14. 407. 1784.

　　常绿灌木,高达 3.5m。树皮灰色;小枝绿色或带淡紫红色,圆柱形,稍有纵棱,幼时被微柔毛或近无毛。叶集生于枝顶;叶片倒披针形或披针形,长 5～10cm,宽 1～3cm,先端渐尖或长渐尖,基部楔形,边缘上半部有钝锯齿,除上面中脉有微柔毛外两面无毛;叶柄长 5～6mm,被微柔毛或近无毛。总状花序常簇生于枝顶或成圆锥花序,长 6～12cm,与花梗均被微腺毛;苞片长 2～3mm,钻形;花梗长 3～4mm;花萼长 3～4mm;花冠白色,坛状,长约 8mm,5 浅裂;雄蕊 10,长为花冠的 1/2,花丝扭曲,有短柔毛,花药背面具 2 反折的芒;花柱长于花冠。蒴果球形,直径约 5mm。花期 3—4 月,果期 8—9 月。

　　产地:龙塘山、百丈岭、大明山、直源、云溪坞。生于 150～550m 的山谷、山坡、林下或灌丛中。

　　分布:安徽、浙江、江西、福建、台湾;日本。

图 112　马醉木(引自《浙江植物志》)

(四) 吊钟花属　**Enkianthus** Lour.

　　落叶灌木或小乔木。枝成轮生状。叶互生,常集生于枝顶;叶片全缘或有锯齿;具柄。花排列成顶生的伞形花序或伞形式总状花序,稀单生;花梗细长,花时常下弯,果实直立或上弯;花萼 5 裂,裂片宿存;花冠钟形或壶形,5 浅裂;雄蕊 10,常内藏,花丝短,基部渐粗,常被毛,花药顶端具 2 芒,有时基部有附属物;子房 5 室,每室有胚珠多数。蒴果椭圆球形。种子常有翅或角。

12 种,分布于东亚,少数种延伸至印度尼西亚。我国有 7 种,分布于东南部至西南部。浙江有 2 种。

1. 灯笼花　灯笼吊钟花(图 113)

Enkianthus chinensis Franch. in J. Bot. (Morot) 9：371. 1895.

落叶灌木或小乔木,高 2~5m。小枝灰绿色,秋季略带紫红色,无毛。叶片纸质,长圆形至长圆状椭圆形,长 3~6cm,宽 1~3cm,先端圆钝,稀急尖,基部圆钝或楔形,边缘有圆钝细锯齿,两面脉上疏被短柔毛,其余无毛;叶柄长 5~10mm,幼时疏生毛。伞形式总状花序生于枝顶,多花,下垂;花梗纤细,长 1.5~3cm,无毛;花萼裂片狭三角形,长 2~3mm,先端渐尖;花冠宽钟形,长约 1cm,上部绿白色,下部肉红色,有紫红色条纹,顶端 5 浅裂;雄蕊 10,远短于花冠;雌蕊略短于花冠,花柱疏生柔毛。蒴果卵圆球形,长 6~7mm,紫红色,果梗下垂,顶端上弯。花期 4—5 月,果期 8—9 月。

产地:清凉峰、东岙头、龙塘峰。生于山坡灌丛中。

分布:长江流域及其以南地区。

图 113　灯笼花(引自 *Flora of China*-Ill.)

(五) 越橘属　Vaccinium L.

常绿或落叶灌木,稀半灌木。小枝圆柱形,较扁平或有棱角。叶互生;叶片全缘或有锯齿。花单生或成总状花序,腋生或顶生;苞片宿存或脱落;花萼 4 或 5 浅裂或近截平;花冠壶状、管状或钟状,4 或 5 浅裂,稀 4 深裂而裂片强烈反卷;雄蕊 6~10,花丝短,花药背面有芒状附属物或缺,顶端伸长成管状,顶孔开裂;子房下位,通常 4 或 5 室,每室有胚珠数颗至多颗。浆果顶端有宿存萼齿。

约 450 种,分布于北温带及热带高山地区。我国有 92 种,分布于全国。浙江 7 种。

本属一些种类可供药用或食用。

分种检索表

1. 常绿灌木;总状花序腋生兼有顶生。
　　2. 花序在花时具宿存苞片;叶片下面中脉具刺突 ……………………………… 1. 乌饭树 V. bracteatum
　　2. 花序无宿存苞片;叶片下面中脉无刺突。
　　　　3. 花冠管状,口部稍狭窄;叶片长大于 5cm。
　　　　　　4. 小枝和花序均被锈黄色短柔毛;花萼和浆果疏被柔毛 ………… 2. 黄背越橘 V. iteophyllum
　　　　　　4. 小枝和花序无毛;花萼和浆果无毛 …………………… 3. 江南越橘 V. mandarinorum
　　　　3. 花冠钟状,口部开展;叶片长小于 5cm ……………………………… 4. 短尾越橘 V. carlesii
1. 落叶灌木;花单生叶腋。

5. 小枝圆柱形;花冠5裂,裂片不反卷 ………………………………………… 5. 无梗越橘 V. henryi

5. 小枝扁平;花冠4深裂,裂片强烈反卷 ………………………… 6. 扁枝越橘 V. japonicum var. sinicum

1. 乌饭树(图 114: C,D)

Vaccinium bracteatum Thunb., Syst. Veg., ed. 14. 363. 1784.

常绿灌木,高 1～4m。小枝幼时略被细柔毛,后变无毛。叶片革质,椭圆形、长椭圆形或卵状椭圆形,长 1.5～3.5cm,小枝基部几枚叶常略小,先端急尖,基部宽楔形,边缘有细锯齿,两面除中脉有时有柔毛外其余无毛,下面脉上有刺突,网脉明显;叶柄长 2～4mm。总状花序腋生,长 2～6cm,有短柔毛;花萼 5 浅裂,裂片三角形,被黄色柔毛;花冠白色,卵状圆筒形,长 6～7mm,5 浅裂,两面被细柔毛;雄蕊 10,内藏,花丝被柔毛,花药背面无芒状附属物,顶端伸长成 2 长管;子房密被柔毛。浆果球形,直径 5～6mm,被细柔毛或白粉;熟时紫黑色。花期 6—7 月,果期 10—11 月。

产地:区内从山脚到山顶都有,但以低海拔较多,生于山坡和山顶灌丛或林下。

分布:长江流域及其以南各省、区都有分布;日本、朝鲜半岛、越南和泰国也有。

用途:果可生食,也可入药,可治消化不良等。

2. 黄背越橘(图 115: A,B)

Vaccinium iteophyllum Hance in Ann. Sci. Nat., Bot. sér. 4, 18: 223. 1862.

常绿灌木。小枝密被锈黄色短柔毛,老枝被灰黄色短柔毛或无毛。叶片革质,卵状长椭圆形或长椭圆状披针形,长 5～10cm,宽 2～3.5cm,先端渐尖至长渐尖,基部圆形或宽楔形,边缘有细锯齿,两面中脉被短柔毛;叶柄长 3～7mm,密被锈黄色短柔毛。总状花序腋生兼顶生,长 4～9cm;花序轴和花梗被锈黄色短柔毛;苞片披针形,早落;花梗长 3～6mm,近中部有一对小苞片;花萼钟形,5 浅裂,多少被短柔毛;花冠白色,管状,长约 7mm,5 浅裂,裂片外疏有短柔毛;雄蕊 10,花丝被柔毛,花药背面有 2 芒;子房被毛。浆果球形,直径约 6mm,红色,疏生毛。花期 5—6 月,果期 9—10 月。

产地:龙塘山、顺溪、横源、金坑。生于 350～900m 的溪边、路边或林中。

分布:长江流域及其以南各省、区都有分布。

3. 江南越橘(图 115: C,D)

Vaccinium mandarinorum Diels in Bot. Jahrb. Syst. 29(3-4): 516. 1900.

常绿灌木至小乔木,高达 5m。小枝无毛或有短柔毛(但萌发枝有时有红棕色刺毛)。叶片革质,卵状椭圆形、卵状披针形或倒卵状长圆形,长 5～10cm,宽 1.5～3cm,先端渐尖至长渐尖,基部宽楔形至圆形,边缘有细锯齿,两面无毛,有时上面中脉和叶柄有短柔毛;叶柄长 3～5mm。总状花序腋生兼顶生,长 3～7cm,无毛;苞片披针形,早落;花梗长 3～8mm,下垂,无毛,近基部有一对小苞片;花萼钟形,5 浅裂,无毛;花冠白色,管状,长约 7mm,5 浅裂;雄蕊 10,花丝有柔毛,花药背面有 2 芒;子房无毛。浆果球形,直径 4～5mm,熟时红色至深红色,无毛。花期 5—6 月,果期 9—10 月。

产地:大石门、小石门、谢家坞、童玉、柘林坑、千顷塘、直源、横源。生于林中。

分布:长江流域及其以南各省、区都有分布。

图 114　A,B：扁枝越橘；C,D：乌饭树；E,F：无梗越橘(王泓绘)

图 115　A,B：黄背越橘；C,D：江南越橘；E,F：短尾越橘（王泓绘）

用途：果可生食；果及叶入药，功能作用与乌饭树相同。

4. 短尾越橘 (图 115：E,F)

Vaccinium carlesii Dunn in J. Linn. Soc. , Bot. 38：361. 1908.

常绿灌木，高 1～3m。小枝纤细，被向上弯曲的短柔毛，老枝无毛。叶片革质、卵形、卵状长圆形或卵状披针形，长 3～5cm，宽 1～2cm，先端长渐尖或尾尖，基部圆形或宽楔形，边缘有疏细齿，中脉上面隆起，被短柔毛，其余无毛，侧脉不明显；叶柄长 1～3mm，被弯曲的短柔毛。总状花序生于去年生枝叶腋，长 3～6cm；花序轴疏生短柔毛，后变为近无毛；苞片披针形，早落；花梗短，几无毛；花萼几无毛，长约 2mm，5 裂，裂片三角形；花冠白色，钟形，长约 3.5mm，5 裂达中部，几无毛；雄蕊 10，内藏，花丝有毛，花药顶端延伸成管状，背面有短芒。浆果球形，直径约 5mm，熟时紫红色，无毛而被白粉。花期 6 月，果期 9—10 月。

产地：鸠甫山、龙塘山、顺溪。生于 180～500m 的山谷溪边。

分布：长江流域及其以南各省、区都有分布。

5. 无梗越橘 (图 114：E,F)

Vaccinium henryi Hemsl. in J. Linn. Soc. , Bot. 26：15. 1890.

落叶灌木，高 1～2m。小枝密被淡黄色短柔毛，花枝细而短，呈之字形曲折，老枝暗红色，无毛，皮孔明显。叶片纸质，卵状长圆形或椭圆状长圆形，长 3～7cm，宽 1.5～3cm，先端急尖或圆钝，有短尖头，基部圆形，全缘，有时具短缘毛，两面脉上被短柔毛，其余近无毛或有疏柔毛，中脉和侧脉两面隆起；叶柄长 1～2mm，密被短柔毛。花单生叶腋或在小枝顶端成假总状花序；花梗与叶柄近等长，常下弯，被毛或无毛，中部或近顶部有 2 小苞片；花萼钟形，5 裂，被短柔毛或有时无毛；花冠钟形，白色或淡黄色，长 3～4mm，无毛，5 浅裂，裂片先端反折；雄蕊 10，花丝有毛，花药无芒而具短管，无毛；子房无毛，花柱无毛。浆果球形，暗红色，直径约 6mm，无毛。花期 6—7 月，果期 9—10 月。

产地：都林山、长滩里、大坑、直源、横源。

分布：安徽、浙江、福建、湖北、湖南。

6. 扁枝越橘 (图 114：A,B)

Vaccinium japonicum Miq. var. **sinicum** (Nakai) Rehder in J. Arnold Arbor. 5：56. 1924.

Basionym：*Oxycoccoides japonicus* (Miq.) Nakai var. *sinicus* Nakai, Trees Shrubs Japan 1：168. 1922.

落叶灌木，高 0.5～1m。枝扁平，绿色，无毛。叶生于枝的两侧；叶片薄纸质，卵形、卵状三角形或卵状长圆形，长 1.5～4cm，宽 1～2cm，先端渐尖或急尖，近基部最宽，基部圆形或截形，边缘具刺芒状细锯齿，上面中脉有柔毛，其余无毛，稀全面无毛，下面无毛，稀近基部中脉有柔毛；叶柄近无。花单生叶腋；花梗常 4～8mm，下垂，无毛，中部有 2 小苞片，小苞片披针形，有毛或无毛；花萼钟形，4 裂，裂片三角形，无毛；花冠白色或粉红色，长约 1cm，4 深裂，裂片条形，强烈反卷；雄蕊 6，与花冠等长，花丝粗短，有髯毛，花药顶端伸长成 2 管状附属物；子房下位，花柱与雄蕊近等长，无毛。浆果球形，鲜红色，直径 4～5mm，无毛。花期 7 月，果期 9—10 月。

产地：龙塘山、清凉峰、顺溪。生于 800～1200m 的山坡。

分布：长江流域及其以南各省、区都有分布；日本。

七三、紫金牛科　Myrsinaceae

灌木、乔木，稀藤本。单叶，互生，稀对生或近轮生，叶片全缘或具齿，常具腺点或脉状腺条纹，无托叶。花两性或杂性，稀单性，辐射对称，覆瓦状或镊合状排列，或旋转状排列，4 或 5 数，稀 6 数；总状花序、伞房花序、伞形花序、聚伞花序或圆锥花序，或花簇生，腋生、侧生、顶生或生于侧生特殊花枝的顶端，或生于具覆瓦状排列的苞片的小短枝顶端；具苞片，有的具小苞片；花萼基部连合或近分离，或与子房合生，常具腺点，宿存；花冠常仅基部连合或成管，稀近分离，裂片各式，常具腺点或脉状腺条纹；雄蕊与花冠裂片同数，对生，着生于花冠上；花丝分离或仅基部合生；花药 2 室，在雌花中常退化；雌蕊 1，子房上位，稀半下位或下位，1 室，中轴胎座或特立中央胎座（有时为基生胎座）；胚珠多数，1 或多轮，常 1 枚发育；花柱 1，柱头尖或分裂，扁平、腊肠形或流苏状。浆果核果状，外果皮肉质、微肉质或坚脆，内果皮坚脆；种子 1 或多枚，具丰富的肉质或角质胚乳；胚圆柱形，通常横生。

42 属，约 2200 种，主要分布于南、北半球热带和亚热带地区。我国有 5 属，120 种，主要分布于长江流域及其以南各省、区。浙江有 5 属，20 种、2 变种。本志记载 3 属，6 种。

分属检索表

1. 子房半下位；花萼基部或花梗上有 1 对小苞片；果实有多枚种子；种子具棱 ……… 1. 杜茎山属 Maesa
1. 子房上位；花萼基部或花梗上无小苞片；果实有 1 枚种子；种子常无棱。
　2. 花两性；花冠裂片在蕾中呈右向旋转状排列；花柱细长 …………………………… 2. 紫金牛属 Ardisia
　2. 花单性，偶两性；花冠裂片在蕾中呈右覆瓦状或镊合状排列；花柱短 ………… 3. 铁仔属 Myrsine

（一）杜茎山属　Maesa Forssk.

灌木，稀小乔木。叶全缘或具齿，常具脉状腺条纹或腺点。总状花序或呈圆锥花序，腋生，稀顶生；苞片小，卵形或披针形；小苞片 2 枚，常紧贴于花萼基部或着生于花梗上；花 5 数，两性或杂性；花萼漏斗形，下部与子房贴生，萼片镊合状排列，常具脉状腺条纹或腺点，宿存；花冠白色或浅黄色，钟形，常具脉状腺条纹；雄蕊着生于花冠管上，与裂片对生；花丝分离；花药卵形或肾形，2 室，纵裂；子房常半下位，杂性者在雄花中退化；花柱短，圆柱形；柱头点尖、微裂或 3～5 浅裂；胚珠多数，着生于球形中央特立胎座上。肉质浆果或干果，球形或卵圆球形，顶端具宿存花柱或花柱基，宿存萼包裹一半以上，通常具脉状腺条纹或纵行肋纹；种子细小，多数，具棱角。

约 200 种，主要分布于东半球热带地区。我国 29 种，分布于长江流域及其以南。浙江仅 1 种。

1. 杜茎山（图 116）

Maesa japonica (Thunb.) Moritzi. ex Zoll., Syst. Verz. Ind. Archip. 3：61. 1855. Basionym：*Doraena japonica* Thunb., Nov. Gen. Pl. 3：59. 1783.

图 116　杜茎山(引自《浙江药用植物志》)

灌木,有时外倾或攀援,高 0.5～1.5m。小枝无毛,具细条纹,疏生皮孔。叶片革质,有时稍薄,椭圆形至披针状椭圆形,或倒卵形至长圆状倒卵形,稀为披针形,顶端渐尖、急尖或钝,有时尾状渐尖,基部楔形、钝或圆形,长 5～15cm,宽 2～5cm,几全缘或中部以上具疏锯齿,或除基部外均具疏细齿,两面无毛,叶面中、侧脉及细脉微隆起,背面中脉明显,隆起,侧脉 5～8对,不甚明显,尾端直达齿尖;叶柄长 5～13mm,无毛。总状花序或圆锥花序,1～3 个腋生,长 1～3cm,仅近基部具少数分枝,无毛;苞片卵形,长不及 1mm;花梗长 2～3mm,无毛或被极疏的微柔毛;小苞片广卵形或肾形,紧贴花萼基部,无毛,具疏细缘毛或腺点;花萼长约 2mm,萼裂片长约 1mm,卵形至近半圆形,顶端钝或圆形,具明显的脉状腺条纹,无毛,具细缘毛;花冠白色,长钟形,管长 3.5～4mm,具明显的脉状腺条纹,裂片长为管的 1/3 或更短,卵形或肾形,顶端钝或圆形,边缘略具细齿;雄蕊着生于花冠管中部略上,内藏;花丝与花药等长,花药卵形,背部具腺点;柱头分裂。果球形,直径 4～5mm,肉质,具脉状腺条纹,宿存萼包果顶端,常冠宿存花柱。花期 1—3 月,果期 8—10 月。

产地:龙塘山、顺溪、直源、云溪坞。生于山谷溪边。

分布:我国西南至台湾以南各省、区;日本、越南北部。

用途:果可食,微甜;全株供药用。

(二) 紫金牛属　**Ardisia** Swartz

小乔木、灌木或亚灌木状近草本。叶互生,稀对生或近轮生,常具不透明腺点,全缘或具齿,具边缘腺点或无。聚伞花序、伞房花序、伞形花序或由上述花序组成的圆锥花序,稀总状花序,顶生、腋生、侧生或着生于侧生或腋生特殊花枝顶端;两性花,常 5 基数;花萼常仅基部连合,稀分离,常具腺点;花瓣基部微连合,稀连合达全长的 1/2,为右旋螺旋状排列,花时外反或开展,稀直立,无毛,稀内被毛,常具腺点;雄蕊常着生于花瓣基部,不超出花瓣;花丝短,稀与花药等长,基部宽,向上渐狭;花药几与花瓣等长或较小,2 室,纵裂,稀孔裂;雌蕊与花瓣等长或略长,子房常为球形或卵珠形;花柱丝状,柱头点尖;胚珠 3～12 或更多。浆果核果状,球形或扁球形,通常为红色,具腺点,内果皮坚脆或近骨质;种子 1 枚,为胎座的膜质残余物所盖,球形或扁球形,基部内凹;胚乳丰富;胚圆柱形,横生或直立。

约 500 种,分布于热带美洲、太平洋诸岛、印度半岛东部及亚洲东部至南部,少数分布于大洋洲。我国 65 种,分布于长江流域及其以南各地。浙江共 13 个种。

分种检索表

1. 叶缘具锯齿,齿缝间或齿尖均无边缘腺点 ………………………………………… 1. 紫金牛 A. japonica

1. 叶缘具浅圆齿或极浅的齿牙,齿缝间或齿尖具边缘腺点。

　　2. 叶片革质或坚纸质;侧生花枝常有叶。

　　　　3. 叶缘齿缝间具边缘腺点 ……………………………………… 2. 朱砂根 A. crenata

　　　　3. 叶缘齿尖具边缘腺点 ……………………………………… 3. 大罗伞树 A. hanceana

　　2. 叶片膜质,长为宽的 4 倍以上;侧生花枝常无叶 ………………… 4. 百两金 A. crispa

1. 紫金牛(图 117：G)

Ardisia japonica (Thunb.) Blume, Bijdr. Fl. Ned. Ind. 13：690. 1826.

Basionym：*Bladhia japonica* Thunb., Nov. Gen. Pl. 1：7. 1792.

小灌木,近蔓生。具匍匐生根的根状茎;直立茎长达 30cm,不分枝,幼时被细微柔毛,以后无毛。叶对生或近轮生;叶片坚纸质或近革质,椭圆形至椭圆状倒卵形,顶端急尖,基部楔形,长 4～7cm,宽 1.5～4cm,边缘具细锯齿,多少具腺点,两面无毛或有时背面仅中脉被细微柔毛,侧脉 5～8 对,细脉网状;叶柄长 6～10mm,被微柔毛。花排成近伞形花序,腋生或生于近茎顶端的叶腋,花序梗长约 5mm,花 3～5 朵;花梗长 7～10mm,常下弯,两者均被微柔毛;花长 4～5mm,有时 6 数,花萼基部连合,萼裂片卵形,顶端急尖或钝,长约 1.5mm,两面无毛,具缘毛,有时具腺点;花冠粉红色或白色,裂片广卵形,长 4～5mm,无毛,具密腺点;雄蕊较花瓣略短,花药披针状卵球形或卵球形,背部具腺点;雌蕊与花瓣等长,子房卵球形,无毛。果球形,直径 5～6mm,鲜红色转黑色,多少具腺点。花期 5—6 月,果期 11—12 月。

产地：鸠甫山、大明山、顺溪、直源、云溪坞、清凉峰镇。常生于林下。

分布：陕西及除海南外长江流域及其以南各省、区;日本、朝鲜半岛。

用途：全株可药用,也可作花卉。

2. 朱砂根(图 117：A - C)

Ardisia crenata Sims in Bot. Mag. 45：t. 1950. 1817.

Ardisia crenata Sims var. *bicolor* (Walker) C. Y. Wu & C. Chen.

灌木。茎粗壮,无毛,除侧生特殊花枝外,无分枝。叶片革质或坚纸质,椭圆形、椭圆状披针形至倒披针形,顶端急尖或渐尖,基部楔形,长 7～15cm,宽 2～4cm,边缘具皱波状或波状齿,具明显的边缘腺点,两面无毛,有时背面具极小的鳞片,侧脉 12～18 对,结成不规则的边缘脉;叶柄长约 1cm。伞形花序或聚伞花序,着生于侧生特殊花枝顶端;花枝近顶端常具 2 或 3 片叶或更多,或无叶,长 4～16cm;花梗长 7～10mm,几无毛;花长 4～6mm,花萼仅基部连合,萼裂片长圆状卵形,顶端圆形或钝,长约 1.5mm,稀达 2.5mm,全缘,两面无毛,具腺点;花冠白色,稀略带粉红色,盛开时反卷,裂片卵形,顶端急尖,具腺点,外面无毛,里面有时近基部具乳头状突起;雄蕊较花瓣短,花药三角状披针形,背面常具腺点;雌蕊与花瓣近等长或略长,子房卵球形,无毛,具腺点。果球形,直径 6～8mm,鲜红色,具腺点。花期 5—6 月,果期 10—12 月。

产地：井坑、大坑、直源。生于山坡、林下。

分布：江苏、安徽、浙江、福建、台湾、江西、湖北、湖南、广东、海南、广西、西藏;日本、缅甸、印度、马来西亚、印度尼西亚。

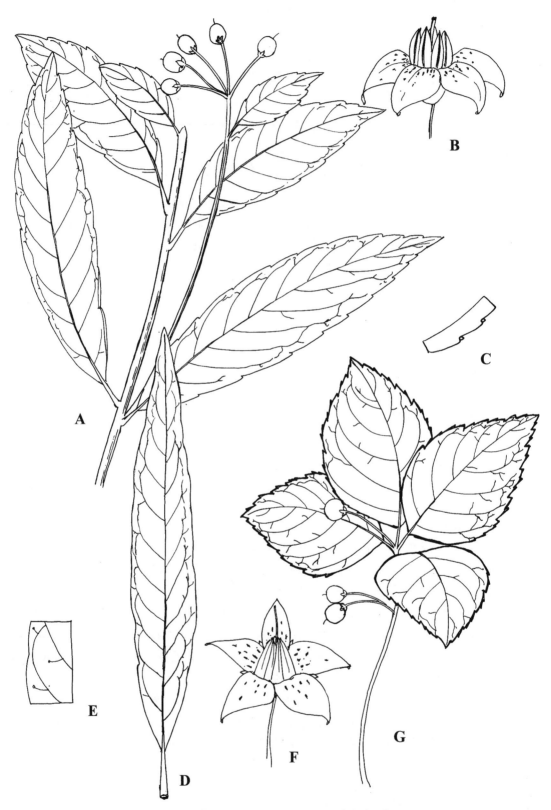

图 117　A-C：朱砂根；D-F：百两金；G：紫金牛(蒋辰榆绘)

用途：果可食,亦可榨油;观赏植物;根、叶可作中药。

3. 大罗伞树

Ardisia hanceana Mez. in Pflanzenr. 9(IV,236):149. 1902.

灌木,高 0.5～1m,无毛,除侧生特殊花枝外,无分枝。叶片坚纸质,椭圆形、椭圆状披针形、长圆状披针形,稀为倒卵形或倒披针形,顶端急尖或渐尖,基部楔形,长 7～13cm,宽 1.5～3.5cm,近全缘或具边缘反卷的波状圆齿,齿尖具边缘腺点,下面仅边缘具隆起的疏腺点,两面无毛,侧脉 12～18 对,隆起,在近边缘结成缘脉;叶柄长 0.5～1.5cm。花序近复伞形,着生于侧生特殊花枝顶端;花枝近顶端常具少数叶,稀无叶,长 5～15cm;花序梗长 1～2.5cm;花梗长 1～2mm,几无毛;花萼仅基部连合,萼裂片卵形,顶端圆形或钝,长 1.5～2mm,具不明显腺点;花冠白色,稀略带粉紫色,盛开时反卷,裂片卵形,顶端急尖,具腺点,外面无毛,里面近基部具乳头状突起;雄蕊与花冠近等长,花药三角状披针形,背面常具腺点;雌蕊与花瓣近等长,子房卵球形,无毛,具腺点。果球形,直径 6～8mm,鲜红色。花期 5—6 月,果期 10—11 月。

产地：都林山、鸠甫山、谢家坞、茶园里、栈岭湾、十八龙潭、横源、直源、大坪溪、童玉。生于山坡、山谷、林下。

分布：安徽、浙江、福建、江西、湖南、广东、广西。

4. 百两金(图 117:D－F)

Ardisia crispa (Thunb.) A. DC in Trans. Linn. Soc. London 17(1):124. 1834
Basionym：*Bladhia crispa* Thunb. Syst. Veg., ed. 14. 237. 1784.

灌木。具匍匐生根的根茎,直立茎除侧生特殊花枝外,无分枝,花枝多,幼嫩时具细微柔毛或疏鳞片。叶片膜质或近坚纸质,椭圆状披针形或狭长圆状披针形,顶端长渐尖,稀急尖,基部楔形,长 7～12cm,宽 1.5～3cm,全缘或略波状,具明显的边缘腺点,两面无毛,背面多少具细鳞片,无腺点或具极疏的腺点,侧脉约 8 对,边缘脉不明显;叶柄长 5～8mm。近伞形花序,着生于侧生特殊花枝顶端,花枝长 5～10cm,通常无叶;花梗长 1～1.5cm,被微柔毛;花长 4～5mm,花萼仅基部连合,萼裂片长圆状卵形或披针形,顶端急尖或狭圆形,长约 1.5mm,多少具腺点,无毛;花冠白色或粉红色,裂片卵形,长 4～5mm,顶端急尖,外面无毛,里面多少被细微柔毛,具腺点;雄蕊较花瓣略短,花药狭长圆状披针形,背部无腺点或有;雌蕊与花瓣等长或略长,子房卵球形,无毛。果球形,直径 5～6mm,鲜红色,具腺点。花期 5—6 月,果期 10—12 月。

产地：龙塘山、百丈岭、顺溪、直源。生于山坡、山谷、林下。

分布：除海南外长江流域及其以南各省、区;日本、朝鲜半岛、越南和印度尼西亚。

用途：根、叶可药用,有清热利咽、舒筋活血等功效;果可食;种子可榨油。

(三)铁仔属　**Myrsine** L.

矮小灌木或小乔木,直立。叶常具锯齿,稀全缘,无毛,有时具腺点;叶柄通常下延至小枝上,使小枝成一定的棱角。伞形花序或花簇生,腋生,侧生或生于无叶的老枝叶痕上,每花基部具 1 苞片;花 4 或 5 数,两性或杂性,长 2～3mm;花萼近分离或连合达全长的 1/2,萼片覆瓦状排列,通常具缘毛及腺点,宿存;花冠几分离,稀连合达全长的 1/2,具缘毛及腺点;雄蕊着生于花瓣中部以下,与花瓣对生;花丝分离或基部连合;花药卵球形或肾形,2 室,纵裂;雌蕊无毛或几无毛,子房卵球形或近椭圆球形,花柱圆柱形,柱头点尖或扁平,流苏状或锐裂;胚珠少数,1 轮。浆果核果状,球形或近卵球形,内果皮坚脆,有种子 1 枚;胚乳坚硬,嚼烂状;胚圆柱形,横生。

　　5～7 种,从亚速尔群岛经非洲、马达加斯加、阿拉伯、阿富汗、印度至我国中部。我国有 4 种,分布于长江流域及其以南。浙江有 2 种。

1. 光叶铁仔(图 118)

Myrsine stolonifera (Koidz.) Walker in Philipp. J. Sci. 73：247. 1940.

Basionym：*Anamtia stolonifera* Koidz. in Bot. Mag. Tokyo 37：40. 1923.

图 118　光叶铁仔(引自《浙江植物志》)

灌木。分枝多,小枝无毛。叶片坚纸质至近革质,椭圆状披针形,顶端渐尖或长渐尖,基部楔形,长 6～8cm,宽 1.5～2.5cm,全缘或有时中部以上具 1 或 2 对齿,两面无毛,叶面中脉下凹,侧脉微隆起,背面中脉隆起,侧脉及细脉不明显,仅边缘具腺点,其余密布小窝孔;叶柄长 5～8mm,下延不明显。伞形花序或花簇生,腋生或生于裸枝叶痕上,有花 3 或 4 朵,每花基部具 1 苞片,苞片戟形或披针形,无毛;花梗长 2～3mm,无毛,有时具腺点;花 5 数,长约 2mm,花萼分离或仅基部连合,无毛,萼裂片狭椭圆形或狭长圆形,长约 1mm,顶端急尖或钝,具明显的腺点,无缘毛;花冠基部连合成极短的管,外面无毛,里面除连合部分无毛外,其余密被乳头状突起,裂片长圆形,长为萼的 1 倍,具明显的腺点;雄蕊小,长为花冠裂片的 1/2,基部与花冠管合生,上部分离,花丝与花药等长或略长,花药广卵球形或肾形,背部有时具腺点,在雌花中退化;雌蕊在雌花中长达花瓣的 2/3,子房卵球形或椭圆球形,无毛,具腺点,顶端渐尖成花柱,柱头点尖或微裂。果球形,直径约 5mm,红色变蓝黑色,无毛。花期 4—6 月,果期 12 月。

　　产地：双涧坑、横源、直源。生于林下。

　　分布：安徽、浙江、福建、台湾、江西、贵州、四川、广东、广西、云南;日本。

七四、柿科　Ebenaceae

　　乔木或灌木。单叶,互生,稀对生,全缘,无托叶,具羽状叶脉。花单性,常雌雄异株,或为杂性,单生或排列成小聚伞花序;花萼 3～5 裂,宿存,常在果时增大,花冠 3～5 裂,早落,裂片旋转排列,稀覆瓦状排列或镊合状排列;雄蕊离生或着生在花冠管的基部,常为花冠裂片数的 2～4 倍,很少和花冠裂片同数而与之互生,花丝分离或 2 枚连生成对,花药基着,2 室,纵裂,雌花常具退化雄蕊;子房上位,2～16 室,每室具 1 或 2 胚珠;花柱 2～8,分离或基部合生;在雄花中,雌蕊退化或缺。浆果多肉质;种子有胚乳,胚劲直。

3 属,500 余种,主要分布于两半球热带地区,在亚洲温带和美洲北部种类少。我国有 1 属,60 种,分布于西南部至东南部。浙江有 1 属,8 种、1 变种。本志记载 5 种、1 变种。

（一）柿属　Diospyros L.

乔木或灌木。无顶芽。叶互生,偶有微小的透明斑点。花单性,雌雄异株,或杂性;雄花常较雌花小,组成聚伞花序,雄花序腋生在当年生枝上,或很少在较老的枝上侧生,雌花常单生叶腋。花萼 3～5 裂;花冠壶形、钟形或管状,3～5 裂,稀覆瓦状排列;雄花雄蕊 3 至多数,具退化子房;雌花中常有退化雄蕊 0～16 枚,子房上位,2～16 室,花柱 2～5。浆果肉质,基部通常有增大的宿存萼;种子较大,常两侧压扁。

约 485 种,主产于全世界的热带地区。我国有 60 种,主要分布于西南部至东南部。浙江有 8 种、1 变种。

分种检索表

1. 枝具刺,小枝有毛;花萼近全裂 ·························· 1. 老鸦柿 D. rhombifolia
1. 枝不具刺,小枝有毛或无毛;花萼深裂或浅裂。
　2. 叶片下面常为灰白色;果直径 1～2cm。
　　3. 芽常钝头,有毛;小枝近无毛;果熟时红色 ·········· 2. 山柿 D. japonica
　　3. 芽常尖头,无毛;小枝有毛;果熟时蓝黑色 ·········· 3. 君迁子 D. lotus
　2. 叶片下面不为灰白色;果直径常大于 2cm。
　　4. 树皮灰白色;果黄绿色,有褐色毛,老时脱落,并有黏胶物渗出 ······ 4. 华东油柿 D. oleifera
　　4. 树皮常为灰黑色或黑褐色;浆果无毛或仅幼时有毛,无渗出物。
　　　5. 枝、叶柄毛较少;叶片仅下面有柔毛 ·············· 5. 柿 D. kaki
　　　5. 枝、叶柄密被短柔毛;叶片两面有柔毛 ·········· 5a. 野柿 D. kaki var. sylvestris

1. 老鸦柿(图 119：D)

Diospyros rhombifolia Hemsl. in J. Linn. Soc., Bot. 26：70. 1889.

落叶具刺灌木。树皮褐色,有光泽;老枝灰黄色,幼枝褐色至黑褐色,有柔毛。芽卵形,鳞片密被黄棕色绒毛。叶片纸质,菱状倒卵形,长 3～7cm,宽 2～4cm,先端钝,基部楔形,上面深绿色,沿脉有黄褐色毛,后变无毛,下面的毛较长;叶柄纤细,长 2～5mm,有微柔毛。花单生于叶腋,单性,雌雄异株。雄花花萼裂片线状披针形,长约 3mm;花冠白色,坛形,长 6～7mm,内有雄蕊 16 枚及退化子房。雌花花萼几全裂,裂片 4,线形、线状披针形或椭圆形;长 1.1～1.6cm,宽 0.3～0.5cm,边缘具毛;花冠白色,坛形,长约 7mm,裂片 4,卵形,长约 3mm,子房卵球形,密被白色柔毛,柱头 4 裂。浆果球形,长 2～2.5cm,宽 1.6～2cm,初时密被棕黄色长柔毛,熟时渐脱落,呈棕红色,有蜡质光泽,顶端具宿存花柱;果梗 1.2～2cm。花期 4—5 月,果期 8—10 月。

产地：马啸、大明山、顺溪、直源。生于路边。

图 119　A：华东油柿；B：柿树；C：野柿；D：老鸦柿；E：山柿；F：君迁子（蒋辰榆绘）

分布：江苏、安徽、浙江、江西、福建。

用途：果可提取柿漆，供涂漆渔网、雨具等用。

2. 山柿　浙江柿（图 119：E）

Diospyros japonica Siebold & Zucc. in Abh. Math.-Phys. Cl. Königl. Bayer. Akad. Wiss. 4(3)：136. 1846.

Diospyros glaucifolia F. P. Metcalf.

落叶乔木。树皮灰黑色或灰褐色；枝深褐色或黑褐色，散生纵裂的唇形小皮孔；冬芽卵形，长 4～5mm，除两片最外面的鳞片外，其余均密被黄褐色绢毛。叶片革质长 7.5～17.5cm，宽 3.5～7.5cm，先端急尖，上面深绿色，无毛，下面粉绿色，无毛或疏生贴伏柔毛，中脉上面凹下，下面明显凸起；叶柄长 1.5～2.5cm，无毛，上面有槽。花雌雄异株。雄花：集成聚伞花序，通常 3 朵，有短硬毛；花萼 4 浅裂，具毛，花冠淡黄色，坛形，4 浅裂，裂片近圆形，先端圆，有短硬毛；雄蕊 16 枚，每 2 枚连生成对，腹面 1 枚的花丝较短，花药先端渐尖；退化子房细小；花梗纤细，长约 1mm，有短硬毛。雌花：单生，或 2 或 3 朵丛生，腋生，长约 7mm；花冠管长约 5mm，裂片长约 1.5mm，有睫毛；子房 8 室；花柱 4 深裂，柱头 2 浅裂；近无花梗。果球形或扁球形，直径 1.5～2cm，嫩时绿色，后变黄色至橙黄色，熟时红色，被白霜；种子近长圆形，侧扁，淡褐色，略有光泽；宿存萼花后增大，裂片长 5～8mm，两侧略背卷；果柄极短，长 2～3mm，有短硬毛。花期 4—5 月，果期 9—10 月。

产地：鸠甫山、龙塘山、茶园里、十八龙潭、大坪溪、干坑、横源、直源。生于路边或林缘。

分布：江苏、安徽、浙江、福建、江西、湖南、广东、广西、四川、贵州；日本。

用途：果蒂入药；木材可作家具等用材。

3. 君迁子（图 119：F）

Diospyros lotus L.，Sp. Pl. 2：1057. 1753.

落叶乔木。树皮黑褐色，不开裂；枝灰褐色或棕色，有纵裂的皮孔；幼枝黄褐色或紫褐色，具短柔毛。冬芽狭卵形，棕色，先端急尖。叶片纸质，椭圆形至长椭圆形，长 5～10cm，宽 2.5～6cm，先端渐尖或急尖，基部宽楔形以至近圆形，上面密生短柔毛，后秃净，下面毛较长，侧脉 7～10 对；叶柄长 6～10mm，具毛。花单性，雌雄异株。雄花 2 或 3 朵簇生叶腋，近无梗；花萼钟形，近 4 中裂，裂片卵形；花冠坛形；雄蕊 16 枚，药隔两面被长毛；子房退化。雌花单生，几无柄；花萼 4 浅裂，外面具短毛；花柱 4，分离，基部有毛；花冠坛形，内有退化雄蕊 8 枚。果近球形或椭圆球形，直径 1～2cm，初熟时为淡黄色，熟时蓝黑色，常被有白色薄蜡层；种子长圆形，褐色，侧扁，背面较厚；宿存萼 4 裂，深裂至中部，裂片卵形，长约 6mm，先端钝圆。花期 5—6 月，果期 10—11 月。

产地：大坪溪、干坑。生于林缘。

分布：辽宁、河北、山西、陕西、甘肃、山东、河南、江苏、安徽、浙江、江西、湖南、湖北、贵州、四川、云南、西藏；亚洲西南部、欧洲南部，在地中海各国栽培。

用途：果可生吃或酿酒制醋，以及提取维生素，亦可作砧木用；木材可作家具及建筑用材；嫩枝可提取柿漆，作伞及扇的涂料。

4. 华东油柿(图 119：A)

Diospyros oleifera Cheng in Contr. Biol. Lab. Sci., Soc. China, Bot. Ser. 10：80. 1935.

落叶乔木。树皮深灰白色成薄片状剥落。冬芽卵形,外面的芽鳞无毛,内面的密生棕色柔毛。叶片纸质,长 7～19cm,宽 3～9cm,先端短渐尖,基部圆形,斜圆形或宽楔形,全缘,两面密生灰色或灰黄色柔毛,老叶的上面变无毛,侧脉 5～9 对,上面凹入,下面稍凸起;叶柄长 5～10mm。雌雄异株或杂性。雄花 3～5 朵成小聚伞花序,密生灰褐色开展毛;花萼 4 裂,裂片卵状三角形;花冠坛形,花冠管长约 7mm,4 裂,裂片肾形或扁圆形,边缘反卷;雄蕊 16,花丝短,有长硬毛,花药箭头状;退化子房圆锥形,有绒毛。雌花单生,花萼 4 中裂,裂片圆形或宽卵形;花冠 4 深裂,无毛,裂片宽倒卵形,先端钝圆,两面无毛,内具 12 枚退化雄蕊;子房近球形,密被长伏毛。浆果卵圆球形或扁球形,有时具 4 槽,直径 4～7cm,黄绿色,无光泽,有毛,老时毛较少并有黏胶物渗出。花期 5 月,果期 10—11 月。

产地：干坑。生于路边。

分布：安徽、浙江、福建、江西、湖南、广东、广西。

用途：果可供食用;果蒂(宿存花萼)入药,可取柿漆。

5. 柿树(图 119：B)

Diospyros kaki Thunb. in Nova Acta Regiae Sor. Sci. Upsal. 3：208. 1780.

落叶乔木,高 4～10m。树皮灰黑色,呈长方形方块状深裂,不易剥落。叶片厚膜质,长 5.5～16cm,宽 3.5～10cm,先端渐尖或凸渐尖,基部宽楔形或近圆形,上面深绿色有光泽,下面疏生褐色柔毛;叶柄具毛。花雌雄异株或杂性同株。雄花 3 朵集成短聚伞花序;苞片披针状线形;花萼 4 深裂,裂片披针形;花冠黄白色,坛状;花冠筒长约 6mm,裂片狭卵形;雄蕊 16 枚,有毛。雌花单生于叶腋;萼筒有毛,4 深裂,裂片长约 8mm,无毛,果时可达 2cm;花冠黄白色,坛状;子房卵球形,花柱 4 裂,有毛。果形变化大,卵圆球形或扁球形,熟时橙黄色或橘红色。花期 4～5 月,果熟期 8—10 月。

产地：双涧坑、鸠甫山、大明山、直源。生于路旁。

分布：陕西、甘肃、河南、山东、江苏、安徽、浙江、福建、台湾、江西、湖南、湖北、广东、海南、广西、四川、贵州、云南。

用途：果可食用;植株可作木材,亦可供观赏。

5a. 野柿(图 119：C)

var. **silvestris** Makino in Bot. Mag. Tokyo 22：159. 1908.

小枝及叶柄常密被黄褐色柔毛,叶片两面被柔毛。叶较栽培柿树的小,叶片下面的毛较多,花较小,果亦较小,直径 2～5cm。

产地：鸠甫山、大坪溪、干坑、童玉、横源、直源。生于林中、林缘或路边。

分布：浙江、江西、福建、广东、广西、云南。

用途：未成熟柿子可提柿漆;果可食。

七五、山矾科　**Symplocaceae**

灌木或乔木。单叶,互生,常具锯齿、腺质锯齿或全缘,无托叶。花辐射对称,两性稀杂性,排成穗状花序、总状花序、圆锥花序或团伞花序,稀单生;花常为 1 枚苞片和 2 枚小苞片所承托;萼 3～5 深裂或浅裂,通常 5 裂,裂片镊合状排列或覆瓦状排列,常宿存;花冠裂片分裂至近基部或中部,裂片 3～11,通常 5,覆瓦状排列;雄蕊通常多数,稀 4 或 5,着生于花冠筒上,花丝呈各式连生或分离,排成 1～5 列,花药近球形,2 室,纵裂;子房下位或半下位,顶端常具花盘和腺点,2～5 室,通常 3 室,花柱 1,纤细,柱头小,头状或 2～5 裂;胚珠每室 2～4 颗,下垂。果为核果,顶端冠以 宿存的萼裂片,常具薄的中果皮和坚硬木质的核(内果皮);核光滑或具棱,1～5 室,每室有种子 1 颗,具丰富的胚乳,胚直或弯曲,子叶很短,线形。

1 属,约 200 种,广布于亚洲、大洋洲和美洲的热带和亚热带。我国有 48 种,主要分布于西南部至东南部,以西南部的种类较多,东北部仅有 1 种。浙江有 19 种。本志记载 6 种。

(一) 山矾属　**Symplocos** Jacq.

属特征和分布与科同。

分种检索表

1. 花序为圆锥花序;叶纸质,落叶。
　　2. 嫩枝、叶下面及花序被皱曲柔毛;核果被紧贴柔毛 ………………………… 1. 华山矾 S. chinensis
　　2. 嫩枝、叶两面及花序密被柔毛;核果无毛…………………………………… 2. 白檀 S. paniculata
1. 花序为总状、穗状或团伞花序;叶革质或薄革质,常绿。
　　3. 花排成团伞花序;中脉在叶上面凹下 …………………………………… 3. 老鼠矢 S. stellaris
　　3. 花排成总状、穗状或穗状花序缩短成团伞形;中脉在叶上面隆起或部分隆起。
　　　　4. 花序较叶柄短或稍长,但不超过叶柄的 2 倍;中脉在叶腹面全部隆起。
　　　　　　5. 小枝、顶芽被短绒毛;核果被柔毛 ………………………… 4. 薄叶山矾 S. anomala
　　　　　　5. 小枝、顶芽无毛;核果几无毛…………………………………… 5. 四川山矾 S. setchuensis
　　　　4. 花序超过叶柄长的 2 倍;中脉在叶的腹面下部 1/3 隆起 ……………… 6. 山矾 S. sumuntia

1. 华山矾(图 120:E,F)

Symplocos chinensis Druce in Rep. Bot. Exch. Cl. Brit. Isles 1916:650. 1917.

灌木。嫩枝、叶柄、叶背均被灰黄色皱曲柔毛。叶片纸质,椭圆形或倒卵形,长 4～7(～10)cm,宽 2～5cm,先端急尖或短尖,有时圆,基部楔形或圆形,边缘有细尖锯齿,下面具短柔毛;中脉在上面凹下,侧脉 4～7 对。圆锥花序顶生或腋生,长 4～7cm,花序轴、苞片、萼外面均密被灰黄色皱曲柔毛;苞片早落;花萼长 2～3mm,裂片长圆形,长于萼筒;花冠白色,芳香,长约 4mm,5 深裂几达基部;雄蕊 50～60,花丝基部合生成五体雄蕊;花盘具 5 凸起的腺点,无毛;子房 2 室。核果卵圆球形,歪斜,长 5～7mm,被紧贴的柔毛,熟时蓝色,顶端宿萼裂片向内伏。花期 4—5 月,果期 8—9 月。

产地:龙塘山、千顷塘、干杭、道场坪、顺溪。生于山谷、溪边、路旁。
分布:安徽、浙江、福建、台湾、江西、湖南、广东、广西、云南、贵州、四川。

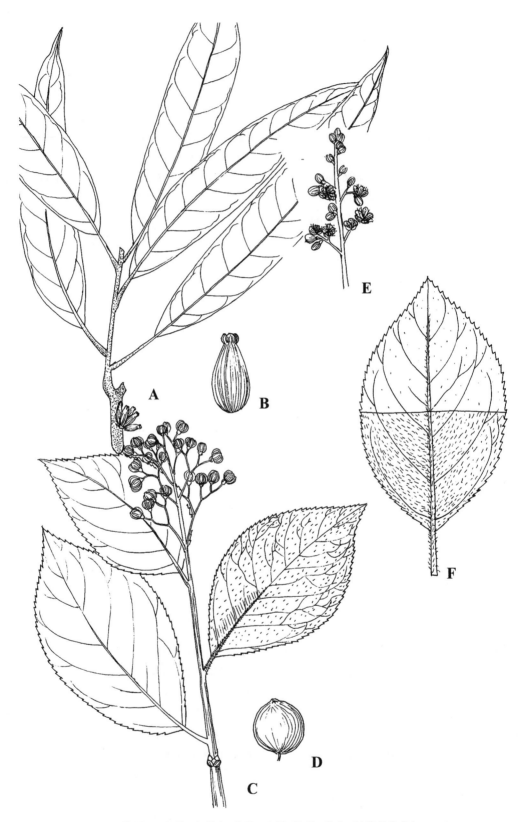

图 120　A,B：老鼠矢；C,D：白檀；E,F：华山矾（蒋辰榆绘）

用途：根药用治疟疾、急性肾炎；叶捣烂，外敷治疮疡、跌打；叶研成末，治烧伤、烫伤及外伤出血；叶鲜汁冲酒内服治蛇伤；种子油制肥皂。

2. 白檀（图 120：C,D）

Symplocos paniculata（Thunb.）Miq in Ann. Mus. Bot. Lugduno-Batavi. 3：102. 1867. Basionym：*Prunus paniculata* Thunb.，Syst. Veg.，ed. 14. 463. 1784.

落叶灌木或小乔木。嫩枝有灰白色柔毛，老枝无毛。叶片膜质或薄纸质，阔倒卵形、椭圆状倒卵形或卵形，长 3～11cm，宽 2～4cm，先端急尖或渐尖，基部阔楔形或近圆形，边缘有细尖锯齿，叶背通常有柔毛或仅脉上有柔毛；中脉在叶面凹下，侧脉在叶面平坦或微凸起，每边 4～8 条；叶柄长 3～5mm。圆锥花序长 5～8cm，通常有柔毛；苞片早落，通常条形，有褐色腺点；花萼长 2～3mm，萼筒褐色，无毛或有疏柔毛，裂片半圆形或卵形，稍长于萼筒，淡黄色，有纵脉纹，边缘有毛；花冠白色，长 4～5mm，5 深裂几达基部；雄蕊 40～60，子房 2 室，花盘具 5 凸起的腺点。核果熟时蓝色，卵球形，稍偏斜，长 5～8mm，顶端宿萼裂片直立。

产地：龙塘山、鸠甫山、顺溪。生于林下。

分布：黑龙江、吉林、辽宁、内蒙古、宁夏、河北、河南、山东、山西、陕西、安徽、江苏、浙江、福建、台湾、江西、湖南、湖北、四川、广东、海南、广西、贵州、云南、西藏；朝鲜半岛、日本、缅甸、老挝、越南、印度、不丹；北美有栽培。

用途：叶药用；根皮与叶作农药用。

3. 老鼠矢（图 120：A,B）

Symplocos stellaris Brand in Bot. Jahrb. Syst. 29(3-4)：528. 1900.

常绿乔木。小枝粗，髓心中空，具横隔；芽、嫩枝、嫩叶柄、苞片和小苞片均被红褐色绒毛。叶片厚革质，叶面有光泽，叶背粉褐色，披针状椭圆形或狭长圆状椭圆形，长 6～20cm，宽 2～5cm，先端急尖或短渐尖，基部阔楔形或圆，通常全缘，很少有细齿；中脉在上面凹下，在叶背明显凸起，侧脉每边 9～15 条，侧脉和网脉在上面均凹下，在叶背不明显；叶柄有纵沟，长 1.5～2.5cm。团伞花序着生于二年生枝的叶痕之上；苞片圆形，直径 3～4mm，有缘毛；花萼长约 3mm，裂片半圆形，长不到 1mm，有长缘毛；花冠白色，长 7～8mm，5 深裂几达基部，裂片椭圆形，顶端有缘毛，雄蕊 18～25，花丝基部合生成 5 束；花盘圆柱形，无毛；子房 3 室；核果狭卵状圆柱形，长约 1cm，顶端宿萼裂片直立；核具 6～8 条纵棱。花期 4—5 月，果期 6 月。

分布：区内常见。生于溪边、林下、灌丛中。

产地：江苏、安徽、浙江、福建、台湾、四川、广西、贵州、广东、云南；日本（冲绳）。

4. 薄叶山矾（图 121：E,F）

Symplocos anomala Brand in Bot. Jahrb. Syst. 29(3-4)：529. 1900.

小乔木或灌木。顶芽、嫩枝被褐色柔毛；老枝通常黑褐色。叶片薄革质，狭椭圆形、椭圆形或卵形，长 5～7(～11)cm，宽 1.5～3cm，先端渐尖，基部楔形，全缘或具锐锯齿，叶面有光泽，中脉和侧脉在上面均凸起，侧脉每边 7～10 条；叶柄长 4～8mm。总状花序腋生，长 8～

图 121　A,B：山矾；C,D：四川山矾；E,F：薄叶山矾（蒋辰榆绘）

15mm,有时基部有 1～3 分枝,被柔毛,苞片与小苞片同为卵形,长 1～1.2mm,先端尖,有缘毛;花萼长 2～2.3mm,被微柔毛,5 裂,裂片半圆形,与萼筒等长,有缘毛;花冠白色,有桂花香,长 4～5mm,5 深裂几达基部;雄蕊约 30 枚,花丝基部稍合生;花盘环状,被柔毛;子房 3 室。核果褐色,长圆柱形,长 7～10mm,被短柔毛,有明显的纵棱,3 室,顶端宿萼裂片直立或向内伏。花、果期 4—12 月。

产地:龙塘山、直源。生于溪边灌丛中。

分布:江苏、安徽、浙江、福建、台湾、湖南、湖北、贵州、四川、云南、西藏、广东、广西、海南;日本(冲绳)、印度尼西亚、马来西亚、缅甸、泰国和越南。

5. 四川山矾(图 121:C,D)

Symplocos setchuensis Brand ex Diels in Bot. Jahrb. Syst. 29(3-4):528. 1900.

小乔木。小枝略有棱,无毛。叶片薄革质,长圆形或狭椭圆形,长 7～13cm,宽 2～5cm,先端渐尖或长渐尖,基部楔形,边缘具尖锯齿,中脉在两面凸起;叶柄长 5～10mm。密伞花序有花多朵;苞片阔倒卵形,宽约 2mm,背面有白色长柔毛或柔毛;花萼长约 3mm,裂片长圆形,长约 2mm,背面有白色长柔毛或微柔毛,萼筒短,长约 1mm;花冠长 3～4mm,5 深裂几达基部;雄蕊 30～40,花丝长短不一,部分略长于花冠,长 4～5mm,花柱长约 3mm;子房 3 室。核果卵圆球形或长圆球形,长 5～8mm,顶端具直立的宿萼裂片,基部有宿存的苞片;核骨质,分开成 3 分核。花期 5 月,果期 10 月。

产地:清凉峰镇、直源等常见。生于山谷溪边灌木丛中。

分布:江苏、安徽、浙江、福建、江西、台湾、湖南、广西、贵州、四川、云南。

6. 山矾(图 121:A,B)

Symplocos sumuntia Buch.-Ham. ex D. Don, Prod. Fl. Nepal. 145. 1825.

乔木。嫩枝褐色。叶片薄革质,卵形、狭倒卵形、倒披针状椭圆形,长 3.5～8cm,宽 1.5～3cm,先端常呈尾状渐尖,基部楔形或圆形,边缘具浅锯齿或波状齿,有时近全缘;中脉在上面凹下,侧脉和网脉在两面均凸起,侧脉每边 4～6 条;叶柄长 0.5～1cm。总状花序长 2.5～4cm,被展开的柔毛;苞片早落,阔卵形至倒卵形,长约 1mm,密被柔毛,小苞片与苞片同形;花萼长 2～2.5mm,萼筒倒圆锥形,无毛,裂片三角状卵形,与萼筒等长或稍短于萼筒,背面有微柔毛;花冠白色,5 深裂几达基部,长 4～4.5mm,裂片背面有微柔毛;雄蕊 25～35,花丝基部稍合生;花盘环状,无毛;子房 3 室。核果卵状坛形,长 7～10mm,外果皮薄而脆,顶端宿萼裂片直立,有时脱落。花期 2—3 月,果期 6—7 月。

分布:区内常见。生于山谷林下。生于海拔 200～1500m 的山林间。

产地:江苏、浙江、福建、台湾、江西、湖南、湖北、海南、广西、贵州、四川、广东、云南;日本、朝鲜半岛、尼泊尔、不丹、印度、缅甸、泰国、越南、马来西亚。

用途:根、叶、花均药用;叶可作媒染剂。

七六、野茉莉科　Styracaceae

乔木或灌木。常被星状毛或鳞片状毛。单叶,互生,无托叶。总状花序、聚伞花序或圆锥花序,稀单花或数花丛生,顶生或腋生;小苞片小或无,常早落;花两性,稀杂性,辐射对称;花萼杯状、倒圆锥状或钟状,全部或基部附着于子房,通常顶端 4 或 5 齿裂,稀 2 或 6 齿,或近全缘;花冠合瓣,极少离瓣,裂片 4 或 5,稀 6～8,花蕾时镊合状或覆瓦状排列,或为稍内向覆瓦状或稍内向镊合状排列;雄蕊常为花冠裂片数的 2 倍,稀 4 倍或为同数而与其互生,花药内向,两室,纵裂,花丝通常基部扁,部分或大部分合生成管,极少离生,常贴生于花冠管上;子房上位、半下位或下位,3～5 室,或有时基部 3～5 室,而上部 1 室,每室有胚珠 1 至多颗;胚珠倒生,直立或悬垂,生于中轴胎座上;花柱丝状或钻状,柱头头状或不明显 3～5 裂。果为核果或蒴果,具宿存花萼;种子无翅或有翅,常有丰富的胚乳,胚直或稍弯;子叶大型,略扁或近圆形。

11 属,180 种,主要分布于亚洲东南部至马来西亚和美洲东南部,少数分布至地中海沿岸。我国有 10 属,54 种,分布北起辽宁东南部,南至海南岛,东自台湾,西达西藏。浙江有 6属,17 种。本志记载 3 属,6 种。

分属检索表

1. 果为室背开裂的蒴果;具多数有翅的种子 ……………………………………… 1. 赤杨叶属 Alniphyllum
1. 果为核果或核果状;种子无翅。
　2. 果皮和萼筒相愈合而不可分离;果不开裂 ………………………… 2. 白辛树属 Pterostyrax
　2. 果下部为宿存的萼筒所包围,可分离;常成 3 瓣不规则开裂 ……………………… 3. 野茉莉属 Styrax

(一) 赤杨叶属　Alniphyllum Matsum.

乔木或灌木。单叶,互生。总状花序或圆锥花序,顶生或腋生;花两性,有长梗;花梗与花萼之间有关节;小苞片小,早落;花萼杯状,顶端有 5 齿;花冠钟状,5 深裂;裂片在花蕾时作覆瓦状排列;雄蕊 10,5 长 5 短,相间排列,花丝宽扁,上部分离,下部合生成膜质短管,基部与花冠管贴生;花药卵形,内向,药室纵裂;子房卵球形,近上位,5 室,每室有胚珠5～7 颗;花柱线形,柱头不明显 5 裂。蒴果长圆球形,成熟时室背 5 瓣开裂,外果皮肉质,干后脱落,内果皮木质;种子多数,长圆形,两端有不规则膜翅,种皮硬角质,胚乳肉质,胚直立。

3 种,分布于喜马拉雅地区至我国。我国有 2 种,分布于南部各省、区。浙江仅 1 种。

1. 赤杨叶　拟赤杨(图 122)

Alniphyllum fortunei (Hemsl.) Makino in Bot. Mag. Tokyo 20：93. 1906.

Basionym：*Halesia fortunei* Hemsl in J. Linn. Soc., Bot. 26：75. 1890.

乔木,高 15～20m;树皮灰褐色,有不规则细纵皱纹。小枝初时被褐色短柔毛,成长后无毛,暗褐色。叶片嫩时膜质,干后纸质,椭圆形、宽椭圆形或倒卵状椭圆形,长 7～19cm,宽4.5～10cm,顶端急尖至渐尖,稀尾尖,基部宽楔形或楔形,边缘具疏离硬质锯齿,两面疏生至密被褐色星状短柔毛或星状绒毛，有时脱落为无毛，下面褐色或灰白色，有时具白粉；叶柄长 1～2cm。总状花序或圆锥花序，顶生或腋生；花序梗和花梗均密被褐色或灰色星状短柔毛；花白色或粉红色；小苞片钻形，早落；花萼杯状，外面密被灰黄色星状短柔毛，萼齿卵状披针形，较萼筒长；花冠裂片长椭圆形，长 1～1.5cm，宽 5～7mm，顶端钝圆，两面均密被灰黄色星状细绒毛；雄蕊 10，花丝基部合生成筒；子房密被黄色长绒毛；花柱较雄蕊长，初被稀疏星状长柔毛，后脱落。蒴果长椭圆球形，长 1～2cm，室背开裂；种子多数，长 4～7mm，两端有不等大的膜质翅。花期 4—5 月，果期 10—11 月。

产地：常见，分布于沟谷地带林中。

分布：江苏、安徽、浙江、福建、台湾、江西、湖南、湖北、广东、广西、贵州、四川、云南；印度、越南、缅甸。

用途：为美观轻工木材。

图 122　赤杨叶（引自 *Flora of China*-Ill.）

（二）白辛树属　**Pterostyrax** Siebold & Zucc.

落叶乔木或灌木。冬芽裸露。叶互生，有叶柄，叶片全缘或有锯齿。伞房状圆锥花序，顶生或生于小枝上部叶腋；花梗与花萼之间有关节；花萼钟状，5 脉，顶端 5 齿，萼管全部贴生于子房上；花冠 5 裂，裂片常基部稍合生，花蕾时作覆瓦状排列；雄蕊 10，5 长 5 短，或有时近等长，伸出，花丝扁平，上部分离，下部合生成膜质管，花药长圆球形或卵球形，药室内向，纵裂，花柱棒状，延伸，柱头不明显 3 裂，子房近下位，3 室，稀 4 或 5 室，胚珠每室 4 颗。核果干燥，除圆锥状的喙外，几全部为宿存的花萼所包围，并与其合生，不开裂，有翅或棱，外果皮薄，脆壳质，内果皮近木质，有种子 1 或 2 颗。

4 种，分布于东亚。我国有 2 种，分布于西南、华南、华中和华东。浙江仅 1 种。

1. 小叶白辛树(图 123)

Pterostyrax corymbosus Siebold & Zucc., Fl. Jap. 1: 96. 1839.

落叶灌木或小乔木,高 4～10m;嫩枝密被星状短柔毛;老枝无毛,灰褐色。叶片纸质,倒卵形、宽倒卵形或椭圆形,长 5～13cm,宽3.5～8cm,顶端急渐尖或急尖,基部楔形或宽楔形,边缘有锐尖的锯齿,嫩叶两面均被星状柔毛,尤以背面被毛较密,后变上面无毛,下面稍被星状柔毛;叶柄长1～2cm,上面具深槽,被星状柔毛。圆锥花序伞房状,长 3～8cm;花白色,长约 10mm;花梗极短,长 1～2mm;小苞片线形,长约 3mm,密被星状柔毛;花萼钟状,高约 3mm,5 脉,顶端 5 齿;萼齿披针形,长约 2mm;花冠裂片长圆形,长约 1cm,宽约 3.5mm,近基部合生,顶端短尖,两面均密被星状短柔毛,花蕾时作覆瓦状排列;雄蕊 10,5 长5 短,花丝宽扁,膜质,中部以下连合成管,内面被白色星状柔毛,花药长圆形,纵裂。果实倒卵球形,长 1.2～2.2cm,5 翅,密被星状绒毛,顶端具长喙,喙圆锥状,长 2～4mm。花期 4—5 月,果期 7 月。

图 123　小叶白辛树(引自 *Flora of China*-Ill.)

产地:百丈岭、大明山、云溪坞、顺溪。生于路边、灌丛中。

分布:江苏、浙江、福建、江西、湖南、福建、广东;日本。

用途:材质轻软,可作一般器具用材。

(三) 野茉莉属(安息香属)　Styrax L.

乔木或灌木。单叶互生,多少被星状毛或鳞片状毛,极少无毛。总状花序、圆锥花序或聚伞花序,极少单花或数花聚生,顶生或腋生;小苞片小,早落;花萼杯状、钟状或倒圆锥状,与子房基部完全分离或稍合生;顶端常 5 齿,稀 2～6 裂或近波状;花冠常 5 深裂,稀 4,或 6 或 7 深裂,裂片在花蕾时镊合状或覆瓦状排列,花冠管短;雄蕊 10,稀 8 或 9,或 11～13,近等长,稀有 5 长 5 短,花丝基部连成管,贴生于花冠管上,稀离生;花药长圆形,药室平行,纵裂;子房上位,上部 1 室,下部 3 室,每室有胚珠 1～4 颗,胚珠倒生,直立或悬垂;花柱钻状,柱头3 浅裂或头状。核果肉质,干燥,不开裂或不规则 3 瓣开裂,与宿存花萼完全分离或稍与其合生;种子 1 或 2 颗,有坚硬的种皮和大而基生的种脐,胚乳肉质或近角质,胚直立,中轴着生。

约 130 种,分布于东亚与南、北美洲,1 种分布至欧洲地中海。我国有 31 种,除少数种类分布至东北或西北地区外,其余主产于长江流域及其以南各省、区。浙江有 10 种、1 变种。

分种检索表

1. 叶片下面密被星状绒毛；冬芽为叶柄基部包裹 ………………………………………… 1. 玉玲花 S. obassis
1. 叶片下面无毛或疏被星状毛，但不为星状绒毛；冬芽裸露。
　2. 叶柄长 3～7mm；种子表面具鳞片状星状毛 ……………………… 2. 郁香野茉莉 S. odoratissimus
　2. 叶无柄或叶柄长 1～3mm；种子表面不具鳞片状星状毛。
　　3. 总状花序少花；果直径 8～13mm，种子表面光滑或具微皱纹 ………… 3. 赛山梅 S. confusus
　　3. 圆锥花序多花；果直径 5～7mm，种子表面具极深的皱纹 ……………… 4. 垂珠花 S. dasyanthus

1. 玉玲花（图 124：A）

Styrax obassis Siebold & Zucc., Fl. Jap. 1：93. 1839.

落叶灌木或小乔木。树皮灰褐色，平滑；小枝无毛。叶二型，小枝下部的叶较小近对生，上部的叶互生；叶片椭圆形、宽卵圆形或宽倒卵形，长 10～14cm，宽 8～10cm，顶端急尖或渐尖，基部近圆形或宽楔形，边缘具粗锯齿，上面无毛或仅叶脉疏被灰色星状柔毛，余无毛；下面灰白色，被灰白色星状长柔毛；叶柄长 2cm，基部膨大成鞘状而包着冬芽。总状花序顶生或腋生，下部的花常生于叶腋，花序梗和花序轴近无毛；花梗长 3～5mm，密被灰黄色星状短绒毛；小苞片线形，早落；花萼杯状，外面密被灰黄色星状短绒毛，顶端有不规则 5 或 6 齿；萼齿三角形或披针形；花冠裂片膜质，椭圆形，长 1.3～1.6cm，宽 4～5mm，外面密被白色星状短柔毛，花蕾时作覆瓦状排列，花冠管长约 4mm，无毛；雄蕊较花冠裂片短，花丝扁平；花柱与花冠裂片近等长，无毛。果实卵球形或近卵球形，直径 14～18mm，顶端具短尖头，密被黄褐色星状短绒毛；种子长圆球形，暗褐色，近平滑，无毛。花期 6—7 月，果期 7—8 月。

产地：东岙头、清凉峰、十八龙潭、横源、直源。生于山坡、路边、灌丛中。

分布：辽宁、山东、安徽、浙江、江西、湖北；日本、朝鲜半岛。

用途：木材材质坚硬，富弹性，纹理致密，可作器具材、雕刻材、旋作材等细工用材；花美丽、芳香，可提取芳香油及观赏；种子油可供制肥皂及润滑油。

2. 郁香野茉莉　郁香安息香（图 124：B）

Styrax odoratissimus Champ. ex Benth. in Hooker's J. Bot. Kew Gard. Misc. 4：304. 1852.

落叶灌木或小乔木。嫩枝稍扁，疏被黄褐色星状短柔毛。叶互生；叶片薄革质至纸质，卵形或卵状椭圆形，长 4～15cm，宽 2～8cm，顶端渐尖或急尖，基部宽楔形至圆形，全缘或上部有疏锯齿，两面无毛，叶脉在下面凸起，第三级小脉近平行；叶柄长 5～7mm，被毛。总状或圆锥花序，顶生，下部的花常生于叶腋；花序梗、花梗和小苞片密被黄色星状绒毛；花白色；小苞片钻形，易脱落；花萼膜质，杯状，顶端截形、波状或齿裂，外面密被黄色星状绒毛，内面无毛；花冠裂片膜质，椭圆形或倒卵状椭圆形，长 9～11mm，花蕾时作覆瓦状排列；雄蕊较花冠短，花丝扁平，中部弯曲，全部密被白色星状短柔毛；花柱被白色星状柔毛。果实近球形，长约 1cm，顶端骤缩而具弯喙，密被灰黄色星状绒毛；种子卵球形，密被褐色鳞片状毛和瘤状突起，稍具皱纹。花期 4—5 月，果期 7—8 月。

产地：鸠甫山、龙塘山、大坪溪。生于山坡、灌丛中。

图 124　A：玉玲花；B：郁香野茉莉；C：垂珠花；D：赛山梅（蒋辰榆绘）

分布：安徽、江苏、浙江、福建、江西、湖南、湖北、广东、广西、贵州。

用途：木材坚硬，可作建筑、船舶、车辆和家具等用材；种子油供制肥皂和机械润滑油。

3. 赛山梅（图 124：D）

Styrax confusus Hemsl. in Bull. Misc. Inform. Kew 1906：162. 1906.

落叶灌木或小乔木。嫩枝扁圆柱形，密被黄褐色星状短柔毛，后脱落。叶片坚纸质，椭圆形、长圆状椭圆形或倒卵状椭圆形，长 4～14cm，宽 2.5～7cm，顶端急尖或钝渐尖，基部圆形或宽楔形，边缘有细锯齿；叶脉常具星状绒毛；叶柄长 1～3mm，上面有深槽，密被黄褐色星状柔毛。总状花序顶生，有花 3～8 朵，下部常有 2 或 3 花聚生叶腋；花序梗、花梗和小苞片均密被灰黄色星状柔毛；花梗长 1～1.5cm；小苞片线形，早落；花萼杯状，密被黄色星状绒毛和星状长柔毛，顶端有 5 齿；萼齿三角形；花冠裂片披针形或长圆状披针形，长1.2～2cm，宽 3～4mm，外面密被白色星状短绒毛，内面除近顶端被短柔毛外无毛，花蕾时作镊合状排列或稍呈内向覆瓦状排列；花冠管长 3～4mm，无毛；花丝分离部分的下部被绒毛。果实近球形或倒卵球形，直径 8～13mm，外面密被灰黄色星状绒毛和星状长柔毛；种子倒卵球形，褐色，平滑或具微皱纹。花期 5—6 月，果期 9—10 月。

产地：横源、大坪溪。生于山坡林中。

分布：江苏、安徽、浙江、福建、江西、湖南、湖北、广东、广西、四川、贵州。

用途：种子油供制润滑油、肥皂和油墨等。

4. 垂珠花（图 124：C）

Styrax dasyanthus Perkins in Bot. Jahrb. Syst. 31(4-5)：485. 1902.

落叶灌木或小乔木。嫩枝圆柱形，密被灰黄色星状微柔毛，后无毛，紫红色。叶片革质或近革质，倒卵形、倒卵状椭圆形或椭圆形，长 5～13cm，宽 2.5～6cm，顶端急尖或钝渐尖，基部楔形或宽楔形，边缘具不明显的锯齿，两面无毛或下面疏生疏柔毛；叶柄上面具沟槽，密被星状短柔毛。圆锥花序或总状花序顶生或腋生，具多花，长 4～8cm；花序梗和花梗均密被灰黄色星状细柔毛；花梗长 6～8mm，有短柔毛；花萼杯状，外面密被黄褐色星状绒毛和星状长柔毛，萼齿 5，钻形或三角形；花冠裂片长圆形至长圆状披针形，外面密被白色星状短柔毛，内面无毛，花蕾时作镊合状排列或稍内向覆瓦状排列；花丝扁平，下部连合成管，上部分离，分离部分的下部密被白色长柔毛，花药长圆球形；花柱较花冠长，无毛。果实卵球形或球形，直径 5～7mm，顶端具短尖头，密被灰黄色星状短绒毛；种子黄褐色，深皱。花期 5—6 月，果期 10—12 月。

产地：鸠甫山、栈岭湾、十八龙潭、千顷塘、大坪溪、柘林坑、童玉、横源、直源。生于溪边、山谷、灌丛中。

分布：山东、河南、江苏、安徽、浙江、福建、江西、湖南、湖北、四川、贵州、广西、云南。

七七、木犀科　Oleaceae

乔木、直立或攀援灌木。多分枝，小枝上具皮孔。单叶，或奇数羽状复叶，对生，稀互生或轮生；无托叶；叶脉羽状或掌状。花辐射对称，两性，很少单性或杂性异株。花序顶生或腋生，组成聚伞花序、圆锥花序、总状花序，或伞形花序状，有时簇生于叶腋。花萼杯形或钟形，常 4 裂,或可 16 裂,或离生,稀缺如;花冠钟形、漏斗形或高脚碟形,常 4 裂,有时深裂至基部,很少缺如;雄蕊 2 或 4,附着于花冠管,或出自子房下部,花药 2 室,纵向开裂,药隔常延长于药室之上,花粉 3 孔沟;子房上位,2 室,每室 2 胚珠,有时 1 或多枚;花柱 1,或缺;柱头 2 裂。核果、浆果、蒴果或翅果;种子 1~4,直立胚,有或无胚乳,胚根弯曲向上或向下。

约 28 属,400 余种,分布热带、亚热带和温带地区,主要集中于亚洲。我国有 10 属,160 种,南北均有分布。浙江 8 属,28 种、8 变种。本志记载 6 属,10 种、1 亚种。

分属检索表

1. 果为翅果或蒴果。
　2. 果为蒴果;花先叶开放 ·· 1. 连翘属 Forsythia
　2. 果为翅果;先叶后花。
　　3. 翅果宽椭圆形至卵形,周围有狭翅;单叶 ························· 2. 雪柳属 Fontanesia
　　3. 翅果线形或倒披针形,翅在果的顶端伸长;羽状复叶 ·············· 3. 梣属 Fraxinus
1. 果为核果或浆果。
　4. 乔木或灌木;单叶。
　　5. 核果;花簇生,或为腋生的短圆锥花序 ························· 4. 木犀属 Osmanthus
　　5. 浆果状核果;聚伞状圆锥花序顶生 ·························· 5. 女贞属 Ligustrum
　4. 藤本或蔓性灌木;三出或羽状复叶 ······························ 6. 素馨属 Jasminum

(一) 连翘属　**Forsythia** Vahl

落叶灌木。小枝中空或有薄髓片,四棱形。叶对生,单叶或 3 出复叶,叶片有锯齿或全缘。花单性,雌雄异株,先叶开放,1 至多朵簇生叶腋,具花梗;花萼 4 深裂;花冠黄色,4 裂,花冠筒钟状,裂片比管长,蕾时覆瓦状排列;雄蕊 2,着生花冠筒的基部,不外露;子房上位,2 室,每室具多数胚珠,悬垂于室顶,花柱细长,柱头 2 裂。蒴果卵球形或长圆球形,室背开裂为 2 木质或革质果瓣。种子多数,稍有翅,胚乳缺如,胚根直立。

约 11 种,主要分布于东亚,欧洲东南部仅 1 种。我国有 6 种,分布于西北、东北和东部。浙江有 2 种。

1. 金钟花(图 125)

Forsythia viridissima Lindl. in J. Hort. Soc. London 1: 226. 1846.

灌木。除萼裂片外无毛,高达 3m。小枝绿色或黄绿色,髓呈薄片状。单叶,对生;叶片长椭圆形至披针形或长倒卵形,长 3.5~15cm,宽 1~4cm,亚革质,基部楔形,边缘中部以上有锯齿,先端急尖;叶柄长 6~12mm。花先叶开放,1~3 朵簇生于叶腋,花梗长 3~7mm;花萼钟形,萼裂片

图 125　金钟花(引自《浙江植物志》)

宽卵形或椭圆形,长 2～4mm,具缘毛;花冠外部深黄色,内部略带橙黄色条纹,花冠管长 5～6mm,裂片狭长圆形,长 0.6～1.8cm;雄蕊 2,着生花冠筒的基部,与花冠筒近等长;雌蕊柱头2 裂。蒴果卵球形,长 1～1.5cm,宽 6～10mm,顶端尖,基部圆形,表面常散生棕色鳞粃或疣点。花期 3—4 月,果期 8—11 月。

产地: 十八龙潭、大坪溪、童玉、横源、直源。生长 800m 以下的沟谷或溪边杂木林下或灌丛中。

分布: 江苏、安徽、浙江、福建、江西、湖北、湖南、云南。

用途: 果实可入药,有排脓解毒、杀菌之效;花供观赏;种子油供制皂和化妆品用。

（二）雪柳属　Fontanesia Labill.

落叶灌木,稀为小乔木。小枝 4 棱形。单叶,对生,无柄或短柄,全缘或具细锯齿。花小,两性,成顶生或腋生的圆锥花序或总状花序;花萼小,4 齿裂;花冠白色,4 深裂,仅在基部合生;雄蕊 2,着生花冠基部;子房上位,2 室,稀 3 室,每室 2 胚珠,悬垂于室顶,柱头 2 裂。翅果宽椭圆形或卵形,扁平,周围有狭翅。种子每室 1 粒,胚乳肉质,胚根向上。

1 种,分布于亚洲西南部至东部。在我国分布于东部至中部。浙江 1 亚种。

1. 雪柳（图 126）

Fontanesia philliraeoides Labill. subsp. **fortunei**（Carrière）Yalt., Fl. Turkey 6: 147. 1978.

Basionym: *Fontanesia fortunei* Carrière, Rev. Hort. 1859: 43. 1859.

灌木或小乔木,无毛,高 1～5m。枝灰色,微呈四棱形。叶片纸质,披针形、卵状披针形或狭卵形,长 3～10cm,宽 1～2.5cm,基部楔形,全缘,先端急尖至渐尖,侧脉 2～8对,稍突起;叶柄长 1～5mm。顶生圆锥花序长 2～6cm,腋生圆锥花序长 1.5～4cm;花梗长 1～2mm。花萼小,裂片卵形,膜质,长约0.5mm;花冠绿白色或带淡红色,4 深裂达基部,裂片卵状披针形,长 2～3mm;雄蕊 2,伸出花冠外;雌蕊长 2.5～3mm,柱头 2 裂。翅果黄褐色,倒卵形至椭圆形,扁平,长 7～9mm,宽 4～5mm,先端微凹。花期 4—6 月,果期 6—10 月。

图 126　雪柳（引自《浙江植物志》）

产地: 龙塘山、直坑。生于海拔 800m 以下的溪流或疏林下。

分布: 陕西、河北、山东、河南、江苏、安徽、浙江、湖北。

用途: 茎枝可编筐;茎皮可制人造棉;常作绿篱植物。

（三）梣属（白蜡树属）　Fraxinus L.

乔木，稀灌木，落叶，少数常绿。奇数羽状复叶，无托叶，小叶(3～)5～9，叶轴常有沟槽，对生或很少轮生于分枝顶端；叶柄和小叶片柄通常基部加厚。圆锥花序生于当年或去年的枝上；苞片线形至披针形，早落或无。花小，单性、两性或杂性；萼齿呈不规则浅裂，有时无；花冠白色或淡黄色，4 深裂，在蕾时内向镊合状排列，有时退化至无花瓣；雄蕊 2，着生于花冠裂片基部，花丝短；花柱短，柱头 2 半裂，子房上位，2 室，每室有 2 胚珠，悬垂于室顶。翅果的顶部具细长翼，通常具 1 种子；种子长椭圆球形，种皮薄，胚乳肉质，胚根直立。

约 60 种，主要分布温带地区和北半球的亚热带。我国有 22 种，各地均有分布。浙江有 4 种。

分种检索表

1. 花有花冠；叶片下面沿中脉无毛。
　　2. 花冠裂片长 3～4mm；圆锥花序无毛；侧生小叶柄长 5～8mm ……………… 1. 苦枥木 F. insularis
　　2. 花冠裂片长达 6mm；圆锥花序被短柔毛；侧生小叶柄几无 …………… 2. 庐山白蜡树 F. sieboldiana
1. 花无花冠；叶片下面沿中脉下部有灰白色柔毛 …………………………………… 3. 白蜡树 F. chinensis

1. 苦枥木（图 127：D－F）

Fraxinus insularis Hemsl. ex Forbes & Hemsl in J. Linn. Soc. , Bot. 26：86. 1889.

落叶乔木。芽狭圆锥状，密被暗褐色绒毛，干时呈亮光泽。叶长 10～30cm，叶柄长 5～8cm；小叶 3～5(～7)，小叶柄 0.5～1cm；小叶片革质，长圆形、椭圆形或披针形，长 6～12cm，宽 2～4cm，无毛，先端渐尖或尾状渐尖，基部楔形或钝，边缘有疏锯齿或近全缘；侧脉 7～11 对；叶柄、叶轴和小叶柄均无毛。圆锥花序生于当年生枝顶，长 20～30cm，多花，无毛，先叶后花；花梗丝状，长约 3mm；花萼钟状，长约 1mm，顶端齿截形；花冠白色，4 裂片匙形，长约 2mm；雄蕊 2，长于花冠裂片；花柱长 2.5～3mm，柱头 2 裂。翅果红色到棕色，长匙形，长 2～4cm，宽 3.5～4.5mm；小坚果的翼下延至上部。花期 4—5 月，果期 7—9 月。

产地：都林山、鸠甫山、谢家坞、茶园里、栈岭湾、十八龙潭、横源、直源、大坪溪、童玉。生于海拔 300～1100m 的山坡或山岗杂木林中。

分布：陕西、甘肃、江苏、安徽、浙江、福建、台湾、江西、湖北、湖南、广东、海南、广西、贵州、四川、云南；日本。

2. 庐山白蜡树　庐山梣（图 127：A－C）

Fraxinus sieboldiana Blume in Ann. Mus. Bot. Lugduno-Batavi 1：311. 1850.

Fraxinus mariesii Hook. f.

落叶小乔木或灌木。小枝、叶轴和小叶柄均被微柔毛，老枝无毛。芽卵球形，被淡黄色至黑色的绒毛。叶长 7～15cm，叶柄紫色，长 2～3cm，被微柔毛；小叶 3～5(～7)，无柄或具长约 5mm 的小叶柄；小叶片卵形至披针形，长 2.5～8cm，宽 1.5～4.5cm，纸质或薄革质，背面中脉常无毛，基部钝或渐狭，边缘全缘或中部以上有锯齿，先端锐尖或渐尖；侧脉 7～10 对。圆锥花序顶生或侧生，长 7～12cm，密被灰黄色短柔毛；花梗纤细，长约 4mm；花萼微小，

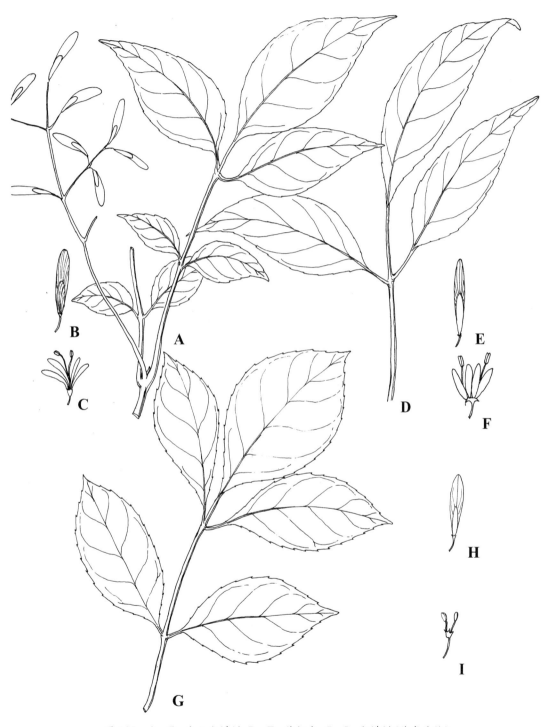

图 127　A-C：庐山白蜡树；D-F：苦枥木；G-I：白蜡树（陈家乐绘）

4 深裂达基部,裂片披针形;花冠白色或淡黄色,裂片线形或披针形,长 3~5mm,先端钝,自上而下渐狭;雄蕊 2,长约 7mm;花柱短,柱头 2 裂。翅果紫色,线形或匙形,长约 2.5cm,宽4mm,通常有红色的腺点,先端圆形或微凹。花期 5~6 月,果期 9 月。

产地:鸠甫山、栈岭湾、十八龙潭、大坪溪、横源、直源。生于海拔 500~1200m 的山坡杂木林中。

分布:江苏、安徽、浙江、福建、江西;日本。

3. 白蜡树(图 127: G-I)

Fraxinus chinensis Roxb., Fl. Ind. 1: 150. 1820.

落叶乔木或小乔木,小枝无毛,散生皮孔;冬芽卵球形或圆锥形,被黑褐色绒毛。叶长 12~35cm,叶柄长 3~9cm,沟槽明显;小叶 3~7(~9),小叶柄长 2~15mm,小叶柄基部通常稍膨大呈关节状,小叶片革质或薄革质,宽卵形或倒卵状披针形,长 4~16cm,宽 2~7cm,先端渐尖或急尖,基部宽楔形或楔形,边缘有锯齿,上面无毛,下面沿中脉下部有灰白色柔毛;侧脉 5 对。圆锥花序顶生或侧生,长 5~10cm;花梗长 5~6mm,无毛;花萼杯形,长约 1.5mm,顶端不规则齿裂;花冠缺如;雄蕊 2,长约 5mm;花柱短,柱头 2 裂。翅果匙形或倒披针形,长2.5~4cm,宽 3~7mm;小坚果的翼下延至中部以下。花期 4—5 月,果期 8—9 月。

产地:鸠甫山。生于海拔 800m 以下的沟谷或溪边杂木林。

分布:长江流域、黄河流域以及东北地区;日本、朝鲜半岛、俄罗斯、越南。

用途:为行道、护堤、防护林的优良树种;饲养白蜡虫,制取白蜡。

(四) 木犀属 **Osmanthus** Lour.

常绿灌木或小乔木。冬芽外具 2 枚鳞片。单叶,对生,具叶柄;叶片全缘或有锯齿,通常具腺点。花芳香,两性或单性,雌雄异株或雄花、两性花异株;聚伞花序,簇生在叶腋,有时成腋生或顶生的圆锥花序;苞片 2,基部合生,通常具缘毛;花萼钟状,4 裂;花冠白色或淡黄色,钟状、圆筒状,或瓶形,浅裂、深裂,或分裂几乎至基部,裂片 4,蕾时覆瓦状排列;雄蕊 2 或 4,药隔通常稍短尖,细长或突出;子房上位,2 室,每室胚珠 2,下垂,柱头头状或半裂,败育的雌蕊钻形或圆锥形。核果,内果皮坚硬或骨质。种子 1,种皮薄;胚乳肉质;胚根直立。

约 30 种,分布亚洲东部和美洲。我国有 23 种,大多分布于长江以南。浙江 7 种。

1. 木犀 桂花(图 128)

Osmanthus fragrans Lour., Fl. Cochinch. 1: 29. 1790.

常绿乔木或灌木,高 3~5m,无毛。枝灰褐色,嫩枝灰绿色。叶片革质,椭圆形或椭圆状披针形,长 7~14cm,宽 2.5~4.5cm,先端渐尖,基部楔形或宽楔形,边缘全缘或上半部通常有细锯齿,上面暗绿色,下面淡绿色,有细小腺点,侧脉 6~8 对,上面凹陷,背面突起;叶柄1~1.5cm。聚伞花序簇生在叶腋,多花;苞片宽卵形,革质,长约 4mm,先端 2 齿裂;花梗长4~10mm;花萼浅杯形,长约 1mm,先端 4 齿裂;花冠通常淡黄白色,芳香,长 3~4mm,顶端4 深裂,裂片长圆形;雄蕊 2,花丝短,着生中间花冠筒上;子房卵球形,花柱短。核果紫黑色,椭圆球形,偏斜,长 1~1.5cm。花期 9—10 月,果期翌年 3 月。

产地:常见栽培。

　　分布：华东、中南、西南地区及陕西、甘肃等地广泛栽植。

　　用途：花提芳香油，是名贵香料，可熏制茶和制桂花糖、桂花糕、桂花酒等，入药有化痰、止咳、生津、止牙痛等功效；果实可榨油，供食用；树型美观，花芳香，是庭院绿化的优良树种。

　　现广泛用作赏花栽培植物，依据花的颜色不同，花橙红色为"丹桂"，花橙黄色为"金桂"。

图 128　木犀（引自《浙江植物志》）

（五）女贞属　**Ligustrum** L.

　　常绿或落叶灌木或小乔木。冬芽卵圆球形，外有 2 枚鳞片。单叶，对生，具短柄；叶片全缘。聚伞花序再组成圆锥花序，顶生，少侧生。花两性，无梗或有花梗。花萼杯形或钟状，4裂或不规则齿裂，宿存；花冠白色，钟形或漏斗形，4 裂，蕾时内向镊合状排列，裂片近等长于或短于花冠筒；雄蕊 2，着生花冠筒上部，内藏或外露，花药黄或紫色，长圆球形；子房上位，球形，2 室，每室 2 胚珠，下垂，花柱短于雄蕊，内藏或外露，柱头 2 半裂。浆果状核果，具膜质或纸质的内果皮。种子 1～4，胚乳肉质，胚根短，向上。

　　约 45 种，分布于亚洲、澳大利亚和欧洲。我国有 27 种，以南部和西南部为多。浙江有 6种、4 变种。

分种检索表

1. 常绿乔木或小乔木；叶柄长 1.5～2cm ······························· 1. 女贞 L. lucidum
1. 落叶灌木；叶柄长不超过 5mm。
　　2. 花冠筒比裂片短或近等长；叶片先端常圆钝 ······················ 2. 小蜡 L. sinense
　　2. 花冠筒长于裂片 1 倍以上；叶片至少上部叶片先端渐尖 ············ 3. 蜡子树 L. leucanthum

1. 女贞(图 129：A,B)

Ligustrum lucidum W. T. Aiton in Hortus Kew. ed. 2. 1：19. 1810.

常绿乔木或小乔木,高 5~10m;树皮灰色,光滑不裂;小枝圆柱状,无毛,有皮孔。单叶,对生;叶片革质而脆,卵形或宽椭圆形,长 6~17cm,宽 3~8cm,基部圆形或渐狭,先端锐尖至渐尖,或有时钝,侧脉 4~11 对,稍突起或不明显;叶柄长 1~3cm。圆锥花序顶生,长8~20cm;花近无梗;花萼杯形,长 1.5~2mm,顶端近截平;花冠白色,花冠筒长约 2.5mm,顶端 4 裂,裂片卵形或长圆形,与花冠筒近等长;雄蕊 2,着生花冠喉部,伸出花冠外,花药长 1~1.5mm;柱头 2 裂。浆果状核果,长圆球形,长 7~10mm,直径 4~6mm,深黑色,成熟时蓝黑色。花期 5—7 月,果期 7 月至翌年 5 月。

产地:鸠甫山、谢家坞、童玉。海拔低于 500m 以下的山谷杂木林,或栽植于庭院和行道旁。

分布:陕西、甘肃、河南、江苏、安徽、浙江、福建、江西、湖北、湖南、广东、海南、广西、贵州、四川、云南、西藏。

用途:为优良的绿化树种;可用于饲养白蜡虫,制取白蜡;果实可入药。

2. 小蜡(图 129：C,D)

Ligustrum sinense Lour. , Fl. Cochinch. 1：19. 1790.

落叶灌木。小枝圆柱状,灰色,密被短柔毛,有时在果期脱落变无毛。叶片纸质或近革质,卵形、长圆形、椭圆形至披针形,长 2~7cm,宽 1~3cm,基部楔形至近圆形,先端锐尖或渐尖,有时微凹,全缘,上面常无毛,下面有短柔毛,中脉上面平坦或微凹,下面凸起,侧脉 4~6 对;叶柄长 2~5mm。圆锥花序顶生或腋生,长 4~11cm,有短柔毛;花梗长 1~5mm。花萼杯形,长 1~1.5mm,无毛或被短柔毛;花冠白色,花冠筒长 1.5~2mm,顶端 4 裂,裂片长圆形或长圆状卵形,长 2.5~3mm;雄蕊 2,伸出花冠外,花柱线形,柱头近头状。浆果状核果近球形,直径 5~8mm,成熟时黑色;果梗长 2~5mm。花期 7 月,果期 9—10 月。

产地:大坪溪、柘林坑、童玉、横源、直源。海拔低于 500m 以下的沟谷或溪边疏林下及灌丛中。

分布:陕西、甘肃、江苏、安徽、浙江、福建、台湾、江西、湖北、湖南、广东、海南、广西、贵州、四川、云南、西藏;越南。

用途:果实可酿酒;种子可制肥皂;茎皮纤维可制人造棉;可栽作绿篱或盆栽植物。

3. 蜡子树(图 129：E,F)

Ligustrum leucanthum (S. Moore) P. S. Green in Kew Bull. 50(2)：384. 1995.

Basionym：*Phlyarodoxa leucantha* S. Moore in J. Bot. 13：229. 1875.

落叶灌木。小枝圆柱状,灰色,幼时具短柔毛,老后脱落,散生白色圆形皮孔。叶片革质,卵形、长圆形,或椭圆状披针形,长 2~10cm,宽 1~5cm,先端锐尖或渐尖,有时下部叶片先端圆钝,基部楔形到近圆形,全缘,上面中脉平坦无毛或微凹而在槽内有短柔毛,下面凸起,沿中脉有柔毛或无毛;侧脉 4~6 对,背面稍凸起。圆锥花序顶生或腋生,长 4~11cm,有短柔毛;花梗长 1~5mm;花萼杯形,长 1~1.5mm,无毛或被短柔毛;花冠白色,漏斗形,花冠

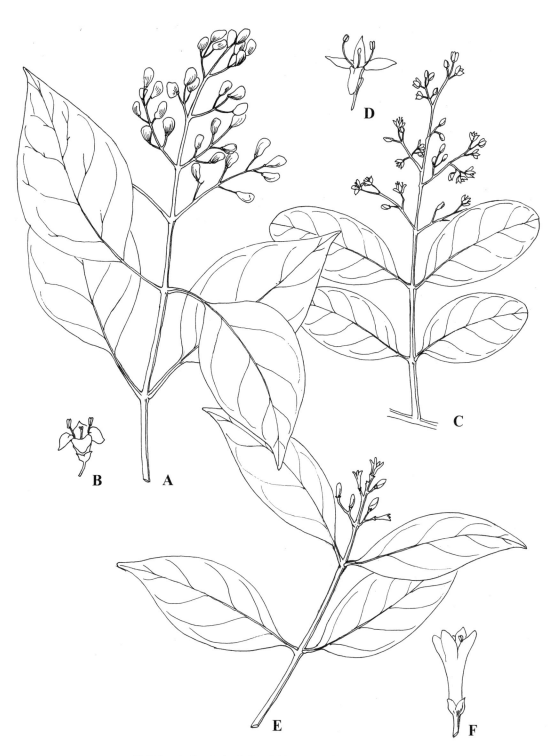

图 129　A,B：女贞；C,D：小蜡；E,F：蜡子树（陈家乐绘）

筒长 3.5~5.5mm,顶端 4 裂,裂片长圆状卵形,长约 2mm;雄蕊 2,花丝短,花药伸达花冠裂片中部或中部以上;花柱线形,柱头近头状。浆果状核果,近球形,直径 5~8mm,熟时蓝黑色;果梗长 2~4mm。花期 6 月,果期 11 月。

　　产地:龙塘山、直坑、千顷塘、柘林坑、大坪溪。生于海拔 200~2700m 的沟谷或溪边杂木林。

　　分布:陕西、甘肃、江苏、安徽、浙江、福建、江西、湖北、湖南、四川。

　　用途:种子榨油,供制皂和机械润滑油。

(六) 素馨属　**Jasminum** L.

　　常绿或落叶灌木。茎直立或攀援,小枝绿色,常有棱。叶对生或互生,稀轮生,单叶,或奇数羽状复叶;叶柄通常有关节。花两性,组成二歧或三歧的聚伞花序或聚伞状圆锥花序、总状花序、伞房花序或伞形花序,稀单生,苞片钻形或线形,有时叶状;花萼钟状、漏斗状,或杯状,4~16 浅裂,裂片通常线形;花冠白色或黄色,很少红色或紫色,高脚碟状或漏斗状,蕾时覆瓦状排列,裂片 4~16。雄蕊 2,内藏,着生花冠筒的中部,花丝短,花药背着;子房上位,2 室,每室胚珠 2,花柱丝状,柱头头状或 2 裂。浆果,双生或仅 1 个发育而单生。种子无胚乳,胚根向下。

　　200 余种,分布于亚洲、非洲、澳大利亚、南太平洋群岛。我国有 43 种,大多分布于南部和西南部。浙江有 6 种。

分种检索表

1. 落叶蔓性灌木;花先叶开放 ………………………………………… 1. 迎春花 J. nudiflorum
1. 植株半常绿;叶后开花 …………………………………………… 2. 云南黄素馨 J. mesnyi

1. 迎春花(图 130:A,B)

　　Jasminum nudiflorum Lindl. in J. Hort. Soc. London 1:153. 1846.

　　落叶灌木。小枝四棱形,稍有狭翅,无毛。叶对生,具 3 小叶,有时幼枝基部有单叶;小叶片卵形或椭圆形,有时近圆形,长 7~20mm,宽 4~13mm,基部楔形,先端锐尖或钝,具小短尖,叶脉不明显;叶柄长 3~10mm,无毛,侧生小叶无柄,顶生小叶近无柄。花先叶开放,单生于已落叶的去年生枝的叶腋;苞片卵形至披针形,叶状,长 3~8mm;花梗长 2~3mm;花萼绿色,裂片 5 或 6,狭披针形,长 4~6mm;花冠黄色,长 2~2.5cm,花冠筒长 0.8~2cm,5 或 6 裂,裂片长圆形或椭圆形;雄蕊 2,内藏。浆果卵球形或椭圆球形。花期 3—5 月。

　　产地:区内栽培供观赏。

　　分布:陕西、甘肃、四川、云南、西藏。

　　用途:用作园林绿化和盆栽观赏;叶、花可入药,有活血败毒、消肿止痛之功效。

2. 云南黄素馨(图 130:C-E)

　　Jasminum mesnyi Hance in J. Bot. 20:37. 1882.

　　半常绿蔓性灌木。枝绿色,直立或弯曲,小枝四棱形,无毛。叶对生,单叶或三出复叶混

图 130　A,B：迎春花；C－E：云南黄素馨（重组《浙江植物志》）

生；叶片宽卵形或椭圆形，有时近圆形，长 3～5cm，宽 1.5～2.5cm；小叶片狭卵形、卵状披针形或狭椭圆形，先端钝，具小短尖，基部楔形全缘或有细微锯齿，中脉上面平坦，下面凸起，侧脉不明显；叶柄长 0.5～1.5mm，侧生小叶无柄，顶生小叶近无柄。花通常单生，腋生或很少顶生；苞片叶状，卵形或披针形，长 5～10mm；花梗长 3～8mm；花萼钟状，5～8 裂，裂片叶状，披针形，长 4～7mm；花冠黄色，漏斗状，直径 2～4.5cm，花冠筒长 1～1.5cm，裂片 6～8，宽倒卵形或长圆形，长 1.1～1.8cm，先端钝圆，有小尖头；雄蕊 2，内藏。浆果椭圆球形，直径 6～8mm。花期 3—5 月，果期 8—11 月。

　　产地：区内栽培供观赏。

　　分布：贵州、四川、云南。

　　用途：观赏植物。

七八、马钱科　Loganiaceae

　　乔木、灌木、木质藤本，或草本。有时附生，有时有腋下刺或卷须。叶对生，偶有互生，很少轮生或簇生，托叶通常存在，往往和叶柄愈合成线形，有时成叶鞘状；叶全缘，羽状叶脉。花两型，辐射对称；聚伞花序常成圆锥状，或成伞状或穗状，甚至单生；花苞片通常小。花通常两性。花萼 4 或 5 裂，裂片分离或合生；花冠合生，4 或 5 裂，在花蕾中呈覆瓦状、镊合状或旋转状排列；雄蕊着生花冠筒上或喉部，与花冠裂片同数而互生；雌蕊 2 心皮合生，子房上位，极少半下位，2 室，每室胚珠 1 至多数，中轴胎座，花柱单一，或 2～4 裂。果为蒴果、浆果或核果。种子常具翅，胚小而直立，胚乳肉质或坚硬，子叶小。

　　29 属，约 500 种，主要分布于热带和亚热带地区。我国有 8 属，45 种，分布于西南部至东部。浙江有 4 属，7 种。本志记载 2 属，3 种。

分属检索表

1. 直立灌木；花冠高脚碟状，裂片在蕾中覆瓦状排列；蒴果 …………………………… 1. 醉鱼草属 Buddleja
1. 缠绕或攀援木质藤本；花冠辐状，裂片在蕾中镊合状排列；浆果 ………………… 2. 蓬莱葛属 Gardneria

(一) 醉鱼草属　**Buddleja** L.

　　灌木，少为乔木、藤本，稀草本。茎圆柱形或四棱形。叶对生，稀互生；托叶常叶形、圆形和耳状，或者退化成一线痕；叶柄短；叶片全缘或具锯齿。花序顶生或腋生，多花；苞片多叶状，小苞片花萼状；花 4 基数，两行或单性；花萼钟形，少数杯状或倒圆锥形，花萼管常长于裂片；花冠钟状、杯状、高脚碟状或漏斗状，花冠筒圆筒状，常长于裂片，裂片覆瓦状排列；雄蕊着生花冠筒上，与花冠裂片同数而互生，花丝短于花药；子房 2 或 4 室，每室胚珠由几枚至多数，柱头通常较大，棒状、头状，或少数 2 裂。种子细小，常有翅；胚乳肉质；胚直立。

　　约 100 种，分布于美洲、非洲和亚洲的热带和亚热带。我国有 20 种，5 个杂交种。浙江有 3 种。

1. 醉鱼草(图 131)

　　Buddleja lindleyana Fortune in Lindl. ，Edwards's Bot. Reg. 30(Misc.)：25. 1844.

灌木。嫩枝、嫩叶及花序均有棕黄色星状毛和鳞片。茎棕褐色,小枝四棱形,无托叶。叶片卵形至狭椭圆形,长 3～11cm,宽 1～5cm,干时膜质,上面无毛,或具稀疏软毛,基部楔形,全缘或疏生波状锯齿,先端渐尖,侧脉 6～8对;叶柄长 1～7mm。花由多数聚伞花序集成顶生伸长的穗状花序,长 20～50cm,下垂;小苞片狭线形,长 3～10mm,着生于花萼基部;花萼钟状至坛状,长 2～4mm,裂片宽三角形,与花冠筒均密布腺毛和少量星状毛;花冠紫色,1.5～2cm,花冠筒中部以下弧形,顶端直径 2.5～4mm,基部 1～1.5mm,裂片近圆形;雄蕊着生花冠筒的基部,花药长方形至卵形;雌蕊无毛,子房卵球形,长 1.5～2mm,柱头棒状。种子淡褐色,斜四面体形,边缘有窄翅。花期5—8 月。

图 131　醉鱼草(引自 *Flora of China*-Ill.)

产地:区内低海拔溪沟边常见。

分布:陕西、河南、江苏、安徽、浙江、福建、江西、湖北、湖南、广东、四川。

用途:庭院观赏植物;根及全株可入药;叶用作毒鱼等。

（二）蓬莱葛属　Gardneria Wall. ex Roxb.

攀援灌木。小枝圆柱形,有时具 4 条细小的脊。叶对生,叶片全缘,具短柄,在节上有线状隆起的托叶痕连接两叶柄基部。花腋生,单生、对生,或有时成聚伞花序;苞片小,狭三角形;花 4 或 5 基数;花萼小,深裂,裂片覆瓦状排列,基部有黏毛;花冠辐状至近钟状,花冠筒细小肉质,裂片由薄到厚,肉质,在蕾中呈镊合状排列;雄蕊外露,花丝极短,扁平,花药 2～4 室,分离或合生;子房卵圆形,2 室,每室胚珠 1～4 枚,花柱大多细长,圆柱状,柱头头状或 2 裂。浆果红色,球形,1 或多枚种子。种子稍扁平,种皮薄,胚小,胚乳肉质。

5 种,分布于喜马拉雅地区至日本,泰国、马来西亚、印度尼西亚也有。我国有 5 种,大多分布于西南部和南部。浙江有 3 种。

分种检索表

1. 花 5 或 6 朵组成聚伞花序 ··· 1. 蓬莱葛 G. multiflora
1. 花单生或孪生于叶腋 ··· 2. 少花蓬莱葛 G. nutans

1. 蓬莱葛(图 132:A,B)

Gardneria multiflora Makino in Bot. Mag. Tokyo 15:103. 1901.

攀援灌木,无毛;小枝圆柱形,叶痕明显。叶片近革质,椭圆形至狭椭圆形,有时卵形至狭椭圆形,长 5~15cm,宽 2~6cm,基部钝圆形,先端渐尖,侧脉 6~10 对,在两面均凸起,中脉在上面凹下;叶柄长 1~1.5cm。聚伞花序 3 级分枝,通常有 5 或 6 朵花,腋生,每朵花有 2 苞片;花 5 基数;花梗长 5~10mm;花萼裂片近圆形,直径 1~1.5mm,具睫毛;花冠黄色至黄白色,花冠筒短,裂片狭椭圆形,厚肉质,呈扩散状,在蕾中呈镊合状排列,檐部内面边缘有两条龙骨状突起;雄蕊着生花冠筒上,花丝短,花药长圆球形,长约 2.5mm;子房 2 室,每室 1 胚珠,花柱长约 5mm,柱头顶端 2 浅裂。浆果圆球形,直径 6~8mm,成熟时黑色。种子黑色,球形。花期 3—7 月。

产地:横源、直源、大坪溪。

分布:河北、陕西、河南、江苏、安徽、浙江、福建、台湾、江西、湖北、湖南、广东、广西、贵州、四川、云南。

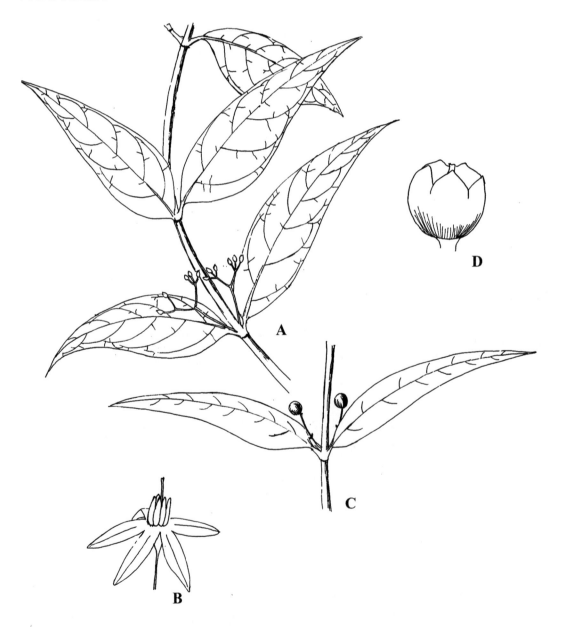

图 132　A,B:蓬莱葛;C,D:少花蓬莱葛(蒋辰榆绘)

2. 少花蓬莱葛　线叶蓬莱葛(图 132：C,D)

Gardneria nutans Siebold & Zucc. in Abh. Math.-Phys. Cl. Königl. Bayer. Akad. Wiss. 4：165. 1846.

Gardneria lanceolata Rehder & E. H. Wilson.

藤本或攀援灌木,除花萼和花冠外,全株无毛;小枝圆柱状。叶片长圆形、狭长圆形,或披针形,全缘,长 4～15cm,宽 1～4cm,两面扁平,背面稍隆起,上面深绿色,下面苍白色,基部钝圆形,先端渐尖,侧脉每边 8～10 条;叶柄长约 5mm。花腋生,单生或孪生,5 基数,通常下垂;花梗长 1.5～2cm,基部具有 1 钻形苞片,长近 1mm,近中部有 1 或 2 枚钻形小苞片;花萼杯状,裂片宽卵形,具缘毛;花冠黄白色或白色,辐状,花冠筒内有柔毛,裂片狭椭圆形,长约 8mm,宽 3mm;雄蕊着生花冠筒的基部,花药长圆形,长约 5mm,分离或合生,花丝几无;花柱短,柱头外露,先端浅 2 裂,子房球形,每室 1 胚珠。浆果球形,直径约 7mm。花期 4—7 月,果期 9 月。

产地：直源、横源、大坪溪。

分布：江苏、安徽、浙江、台湾、江西、湖北、湖南、广东、广西、贵州、四川、云南;日本、朝鲜半岛。

柳叶蓬莱葛 *Gardneria lanceolata* 与本种的区别仅在花药合生,本志采用《浙江植物志》的处理意见,将两种合并。

七九、夹竹桃科　　**Apocynaceae**

乔木,灌木或藤本,稀为亚灌木或草本,有乳汁或水汁。单叶,对生或轮生;叶片全缘,羽状脉。花序聚伞状,顶生或者腋生;花两性,辐射对称;花萼 5 裂,覆瓦状排列,基部常有腺体;花冠 5 裂,高脚碟状、漏斗状,常旋转状排列,花冠喉部通常有副花冠或附属体;雄蕊 5 枚,花丝短,花药多数箭头形,离生或靠合花柱成圆锥形,纵裂;子房上位,很少半下位,心皮 2,合生或者离生,胚珠 1 至多数,花柱 1,柱头顶端通常 2 裂。蓇葖果,或为浆果、核果、蒴果。种子通常一端具种毛;胚直,通常有胚乳。

约 155 属,2000 余种,分布在热带和亚热带地区,在温带地区较少。我国有 44 属,145 种,大多分布于华南和西南地区。浙江有 12 属,18 种、4 变种。本志记载 2 属,4 种。

分属检索表

1. 小乔木或灌木;叶对生或轮生;无花盘;花冠喉部有副花冠;花药顶端被毛 ……… 1. 夹竹桃属 Nerium
1. 木质藤本;叶对生;花盘 5 深裂或部分全裂;花冠喉部无副花冠;花药顶端无毛 …………………………
………………………………………………………………………… 2. 络石属 Trachelospermum

（一）夹竹桃属　　**Nerium** L.

常绿灌木,含汁液。叶对生,或 3 或 4 片轮生。伞房状聚伞花序顶生;花萼 5 裂;花冠漏斗状,喉部有 5 枚撕裂状的副花冠;雄蕊 5,花药箭头形,药隔延长成丝状;心皮 2,离生。蓇葖果 2,长圆柱形。种子长圆柱形,顶端具种毛。

1 种,分布于亚洲、欧洲和北非。我国栽培 1 种。浙江亦有栽培。

1. 夹竹桃(图 133)

Nerium oleander L., Sp. Pl. 1: 209. 1753.

常绿灌木,高达 5m,含汁液,无毛。叶对生,或 3 或 4 枚轮生(在枝条下部为对生);叶片革质,线状披针形,长 11~15cm,宽 2~2.5cm,上面绿色,下面浅绿色;侧脉扁平,密而平行。聚伞花序顶生;花萼直立,5 深裂;花冠深红或粉红色,或为白色(为白色者有时作为栽培品种),漏斗状,长约 3cm,副花冠鳞片状,顶端撕裂;雄蕊 5,花丝短,被长柔毛,花药箭头形;心皮 2,离生,具毛,花柱长 7~8mm,柱头圆球形。蓇葖果 2,离生,长圆柱形,长 10~23cm,直径 1.5~2cm;种子顶端具黄褐色种毛。花期 6—7 月。

产地: 区内栽培作观赏。

分布: 亚洲、欧洲和北非,世界热带地区广泛栽培。

用途: 花大、艳丽,花期长,常作观赏;茎皮纤维为优良混纺原料;种子可榨油,供制润滑油。叶、树皮、根、花、种子均含有多种配糖体,毒性极强,人、畜误食能致死。

图 133 夹竹桃(引自 *Flora of China*-Ⅲ.)

(二) 络石属 **Trachelospermum** Lem.

木质藤本,具白色乳汁。叶对生。聚伞花序顶生或腋生;花白色或带紫色;花萼 5 裂,基部具 5~10 枚腺体;花冠高脚碟状,5 裂,花冠筒具 5 棱,喉部无副花冠;雄蕊 5 枚,着生于花冠筒膨大之处,花丝短,花药箭头形;花盘环状,5 裂;心皮 2,离生,每心皮胚珠多数;花柱丝状。蓇葖果双生,细长圆柱形。种子线形或长圆柱形,顶端具种毛,种毛绢状白色;胚乳丰富。

约 15 种,大多分布于亚洲,北美洲有 1 种。我国有 6 种,几乎分布于全国。浙江有 6 种。

分种检索表

1. 花冠筒在中部、喉部或近喉部膨大;雄蕊着生于花冠筒中部;蓇葖果叉生。
　　2. 花蕾顶端钝;花萼裂片反卷;花药藏于花冠喉部内 ……………………………… 1. 络石 T. jasminoides
　　2. 花蕾顶端尖;花萼裂片近直立;花药顶端伸出花冠喉部外 ………………… 2. 亚洲络石 T. asiaticum
1. 花冠筒近基部或基部膨大;雄蕊着生于花冠筒基部;蓇葖果平行粘生 ………… 3. 紫花络石 T. axillare

1. 络石(图 134:A - C)

Trachelospermum jasminoides (Lindl.) Lem., Jard. Fleur. 1:t. 61. 1851.

Basionym:*Rhynchospermum jasminoides* Lindl. in J. Hort. Soc. London 1:74. 1846.

常绿木质藤本,长可达 10m,具乳汁,有气生根。茎赤褐色,具皮孔;小枝被黄色柔毛,老时渐无毛。叶片革质或近革质,椭圆形至卵状椭圆形或宽倒卵形,长 2～10cm,宽 1～4.5cm,顶端锐尖至渐尖或钝,有时微凹或有小凸尖,基部楔形,上面无毛,下面具毛;叶柄短,被短柔毛。二歧聚伞花序成圆锥状,与叶等长或较长;花白色,芳香;花序梗长 2～5cm;苞片及小苞片狭披针形,长 1～2mm;花蕾顶端钝;花萼 5 深裂,裂片线状披针形,顶部反卷,长 2～5mm,外面被有长柔毛及缘毛,内面无毛,基部具 10 枚鳞片状腺体;花冠高脚碟状,花冠筒中部膨大,喉部内面及着生雄蕊处有短柔毛,花冠裂片长 5～10mm,无毛;雄蕊 5,着生在花冠筒中部,腹部粘生在柱头上,花药箭头状,基部具耳,隐藏在花喉内;花盘环状 5 裂,与子房等长;子房由 2 个离生心皮组成,无毛,花柱圆柱状,柱头卵圆形,顶端全缘;每心皮有多颗胚珠,着生于 2 个并生的侧膜胎座上。蓇葖果双生,叉开,无毛,线状披针形,长 10～20cm,宽 3～7mm;种子多数,褐色,线形,长 1.5～2cm,直径约 2mm,顶端具白色绢质种毛;种毛长 1.5～3cm。花期 3—7 月,果期 7—12 月。

产地:区内常见。生于山坡、田边。

分布:山东、安徽、江苏、浙江、福建、台湾、江西、河北、河南、湖北、湖南、广东、广西、云南、贵州、四川、陕西;日本、朝鲜半岛、越南。

2. 亚洲络石(图 134:H - J)

Trachelospermum asiaticum (Siebold & Zucc.) Nakai in T. Mori, Enum. Pl. Corea 293. 1922.

Basionym:*Malouetia asiatica* Siebold & Zucc. in Abh. Math.-Phys. Cl. Königl. Bayer. Akad. Wiss. 4:163. 1846.

Trachelospermum gracilipes Hook. f., Fl. Brit. India 3:668. 1882.

木质藤本,具乳汁;幼枝褐色,被黄褐色短柔毛,老时渐脱落。叶对生;叶片椭圆形,长 2.5～8cm,宽 1～3.5cm,顶端锐尖至渐尖,基部楔形,中脉在上面平坦,下面凸起,侧脉 8～10

图 134　A－C：络石；D－G：紫花络石；H－J：亚洲络石（蒋辰榆绘）

对,弧形弯曲并在叶缘网结;叶柄长 3～5mm,被短柔毛,后渐脱落至无毛。聚伞花序顶生或近顶生;花白色,芳香;花序梗长 2～4cm;花梗长 4～6mm;花蕾顶端渐尖;花萼 5 裂,裂片卵形至披针形,紧贴花冠筒,长 1.5～2mm,内面具 10 枚齿状腺体;花冠高脚碟状,花冠筒长 5～8mm,喉部膨大,花冠裂片斜倒卵形,长 5～8mm,先端平截;雄蕊着生在喉部,花丝短,具柔毛,花药箭头状,顶端外露;子房无毛,外围为 5 裂的环状花盘,花柱细,柱头卵圆形,顶端全缘。蓇葖果双生,叉开,线状圆柱形,长 10～25cm,宽 3～4mm;种子多数,红褐色,线形,长 2～2.5cm,顶端具白色种毛;种毛长 2.5～3cm。花期 4—7 月,果期 8—10 月。

产地:顺溪。生于田边。

分布:华东、华中、华南、西南及西北;日本、朝鲜半岛、泰国、印度。

3. 紫花络石(图 134:D-G)

Trachelospermum axillare Hook. f., Fl. Brit. India 3:668. 1882.

粗壮木质藤本,幼时具微长毛;茎直径 1cm,具多数皮孔。叶片厚纸质,倒披针形或倒卵形或长椭圆形,长 8～15cm,宽 3～4.5cm,先端尖尾状、渐尖或锐尖,基部楔形,稀圆形;侧脉多达 15 对,在叶背明显;叶柄长 3～5mm。聚伞花序近伞形,腋生或有时近顶生,长 1～3mm;花梗长 3～8mm;花紫色;花蕾顶端钝;花萼裂片紧贴于花冠筒上,卵圆形,钝尖,内有腺体 10 枚;花冠高脚碟状,花冠筒长 5mm,花冠裂片倒卵状长圆形,长 5～7mm;雄蕊着生于花冠筒的基部,花药隐藏于其内;子房卵圆形,无毛,花柱线形,柱头近头状;花盘裂片与子房等长。蓇葖圆柱状长圆形,平行,粘生,无毛,向端部渐狭,略似镰刀状,通常端部合生,老时略展开,长 10～15cm,直径 10～15mm;外果皮无毛,具细纵纹;种子暗紫色,倒卵状长圆形或宽卵圆形,端部钝头,长约 15mm,宽约 7mm;种毛细丝状,长约 5cm。花期 5—7 月,果期 8—10 月。

产地:横源、直源。生于海拔 500～1500m 的山谷及疏林中或水沟边。

分布:浙江、江西、福建、湖北、湖南、广东、广西、云南、贵州、四川、西藏等;越南、斯里兰卡、印度。

八〇、萝藦科　Asclepiadaceae

多年生草本、藤本、直立或攀援灌木。具乳汁;根部木质或肉质成块状。单叶,对生或轮生,具柄,全缘,羽状脉。聚伞花序通常伞形,有时成伞房状或总状,腋生或顶生;花两性,整齐,5 数;花萼筒短,裂片 5,双盖覆瓦状或镊合状排列,内面基部常有腺体;花冠合瓣,辐状、坛状,稀高脚碟状,顶端 5 裂,裂片旋转,覆瓦状或镊合状排列;副花冠通常存在,为 5 枚离生或基部合生的裂片或鳞片所组成,有时双轮,生于花冠筒上或雄蕊背部或合蕊冠上;雄蕊 5,与雌蕊粘生形成合蕊柱;花药连生成一环而腹部贴生于柱头基部的膨大处;花丝合生成为 1 个有蜜腺的筒,称"合蕊冠",或花丝离生,药隔顶端通常具有阔卵形而内弯的膜片;花粉粒连合成块状形成"花粉块",通常通过花粉块柄而系结生着粉腺上,每花药有花粉块 2 个或 4 个;子房上位,由 2 个离生心皮所组成,花柱 2,合生,柱头基部具 5 棱,顶端各式;胚珠多数,数排,着生于腹面的侧膜胎座上。蓇葖双生,或因 1 个不发育而成单生;种子多数,其顶端具有丛生的白色或黄色的绢质种毛;胚直立,子叶扁平。

约 250 属,2000 余种,分布在热带和亚热带地区,非洲和南美洲种类丰富。我国有 44 属,270 种,以西南及东南部居多,少数分布于西北与东北。浙江有 12 属,24 种。本志记载 3 属,3 种。

分属检索表

1. 花粉块下垂。
  2. 副花冠缺,或仅有 1 个微形而膜质的副花冠着生于合蕊冠的基部……………………………… 1. 秦岭藤属 Biondia
  2. 具有明显的副花冠 ……………………………………………………………………… 2. 鹅绒藤属 Cynanchum
1. 花粉块直立或平展 ……………………………………………………………………………… 3. 娃儿藤属 Tylophora

(一) 秦岭藤属 **Biondia** Schlecht.

柔弱缠绕藤本。叶对生,具柄;叶片心脏形或长椭圆形,羽状脉。伞房状聚伞花序腋生;花萼 5 深裂,裂片双盖覆瓦状排列,花萼内面基部具 5 枚腺体;花冠钟状,裂片 5 枚,向右覆盖;副花冠无,或膜质 5 裂,裂片呈三角形,生于合蕊冠的中部;花药顶部具透明膜质的附属物;花粉块每室 1 个,卵圆球状,下垂;子房由 2 枚离生心皮所组成;柱头棍棒状,顶端伸出花冠筒的喉部外或内藏,顶端 2 裂。蓇葖常单生,外果皮通常具乳头状凸起;种子近圆球形,扁平,边缘膜质,顶端具白色绢质种毛。

约 13 种,我国特有。浙江有 2 种。

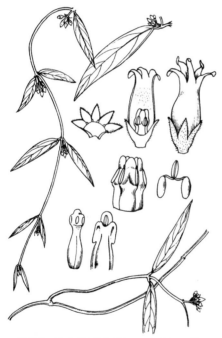

图 135　祛风藤(引自 *Flora of China-Ill.*)

1. 祛风藤　浙江乳突果(图 135)

Biondia microcentra (Tsiang) P. T. Li in J. S. China Agric. Univ. 12(3):39. 1991.

Basionym: *Adelostemma microcentrum* Tsiang in Sunyatsenia 2:184, Pl. 34. 1934.

缠绕藤本。茎纤细,被疏短柔毛。叶片薄纸质,狭椭圆状长圆形,或长圆状披针形,长 3~7cm,宽 0.7~1.4cm,顶端渐尖,基部楔形至钝,中脉在上面扁平,背面凸起,被短柔毛,侧脉每边 5~7 条,不明显;叶柄长约 0.5cm,被微毛。聚伞花序伞房状,比叶短,着花 4~6 朵;花梗基部有数枚小苞片;花萼裂片长圆形,外面被短柔毛,花萼内面基部有 5 枚腺体;花冠黄色,近坛状,长约 6mm,直径约 2.5mm,两面无毛,花冠筒中部以下膨大,长约 4mm,裂片长圆状披针形,长约 2mm,宽约 0.5mm;副花冠无;合蕊柱长约 2mm;花药顶端具圆形膜质附属物;花粉块椭圆状长圆形,下垂;子房无毛,柱头盘状,顶端圆。蓇葖单生,长圆柱状披针形,长 8.5~11cm,直径 5~7mm,两端尖,基部有宿存的花萼裂片,无毛;种子长圆球形,扁平,两侧内卷,长约 6mm,宽 1.5~2mm,棕色,顶端具白色绢质种毛;种毛长 2.5~3cm。花期 5—7 月,果期 7—10 月。

产地:直源、横源、龙塘山、大石门。生长于山地林下岩石边。

分布：安徽、浙江、江西、福建、广东、广西、湖北、湖南、河南。

（二）鹅绒藤属　Cynanchum L.

灌木或多年生草本，直立或攀援。叶对生，稀轮生。聚伞花序多数呈伞形状，着生多花，花小型或稀中型，各种颜色；花萼 5 深裂，基部内面有小腺 5～10 个，或更多或无，裂片通常双盖覆瓦状排列；副花冠膜质或肉质，5 裂或杯状或筒状，其顶端具各式浅裂片或锯齿，在各裂片的内面有时具有小舌状片；花药无柄，有时具柄，顶端的膜片内向；花粉块每室 1 枚，下垂，多数长圆球形；柱头基部膨大，五角，顶端全缘或 2 裂。蓇葖双生或 1 个不发育，长圆柱形或披针形，外果皮平滑，稀具软刺，或具翅；种子顶端具种毛。

约 200 种，分布于亚洲、欧洲、非洲、北美洲和南美洲。我国有 57 种，主要分布于西南各省、区。浙江有 10 种。

1. 牛皮消（图 136）

Cynanchum auriculatum Royle ex Wight，Contr. Bot. India 58. 1834.

蔓性半灌木。宿根肥厚，呈块状。茎圆形，被微柔毛。叶对生；叶片膜质，被微毛，宽卵形至卵状长圆形，长 4～12cm，宽 4～10cm，顶端短渐尖，基部心形。聚伞花序伞房状，着花 30 余朵；花萼裂片卵状长圆形；花冠白色，辐状，裂片反折，内面具疏柔毛；副花冠浅杯状，裂片椭圆形，肉质，钝头，在每裂片内面的中部有 1 个三角形的舌状鳞片；花粉块每室 1 个，下垂；柱头圆锥状，顶端 2 裂。蓇葖双生，披针形，长约 8cm，直径约 1cm；种子卵状椭圆球形；种毛白色绢质。花期 6—9 月，果期 7—11 月。

产地：银珑坞、龙塘山、鸠甫山、直源。生于路旁之溪谷。

分布：山东、河北、河南、安徽、江苏、浙江、福建、台湾、江西、湖南、湖北、广东、广西、贵州、四川、云南、西藏、陕西、甘肃；印度、不丹、尼泊尔、巴基斯坦。

用途：药用块根，养阴清热，润肺止咳，可治神经衰弱、胃及十二指肠溃疡、肾炎、水肿等。

图 136　牛皮消（引自 *Flora of China-*Ill.）

（三）娃儿藤属　Tylophora R. Br.

缠绕或攀援灌木，稀为多年生草本或直立小灌木。叶对生，羽状脉，稀基脉 3 条。伞形或短总状式聚伞花序，腋生，稀顶生；花序梗通常曲折；花小；花萼 5 裂，裂片双盖覆瓦状排列，内面基部有腺体或缺；花冠 5 深裂，辐状或广辐状，裂片向右覆盖或近镊合状排列；副花冠由 5 枚肉质、膨胀的裂片组成，贴生于合蕊冠的基部，顶端通常比合蕊柱为低，稀等高；花丝合生成筒状的合蕊冠，生于花冠的基部；花药直立，顶端有一片薄膜；花粉块每室 1 个，圆球状，稀长圆状镰刀形或长圆状，平展斜升，稀直立，花粉块柄柔弱，近直立，着粉腺小,椭圆球形或长圆球形;子房由 2 枚离生心皮所组成,花柱短,柱头扁平、凹陷或凸起,通常比花药低。蓇葖双生,稀单生,通常平滑,长圆柱状披针形,顶端渐尖;种子顶端具白色绢质种毛。

约 60 种,分布于亚洲、非洲、澳大利亚的热带和亚热带地区。我国有 35 种,主要分布于黄河以南各省、区。浙江 2 种。

1. 贵州娃儿藤(图 137)

Tylophora silvestris Tsiang in Sunyatsenia 3:226. 1936.

攀援灌木。茎灰褐色;节间长 8~9cm。叶片近革质,长圆状披针形,长 5~7.5cm,宽10~12mm,顶端急尖,基部圆形,除叶面的中脉及基部的边缘外无毛;基脉 3 条,侧脉每边 1 或 2 条,网脉不明显,边缘外卷;叶柄长约 5mm,被微毛。聚伞花序近伞形,腋生,比叶为短,不规则两歧,着花 10 余朵;花蕾卵圆状;花紫色;花萼 5 深裂,内面基部具 5 个腺体;花冠辐状,花冠筒长约 0.5mm,直径约 1mm,裂片卵形,钝头,长约 2.5mm,宽约 2mm,向右覆盖;副花冠裂片卵形,肉质肿胀;花药侧向紧压,药隔加厚,顶端有 1 圆形白色的膜片;花粉块每室 1 个,圆球状,平展,花粉块柄上升,着粉腺近菱形;子房无毛;柱头盘状五角形。蓇葖披针形,长约 7cm,直径约 0.5cm;种子顶端具白色绢质种毛。花期 3—5 月,果期 5 月以后。

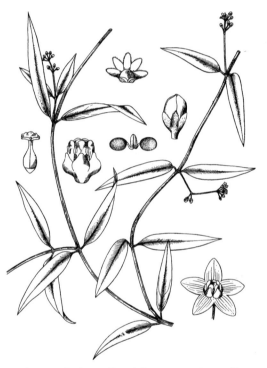

图 137　贵州娃儿藤（引自 *Flora of China-Ⅲ.*）

产地: 十八龙潭、栈岭湾、大石门、龙塘山。生长于海拔 500m 以下的山地密林中及路旁旷野地。

分布: 江苏、安徽、浙江、江西、福建、台湾、广东、广西、湖南、四川、贵州、云南。

八一、紫草科　Boraginaceae

多数为草本,较少为灌木或乔木。单叶,互生,极少对生,全缘或有锯齿,不具托叶。聚伞花序;花大多两性,辐射对称,很少左右对称;花萼具 5 裂,大多宿存;花冠筒状、钟状、漏斗状或高脚碟状,可分筒部、喉部、檐部三部分,檐部具 5 裂片,裂片在蕾中覆瓦状排列,很少旋转状,喉部或筒部有 5 个附属物或无,附属物大多为梯形;雄蕊 5,着生花冠筒部,稀上升到喉部,轮状排列,极少螺旋状排列,内藏,稀伸出花冠外,花药内向,2 室,基部背着,纵裂;蜜腺在花冠筒内面基部环状排列,或在子房下的花盘上;子房上位,具 2 心皮;子房 2 室,每室 2 胚珠,或子房 4 室,每室 1 胚珠;胚珠近直生、倒生或半倒生;花柱顶生或着生子房基部,分枝或不分枝。雌蕊基果期平或不同程度升高呈金字塔形至锥形。果实为含 1~4 粒种子的核果或小坚果(分果瓣);小坚果多数干燥,常具各种附属物。种子直立或斜生,种皮膜质,无胚乳,稀含少量内胚乳;胚直,很少弯曲;子叶平,肉质。

约 156 属,2500 种,分布于温带和热带地区,地中海地区种类较多。我国有 47 属,294 种,遍布全国,但以西南部最为丰富。浙江有 10 属,13 种。本志记载 1 属,1 种。

(一) 厚壳树属　Ehretia P. Browne

乔木或灌木,叶互生;叶片全缘或具锯齿,有叶柄。聚伞花序呈伞房状或圆锥状;花萼小,5 裂;花冠筒状或筒状钟形,稀漏斗状,白色或淡黄色,5 裂,裂片开展或反折;花药卵形或长圆形,花丝细长,通常外露;子房圆球形,2 室,每室含 2 胚珠,花柱顶生,中部以上 2 裂,柱头 2,头状或伸长。核果近圆球形,多为黄色、橘红色或淡红色,无毛,内果皮成熟时分裂为 2 个具 2 粒种子或 4 个具 1 粒种子的分核。

约 50 种,大多分布于非洲和南亚。我国有 14 种,主要分布于长江以南各省、区。浙江有 2 种。

1. 厚壳树(图 138)

Ehretia acuminata R. Br., Prodr. Fl. Nov. Holland. 497. 1810.

落叶乔木,高达 15m,具条裂的黑灰色树皮;小枝褐色,无毛,有明显的皮孔;腋芽椭圆形,扁平,通常单一。叶片椭圆形、倒卵形或长圆状倒卵形,长 5～13cm,宽 4～6cm,先端尖,基部宽楔形,稀圆形,边缘有整齐的锯齿,齿端向上而内弯,无毛或被稀疏柔毛;叶柄长 1.5～2.5cm,无毛。聚伞花序圆锥状,长 8～15cm,宽 5～8cm,被短毛或近无毛;花多数,密集,小型,芳香;花萼长 1.5～2mm,裂片卵形,具缘毛;花冠钟状,白色,长 3～4mm,裂片长圆形,开展,长 2～2.5mm,较筒部长;雄蕊伸出花冠外,花药卵球形,长约 1mm,花丝长 2～3mm,着生花冠筒基部以上 0.5～1mm 处;花柱长 1.5～2.5mm,分枝长约 0.5mm。核果黄色或橘黄色,直径 3～4mm;核具皱折,成熟时分裂为 2 个具 2 粒种子的分核。

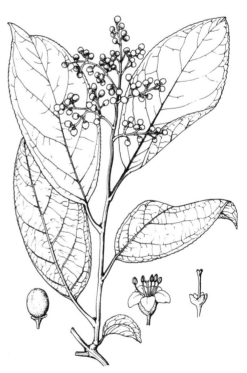

图 138　厚壳树(引自《浙江植物志》)

产地:十八龙潭、双涧坑、千顷塘、柘林坑、干坑、西坞源、直源、横源。生于疏林、山坡灌丛及山谷密林中。

分布:河南、山东、江苏、浙江、江西、台湾、广东、广西、湖南、四川、贵州、云南;日本、越南、不丹、印度、印度尼西亚、澳大利亚。

用途:可作行道树,供观赏;木材供建筑及家具用。

八二、马鞭草科　Verbenaceae

灌木或乔木,有时为藤本,极少数为草本。叶对生,很少轮生或互生,单叶或掌状复叶,很少羽状复叶;无托叶。花序多为聚伞、总状、穗状、伞房状聚伞或圆锥花序;花两性,极少为杂性,大多两侧对称;花萼宿存,通常在果实成熟后增大或不增大;花冠管口裂为二唇形或略不相等的 4 或 5 裂,很少多裂,裂片通常向外开展,全缘或下唇中间 1 裂片的边缘呈流苏状;雄蕊通常 4,着生于花冠管上,花丝分离,花药通常 2 室,基部或背部着生于花丝上,内向纵裂或顶端先开裂而成孔裂;子房上位,通常为 2 心皮组成,通常 2～4 室,有时为假隔膜分为 4～10 室,每室有 2 胚珠,或因假隔膜而每室仅 1 胚珠;花柱顶生;柱头明显分裂或不裂。果实为核果、蒴果。种子通常无胚乳,胚直立,胚根短,通常下位。

约 91 属,2000 种,主要分布于热带和亚热带地区。我国有 2 属,182 种,主要分布于长江以南地区。浙江有 9 属,35 种。本志记载 4 属,12 种。

分属检索表

1. 花序全部腋生;花辐射对称;雄蕊 4,近等长 ……………………………………………… 1. 紫珠属 Callicarpa
1. 花序顶生或兼有腋生;花多少两侧对称或偏斜;雄蕊 4,多少二强。
　2. 花冠 5 裂;花萼在结果时增大,常有各种颜色;果实常有 4 分核 …………… 2. 大青属 Clerodendrum
　2. 花冠 4 或 5 裂;花萼绿色,结果时不增大或稍增大;果实为 2～4 室的核果。
　　3. 单叶;花冠下唇中央 1 裂片不特别大,或仅稍大 ………………………… 3. 豆腐柴属 Premna
　　3. 掌状复叶;花冠 5 裂成二唇形,下唇中央 1 裂片特别大 ………………………… 4. 牡荆属 Vitex

(一) 紫珠属　Callicarpa L.

落叶直立灌木,稀为乔木、藤本或攀援灌木。小枝圆柱状或四棱形,稀无毛。叶对生,偶有 3 叶轮生,边缘有锯齿,稀为全缘,通常被毛和腺点;无托叶。聚伞花序腋生;苞片细小,稀为叶状;花小,整齐;花萼杯状或钟状,4 深裂,或至截头状,宿存;花冠紫色、红色或白色,顶端 4 裂;雄蕊 4,着生于花冠管的基部,花丝伸出花冠管外或与花冠管近等长,花药卵球形至长圆球形,药室纵裂或顶端裂缝扩大成孔状;子房上位,由 2 心皮组成,4 室,每室 1 胚珠;花柱通常长于雄蕊,柱头膨大,不裂或不明显的 2 裂。果实通常为核果或浆果状,成熟时紫色、红色或白色,外果皮薄,中果皮通常肉质,内果皮骨质,熟后形成 4 个分核;分核背部隆起,两侧扁平,内有种子 1 粒;种子小,长圆球形,种皮膜质,无胚乳。

约 140 种,主要分布于亚洲热带和亚热带地区。我国有 48 种,分布于西南部至东南部。浙江有 14 种。

分种检索表

1. 叶片下面和花各部均有暗红色腺点 ……………………………………………… 1. 华紫珠 C. cathayana
1. 叶片下面和花各部有明显或不明显的黄色腺点。
　2. 叶片下面和花各部有明显黄色腺点。
　　3. 花序梗远长于叶柄,长于 1.5cm;叶片基部心形或近耳形 ……………… 2. 红紫珠 C. rubella

3. 花序梗短于或长于叶柄,但最长不及 1.5cm;叶片基部楔形。

    4. 叶片下面及花萼被星状毛,叶片边缘近基部开始即有锯齿或细齿;小枝圆柱形 ……………… …………………………………………………………………… 3. 老鸦糊 C. giraldii

    4. 叶片下面及花萼均无毛,叶片边缘仅上半部有疏锯齿;小枝略呈四棱形 ……………… …………………………………………………………………… 4. 白棠子树 C. dichotoma

2. 叶片下面腺点不明显。

  5. 叶片倒卵形、卵形或椭圆形;花萼钝三角形 ……………………… 5. 日本紫珠 C. japonica

  5. 叶片倒披针形或卵状披针形;花萼近截形 ……………………… 6. 窄叶紫珠 C. membranacea

1. 华紫珠(图 139:A,B)

Callicarpa cathayana H. T. Chang in Acta Phytotax. Sin. 1:305. 1951.

灌木,高 1.5～3m;小枝纤细,幼嫩稍有星状毛,老后脱落。叶片椭圆形或卵形,长 4～8cm,宽 1.5～3cm,先端渐尖,基部楔形,两面近于无毛,有显著的暗红色腺点,侧脉 5～7 对,在两面均稍隆起,细脉和网脉下陷,边缘密生细锯齿;叶柄长 4～8mm。聚伞花序细弱,宽约 1.5cm,3 或 4 次分歧,略有星状毛,花序梗长 4～7mm,苞片细小;花萼杯状,具星状毛和红色腺点,萼齿不明显或钝三角形;花冠紫色,疏生星状毛,有红色腺点,花丝等于或稍长于花冠,花药长圆球形,长约 1.2mm,药室孔裂;子房无毛,花柱略长于雄蕊。果实球形,紫色,直径约 2mm。花期 5—7 月,果期 8—11 月。

产地:茶园里、大明山。生于山谷、林缘。

分布:河南、江苏、安徽、浙江、江西、福建、广东、广西、湖北、云南。

2. 红紫珠(图 139:C,D)

Callicarpa rubella Lindl. in Bot. Reg. 11:t. 883. 1825.

灌木。小枝被黄褐色星状毛并杂有多细胞的腺毛。叶片倒卵形或倒卵状椭圆形,长 10～14(～21)cm,宽 4～8(～10)cm,先端尾尖或渐尖,基部心形或近耳形,有时偏斜,边缘具细锯齿或不整齐的粗齿,上面稍被多细胞的单毛,背面被星状毛并杂有单毛和腺毛,有黄色腺点,侧脉 6～10 对,主脉、侧脉和细脉在两面稍隆起;叶柄极短或近于无柄。聚伞花序宽 2～4cm,被黄褐色星状毛并杂有多细胞腺毛;花序梗长 1.5～3cm,苞片细小;花萼被星状毛或腺毛,具黄色腺点,萼齿钝三角形或不明显;花冠紫红色、黄绿色或白色,长约 3mm,外被细毛和黄色腺点;雄蕊长为花冠的 2 倍,药室纵裂;子房有毛。果实紫红色,直径约 2mm。花期 5—7 月,果期 7—11 月。

产地:井坑、龙塘山、柘林坑、顺溪。生于西南山谷溪边、路旁。

分布:安徽、浙江、江西、湖南、广东、广西、四川、贵州、云南;印度、缅甸、越南、泰国、印度尼西亚、马来西亚。

用途:民间用根炖肉服,可通经和治妇女红、白带症;嫩芽可揉碎擦癣;叶可作止血、接骨药。

3. 老鸦糊(图 140:C,D)

Callicarpa giraldii Hesse ex Rehder in Bailey, Stand. Cycl. Hort. 2:629. 1914.

灌木。小枝圆柱形,被灰黄色星状毛。叶片纸质,宽椭圆形至披针状长圆形,长 5～15cm,

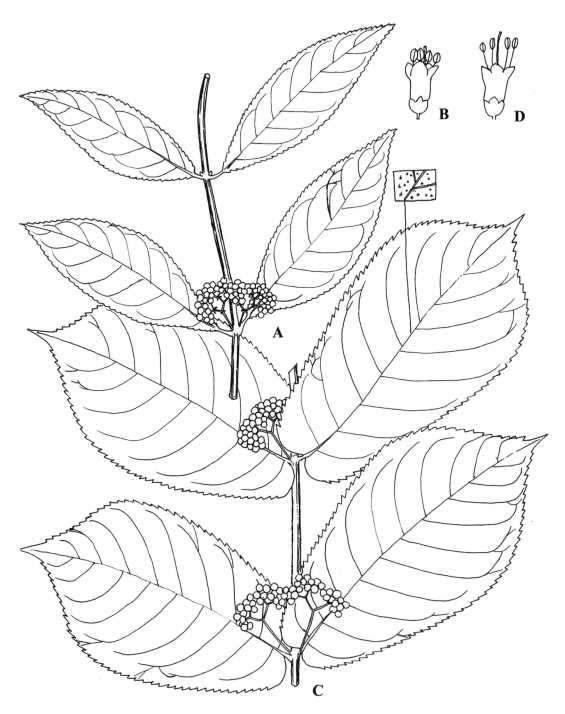

图 139　A,B：华紫珠；C,D：红紫珠（蒋辰榆绘）

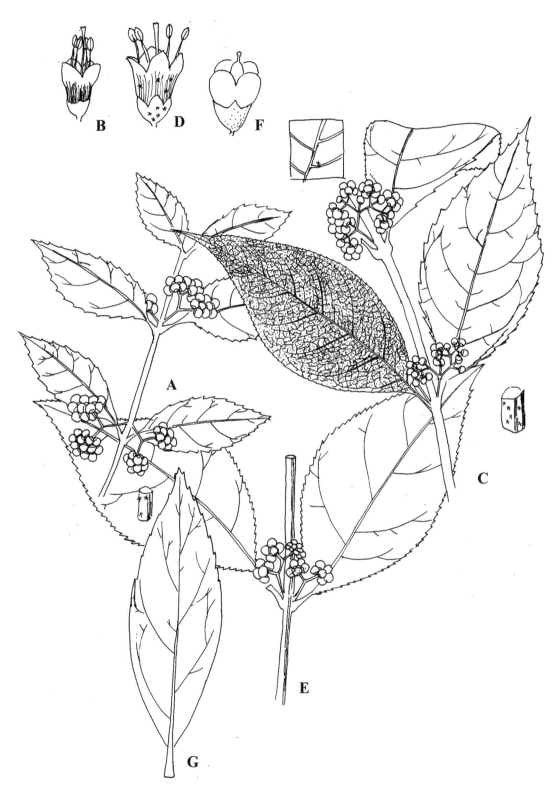

图 140　A,B：白棠子树；C,D：老鸦糊；E,F：日本紫珠；G：窄叶紫珠（蒋辰榆绘）

宽 2～7cm,顶端渐尖,基部楔形或下延成狭楔形,边缘有锯齿,表面黄绿色,稍有微毛,背面淡绿色,疏被星状毛和细小黄色腺点,侧脉 8～10 对,主脉、侧脉和细脉在叶背隆起,细脉近平行;叶柄长 1～2cm。聚伞花序宽 2～3cm,4 或 5 次分歧,被毛与小枝同;花萼钟状,疏被星状毛,老后常脱落,具黄色腺点,长约 1.5mm,萼齿钝三角形;花冠紫色,稍有毛,具黄色腺点,长约 3mm;雄蕊长约 6mm,花药卵圆球形,药室纵裂,药隔具黄色腺点;子房被毛。果实球形,初时疏被星状毛,熟时无毛,紫色,直径 2.5～4mm。花期 5—6 月,果期 7—11 月。

产地: 茶园里、直源、横源、大明山。生于山坡、林下、灌丛中。

分布: 江苏、安徽、浙江、江西、福建、广东、广西、湖南、湖北、四川、贵州、云南、河南、陕西、甘肃。

用途: 全株入药能清热、和血、解毒,治小米丹(裤带疮)、血崩。

4. 白棠子树(图 140:A,B)

Callicarpa dichotoma (Lour.) K. Koch in Dendrologie 2:336. 1872.

Basionym: *Porphyra dichotoma* Lour., Fl. Cochinch. 1:70. 1790.

多分枝小灌木。小枝纤细,幼嫩部分有星状毛。叶片倒卵形或披针形,长 2～6cm,宽 1～3cm,先端急尖或尾尖,基部楔形,边缘仅上半部具数个粗锯齿,表面稍粗糙,背面无毛,密生细小黄色腺点;侧脉 5 或 6 对;叶柄长不超过 5mm。聚伞花序在叶腋的上方着生,细弱,宽 1～2.5cm,2 或 3 次分歧,花序梗长约 1cm,略有星状毛,结果时无毛;苞片线形;花萼杯状,无毛,顶端有不明显的 4 齿或近截头状;花冠紫色,长 1.5～2mm,无毛;花丝长约为花冠的 2 倍,花药卵球形,细小,药室纵裂;子房无毛,具黄色腺点。果实球形,紫色,直径约 2mm。花期 5—6 月,果期 7—11 月。

产地: 大石门、小石门、谢家坞、直源、横源、大明山。生于海拔 600m 以下的低山丘陵灌丛中。

分布: 江苏、安徽、浙江、江西、福建、台湾、广东、广西、湖北、湖南、贵州、山东、河北、河南;日本、越南。

用途: 全株供药用,治感冒、跌打损伤、气血瘀滞、妇女闭经、外伤肿痛;叶可提取芳香油。

5. 日本紫珠(图 140:E,F)

Callicarpa japonica Thunb. in Murray, Syst. Veg. ed. 14. 153. 1784.

灌木。小枝圆柱形,无毛。叶片倒卵形、卵形或椭圆形,长 7～12cm,宽 4～6cm,先端急尖或长尾尖,基部楔形,两面通常无毛,边缘上半部有锯齿;叶柄长约 6mm。聚伞花序细弱而短小,宽约 2cm,2 或 3 次分歧,花序梗长 6～10mm;花萼杯状,无毛,萼齿钝三角形;花冠白色或淡紫色,长约 3mm,无毛;花丝与花冠等长或稍长,花药长约 1.8mm,突出花冠外,药室孔裂。果实球形,直径约 2.5mm。花期 6—7 月,果期 8—10 月。

产地: 清凉峰、东岙头、龙塘山、大石门、童玉、千顷塘。生于海拔 220～850m 的山坡和谷地溪旁的丛林中。

分布: 辽宁、河北、山东、江苏、安徽、浙江、江西、台湾、湖南、湖北、四川、贵州;日本、朝鲜半岛。

6. 窄叶紫珠(图 140：G)

Callicarpa membranacea H. T. Chang in Acta Phytotax. Sin. 1：306. 1951.

灌木。小枝圆柱形,无毛。叶片质地较薄,倒披针形或披针形,绿色或略带紫色,长 6～10cm,宽 2～4cm,先端渐尖,基部楔形,两面常无毛,有不明显的腺点,侧脉 6～8 对,边缘中部以上有锯齿;叶柄长不超过 0.5cm。聚伞花序宽约 1.5cm,花序梗长约 6mm;萼齿不显著,花冠长约 3.5mm,花丝与花冠约等长,花药长圆球形,药室孔裂。果实直径约 3mm。花期5—6 月,果期 7—10 月。

产地: 清凉峰、东岙头、大石门、千顷塘。生于海拔 1300m 以下的山坡、溪旁林中或灌丛中。

分布: 陕西、河南、江苏、安徽、浙江、江西、广东、广西、湖北、湖南、贵州、四川。

（二）大青属　Clerodendrum L.

落叶或半常绿灌木或小乔木,少为攀援状藤本或草本。冬芽圆锥状;幼枝四棱形至近圆柱形,有浅或深棱槽;植物体外部有毛或光滑无毛,通常具腺点或腺体。单叶对生,少为 3～5叶轮生,全缘、波状或有各式锯齿,很少浅裂至掌状分裂。聚伞花序或由聚伞花序组成疏展或紧密的伞房状或圆锥状花序,或短缩近头状;苞片宿存或早落;花萼有色泽,顶端近平截或有 5 钝齿至 5 深裂,偶见 6 齿或 6 裂,花后多少增大,宿存,全部或部分包被果实;花冠高脚杯状或漏斗状,花冠管通常长于花萼,顶端 5 裂,裂片近等长或有 2 片较短,多少偏斜,稀 6裂;雄蕊通常 4,花丝等长,或 2 长 2 短,稀有 5 或 6 雄蕊,着生花冠管上部,蕾时内卷,开花后通常伸出花冠外,谢粉后卷曲,花药卵形或长卵形,纵裂;子房 4 室,每室有 1 下垂或侧生胚珠;花柱线形,柱头 2 浅裂,裂片等长或不等长。浆果状核果,外面常有 4 浅槽或成熟后分裂为 4 分核,或因发育不全而为 1～3 分核;种子长圆球形,无胚乳。

约 400 种,分布于热带和亚热带,少数至温带,主产东半球。我国 34 种,6 变种,大多分布于西南、华南地区。浙江有 9 种。

分种检索表

1. 叶片长圆形至卵状披针形,长为宽的 4 倍以上 ……………………………………… 1. 大青 C. cyrtophyllum
1. 叶片卵形、宽卵形、椭圆形或心脏形,长为宽的 2 倍以下。
  2. 聚伞花序紧密排列,呈头状 ………………………………………… 2. 臭牡丹 C. bungei
  2. 聚伞花序疏展排列,不呈头状。
    3. 伞房花序梗粗壮,4～6 枝生于枝顶,无花序主轴 …………………… 3. 浙江大青 C. kaichianum
    3. 伞房花序梗不粗壮,排列在花序主轴上 …………………… 4. 海州常山 C. trichotomum

1. 大青(图 141：G)

Clerodendrum cyrtophyllum Turcz in Bull. Soc. Nat. Mosc. 36(3)：222. 1863.

灌木或小乔木。幼枝被短柔毛,枝黄褐色,髓坚实;芽鳞褐色,被毛。叶片纸质,椭圆形、卵状椭圆形、长圆形或长圆状披针形,长 6～20cm,宽 3～9cm,先端渐尖或急尖,基部圆形或宽楔形,通常全缘,两面无毛或沿脉疏生短柔毛,背面常有腺点,侧脉 6～10 对;叶柄长 1～8cm。伞房状聚伞花序,生于枝顶或叶腋,长 10～16cm,宽 20～25cm;苞片线形,长 3～

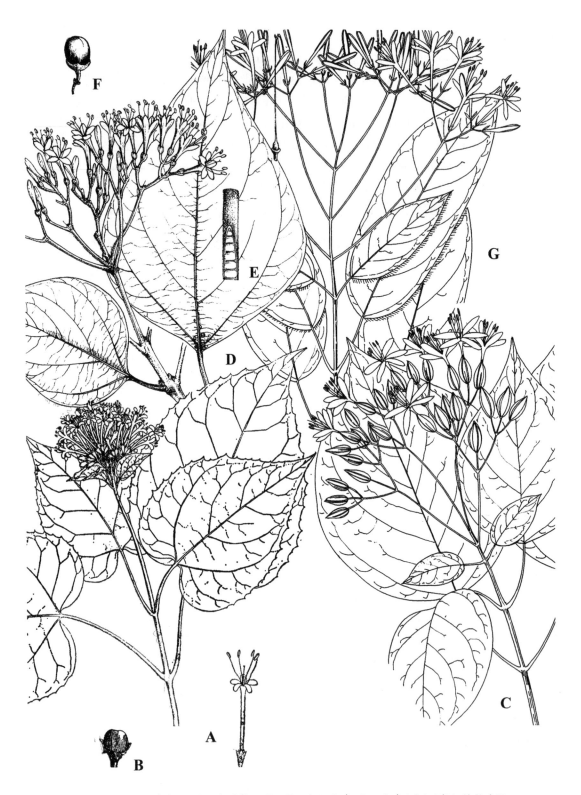

图 141 A,B：臭牡丹；C：海州常山；D-F：浙江大青；G：大青（重组《浙江植物志》）

7mm;花小,有桔香味;花萼杯状,外面被黄褐色短绒毛和不明显的腺点,长 3～4mm,顶端 5 裂,裂片三角状卵形,长约 1mm;花冠白色,外面疏生细毛和腺点,花冠管细长,长约 1cm,顶端 5 裂,裂片卵形,长约 5mm;雄蕊 4,花丝长约 1.6cm,与花柱均伸出花冠外;子房 4 室,每室 1 胚珠,常不完全发育;柱头 2 浅裂。果实球形或倒卵球形,直径 5～10mm,绿色,成熟时蓝紫色,为红色的宿萼所托。花、果期 6 月至次年 2 月。

　　产地: 十八龙潭、龙塘山、大石门、童玉、道场坪、直源、横源。生于海拔 1700m 以下的林下或溪谷旁。

　　分布: 华东、中南、西南各省、区;朝鲜半岛、越南、马来西亚。

　　用途: 根、叶有清热、泻火、利尿、凉血、解毒的功效。

2. 臭牡丹(图 141:A,B)

Clerodendrum bungei Steud., Nomencl. Bot., ed. 2. 1:382. 1840.

　　灌木。植株有臭味;花序轴、叶柄密被褐色、黄褐色或紫色脱落性的柔毛;小枝近圆形,皮孔显著。叶片纸质,宽卵形或卵形,长 8～20cm,宽 5～15cm,先端尖或渐尖,基部宽楔形、截形或心形,边缘具锯齿,侧脉 4～6 对,表面散生短柔毛,背面疏生短柔毛和散生腺点或无毛,基部脉腋有数个盘状腺体;叶柄长 4～17cm。伞房状聚伞花序顶生,密集;苞片叶状,披针形或卵状披针形,长约 3cm,早落或花时不落,早落后在花序梗上残留凸起的痕迹,小苞片披针形,长约 1.8cm;花萼钟状,长 2～6mm,被短柔毛及少数盘状腺体,萼齿三角形或狭三角形,长 1～3mm;花冠淡红色、红色或紫红色,花冠管长 2～3cm,裂片倒卵形,长 5～8mm;雄蕊及花柱均突出花冠外;花柱柱头 2 裂,子房 4 室。核果近球形,直径 0.6～1.2cm,成熟时蓝黑色。花、果期 5—11 月。

　　产地: 顺溪、谢家坞、童玉。生于山坡、林缘、沟谷、路旁、灌丛润湿处。

　　分布: 江苏、安徽、浙江、江西、湖南、湖北、广西,及华北、西北、西南地区;印度北部、越南、马来西亚。

　　用途: 根、茎、叶入药,有祛风解毒、消肿止痛之效,近来还用于治疗子宫脱垂。

3. 浙江大青(图 141:D-F)

Clerodendrum kaichianum P. S. Hsu, Observ. Fl. Hwang-shan. 165. 1965.

　　落叶灌木或小乔木。嫩枝略四棱形,密生黄褐色、褐色或红褐色短柔毛;老枝褐色,髓白色,有淡黄色薄片状横隔。叶片厚纸质,椭圆状卵形或卵形,长 8～18cm,宽 5～11cm,先端渐尖,基部宽楔形或近截形,两侧稍不对称,全缘,表面疏被短糙毛,背面仅沿脉疏被短糙毛,侧脉 5 或 6 对,基部脉腋常有几个盘状腺体;叶柄长 3～6cm。伞房状聚伞花序顶生,常自花序基部分出 4 或 5 枝;苞片易脱落;花萼钟状,淡红色,外面疏生细毛和腺点,长约 3mm,顶端 5 裂,裂片三角形,长约 1mm;花冠乳白色或淡红色,外面具腺点,花冠管长 1～1.5cm,顶端 5 裂,裂片卵圆形或椭圆形,长约 6mm,宽约 3mm;雄蕊 4,与花柱同伸出花冠外,花丝长于花柱;柱头 2 裂。核果蓝绿色,倒卵状球形至球形,直径约 1cm,基部为紫红色的宿萼所托。花、果期 7—10 月。

　　产地: 十八龙潭、童玉。生于山谷、溪边。

　　分布: 安徽、浙江、江西、福建。

4. 海州常山　臭梧桐(图 141：C)

Clerodendrum trichotomum Thunb. in Nova Acta Regiae Soc. Sci. Upsal. 3：201. 1780.

灌木或小乔木。幼枝、叶柄、花序轴等多少被黄褐色柔毛或近于无毛,老枝灰白色,具皮孔,髓白色,有淡黄色薄片状横隔。叶片纸质,卵形、卵状椭圆形或三角状卵形,长 5～16cm,宽 2～13cm,先端渐尖,基部宽楔形至截形,偶有心形,表面深绿色,背面淡绿色,两面幼时被白色短柔毛,老时表面光滑无毛,背面仍被短柔毛或无毛,或沿脉毛较密,侧脉 3～5 对,全缘或有时边缘具波状齿;叶柄长 2～8cm。伞房状聚伞花序顶生或腋生,通常 2 歧分枝,疏散,末次分枝着花 3 朵,花序长 8～18cm,花序梗长 3～6cm;苞片叶状,椭圆形,早落;花萼蕾时绿白色,后紫红色,基部合生,中部略膨大,有 5 棱脊,顶端 5 深裂,裂片三角状披针形或卵形,顶端尖;花香,花冠白色或带粉红色,花冠管细,长约 2cm,顶端 5 裂,裂片长椭圆形,长 5～10mm,宽 3～5mm;雄蕊 4,花丝与花柱同伸出花冠外;花柱较雄蕊短,柱头 2 裂。核果近球形,直径 6～8mm,包藏于增大的宿萼内,成熟时外果皮蓝紫色。花、果期 6—11 月。

产地：直源、横源、茶园里、大坑。生于山坡灌丛中。

分布：辽宁、甘肃、陕西以及华东、华北、中南、西南地区;日本、朝鲜半岛、菲律宾(北部)。

(三)豆腐柴属　Premna L.

乔木或灌木,有时攀援。枝通常圆柱形,常有圆形或椭圆形黄白色腺状皮孔。单叶对生,无托叶。花序生于小枝顶端,通常由聚伞花序组成伞房花序、圆锥花序或穗形总状花序;苞片通常呈锥形、线形,罕为披针形;花萼呈杯状或钟状,宿存,花后常稍增大,顶端 2～5 裂或几成截形,裂片近相等至呈二唇形;花冠外部通常有毛和腺点,上部通常 4 裂,裂片向外开展,多少呈二唇形,上唇 1 裂片全缘或微下凹,下唇 3 裂片近相等或中间 1 裂片较长,花冠管短,其喉部通常有一圈白色柔毛;雄蕊 4 枚,通常 2 长 2 短,花药近圆球形,背部着生于花丝上,其两室平行或基部叉开;子房为完全或不完全的 4 室,每室有 1 胚珠;花柱丝状,与雄蕊等长或稍有上下;柱头 2 裂。核果球形,倒卵球形或倒卵状长圆球形,外果皮通常质薄,内果皮为坚硬不分裂的 4 室或由于不育而为 2 或 3 室,中央有 1 空腔。种子长圆球形,种皮薄,无胚乳;子叶扁平;胚根在下。

约 200 种,主要分布于亚洲与非洲的热带。我国有 46 种,主产我国南部和西南部。浙江仅产 1 种。

1. 豆腐柴(图 142)

Premna microphylla Turcz. in Bull. Soc. Nat. Mosc. 36(3)：217. 1863.

落叶直立灌木。幼枝有柔毛,老枝变无毛。叶揉之有

图 142　豆腐柴(引自《浙江植物志》)

臭味;叶片卵状披针形、椭圆形、卵形或倒卵形,长 3~13cm,宽 1.5~6cm,先端急尖至长渐尖,基部渐狭窄下延至叶柄两侧,全缘至有不规则粗齿,无毛至有短柔毛;叶柄长 0.5~2cm。聚伞花序组成顶生塔形的圆锥花序;花萼杯状,绿色,有时带紫色,密被毛至几无毛,但边缘常有睫毛,近整齐的 5 浅裂;花冠淡黄色,外有柔毛和腺点,花冠内部有柔毛,以喉部较密。核果紫色,球形至倒卵球形。花、果期 5—10 月。

产地: 十八龙潭、龙塘山、童玉、大明山、直源、横源。生山坡林下或林缘。

分布: 华东、中南、华南至四川、贵州等地;日本。

用途: 叶可制豆腐;根、茎、叶入药,清热解毒,消肿止血,主治毒蛇咬伤、无名肿毒、创伤出血。

(四) 牡荆属　Vitex L.

乔木或灌木。小枝通常四棱形,无毛或有微柔毛。叶对生,有柄,掌状复叶,小叶 3~8,稀单叶,小叶片全缘或有锯齿,浅裂以至深裂。花序顶生或腋生,为有梗或无梗的聚伞花序,或为聚伞花序组成圆锥状、伞房状以至近穗状花序;苞片小;花萼钟状,稀管状或漏斗状,顶端近截平或有 5 小齿,有时略为二唇形,外面常有微柔毛和黄色腺点,宿存,结果时稍增大;花冠白色,浅蓝色,淡蓝紫色或淡黄色,略长于萼,二唇形,上唇 2 裂,下唇 3 裂,中间的裂片较大;雄蕊 4,2 长 2 短或近等长;子房近圆形或微卵形,2~4 室,每室有胚珠 1 或 2;花柱丝状,柱头 2 裂。果实球形、卵球形至倒卵球形,中果皮肉质,内果皮骨质;种子倒卵形、长圆形或近圆形,无胚乳。子叶通常肉质。

约 250 种,主要分布于热带和温带地区。我国有 14 种,主产长江以南。浙江有 2 种。

1. 牡荆(图 143)

Vitex negundo L. var. **cannabifolia**（Siebold & Zucc.）Hand.-Mazz. in Act. Horti Gothob. 9：67. 1934.

Basionym：*Vitex cannabifolia* Siebold & Zucc. in Abh. Math.-Phys. Cl. Königl. Bayer. Akad. Wiss. 4(3)：152. 1846.

落叶灌木,高达 2m;小枝四棱形。叶对生,掌状复叶,小叶 5,少有 3;小叶片披针形或椭圆状披针形,先端渐尖,基部楔形,边缘有粗锯齿,表面绿色,背面淡绿色,通常被柔毛。圆锥花序顶生,长 10~20cm;花梗密被灰白色绒毛;花萼钟状,长 2~3mm,密被灰白色绒毛,5 浅裂;花冠淡紫色,略长于花萼,顶端 5 裂,二唇形;雄蕊及花柱伸出花冠筒外;子房近无毛。核果近球形,黑色,直径约 2mm。花期 6—7 月,果期 8—11 月。

产地: 直源、横源、童玉。生于山坡路边灌丛中。

图 143　牡荆(金孝锋绘)

　　分布：华东各省及河北、湖南、湖北、广东、广西、四川、贵州、云南；日本。

　　用途：茎皮可造纸及制人造棉；茎叶治久痢；种子为清凉性镇静、镇痛药；根可以驱蛲虫；花和枝叶可提取芳香油。

八三、茄科　Solanaceae

　　一年生至多年生草本、半灌木、灌木或小乔木。直立、匍匐、扶升或攀援；有时具皮刺，稀具棘刺。单叶全缘、有时为羽状复叶，互生或在开花枝段上大小不等的二叶双生；无托叶。花单生，簇生或为聚伞花序，稀为总状花序；顶生、腋生或腋外生；两性或稀杂性，辐射对称或稍两侧对称，通常5基数。花萼通常5裂，裂片在花后几乎不增大或极度增大，果时宿存；花冠具短筒或长筒，辐状、漏斗状、高脚碟状、钟状或坛状，檐部常5裂；雄蕊与花冠裂片同数而互生，花丝丝状或在基部扩展，花药围绕花柱，药室2，纵缝开裂或顶孔开裂；子房通常由2枚心皮合生而成，2室，有时1室或有不完全的假隔膜而在下部分隔成4室，2心皮不位于正中线上而偏斜，花柱细瘦，具头状或2浅裂的柱头；中轴胎座；胚珠通常多数。果实为多汁浆果或干浆果，或者为蒴果。种子圆盘形或肾脏形；胚乳丰富、肉质；胚弯曲。

　　约95属，2300种，广泛分布于全世界温带及热带地区，美洲热带种类最为丰富。我国产20属，101种，各省、区均有分布。浙江有14属，26种、6变种。本志记载1属，1种。

(一) 枸杞属　Lycium L.

　　落叶灌木。通常有棘刺。单叶互生或簇生，条状圆柱形或扁平，全缘，有叶柄或近于无柄。花有梗，单生于叶腋或簇生于极度缩短的侧枝上；花萼钟状，具不等大的2～5萼齿或裂片，在花蕾中镊合状排列，花后不甚增大，宿存；花冠漏斗状、稀筒状或近钟状，檐部5裂，稀4裂，裂片在花蕾中覆瓦状排列，基部有显著的耳片或耳片不明显，筒常在喉部扩大；雄蕊5，着生于花冠筒的中部或中部之下，花丝基部稍上处有一圈绒毛或无毛，花药长椭圆形，药室平行，纵缝开裂；子房2室，花柱丝状，柱头2浅裂，胚珠多数或少数。浆果，具肉质的果皮。种子多数或由于不发育仅有少数，扁平，种皮骨质，密布网纹状凹穴；胚弯曲成大于半圆的环，位于周边，子叶半圆棒状。

　　约80种，主要分布在南美洲，少数种类分布于欧亚大陆温带。我国产7种、3变种，主要分布于北部。浙江含栽培的有2种。

1. 枸杞(图 144)

　　Lycium chinense Mill., Card. Dict. ed. 8, no 5. 1768.

　　多分枝灌木，高 0.5～1m，栽培时可超过 2m；枝细弱，弓状弯曲或俯垂，淡灰色，有纵条纹，小枝顶端锐尖成棘刺状，棘刺长 0.5～2cm，生叶和花的棘刺较长。叶片纸质(或栽培者质稍厚)，单叶互生或 2～4 枚簇生，卵形、卵状菱形、长椭圆形、卵状披针形，顶端急尖，基部楔形，长 1.5～5cm，宽 0.5～2.5cm(栽培者较大，可长达 10cm 以上，宽达 4cm；叶柄长 0.4～1cm)。花在长枝上单生或双生于叶腋，在短枝上则同叶簇生；花梗长 1～2cm，向顶端渐增粗。花萼长 3～4mm，通常 3 中裂，或 4 或 5 齿裂，裂片多少有缘毛；花冠漏斗状，长 9～

12mm,淡紫色,筒部向上骤然扩大,稍短于或近等于檐部裂片,5 深裂,裂片卵形,顶端圆钝,平展或稍向外反曲,边缘有缘毛,基部耳显著;雄蕊较花冠稍短,或因花冠裂片外展而伸出花冠,花丝在近基部处密生一圈绒毛并交织成椭圆状的毛丛,与毛丛等高处的花冠筒内壁亦密生一环绒毛;花柱稍伸出雄蕊,上端弓弯,柱头绿色。浆果红色,卵球状(栽培者可成长矩圆球状或长椭圆球状),顶端尖或钝,长 7~15mm(栽培者长可达 2.2cm),直径 5~8mm。种子扁肾脏形,长 2.5~3mm,黄色。花、果期 6—11 月。

图 144　枸杞(引自 *Flora of China*-Ⅲ.)

产地:栈林弯、谢家坞、童玉。常生于山坡、荒地、路旁及村边宅旁。

分布:东北、河北、山西、陕西、甘肃南部以及西南、华中、华南和华东各省、区;日本、朝鲜半岛,欧洲有栽培或逸为野生。

用途:果实(中药称"枸杞子")清凉明目;根皮(中药称"地骨皮")有解热、止咳之效用。

八四、玄参科　Scrophulariaceae

草本、灌木,少有乔木。叶互生,或下部对生,上部互生、对生、轮生;无托叶。花序总状、穗状或聚伞状,常组成圆锥花序,向心或更多离心。花常不整齐;萼下位,常宿存,5 基数,稀 4 基数;花冠 4 或 5 裂,裂片多少不等或作二唇形;雄蕊常 4,而有 1 枚退化,少有 2~5 或更多,花药 1 或 2 室,药室分离或多少汇合;花盘常存在,环状,杯状或小而似腺;子房 2 室,极少仅有 1 室;花柱简单,柱头头状或 2 裂或 2 片状;胚珠多数,少有各室 2 枚,倒生或横生。果为蒴果,少有浆果状,具生于 1 游离的中轴上或着生于果爿边缘的胎座上;种子细小,有时具翅或有网状种皮,脐点侧生或在腹面,胚乳肉质或缺少;胚伸直或弯曲。

约 220 属,4500 种,广布世界各地。我国有 61 属,681 种,各省、区均有分布,但以西南地区种类丰富。浙江有 30 属,64 种、1 亚种、5 变种。本志记载 1 属,2 种。

(一)泡桐属　**Paulownia** Siebold & Zucc.

落叶乔木,在热带为常绿。幼时树皮平滑而具显著皮孔,老时纵裂;通常假二歧分枝,枝对生,常无顶芽;除老枝外全体均被毛,毛有各种类型,某些种在幼时或营养枝上密生黏质腺毛或多节硬毛。叶对生,大而有长柄;叶片心脏形至长卵状心脏形,基部心形,全缘、波状或3～5浅裂;无托叶。小聚伞花序具花序梗或无,多数小聚伞花序组成大型花序,花序枝的侧枝长短不一,使花序成圆锥形、金字塔形或圆柱形;萼钟形或基部渐狭而为倒圆锥形,被毛;萼齿5,稍不等,后方1枚较大;花冠大,紫色或白色,花冠管基部狭缩,通常在离基部5～6mm处向前驼曲或弓曲,曲处以上突然膨大或逐渐扩大,花冠漏斗状钟形至管状漏斗形,腹部常有两条纵褶,内面常有深紫色斑点,在纵褶隆起处黄色,檐部二唇形,上唇2裂,多少向后翻卷,下唇3裂,伸长;雄蕊4,二强,不伸出,花丝近基处扭卷,花药叉分;花柱上端微弯,约与雄蕊等长,子房2室。蒴果卵圆球形、卵状椭圆球形、椭圆球形或长圆球形,室背开裂,2片裂或不完全4片裂,果皮木质化;种子小而多,有膜质翅,具少量胚乳。

7种,分布于东亚。我国有6种,除东北北部、内蒙古、新疆北部、西藏等地区外全国均有分布。浙江有5种。

分种检索表

1. 蒴果卵圆球形,长3～4.5cm,果皮较薄;花序金字塔形或狭圆锥形;花冠紫色或浅紫色,基部强烈向前拱曲,腹部有两条明显纵褶;花萼长2cm以下,开花后毛不脱落;叶片心形 ……… 1. 毛泡桐 P. tomentosa
1. 蒴果长圆球形或长圆状椭圆球形,长6～10cm;果皮厚;花序圆柱形;花冠白色或浅紫色,基部仅有稍稍向前拱曲,腹部无明显纵褶;花萼长2～2.5cm,开花后脱毛;叶片长卵状心形 …………………………………………………………………………………………… 2. 白花泡桐 P. fortunei

1. 毛泡桐(图145:A-C)

Paulownia tomentosa (Thunb.) Steud. in Nomencl. Bot. 2:278. 1841.

Basionym:*Bignonia tomentosa* Thunb. in Nov. Act. Reg. Soc. Sci. Upsal. 4:35. 1783.

乔木,高达20m,树冠宽大伞形,树皮灰褐色;小枝有明显皮孔,幼时常具黏质短腺毛。叶片心脏形,长达40cm,顶端锐尖头,全缘或波状浅裂,上面毛稀疏,下面毛密或较疏,老叶下面的灰褐色树枝状毛常具柄和3～12条细长丝状分枝,新枝上的叶较大,其毛常不分枝,有时具黏质腺毛;叶柄常有黏质短腺毛。花序枝的侧枝不发达,长约中央主枝之半或稍短,故花序为金字塔形或狭圆锥形,长在50cm以下,稀更长,小聚伞花序的花序梗长1～2cm,几与花梗等长,具花3～5朵;萼浅钟形,长约1.5cm,外面绒毛不脱落,分裂至中部或裂过中部,萼齿卵状长圆形,在花中锐头或稍钝头至果中钝头;花冠紫色,漏斗状钟形,长5～7.5cm,在离管基部约5mm处弓曲,向上突然膨大,外面有腺毛,内面几无毛,檐部2唇形,直径小于5cm;雄蕊长达2.5cm;子房卵圆球形,有腺毛,花柱短于雄蕊。蒴果卵圆球形,幼时密生黏质腺毛,长3～4.5cm,宿萼不反卷,果皮厚约1mm;种子连翅长约2.5～4mm。花期4—5月,果期8—9月。

产地:直源、横源。各地栽培。

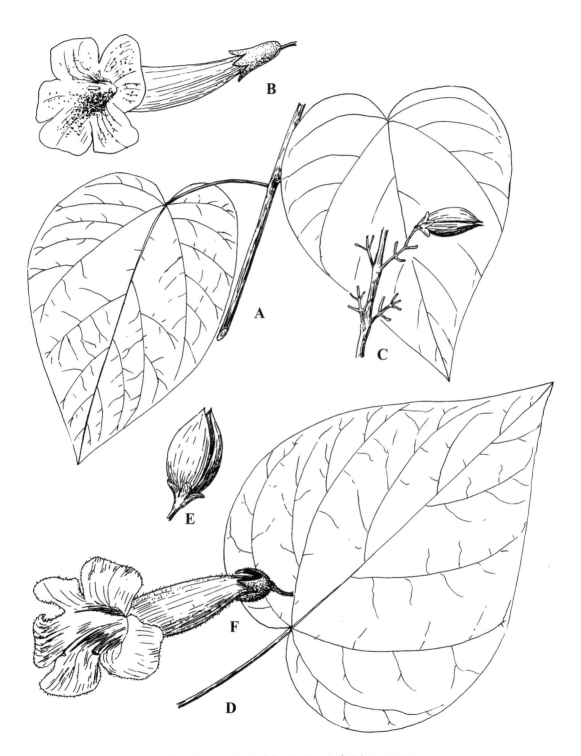

图 145　A-C：毛泡桐；D-F：白花泡桐（王泓绘）

分布：辽宁、河北、河南、山东、江苏、安徽、浙江、江西、湖北等地，通常栽培；日本、朝鲜半岛、欧洲和北美洲引种栽培。

2. 白花泡桐（图 145：D–F）

Paulownia fortunei (Seem.) Hemsl. in J. Linn. Soc., Bot. 26：180. 1890.

Basionym：*Campsis fortunei* Seem. in J. Bot. 5：373. 1867.

乔木，高达 30m，树冠圆锥形，主干直，胸径可达 2m，树皮灰褐色；幼枝、叶、花序各部和幼果均被黄褐色星状绒毛，但叶柄、叶片上面和花梗渐变无毛。叶片长卵状心脏形，有时为卵状心脏形，长达 20cm，顶端长渐尖或锐尖头，其凸尖长达 2cm，新枝上的叶有时 2 裂，下面有星状毛及腺，成熟叶片下面密被绒毛，有时毛很稀疏至近无毛；叶柄长达 12cm。花序枝几无或仅有短侧枝，故花序狭长几成圆柱形，长约 25cm，小聚伞花序有花 3～8 朵，花序梗几与花梗等长，或下部者长于花梗，上部者略短于花梗；萼倒圆锥形，长 2～2.5cm，花后逐渐脱毛，分裂至 1/4～1/3 处，萼齿卵圆形至三角状卵圆形，至果期变为狭三角形；花冠管状漏斗形，白色仅背面稍带紫色或浅紫色，长 8～12cm，管部在基部以上不突然膨大，而逐渐向上扩大，稍稍向前曲，外面有星状毛，腹部无明显纵褶，内部密布紫色细斑块；雄蕊长 3～3.5cm，有疏腺；子房有腺，有时具星状毛，花柱长约 5.5cm。蒴果长圆球形或长圆状椭圆球形，长6～10cm，顶端之喙长达 6mm，宿萼开展或漏斗状，果皮木质，厚 3～6mm；种子连翅长 6～10mm。花期 3—4 月，果期 7—8 月。

产地：十八龙潭、直源、横源、干坑。生于山坡、林中、山谷及荒地。

分布：安徽、浙江、江西、福建、台湾、湖北、湖南、广东、广西、四川、云南、贵州；越南、老挝。

八五、紫葳科　　Bignoniaceae

乔木、灌木或木质藤本，稀为草本。常具有各式卷须及气生根。叶对生、互生或轮生，单叶或羽状复叶，稀掌状复叶；复叶者顶生小叶或叶轴有时呈卷须状，卷须顶端有时变为钩状或为吸盘而攀援它物；无托叶或具叶状假托叶；叶柄基部或脉腋处常有腺体。花两性，两侧对称，通常大而美丽，聚伞花序、圆锥花序或总状花序或总状式簇生；花萼钟状、筒状、平截，或具 2～5 齿，或具钻状腺齿；花冠合瓣，钟状或漏斗状，常二唇形，5 裂，裂片覆瓦状或镊合状排列；能育雄蕊通常 4，具 1 枚后方退化雄蕊，有时能育雄蕊 2，稀 5 枚雄蕊均能育，着生于花冠筒上；花盘存在，环状，肉质。子房上位，2 室，稀 1 室，或因隔膜发达而成 4 室；中轴胎座或侧膜胎座；胚珠多数，叠生；花柱丝状，柱头 2 唇形。蒴果，室间或室背开裂，形状各异，光滑或具刺，通常下垂，稀为肉质不开裂；隔膜各式，圆柱状、板状增厚，稀为十字形（横切面），与果瓣平行或垂直；种子通常具翅或两端有束毛，薄膜质，极多数，无胚乳。

约 120 属，650～750 种，主要分布于热带和亚热带。我国有 12 属，约 35 种，南北均产，另引进栽培的有 16 属，19 种。浙江有 3 属，6 种。本志记载 2 属，3 种。

分属检索表

1. 乔木；单叶；能育雄蕊 2；种子两端具束毛 …………………………………… 1. 梓树属 Catalpa

1. 木质藤本；奇数羽状复叶；能育雄蕊 4；种子具膜质透明的翅 ……………… 2. 凌霄花属 Campsis

（一）梓树属　Catalpa Scop.

落叶乔木。单叶,对生,稀 3 叶轮生,揉之有臭味;叶片下面脉腋间通常具紫色腺点。花两性,组成顶生圆锥花序、伞房花序或总状花序;花萼 2 唇形或不规则开裂,花蕾期花萼封闭成球状体;花冠钟状,二唇形,上唇 2 裂,下唇 3 裂;能育雄蕊 2,内藏,着生于花冠基部,退化雄蕊存在;花盘明显。子房 2 室,有胚珠多颗。果为长柱形蒴果,2 瓣开裂,果瓣薄而脆;隔膜纤细,圆柱形;种子多列,圆球形,薄膜状,两端具束毛。

约 13 种,分布于美洲和东亚。我国有 4 种,除南部外各地均有。浙江有 3 种。

分种检索表

1. 圆锥花序;花黄白色;叶片宽卵形 ·· 1. 梓树 C. ovata
1. 伞房状总状花序;花淡红色;叶片三角状卵心形或卵状长圆形 ······················· 2. 楸树 C. bungei

1. 梓树(图 146:A – C)

Catalpa ovata G. Don, Gen. Hist. 4:230. 1837.

乔木。树冠伞形,主干通直;嫩枝具稀疏柔毛。叶对生或近于对生,有时轮生;叶片阔卵形,长、宽近相等,长约 25cm,顶端渐尖,基部心形,全缘或浅波状,常 3 浅裂,叶片上面及下面均粗糙,微被柔毛或近于无毛,侧脉 4～6 对,基部掌状脉 5～7 条;叶柄长 6～18cm。顶生圆锥花序;花序梗微被疏毛,长 12～28cm;花萼蕾时圆球形,2 唇开裂,长 6～8mm;花冠钟状,淡黄色,内面具 2 黄色条纹及紫色斑点,长约 2.5cm,直径约 2cm;能育雄蕊 2,花丝插生于花冠筒上,花药叉开;退化雄蕊 3;子房上位,棒状;花柱丝形,柱头 2 裂。蒴果线形,下垂,长 20～30cm,粗 5～7mm;种子长椭圆球形,长 6～8mm,宽约 3mm,两端具有平展的长毛。花、果期 5—10 月。

产地:龙塘山、顺溪。多栽培于村庄附近及公路两旁。

分布:长江流域及以北各地常见栽培;日本有栽培。

用途:嫩叶可食;叶或树皮可作农药;果实(梓实)入药,有显著利尿作用,可作利尿剂,治肾脏病、肾气膀胱炎、肝硬化、腹水;根皮(梓白皮)亦可入药,消肿毒,外用煎洗治疥疮。

2. 楸树(图 146:D)

Catalpa bungei C. A. Mey. in Bull. Acad. Sci. St.-Petersb. 2:51. 1837.

小乔木,高 8～12m。叶片三角状卵形或卵状长圆形,长 6～15cm,宽达 8cm,顶端长渐尖,基部截形,阔楔形或心形,有时基部具有 1 或 2 牙齿,叶面深绿色,叶背无毛;叶柄长 2～8cm。顶生伞房状总状花序,有花 2～12 朵;花萼蕾时圆球形,2 唇开裂,顶端有 2 尖齿;花冠淡红色,内面具有 2 黄色条纹及暗紫色斑点,长 3～3.5cm。蒴果线形,长 25～45cm,宽约 6mm;种子狭长椭圆球形,长约 1mm,宽约 2mm,两端生长毛。花期 5—6 月,果期 6—10 月。

产地:龙塘山。各地栽培。

分布:江苏、浙江、湖南、山东、河南、河北、山西、陕西、甘肃。

用途:为良好的建筑用材;可栽培作观赏树、行道树;茎皮、叶、种子入药;果实味苦性凉,清热利尿,主治尿路结石、尿路感染、热毒疮癣,孕妇忌用。

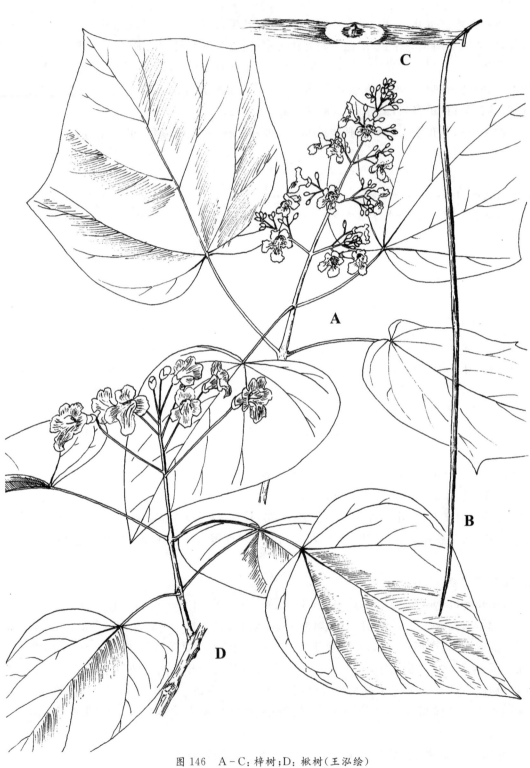

图 146　A-C：梓树；D：楸树（王泓绘）

（二）凌霄花属　**Campsis** Lour.

攀援木质藤本,以气生根攀援,落叶。叶对生,为1回奇数羽状复叶,小叶有粗锯齿。花大,红色或橙红色,组成顶生花束或短圆锥花序;花萼钟状,近革质,不等的5裂;花冠钟状漏斗形,檐部微呈二唇形,裂片5,大而开展,半圆形;雄蕊4,二强,弯曲,内藏;子房2室,基部围以一大花盘。蒴果,室背开裂,由隔膜上分裂为2果瓣;种子多数,扁平,有半透明的膜质翅。

2种,1种产北美洲,1种产东亚。浙江有2种,其中1种为引入栽培种。

1. 凌霄（图 147）

Campsis grandiflora（Thunb.）Schum. in Nat. Pflanzenfam. 4(3b)：230. 1894.

Basionym：*Bignonia grandiflora* Thunb.，Fl. Jap. 253. 1784.

攀援藤本。茎木质,表皮脱落,枯褐色,以气生根攀附于它物之上。叶对生,奇数羽状复叶;小叶7~9,卵形至卵状披针形,顶端尾状渐尖,基部阔楔形,两侧不等大,长3~6（~9）cm,宽1.5~3（~5）cm,侧脉6或7对,两面无毛,边缘有粗锯齿;叶轴长4~13cm;小叶柄长5(~10) mm。顶生疏散的短圆锥花序,花序轴长15~20cm;花萼钟状,长3cm,分裂至中部,裂片披针形,长约1.5cm;花冠内面鲜红色,外面橙黄色,长约5cm,裂片半圆形;雄蕊着生于花冠筒近基部,花丝线形,细长,长2~2.5cm,花药黄色,个字形着生;花柱线形,长约3cm,柱头扁平,2裂。蒴果顶端钝;种子多数,具膜质翅。花期5—8月。

图 147　凌霄（引自《浙江植物志》）

产地：顺溪、童玉、大坪溪、谢家坞。常见栽培。

分布：长江流域及河北、山东;日本。

用途：可供观赏及药用;花为通经利尿药,可根治跌打损伤等症。

八六、茜草科　**Rubiaceae**

草本、灌木或乔木,有时攀援状。叶对生或轮生;单叶,常全缘;托叶各式,在叶柄间或在叶柄内,有时与正常叶同形,宿存或脱落。花两性,稀单性,辐射对称,有时稍两侧对称,组成各式花序,或单生;萼筒与子房合生,萼檐平截、齿裂或分裂,有时裂片扩大而成花瓣状;花冠通常4~6裂,稀更多裂;雄蕊与花冠裂片同数而互生,稀具2枚;子房下位,1至多室,但通常2室,每室有1至多颗胚珠。果为蒴果、浆果或核果。种子各式,很少具翅,多数有胚乳。

660属,约11150种,主要分布于热带和亚热带,少数分布至北温带。我国有97属,701种,主要分布于东南部、南部和西南部,少数分布至西北部和东北部。浙江有27属,48种、1亚种、5变种及3变型。本志记载9属,10种。

分属检索表

1. 花极多数,组成球形的头状花序。
  2. 植株无钩状刺;花具小苞片。
    3. 子房每室多达 40 颗胚珠;托叶 2 深裂 ………………………………… 1. 水团花属 Adina
    3. 子房每室具 4～12 颗胚珠;托叶通常全缘而不裂 ………………… 2. 鸡仔木属 Sinadina
  2. 植株常具由花序梗变态的弯转钩状刺;花无小苞片 ………………… 3. 钩藤属 Uncaria
1. 花少数或多数,但决不组成球形的头状花序。
  4. 萼檐裂片全部正常,等大,无扩大而呈叶片状。
    5. 乔木或灌木,直立。
      6. 子房每室具 2 至多数胚珠;果具纵棱 ……………………………… 4. 栀子属 Gardenia
      6. 子房每室具 1 颗胚珠;果无纵棱。
        7. 子房通常 4～6 室;核果成熟时常为蓝色 …………………… 5. 粗叶木属 Lasianthus
        7. 子房通常 2 室;核果成熟时不为蓝色。
          8. 植株顶芽不育而成合轴分枝,常具针状刺 …………… 6. 虎刺属 Damnacanthus
          8. 植株具顶芽,单轴分枝,无针刺 …………………………… 7. 白马骨属 Serissa
    5. 缠绕藤本 …………………………………………………………… 8. 巴戟天属 Morinda
  4. 萼檐裂片相等或不相等,但周边花的萼檐裂片中有 1 枚明显扩大而呈具柄的叶片状 ………………
………………………………………………………………………… 9. 香果树属 Emmenopterys

(一) 水团花属　**Adina** Salisb.

灌木或小乔木,顶芽不明显,由托叶疏松包裹。叶对生;托叶窄三角形,深 2 裂达全长 2/3 以上,常宿存。头状花序顶生或腋生,或两者兼有,花序梗 1～3,不分枝,或为二歧聚伞状分枝,或为圆锥状排列,节上的托叶小,苞片状,不包裹幼龄头状花序。花 5 数,近无梗;小苞片线形至线状匙形;花萼管相互分离,萼裂片线形至线状棒形或匙形,宿存;花冠高脚碟状至

漏斗状,花冠裂片在芽内镊合状排列,但顶部常近覆瓦状;雄蕊着生于花冠管的上部,花丝短,无毛,花药基着,内向,突出冠喉外;花柱伸出,柱头球形,子房 2 室,胎座位于隔膜上部1/3处,每室胚珠多达 40 颗,悬垂。果序中的小蒴果疏松;小蒴果具硬的内果皮,室背室间 4 爿开裂,宿存萼裂片留附于蒴果的中轴上。种子卵球状至三角形,两面扁平,顶部略具翅。

有 4 种,分布于东亚。我国有 3 种,分布于长江以南各省、区。浙江有 2 种。

1. 细叶水团花(图 148)

Adina rubella Hance in J. Bot. 6：114. 1868.

落叶小灌木,高 1～3m;小枝延长,具赤褐色微毛,后变无毛;顶芽不明显,为开展的托叶包裹。叶对生,近无柄;叶片薄革质,卵状披针形或卵状椭圆形,

图 148　细叶水团花(引自《浙江植物志》)

全缘,长 2.5～4cm,宽 8～12mm,顶端渐尖或短尖,基部阔楔形或近圆形,侧脉 5～7 对,被稀疏或稠密短柔毛;托叶小,早落。头状花序不计花冠直径 4～5mm,单生,顶生或兼有腋生,花序梗略被柔毛;小苞片线形或线状棒形;花萼管疏被短柔毛,萼裂片匙形或匙状棒形;花冠管长 2～3mm,5 裂,花冠裂片三角状,紫红色。果序直径 8～12mm;小蒴果长卵状楔形,长约 3mm。花、果期 5～12 月。

产地：童玉、大坪溪、直源、横源、井坑。生于海拔 100～600m 的溪边、河边等湿润地区。

分布：长江以南各省、区;朝鲜半岛。

用途：茎纤维为绳索、麻袋、人造棉和纸张等原料;全株入药,枝干通经;花球清热解毒、治菌痢和肺热咳嗽;根煎水服治小儿惊风症。

（二）鸡仔木属　**Sinoadina** Ridsdale

乔木。叶对生;托叶窄三角形,早落。花序顶生,聚伞状圆锥花序,由 7～11 个头状花序组成,节上托叶苞片状,不包裹幼头状花序。花 5 基数,近无梗;小苞片线形至线状棒形;花萼管彼此分离,花萼裂片钝头,宿存;花冠高脚碟状或窄漏斗形,花冠裂片镊合状排列,但在顶端近覆瓦状;雄蕊着生于花冠管的上部,花丝短,无毛,花药基着,内向,伸出冠喉外;花柱伸出,柱头倒卵圆形,子房 2 室,胎座位于子房隔膜上部 1/3 处,每室有胚珠 4～12 颗。果序上的小蒴果疏松,内果皮硬,室背室间 4 片开裂,宿存萼裂片留附在蒴果中轴上;种子三角形或具三棱角,两侧略压扁,无翅。

仅 1 种,分布于我国、日本、缅甸和泰国。我国及浙江也有。

1. 鸡仔木(图 149)

Sinoadina racemosa (Siebold & Zucc.) Ridsdale in Blumea 24：352. 1979.

Basionym：*Nauclea racemosa* Siebold & Zucc. in Abh. Math.-Phys. Cl. Königl. Bayer. Akad. Wiss. 4：178. 1846.

Adina racemosa (Siebold & Zucc.) Miq.

半常绿或落叶乔木,高 3～7m;未成熟的顶芽金字塔形或圆锥形;树皮灰色,粗糙;小枝无毛。叶对生;叶片薄革质,宽卵形、卵状长圆形或椭圆形,长 9～15cm,宽 5～10cm,顶端突尖至渐尖,基部心形或圆形,有时偏斜,上面无毛,或有稀疏的毛,下面无毛或有白色短柔毛;侧脉 6～12 对,无毛或被稀疏的毛,脉腋窝陷无毛或有稠密的毛;叶柄长 3～6cm,无毛或有短柔毛;托叶 2 裂,裂片近圆形,早落。头状花序不计花冠直径 4～7mm,常约 10 个排成聚伞状圆锥花序式;花具小苞片;花萼管密被苍白色长柔毛,萼裂片密被长柔毛;花冠淡黄色,长约 7mm,外面密被苍白色微柔毛,花冠裂片三角状,外面

图 149　鸡仔木（引自 *Flora of China*-Ⅲ.）

密被细绵毛状微柔毛。果序直径 11～15mm；小蒴果倒卵状楔形，长约 5mm，有稀疏的毛。花、果期 5—12 月。

产地：大坪溪、顺溪。生于 300～1000 山林中或水边。

分布：江苏、安徽、浙江、江西、台湾、湖南、广东、广西、四川、贵州、云南；日本、缅甸、泰国。

（三）钩藤属　**Uncaria** Schreb.

木质藤本。嫩枝近方形或圆柱形，无毛或有短柔毛，营养侧枚常变态成钩刺。叶对生；侧脉脉腋通常有窝陷；托叶全缘或有缺刻，浅 2 裂至深 2 裂，有近无梗时有小苞片，有梗时无小苞片；花序梗具稀疏或稠密的毛；小苞片线状或线状匙形；花萼管短，无毛或有稠密的毛，萼裂片三角形至窄三角形或线形，椭圆形或近圆形至卵状长圆形，无毛或有稠密的毛；花冠高脚碟状或近漏斗状，外面无毛或有稠密的毛，花冠裂片卵状长圆形或椭圆形，在芽内镊合状排列，但在顶部近覆瓦状，外面无毛，或具短柔毛至稠密的毛，里面无毛或具短柔毛；雄蕊着生于花冠管近喉部，伸出，花丝短，无毛；花柱伸出，柱头球形或长棒形，顶部有疣，子房 2 室，胎座至少贴生于隔膜上部 1/3 处；胚珠多数。小蒴果 2 室，外果皮厚，纵裂，内果皮厚骨质，室背开裂；种子小，多数，中央具网状纹饰，两端有长翅，下端的翅深 2 裂。

约 34 种，大多分布于热带亚洲至澳大利亚，少数分布于美洲和非洲。我国有 12 种，以华南至西南部最多。浙江有 1 种。

1. 钩藤（图 150）

Uncaria rhynchophylla (Miq.) Miq. ex Haviland in J. Linn. Soc., Bot. 33：890. 1897.

Basionym：*Nauclea rhynchophylla* Miq. in Ann. Mus. Bot. Lugduno-Batavi 3：108. 1867.

藤本。嫩枝较纤细，方柱形或略有 4 棱角，无毛。叶片纸质，近卵圆形，有时椭圆形，长 5～10cm，宽 4～7cm，两面均无毛，干时褐色或红褐色，下面有时有白粉，顶端短尖或骤尖，基部楔形至截形，有时稍下延；侧脉 4～8 对，脉腋窝陷有黏液毛；叶柄长 5～15mm，无毛；托叶狭三角形，深 2 裂达全长 2/3，外面无毛，里面无毛或基部具黏液毛，裂片线形至三角状披针形。头状花序不计花冠直径 5～8mm，单生叶腋，花序梗具节，苞片微小，或成单聚伞状排列，花序梗腋生，长约 5cm；小苞片线形或线状匙形；花近无梗；花萼管疏被毛，萼裂片近三角形，长约 0.5mm，疏被短柔毛，顶端锐尖；花冠管外面无毛，或具疏散的毛，花冠裂片卵圆形，外面无毛或略被粉状短柔毛，边缘有时有纤毛；花柱伸出冠喉外，柱头棒形。果序直径 10～12mm；小蒴果长 5～6mm，被短柔毛，宿存萼裂片近三角形，长约 1mm，星状辐射。花、果期 5—12 月。

图150　钩藤（引自 *Flora of China*-Ill.）

产地：龙岗镇。生于 500m 山谷溪边、疏林中。

分布：浙江、江西、福建、湖北、湖南、广东、广西、贵州、云南；日本。

用途：带钩藤茎为著名中药（钩藤），功能清血平肝，息风定惊，用于风热头痛、感冒夹惊、惊痛抽搐等症，所含钩藤碱有降血压作用。

本区产的钩藤叶片多为近卵圆形，枝顶端头状花序常 3 个，较少。

（四）栀子属　Gardenia J. Ellis

灌木，少为乔木，无刺或很少具刺。叶对生，少有 3 片轮生或与花序梗对生的 1 片不发育；托叶生于叶柄内，三角形，基部常合生。花大，腋生或顶生，单生、簇生或少有组成伞房状的聚伞花序；萼管常为卵形或倒圆锥形，萼檐管状或佛焰苞状，顶部常 5～8 裂，裂片宿存，稀脱落；花冠高脚碟状、漏斗状或钟状，裂片 5～12，扩展或外弯，旋转排列；雄蕊与花冠裂片同数，着生于花冠喉部，花丝极短或缺，花药背着，内藏或伸出；花盘通常环状或圆锥形；子房下位，1 室，或因胎座沿轴粘连而为假 2 室，花柱粗厚，有或无槽，柱头棒形或纺锤形，全缘或 2裂，胚珠多数，2 列，着生于 2～6 个侧膜胎座上。浆果平滑或具纵棱，革质或肉质；种子多数，常与肉质的胎座胶结而成一球状体，扁平或肿胀，种皮革质或膜质，胚乳常角质；胚小或中等大，子叶叶状。

200 余种，分布于亚洲、非洲热带和亚热带地区，及太平洋岛屿。我国有 5 种，分布于华南、西南、华中和华东。浙江有 1 种、1 变种。

1. 栀子　山栀子（图 151）

Gardenia jasminoides J. Ellis in Phil. Trans. 51：935. 1761.

灌木。嫩枝常被短毛，枝圆柱形，灰色。叶对生；叶片革质，稀为纸质，少为 3 枚轮生，叶形多样，通常为长圆状披针形、倒卵状长圆形、倒卵形或椭圆形，长 3～25cm，宽 1.5～8cm，顶端渐尖、长渐尖或短尖而钝，基部楔形或短尖，两面常无毛，上面亮绿，下面色较暗；侧脉 8～15 对，在下面凸起，在上面平；叶柄长 0.2～1cm；托叶膜质。花芳香，通常单朵生于枝顶，花梗长 3～5mm；萼管倒圆锥形或卵形，长 8～25mm，有纵棱，萼檐管形，膨大，顶部 5～8 裂，通常 6 裂，裂片披针形或线状披针形，结果时增长，宿存；花冠白色或乳黄色，高脚碟状，喉部有疏柔毛，冠管狭圆筒形，顶部5～8 裂，通常 6 裂，裂片倒卵形或倒卵状长圆形；花丝极短，花药线形，长 1.5～2.2cm，伸出；花柱粗厚，柱头纺锤形，伸出，子房直径约 3mm，黄色，平滑。果卵球形、近球形、椭圆球形或长圆球形，黄色或橙红色，有翅状纵棱 5～9 条，顶部的宿存萼片长达 4cm，宽达 6mm；种子多数。花期 3—7月，果期 5 月至翌年 2 月。

图 151　栀子　山栀子（引自 *Flora of China*-Ill.）

产地：直源,常见栽培。生于山谷。

分布：陕西、甘肃、河北、山东、江苏、安徽、浙江、江西、福建、台湾、湖北、湖南、广东、香港、广西、海南、四川、贵州、云南;亚洲东部和南部。

（五）粗叶木属　**Lasianthus** Jack

灌木。常有臭气;枝和小枝圆柱形,节部压扁。叶对生,两列排列,同一节上的叶等大或不等大,叶片纸质或革质;侧脉弧状,小脉横行,不分枝或分枝,亦有网状;托叶生叶柄间,宿存或脱落。花小,几朵至多朵簇生叶腋,或组成腋生、具花序梗的聚伞状或头状花序,通常有苞片和小苞片;萼管小,檐部长或短,3～7裂,通常分裂,有时截平;花冠漏斗状或高脚碟状,喉部被长柔毛,裂片3～7,通常5,芽时镊合状排列;雄蕊5,生冠管上部或喉部,花丝短,花药内藏,有时微露出;子房3～9室,常4～6室,每室有1颗基生、直立、线形的胚珠,花柱短或长,被毛或无毛,柱头3～9,常4～6。核果小,外果皮肉质,成熟时常为蓝色,内含3～9分核;分核具3棱,软骨质或革质,内含1颗略弯的种子,种皮膜质,胚乳肉质;胚长柱状,子叶短而钝。

约184种,大多分布于热带亚洲,少数分布至大洋洲、热带美洲和非洲。我国有33种,以南部和西南部居多。浙江有4种。

1. 日本粗叶木（图152）

Lasianthus japonicus Miq. in Ann. Mus. Bot. Lugduno-Batavi 3：110. 1867.

Lasianthus lancilimbus Merr.；*L. japonicus* Miq. var. *lancilimbus*（Merr.）H. S. Lo.

灌木。枝和小枝无毛或嫩部被柔毛。叶片近革质或纸质,长圆形或披针状长圆形,长

图152　日本粗叶木(引自 *Flora of China*-Ⅲ.)

9～15cm，宽 2～3.5cm，顶端骤尖或骤然渐尖，基部短尖，上面无毛或近无毛，下面脉上被贴伏的硬毛；侧脉每边 5 或 6 条，小脉网状，罕近平行；叶柄长 7～10mm，密被柔毛；花 2 或 3 朵簇生在一腋生、很短的花序梗上，有时无花序梗；苞片小；萼钟状，长 2～3mm，被柔毛，萼檐裂片 4 或 5，齿状或近三角形，短于萼管；花冠白色，管状漏斗形，长 8～10mm，外面无毛，里面被长柔毛，裂片 5，近卵形。核果球形，直径约 5mm，内含 5 个分核。花期 4—6 月，果期 8—11 月。

产地：十八龙潭、横源、直源。生于林下或林缘。

分布：江苏、安徽、浙江、江西、福建、湖北、湖南、广东、广西、四川、贵州、云南；日本、越南、老挝、印度东北。

日本粗叶木 *Lasianthus japonicus* 分布很广，自喜马拉雅地区至日本，以往尚有被鉴定为榄绿粗叶木 *L. lancilimbus* 者，与本种区别为叶片薄革质，干后上面常榄绿色，萼檐裂片长 0.5～1.2mm。两者不易区分，本志采用 *Flora of China* 的处理意见，将榄绿粗叶木并入日本粗叶木。

（六）虎刺属　Damnacanthus C. F. Gaertn.

灌木。枝被粗短毛、柔毛或无毛，具针状刺或无刺；根念珠状或不定位缢缩，肉质。叶对生，全缘，叶片卵形、长圆状披针形或披针状线形；托叶生叶柄间，三角形，上部常具 2～4 锐尖，易碎落。花两两成束腋生；顶部叶腋常 2 或 3 束组成具短花序梗的聚伞花序，下部叶腋 1 束，或因 1 朵脱落而变单花；苞片小，鳞片状；具短的花梗；萼小，杯状或钟状，檐部具三角形或钻形萼齿 4(5)，宿存；花冠白色，管状漏斗形，外面无毛，内面喉部密生柔毛，檐部 4 裂，裂片三角状卵形，蕾时镊合状排列；雄蕊 4，着生于冠管上部，花丝短，花药 2 室，背着，内藏或外露；子房 2 或 4 室，每室具胚珠 1 颗，着生于隔膜中部，横生或下垂，花柱无毛，内藏或外伸，上部 2 或 4 裂。核果红色，球形，直径 7～10mm，具分核（1）2～4；分核平凸或钝三棱形，具种子 1 颗；种子腹面具脐，胚乳丰富；胚小。

约 13 种，分布于喜马拉雅至日本。我国有 11 种，分布于长江流域及其以南。浙江有 4 种。

分种检索表

1. 针状刺长达 2cm，稀较短；叶片长不及 3cm ·· 1. 虎刺 D. indicus
1. 针状刺长 0.2～0.8cm；叶片通常长 2.5～5.5cm ······························· 2. 浙江虎刺 D. macrophyllus

1. 虎刺（图 153：D–G）

Damnacanthus indicus C. F. Gaertn.，Suppl. Carp. 18（t. 182，f. 7）. 1805.

具刺灌木。高 0.3～1m，具肉质链珠状根；茎下部少分枝，上部密集多回二叉分枝，幼嫩枝密被短粗毛，有时具 4 棱，节上托叶腋常生 1 针状刺；刺长 0.4～2cm。叶常大小叶对相间，大叶长 1～3cm，宽 1～1.5cm，小叶长可小于 0.4cm，卵形、心形或圆形，顶端锐尖，全缘，基部常歪斜，钝圆、截平或心形；中脉上面隆起，下面凸出，侧脉极细，每边 3 或 4 条，上面光亮，无毛，下面仅脉处有疏短毛；叶柄长约 1mm，被短柔毛；托叶生叶柄间，初时呈

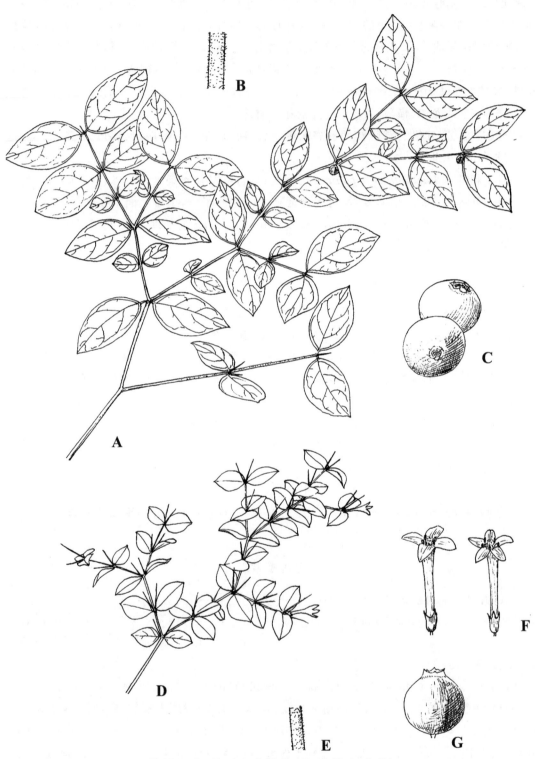

图 153　A-C：浙江虎刺；D-G：虎刺（王泓绘）

2～4浅至深裂,后合生成三角形或戟形,易脱落。花两性,1或2朵生于叶腋,2朵者花梗基部常合生,有时在顶部叶腋可6朵排成具短花序梗的聚伞花序;花梗长1～8mm,基部两侧各具苞片1枚;苞片小,披针形或线形;花萼钟状,长约3mm,绿色或具紫红色斑纹,几无毛,裂片4,常大小不一,三角形或钻形,长约1mm,宿存;花冠白色,管状漏斗形,长0.9～1cm,外面无毛,内面自喉部至冠管上部密被毛,檐部4裂,裂片椭圆形,长3～5mm;雄蕊4,着生于冠管上部,花丝短,花药紫红色,内藏或稍外露;子房4室,每室具胚珠1颗,花柱外露或有时内藏,顶部常4裂。核果红色,近球形,直径4～6mm,具分核2～4。花期3—5月,果期7—11月。

产地: 大坪溪。生于疏林下和灌丛中。

分布: 江苏、安徽、浙江、江西、福建、台湾、湖南、湖北、广东、广西、贵州、四川、云南、西藏;日本、朝鲜半岛、印度。

用途: 作庭院观赏;根肉质,可作药用,有祛风利湿、活血止痛之功效。

2. 浙江虎刺(图153:A-C)

Damnacanthus macrophyllus Siebold ex Miq. in Ann. Mus. Bot. Lugduno-Batavi 3: 110. 1867. [*macrophylla*]

Damnacanthus shanii K. Yao & M. B. Deng.

小灌木,高可达1.5m;根通常肥厚,有时呈念珠状;小枝被开展短粗毛,上部常内弯,针状刺对生于叶柄间,长2～8mm。叶对生;叶片近革质,卵形、宽卵形或卵状椭圆形,长2.5～5.5cm,宽1.3～2.5cm,先端急尖至短渐尖,基部圆形或宽楔形,全缘,干后略反卷,上面具光泽,两面均无毛,中脉在上面略隆起,侧脉3～5对;叶柄短,被短粗毛;托叶宿存,生叶柄间。花序被短粗毛;花梗长1～2mm;萼被短粗毛或无毛,萼檐裂片三角形至卵形,长1～1.5mm;花冠白色,外面无毛,管长约8mm,裂片卵状三角形,长约2mm。核果球形,1～3个腋生,成熟时红色。花期4—5月,果期6—11月。

产地: 浙西大峡谷、大坪溪。生于沟边林中。

分布: 安徽、浙江、福建、广东、贵州、云南;日本。

用途: 根入药,用途同虎刺。

(七) 白马骨属　Serissa Comm. ex Juss.

灌木。多分枝,无毛或小枝被微柔毛,揉之有臭气。叶对生,近无柄,通常集生于短小枝上,叶片近革质,卵形;托叶与叶柄合生成一短鞘,有3～8条刺毛,不脱落。花腋生或顶生,单朵或多朵簇生,无梗;萼管倒圆锥形,萼檐4～6裂,裂片锥形,宿存;花冠漏斗形,顶部4～6裂,裂片短,直而扩展,内曲,镊合状排列;雄蕊4～6,生于冠管上部,花丝线形,略与冠管连生,花药近基部背着,线状长圆形,内藏;花盘大;子房2室,花柱线形,2分枝,分枝线形或锥形,稍短,全部被粗毛,直立,向外弯曲,突出;胚珠每室1颗,直立、倒生。果为核果,球形。

有2种,分布于我国、日本和印度。我国有2种,主要分布于长江以南地区。浙江有2种。

1. 白马骨(图 154)

Serissa serissoides (DC.) Druce in Rep. Bot. Soc. Exch. Cl. Brit. Isles. 1916：646. 1917.

Basionym：*Democritea serissoides* DC., Prodr. 4：540. 1830.

小灌木,高可达 1m;枝粗壮,灰色,被短毛, 后毛脱落变无毛,嫩枝被微柔毛。叶通常丛生; 叶片薄纸质,倒卵形或倒披针形,长 1.5~4cm, 宽0.7~1.3cm,顶端短尖或近短尖,基部收狭 成一短柄,除下面被疏毛外,其余无毛;侧脉每 边 2 或 3 条,上举,在叶片两面均凸起,小脉疏 散不明显;托叶具锥形裂片,长 2mm,基部阔, 膜质,被疏毛。花无梗,生于小枝顶部,有苞片; 苞片膜质,斜方状椭圆形,长渐尖,长约 6mm, 具疏散小缘毛;花托无毛;萼檐裂片 5,坚挺延 伸呈披针状锥形,极尖锐,长约 4mm,具缘毛; 花冠管长约 4mm,外面无毛,喉部被毛,裂片 5, 长圆状披针形,长约 2.5mm;花药内藏,长约 1. 3mm;花柱柔弱,长约 7mm,2 裂,裂片长约 1. 5mm。花期 4—6 月。

产地：大坪溪、干坑、横源、直源、童玉。生 于荒地或林缘。

分布：江苏、安徽、浙江、江西、福建、台湾、湖北、广东、香港、广西;日本。

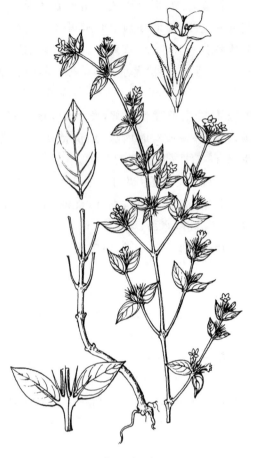

图 154　白马骨(引自《浙江植物志》)

(八) 巴戟天属　Morinda L.

灌木或小乔木,有时为藤本。叶对生,罕 3 枚轮生;托叶生于叶柄内或叶柄间,分离或 合生成筒状,紧贴,膜质或纸质。头状花序近球形,由少数至多数花聚合而成,单 1 腋生或 与另叶对生(木本),或数个花序伞状排于枝顶(藤本);花无梗,两性;花萼半球形或圆锥 状,下部彼此粘合,上部环状,顶端截平或具 1~3 齿;花冠白色,漏斗状,高脚碟状或钟状, 管部与檐部近等长或远较长,喉部密被毛或无毛,檐部裂片蕾时镊合状排列;雄蕊与花冠 裂片同数,着生于喉部或裂片侧基部,花药背着,外露或内藏,花丝短;子房 2~4 室,每室 具 1 胚珠;胚珠扁圆球形或扁长圆球形,着生于隔膜基部。聚花核果由 2 至多数合生花和 花序托发育而成,稀为 1 合生花,卵球形或近球形,每一核果具分核 2~4;分核近三棱形, 外面弯拱,两侧面平或具槽,具 1 粒种子;种子与分核同形或长圆形,胚乳丰富,角质,胚 小,子叶长圆形。

80~100 种,分布于热带、亚热带和温带地区。我国有 27 种,以西南部和东南部居多。 浙江有 1 种、2 变种。

1. 羊角藤 印度羊角藤（图 155）

Morinda umbellata L., Sp. Pl. 1: 176. 1753.

藤本，攀援或缠绕，有时呈披散灌木状。嫩枝无毛，绿色，老枝具细棱，蓝黑色，多少木质

图 155 羊角藤（引自《浙江植物志》）

化。叶片纸质或革质，倒卵形、倒卵状披针形或倒卵状长圆形，长 6～9cm，宽 2～3.5cm，顶端渐尖或具小短尖，基部渐狭或楔形，全缘，上面光亮，干时淡棕色至棕黑色，无毛，下面淡棕黄色或禾秆色；中脉通常两面无毛，侧脉每边5 或 6 条，斜升，无毛或有时下面具疏细毛；叶柄长 4～6mm；托叶筒状，干膜质，长 4～6mm，顶端截平。花序 3～11 个伞状排列于枝顶；花序梗长 4～11mm，被微毛；头状花序直径 6～10mm，具花 6～12 朵；花 4 或 5 数，无花梗；各花萼下部彼此合生，上部环状，顶端平，无齿；花冠白色，稍呈钟状，长约 4mm，檐部 4 或 5 裂，裂片长圆形，顶部向内钩状弯折，外面无毛，内面中部以下至喉部密被髯毛，管部宽，无毛；雄蕊与花冠裂片同数，着生于裂片侧基部，花药长约 1.2mm，花丝长约 1.5mm；花柱通常不存在，柱头圆锥状，常 2 裂，子房下部与花萼合生，2～4 室，每室 1 颗胚珠。果序梗长 5～13mm；聚花核果成熟时红色，近球形或扁球形，直径 7～12mm；核果具分核 2～4。花期 6—7 月，果熟期 10—11 月。

产地：横源、直源。生于林下、溪旁、路旁等。

分布：江苏、安徽、浙江、江西、福建、台湾、湖南、广东、香港、海南、广西；日本、泰国、印度、斯里兰卡。

（九）香果树属 Emmenopterys Oliv.

乔木。叶对生，具柄；托叶早落。圆锥状的聚伞花序顶生，多花；萼管近陀螺形，裂片 5，脱落，覆瓦状排列，有些花的萼裂片中有 1 片扩大成叶状，其色白且宿存；花冠漏斗形，冠管狭圆柱形，冠檐膨大，5 裂，裂片覆瓦状排列；雄蕊 5，着生于冠喉之下，内藏，花丝线形，柔弱，花药长圆形，2 室，纵裂；花盘环状；子房 2 室，花柱柔弱，内藏，柱头头状或不明显 2 裂，胚珠每室多数，着生于盾状的胎座上。蒴果室间开裂为 2 果爿，有或无 1 片花瓣状、具柄、扩大的变态萼裂片；种子多数，不规则覆瓦状排列。种皮海绵质，有翅，具网纹，胚乳丰富；胚微小，子叶圆筒状。

1 种，我国特有。浙江也有分布。

1. 香果树（图 156）

Emmenopterys henryi Oliv., Hooker's Icon. Pl. 19: t. 1823. 1889.

落叶大乔木，高可达 30m；树皮灰褐色，鳞片状；小枝有皮孔，粗壮，扩展。叶片纸质或革

质,阔椭圆形、阔卵形或卵状椭圆形,长6～
30cm,宽3.5～14.5cm,顶端短尖或骤然渐
尖,稀钝,基部短尖或阔楔形,全缘,上面无
毛或疏被糙伏毛,下面较苍白,被柔毛,或无
毛而脉腋内常有簇毛;侧脉5～9对,在下面
凸起;叶柄长2～8cm,无毛或有柔毛;托叶
大,三角状卵形,早落。圆锥状聚伞花序顶
生;花芳香,花梗长约4mm。裂片近圆形,
具缘毛,脱落,变态的叶状萼裂片白色、淡红
色或淡黄色,纸质或革质,匙状卵形或阔椭
圆形,长1.5～8cm,宽1～6cm,有纵平行脉
数条,柄长1～3cm;花冠漏斗形,白色或黄
色,长2～3cm,被黄白色绒毛,裂片近圆形,
长约7mm,宽约6mm;花丝被绒毛。蒴果长
圆状卵球形或近纺锤形,长3～5cm,直径
1～1.5cm,无毛或有短柔毛,有纵细棱;种
子多数,小而有阔翅。花期6—8月,果期
8—11月。

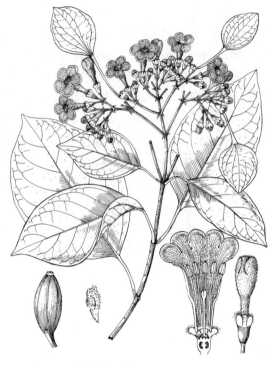

图156　香果树(引自 *Flora of China*-Ill.)

产地:鸠甫山、龙塘山、茶园里、十八龙潭、大坪溪、干坑、横源、直源。生于山谷林中。

分布:陕西、甘肃、河南、江苏、安徽、浙江、江西、福建、湖北、湖南、广西、四川、贵州、云南。

用途:树干高耸,花美丽,可作庭院观赏树;树皮纤维柔细,是制蜡纸及人造棉的原料;木材无边材和心材的明显区别,纹理直,结构细,供制家具和建筑用。

八七、忍冬科　Caperifoliaceae

灌木或木质藤本,稀小乔木或多年生草本。叶对生,单叶或奇数羽状复叶;无托叶或具叶柄间托叶。聚伞花序,或由聚伞花序集合成伞房或圆锥式复花序,有时退化成2朵花,排成总状或穗状花序,常具发达的小苞片;花两性,辐射对称或两侧对称;花冠合瓣,4或5裂;雄蕊4或5,着生于花冠筒部并与花冠裂片互生;子房下位,由2～5心皮合成,2～5(7～10)室,每室具1至多颗胚珠,但有时在某些室不发育,花柱单一,顶生,伸长或极短。果为浆果、核果或蒴果,内具1至多粒种子。种子有胚乳。

13属,约500种,主要分布北温带和热带高海拔山地。我国有12属,200余种,分布于全国。浙江有6属,41种。本志记载6属,21种、2亚种、4变种。

本志记载的6个属,在 *Flora of China* 中分别被归入忍冬科(七子花属 *Heptacodium*、忍冬属 *Lonicera*)、五福花科 Adoxaceae(荚蒾属 *Viburnum*、接骨木属 *Sambucus*)、锦带花科 Diervillaceae(锦带花属 *Weigela*)、北极花科 Linnaeaceae(六道木属 *Zabelia*)。

分属检索表

（一）接骨木属　Sambucus L.

落叶灌木或小乔木，稀多年生高大草本。枝粗壮，具发达的髓；冬芽具数对外鳞片。叶对生；奇数羽状复叶，小叶片具锯齿；托叶叶状或缺或退化成腺体。花序为由小聚伞花序集合成的复伞形状或圆锥状，白色或黄白色；萼齿细小，5；花冠辐射状，5裂；雄蕊5，花丝短，子房下位，3～5室。果为浆果状核果，具3～5核。种子三棱形或椭圆形，淡褐色，略有皱纹。

约10种，广布于温带和亚热带。我国有4种，南北均产。浙江有2种。

1. 接骨木（图157）

Sambucus williamsii Hance in Ann. Sci. Nat., Bot., sér. 5, 5: 217. 1866.

落叶灌木或小乔木。树皮暗灰色，小枝无毛，一、二年生枝浅黄色，皮孔粗大，密生，髓部淡黄褐色。奇数羽状复叶，有小叶5～7，侧生小叶片狭椭圆形、卵圆形至长圆状披针形，长3～11cm，宽2～4cm，先端渐尖，基部圆形或偏斜宽楔形，边缘有细锐齿，中下部有1或数枚腺齿，幼时上面有短柔毛，后变无毛，叶搓揉后有臭味；托叶小，线形或腺体状。圆锥状聚伞花序顶生，密集成卵圆形或长椭圆状卵形；花小，白色或带淡黄色；萼筒杯状，长约1mm，萼齿5，三角状披针形，稍短于萼筒；花冠裂片倒卵形，长约2mm；雄蕊5，着生于花冠上，较花冠短；子房3室，花柱短，柱头3裂。浆果球形或椭圆球形，直径3～5mm，红色，萼片宿存；花期4—5月，果期7—10月。

产地：双涧坑、大明山、东岙头、龙塘山、

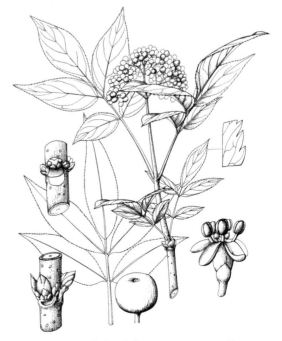

图157　接骨木（引自 *Flora of China*-Ill.）

大坪溪。生于海拔 600～1000m 山坡疏林下或林缘灌丛中。

　　分布：全国大部分地区均有分布。

　　用途：全株供药用,治跌打损伤;可栽植供观赏。

(二) 七子花属　**Heptacodium** Rehder

　　落叶小乔木或灌木。树皮灰白色,片状剥落,小枝髓部发达;冬芽具鳞片。叶对生,全缘,3 出脉,具柄,无托叶。聚伞花序对生,集成顶生圆锥状;总苞片大,圆卵形,宿存,内有 10 枚密被绢毛的鳞片状苞片和小苞片,萼筒陀螺状,密被刚毛,5 裂,花后增大。花冠白色,筒状漏斗形,5 深裂,稍呈二唇形;雄蕊 5,花丝着生于花冠筒中部,子房下位,3 室;花柱被毛,柱头盘状。果为瘦果状核果,长椭圆球形,革质,顶端具宿存而增大的萼裂片,2 室空而扁,第 3 室含 1 粒种子。种子近圆柱形。

　　1 种,我国特产。浙江有分布。

1. 七子花　浙江七子花(图 158)

Heptacodium miconioides Rehder in Sargent, Pl. Wilson. 2：618. 1916.

Heptacodium jaminoides Airy Shaw.

　　落叶小乔木或灌木,高达 7m。树皮灰白色,片状剥落。幼枝略成四棱形,红褐色。叶对生,厚纸质,卵形或卵状长圆形,先端尾尖,基部圆或微心形,近基部三出脉,3 条脉近平行,长 7～16cm,宽 3～8.5cm,上面无毛或中脉微被柔毛;叶柄长 0.5～1.5cm,有时扭曲。聚伞状圆锥花序顶生,长达 15cm,由多数密集成头状的穗状花序组成,穗状花序 1 或 2 轮,每轮有 7 朵花,包括一对各有 3 朵花的聚伞花序及 1 顶生单花,外面包以 10～12 枚鳞片状苞片和小苞片,小苞片各对形状、大小不等;花芳香,萼筒长约 2mm,被白色刚毛,约与萼筒等长;花冠白色,长 0.8～1.5cm,外被倒生短柔毛,裂片 5,近唇形;雄蕊 5,子房下位,3 室中仅 1 室能育,外有 10 条纵棱。果长 1～1.5cm,顶端具宿存而增大的 5 萼裂片。花期 6—7 月,果期 9—11 月。

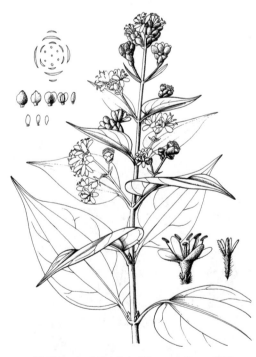

图 158　七子花(引自 *Flora of China-Ill.*)

　　产地：干坑、保护区管理局有栽培。生于海拔 800～1200m 的山坡林中或山谷溪边灌丛中。

　　分布：安徽、浙江、湖北。

　　用途：可栽培供观赏。

(三) 荚蒾属　**Viburnum** L.

　　灌木或小乔木,落叶或常绿,常被星状毛。冬芽裸露或有鳞片。单叶,对生,稀 3 叶轮生;

托叶有或无，或在同一个体上兼可存在或缺失。花小，两性，整齐；花序为由小聚伞花序集合而成的复伞形状、圆锥状、伞房式圆锥状的混合花序，很少紧缩成簇状，有时周围或全部（园艺品种）具白色大型的不孕花；萼齿5，宿存；花冠辐状、钟状、漏斗状或高脚碟状，5裂；雄蕊5；子房1室，花柱极短，柱头浅3裂，胚珠1颗，着生于子房顶端，下垂。果实为核果，顶端具宿存的萼齿及花柱；核多扁平，少有球形、卵球形或椭圆状球形，内含1粒种子；胚直，胚乳坚实或嚼烂状。

约200种，分布于亚洲和南美洲温带、亚热带地区。我国有73种，分布于全国，以西南部种类最多。浙江有18种及若干种下类群。

分种检索表

1. 冬芽裸露，当年生小枝基部无环状芽鳞痕。
　2. 具花序梗；枝全为长枝；全由两性花组成，周围无大型不孕花 ……………………………………………………………………… 1. 壮大聚花荚蒾 V. glomeratum subsp. magnificum
　2. 无花序梗；枝有长枝和短枝；花序仅着生在短枝上；周围有大型不孕花 …………………………………………………………………………………… 2. 合轴荚蒾 V. sympodiale
1. 冬芽有鳞片1或2对，当年生小枝基部有环状的芽鳞痕。
　3. 圆锥花序，呈伞房状 ………………………… 3. 日本珊瑚树 V. odoratissimum var. awabuki
　3. 复伞形花序。
　　4. 花序具大型不孕花。
　　　5. 叶柄上无腺体，叶片不分裂或稀可浅裂 ………………………… 4. 粉团荚蒾 V. plicatum
　　　5. 叶柄上有2~6个腺体，叶片掌状3裂或稀不裂 ……… 5. 鸡树条 V. opulus subsp. calvescens
　　4. 花序无大型不孕花。
　　　6. 常绿灌木 ………………………… 6. 具毛常绿荚蒾 V. sempervirens var. trichophorum
　　　6. 落叶灌木。
　　　　7. 叶柄长不超过5mm，具托叶 ………………………… 7. 宜昌荚蒾 V. erosum
　　　　7. 叶柄无托叶，若偶有托叶，则叶片下面具腺点；叶柄长超过5mm。
　　　　　8. 花序梗长5~12.5cm；叶片先端浅3裂或不规则分裂 ……………………………………………………………………… 8. 衡山荚蒾 V. hengshanicum
　　　　　8. 花序无花序梗，或花序梗长不超过5cm；叶片不分裂。
　　　　　　9. 芽及叶片干后变黑色、黑褐色或灰色；花序或果序下垂 …………………………………………………………………………… 9. 茶荚蒾 V. setigerum
　　　　　　9. 芽及叶片干后不变黑色、黑褐色或灰色；花序或果序不下垂。
　　　　　　　10. 叶片下面全面散生均匀而规则的黄色或近无色的透亮腺点；果红色。
　　　　　　　　11. 小枝、芽、花序均密被刚毛状糙毛 ………………… 10. 荚蒾 V. dilatatum
　　　　　　　　11. 小枝、芽、花序和花萼外面无毛或几无毛 ……… 11. 桦叶荚蒾 V. betulifolium
　　　　　　　10. 叶片下面无腺点，或稀有散生少数零星而不规则红色腺点；果黑色 …………………………………………………………………… 12. 黑果荚蒾 V. melanocarpum

1. 壮大聚花荚蒾（图159：C）

Viburnum glomeratum Maxim. subsp. **magnificum**（P. S. Hsu）P. S. Hsu, Fl. Republ. Popularis Sin. 72：24. 1988.

Basionym：*Viburnum veitchii* C. H. Wright subsp. *magnificum* P. S. Hsu in Acta

图159　A：粉团荚蒾；B：合轴荚蒾；C：壮大聚花荚蒾；D：鸡树条（蒋辰榆绘）

Phytotax. Sin. 11：75. 1966.

　　落叶或半常绿灌木,高 2～3m。芽裸露,当年生小枝基部无芽鳞痕。当年生小枝、芽、幼叶下面、叶柄及花序均被黄色或黄白色星状毛。叶片厚纸质,卵状长圆形或长卵形,长 8～19cm,宽 4.5～12cm,先端钝圆、锐尖至短渐尖,基部近心形,边缘有浅牙齿,上面疏被星状毛,下面被绒状星状毛,侧脉 8～10 对,与其分枝均直达齿端,连同中脉在上面凹陷,下面凸起;叶柄长 1～4cm。聚伞花序直径 3～9cm,果时更大;花序梗长 1～4(～8)cm,第一级辐射枝 7 出;萼筒密被星状毛;花冠白色,裂片等长或略长于筒部,外展;雄蕊几等于或略高出花冠。果实椭圆状长圆球形,长 8～13mm,红色而后变黑色,果核扁,有 2 条浅背沟及 3 条浅腹沟。花期 4—5 月,果期 8—10 月。

　　产地：龙塘山、百丈岭、岛石镇。生于海拔 350～950m 的石灰岩山谷、林缘或灌木丛中。

　　分布：安徽、浙江。

2. 合轴荚蒾(图 159：B)

　　Viburnum sympodiale Graebn. in Bot. Jahr. Syst. 19：587. 1901.

　　落叶灌木或小乔木,高达 5m。芽裸露,当年生小枝基部无芽鳞痕。幼枝、叶片下面脉上、叶柄及花序均被灰黄褐色之星状鳞毛;枝有长、短枝之分,而仅短枝上着生花序。叶片椭圆状卵形、卵形、圆状卵形至近圆形,长 6～13cm,宽 3～9cm,先端渐尖或急尖,基部圆形或多少带心形,边缘有不规则牙齿状小锯齿,侧脉 6～8 对,直达齿端;叶柄长 1.5～3(～4.5)cm;通常有托叶,有时不明显或无。聚伞花序直径 5～9cm,周围有大型的不孕花;无花序梗;第 1 级辐射枝常 5 出;萼筒无毛或几无毛;可孕花冠白色,辐状,直径 5～6mm;雄蕊长不及花冠之半;不孕花冠与孕性花同色,直径 2.5～3cm,裂片常不相等。果实卵状椭圆球形,红色而后变紫黑色,果核稍扁,有 1 条浅背沟和 1 条深腹沟。花期 4～5 月,果期 8～9 月。

　　产地：龙塘山、三祖源、大明山、百丈岭。生于海拔 800～1700m 之林下、山谷、溪边或灌木丛中。

　　分布：陕西、甘肃、安徽、浙江、福建、台湾、江西、湖北、湖南、广东、广西、四川、贵州、云南。

3. 日本珊瑚树

　　Viburnum odoratissimum Ker Gawl. var. **awabuki**（K. Koch.）Zabel ex Rumpl.，Ill. Gartenbau-Lex.，ed. 3，877. 1902.

　　Basionym：*Viburnum awabuki* K. Koch. in Wochenschr. Vereines Beförd. Gartenbaues Königl. Preuss. Staaten 10：109. 1867.

　　常绿灌木或小乔木,高 3～5m。当年生小枝基部有环状芽鳞痕。叶片革质,倒卵状长圆形至长圆形,很少倒卵形,长 6～13cm,宽 3～5cm,先端钝或急尖而钝头,有时钝形至近圆形或略凹入,基部通常宽楔形,边缘波状或具波状粗钝锯齿,近基部全缘,很少全缘,上面深绿色有光泽,两面无毛或脉上散生微毛,下面脉腋通常有小孔,侧脉 6～8 对,弧形,近叶缘前互相网结;叶柄长 1.5～3.5cm,棕褐色或古铜色。圆锥花序长 9～15cm,直径 4～8cm,花序梗长可达 10cm;苞片及小苞片早落;花芳香;花萼及花冠无毛,花冠辐状钟形,筒部长 3.5～4mm,裂片长 2～3mm,反折;雄蕊约与裂片等长;花柱较纤细,长约 1mm,柱头常超出萼裂。

果实椭圆球形,红色而后变黑色,长约 8mm,果核通常倒卵形或倒卵状椭圆形,有 1 条深腹沟。花期 5—6 月,果期 9—11 月。

产地：区内偶见栽培。

分布：台湾,华东地区常见栽培;日本、朝鲜半岛。

用途：为优良的园林绿化树种,常用作绿篱,也适合工矿厂区绿化;或作为森林的防火树种。

4. 粉团荚蒾　蝴蝶戏珠花（图 159：A）

Viburnum plicatum Thunb. in Trans. Linn. Soc. London 2：332. 1794.

Viburnum tomentosum Thunb., Fl. Jap. 123. 1784, non Lamarck 1778; *V. plicatum* Thunb. var. *tomentosum* (Thunb.) Miq.

落叶灌木,高可达 3m。当年生小枝基部有环状芽鳞痕,连同叶柄、叶片两面及花序被星状毛。叶片膜质至近纸质,宽卵形、长圆状卵形、椭圆状倒卵形或倒卵形,少数近圆形,长 4～10cm,宽 3～6cm,先端圆形而急尖,有时渐尖,基部宽楔形或圆形,很少微带浅心形,边缘具不整齐的锯齿,下面近基部第 1 对侧脉以下区域内无腺体,侧脉常 8～14 对,直达齿端,上面常深凹陷,下面显著凸起,细脉紧密横列平行;叶柄长 1～2cm。花序复伞形状,圆球形,直径 4～8cm,周围有 4～6 朵大型的不孕花;花序梗长 2～5.5cm,第 1 级辐射枝 6～8 出;萼筒无毛或多少有毛;不孕花花冠 5(4)裂,白色,直径 1.5～3cm,裂片大小常不相等;可孕花直径约 3mm,白色,辐状。果实宽卵球形或倒卵球形,长 5～6mm,先红色后变黑色,果核扁,有 1 条上宽下窄的腹沟,背面中下部还有 1 条短的隆起之脊。花期 4—5 月,果期 8—9 月。

产地：鸠甫山、龙塘山、百丈岭、双涧坑、大明山、直源、云溪坞。生于海拔 240～1400m 的山坡或山谷混交林中及沟谷旁灌木丛中。

分布：陕西、安徽、浙江、江西、福建、台湾、河南、湖南、广东、广西、四川、贵州、云南。

在我国,常见栽培的花序全部为不孕花类型以往鉴定为粉团荚蒾 *Viburnum plicatum*,而野生的花序中央为可孕花的类型鉴定为蝴蝶戏珠花 *Viburnum tomentosum* 或 *V. plicatum* var. *tomentosum*,但 *Viburnum tomentosum* 是一个晚出名称。

5. 鸡树条　天目琼花（图 159：D）

Viburnum opulus L. subsp. **calvescens** (Rehder) Sugimoto, New Key Jap. Tr. 478. 1961.

Basionym：*Viburnum sargentii* Koehne var. *calvescens* Rehder in Mitt. Deutsch. Dendrol. Ges. 12：125. 1903.

Viburnum opulus L. var. *calvescens* (Rehder) H. Hara; *V. sargentii* Koehne; *V. opulus* var. *sargentii* (Koehne) Takeda.

落叶灌木,高 2～3m。树皮带木栓质,具浅纵裂纹,当年生小枝有棱,无毛;冬芽具合生或合生成罩状的芽鳞片。叶片纸质,卵圆形至宽卵形或倒卵形,长与宽各约 6～12cm,通常 3 裂而具掌状三出脉,基部圆形、楔形或浅心形而通常多少下延,各裂片边缘常具不整齐粗牙齿,先端尖或渐尖,但位于小枝上部的叶片有时狭椭圆形至长圆状披针形,不分裂或微 3 裂,边缘具波状牙齿或全缘至近全缘,上面无毛,下面仅脉腋有簇毛,或有时脉上被少数长伏毛;叶柄长约 2～4cm,无毛,顶端具 2～6 个腺体,基部常具 2 钻形托叶。花序复伞形状,无毛,周围有大型的不孕花;花序梗长 1.5～7cm,第 1 级辐射枝 7 出;花冠乳白色,辐状;雄蕊长至少为花冠的 1.5 倍,花药带紫红色;不孕花直径 2～2.5(～3)cm。果实近球形至球形,直径8～10mm,红色,核扁,圆形或近圆形,无沟或几无沟。花期 5—6 月,果期 9—10 月。

产地:龙塘山、清凉峰、大明山、百丈岭。生于海拔 1000～1650m 的山坡溪谷边、疏林下或灌丛中。

分布:黑龙江、吉林、辽宁、河北、山西、陕西、甘肃、河南、山东、安徽、浙江、江西、湖北、四川。

6. 具毛常绿荚蒾(图 160:D–F)

Viburnum sempervirens K. Koch. var. **trichophorum** Hand.-Mazz. in Beih. Bot. Centralbl. Bd. 56 (Pl. Mell. Sin. 3), Abt. B: 465. 1937.

常绿灌木,高 2～4m。当年生小枝被短星状毛,四方形,基部有环状芽鳞痕。叶片厚革质,干后变黑色至黑褐色或灰黑色,椭圆形至椭圆状卵形,较少卵圆形,有时长圆形、倒披针形或倒卵形,长 4～12cm,宽 3～5cm,先端尖或短渐尖,基部渐狭或钝,有时近圆形,全缘或上部至近先端有少数浅齿,上面无毛,中脉下陷,下面无毛,全面有细小的黑褐色或栗褐色腺点,近基部第 1 对侧脉以下区域内有腺体,侧脉 4 或 5 对,直达齿端或在全缘时可沿叶缘前弯拱而联结,最下方 1 对常多少呈离基三出脉状;叶柄长 5～15mm,多少被短星状毛。花序复伞形状,多少被短星状毛;花序梗无至长达4.5cm,第 1 级辐射枝 5(4)出;花萼无毛;花冠白色,辐状;雄蕊稍超出花冠。果实近球形或卵球形,红色,果核背面凸起,腹面近扁平,两端略弯拱,长 7mm,直径约 6mm。花期 5—6 月,果期 10—12 月。

产地:龙塘山、井坑、直源。生于海拔 100～900m 的山谷林缘、溪边或灌木丛中。

分布:浙江、江西、福建、湖南、广东、广西、四川、贵州、云南。

7. 宜昌荚蒾(图 161:D)

Viburnum erosum Thunb., Syst. Veg., ed. 14. 295. 1784.

落叶灌木,高达 3m。当年生小枝基部有环状芽鳞痕,连同芽、叶柄、花序及花萼均密被星状毛及简单长柔毛。叶片膜质至纸质,干后不变黑色、卵形、狭卵形、卵状宽椭圆形、长圆形或倒卵形,少有椭圆状倒披针形,长 3～8cm,宽 1.5～4cm,先端急尖或渐尖,基部常微心形、圆形或宽楔形,有时楔形,边缘有尖齿,上面多少被叉状毛或星状毛,有时脱落至近无毛,中脉下陷,下面多少被毛或有时仅脉上及脉腋处被长伏毛,近基部第 1 对侧脉以下区域内有腺体,侧脉 7～10(～14)对,直达齿端;叶柄长 3～5mm;托叶 2,线状钻形,宿存。花序复伞形状;花序梗几无至长约 2.5cm,稀更长,不弯垂,第 1 级辐射枝 5(6)出;花冠白色,辐状,无毛或几无毛;雄蕊短于至略长于花冠。果实宽卵球形至球形,长 7～8mm,红色,果核扁,有 2 条浅背沟及 3 条浅腹沟。花期 4—5 月,果期 9—10(—11)月。

产地:鸠甫山、龙塘山、长滩里、井坑、顺溪、百丈岭。生于海拔 300～1400m 的山坡林下、溪边或灌丛中。

图 160　A-C：茶荚蒾；D-F：具毛常绿荚蒾（蒋辰榆绘）

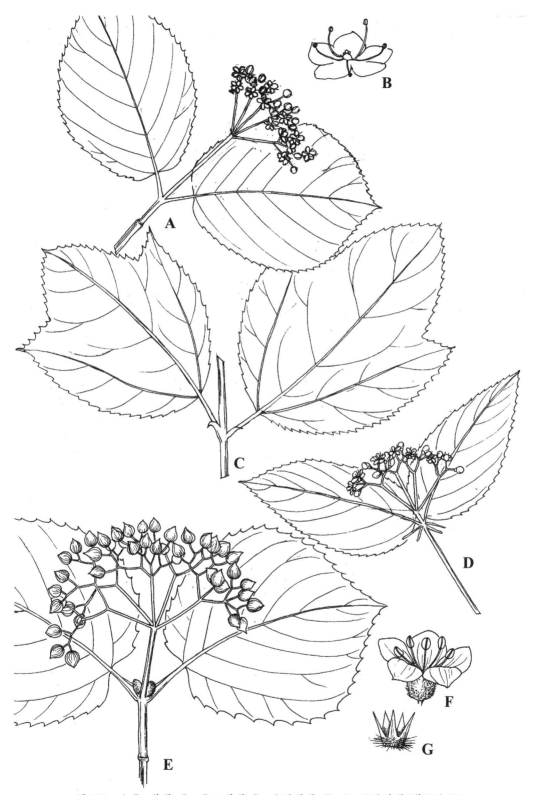

图 161　A,B：荚蒾;C：衡山荚蒾;D：宜昌荚蒾;E－G：黑果荚蒾(蒋辰榆绘)

分布：陕西、山东、河南、江苏、安徽、浙江、福建、台湾、江西、湖北、湖南、广东、广西、四川、贵州、云南；日本、朝鲜半岛。

8. 衡山荚蒾(图 161：C)

Viburnum hengshanicum Tsiang ex P. S. Hsu in P. C. Chen & al. , Observ. Fl. Hwangshan. 178. 1965.

落叶灌木,高 1.5～2.5m。除芽的顶端、叶片下面及花序可有少量毛外,余无毛。当年生小枝淡黄褐色,基部有环状芽鳞痕;顶生冬芽长而尖,长达 8～9mm。叶片膜质或纸质,干后不变黑色、卵形、卵状椭圆形、宽卵形、圆卵形,稀倒卵形,长 9～15cm,宽 5～12cm,先端急短渐尖或急狭而有 1 长急尖,有时 3(2)浅裂,基部圆形或浅心形,有时截形,稀宽楔形至楔形,边缘有牙齿状尖锯齿,上面无毛,中脉下陷,下面绿白色,有时近无毛,但脉腋有少量簇毛,近基部第 1 对侧脉以下区域内有腺体,侧脉 5～7 对,最下方 1 对常呈三出脉状,均直达齿端;叶柄长 2～4.5cm;托叶线形或因退化而不存在。花序复伞形状;花序梗长 6～10cm,不弯垂,第 1 级辐射枝 7(6)出,与以上各级分枝的向轴面均被短细毛;花冠白色,辐状,连同花萼外面均无毛;雄蕊长至少为花冠的 2 倍。果实长圆球形至球形,长7～10mm,红色,果核扁,有 2 条浅背沟及 3 条浅腹沟。花期 5—7 月,果期 9—10 月。

产地：鸠甫山、龙塘山、顺溪、云溪坞、岛石镇、直源、百丈岭。生于海拔 690～1100m 的山谷林中或山坡灌丛中。

分布：安徽、浙江、江西、湖南、广西、贵州。

9. 茶荚蒾　饭汤子(图 160：A - C)

Viburnum setigerum Hance in J. Bot. 20：261. 1882.

落叶灌木,高达 4m。芽及叶片干后变黑色、黑褐色,少有灰黑色。当年生小枝多少有棱,无毛,基部有环状芽鳞痕;冬芽无毛或有时仅在顶端有少量毛。叶片纸质,卵状长圆形至卵状披针形或狭椭圆形,稀宽卵形、椭圆状卵形、线状披针形或倒卵形,形状多变,长7～12cm,宽 2～6cm,先端长渐尖,基部楔形至圆形,边缘自近基部至中部以上或近先端有锯齿,上面无毛或初时沿中脉被长丝毛,中脉下陷,下面沿中脉及侧脉被浅黄色贴生疏长毛,近基部第 1 对侧脉以下区域内有腺休,侧脉约 8 对,直达齿端;叶柄长 1～2cm,有少量长伏毛或近无毛;无托叶。花序复伞形状;花序梗长 0.3～4cm,弯垂,除各级分枝的节部被密毛外,其余部分疏被长伏毛或后变无毛;第 1 级辐射枝 5 出;花萼无毛;花冠白色,辐状,无毛,干后变茶褐色或黑褐色;雄蕊短于或等长于花冠。果序弯垂;果实卵圆球形至卵状长圆球形,长 9～11mm,红色,果核扁,背腹沟不明显而带凹凸不平。花期 4—5 月,果期9—10 月。

产地：鸠甫山、龙塘山、井坑、双涧坑、三祖源、茶园里、大明山、顺溪、云溪坞、横源、直源、百丈岭。生于海拔 200～1720m 的山谷溪边疏林中或山坡灌木丛中。

分布：陕西、江苏、安徽、浙江、江西、福建、台湾、湖北、广东、广西、湖南、四川、贵州、云南。

10. 荚蒾(图 161：A,B)

Viburnum dilatatum Thunb. , Syst. Veg. , ed. 14. 295. 1784.

落叶灌木,高 1.5～3m。当年生小枝基部有环状芽鳞痕,连同芽、叶柄、花序及花萼被土黄色或黄绿色开展粗毛或星状毛,有时以后渐变稀疏。叶片纸质,干后不变黑色,宽倒卵形、倒卵形、椭圆形、宽卵形,有时近圆形或在萌枝上为卵状长圆形,长 3～12cm,宽 2～9cm,先端急尖或短渐尖,基部圆形至钝形或微心形,有时楔形,边缘有波状尖锐牙齿,上面多少被毛或至少沿中脉有毛,中脉在上面多少下陷,下面多少被毛或除脉腋有簇毛外,通常全面具黄色或几无色的透亮腺点,近基部第一对侧脉以下区域内有腺体,侧脉6～8对,直达齿端;叶柄长 1～1.5cm;无托叶。花序复伞形状;花序梗长 0.3～3.5cm,不弯垂,第 1 级辐射枝 5(6)出;花萼外面通常有毛及暗红色微细腺点;花冠白色,辐状,外面被粗毛,稀无毛或近于无毛;雄蕊明显高出花冠,插生于花冠筒的基部。果实卵球形至近球形,长 7～8mm,红色,果核扁,具 2 条浅背沟及 3 条浅腹沟。花期 5—6 月,果期 9—11 月。

产地：都林山、双涧坑、龙塘山、鸠甫山、大明山。生于海拔 50～1050m 之山坡或山谷疏林下、林缘及丘陵山脚灌木丛中。

分布：陕西、河北、江苏、安徽、浙江、江西、福建、台湾、河南、湖北、湖南、广东、广西、四川、贵州、云南;日本、朝鲜半岛。

11. 桦叶荚蒾(图 162)

Viburnum betulifolium Batalin in Trudy Imp. St.-Peterburgsk. Bot. Sada 13：371. 1894.

Viburnum lobophyllum Graebn. ; *V. lobophyllum* var. *silvestrii* Pamp.

落叶灌木,高 1.5～3.5m。当年生小枝基部有环状芽鳞痕,连同花序及花萼均无毛。小

图 162　桦叶荚蒾(引自 *Flora of China*-Ill.)

枝灰褐色至紫褐色,散生皮孔,冬芽无毛或仅顶端具少量淡黄色毛。叶片膜质或纸质,干后不变黑色或黑褐色,通常卵圆形至宽卵形至卵形,少数近圆形、菱状卵形、狭椭圆形或倒卵形,长 9～11.5cm,宽 5～10cm,先端渐尖或急短渐尖,基部圆形至截状微心形,少数楔形或近截形,边缘具牙齿状浅锯齿,上面无毛或仅沿中脉及近边缘散生单毛或叉状毛,中脉下陷,下面沿脉有少数伏毛或无毛,脉腋常多少有簇毛,通常全面具金黄色或淡黄色腺点,近基部第 1 对侧脉以下区域内有腺体,侧脉通常 7 或 8 对,直达齿端;叶柄长 1.5～4cm,无毛;具钻形、细小或点突状托叶。花序复伞形状;花序梗长 0.2～2.5cm,不弯垂,第 1 级辐射枝 7 出,很少 5 出,无毛或几无毛;萼筒无毛,具红色或红棕色腺点;花冠白色,辐状,无毛或几无毛;雄蕊高出花冠。果实近球形,长约 7mm,红色,果核扁,有 2 条深背沟及 1 或 3 条浅腹沟。花期 6—7 月,果期 9—10 月。

产地: 龙塘山、大明山。生于海拔 700～1600m 的山谷溪边或山坡林下。

分布: 陕西、甘肃、宁夏、安徽、浙江、江西、湖北、广西、四川、贵州、云南。

12. 黑果荚蒾(图 161：E-G)

Viburnum melanocarpum P. S. Hsu in P. C. Chen & al., Observ. Fl. Hwangshan. 181. 1965.

落叶灌木,高 3～3.5m。当年生小枝基部有环状芽鳞痕,连同花序多少散生星状毛或后变无毛;冬芽密被黄白色短星状毛。叶片膜质或薄纸质,干后不变黑色,倒卵形、近圆形或卵状宽椭圆形,稀菱状椭圆形,长 4～0cm,宽 3～6cm,先端急短渐尖,基部圆形、浅心形、宽楔形至楔形,边缘有小尖齿,上面无毛或沿中脉有少数粗毛,后近无毛,中脉下陷,下面中脉及侧脉上有少数长伏毛,脉腋常具少数白色簇毛,近基部第 1 对侧脉以下区域内有腺体,侧脉通常 6 或 7 对,直达齿端;叶柄长 1～3cm;托叶钻形或无。复伞形花序生于具 1 对叶的短枝之顶,直径约 5cm;花序梗长 0.5～4cm,不弯垂,第 1 级辐射枝 5 出;萼筒被星状毛或少有无毛,具红褐色腺点;花冠白色,辐状,无毛;雄蕊稍短于或明显长于花冠。果实近球形,长 8～10mm,黑色或黑紫色,果核多少成浅勺状,腹面中央常有 1 条纵向隆起之脊。花期 4—6 月,果期 9—10 月。

产地: 双涧坑。生于海拔 700～1250m 的山地林中或山谷溪边灌木丛中。

分布: 江苏、安徽、浙江、江西、河南。

(四) 锦带花属 Weigela Thunb.

落叶灌木或小乔木。小枝髓部坚实,常具 2 列毛;冬芽被数枚尖锐鳞片。单叶,对生,叶片边缘有锯齿;具柄;无托叶。花较大,1 至数朵成腋生或顶生聚伞花序;萼筒长圆柱形,裂片 5,基部连合或完全分离;花冠钟状或漏斗形,5 裂,两侧对称或近辐射对称;雄蕊 5,着生于花冠筒中部,短于花冠;子房下位,2 室,花柱细长,柱头头状。蒴果圆柱形,革质或微木质,先端有喙,2 瓣裂。种子小,多粒,有棱角或有狭翅。

约 10 种,分布于东亚和北美。我国有 2 种,自东北部至华东和华中。浙江有 2 种。

1. 水马桑 半边月(图 163)

Weigela japonica Thunb. in Kongl. Vetensk. Acad. Nya Handl. 1：137. 1780.

Diervilla japonica (Thunb.) DC.

落叶灌木或小乔木。幼枝四棱形,有 2 列毛,老枝无毛。叶片长卵形、卵状椭圆形或倒卵形,长 5～15cm,宽 2.5～6cm,先端渐尖,基部宽楔形或圆形,边缘具细锯齿,上面深绿色,疏生短柔毛,脉上毛较密,下面淡绿色,密生短柔毛;叶柄长 5～12mm。聚伞花序具 1～3 朵花,生于短枝叶腋或顶端,萼筒与子房愈合,长 10～12mm,萼齿 5,深裂至基部,线形,长 5～10mm,被柔毛;花冠白色至淡红色,或桃红色,漏斗状钟形,长 2.5～3.5cm,外面疏生微毛或近无毛,中部以下急收缩呈管状,裂片 5;雄蕊 5,着生于近花冠筒中部;花柱稍伸出,柱头圆盘状。蒴果狭长,长 1～2cm,顶端有短柄状喙,外面疏生柔毛或近光滑,2 瓣裂。花期 4—5 月,果期 8—9 月。

产地: 龙塘山、百丈岭、大明山、横源、顺溪。生于海拔 500～1100m 的山坡灌丛中或溪沟边。

分布: 安徽、浙江、江西、福建、湖北、湖南、广东、广西、四川、贵州;日本、朝鲜半岛。

用途: 花大色艳,供观赏。

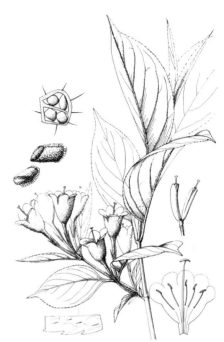

图 163　水马桑(引自 *Flora of China-*Ill.)

(五) 忍冬属　Lonicera L.

直立或攀援状灌木,落叶或半常绿。小枝髓部白色或黑褐色、有时中空,老枝树皮常作条状剥落;冬芽具 1 至数对芽鳞。单叶,对生,无托叶,有时花序下的 1 或 2 对叶相连成盘状。花两性,两侧对称或辐射对称,常成对腋生,或轮状排列于小枝顶端;每对花的下面有苞片 2 枚和小苞片 4 枚;苞片小或大呈叶状;小苞片分离或常连生;相邻两花的萼筒分离或部分至全部连合,上端 5 齿裂;花冠黄、白、紫红等各色,5 裂或二唇形而上唇 4 裂,花冠筒长或短,基部 1 侧常膨大或具浅或深的囊;雄蕊 5;子房下位,果为浆果,有种子数粒,种子卵圆球形。

约 180 种,分布北半球温带及亚热带。我国有 57 种,分布于南北均有,以西南部较多。浙江有 15 种。

分种检索表

1. 花双生于花序梗顶端,花序下叶片不相连成盘状。
  2. 直立灌木。
    3. 小枝髓白色而实心。
      4. 冬芽有数对外鳞片;相邻两花之萼筒合生至中部以下。
        5. 冬芽不具 4 棱角;叶片倒卵形、倒卵状长圆形或椭圆形,叶柄细长,长 6～20mm ……………………………………………………… 1. 倒卵叶忍冬 L. hemsleyana
        5. 冬芽具 4 棱角;叶片菱状椭圆形至菱状卵形,叶柄极短,长 2～4mm ……………………………………………………… 2. 下江忍冬 L. modesta
      4. 冬芽仅具 1 对外鳞片;;相邻两花的萼筒连合至中部 ………… 3. 郁香忍冬 L. fragrantissima

3. 小枝髓黑褐色,后变中空。

  6. 小苞片分离,长为萼筒的 1/3～2/3;花序梗长 10～25mm,远长于叶柄 …………………
     ……………………………………… 4. 须蕊忍冬 L. chrysantha var. koehneana

  6. 小苞片连合,与萼筒几等长;花序梗极短,长 1～3mm,短于叶柄…… 5. 金银忍冬 L. maackii

2. 缠绕木质藤本。

  7. 花冠长 3cm 以下。

   8. 苞片线状披针形;花柱全部被毛 ……………………………… 6. 毛萼忍冬 L. trichosepala

   8. 苞片卵状披针形或呈叶状;花柱无毛……………………… 7. 短柄忍冬 L. pampaninii

  7. 花冠长 3～12cm。

   9. 苞片大,叶状,卵形,长达 3cm;叶片下面无腺体。

    10. 幼枝暗红褐色;花冠白色,后变黄色 …………………………… 8. 忍冬 L. japonica

    10. 幼枝紫黑色;花冠内面白色,外面紫红色…… 8a. 红白忍冬 L. japonica var. chinensis

   9. 苞片小,非叶状,叶片下面有许多蘑菇状橘红色腺体 ………… 9. 菰腺忍冬 L. hypoglauca

1. 花 6～9 朵簇生小枝顶端成头状,花序下的 1 或 2 对叶片连合成盘状 …… 10. 盘叶忍冬 L. tragophylla

1. 倒卵叶忍冬(图 164：A)

Lonicera hemsleyana Rehder in Rep. (Annual) Missouri Bot. Gard. 16：112. 1903.

落叶灌木或小乔木,高达 4m。树皮灰白色,片层状剥落。幼枝、叶缘、叶脉、叶柄、花序梗及苞片外面初时均散生腺毛,后脱落。小枝髓部白色而实心。冬芽鳞片多数,不具四棱角状,内芽鳞在幼枝伸长时增大且常反折。叶片纸质,倒卵形、倒卵状长圆形或椭圆形,4～10cm,宽 2～5cm,先端渐尖或尾尖,基部楔形、圆钝或截形,叶脉上疏生毛,下面中脉和侧脉均疏生硬毛;叶柄长 0.6～2cm,上面无毛。花成对腋生,花序梗长 0.5～2.5cm;苞片钻形,长 3～5mm,常超过萼筒;小苞片连合成杯状,长约为萼筒的 1/2;相邻两萼筒下部合生,无毛,萼齿短,疏生缘毛;花冠白色或淡黄色,唇形,长 1.0～1.2cm,外面无毛,内面基部密生长柔毛,基部 1 侧具深囊,雄蕊 5,长短不一,与花冠几等长。果圆球形,熟时红色或深紫红色,直径 8～10mm。花期 3—5 月,果期 6—7 月。

产地：都林山、龙塘山、千顷塘、干坑、大坪溪。生于海拔 880～1450m 的山涧杂木林中。

分布：安徽、浙江、江西。

2. 下江忍冬(图 164：B,C)

Lonicera modesta Rehder in Sargent, Trees & Shrubs 2：49. 1907.

落叶灌木,高达 2m。幼枝密被短柔毛,老枝干皮纤维状纵裂;小枝髓部白色而实心。冬芽具数对宿存鳞片,四棱角状,内芽鳞在幼枝伸长时不十分增大。叶片厚纸质,菱形、菱状椭圆形或卵形至宽卵形,长 2～8cm,宽 1.5～4.5cm,先端圆钝或具突尖或微凹,基部楔形至圆形或近截形,边缘微波状,有短缘毛,上面被灰白色细点状鳞片,中脉和侧脉有短柔毛,下面网脉明显,密被短柔毛;叶柄长 2～4mm,具短柔毛。花成对腋生;花序梗长约 2mm,被柔毛;苞片钻形,长于萼筒而短于萼齿,具缘毛;小苞片连合成杯状,长为萼筒的 1/3 或更短,有缘毛;相邻两花的萼筒合生至中部以上,萼齿狭披针形,长约 2～5mm;花冠白色,基部稍带红色,后变红色,唇形,长约 10～12mm,外面有短柔毛,内面有密毛,基部具浅囊;雄蕊 5,长短不等;花柱全有毛。果实圆球形,熟时半透明状鲜红色,直径 7～8mm,相邻两果实几乎全部

图 164　A：倒卵叶忍冬；B，C：下江忍冬；D，E：盘叶忍冬（韩思思绘）

合生。花期 5 月,果期 9—10 月。

　　产地:龙塘山、东岙头、岛石镇、大明山、顺溪、直源、云溪坞。生于海拔 500～1500m 的山坡林下或溪沟边灌丛中。

　　分布:陕西、甘肃、河南、安徽、浙江、江西、湖北、湖南。

3. 郁香忍冬(图 165:A)

Lonicera fragrantissima Lindl. & Paxton, Paxton's Fl. Gard. 3:75. 1852.

Lonicera fragrantissima Lindl. & Paxton subsp. *standishii* (Jacq.) P. S. Hsu & H. J. Wang.

　　半常绿灌木,高达 2m。幼枝疏被倒生刺状刚毛,毛脱落后留有小瘤点,或无毛,老枝暗灰色至灰褐色,常作条状撕裂;小枝髓部白色而实心。冬芽具 1 对外鳞片。叶片变异大,倒卵状椭圆形、椭圆形、圆卵形、卵形至卵状长圆形,长 3～10cm,宽 1～3cm,先端短尖或突尖,基部宽楔形至圆钝,叶片两面被平伏细刚毛或至少下面中脉被刚伏毛,有时基部两侧杂有短糙毛,或几无毛;叶柄长 2～5mm,具倒生刚毛。花成对生于幼枝基部苞腋;花序梗被倒生刚毛,长 5～10mm;苞片线状披针形,长 5～7mm,较萼筒长 2～3倍;相邻两花的萼筒连合至中部,无毛;花冠白色,或略带红晕,芳香,先于叶或与叶同时开放,唇形,长 1～1.5cm,外面无毛,内面密生柔毛,基部具浅囊;雄蕊较花冠裂片短;花柱无毛。浆果球形,熟时鲜红色,直径约 1cm,2 果基部合生过半。花期 1—4 月,果期 4—6 月。

　　产地:十八龙潭。生于向阳坡地或林下阴湿处。

　　分布:陕西、山西、甘肃、山东、河南、安徽、浙江、江西、湖北、湖南、四川、贵州。

4. 须蕊忍冬(图 165:C)

Lonicera chrysantha Turcz. ex Ledeb. var. **koehneana** (Rehder) Q. E. Yang & al., Fl. China 19:635. 2011.

Basionym:*Lonicera koehneana* Rehder in Sragent, Trees & Shrubs 1:41. 1902.

Lonicera chrysantha Turcz. ex Ledeb. subsp. *koehneana* (Rehder) P. S. Hsu & H. J. Wang.

　　落叶灌木,高 2～4m。树皮暗灰色。幼枝、叶柄和花序梗均被微弯曲短柔毛;小枝髓部黑褐色,后变中空。冬芽卵状披针形,外被柔毛兼有白色长缘毛。叶片纸质,菱状卵形或披针形,长 4～12cm,宽 1.5～5cm,先端渐尖,基部楔形或圆钝,上面疏生糙毛,中脉毛较密,下面密被灰白色糙伏毛;叶柄长 2～7mm。花序梗长 1～2.5cm;苞片线状披针形,长 3mm;小苞片分离,圆形,长约 1mm,被柔毛和缘毛,萼齿圆卵形、半圆形或卵形,顶端圆或钝;花冠长 1～1.5cm,黄白色,后变黄色,唇形,唇瓣比筒长 2～3 倍,基部 1 侧具浅囊;雄蕊 5,花丝中部以下密被柔毛,花柱被毛,柱头无毛。果圆球形,熟时深紫红色,直径 0.5～1.0cm。花期 5 月,果期 6—7 月。

　　产地:千顷塘、干坑。生于海拔 750～1200m 的山坡路旁湿润处或林下石隙间。

　　分布:陕西、山西、甘肃、山东、河南、江苏、安徽、浙江、湖北、四川、贵州、云南、西藏。

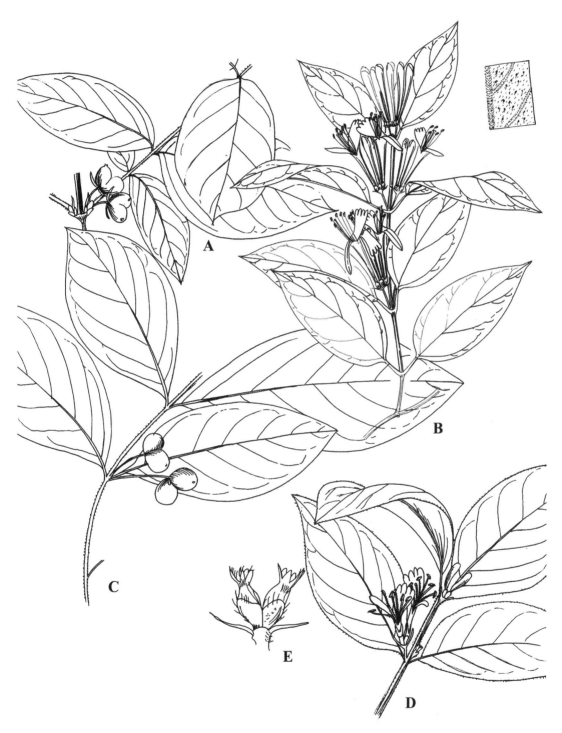

图 165　A：郁香忍冬；B：菰腺忍冬；C：须蕊忍冬；D，E：金银忍冬（韩思思绘）

5. 金银忍冬(图 165：D,E)

Lonicera maackii(Rupr.) Maxim. in Mém. Acad. Imp. Sci. St.-Pétersbourg Divers Savans 9：136. 1859.

Basionym：Xylosteon maackii Rupr. in Bull. Acad. Imp. Sci. St.-Pétersbourg 15：369. 1857.

落叶灌木,高达 4m。树皮暗灰色至灰白色,不规则纵裂。幼枝被短柔毛,小枝髓部黑褐色,后中空;冬芽小,卵圆形。叶片纸质至薄革质,椭圆形、卵状椭圆形至卵状披针形,长 1～8cm,宽 2～4cm,先端渐尖,基部楔形至圆形,两面疏生柔毛,叶脉和叶柄均被腺质短柔毛;叶柄长 2～8mm。花序梗腋生,长 1～3mm,被腺毛;苞片、小苞片和萼片外面均被柔毛和腺毛;苞片线形,长 3～6mm;小苞片合生成对,具缘毛,与萼筒近等长;相邻两花的萼筒分离,萼齿紫红色;花芳香,花冠白色带紫红色,后变黄色,唇形,长约 2cm,花筒长约为唇瓣的 1/2;雄蕊 5,与花冠近等长或略短。果圆球形,熟时暗红色,直径 5～6mm。花期 4—5 月,果期 8—10 月。

产地：大坪溪。生于山谷溪边或路旁杂木林中。

分布：黑龙江、吉林、辽宁、山西、陕西、甘肃、河北、山东、河南、江苏、安徽、浙江、湖北、湖南、四川、贵州、云南、西藏;日本、朝鲜半岛、俄罗斯。

6. 毛萼忍冬(图 166：C)

Lonicera trichosepala(Rehder) P. S. Hsu in Acta Phytotax. Sin. 11：202. 1966.

Basionym：*Lonicera henryi* Hemsl. ex Forb. & Hemsl. var. *trichosepala* Rehder in J. Arnold Arbor. 8：199. 1927.

落叶木质藤本。幼枝、叶柄和花序梗均密被黄褐色开展糙毛。叶片纸质,卵圆形、三角状卵圆形或卵状披针形,长 2～6cm,先端渐尖或短尖,基部微心形,或圆形或截形,叶两面均被糙伏毛,脉上毛较密,老叶下面稍灰白色;叶柄长 2～5mm。双花簇生枝顶成伞房花序或单生叶腋;苞片线状披针形,长 2～5mm;萼筒无毛或被稀疏毛,萼齿线状披针形,密被糙毛和缘毛;花序梗长约 2mm,花冠淡紫红或白色,唇形,长 1.5～2cm,外面密被倒糙毛;花药长 2～3mm,花丝长为花药的 3 倍;花柱全被毛。果圆卵形,蓝黑色,略带紫色。花期 6—7 月,果期 10—11 月。

产地：大坪溪。生于海拔 1100～1400m 的山谷林下或山坡林缘及沟旁石缝间。

分布：安徽、浙江、江西、湖南。

Flora of China 将本种并入淡红忍冬 *Lonicera acuminata* Wall.,但本种花序梗极短,长不超过 3mm 或几无,后者花序梗明显,长 5～25mm,可以区别,故仍作为独立的种处理。

7. 短柄忍冬(图 166：E)

Lonicera pampaninii H. Lév. in Repert. Spec. Nov. Regni Veg. 10：145. 1911.

落叶木质藤本。茎皮紫褐色带灰白色,不规则条状剥落。幼枝密被黄褐色短糙毛,后变紫褐色而无毛。叶片薄革质,长圆状披针形、狭椭圆形至卵状披针形,长 3～8cm,宽 1.5～2.5cm,先端渐尖或急尖,基部浅心形,除两面中脉有短糙毛外,两面无毛或幼时下面有疏

图 166　A,B：忍冬；C：毛萼忍冬；D：红白忍冬；E：短柄忍冬（韩思思绘）

毛;叶柄短,长仅 2~5mm,具毛。双花多成对生于幼枝顶端或单生上部叶腋;花序梗极短或几不明显;苞片狭披针形至卵状披针形,有时呈叶状,长 0.5~1.5cm;小苞片卵圆形;萼筒长不及 2mm;花冠白色,基部略带淡红色,后变黄色,唇形,长 1.5~2cm,外面密被倒生小糙毛和腺毛,内面被柔毛,唇瓣略短于花筒,上下唇均反曲;雄蕊 5,花丝与花柱略伸出花冠外。果圆球形,蓝黑至黑色,直径 5~6mm。花期 5—6 月,果期 10—11 月。

产地:鸠甫山、龙塘山、茶园里、十八龙潭、大坪溪、干坑、横源、直源。生于海拔 500~1200m 的山谷、林下、溪边石隙间或灌丛中。

分布:浙江、江西、福建、广东、广西、贵州、云南。

本种与淡红忍冬 Lonicera acuminata Wall. 区别在于花序梗极短或几无,与毛萼忍冬 L. trichosepala 区别在于花柱无毛。

8. 忍冬 金银花(图 166:A,B)

Lonicera japonica Thunb. , Syst. Veg. , ed. 14. 216. 1784.

半常绿木质藤本。茎皮条状剥落,多分枝,枝中空;幼枝暗红褐色,密被黄褐色开展糙毛及腺毛,下部常无毛。叶片纸质,宽披针形至长圆状卵形,长 3~8cm,宽 1.5~4.5cm,先端短渐尖至圆钝,基部圆形或近心形,边缘具缘毛,小枝上部叶两面均密被短柔毛,下部的叶常无毛;叶柄长 4~8mm,被毛。花双生,花序梗常单生于小枝上部叶腋,与叶柄等长或稍短,苞片叶状,长达 2cm;萼筒长约 2mm,无毛,萼齿外面密被毛,齿端被长毛;花冠白色,后变黄色,芳香,唇形,上唇具 4 裂片而直立,下唇反转,与花冠筒略等长或短;雄蕊 5,与花柱均长于花冠。浆果圆球形,熟时蓝黑色,直径 6~7mm。花期 4—6 月,果期 10—11 月。

产地:区内广布。生于路旁、山地灌丛或疏林中。

分布:全国大部分省、区均有分布;日本、朝鲜半岛。

用途:花、茎、叶入药,为中药"金银花"主要来源,有消炎、抗菌、利尿之效;花含芳香油,可配制化妆品香精;枝叶茂密,花清香,可作绿篱、花架等垂直绿化。

8a. 红白忍冬(图 166:D)

var. **chinensis** (Watson) Baker in Saunders, Refug. Bot. 4:t. 224. 1871.
Basionym:*Lonicera chinensis* Watson, Dendrol. Brit. 2:t. 117. 1825.
Lonicera japonica f. *chinensis* (Watson) H. Hara.

与模式变种的区别在于:幼枝紫黑色,花冠外面紫红色,内面白色。

产地:大坪溪。生于山坡路旁岩隙缝间。

分布:安徽、浙江。

9. 菰腺忍冬(图 165:B)

Lonicera hypoglauca Miq. in Ann. Mus. Bot. Lugduno-Batavi 2:270. 1866.

落叶木质藤本。幼枝密被淡黄褐色弯曲短柔毛。叶片纸质,卵形至卵状长圆形,长 3~8cm,宽 2~4cm,先端渐尖,基部圆形或近心形,上面中脉被短柔毛,下面被毛和密布橙黄色至橘红色的蘑菇形腺;叶柄长 5~10mm,密被短糙毛。双花单生或多朵簇生于侧生短枝上,或于小枝顶端集合成总状;花序梗通常比叶柄短;苞片线状披针形,长约 2mm,被毛;小苞片圆卵形,具缘毛;萼筒几无毛,萼齿三角状卵形或披针形,有缘毛;花冠白色,基部稍带红晕,后变黄色,略具香气,唇形,长 3.5～4.5cm,外面被稀疏倒生微柔毛和腺,唇瓣短于筒部;雄蕊与花柱均稍伸出,无毛。果近圆形,熟时黑色,稀具白粉,直径 7～8mm。花期 4—5 月,果期 10—11 月。

产地:龙塘山、鸠甫山、柘林坑、顺溪、大坪溪。生于海拔 500～700m 的坡灌丛中或山谷溪边、山脚路旁石隙阴湿处。

分布:安徽、浙江、福建、台湾、江西、湖北、湖南、广东、广西、四川、贵州、云南。

10. 盘叶忍冬(图 164：D,E)

Lonicera tragophylla Hemsl. in J. Linn. Soc., Bot. 23：367.1888.

落叶木质藤本。幼枝红褐色,无毛。叶片纸质,长圆形或卵状长圆形,长 5～12cm,宽 4～6cm,先端钝或稍尖,基部楔形,上面绿色,无毛,下面粉绿色,被柔毛或至少沿中脉下部两侧密生横出短糙毛,中脉基部有时带紫红色;叶柄极短或无;花序下的 1 或 2 对叶片基部合生成近圆形或卵圆形的盘状。聚伞花序簇生小枝顶端成头状,有 6～9 朵花;萼筒壶形,长约 3mm,萼齿小,三角形或卵形;花冠黄色至橙黄色,上部外面略带红色,唇形,长 5～9cm,外面无毛,内面疏生柔毛,筒稍弯曲,比唇瓣长 2～3 倍;雄蕊 5,与唇瓣近等长;花柱无毛,伸出花冠外。果圆球形,黄绿色,后变红色至深红色,直径约 1cm。花期 6—7 月,果期 9—10 月。

产地:龙塘山、顺溪、百丈岭。生于海拔 750～1400m 的山谷、山坡林中岩缝石隙间和阴湿处。

分布:陕西、山西、宁夏、甘肃、河北、河南、安徽、浙江、湖北、贵州。

(六) 六道木属　**Zabelia** (Rehder) Makino

落叶、稀常绿灌木。小枝纤细。冬芽小,具数对芽鳞。单叶对生、稀 3 叶轮生;叶片全缘或有锯齿,具短柄;无托叶。花小,1 至数花排成聚伞花序,腋生或生于侧枝顶端,有时形成 1 圆锥状花序;萼筒狭长,长圆形,萼裂片 5,4 或 2,狭长,宿存;花冠管状、高脚碟状或钟形,辐射对称或稍两侧对称;雄蕊 4,两两成对,着生于花冠筒中部或基部;子房下位,3 室,2 室不育。果为瘦果状核果,具 1 粒种子。种子近圆柱形。

6 种,分布于东亚。我国有 3 种,分布于东北、华北、西北、华东、华中、西南。浙江有 1 种。

1. 南方六道木(图 167)

Zabelia dielsii (Graeb.) Makino in Makinoa 9：175. 1948.

Basionym：*Linnaea dielsii* Graeb. in Bot. Jahrb. Syst. 29：140. 1900.

Abelia dielsii (Graeb.) Rehder.

落叶灌木,高 1.5～3m。枝疏散,幼枝红褐色,老枝浅灰色。叶片纸质,卵状椭圆形、长圆形或披针形,长 3～6cm,宽 1～3cm,先端渐尖,基部楔形至宽楔形,边缘疏生锯齿或下部全缘,具缘毛,上面散生柔毛,下面近基部脉间密被短糙毛;叶柄长 3～6mm,基部连合膨大,疏被硬毛。花 2 朵分别生于侧枝顶端叶腋,花序梗长 5～10mm;花梗极短或几无;苞片 3,着生于萼筒基部;萼 4 裂,裂片卵状披针形,长 0.8～1.1cm;花冠筒状钟形,白色至淡黄色,长 1.2cm,4 浅裂,裂片圆形;雄蕊 4,二强,内藏;花柱细长,与花冠等长。果长 1～1.5cm,外具数纵肋。花期4—6月,果期8—9月。

　　产地:龙塘山、三祖源、岛石镇。生于海拔1750m的高山矮林中。

　　分布:安徽、浙江、江西、福建、湖北、四川、贵州、云南、西藏、河南、山西、陕西、宁夏、甘肃、辽宁。

　　用途:栽培供观赏。

图167　南方六道木(引自 *Flora of China*-Ill.)

八八、禾本科　Gramineae(竹亚科　Bambusoideae)

　　植物体木质化,常呈乔木或灌木状;地下茎亦发达和木质化。叶二型,有茎生叶(秆生叶)与营养叶(枝生叶)之分。秆生叶(秆箨或称笋壳)与枝生叶明显不同,秆生叶的叶片(箨片)常退化变小,通常无中脉;枝生叶的叶片和叶鞘之间具短柄,叶柄与叶鞘连接处具关节。花序有两种基本类型,一为单次发生花序,另一类型为续次发生的假小穗;小穗含1至多朵小花;颖1至数片或无颖,惟不孕外稃之内常含不同程度退化的花器官而可与真正的颖有所区别;外稃具(3~)5脉乃至多脉,先端无芒或有小尖头,稀可具1短直芒如刺;内稃具2脉或更多脉,背部具2脊或呈圆弧形而无脊,先端有时可分裂或下凹;鳞被多为3片,稀可无或多至6片,甚至更多;雄蕊(2)3~6,稀为多数;雌蕊1,花柱1~3,柱头(1)2或3,稀更多。果实以颖果较常见,易与稃片相分离,果皮干燥或新鲜时稀可肉质,有时为硕大型,此时则较子房原来体积增大许多倍,种脐线形,几与果实同长,胚小。

约 88 属,1400 余种,广布于亚洲、非洲、拉丁美洲,欧洲的阿尔卑斯山、大洋洲及北美洲也有少量分布。我国有 34 属,530 余种,全国各地均有分布或栽培,主产华南和西南部。浙江有 21 属,130 余种。本志记载 7 属,21 种。

分属检索表

1. 地下茎合轴型;秆圆筒形,着生枝的一侧无纵沟。
  2. 秆丛生;每节多分枝;花序为多次发生的假花序,小穗无柄 …………………………… 1. 簕竹属 Bambusa
  2. 秆散生;每节分枝 3～5;花序为单次发生的真花序,小穗具柄…………………… 2. 玉山竹属 Yushania
1. 地下茎单轴或复轴型;秆圆筒形,但着生枝的一侧具纵沟。
  3. 秆各节分枝 1 枚。
    4. 秆节膨大或否,下方无毛茸所组成的环带;维管束为半开放型 ………………………… 3. 赤竹属 Sasa
    4. 秆节不膨大,下方具 1 圈锈色毛组成的环带;维管束为开放型 ………… 4. 箬竹属 Indocalamus
  3. 秆各节分枝 2 至多枚。
    5. 秆各节分枝 2 ……………………………………………………… 5. 刚竹属 Phyllostachys
    5. 秆各节分枝 3。
      6. 秆每节具 3 枚芽;秆箨三角形,早落;箨片短锥状,极小 ………… 6. 方竹属 Chimonobambusa
      6. 秆每节具 1 枚芽;秆箨长圆形,常宿存;箨片明显 …………………… 7. 苦竹属 Pleioblastus

（一）簕竹属　**Bambusa** Schreber

灌木或乔木状竹类,地下茎合轴型。秆丛生,通常直立,稀顶梢为攀援状;节间圆筒形,秆环较平坦;秆每节分枝为数枝乃至多枝,簇生,主枝较为粗长(单竹亚属近相等),且能再分次级枝,秆下部分枝上所生的小枝或可短缩为硬刺或软刺,但亦有无刺者。秆箨早落或迟落,稀有近宿存;箨鞘常具箨耳两枚,但亦稀可不甚明显或退化;箨片通常直立,但亦有外展乃至向外翻折,在箨鞘上宿存或脱落。叶片顶端渐尖,基部多为楔形,或可圆形乃至近心脏形,通常小横脉不显著。花序为续次发生。假小穗单生或数枚以至多枚簇生于花枝各节;小穗含 2 至多朵小花,顶端 1 或 2 朵小花常不孕,或小穗上下两端的小花皆为不完全花;小穗轴具关节,其节间显著较长,故小花之间彼此较疏离,成熟后易折断;颖 1～3 片,或有时缺;外稃宽而具多脉,各孕性小花的外稃几近等长;内稃具 2 脊,边宽而内折,与其外稃近等长;鳞被 2 或 3,常于边缘被纤毛;雄蕊 6,花丝常分离,花药常于顶端凹缺或具小尖头;子房通常具子房柄,具长或短的花柱,柱头通常 3 分,细长而被毛,羽毛状。颖果通常圆柱状,顶部被毛;果皮稍厚,在顶端与种子分离。笋期夏秋两季。

100 余种,主要分布于亚洲热带和亚热带,泛热带地区广为栽培。我国有 87 种,大多分布于南部和西南部。浙江有 16 种。

分种检索表

1. 秆二型,除正常秆外尚有奇形肿胀之秆;箨片基底宽约为箨鞘先端的 1/2～2/3 ……………………………
  ……………………………………………………………………………… 1. 佛肚竹 B. ventricosa
1. 秆一型,正常;箨片基底宽与箨鞘先端近相等 …………………………… 2. 孝顺竹 B. multiplex

1. 佛肚竹(图 168：E - H)

Bambusa ventricosa McClure in Lingnan Sci. J. 17：57. 1938.

灌木状竹类。高仅 20~50cm,直径 1~2cm,露地生长最高可达 5m,直径粗 5cm,幼秆深绿色,稍被白粉,老时转榄黄色。秆二型：正常秆节间 30~35cm,圆筒形；中间类型为秆为棍棒状,畸形秆通常 25~50cm,节间呈瓶状。箨叶卵状披针形；秆箨无毛；箨鞘先端较宽,鞘口繸毛多条,呈放射状排列；箨耳发达,圆形或卵形至镰刀形；箨舌极短,高 0.3~0.5mm,边缘具齿牙；箨片披针形,直立或上部箨片略向外反转,脱落性；枝条 1~3 枚生于秆之每节,无毛,也有正常枝与畸形枝之分。末级小枝具叶 7~13 枚,叶鞘无毛,鞘口繸毛开展或成束,灰白色。叶耳多少有些显著；叶片两面均多少具有小刺毛。

　　产地：龙塘山有栽培。

　　分布：广东,我国南部广泛栽培。

2. 孝顺竹(图 168：A - D)

Bambusa multiplex (Lour.) Raeusch. ex Schult. & Schult. f. , Syst. Veg. , ed. 15 bis 7(2)：1350. 1830.

Basionym：*Arundo multiplex* Lour. , Fl. Cochinch. 1：58. 1790.

秆高 3~6m,直径 1.5~2.5cm；节间长 30~50cm,幼时薄被白蜡粉,并于上半部被棕色至暗棕色小刺毛；秆箨幼时薄被白蜡粉,早落；箨鞘厚纸质,硬脆,先端稍向外缘一侧倾斜,初绿色,后淡棕色,外面无毛,内面光滑；箨耳极微小以至不明显,边缘有少许繸毛；箨舌高 1~1.5mm,边缘呈不规则的短齿裂；箨片直立,狭三角形,背面散生暗棕色脱落性小刺毛。末级小枝具 5~12 叶；叶鞘无毛；叶舌圆拱形,高 0.5mm；叶片线形,长 5~16cm,宽 7~16mm,上表面无毛,下表面粉绿而密被短柔毛,次脉间常有透明小点。花枝不具叶；假小穗单生或以数枝簇生于花枝各节,含小花 3~12 朵；小穗单生或数枚簇生于花枝各节上,含小花(3)5~13朵,中间小花为两性；小穗轴劲直,节间形扁,无毛；颖 2 至数枚；外稃先端急尖,绿色,背部微呈红色,无毛；内稃稍短于外稃,先端有纤毛；花药紫色,长 6mm,先端具一簇白色画笔状毛。笋期 8—11 月。

　　产地：鸠甫山、谢家坞、童玉。多栽培于低海拔地带。

　　分布：广东、海南、湖南、江西、四川、台湾、云南。

(二) 玉山竹属　Yushania Keng f.

灌木状竹类。地下茎合轴型,假鞭细长。秆散生,直立,稀可斜倚；节间圆筒形,但在有分枝的一侧之基部有时微扁；秆每节分 1 枝或数枝。箨鞘宿存或迟落,革质或纸质。每小枝具数叶至 10 余叶；叶片小型或大型,小横脉通常明显。花序一次发生,3 至多枚小穗排列成总状或圆锥花序,生于具叶小枝顶端,花序分枝腋间常具小瘤状腺体,下方通常托有微小的苞片。小穗柄细长,有时其腋间亦具小瘤状腺体,基部有时也托以苞片；小穗含 2~8 朵花,圆柱形,紫色或紫褐色,顶端小花常不孕；小穗轴脱节于颖之上及各花之间,其节间被短刺毛,并在顶端膨大,边缘具纤毛；颖 2；外稃卵状披针形,先端锐尖或渐尖,7~11 脉；内稃等长或略短于其外稃,背部具 2 脊；鳞被 3,膜质,边缘具纤毛。雄蕊 3,花丝细长,花药黄色。子

图 168　A－D：孝顺竹；E－H：佛肚竹（重组《中国植物志》）

房纺锤形或椭圆形,花柱很短,柱头 2 或稀可 3,羽毛状。颖果长椭圆球形,有腹沟,顶端微凹或具宿存花柱。

约 80 种,分布于东亚、南亚和东南亚及非洲。我国有 58 种,其中 57 种为我国特有,多产于云南和四川。浙江有 1 种。

1. 玉山竹(图 169)

Yushania niitakayamensis (Hayata) Keng f. in Acta Phytotax. Sin. 6(4)：357. 1957.

Basionym：*Arundinaria niitakayamensis* Hayata in Bot. Mag. Tokyo 21：49. 1907.

秆开始为单丛,多年后形成多丛,高 2～4m,直径 1～2cm,直立或基部外倾;节间长 20～30cm,浅绿色至紫褐色,粗糙,节下密被黑褐色细毛。箨鞘迟落或宿存,薄革质,绿色至灰绿

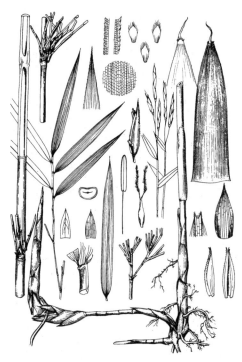

图 169　玉山竹(引自《中国植物志》)

色,具纵脉,脉间具疣基刺毛,有时具灰黑色斑块,鞘口具数条长约 2mm 的棕色縫毛;箨耳缺如,箨舌截形;箨片脱落性,线形或披针形,边缘内卷,直立或反转,无毛。末级小枝具 3～10 枚;叶鞘长 25～50mm,鞘口縫毛直立;叶舌近圆拱形或截形,高约 0.5mm;叶柄短,长 1～2mm;叶片狭披针形,长 4～12cm,宽 5～11mm,两面均无毛,先端尖,基部近楔形,次脉 2～4 对,再次脉 7～9 条,小横脉清晰,下被白色短柔毛,叶缘具小锯齿而粗糙或有一缘平滑。圆锥花序顶生,具 3 或 4 小穗;小穗近圆柱形,含 7 花;颖 2;外稃卵形具锐尖头,长 9～12mm,具 9 脉,小横脉明显,无毛;内稃等长或略长于外稃,背部具 2 脊,先端具 2 尖头,脊上及先端生有微毛,脊间具不明显的 4 脉;鳞被长圆形或斜卵形,长 1～2mm。子房纺锤形,长 2mm,无毛。花柱 2,短,柱头长约 3mm,羽毛状。果呈橄榄形,背部具纵沟状的种脐,顶端微凹,果皮较厚。花期 7 月。

产地：龙塘山、横盘里、东岙头、清凉峰、十八龙潭、平坑。生于山顶灌丛。

分布：浙江、台湾;菲律宾。

(三) 赤竹属　**Sasa** Makino & Shibata

小型灌木状竹类。地下茎复轴型;秆高多在 2m 以下,通常高 1m 左右,散生,直立中空,无毛或有倒向的毛;节间圆筒形,无沟槽,光滑无毛或少数种类可在节下具疏短毛;竿壁较厚;竿节隆起或平坦。竿箨宿存,质地厚硬,牛皮纸质或近于革质;箨耳及縫毛存在或否;箨片披针形。叶片通常大型,带状披针形或宽椭圆形,厚纸质或薄革质,小横脉明显,以 3～5 叶或更多叶集生于枝顶,叶柄短。圆锥花序排列疏散,或简化为总状花序,花序一次发生,常由 5～9 枚小穗排列成圆锥状,着生于小枝顶端;小穗成熟后呈紫红色,含 4～8 朵小花;颖 2,外稃具多脉,先端锐尖,稀呈芒状;内稃纸质,等长或稍长于外稃;背部具 2 脊;鳞被 3;雄蕊 6;

花柱 1,较短,柱头 3,羽状。颖果较小,成熟后深褐色。

50～70 种,分布于我国、日本、朝鲜半岛和俄罗斯远东地区。我国有 8 种,分布于华东、华中和华南。浙江有 2 种。

1. 华箬竹(图 170)

Sasa sinica Keng in Sinensia 7(6): 748. 1936.

秆高 1～1.5m,直径 3～5mm;节间长 10～15cm,微被白粉,以节下为甚。坚硬,光滑,中空细小,圆筒形或在分枝之一侧基部微凹。箨鞘宿存,淡紫色,初被密毛或淡紫色小刺毛,后逐渐脱落;无箨耳;箨舌凹陷或平截,高 1mm;箨片狭三角形,无毛,鲜时绿带紫色。末级小枝具叶 1 或 2 枚;叶鞘无毛,叶舌高 0.5～2mm,截平形;叶片长椭圆形,长 10～20cm,宽 1～3cm,下表面基部具稀短毛。花序呈总状;花序轴具灰白色短毛,小穗紫黑色,含 4～9 花;颖 2;外稃宽卵形,近边缘处生有黄色或锈色之糙毛;内稃之两脊相距甚宽,其上密生红色纤毛;鳞被大小近相等;子房细长,无毛。笋期 5—6 月。

产地:横盘里、大盘里、东岙头。生于海拔 500m 以上的山坡沟旁。

分布:安徽、浙江。

图 170　华箬竹(引自《中国植物志》)

(四) 箬竹属　Indocalamus Nakai

灌木状或小灌木状竹类,具细长型地下茎。秆散生或复丛生,直立,节间细长,圆筒形,无沟槽,具一分枝,分枝粗度与主秆相若。秆箨宿存,箨鞘质厚而脆;箨片披针形至狭三角形,直立或开展。叶片通常为大型,多呈长椭圆状披针形,小横脉明显。圆锥花序生于秆顶;小穗具柄,有数至多朵小花;小穗轴具关节;颖常 2 片;外稃近革质,内稃具 2 脊,顶端常 2 齿裂;鳞被 3 片。雄蕊 3,花丝分离。子房无毛,花柱 2,其基部分离或稍有连合,柱头 2,羽毛状。笋期 4—6 月。

约 23 种,主产我国。我国有 22 种,主要分布于华南和西南。浙江有 5 种。

分种检索表

1. 箨鞘近纸质,箨舌截平;叶片下面沿中脉之两侧均纵行毡毛 ⋯⋯⋯⋯⋯⋯⋯⋯⋯ 1. 阔叶箬竹 I. latifolius
1. 箨鞘近革质,箨舌弧形;叶片下面于中脉之一侧密生成一纵行毡毛 ⋯⋯⋯⋯⋯ 2. 箬竹 I. tessellatus

1. 阔叶箬竹(图 171：A)

Indocalamus latifolius (Keng) McClure in Sunyatsenia 6(1): 37. 1941.

Basionym: *Arundinaria latifolia* Keng in Sinensia 6(2): 147. 1935.

秆高可达 2m,直径 5mm;节间长 12～25cm,被微毛,尤以节下方为甚,节平。箨鞘宿存,硬纸质或纸质,背部常具棕色疣基小刺毛或白色的细柔毛,以后毛易脱落,边缘具棕色纤毛;

图 171　A：阔叶箬竹；B，C：箬竹(重组《中国植物志》)

箨耳无或稀可不明显,疏生粗糙短繸毛;箨舌截形,高 0.5～1mm,先端有 1～3mm 流苏状繸毛;箨片直立,线形或狭披针形。叶鞘无毛,先端稀具极小微毛,质厚,坚硬,边缘无纤毛;叶舌截形,高 1～3mm,先端无毛或稀具繸毛;叶耳无;叶片长圆状披针形,先端急尖,延伸为锐尖头,长 20～34cm,宽 3～5cm,基部钝圆,收缩为长 5～10mm 叶柄;下表面灰白色或灰白绿色,有粗毛,侧脉 8～10 对,小横脉明显,形成近方格形;叶缘生有小刺毛。圆锥花序顶生,长 6～18cm,其基部为叶鞘所包裹,主轴密生微毛;小穗含 5～9 朵小花,密被白色柔毛;颖 2;外稃先端渐尖呈芒状,具 11～13 脉,第一外稃长 13～15mm,基盘密生白色长约 1mm 之柔毛;内稃长 5～7mm,脊间贴生小微毛,近顶端生有小纤毛;鳞被长约 1mm;花柱长 1～1.5mm,柱头 2,羽毛状。笋期 4—5 月。

产地:鸠甫山、谢家坞、茶园里、栈岭湾、东岙头、清凉峰、十八龙潭、横源、直源、大坪溪、童玉。生于山谷、路旁、林下。

分布:山东、江苏、安徽、浙江、江西、福建、湖北、湖南、广东、四川。

2. 箬竹(图 171:B,C)

Indocalamus tessellatus (Munro) Keng f. in Acta Phytotax. Sin. 6:355. 1957.

Basionym:*Bambusa tessellata* Munro in Trans. Linn. Soc. London 26:110. 1868.

秆高 0.75～2m,直径 4～9mm;节间长约 25cm,最长者可达 32cm,圆筒形,在分枝一侧的基部微扁,一般为绿色,竿壁厚 2.5～4mm;节较平坦;竿环较箨环略隆起,节下方有红棕色贴竿的毛环。箨鞘长于节间,上部宽松抱竿,无毛,下部紧密抱竿,密被紫褐色伏贴疣基刺毛;箨耳无;箨舌厚膜质,截形,高 1～2mm,背部有棕色伏贴微毛;箨片大小多变化,窄披针形,竿下部较窄,竿上部稍宽,易落。叶鞘紧密抱秆,有纵肋,背面无毛或被微毛;无叶耳;叶舌高 1～4mm,截形;叶片在成长植株上稍下弯,宽披针形或长圆状披针形,长 20～46mm,宽 4～10.8mm,先端长尖,基部楔形,下表面灰绿色,密被贴伏的短柔毛或无毛,中脉两侧或仅一侧生有一毡毛,次脉 8～16 对,小横脉明显,形成方格状,叶缘生有细锯齿。圆锥花序(未成熟者)长 10～14cm,花序主轴和分枝均密被棕色短柔毛;小穗绿色带紫,长 2.3～2.5cm,几呈圆柱形,含 5 或 6 朵小花;小穗柄长 5.5～5.8mm;小穗轴节间长 1～2mm,被白色绒毛;颖 3 片,纸质,脉上具微毛;第一外稃长 11～13mm(包括先端长为 1.7～2.3mm 的芒尖在内),背部具微毛;第一内稃长约为外稃的 1/3,背部有 2 脊;花药长约 1.3mm,黄色;子房和鳞被未见。笋期 4～5 月,花期 6～7 月。

产地:鸠甫山、谢家坞、茶园里、栈岭湾、东岙头、清凉峰、十八龙潭、横源、直源、大坪溪、童玉。生于海拔 300～1400m 的山坡、路旁等。

分布:安徽、浙江、江西、福建、湖南。

(五)刚竹属(毛竹属) **Phyllostachys** Siebold & Zucc.

乔木状或灌木状竹类。地下茎单轴型。秆直立散生,节间圆筒形,在分枝一侧扁平或有沟槽;每分枝通常为 2 枚。秆箨早落,箨鞘厚纸质至革质;箨片披针形至三角状披针形,常向外反转或开展,稀直立。叶片披针形,小横脉通常清晰。花序续次发生,通常由 1～3 枚甚至更多小穗聚生成穗状或头状,成丛着生于花枝之各节上,小穗丛基部有 2 小尖头;鳞被 3。雄蕊 3。子房无毛,柱头 3,羽状。果为颖果。笋期多在 3—5 月。

51 种,分布于我国、日本、印度、缅甸。我国均产,主要分布于长江中下游流域,但几乎全国均可见自然分布成片的竹林。浙江连同栽培有 47 种。

分种检索表

1. 箨鞘背部无斑点;箨片直立,三角形;花序头状。
　　2. 箨耳或假箨耳大而显著;箨鞘外面被刺毛。
　　　　3. 幼秆被细毛;箨鞘外面密被刺毛;秆紫色 ……………………………… 1. 紫竹 P. nigra
　　　　3. 幼秆通常无毛;箨鞘外面疏生刺毛;秆绿色 ……………………… 2. 篌竹 P. nidularia
　　2. 箨耳小;箨鞘外面常无毛 ……………………………………………… 3. 水竹 P. heteroclada
1. 箨鞘背部具大小不等的斑点;箨片外翻或开展;花序穗状。
　　4. 秆箨具箨耳;箨鞘外面通常具刺毛;鞘口具繸毛。
　　　　5. 分枝以下的秆环不明显;幼秆密被厚白粉与细柔毛;秆高大 ……… 4. 毛竹 P. edulis
　　　　5. 分枝以下的秆环明显;幼秆无毛,无白粉,或被较疏的毛与白粉;秆较高大。
　　　　　　6. 幼秆无白粉或具不明显白粉;箨舌狭而高 …………………… 5. 高节竹 P. prominens
　　　　　　6. 幼秆明显被白粉;箨舌宽而呈拱形 …………………… 6. 粉绿竹 P. viridiglaucescens
　　4. 秆箨无箨耳;箨鞘外面通常无毛;鞘口无繸毛。
　　　　7. 节下表面放大镜下可见白色晶体状稀颗粒,似猪皮状的皮孔区。
　　　　　　8. 秆在解箨时为绿色 …………………………………………………… 7. 刚竹 P. viridis
　　　　　　8. 秆在解箨时为金黄色 ………………………………………………… 8. 金竹 P. sulphurea
　　　　7. 节下表面无猪皮状皮孔区(无白色晶体状稀颗粒)。
　　　　　　9. 箨片皱褶;箨舌低矮而宽 ……………………………………………… 9. 早竹 P. violascens
　　　　　　9. 箨片不皱褶或不完全皱褶;箨舌狭而高。
　　　　　　　　10. 箨片先端弓状;叶片背面基部常无毛。
　　　　　　　　　　11. 箨舌隆起,两侧下延;箨鞘被脱落性白粉 ………… 10. 石绿竹 P. arcana
　　　　　　　　　　11. 箨舌先端尖,微凸,两侧不下延;箨鞘无白粉 ………… 11. 早园竹 P. proponqua
　　　　　　　　10. 箨片先端截状;叶片背面基部具长柔毛 ……………………… 12. 石竹 P. nuda

1. 紫竹

Phyllostachys nigra (Lodd. ex Lindl.) Munro in Trans. Linn. Soc. London 26:38. 1868.

Basionym: *Bambusa nigra* Lodd. ex Lindl., Penny Cyclop. 3:357. 1835.

秆高 4~10m,稀可高达 10m,直径 2~5cm;幼秆深绿色,密被细绒毛及白粉,箨环有毛,老秆紫黑色,无毛;中部节间长 25~30cm,壁厚约 3mm;秆环与箨环均隆起,边缘具极短须毛。箨鞘背面红褐或更带绿色;箨片三角形至三角状披针形,绿色,但脉为紫色,舟状,直立或以后稍开展,微皱曲或波状。笋期 4 月中旬。

产地: 龙岗镇,栽培。

分布: 浙江、湖南。

2. 篌竹(图 172:A-E)

Phyllostachys nidularia Munro, Gard. Chron. 6:773. 1876.

秆高 4~8m,直径 5cm;秆环显著突隆起,环先端细尖。小枝常仅有叶片 1 枚,叶片先端常反转呈钩状。箨鞘淡黄绿色,具淡色条纹,浓被白粉,基部具丛状密生的刺毛,无斑点;箨

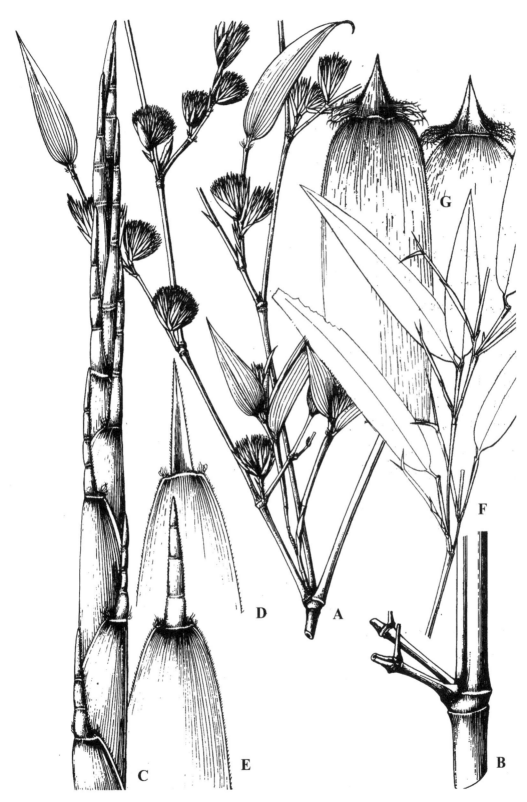

图 172　A－E：筱竹；F，G：水竹（重组《中国植物志》）

叶三角形至长三角形,直立,基部两侧延伸成独特的大箨耳紧抱竹竿;箨舌短,先端凸或截平。末级小枝具1～3叶,枝叶浓密。笋期4月下旬。

    产地:龙岗镇有栽培。

    分布:陕西、河南、浙江、江西、湖北、广西、云南。

3. 水竹(图172:F,G)

Phyllostachys heteroclada Oliv. , Hooker's Icon. Pl. 23:t. 2288. 1894.

秆高5～8m,直径2～6cm;节间长15～27cm,绿色,无毛,节下具白粉;秆环隆起。箨环厚,无毛;箨鞘青绿色,边缘带淡紫红色,光滑无毛,无斑点;箨耳微弱发青,具繸毛;箨舌较小,高1mm左右,先端近截平,边缘具极细纤毛;箨片三角形,紧贴秆而直立,绿色,不皱或微皱而略内卷,边缘有稀疏毛,基部宽为箨鞘顶部的1/3～1/2。叶鞘有不明显叶耳,叶舌甚短;叶片披针形,长7～16cm,宽10～16mm,无毛或近无毛。笋期4月下旬。

    产地:鸠甫山、茶园里、十八龙潭、千顷塘、横源、直源、道场坪、大坪溪、童玉。生于山坡路边。

    分布:黄河流域以南各地。

4. 毛竹(图173:A－D)

Phyllostachys edulis (Carr.) J. Houz. , Bambou (Mons) 39. 1906.

Basionym:*Bambusa edulis* Carr. , Rev. Hort. 380. 1866.

Phyllostachys heterocycla (Carr.) Mitford; *P. heterocycla* var. *pubescens* (Mazel ex J. Houz.) Ohwi; *P. pubescens* Mazel ex J. Houz.

秆高20m,粗达18cm,全竹约70节。幼竿密被细柔毛及厚白粉,箨环有毛;基部节间甚短而向上则逐节较长,中部节间长达40cm,壁厚约1cm;竿环不明显,分枝以下箨环微隆起。秆箨厚革质,箨耳微小,繸毛发达;箨舌宽短,强隆起乃至为尖拱形,边缘具粗长纤毛;箨片较短,长三角形至披针形,有波状弯曲,绿色,初时直立,以后外翻。末级小枝具4～6叶;叶耳不明显,鞘口繸毛存在而为脱落性;叶舌隆起;叶片较小较薄,披针形,长4～11cm,宽0.5～1.2cm,下表面在沿中脉基部具柔毛,次脉3～6对,再次脉9条。笋期3月下旬至4月上旬,花期5—8月。

    产地:鸠甫山、谢家坞、茶园里、横源、直源、大坪溪、童玉。成片栽培。

    分布:秦岭至长江流域及其以南。

5. 高节竹(图174:E－G)

Phyllostachys prominens W. Y. Xiong ex Z. P. Wang & al. in Acta Phytotax. Sin. 18(2):182. 1980.

秆高10m,粗4～7cm;幼竿深绿色,老竿灰暗黄绿色至灰白色;节间较短,除基部及顶部的节间外,均近于等长,每节间的两端明显呈喇叭状膨大而形成强烈隆起的节;竿环强烈隆起,高于箨环;箨环亦明显隆起。箨鞘背面淡褐黄色,或略带红色或绿色,具大小不等的斑点,近顶部尤密,疏生淡褐色小刺毛;箨耳发达,长达1.5cm,镰形,紫色或带绿色,耳缘生长繸毛;箨舌紫褐色,边缘密生短纤毛,有时有长纤毛;箨片带状披针形,紫绿色至淡绿色,边缘橘黄或淡黄色,强烈皱曲,外翻。末级小枝具2～4叶;叶耳及鞘口繸毛发达,但易落,叶耳绿

图 173　A-D：毛竹；E，F：刚竹（重组《中国植物志》）

图 174　A－D：粉绿竹；E－G：高节竹（重组《中国植物志》）

色；叶舌伸出，黄绿色；叶片长 8.5～18cm，宽 1.3～2.2cm，下表面仅基部有白色柔毛。笋期 5 月，花期 5 月。

　　产地：鸠甫山、谢家坞、童玉，栽培。

　　分布：江苏、浙江。

6. 粉绿竹（图 174：A－D）

Phyllostachys viridiglaucescens (Carr.) Rivière & C. Rivière in Bull. Soc. Acclimat. Ser. 3，5：700. 1878.

　　Basionym：*Bambusa viridiglaucescens* Carr.，Rev. Hort. 146. 1861. ［*viridiglaucescens*］

　　秆高 11m，直径 4.7cm；节间绿色，解箨后有白粉，长 5～20cm。茎环、箨环均中度隆起。箨鞘先端窄，截平，背部无毛，全部绿色，稍带淡红褐色斑与稀疏的棕色小斑点，有时无斑点；箨耳与穟毛不发达；箨舌黑色顶端截平，边缘有纤毛；箨叶披针形呈带状。叶鞘无叶耳，叶舌中度发达，初期紫色。初生叶片宽 2～3cm，下面沿其脉上略生小刺毛；叶片披针形至带状披针形，长 9.5～13.5cm，宽 1.2～1.8cm。花枝呈穗状，长 5.5～8.5cm，具 3～5 片逐渐增大的鳞片状苞片；佛焰苞 4～7 片，被柔毛，具小型的叶耳及穟毛，或仅有穟毛几条，或叶耳及穟毛俱缺，缩小叶披针形，圆卵形乃至锥状，佛焰苞在花枝下部的 3～5 片为不孕性，其余的腋内则生有 1 或 2 枚假小穗。小穗含 1 或 2 朵小花；小穗轴具毛，能延伸至上部小花的内稃之后；颖缺或仅 1 片；外稃长约 2.5cm，上半部具柔毛，先端芒状渐尖；内稃稍短于外稃，上半部具柔毛；鳞被长约 4mm，狭椭圆形，具纤毛；花药长约 12mm。笋期 4 月下旬。

　　产地：鸠甫山、谢家坞、童玉，栽培。

　　分布：江苏、浙江、江西。

7. 刚竹（图 173：E，F）

Phyllostachys viridis (R. A. Young) McClure in J. Arnold Arbor. 37：192. 1956.

　　Basionym：*Phyllostachys sulphurea* (Carr.) Rivière & C. Rivière var. *viridis* R. A. Young in J. Wash. Acad. Sci. 27：345. 1937.

　　秆高 10～15m，直径 8～10cm，淡绿色。枝下各节无芽，秆环平，但分枝各节则隆起。全秆各节箨环均突起，新竹无毛，微被白粉；老竹仅节下有白粉环。节间具猪皮状皮孔区，秆箨密布褐色斑点或斑块，先端截平，边缘具较粗须毛，无箨耳和穟毛；箨舌紫绿色，箨叶带状披针形，平直、下垂，每小枝有 2～6 片叶，披针形，翠绿色至冬季转黄色。盛笋期 5 月中旬。

　　产地：鸠甫山、谢家坞、茶园里、栈岭湾、横源、直源、千顷塘、大坪溪、干坑、童玉。多为成片栽培。

　　分布：浙江、福建，全国多地广泛栽培。

8. 金竹

Phyllostachys sulphurea (Carr.) Rivière & C. Rivière in Bull. Soc. Acclimat. Ser. 3，5：773. 1878.

　　Basionym：*Bambusa sulphurea* Carr.，Rev. Hort. 45：379. 1873. ［*sulfrurea*］

秆高 6～10m,直径 5～8cm,分枝以下仅具箨环。秆及枝呈金黄色,有的秆节间(非沟槽处)常具 1 或 2 条甚狭长之纵长绿色环。箨鞘呈黄色,并具绿纵纹及不规则的淡棕色斑点,无毛;无箨耳及鞘口繸毛;箨舌显著,先端截平,边缘具粗须毛;箨叶细长,呈带状,其基部宽为箨舌之 2/3,反转,下垂,微皱,绿色,边缘肉红色。

产地:横源、直源、大坪溪、干坑、童玉,栽培。

分布:长江流域及其以南各省、区,西南至西藏。

9. 早竹(图 175：A - D)

Phyllostachys violascens (Carr.) Rivière & C. Rivière in Bull. Soc. Acclimat. Ser. 3, 5：770. 1878. [*violescens*]

Basionym：*Bambusa violascens* Carr. Rev. Hort. 292. 1869.

Phyllostachys praecox C. D. Chu & C. S. Chao；*P. praecox* f. *prevernalis* S. Y. Chen & C. Y. Yao.

秆高 8～10m,粗 4～6cm;幼竿深绿色,密被白粉,无毛,节暗紫色;老竿绿色、黄绿色或灰绿色;中部节间长 15～25cm,常在沟槽的对面一侧微膨大;竿节最初为紫褐色,竿环与箨环均中度隆起。箨鞘褐绿色或淡黑褐色,初时多少有白粉,无毛,有不规则分散的大小不等的斑点;无箨耳及鞘口繸毛;箨舌褐绿色或紫褐色,两侧明显下延或稍下延,边缘生细纤毛;箨片窄带状披针形,强烈皱曲或竿上部者平直,外翻,绿色或紫褐色。末级小枝具 2 或 3 叶;无叶耳和鞘口繸毛;叶片带状披针形,长 6～18cm,宽 0.8～2.2cm。花枝呈穗状;佛焰苞 5～7 片,外稃长 2.5～2.8cm,背部有短柔毛疏生;内稃长 2～2.5cm,背部 1/2 以上疏生短柔毛。笋期在 3 月中旬开始,花期 4—5 月。

产地:鸠甫山、谢家坞、龙塘山、茶园里、横源、直源、大坪溪、童玉,栽培。

分布:江苏、安徽、浙江、江西、湖南、云南。

广为栽培的雷竹,有时作为本种的变型,或作为栽培品种处理。

10. 石绿竹(图 176：E,F)

Phyllostachys arcana McClure in J. Wash. Acad. Sci. 35：280. 1945.

秆高 8m,直径 2～3cm,劲直;幼竿绿色,被白粉,无毛,节紫色,节间具紫色晕斑;老竿绿色或黄绿色;节间长达 14～35cm;秆环强隆起而高于隆起的箨环。箨鞘背面淡绿紫色或黄绿色,有紫色纵脉纹,被白粉,秆基部箨鞘有紫色斑点;箨耳及鞘口繸毛俱缺;箨舌狭而高,高 4～8mm,淡紫色或黄绿色,先端具缺刻或呈撕裂状,基部两侧或一侧明显下延,边缘生短纤毛;箨片带状,绿色,有紫色纵脉纹,外翻。末级小枝具 2 或 3 叶;叶耳及鞘口繸毛俱缺;叶舌强烈伸出;叶片带状披针形,长 7～11cm,宽 1.2～1.5cm,两面无毛,或于下表面的基部偶有长柔毛。笋期 4 月上、中旬。

产地:茶园里、栈岭湾、东岙头、横源、直源、大坪溪、童玉。

分布:陕西、甘肃、江苏、安徽、浙江、四川。

11. 早园竹(图 175：E - G)

Phyllostachys propinqua McClure in J. Wash. Acad. Sci. 35：289. 1945.

秆高 8～10m,粗 3～4cm;幼竿绿色,被以渐变厚的白粉,光滑无毛;中部节间长约

图 175　A-D：早竹；E-G：早园竹（重组《中国植物志》）

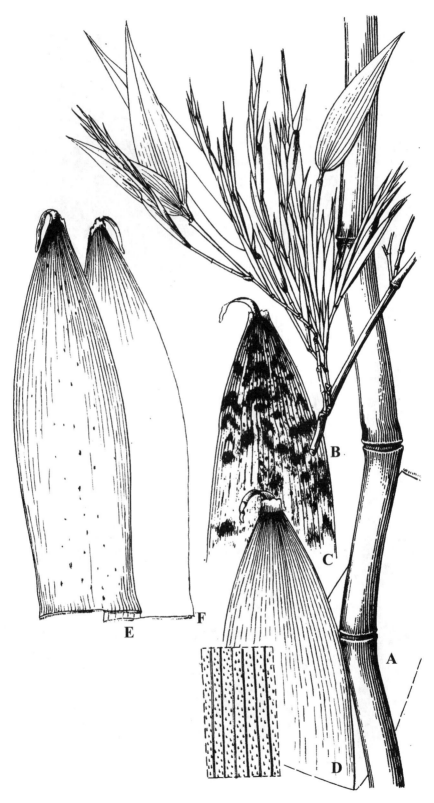

图176　A-D：石竹；E，F：石绿竹（重组《中国植物志》）

17～35cm,壁厚 4mm;秆环微隆起与箨环同高。箨鞘背面淡红褐色或黄褐色,上部两侧常先变干枯而呈草黄色,被紫褐色小斑点和斑块;无箨耳及鞘口繸毛;箨舌淡褐色,拱形,有时中部微隆起,边缘生短纤毛;箨片披针形或线状披针形,背面带紫褐色,外翻。末级小枝具 2 或3 叶;常无叶耳及鞘口繸毛;叶舌强烈隆起,先端拱形,被微纤毛;叶片披针形或带状披针形,长 7～16cm,宽 1～2cm。笋期 4 月上旬。

产地:鸠甫山、谢家坞、横源、直源、童玉,栽培。

分布:河南、江苏、安徽、浙江、福建、湖北、广西、贵州、云南。

12. 石竹 灰竹(图 176:A－D)

Phyllostachys nuda McClure in J. Wash. Acad. Sci. 35:288. 1945.

Phyllostachys nuda McClure f. *lucida* Wen in Bull. Bot. Res, Harbin 2(1):75. 1982. syn. nov. Type:Zhejiang(浙江),Lin'an(临安),G. F. Lei(雷根法)8(ZJFI).

秆高 6～8m,直径 2～3cm;节间长 5～20cm,部分秆的基部数节呈之字形曲折,幼时薄被白蜡粉,箨环下被一圈厚白粉,刚解箨时环上部与基部的节均带紫红,老秆灰绿色,白粉环常较明显宿存;秆环隆起,显著高于箨环。箨鞘淡红褐色,粗糙,脉间具排成细线的紫褐色细点,无毛,密被白粉或白粉块,下部具黑褐色斑块或云斑,上部的无斑点;箨耳与繸毛无;箨舌狭截状,高 2mm 左右,先端微波状或齿状,边缘具极短纤毛;箨片狭三角形或披针形,淡红褐色至绿色,先端及边缘紫褐色,反转,微皱,基部宽为箨鞘顶部之 1/2。笋期 4 月中、下旬。

产地:鸠甫山、茶园里、栈岭湾、横源、直源、千顷塘、大坪溪、干坑、童玉。

分布:江苏、安徽、浙江、福建、台湾、江西、湖南。

变型光秆石竹 *Phyllostachys nuda* McClure f. *lucida* Wen 与本种的区别主要在于秆常无白粉,绿色或黄绿色,有光泽,是否具白粉环在石竹中变异甚大。温太辉先生发表后,在《浙江植物志》中未加以收录,其后的相关分类专著均未作处理,在此将其并入模式变型。

（六）方竹属（寒竹属） Chimonobambusa Makino

灌木状或小灌木状竹类。地下茎复轴型。秆直立,节间圆筒形或方形,分枝一侧扁平或具沟槽,中下部数节具刺瘤状气根;分枝 3,有时会多分枝。秆箨迟落或宿存,质较薄,小横脉明显,边缘具繸毛;箨叶极小,三角形或锥形,通常长不及 1cm。叶鞘鞘口无叶耳,具繸毛。叶中型,纸质,带状披针形,小横脉明显。假小穗基部分枝呈总状着生于花枝之节上,或不分枝单生,假小穗细长,无小穗柄,常紫色;颖片 1～3,与外稃相似。外稃先端锐尖;内稃略短于外稃,或近等长,先端钝圆或微凹,背部具 2 脊,无毛;鳞被 3,膜质,透明,边缘有纤毛。雄蕊3;花柱短,柱头 2 裂,羽状。颖果浆果状。笋期多在 9—10 月。

约 37 种,分布于东亚。我国有 34 种,主要分布于西南各省、区。浙江有 3 种。

1. 方竹(图 177)

Chimonobambusa quadrangularis (Fenzi) Makino in Bot. Mag. Tokyo 28:153. 1914.

Basionym:*Bambusa quadrangularis* Fenzi in Bull. Soc. Tosc. Ortic. 5:401. 1880.

小乔木状。秆高 4～6m,直径 2～4cm;初密被黄褐色小刺瘤,后刺毛脱落留下疣基,致使节间甚为粗糙,节间呈四方形,节具刺;箨环初时被一圈金黄色绒毛,后逐渐脱落;中、下部各节节内有一圈刺状气根;秆箨纸质,早落;箨鞘外无毛,具紫色小斑点;箨耳不发育;箨舌不明显;箨片极小,锥形,长 0.2~0.4cm。小枝环甚隆起;末级小枝具叶 2~4(5)枚;叶鞘无毛,边缘着生纤毛;叶舌低平;叶片狭披针形,叶脉粗糙。笋期不规则,多在秋冬季出笋,但肥沃之地也有四季出土者。

产地:顺溪镇,栽培供观赏。

分布:江苏、安徽、浙江、江西、福建、台湾、湖南、重庆、贵州、广东和广西等;日本。

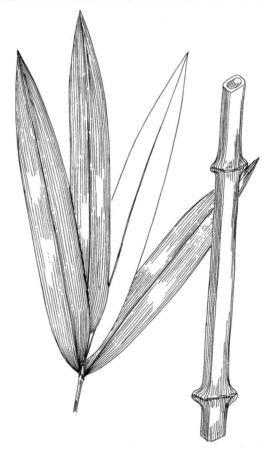

图 177　方竹(韩思思绘)

(七) 苦竹属(大明竹属)　Pleioblastus Nakai

乔木状至灌木状竹类,地下茎为复轴型。秆直立,节间圆筒形,通常在近分枝的一端微凹;秆环隆起。箨环上附有箨鞘基部的木栓质残留物,并具一圈缘毛,其下常有明显的粉圈;每节分枝 3~7 枚。秆箨宿存或迟落,长三角形,通常被脱落性小刺毛和白粉,边缘密生棕红色纤毛;箨耳常微弱或缺如,边缘着生直立继毛或无;箨舌截形或凹截形,被白粉;箨片披针形。花序总状,较延长,由 3~10 枚小穗组成,着生在叶枝下部的各节上;小穗含 8~12 花,长 4~6cm;颖 2;鳞被 3。雄蕊 3。柱头 3,羽状。

约 40 种,分布于中国、日本和越南。我国有 17 种,主要分布于华东、华中、华南和西南。浙江有 13 种。

分种检索表

1. 苦竹（图 178）

Pleioblastus amarus (Keng) Keng f. in Techn. Bull. Natl. For. Res. Bur. China 8：14. 1948.

Basionym：*Arundinaria amara* Keng in Sinensia 6(2)：148, f. 2.1935.

秆高 3～5m，直径 1.5～2cm，圆筒形，直立。秆环隆起较箨环略高，节间长 27～29cm；箨环上残留一圈木栓质痕迹，及一圈发达之棕紫色缘毛，箨环上白粉圈明显；箨鞘革质，绿色，被紫红色易脱落小刺毛；箨耳不明显，或缺如；鞘口无毛或有数根直立短繸毛；箨舌平截；箨叶披针形，绿色。秆每节分枝 3～7 枚，通常 5 枚；末级小枝具叶片 3 或 4 枚。叶披针形，长 14～20cm，宽 2.4～3cm，背面有白色细毛；叶耳缺如，鞘口无毛，叶舌紫红色。花序基部有苞片，花枝与小穗柄略扁平；小穗绿色或淡紫色，含 8～12 小花，长 4～6cm；小穗轴节间长 4～5mm，顶端膨大呈环状，有纤毛。笋期 5—6 月中下旬。

产地：横源、直源、大坪溪。

分布：江西、安徽、江西、福建、湖南、湖北、四川、云南、贵州。

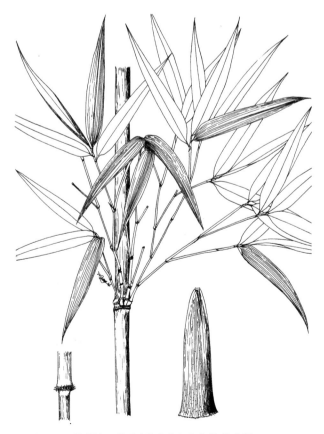

图 178　苦竹（引自《天目山植物志》）

2. 皱苦竹

Pleioblastus rugatus Wen & S. Y. Chen in J. Bamboo Res. 1(1)：26. 1982.

秆高达 5m，粗 2cm，最粗可达 6cm；节间长 35cm，竿壁较厚；节略隆起，节下方有白粉环；箨环有白色细毛。箨鞘较硬，背部被脱落性刺毛，基部有绵毛，先端急尖；箨耳镰形开展；箨舌略呈弓状或近截形，先端边缘生有细毛；箨片长三角形，直立而强烈皱衣褶，背部被绢毛。末级小枝具 3 或 4 叶；叶鞘长约 5cm，无毛，嫩时有小横脉；叶耳与繸毛通常俱缺；叶舌卵状突起，无毛，有白粉；叶片披针形乃至长椭圆形，长 11～18cm，宽 14～30mm，基部钝圆，无毛，先端急尖而延伸，次脉 5～7 对，具小横脉。小穗长约 3cm，含 5～7 朵小花；颖 3 片；外稃长 9mm，顶端尖；内稃稍长于外稃，上部破毛茸，脊间有 3 脉；鳞被 3；子房全无；花种被小粗硬毛；柱头 3，羽毛状。果实未见。

产地：鸠甫山、大坪溪、童玉。

分布：江西、安徽、江西、福建、湖南、湖北、四川、云南、贵州。

八九、棕榈科　Palmae

常绿乔木或灌木，稀为藤本。秆直立不分枝或缩短或攀援状，并常被以宿存的叶基，表面平滑或粗糙。叶多聚生于不分枝的茎顶或在攀援的种类中散生于茎上；叶大，革质，羽状或羽状分裂形成许多小叶，裂片或小叶在芽时内褶或背褶，叶柄基部常扩大成具纤维的鞘。花小，淡黄绿色，整齐，辐射对称，单性，有时两性或杂性，同株稀异株，圆锥状肉穗花序，基部常被 1 至多数大型的佛焰苞，生于叶丛下或叶丛中，具苞片及小苞片；花被通常 6，成两轮排列，分离或合生，花萼通常覆瓦状排列，花瓣在雄花上常为镊合状，在雌花上则为覆瓦状排列；雄蕊通常 6，成两轮排列，稀 3 或多数，花药 2 室，花丝分离，纵裂；雌蕊 1，稀为 3 而基部结合，子房上位，1～3 室，稀为 4～7 室，每室具 1 胚珠，基生或轴生，直立或下垂；花柱短或无，柱头通常 3。果为浆果、核果或坚果，外果皮肉质、纤维质及革质，有时覆盖覆瓦状排列的鳞片。种子具丰富的均匀或嚼烂状胚乳。

210 属，约 2800 种，分布于热带和亚热带地区。我国有 28 属，100 余种，分布于西南部至东南部。浙江有 5 属，6 种。本志记载 1 属，1 种。

（一）棕榈属　Trachycarpus H. Wendl.

常绿乔木。茎直立，不分枝。叶聚生于茎顶；叶片圆扇形，掌状分裂，裂片先端通常硬直，具 2 浅裂；叶柄长，顶端有三角形的小戟突，基部具纤维质的鞘。花淡黄色，单性或两性或杂性，雌雄同株或异株，为多分枝的圆锥状或肉穗状花序，花序从叶丛中抽出；佛焰苞鞘状，多数；萼片和花瓣基部合生；雄蕊 6，花丝分离；心皮 3，合生或基部合生，子房 3 室或顶部 3 裂而基部连合，柱头顶生。果为核果，球形、长椭圆形或肾形。

8 种，分布于亚洲东部的热带和温带地区。我国有 5 种，分布于西南部至东南部。浙江有 1 种。

1. 棕榈(图 179)

Trachcarpus fortunei（Hook. f.）H. Wendl. in Bull. Soc. Bot. France 8：429. 1861.

Basionym：*Chaemarops fortunei* Hook. f. in Bot. Mag. 86：t. 5221. 1860.

图 179　棕榈(引自《浙江植物志》)

常绿乔木,植株高 3~8m。茎圆柱形,有环纹,老叶鞘基纤维状,包被茎上。叶多簇生秆顶,叶片圆扇形,直径 50~100cm,掌状深裂至中部或中下部,裂片硬直、条形,30~45 枚,呈狭长皱褶,先端具 2 浅裂,老叶顶端往往下垂,中脉明显突出,上面深绿色,有光泽,下面微被白粉;叶柄坚硬,长 50~100cm,具 3 棱,基部扩大成抱茎的鞘。肉穗花序圆锥状;佛焰苞革质,多数,被锈色绒毛;花小、淡黄色、单性,雌雄异株;萼片和花瓣均宽卵形;雄蕊 6,花丝分离,花药短;心皮合生,子房 3 室,密被白色柔毛,柱头 3,常反曲。核果肾状球形至长椭圆形或肾形,直径 0.5~1cm,成熟时黑色或蓝灰色,被白粉。花期 5—6 月,果期 8—10 月。

产地: 路边、村边常见栽培,有时生于疏林中。

分布: 长江以南各省、区;日本。

用途: 庭院观赏或作行道绿化;重要的纤维植物;果实入药称"棕榈子",有收敛止血、降压之效。

九〇、百合科　Liliaceae

多年生草本,大多具根状茎、块茎或鳞茎,稀为半灌木或乔木状。叶基生或茎生,木本者多为互生,少对生或轮生,稀退化成鳞片状,通常具弧状平行脉,稀具网状脉。花两性,稀单性异株或杂性,辐射对称,稀略呈两侧对称;花被片 6,稀 2、3 或多数,通常排列成 2 轮,离生或不同程度的合生;雄蕊通常与花被片同数,花丝离生或贴生于花被筒上,花药基着、背着或丁字状着生,药室 2,纵裂,少为汇合成 1 室而横裂;心皮 3,合生或不同程度的离生,子房上位,稀半下位,3 室,稀 2 室,或 4、5 室,中轴胎座,稀 1 室而成侧膜胎座,每室具 1 至多数倒生胚珠。果为蒴果或浆果,稀为坚果。种子胚小,具丰富的胚乳。

约 230 属,3500 种,广布于全世界,以北温带和北亚热带山地最多。我国有 60 属,近600 种。浙江有 40 属,94 种、12 变种。本志记载 1 属,7 种。

(一) 菝葜属　Smilax L.

攀援或直立小灌木,落叶或常绿,稀为草本,常具坚硬的根状茎。茎木质而实心,稀草质而近中空,常有刺、疣状突起或刚毛,分枝基部常具 1 枚与叶柄相对的鳞片。叶互生,2 列;叶片革质、纸质或草纸,全缘,具 3～7 弧形主脉和网状支脉;叶柄两侧具 1 对卷须或无卷须,卷须着生点下方常具翅状鞘,近卷须着生点处至叶柄顶端的不同位置上具有脱落点。花小,单性,雌雄异株,通常排列成腋生的伞形花序或总状花序,稀伞形花序排成圆锥状或穗状;花序梗基部有时具 1 枚与叶柄相对的鳞片;花被片 6,离生;雄花具 6 枚雄蕊,稀 3 枚,花药基着,2室,内向纵裂;雌花具 3～6 枚退化雄蕊,稀无退化雄蕊,子房上位,3 室,每室具 1 或 2 颗胚珠,花柱较短,柱头 3 裂。浆果通常圆球形。

约 300 种,广布于全世界热带、亚热带地区,我国有 60 余种。浙江有 13 种、2 变种。

分种检索表

1. 叶之脱落点位于卷须着生点处或翅状鞘与叶柄合生部分的顶端,故宿存于小枝上的叶柄在其上方不带一段残留部分。
  2. 翅状鞘线状披针形或披针形,狭于叶柄;卷须粗壮,发达;浆果直径 7～15mm ……… 1. 菝葜 S. china
  2. 翅状鞘卵形至半圆形,宽叶柄;卷须纤细,不发达;浆果直径 5～6mm …… 2. 小果菝葜 S. davidiana
1. 叶之脱落点位于叶柄的顶端至卷须着生点的稍上方,故宿存与小枝上的叶柄在其上方带一段残留部分。
  3. 叶柄无卷须;直立或披散状灌木;伞形花序具 1～3 花,稀具更多花………… 3. 鞘柄菝葜 S. stans
  3. 叶柄有卷须;攀援灌木;伞形花序通常具多数花。
    4. 叶片卵状心形、卵形至卵状披针形,草质至厚纸质。
      5. 花序梗短于叶柄,或稍长;叶片草质;当年生枝常具细长针状刺 ………… 4. 华东菝葜 S. sieboldii
      5. 花序梗长于叶柄;叶片厚纸质;小枝疏生短刺 ……………………… 5. 黑果菝葜 S. glauco-china
    4. 叶片长圆状披针形至披针形,草质或薄草质。
      6. 叶片具 3 条主脉,最外侧的主脉远离叶缘;花序梗常短于叶柄 ………… 6. 土茯苓 S. glabra
      6. 叶片具 5 或 7 条主脉,最外侧的主脉与叶缘结合;花序梗长于叶柄 ……………………
        …………………………………………………………………………… 7. 缘脉菝葜 S. nervomarginata

1. 菝葜(图 180:A)

Smilax china L., Sp. Pl. 2:1029. 1753.

攀援灌木。根状茎粗厚,直径 2～3cm,通常疏生刺。叶片草质至薄纸质,干后一般红褐色或近古铜色,通常卵形、长圆形或卵状披针形,长 3～10cm,宽 1.5～8cm,两面无毛,具 3或 5 主脉;叶柄长 0.5～1.5cm,脱落点位于中部以上,约占全长 1/2～1/3 具狭鞘,几乎全部有卷须,少有例外。花黄绿色,多朵排成伞形花序,生于叶尚幼嫩的小枝上;花序梗长 1～2cm;花序托膨大;小苞片宿存;雄花:外轮花被片 3,矩圆形,长 3.5～4.5mm;内轮花被片 3,稍狭,雄蕊 6,花药近长圆球形,稍弯曲;雌花:与雄花大小相似,具 6 枚退化雄蕊。浆果直径7～15mm,成熟时红色,有时具白粉。花期 4—6 月,果期 6—10 月。

产地:区内广布。生于林下、灌丛中、路旁和山坡上。

分布:辽宁、河南、山东、江苏、安徽、浙江、江西、福建、台湾、湖北、湖南、广东、广西、四川、贵州、云南;日本、越南、缅甸、泰国、菲律宾。

2. 小果菝葜(图 180:B)

Smilax davidiana A. DC., Monogr. Phan. 1:104. 1878.

攀援灌木。根状茎粗壮,坚硬,直径 2～2.5cm,表面通常黑褐色,有刺。茎带紫红色,长

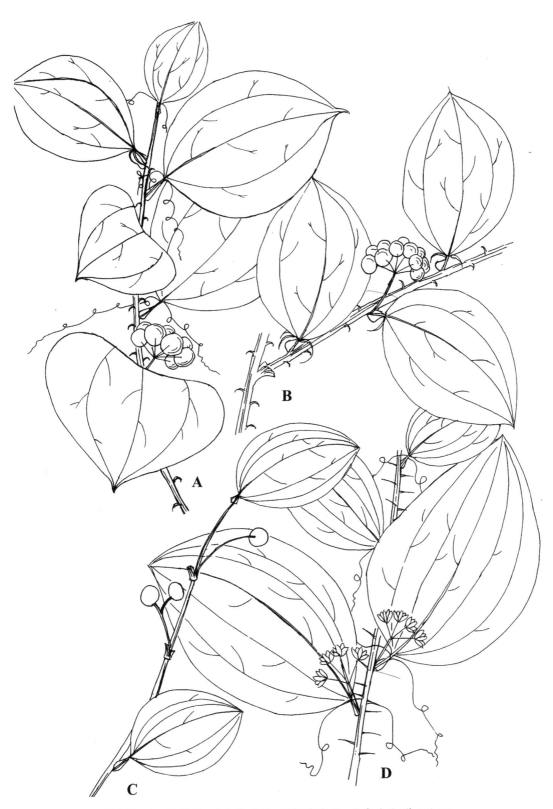

图 180　A：菝葜；B：小果菝葜；C：鞘柄菝葜；D：华东菝葜（蒋辰榆绘）

1～2m,具疏刺。叶片厚纸质,通常椭圆形,长 3～10cm,宽 2～5cm,下面淡绿色,具 3 或 5 主脉;叶柄长 5～7mm,具细卷须,翅状鞘卵形至半圆形,部分合生,脱落点位于卷须着生点。花黄绿色,多朵排成伞形花序,生于成长叶的小枝上;花序梗长 5～14mm,花序托膨大;小苞片宿存;雄花:花被片黄绿色,长 3.5～4mm,宽 1～2mm,雄蕊 6,花药近椭圆球形,稍弯曲;雌花:与雄花大小相似,具 6 枚退化雄蕊。浆果直径 5～6mm,成熟时红色。花期 4—5 月,果期 10—11 月。

产地:小石门、谢家坞、十八龙潭、大坪溪、直源、横源。生于山坡林下或灌木中。

分布:江苏、安徽、浙江、江西、福建、湖南、广东、广西、贵州;越南、老挝、泰国。

3. 鞘柄菝葜(图 180:C)

Smilax stans Maxim. in Bull. Acad. St.-Petersb. 17:170. 1872.

直立或披散状灌木。茎长 0.3～3m,多分枝,无刺。叶片纸质,近圆形、卵形或卵状披针形,长 1.5～5cm,宽 1.2～4cm,先端凸尖或急尖,基部圆形或楔形,下面苍白色,具 5 主脉;叶柄长 5～12mm,无卷须,翅状鞘披针形,约为叶柄的 2/3,几全部与叶柄合生,脱落点位于叶柄顶端。伞形花序具 1～3(～6)朵;花序梗纤细,长为叶柄的 3～5 倍;花序托不膨大;小苞片宿存;雄花:花被片黄绿色或稍带淡红色,长 2.5～3mm,宽 0.7～1mm,雄蕊 6;雌花:略小于雄花,具 6 枚退化雄蕊。浆果黑色,球状,直径 6～10mm,具白粉。花期 3—5 月,果期 10—11 月。

产地:鸠甫山、龙塘山、东岙头。生于山坡林下或灌木丛中。

分布:陕西、甘肃、河北、河南、江苏、安徽、浙江、江西、台湾、湖南、广东、广西、贵州、云南;日本。

4. 华东菝葜(图 180:D)

Smilax sieboldii Miq. in Verslagen Meded. Afd. Natuurk. Kon. Akad. Wetensch. ser. 2,2:87. 1868.

攀援灌木或半灌木,具根状茎,须根发达并疏生短刺。茎长 1～2m,与枝条通常多少具刺,刺黑色,细长。叶草质,卵形,长 3～9cm,宽 2～6cm,先端骤尖至渐尖,基部楔形或浅心形,具 5 或 7 主脉;叶柄长 1～2cm,脱落点位于上部,约占全长的一半具狭鞘,有卷须。伞形花序具多数花;花序梗纤细,长 1～2.5cm,比叶柄长或近等长;花序托几不膨大;小苞片微小,脱落;雄花:花被片黄绿色,外轮花被片 3,匙状倒披针形,长 4～5mm,边缘多少具细缘毛,内轮花被片 3,稍狭,雄蕊 6,比花被片稍短,花药长约 1mm;雌花:花小于雄花,具 6 枚退化雄蕊。浆果蓝黑色,直径 6～7mm。花期 5—7 月,果期 10 月。

产地:鸠甫山、千顷塘。生于林下、灌丛中或山坡草丛中。

分布:辽宁、山东、江苏、安徽、浙江、福建、台湾;日本、朝鲜半岛。

5. 黑果菝葜(图 181:B)

Smilax glauco-china Warb. ex Diels in Bot. Jahrb. Syst. 29(2):255. 1900.

攀援灌木。根状茎粗壮,坚硬,直径 2～3.5cm,表面通常棕褐色,有刺。茎长 0.5～4m,疏生刺。叶片厚纸质,椭圆形,长 5～12cm,宽 2.5～8cm,先端凸尖或骤尖,基部圆形或宽楔

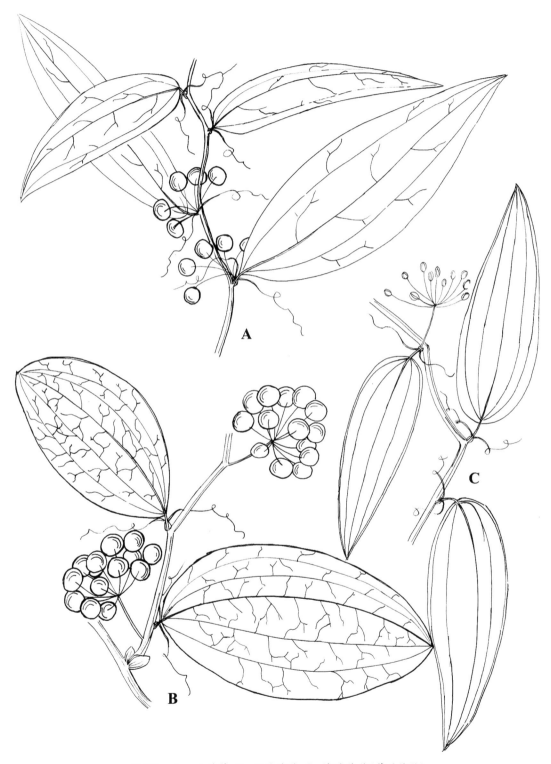

图 181　A：土茯苓；B：黑果菝葜；C：缘脉菝葜（蒋辰榆绘）

形,下面苍白色,具 3 或 5 主脉;叶柄长 7~16mm,脱落点位于上部,约占全长的一半具狭鞘,有卷须。伞形花序具多数花;花序梗 1~3cm,长于叶柄;花序托稍膨大;小苞片宿存;雄花:花被片黄绿色,长 5~6mm,宽 2.5~3mm,内花被片宽 1~1.5mm,雄蕊 6,花药长圆球形;雌花:花被片与雄花大小相似,具 3 枚退化雄蕊。浆果黑色,直径 7~8mm,具白粉。花期 3—5 月,果期 10—11 月。

产地:鸠甫山、茶园里、千顷塘。生于海拔 1200m 以下的林下、灌丛中或山坡上。

分布:陕西、甘肃、河南、江苏、安徽、浙江、江西、湖北、湖南、广东、广西、四川、贵州。

6. 土茯苓(图 181:A)

Smilax glabra Roxb., Fl. Ind. ed. 1832,3:792. 1832.

常绿攀援灌木。根状茎坚硬,直径 1.5~5cm,表面黑褐色,有刺。茎长 1~4m,无刺。叶片革质,长圆状披针形至披针形,长 6~15cm,宽 1~7cm,先端急尖至渐尖,基部圆形或楔形,下面有时苍白色,具 3 主脉;叶柄长 3~20mm,具卷须,齿状鞘狭披针形,长为叶柄的 1/4~3/5,几全部与叶柄合生,脱落点位于叶柄的顶端。伞形花序具多数花;花序梗通常明显短于叶柄;花序托膨大;小苞片宿存;雄花:花被片淡黄绿色,外轮花被片兜状,背面中央具纵槽,内轮花被片近圆形,较小,边缘有不规则的细齿,雄蕊 6,花丝极短,花药近圆球形;雌花:与雄花大小相似,内轮花被片全缘,具 3 枚退化雄蕊。浆果蓝黑色,直径 6~10mm,具白粉。花期 7—11 月,果期 11 月至翌年 4 月。

产地:区内广布。生于海拔约 700m 山坡、山谷的灌丛疏林。

分布:陕西、甘肃、江苏、安徽、浙江、江西、福建、台湾、湖北、湖南、广东、广西、海南、四川、贵州、云南。

7. 缘脉菝葜(图 181:C)

Smilax nervomarginata Hayata in J. Coll. Sc. Tokyo 30(Art. 1):361. 1911.

常绿攀援灌木。根状茎粗短。茎长 1~2m,枝条具棱,有小疣状突起,无刺。叶革质,矩圆形、椭圆形至卵状椭圆形,长 6~12cm,宽 1.5~6cm,先端渐尖,基部钝圆形,具 5 或 7 条主脉,中脉在上面明显突出,最外侧的主脉几与叶缘结合;叶柄长 6~18mm,具鞘部不到全长的 1/3,有卷须,脱落点位叶柄上方。伞形花序具多数花;花序梗纤细,长为叶柄的 2~4 倍,稍扁平;花序托稍膨大;小苞片宿存;雄花:花被片紫色,干后带褐色,长 2.5~3.5mm,雄蕊 6,花丝等长或长于花药,花药长圆球形,稍弯曲;雌花:花被片与雄花相似,具 6 枚退化雄蕊。浆果黑色,直径 7~10mm。花期 4—5 月,果期 10 月。

产地:龙塘山、道场坪、千顷塘、干坑、直源、横源。生于山坡林下或灌木中。

分布:安徽、浙江、江西、湖南、贵州;日本(琉球群岛)。

中名索引

拉丁名索引